標準 新萬歲曆

日辰(일진)
曜日(요일)
陰曆(음력)
陽曆(양력)

최신개정판(最新改正版)

■ 부 록(附 錄) ■

- 남녀궁합해설(男女宮合解說)
- 혼인 택일법(婚因擇日法)
- 이사 방위 보는 법
- 결혼기념일(結婚紀念日)
- 탄생석(誕生石)
- 촌법(寸法)
- 봉투 쓰는 서식 예

雲谷靜人 유덕선 監修

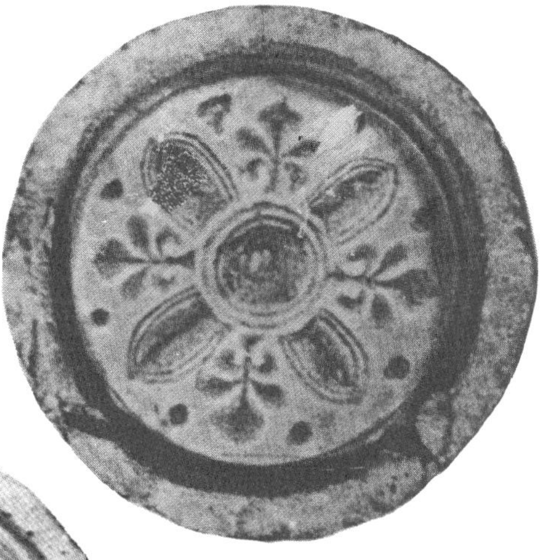

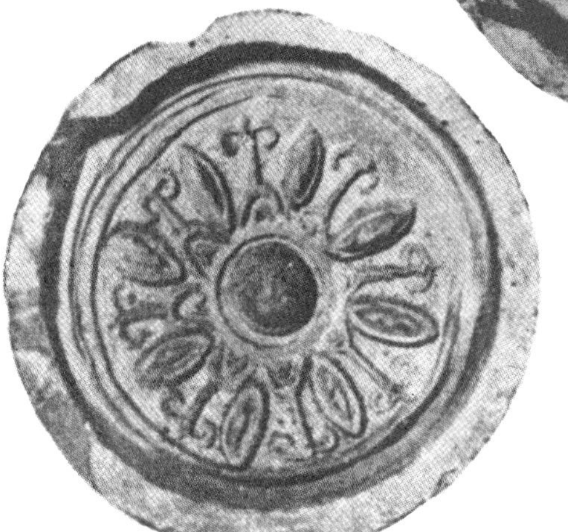

머 리 말

이 책자 만세력은 본래 천세력이라 하여 선조 임금님께서 만드신 것으로 오늘날까지 전해 내려 오고 있다.

본 만세력으로 명칭을 바꿨던 것은 고종황제께서 광무로 연호를 세우면서 서기 1990년부터 서기 2000년까지를 합산 계산하여 만들어 사용해 왔으나 그 내용이 지동설 이전의 천문학에 따른 것으로 만세력은 잘 맞지 않는다고 하는 혹평을 받아온 것이 사실이다. 또한 종전에 사용되었던 만세력은 순전히 음력으로만 되어 있어 사용중에 대단히 불편하였던 것을 완전 시정하여 발행된 책자이다.

본 책자의 만세력은 미군해군성 본부와 영국 그리니치 천문대에서 관측 계산된 것을 우리 나라 과학 기술처와 중앙 관상대가 서기 2045년까지 전자계산기 즉 콤퓨터에 의해 발표된 것이다. 더욱이 이 책은 종전에 음력만이 나와 있던 것을 양력을 기준으로 하여 양력은 물론 음력, 요일, 일진까지를 일목요연하게 보실 수 있도록 최신판으로 알기 쉽게 엮었다는 것이 본 책자의 크나큰 특징이라 할 수 있다. 따라서 현대인들에게 카렌다는 필수품이나 같은 것으로서 현재 우리가 사용하고 있는 카렌다는 이미 지나간 과거를 확인할 수 없고 또는 미래를 찾아 볼 수가 없다. 이러한 불편한 점을 국민 여러분의 간곡한 여망에 만의 일이나마 보답코져 발간된 책자이다. 때문에 자녀들의 출생일, 결혼일, 추도일, 가족 친지들, 은사님들의 생일 등을 양력과 음력, 요일, 일진까지 동시에 확인할 수 있고 사업이나 행정직에 근무하시는 세러리맨들에게 업무계획, 교육행정 등, 문화국민의 새생활의 이기로써 우리 가정에 유일한 카렌다 백과로써 또한 개인의 일급 비서로서 그날 그날들의 중요 사항을 메모하여 보존해 두실 수 있어 피곤한 현대 생활에 필요한 머리를 쉬게 할 수 있는 것이다.

부록에는 남녀간의 궁합 해설, 혼인 택일법, 이사 방위 보는 법 등을 수록하여 만세력의 활용을 더욱 효과적으로 사용하도록 하였다.

편자씀

목 차

부록목차

1900 (4233. 庚子)

1月

陽	1	2	3	4	5	6	7	8	9	10	11	12	13	14	15	16	17	18	19	20	21	22	23	24	25	26	27	28	29	30	31
陰	⑫대	2	3	4	5	6	7	8	9	10	11	12	13	14	15	16	17	18	19	20	21	22	23	24	25	26	27	28	29	30	①소
干支	甲戌	乙亥	丙子	丁丑	戊寅	己卯	庚辰	辛巳	壬午	癸未	甲申	乙酉	丙戌	丁亥	戊子	己丑	庚寅	辛卯	壬辰	癸巳	甲午	乙未	丙申	丁酉	戊戌	己亥	庚子	辛丑	壬寅	癸卯	甲辰
曜	월	화	수	목	금	토	일	월	화	수	목	금	토	일	월	화	수	목	금	토	일	월	화	수	목	금	토	일	월	화	수

2月

陽	1	2	3	4	5	6	7	8	9	10	11	12	13	14	15	16	17	18	19	20	21	22	23	24	25	26	27	28
陰	2	3	4	5	6	7	8	9	10	11	12	13	14	15	16	17	18	19	20	21	22	23	24	25	26	27	28	29
干支	乙巳	丙午	丁未	戊申	己酉	庚戌	辛亥	壬子	癸丑	甲寅	乙卯	丙辰	丁巳	戊午	己未	庚申	辛酉	壬戌	癸亥	甲子	乙丑	丙寅	丁卯	戊辰	己巳	庚午	辛未	壬申
曜	목	금	토	일	월	화	수	목	금	토	일	월	화	수	목	금	토	일	월	화	수	목	금	토	일	월	화	수

3月

陽	1	2	3	4	5	6	7	8	9	10	11	12	13	14	15	16	17	18	19	20	21	22	23	24	25	26	27	28	29	30	31
陰	②대	2	3	4	5	6	7	8	9	10	11	12	13	14	15	16	17	18	19	20	21	22	23	24	25	26	27	28	29	30	③소
干支	癸酉	甲戌	乙亥	丙子	丁丑	戊寅	己卯	庚辰	辛巳	壬午	癸未	甲申	乙酉	丙戌	丁亥	戊子	己丑	庚寅	辛卯	壬辰	癸巳	甲午	乙未	丙申	丁酉	戊戌	己亥	庚子	辛丑	壬寅	癸卯
曜	목	금	토	일	월	화	수	목	금	토	일	월	화	수	목	금	토	일	월	화	수	목	금	토	일	월	화	수	목	금	토

4月

陽	1	2	3	4	5	6	7	8	9	10	11	12	13	14	15	16	17	18	19	20	21	22	23	24	25	26	27	28	29	30
陰	2	3	4	5	6	7	8	9	10	11	12	13	14	15	16	17	18	19	20	21	22	23	24	25	26	27	28	29	④소	2
干支	甲辰	乙巳	丙午	丁未	戊申	己酉	庚戌	辛亥	壬子	癸丑	甲寅	乙卯	丙辰	丁巳	戊午	己未	庚申	辛酉	壬戌	癸亥	甲子	乙丑	丙寅	丁卯	戊辰	己巳	庚午	辛未	壬申	癸酉
曜	일	월	화	수	목	금	토	일	월	화	수	목	금	토	일	월	화	수	목	금	토	일	월	화	수	목	금	토	일	월

5月

陽	1	2	3	4	5	6	7	8	9	10	11	12	13	14	15	16	17	18	19	20	21	22	23	24	25	26	27	28	29	30	31
陰	3	4	5	6	7	8	9	10	11	12	13	14	15	16	17	18	19	20	21	22	23	24	25	26	27	28	29	⑤대	2	3	4
干支	甲戌	乙亥	丙子	丁丑	戊寅	己卯	庚辰	辛巳	壬午	癸未	甲申	乙酉	丙戌	丁亥	戊子	己丑	庚寅	辛卯	壬辰	癸巳	甲午	乙未	丙申	丁酉	戊戌	己亥	庚子	辛丑	壬寅	癸卯	甲辰
曜	화	수	목	금	토	일	월	화	수	목	금	토	일	월	화	수	목	금	토	일	월	화	수	목	금	토	일	월	화	수	목

6月

陽	1	2	3	4	5	6	7	8	9	10	11	12	13	14	15	16	17	18	19	20	21	22	23	24	25	26	27	28	29	30
曜	5	6	7	8	9	10	11	12	13	14	15	16	17	18	19	20	21	22	23	24	25	26	27	28	29	30	⑥소	2	3	4
干支	乙巳	丙午	丁未	戊申	己酉	庚戌	辛亥	壬子	癸丑	甲寅	乙卯	丙辰	丁巳	戊午	己未	庚申	辛酉	壬戌	癸亥	甲子	乙丑	丙寅	丁卯	戊辰	己巳	庚午	辛未	壬申	癸酉	甲戌
曜	금	토	일	월	화	수	목	금	토	일	월	화	수	목	금	토	일	월	화	수	목	금	토	일	월	화	수	목	금	토

7月

陽	1	2	3	4	5	6	7	8	9	10	11	12	13	14	15	16	17	18	19	20	21	22	23	24	25	26	27	28	29	30	31
陰	5	6	7	8	9	10	11	12	13	14	15	16	17	18	19	20	21	22	23	24	25	26	27	28	29	⑦대	2	3	4	5	6
干支	乙亥	丙子	丁丑	戊寅	己卯	庚辰	辛巳	壬午	癸未	甲申	乙酉	丙戌	丁亥	戊子	己丑	庚寅	辛卯	壬辰	癸巳	甲午	乙未	丙申	丁酉	戊戌	己亥	庚子	辛丑	壬寅	癸卯	甲辰	乙巳
曜	일	월	화	수	목	금	토	일	월	화	수	목	금	토	일	월	화	수	목	금	토	일	월	화	수	목	금	토	일	월	화

8月

陽	1	2	3	4	5	6	7	8	9	10	11	12	13	14	15	16	17	18	19	20	21	22	23	24	25	26	27	28	29	30	31
陰	7	8	9	10	11	12	13	14	15	16	17	18	19	20	21	22	23	24	25	26	27	28	29	30	⑧대	2	3	4	5	6	7
干支	丙午	丁未	戊申	己酉	庚戌	辛亥	壬子	癸丑	甲寅	乙卯	丙辰	丁巳	戊午	己未	庚申	辛酉	壬戌	癸亥	甲子	乙丑	丙寅	丁卯	戊辰	己巳	庚午	辛未	壬申	癸酉	甲戌	乙亥	丙子
曜	수	목	금	토	일	월	화	수	목	금	토	일	월	화	수	목	금	토	일	월	화	수	목	금	토	일	월	화	수	목	금

9月

陽	1	2	3	4	5	6	7	8	9	10	11	12	13	14	15	16	17	18	19	20	21	22	23	24	25	26	27	28	29	30
陰	8	9	10	11	12	13	14	15	16	17	18	19	20	21	22	23	24	25	26	27	28	29	30	⑧소	2	3	4	5	6	7
干支	丁丑	戊寅	己卯	庚辰	辛巳	壬午	癸未	甲申	乙酉	丙戌	丁亥	戊子	己丑	庚寅	辛卯	壬辰	癸巳	甲午	乙未	丙申	丁酉	戊戌	己亥	庚子	辛丑	壬寅	癸卯	甲辰	乙巳	丙午
曜	토	일	월	화	수	목	금	토	일	월	화	수	목	금	토	일	월	화	수	목	금	토	일	월	화	수	목	금	토	일

10月

陽	1	2	3	4	5	6	7	8	9	10	11	12	13	14	15	16	17	18	19	20	21	22	23	24	25	26	27	28	29	30	31
陰	8	9	10	11	12	13	14	15	16	17	18	19	20	21	22	23	24	25	26	27	28	29	⑨대	2	3	4	5	6	7	8	9
干支	丁未	戊申	己酉	庚戌	辛亥	壬子	癸丑	甲寅	乙卯	丙辰	丁巳	戊午	己未	庚申	辛酉	壬戌	癸亥	甲子	乙丑	丙寅	丁卯	戊辰	己巳	庚午	辛未	壬申	癸酉	甲戌	乙亥	丙子	丁丑
曜	월	화	수	목	금	토	일	월	화	수	목	금	토	일	월	화	수	목	금	토	일	월	화	수	목	금	토	일	월	화	수

11月

陽	1	2	3	4	5	6	7	8	9	10	11	12	13	14	15	16	17	18	19	20	21	22	23	24	25	26	27	28	29	30
陰	10	11	12	13	14	15	16	17	18	19	20	21	22	23	24	25	26	27	28	29	30	⑩대	2	3	4	5	6	7	8	9
干支	戊寅	己卯	庚辰	辛巳	壬午	癸未	甲申	乙酉	丙戌	丁亥	戊子	己丑	庚寅	辛卯	壬辰	癸巳	甲午	乙未	丙申	丁酉	戊戌	己亥	庚子	辛丑	壬寅	癸卯	甲辰	乙巳	丙午	丁未
曜	목	금	토	일	월	화	수	목	금	토	일	월	화	수	목	금	토	일	월	화	수	목	금	토	일	월	화	수	목	금

12月

陽	1	2	3	4	5	6	7	8	9	10	11	12	13	14	15	16	17	18	19	20	21	22	23	24	25	26	27	28	29	30	31
陰	10	11	12	13	14	15	16	17	18	19	20	21	22	23	24	25	26	27	28	29	30	⑪소	2	3	4	5	6	7	8	9	10
干支	戊申	己酉	庚戌	辛亥	壬子	癸丑	甲寅	乙卯	丙辰	丁巳	戊午	己未	庚申	辛酉	壬戌	癸亥	甲子	乙丑	丙寅	丁卯	戊辰	己巳	庚午	辛未	壬申	癸酉	甲戌	乙亥	丙子	丁丑	戊寅
曜	토	일	월	화	수	목	금	토	일	월	화	수	목	금	토	일	월	화	수	목	금	토	일	월	화	수	목	금	토	일	월

庚子 (壁上土)

西紀一九〇〇年 • 檀紀四‥‥年

舊閏三百八十四日
新平三百六十五日

八日得辛 一龍治水
寅 喪門 戌 弔客
酉 大將軍 南 三殺

七赤	五黃	九紫
三碧	一白	八白
二黑	六白	四綠

建月之大小	日辰	月白	入節
正月小 戊寅	甲子 甲寅 甲辰	八白	雨水二十日癸亥午前 九時五十五分 / 立春初五日戊申午後 一時五十五分
二月大 己卯	癸巳 癸未 癸酉	七赤	春分廿一日癸巳午前 九時三十三分 / 驚蟄初六日戊寅午前 八時十九分
三月小 庚辰	癸亥 癸丑 癸卯	六白	穀雨廿一日癸亥午後 九時二十九分 / 淸明初六日戊申午後 一時三十七分
四月小 辛巳	壬辰 壬午 壬申	五黃	小滿廿三日甲午午後 九時十四分 / 立夏初八日己卯午前 八時七分
五月大 壬午	辛酉 辛亥 辛丑	四綠	夏至廿六日丙寅午前 五時三十五分 / 芒種初十日庚戌午後 零時三十九分
六月小 癸未	辛卯 辛巳 辛未	三碧	大暑廿七日己巳午後 五時一分 / 小暑十二日壬午午後 十一時三十四分
七月大 甲申	庚申 庚戌 庚子	二黑	處暑三十日戊辰午後 十一時五十八分 / 立秋十四日癸丑午前 九時二十四分
八月大 乙酉	庚寅 庚辰 庚午	一白	秋分三十日己亥午後 九時十四分 / 白露十五日甲申午後 零時二分
閏八月小	庚申 庚戌 庚子	一白	寒露十六日乙卯午前 三時十二分
九月大 丙戌	己丑 己卯 己巳	九紫	立冬十七日乙酉午前 五時三十九分 / 霜降初二日庚午午前 五時五十七分
十月大 丁亥	己未 己酉 己亥	八白	大雪十六日甲寅午後 九時二十七分 / 小雪初二日庚子午前 二時二十七分
十一月小 戊子	己丑 己卯 己巳	七赤	小寒十六日甲申午前 八時十七分 / 冬至初一日己巳午後 三時十八分
十二月大 己丑	戊午 戊申 戊戌	六白	立春十六日癸丑午後 七時四十五分 / 大寒初一日戊戌午前 一時三十分

◆雜 節◆

雜節	陰	陽
寒食	三月初七日	陽四月六日
土王	三月十八日	陽四月十七日
初伏	六月二十日	陽七月十六日
土王	六月廿四日	陽七月二十日
中伏	七月初一日	陽七月二十六日
末伏	七月廿一日	陽八月十五日
土王	閏八月廿八日	陽十月二十一日
土王	十二月廿七日	陽一月十七日
臘享	十二月初十日	陽一月二十九日

1901 (4234. 辛丑)

1月

陽	1	2	3	4	5	6	7	8	9	10	11	12	13	14	15	16	17	18	19	20	21	22	23	24	25	26	27	28	29	30	31
陰	11	12	13	14	15	16	17	18	19	20	21	22	23	24	25	26	27	28	29	⑫대	2	3	4	5	6	7	8	9	10	11	12
干支	己卯	庚辰	辛巳	壬午	癸未	甲申	乙酉	丙戌	丁亥	戊子	己丑	庚寅	辛卯	壬辰	癸巳	甲午	乙未	丙申	丁酉	戊戌	己亥	庚子	辛丑	壬寅	癸卯	甲辰	乙巳	丙午	丁未	戊申	己酉
曜	화	수	목	금	토	일	월	화	수	목	금	토	일	월	화	수	목	금	토	일	월	화	수	목	금	토	일	월	화	수	목

2月

陽	1	2	3	4	5	6	7	8	9	10	11	12	13	14	15	16	17	18	19	20	21	22	23	24	25	26	27	28
陰	13	14	15	16	17	18	19	20	21	22	23	24	25	26	27	28	29	30	①소	2	3	4	5	6	7	8	9	10
干支	庚戌	辛亥	壬子	癸丑	甲寅	乙卯	丙辰	丁巳	戊午	己未	庚申	辛酉	壬戌	癸亥	甲子	乙丑	丙寅	丁卯	戊辰	己巳	庚午	辛未	壬申	癸酉	甲戌	乙亥	丙子	丁丑
曜	금	토	일	월	화	수	목	금	토	일	월	화	수	목	금	토	일	월	화	수	목	금	토	일	월	화	수	목

3月

陽	1	2	3	4	5	6	7	8	9	10	11	12	13	14	15	16	17	18	19	20	21	22	23	24	25	26	27	28	29	30	31
陰	11	12	13	14	15	16	17	18	19	20	21	22	23	24	25	26	27	28	29	②대	2	3	4	5	6	7	8	9	10	11	12
干支	戊寅	己卯	庚辰	辛巳	壬午	癸未	甲申	乙酉	丙戌	丁亥	戊子	己丑	庚寅	辛卯	壬辰	癸巳	甲午	乙未	丙申	丁酉	戊戌	己亥	庚子	辛丑	壬寅	癸卯	甲辰	乙巳	丙午	丁未	戊申
曜	금	토	일	월	화	수	목	금	토	일	월	화	수	목	금	토	일	월	화	수	목	금	토	일	월	화	수	목	금	토	일

4月

陽	1	2	3	4	5	6	7	8	9	10	11	12	13	14	15	16	17	18	19	20	21	22	23	24	25	26	27	28	29	30
陰	13	14	15	16	17	18	19	20	21	22	23	24	25	26	27	28	29	30	③소	2	3	4	5	6	7	8	9	10	11	12
干支	己酉	庚戌	辛亥	壬子	癸丑	甲寅	乙卯	丙辰	丁巳	戊午	己未	庚申	辛酉	壬戌	癸亥	甲子	乙丑	丙寅	丁卯	戊辰	己巳	庚午	辛未	壬申	癸酉	甲戌	乙亥	丙子	丁丑	戊寅
曜	월	화	수	목	금	토	일	월	화	수	목	금	도	일	월	화	수	목	금	토	일	월	화	수	목	금	토	일	월	화

5月

陽	1	2	3	4	5	6	7	8	9	10	11	12	13	14	15	16	17	18	19	20	21	22	23	24	25	26	27	28	29	30	31
陰	13	14	15	16	17	18	19	20	21	22	23	24	25	26	27	28	29	④소	2	3	4	5	6	7	8	9	10	11	12	13	14
干支	己卯	庚辰	辛巳	壬午	癸未	甲申	乙酉	丙戌	丁亥	戊子	己丑	庚寅	辛卯	壬辰	癸巳	甲午	乙未	丙申	丁酉	戊戌	己亥	庚子	辛丑	壬寅	癸卯	甲辰	乙巳	丙午	丁未	戊申	己酉
曜	수	목	금	토	일	월	화	수	목	금	토	일	월	화	수	목	금	토	일	월	화	수	목	금	토	일	월	화	수	목	금

6月

陽	1	2	3	4	5	6	7	8	9	10	11	12	13	14	15	16	17	18	19	20	21	22	23	24	25	26	27	28	29	30
陰	15	16	17	18	19	20	21	22	23	24	25	26	27	28	29	⑤대	2	3	4	5	6	7	8	9	10	11	12	13	14	15
干支	庚戌	辛亥	壬子	癸丑	甲寅	乙卯	丙辰	丁巳	戊午	己未	庚申	辛酉	壬戌	癸亥	甲子	乙丑	丙寅	丁卯	戊辰	己巳	庚午	辛未	壬申	癸酉	甲戌	乙亥	丙子	丁丑	戊寅	己卯
曜	토	일	월	화	수	목	금	토	일	월	화	수	목	금	토	일	월	화	수	목	금	토	일	월	화	수	목	금	토	일

7月

陽	1	2	3	4	5	6	7	8	9	10	11	12	13	14	15	16	17	18	19	20	21	22	23	24	25	26	27	28	29	30	31
陰	16	17	18	19	20	21	22	23	24	25	26	27	28	29	30	⑥소	2	3	4	5	6	7	8	9	10	11	12	13	14	15	16
干支	庚辰	辛巳	壬午	癸未	甲申	乙酉	丙戌	丁亥	戊子	己丑	庚寅	辛卯	壬辰	癸巳	甲午	乙未	丙申	丁酉	戊戌	己亥	庚子	辛丑	壬寅	癸卯	甲辰	乙巳	丙午	丁未	戊申	己酉	庚戌
曜	월	화	수	목	금	토	일	월	화	수	목	금	토	일	월	화	수	목	금	토	일	월	화	수	목	금	토	일	월	화	수

8月

陽	1	2	3	4	5	6	7	8	9	10	11	12	13	14	15	16	17	18	19	20	21	22	23	24	25	26	27	28	29	30	31
陰	17	18	19	20	21	22	23	24	25	26	27	28	29	⑦대	2	3	4	5	6	7	8	9	10	11	12	13	14	15	16	17	18
干支	辛亥	壬子	癸丑	甲寅	乙卯	丙辰	丁巳	戊午	己未	庚申	辛酉	壬戌	癸亥	甲子	乙丑	丙寅	丁卯	戊辰	己巳	庚午	辛未	壬申	癸酉	甲戌	乙亥	丙子	丁丑	戊寅	己卯	庚辰	辛巳
曜	목	금	토	일	월	화	수	목	금	토	일	월	화	수	목	금	토	일	월	화	수	목	금	토	일	월	화	수	목	금	토

9月

陽	1	2	3	4	5	6	7	8	9	10	11	12	13	14	15	16	17	18	19	20	21	22	23	24	25	26	27	28	29	30
陰	19	20	21	22	23	24	25	26	27	28	29	30	⑧소	2	3	4	5	6	7	8	9	10	11	12	13	14	15	16	17	18
干支	壬午	癸未	甲申	乙酉	丙戌	丁亥	戊子	己丑	庚寅	辛卯	壬辰	癸巳	甲午	乙未	丙申	丁酉	戊戌	己亥	庚子	甲丑	壬寅	癸卯	甲辰	乙巳	丙午	丁未	戊申	己酉	庚戌	辛亥
曜	일	월	화	수	목	금	토	일	월	화	수	목	금	토	일	월	화	수	목	금	토	일	월	화	수	목	금	토	일	월

10月

陽	1	2	3	4	5	6	7	8	9	10	11	12	13	14	15	16	17	18	19	20	21	22	23	24	25	26	27	28	29	30	31
陰	19	20	21	22	23	24	25	26	27	28	29	⑨대	2	3	4	5	6	7	8	9	10	11	12	13	14	15	16	17	18	19	20
干支	壬子	癸丑	甲寅	乙卯	丙辰	丁巳	戊午	己未	庚申	辛酉	壬戌	癸亥	甲子	乙丑	丙寅	丁卯	戊辰	己巳	庚午	辛未	壬申	癸酉	甲戌	乙亥	丙子	丁丑	戊寅	己卯	庚辰	辛巳	壬午
曜	화	수	목	금	토	일	월	화	수	목	금	토	일	월	화	수	목	금	토	일	월	화	수	목	금	토	일	월	화	수	목

11月

陽	1	2	3	4	5	6	7	8	9	10	11	12	13	14	15	16	17	18	19	20	21	22	23	24	25	26	27	28	29	30
陰	21	22	23	24	25	26	27	28	29	30	⑩대	2	3	4	5	6	7	8	9	10	11	12	13	14	15	16	17	18	19	20
干支	癸未	甲申	乙酉	丙戌	丁亥	戊子	己丑	庚寅	辛卯	壬辰	癸巳	甲午	乙未	丙申	丁酉	戊戌	己亥	庚子	辛丑	壬寅	癸卯	甲辰	乙巳	丙午	丁未	戊申	己酉	庚戌	辛亥	壬子
曜	금	토	일	월	화	수	목	금	토	일	월	화	수	목	금	토	일	월	화	수	목	금	토	일	월	화	수	목	금	토

12月

陽	1	2	3	4	5	6	7	8	9	10	11	12	13	14	15	16	17	18	19	20	21	22	23	24	25	26	27	28	29	30	31
陰	21	22	23	24	25	26	27	28	29	30	⑪대	2	3	4	5	6	7	8	9	10	11	12	13	14	15	16	17	18	19	20	21
干支	癸丑	甲寅	乙卯	丙辰	丁巳	戊午	己未	庚申	辛酉	壬戌	癸亥	甲子	乙丑	丙寅	丁卯	戊辰	己巳	庚午	辛未	壬申	癸酉	甲戌	乙亥	丙子	丁丑	戊寅	己卯	庚辰	辛巳	壬午	癸未
曜	일	월	화	수	목	금	토	일	월	화	수	목	금	토	일	월	화	수	목	금	토	일	월	화	수	목	금	토	일	월	화

辛丑 (壁上土)

西紀一九〇一年●檀紀四二三四年

舊平三百五十四日
新平三百六十五日

四日得辛 一龍治水
卯喪門 一龍治水
酉大將軍 東 三殺

六白	四綠	八白
二黑	九紫	七赤
一白	五黃	三碧

月建之大小	正月小 (庚寅)	二月大 (辛卯)	三月小 (壬辰)	四月小 (癸巳)	五月大 (甲午)	六月小 (乙未)	七月大 (丙申)	八月小 (丁酉)	九月大 (戊戌)	十月大 (己亥)	十一月大 (庚子)	十二月小 (辛丑)
日辰	戊辰 戊寅 戊子	丁酉 丁未 丁巳	丁卯 丁丑 丁亥	丙申 丙午 丙辰	乙丑 乙亥 乙酉	乙未 乙巳 乙卯	甲子 甲戌 甲申	甲午 甲辰 甲寅	癸亥 癸酉 癸未	癸巳 癸卯 癸丑	癸亥 癸酉 癸未	癸巳 癸卯 癸丑
月白	五黃	四綠	三碧	二黑	一白	九紫	八白	七赤	六白	五黃	四綠	三碧
入節	驚蟄十六日癸未午後二時八分 雨水初一日戊辰午後三時四十六分	清明十七日癸丑午後七時四十四分 春分初二日戊戌午後三時二十三分	立夏十八日甲申午後一時五十六分 穀雨初三日己巳午前三時十九分	芒種二十日乙卯午後六時四十七分 小滿初五日庚子午前三時二十七分	小暑廿三日丁亥午前五時二十三分 夏至初七日辛未午前十一時四十五分	立秋廿四日戊午午後三時七分 大暑初八日壬寅午後十時四十六分	白露廿六日己丑午後五時五十三分 處暑十一日甲戌午前五時四十八分	寒露廿七日庚申午前九時二分 秋分十二日乙巳午前三時三分	立冬廿八日庚寅午前十一時三十六分 霜降十三日乙亥午前十一時四十六分	大雪廿八日庚申午前三時三十二分 小雪十三日乙巳午前八時十八分	小寒廿七日己丑午後一時四十八分 冬至十二日甲戌午後九時八分	立春廿七日己未午前一時三十二分 大寒十二日甲辰午前七時二十分

◆雜　節◆

雜節	陰曆	陽曆
寒食	二月十八日	陽四月六日
土王	二月三十日	陽四月十八日
初伏	六月初六日	陽七月二十一日
土王	六月初五日	陽七月二十日
中伏	六月十六日	陽七月三十一日
末伏	六月廿六日	陽八月十日
土王	九月初十日	陽十月二十一日
土王	十二月初九日	陽一月十八日
臘享	十二月十五日	陽一月二十四日

1902 (4235. 壬寅)

1月

陽	1	2	3	4	5	6	7	8	9	10	11	12	13	14	15	16	17	18	19	20	21	22	23	24	25	26	27	28	29	30	31
陰	22	23	24	25	26	27	28	29	30	⑫소	2	3	4	5	6	7	8	9	10	11	12	13	14	15	16	17	18	19	20	21	22
干支	甲申	乙酉	丙戌	丁亥	戊子	己丑	庚寅	辛卯	壬辰	癸巳	甲午	乙未	丙申	丁酉	戊戌	己亥	庚子	辛丑	壬寅	癸卯	甲辰	乙巳	丙午	丁未	戊申	己酉	庚戌	辛亥	壬子	癸丑	甲寅
曜	수	목	금	토	일	월	화	수	목	금	토	일	월	화	수	목	금	토	일	월	화	수	목	금	토	일	월	화	수	목	금

2月

陽	1	2	3	4	5	6	7	8	9	10	11	12	13	14	15	16	17	18	19	20	21	22	23	24	25	26	27	28
陰	23	24	25	26	27	28	29	①대	2	3	4	5	6	7	8	9	10	11	12	13	14	15	16	17	18	19	20	21
干支	乙卯	丙辰	丁巳	戊午	己未	庚申	辛酉	壬戌	癸亥	甲子	乙丑	丙寅	丁卯	戊辰	己巳	庚午	辛未	壬申	癸酉	甲戌	乙亥	丙子	丁丑	戊寅	己卯	庚辰	辛巳	壬午
曜	토	일	월	화	수	목	금	토	일	월	화	수	목	금	토	일	월	화	수	목	금	토	일	월	화	수	목	금

3月

陽	1	2	3	4	5	6	7	8	9	10	11	12	13	14	15	16	17	18	19	20	21	22	23	24	25	26	27	28	29	30	31
陰	22	23	24	25	26	27	28	29	30	②소	2	3	4	5	6	7	8	9	10	11	12	13	14	15	16	17	18	19	20	21	22
干支	癸未	甲申	乙酉	丙戌	丁亥	戊子	己丑	庚寅	辛卯	壬辰	癸巳	甲午	乙未	丙申	丁酉	戊戌	己亥	庚子	辛丑	壬寅	癸卯	甲辰	乙巳	丙午	丁未	戊申	己酉	庚戌	辛亥	壬子	癸丑
曜	토	일	월	화	수	목	금	토	일	월	화	수	목	금	토	일	월	화	수	목	금	토	일	월	화	수	목	금	토	일	월

4月

陽	1	2	3	4	5	6	7	8	9	10	11	12	13	14	15	16	17	18	19	20	21	22	23	24	25	26	27	28	29	30
陰	23	24	25	26	27	28	29	③대	2	3	4	5	6	7	8	9	10	11	12	13	14	15	16	17	18	19	20	21	22	23
干支	甲寅	乙卯	丙辰	丁巳	戊午	己未	庚申	辛酉	壬戌	癸亥	甲子	乙丑	丙寅	丁卯	戊辰	己巳	庚午	辛未	壬申	癸酉	甲戌	乙亥	丙子	丁丑	戊寅	己卯	庚辰	辛巳	壬午	癸未
曜	화	수	목	금	토	일	월	화	수	목	금	토	일	월	화	수	목	금	토	일	월	화	수	목	금	토	일	월	화	수

5月

陽	1	2	3	4	5	6	7	8	9	10	11	12	13	14	15	16	17	18	19	20	21	22	23	24	25	26	27	28	29	30	31
陰	24	25	26	27	28	29	30	④소	2	3	4	5	6	7	8	9	10	11	12	13	14	15	16	17	18	19	20	21	22	23	24
干支	甲申	乙酉	丙戌	丁亥	戊子	己丑	庚寅	辛卯	壬辰	癸巳	甲午	乙未	丙申	丁酉	戊戌	己亥	庚子	辛丑	壬寅	癸卯	甲辰	乙巳	丙午	丁未	戊申	己酉	庚戌	辛亥	壬子	癸丑	甲寅
曜	목	금	토	일	월	화	수	목	금	토	일	월	화	수	목	금	토	일	월	화	수	목	금	토	일	월	화	수	목	금	토

6月

陽	1	2	3	4	5	6	7	8	9	10	11	12	13	14	15	16	17	18	19	20	21	22	23	24	25	26	27	28	29	30
陰	25	26	27	28	29	⑤소	2	3	4	5	6	7	8	9	10	11	12	13	14	15	16	17	18	19	20	21	22	23	24	25
干支	乙卯	丙辰	丁巳	戊午	己未	庚申	辛酉	壬戌	癸亥	甲子	乙丑	丙寅	丁卯	戊辰	己巳	庚午	辛未	壬申	癸酉	甲戌	乙亥	丙子	丁丑	戊寅	己卯	庚辰	辛巳	壬午	癸未	甲申
曜	일	월	화	수	목	금	토	일	월	화	수	목	금	토	일	월	화	수	목	금	토	일	월	화	수	목	금	토	일	월

7月

陽	1	2	3	4	5	6	7	8	9	10	11	12	13	14	15	16	17	18	19	20	21	22	23	24	25	26	27	28	29	30	31
陰	26	27	28	29	⑥대	2	3	4	5	6	7	8	9	10	11	12	13	14	15	16	17	18	19	20	21	22	23	24	25	26	27
干支	乙酉	丙戌	丁亥	戊子	己丑	庚寅	辛卯	壬辰	癸巳	甲午	乙未	丙申	丁酉	戊戌	己亥	庚子	辛丑	壬寅	癸卯	甲辰	乙巳	丙午	丁未	戊申	己酉	庚戌	辛亥	壬子	癸丑	甲寅	乙卯
曜	화	수	목	금	토	일	월	화	수	목	금	토	일	월	화	수	목	금	토	일	월	화	수	목	금	토	일	월	화	수	목

8月

陽	1	2	3	4	5	6	7	8	9	10	11	12	13	14	15	16	17	18	19	20	21	22	23	24	25	26	27	28	29	30	31
陰	28	29	30	⑦소	2	3	4	5	6	7	8	9	10	11	12	13	14	15	16	17	18	19	20	21	22	23	24	25	26	27	28
干支	丙辰	丁巳	戊午	己未	庚申	辛酉	壬戌	癸亥	甲子	乙丑	丙寅	丁卯	戊辰	己巳	庚午	辛未	壬申	癸酉	甲戌	乙亥	丙子	丁丑	戊寅	己卯	庚辰	辛巳	壬午	癸未	甲申	乙酉	丙戌
曜	금	토	일	월	화	수	목	금	토	일	월	화	수	목	금	토	일	월	화	수	목	금	토	일	월	화	수	목	금	토	일

9月

陽	1	2	3	4	5	6	7	8	9	10	11	12	13	14	15	16	17	18	19	20	21	22	23	24	25	26	27	28	29	30
陰	29	⑧대	2	3	4	5	6	7	8	9	10	11	12	13	14	15	16	17	18	19	20	21	22	23	24	25	26	27	28	29
干支	丁亥	戊子	己丑	庚寅	辛卯	壬辰	癸巳	甲午	乙未	丙申	丁酉	戊戌	己亥	庚子	辛丑	壬寅	癸卯	甲辰	乙巳	丙午	丁未	戊申	己酉	庚戌	辛亥	壬子	癸丑	甲寅	乙卯	丙辰
曜	월	화	수	목	금	토	일	월	화	수	목	금	토	일	월	화	수	목	금	토	일	월	화	수	목	금	토	일	월	화

10月

陽	1	2	3	4	5	6	7	8	9	10	11	12	13	14	15	16	17	18	19	20	21	22	23	24	25	26	27	28	29	30	31
陰	30	⑨소	2	3	4	5	6	7	8	9	10	11	12	13	14	15	16	17	18	19	20	21	22	23	24	25	26	27	28	29	⑩대
干支	丁巳	戊午	己未	庚申	辛酉	壬戌	癸亥	甲子	乙丑	丙寅	丁卯	戊辰	己巳	庚午	辛未	壬申	癸酉	甲戌	乙亥	丙子	丁丑	戊寅	己卯	庚辰	辛巳	壬午	癸未	甲申	乙酉	丙戌	丁亥
曜	수	목	금	토	일	월	화	수	목	금	토	일	월	화	수	목	금	토	일	월	화	수	목	금	토	일	월	화	수	목	금

11月

陽	1	2	3	4	5	6	7	8	9	10	11	12	13	14	15	16	17	18	19	20	21	22	23	24	25	26	27	28	29	30
陰	2	3	4	5	6	7	8	9	10	11	12	13	14	15	16	17	18	19	20	21	22	23	24	25	26	27	28	29	30	⑪대
干支	戊子	己丑	庚寅	辛卯	壬辰	癸巳	甲午	乙未	丙申	丁酉	戊戌	己亥	庚子	辛丑	壬寅	癸卯	甲辰	乙巳	丙午	丁未	戊申	己酉	庚戌	辛亥	壬子	癸丑	甲寅	乙卯	丙辰	丁巳
曜	토	일	월	화	수	목	금	토	일	월	화	수	목	금	토	일	월	화	수	목	금	토	일	월	화	수	목	금	토	일

12月

陽	1	2	3	4	5	6	7	8	9	10	11	12	13	14	15	16	17	18	19	20	21	22	23	24	25	26	27	28	29	30	31
陰	2	3	4	5	6	7	8	9	10	11	12	13	14	15	16	17	18	19	20	21	22	23	24	25	26	27	28	29	30	⑫대	2
干支	戊午	己未	庚申	辛酉	壬戌	癸亥	甲子	乙丑	丙寅	丁卯	戊辰	己巳	庚午	辛未	壬申	癸酉	甲戌	乙亥	丙子	丁丑	戊寅	己卯	庚辰	辛巳	壬午	癸未	甲申	乙酉	丙戌	丁亥	戊子
曜	월	화	수	목	금	토	일	월	화	수	목	금	토	일	월	화	수	목	금	토	일	월	화	수	목	금	토	일	월	화	수

壬寅 (金箔金)

西紀一九〇二年 • 檀紀四二三五年

舊平三百五十五日
新平三百六十五日

十日得辛 七龍治水
辰喪門 子吊客
子大將軍 北三殺

五黃	三碧	七赤
一白	八白	六白
九紫	五黃	二黒

月之大小	壬寅 正月大	癸卯 二月小	甲辰 三月大	乙巳 四月小	丙午 五月小	丁未 六月大	戊申 七月小	己酉 八月大	庚戌 九月小	辛亥 十月大	壬子 十一月大	癸丑 十二月大
日辰	壬午 壬申 壬戌	壬子 壬寅 壬辰	辛巳 辛未 辛酉	辛亥 辛丑 辛卯	庚辰 庚午 庚申	己酉 己亥 己丑	己卯 己巳 己未	戊申 戊戌 戊子	戊寅 戊辰 戊午	丁未 丁酉 丁亥	丁丑 丁卯 丁巳	丁未 丁酉 丁亥
月白	二 黒	一 白	九 紫	八 白	七 赤	六 白	五 黃	四 綠	三 碧	二 黒	一 白	九 紫
入節	雨水十二日癸酉午後九時三十五分 驚蟄廿七日戊子午後七時五十八分	春分十二日癸卯午後九時十一分 清明廿八日己未午前一時三分	穀雨十四日甲戌午前九時七分 立夏廿九日己丑午後七時四十五分	小滿十五日乙巳午前九時六分	芒種初二日辛酉午後十一時五十一分 夏至十七日丙子午後五時十八分	小暑初四日壬辰午前十一時十一分 大暑二十日戊申午前四時三十七分	立秋初五日癸亥午後九時零分 處暑廿一日己卯午前十一時三十四分	白露初七日甲午午後十一時三十一分 秋分廿三日庚戌午前八時五十一分	寒露初八日乙丑午後二時五十三分 霜降廿三日庚辰午後五時五十分	立冬初九日乙未午後五時十五分 小雪廿四日庚戌午後二時三十七分	大雪初九日乙丑午前九時三十一分 冬至廿四日庚辰午前二時三十一分	小寒初八日甲午午後七時五十六分 大寒廿三日己酉午後一時九分

◆雜 節◆

寒食	二月廿八日	陽四月六日
土王	三月十一日	陽四月十八日
初伏	六月十二日	陽七月十六日
土王	六月十七日	陽七月二十一日
中伏	六月廿二日	陽七月二十六日
末伏	七月十二日	陽八月十五日
土王	九月二十日	陽十月二十一日
土王	十二月二十日	陽一月十八日
臘享	十二月廿一日	陽一月十九日

1903 (4236. 癸卯)

1月

陽	1	2	3	4	5	6	7	8	9	10	11	12	13	14	15	16	17	18	19	20	21	22	23	24	25	26	27	28	29	30	31
陰	3	4	5	6	7	8	9	10	11	12	13	14	15	16	17	18	19	20	21	22	23	24	25	26	27	28	29	30	①소	2	3
干支	己丑	庚寅	辛卯	壬辰	癸巳	甲午	乙未	丙申	丁酉	戊戌	己亥	庚子	辛丑	壬寅	癸卯	甲辰	乙巳	丙午	丁未	戊申	己酉	庚戌	辛亥	壬子	癸丑	甲寅	乙卯	丙辰	丁巳	戊午	己未
曜	목	금	토	일	월	화	수	목	금	토	일	월	화	수	목	금	토	일	월	화	수	목	금	토	일	월	화	수	목	금	토

2月

陽	1	2	3	4	5	6	7	8	9	10	11	12	13	14	15	16	17	18	19	20	21	22	23	24	25	26	27	28
陰	4	5	6	7	8	9	10	11	12	13	14	15	16	17	18	19	20	21	22	23	24	25	26	27	28	29	②대	2
干支	庚申	辛酉	壬戌	癸亥	甲子	乙丑	丙寅	丁卯	戊辰	己巳	庚午	辛未	壬申	癸酉	甲戌	乙亥	丙子	丁丑	戊寅	己卯	庚辰	辛巳	壬午	癸未	甲申	乙酉	丙戌	丁亥
曜	일	월	화	수	목	금	토	일	월	화	수	목	금	토	일	월	화	수	목	금	토	일	월	화	수	목	금	토

3月

陽	1	2	3	4	5	6	7	8	9	10	11	12	13	14	15	16	17	18	19	20	21	22	23	24	25	26	27	28	29	30	31
陰	3	4	5	6	7	8	9	10	11	12	13	14	15	16	17	18	19	20	21	22	23	24	25	26	27	28	29	30	③소	2	3
干支	戊子	己丑	庚寅	辛卯	壬辰	癸巳	甲午	乙未	丙申	丁酉	戊戌	己亥	庚子	辛丑	壬寅	癸卯	甲辰	乙巳	丙午	丁未	戊申	己酉	庚戌	辛亥	壬子	癸丑	甲寅	乙卯	丙辰	丁巳	戊午
曜	일	월	화	수	목	금	토	일	월	화	수	목	금	토	일	월	화	수	목	금	토	일	월	화	수	목	금	토	일	월	화

4月

陽	1	2	3	4	5	6	7	8	9	10	11	12	13	14	15	16	17	18	19	20	21	22	23	24	25	26	27	28	29	30
陰	4	5	6	7	8	9	10	11	12	13	14	15	16	17	18	19	20	21	22	23	24	25	26	27	28	29	④대	2	3	4
干支	己未	庚申	辛酉	壬戌	癸亥	甲子	乙丑	丙寅	丁卯	戊辰	己巳	庚午	辛未	壬申	癸酉	甲戌	乙亥	丙子	丁丑	戊寅	己卯	庚辰	辛巳	壬午	癸未	甲申	乙酉	丙戌	丁亥	戊子
曜	수	목	금	토	일	월	화	수	목	금	토	일	월	화	수	목	금	토	일	월	화	수	목	금	토	일	월	화	수	목

5月

陽	1	2	3	4	5	6	7	8	9	10	11	12	13	14	15	16	17	18	19	20	21	22	23	24	25	26	27	28	29	30	31
陰	5	6	7	8	9	10	11	12	13	14	15	16	17	18	19	20	21	22	23	24	25	26	27	28	29	30	⑤소	2	3	4	5
干支	己丑	庚寅	辛卯	壬辰	癸巳	甲午	乙未	丙申	丁酉	戊戌	己亥	庚子	辛丑	壬寅	癸卯	甲辰	乙巳	丙午	丁未	戊申	己酉	庚戌	辛亥	壬子	癸丑	甲寅	乙卯	丙辰	丁巳	戊午	己未
曜	금	토	일	월	화	수	목	금	토	일	월	화	수	목	금	토	일	월	화	수	목	금	토	일	월	화	수	목	금	토	일

6月

陽	1	2	3	4	5	6	7	8	9	10	11	12	13	14	15	16	17	18	19	20	21	22	23	24	25	26	27	28	29	30
陰	6	7	8	9	10	11	12	13	14	15	16	17	18	19	20	21	22	23	24	25	26	27	28	29	⑤소	2	3	4	5	6
干支	庚申	辛酉	壬戌	癸亥	甲子	乙丑	丙寅	丁卯	戊辰	己巳	庚午	辛未	壬申	癸酉	甲戌	乙亥	丙子	丁丑	戊寅	己卯	庚辰	辛巳	壬午	癸未	甲申	乙酉	丙戌	丁亥	戊子	己丑
曜	월	화	수	목	금	토	일	월	화	수	목	금	토	일	월	화	수	목	금	토	일	월	화	수	목	금	토	일	월	화

7月

陽	1	2	3	4	5	6	7	8	9	10	11	12	13	14	15	16	17	18	19	20	21	22	23	24	25	26	27	28	29	30	31
陰	7	8	9	10	11	12	13	14	15	16	17	18	19	20	21	22	23	24	25	26	27	28	29	⑥대	2	3	4	5	6	7	8
干支	庚寅	辛卯	壬辰	癸巳	甲午	乙未	丙申	丁酉	戊戌	己亥	庚子	辛丑	壬寅	癸卯	甲辰	乙巳	丙午	丁未	戊申	己酉	庚戌	辛亥	壬子	癸丑	甲寅	乙卯	丙辰	丁巳	戊午	己未	庚申
曜	수	목	금	토	일	월	화	수	목	금	토	일	월	화	수	목	금	토	일	월	화	수	목	금	토	일	월	화	수	목	금

8月

陽	1	2	3	4	5	6	7	8	9	10	11	12	13	14	15	16	17	18	19	20	21	22	23	24	25	26	27	28	29	30	31
陰	9	10	11	12	13	14	15	16	17	18	19	20	21	22	23	24	25	26	27	28	29	30	⑦소	2	3	4	5	6	7	8	9
干支	辛酉	壬戌	癸亥	甲子	乙丑	丙寅	丁卯	戊辰	己巳	庚午	辛未	壬申	癸酉	甲戌	乙亥	丙子	丁丑	戊寅	己卯	庚辰	辛巳	壬午	癸未	甲申	乙酉	丙戌	丁亥	戊子	己丑	庚寅	辛卯
曜	토	일	월	화	수	목	금	토	일	월	화	수	목	금	토	일	월	화	수	목	금	토	일	월	화	수	목	금	토	일	월

9月

陽	1	2	3	4	5	6	7	8	9	10	11	12	13	14	15	16	17	18	19	20	21	22	23	24	25	26	27	28	29	30
陰	10	11	12	13	14	15	16	17	18	19	20	21	22	23	24	25	26	27	28	29	⑧소	2	3	4	5	6	7	8	9	10
干支	壬辰	癸巳	甲午	乙未	丙申	丁酉	戊戌	己亥	庚子	辛丑	壬寅	癸卯	甲辰	乙巳	丙午	丁未	戊申	己酉	庚戌	辛亥	壬子	癸丑	甲寅	乙卯	丙辰	丁巳	戊午	己未	庚申	辛酉
曜	화	수	목	금	토	일	월	화	수	목	금	토	일	월	화	수	목	금	토	일	월	화	수	목	금	토	일	월	화	수

10月

陽	1	2	3	4	5	6	7	8	9	10	11	12	13	14	15	16	17	18	19	20	21	22	23	24	25	26	27	28	29	30	31
陰	11	12	13	14	15	16	17	18	19	20	21	22	23	24	25	26	27	28	29	30	⑨대	2	3	4	5	6	7	8	9	10	11
干支	壬戌	癸亥	甲子	乙丑	丙寅	丁卯	戊辰	己巳	庚午	辛未	壬申	癸酉	甲戌	乙亥	丙子	丁丑	戊寅	己卯	庚辰	辛巳	壬午	癸未	甲申	乙酉	丙戌	丁亥	戊子	己丑	庚寅	辛卯	壬辰
曜	목	금	토	일	월	화	수	목	금	토	일	월	화	수	목	금	토	일	월	화	수	목	금	토	일	월	화	수	목	금	토

11月

陽	1	2	3	4	5	6	7	8	9	10	11	12	13	14	15	16	17	18	19	20	21	22	23	24	25	26	27	28	29	30
陰	12	13	14	15	16	17	18	19	20	21	22	23	24	25	26	27	28	29	⑩대	2	3	4	5	6	7	8	9	10	11	12
干支	癸巳	甲午	乙未	丙申	丁酉	戊戌	己亥	庚子	辛丑	壬寅	癸卯	甲辰	乙巳	丙午	丁未	戊申	己酉	庚戌	辛亥	壬子	癸丑	甲寅	乙卯	丙辰	丁巳	戊午	己未	庚申	辛酉	壬戌
曜	일	월	화	수	목	금	토	일	월	화	수	목	금	토	일	월	화	수	목	금	토	일	월	화	수	목	금	토	일	월

12月

陽	1	2	3	4	5	6	7	8	9	10	11	12	13	14	15	16	17	18	19	20	21	22	23	24	25	26	27	28	29	30	31
陰	13	14	15	16	17	18	19	20	21	22	23	24	25	26	27	28	29	30	⑪소	2	3	4	5	6	7	8	9	10	11	12	13
干支	癸亥	甲子	乙丑	丙寅	丁卯	戊辰	己巳	庚午	辛未	壬申	癸酉	甲戌	乙亥	丙子	丁丑	戊寅	己卯	庚辰	辛巳	壬午	癸未	甲申	乙酉	丙戌	丁亥	戊子	己丑	庚寅	辛卯	壬辰	癸巳
曜	화	수	목	금	토	일	월	화	수	목	금	토	일	월	화	수	목	금	토	일	월	화	수	목	금	토	일	월	화	수	목

癸卯 (金箔金)

西紀一九○三年● 檀紀四二三六年

舊閏三百八十三日
新平三百六十五日

五日得辛 十一龍治水
巳喪門 丑弔客
子大將軍 酉三殺

四綠	二黑	六白
九紫	七赤	五黃
八白	三碧	一白

月之大小	日辰	月白	入節
正月小 (甲寅)	丁丑 丁卯 丁巳	八白	立春初八日甲子午前七時二十四分 / 雨水廿三日己卯午前三時二十五分
二月大 (乙卯)	丙午 丙申 丙戌	七赤	驚蟄初九日甲午午前一時四十六分 / 春分廿四日己酉午前三時一分
三月小 (丙辰)	丙子 丙寅 丙辰	六白	淸明初九日甲子午前七時二十二分 / 穀雨廿四日己卯午後二時五十二分
四月大 (丁巳)	乙巳 乙未 乙酉	五黃	立夏十一日乙未午前一時三十三分 / 小滿廿六日庚戌午後一時五十四分
五月小 (戊午)	乙亥 乙丑 乙卯	四綠	芒種十二日丙寅午前六時二十三分 / 夏至廿八日壬午午後十一時二十一分
五閏月小	甲辰 甲午 甲申	四綠	小暑十四日丁酉午後四時五十九分
六月大 (己未)	癸酉 癸亥 癸丑	三碧	大暑初一日癸丑午前十時二十六分 / 立秋十七日己巳午前二時四十八分
七月小 (庚申)	癸卯 癸巳 癸未	二黑	處暑初二日甲申午後五時二十三分 / 白露十八日庚子午前五時三十九分
八月小 (辛酉)	壬申 壬戌 壬子	一白	秋分初四日乙卯午後二時四十分 / 寒露十九日庚午午後八時四十分
九月大 (壬戌)	辛丑 辛卯 辛巳	九紫	霜降初四日乙酉午後十一時二十五分 / 立冬十九日庚子午後十一時七分
十月大 (癸亥)	辛未 辛酉 辛亥	八白	小雪初五日乙卯午後八時十二分 / 大雪二十日庚午午後三時十二分
十一月小 (甲子)	辛丑 辛卯 辛巳	七赤	冬至初五日乙酉午前八時四十八分 / 小寒十九日乙未午前一時四十六分
十二月大 (乙丑)	庚午 庚申 庚戌	六白	大寒初四日甲寅午後七時零分 / 立春十九日己巳午後一時十四分

◆雜 節◆

雜節	陰	陽
臘享	十二月初十日	陽一月二十六日
土王	十二月初一日	陽一月十八日
土王	九月初一日	陽十月二十一日
末伏	六月十八日	陽八月十日
土王	閏五月廿七日	陽七月二十一日
中伏	六月初八日	陽七月三十一日
初伏	閏五月廿七日	陽七月二十一日
土王	三月廿一日	陽四月十八日
寒食	三月初十日	陽四月七日

1904 (4237. 甲辰)

1月

陽	1	2	3	4	5	6	7	8	9	10	11	12	13	14	15	16	17	18	19	20	21	22	23	24	25	26	27	28	29	30	31
陰	14	15	16	17	18	19	20	21	22	23	24	25	26	27	28	29	30	⑫소	2	3	4	5	6	7	8	9	10	11	12	13	14
干支	甲午	乙未	丙申	丁酉	戊戌	己亥	庚子	辛丑	壬寅	癸卯	甲辰	乙巳	丙午	丁未	戊申	己酉	庚戌	辛亥	壬子	癸丑	甲寅	乙卯	丙辰	丁巳	戊午	己未	庚申	辛酉	壬戌	癸亥	甲子
曜	금	토	일	월	화	수	목	금	토	일	월	화	수	목	금	토	일	월	화	수	목	금	토	일	월	화	수	목	금	토	일

2月

陽	1	2	3	4	5	6	7	8	9	10	11	12	13	14	15	16	17	18	19	20	21	22	23	24	25	26	27	28	29
陰	15	16	17	18	19	20	21	22	23	24	25	26	27	28	29	①대	2	3	4	5	6	7	8	9	10	11	12	13	14
干支	乙丑	丙寅	丁卯	戊辰	己巳	庚午	辛未	壬申	癸酉	甲戌	乙亥	丙子	丁丑	戊寅	己卯	庚辰	辛巳	壬午	癸未	甲申	乙酉	丙戌	丁亥	戊子	己丑	庚寅	辛卯	壬辰	癸巳
曜	월	화	수	목	금	토	일	월	화	수	목	금	토	일	월	화	수	목	금	토	일	월	화	수	목	금	토	일	월

3月

陽	1	2	3	4	5	6	7	8	9	10	11	12	13	14	15	16	17	18	19	20	21	22	23	24	25	26	27	28	29	30	31
陰	15	16	17	18	19	20	21	22	23	24	25	26	27	28	29	30	②대	2	3	4	5	6	7	8	9	10	11	12	13	14	15
干支	甲午	乙未	丙申	丁酉	戊戌	己亥	庚子	辛丑	壬寅	癸卯	甲辰	乙巳	丙午	丁未	戊申	己酉	庚戌	辛亥	壬子	癸丑	甲寅	乙卯	丙辰	丁巳	戊午	己未	庚申	辛酉	壬戌	癸亥	甲子
曜	화	수	목	금	토	일	월	화	수	목	금	토	일	월	화	수	목	금	토	일	월	화	수	목	금	토	일	월	화	수	목

4月

陽	1	2	3	4	5	6	7	8	9	10	11	12	13	14	15	16	17	18	19	20	21	22	23	24	25	26	27	28	29	30
陰	16	17	18	19	20	21	22	23	24	25	26	27	28	29	30	③대	2	3	4	5	6	7	8	9	10	11	12	13	14	15
干支	乙丑	丙寅	丁卯	戊辰	己巳	庚午	辛未	壬申	癸酉	甲戌	乙亥	丙子	丁丑	戊寅	己卯	庚辰	辛巳	壬午	癸未	甲申	乙酉	丙戌	丁亥	戊子	己丑	庚寅	辛卯	壬辰	癸巳	甲午
曜	금	토	일	월	화	수	목	금	토	일	월	화	수	목	금	토	일	월	화	수	목	금	토	일	월	화	수	목	금	토

5月

陽	1	2	3	4	5	6	7	8	9	10	11	12	13	14	15	16	17	18	19	20	21	22	23	24	25	26	27	28	29	30	31
陰	16	17	18	19	20	21	22	23	24	25	26	27	28	29	④대	2	3	4	5	6	7	8	9	10	11	12	13	14	15	16	17
干支	乙未	丙申	丁酉	戊戌	己亥	庚子	辛丑	壬寅	癸卯	甲辰	乙巳	丙午	丁未	戊申	己酉	庚戌	辛亥	壬子	癸丑	甲寅	乙卯	丙辰	丁巳	戊午	己未	庚申	辛酉	壬戌	癸亥	甲子	乙丑
曜	일	월	화	수	목	금	토	일	월	화	수	목	금	토	일	월	화	수	목	금	토	일	월	화	수	목	금	토	일	월	화

6月

陽	1	2	3	4	5	6	7	8	9	10	11	12	13	14	15	16	17	18	19	20	21	22	23	24	25	26	27	28	29	30
陰	18	19	20	21	22	23	24	25	26	27	28	29	30	⑤소	2	3	4	5	6	7	8	9	10	11	12	13	14	15	16	17
干支	丙寅	丁卯	戊辰	己巳	庚午	辛未	壬申	癸酉	甲戌	乙亥	丙子	丁丑	戊寅	己卯	庚辰	辛巳	壬午	癸未	甲申	乙酉	丙戌	丁亥	戊子	己丑	庚寅	辛卯	壬辰	癸巳	甲午	乙未
曜	수	목	금	토	일	월	화	수	목	금	토	일	월	화	수	목	금	토	일	월	화	수	목	금	토	일	월	화	수	목

7月

陽	1	2	3	4	5	6	7	8	9	10	11	12	13	14	15	16	17	18	19	20	21	22	23	24	25	26	27	28	29	30	31
陰	18	19	20	21	22	23	24	25	26	27	28	29	⑥소	2	3	4	5	6	7	8	9	10	11	12	13	14	15	16	17	18	19
干支	丙申	丁酉	戊戌	己亥	庚子	辛丑	壬寅	癸卯	甲辰	乙巳	丙午	丁未	戊申	己酉	庚戌	辛亥	壬子	癸丑	甲寅	乙卯	丙辰	丁巳	戊午	己未	庚申	辛酉	壬戌	癸亥	甲子	乙丑	丙寅
曜	금	토	일	월	화	수	목	금	토	일	월	화	수	목	금	토	일	월	화	수	목	금	토	일	월	화	수	목	금	토	일

8月

陽	1	2	3	4	5	6	7	8	9	10	11	12	13	14	15	16	17	18	19	20	21	22	23	24	25	26	27	28	29	30	31
陰	20	21	22	23	24	25	26	27	28	29	⑦대	2	3	4	5	6	7	8	9	10	11	12	13	14	15	16	17	18	19	20	21
干支	丁卯	戊辰	己巳	庚午	辛未	壬申	癸酉	甲戌	乙亥	丙子	丁丑	戊寅	己卯	庚辰	辛巳	壬午	癸未	甲申	乙酉	丙戌	丁亥	戊子	己丑	庚寅	辛卯	壬辰	癸巳	甲午	乙未	丙申	丁酉
曜	월	화	수	목	금	토	일	월	화	수	목	금	토	일	월	화	수	목	금	토	일	월	화	수	목	금	토	일	월	화	수

9月

陽	1	2	3	4	5	6	7	8	9	10	11	12	13	14	15	16	17	18	19	20	21	22	23	24	25	26	27	28	29	30
陰	22	23	24	25	26	27	28	29	30	⑧소	2	3	4	5	6	7	8	9	10	11	12	13	14	15	16	17	18	19	20	21
干支	戊戌	己亥	庚子	辛丑	壬寅	癸卯	甲辰	乙巳	丙午	丁未	戊申	己酉	庚戌	辛亥	壬子	癸丑	甲寅	乙卯	丙辰	丁巳	戊午	己未	庚申	辛酉	壬戌	癸亥	甲子	乙丑	丙寅	丁卯
曜	목	금	토	일	월	화	수	목	금	토	일	월	화	수	목	금	토	일	월	화	수	목	금	토	일	월	화	수	목	금

10月

陽	1	2	3	4	5	6	7	8	9	10	11	12	13	14	15	16	17	18	19	20	21	22	23	24	25	26	27	28	29	30	31
陰	22	23	24	25	26	27	28	29	⑨소	2	3	4	5	6	7	8	9	10	11	12	13	14	15	16	17	18	19	20	21	22	23
干支	戊辰	己巳	庚午	辛未	壬申	癸酉	甲戌	乙亥	丙子	丁丑	戊寅	己卯	庚辰	辛巳	壬午	癸未	甲申	乙酉	丙戌	丁亥	戊子	己丑	庚寅	辛卯	壬辰	癸巳	甲午	乙未	丙申	丁酉	戊戌
曜	토	일	월	화	수	목	금	토	일	월	화	수	목	금	토	일	월	화	수	목	금	토	일	월	화	수	목	금	토	일	월

11月

陽	1	2	3	4	5	6	7	8	9	10	11	12	13	14	15	16	17	18	19	20	21	22	23	24	25	26	27	28	29	30
陰	24	25	26	27	28	29	30	⑩소	2	3	4	5	6	7	8	9	10	11	12	13	14	15	16	17	18	19	20	21	22	23
干支	己亥	庚子	辛丑	壬寅	癸卯	甲辰	乙巳	丙午	丁未	戊申	己酉	庚戌	辛亥	壬子	癸丑	甲寅	乙卯	丙辰	丁巳	戊午	己未	庚申	辛酉	壬戌	癸亥	甲子	乙丑	丙寅	丁卯	戊辰
曜	화	수	목	금	토	일	월	화	수	목	금	토	일	월	화	수	목	금	토	일	월	화	수	목	금	토	일	월	화	수

12月

陽	1	2	3	4	5	6	7	8	9	10	11	12	13	14	15	16	17	18	19	20	21	22	23	24	25	26	27	28	29	30	31
陰	24	25	26	27	28	29	⑪대	2	3	4	5	6	7	8	9	10	11	12	13	14	15	16	17	18	19	20	21	22	23	24	25
干支	己巳	庚午	辛未	壬申	癸酉	甲戌	乙亥	丙子	丁丑	戊寅	己卯	庚辰	辛巳	壬午	癸未	甲申	乙酉	丙戌	丁亥	戊子	己丑	庚寅	辛卯	壬辰	癸巳	甲午	乙未	丙申	丁酉	戊戌	己亥
曜	목	금	토	일	월	화	수	목	금	토	일	월	화	수	목	금	토	일	월	화	수	목	금	토	일	월	화	수	목	금	토

甲辰 (覆燈火)

西紀一九〇四年 ● 檀紀四二三七年

舊 平三百五十四日
新 閏三百六十六日

二日得辛 一龍治水
午 喪門 寅 吊客
子 大將軍 南 三殺

三碧	一白	五黃
八白	六白	四綠
七赤	二黑	九紫

月之大小	正月大 丙寅	二月大 丁卯	三月小 戊辰	四月大 己巳	五月小 庚午	六月小 辛未	七月大 壬申	八月小 癸酉	九月小 甲戌	十月大 乙亥	十一月大 丙子	十二月小 丁丑
日辰	庚子 庚寅 庚辰	庚午 庚申 庚戌	庚子 庚寅 庚辰	己巳 己未 己酉	己亥 己丑 己卯	戊辰 戊午 戊申	丁酉 丁亥 丁丑	丁卯 丁巳 丁未	丙申 丙戌 丙子	乙丑 乙卯 乙巳	乙未 乙酉 乙亥	乙丑 乙卯 乙巳
月白	五黃	四綠	三碧	二黑	一白	九紫	八白	七赤	六白	五黃	四綠	三碧
入節	驚蟄二十日己亥午前七時三十七分 雨水初五日甲申午前九時十五分	清明二十日己巳午後一時十一分 春分初五日甲寅午前八時五十分	立夏廿一日庚子午前七時二十二分 穀雨初五日甲申午後八時四十五分	芒種廿三日辛未午後零時十二分 小滿初七日乙卯午後八時四十三分	小暑廿四日壬寅午後十時四十七分 夏至初九日丁亥午前五時九分	立秋廿七日甲戌午前八時二十一分 大暑十一日戊午午後四時十三分	白露廿九日乙巳午前十一時十八分 處暑十三日己丑午後十一時十分	秋分十四日庚申午後八時三十九分	霜降十六日辛卯午前五時十四分 寒露初一日丙子午前二時三十八分	小雪十六日辛酉午前二時一分 立冬初一日丙午午前四時四十三分	冬至十六日庚寅午後二時三十七分 大雪初一日乙亥午後九時一分	大寒十六日庚申午前零時四十九分 小寒初二日丙午午前七時三十六分

◆雜 節◆

雜節	陰	陽
寒食	二月廿一日	陽四月六日
土王	三月初二日	陽四月十七日
初伏	六月初三日	陽七月十五日
土王	六月初八日	陽七月二十日
中伏	六月十三日	陽七月二十五日
末伏	七月初四日	陽八月十四日
土王	九月十三日	陽十月二十一日
土王	十二月十三日	陽一月十八日
臘享	十二月十五日	陽一月二十日

1905 (4238. 乙巳)

1月

陽	1	2	3	4	5	6	7	8	9	10	11	12	13	14	15	16	17	18	19	20	21	22	23	24	25	26	27	28	29	30	31
陰	26	27	28	29	30	⑫소	2	3	4	5	6	7	8	9	10	11	12	13	14	15	16	17	18	19	20	21	22	23	24	25	26
干支	庚子	辛丑	壬寅	癸卯	甲辰	乙巳	丙午	丁未	戊申	己酉	庚戌	辛亥	壬子	癸丑	甲寅	乙卯	丙辰	丁巳	戊午	己未	庚申	辛酉	壬戌	癸亥	甲子	乙丑	丙寅	丁卯	戊辰	己巳	庚午
曜	일	월	화	수	목	금	토	일	월	화	수	목	금	토	일	월	화	수	목	금	토	일	월	화	수	목	금	토	일	월	화

2月

陽	1	2	3	4	5	6	7	8	9	10	11	12	13	14	15	16	17	18	19	20	21	22	23	24	25	26	27	28
陰	27	28	29	①대	2	3	4	5	6	7	8	9	10	11	12	13	14	15	16	17	18	19	20	21	22	23	24	25
干支	辛未	壬申	癸酉	甲戌	乙亥	丙子	丁丑	戊寅	己卯	庚辰	辛巳	壬午	癸未	甲申	乙酉	丙戌	丁亥	戊子	己丑	庚寅	辛卯	壬辰	癸巳	甲午	乙未	丙申	丁酉	戊戌
曜	수	목	금	토	일	월	화	수	목	금	토	일	월	화	수	목	금	토	일	월	화	수	목	금	토	일	월	화

3月

陽	1	2	3	4	5	6	7	8	9	10	11	12	13	14	15	16	17	18	19	20	21	22	23	24	25	26	27	28	29	30	31
陰	26	27	28	29	30	②대	2	3	4	5	6	7	8	9	10	11	12	13	14	15	16	17	18	19	20	21	22	23	24	25	26
干支	己亥	庚子	辛丑	壬寅	癸卯	甲辰	乙巳	丙午	丁未	戊申	己酉	庚戌	辛亥	壬子	癸丑	甲寅	乙卯	丙辰	丁巳	戊午	己未	庚申	辛酉	壬戌	癸亥	甲子	乙丑	丙寅	丁卯	戊辰	己巳
曜	수	목	금	토	일	월	화	수	목	금	토	일	월	화	수	목	금	토	일	월	화	수	목	금	토	일	월	화	수	목	금

4月

陽	1	2	3	4	5	6	7	8	9	10	11	12	13	14	15	16	17	18	19	20	21	22	23	24	25	26	27	28	29	30
陰	27	28	29	30	③소	2	3	4	5	6	7	8	9	10	11	12	13	14	15	16	17	18	19	20	21	22	23	24	25	26
干支	庚午	辛未	壬申	癸酉	甲戌	乙亥	丙子	丁丑	戊寅	己卯	庚辰	辛巳	壬午	癸未	甲申	乙酉	丙戌	丁亥	戊子	己丑	庚寅	辛卯	壬辰	癸巳	甲午	乙未	丙申	丁酉	戊戌	己亥
曜	토	일	월	화	수	목	금	토	일	월	화	수	목	금	토	일	월	화	수	목	금	토	일	월	화	수	목	금	토	일

5月

陽	1	2	3	4	5	6	7	8	9	10	11	12	13	14	15	16	17	18	19	20	21	22	23	24	25	26	27	28	29	30	31
陰	27	28	29	30	④소	2	3	4	5	6	7	8	9	10	11	12	13	14	15	16	17	18	19	20	21	22	23	24	25	26	27
干支	庚子	辛丑	壬寅	癸卯	甲辰	乙巳	丙午	丁未	戊申	己酉	庚戌	辛亥	壬子	癸丑	甲寅	乙卯	丙辰	丁巳	戊午	己未	庚申	辛酉	壬戌	癸亥	甲子	乙丑	丙寅	丁卯	戊辰	己巳	庚午
曜	월	화	수	목	금	토	일	월	화	수	목	금	토	일	월	화	수	목	금	토	일	월	화	수	목	금	토	일	월	화	수

6月

陽	1	2	3	4	5	6	7	8	9	10	11	12	13	14	15	16	17	18	19	20	21	22	23	24	25	26	27	28	29	30
陰	28	29	⑤대	2	3	4	5	6	7	8	9	10	11	12	13	14	15	16	17	18	19	20	21	22	23	24	25	26	27	28
干支	辛未	壬申	癸酉	甲戌	乙亥	丙子	丁丑	戊寅	己卯	庚辰	辛巳	壬午	癸未	甲申	乙酉	丙戌	丁亥	戊子	己丑	庚寅	辛卯	壬辰	癸巳	甲午	乙未	丙申	丁酉	戊戌	己亥	庚子
曜	목	금	토	일	월	화	수	목	금	토	일	월	화	수	목	금	토	일	월	화	수	목	금	토	일	월	화	수	목	금

7月

陽	1	2	3	4	5	6	7	8	9	10	11	12	13	14	15	16	17	18	19	20	21	22	23	24	25	26	27	28	29	30	31
陰	29	30	⑥소	2	3	4	5	6	7	8	9	10	11	12	13	14	15	16	17	18	19	20	21	22	23	24	25	26	27	28	29
干支	辛丑	壬寅	癸卯	甲辰	乙巳	丙午	丁未	戊申	己酉	庚戌	辛亥	壬子	癸丑	甲寅	乙卯	丙辰	丁巳	戊午	己未	庚申	辛酉	壬戌	癸亥	甲子	乙丑	丙寅	丁卯	戊辰	己巳	庚午	辛未
曜	토	일	월	화	수	목	금	토	일	월	화	수	목	금	토	일	월	화	수	목	금	토	일	월	화	수	목	금	토	일	월

8月

陽	1	2	3	4	5	6	7	8	9	10	11	12	13	14	15	16	17	18	19	20	21	22	23	24	25	26	27	28	29	30	31
陰	⑦대	2	3	4	5	6	7	8	9	10	11	12	13	14	15	16	17	18	19	20	21	22	23	24	25	26	27	28	29	⑧대	2
干支	壬申	癸酉	甲戌	乙亥	丙子	丁丑	戊寅	己卯	庚辰	辛巳	壬午	癸未	甲申	乙酉	丙戌	丁亥	戊子	己丑	庚寅	辛卯	壬辰	癸巳	甲午	乙未	丙申	丁酉	戊戌	己亥	庚子	辛丑	壬寅
曜	화	수	목	금	토	일	월	화	수	목	금	토	일	월	화	수	목	금	토	일	월	화	수	목	금	토	일	월	화	수	목

9月

陽	1	2	3	4	5	6	7	8	9	10	11	12	13	14	15	16	17	18	19	20	21	22	23	24	25	26	27	28	29	30
陰	3	4	5	6	7	8	9	10	11	12	13	14	15	16	17	18	19	20	21	22	23	24	25	26	27	28	29	30	⑨소	2
干支	癸卯	甲辰	乙巳	丙午	丁未	戊申	己酉	庚戌	辛亥	壬子	癸丑	甲寅	乙卯	丙辰	丁巳	戊午	己未	庚申	辛酉	壬戌	癸亥	甲子	乙丑	丙寅	丁卯	戊辰	己巳	庚午	辛未	壬申
曜	금	토	일	월	화	수	목	금	토	일	월	화	수	목	금	토	일	월	화	수	목	금	토	일	월	화	수	목	금	토

10月

陽	1	2	3	4	5	6	7	8	9	10	11	12	13	14	15	16	17	18	19	20	21	22	23	24	25	26	27	28	29	30	31
陰	3	4	5	6	7	8	9	10	11	12	13	14	15	16	17	18	19	20	21	22	23	24	25	26	27	28	29	⑩대	2	3	4
干支	癸酉	甲戌	乙亥	丙子	丁丑	戊寅	己卯	庚辰	辛巳	壬午	癸未	甲申	乙酉	丙戌	丁亥	戊子	己丑	庚寅	辛卯	壬辰	癸巳	甲午	乙未	丙申	丁酉	戊戌	己亥	庚子	辛丑	壬寅	癸卯
曜	일	월	화	수	목	금	토	일	월	화	수	목	금	토	일	월	화	수	목	금	토	일	월	화	수	목	금	토	일	월	화

11月

陽	1	2	3	4	5	6	7	8	9	10	11	12	13	14	15	16	17	18	19	20	21	22	23	24	25	26	27	28	29	30
陰	5	6	7	8	9	10	11	12	13	14	15	16	17	18	19	20	21	22	23	24	25	26	27	28	29	30	⑪소	2	3	4
干支	甲辰	乙巳	丙午	丁未	戊申	己酉	庚戌	辛亥	壬子	癸丑	甲寅	乙卯	丙辰	丁巳	戊午	己未	庚申	辛酉	壬戌	癸亥	甲子	乙丑	丙寅	丁卯	戊辰	己巳	庚午	辛未	壬申	癸酉
曜	수	목	금	토	일	월	화	수	목	금	토	일	월	화	수	목	금	토	일	월	화	수	목	금	토	일	월	화	수	목

12月

陽	1	2	3	4	5	6	7	8	9	10	11	12	13	14	15	16	17	18	19	20	21	22	23	24	25	26	27	28	29	30	31
陰	5	6	7	8	9	10	11	12	13	14	15	16	17	18	19	20	21	22	23	24	25	26	27	28	29	⑫대	2	3	4	5	6
干支	甲戌	乙亥	丙子	丁丑	戊寅	己卯	庚辰	辛巳	壬午	癸未	甲申	乙酉	丙戌	丁亥	戊子	己丑	庚寅	辛卯	壬辰	癸巳	甲午	乙未	丙申	丁酉	戊戌	己亥	庚子	辛丑	壬寅	癸卯	甲辰
曜	금	토	일	월	화	수	목	금	토	일	월	화	수	목	금	토	일	월	화	수	목	금	토	일	월	화	수	목	금	토	일

乙巳 (覆燈火)

西紀一九〇五年●檀紀四二三八年

舊平三百五十五日
新平三百六十五日

八日得辛 七龍治水
未喪門 卯吊客
卯大將軍 東三殺

二黑	九紫	四綠
七赤	五黃	三碧
六白	一白	八白

建月之大小	正月大 戊寅	二月大 己卯	三月小 庚辰	四月大 辛巳	五月大 壬午	六月小 癸未	七月小 甲申	八月大 乙酉	九月小 丙戌	十月大 丁亥	十一月小 戊子	十二月大 己丑
日辰	甲午 甲申 甲戌	甲子 甲寅 甲辰	甲午 甲申 甲戌	癸亥 癸丑 癸卯	癸巳 癸未 癸酉	癸亥 癸丑 癸卯	壬辰 壬午 壬申	辛酉 辛亥 辛丑	辛卯 辛巳 辛未	庚申 庚戌 庚子	庚寅 庚辰 庚午	己未 己酉 己亥
月白	二 黑	一 白	九 紫	八 白	七 赤	六 白	五 黃	四 綠	三 碧	二 黑	一 白	九 紫
入節	雨水十六日己丑午後三時四分 立春初一日甲戌午後七時四分	春分十六日己未午後二時三十六分 驚蟄初一日甲辰午後一時二十五分	穀雨十七日庚寅午前二時三十三分 清明初一日甲戌午後七時零分	小滿十九日辛酉午前二時三十一分 立夏初二日乙巳午後一時十分	夏至二十日壬辰午前十時四十三分 芒種初四日丙子午後六時零分	大暑廿一日癸亥午後十時二分 小暑初六日戊申午前四時二十分	處暑廿四日乙未午前四時五十六分 立秋初八日己卯午後二時三十五分	秋分廿六日丙寅午前二時十八分 白露初十日庚戌午後五時六分	霜降廿六日丙申午後三時二分 寒露十一日辛巳午前八時十八分	小雪廿七日丙寅午前七時三十六分 立冬十二日辛亥午前十時四十六分	冬至廿六日乙未午後八時三十七分 大雪十二日辛巳午前二時五十一分	大寒廿七日乙丑午前六時三十七分 小寒十二日庚戌午後二時三十五分

◆雜 節◆

寒食	土王	初伏	中伏	土王	末伏	土王	土王	臘享
三月初二日	三月十四日	六月十八日	六月廿八日	六月十八日	七月初九日	九月廿三日	十二月廿四日	十二月廿十日
陽四月六日	陽四月十八日	陽七月二十日	陽七月三十日	陽七月二十日	陽八月九日	陽十月二十一日	陽一月十八日	陽一月十五日

1906 (4239. 丙午)

1月

	1	2	3	4	5	6	7	8	9	10	11	12	13	14	15	16	17	18	19	20	21	22	23	24	25	26	27	28	29	30	31
陰	7	8	9	10	11	12	13	14	15	16	17	18	19	20	21	22	23	24	25	26	27	28	29	30	①소	2	3	4	5	6	7
干支	乙巳	丙午	丁未	戊申	己酉	庚戌	辛亥	壬子	癸丑	甲寅	乙卯	丙辰	丁巳	戊午	己未	庚申	辛酉	壬戌	癸亥	甲子	乙丑	丙寅	丁卯	戊辰	己巳	庚午	辛未	壬申	癸酉	甲戌	乙亥
曜	월	화	수	목	금	토	일	월	화	수	목	금	토	일	월	화	수	목	금	토	일	월	화	수	목	금	토	일	월	화	수

2月

陽	1	2	3	4	5	6	7	8	9	10	11	12	13	14	15	16	17	18	19	20	21	22	23	24	25	26	27	28
陰	8	9	10	11	12	13	14	15	16	17	18	19	20	21	22	23	24	25	26	27	28	29	②대	2	3	4	5	6
干支	丙子	丁丑	戊寅	己卯	庚辰	辛巳	壬午	癸未	甲申	乙酉	丙戌	丁亥	戊子	己丑	庚寅	辛卯	壬辰	癸巳	甲午	乙未	丙申	丁酉	戊戌	己亥	庚子	辛丑	壬寅	癸卯
曜	목	금	토	일	월	화	수	목	금	토	일	월	화	수	목	금	토	일	월	화	수	목	금	토	일	월	화	수

3月

陽	1	2	3	4	5	6	7	8	9	10	11	12	13	14	15	16	17	18	19	20	21	22	23	24	25	26	27	28	29	30	31
陰	7	8	9	10	11	12	13	14	15	16	17	18	19	20	21	22	23	24	25	26	27	28	29	30	③대	2	3	4	5	6	7
干支	甲辰	乙巳	丙午	丁未	戊申	己酉	庚戌	辛亥	壬子	癸丑	甲寅	乙卯	丙辰	丁巳	戊午	己未	庚申	辛酉	壬戌	癸亥	甲子	乙丑	丙寅	丁卯	戊辰	己巳	庚午	辛未	壬申	癸酉	甲戌
曜	목	금	토	일	월	화	수	목	금	토	일	월	화	수	목	금	토	일	월	화	수	목	금	토	일	월	화	수	목	금	토

4月

陽	1	2	3	4	5	6	7	8	9	10	11	12	13	14	15	16	17	18	19	20	21	22	23	24	25	26	27	28	29	30
陰	8	9	10	11	12	13	14	15	16	17	18	19	20	21	22	23	24	25	26	27	28	29	30	④소	2	3	4	5	6	7
干支	乙亥	丙子	丁丑	戊寅	己卯	庚辰	辛巳	壬午	癸未	甲申	乙酉	丙戌	丁亥	戊子	己丑	庚寅	辛卯	壬辰	癸巳	甲午	乙未	丙申	丁酉	戊戌	己亥	庚子	辛丑	壬寅	癸卯	甲辰
曜	일	월	화	수	목	금	토	일	월	화	수	목	금	토	일	월	화	수	목	금	토	일	월	화	수	목	금	토	일	월

5月

陽	1	2	3	4	5	6	7	8	9	10	11	12	13	14	15	16	17	18	19	20	21	22	23	24	25	26	27	28	29	30	31
陰	8	9	10	11	12	13	14	15	16	17	18	19	20	21	22	23	24	25	26	27	28	29	대	2	3	4	5	6	7	8	9
干支	乙巳	丙午	丁未	戊申	己酉	庚戌	辛亥	壬子	癸丑	甲寅	乙卯	丙辰	丁巳	戊午	己未	庚申	辛酉	壬戌	癸亥	甲子	乙丑	丙寅	丁卯	戊辰	己巳	庚午	辛未	壬申	癸酉	甲戌	乙亥
曜	화	수	목	금	토	일	월	화	수	목	금	토	일	월	화	수	목	금	토	일	월	화	수	목	금	토	일	월	화	수	목

6月

陽	1	2	3	4	5	6	7	8	9	10	11	12	13	14	15	16	17	18	19	20	21	22	23	24	25	26	27	28	29	30
陰	10	11	12	13	14	15	16	17	18	19	20	21	22	23	24	25	26	27	28	29	30	⑤소	2	3	4	5	6	7	8	9
干支	丙子	丁丑	戊寅	己卯	庚辰	辛巳	壬午	癸未	甲申	乙酉	丙戌	丁亥	戊子	己丑	庚寅	辛卯	壬辰	癸巳	甲午	乙未	丙申	丁酉	戊戌	己亥	庚子	辛丑	壬寅	癸卯	甲辰	乙巳
曜	금	토	일	월	화	수	목	금	토	일	월	화	수	목	금	토	일	월	화	수	목	금	토	일	월	화	수	목	금	토

7月

陽	1	2	3	4	5	6	7	8	9	10	11	12	13	14	15	16	17	18	19	20	21	22	23	24	25	26	27	28	29	30	31
陰	10	11	12	13	14	15	16	17	18	19	20	21	22	23	24	25	26	27	28	29	⑥대	2	3	4	5	6	7	8	9	10	11
干支	丙午	丁未	戊申	己酉	庚戌	辛亥	壬子	癸丑	甲寅	乙卯	丙辰	丁巳	戊午	己未	庚申	辛酉	壬戌	癸亥	甲子	乙丑	丙寅	丁卯	戊辰	己巳	庚午	辛未	壬申	癸酉	甲戌	乙亥	丙子
曜	일	월	화	수	목	금	토	일	월	화	수	목	금	토	일	월	화	수	목	금	토	일	월	화	수	목	금	토	일	월	화

8月

陽	1	2	3	4	5	6	7	8	9	10	11	12	13	14	15	16	17	18	19	20	21	22	23	24	25	26	27	28	29	30	31
陰	12	13	14	15	16	17	18	19	20	21	22	23	24	25	26	27	28	29	30	⑦소	2	3	4	5	6	7	8	9	10	11	12
干支	丁丑	戊寅	己卯	庚辰	辛巳	壬午	癸未	甲申	乙酉	丙戌	丁亥	戊子	己丑	庚寅	辛卯	壬辰	癸巳	甲午	乙未	丙申	丁酉	戊戌	己亥	庚子	辛丑	壬寅	癸卯	甲辰	乙巳	丙午	丁未
曜	수	목	금	토	일	월	화	수	목	금	토	일	월	화	수	목	금	토	일	월	화	수	목	금	토	일	월	화	수	목	금

9月

陽	1	2	3	4	5	6	7	8	9	10	11	12	13	14	15	16	17	18	19	20	21	22	23	24	25	26	27	28	29	30
陰	13	14	15	16	17	18	19	20	21	22	23	24	25	26	27	28	29	⑧대	2	3	4	5	6	7	8	9	10	11	12	13
干支	戊申	己酉	庚戌	辛亥	壬子	癸丑	甲寅	乙卯	丙辰	丁巳	戊午	己未	庚申	辛酉	壬戌	癸亥	甲子	乙丑	丙寅	丁卯	戊辰	己巳	庚午	辛未	壬申	癸酉	甲戌	乙亥	丙子	丁丑
曜	토	일	월	화	수	목	금	토	일	월	화	수	목	금	토	일	월	화	수	목	금	토	일	월	화	수	목	금	토	일

10月

陽	1	2	3	4	5	6	7	8	9	10	11	12	13	14	15	16	17	18	19	20	21	22	23	24	25	26	27	28	29	30	31
陰	14	15	16	17	18	19	20	21	22	23	24	25	26	27	28	29	30	⑨소	2	3	4	5	6	7	8	9	10	11	12	13	14
干支	戊寅	己卯	庚辰	辛巳	壬午	癸未	甲申	乙酉	丙戌	丁亥	戊子	己丑	庚寅	辛卯	壬辰	癸巳	甲午	乙未	丙申	丁酉	戊戌	己亥	庚子	辛丑	壬寅	癸卯	甲辰	乙巳	丙午	丁未	戊申
曜	월	화	수	목	금	토	일	월	화	수	목	금	토	일	월	화	수	목	금	토	일	월	화	수	목	금	토	일	월	화	수

11月

陽	1	2	3	4	5	6	7	8	9	10	11	12	13	14	15	16	17	18	19	20	21	22	23	24	25	26	27	28	29	30
陰	15	16	17	18	19	20	21	22	23	24	25	26	27	28	29	⑩대	2	3	4	5	6	7	8	9	10	11	12	13	14	15
干支	己酉	庚戌	辛亥	壬子	癸丑	甲寅	乙卯	丙辰	丁巳	戊午	己未	庚申	辛酉	壬戌	癸亥	甲子	乙丑	丙寅	丁卯	戊辰	己巳	庚午	辛未	壬申	癸酉	甲戌	乙亥	丙子	丁丑	戊寅
曜	목	금	토	일	월	화	수	목	금	토	일	월	화	수	목	금	토	일	월	화	수	목	금	토	일	월	화	수	목	금

12月

陽	1	2	3	4	5	6	7	8	9	10	11	12	13	14	15	16	17	18	19	20	21	22	23	24	25	26	27	28	29	30	31
陰	16	17	18	19	20	21	22	23	24	25	26	27	28	29	30	⑪소	2	3	4	5	6	7	8	9	10	11	12	13	14	15	16
干支	己卯	庚辰	辛巳	壬午	癸未	甲申	乙酉	丙戌	丁亥	戊子	己丑	庚寅	辛卯	壬辰	癸巳	甲午	乙未	丙申	丁酉	戊戌	己亥	庚子	辛丑	壬寅	癸卯	甲辰	乙巳	丙午	丁未	戊申	己酉
曜	토	일	월	화	수	목	금	토	일	월	화	수	목	금	토	일	월	화	수	목	금	토	일	월	화	수	목	금	토	일	월

丙午 (天河水)

西紀一九〇六年●檀紀四二三九年

舊閏三百八十四日
新平三百六十五日

三日得辛 十二龍治水
申喪門 辰吊客
卯大將軍 北三殺

一白	八白	三碧
六白	四綠	二黑
五黃	九紫	七赤

月之大小	日辰	月白	節
正月小 庚寅	己巳 己卯 己丑	八白	立春十二日庚辰午前 零時五十三分 / 雨水廿六日甲午午後 八時五十三分
二月大 辛卯	戊戌 戊申 戊午	七赤	驚蟄十二日己酉午後 七時十五分 / 春分廿七日甲子午後 八時二十八分
三月大 壬辰	戊辰 戊寅 戊子	六白	淸明十三日庚辰午前 零時四十九分 / 穀雨廿八日乙未午前 八時二十二分
四月小 癸巳	戊戌 戊申 戊午	五黃	立夏十三日庚戌午後 六時五十九分 / 小滿廿九日丙寅午前 八時十九分
四閏月大	丁卯 丁丑 丁亥	五黃	芒種十六日壬午午後 十一時四十八分
五月小 甲午	丁酉 丁未 丁巳	四綠	夏至初一日丁酉午後 四時四十五分 / 小暑十七日癸丑午前 十一時二十三分
六月大 乙未	丙寅 丙子 丙戌	三碧	大暑初四日己巳午後 五時五十分 / 立秋十九日甲申午後 八時十三分
七月小 丙申	丙申 丙午 丙辰	二黑	處暑初五日庚子午前 十時四十七分 / 白露二十日乙卯午後 十時五十五分
八月大 丁酉	乙丑 乙亥 乙酉	一白	秋分初七日辛未午前 八時六分 / 寒露廿二日丙戌午後 二時八分
九月小 戊戌	乙未 乙巳 乙卯	九紫	霜降初七日辛丑午後 四時三十七分 / 立冬廿二日丙辰午後 四時三十六分
十月大 己亥	甲子 甲戌 甲申	八白	小雪初八日辛未午後 四十一分 / 大雪廿三日丙戌午前 八時四十一分
十一月小 庚子	甲午 甲辰 甲寅	七赤	冬至初八日辛丑午前 二時四十七分 / 小寒廿二日乙卯午後 七時十五分
十二月大 辛丑	癸亥 癸酉 癸未	六白	大寒初八日庚午午後 零時二十九分 / 立春廿三日乙酉午前 六時四十二分

◆雜 節◆

寒食	土王	初伏	土王	中伏	末伏	土王	土王	臘享
三月十三日	三月廿五日	五月廿四日	六月初一日	六月初五日	六月廿五日	九月初四日	十二月初五日	十二月初九日
陽四月六日	陽四月十八日	陽七月十五日	陽七月二十一日	陽七月二十五日	陽八月十四日	陽十月二十一日	陽一月十八日	陽一月二十二日

1907 (4240. 丁未)

1月

陽	1	2	3	4	5	6	7	8	9	10	11	12	13	14	15	16	17	18	19	20	21	22	23	24	25	26	27	28	29	30	31
陰	17	18	19	20	21	22	23	24	25	26	27	28	29	⑫대	2	3	4	5	6	7	8	9	10	11	12	13	14	15	16	17	18
干支	庚戌	辛亥	壬子	癸丑	甲寅	乙卯	丙辰	丁巳	戊午	己未	庚申	辛酉	壬戌	癸亥	甲子	乙丑	丙寅	丁卯	戊辰	己巳	庚午	辛未	壬申	癸酉	甲戌	乙亥	丙子	丁丑	戊寅	己卯	庚辰
曜	화	수	목	금	토	일	월	화	수	목	금	토	일	월	화	수	목	금	토	일	월	화	수	목	금	토	일	월	화	수	목

2月

陽	1	2	3	4	5	6	7	8	9	10	11	12	13	14	15	16	17	18	19	20	21	22	23	24	25	26	27	28
陰	19	20	21	22	23	24	25	26	27	28	29	30	①소	2	3	4	5	6	7	8	9	10	11	12	13	14	15	16
干支	辛巳	壬午	癸未	甲申	乙酉	丙戌	丁亥	戊子	己丑	庚寅	辛卯	壬辰	癸巳	甲午	乙未	丙申	丁酉	戊戌	己亥	庚子	辛丑	壬寅	癸卯	甲辰	乙巳	丙午	丁未	戊申
曜	금	토	일	월	화	수	목	금	토	일	월	화	수	목	금	토	일	월	화	수	목	금	토	일	월	화	수	목

3月

陽	1	2	3	4	5	6	7	8	9	10	11	12	13	14	15	16	17	18	19	20	21	22	23	24	25	26	27	28	29	30	31
陰	17	18	19	20	21	22	23	24	25	26	27	28	29	②대	2	3	4	5	6	7	8	9	10	11	12	13	14	15	16	17	18
干支	己酉	庚戌	辛亥	壬子	癸丑	甲寅	乙卯	丙辰	丁巳	戊午	己未	庚申	辛酉	壬戌	癸亥	甲子	乙丑	丙寅	丁卯	戊辰	己巳	庚午	辛未	壬申	癸酉	甲戌	乙亥	丙子	丁丑	戊寅	己卯
曜	금	토	일	월	화	수	목	금	토	일	월	화	수	목	금	토	일	월	화	수	목	금	토	일	월	화	수	목	금	토	일

4月

陽	1	2	3	4	5	6	7	8	9	10	11	12	13	14	15	16	17	18	19	20	21	22	23	24	25	26	27	28	29	30
陰	19	20	21	22	23	24	25	26	27	28	29	30	③소	2	3	4	5	6	7	8	9	10	11	12	13	14	15	16	17	18
干支	庚辰	辛巳	壬午	癸未	甲申	乙酉	丙戌	丁亥	戊子	己丑	庚寅	辛卯	壬辰	癸巳	甲午	乙未	丙申	丁酉	戊戌	己亥	庚子	辛丑	壬寅	癸卯	甲辰	乙巳	丙午	丁未	戊申	己酉
曜	월	화	수	목	금	토	일	월	화	수	목	금	토	일	월	화	수	목	금	토	일	월	화	수	목	금	토	일	월	화

5月

陽	1	2	3	4	5	6	7	8	9	10	11	12	13	14	15	16	17	18	19	20	21	22	23	24	25	26	27	28	29	30	31
陰	19	20	21	22	23	24	25	26	27	28	29	④대	2	3	4	5	6	7	8	9	10	11	12	13	14	15	16	17	18	19	20
干支	庚戌	辛亥	壬子	癸丑	甲寅	乙卯	丙辰	丁巳	戊午	己未	庚申	辛酉	壬戌	癸亥	甲子	乙丑	丙寅	丁卯	戊辰	己巳	庚午	辛未	壬申	癸酉	甲戌	乙亥	丙子	丁丑	戊寅	己卯	庚辰
曜	수	목	금	토	일	월	화	수	목	금	토	일	월	화	수	목	금	토	일	월	화	수	목	금	토	일	월	화	수	목	금

6月

陽	1	2	3	4	5	6	7	8	9	10	11	12	13	14	15	16	17	18	19	20	21	22	23	24	25	26	27	28	29	30
陰	21	22	23	24	25	26	27	28	29	30	⑤대	2	3	4	5	6	7	8	9	10	11	12	13	14	15	16	17	18	19	20
干支	辛巳	壬午	癸未	甲申	乙酉	丙戌	丁亥	戊子	己丑	庚寅	辛卯	壬辰	癸巳	甲午	乙未	丙申	丁酉	戊戌	己亥	庚子	辛丑	壬寅	癸卯	甲辰	乙巳	丙午	丁未	戊申	己酉	庚戌
曜	토	일	월	화	수	목	금	토	일	월	화	수	목	금	토	일	월	화	수	목	금	토	일	월	화	수	목	금	토	일

7月

陽	1	2	3	4	5	6	7	8	9	10	11	12	13	14	15	16	17	18	19	20	21	22	23	24	25	26	27	28	29	30	31
陰	21	22	23	24	25	26	27	28	29	30	⑥소	2	3	4	5	6	7	8	9	10	11	12	13	14	15	16	17	18	19	20	21
干支	辛亥	壬子	癸丑	甲寅	乙卯	丙辰	丁巳	戊午	己未	庚申	辛酉	壬戌	癸亥	甲子	乙丑	丙寅	丁卯	戊辰	己巳	庚午	辛未	壬申	癸酉	甲戌	乙亥	丙子	丁丑	戊寅	己卯	庚辰	辛巳
曜	월	화	수	목	금	토	일	월	화	수	목	금	토	일	월	화	수	목	금	토	일	월	화	수	목	금	토	일	월	화	수

8月

陽	1	2	3	4	5	6	7	8	9	10	11	12	13	14	15	16	17	18	19	20	21	22	23	24	25	26	27	28	29	30	31
陰	22	23	24	25	26	27	28	29	⑦대	2	3	4	5	6	7	8	9	10	11	12	13	14	15	16	17	18	19	20	21	22	23
干支	壬午	癸未	甲申	乙酉	丙戌	丁亥	戊子	己丑	庚寅	辛卯	壬辰	癸巳	甲午	乙未	丙申	丁酉	戊戌	己亥	庚子	辛丑	壬寅	癸卯	甲辰	乙巳	丙午	丁未	戊申	己酉	庚戌	辛亥	壬子
曜	목	금	토	일	월	화	수	목	금	토	일	월	화	수	목	금	토	일	월	화	수	목	금	토	일	월	화	수	목	금	토

9月

陽	1	2	3	4	5	6	7	8	9	10	11	12	13	14	15	16	17	18	19	20	21	22	23	24	25	26	27	28	29	30
陰	24	25	26	27	28	29	30	⑧소	2	3	4	5	6	7	8	9	10	11	12	13	14	15	16	17	18	19	20	21	22	23
干支	癸丑	甲寅	乙卯	丙辰	丁巳	戊午	己未	庚申	辛酉	壬戌	癸亥	甲子	乙丑	丙寅	丁卯	戊辰	己巳	庚午	辛未	壬申	癸酉	甲戌	乙亥	丙子	丁丑	戊寅	己卯	庚辰	辛巳	壬午
曜	일	월	화	수	목	금	토	일	월	화	수	목	금	토	일	월	화	수	목	금	토	일	월	화	수	목	금	토	일	월

10月

陽	1	2	3	4	5	6	7	8	9	10	11	12	13	14	15	16	17	18	19	20	21	22	23	24	25	26	27	28	29	30	31
陰	24	25	26	27	28	29	⑨대	2	3	4	5	6	7	8	9	10	11	12	13	14	15	16	17	18	19	20	21	22	23	24	25
干支	癸未	甲申	乙酉	丙戌	丁亥	戊子	己丑	庚寅	辛卯	壬辰	癸巳	甲午	乙未	丙申	丁酉	戊戌	己亥	庚子	辛丑	壬寅	癸卯	甲辰	乙巳	丙午	丁未	戊申	己酉	庚戌	辛亥	壬子	癸丑
曜	화	수	목	금	토	일	월	화	수	목	금	토	일	월	화	수	목	금	토	일	월	화	수	목	금	토	일	월	화	수	목

11月

陽	1	2	3	4	5	6	7	8	9	10	11	12	13	14	15	16	17	18	19	20	21	22	23	24	25	26	27	28	29	30
陰	26	27	28	29	30	⑩소	2	3	4	5	6	7	8	9	10	11	12	13	14	15	16	17	18	19	20	21	22	23	24	25
干支	甲寅	乙卯	丙辰	丁巳	戊午	己未	庚申	辛酉	壬戌	癸亥	甲子	乙丑	丙寅	丁卯	戊辰	己巳	庚午	辛未	壬申	癸酉	甲戌	乙亥	丙子	丁丑	戊寅	己卯	庚辰	辛巳	壬午	癸未
曜	금	토	일	월	화	수	목	금	토	일	월	화	수	목	금	토	일	월	화	수	목	금	토	일	월	화	수	목	금	토

12月

陽	1	2	3	4	5	6	7	8	9	10	11	12	13	14	15	16	17	18	19	20	21	22	23	24	25	26	27	28	29	30	31
陰	26	27	28	29	⑪대	2	3	4	5	6	7	8	9	10	11	12	13	14	15	16	17	18	19	20	21	22	23	24	25	26	27
干支	甲申	乙酉	丙戌	丁亥	戊子	己丑	庚寅	辛卯	壬辰	癸巳	甲午	乙未	丙申	丁酉	戊戌	己亥	庚子	辛丑	壬寅	癸卯	甲辰	乙巳	丙午	丁未	戊申	己酉	庚戌	辛亥	壬子	癸丑	甲寅
曜	일	월	화	수	목	금	토	일	월	화	수	목	금	토	일	월	화	수	목	금	토	일	월	화	수	목	금	토	일	월	화

丁未 (天河水)

西紀一九〇七年 ● 檀紀四二四〇年

舊平三百五十四日
新平三百六十五日

九日得辛 十龍治水
喪門 酉　弔客 巳
大將軍 卯　三殺 西

九紫	七赤	二黒
五黃	三碧	一白
四綠	八白	六白

建月之大小	壬寅 正月小	癸卯 二月大	甲辰 三月小	乙巳 四月大	丙午 五月小	丁未 六月大	戊申 七月大	己酉 八月小	庚戌 九月大	辛亥 十月小	壬子 十一月大	癸丑 十二月小
日辰	癸丑 癸卯 癸巳	壬午 壬申 壬戌	壬子 壬寅 壬辰	辛巳 辛未 辛酉	辛亥 辛丑 辛卯	庚辰 庚午 庚申	庚戌 庚子 庚寅	庚辰 庚午 庚申	己酉 己亥 己丑	己卯 己巳 己未	戊申 戊戌 戊子	戊寅 戊辰 戊午
月白	五黃	四綠	三碧	二黒	一白	九紫	八白	七赤	六白	五黃	四綠	三碧
入節	驚蟄廿三日己卯午前五時一分 雨水初八日庚子午前二時四十三分	清明廿四日乙酉午前六時三十八分 春分初九日庚午午前二時十七分	立夏廿五日丙辰午前零時四十六分 穀雨初九日庚子午後二時十一分	芒種廿七日丁亥午前五時三十六分 小滿十一日辛未午後二時七分	小暑廿八日戊午午後四時十分 夏至十二日壬寅午後十時三十三分	大暑十四日甲戌午前九時三十八分	處暑十六日乙巳午後四時三十六分 立秋初一日庚寅午前二時一分	秋分十七日丙子午後一時五十五分 白露初二日辛酉午前四時二十九分	霜降十八日丙午午後十時四十二分 寒露初三日辛卯午後七時五十五分	小雪十八日丙子午後七時三十分 立冬初三日辛酉午後十時十八分	冬至十九日丙午午前八時六分 大雪初四日辛卯午後二時三十分	大寒十八日乙亥午後六時十八分 小寒初三日庚申午前一時五分

◆雜 節◆

寒食	土王	初伏	土王	中伏	末伏	土王	土王	臘享
二月廿五日	三月初六日	六月初十日	六月十一日	六月二十日	七月初一日	九月十五日	十二月十五日	十二月十四日
陽四月七日	陽四月十八日	陽七月二十日	陽七月二十一日	陽七月三十日	陽八月九日	陽十月二十一日	陽一月十八日	陽一月十七日

1908 (4241. 戊申)

1月

陽	1	2	3	4	5	6	7	8	9	10	11	12	13	14	15	16	17	18	19	20	21	22	23	24	25	26	27	28	29	30	31
陰	28	29	30	⑫소	2	3	4	5	6	7	8	9	10	11	12	13	14	15	16	17	18	19	20	21	22	23	24	25	26	27	28
干支	乙卯	丙辰	丁巳	戊午	己未	庚申	辛酉	壬戌	癸亥	甲子	乙丑	丙寅	丁卯	戊辰	己巳	庚午	辛未	壬申	癸酉	甲戌	乙亥	丙子	丁丑	戊寅	己卯	庚辰	辛巳	壬午	癸未	甲申	乙酉
曜	수	목	금	토	일	월	화	수	목	금	토	일	월	화	수	목	금	토	일	월	화	수	목	금	토	일	월	화	수	목	금

2月

陽	1	2	3	4	5	6	7	8	9	10	11	12	13	14	15	16	17	18	19	20	21	22	23	24	25	26	27	28	29
陰	29	①소	2	3	4	5	6	7	8	9	10	11	12	13	14	15	16	17	18	19	20	21	22	23	24	25	26	27	28
干支	丙戌	丁亥	戊子	己丑	庚寅	辛卯	壬辰	癸巳	甲午	乙未	丙申	丁酉	戊戌	己亥	庚子	辛丑	壬寅	癸卯	甲辰	乙巳	丙午	丁未	戊申	己酉	庚戌	辛亥	壬子	癸丑	甲寅
曜	토	일	월	화	수	목	금	토	일	월	화	수	목	금	토	일	월	화	수	목	금	토	일	월	화	수	목	금	토

3月

陽	1	2	3	4	5	6	7	8	9	10	11	12	13	14	15	16	17	18	19	20	21	22	23	24	25	26	27	28	29	30	31
陰	29	30	②소	2	3	4	5	6	7	8	9	10	11	12	13	14	15	16	17	18	19	20	21	22	23	24	25	26	27	28	29
干支	乙卯	丙辰	丁巳	戊午	己未	庚申	辛酉	壬戌	癸亥	甲子	乙丑	丙寅	丁卯	戊辰	己巳	庚午	辛未	壬申	癸酉	甲戌	乙亥	丙子	丁丑	戊寅	己卯	庚辰	辛巳	壬午	癸未	甲申	乙酉
曜	일	월	화	수	목	금	토	일	월	화	수	목	금	토	일	월	화	수	목	금	토	일	월	화	수	목	금	토	일	월	화

4月

陽	1	2	3	4	5	6	7	8	9	10	11	12	13	14	15	16	17	18	19	20	21	22	23	24	25	26	27	28	29	30
陰	③대	2	3	4	5	6	7	8	9	10	11	12	13	14	15	16	17	18	19	20	21	22	23	24	25	26	27	28	29	30
干支	丙戌	丁亥	戊子	己丑	庚寅	辛卯	壬辰	癸巳	甲午	乙未	丙申	丁酉	戊戌	己亥	庚子	辛丑	壬寅	癸卯	甲辰	乙巳	丙午	丁未	戊申	己酉	庚戌	辛亥	壬子	癸丑	甲寅	乙卯
曜	수	목	금	토	일	월	화	수	목	금	토	일	월	화	수	목	금	토	일	월	화	수	목	금	토	일	월	화	수	목

5月

陽	1	2	3	4	5	6	7	8	9	10	11	12	13	14	15	16	17	18	19	20	21	22	23	24	25	26	27	28	29	30	31
陰	④소	2	3	4	5	6	7	8	9	10	11	12	13	14	15	16	17	18	19	20	21	22	23	24	25	26	27	28	29	⑤대	2
干支	丙辰	丁巳	戊午	己未	庚申	辛酉	壬戌	癸亥	甲子	乙丑	丙寅	丁卯	戊辰	己巳	庚午	辛未	壬申	癸酉	甲戌	乙亥	丙子	丁丑	戊寅	己卯	庚辰	辛巳	壬午	癸未	甲申	乙酉	丙戌
曜	금	토	일	월	화	수	목	금	토	일	월	화	수	목	금	토	일	월	화	수	목	금	토	일	월	화	수	목	금	토	일

6月

陽	1	2	3	4	5	6	7	8	9	10	11	12	13	14	15	16	17	18	19	20	21	22	23	24	25	26	27	28	29	30
陰	3	4	5	6	7	8	9	10	11	12	13	14	15	16	17	18	19	20	21	22	23	24	25	26	27	28	29	30	⑥대	2
干支	丁亥	戊子	己丑	庚寅	辛卯	壬辰	癸巳	甲午	乙未	丙申	丁酉	戊戌	己亥	庚子	辛丑	壬寅	癸卯	甲辰	乙巳	丙午	丁未	戊申	己酉	庚戌	辛亥	壬子	癸丑	甲寅	乙卯	丙辰
曜	월	화	수	목	금	토	일	월	화	수	목	금	토	일	월	화	수	목	금	토	일	월	화	수	목	금	토	일	월	화

7月

陽	1	2	3	4	5	6	7	8	9	10	11	12	13	14	15	16	17	18	19	20	21	22	23	24	25	26	27	28	29	30	31
陰	3	4	5	6	7	8	9	10	11	12	13	14	15	16	17	18	19	20	21	22	23	24	25	26	27	28	29	⑦대	2	3	4
干支	丁巳	戊午	己未	庚申	辛酉	壬戌	癸亥	甲子	乙丑	丙寅	丁卯	戊辰	己巳	庚午	辛未	壬申	癸酉	甲戌	乙亥	丙子	丁丑	戊寅	己卯	庚辰	辛巳	壬午	癸未	甲申	乙酉	丙戌	丁亥
曜	수	목	금	토	일	월	화	수	목	금	토	일	월	화	수	목	금	토	일	월	화	수	목	금	토	일	월	화	수	목	금

8月

陽	1	2	3	4	5	6	7	8	9	10	11	12	13	14	15	16	17	18	19	20	21	22	23	24	25	26	27	28	29	30	31
陰	5	6	7	8	9	10	11	12	13	14	15	16	17	18	19	20	21	22	23	24	25	26	27	28	29	30	⑧소	2	3	4	5
干支	戊子	己丑	庚寅	辛卯	壬辰	癸巳	甲午	乙未	丙申	丁酉	戊戌	己亥	庚子	辛丑	壬寅	癸卯	甲辰	乙巳	丙午	丁未	戊申	己酉	庚戌	辛亥	壬子	癸丑	甲寅	乙卯	丙辰	丁巳	戊午
曜	토	일	월	화	수	목	금	토	일	월	화	수	목	금	토	일	월	화	수	목	금	토	일	월	화	수	목	금	토	일	월

9月

陽	1	2	3	4	5	6	7	8	9	10	11	12	13	14	15	16	17	18	19	20	21	22	23	24	25	26	27	28	29	30
陰	6	7	8	9	10	11	12	13	14	15	16	17	18	19	20	21	22	23	24	25	26	27	28	29	⑨대	2	3	4	5	6
干支	己未	庚申	辛酉	壬戌	癸亥	甲子	乙丑	丙寅	丁卯	戊辰	己巳	庚午	辛未	壬申	癸酉	甲戌	乙亥	丙子	丁丑	戊寅	己卯	庚辰	辛巳	壬午	癸未	甲申	乙酉	丙戌	丁亥	戊子
曜	화	수	목	금	토	일	월	화	수	목	금	토	일	월	화	수	목	금	토	일	월	화	수	목	금	토	일	월	화	수

10月

陽	1	2	3	4	5	6	7	8	9	10	11	12	13	14	15	16	17	18	19	20	21	22	23	24	25	26	27	28	29	30	31
陰	7	8	9	10	11	12	13	14	15	16	17	18	19	20	21	22	23	24	25	26	27	28	29	30	⑩대	2	3	4	5	6	7
干支	己丑	庚寅	辛卯	壬辰	癸巳	甲午	乙未	丙申	丁酉	戊戌	己亥	庚子	辛丑	壬寅	癸卯	甲辰	乙巳	丙午	丁未	戊申	己酉	庚戌	辛亥	壬子	癸丑	甲寅	乙卯	丙辰	丁巳	戊午	己未
曜	목	금	토	일	월	화	수	목	금	토	일	월	화	수	목	금	토	일	월	화	수	목	금	토	일	월	화	수	목	금	토

11月

陽	1	2	3	4	5	6	7	8	9	10	11	12	13	14	15	16	17	18	19	20	21	22	23	24	25	26	27	28	29	30
陰	8	9	10	11	12	13	14	15	16	17	18	19	20	21	22	23	24	25	26	27	28	29	30	⑪대	2	3	4	5	6	7
干支	庚申	辛酉	壬戌	癸亥	甲子	乙丑	丙寅	丁卯	戊辰	己巳	庚午	辛未	壬申	癸酉	甲戌	乙亥	丙子	丁丑	戊寅	己卯	庚辰	辛巳	壬午	癸未	甲申	乙酉	丙戌	丁亥	戊子	己丑
曜	일	월	화	수	목	금	토	일	월	화	수	목	금	토	일	월	화	수	목	금	토	일	월	화	수	목	금	토	일	월

12月

陽	1	2	3	4	5	6	7	8	9	10	11	12	13	14	15	16	17	18	19	20	21	22	23	24	25	26	27	28	29	30	31
陰	8	9	10	11	12	13	14	15	16	17	18	19	20	21	22	23	24	25	26	27	28	29	⑫대	2	3	4	5	6	7	8	9
干支	庚寅	辛卯	壬辰	癸巳	甲午	乙未	丙申	丁酉	戊戌	己亥	庚子	辛丑	壬寅	癸卯	甲辰	乙巳	丙午	丁未	戊申	己酉	庚戌	辛亥	壬子	癸丑	甲寅	乙卯	丙辰	丁巳	戊午	己未	庚申
曜	화	수	목	금	토	일	월	화	수	목	금	토	일	월	화	수	목	금	토	일	월	화	수	목	금	토	일	월	화	수	목

西紀一九〇八年●檀紀四二四一年

戊申 (大驛土)

舊平三百五十五日
新閏三百六十六日

五日得辛 六龍治水
戊喪門 午弔客
午大將軍 南三殺

八白	六白	一白
四綠	二黑	九紫
三碧	七赤	五黃

月之大小	正月大 甲寅	二月小 乙卯	三月小 丙辰	四月大 丁巳	五月大 戊午	六月小 己未	七月大 庚申	八月小 辛酉	九月大 壬戌	十月大 癸亥	十一月小 甲子	十二月大 乙丑
日辰	丁未 丁酉 丁亥	丁丑 丁卯 丁巳	丙午 丙申 丙戌	乙亥 乙丑 乙卯	乙巳 乙未 乙酉	乙亥 乙丑 乙卯	甲辰 甲午 甲申	甲戌 甲子 甲寅	癸卯 癸巳 癸未	癸酉 癸亥 癸丑	癸卯 癸巳 癸未	壬申 壬戌 壬子
月白	二 黑	一 白	九 紫	八 白	七 赤	六 白	五 黃	四 綠	三 碧	二 黑	一 白	九 紫
入節	立春初四日庚寅午後零時三十一分 雨水十九日乙巳午前八時四十三分	驚蟄初四日庚申午前六時五十八分 春分十九日乙亥午前八時十三分	清明初五日庚寅午後零時二十九分 穀雨二十日乙巳午後七時四十六分	立夏初六日辛酉午前六時三十三分 小滿廿一日丙子午後八時四十七分	芒種初八日壬辰午後十一時二十九分 夏至廿四日戊申午前四時十八分	小暑初九日癸亥午後九時五十一分 大暑廿五日己卯午後三時二十二分	立秋十二日乙未午前七時五十三分 處暑廿七日庚戌午後十時二十八分	白露十三日丙寅午前七時十五分 秋分廿八日辛巳午後十時三十三分	寒露十五日丁酉午前一時四十三分 霜降三十日壬子午前四時三十三分	立冬十五日丁卯午前四時八分 小雪三十日壬午午前一時十三分	大雪十四日丙申午後六時五十七分 冬至廿九日辛亥午後八時二十五分	小寒十六日丁卯午前六時五十三分 大寒三十日辛巳午前零時二分

◆雜 節◆

寒食	土王	初伏	土王	中伏	末伏	土王	土王	臘享
三月初六日	三月十七日	六月十六日	六月廿二日	六月廿六日	七月十七日	九月廿七日	十二月廿七日	十二月二十日
陽四月六日	陽四月十七日	陽七月十四日	陽七月二十日	陽七月二十四日	陽八月十三日	陽十月二十一日	陽一月十八日	陽一月十[illegible]日

1909 (4242. 己酉)

1月

陽	1	2	3	4	5	6	7	8	9	10	11	12	13	14	15	16	17	18	19	20	21	22	23	24	25	26	27	28	29	30	31
陰	10	11	12	13	14	15	16	17	18	19	20	21	22	23	24	25	26	27	28	29	30	①소	2	3	4	5	6	7	8	9	10
干支	辛酉	壬戌	癸亥	甲子	乙丑	丙寅	丁卯	戊辰	己巳	庚午	辛未	壬申	癸酉	甲戌	乙亥	丙子	丁丑	戊寅	己卯	庚辰	辛巳	壬午	癸未	甲申	乙酉	丙戌	丁亥	戊子	己丑	庚寅	辛卯
曜	금	토	일	월	화	수	목	금	토	일	월	화	수	목	금	토	일	월	화	수	목	금	토	일	월	화	수	목	금	토	일

2月

陽	1	2	3	4	5	6	7	8	9	10	11	12	13	14	15	16	17	18	19	20	21	22	23	24	25	26	27	28
陰	11	12	13	14	15	16	17	18	19	20	21	22	23	24	25	26	27	28	29	②대	2	3	4	5	6	7	8	9
干支	壬辰	癸巳	甲午	乙未	丙申	丁酉	戊戌	己亥	庚子	辛丑	壬寅	癸卯	甲辰	乙巳	丙午	丁未	戊申	己酉	庚戌	辛亥	壬子	癸丑	甲寅	乙卯	丙辰	丁巳	戊午	己未
曜	월	화	수	목	금	토	일	월	화	수	목	금	토	일	월	화	수	목	금	토	일	월	화	수	목	금	토	일

3月

陽	1	2	3	4	5	6	7	8	9	10	11	12	13	14	15	16	17	18	19	20	21	22	23	24	25	26	27	28	29	30	31
陰	10	11	12	13	14	15	16	17	18	19	20	21	22	23	24	25	26	27	28	29	30	②소	2	3	4	5	6	7	8	9	10
干支	庚申	辛酉	壬戌	癸亥	甲子	乙丑	丙寅	丁卯	戊辰	己巳	庚午	辛未	壬申	癸酉	甲戌	乙亥	丙子	丁丑	戊寅	己卯	庚辰	辛巳	壬午	癸未	甲申	乙酉	丙戌	丁亥	戊子	己丑	庚寅
曜	월	화	수	목	금	토	일	월	화	수	목	금	토	일	월	화	수	목	금	토	일	월	화	수	목	금	토	일	월	화	수

4月

陽	1	2	3	4	5	6	7	8	9	10	11	12	13	14	15	16	17	18	19	20	21	22	23	24	25	26	27	28	29	30
陰	11	12	13	14	15	16	17	18	19	20	21	22	23	24	25	26	27	28	29	③소	2	3	4	5	6	7	8	9	10	11
干支	辛卯	壬辰	癸巳	甲午	乙未	丙申	丁酉	戊戌	己亥	庚子	辛丑	壬寅	癸卯	甲辰	乙巳	丙午	丁未	戊申	己酉	庚戌	辛亥	壬子	癸丑	甲寅	乙卯	丙辰	丁巳	戊午	己未	庚申
曜	목	금	토	일	월	화	수	목	금	토	일	월	화	수	목	금	토	일	월	화	수	목	금	토	일	월	화	수	목	금

5月

陽	1	2	3	4	5	6	7	8	9	10	11	12	13	14	15	16	17	18	19	20	21	22	23	24	25	26	27	28	29	30	31
陰	12	13	14	15	16	17	18	19	20	21	22	23	24	25	26	27	28	29	④대	2	3	4	5	6	7	8	9	10	11	12	13
干支	辛酉	壬戌	癸亥	甲子	乙丑	丙寅	丁卯	戊辰	己巳	庚午	辛未	壬申	癸酉	甲戌	乙亥	丙子	丁丑	戊寅	己卯	庚辰	辛巳	壬午	癸未	甲申	乙酉	丙戌	丁亥	戊子	己丑	庚寅	辛卯
曜	토	일	월	화	수	목	금	토	일	월	화	수	목	금	토	일	월	화	수	목	금	토	일	월	화	수	목	금	토	일	월

6月

陽	1	2	3	4	5	6	7	8	9	10	11	12	13	14	15	16	17	18	19	20	21	22	23	24	25	26	27	28	29	30
陰	14	15	16	17	18	19	20	21	22	23	24	25	26	27	28	29	30	⑤소	2	3	4	5	6	7	8	9	10	11	12	13
干支	壬辰	癸巳	甲午	乙未	丙申	丁酉	戊戌	己亥	庚子	辛丑	壬寅	癸卯	甲辰	乙巳	丙午	丁未	戊申	己酉	庚戌	辛亥	壬子	癸丑	甲寅	乙卯	丙辰	丁巳	戊午	己未	庚申	辛酉
曜	화	수	목	금	토	일	월	화	수	목	금	토	일	월	화	수	목	금	토	일	월	화	수	목	금	토	일	월	화	수

7月

陽	1	2	3	4	5	6	7	8	9	10	11	12	13	14	15	16	17	18	19	20	21	22	23	24	25	26	27	28	29	30	31
陰	14	15	16	17	18	19	20	21	22	23	24	25	26	27	28	29	⑥대	2	3	4	5	6	7	8	9	10	11	12	13	14	15
干支	壬戌	癸亥	甲子	乙丑	丙寅	丁卯	戊辰	己巳	庚午	辛未	壬申	癸酉	甲戌	乙亥	丙子	丁丑	戊寅	己卯	庚辰	辛巳	壬午	癸未	甲申	乙酉	丙戌	丁亥	戊子	己丑	庚寅	辛卯	壬辰
曜	목	금	토	일	월	화	수	목	금	토	일	월	화	수	목	금	토	일	월	화	수	목	금	토	일	월	화	수	목	금	토

8月

陽	1	2	3	4	5	6	7	8	9	10	11	12	13	14	15	16	17	18	19	20	21	22	23	24	25	26	27	28	29	30	31
陰	16	17	18	19	20	21	22	23	24	25	26	27	28	29	30	⑦대	2	3	4	5	6	7	8	9	10	11	12	13	14	15	16
干支	癸巳	甲午	乙未	丙申	丁酉	戊戌	己亥	庚子	辛丑	壬寅	癸卯	甲辰	乙巳	丙午	丁未	戊申	己酉	庚戌	辛亥	壬子	癸丑	甲寅	乙卯	丙辰	丁巳	戊午	己未	庚申	辛酉	壬戌	癸亥
曜	일	월	화	수	목	금	토	일	월	화	수	목	금	토	일	월	화	수	목	금	토	일	월	화	수	목	금	토	일	월	화

9月

陽	1	2	3	4	5	6	7	8	9	10	11	12	13	14	15	16	17	18	19	20	21	22	23	24	25	26	27	28	29	30
陰	17	18	19	20	21	22	23	24	25	26	27	28	29	30	⑧소	2	3	4	5	6	7	8	9	10	11	12	13	14	15	16
干支	甲子	乙丑	丙寅	丁卯	戊辰	己巳	庚午	辛未	壬申	癸酉	甲戌	乙亥	丙子	丁丑	戊寅	己卯	庚辰	辛巳	壬午	癸未	甲申	乙酉	丙戌	丁亥	戊子	己丑	庚寅	辛卯	壬辰	癸巳
曜	수	목	금	토	일	월	화	수	목	금	토	일	월	화	수	목	금	토	일	월	화	수	목	금	토	일	월	화	수	목

10月

陽	1	2	3	4	5	6	7	8	9	10	11	12	13	14	15	16	17	18	19	20	21	22	23	24	25	26	27	28	29	30	31
陰	17	18	19	20	21	22	23	24	25	26	27	28	29	⑨대	2	3	4	5	6	7	8	9	10	11	12	13	14	15	16	17	18
干支	甲午	乙未	丙申	丁酉	戊戌	己亥	庚子	辛丑	壬寅	癸卯	甲辰	乙巳	丙午	丁未	戊申	己酉	庚戌	辛亥	壬子	癸丑	甲寅	乙卯	丙辰	丁巳	戊午	己未	庚申	辛酉	壬戌	癸亥	甲子
曜	금	토	일	월	화	수	목	금	토	일	월	화	수	목	금	토	일	월	화	수	목	금	토	일	월	화	수	목	금	토	일

11月

陽	1	2	3	4	5	6	7	8	9	10	11	12	13	14	15	16	17	18	19	20	21	22	23	24	25	26	27	28	29	30
陰	19	20	21	22	23	24	25	26	27	28	29	30	⑩대	2	3	4	5	6	7	8	9	10	11	12	13	14	15	16	17	18
干支	乙丑	丙寅	丁卯	戊辰	己巳	庚午	辛未	壬申	癸酉	甲戌	乙亥	丙子	丁丑	戊寅	己卯	庚辰	辛巳	壬午	癸未	甲申	乙酉	丙戌	丁亥	戊子	己丑	庚寅	辛卯	壬辰	癸巳	甲午
曜	월	화	수	목	금	토	일	월	화	수	목	금	토	일	월	화	수	목	금	토	일	월	화	수	목	금	토	일	월	화

12月

陽	1	2	3	4	5	6	7	8	9	10	11	12	13	14	15	16	17	18	19	20	21	22	23	24	25	26	27	28	29	30	31
陰	19	20	21	22	23	24	25	26	27	28	29	30	⑪소	2	3	4	5	6	7	8	9	10	11	12	13	14	15	16	17	18	19
干支	乙未	丙申	丁酉	戊戌	己亥	庚子	辛丑	壬寅	癸卯	甲辰	乙巳	丙午	丁未	戊申	己酉	庚戌	辛亥	壬子	癸丑	甲寅	乙卯	丙辰	丁巳	戊午	己未	庚申	辛酉	壬戌	癸亥	甲子	乙丑
曜	수	목	금	토	일	월	화	수	목	금	토	일	월	화	수	목	금	토	일	월	화	수	목	금	토	일	월	화	수	목	금

己酉 (大驛土)

西紀一九〇九年 ● 檀紀四二四二年

舊閏三百八十四日
新平三百六十五日

十日得辛 十二龍治水
亥喪門 未吊客
午大將軍 東三殺

七赤	五黃	九紫
三碧	一白	八白
二黑	六白	四綠

建月之大小	正月小 丙寅	二月大 丁卯	閏二月小	三月小 戊辰	四月大 己巳	五月小 庚午	六月大 辛未	七月小 壬申	八月大 癸酉	九月大 甲戌	十月大 乙亥	十一月小 丙子	十二月大 丁丑
日辰	壬寅 壬辰 壬午	辛未 辛酉 辛亥	辛丑 辛卯 辛巳	庚午 庚申 庚戌	己亥 己丑 己卯	己巳 己未 己酉	戊戌 戊子 戊寅	戊辰 戊午 戊申	丁酉 丁亥 丁丑	丁卯 丁巳 丁未	丁酉 丁亥 丁丑	丁卯 丁巳 丁未	丙申 丙戌 丙子
月白	八白	七赤	七赤	六白	五黃	四綠	三碧	二黑	一白	九紫	八白	七赤	六白
入節	雨水廿九日庚戌午後二時二十分 立春十四日乙未午後六時十八分	春分三十日庚辰午後一時五十一分 驚蟄十五日乙丑午後零時四十七分	清明十五日乙未午後六時二十八分	立夏十七日丙寅午後零時二十七分 穀雨初二日辛亥午前一時四十八分	芒種十九日丁酉午後五時三分 小滿初四日壬午午後七時四十三分	小暑廿一日己巳午前三時五十分 夏至初五日癸丑午前十時十二分	立秋廿三日庚子午後一時四十三分 大暑初七日甲申午後九時二十九分	白露廿四日辛未午後四時二十八分 處暑初九日丙辰午前四時十八分	寒露廿五日壬寅午前七時三十二分 秋分初十日丁亥午前一時三十六分	立冬廿六日壬申午前十時零分 霜降十一日丁巳午前十時二十四分	大雪廿六日壬寅午前二時八分 小雪十一日丁亥午前七時十三分	小寒廿五日辛未午後零時四十五分 冬至初十日丙辰午後七時四十六分	立春廿六日辛丑午前零時十五分 大寒十一日丙戌午前五時四十八分

◆雜 節◆

寒食	土王	初伏	中伏	土王	末伏	土王	土王	臘享
閏二月十六日	閏二月廿八日	六月初三日	六月十三日	六月初四日	六月廿三日	九月初七日	十二月初八日	十二月初八日
陽四月六日	陽四月十八日	陽七月十九日	陽七月二十九日	陽七月二十日	陽八月八日	陽十月二十日	陽一月十八日	陽一月十八日

1910 (4243: 庚戌)

1月

陽	1	2	3	4	5	6	7	8	9	10	11	12	13	14	15	16	17	18	19	20	21	22	23	24	25	26	27	28	29	30	31
陰	20	21	22	23	24	25	26	27	28	29	⑫대	2	3	4	5	6	7	8	9	10	11	12	13	14	15	16	17	18	19	20	21
干支	丙寅	丁卯	戊辰	己巳	庚午	辛未	壬申	癸酉	甲戌	乙亥	丙子	丁丑	戊寅	己卯	庚辰	辛巳	壬午	癸未	甲申	乙酉	丙戌	丁亥	戊子	己丑	庚寅	辛卯	壬辰	癸巳	甲午	乙未	丙申
曜	토	일	월	화	수	목	금	토	일	월	화	수	목	금	토	일	월	화	수	목	금	토	일	월	화	수	목	금	토	일	월

2月

陽	1	2	3	4	5	6	7	8	9	10	11	12	13	14	15	16	17	18	19	20	21	22	23	24	25	26	27	28
陰	22	23	24	25	26	27	28	29	30	①소	2	3	4	5	6	7	8	9	10	11	12	13	14	15	16	17	18	19
干支	丁酉	戊戌	己亥	庚子	辛丑	壬寅	癸卯	甲辰	乙巳	丙午	丁未	戊申	己酉	庚戌	辛亥	壬子	癸丑	甲寅	乙卯	丙辰	丁巳	戊午	己未	庚申	辛酉	壬戌	癸亥	甲子
曜	화	수	목	금	토	일	월	화	수	목	금	토	일	월	화	수	목	금	토	일	월	화	수	목	금	토	일	월

3月

陽	1	2	3	4	5	6	7	8	9	10	11	12	13	14	15	16	17	18	19	20	21	22	23	24	25	26	27	28	29	30	31
陰	20	21	22	23	24	25	26	27	28	29	②대	2	3	4	5	6	7	8	9	10	11	12	13	14	15	16	17	18	19	20	21
干支	乙丑	丙寅	丁卯	戊辰	己巳	庚午	辛未	壬申	癸酉	甲戌	乙亥	丙子	丁丑	戊寅	己卯	庚辰	辛巳	壬午	癸未	甲申	乙酉	丙戌	丁亥	戊子	己丑	庚寅	辛卯	壬辰	癸巳	甲午	乙未
曜	화	수	목	금	토	일	월	화	수	목	금	토	일	월	화	수	목	금	토	일	월	화	수	목	금	토	일	월	화	수	목

4月

陽	1	2	3	4	5	6	7	8	9	10	11	12	13	14	15	16	17	18	19	20	21	22	23	24	25	26	27	28	29	30
陰	22	23	24	25	26	27	28	29	30	③소	2	3	4	5	6	7	8	9	10	11	12	13	14	15	16	17	18	19	20	21
干支	丙申	丁酉	戊戌	己亥	庚子	辛丑	壬寅	癸卯	甲辰	乙巳	丙午	丁未	戊申	己酉	庚戌	辛亥	壬子	癸丑	甲寅	乙卯	丙辰	丁巳	戊午	己未	庚申	辛酉	壬戌	癸亥	甲子	乙丑
曜	금	토	일	월	화	수	목	금	토	일	월	화	수	목	금	토	일	월	화	수	목	금	토	일	월	화	수	목	금	토

5月

陽	1	2	3	4	5	6	7	8	9	10	11	12	13	14	15	16	17	18	19	20	21	22	23	24	25	26	27	28	29	30	31
陰	22	23	24	25	26	27	28	29	④소	2	3	4	5	6	7	8	9	10	11	12	13	14	15	16	17	18	19	20	21	22	23
干支	丙寅	丁卯	戊辰	己巳	庚午	辛未	壬申	癸酉	甲戌	乙亥	丙子	丁丑	戊寅	己卯	庚辰	辛巳	壬午	癸未	甲申	乙酉	丙戌	丁亥	戊子	己丑	庚寅	辛卯	壬辰	癸巳	甲午	乙未	丙申
曜	일	월	화	수	목	금	토	일	월	화	수	목	금	토	일	월	화	수	목	금	토	일	월	화	수	목	금	토	일	월	화

6月

陽	1	2	3	4	5	6	7	8	9	10	11	12	13	14	15	16	17	18	19	20	21	22	23	24	25	26	27	28	29	30
陰	24	25	26	27	28	29	⑤대	2	3	4	5	6	7	8	9	10	11	12	13	14	15	16	17	18	19	20	21	22	23	24
干支	丁酉	戊戌	己亥	庚子	辛丑	壬寅	癸卯	甲辰	乙巳	丙午	丁未	戊申	己酉	庚戌	辛亥	壬子	癸丑	甲寅	乙卯	丙辰	丁巳	戊午	己未	庚申	辛酉	壬戌	癸亥	甲子	乙丑	丙寅
曜	수	목	금	토	일	월	화	수	목	금	토	일	월	화	수	목	금	토	일	월	화	수	목	금	토	일	월	화	수	목

7月

陽	1	2	3	4	5	6	7	8	9	10	11	12	13	14	15	16	17	18	19	20	21	22	23	24	25	26	27	28	29	30	31
陰	25	26	27	28	29	30	⑥소	2	3	4	5	6	7	8	9	10	11	12	13	14	15	16	17	18	19	20	21	22	23	24	25
干支	丁卯	戊辰	己巳	庚午	辛未	壬申	癸酉	甲戌	乙亥	丙子	丁丑	戊寅	己卯	庚辰	辛巳	壬午	癸未	甲申	乙酉	丙戌	丁亥	戊子	己丑	庚寅	辛卯	壬辰	癸巳	甲午	乙未	丙申	丁酉
曜	금	토	일	월	화	수	목	금	토	일	월	화	수	목	금	토	일	월	화	수	목	금	토	일	월	화	수	목	금	토	일

8月

陽	1	2	3	4	5	6	7	8	9	10	11	12	13	14	15	16	17	18	19	20	21	22	23	24	25	26	27	28	29	30	31
陰	26	27	28	29	⑦대	2	3	4	5	6	7	8	9	10	11	12	13	14	15	16	17	18	19	20	21	22	23	24	25	26	27
干支	戊辰	己巳	庚午	辛未	壬申	癸酉	甲戌	乙亥	丙子	丁丑	戊寅	己卯	庚辰	辛巳	壬午	癸未	甲申	乙酉	丙戌	丁亥	戊子	己丑	庚寅	辛卯	壬辰	癸巳	甲午	乙未	丙申	丁酉	戊戌
曜	월	화	수	목	금	토	일	월	화	수	목	금	토	일	월	화	수	목	금	토	일	월	화	수	목	금	토	일	월	화	수

9月

陽	1	2	3	4	5	6	7	8	9	10	11	12	13	14	15	16	17	18	19	20	21	22	23	24	25	26	27	28	29	30
陰	28	29	30	⑧소	2	3	4	5	6	7	8	9	10	11	12	13	14	15	16	17	18	19	20	21	22	23	24	25	26	27
干支	己巳	庚午	辛未	壬申	癸酉	甲戌	乙亥	丙子	丁丑	戊寅	己卯	庚辰	辛巳	壬午	癸未	甲申	乙酉	丙戌	丁亥	戊子	己丑	庚寅	辛卯	壬辰	癸巳	甲午	乙未	丙申	丁酉	戊戌
曜	목	금	토	일	월	화	수	목	금	토	일	월	화	수	목	금	토	일	월	화	수	목	금	토	일	월	화	수	목	금

10月

陽	1	2	3	4	5	6	7	8	9	10	11	12	13	14	15	16	17	18	19	20	21	22	23	24	25	26	27	28	29	30	31
陰	28	29	⑨대	2	3	4	5	6	7	8	9	10	11	12	13	14	15	16	17	18	19	20	21	22	23	24	25	26	27	28	29
干支	己亥	庚子	辛丑	壬寅	癸卯	甲辰	乙巳	丙午	丁未	戊申	己酉	庚戌	辛亥	壬子	癸丑	甲寅	乙卯	丙辰	丁巳	戊午	己未	庚申	辛酉	壬戌	癸亥	甲子	乙丑	丙寅	丁卯	戊辰	己巳
曜	토	일	월	화	수	목	금	토	일	월	화	수	목	금	토	일	월	화	수	목	금	토	일	월	화	수	목	금	토	일	월

11月

陽	1	2	3	4	5	6	7	8	9	10	11	12	13	14	15	16	17	18	19	20	21	22	23	24	25	26	27	28	29	30
陰	30	⑩대	2	3	4	5	6	7	8	9	10	11	12	13	14	15	16	17	18	19	20	21	22	23	24	25	26	27	28	29
干支	庚午	辛未	壬申	癸酉	甲戌	乙亥	丙子	丁丑	戊寅	己卯	庚辰	辛巳	壬午	癸未	甲申	乙酉	丙戌	丁亥	戊子	己丑	庚寅	辛卯	壬辰	癸巳	甲午	乙未	丙申	丁酉	戊戌	己亥
曜	화	수	목	금	토	일	월	화	수	목	금	토	일	월	화	수	목	금	토	일	월	화	수	목	금	토	일	월	화	수

12月

陽	1	2	3	4	5	6	7	8	9	10	11	12	13	14	15	16	17	18	19	20	21	22	23	24	25	26	27	28	29	30	31
陰	30	⑪대	2	3	4	5	6	7	8	9	10	11	12	13	14	15	16	17	18	19	20	21	22	23	24	25	26	27	28	29	30
干支	庚子	辛丑	壬寅	癸卯	甲辰	乙巳	丙午	丁未	戊申	己酉	庚戌	辛亥	壬子	癸丑	甲寅	乙卯	丙辰	丁巳	戊午	己未	庚申	辛酉	壬戌	癸亥	甲子	乙丑	丙寅	丁卯	戊辰	己巳	庚午
曜	목	금	토	일	월	화	수	목	금	토	일	월	화	수	목	금	토	일	월	화	수	목	금	토	일	월	화	수	목	금	토

庚戌 (釵釧金)

西紀一九一〇年 ● 檀紀四二四三年

舊平三百五十四日 新平三百六十五日

六日得辛 十二龍治水
子喪門 申弔客
午大將軍 北三殺

六白	四綠	八白
二黑	九紫	七赤
一白	五黃	三碧

建月之大小	日辰	月白	入節
正月小 戊寅	丙寅 丙辰 丙午	五黃	雨水初十日乙卯午後八時十四分 / 驚蟄廿五日庚午午後六時三十三分
二月大 己卯	乙未 乙酉 乙亥	四綠	春分十一日乙酉午後七時四十五分 / 淸明廿七日辛丑午前零時五分
三月小 庚辰	乙丑 乙卯 乙巳	三碧	穀雨十二日丙辰午前七時三十七分 / 立夏廿七日辛未午後六時十三分
四月小 辛巳	甲午 甲申 甲戌	二黑	小滿十四日丁亥午前七時三十三分 / 芒種廿九日壬寅午後十一時一分
五月大 壬午	癸亥 癸丑 癸卯	一白	夏至十六日戊午午後三時五十八分
六月小 癸未	癸巳 癸未 癸酉	九紫	小暑初二日甲戌午前九時三十五分 / 大暑十八日庚寅午前三時二分
七月大 甲申	壬戌 壬子 壬寅	八白	立秋初四日乙巳午後七時二十三分 / 處暑二十日辛酉午前十時七分
八月小 乙酉	壬辰 壬午 壬申	七赤	白露初五日丙子午後十時九分 / 秋分廿一日壬辰午前七時二十一分
九月大 丙戌	辛酉 辛亥 辛丑	六白	寒露初七日丁未午後一時二十四分 / 霜降廿二日壬戌午後四時九分
十月大 丁亥	辛卯 辛巳 辛未	五黃	立冬初七日丁丑午後三時五十四分 / 小雪廿二日壬辰午後一時零分
十一月大 戊子	辛酉 辛亥 辛丑	四綠	大雪初七日丁未午前 / 冬至廿二日壬戌午前 / 小寒初六日丙子午後 七零一三十六 時分時分
十二月小 己丑	辛卯 辛巳 辛未	三碧	大寒廿一日辛卯午前十一時四十八分

◆雜 節◆

寒食	二月廿七日	陽四月六日
土王	三月初九日	陽四月十八日
初伏	六月初八日	陽七月十四日
土王	六月十五日	陽七月二十一日
中伏	六月十八日	陽七月二十四日
末伏	七月初九日	陽八月十三日
土王	九月十九日	陽十月二十一日
土王	十二月十八日	陽一月十八日
臘享	十二月廿五日	陽一月二十五日

1911 (4244. 辛亥)

1月

陽	1	2	3	4	5	6	7	8	9	10	11	12	13	14	15	16	17	18	19	20	21	22	23	24	25	26	27	28	29	30	31
陰	⑫소	2	3	4	5	6	7	8	9	10	11	12	13	14	15	16	17	18	19	20	21	22	23	24	25	26	27	28	29	①대	2
干支	辛未	壬申	癸酉	甲戌	乙亥	丙子	丁丑	戊寅	己卯	庚辰	辛巳	壬午	癸未	甲申	乙酉	丙戌	丁亥	戊子	己丑	庚寅	辛卯	壬辰	癸巳	甲午	乙未	丙申	丁酉	戊戌	己亥	庚子	辛丑
曜	일	월	화	수	목	금	토	일	월	화	수	목	금	토	일	월	화	수	목	금	토	일	월	화	수	목	금	토	일	월	화

2月

陽	1	2	3	4	5	6	7	8	9	10	11	12	13	14	15	16	17	18	19	20	21	22	23	24	25	26	27	28
陰	3	4	5	6	7	8	9	10	11	12	13	14	15	16	17	18	19	20	21	22	23	24	25	26	27	28	29	30
干支	壬寅	癸卯	甲辰	乙巳	丙午	丁未	戊申	己酉	庚戌	辛亥	壬子	癸丑	甲寅	乙卯	丙辰	丁巳	戊午	己未	庚申	辛酉	壬戌	癸亥	甲子	乙丑	丙寅	丁卯	戊辰	己巳
曜	수	목	금	토	일	월	화	수	목	금	토	일	월	화	수	목	금	토	일	월	화	수	목	금	토	일	월	화

3月

陽	1	2	3	4	5	6	7	8	9	10	11	12	13	14	15	16	17	18	19	20	21	22	23	24	25	26	27	28	29	30	31
陰	②소	2	3	4	5	6	7	8	9	10	11	12	13	14	15	16	17	18	19	20	21	22	23	24	25	26	27	28	29	③대	2
干支	庚午	辛未	壬申	癸酉	甲戌	乙亥	丙子	丁丑	戊寅	己卯	庚辰	辛巳	壬午	癸未	甲申	乙酉	丙戌	丁亥	戊子	己丑	庚寅	辛卯	壬辰	癸巳	甲午	乙未	丙申	丁酉	戊戌	己亥	庚子
曜	수	목	금	토	일	월	화	수	목	금	토	일	월	화	수	목	금	토	일	월	화	수	목	금	토	일	월	화	수	목	금

4月

陽	1	2	3	4	5	6	7	8	9	10	11	12	13	14	15	16	17	18	19	20	21	22	23	24	25	26	27	28	29	30
陰	3	4	5	6	7	8	9	10	11	12	13	14	15	16	17	18	19	20	21	22	23	24	25	26	27	28	29	30	④소	2
干支	辛丑	壬寅	癸卯	甲辰	乙巳	丙午	丁未	戊申	己酉	庚戌	辛亥	壬子	癸丑	甲寅	乙卯	丙辰	丁巳	戊午	己未	庚申	辛酉	壬戌	癸亥	甲子	乙丑	丙寅	丁卯	戊辰	己巳	庚午
曜	토	일	월	화	수	목	금	토	일	월	화	수	목	금	토	일	월	화	수	목	금	토	일	월	화	수	목	금	토	일

5月

陽	1	2	3	4	5	6	7	8	9	10	11	12	13	14	15	16	17	18	19	20	21	22	23	24	25	26	27	28	29	30	31
陰	3	4	5	6	7	8	9	10	11	12	13	14	15	16	17	18	19	20	21	22	23	24	25	26	27	28	29	⑤소	2	3	4
干支	辛未	壬申	癸酉	甲戌	乙亥	丙子	丁丑	戊寅	己卯	庚辰	辛巳	壬午	癸未	甲申	乙酉	丙戌	丁亥	戊子	己丑	庚寅	辛卯	壬辰	癸巳	甲午	乙未	丙申	丁酉	戊戌	己亥	庚子	辛丑
曜	월	화	수	목	금	토	일	월	화	수	목	금	토	일	월	화	수	목	금	토	일	월	화	수	목	금	토	일	월	화	수

6月

陽	1	2	3	4	5	6	7	8	9	10	11	12	13	14	15	16	17	18	19	20	21	22	23	24	25	26	27	28	29	30
陰	5	6	7	8	9	10	11	12	13	14	15	16	17	18	19	20	21	22	23	24	25	26	27	28	29	⑥대	2	3	4	5
干支	壬寅	癸卯	甲辰	乙巳	丙午	丁未	戊申	己酉	庚戌	辛亥	壬子	癸丑	甲寅	乙卯	丙辰	丁巳	戊午	己未	庚申	辛酉	壬戌	癸亥	甲子	乙丑	丙寅	丁卯	戊辰	己巳	庚午	辛未
曜	목	금	토	일	월	화	수	목	금	토	일	월	화	수	목	금	토	일	월	화	수	목	금	토	일	월	화	수	목	금

7月

陽	1	2	3	4	5	6	7	8	9	10	11	12	13	14	15	16	17	18	19	20	21	22	23	24	25	26	27	28	29	30	31
陰	6	7	8	9	10	11	12	13	14	15	16	17	18	19	20	21	22	23	24	25	26	27	28	29	30	소	2	3	4	5	6
干支	壬申	癸酉	甲戌	乙亥	丙子	丁丑	戊寅	己卯	庚辰	辛巳	壬午	癸未	甲申	乙酉	丙戌	丁亥	戊子	己丑	庚寅	辛卯	壬辰	癸巳	甲午	乙未	丙申	丁酉	戊戌	己亥	庚子	辛丑	壬寅
曜	토	일	월	화	수	목	금	토	일	월	화	수	목	금	토	일	월	화	수	목	금	토	일	월	화	수	목	금	토	일	월

8月

陽	1	2	3	4	5	6	7	8	9	10	11	12	13	14	15	16	17	18	19	20	21	22	23	24	25	26	27	28	29	30	31
陰	7	8	9	10	11	12	13	14	15	16	17	18	19	20	21	22	23	24	25	26	27	28	29	7소	2	3	4	5	6	7	8
干支	癸卯	甲辰	乙巳	丙午	丁未	戊申	己酉	庚戌	辛亥	壬子	癸丑	甲寅	乙卯	丙辰	丁巳	戊午	己未	庚申	辛酉	壬戌	癸亥	甲子	乙丑	丙寅	丁卯	戊辰	己巳	庚午	辛未	壬申	癸酉
曜	화	수	목	금	토	일	월	화	수	목	금	토	일	월	화	수	목	금	토	일	월	화	수	목	금	토	일	월	화	수	목

9月

陽	1	2	3	4	5	6	7	8	9	10	11	12	13	14	15	16	17	18	19	20	21	22	23	24	25	26	27	28	29	30
陰	9	10	11	12	13	14	15	16	17	18	19	20	21	22	23	24	25	26	27	28	29	8대	2	3	4	5	6	7	8	9
干支	甲戌	乙亥	丙子	丁丑	戊寅	己卯	庚辰	辛巳	壬午	癸未	甲申	乙酉	丙戌	丁亥	戊子	己丑	庚寅	辛卯	壬辰	癸巳	甲午	乙未	丙申	丁酉	戊戌	己亥	庚子	辛丑	壬寅	癸卯
曜	금	토	일	월	화	수	목	금	토	일	월	화	수	목	금	토	일	월	화	수	목	금	토	일	월	화	수	목	금	토

10月

陽	1	2	3	4	5	6	7	8	9	10	11	12	13	14	15	16	17	18	19	20	21	22	23	24	25	26	27	28	29	30	31
陰	10	11	12	13	14	15	16	17	18	19	20	21	22	23	24	25	26	27	28	29	30	⑨대	2	3	4	5	6	7	8	9	10
干支	甲辰	乙巳	丙午	丁未	戊申	己酉	庚戌	辛亥	壬子	癸丑	甲寅	乙卯	丙辰	丁巳	戊午	己未	庚申	辛酉	壬戌	癸亥	甲子	乙丑	丙寅	丁卯	戊辰	己巳	庚午	辛未	壬申	癸酉	甲戌
曜	일	월	화	수	목	금	토	일	월	화	수	목	금	토	일	월	화	수	목	금	토	일	월	화	수	목	금	토	일	월	화

11月

陽	1	2	3	4	5	6	7	8	9	10	11	12	13	14	15	16	17	18	19	20	21	22	23	24	25	26	27	28	29	30
陰	11	12	13	14	15	16	17	18	19	20	21	22	23	24	25	26	27	28	29	30	⑩대	2	3	4	5	6	7	8	9	10
干支	乙亥	丙子	丁丑	戊寅	己卯	庚辰	辛巳	壬午	癸未	甲申	乙酉	丙戌	丁亥	戊子	己丑	庚寅	辛卯	壬辰	癸巳	甲午	乙未	丙申	丁酉	戊戌	己亥	庚子	辛丑	壬寅	癸卯	甲辰
曜	수	목	금	토	일	월	화	수	목	금	토	일	월	화	수	목	금	토	일	월	화	수	목	금	토	일	월	화	수	목

12月

陽	1	2	3	4	5	6	7	8	9	10	11	12	13	14	15	16	17	18	19	20	21	22	23	24	25	26	27	28	29	30	31
陰	11	12	13	14	15	16	17	18	19	20	21	22	23	24	25	26	27	28	29	30	⑪소	2	3	4	5	6	7	8	9	10	11
干支	乙巳	丙午	丁未	戊申	己酉	庚戌	辛亥	壬子	癸丑	甲寅	乙卯	丙辰	丁巳	戊午	己未	庚申	辛酉	壬戌	癸亥	甲子	乙丑	丙寅	丁卯	戊辰	己巳	庚午	辛未	壬申	癸酉	甲戌	乙亥
曜	금	토	일	월	화	수	목	금	토	일	월	화	수	목	금	토	일	월	화	수	목	금	토	일	월	화	수	목	금	토	일

辛亥 (釵釧金)

舊閏三百八十四日
新平三百六十五日

西紀一九一一年●檀紀四二四四年

二日得辛 五龍治水
丑 喪門 酉 吊客
酉 大將軍 酉 三殺

五黃	三碧	七赤
一白	八白	六白
九紫	四綠	二黑

建月之大小	正月大 庚寅	二月小 辛卯	三月大 壬辰	四月小 癸巳	五月小 甲午	六月大 乙未	六閏月小	七月小 丙申	八月大 丁酉	九月大 戊戌	十月小 己亥	十一月大 庚子	十二月大 辛丑
日辰	庚申 庚戌 庚子	庚寅 庚辰 庚午	己未 己酉 己亥	己丑 己卯 己巳	戊午 戊申 戊戌	丁亥 丁丑 丁卯	丁巳 丁未 丁酉	丙戌 丙子 丙寅	乙卯 乙巳 乙未	乙酉 乙亥 乙丑	乙卯 乙巳 乙未	甲申 甲戌 甲子	甲寅 甲辰 甲午
月白	二黑	一白	九紫	八白	七赤	六白	六白	五黃	四綠	三碧	二黑	一白	九紫
入節	立春初七日丙午午前 六時十一分 雨水廿二日辛酉午前 二時一分	驚蟄初七日丙子午前 零時二十三分 春分廿二日辛卯午前 一時三十四分	清明初八日丙午午前 五時五十三分 穀雨廿三日辛酉午後 一時二十六分	立夏初九日丁丑午前 零時十六分 小滿廿四日壬辰午後 一時二十一分	芒種十一日戊申午前 四時四十九分 夏至廿六日癸亥午後 九時四十七分	小暑十三日己卯午後 三時二十四分 大暑廿九日乙未午前 八時五十一分	立秋十五日辛亥午前 一時十四分	處暑初一日丙寅午後 三時五十分 白露十七日壬午午前 三時五十八分	秋分初三日丁酉午後 一時二分 寒露十八日壬子午後 七時十二分	霜降初三日丁卯午後 九時五十九分 立冬十八日壬午午後 九時四十三分	小雪初三日丁酉午後 六時四十九分 大雪十八日壬子午後 一時五十分	冬至初三日丁卯午前 七時二十六分 小寒十七日辛巳午前 零時二十四分	大寒初三日丙申午後 五時三十七分 立春十八日辛亥午前 十一時五十一分

◆雜 節◆

寒食	土王	初伏	土王	中伏	末伏	土王	土王	臘享
三月初九日	三月二十日	六月廿四日	六月廿六日	閏六月初四日	閏六月廿四日	八月廿九日	十二月三十日	十二月初二日
陽四月七日	陽四月十八日	陽七月十九日	陽七月二十一日	陽七月二十九日	陽八月十八日	陽十月二十一日	陽一月十八日	陽一月二十日

1912 (4245. 壬子)

1月

陽	1	2	3	4	5	6	7	8	9	10	11	12	13	14	15	16	17	18	19	20	21	22	23	24	25	26	27	28	29	30	31
陰	12	13	14	15	16	17	18	19	20	21	22	23	24	25	26	27	28	29	⑫대	2	3	4	5	6	7	8	9	10	11	12	13
干支	丙子	丁丑	戊寅	己卯	庚辰	辛巳	壬午	癸未	甲申	乙酉	丙戌	丁亥	戊子	己丑	庚寅	辛卯	壬辰	癸巳	甲午	乙未	丙申	丁酉	戊戌	己亥	庚子	辛丑	壬寅	癸卯	甲辰	乙巳	丙午
曜	월	화	수	목	금	토	일	월	화	수	목	금	토	일	월	화	수	목	금	토	일	월	화	수	목	금	토	일	월	화	수

2月

陽	1	2	3	4	5	6	7	8	9	10	11	12	13	14	15	16	17	18	19	20	21	22	23	24	25	26	27	28	29
陰	14	15	16	17	18	19	20	21	22	23	24	25	26	27	28	29	30	①대	2	3	4	5	6	7	8	9	10	11	12
干支	丁未	戊申	己酉	庚戌	辛亥	壬子	癸丑	甲寅	乙卯	丙辰	丁巳	戊午	己未	庚申	辛酉	壬戌	癸亥	甲子	乙丑	丙寅	丁卯	戊辰	己巳	庚午	辛未	壬申	癸酉	甲戌	乙亥
曜	목	금	토	일	월	화	수	목	금	토	일	월	화	수	목	금	토	일	월	화	수	목	금	토	일	월	화	수	목

3月

陽	1	2	3	4	5	6	7	8	9	10	11	12	13	14	15	16	17	18	19	20	21	22	23	24	25	26	27	28	29	30	31
陰	13	14	15	16	17	18	19	20	21	22	23	24	25	26	27	28	29	30	②소	2	3	4	5	6	7	8	9	10	11	12	13
干支	丙子	丁丑	戊寅	己卯	庚辰	辛巳	壬午	癸未	甲申	乙酉	丙戌	丁亥	戊子	己丑	庚寅	辛卯	壬辰	癸巳	甲午	乙未	丙申	丁酉	戊戌	己亥	庚子	辛丑	壬寅	癸卯	甲辰	乙巳	丙午
曜	금	토	일	월	화	수	목	금	토	일	월	화	수	목	금	토	일	월	화	수	목	금	토	일	월	화	수	목	금	토	일

4月

陽	1	2	3	4	5	6	7	8	9	10	11	12	13	14	15	16	17	18	19	20	21	22	23	24	25	26	27	28	29	30
陰	14	15	16	17	18	19	20	21	22	23	24	25	26	27	28	29	③대	2	3	4	5	6	7	8	9	10	11	12	13	14
干支	丁未	戊申	己酉	庚戌	辛亥	壬子	癸丑	甲寅	乙卯	丙辰	丁巳	戊午	己未	庚申	辛酉	壬戌	癸亥	甲子	乙丑	丙寅	丁卯	戊辰	己巳	庚午	辛未	壬申	癸酉	甲戌	乙亥	丙子
曜	월	화	수	목	금	토	일	월	화	수	목	금	토	일	월	화	수	목	금	토	일	월	화	수	목	금	토	일	월	화

5月

陽	1	2	3	4	5	6	7	8	9	10	11	12	13	14	15	16	17	18	19	20	21	22	23	24	25	26	27	28	29	30	31
陰	15	16	17	18	19	20	21	22	23	24	25	26	27	28	29	30	④소	2	3	4	5	6	7	8	9	10	11	12	13	14	15
干支	丁丑	戊寅	己卯	庚辰	辛巳	壬午	癸未	甲申	乙酉	丙戌	丁亥	戊子	己丑	庚寅	辛卯	壬辰	癸巳	甲午	乙未	丙申	丁酉	戊戌	己亥	庚子	辛丑	壬寅	癸卯	甲辰	乙巳	丙午	丁未
曜	수	목	금	토	일	월	화	수	목	금	토	일	월	화	수	목	금	토	일	월	화	수	목	금	토	일	월	화	수	목	금

6月

陽	1	2	3	4	5	6	7	8	9	10	11	12	13	14	15	16	17	18	19	20	21	22	23	24	25	26	27	28	29	30
陰	16	17	18	19	20	21	22	23	24	25	26	27	28	29	⑤소	2	3	4	5	6	7	8	9	10	11	12	13	14	15	16
干支	戊申	己酉	庚戌	辛亥	壬子	癸丑	甲寅	乙卯	丙辰	丁巳	戊午	己未	庚申	辛酉	壬戌	癸亥	甲子	乙丑	丙寅	丁卯	戊辰	己巳	庚午	辛未	壬申	癸酉	甲戌	乙亥	丙子	丁丑
曜	토	일	월	화	수	목	금	토	일	월	화	수	목	금	토	일	월	화	수	목	금	토	일	월	화	수	목	금	토	일

7月

陽	1	2	3	4	5	6	7	8	9	10	11	12	13	14	15	16	17	18	19	20	21	22	23	24	25	26	27	28	29	30	31
陰	17	18	19	20	21	22	23	24	25	26	27	28	29	⑥소	2	3	4	5	6	7	8	9	10	11	12	13	14	15	16	17	18
干支	戊寅	己卯	庚辰	辛巳	壬午	癸未	甲申	乙酉	丙戌	丁亥	戊子	己丑	庚寅	辛卯	壬辰	癸巳	甲午	乙未	丙申	丁酉	戊戌	己亥	庚子	辛丑	壬寅	癸卯	甲辰	乙巳	丙午	丁未	戊申
曜	월	화	수	목	금	토	일	월	화	수	목	금	토	일	월	화	수	목	금	토	일	월	화	수	목	금	토	일	월	화	수

8月

陽	1	2	3	4	5	6	7	8	9	10	11	12	13	14	15	16	17	18	19	20	21	22	23	24	25	26	27	28	29	30	31
陰	19	20	21	22	23	24	25	26	27	28	29	30	⑦소	2	3	4	5	6	7	8	9	10	11	12	13	14	15	16	17	18	19
干支	己酉	庚戌	辛亥	壬子	癸丑	甲寅	乙卯	丙辰	丁巳	戊午	己未	庚申	辛酉	壬戌	癸亥	甲子	乙丑	丙寅	丁卯	戊辰	己巳	庚午	辛未	壬申	癸酉	甲戌	乙亥	丙子	丁丑	戊寅	己卯
曜	목	금	토	일	월	화	수	목	금	토	일	월	화	수	목	금	토	일	월	화	수	목	금	토	일	월	화	수	목	금	토

9月

陽	1	2	3	4	5	6	7	8	9	10	11	12	13	14	15	16	17	18	19	20	21	22	23	24	25	26	27	28	29	30
陰	20	21	22	23	24	25	26	27	28	29	⑧소	2	3	4	5	6	7	8	9	10	11	12	13	14	15	16	17	18	19	20
干支	庚辰	辛巳	壬午	癸未	甲申	乙酉	丙戌	丁亥	戊子	己丑	庚寅	辛卯	壬辰	癸巳	甲午	乙未	丙申	丁酉	戊戌	己亥	庚子	辛丑	壬寅	癸卯	甲辰	乙巳	丙午	丁未	戊申	己酉
曜	일	월	화	수	목	금	토	일	월	화	수	목	금	토	일	월	화	수	목	금	토	일	월	화	수	목	금	토	일	월

10月

陽	1	2	3	4	5	6	7	8	9	10	11	12	13	14	15	16	17	18	19	20	21	22	23	24	25	26	27	28	29	30	31
陰	21	22	23	24	25	26	27	28	29	⑨대	2	3	4	5	6	7	8	9	10	11	12	13	14	15	16	17	18	19	20	21	22
干支	庚戌	辛亥	壬子	癸丑	甲寅	乙卯	丙辰	丁巳	戊午	己未	庚申	辛酉	壬戌	癸亥	甲子	乙丑	丙寅	丁卯	戊辰	己巳	庚午	辛未	壬申	癸酉	甲戌	乙亥	丙子	丁丑	戊寅	己卯	庚辰
曜	화	수	목	금	토	일	월	화	수	목	금	토	일	월	화	수	목	금	토	일	월	화	수	목	금	토	일	월	화	수	목

11月

陽	1	2	3	4	5	6	7	8	9	10	11	12	13	14	15	16	17	18	19	20	21	22	23	24	25	26	27	28	29	30
陰	23	24	25	26	27	28	29	30	⑩대	2	3	4	5	6	7	8	9	10	11	12	13	14	15	16	17	18	19	20	21	22
干支	辛巳	壬午	癸未	甲申	乙酉	丙戌	丁亥	戊子	己丑	庚寅	辛卯	壬辰	癸巳	甲午	乙未	丙申	丁酉	戊戌	己亥	庚子	辛丑	壬寅	癸卯	甲辰	乙巳	丙午	丁未	戊申	己酉	庚戌
曜	금	토	일	월	화	수	목	금	토	일	월	화	수	목	금	토	일	월	화	수	목	금	토	일	월	화	수	목	금	토

12月

陽	1	2	3	4	5	6	7	8	9	10	11	12	13	14	15	16	17	18	19	20	21	22	23	24	25	26	27	28	29	30	31
陰	23	24	25	26	27	28	29	30	⑪소	2	3	4	5	6	7	8	9	10	11	12	13	14	15	16	17	18	19	20	21	22	23
干支	辛亥	壬子	癸丑	甲寅	乙卯	丙辰	丁巳	戊午	己未	庚申	辛酉	壬戌	癸亥	甲子	乙丑	丙寅	丁卯	戊辰	己巳	庚午	辛未	壬申	癸酉	甲戌	乙亥	丙子	丁丑	戊寅	己卯	庚辰	辛巳
曜	일	월	화	수	목	금	토	일	월	화	수	목	금	토	일	월	화	수	목	금	토	일	월	화	수	목	금	토	일	월	화

壬子 (桑柘木)

西紀一九一二年●檀紀四二四五年

舊平三百五十四日
新閏三百六十六日

八日得辛 五龍治水
寅喪門 戌吊客
酉大將軍 南三殺

四綠	二黑	六白
九紫	七赤	五黃
八白	三碧	一白

月之大小	正月 壬寅 大	二月 癸卯 小	三月 甲辰 大	四月 乙巳 小	五月 丙午 小	六月 丁未 大	七月 戊申 小	八月 己酉 小	九月 庚戌 大	十月 辛亥 大	十一月 壬子 小	十二月 癸丑 大
日辰	甲子 甲戌 甲申	甲午 甲辰 甲寅	癸亥 癸酉 癸未	癸巳 癸卯 癸丑	壬戌 壬申 壬午	辛卯 辛丑 辛亥	辛酉 辛未 辛巳	庚寅 庚子 庚戌	己未 己巳 己卯	己丑 己亥 己酉	己未 己巳 己卯	戊子 戊戌 戊申
月白	八白	七赤	六白	五黃	四綠	三碧	二黑	一白	九紫	八白	七赤	六白
入節	驚蟄十八日辛巳午前六時十二分 雨水初三日丙寅午前七時五十分	清明十八日辛亥午前十一時四十三分 春分初三日丙申午前七時二十二分	立夏二十日壬午午前五時四十九分 穀雨初四日丙寅午後七時十四分	芒種廿一日癸丑午前十一時三十七分 小滿初五日丁酉午後七時九分	小暑廿三日甲申午後九時十一分 夏至初八日己巳午前三時三十四分	立秋廿六日丙辰午前七時二分 大暑初十日庚子午後二時三十八分	白露廿七日丁亥午前九時四十六分 處暑十一日辛未午後九時三十八分	寒露廿九日戊午午前一時一分 秋分十三日壬寅午後六時五十九分	立冬三十日戊子午前三時三十二分 霜降十五日癸酉午前三時四十八分	大雪廿九日丁巳午後七時三十九分 小雪十五日癸卯午前零時三十八分	冬至十四日壬申午後一時六分	立春廿九日丙辰午後 大寒十五日壬寅午後 小寒初一日戊子午前 十一時二十七分 五時四十一分

◆雜 節◆

	寒食	土王	初伏	土王	中伏	末伏	土王	臘享	土王
陰	二月十九日	三月初二日	五月廿九日	六月初七日	六月初十日	六月三十日	九月十二日	十二月二十日	十二月十二日
陽	四月六日	四月十八日	七月十三日	七月二十日	七月二十三日	八月十二日	十月二十一日	一月二十日	一月十八日

1913 (4246. 癸丑)

1月

陽	1	2	3	4	5	6	7	8	9	10	11	12	13	14	15	16	17	18	19	20	21	22	23	24	25	26	27	28	29	30	31
陰	24	25	26	27	28	29	⑫대	2	3	4	5	6	7	8	9	10	11	12	13	14	15	16	17	18	19	20	21	22	23	24	25
干支	壬午	癸未	甲申	乙酉	丙戌	丁亥	戊子	己丑	庚寅	辛卯	壬辰	癸巳	甲午	乙未	丙申	丁酉	戊戌	己亥	庚子	辛丑	壬寅	癸卯	甲辰	乙巳	丙午	丁未	戊申	己酉	庚戌	辛亥	壬子
曜	수	목	금	토	일	월	화	수	목	금	토	일	월	화	수	목	금	토	일	월	화	수	목	금	토	일	월	화	수	목	금

2月

陽	1	2	3	4	5	6	7	8	9	10	11	12	13	14	15	16	17	18	19	20	21	22	23	24	25	26	27	28
陰	26	27	28	29	30	①대	2	3	4	5	6	7	8	9	10	11	12	13	14	15	16	17	18	19	20	21	22	23
干支	癸丑	甲寅	乙卯	丙辰	丁巳	戊午	己未	庚申	辛酉	壬戌	癸亥	甲子	乙丑	丙寅	丁卯	戊辰	己巳	庚午	辛未	壬申	癸酉	甲戌	乙亥	丙子	丁丑	戊寅	己卯	庚辰
曜	토	일	월	화	수	목	금	토	일	월	화	수	목	금	토	일	월	화	수	목	금	토	일	월	화	수	목	금

3月

陽	1	2	3	4	5	6	7	8	9	10	11	12	13	14	15	16	17	18	19	20	21	22	23	24	25	26	27	28	29	30	31
陰	24	25	26	27	28	29	30	②대	2	3	4	5	6	7	8	9	10	11	12	13	14	15	16	17	18	19	20	21	22	23	24
干支	辛巳	壬午	癸未	甲申	乙酉	丙戌	丁亥	戊子	己丑	庚寅	辛卯	壬辰	癸巳	甲午	乙未	丙申	丁酉	戊戌	己亥	庚子	辛丑	壬寅	癸卯	甲辰	乙巳	丙午	丁未	戊申	己酉	庚戌	辛亥
曜	토	일	월	화	수	목	금	토	일	월	화	수	목	금	토	일	월	화	수	목	금	토	일	월	화	수	목	금	토	일	월

4月

陽	1	2	3	4	5	6	7	8	9	10	11	12	13	14	15	16	17	18	19	20	21	22	23	24	25	26	27	28	29	30
陰	25	26	27	28	29	30	③소	2	3	4	5	6	7	8	9	10	11	12	13	14	15	16	17	18	19	20	21	22	23	24
干支	壬子	癸丑	甲寅	乙卯	丙辰	丁巳	戊午	己未	庚申	辛酉	壬戌	癸亥	甲子	乙丑	丙寅	丁卯	戊辰	己巳	庚午	辛未	壬申	癸酉	甲戌	乙亥	丙子	丁丑	戊寅	己卯	庚辰	辛巳
曜	화	수	목	금	토	일	월	화	수	목	금	토	일	월	화	수	목	금	토	일	월	화	수	목	금	토	일	월	화	수

5月

陽	1	2	3	4	5	6	7	8	9	10	11	12	13	14	15	16	17	18	19	20	21	22	23	24	25	26	27	28	29	30	31
陰	25	26	27	28	29	④대	2	3	4	5	6	7	8	9	10	11	12	13	14	15	16	17	18	19	20	21	22	23	24	25	26
干支	壬午	癸未	甲申	乙酉	丙戌	丁亥	戊子	己丑	庚寅	辛卯	壬辰	癸巳	甲午	乙未	丙申	丁酉	戊戌	己亥	庚子	辛丑	壬寅	癸卯	甲辰	乙巳	丙午	丁未	戊申	己酉	庚戌	辛亥	壬子
曜	목	금	토	일	월	화	수	목	금	토	일	월	화	수	목	금	토	일	월	화	수	목	금	토	일	월	화	수	목	금	토

6月

陽	1	2	3	4	5	6	7	8	9	10	11	12	13	14	15	16	17	18	19	20	21	22	23	24	25	26	27	28	29	30
陰	27	28	29	30	⑤소	2	3	4	5	6	7	8	9	10	11	12	13	14	15	16	17	18	19	20	21	22	23	24	25	26
干支	癸丑	甲寅	乙卯	丙辰	丁巳	戊午	己未	庚申	辛酉	壬戌	癸亥	甲子	乙丑	丙寅	丁卯	戊辰	己巳	庚午	辛未	壬申	癸酉	甲戌	乙亥	丙子	丁丑	戊寅	己卯	庚辰	辛巳	壬午
曜	일	월	화	수	목	금	토	일	월	화	수	목	금	토	일	월	화	수	목	금	토	일	월	화	수	목	금	토	일	월

7月

陽	1	2	3	4	5	6	7	8	9	10	11	12	13	14	15	16	17	18	19	20	21	22	23	24	25	26	27	28	29	30	31
陰	27	28	29	⑥소	2	3	4	5	6	7	8	9	10	11	12	13	14	15	16	17	18	19	20	21	22	23	24	25	26	27	28
干支	癸未	甲申	乙酉	丙戌	丁亥	戊子	己丑	庚寅	辛卯	壬辰	癸巳	甲午	乙未	丙申	丁酉	戊戌	己亥	庚子	辛丑	壬寅	癸卯	甲辰	乙巳	丙午	丁未	戊申	己酉	庚戌	辛亥	壬子	癸丑
曜	화	수	목	금	토	일	월	화	수	목	금	토	일	월	화	수	목	금	토	일	월	화	수	목	금	토	일	월	화	수	목

8月

陽	1	2	3	4	5	6	7	8	9	10	11	12	13	14	15	16	17	18	19	20	21	22	23	24	25	26	27	28	29	30	31
陰	29	⑦대	2	3	4	5	6	7	8	9	10	11	12	13	14	15	16	17	18	19	20	21	22	23	24	25	26	27	28	29	30
干支	甲寅	乙卯	丙辰	丁巳	戊午	己未	庚申	辛酉	壬戌	癸亥	甲子	乙丑	丙寅	丁卯	戊辰	己巳	庚午	辛未	壬申	癸酉	甲戌	乙亥	丙子	丁丑	戊寅	己卯	庚辰	辛巳	壬午	癸未	甲申
曜	금	토	일	월	화	수	목	금	토	일	월	화	수	목	금	토	일	월	화	수	목	금	토	일	월	화	수	목	금	토	일

9月

陽	1	2	3	4	5	6	7	8	9	10	11	12	13	14	15	16	17	18	19	20	21	22	23	24	25	26	27	28	29	30
陰	⑧소	2	3	4	5	6	7	8	9	10	11	12	13	14	15	16	17	18	19	20	21	22	23	24	25	26	27	28	29	⑨소
干支	乙酉	丙戌	丁亥	戊子	己丑	庚寅	辛卯	壬辰	癸巳	甲午	乙未	丙申	丁酉	戊戌	己亥	庚子	辛丑	壬寅	癸卯	甲辰	乙巳	丙午	丁未	戊申	己酉	庚戌	辛亥	壬子	癸丑	甲寅
曜	월	화	수	목	금	토	일	월	화	수	목	금	토	일	월	화	수	목	금	토	일	월	화	수	목	금	토	일	월	화

10月

陽	1	2	3	4	5	6	7	8	9	10	11	12	13	14	15	16	17	18	19	20	21	22	23	24	25	26	27	28	29	30	31
陰	2	3	4	5	6	7	8	9	10	11	12	13	14	15	16	17	18	19	20	21	22	23	24	25	26	27	28	29	⑩대	2	3
干支	乙卯	丙辰	丁巳	戊午	己未	庚申	辛酉	壬戌	癸亥	甲子	乙丑	丙寅	丁卯	戊辰	己巳	庚午	辛未	壬申	癸酉	甲戌	乙亥	丙子	丁丑	戊寅	己卯	庚辰	辛巳	壬午	癸未	甲申	乙酉
曜	수	목	금	토	일	월	화	수	목	금	토	일	월	화	수	목	금	토	일	월	화	수	목	금	토	일	월	화	수	목	금

11月

陽	1	2	3	4	5	6	7	8	9	10	11	12	13	14	15	16	17	18	19	20	21	22	23	24	25	26	27	28	29	30
陰	4	5	6	7	8	9	10	11	12	13	14	15	16	17	18	19	20	21	22	23	24	25	26	27	28	29	30	⑪소	2	3
干支	丙戌	丁亥	戊子	己丑	庚寅	辛卯	壬辰	癸巳	甲午	乙未	丙申	丁酉	戊戌	己亥	庚子	辛丑	壬寅	癸卯	甲辰	乙巳	丙午	丁未	戊申	己酉	庚戌	辛亥	壬子	癸丑	甲寅	乙卯
曜	토	일	월	화	수	목	금	토	일	월	화	수	목	금	토	일	월	화	수	목	금	토	일	월	화	수	목	금	토	일

12月

陽	1	2	3	4	5	6	7	8	9	10	11	12	13	14	15	16	17	18	19	20	21	22	23	24	25	26	27	28	29	30	31
陰	4	5	6	7	8	9	10	11	12	13	14	15	16	17	18	19	20	21	22	23	24	25	26	27	28	29	⑫대	2	3	4	5
干支	丙辰	丁巳	戊午	己未	庚申	辛酉	壬戌	癸亥	甲子	乙丑	丙寅	丁卯	戊辰	己巳	庚午	辛未	壬申	癸酉	甲戌	乙亥	丙子	丁丑	戊寅	己卯	庚辰	辛巳	壬午	癸未	甲申	乙酉	丙戌
曜	월	화	수	목	금	토	일	월	화	수	목	금	토	일	월	화	수	목	금	토	일	월	화	수	목	금	토	일	월	화	수

癸丑 (桑柘木)

舊平三百五十四日
新平三百六十五日

西紀一九一三年●檀紀四二四六年

四日得辛　十二龍治水
卯喪門　亥吊客
酉大將軍　東三殺

五黃	一白	三碧
四綠	六白	八白
九紫	二黑	二黑

建月之大小	正月大 甲寅	二月大 乙卯	三月小 丙辰	四月大 丁巳	五月小 戊午	六月小 己未	七月大 庚申	八月小 辛酉	九月小 壬戌	十月大 癸亥	十一月小 甲子	十二月大 乙丑
日辰	戊寅 戊辰 戊午	戊申 戊戌 戊子	戊寅 戊辰 戊午	丁未 丁酉 丁亥	丁丑 丁卯 丁巳	丙午 丙申 丙戌	乙亥 乙丑 乙卯	乙巳 乙未 乙酉	甲戌 甲子 甲寅	癸卯 癸巳 癸未	癸酉 癸亥 癸丑	壬寅 壬辰 壬午
月白	五黃	四綠	三碧	二黑	一白	九紫	八白	七赤	六白	五黃	四綠	三碧
入節	驚蟄 廿九日丙戌午後 零時一分 雨水 十四日辛未午後 一時四十分	清明 廿九日丙辰午後 五時三十一分 春分 十四日辛丑午後 一時十二分	穀雨 十五日壬申午前 一時二分	小滿 十七日癸卯午前 零時五十八分 立夏 初一日丁亥午前 十一時二十八分	夏至 十八日甲戌午前 九時二十三分 芒種 初二日戊午午後 四時二十六分	大暑 二十日乙巳午後 八時二十六分 小暑 初五日庚寅午前 三時零分	處暑 廿三日丁丑午前 三時二十六分 立秋 初七日辛酉午後 零時五十分	秋分 廿四日戊申午前 零時四十八分 白露 初八日壬辰午後 三時三十五分	霜降 廿五日戊寅午前 九時三十七分 寒露 初十日癸亥午前 六時五十分	小雪 廿六日戊申午前 六時二十八分 立冬 十一日癸巳午前 九時二十三分	冬至 廿五日丁丑午後 七時五分 大雪 十一日癸亥午前 一時二十九分	大寒 廿六日丁未午前 五時十七分 小寒 十一日壬辰午後 零時四分

◆雜　節◆

臘享	土王	土王	末伏	中伏	土王	初伏	土王	寒食
十二月 廿六日	十二月 廿三日	九月 廿二日	七月 十六日	六月 廿五日	六月 十八日	六月 十五日	三月 初十日	二月 三十日
陽 一月 二十一日	陽 一月 十八日	陽 十月 二十一日	陽 八月 十七日	陽 七月 二十六日	陽 七月 二十一日	陽 七月 十八日	陽 四月 十六日	陽 四月 六日

1914 (4247. 甲寅)

1月

陽	1	2	3	4	5	6	7	8	9	10	11	12	13	14	15	16	17	18	19	20	21	22	23	24	25	26	27	28	29	30	31
陰	6	7	8	9	10	11	12	13	14	15	16	17	18	19	20	21	22	23	24	25	26	27	28	29	30	①대	2	3	4	5	6
干支	丁亥	戊子	己丑	庚寅	辛卯	壬辰	癸巳	甲午	乙未	丙申	丁酉	戊戌	己亥	庚子	辛丑	壬寅	癸卯	甲辰	乙巳	丙午	丁未	戊申	己酉	庚戌	辛亥	壬子	癸丑	甲寅	乙卯	丙辰	丁巳
曜	목	금	토	일	월	화	수	목	금	토	일	월	화	수	목	금	토	일	월	화	수	목	금	토	일	월	화	수	목	금	토

2月

陽	1	2	3	4	5	6	7	8	9	10	11	12	13	14	15	16	17	18	19	20	21	22	23	24	25	26	27	28
陰	7	8	9	10	11	12	13	14	15	16	17	18	19	20	21	22	23	24	25	26	27	28	29	30	②대	2	3	4
干支	戊午	己未	庚申	辛酉	壬戌	癸亥	甲子	乙丑	丙寅	丁卯	戊辰	己巳	庚午	辛未	壬申	癸酉	甲戌	乙亥	丙子	丁丑	戊寅	己卯	庚辰	辛巳	壬午	癸未	甲申	乙酉
曜	일	월	화	수	목	금	토	일	월	화	수	목	금	토	일	월	화	수	목	금	토	일	월	화	수	목	금	토

3月

陽	1	2	3	4	5	6	7	8	9	10	11	12	13	14	15	16	17	18	19	20	21	22	23	24	25	26	27	28	29	30	31
陰	5	6	7	8	9	10	11	12	13	14	15	16	17	18	19	20	21	22	23	24	25	26	27	28	29	30	③소	2	3	4	5
干支	丙戌	丁亥	戊子	己丑	庚寅	辛卯	壬辰	癸巳	甲午	乙未	丙申	丁酉	戊戌	己亥	庚子	辛丑	壬寅	癸卯	甲辰	乙巳	丙午	丁未	戊申	己酉	庚戌	辛亥	壬子	癸丑	甲寅	乙卯	丙辰
曜	일	월	화	수	목	금	토	일	월	화	수	목	금	토	일	월	화	수	목	금	토	일	월	화	수	목	금	토	일	월	화

4月

陽	1	2	3	4	5	6	7	8	9	10	11	12	13	14	15	16	17	18	19	20	21	22	23	24	25	26	27	28	29	30
陰	6	7	8	9	10	11	12	13	14	15	16	17	18	19	20	21	22	23	24	25	26	27	28	29	④대	2	3	4	5	6
干支	丁巳	戊午	己未	庚申	辛酉	壬戌	癸亥	甲子	乙丑	丙寅	丁卯	戊辰	己巳	庚午	辛未	壬申	癸酉	甲戌	乙亥	丙子	丁丑	戊寅	己卯	庚辰	辛巳	壬午	癸未	甲申	乙酉	丙戌
曜	수	목	금	토	일	월	화	수	목	금	토	일	월	화	수	목	금	토	일	월	화	수	목	금	토	일	월	화	수	목

5月

陽	1	2	3	4	5	6	7	8	9	10	11	12	13	14	15	16	17	18	19	20	21	22	23	24	25	26	27	28	29	30	31
陰	7	8	9	10	11	12	13	14	15	16	17	18	19	20	21	22	23	24	25	26	27	28	29	30	⑤대	2	3	4	5	6	7
干支	丁亥	戊子	己丑	庚寅	辛卯	壬辰	癸巳	甲午	乙未	丙申	丁酉	戊戌	己亥	庚子	辛丑	壬寅	癸卯	甲辰	乙巳	丙午	丁未	戊申	己酉	庚戌	辛亥	壬子	癸丑	甲寅	乙卯	丙辰	丁巳
曜	금	토	일	월	화	수	목	금	토	일	월	화	수	목	금	토	일	월	화	수	목	금	토	일	월	화	수	목	금	토	일

6月

陽	1	2	3	4	5	6	7	8	9	10	11	12	13	14	15	16	17	18	19	20	21	22	23	24	25	26	27	28	29	30
陰	8	9	10	11	12	13	14	15	16	17	18	19	20	21	22	23	24	25	26	27	28	29	30	⑤소	2	3	4	5	6	7
干支	戊午	己未	庚申	辛酉	壬戌	癸亥	甲子	乙丑	丙寅	丁卯	戊辰	己巳	庚午	辛未	壬申	癸酉	甲戌	乙亥	丙子	丁丑	戊寅	己卯	庚辰	辛巳	壬午	癸未	甲申	乙酉	丙戌	丁亥
曜	월	화	수	목	금	토	일	월	화	수	목	금	토	일	월	화	수	목	금	토	일	월	화	수	목	금	토	일	월	화

7月

陽	1	2	3	4	5	6	7	8	9	10	11	12	13	14	15	16	17	18	19	20	21	22	23	24	25	26	27	28	29	30	31
陰	8	9	10	11	12	13	14	15	16	17	18	19	20	21	22	23	24	25	26	27	28	29	⑥소	2	3	4	5	6	7	8	9
干支	戊子	己丑	庚寅	辛卯	壬辰	癸巳	甲午	乙未	丙申	丁酉	戊戌	己亥	庚子	辛丑	壬寅	癸卯	甲辰	乙巳	丙午	丁未	戊申	己酉	庚戌	辛亥	壬子	癸丑	甲寅	乙卯	丙辰	丁巳	戊午
曜	수	목	금	토	일	월	화	수	목	금	토	일	월	화	수	목	금	토	일	월	화	수	목	금	토	일	월	화	수	목	금

8月

陽	1	2	3	4	5	6	7	8	9	10	11	12	13	14	15	16	17	18	19	20	21	22	23	24	25	26	27	28	29	30	31
陰	10	11	12	13	14	15	16	17	18	19	20	21	22	23	24	25	26	27	28	29	⑦대	2	3	4	5	6	7	8	9	10	11
干支	己未	庚申	辛酉	壬戌	癸亥	甲子	乙丑	丙寅	丁卯	戊辰	己巳	庚午	辛未	壬申	癸酉	甲戌	乙亥	丙子	丁丑	戊寅	己卯	庚辰	辛巳	壬午	癸未	甲申	乙酉	丙戌	丁亥	戊子	己丑
曜	토	일	월	화	수	목	금	토	일	월	화	수	목	금	토	일	월	화	수	목	금	토	일	월	화	수	목	금	토	일	월

9月

陽	1	2	3	4	5	6	7	8	9	10	11	12	13	14	15	16	17	18	19	20	21	22	23	24	25	26	27	28	29	30
陰	12	13	14	15	16	17	18	19	20	21	22	23	24	25	26	27	28	29	30	⑧소	2	3	4	5	6	7	8	9	10	11
干支	庚寅	辛卯	壬辰	癸巳	甲午	乙未	丙申	丁酉	戊戌	己亥	庚子	辛丑	壬寅	癸卯	甲辰	乙巳	丙午	丁未	戊申	己酉	庚戌	辛亥	壬子	癸丑	甲寅	乙卯	丙辰	丁巳	戊午	己未
曜	화	수	목	금	토	일	월	화	수	목	금	토	일	월	화	수	목	금	토	일	월	화	수	목	금	토	일	월	화	수

10月

陽	1	2	3	4	5	6	7	8	9	10	11	12	13	14	15	16	17	18	19	20	21	22	23	24	25	26	27	28	29	30	31
陰	12	13	14	15	16	17	18	19	20	21	22	23	24	25	26	27	28	29	⑨대	2	3	4	5	6	7	8	9	10	11	12	13
干支	庚申	辛酉	壬戌	癸亥	甲子	乙丑	丙寅	丁卯	戊辰	己巳	庚午	辛未	壬申	癸酉	甲戌	乙亥	丙子	丁丑	戊寅	己卯	庚辰	辛巳	壬午	癸未	甲申	乙酉	丙戌	丁亥	戊子	己丑	庚寅
曜	목	금	토	일	월	화	수	목	금	토	일	월	화	수	목	금	토	일	월	화	수	목	금	토	일	월	화	수	목	금	토

11月

陽	1	2	3	4	5	6	7	8	9	10	11	12	13	14	15	16	17	18	19	20	21	22	23	24	25	26	27	28	29	30
陰	14	15	16	17	18	19	20	21	22	23	24	25	26	27	28	29	30	⑩소	2	3	4	5	6	7	8	9	10	11	12	13
干支	辛卯	壬辰	癸巳	甲午	乙未	丙申	丁酉	戊戌	己亥	庚子	辛丑	壬寅	癸卯	甲辰	乙巳	丙午	丁未	戊申	己酉	庚戌	辛亥	壬子	癸丑	甲寅	乙卯	丙辰	丁巳	戊午	己未	庚申
曜	일	월	화	수	목	금	토	일	월	화	수	목	금	토	일	월	화	수	목	금	토	일	월	화	수	목	금	토	일	월

12月

陽	1	2	3	4	5	6	7	8	9	10	11	12	13	14	15	16	17	18	19	20	21	22	23	24	25	26	27	28	29	30	31
陰	14	15	16	17	18	19	20	21	22	23	24	25	26	27	28	29	⑪소	2	3	4	5	6	7	8	9	10	11	12	13	14	15
干支	辛酉	壬戌	癸亥	甲子	乙丑	丙寅	丁卯	戊辰	己巳	庚午	辛未	壬申	癸酉	甲戌	乙亥	丙子	丁丑	戊寅	己卯	庚辰	辛巳	壬午	癸未	甲申	丙戌	乙酉	丁亥	戊子	己丑	庚寅	辛卯
曜	화	수	목	금	토	일	월	화	수	목	금	토	일	월	화	수	목	금	토	일	월	화	수	목	금	토	일	월	화	수	목

甲寅 (大溪水)

西紀一九一四年 ● 檀紀四二四七年

舊閏三百八十四日
新平三百六十五日

十日得辛 五龍治水
辰喪門 子弔客
子大將軍 北三殺

四綠	九紫	二黑
三碧	五黃	七赤
八白	一白	六白

建月之大小	正月大 丙寅	二月大 丁卯	三月小 戊辰	四月大 己巳	五月大 庚午	五閏月小	六月小 辛未	七月大 壬申	八月小 癸酉	九月大 甲戌	十月小 乙亥	十一月小 丙子	十二月大 丁丑
日辰	壬申 壬戌 壬子	壬寅 壬辰 壬午	壬申 壬戌 壬子	辛丑 辛卯 辛巳	辛未 辛酉 辛亥	辛丑 辛卯 辛巳	庚午 庚申 庚戌	己亥 己丑 己卯	己巳 己未 己酉	戊戌 戊子 戊寅	戊辰 戊午 戊申	丁酉 丁亥 丁丑	丙寅 丙辰 丙午
月白	二黑	一白	九紫	八白	七赤	七赤	六白	五黃	四綠	三碧	二黑	一白	九紫
入節	雨水廿五日丙子午後七時三十分 立春初十日辛酉午後十一時三十一分	春分廿五日丙午午後七時一分 驚蟄初十日辛卯午後五時五十分	穀雨廿六日丁丑午前六時五十一分 清明十一日壬戌午後十一時二十七分	小滿廿八日戊申午前六時三十六分 立夏十二日壬辰午後五時二十七分	夏至廿九日己卯午後三時十一分 芒種十三日癸亥午後十時十三分	小暑十五日己未午前八時四十八分	立秋十七日丙寅午後六時三十九分 大暑初二日辛亥午前二時十五分	白露十九日丁酉午後九時二十四分 處暑初四日壬午午前十一時十五分	寒露二十日戊辰午後零時三十九分 秋分初五日癸丑午前六時二十三分	立冬廿一日戊戌午後三時十一分 霜降初六日癸未午後三時二十六分	大雪廿一日戊戌午前七時十九分 小雪初六日癸丑午後零時十八分	小寒廿一日丁酉午後五時五十四分 冬至初七日癸未午前零時五十五分	立春廿二日丁卯午前五時二十一分 大寒初七日壬子午前十一時八分

◆雜　節◆

臘享	土王	土王	末伏	中伏	土王	初伏	土王	寒食
十二月初二日	十二月初四日	九月初三日	六月廿一日	六月初一日	閏五月廿七日	閏五月二十日	三月廿三日	三月十一日
陽一月十六日	陽一月十八日	陽十月二十一日	陽八月十二日	陽七月二十三日	陽七月二十日	陽七月十三日	陽四月十八日	陽四月六日

1915 (4248. 乙卯)

1月

陽	1	2	3	4	5	6	7	8	9	10	11	12	13	14	15	16	17	18	19	20	21	22	23	24	25	26	27	28	29	30	31
陰	16	17	18	19	20	21	22	23	24	25	26	27	28	29	⑫대	2	3	4	5	6	7	8	9	10	11	12	13	14	15	16	17
干支	壬辰	癸巳	甲午	乙未	丙申	丁酉	戊戌	己亥	庚子	辛丑	壬寅	癸卯	甲辰	乙巳	丙午	丁未	戊申	己酉	庚戌	辛亥	壬子	癸丑	甲寅	乙卯	丙辰	丁巳	戊午	己未	庚申	辛酉	壬戌
曜	금	토	일	월	화	수	목	금	토	일	월	화	수	목	금	토	일	월	화	수	목	금	토	일	월	화	수	목	금	토	일

2月

陽	1	2	3	4	5	6	7	8	9	10	11	12	13	14	15	16	17	18	19	20	21	22	23	24	25	26	27	28
陰	18	19	20	21	22	23	24	25	26	27	28	29	30	①대	2	3	4	5	6	7	8	9	10	11	12	13	14	15
干支	癸亥	甲子	乙丑	丙寅	丁卯	戊辰	己巳	庚午	辛未	壬申	癸酉	甲戌	乙亥	丙子	丁丑	戊寅	己卯	庚辰	辛巳	壬午	癸未	甲申	乙酉	丙戌	丁亥	戊子	己丑	庚寅
曜	월	화	수	목	금	토	일	월	화	수	목	금	토	일	월	화	수	목	금	토	일	월	화	수	목	금	토	일

3月

陽	1	2	3	4	5	6	7	8	9	10	11	12	13	14	15	16	17	18	19	20	21	22	23	24	25	26	27	28	29	30	31
陰	16	17	18	19	20	21	22	23	24	25	26	27	28	29	30	②소	2	3	4	5	6	7	8	9	10	11	12	13	14	15	16
干支	辛卯	壬辰	癸巳	甲午	乙未	丙申	丁酉	戊戌	己亥	庚子	辛丑	壬寅	癸卯	甲辰	乙巳	丙午	丁未	戊申	己酉	庚戌	辛亥	壬子	癸丑	甲寅	乙卯	丙辰	丁巳	戊午	己未	庚申	辛酉
曜	월	화	수	목	금	토	일	월	화	수	목	금	토	일	월	화	수	목	금	토	일	월	화	수	목	금	토	일	월	화	수

4月

陽	1	2	3	4	5	6	7	8	9	10	11	12	13	14	15	16	17	18	19	20	21	22	23	24	25	26	27	28	29	30
陰	17	18	19	20	21	22	23	24	25	26	27	28	29	③대	2	3	4	5	6	7	8	9	10	11	12	13	14	15	16	17
干支	壬戌	癸亥	甲子	乙丑	丙寅	丁卯	戊辰	己巳	庚午	辛未	壬申	癸酉	甲戌	乙亥	丙子	丁丑	戊寅	己卯	庚辰	辛巳	壬午	癸未	甲申	乙酉	丙戌	丁亥	戊子	己丑	庚寅	辛卯
曜	목	금	토	일	월	화	수	목	금	토	일	월	화	수	목	금	토	일	월	화	수	목	금	토	일	월	화	수	목	금

5月

陽	1	2	3	4	5	6	7	8	9	10	11	12	13	14	15	16	17	18	19	20	21	22	23	24	25	26	27	28	29	30	31
陽	18	19	20	21	22	23	24	25	26	27	28	29	30	④대	2	3	4	5	6	7	8	9	10	11	12	13	14	15	16	17	18
干支	壬辰	癸巳	甲午	乙未	丙申	丁酉	戊戌	己亥	庚子	辛丑	壬寅	癸卯	甲辰	乙巳	丙午	丁未	戊申	己酉	庚戌	辛亥	壬子	癸丑	甲寅	乙卯	丙辰	丁巳	戊午	己未	庚申	辛酉	壬戌
曜	토	일	월	화	수	목	금	토	일	월	화	수	목	금	토	일	월	화	수	목	금	토	일	월	화	수	목	금	토	일	월

6月

陽	1	2	3	4	5	6	7	8	9	10	11	12	13	14	15	16	17	18	19	20	21	22	23	24	25	26	27	28	29	30
陰	19	20	21	22	23	24	25	26	27	28	29	30	⑤소	2	3	4	5	6	7	8	9	10	11	12	13	14	15	16	17	18
干支	癸亥	甲子	乙丑	丙寅	丁卯	戊辰	己巳	庚午	辛未	壬申	癸酉	甲戌	乙亥	丙子	丁丑	戊寅	己卯	庚辰	辛巳	壬午	癸未	甲申	乙酉	丙戌	丁亥	戊子	己丑	庚寅	辛卯	壬辰
曜	화	수	목	금	토	일	월	화	수	목	금	토	일	월	화	수	목	금	토	일	월	화	수	목	금	토	일	월	화	수

7月

陽	1	2	3	4	5	6	7	8	9	10	11	12	13	14	15	16	17	18	19	20	21	22	23	24	25	26	27	28	29	30	31
陰	19	20	21	22	23	24	25	26	27	28	29	⑥대	2	3	4	5	6	7	8	9	10	11	12	13	14	15	16	17	18	19	20
干支	癸巳	甲午	乙未	丙申	丁酉	戊戌	己亥	庚子	辛丑	壬寅	癸卯	甲辰	乙巳	丙午	丁未	戊申	己酉	庚戌	辛亥	壬子	癸丑	甲寅	乙卯	丙辰	丁巳	戊午	己未	庚申	辛酉	壬戌	癸亥
曜	목	금	토	일	월	화	수	목	금	토	일	월	화	수	목	금	토	일	월	화	수	목	금	토	일	월	화	수	목	금	토

8月

陽	1	2	3	4	5	6	7	8	9	10	11	12	13	14	15	16	17	18	19	20	21	22	23	24	25	26	27	28	29	30	31
陰	21	22	23	24	25	26	27	28	29	30	⑦소	2	3	4	5	6	7	8	9	10	11	12	13	14	15	16	17	18	19	20	21
干支	甲子	乙丑	丙寅	丁卯	戊辰	己巳	庚午	辛未	壬申	癸酉	甲戌	乙亥	丙子	丁丑	戊寅	己卯	庚辰	辛巳	壬午	癸未	甲申	乙酉	丙戌	丁亥	戊子	己丑	庚寅	辛卯	壬辰	癸巳	甲午
曜	일	월	화	수	목	금	토	일	월	화	수	목	금	토	일	월	화	수	목	금	토	일	월	화	수	목	금	토	일	월	화

9月

陽	1	2	3	4	5	6	7	8	9	10	11	12	13	14	15	16	17	18	19	20	21	22	23	24	25	26	27	28	29	30
陰	22	23	24	25	26	27	28	29	⑧대	2	3	4	5	6	7	8	9	10	11	12	13	14	15	16	17	18	19	20	21	22
干支	乙未	丙申	丁酉	戊戌	己亥	庚子	辛丑	壬寅	癸卯	甲辰	乙巳	丙午	丁未	戊申	己酉	庚戌	辛亥	壬子	癸丑	甲寅	乙卯	丙辰	丁巳	戊午	己未	庚申	辛酉	壬戌	癸亥	甲子
曜	수	목	금	토	일	월	화	수	목	금	토	일	월	화	수	목	금	토	일	월	화	수	목	금	토	일	월	화	수	목

10月

月	1	2	3	4	5	6	7	8	9	10	11	12	13	14	15	16	17	18	19	20	21	22	23	24	25	26	27	28	29	30	31
陰	23	24	25	26	27	28	29	30	⑨소	2	3	4	5	6	7	8	9	10	11	12	13	14	15	16	17	18	19	20	21	22	23
干支	乙丑	丙寅	丁卯	戊辰	己巳	庚午	辛未	壬申	癸酉	甲戌	乙亥	丙子	丁丑	戊寅	己卯	庚辰	辛巳	壬午	癸未	甲申	乙酉	丙戌	丁亥	戊子	己丑	庚寅	辛卯	壬辰	癸巳	甲午	乙未
曜	금	토	일	월	화	수	목	금	토	일	월	화	수	목	금	토	일	월	화	수	목	금	토	일	월	화	수	목	금	토	일

11月

陽	1	2	3	4	5	6	7	8	9	10	11	12	13	14	15	16	17	18	19	20	21	22	23	24	25	26	27	28	29	30
陰	24	25	26	27	28	29	⑩대	2	3	4	5	6	7	8	9	10	11	12	13	14	15	16	17	18	19	20	21	22	23	24
干支	丙申	丁酉	戊戌	己亥	庚子	辛丑	壬寅	癸卯	甲辰	乙巳	丙午	丁未	戊申	己酉	庚戌	辛亥	壬子	癸丑	甲寅	乙卯	丙辰	丁巳	戊午	己未	庚申	辛酉	壬戌	癸亥	甲子	乙丑
曜	월	화	수	목	금	토	일	월	화	수	목	금	토	일	월	화	수	목	금	토	일	월	화	수	목	금	토	일	월	화

12月

陽	1	2	3	4	5	6	7	8	9	10	11	12	13	14	15	16	17	18	19	20	21	22	23	24	25	26	27	28	29	30	31
陰	25	26	27	28	29	30	⑪대	2	3	4	5	6	7	8	9	10	11	12	13	14	15	16	17	18	19	20	21	22	23	24	25
干支	丙寅	丁卯	戊辰	己巳	庚午	辛未	壬申	癸酉	甲戌	乙亥	丙子	丁丑	戊寅	己卯	庚辰	辛巳	壬午	癸未	甲申	乙酉	丙戌	丁亥	戊子	己丑	庚寅	辛卯	壬辰	癸巳	甲午	乙未	丙申
曜	수	목	금	토	일	월	화	수	목	금	토	일	월	화	수	목	금	토	일	월	화	수	목	금	토	일	월	화	수	목	금

乙卯 (大溪水)

舊平三百五十五日
新平三百六十五日

西紀一九一五年●檀紀四二四八年

六日得辛 五龍治水
巳喪門 丑吊客
子大將軍 西三殺

一白	八白	三碧
六白	四綠	二黑
五黃	九紫	七赤

建月之大小	日辰	月白	人節
正月大 戊寅	丙子 丙戌 丙申	八白	雨水初七日壬午午前一時十九分 / 驚蟄廿二日丁酉午後十一時四十分
二月小 己卯	丙午 丙辰 丙寅	七赤	春分初七日壬子午前零時五十分 / 淸明廿二日丁卯午前五時九分
三月大 庚辰	乙亥 乙酉 乙未	四綠	穀雨初八日壬午午後零時五十五分 / 立夏廿四日戊戌午後十一時十五分
四月大 辛巳	乙巳 乙卯 乙丑	五黃	小滿初九日癸丑午後零時三十四分 / 芒種廿五日己巳午前四時二分
五月小 壬午	乙亥 乙酉 乙未	四綠	夏至初十日甲申午後八時五十八分 / 小暑廿六日庚子午後二時四十三分
六月大 癸未	甲辰 甲寅 甲子	三碧	大暑十三日丙辰午前八時三分 / 立秋廿九日壬申午前零時十七分
七月小 甲申	甲戌 甲申 甲午	二黑	處暑十四日丁亥午後三時五分
八月大 乙酉	癸卯 癸丑 癸亥	一白	白露初一日癸卯午前三時十二分 / 秋分十六日戊午午後零時三十六分
九月小 丙戌	癸酉 癸未 癸巳	九紫	寒露初一日癸酉午後六時三十八分 / 霜降十六日戊子午後九時十六分
十月大 丁亥	壬寅 壬子 壬戌	五黃	立冬初二日癸卯午後九時一分 / 小雪十七日戊午午後六時九分
十一月小 戊子	壬申 壬午 壬辰	三碧	大雪初二日癸酉午後一時九分 / 冬至十七日戊子午前六時四十五分
十二月大 己丑	辛丑 辛亥 辛酉	六白	小寒初二日壬寅午後十一時四十五分 / 大寒十七日丁巳午後四時五十七分

◆雜 節◆

寒食	土王	初伏	土王	中伏	末伏	土王	臘享	土王
二月廿三日	三月初五日	六月初七日	六月初十日	六月十七日	七月初七日	九月十三日	十二月十九日	十二月十四日
陽四月七日	陽四月十八日	陽七月十八日	陽七月二十一日	陽七月二十八日	陽八月十七日	陽十月二十一日	陽一月二十三日	陽一月十八日

1916 (4249. 丙辰)

1月

陽	1	2	3	4	5	6	7	8	9	10	11	12	13	14	15	16	17	18	19	20	21	22	23	24	25	26	27	28	29	30	31
陰	26	27	28	29	⑫대	2	3	4	5	6	7	8	9	10	11	12	13	14	15	16	17	18	19	20	21	22	23	24	25	26	27
干支	丁酉	戊戌	己亥	庚子	辛丑	壬寅	癸卯	甲辰	乙巳	丙午	丁未	戊申	己酉	庚戌	辛亥	壬子	癸丑	甲寅	乙卯	丙辰	丁巳	戊午	己未	庚申	辛酉	壬戌	癸亥	甲子	乙丑	丙寅	丁卯
曜	토	일	월	화	수	목	금	토	일	월	화	수	목	금	토	일	월	화	수	목	금	토	일	월	화	수	목	금	토	일	월

2月

陽	1	2	3	4	5	6	7	8	9	10	11	12	13	14	15	16	17	18	19	20	21	22	23	24	25	26	27	28	29
陰	28	29	30	①소	2	3	4	5	6	7	8	9	10	11	12	13	14	15	16	17	18	19	20	21	22	23	24	25	26
干支	戊辰	己巳	庚午	辛未	壬申	癸酉	甲戌	乙亥	丙子	丁丑	戊寅	己卯	庚辰	辛巳	壬午	癸未	甲申	乙酉	丙戌	丁亥	戊子	己丑	庚寅	辛卯	壬辰	癸巳	甲午	乙未	丙申
曜	화	수	목	금	토	일	월	화	수	목	금	토	일	월	화	수	목	금	토	일	월	화	수	목	금	토	일	월	화

3月

陽	1	2	3	4	5	6	7	8	9	10	11	12	13	14	15	16	17	18	19	20	21	22	23	24	25	26	27	28	29	30	31
陰	27	28	29	②대	2	3	4	5	6	7	8	9	10	11	12	13	14	15	16	17	18	19	20	21	22	23	24	25	26	27	28
干支	丁酉	戊戌	己亥	庚子	辛丑	壬寅	癸卯	甲辰	乙巳	丙午	丁未	戊申	己酉	庚戌	辛亥	壬子	癸丑	甲寅	乙卯	丙辰	丁巳	戊午	己未	庚申	辛酉	壬戌	癸亥	甲子	乙丑	丙寅	丁卯
曜	수	목	금	토	일	월	화	수	목	금	토	일	월	화	수	목	금	토	일	월	화	수	목	금	토	일	월	화	수	목	금

4月

陽	1	2	3	4	5	6	7	8	9	10	11	12	13	14	15	16	17	18	19	20	21	22	23	24	25	26	27	28	29	30
陰	29	30	③소	2	3	4	5	6	7	8	9	10	11	12	13	14	15	16	17	18	19	20	21	22	23	24	25	26	27	28
干支	戊辰	己巳	庚午	辛未	壬申	癸酉	甲戌	乙亥	丙子	丁丑	戊寅	己卯	庚辰	辛巳	壬午	癸未	甲申	乙酉	丙戌	丁亥	戊子	己丑	庚寅	辛卯	壬辰	癸巳	甲午	乙未	丙申	丁酉
曜	토	일	월	화	수	목	금	토	일	월	화	수	목	금	토	일	월	화	수	목	금	토	일	월	화	수	목	금	토	일

5月

陽	1	2	3	4	5	6	7	8	9	10	11	12	13	14	15	16	17	18	19	20	21	22	23	24	25	26	27	28	29	30	31
陰	29	④대	2	3	4	5	6	7	8	9	10	11	12	13	14	15	16	17	18	19	20	21	22	23	24	25	26	27	28	29	30
干支	戊戌	己亥	庚子	辛丑	壬寅	癸卯	甲辰	乙巳	丙午	丁未	戊申	己酉	庚戌	辛亥	壬子	癸丑	甲寅	乙卯	丙辰	丁巳	戊午	己未	庚申	辛酉	壬戌	癸亥	甲子	乙丑	丙寅	丁卯	戊辰
曜	월	화	수	목	금	토	일	월	화	수	목	금	토	일	월	화	수	목	금	토	일	월	화	수	목	금	토	일	월	화	수

6月

陽	1	2	3	4	5	6	7	8	9	10	11	12	13	14	15	16	17	18	19	20	21	22	23	24	25	26	27	28	29	30
陰	⑤소	2	3	4	5	6	7	8	9	10	11	12	13	14	15	16	17	18	19	20	21	22	23	24	25	26	27	28	29	⑥대
干支	己巳	庚午	辛未	壬申	癸酉	甲戌	乙亥	丙子	丁丑	戊寅	己卯	庚辰	辛巳	壬午	癸未	甲申	乙酉	丙戌	丁亥	戊子	己丑	庚寅	辛卯	壬辰	癸巳	甲午	乙未	丙申	丁酉	戊戌
曜	목	금	토	일	월	화	수	목	금	토	일	월	화	수	목	금	토	일	월	화	수	목	금	토	일	월	화	수	목	금

7月

陽	1	2	3	4	5	6	7	8	9	10	11	12	13	14	15	16	17	18	19	20	21	22	23	24	25	26	27	28	29	30	31
陰	2	3	4	5	6	7	8	9	10	11	12	13	14	15	16	17	18	19	20	21	22	23	24	25	26	27	28	29	30	⑦대	2
干支	己亥	庚子	辛丑	壬寅	癸卯	甲辰	乙巳	丙午	丁未	戊申	己酉	庚戌	辛亥	壬子	癸丑	甲寅	乙卯	丙辰	丁巳	戊午	己未	庚申	辛酉	壬戌	癸亥	甲子	乙丑	丙寅	丁卯	戊辰	己巳
曜	토	일	월	화	수	목	금	토	일	월	화	수	목	금	토	일	월	화	수	목	금	토	일	월	화	수	목	금	토	일	월

8月

陽	1	2	3	4	5	6	7	8	9	10	11	12	13	14	15	16	17	18	19	20	21	22	23	24	25	26	27	28	29	30	31
陰	3	4	5	6	7	8	9	10	11	12	13	14	15	16	17	18	19	20	21	22	23	24	25	26	27	28	29	30	⑧소	2	3
干支	庚午	辛未	壬申	癸酉	甲戌	乙亥	丙子	丁丑	戊寅	己卯	庚辰	辛巳	壬午	癸未	甲申	乙酉	丙戌	丁亥	戊子	己丑	庚寅	辛卯	壬辰	癸巳	甲午	乙未	丙申	丁酉	戊戌	己亥	庚子
曜	화	수	목	금	토	일	월	화	수	목	금	토	일	월	화	수	목	금	토	일	월	화	수	목	금	토	일	월	화	수	목

9月

陽	1	2	3	4	5	6	7	8	9	10	11	12	13	14	15	16	17	18	19	20	21	22	23	24	25	26	27	28	29	30
陰	4	5	6	7	8	9	10	11	12	13	14	15	16	17	18	19	20	21	22	23	24	25	26	27	28	29	⑨대	2	3	4
干支	辛丑	壬寅	癸卯	甲辰	乙巳	丙午	丁未	戊申	己酉	庚戌	辛亥	壬子	癸丑	甲寅	乙卯	丙辰	丁巳	戊午	己未	庚申	辛酉	壬戌	癸亥	甲子	乙丑	丙寅	丁卯	戊辰	己巳	庚午
曜	금	토	일	월	화	수	목	금	토	일	월	화	수	목	금	토	일	월	화	수	목	금	토	일	월	화	수	목	금	토

10月

陽	1	2	3	4	5	6	7	8	9	10	11	12	13	14	15	16	17	18	19	20	21	22	23	24	25	26	27	28	29	30	31
陰	5	6	7	8	9	10	11	12	13	14	15	16	17	18	19	20	21	22	23	24	25	26	27	28	29	30	⑩소	2	3	4	5
干支	辛未	壬申	癸酉	甲戌	乙亥	丙子	丁丑	戊寅	己卯	庚辰	辛巳	壬午	癸未	甲申	乙酉	丙戌	丁亥	戊子	己丑	庚寅	辛卯	壬辰	癸巳	甲午	乙未	丙申	丁酉	戊戌	己亥	庚子	辛丑
曜	일	월	화	수	목	금	토	일	월	화	수	목	금	토	일	월	화	수	목	금	토	일	월	화	수	목	금	토	일	월	화

11月

陽	1	2	3	4	5	6	7	8	9	10	11	12	13	14	15	16	17	18	19	20	21	22	23	24	25	26	27	28	29	30
陰	6	7	8	9	10	11	12	13	14	15	16	17	18	19	20	21	22	23	24	25	26	27	28	29	⑪대	2	3	4	5	6
干支	壬寅	癸卯	甲辰	乙巳	丙午	丁未	戊申	己酉	庚戌	辛亥	壬子	癸丑	甲寅	乙卯	丙辰	丁巳	戊午	己未	庚申	辛酉	壬戌	癸亥	甲子	乙丑	丙寅	丁卯	戊辰	己巳	庚午	辛未
曜	수	목	금	토	일	월	화	수	목	금	토	일	월	화	수	목	금	토	일	월	화	수	목	금	토	일	월	화	수	목

12月

陽	1	2	3	4	5	6	7	8	9	10	11	12	13	14	15	16	17	18	19	20	21	22	23	24	25	26	27	28	29	30	31
陰	7	8	9	10	11	12	13	14	15	16	17	[illegible]	19	20	21	22	23	24	25	26	27	28	29	30	⑫소	2	3	4	5	6	7
干支	壬申	癸酉	甲戌	乙亥	丙子	丁丑	戊寅	己卯	庚辰	辛巳	壬午	癸未	甲申	乙酉	丙戌	丁亥	戊子	己丑	庚寅	辛卯	壬辰	癸巳	甲午	乙未	丙申	丁酉	戊戌	己亥	庚子	辛丑	壬寅
曜	금	토	일	월	화	수	목	금	토	일	월	화	수	목	금	토	일	월	화	수	목	금	토	일	월	화	수	목	금	토	일

丙辰 (沙中土)

西紀一九一六年 ● 檀紀四二四九年

舊平三百五十四日
新閏三百六十六日

一日得辛 十龍治水
午喪門 寅吊客
子大將軍 南三殺

九紫	七赤	二黑
五黃	三碧	一白
四綠	八白	六白

月之大小	正月小 庚寅	二月大 辛卯	三月小 壬辰	四月大 癸巳	五月小 甲午	六月大 乙未	七月大 丙申	八月小 丁酉	九月大 戊戌	十月小 己亥	十一月大 庚子	十二月小 辛丑
日辰	辛卯 辛巳 辛未	庚申 庚戌 庚子	庚寅 庚辰 庚午	己未 己酉 己亥	己丑 己卯 己巳	戊午 戊申 戊戌	戊子 戊寅 戊辰	戊午 戊申 戊戌	丁亥 丁丑 丁卯	丁巳 丁未 丁酉	丙戌 丙子 丙寅	丙辰 丙午 丙申
月白	五黃	四綠	三碧	二黑	一白	九紫	八白	七赤	六白	五黃	四綠	三碧
入節	立春初二日壬申午前十一時十一分 雨水十七日丁亥午前七時十分	驚蟄初三日壬寅午前五時二十九分 春分十八日丁巳午前六時四十分	清明初三日壬申午前十一時五十八分 穀雨十八日丁亥午後六時十九分	立夏初五日癸卯午前五時四分 小滿二十日戊午午後六時二十三分	芒種初六日甲戌午前九時五十一分 夏至廿二日庚寅午前二時四十七分	小暑初八日乙巳午後八時二十四分 大暑廿四日辛酉午後一時五十一分	立秋初十日丁丑午前六時十五分 處暑廿五日壬辰午後八時五十一分	白露十一日戊申午前十一時一分 秋分廿六日癸亥午後六時十五分	寒露十三日己卯午前零時十七分 霜降廿八日甲午午前三時五分	立冬十三日己酉午前二時五十一分 小雪廿七日癸亥午後十時四十六分	大雪十三日戊寅午後六時五十八分 冬至廿八日癸巳午後零時三十五分	小寒十四日己酉午前五時三十三分 大寒廿八日癸酉午後十時四十一分

◆雜 節◆

寒食	土王	初伏	土王	中伏	末伏	土王	土王	臘享
三月初四日	三月十五日	六月十三日	六月廿一日	六月廿三日	七月十三日	九月廿五日	十二月廿五日	十二月廿四日
陽四月六日	陽四月十七日	陽七月十二日	陽七月二十日	陽七月二十三日	陽八月十一日	陽十月二十一日	陽一月十八日	陽一月十七日

1917 (4250. 丁巳)

1月

陽	1	2	3	4	5	6	7	8	9	10	11	12	13	14	15	16	17	18	19	20	21	22	23	24	25	26	27	28	29	30	31
陰	8	9	10	11	12	13	14	15	16	17	18	19	20	21	22	23	24	25	26	27	28	29	①대	2	3	4	5	6	7	8	9
干支	癸卯	甲辰	乙巳	丙午	丁未	戊申	己酉	庚戌	辛亥	壬子	癸丑	甲寅	乙卯	丙辰	丁巳	戊午	己未	庚申	辛酉	壬戌	癸亥	甲子	乙丑	丙寅	丁卯	戊辰	己巳	庚午	辛未	壬申	癸酉
曜	월	화	수	목	금	토	일	월	화	수	목	금	토	일	월	화	수	목	금	토	일	월	화	수	목	금	토	일	월	화	수

2月

陽	1	2	3	4	5	6	7	8	9	10	11	12	13	14	15	16	17	18	19	20	21	22	23	24	25	26	27	28
陰	10	11	12	13	14	15	16	17	18	19	20	21	22	23	24	25	26	27	28	29	30	②소	2	3	4	5	6	7
干支	甲戌	乙亥	丙子	丁丑	戊寅	己卯	庚辰	辛巳	壬午	癸未	甲申	乙酉	丙戌	丁亥	戊子	己丑	庚寅	辛卯	壬辰	癸巳	甲午	乙未	丙申	丁酉	戊戌	己亥	庚子	辛丑
曜	목	금	토	일	월	화	수	목	금	토	일	월	화	수	목	금	토	일	월	화	수	목	금	토	일	월	화	수

3月

陽	1	2	3	4	5	6	7	8	9	10	11	12	13	14	15	16	17	18	19	20	21	22	23	24	25	26	27	28	29	30	31
陰	8	9	10	11	12	13	14	15	16	17	18	19	20	21	22	23	24	25	26	27	28	29	②소	2	3	4	5	6	7	8	9
干支	壬寅	癸卯	甲辰	乙巳	丙午	丁未	戊申	己酉	庚戌	辛亥	壬子	癸丑	甲寅	乙卯	丙辰	丁巳	戊午	己未	庚申	辛酉	壬戌	癸亥	甲子	乙丑	丙寅	丁卯	戊辰	己巳	庚午	辛未	壬申
曜	목	금	토	일	월	화	수	목	금	토	일	월	화	수	목	금	토	일	월	화	수	목	금	토	일	월	화	수	목	금	토

4月

陽	1	2	3	4	5	6	7	8	9	10	11	12	13	14	15	16	17	18	19	20	21	22	23	24	25	26	27	28	29	30
陰	10	11	12	13	14	15	16	17	18	19	20	21	22	23	24	25	26	27	28	29	③대	2	3	4	5	6	7	8	9	10
干支	癸酉	甲戌	乙亥	丙子	丁丑	戊寅	己卯	庚辰	辛巳	壬午	癸未	甲申	乙酉	丙戌	丁亥	戊子	己丑	庚寅	辛卯	壬辰	癸巳	甲午	乙未	丙申	丁酉	戊戌	己亥	庚子	辛丑	壬寅
曜	일	월	화	수	목	금	토	일	월	화	수	목	금	토	일	월	화	수	목	금	토	일	월	화	수	목	금	토	일	월

5月

陽	1	2	3	4	5	6	7	8	9	10	11	12	13	14	15	16	17	18	19	20	21	22	23	24	25	26	27	28	29	30	31
陰	11	12	13	14	15	16	17	18	19	20	21	22	23	24	25	26	27	28	29	30	④소	2	3	4	5	6	7	8	9	10	11
干支	癸卯	甲辰	乙巳	丙午	丁未	戊申	己酉	庚戌	辛亥	壬子	癸丑	甲寅	乙卯	丙辰	丁巳	戊午	己未	庚申	辛酉	壬戌	癸亥	甲子	乙丑	丙寅	丁卯	戊辰	己巳	庚午	辛未	壬申	癸酉
曜	화	수	목	금	토	일	월	화	수	목	금	토	일	월	화	수	목	금	토	일	월	화	수	목	금	토	일	월	화	수	목

6月

陽	1	2	3	4	5	6	7	8	9	10	11	12	13	14	15	16	17	18	19	20	21	22	23	24	25	26	27	28	29	30
干	12	13	14	15	16	17	18	19	20	21	22	23	24	25	26	27	28	29	⑤대	2	3	4	5	6	7	8	9	10	11	12
干支	甲戌	乙亥	丙子	丁丑	戊寅	己卯	庚辰	辛巳	壬午	癸未	甲申	乙酉	丙戌	丁亥	戊子	己丑	庚寅	辛卯	壬辰	癸巳	甲午	乙未	丙申	丁酉	戊戌	己亥	庚子	辛丑	壬寅	癸卯
曜	금	토	일	월	화	수	목	금	토	일	월	화	수	목	금	토	일	월	화	수	목	금	토	일	월	화	수	목	금	토

7月

陽	1	2	3	4	5	6	7	8	9	10	11	12	13	14	15	16	17	18	19	20	21	22	23	24	25	26	27	28	29	30	31
陰	13	14	15	16	17	18	19	20	21	22	23	24	25	26	27	28	29	30	⑥대	2	3	4	5	6	7	8	9	10	11	12	13
干支	甲辰	乙巳	丙午	丁未	戊申	己酉	庚戌	辛亥	壬子	癸丑	甲寅	乙卯	丙辰	丁巳	戊午	己未	庚申	辛酉	壬戌	癸亥	甲子	乙丑	丙寅	丁卯	戊辰	己巳	庚午	辛未	壬申	癸酉	甲戌
曜	일	월	화	수	목	금	토	일	월	화	수	목	금	토	일	월	화	수	목	금	토	일	월	화	수	목	금	토	일	월	화

8月

陽	1	2	3	4	5	6	7	8	9	10	11	12	13	14	15	16	17	18	19	20	21	22	23	24	25	26	27	28	29	30	31
陰	14	15	16	17	18	19	20	21	22	23	24	25	26	27	28	29	30	⑦소	2	3	4	5	6	7	8	9	10	11	12	13	14
干支	乙亥	丙子	丁丑	戊寅	己卯	庚辰	辛巳	壬午	癸未	甲申	乙酉	丙戌	丁亥	戊子	己丑	庚寅	辛卯	壬辰	癸巳	甲午	乙未	丙申	丁酉	戊戌	己亥	庚子	辛丑	壬寅	癸卯	甲辰	乙巳
曜	수	목	금	토	일	월	화	수	목	금	토	일	월	화	수	목	금	토	일	월	화	수	목	금	토	일	월	화	수	목	금

9月

陽	1	2	3	4	5	6	7	8	9	10	11	12	13	14	15	16	17	18	19	20	21	22	23	24	25	26	27	28	29	30
陰	15	16	17	18	19	20	21	22	23	24	25	26	27	28	29	⑧대	2	3	4	5	6	7	8	9	10	11	12	13	14	15
干支	丙午	丁未	戊申	己酉	庚戌	辛亥	壬子	癸丑	甲寅	乙卯	丙辰	丁巳	戊午	己未	庚申	辛酉	壬戌	癸亥	甲子	乙丑	丙寅	丁卯	戊辰	己巳	庚午	辛未	壬申	癸酉	甲戌	乙亥
曜	토	일	월	화	수	목	금	토	일	월	화	수	목	금	토	일	월	화	수	목	금	토	일	월	화	수	목	금	토	일

10月

陽	1	2	3	4	5	6	7	8	9	10	11	12	13	14	15	16	17	18	19	20	21	22	23	24	25	26	27	28	29	30	31
陰	16	17	18	19	20	21	22	23	24	25	26	27	28	29	30	⑨대	2	3	4	5	6	7	8	9	10	11	12	13	14	15	16
干支	丙子	丁丑	戊寅	己卯	庚辰	辛巳	壬午	癸未	甲申	乙酉	丙戌	丁亥	戊子	己丑	庚寅	辛卯	壬辰	癸巳	甲午	乙未	丙申	丁酉	戊戌	己亥	庚子	辛丑	壬寅	癸卯	甲辰	乙巳	丙午
曜	월	화	수	목	금	토	일	월	화	수	목	금	토	일	월	화	수	목	금	토	일	월	화	수	목	금	토	일	월	화	수

11月

陽	1	2	3	4	5	6	7	8	9	10	11	12	13	14	15	16	17	18	19	20	21	22	23	24	25	26	27	28	29	30
陰	17	18	19	20	21	22	23	24	25	26	27	28	29	30	⑪소	2	3	4	5	6	7	8	9	10	11	12	13	14	15	16
干支	丁未	戊申	己酉	庚戌	辛亥	壬子	癸丑	甲寅	乙卯	丙辰	丁巳	戊午	己未	庚申	辛酉	壬戌	癸亥	甲子	乙丑	丙寅	丁卯	戊辰	己巳	庚午	辛未	壬申	癸酉	甲戌	乙亥	丙子
曜	목	금	토	일	월	화	수	목	금	토	일	월	화	수	목	금	토	일	월	화	수	목	금	토	일	월	화	수	목	금

12月

陽	1	2	3	4	5	6	7	8	9	10	11	12	13	14	15	16	17	18	19	20	21	22	23	24	25	26	27	28	29	30	31
陰	17	18	19	20	21	22	23	24	25	26	27	28	29	⑪대	2	3	4	5	6	7	8	9	10	11	12	13	14	15	16	17	18
干支	丁丑	戊寅	己卯	庚辰	辛巳	壬午	癸未	甲申	乙酉	丙戌	丁亥	戊子	己丑	庚寅	辛卯	壬辰	癸巳	甲午	乙未	丙申	丁酉	戊戌	己亥	庚子	辛丑	壬寅	癸卯	甲辰	乙巳	丙午	丁未
曜	토	일	월	화	수	목	금	토	일	월	화	수	목	금	토	일	월	화	수	목	금	토	일	월	화	수	목	금	토	일	월

西紀一九一七年●檀紀四二五〇年

(沙中土)

舊閏三百八十四日
新平三百六十五日

七日得辛 四龍治水
未喪門 卯吊客
卯大將軍 東三殺

八白	六白	一白
四綠	二黑	九紫
三碧	七赤	五黃

月之大小	正月大 壬寅	二月小 癸卯	二閏月小	三月大 甲辰	四月小 乙巳	五月大 丙午	六月大 丁未	七月小 戊申	八月大 己酉	九月大 庚戌	十月小 辛亥	十一月大 壬子	十二月小 癸丑
日辰	乙丑 乙亥 乙酉	乙未 乙巳 乙卯	甲子 甲戌 甲申	癸巳 癸卯 癸丑	癸亥 癸酉 癸未	壬辰 壬寅 壬子	壬戌 壬申 壬午	壬辰 壬寅 壬子	辛酉 辛未 辛巳	辛卯 辛丑 辛亥	辛酉 辛未 辛巳	庚寅 庚子 庚戌	庚申 庚午 庚辰
月白	二黑	一白	一白	九紫	八白	七赤	六白	五黃	四綠	三碧	二黑	一白	九紫
入節	立春十三日丁丑午後 五時零分 雨水廿八日壬辰午後 零時五十八分	驚蟄十三日丁未午前 十一時十八分 春分廿八日壬戌午後 零時三十八分	清明十四日丁丑午後 四時四十七分	穀雨初一日癸巳午前 零時十八分 立夏十六日戊申午前 十時五十三分	小滿初二日甲子午前 芒種十七日己卯午後 零 十 三十八 時分時分	夏至初四日乙未午前 八時三十五分 小暑二十日辛亥午前 一時十二分	大暑初五日丙寅午後 七時三十九分 立秋廿一日壬午午後 零時三分	處暑初七日戊戌午前 二時四十分 白露廿二日癸丑午後 二時四十九分	秋分初九日己巳午前 零時三分 寒露廿四日甲申午前 六時六分	霜降初九日己亥午前 七時五十四分 立冬廿四日甲寅午前 八時四十分	小雪初九日己巳午前 五時四十六分 大雪廿四日甲申午前 零時四十八分	冬至初九日戊戌午後 六時二十四分 小寒廿四日癸丑午前 十一時十九分	大寒初八日丁卯午前 四時三十六分 立春廿三日壬午午後 十時五十分

◆雜 節◆

	寒食	土王	初伏	土王	中伏	末伏	土王	土王	臘享
陰	閏二月十五日	閏二月廿六日	五月廿九日	六月初二日	六月初九日	六月廿九日	九月初六日	十二月初五日	十二月十二日
陽	四月六日	四月十七日	七月十七日	七月二十日	七月二十七日	八月十六日	十月二十一日	一月十七日	一月二十四日

1918 (4251. 戊午)

1月

陽	1	2	3	4	5	6	7	8	9	10	11	12	13	14	15	16	17	18	19	20	21	22	23	24	25	26	27	28	29	30	31
陰	19	20	21	22	23	24	25	26	27	28	29	30	⑫소	2	3	4	5	6	7	8	9	10	11	12	13	14	15	16	17	18	19
干支	戊申	己酉	庚戌	辛亥	壬子	癸丑	甲寅	乙卯	丙辰	丁巳	戊午	己未	庚申	辛酉	壬戌	癸亥	甲子	乙丑	丙寅	丁卯	戊辰	己巳	庚午	辛未	壬申	癸酉	甲戌	乙亥	丙子	丁丑	戊寅
曜	화	수	목	금	토	일	월	화	수	목	금	토	일	월	화	수	목	금	토	일	월	화	수	목	금	토	일	월	화	수	목

2月

陽	1	2	3	4	5	6	7	8	9	10	11	12	13	14	15	16	17	18	19	20	21	22	23	24	25	26	27	28
陰	20	21	22	23	24	25	26	27	28	29	①대	2	3	4	5	6	7	8	9	10	11	12	13	14	15	16	17	18
干支	己卯	庚辰	辛巳	壬午	癸未	甲申	乙酉	丙戌	丁亥	戊子	己丑	庚寅	辛卯	壬辰	癸巳	甲午	乙未	丙申	丁酉	戊戌	己亥	庚子	辛丑	壬寅	癸卯	甲辰	乙巳	丙干
曜	금	토	일	월	화	수	목	금	토	일	월	화	수	목	금	토	일	월	화	수	목	금	토	일	월	화	수	목

3月

陽	1	2	3	4	5	6	7	8	9	10	11	12	13	14	15	16	17	18	19	20	21	22	23	24	25	26	27	28	29	30	31
陰	19	20	21	22	23	24	25	26	27	28	29	30	②소	2	3	4	5	6	7	8	9	10	11	12	13	14	15	16	17	18	19
干支	丁未	戊申	己酉	庚戌	辛亥	壬子	癸丑	甲寅	乙卯	丙辰	丁巳	戊午	己未	庚申	辛酉	壬戌	癸亥	甲子	乙丑	丙寅	丁卯	戊辰	己巳	庚午	辛未	壬申	癸酉	甲戌	乙亥	丙子	丁丑
曜	금	토	일	월	화	수	목	금	토	일	월	화	수	목	금	토	일	월	화	수	목	금	토	일	월	화	수	목	금	토	일

4月

陽	1	2	3	4	5	6	7	8	9	10	11	12	13	14	15	16	17	18	19	20	21	22	23	24	25	26	27	28	29	30
陰	20	21	22	23	24	25	26	27	28	29	③소	2	3	4	5	6	7	8	9	10	11	12	13	14	15	16	17	18	19	20
干支	戊寅	己卯	庚辰	辛巳	壬午	癸未	甲申	乙酉	丙戌	丁亥	戊子	己丑	庚寅	辛卯	壬辰	癸巳	甲午	乙未	丙申	丁酉	戊戌	己亥	庚子	辛丑	壬寅	癸卯	甲辰	乙巳	丙午	丁未
曜	월	화	수	목	금	토	일	월	화	수	목	금	토	일	월	화	수	목	금	토	일	월	화	수	목	금	토	일	월	화

5月

陽	1	2	3	4	5	6	7	8	9	10	11	12	13	14	15	16	17	18	19	20	21	22	23	24	25	26	27	28	29	30	31
陰	21	22	23	24	25	26	27	28	29	④대	2	3	4	5	6	7	8	9	10	11	12	13	14	15	16	17	18	19	20	21	22
干支	戊申	己酉	庚戌	辛亥	壬子	癸丑	甲寅	乙卯	丙辰	丁巳	戊午	己未	庚申	辛酉	壬戌	癸亥	甲子	乙丑	丙寅	丁卯	戊辰	己巳	庚午	辛未	壬申	癸酉	甲戌	乙亥	丙子	丁丑	戊寅
曜	수	목	금	토	일	월	화	수	목	금	토	일	월	화	수	목	금	토	일	월	화	수	목	금	토	일	월	화	수	목	금

6月

陽	1	2	3	4	5	6	7	8	9	10	11	12	13	14	15	16	17	18	19	20	21	22	23	24	25	26	27	28	29	30
陰	23	24	25	26	27	28	29	30	⑤소	2	3	4	5	6	7	8	9	10	11	12	13	14	15	16	17	18	19	20	21	22
干支	己卯	庚辰	辛巳	壬午	癸未	甲申	乙酉	丙戌	丁亥	戊子	己丑	庚寅	辛卯	壬辰	癸巳	甲午	乙未	丙申	丁酉	戊戌	己亥	庚子	辛丑	壬寅	癸卯	甲辰	乙巳	丙午	丁未	戊申
曜	토	일	월	화	수	목	금	토	일	월	화	수	목	금	토	일	월	화	수	목	금	토	일	월	화	수	목	금	토	일

7月

陽	1	2	3	4	5	6	7	8	9	10	11	12	13	14	15	16	17	18	19	20	21	22	23	24	25	26	27	28	29	30	31
陰	23	24	25	26	27	28	29	⑥대	2	3	4	5	6	7	8	9	10	11	12	13	14	15	16	16	18	19	20	21	22	23	24
干支	己酉	庚戌	辛亥	壬子	癸丑	甲寅	乙卯	丙辰	丁巳	戊午	己未	庚申	辛酉	壬戌	癸亥	甲子	乙丑	丙寅	丁卯	戊辰	己巳	庚午	辛未	壬申	癸酉	甲戌	乙亥	丙子	丁丑	戊寅	己卯
曜	월	화	수	목	금	토	일	월	화	수	목	금	토	일	월	화	수	목	금	토	일	월	화	수	목	금	토	일	월	화	수

8月

陽	1	2	3	4	5	6	7	8	9	10	11	12	13	14	15	16	17	18	19	20	21	22	23	24	25	26	27	28	29	30	31
陰	25	26	27	28	29	30	⑦소	2	3	4	5	6	7	8	9	10	11	12	13	14	15	16	17	18	19	20	21	22	23	24	25
干支	庚辰	辛巳	壬午	癸未	甲申	乙酉	丙戌	丁亥	戊子	己丑	庚寅	辛卯	壬辰	癸巳	甲午	乙未	丙申	丁酉	戊戌	己亥	庚子	辛丑	壬寅	癸卯	甲辰	乙巳	丙午	丁未	戊申	己酉	庚戌
曜	목	금	토	일	월	화	수	목	금	토	일	월	화	수	목	금	토	일	월	화	수	목	금	토	일	월	화	수	목	금	토

9月

陽	1	2	3	4	5	6	7	8	9	10	11	12	13	14	15	16	17	18	19	20	21	22	23	24	25	26	27	28	29	30
陰	26	27	28	29	⑧대	2	3	4	5	6	7	8	9	10	11	12	13	14	15	16	17	18	19	20	21	22	23	24	25	26
干支	辛亥	壬子	癸丑	甲寅	乙卯	丙辰	丁巳	戊午	己未	庚申	辛酉	壬戌	癸亥	甲子	乙丑	丙寅	丁卯	戊辰	己巳	庚午	辛未	壬申	癸酉	甲戌	乙亥	丙子	丁丑	戊寅	己卯	庚辰
曜	일	월	화	수	목	금	토	일	월	화	수	목	금	토	일	월	화	수	목	금	토	일	월	화	수	목	금	토	일	월

10月

陽	1	2	3	4	5	6	7	8	9	10	11	12	13	14	15	16	17	18	19	20	21	22	23	24	25	26	27	28	29	30	31
陰	27	28	29	30	⑨대	2	3	4	5	6	7	8	9	10	11	12	13	14	15	16	17	18	19	20	21	22	23	24	25	26	27
干支	辛巳	壬午	癸未	甲申	乙酉	丙戌	丁亥	戊子	己丑	庚寅	辛卯	壬辰	癸巳	甲午	乙未	丙申	丁酉	戊戌	己亥	庚子	辛丑	壬寅	癸卯	甲辰	乙巳	丙午	丁未	戊申	己酉	庚戌	辛亥
曜	화	수	목	금	토	일	월	화	수	목	금	토	일	월	화	수	목	금	토	일	월	화	수	목	금	토	일	월	화	수	목

11月

陽	1	2	3	4	5	6	7	8	9	10	11	12	13	14	15	16	17	18	19	20	21	22	23	24	25	26	27	28	29	30
陰	28	29	30	⑩대	2	3	4	5	6	7	8	9	10	11	12	13	14	15	16	17	18	19	20	21	22	23	24	25	26	27
干支	壬子	癸丑	甲寅	乙卯	丙辰	丁巳	戊午	己未	庚申	辛酉	壬戌	癸亥	甲子	乙丑	丙寅	丁卯	戊辰	己巳	庚午	辛未	壬申	癸酉	甲戌	乙亥	丙子	丁丑	戊寅	己卯	庚辰	辛巳
曜	금	토	일	월	화	수	목	금	토	일	월	화	수	목	금	토	일	월	화	수	목	금	토	일	월	화	수	목	금	토

12月

陽	1	2	3	4	5	6	7	8	9	10	11	12	13	14	15	16	17	18	19	20	21	22	23	24	25	26	27	28	29	30	31
陰	28	29	30	⑪소	2	3	4	5	6	7	8	9	10	11	12	13	14	15	16	17	18	19	20	21	22	23	24	25	26	27	28
干支	壬午	癸未	甲申	乙酉	丙戌	丁亥	戊子	己丑	庚寅	辛卯	壬辰	癸巳	甲午	乙未	丙申	丁酉	戊戌	己亥	庚子	辛丑	壬寅	癸卯	甲辰	乙巳	丙午	丁未	戊申	己酉	庚戌	辛亥	壬子
曜	일	월	화	수	목	금	토	일	월	화	수	목	금	토	일	월	화	수	목	금	토	일	월	화	수	목	금	토	일	월	화

戊午 (天上火)

西紀一九一八年 ● 檀紀四二五一年

舊平三百五十五日
新平三百六十五日

三日得辛 四龍治水
申喪門 辰吊客
卯大將軍 北三殺

九紫	五黃	七赤
八白	一白	三碧
四綠	六白	二黑

建月之大小	正月大 甲寅	二月小 乙卯	三月小 丙辰	四月大 丁巳	五月小 戊午	六月大 己未	七月小 庚申	八月大 辛酉	九月大 壬戌	十月大 癸亥	十一月小 甲子	十二月大 乙丑
日辰	己酉 己亥 己丑	己卯 己巳 己未	戊申 戊戌 戊子	丁丑 丁卯 丁巳	丁未 丁酉 丁亥	丙子 丙寅 丙辰	丙午 丙申 丙戌	乙亥 乙丑 乙卯	乙巳 乙未 乙酉	乙亥 乙丑 乙卯	乙巳 乙未 乙酉	甲戌 甲子 甲寅
月白	八白	七赤	六白	五黃	四綠	三碧	二黑	一白	九紫	八白	七赤	六白
入節	驚蟄廿四日壬子午後 五時十一分 雨水初九日丁酉午後 六時四十八分	淸明廿四日壬午午後 十時三十五分 春分初九日丁卯午後 六時二十九分	立夏廿六日癸丑午後 四時四十二分 穀雨十一日戊戌午前 六時三分	芒種廿八日甲申午後 九時三十六分 小滿十三日己巳午前 五時五十九分	夏至十四日庚子午後 二時二十三分	大暑十六日壬申午前 一時二十七分 小暑初一日丙辰午前 八時零分	處暑十八日癸卯午前 八時三十八分 立秋初二日丁亥午後 五時五十三分	秋分二十日甲戌午前 十時三十八分 白露初四日戊午午後 五時五十五分	霜降二十日甲辰午後 二時四十四分 寒露初五日己丑午前 十一時五十五分	秋分二十日甲戌午前 十一時三十六分 立冬初五日己未午後 二時二十九分	冬至二十日甲辰午前 零時十四分 大雪初五日己丑午前 六時三十七分	大寒二十日癸酉午前 十一時二十六分 小寒初五日戊午午後 五時十三分

◆雜 節◆

土王	臘享	土王	末伏	中伏	土王	初伏	土王	寒食
十二月十七日	十二月十八日	九月十七日	七月初五日	六月十五日	六月十三日	六月初五日	三月初八日	二月廿五日
陽一月十八日	陽一月十九日	陽十月二十一日	陽八月十一日	陽七月二十三日	陽七月二十日	陽七月十二日	陽四月十八日	陽四月六日

1919 (4252. 己未)

1月

陽	1	2	3	4	5	6	7	8	9	10	11	12	13	14	15	16	17	18	19	20	21	22	23	24	25	26	27	28	29	30	31
陰	29	⑫대	2	3	4	5	6	7	8	9	10	11	12	13	14	15	16	17	18	19	20	21	22	23	24	25	26	27	28	29	30
干支	癸丑	甲寅	乙卯	丙辰	丁巳	戊午	己未	庚申	辛酉	壬戌	癸亥	甲子	乙丑	丙寅	丁卯	戊辰	己巳	庚午	辛未	壬申	癸酉	甲戌	乙亥	丙子	丁丑	戊寅	己卯	庚辰	辛巳	壬午	癸未
曜	수	목	금	토	일	월	화	수	목	금	토	일	월	화	수	목	금	토	일	월	화	수	목	금	토	일	월	화	수	목	금

2月

陽	1	2	3	4	5	6	7	8	9	10	11	12	13	14	15	16	17	18	19	20	21	22	23	24	25	26	27	28
陰	①소	2	3	4	5	6	7	8	9	10	11	12	13	14	15	16	17	18	19	20	21	22	23	24	25	26	27	28
干支	甲申	乙酉	丙戌	丁亥	戊子	己丑	庚寅	辛卯	壬辰	癸巳	甲午	乙未	丙申	丁酉	戊戌	己亥	庚子	辛丑	壬寅	癸卯	甲辰	乙巳	丙午	丁未	戊申	己酉	庚戌	辛亥
曜	토	일	월	화	수	목	금	토	일	월	화	수	목	금	토	일	월	화	수	목	금	토	일	월	화	수	목	금

3月

陽	1	2	3	4	5	6	7	8	9	10	11	12	13	14	15	16	17	18	19	20	21	22	23	24	25	26	27	28	29	30	31
陰	29	②대	2	3	4	5	6	7	8	9	10	11	12	13	14	15	16	17	18	19	20	21	22	23	24	25	26	27	28	29	30
干支	壬子	癸丑	甲寅	乙卯	丙辰	丁巳	戊午	己未	庚申	辛酉	壬戌	癸亥	甲子	乙丑	丙寅	丁卯	戊辰	己巳	庚午	辛未	壬申	癸酉	甲戌	乙亥	丙子	丁丑	戊寅	己卯	庚辰	辛巳	壬午
曜	토	일	월	화	수	목	금	토	일	월	화	수	목	금	토	일	월	화	수	목	금	토	일	월	화	수	목	금	토	일	월

4月

陽	1	2	3	4	5	6	7	8	9	10	11	12	13	14	15	16	17	18	19	20	21	22	23	24	25	26	27	28	29	30
陰	③소	2	3	4	5	6	7	8	9	10	11	12	13	14	15	16	17	18	19	20	21	22	23	24	25	26	27	28	29	④소
干支	癸未	甲申	乙酉	丙戌	丁亥	戊子	己丑	庚寅	辛卯	壬辰	癸巳	甲午	乙未	丙申	丁酉	戊戌	己亥	庚子	辛丑	壬寅	癸卯	甲辰	乙巳	丙午	丁未	戊申	己酉	庚戌	辛亥	壬子
曜	화	수	목	금	토	일	월	화	수	목	금	토	일	월	화	수	목	금	토	일	월	화	수	목	금	토	일	월	화	수

5月

陽	1	2	3	4	5	6	7	8	9	10	11	12	13	14	15	16	17	18	19	20	21	22	23	24	25	26	27	28	29	30	31
陰	2	3	4	5	6	7	8	9	10	11	12	13	14	15	16	17	18	19	20	21	22	23	24	25	26	27	28	29	⑤대	2	3
干支	癸丑	甲寅	乙卯	丙辰	丁巳	戊午	己未	庚申	辛酉	壬戌	癸亥	甲子	乙丑	丙寅	丁卯	戊辰	己巳	庚午	辛未	壬申	癸酉	甲戌	乙亥	丙子	丁丑	戊寅	己卯	庚辰	辛巳	壬午	癸未
曜	목	금	토	일	월	화	수	목	금	토	일	월	화	수	목	금	토	일	월	화	수	목	금	토	일	월	화	수	목	금	토

6月

陽	1	2	3	4	5	6	7	8	9	10	11	12	13	14	15	16	17	18	19	20	21	22	23	24	25	26	27	28	29	30
陰	4	5	6	7	8	9	10	11	12	13	14	15	16	17	18	19	20	21	22	23	24	25	26	27	28	29	30	⑥소	2	3
干支	甲申	乙酉	丙戌	丁亥	戊子	己丑	庚寅	辛卯	壬辰	癸巳	甲午	乙未	丙申	丁酉	戊戌	己亥	庚子	辛丑	壬寅	癸卯	甲辰	乙巳	丙午	丁未	戊申	己酉	庚戌	辛亥	壬子	癸丑
曜	일	월	화	수	목	금	토	일	월	화	수	목	금	토	일	월	화	수	목	금	토	일	월	화	수	목	금	토	일	월

7月

陽	1	2	3	4	5	6	7	8	9	10	11	12	13	14	15	16	17	18	19	20	21	22	23	24	25	26	27	28	29	30	31
陰	4	5	6	7	8	9	10	11	12	13	14	15	16	17	18	19	20	21	22	23	24	25	26	27	28	29	⑦대	2	3	4	5
干支	甲寅	乙卯	丙辰	丁巳	戊午	己未	庚申	辛酉	壬戌	癸亥	甲子	乙丑	丙寅	丁卯	戊辰	己巳	庚午	辛未	壬申	癸酉	甲戌	乙亥	丙子	丁丑	戊寅	己卯	庚辰	辛巳	壬午	癸未	甲申
曜	화	수	목	금	토	일	월	화	수	목	금	토	일	월	화	수	목	금	토	일	월	화	수	목	금	토	일	월	화	수	목

8月

陽	1	2	3	4	5	6	7	8	9	10	11	12	13	14	15	16	17	18	19	20	21	22	23	24	25	26	27	28	29	30	31
陰	6	7	8	9	10	11	12	13	14	15	16	17	18	19	20	21	22	23	24	25	26	27	28	29	30	⑦소	2	3	4	5	6
干支	乙酉	丙戌	丁亥	戊子	己丑	庚寅	辛卯	壬辰	癸巳	甲午	乙未	丙申	丁酉	戊戌	己亥	庚子	辛丑	壬寅	癸卯	甲辰	乙巳	丙午	丁未	戊申	己酉	庚戌	辛亥	壬子	癸丑	甲寅	乙卯
曜	금	토	일	월	화	수	목	금	토	일	월	화	수	목	금	토	일	월	화	수	목	금	토	일	월	화	수	목	금	토	일

9月

陽	1	2	3	4	5	6	7	8	9	10	11	12	13	14	15	16	17	18	19	20	21	22	23	24	25	26	27	28	29	30
陰	7	8	9	10	11	12	13	14	15	16	17	18	19	20	21	22	23	24	25	26	27	28	29	⑧대	2	3	4	5	6	7
干支	丙辰	丁巳	戊午	己未	庚申	辛酉	壬戌	癸亥	甲子	乙丑	丙寅	丁卯	戊辰	己巳	庚午	辛未	壬申	癸酉	甲戌	乙亥	丙子	丁丑	戊寅	己卯	庚辰	辛巳	壬午	癸未	甲申	乙酉
曜	월	화	수	목	금	토	일	월	화	수	목	금	토	일	월	화	수	목	금	토	일	월	화	수	목	금	토	일	월	화

10月

陽	1	2	3	4	5	6	7	8	9	10	11	12	13	14	15	16	17	18	19	20	21	22	23	24	25	26	27	28	29	30	31
陰	8	9	10	11	12	13	14	15	16	17	18	19	20	21	22	23	24	25	26	27	28	29	30	⑨대	2	3	4	5	6	7	8
干支	丙戌	丁亥	戊子	己丑	庚寅	辛卯	壬辰	癸巳	甲午	乙未	丙申	丁酉	戊戌	己亥	庚子	辛丑	壬寅	癸卯	甲辰	乙巳	丙午	丁未	戊申	己酉	庚戌	辛亥	壬子	癸丑	甲寅	乙卯	丙辰
曜	수	목	금	토	일	월	화	수	목	금	토	일	월	화	수	목	금	토	일	월	화	수	목	금	토	일	월	화	수	목	금

11月

陽	1	2	3	4	5	6	7	8	9	10	11	12	13	14	15	16	17	18	19	20	21	22	23	24	25	26	27	28	29	30
陰	9	10	11	12	13	14	15	16	17	18	19	20	21	22	23	24	25	26	27	28	29	30	⑩소	2	3	4	5	6	7	8
干支	丁巳	戊午	己未	庚申	辛酉	壬戌	癸亥	甲子	乙丑	丙寅	丁卯	戊辰	己巳	庚午	辛未	壬申	癸酉	甲戌	乙亥	丙子	丁丑	戊寅	己卯	庚辰	辛巳	壬午	癸未	甲申	乙酉	丙戌
曜	토	일	월	화	수	목	금	토	일	월	화	수	목	금	토	일	월	화	수	목	금	토	일	월	화	수	목	금	토	일

12月

陽	1	2	3	4	5	6	7	8	9	10	11	12	13	14	15	16	17	18	19	20	21	22	23	24	25	26	27	28	29	30	31
陰	9	10	11	12	13	14	15	16	17	18	19	20	21	22	23	24	25	26	27	28	29	⑪대	2	3	4	5	6	7	8	9	10
干支	丁亥	戊丁	己丑	庚寅	辛卯	壬辰	癸巳	甲午	乙未	丙申	丁酉	戊戌	己亥	庚子	辛丑	壬寅	癸卯	甲辰	乙巳	丙午	丁未	戊申	己酉	庚戌	辛亥	壬子	癸丑	甲寅	乙卯	丙辰	丁巳
曜	월	화	수	목	금	토	일	월	화	수	목	금	토	일	월	화	수	목	금	토	일	월	화	수	목	금	토	일	월	화	수

己未 (天上火)	八日得辛 九龍治水
西紀一九一九年 ● 檀紀四二五二年	酉喪門 巳弔客
舊閏三百八十四日	卯大將軍 酉三殺
新平三百六十五日	

六白	四綠	八白
二黑	九紫	七赤
一白	五黃	三碧

此月之大小	正月小 丙寅	二月大 丁卯	三月小 戊辰	四月小 己巳	五月大 庚午	六月小 辛未	七月大 壬申	七閏月小	八月大 癸酉	九月大 甲戌	十月小 乙亥	十一月大 丙子	十二月大 丁丑
日辰	甲申 甲午 甲辰	癸丑 癸亥 癸酉	癸未 癸巳 癸卯	壬子 壬戌 壬申	辛巳 辛卯 辛丑	辛亥 辛酉 辛未	庚辰 庚寅 庚子	庚戌 庚申 庚午	己卯 己丑 己亥	己酉 己未 己巳	己卯 己丑 己亥	戊申 戊午 戊辰	戊寅 戊子 戊戌
月白	五黃	四綠	三碧	二黑	一白	九紫	八白	八白	七赤	六白	五黃	四綠	三碧
入節	立春初五日戊子午前四時二十四分 雨水二十日癸卯午前零時三十八分	驚蟄初六日戊午午後十時五十七分 春分廿一日癸酉午前零時七分	清明初六日戊子午前四時二十五分 穀雨廿一日癸卯午前十一時五十五分	立夏初七日戊午午後十時二十七分 小滿廿三日甲戌午前十一時四十七分	芒種初十日庚寅午前三時十五分 夏至廿五日乙巳午後七時二十一分	小暑十一日辛酉午後一時四十八分 大暑廿七日丁丑午前七時十六分	立秋十三日壬辰午後十一時四十分 處暑二九日戊申午後二時十七分	白露十五日甲子午前二時二十六分	秋分初一日己卯午前十一時四十一分 寒露十六日甲午午後五時四十一分	霜降初一日己酉午後八時三十二分 立冬十六日甲子午後八時十九分	小雪初一日己卯午後五時二十六分 大雪十六日甲午午後零時二十七分	冬至初二日己酉午前六時四分 小寒十六日癸亥午後十一時四分	大寒初一日戊寅午後四時十六分 立春十六日癸巳午前十時二十九分

◆雜 節◆

寒食	土王	初伏	土王	中伏	末伏	土王	土王	臘享
三月初七日	三月十八日	六月二十日	六月廿四日	七月初一日	七月廿一日	八月廿八日	十二月廿八日	十二月初六日
陽四月七日	陽四月十八日	陽七月十七日	陽七月二十一日	陽七月二十七日	陽八月十六日	陽十月二十一日	陽一月十八日	陽一月二十六日

1920(4253. 庚申)

1月

陽	1	2	3	4	5	6	7	8	9	10	11	12	13	14	15	16	17	18	19	20	21	22	23	24	25	26	27	28	29	30	31
陰	11	12	13	14	15	16	17	18	19	20	21	22	23	24	25	26	27	28	29	30	⑫대	2	3	4	5	6	7	8	9	10	11
干支	戊午	己未	庚申	辛酉	壬戌	癸亥	甲子	乙丑	丙寅	丁卯	戊辰	己巳	庚午	辛未	壬申	癸酉	甲戌	乙亥	丙子	丁丑	戊寅	己卯	庚辰	辛巳	壬午	癸未	甲申	乙酉	丙戌	丁亥	戊子
曜	목	금	토	일	월	화	수	목	금	토	일	월	화	수	목	금	토	일	월	화	수	목	금	토	일	월	화	수	목	금	토

2月

陽	1	2	3	4	5	6	7	8	9	10	11	12	13	14	15	16	17	18	19	20	21	22	23	24	25	26	27	28	29
陽	12	13	14	15	16	17	18	19	20	21	22	23	24	25	26	27	28	29	30	①소	2	3	4	5	6	7	8	9	10
干支	己丑	庚寅	辛卯	壬辰	癸巳	甲午	乙未	丙申	丁酉	戊戌	己亥	庚子	辛丑	壬寅	癸卯	甲辰	乙巳	丙午	丁未	戊申	己酉	庚戌	辛亥	壬子	癸丑	甲寅	乙卯	丙辰	丁巳
曜	일	월	화	수	목	금	토	일	월	화	수	목	금	토	일	월	화	수	목	금	토	일	월	화	수	목	금	토	일

3月

陽	1	2	3	4	5	6	7	8	9	10	11	12	13	14	15	16	17	18	19	20	21	22	23	24	25	26	27	28	29	30	31
陰	11	12	13	14	15	16	17	18	19	20	21	22	23	24	25	26	27	28	29	②대	2	3	4	5	6	7	8	9	10	11	12
干支	戊午	己未	庚申	辛酉	壬戌	癸亥	甲子	乙丑	丙寅	丁卯	戊辰	己巳	庚午	辛未	壬申	癸酉	甲戌	乙亥	丙子	丁丑	戊寅	己卯	庚辰	辛巳	壬午	癸未	甲申	乙酉	丙戌	丁亥	戊子
曜	월	화	수	목	금	토	일	월	화	수	목	금	토	일	월	화	수	목	금	토	일	월	화	수	목	금	토	일	월	화	수

4月

陽	1	2	3	4	5	6	7	8	9	10	11	12	13	14	15	16	17	18	19	20	21	22	23	24	25	26	27	28	29	30
陰	13	14	15	16	17	18	19	20	21	22	23	24	25	26	27	28	29	30	③소	2	3	4	5	6	7	8	9	10	11	12
干支	己丑	庚寅	辛卯	壬辰	癸巳	甲午	乙未	丙申	丁酉	戊戌	己亥	庚子	辛丑	壬寅	癸卯	甲辰	乙巳	丙午	丁未	戊申	己酉	庚戌	辛亥	壬子	癸丑	甲寅	乙卯	丙辰	丁巳	戊午
曜	목	금	토	일	월	화	수	목	금	토	일	월	화	수	목	금	토	일	월	화	수	목	금	토	일	월	화	수	목	금

5月

陽	1	2	3	4	5	6	7	8	9	10	11	12	13	14	15	16	17	18	19	20	21	22	23	24	25	26	27	28	29	30	31
陰	13	14	15	16	17	18	19	20	21	22	23	24	25	26	27	28	29	④소	2	3	4	5	6	7	8	9	10	11	12	13	14
干支	己未	庚申	辛酉	壬戌	癸亥	甲子	乙丑	丙寅	丁卯	戊辰	己巳	庚午	辛未	壬申	癸酉	甲戌	乙亥	丙子	丁丑	戊寅	己卯	庚辰	辛巳	壬午	癸未	甲申	乙酉	丙戌	丁亥	戊子	己丑
曜	토	일	월	화	수	목	금	토	일	월	화	수	목	금	토	일	월	화	수	목	금	토	일	월	화	수	목	금	토	일	월

6月

陽	1	2	3	4	5	6	7	8	9	10	11	12	13	14	15	16	17	18	19	20	21	22	23	24	25	26	27	28	29	30
陰	15	16	17	18	19	20	21	22	23	24	25	26	27	28	29	⑤대	2	3	4	5	6	7	8	9	10	11	12	13	14	15
干支	庚寅	辛卯	壬辰	癸巳	甲午	乙未	丙申	丁酉	戊戌	己亥	庚子	辛丑	壬寅	癸卯	甲辰	乙巳	丙午	丁未	戊申	己酉	庚戌	辛亥	壬子	癸丑	甲寅	乙卯	丙辰	丁巳	戊午	己未
曜	화	수	목	금	토	일	월	화	수	목	금	토	일	월	화	수	목	금	토	일	월	화	수	목	금	토	일	월	화	수

7月

陽	1	2	3	4	5	6	7	8	9	10	11	12	13	14	15	16	17	18	19	20	21	22	23	24	25	26	27	28	29	30	31
陰	16	17	18	19	20	21	22	23	24	25	26	27	28	29	30	⑥소	2	3	4	5	6	7	8	9	10	11	12	13	14	15	16
干支	庚申	辛酉	壬戌	癸亥	甲子	乙丑	丙寅	丁卯	戊辰	己巳	庚午	辛未	壬申	癸酉	甲戌	乙亥	丙子	丁丑	戊寅	己卯	庚辰	辛巳	壬午	癸未	甲申	乙酉	丙戌	丁亥	戊子	己丑	庚寅
曜	목	금	토	일	월	화	수	목	금	토	일	월	화	수	목	금	토	일	월	화	수	목	금	토	일	월	화	수	목	금	토

8月

陽	1	2	3	4	5	6	7	8	9	10	11	12	13	14	15	16	17	18	19	20	21	22	23	24	25	26	27	28	29	30	31
陰	17	18	19	20	21	22	23	24	25	26	27	28	29	⑦소	2	3	4	5	6	7	8	9	10	11	12	13	14	15	16	17	18
干支	辛卯	壬辰	癸巳	甲午	乙未	丙申	丁酉	戊戌	己亥	庚子	辛丑	壬寅	癸卯	甲辰	乙巳	丙午	丁未	戊申	己酉	庚戌	辛亥	壬子	癸丑	甲寅	乙卯	丙辰	丁巳	戊午	己未	庚申	辛酉
曜	일	월	화	수	목	금	토	일	월	화	수	목	금	토	일	월	화	수	목	금	토	일	월	화	수	목	금	토	일	월	화

9月

陽	1	2	3	4	5	6	7	8	9	10	11	12	13	14	15	16	17	18	19	20	21	22	23	24	25	26	27	28	29	30
陰	19	20	21	22	23	24	25	26	27	28	29	⑧대	2	3	4	5	6	7	8	9	10	11	12	13	14	15	16	17	18	19
干支	壬戌	癸亥	甲子	乙丑	丙寅	丁卯	戊辰	己巳	庚午	辛未	壬申	癸酉	甲戌	乙亥	丙子	丁丑	戊寅	己卯	庚辰	辛巳	壬午	癸未	甲申	乙酉	丙戌	丁亥	戊子	己丑	庚寅	辛卯
曜	수	목	금	토	일	월	화	수	목	금	토	일	월	화	수	목	금	토	일	월	화	수	목	금	토	일	월	화	수	목

10月

陽	1	2	3	4	5	6	7	8	9	10	11	12	13	14	15	16	17	18	19	20	21	22	23	24	25	26	27	28	29	30	31
陰	20	21	22	23	24	25	26	27	28	29	30	⑨대	2	3	4	5	6	7	8	9	10	11	12	13	14	15	16	17	18	19	20
干支	壬辰	癸巳	甲午	乙未	丙申	丁酉	戊戌	己亥	庚子	辛丑	壬寅	癸卯	甲辰	乙巳	丙午	丁未	戊申	己酉	庚戌	辛亥	壬子	癸丑	甲寅	乙卯	丙辰	丁巳	戊午	己未	庚申	辛酉	壬戌
曜	금	토	일	월	화	수	목	금	토	일	월	화	수	목	금	토	일	월	화	수	목	금	토	일	월	화	수	목	금	토	일

11月

陽	1	2	3	4	5	6	7	8	9	10	11	12	13	14	15	16	17	18	19	20	21	22	23	24	25	26	27	28	29	30
陰	21	22	23	24	25	26	27	28	29	30	⑩소	2	3	4	5	6	7	8	9	10	11	12	13	14	15	16	17	18	19	20
干支	癸亥	甲子	乙丑	丙寅	丁卯	戊辰	己巳	庚午	辛未	壬申	癸酉	甲戌	乙亥	丙子	丁丑	戊寅	己卯	庚辰	辛巳	壬午	癸未	甲申	乙酉	丙戌	丁亥	戊子	己丑	庚寅	辛卯	壬辰
曜	월	화	수	목	금	토	일	월	화	수	목	금	토	일	월	화	수	목	금	토	일	월	화	수	목	금	토	일	월	화

12月

陽	1	2	3	4	5	6	7	8	9	10	11	12	13	14	15	16	17	18	19	20	21	22	23	24	25	26	27	28	29	30	31
陰	21	22	23	24	25	26	27	28	29	⑪대	2	3	4	5	6	7	8	9	10	11	12	13	14	15	16	17	18	19	20	21	22
干支	癸巳	甲午	乙未	丙申	丁酉	戊戌	己亥	庚子	辛丑	壬寅	癸卯	甲辰	乙巳	丙午	丁未	戊申	己酉	庚戌	辛亥	壬子	癸丑	甲寅	乙卯	丙辰	丁巳	戊午	己未	庚申	辛酉	壬戌	癸亥
曜	수	목	금	토	일	월	화	수	목	금	토	일	월	화	수	목	금	토	일	월	화	수	목	금	토	일	월	화	수	목	금

西紀一九二〇年●檀紀四二五三年

申(石榴木)

舊平三百五十四日
新閏三百六十六日

四日得辛 九龍治水
戊喪門 午吊客
午大將軍 南三殺

五黃	三碧	七赤
一白	八白	六白
九紫	四綠	二黑

月建之大小	正月小 戊寅	二月大 己卯	三月小 庚辰	四月小 辛巳	五月大 壬午	六月小 癸未	七月小 甲申	八月大 乙酉	九月大 丙戌	十月小 丁亥	十一月大 戊子	十二月大 己丑
日辰	戊辰 戊午 戊申	丁酉 丁亥 丁丑	丁卯 丁巳 丁未	丙申 丙戌 丙子	乙丑 乙卯 乙巳	乙未 乙酉 乙亥	甲子 甲寅 甲辰	癸巳 癸未 癸酉	癸亥 癸丑 癸卯	癸巳 癸未 癸酉	壬戌 壬子 壬寅	壬辰 壬午 壬申
月白	二黑	一白	九紫	八白	七赤	六白	五黃	四綠	三碧	二黑	一白	九紫
入節	驚蟄十六日癸亥午前 四時二十六分 雨水初一日戊申午前 六時二十七分	清明十七日癸巳午前 十二時十八分 春分初二日戊寅午前 五時五十六分	立夏十八日甲子午後 十一時十二分 穀雨初二日戊申午後 五時四十四分	芒種二十日乙未午前 九時三分 小滿初四日己卯午後 五時三十四分	小暑廿二日丙寅午後 七時十七分 夏至初七日辛亥午後 五時五十九分	立秋廿四日戊戌午前 五時二十七分 大暑初八日壬午午後 一時四分	白露廿六日己巳午前 八時十五分 處暑初十日癸丑午後 八時五分	寒露廿七日己亥午後 十一時十三分 秋分十二日甲申午後 五時三十一分	立冬廿八日庚午午後 二時八分 霜降十三日乙卯午前 二時二十三分	大雪廿七日己亥午後 六時十七分 小雪十二日甲申午後 十一時十六分	小寒廿八日己巳午前 四時五十三分 冬至十三日甲寅午前 十時五十四分	立春廿七日戊戌午後 四時十九分 大寒十三日甲申午後 十六

◆雜　節◆

臘享	土王	土王	末伏	中伏	土王	初伏	土王	寒食
十二月初二日	十二月初十日	九月初十日	六月廿六日	六月十六日	六月初五日	六月初六日	二月廿九日	二月十八日
陽一月二十日	陽一月十八日	陽十月二十一日	陽八月十日	陽七月三十一日	陽七月二十日	陽七月二十一日	陽四月十七日	陽四月六日

1921 (4254. 辛酉)

1月

陽	1	2	3	4	5	6	7	8	9	10	11	12	13	14	15	16	17	18	19	20	21	22	23	24	25	26	27	28	29	30	31
陰	23	24	25	26	27	28	29	30	⑫대	2	3	4	5	6	7	8	9	10	11	12	13	14	15	16	17	18	19	20	21	22	23
干支	甲子	乙丑	丙寅	丁卯	戊辰	己巳	庚午	辛未	壬申	癸酉	甲戌	乙亥	丙子	丁丑	戊寅	己卯	庚辰	辛巳	壬午	癸未	甲申	乙酉	丙戌	丁亥	戊子	己丑	庚寅	辛卯	壬辰	癸巳	甲午
曜	토	일	월	화	수	목	금	토	일	월	화	수	목	금	토	일	월	화	수	목	금	토	일	월	화	수	목	금	토	일	월

2月

陽	1	2	3	4	5	6	7	8	9	10	11	12	13	14	15	16	17	18	19	20	21	22	23	24	25	26	27	28
陰	24	25	26	27	28	29	30	①대	2	3	4	5	6	7	8	9	10	11	12	13	14	15	16	17	18	19	20	21
干支	乙未	丙申	丁酉	戊戌	己亥	庚子	辛丑	壬寅	癸卯	甲辰	乙巳	丙午	丁未	戊申	己酉	庚戌	辛亥	壬子	癸丑	甲寅	乙卯	丙辰	丁巳	戊午	己未	庚申	辛酉	壬戌
曜	화	수	목	금	토	일	월	화	수	목	금	토	일	월	화	수	목	금	토	일	월	화	수	목	금	토	일	월

3月

陽	1	2	3	4	5	6	7	8	9	10	11	12	13	14	15	16	17	18	19	20	21	22	23	24	25	26	27	28	29	30	31
陰	22	23	24	25	26	27	28	29	30	②소	2	3	4	5	6	7	8	9	10	11	12	13	14	15	16	17	18	19	20	21	22
干支	癸亥	甲子	乙丑	丙寅	丁卯	戊辰	己巳	庚午	辛未	壬申	癸酉	甲戌	乙亥	丙子	丁丑	戊寅	己卯	庚辰	辛巳	壬午	癸未	甲申	乙酉	丙戌	丁亥	戊子	己丑	庚寅	辛卯	壬辰	癸巳
曜	화	수	목	금	토	일	월	화	수	목	금	토	일	월	화	수	목	금	토	일	월	화	수	목	금	토	일	월	화	수	목

4月

陽	1	2	3	4	5	6	7	8	9	10	11	12	13	14	15	16	17	18	19	20	21	22	23	24	25	26	27	28	29	30
陰	23	24	25	26	27	28	29	③대	2	3	4	5	6	7	8	9	10	11	12	13	14	15	16	17	18	19	20	21	22	23
干支	甲午	乙未	丙申	丁酉	戊戌	己亥	庚子	辛丑	壬寅	癸卯	甲辰	乙巳	丙午	丁未	戊申	己酉	庚戌	辛亥	壬子	癸丑	甲寅	乙卯	丙辰	丁巳	戊午	己未	庚申	辛酉	壬戌	癸亥
曜	금	토	일	월	화	수	목	금	토	일	월	화	수	목	금	토	일	월	화	수	목	금	토	일	월	화	수	목	금	토

5月

陽	1	2	3	4	5	6	7	8	9	10	11	12	13	14	15	16	17	18	19	20	21	22	23	24	25	26	27	28	29	30	31
陰	24	25	26	27	28	29	30	④소	2	3	4	5	6	7	8	9	10	11	12	13	14	15	16	17	18	19	20	21	22	23	24
干支	甲子	乙丑	丙寅	丁卯	戊辰	己巳	庚午	辛未	壬申	癸酉	甲戌	乙亥	丙子	丁丑	戊寅	己卯	庚辰	辛巳	壬午	癸未	甲申	乙酉	丙戌	丁亥	戊子	己丑	庚寅	辛卯	壬辰	癸巳	甲午
曜	일	월	화	수	목	금	토	일	월	화	수	목	금	토	일	월	화	수	목	금	토	일	월	화	수	목	금	토	일	월	화

6月

陽	1	2	3	4	5	6	7	8	9	10	11	12	13	14	15	16	17	18	19	20	21	22	23	24	25	26	27	28	29	30
陰	25	26	27	28	29	⑤소	2	3	4	5	6	7	8	9	10	11	12	13	14	15	16	17	18	19	20	21	22	23	24	25
干支	乙未	丙申	丁酉	戊戌	己亥	庚子	辛丑	壬寅	癸卯	甲辰	乙巳	丙午	丁未	戊申	己酉	庚戌	辛亥	壬子	癸丑	甲寅	乙卯	丙辰	丁巳	戊午	己未	庚申	辛酉	壬戌	癸亥	甲子
曜	수	목	금	토	일	월	화	수	목	금	토	일	월	화	수	목	금	토	일	월	화	수	목	금	토	일	월	화	수	목

7月

陽	1	2	3	4	5	6	7	8	9	10	11	12	13	14	15	16	17	18	19	20	21	22	23	24	25	26	27	28	29	30	31
陰	26	27	28	29	⑥대	2	3	4	5	6	7	8	9	10	11	12	13	14	15	16	17	18	19	20	21	22	23	24	25	26	27
干支	乙丑	丙寅	丁卯	戊辰	己巳	庚午	辛未	壬申	癸酉	甲戌	乙亥	丙子	丁丑	戊寅	己卯	庚辰	辛巳	壬午	癸未	甲申	乙酉	丙戌	丁亥	戊子	己丑	庚寅	辛卯	壬辰	癸巳	甲午	乙未
曜	금	토	일	월	화	수	목	금	토	일	월	화	수	목	금	토	일	월	화	수	목	금	토	일	월	화	수	목	금	토	일

8月

陽	1	2	3	4	5	6	7	8	9	10	11	12	13	14	15	16	17	18	19	20	21	22	23	24	25	26	27	28	29	30	31
陰	28	29	30	⑦소	2	3	4	5	6	7	8	9	10	11	12	13	14	15	16	17	18	19	20	21	22	23	24	25	26	27	28
干支	丙申	丁酉	戊戌	己亥	庚子	辛丑	壬寅	癸卯	甲辰	乙巳	丙午	丁未	戊申	己酉	庚戌	辛亥	壬子	癸丑	甲寅	乙卯	丙辰	丁巳	戊午	己未	庚申	辛酉	壬戌	癸亥	甲子	乙丑	丙寅
曜	월	화	수	목	금	토	일	월	화	수	목	금	토	일	월	화	수	목	금	토	일	월	화	수	목	금	토	일	월	화	수

9月

陽	1	2	3	4	5	6	7	8	9	10	11	12	13	14	15	16	17	18	19	20	21	22	23	24	25	26	27	28	29	30
陰	29	⑧소	2	3	4	5	6	7	8	9	10	11	12	13	14	15	16	17	18	19	20	21	22	23	24	25	26	27	28	29
干支	丁卯	戊辰	己巳	庚午	辛未	壬申	癸酉	甲戌	乙亥	丙子	丁丑	戊寅	己卯	庚辰	辛巳	壬午	癸未	甲申	乙酉	丙戌	丁亥	戊子	己丑	庚寅	辛卯	壬辰	癸巳	甲午	乙未	丙申
曜	목	금	토	일	월	화	수	목	금	토	일	월	화	수	목	금	토	일	월	화	수	목	금	토	일	월	화	수	목	금

10月

陽	1	2	3	4	5	6	7	8	9	10	11	12	13	14	15	16	17	18	19	20	21	22	23	24	25	26	27	28	29	30	31
陰	⑨대	2	3	4	5	6	7	8	9	10	11	12	13	14	15	16	17	18	19	20	21	22	23	24	25	26	27	28	29	30	⑩소
干支	丁酉	戊戌	己亥	庚子	辛丑	壬寅	癸卯	甲辰	乙巳	丙午	丁未	戊申	己酉	庚戌	辛亥	壬子	癸丑	甲寅	乙卯	丙辰	丁巳	戊午	己未	庚申	辛酉	壬戌	癸亥	甲子	乙丑	丙寅	丁卯
曜	토	일	월	화	수	목	금	토	일	월	화	수	목	금	토	일	월	화	수	목	금	토	일	월	화	수	목	금	토	일	월

11月

陽	1	2	3	4	5	6	7	8	9	10	11	12	13	14	15	16	17	18	19	20	21	22	23	24	25	26	27	28	29	30
陰	2	3	4	5	6	7	8	9	10	11	12	13	14	15	16	17	18	19	20	21	22	23	24	25	26	27	28	29	⑪대	2
干支	戊辰	己巳	庚午	辛未	壬申	癸酉	甲戌	乙亥	丙子	丁丑	戊寅	己卯	庚辰	辛巳	壬午	癸未	甲申	乙酉	丙戌	丁亥	戊子	己丑	庚寅	辛卯	壬辰	癸巳	甲午	乙未	丙申	丁酉
曜	화	수	목	금	토	일	월	화	수	목	금	토	일	월	화	수	목	금	토	일	월	화	수	목	금	토	일	월	화	수

12月

陽	1	2	3	4	5	6	7	8	9	10	11	12	13	14	15	16	17	18	19	20	21	22	23	24	25	26	27	28	29	30	31
陰	3	4	5	6	7	8	9	10	11	12	13	14	15	16	17	18	19	20	21	22	23	24	25	26	27	28	29	30	⑫대	2	3
干支	戊戌	己亥	庚子	辛丑	壬寅	癸卯	甲辰	乙巳	丙午	丁未	戊申	己酉	庚戌	辛亥	壬子	癸丑	甲寅	乙卯	丙辰	丁巳	戊午	己未	庚申	辛酉	壬戌	癸亥	甲子	乙丑	丙寅	丁卯	戊辰
曜	목	금	토	일	월	화	수	목	금	토	일	월	화	수	목	금	토	일	월	화	수	목	금	토	일	월	화	수	목	금	토

辛酉 (石榴木)

西紀一九二一年 ● 檀紀四二五四年

舊平三百五十四日 新平三百六十五日

十日得辛 三龍治水
亥喪門 未吊客
午大將軍 東三殺

四綠	二黑	六白
九紫	七赤	五黃
八白	三碧	一白

月之大小	正月大 (庚寅)	二月小 (辛卯)	三月大 (壬辰)	四月小 (癸巳)	五月小 (甲午)	六月大 (乙未)	七月小 (丙申)	八月小 (丁酉)	九月大 (戊戌)	十月小 (己亥)	十一月大 (庚子)	十二月大 (辛丑)
日辰	壬戌 壬子 壬寅	壬辰 壬午 壬申	辛酉 辛亥 辛丑	辛卯 辛巳 辛未	庚申 庚戌 庚子	己丑 己卯 己巳	己未 己酉 己亥	戊子 戊寅 戊辰	丁巳 丁未 丁酉	丁亥 丁丑 丁卯	丙辰 丙午 丙申	丙戌 丙子 丙寅
月白	八白	七赤	六白	五黃	四綠	三碧	二黑	一白	九紫	八白	七赤	六白
入節	驚蟄廿七日戊辰午前十一時三十五分 雨水十二日癸丑午後零時十六分	清明廿七日戊戌午後四時五分 春分十二日癸未午前十一時四十五分	立夏廿九日己巳午前十時六分 穀雨十四日甲寅午後十一時三十二分	小滿十五日乙酉午後十一時二十三分	夏至十七日丙辰午後一時四十分 芒種初一日庚子午後二時五十一分	大暑十九日丁亥午後六時五十一分 小暑初四日壬申午前一時二十分	處暑廿一日己未午前一時五十三分 立秋初五日癸卯午前十一時十六分	秋分廿二日己丑午後十時十八分 白露初七日甲戌午後二時四分	霜降廿四日庚申午前八時十一分 寒露初九日乙巳午前五時三十二分	小雪廿四日庚寅午前五時五分 立冬初九日乙亥午前七時五十七分	冬至廿四日己未午後五時四十三分 大雪初十日乙巳午前零時七分	大寒廿三日戊子午前三時五十五分 小寒初九日甲戌午前十時四十二分

◆雜 節◆

寒食	土王	初伏	土王	中伏	末伏	土王	臘享	土王
二月廿八日	三月初十日	六月十二日	六月十六日	六月廿二日	七月十二日	九月廿一日	十二月十八日	十二月廿一日
陽四月六日	陽四月十七日	陽七月十六日	陽七月二十日	陽七月二十六日	陽八月十五日	陽十月二十一日	陽一月十五日	陽一月十八日

1922 (4255. 壬戌)

1月

陽	1	2	3	4	5	6	7	8	9	10	11	12	13	14	15	16	17	18	19	20	21	22	23	24	25	26	27	28	29	30	31
陰	4	5	6	7	8	9	10	11	12	13	14	15	16	17	18	19	20	21	22	23	24	25	26	27	28	29	30	①대	2	3	4
干支	己巳	庚午	辛未	壬申	癸酉	甲戌	乙亥	丙子	丁丑	戊寅	己卯	庚辰	辛巳	壬午	癸未	甲申	乙酉	丙戌	丁亥	戊子	己丑	庚寅	辛卯	壬辰	癸巳	甲午	乙未	丙申	丁酉	戊戌	己亥
曜	일	월	화	수	목	금	토	일	월	화	수	목	금	토	일	월	화	수	목	금	토	일	월	화	수	목	금	토	일	월	화

2月

陽	1	2	3	4	5	6	7	8	9	10	11	12	13	14	15	16	17	18	19	20	21	22	23	24	25	26	27	28
陰	5	6	7	8	9	10	11	12	13	14	15	16	17	18	19	20	21	22	23	24	25	26	27	28	29	30	②소	2
干支	庚子	辛丑	壬寅	癸卯	甲辰	乙巳	丙午	丁未	戊申	己酉	庚戌	辛亥	壬子	癸丑	甲寅	乙卯	丙辰	丁巳	戊午	己未	庚申	辛酉	壬戌	癸亥	甲子	乙丑	丙寅	丁卯
曜	수	목	금	토	일	월	화	수	목	금	토	일	월	화	수	목	금	토	일	월	화	수	목	금	토	일	월	화

3月

陽	1	2	3	4	5	6	7	8	9	10	11	12	13	14	15	16	17	18	19	20	21	22	23	24	25	26	27	28	29	30	31
陰	3	4	5	6	7	8	9	10	11	12	13	14	15	16	17	18	19	20	21	22	23	24	25	26	27	28	29	③대	2	3	4
干支	戊辰	己巳	庚午	辛未	壬申	癸酉	甲戌	乙亥	丙子	丁丑	戊寅	己卯	庚辰	辛巳	壬午	癸未	甲申	乙酉	丙戌	丁亥	戊子	己丑	庚寅	辛卯	壬辰	癸巳	甲午	乙未	丙申	丁酉	戊戌
曜	수	목	금	토	일	월	화	수	목	금	토	일	월	화	수	목	금	토	일	월	화	수	목	금	토	일	월	화	수	목	금

4月

陽	1	2	3	4	5	6	7	8	9	10	11	12	13	14	15	16	17	18	19	20	21	22	23	24	25	26	27	28	29	30
陰	5	6	7	8	9	10	11	12	13	14	15	16	17	18	19	20	21	22	23	24	25	26	27	28	29	30	④대	2	3	4
干支	己亥	庚子	辛丑	壬寅	癸卯	甲辰	乙巳	丙午	丁未	戊申	己酉	庚戌	辛亥	壬子	癸丑	甲寅	乙卯	丙辰	丁巳	戊午	己未	庚申	辛酉	壬戌	癸亥	甲子	乙丑	丙寅	丁卯	戊辰
曜	토	일	월	화	수	목	금	토	일	월	화	수	목	금	토	일	월	화	수	목	금	토	일	월	화	수	목	금	토	일

5月

陽	1	2	3	4	5	6	7	8	9	10	11	12	13	14	15	16	17	18	19	20	21	22	23	24	25	26	27	28	29	30	31
陰	5	6	7	8	9	10	11	12	13	14	15	16	17	18	19	20	21	22	23	24	25	26	27	28	29	30	⑤소	2	3	4	5
干支	己巳	庚午	辛未	壬申	癸酉	甲戌	乙亥	丙子	丁丑	戊寅	己卯	庚辰	辛巳	壬午	癸未	甲申	乙酉	丙戌	丁亥	戊子	己丑	庚寅	辛卯	壬辰	癸巳	甲午	乙未	丙申	丁酉	戊戌	己亥
曜	월	화	수	목	금	토	일	월	화	수	목	금	토	일	월	화	수	목	금	토	일	월	화	수	목	금	토	일	월	화	수

6月

陽	1	2	3	4	5	6	7	8	9	10	11	12	13	14	15	16	17	18	19	20	21	22	23	24	25	26	27	28	29	30
陰	6	7	8	9	10	11	12	13	14	15	16	17	18	19	20	21	22	23	24	25	26	27	28	29	⑤소	2	3	4	5	6
干支	庚子	辛丑	壬寅	癸卯	甲辰	乙巳	丙午	丁未	戊申	己酉	庚戌	辛亥	壬子	癸丑	甲寅	乙卯	丙辰	丁巳	戊午	己未	庚申	辛酉	壬戌	癸亥	甲子	乙丑	丙寅	丁卯	戊辰	己巳
曜	목	금	토	일	월	화	수	목	금	토	일	월	화	수	목	금	토	일	월	화	수	목	금	토	일	월	화	수	목	금

7月

陽	1	2	3	4	5	6	7	8	9	10	11	12	13	14	15	16	17	18	19	20	21	22	23	24	25	26	27	28	29	30	31
陰	7	8	9	10	11	12	13	14	15	16	17	18	19	20	21	22	23	24	25	26	27	28	29	⑥대	2	3	4	5	6	7	8
干支	庚午	辛未	壬申	癸酉	甲戌	乙亥	丙子	丁丑	戊寅	己卯	庚辰	辛巳	壬午	癸未	甲申	乙酉	丙戌	丁亥	戊子	己丑	庚寅	辛卯	壬辰	癸巳	甲午	乙未	丙申	丁酉	戊戌	己亥	庚子
曜	토	일	월	화	수	목	금	토	일	월	화	수	목	금	토	일	월	화	수	목	금	토	일	월	화	수	목	금	토	일	월

8月

陽	1	2	3	4	5	6	7	8	9	10	11	12	13	14	15	16	17	18	19	20	21	22	23	24	25	26	27	28	29	30	31
陰	9	10	11	12	13	14	15	16	17	18	19	20	21	22	23	24	25	26	27	28	29	30	⑦소	2	3	4	5	6	7	8	9
干支	辛丑	壬寅	癸卯	甲辰	乙巳	丙午	丁未	戊申	己酉	庚戌	辛亥	壬子	癸丑	甲寅	乙卯	丙辰	丁巳	戊午	己未	庚申	辛酉	壬戌	癸亥	甲子	乙丑	丙寅	丁卯	戊辰	己巳	庚午	辛未
曜	화	수	목	금	토	일	월	화	수	목	금	토	일	월	화	수	목	금	토	일	월	화	수	목	금	토	일	월	화	수	목

9月

陽	1	2	3	4	5	6	7	8	9	10	11	12	13	14	15	16	17	18	19	20	21	22	23	24	25	26	27	28	29	30
陰	10	11	12	13	14	15	16	17	18	19	20	21	22	23	24	25	26	27	28	29	⑧소	2	3	4	5	6	7	8	9	10
干支	壬申	癸酉	甲戌	乙亥	丙子	丁丑	戊寅	己卯	庚辰	辛巳	壬午	癸未	甲申	乙酉	丙戌	丁亥	戊子	己丑	庚寅	辛卯	壬辰	癸巳	甲午	乙未	丙申	丁酉	戊戌	己亥	庚子	辛丑
曜	금	토	일	월	화	수	목	금	토	일	월	화	수	목	금	토	일	월	화	수	목	금	토	일	월	화	수	목	금	토

10月

陽	1	2	3	4	5	6	7	8	9	10	11	12	13	14	15	16	17	18	19	20	21	22	23	24	25	26	27	28	29	30	31
陰	11	12	13	14	15	16	17	18	19	20	21	22	23	24	25	26	27	28	29	⑨대	2	3	4	5	6	7	8	9	10	11	12
干支	壬寅	癸卯	甲辰	乙巳	丙午	丁未	戊申	己酉	庚戌	辛亥	壬子	癸丑	甲寅	乙卯	丙辰	丁巳	戊午	己未	庚申	辛酉	壬戌	癸亥	甲子	乙丑	丙寅	丁卯	戊辰	己巳	庚午	辛未	壬申
曜	일	월	화	수	목	금	토	일	월	화	수	목	금	토	일	월	화	수	목	금	토	일	월	화	수	목	금	토	일	월	화

11月

陽	1	2	3	4	5	6	7	8	9	10	11	12	13	14	15	16	17	18	19	20	21	22	23	24	25	26	27	28	29	30
陰	13	14	15	16	17	18	19	20	21	22	23	24	25	26	27	28	29	30	⑩소	2	3	4	5	6	7	8	9	10	11	12
干支	癸酉	甲戌	乙亥	丙子	丁丑	戊寅	己卯	庚辰	辛巳	壬午	癸未	甲申	乙酉	丙戌	丁亥	戊子	己丑	庚寅	辛卯	壬辰	癸巳	甲午	乙未	丙申	丁酉	戊戌	己亥	庚子	辛丑	壬寅
曜	수	목	금	토	일	월	화	수	목	금	토	일	월	화	수	목	금	토	일	월	화	수	목	금	토	일	월	화	수	목

12月

陽	1	2	3	4	5	6	7	8	9	10	11	12	13	14	15	16	17	18	19	20	21	22	23	24	25	26	27	28	29	30	31
陰	13	14	15	16	17	18	19	20	21	22	23	24	25	26	27	28	29	⑪대	2	3	4	5	6	7	8	9	10	11	12	13	14
干支	癸卯	甲辰	乙巳	丙午	丁未	戊申	己酉	庚戌	辛亥	壬子	癸丑	甲寅	乙卯	丙辰	丁巳	戊午	己未	庚申	辛酉	壬戌	癸亥	甲子	乙丑	丙寅	丁卯	戊辰	己巳	庚午	辛未	壬申	癸酉
曜	금	토	일	월	화	수	목	금	토	일	월	화	수	목	금	토	일	월	화	수	목	금	토	일	월	화	수	목	금	토	일

壬戌 (大海水)

西紀一九二二年 ● 檀紀四二五五年

舊閏三百八十四日
新平三百六十五日

六日得辛 九龍治水
子喪門 申弔客
午大將軍 北三殺

三碧	一白	五黃
八白	六白	四綠
七赤	二黑	九紫

月之大小	正月大 (壬寅)	二月小 (癸卯)	三月大 (甲辰)	四月大 (乙巳)	五月小 (丙午)	五閏月小	六月大 (丁未)	七月小 (戊申)	八月小 (己酉)	九月大 (庚戌)	十月小 (辛亥)	十一月大 (壬子)	十二月大 (癸丑)
日辰	丙辰 丙午 丙申	丙戌 丙子 丙寅	乙卯 乙巳 乙未	乙酉 乙亥 乙丑	乙卯 乙巳 乙未	甲申 甲戌 甲子	癸丑 癸卯 癸巳	癸未 癸酉 癸亥	壬子 壬寅 壬辰	辛巳 辛未 辛酉	辛亥 辛丑 辛卯	庚辰 庚午 庚申	庚戌 庚子 庚寅
月白	五黃	四綠	三碧	二黑	一白	一白	九紫	八白	七赤	六白	五黃	四綠	三碧
入節	立春初八日癸卯午後十時八分 雨水廿三日戊午午後六時六分	驚蟄初八日癸酉午後四時二十五分 春分廿三日戊子午後六時二十四分	淸明初九日癸卯午後九時五十一分 穀雨廿五日己未午前五時三十一分	立夏初十日甲戌午後三時五十三分 小滿廿六日庚寅午前五時十二分	芒種十一日乙巳午後八時三十九分 夏至廿七日辛酉午後一時四十分	小暑十四日丁丑午前七時十二分	大暑初一日癸巳午前零時四十分 立秋十六日戊申午後五時四分	處暑初二日甲子午前七時四十二分 白露十七日己卯午後七時五十二分	秋分初四日乙未午前五時七分 寒露十九日庚戌午前十時十一分	霜降初五日乙丑午後二時零分 立冬二十日庚辰午後一時三十一分	小雪初五日乙未午前十時五十四分 大雪二十日庚戌午前五時五十六分	冬至初五日甲子午後十一時三十三分 小寒二十日己卯午後四時十七分	大寒初五日甲午午前九時四十五分 立春二十日己酉午前三時五十八分

◆雜 節◆

寒食	土王	初伏	土王	中伏	末伏	土王	土王	臘享
三月初十日	三月廿二日	閏五月廿七日	閏五月廿六日	六月初八日	六月十八日	九月初二日	十二月初二日	十二月初六日
陽四月六日	陽四月十八日	陽七月二十一日	陽七月二十日	陽七月三十一日	陽八月十日	陽十月二十一日	陽一月十八日	陽一月二十二日

1923 (4256. 癸亥)

1月

陽	1	2	3	4	5	6	7	8	9	10	11	12	13	14	15	16	17	18	19	20	21	22	23	24	25	26	27	28	29	30	31
陰	15	16	17	18	19	20	21	22	23	24	25	26	27	28	29	30	⑫대	2	3	4	5	6	7	8	9	10	11	12	13	14	15
干支	甲戌	乙亥	丙子	丁丑	戊寅	己卯	庚辰	辛巳	壬午	癸未	甲申	乙酉	丙戌	丁亥	戊子	己丑	庚寅	辛卯	壬辰	癸巳	甲午	乙未	丙申	丁酉	戊戌	己亥	庚子	辛丑	壬寅	癸卯	甲辰
曜	월	화	수	목	금	토	일	월	화	수	목	금	토	일	월	화	수	목	금	토	일	월	화	수	목	금	토	일	월	화	수

2月

陽	1	2	3	4	5	6	7	8	9	10	11	12	13	14	15	16	17	18	19	20	21	22	23	24	25	26	27	28
陰	16	17	18	19	20	21	22	23	24	25	26	27	28	29	30	①소	2	3	4	5	6	7	8	9	10	11	12	13
干支	乙巳	丙午	丁未	戊申	己酉	庚戌	辛亥	壬子	癸丑	甲寅	乙卯	丙辰	丁巳	戊午	己未	庚申	辛酉	壬戌	癸亥	甲子	乙丑	丙寅	丁卯	戊辰	己巳	庚午	辛未	壬申
曜	목	금	토	일	월	화	수	목	금	토	일	월	화	수	목	금	토	일	월	화	수	목	금	토	일	월	화	수

3月

陽	1	2	3	4	5	6	7	8	9	10	11	12	13	14	15	16	17	18	19	20	21	22	23	24	25	26	27	28	29	30	31
陰	14	15	16	17	18	19	20	21	22	23	24	25	26	27	28	29	②대	2	3	4	5	6	7	8	9	10	11	12	13	14	15
干支	癸酉	甲戌	乙亥	丙子	丁丑	戊寅	己卯	庚辰	辛巳	壬午	癸未	甲申	乙酉	丙戌	丁亥	戊子	己丑	庚寅	辛卯	壬辰	癸巳	甲午	乙未	丙申	丁酉	戊戌	己亥	庚子	辛丑	壬寅	癸卯
曜	목	금	토	일	월	화	수	목	금	토	일	월	화	수	목	금	토	일	월	화	수	목	금	토	일	월	화	수	목	금	토

4月

陽	1	2	3	4	5	6	7	8	9	10	11	12	13	14	15	16	17	18	19	20	21	22	23	24	25	26	27	28	29	30
陰	16	17	18	19	20	21	22	23	24	25	26	27	28	29	30	③대	2	3	4	5	6	7	8	9	10	11	12	13	14	15
干支	甲辰	乙巳	丙午	丁未	戊申	己酉	庚戌	辛亥	壬子	癸丑	甲寅	乙卯	丙辰	丁巳	戊午	己未	庚申	辛酉	壬戌	癸亥	甲子	乙丑	丙寅	丁卯	戊辰	己巳	庚午	辛未	壬申	癸酉
曜	일	월	화	수	목	금	토	일	월	화	수	목	금	토	일	월	화	수	목	금	토	일	월	화	수	목	금	토	일	월

5月

陽	1	2	3	4	5	6	7	8	9	10	11	12	13	14	15	16	17	18	19	20	21	22	23	24	25	26	27	28	29	30	31
陰	16	17	18	19	20	21	22	23	24	25	26	27	28	29	30	④소	2	3	4	5	6	7	8	9	10	11	12	13	14	15	16
干支	甲戌	乙亥	丙子	丁丑	戊寅	己卯	庚辰	辛巳	壬午	癸未	甲申	乙酉	丙戌	丁亥	戊子	己丑	庚寅	辛卯	壬辰	癸巳	甲午	乙未	丙申	丁酉	戊戌	己亥	庚子	辛丑	壬寅	癸卯	甲辰
曜	화	수	목	금	토	일	월	화	수	목	금	토	일	월	화	수	목	금	토	일	월	화	수	목	금	토	일	월	화	수	목

6月

陽	1	2	3	4	5	6	7	8	9	10	11	12	13	14	15	16	17	18	19	20	21	22	23	24	25	26	27	28	29	30
陰	17	18	19	20	21	22	23	24	25	26	27	28	29	⑤대	2	3	4	5	6	7	8	9	10	11	12	13	14	15	16	17
干支	乙巳	丙午	丁未	戊申	己酉	庚戌	辛亥	壬子	癸丑	甲寅	乙卯	丙辰	丁巳	戊午	己未	庚申	辛酉	壬戌	癸亥	甲子	乙丑	丙寅	丁卯	戊辰	己巳	庚午	辛未	壬申	癸酉	甲戌
曜	금	토	일	월	화	수	목	금	토	일	월	화	수	목	금	토	일	월	화	수	목	금	토	일	월	화	수	목	금	토

7月

陽	1	2	3	4	5	6	7	8	9	10	11	12	13	14	15	16	17	18	19	20	21	22	23	24	25	26	27	28	29	30	31
陰	18	19	20	21	22	23	24	25	26	27	28	29	30	⑥소	2	3	4	5	6	7	8	9	10	11	12	13	14	15	16	17	18
干支	乙亥	丙子	丁丑	戊寅	己卯	庚辰	辛巳	壬午	癸未	甲申	乙酉	丙戌	丁亥	戊子	己丑	庚寅	辛卯	壬辰	癸巳	甲午	乙未	丙申	丁酉	戊戌	己亥	庚子	辛丑	壬寅	癸卯	甲辰	乙巳
曜	일	월	화	수	목	금	토	일	월	화	수	목	금	토	일	월	화	수	목	금	토	일	월	화	수	목	금	토	일	월	화

8月

陽	1	2	3	4	5	6	7	8	9	10	11	12	13	14	15	16	17	18	19	20	21	22	23	24	25	26	27	28	29	30	31
陰	19	20	21	22	23	24	25	26	27	28	29	⑦대	2	3	4	5	6	7	8	9	10	11	12	13	14	15	16	17	18	19	20
干支	丙午	丁未	戊申	己酉	庚戌	辛亥	壬子	癸丑	甲寅	乙卯	丙辰	丁巳	戊午	己未	庚申	辛酉	壬戌	癸亥	甲子	乙丑	丙寅	丁卯	戊辰	己巳	庚午	辛未	壬申	癸酉	甲戌	乙亥	丙子
曜	수	목	금	토	일	월	화	수	목	금	토	일	월	화	수	목	금	토	일	월	화	수	목	금	토	일	월	화	수	목	금

9月

陽	1	2	3	4	5	6	7	8	9	10	11	12	13	14	15	16	17	18	19	20	21	22	23	24	25	26	27	28	29	30
陰	21	22	23	24	25	26	27	28	29	30	⑧소	2	3	4	5	6	7	8	9	10	11	12	13	14	15	16	17	18	19	20
干支	丁丑	戊寅	己卯	庚辰	辛巳	壬午	癸未	甲申	乙酉	丙戌	丁亥	戊子	己丑	庚寅	辛卯	壬辰	癸巳	甲午	乙未	丙申	丁酉	戊戌	己亥	庚子	辛丑	壬寅	癸卯	甲辰	乙巳	丙午
曜	토	일	월	화	수	목	금	토	일	월	화	수	목	금	토	일	월	화	수	목	금	토	일	월	화	수	목	금	토	일

10月

陽	1	2	3	4	5	6	7	8	9	10	11	12	13	14	15	16	17	18	19	20	21	22	23	24	25	26	27	28	29	30	31
陰	21	22	23	24	25	26	27	28	29	⑨대	2	3	4	5	6	7	8	9	10	11	12	13	14	15	16	17	18	19	20	21	22
干支	丁未	戊申	己酉	庚戌	辛亥	壬子	癸丑	甲寅	乙卯	丙辰	丁巳	戊午	己未	庚申	辛酉	壬戌	癸亥	甲子	乙丑	丙寅	丁卯	戊辰	己巳	庚午	辛未	壬申	癸酉	甲戌	乙亥	丙子	丁丑
曜	월	화	수	목	금	토	일	월	화	수	목	금	토	일	월	화	수	목	금	토	일	월	화	수	목	금	토	일	월	화	수

11月

陽	1	2	3	4	5	6	7	8	9	10	11	12	13	14	15	16	17	18	19	20	21	22	23	24	25	26	27	28	29	30
陰	23	24	25	26	27	28	29	30	⑩소	2	3	4	5	6	7	8	9	10	11	12	13	14	15	16	17	18	19	20	21	22
干支	戊寅	己卯	庚辰	辛巳	壬午	癸未	甲申	乙酉	丙戌	丁亥	戊子	己丑	庚寅	辛卯	壬辰	癸巳	甲午	乙未	丙申	丁酉	戊戌	己亥	庚子	辛丑	壬寅	癸卯	甲辰	乙巳	丙午	丁未
曜	목	금	토	일	월	화	수	목	금	토	일	월	화	수	목	금	토	일	월	화	수	목	금	토	일	월	화	수	목	금

12月

陽	1	2	3	4	5	6	7	8	9	10	11	12	13	14	15	16	17	18	19	20	21	22	23	24	25	26	27	28	29	30	31
陰	23	24	25	26	27	28	29	⑪소	2	3	4	5	6	7	8	9	10	11	12	13	14	15	16	17	18	19	20	21	22	23	24
干支	戊申	己酉	庚戌	辛亥	壬子	癸丑	甲寅	乙卯	丙辰	丁巳	戊午	己未	庚申	辛酉	壬戌	癸亥	甲子	乙丑	丙寅	丁卯	戊辰	己巳	庚午	辛未	壬申	癸酉	甲戌	乙亥	丙子	丁丑	戊寅
曜	토	일	월	화	수	목	금	토	일	월	화	수	목	금	토	일	월	화	수	목	금	토	일	월	화	수	목	금	토	일	월

癸亥 (大海水)

舊平三百五十四日
新平三百六十五日
西紀一九二三年 ● 檀紀四二五六年

二日得辛　九龍治水
丑喪門　酉吊客
酉大將軍　西三殺

二黑	九紫	四綠
七赤	五黃	三碧
六白	一白	八白

北月之大小	甲寅 正月小	乙卯 二月大	丙辰 三月大	丁巳 四月小	戊午 五月大	己未 六月小	庚申 七月大	辛酉 八月小	壬戌 九月大	癸亥 十月小	甲子 十一月小	乙丑 十二月大
日辰	庚辰 庚午 庚申	己酉 己亥 己丑	己卯 己巳 己未	己酉 己亥 己丑	戊寅 戊辰 戊午	戊申 戊戌 戊子	丁丑 丁卯 丁巳	丁未 丁酉 丁亥	丙子 丙寅 丙辰	丙午 丙申 丙戌	乙亥 乙丑 乙卯	甲辰 甲午 甲申
月白	二黑	一白	九紫	八白	七赤	六白	五黃	四綠	三碧	二黑	一白	九紫
入節	驚蟄十九日戊寅午後十一時四分 雨水初五日甲子午後十一時五十一分	清明廿一日己酉午後九時四十分 春分初六日甲午午後十二時十三分	立夏廿一日己卯午後九時二十八分 穀雨初六日甲子午前十一時十分	芒種廿三日辛亥午前二時二十七分 小滿初七日乙未午後十一時零分	小暑廿五日壬午午後一時一分 夏至初九日丙寅午後九時二十三分	立秋廿六日癸丑午後十時五十三分 大暑十一日戊戌午前六時二十七分	白露廿九日乙酉午前一時四十一分 處暑十三日己巳午後一時三十分	寒露廿九日乙卯午後五時零分 秋分十四日庚子午前十時五十六分	立冬三十日乙酉午後七時三十分 霜降十五日庚午午後七時四十五分	小雪十五日庚子午後四時四十五分	冬至十六日庚午午前五時二十三分 大雪初一日乙卯午前十時四十六分	大寒十六日己亥午後三時三十五分 小寒初一日甲申午後十時二十三分

◆雜　節◆

寒食	土王	初伏	土王	中伏	末伏	土王	土王	臘享
二月廿一日	三月初三日	六月初三日	六月初八日	六月十三日	七月初四日	九月十二日	十二月十三日	十二月十二日
陽四月六日	陽四月十八日	陽七月十六日	陽七月二十一日	陽七月二十六日	陽八月十五日	陽十月二十一日	陽一月十八日	陽一月十七日

1924 (4257. 甲子)

1月

陽	1	2	3	4	5	6	7	8	9	10	11	12	13	14	15	16	17	18	19	20	21	22	23	24	25	26	27	28	29	30	31
陰	25	26	27	28	29	⑫대	2	3	4	5	6	7	8	9	10	11	12	13	14	15	16	17	18	19	20	21	22	23	24	25	26
干支	己卯	庚辰	辛巳	壬午	癸未	甲申	乙酉	丙戌	丁亥	戊子	己丑	庚寅	辛卯	壬辰	癸巳	甲午	乙未	丙申	丁酉	戊戌	己亥	庚子	辛丑	壬寅	癸卯	甲辰	乙巳	丙午	丁未	戊申	己酉
曜	화	수	목	금	토	일	월	화	수	목	금	토	일	월	화	수	목	금	토	일	월	화	수	목	금	토	일	월	화	수	목

2月

陽	1	2	3	4	5	6	7	8	9	10	11	12	13	14	15	16	17	18	19	20	21	22	23	24	25	26	27	28	29
陰	27	28	29	30	①대	2	3	4	5	6	7	8	9	10	11	12	13	14	15	16	17	18	19	20	21	22	23	24	25
干支	庚戌	辛亥	壬子	癸丑	甲寅	乙卯	丙辰	丁巳	戊午	己未	庚申	辛酉	壬戌	癸亥	甲子	乙丑	丙寅	丁卯	戊辰	己巳	庚午	辛未	壬申	癸酉	甲戌	乙亥	丙子	丁丑	戊寅
曜	금	토	일	월	화	수	목	금	토	일	월	화	수	목	금	토	일	월	화	수	목	금	토	일	월	화	수	목	금

3月

陽	1	2	3	4	5	6	7	8	9	10	11	12	13	14	15	16	17	18	19	20	21	22	23	24	25	26	27	28	29	30	31
陰	26	27	28	29	30	②소	2	3	4	5	6	7	8	9	10	11	12	13	14	15	16	17	18	19	20	21	22	23	24	25	26
干支	己卯	庚辰	辛巳	壬午	癸未	甲申	乙酉	丙戌	丁亥	戊子	己丑	庚寅	辛卯	壬辰	癸巳	甲午	乙未	丙申	丁酉	戊戌	己亥	庚子	辛丑	壬寅	癸卯	甲辰	乙巳	丙午	丁未	戊申	己酉
曜	토	일	월	화	수	목	금	토	일	월	화	수	목	금	토	일	월	화	수	목	금	토	일	월	화	수	목	금	토	일	월

4月

陽	1	2	3	4	5	6	7	8	9	10	11	12	13	14	15	16	17	18	19	20	21	22	23	24	25	26	27	28	29	30
陰	27	28	29	③대	2	3	4	5	6	7	8	9	10	11	12	13	14	15	16	17	18	19	20	21	22	23	24	25	26	27
干支	庚戌	辛亥	壬子	癸丑	甲寅	乙卯	丙辰	丁巳	戊午	己未	庚申	辛酉	壬戌	癸亥	甲子	乙丑	丙寅	丁卯	戊辰	己巳	庚午	辛未	壬申	癸酉	甲戌	乙亥	丙子	丁丑	戊寅	己卯
曜	화	수	목	금	토	일	월	화	수	목	금	토	일	월	화	수	목	금	토	일	월	화	수	목	금	토	일	월	화	수

5月

陽	1	2	3	4	5	6	7	8	9	10	11	12	13	14	15	16	17	18	19	20	21	22	23	24	25	26	27	28	29	30	31
陰	28	29	30	④소	2	3	4	5	6	7	8	9	10	11	12	13	14	15	16	17	18	19	20	21	22	23	24	25	26	27	28
干支	庚辰	辛巳	壬午	癸未	甲申	乙酉	丙戌	丁亥	戊子	己丑	庚寅	辛卯	壬辰	癸巳	甲午	乙未	丙申	丁酉	戊戌	己亥	庚子	辛丑	壬寅	癸卯	甲辰	乙巳	丙午	丁未	戊申	己酉	庚戌
曜	목	금	토	일	월	화	수	목	금	토	일	월	화	수	목	금	토	일	월	화	수	목	금	토	일	월	화	수	목	금	토

6月

陽	1	2	3	4	5	6	7	8	9	10	11	12	13	14	15	16	17	18	19	20	21	22	23	24	25	26	27	28	29	30
陰	29	⑤대	2	3	4	5	6	7	8	9	10	11	12	13	14	15	16	17	18	19	20	21	22	23	24	25	26	27	28	29
干支	辛亥	壬子	癸丑	甲寅	乙卯	丙辰	丁巳	戊午	己未	庚申	辛酉	壬戌	癸亥	甲子	乙丑	丙寅	丁卯	戊辰	己巳	庚午	辛未	壬申	癸酉	甲戌	乙亥	丙子	丁丑	戊寅	己卯	庚辰
曜	일	월	화	수	목	금	토	일	월	화	수	목	금	토	일	월	화	수	목	금	토	일	월	화	수	목	금	토	일	월

7月

陽	1	2	3	4	5	6	7	8	9	10	11	12	13	14	15	16	17	18	19	20	21	22	23	24	25	26	27	28	29	30	31
陰	30	⑥대	2	3	4	5	6	7	8	9	10	11	12	13	14	15	16	17	18	19	20	21	22	23	24	25	26	27	28	29	30
干支	辛巳	壬午	癸未	甲申	乙酉	丙戌	丁亥	戊子	己丑	庚寅	辛卯	壬辰	癸巳	甲午	乙未	丙申	丁酉	戊戌	己亥	庚子	辛丑	壬寅	癸卯	甲辰	乙巳	丙午	丁未	戊申	己酉	庚戌	辛亥
曜	화	수	목	금	토	일	월	화	수	목	금	토	일	월	화	수	목	금	토	일	월	화	수	목	금	토	일	월	화	수	목

8月

陽	1	2	3	4	5	6	7	8	9	10	11	12	13	14	15	16	17	18	19	20	21	22	23	24	25	26	27	28	29	30	31
陰	⑦소	2	3	4	5	6	7	8	9	10	11	12	13	14	15	16	17	18	19	20	21	22	23	24	25	26	27	28	29	⑧대	2
干支	壬子	癸丑	甲寅	乙卯	丙辰	丁巳	戊午	己未	庚申	辛酉	壬戌	癸亥	甲子	乙丑	丙寅	丁卯	戊辰	己巳	庚午	辛未	壬申	癸酉	甲戌	乙亥	丙子	丁丑	戊寅	己卯	庚辰	辛巳	壬午
曜	금	토	일	월	화	수	목	금	토	일	월	화	수	목	금	토	일	월	화	수	목	금	토	일	월	화	수	목	금	토	일

9月

陽	1	2	3	4	5	6	7	8	9	10	11	12	13	14	15	16	17	18	19	20	21	22	23	24	25	26	27	28	29	30
陰	3	4	5	6	7	8	9	10	11	12	13	14	15	16	17	18	19	20	21	22	23	24	25	26	27	28	29	30	⑨소	2
干支	癸未	甲申	乙酉	丙戌	丁亥	戊子	己丑	庚寅	辛卯	壬辰	癸巳	甲午	乙未	丙申	丁酉	戊戌	己亥	庚子	辛丑	壬寅	癸卯	甲辰	乙巳	丙午	丁未	戊申	己酉	庚戌	辛亥	壬子
曜	월	화	수	목	금	토	일	월	화	수	목	금	토	일	월	화	수	목	금	토	일	월	화	수	목	금	토	일	월	화

10月

陽	1	2	3	4	5	6	7	8	9	10	11	12	13	14	15	16	17	18	19	20	21	22	23	24	25	26	27	28	29	30	31
陰	3	4	5	6	7	8	9	10	11	12	13	14	15	16	17	18	19	20	21	22	23	24	25	26	27	28	29	⑩대	2	3	4
干支	癸丑	甲寅	乙卯	丙辰	丁巳	戊午	己未	庚申	辛酉	壬戌	癸亥	甲子	乙丑	丙寅	丁卯	戊辰	己巳	庚午	辛未	壬申	癸酉	甲戌	乙亥	丙子	丁丑	戊寅	己卯	庚辰	辛巳	壬午	癸未
曜	수	목	금	토	일	월	화	수	목	금	토	일	월	화	수	목	금	토	일	월	화	수	목	금	토	일	월	화	수	목	금

11月

陽	1	2	3	4	5	6	7	8	9	10	11	12	13	14	15	16	17	18	19	20	21	22	23	24	25	26	27	28	29	30
陰	5	6	7	8	9	10	11	12	13	14	15	16	17	18	19	20	21	22	23	24	25	26	27	28	29	30	⑪소	2	3	4
干支	甲申	乙酉	丙戌	丁亥	戊子	己丑	庚寅	辛卯	壬辰	癸巳	甲午	乙未	丙申	丁酉	戊戌	己亥	庚子	辛丑	壬寅	癸卯	甲辰	乙巳	丙午	丁未	戊申	己酉	庚戌	辛亥	壬子	癸丑
曜	토	일	월	화	수	목	금	토	일	월	화	수	목	금	토	일	월	화	수	목	금	토	일	월	화	수	목	금	토	일

12月

陽	1	2	3	4	5	6	7	8	9	10	11	12	13	14	15	16	17	18	19	20	21	22	23	24	25	26	27	28	29	30	31
陰	5	6	7	8	9	10	11	12	13	14	15	16	17	18	19	20	21	22	23	24	25	26	27	28	29	⑫소	2	3	4	5	6
干支	甲寅	乙卯	丙辰	丁巳	戊午	己未	庚申	辛酉	壬戌	癸亥	甲子	乙丑	丙寅	丁卯	戊辰	己巳	庚午	辛未	壬申	癸酉	甲戌	乙亥	丙子	丁丑	戊寅	己卯	庚辰	辛巳	壬午	癸未	甲申
曜	월	화	수	목	금	토	일	월	화	수	목	금	토	일	월	화	수	목	금	토	일	월	화	수	목	금	토	일	월	화	수

中元 甲子(海中金)

西紀一九二四年 ● 檀紀四二五七年

舊平 三百五十四日
新閏 三百六十六日

八日得辛 三龍治水
寅 喪門 戌 弔客
酉 大將軍 南 三殺

三碧	八白	一白
二黑	四綠	六白
七赤	九紫	五黃

월건지대소	正月大 丙寅	二月小 丁卯	三月大 戊辰	四月小 己巳	五月大 庚午	六月大 辛未	七月小 壬申	八月大 癸酉	九月小 甲戌	十月大 乙亥	十一月小 丙子	十二月小 丁丑
日辰	甲戌 甲子 甲寅	甲辰 甲午 甲申	癸酉 癸亥 癸丑	癸卯 癸巳 癸未	壬申 壬戌 壬子	壬寅 壬辰 壬午	壬申 壬戌 壬子	辛丑 辛卯 辛巳	辛未 辛酉 辛亥	庚子 庚寅 庚辰	庚午 庚申 庚戌	己亥 己丑 己卯
白月	八白	七赤	六白	五黃	四綠	三碧	二黑	一白	九紫	八白	七赤	六白
節	立春 初一日甲寅午前九時四十八分 雨水 十六日己巳午前六時零分	驚蟄 初一日甲申午前四時四分 春分 十六日己亥午前五時十二分	清明 初二日甲寅午前九時三十九分 穀雨 十七日己巳午後四時五十九分	立夏 初三日乙酉午前三時十七分 小滿 十八日庚子午後四時四十七分	芒種 初五日丙辰午前八時十五分 夏至 廿一日壬申午前一時十一分	小暑 初六日丁亥午後六時四十八分 大暑 廿二日癸卯午後零時十六分	立秋 初八日己未午前四時五十六分 處暑 廿三日甲戌午後八時十九分	白露 十日庚寅午前七時二十九分 秋分 廿五日乙巳午後四時四十五分	寒露 初十日庚申午後十時四十九分 霜降 廿六日丙子午後一時三十九分	立冬 十二日辛酉午後一時二十六分 小雪 廿六日乙巳午前十時三十四分	大雪 十一日庚申午後四時三十六分 冬至 廿六日乙亥午前十時十三分	小寒 十二日庚寅午後四時十二分 大寒 廿七日乙巳午後九時二十五分

◆雜 節◆

寒食	三月初三日	陽四月六日
土王	三月十四日	陽四月十七日
初伏	六月十九日	陽七月二十日
土王	六月十九日	陽七月二十日
中伏	六月廿九日	陽七月三十日
末伏	七月初九日	陽八月九日
土王	九月廿三日	陽十月二十一日
土王	十二月廿九日	陽一月二十三日
臘享	十二月廿四日	陽一月十八日

1925 (4258. 乙丑)

1月

陽	1	2	3	4	5	6	7	8	9	10	11	12	13	14	15	16	17	18	19	20	21	22	23	24	25	26	27	28	29	30	31
陰	7	8	9	10	11	12	13	14	15	16	17	18	19	20	21	22	23	24	25	26	27	28	29	①대	2	3	4	5	6	7	8
干支	乙酉	丙戌	丁亥	戊子	己丑	庚寅	辛卯	壬辰	癸巳	甲午	乙未	丙申	丁酉	戊戌	己亥	庚子	辛丑	壬寅	癸卯	甲辰	乙巳	丙午	丁未	戊申	己酉	庚戌	辛亥	壬子	癸丑	甲寅	乙卯
曜	목	금	토	일	월	화	수	목	금	토	일	월	화	수	목	금	토	일	월	화	수	목	금	토	일	월	화	수	목	금	토

2月

陽	1	2	3	4	5	6	7	8	9	10	11	12	13	14	15	16	17	18	19	20	21	22	23	24	25	26	27	28
陰	9	10	11	12	13	14	15	16	17	18	19	20	21	22	23	24	25	26	27	28	29	30	②소	2	3	4	5	6
干支	丙辰	丁巳	戊午	己未	庚申	辛酉	壬戌	癸亥	甲子	乙丑	丙寅	丁卯	戊辰	己巳	庚午	辛未	壬申	癸酉	甲戌	乙亥	丙子	丁丑	戊寅	己卯	庚辰	辛巳	壬午	癸未
曜	일	월	화	수	목	금	토	일	월	화	수	목	금	토	일	월	화	수	목	금	토	일	월	화	수	목	금	토

3月

陽	1	2	3	4	5	6	7	8	9	10	11	12	13	14	15	16	17	18	19	20	21	22	23	24	25	26	27	28	29	30	31
陰	7	8	9	10	11	12	13	14	15	16	17	18	19	20	21	22	23	24	25	26	27	28	29	③대	2	3	4	5	6	7	8
干支	甲申	乙酉	丙戌	丁亥	戊子	己丑	庚寅	辛卯	壬辰	癸巳	甲午	乙未	丙申	丁酉	戊戌	己亥	庚子	辛丑	壬寅	癸卯	甲辰	乙巳	丙午	丁未	戊申	己酉	庚戌	辛亥	壬子	癸丑	甲寅
曜	일	월	화	수	목	금	토	일	월	화	수	목	금	토	일	월	화	수	목	금	토	일	월	화	수	목	금	토	일	월	화

4月

陽	1	2	3	4	5	6	7	8	9	10	11	12	13	14	15	16	17	18	19	20	21	22	23	24	25	26	27	28	29	30
陰	9	10	11	12	13	14	15	16	17	18	19	20	21	22	23	24	25	26	27	28	29	30	④대	2	3	4	5	6	7	8
干支	乙卯	丙辰	丁巳	戊午	己未	庚申	辛酉	壬戌	癸亥	甲子	乙丑	丙寅	丁卯	戊辰	己巳	庚午	辛未	壬申	癸酉	甲戌	乙亥	丙子	丁丑	戊寅	己卯	庚辰	辛巳	壬午	癸未	甲申
曜	수	목	금	토	일	월	화	수	목	금	토	일	월	화	수	목	금	토	일	월	화	수	목	금	토	일	월	화	수	목

5月

陽	1	2	3	4	5	6	7	8	9	10	11	12	13	14	15	16	17	18	19	20	21	22	23	24	25	26	27	28	29	30	31
陰	9	10	11	12	13	14	15	16	17	18	19	20	21	22	23	24	25	26	27	28	29	30	④소	2	3	4	5	6	7	8	9
干支	乙酉	丙戌	丁亥	戊子	己丑	庚寅	辛卯	壬辰	癸巳	甲午	乙未	丙申	丁酉	戊戌	己亥	庚子	辛丑	壬寅	癸卯	甲辰	乙巳	丙午	丁未	戊申	己酉	庚戌	辛亥	壬子	癸丑	甲寅	乙卯
曜	금	토	일	월	화	수	목	금	토	일	월	화	수	목	금	토	일	월	화	수	목	금	토	일	월	화	수	목	금	토	일

6月

陽	1	2	3	4	5	6	7	8	9	10	11	12	13	14	15	16	17	18	19	20	21	22	23	24	25	26	27	28	29	30
陰	10	11	12	13	14	15	16	17	18	19	20	21	22	23	24	25	26	27	28	29	⑤대	2	3	4	5	6	7	8	9	10
干支	丙辰	丁巳	戊午	己未	庚申	辛酉	壬戌	癸亥	甲子	乙丑	丙寅	丁卯	戊辰	己巳	庚午	辛未	壬申	癸酉	甲戌	乙亥	丙子	丁丑	戊寅	己卯	庚辰	辛巳	壬午	癸未	甲申	乙酉
曜	월	화	수	목	금	토	일	월	화	수	목	금	토	일	월	화	수	목	금	토	일	월	화	수	목	금	토	일	월	화

7月

陽	1	2	3	4	5	6	7	8	9	10	11	12	13	14	15	16	17	18	19	20	21	22	23	24	25	26	27	28	29	30	31
陰	11	12	13	14	15	16	17	18	19	20	21	22	23	24	25	26	27	28	29	30	⑥소	2	3	4	5	6	7	8	9	10	11
干支	丙戌	丁亥	戊子	己丑	庚寅	辛卯	壬辰	癸巳	甲午	乙未	丙申	丁酉	戊戌	己亥	庚子	辛丑	壬寅	癸卯	甲辰	乙巳	丙午	丁未	戊申	己酉	庚戌	辛亥	壬子	癸丑	甲寅	乙卯	丙辰
曜	수	목	금	토	일	월	화	수	목	금	토	일	월	화	수	목	금	토	일	월	화	수	목	금	토	일	월	화	수	목	금

8月

陽	1	2	3	4	5	6	7	8	9	10	11	12	13	14	15	16	17	18	19	20	21	22	23	24	25	26	27	28	29	30	31
陰	12	13	14	15	16	17	18	19	20	21	22	23	24	25	26	27	28	29	⑦대	2	3	4	5	6	7	8	9	10	11	12	13
干支	丁巳	戊午	己未	庚申	辛酉	壬戌	癸亥	甲子	乙丑	丙寅	丁卯	戊辰	己巳	庚午	辛未	壬申	癸酉	甲戌	乙亥	丙子	丁丑	戊寅	己卯	庚辰	辛巳	壬午	癸未	甲申	乙酉	丙戌	丁亥
曜	토	일	월	화	수	목	금	토	일	월	화	수	목	금	토	일	월	화	수	목	금	토	일	월	화	수	목	금	토	일	월

9月

陽	1	2	3	4	5	6	7	8	9	10	11	12	13	14	15	16	17	18	19	20	21	22	23	24	25	26	27	28	29	30
陰	14	15	16	17	18	19	20	21	22	23	24	25	26	27	28	29	30	⑧대	2	3	4	5	6	7	8	9	10	11	12	13
干支	戊子	己丑	庚寅	辛卯	壬辰	癸巳	甲午	乙未	丙申	丁酉	戊戌	己亥	庚子	辛丑	壬寅	癸卯	甲辰	乙巳	丙午	丁未	戊申	己酉	庚戌	辛亥	壬子	癸丑	甲寅	乙卯	丙辰	丁巳
曜	화	수	목	금	토	일	월	화	수	목	금	토	일	월	화	수	목	금	토	일	월	화	수	목	금	토	일	월	화	수

10月

陽	1	2	3	4	5	6	7	8	9	10	11	12	13	14	15	16	17	18	19	20	21	22	23	24	25	26	27	28	29	30	31
陰	14	15	16	17	18	19	20	21	22	23	24	25	26	27	28	29	30	⑨소	2	3	4	5	6	7	8	9	10	11	12	13	14
干支	戊午	己未	庚申	辛酉	壬戌	癸亥	甲子	乙丑	丙寅	丁卯	戊辰	己巳	庚午	辛未	壬申	癸酉	甲戌	乙亥	丙子	丁丑	戊寅	己卯	庚辰	辛巳	壬午	癸未	甲申	乙酉	丙戌	丁亥	戊子
曜	목	금	토	일	월	화	수	목	금	토	일	월	화	수	목	금	토	일	월	화	수	목	금	토	일	월	화	수	목	금	토

11月

陽	1	2	3	4	5	6	7	8	9	10	11	12	13	14	15	16	17	18	19	20	21	22	23	24	25	26	27	28	29	30
陰	15	16	17	18	19	20	21	22	23	24	25	26	27	28	29	⑩대	2	3	4	5	6	7	8	9	10	11	12	13	14	15
干支	己丑	庚寅	辛卯	壬辰	癸巳	甲午	乙未	丙申	丁酉	戊戌	己亥	庚子	辛丑	壬寅	癸卯	甲辰	乙巳	丙午	丁未	戊申	己酉	庚戌	辛亥	壬子	癸丑	甲寅	乙卯	丙辰	丁巳	戊午
曜	일	월	화	수	목	금	토	일	월	화	수	목	금	토	일	월	화	수	목	금	토	일	월	화	수	목	금	토	일	월

12月

陽	1	2	3	4	5	6	7	8	9	10	11	12	13	14	15	16	17	18	19	20	21	22	23	24	25	26	27	28	29	30	31
陰	16	17	18	19	20	21	22	23	24	25	26	27	28	29	30	⑪소	2	3	4	5	6	7	8	9	10	11	12	13	14	15	16
干支	己未	庚申	辛酉	壬戌	癸亥	甲子	乙丑	丙寅	丁卯	戊辰	己巳	庚午	辛未	壬申	癸酉	甲戌	乙亥	丙子	丁丑	戊寅	己卯	庚辰	辛巳	壬午	癸未	甲申	乙酉	丙戌	丁亥	戊子	己丑
曜	화	수	목	금	토	일	월	화	수	목	금	토	일	월	화	수	목	금	토	일	월	화	수	목	금	토	일	월	화	수	목

乙丑

西紀一九二五年 ● 檀紀四二五八年

舊閏三百八十五日
新平三百六十五日

四日得辛 九龍治水
卯喪門 亥吊客
西大將軍 東三殺

九紫	七赤	二黑
五黃	三碧	一白
四綠	八白	六白

月之大小	正月大 戊寅	二月小 己卯	三月大 庚辰	四月大 辛巳	閏四月小	五月大 壬午	六月小 癸未	七月大 甲申	八月大 乙酉	九月小 丙戌	十月大 丁亥	十一月小 戊子	十二月大 己丑
日辰	戊申 戊午 戊辰	戊寅 戊子 戊戌	丁未 丁巳 丁卯	丁丑 丁亥 丁酉	丁未 丁巳 丁卯	丙子 丙戌 丙申	丙午 丙辰 丙寅	乙亥 乙酉 乙未	乙巳 乙卯 乙丑	乙亥 乙酉 乙未	甲辰 甲寅 甲子	甲戌 甲申 甲午	癸卯 癸丑 癸亥
月白	五黃	四綠	三碧	二黑	二黑	一白	九紫	八白	七赤	六白	五黃	四綠	三碧
入節	立春十二日己未午後三時三十八分 雨水廿七日甲戌午前十一時三十五分	驚蟄十二日己亥午前九時五十三分 春分廿七日甲辰午前十一時二分	淸明十三日己未午前三時十九分 穀雨廿八日甲戌午後十時四十七分	立夏十四日庚寅午前九時二十分 小滿廿九日乙巳午後十時二十六分	芒種十五日辛酉午後二時四分	夏至初二日丁丑午前六時五十九分 小暑十八日癸巳午前[illegible]時五十三分	大暑初三日戊申午後六時四分 立秋十九日甲子午前十時二十九分	處暑初六日庚辰午前一時七分 白露廿一日乙未午後十時八分	秋分初六日庚戌午後九時三十九分 寒露廿二日丙寅午前四時三十八分	霜降初七日辛巳午前七時三十八分 立冬廿二日丙申午前七時十六分	小雪初八日辛亥午前四時二十三分 大雪廿二日甲子午後十一時二十六分	冬至被七日庚辰午後五時二分 小寒廿二日乙未午前十時一分	大寒初七日乙丑午前三時十四分 立春廿二日甲子午後九時二十六分

◆雜 節◆

寒食	土王	初伏	土王	中伏	末伏	土王	土王	臘享
三月十四日	三月廿五日	五月廿五日	五月三十日	六月初五日	六月廿五日	九月初四日	十二月初四日	十二月初五日
陽四月六日	陽四月十七日	陽七月十五日	陽七月二十日	陽七月二十五日	陽八月十四日	陽十月二十一日	陽一月十七日	陽一月十八日

1926 (4259. 丙寅)

1月

陽	1	2	3	4	5	6	7	8	9	10	11	12	13	14	15	16	17	18	19	20	21	22	23	24	25	26	27	28	29	30	31
陰	17	18	19	20	21	22	23	24	25	26	27	28	29	⑫대	2	3	4	5	6	7	8	9	10	11	12	13	14	15	16	17	18
干支	庚寅	辛卯	壬辰	癸巳	甲午	乙未	丙申	丁酉	戊戌	己亥	庚子	辛丑	壬寅	癸卯	甲辰	乙巳	丙午	丁未	戊申	己酉	庚戌	辛亥	壬子	癸丑	甲寅	乙卯	丙辰	丁巳	戊午	己未	庚申
曜	금	토	일	월	화	수	목	금	토	일	월	화	수	목	금	토	일	월	화	수	목	금	토	일	월	화	수	목	금	토	일

2月

陽	1	2	3	4	5	6	7	8	9	10	11	12	13	14	15	16	17	18	19	20	21	22	23	24	25	26	27	28
陰	19	20	21	22	23	24	25	26	27	28	29	30	①소	2	3	4	5	6	7	8	9	10	11	12	13	14	15	16
干支	辛酉	壬戌	癸亥	甲子	乙丑	丙寅	丁卯	戊辰	己巳	庚午	辛未	壬申	癸酉	甲戌	乙亥	丙子	丁丑	戊寅	己卯	庚辰	辛巳	壬午	癸未	甲申	乙酉	丙戌	丁亥	戊子
曜	월	화	수	목	금	토	일	월	화	수	목	금	토	일	월	화	수	목	금	토	일	월	화	수	목	금	토	일

3月

陽	1	2	3	4	5	6	7	8	9	10	11	12	13	14	15	16	17	18	19	20	21	22	23	24	25	26	27	28	29	30	31
陰	17	18	19	20	21	22	23	24	25	26	27	28	29	②소	2	3	4	5	6	7	8	9	10	11	12	13	14	15	16	17	18
干支	己丑	庚寅	辛卯	壬辰	癸巳	甲午	乙未	丙申	丁酉	戊戌	己亥	庚子	辛丑	壬寅	癸卯	甲辰	乙巳	丙午	丁未	戊申	己酉	庚戌	辛亥	壬子	癸丑	甲寅	乙卯	丙辰	丁巳	戊午	己未
曜	월	화	수	목	금	토	일	월	화	수	목	금	토	일	월	화	수	목	금	토	일	월	화	수	목	금	토	일	월	화	수

4月

陽	1	2	3	4	5	6	7	8	9	10	11	12	13	14	15	16	17	18	19	20	21	22	23	24	25	26	27	28	29	30
陰	19	20	21	22	23	24	25	26	27	28	29	③대	2	3	4	5	6	7	8	9	10	11	12	13	14	15	16	17	18	19
干支	庚申	辛酉	壬戌	癸亥	甲子	乙丑	丙寅	丁卯	戊辰	己巳	庚午	辛未	壬申	癸酉	甲戌	乙亥	丙子	丁丑	戊寅	己卯	庚辰	辛巳	壬午	癸未	甲申	乙酉	丙戌	丁亥	戊子	己丑
曜	목	금	토	일	월	화	수	목	금	토	일	월	화	수	목	금	토	일	월	화	수	목	금	토	일	월	화	수	목	금

5月

陽	1	2	3	4	5	6	7	8	9	10	11	12	13	14	15	16	17	18	19	20	21	22	23	24	25	26	27	28	29	30	31
陰	20	21	22	23	24	25	26	27	28	29	30	④소	2	3	4	5	6	7	8	9	10	11	12	13	14	15	16	17	18	19	20
干支	庚寅	辛卯	壬辰	癸巳	甲午	乙未	丙申	丁酉	戊戌	己亥	庚子	辛丑	壬寅	癸卯	甲辰	乙巳	丙午	丁未	戊申	己酉	庚戌	辛亥	壬子	癸丑	甲寅	乙卯	丙辰	丁巳	戊午	己未	庚申
曜	토	일	월	화	수	목	금	토	일	월	화	수	목	금	토	일	월	화	수	목	금	토	일	월	화	수	목	금	토	일	월

6月

陽	1	2	3	4	5	6	7	8	9	10	11	12	13	14	15	16	17	18	19	20	21	22	23	24	25	26	27	28	29	30
陰	21	22	23	24	25	26	27	28	29	⑤대	2	3	4	5	6	7	8	9	10	11	12	13	14	15	16	17	18	19	20	21
干支	辛酉	壬戌	癸亥	甲子	乙丑	丙寅	丁卯	戊辰	己巳	庚午	辛未	壬申	癸酉	甲戌	乙亥	丙子	丁丑	戊寅	己卯	庚辰	辛巳	壬午	癸未	甲申	乙酉	丙戌	丁亥	戊子	己丑	庚寅
曜	화	수	목	금	토	일	월	화	수	목	금	토	일	월	화	수	목	금	토	일	월	화	수	목	금	토	일	월	화	수

7月

陽	1	2	3	4	5	6	7	8	9	10	11	12	13	14	15	16	17	18	19	20	21	22	23	24	25	26	27	28	29	30	31
陰	22	23	24	25	26	27	28	29	30	⑥소	2	3	4	5	6	7	8	9	10	11	12	13	14	15	16	17	18	19	20	21	22
干支	辛卯	壬辰	癸巳	甲午	乙未	丙申	丁酉	戊戌	己亥	庚子	辛丑	壬寅	癸卯	甲辰	乙巳	丙午	丁未	戊申	己酉	庚戌	辛亥	壬子	癸丑	甲寅	乙卯	丙辰	丁巳	戊午	己未	庚申	辛酉
曜	목	금	토	일	월	화	수	목	금	토	일	월	화	수	목	금	토	일	월	화	수	목	금	토	일	월	화	수	목	금	토

8月

陽	1	2	3	4	5	6	7	8	9	10	11	12	13	14	15	16	17	18	19	20	21	22	23	24	25	26	27	28	29	30	31
陰	23	24	25	26	27	28	29	⑦대	2	3	4	5	6	7	8	9	10	11	12	13	14	15	16	17	18	19	20	21	22	23	24
干支	壬戌	癸亥	甲子	乙丑	丙寅	丁卯	戊辰	己巳	庚午	辛未	壬申	癸酉	甲戌	乙亥	丙子	丁丑	戊寅	己卯	庚辰	辛巳	壬午	癸未	甲申	乙酉	丙戌	丁亥	戊子	己丑	庚寅	辛卯	壬辰
曜	일	월	화	수	목	금	토	일	월	화	수	목	금	토	일	월	화	수	목	금	토	일	월	화	수	목	금	토	일	월	화

9月

陽	1	2	3	4	5	6	7	8	9	10	11	12	13	14	15	16	17	18	19	20	21	22	23	24	25	26	27	28	29	30
陰	25	26	27	28	29	30	⑧대	2	3	4	5	6	7	8	9	10	11	12	13	14	15	16	17	18	19	20	21	22	23	24
干支	癸巳	甲午	乙未	丙申	丁酉	戊戌	己亥	庚子	辛丑	壬寅	癸卯	甲辰	乙巳	丙午	丁未	戊申	己酉	庚戌	辛亥	壬子	癸丑	甲寅	乙卯	丙辰	丁巳	戊午	己未	庚申	辛酉	壬戌
曜	수	목	금	토	일	월	화	수	목	금	토	일	월	화	수	목	금	토	일	월	화	수	목	금	토	일	월	화	수	목

10月

陽	1	2	3	4	5	6	7	8	9	10	11	12	13	14	15	16	17	18	19	20	21	22	23	24	25	26	27	28	29	30	31
陰	25	26	27	28	29	30	⑨소	2	3	4	5	6	7	8	9	10	11	12	13	14	15	16	17	18	19	20	21	22	23	24	25
干支	癸亥	甲子	乙丑	丙寅	丁卯	戊辰	己巳	庚午	辛未	壬申	癸酉	甲戌	乙亥	丙子	丁丑	戊寅	己卯	庚辰	辛巳	壬午	癸未	甲申	乙酉	丙戌	丁亥	戊子	己丑	庚寅	辛卯	壬辰	癸巳
曜	금	토	일	월	화	수	목	금	토	일	월	화	수	목	금	토	일	월	화	수	목	금	토	일	월	화	수	목	금	토	일

11月

陽	1	2	3	4	5	6	7	8	9	10	11	12	13	14	15	16	17	18	19	20	21	22	23	24	25	26	27	28	29	30
陰	26	27	28	29	⑩대	2	3	4	5	6	7	8	9	10	11	12	13	14	15	16	17	18	19	20	21	22	23	24	25	26
干支	甲午	乙未	丙申	丁酉	戊戌	己亥	庚子	辛丑	壬寅	癸卯	甲辰	乙巳	丙午	丁未	戊申	己酉	庚戌	辛亥	壬子	癸丑	甲寅	乙卯	丙辰	丁巳	戊午	己未	庚申	辛酉	壬戌	癸亥
曜	월	화	수	목	금	토	일	월	화	수	목	금	토	일	월	화	수	목	금	토	일	월	화	수	목	금	토	일	월	화

12月

陽	1	2	3	4	5	6	7	8	9	10	11	12	13	14	15	16	17	18	19	20	21	22	23	24	25	26	27	28	29	30	31
陰	27	28	29	30	⑪대	2	3	4	5	6	7	8	9	10	11	12	13	14	15	16	17	18	19	20	21	22	23	24	25	26	27
干支	甲子	乙丑	丙寅	丁卯	戊辰	己巳	庚午	辛未	壬申	癸酉	甲戌	乙亥	丙子	丁丑	戊寅	己卯	庚辰	辛巳	壬午	癸未	甲申	乙酉	丙戌	丁亥	戊子	己丑	庚寅	辛卯	壬辰	癸巳	甲午
曜	수	목	금	토	일	월	화	수	목	금	토	일	월	화	수	목	금	토	일	월	화	수	목	금	토	일	월	화	수	목	금

丙寅 (爐中火)

西紀一九二六年●檀紀四二五九年

舊平三百五十四日
新平三百六十五日

九日得辛 八龍治水
辰喪門 子吊客
子大將軍 北三殺

八白	六白	一白
四綠	二黑	九紫
三碧	七赤	五黃

月之大小	正月小 庚寅	二月小 辛卯	三月大 壬辰	四月小 癸巳	五月大 甲午	六月小 乙未	七月大 丙申	八月大 丁酉	九月小 戊戌	十月大 己亥	十一月大 庚子	十二月小 辛丑
日辰	癸巳 癸未 癸酉	壬戌 壬子 壬寅	辛卯 辛巳 辛未	辛酉 辛亥 辛丑	庚寅 庚辰 庚午	庚申 庚戌 庚子	己丑 己卯 己巳	己未 己酉 己亥	己丑 己卯 己巳	戊午 戊申 戊戌	戊子 戊寅 戊辰	戊午 戊申 戊戌
月白	二黑	一白	九紫	八白	七赤	六白	五黃	四綠	三碧	二黑	一白	九紫
入節	驚蟄廿二日甲午午後三時四十二分 雨水初七日己卯午後五時二十四分	淸明廿三日甲子午後九時四分 春分初八日己酉午後四時五十分	立夏廿五日乙未午後三時六分 穀雨初十日庚辰午前四時三十四分	芒種廿六日丙寅午後七時五十二分 小滿十一日辛亥午前四時十六分	小暑廿九日戊戌午前六時十三分 夏至十三日壬午午後[illegible]時二十一分	大暑十五日甲寅午後十一時五十二分	處暑十七日乙酉午前六時五十五分 立秋初一日己巳午後四時十九分	秋分十八日丙辰午前四時二十七分 白露初二日庚子午後七時六分	霜降十八日丙戌午後一時三十一分 寒露初三日辛未午前十時二十七分	小雪十九日丙辰午前十時十三分 立冬初四日辛丑午後一時五分	冬至十八日乙酉午後十時五十一分 大雪初四日辛未午前五時十五分	大寒十八日乙卯午前九時十五分 小寒初三日庚子午後三時五十二分

◆雜 節◆

寒食	二月廿四日	陽	四月六日
土王	三月初七日	陽	四月十八日
初伏	六月十一日	陽	七月二十日
土王	六月十一日	陽	七月二十日
中伏	六月廿一日	陽	七月三十日
末伏	七月初二日	陽	八月九日
土王	九月十五日	陽	十月二十一日
土王	十二月十五日	陽	一月十八日
臘享	十二月廿二日	陽	一月二十五日

1927 (4260. 丁卯)

1月

	1	2	3	4	5	6	7	8	9	10	11	12	13	14	15	16	17	18	19	20	21	22	23	24	25	26	27	28	29	30	31
陰	28	29	30	⑫소	2	3	4	5	6	7	8	9	10	11	12	13	14	15	16	17	18	19	20	21	22	23	24	25	26	27	28
干支	乙未	丙申	丁酉	戊戌	己亥	庚子	辛丑	壬寅	癸卯	甲辰	乙巳	丙午	丁未	戊申	己酉	庚戌	辛亥	壬子	癸丑	甲寅	乙卯	丙辰	丁巳	戊午	己未	庚申	辛酉	壬戌	癸亥	甲子	乙丑
曜	토	일	월	화	수	목	금	토	일	월	화	수	목	금	토	일	월	화	수	목	금	토	일	월	화	수	목	금	토	일	월

2月

	1	2	3	4	5	6	7	8	9	10	11	12	13	14	15	16	17	18	19	20	21	22	23	24	25	26	27	28
陰	29	①대	2	3	4	5	6	7	8	9	10	11	12	13	14	15	16	17	18	19	20	21	22	23	24	25	26	27
干支	丙寅	丁卯	戊辰	己巳	庚午	辛未	壬申	癸酉	甲戌	乙亥	丙子	丁丑	戊寅	己卯	庚辰	辛巳	壬午	癸未	甲申	乙酉	丙戌	丁亥	戊子	己丑	庚寅	辛卯	壬辰	癸巳
曜	화	수	목	금	토	일	월	화	수	목	금	토	일	월	화	수	목	금	토	일	월	화	수	목	금	토	일	월

3月

	1	2	3	4	5	6	7	8	9	10	11	12	13	14	15	16	17	18	19	20	21	22	23	24	25	26	27	28	29	30	31
陰	28	29	30	②소	2	3	4	5	6	7	8	9	10	11	12	13	14	15	16	17	18	19	20	21	22	23	24	25	26	27	28
干支	甲午	乙未	丙申	丁酉	戊戌	己亥	庚子	辛丑	壬寅	癸卯	甲辰	乙巳	丙午	丁未	戊申	己酉	庚戌	辛亥	壬子	癸丑	甲寅	乙卯	丙辰	丁巳	戊午	己未	庚申	辛酉	壬戌	癸亥	甲子
曜	화	수	목	금	토	일	월	화	수	목	금	토	일	월	화	수	목	금	토	일	월	화	수	목	금	토	일	월	화	수	목

4月

	1	2	3	4	5	6	7	8	9	10	11	12	13	14	15	16	17	18	19	20	21	22	23	24	25	26	27	28	29	30
陰	29	③소	2	3	4	5	6	7	8	9	10	11	12	13	14	15	16	17	18	19	20	21	22	23	24	25	26	27	28	29
干支	乙丑	丙寅	丁卯	戊辰	己巳	庚午	辛未	壬申	癸酉	甲戌	乙亥	丙子	丁丑	戊寅	己卯	庚辰	辛巳	壬午	癸未	甲申	乙酉	丙戌	丁亥	戊子	己丑	庚寅	辛卯	壬辰	癸巳	甲午
曜	금	토	일	월	화	수	목	금	토	일	월	화	수	목	금	토	일	월	화	수	목	금	토	일	월	화	수	목	금	토

5月

	1	2	3	4	5	6	7	8	9	10	11	12	13	14	15	16	17	18	19	20	21	22	23	24	25	26	27	28	29	30	31
陰	④대	2	3	4	5	6	7	8	9	10	11	12	13	14	15	16	17	18	19	20	21	22	23	24	25	26	26	27	29	30	⑤소
干支	乙未	丙申	丁酉	戊戌	己亥	庚子	辛丑	壬寅	癸卯	甲辰	乙巳	丙午	丁未	戊申	己酉	庚戌	辛亥	壬子	癸丑	甲寅	乙卯	丙辰	丁巳	戊午	己未	庚申	辛酉	壬戌	癸亥	甲子	乙丑
曜	일	월	화	수	목	금	토	일	월	화	수	목	금	토	일	월	화	수	목	금	토	일	월	화	수	목	금	토	일	월	화

6月

	1	2	3	4	5	6	7	8	9	10	11	12	13	14	15	16	17	18	19	20	21	22	23	24	25	26	27	28	29	30
陰	2	3	4	5	6	7	8	9	10	11	12	13	14	15	16	17	18	19	20	21	22	23	24	25	26	27	28	29	⑥대	2
干支	丙寅	丁卯	戊辰	己巳	庚午	辛未	壬申	癸酉	甲戌	乙亥	丙子	丁丑	戊寅	己卯	庚辰	辛巳	壬午	癸未	甲申	乙酉	丙戌	丁亥	戊子	己丑	庚寅	辛卯	壬辰	癸巳	甲午	乙未
曜	수	목	금	토	일	월	화	수	목	금	토	일	월	화	수	목	금	토	일	월	화	수	목	금	토	일	월	화	수	목

7月

	1	2	3	4	5	6	7	8	9	10	11	12	13	14	15	16	17	18	19	20	21	22	23	24	25	26	27	28	29	30	31
陰	3	4	5	6	7	8	9	10	11	12	13	14	15	16	17	18	19	20	21	22	23	24	25	26	27	28	29	30	⑦소	2	3
干支	丙申	丁酉	戊戌	己亥	庚子	辛丑	壬寅	癸卯	甲辰	乙巳	丙午	丁未	戊申	己酉	庚戌	辛亥	壬子	癸丑	甲寅	乙卯	丙辰	丁巳	戊午	己未	庚申	辛酉	壬戌	癸亥	甲子	乙丑	丙寅
曜	금	토	일	월	화	수	목	금	토	일	월	화	수	목	금	토	일	월	화	수	목	금	토	일	월	화	수	목	금	토	일

8月

	1	2	3	4	5	6	7	8	9	10	11	12	13	14	15	16	17	18	19	20	21	22	23	24	25	26	27	28	29	30	31
陰	4	5	6	7	8	9	10	11	12	13	14	15	16	17	18	19	20	21	22	23	24	25	26	27	28	29	⑧대	2	3	4	5
干支	丁卯	戊辰	己巳	庚午	辛未	壬申	癸酉	甲戌	乙亥	丙子	丁丑	戊寅	己卯	庚辰	辛巳	壬午	癸未	甲申	乙酉	丙戌	丁亥	戊子	己丑	庚寅	辛卯	壬辰	癸巳	甲午	乙未	丙申	丁酉
曜	월	화	수	목	금	토	일	월	화	수	목	금	토	일	월	화	수	목	금	토	일	월	화	수	목	금	토	일	월	화	수

9月

	1	2	3	4	5	6	7	8	9	10	11	12	13	14	15	16	17	18	19	20	21	22	23	24	25	26	27	28	29	30
陰	6	7	8	9	10	11	12	13	14	15	16	17	18	19	20	21	22	23	24	25	26	27	28	29	30	⑨대	2	3	4	5
干支	戊戌	己亥	庚子	辛丑	壬寅	癸卯	甲辰	乙巳	丙午	丁未	戊申	己酉	庚戌	辛亥	壬子	癸丑	甲寅	乙卯	丙辰	丁巳	戊午	己未	庚申	辛酉	壬戌	癸亥	甲子	乙丑	丙寅	丁卯
曜	목	금	토	일	월	화	수	목	금	토	일	월	화	수	목	금	토	일	월	화	수	목	금	토	일	월	화	수	목	금

10月

	1	2	3	4	5	6	7	8	9	10	11	12	13	14	15	16	17	18	19	20	21	22	23	24	25	26	27	28	29	30	31
陰	6	7	8	9	10	11	12	13	14	15	16	17	18	19	20	21	22	23	24	25	26	27	28	29	30	⑩소	2	3	4	5	6
干支	戊辰	己巳	庚午	辛未	壬申	癸酉	甲戌	乙亥	丙子	丁丑	戊寅	己卯	庚辰	辛巳	壬午	癸未	甲申	乙酉	丙戌	丁亥	戊子	己丑	庚寅	辛卯	壬辰	癸巳	甲午	乙未	丙申	丁酉	戊戌
曜	토	일	월	화	수	목	금	토	일	월	화	수	목	금	토	일	월	화	수	목	금	토	일	월	화	수	목	금	토	일	월

11月

	1	2	3	4	5	6	7	8	9	10	11	12	13	14	15	16	17	18	19	20	21	22	23	24	25	26	27	28	29	30
陰	7	8	9	10	11	12	13	14	15	16	17	18	19	20	21	22	23	24	25	26	27	28	29	⑪대	2	3	4	5	6	7
干支	己亥	庚子	辛丑	壬寅	癸卯	甲辰	乙巳	丙午	丁未	戊申	己酉	庚戌	辛亥	壬子	癸丑	甲寅	乙卯	丙辰	丁巳	戊午	己未	庚申	辛酉	壬戌	癸亥	甲子	乙丑	丙寅	丁卯	戊辰
曜	화	수	목	금	토	일	월	화	수	목	금	토	일	월	화	수	목	금	토	일	월	화	수	목	금	토	일	월	화	수

12月

	1	2	3	4	5	6	7	8	9	10	11	12	13	14	15	16	17	18	19	20	21	22	23	24	25	26	27	28	29	30	31
陰	8	9	10	11	12	13	14	15	16	17	18	19	20	21	22	23	24	25	26	27	28	29	30	⑫대	2	3	4	5	6	7	8
干支	己巳	庚午	辛未	壬申	癸酉	甲戌	乙亥	丙子	丁丑	戊寅	己卯	庚辰	辛巳	壬午	癸未	甲申	乙酉	丙戌	丁亥	戊子	己丑	庚寅	辛卯	壬辰	癸巳	甲午	乙未	丙申	丁酉	戊戌	己亥
曜	목	금	토	일	월	화	수	목	금	토	일	월	화	수	목	금	토	일	월	화	수	목	금	토	일	월	화	수	목	금	토

丁卯 (爐中火)

西紀一九二七年●檀紀四二六〇年

舊平三百五十五日
新平三百六十五日

五日得辛　二龍治水
巳喪門　二吊客
子大將軍　西三殺

七赤	五黃	九紫
三碧	一白	八白
二黑	六白	四綠

建月之大小	正月大 壬寅	二月小 癸卯	三月小 甲辰	四月大 乙巳	五月小 丙午	六月大 丁未	七月小 戊申	八月大 己酉	九月大 庚戌	十月小 辛亥	十一月大 壬子	十二月大 癸丑
日辰	丁亥 丁丑 丁卯	丁巳 丁未 丁酉	丙戌 丙子 丙寅	乙卯 乙巳 乙未	乙酉 乙亥 乙丑	甲寅 甲辰 甲午	甲申 甲戌 甲子	癸丑 癸卯 癸巳	癸未 癸酉 癸亥	癸丑 癸卯 癸巳	壬午 壬申 壬戌	壬子 壬寅 壬辰
月白	八白	七赤	六白	五黃	四綠	三碧	二黑	一白	九紫	八白	七赤	六白
入節	立春初四日庚午午前 三時十七分 雨水十八日甲申午後 十一時十三分	驚蟄初三日己亥午後 九時三十二分 春分十九日乙酉午後 十時四十分	淸明初五日庚午午前 二時五十六分 穀雨二十日乙酉午前 十時二十五分	立夏初六日庚子午後 八時五十七分 小滿廿二日丙辰午前 十時十分	芒種初八日壬申午前 一時四十三分 夏至廿三日丁亥午後 七時九分	小暑初十日癸卯午後 零時十二分 大暑廿六日己未午前 五時四十一分	立秋十一日甲戌午後 十時十二分 處暑廿七日庚寅午後 零時四十三分	白露十四日丙午午前 零時五十五分 秋分廿九日辛酉午前 十時十八分	寒露十四日丙子午後 四時十三分 霜降廿九日辛卯午後 七時六分	立冬十四日丙午午後 六時五十四分 小雪廿九日辛酉午後 二時五十八分	大雪十五日丙子午前 十時五十一分 冬至三十日辛卯午前 三時三十八分	小寒十四日乙巳午後 九時四十二分 大寒廿九日庚申午後 二時四十六分

◆雜　節◆

寒食	三月初五日	陽四月六日
土王	三月十七日	陽四月十八日
初伏	六月十七日	陽七月十五日
土王	六月廿三日	陽七月二十一日
中伏	六月廿七日	陽七月二十五日
末伏	七月十七日	陽八月十四日
土王	九月廿六日	陽十月二十一日
臘享	十二月廿八日	陽一月二十日
土王	十二月廿六日	陽一月十八日

1928 (4261. 戊辰)

1月

陽	1	2	3	4	5	6	7	8	9	10	11	12	13	14	15	16	17	18	19	20	21	22	23	24	25	26	27	28	29	30	31
陰	9	10	11	12	13	14	15	16	17	18	19	20	21	22	23	24	25	26	27	28	29	30	①소	2	3	4	5	6	7	8	9
干支	庚子	辛丑	壬寅	癸卯	甲辰	乙巳	丙午	丁未	戊申	己酉	庚戌	辛亥	壬子	癸丑	甲寅	乙卯	丙辰	丁巳	戊午	己未	庚申	辛酉	壬戌	癸亥	甲子	乙丑	丙寅	丁卯	戊辰	己巳	庚午
曜	일	월	화	수	목	금	토	일	월	화	수	목	금	토	일	월	화	수	목	금	토	일	월	화	수	목	금	토	일	월	화

2月

陽	1	2	3	4	5	6	7	8	9	10	11	12	13	14	15	16	17	18	19	20	21	22	23	24	25	26	27	28	29
陰	10	11	12	13	14	15	16	17	18	19	20	21	22	23	24	25	26	27	28	29	②대	2	3	4	5	6	7	8	9
干支	辛未	壬申	癸酉	甲戌	乙亥	丙子	丁丑	戊寅	己卯	庚辰	辛巳	壬午	癸未	甲申	乙酉	丙戌	丁亥	戊子	己丑	庚寅	辛卯	壬辰	癸巳	甲午	乙未	丙申	丁酉	戊戌	己亥
曜	수	목	금	토	일	월	화	수	목	금	토	일	월	화	수	목	금	토	일	월	화	수	목	금	토	일	월	화	수

3月

陽	1	2	3	4	5	6	7	8	9	10	11	12	13	14	15	16	17	18	19	20	21	22	23	24	25	26	27	28	29	30	31
陰	10	11	12	13	14	15	16	17	18	19	20	21	22	23	24	25	26	27	28	29	30	②소	2	3	4	5	6	7	8	9	10
干支	庚子	辛丑	壬寅	癸卯	甲辰	乙巳	丙午	丁未	戊申	己酉	庚戌	辛亥	壬子	癸丑	甲寅	乙卯	丙辰	丁巳	戊午	己未	庚申	辛酉	壬戌	癸亥	甲子	乙丑	丙寅	丁卯	戊辰	己巳	庚午
曜	목	금	토	일	월	화	수	목	금	토	일	월	화	수	목	금	토	일	월	화	수	목	금	토	일	월	화	수	목	금	토

4月

陽	1	2	3	4	5	6	7	8	9	10	11	12	13	14	15	16	17	18	19	20	21	22	23	24	25	26	27	28	29	30
陰	11	12	13	14	15	16	17	18	19	20	21	22	23	24	25	26	27	28	29	③소	2	3	4	5	6	7	8	9	10	11
干支	辛未	壬申	癸酉	甲戌	乙亥	丙子	丁丑	戊寅	己卯	庚辰	辛巳	壬午	癸未	甲申	乙酉	丙戌	丁亥	戊子	己丑	庚寅	辛卯	壬辰	癸巳	甲午	乙未	丙申	丁酉	戊戌	己亥	庚子
曜	일	월	화	수	목	금	토	일	월	화	수	목	금	토	일	월	화	수	목	금	토	일	월	화	수	목	금	토	일	월

5月

陽	1	2	3	4	5	6	7	8	9	10	11	12	13	14	15	16	17	18	19	20	21	22	23	24	25	26	27	28	29	30	31
陰	12	13	14	15	16	17	18	19	20	21	22	23	24	25	26	27	28	29	④대	2	3	4	5	6	7	8	9	10	11	12	13
干支	辛丑	壬寅	癸卯	甲辰	乙巳	丙午	丁未	戊申	己酉	庚戌	辛亥	壬子	癸丑	甲寅	乙卯	丙辰	丁巳	戊午	己未	庚申	辛酉	壬戌	癸亥	甲子	乙丑	丙寅	丁卯	戊辰	己巳	庚午	辛未
曜	화	수	목	금	토	일	월	화	수	목	금	토	일	월	화	수	목	금	토	일	월	화	수	목	금	토	일	월	화	수	목

6月

陽	1	2	3	4	5	6	7	8	9	10	11	12	13	14	15	16	17	18	19	20	21	22	23	24	25	26	27	28	29	30
陰	14	15	16	17	18	19	20	21	22	23	24	25	26	27	28	29	30	⑤소	2	3	4	5	6	7	8	9	10	11	12	13
干支	壬申	癸酉	甲戌	乙亥	丙子	丁丑	戊寅	己卯	庚辰	辛巳	壬午	癸未	甲申	乙酉	丙戌	丁亥	戊子	己丑	庚寅	辛卯	壬辰	癸巳	甲午	乙未	丙申	丁酉	戊戌	己亥	庚子	辛丑
曜	금	토	일	월	화	수	목	금	토	일	월	화	수	목	금	토	일	월	화	수	목	금	토	일	월	화	수	목	금	토

7月

陽	1	2	3	4	5	6	7	8	9	10	11	12	13	14	15	16	17	18	19	20	21	22	23	24	25	26	27	28	29	30	31
陰	14	15	16	17	18	19	20	21	22	23	24	25	26	27	28	29	⑥소	2	3	4	5	6	7	8	9	10	11	12	13	14	15
干支	壬寅	癸卯	甲辰	乙巳	丙午	丁未	戊申	己酉	庚戌	辛亥	壬子	癸丑	甲寅	乙卯	丙辰	丁巳	戊午	己未	庚申	辛酉	壬戌	癸亥	甲子	乙丑	丙寅	丁卯	戊辰	己巳	庚午	辛未	壬申
曜	일	월	화	수	목	금	토	일	월	화	수	목	금	토	일	월	화	수	목	금	토	일	월	화	수	목	금	토	일	월	화

8月

陽	1	2	3	4	5	6	7	8	9	10	11	12	13	14	15	16	17	18	19	20	21	22	23	24	25	26	27	28	29	30	31
陰	16	17	18	19	20	21	22	23	24	25	26	27	28	29	⑦대	2	3	4	5	6	7	8	9	10	11	12	13	14	15	16	17
干支	癸酉	甲戌	乙亥	丙子	丁丑	戊寅	己卯	庚辰	辛巳	壬午	癸未	甲申	乙酉	丙戌	丁亥	戊子	己丑	庚寅	辛卯	壬辰	癸巳	甲午	乙未	丙申	丁酉	戊戌	己亥	庚子	辛丑	壬寅	癸卯
曜	수	목	금	토	일	월	화	수	목	금	토	일	월	화	수	목	금	토	일	월	화	수	목	금	토	일	월	화	수	목	금

9月

陽	1	2	3	4	5	6	7	8	9	10	11	12	13	14	15	16	17	18	19	20	21	22	23	24	25	26	27	28	29	30
陰	18	19	20	21	22	23	24	25	26	27	28	29	30	⑧대	2	3	4	5	6	7	8	9	10	11	12	13	14	15	16	17
干支	甲辰	乙巳	丙午	丁未	戊申	己酉	庚戌	辛亥	壬子	癸丑	甲寅	乙卯	丙辰	丁巳	戊午	己未	庚申	辛酉	壬戌	癸亥	甲子	乙丑	丙寅	丁卯	戊辰	己巳	庚午	辛未	壬申	癸酉
曜	토	일	월	화	수	목	금	토	일	월	화	수	목	금	토	일	월	화	수	목	금	토	일	월	화	수	목	금	토	일

10月

陽	1	2	3	4	5	6	7	8	9	10	11	12	13	14	15	16	17	18	19	20	21	22	23	24	25	26	27	28	29	30	31
陰	18	19	20	21	22	23	24	25	26	27	28	29	30	⑨소	2	3	4	5	6	7	8	9	10	11	12	13	14	15	16	17	18
干支	甲戌	乙亥	丙子	丁丑	戊寅	己卯	庚辰	辛巳	壬午	癸未	甲申	乙酉	丙戌	丁亥	戊子	己丑	庚寅	辛卯	壬辰	癸巳	甲午	乙未	丙申	丁酉	戊戌	己亥	庚子	辛丑	壬寅	癸卯	甲辰
曜	월	화	수	목	금	토	일	월	화	수	목	금	토	일	월	화	수	목	금	토	일	월	화	수	목	금	토	일	월	화	수

11月

陽	1	2	3	4	5	6	7	8	9	10	11	12	13	14	15	16	17	18	19	20	21	22	23	24	25	26	27	28	29	30
陰	19	20	21	22	23	24	25	26	27	28	29	⑩대	2	3	4	5	6	7	8	9	10	11	12	13	14	15	16	17	18	19
干支	乙巳	丙午	丁未	戊申	己酉	庚戌	辛亥	壬子	癸丑	甲寅	乙卯	丙辰	丁巳	戊午	己未	庚申	辛酉	壬戌	癸亥	甲子	乙丑	丙寅	丁卯	戊辰	己巳	庚午	辛未	壬申	癸酉	甲戌
曜	목	금	토	일	월	화	수	목	금	토	일	월	화	수	목	금	토	일	월	화	수	목	금	토	일	월	화	수	목	금

12月

陽	1	2	3	4	5	6	7	8	9	10	11	12	13	14	15	16	17	18	19	20	21	21	22	23	24	25	26	27	28	29	30
陰	20	21	22	23	24	25	26	27	28	29	30	⑪대	2	3	4	5	6	7	8	9	10	11	12	13	14	15	16	17	18	19	20
干支	乙亥	丙子	丁丑	戊寅	己卯	庚辰	辛巳	壬午	癸未	甲申	乙酉	丙戌	丁亥	戊子	己丑	庚寅	辛卯	壬辰	癸巳	甲午	乙未	丙申	丁酉	戊戌	己亥	庚子	辛丑	壬寅	癸卯	甲辰	乙巳
曜	토	일	월	화	수	목	금	토	일	월	화	수	목	금	토	일	월	화	수	목	금	토	일	월	화	수	목	금	토	일	월

戊辰 (大林木)

西紀一九二八年 ● 檀紀四二六一年

舊閏三百八十四日 新閏三百六十六日

十日得辛 七龍治水 午喪門 寅吊客 子大將軍 南三殺

六白	四綠	八白
二黑	九紫	七赤
一白	五黃	三碧

月之大小	正月小 甲寅	二月大 乙卯	閏二月小	三月小 丙辰	四月大 丁巳	五月小 戊午	六月小 己未	七月大 庚申	八月大 辛酉	九月小 壬戌	十月大 癸亥	十一月大 甲子	十二月大 乙丑
日辰	壬午 壬申 壬戌	辛亥 辛丑 辛卯	辛巳 辛未 辛酉	庚戌 庚子 庚寅	己卯 己巳 己未	己酉 己亥 己丑	戊寅 戊辰 戊午	丁未 丁酉 丁亥	丁丑 丁卯 丁巳	丁未 丁酉 丁亥	丙子 丙寅 丙辰	丙午 丙申 丙戌	丙子 丙寅 丙辰
月白	五黃	四綠	四綠	三碧	二黑	一白	九紫	八白	七赤	六白	五黃	四綠	三碧
入節	立春十四日乙亥午前 九時六分 雨水廿九日庚寅午前 五時三分	驚蟄十五日乙巳午前 三時二十一分 春分三十日庚申午前 四時二十九分	清明十五日乙亥午前 八時五十三分	穀雨初一日庚寅午後 三時十三分 立夏十七日丙午午前 二時四十五分	小滿初三日辛酉午後 四時四十八分 芒種十九日丁丑午前 九時二十九分	夏至初五日癸巳午後 零時二十四分 小暑二十日戊申午後 六時一分	大暑初七日甲子午前 十一時二十九分 立秋廿三日庚辰午前 三時五十四分	處暑初九日乙未午後 六時十七分 白露廿五日辛亥午前 六時四十四分	秋分初十日丙寅午後 三時五十二分 寒露廿五日辛巳午後 十時十分	霜降十一日丁酉午前 零時五十七分 立冬廿六日壬子午前 零時四十三分	小雪十一日丙寅午後 九時五十三分 大雪廿六日辛巳午後 四時五十四分	冬至十二日己卯午前 十時三十三分 小寒廿六日辛亥午前 三時三十八分	大寒十一日丙寅午後 八時二十五分 立春廿五日庚辰午後 二時五十三分

◆雜節◆

寒食	土王	初伏	土王	中伏	末伏	土王	土王	臘享
閏二月十六日	閏二月廿七日	六月初三日	六月初四日	六月十三日	六月廿三日	九月初八日	十二月初八日	十二月十六日
陽四月六日	陽四月十七日	陽七月十九日	陽七月二十日	陽七月二十九日	陽八月八日	陽十月二十一日	陽一月十八日	陽一月二十六日

1929 (4262. 己巳)

1月

陽	1	2	3	4	5	6	7	8	9	10	11	12	13	14	15	16	17	18	19	20	21	22	23	24	25	26	27	28	29	30	31
陰	21	22	23	24	25	26	27	28	29	30	⑫대	2	3	4	5	6	7	8	9	10	11	12	13	14	15	16	17	18	19	20	21
干支	丙午	丁未	戊申	己酉	庚戌	辛亥	壬子	癸丑	甲寅	乙卯	丙辰	丁巳	戊午	己未	庚申	辛酉	壬戌	癸亥	甲子	乙丑	丙寅	丁卯	戊辰	己巳	庚午	辛未	壬申	癸酉	甲戌	乙亥	丙子
曜	화	수	목	금	토	일	월	화	수	목	금	토	일	월	화	수	목	금	토	일	월	화	수	목	금	토	일	월	화	수	목

2月

陽	1	2	3	4	5	6	7	8	9	10	11	12	13	14	15	16	17	18	19	20	21	22	23	24	25	26	27	28
陰	22	23	24	25	26	27	28	29	30	①소	2	3	4	5	6	7	8	9	10	11	12	13	14	15	16	17	18	19
干支	丁丑	戊寅	己卯	庚辰	辛巳	壬午	癸未	甲申	乙酉	丙戌	丁亥	戊子	己丑	庚寅	辛卯	壬辰	癸巳	甲午	乙未	丙申	丁酉	戊戌	己亥	庚子	辛丑	壬寅	癸卯	甲辰
曜	금	토	일	월	화	수	목	금	토	일	월	화	수	목	금	토	일	월	화	수	목	금	토	일	월	화	수	목

3月

陽	1	2	3	4	5	6	7	8	9	10	11	12	13	14	15	16	17	18	19	20	21	22	23	24	25	26	27	28	29	30	31
陰	20	21	22	23	24	25	26	27	28	29	②대	2	3	4	5	6	7	8	9	10	11	12	13	14	15	16	17	18	19	20	21
干支	乙巳	丙午	丁未	戊申	己酉	庚戌	辛亥	壬子	癸丑	甲寅	乙卯	丙辰	丁巳	戊午	己未	庚申	辛酉	壬戌	癸亥	甲子	乙丑	丙寅	丁卯	戊辰	己巳	庚午	辛未	壬申	癸酉	甲戌	乙亥
曜	금	토	일	월	화	수	목	금	토	일	월	화	수	목	금	토	일	월	화	수	목	금	토	일	월	화	수	목	금	토	일

4月

陽	1	2	3	4	5	6	7	8	9	10	11	12	13	14	15	16	17	18	19	20	21	22	23	24	25	26	27	28	29	30
陰	22	23	24	25	26	27	28	29	30	③소	2	3	4	5	6	7	8	9	10	11	12	13	14	15	16	17	18	19	20	21
干支	丙子	丁丑	戊寅	己卯	庚辰	辛巳	壬午	癸未	甲申	乙酉	丙戌	丁亥	戊子	己丑	庚寅	辛卯	壬辰	癸巳	甲午	乙未	丙申	丁酉	戊戌	己亥	庚子	辛丑	壬寅	癸卯	甲辰	乙巳
曜	월	화	수	목	금	토	일	월	화	수	목	금	토	일	월	화	수	목	금	토	일	월	화	수	목	금	토	일	월	화

5月

陽	1	2	3	4	5	6	7	8	9	10	11	12	13	14	15	16	17	18	19	20	21	22	23	24	25	26	27	28	29	30	31
陰	22	23	24	25	26	27	28	29	④소	2	3	4	5	6	7	8	9	10	11	12	13	14	15	16	17	18	19	20	21	22	23
干支	丙午	丁未	戊申	己酉	庚戌	辛亥	壬子	癸丑	甲寅	乙卯	丙辰	丁巳	戊午	己未	庚申	辛酉	壬戌	癸亥	甲子	乙丑	丙寅	丁卯	戊辰	己巳	庚午	辛未	壬申	癸酉	甲戌	乙亥	丙子
曜	수	목	금	토	일	월	화	수	목	금	토	일	월	화	수	목	금	토	일	월	화	수	목	금	토	일	월	화	수	목	금

6月

陽	1	2	3	4	5	6	7	8	9	10	11	12	13	14	15	16	17	18	19	20	21	22	23	24	25	26	27	28	29	30
陰	24	25	26	27	28	29	⑤대	2	3	4	5	6	7	8	9	10	11	12	13	14	15	16	17	18	19	20	21	22	23	24
干支	丁丑	戊寅	己卯	庚辰	辛巳	壬午	癸未	甲申	乙酉	丙戌	丁亥	戊子	己丑	庚寅	辛卯	壬辰	癸巳	甲午	乙未	丙申	丁酉	戊戌	己亥	庚子	辛丑	壬寅	癸卯	甲辰	乙巳	丙午
曜	토	일	월	화	수	목	금	토	일	월	화	수	목	금	토	일	월	화	수	목	금	토	일	월	화	수	목	금	토	일

7月

陽	1	2	3	4	5	6	7	8	9	10	11	12	13	14	15	16	17	18	19	20	21	22	23	24	25	26	27	28	29	30	31
陰	25	26	27	28	29	30	⑥소	2	3	4	5	6	7	8	9	10	11	12	13	14	15	16	17	18	19	20	21	22	23	24	25
干支	丁未	戊申	己酉	庚戌	辛亥	壬子	癸丑	甲寅	乙卯	丙辰	丁巳	戊午	己未	庚申	辛酉	壬戌	癸亥	甲子	乙丑	丙寅	丁卯	戊辰	己巳	庚午	辛未	壬申	癸酉	甲戌	乙亥	丙子	丁丑
曜	월	화	수	목	금	토	일	월	화	수	목	금	토	일	월	화	수	목	금	토	일	월	화	수	목	금	토	일	월	화	수

8月

陽	1	2	3	4	5	6	7	8	9	10	11	12	13	14	15	16	17	18	19	20	21	22	23	24	25	26	27	28	29	30	31
陰	26	27	28	29	⑦소	2	3	4	5	6	7	8	9	10	11	12	13	14	15	16	17	18	19	20	21	22	23	24	25	26	27
干支	戊寅	己卯	庚辰	辛巳	壬午	癸未	甲申	乙酉	丙戌	丁亥	戊子	己丑	庚寅	辛卯	壬辰	癸巳	甲午	乙未	丙申	丁酉	戊戌	己亥	庚子	辛丑	壬寅	癸卯	甲辰	乙巳	丙午	丁未	戊申
曜	목	금	토	일	월	화	수	목	금	토	일	월	화	수	목	금	토	일	월	화	수	목	금	토	일	월	화	수	목	금	토

9月

陽	1	2	3	4	5	6	7	8	9	10	11	12	13	14	15	16	17	18	19	20	21	22	23	24	25	26	27	28	29	30
陰	28	29	⑧대	2	3	4	5	6	7	8	9	10	11	12	13	14	15	16	17	18	19	20	21	22	23	24	25	26	27	28
干支	己酉	庚戌	辛亥	壬子	癸丑	甲寅	乙卯	丙辰	丁巳	戊午	己未	庚申	辛酉	壬戌	癸亥	甲子	乙丑	丙寅	丁卯	戊辰	己巳	庚午	辛未	壬申	癸酉	甲戌	乙亥	丙子	丁丑	戊寅
曜	일	월	화	수	목	금	토	일	월	화	수	목	금	토	일	월	화	수	목	금	토	일	월	화	수	목	금	토	일	월

10月

陽	1	2	3	4	5	6	7	8	9	10	11	12	13	14	15	16	17	18	19	20	21	22	23	24	25	26	27	28	29	30	31
陰	29	30	⑨소	2	3	4	5	6	7	8	9	10	11	12	13	14	15	16	17	18	19	20	21	22	23	24	25	26	27	28	29
干支	己卯	庚辰	辛巳	壬午	癸未	甲申	乙酉	丙戌	丁亥	戊子	己丑	庚寅	辛卯	壬辰	癸巳	甲午	乙未	丙申	丁酉	戊戌	己亥	庚子	辛丑	壬寅	癸卯	甲辰	乙巳	丙午	丁未	戊申	己酉
曜	화	수	목	금	토	일	월	화	수	목	금	토	일	월	화	수	목	금	토	일	월	화	수	목	금	토	일	월	화	수	목

11月

陽	1	2	3	4	5	6	7	8	9	10	11	12	13	14	15	16	17	18	19	20	21	22	23	24	25	26	27	28	29	30
陰	⑩대	2	3	4	5	6	7	8	9	10	11	12	13	14	15	16	17	18	19	20	21	22	23	24	25	26	27	28	29	30
干支	庚戌	辛亥	壬子	癸丑	甲寅	乙卯	丙辰	丁巳	戊午	己未	庚申	辛酉	壬戌	癸亥	甲子	乙丑	丙寅	丁卯	戊辰	己巳	庚午	辛未	壬申	癸酉	甲戌	乙亥	丙子	丁丑	戊寅	己卯
曜	금	토	일	월	화	수	목	금	토	일	월	화	수	목	금	토	일	월	화	수	목	금	토	일	월	화	수	목	금	토

12月

陽	1	2	3	4	5	6	7	8	9	10	11	12	13	14	15	16	17	18	19	20	21	22	23	24	25	26	27	28	29	30	31
陰	⑪대	2	3	4	5	6	7	8	9	10	11	12	13	14	15	16	17	18	19	20	21	22	23	24	25	26	27	28	29	30	⑫대
干支	庚辰	辛巳	壬午	癸未	甲申	乙酉	丙戌	丁亥	戊子	己丑	庚寅	辛卯	壬辰	癸巳	甲午	乙未	丙申	丁酉	戊戌	己亥	庚子	辛丑	壬寅	癸卯	甲辰	乙巳	丙午	丁未	戊申	己酉	庚戌
曜	일	월	화	수	목	금	토	일	월	화	수	목	금	토	일	월	화	수	목	금	토	일	월	화	수	목	금	토	일	월	화

己巳 (大林木)

西紀一九二九年 ● 檀紀四二六二年

舊平三百五十四日
新平三百六十五日

六日得辛 七龍治水
喪門卯 吊客
卯大將軍 東 三殺

五黃	三碧	七赤
一白	八白	六白
九紫	四綠	二黑

建月之大小	正月小 丙寅	二月大 丁卯	三月小 戊辰	四月小 己巳	五月大 庚午	六月小 辛未	七月小 壬申	八月大 癸酉	九月小 甲戌	十月大 乙亥	十一月大 丙子	十二月大 丁丑
日辰	丙午 丙申 丙戌	乙亥 乙丑 乙卯	乙巳 乙未 乙酉	甲戌 甲子 甲寅	癸卯 癸巳 癸未	癸酉 癸亥 癸丑	壬寅 壬辰 壬午	辛未 辛酉 辛亥	辛丑 辛卯 辛巳	庚午 庚申 庚戌	庚子 庚寅 庚辰	庚午 庚申 庚戌
月白	二黑	一白	九紫	八白	七赤	六白	五黃	四綠	三碧	二黑	一白	九紫
入節	驚蟄 廿五日 庚戌 午前 九時十八分 雨水 初十日 乙未 午前 十時五十六分	清明 廿六日 庚辰 午後 二時十九分 春分 十一日 乙丑 午前 十時十八分	立夏 廿七日 辛亥 午前 八時十九分 穀雨 十一日 乙未 午後 十二時分	芒種 廿九日 壬午 午後 一時八分 小滿 十三日 丙寅 午後 九時四十九分	夏至 十六日 戊戌 午前 六時二分	大暑 十七日 己巳 午後 五時三十一分 小暑 初二日 甲寅 午後 十一時四十九分	處暑 二十日 辛丑 午前 零時三十一分 立秋 初四日 乙酉 午前 九時四十二分	秋分 廿一日 辛未 午後 九時四十一分 白露 初六日 丙辰 午後 零時二十六分	霜降 廿二日 壬寅 午前 六時四十五分 寒露 初七日 丁亥 午前 三時五十二分	小雪 廿三日 壬申 午前 三時四十二分 立冬 初八日 丁巳 午前 六時三十三分	冬至 廿二日 辛丑 午後 四時三十八分 大雪 初七日 丙戌 午後 十時三十二分	大寒 廿一日 庚午 午前 二時三十四分 小寒 初七日 丙辰 午前 八時三十一分

◆雜 節◆

臘享	土王	土王	末伏	中伏	土王	初伏	土王	寒食
十二月廿二日	十二月十八日	九月十九日	七月初九日	六月十八日	六月十四日	六月初八日	三月初八日	二月廿七日
陽一月二十一日	陽一月十七日	陽十月二十一日	陽八月十三日	陽七月二十四日	陽七月二十日	陽七月十四日	陽四月十七日	陽四月六日

1930 (4263. 庚午)

1月

陽	1	2	3	4	5	6	7	8	9	10	11	12	13	14	15	16	17	18	19	20	21	22	23	24	25	26	27	28	29	30	31
陰	2	3	4	5	6	7	8	9	10	11	12	13	14	15	16	17	18	19	20	21	22	23	24	25	26	27	28	29	30	①소	2
干支	辛亥	壬子	癸丑	甲寅	乙卯	丙辰	丁巳	戊午	己未	庚申	辛酉	壬戌	癸亥	甲子	乙丑	丙寅	丁卯	戊辰	己巳	庚午	辛未	壬申	癸酉	甲戌	乙亥	丙子	丁丑	戊寅	己卯	庚辰	辛巳
曜	수	목	금	토	일	월	화	수	목	금	토	일	월	화	수	목	금	토	일	월	화	수	목	금	토	일	월	화	수	목	금

2月

陽	1	2	3	4	5	6	7	8	9	10	11	12	13	14	15	16	17	18	19	20	21	22	23	24	25	26	27	28
陰	3	4	5	6	7	8	9	10	11	12	13	14	15	16	17	18	19	20	21	22	23	24	25	26	27	28	29	②대
干支	壬午	癸未	甲申	乙酉	丙戌	丁亥	戊子	己丑	庚寅	辛卯	壬辰	癸巳	甲午	乙未	丙申	丁酉	戊戌	己亥	庚子	辛丑	壬寅	癸卯	甲辰	乙巳	丙午	丁未	戊申	己酉
曜	토	일	월	화	수	목	금	토	일	월	화	수	목	금	토	일	월	화	수	목	금	토	일	월	화	수	목	금

3月

陽	1	2	3	4	5	6	7	8	9	10	11	12	13	14	15	16	17	18	19	20	21	22	23	24	25	26	27	28	29	30	31
陰	2	3	4	5	6	7	8	9	10	11	12	13	14	15	16	17	18	19	20	21	22	23	24	25	26	27	28	29	30	③대	2
干支	庚戌	辛亥	壬子	癸丑	甲寅	乙卯	丙辰	丁巳	戊午	己未	庚申	辛酉	壬戌	癸亥	甲子	乙丑	丙寅	丁卯	戊辰	己巳	庚午	辛未	壬申	癸酉	甲戌	乙亥	丙子	丁丑	戊寅	己卯	庚辰
曜	토	일	월	화	수	목	금	토	일	월	화	수	목	금	토	일	월	화	수	목	금	토	일	월	화	수	목	금	토	일	월

4月

陽	1	2	3	4	5	6	7	8	9	10	11	12	13	14	15	16	17	18	19	20	21	22	23	24	25	26	27	28	29	30
陰	3	4	5	6	7	8	9	10	11	12	13	14	15	16	17	18	19	20	21	22	23	24	25	26	27	28	29	30	④소	2
干支	辛巳	壬午	癸未	甲申	乙酉	丙戌	丁亥	戊子	己丑	庚寅	辛卯	壬辰	癸巳	甲午	乙未	丙申	丁酉	戊戌	己亥	庚子	辛丑	壬寅	癸卯	甲辰	乙巳	丙午	丁未	戊申	己酉	庚戌
曜	화	수	목	금	토	일	월	화	수	목	금	토	일	월	화	수	목	금	토	일	월	화	수	목	금	토	일	월	화	수

5月

陽	1	2	3	4	5	6	7	8	9	10	11	12	13	14	15	16	17	18	19	20	21	22	23	24	25	26	27	28	29	30	31
陰	3	4	5	6	7	8	9	10	11	12	13	14	15	16	17	18	19	20	21	22	23	24	25	26	27	28	29	⑤소	2	3	4
干支	辛亥	壬子	癸丑	甲寅	乙卯	丙辰	丁巳	戊午	己未	庚申	辛酉	壬戌	癸亥	甲子	乙丑	丙寅	丁卯	戊辰	己巳	庚午	辛未	壬申	癸酉	甲戌	乙亥	丙子	丁丑	戊寅	己卯	庚辰	辛巳
曜	목	금	토	일	월	화	수	목	금	토	일	월	화	수	목	금	토	일	월	화	수	목	금	토	일	월	화	수	목	금	토

6月

陽	1	2	3	4	5	6	7	8	9	10	11	12	13	14	15	16	17	18	19	20	21	22	23	24	25	26	27	28	29	30
陰	5	6	7	8	9	10	11	12	13	14	15	16	17	18	19	20	21	22	23	24	25	26	27	28	29	⑥대	2	3	4	5
干支	壬午	癸未	甲申	乙酉	丙戌	丁亥	戊子	己丑	庚寅	辛卯	壬辰	癸巳	甲午	乙未	丙申	丁酉	戊戌	己亥	庚子	辛丑	壬寅	癸卯	甲辰	乙巳	丙午	丁未	戊申	己酉	庚戌	辛亥
曜	일	월	화	수	목	금	토	일	월	화	수	목	금	토	일	월	화	수	목	금	토	일	월	화	수	목	금	토	일	월

7月

陽	1	2	3	4	5	6	7	8	9	10	11	12	13	14	15	16	17	18	19	20	21	22	23	24	25	26	27	28	29	30	31
陰	6	7	8	9	10	11	12	13	14	15	16	17	18	19	20	21	22	23	24	25	26	27	28	29	30	閏月(1)	2	3	4	5	6
干支	壬子	癸丑	甲寅	乙卯	丙辰	丁巳	戊午	己未	庚申	辛酉	壬戌	癸亥	甲子	乙丑	丙寅	丁卯	戊辰	己巳	庚午	辛未	壬申	癸酉	甲戌	乙亥	丙子	丁丑	戊寅	己卯	庚辰	辛巳	壬午
曜	화	수	목	금	토	일	월	화	수	목	금	토	일	월	화	수	목	금	토	일	월	화	수	목	금	토	일	월	화	수	목

8月

陽	1	2	3	4	5	6	7	8	9	10	11	12	13	14	15	16	17	18	19	20	21	22	23	24	25	26	27	28	29	30	31
陰	7	8	9	10	11	12	13	14	15	16	17	18	19	20	21	22	23	24	25	26	27	28	29	⑦소	2	3	4	5	6	7	8
干支	癸未	甲申	乙酉	丙戌	丁亥	戊子	己丑	庚寅	辛卯	壬辰	癸巳	甲午	乙未	丙申	丁酉	戊戌	己亥	庚子	辛丑	壬寅	癸卯	甲辰	乙巳	丙午	丁未	戊申	己酉	庚戌	辛亥	壬子	癸丑
曜	금	토	일	월	화	수	목	금	토	일	월	화	수	목	금	토	일	월	화	수	목	금	토	일	월	화	수	목	금	토	일

9月

陽	1	2	3	4	5	6	7	8	9	10	11	12	13	14	15	16	17	18	19	20	21	22	23	24	25	26	27	28	29	30
陰	9	10	11	12	13	14	15	16	17	18	19	20	21	22	23	24	25	26	27	28	29	⑧대	2	3	4	5	6	7	8	9
干支	甲寅	乙卯	丙辰	丁巳	戊午	己未	庚申	辛酉	壬戌	癸亥	甲子	乙丑	丙寅	丁卯	戊辰	己巳	庚午	辛未	壬申	癸酉	甲戌	乙亥	丙子	丁丑	戊寅	己卯	庚辰	辛巳	壬午	癸未
曜	월	화	수	목	금	토	일	월	화	수	목	금	토	일	월	화	수	목	금	토	일	월	화	수	목	금	토	일	월	화

10月

陽	1	2	3	4	5	6	7	8	9	10	11	12	13	14	15	16	17	18	19	20	21	22	23	24	25	26	27	28	29	30	31
陰	10	11	12	13	14	15	16	17	18	19	20	21	22	23	24	25	26	27	28	29	30	⑨소	2	3	4	5	6	7	8	9	10
干支	甲申	乙酉	丙戌	丁亥	戊子	己丑	庚寅	辛卯	壬辰	癸巳	甲午	乙未	丙申	丁酉	戊戌	己亥	庚子	辛丑	壬寅	癸卯	甲辰	乙巳	丙午	丁未	戊申	己酉	庚戌	辛亥	壬子	癸丑	甲寅
曜	수	목	금	토	일	월	화	수	목	금	토	일	월	화	수	목	금	토	일	월	화	수	목	금	토	일	월	화	수	목	금

11月

陽	1	2	3	4	5	6	7	8	9	10	11	12	13	14	15	16	17	18	19	20	21	22	23	24	25	26	27	28	29	30
陰	11	12	13	14	15	16	17	18	19	20	21	22	23	24	25	26	27	28	29	⑩대	2	3	4	5	6	7	8	9	10	11
干支	乙卯	丙辰	丁巳	戊午	己未	庚申	辛酉	壬戌	癸亥	甲子	乙丑	丙寅	丁卯	戊辰	己巳	庚午	辛未	壬申	癸酉	甲戌	乙亥	丙子	丁丑	戊寅	己卯	庚辰	辛巳	壬午	癸未	甲申
曜	토	일	월	화	수	목	금	토	일	월	화	수	목	금	토	일	월	화	수	목	금	토	일	월	화	수	목	금	토	일

12月

陽	1	2	3	4	5	6	7	8	9	10	11	12	13	14	15	16	17	18	19	20	21	22	23	24	25	26	27	28	29	30	31
陰	12	13	14	15	16	17	18	19	20	21	22	23	24	25	26	27	28	29	30	⑪대	2	3	4	5	6	7	8	9	10	11	12
干支	乙酉	丙戌	丁亥	戊子	己丑	庚寅	辛卯	壬辰	癸巳	甲午	乙未	丙申	丁酉	戊戌	己亥	庚子	辛丑	壬寅	癸卯	甲辰	乙巳	丙午	丁未	戊申	己酉	庚戌	辛亥	壬子	癸丑	甲寅	乙卯
曜	월	화	수	목	금	토	일	월	화	수	목	금	토	일	월	화	수	목	금	토	일	월	화	수	목	금	토	일	월	화	수

庚午 (路傍土)

西紀一九三〇年 ● 檀紀四二六三年

舊閏 三百八十三日
新平 三百六十五日

二日得辛 一龍治水
申 喪門 辰 弔客
卯 大將軍 北 三殺

四綠	二黑	六白
九紫	七赤	五黃
八白	三碧	一黑

月之大小	正月小 戊寅	二月大 己卯	三月大 庚辰	四月小 辛巳	五月小 壬午	六月大 癸未	六閏月小	七月小 甲申	八月大 乙酉	九月小 丙戌	十月大 丁亥	十一月大 戊子	十二月小 己丑
日辰	庚子 庚寅 庚辰	己巳 己未 己酉	己亥 己丑 己卯	己巳 己未 己酉	戊戌 戊子 戊寅	丁卯 丁巳 丁未	丁酉 丁亥 丁丑	丙寅 丙辰 丙午	乙未 乙酉 乙亥	乙丑 乙卯 乙巳	甲午 甲申 甲戌	甲子 甲寅 甲辰	甲午 甲申 甲戌
月白	八白	七赤	六白	五黃	四綠	三碧	三碧	二黑	一白	九紫	八白	七赤	六白
入節	立春初六日乙酉午後八時四十六分 雨水廿一日庚子午後四時四十三分	驚蟄初七日乙卯午後三時零分 春分廿二日庚午午後四時八分	清明初七日乙酉午後八時二十三分 穀雨廿三日辛丑午前三時四十四分	立夏初八日丙辰午後二時二十三分 小滿廿四日壬申午前三時四十七分	芒種初十日丁亥午後七時五分 夏至廿六日癸卯午前零時零分	小暑十三日己未午前五時三十七分 大暑廿八日甲戌午後十一時五分	立秋十四日庚寅午後三時二十八分	處暑初一日丙午午前六時九分 白露十六日辛酉午後六時二十一分	秋分初三日丁丑午前三時三十八分 寒露十八日壬辰午前九時四十三分	霜降初三日丁未午後零時二十四分 立冬十八日壬戌午後零時十六分	小雪初四日丁丑午前九時三十二分 大雪十九日壬辰午前四時十八分	冬至初三日丙午午後十時十二分 小寒十八日辛酉午後三時十一分	大寒初三日丙子午前八時二十三分 立春十八日辛卯午前二時三十六分

◆雜 節◆

寒食	土王	初伏	土王	中伏	末伏	土王	土王	臘享
三月初八日	三月二十日	六月廿四日	六月廿五日	閏六月初四日	閏六月十四日	八月三十日	十一月三十日	十二月初十日
陽四月六日	陽四月十八日	陽七月十九日	陽七月二十日	陽七月二十九日	陽八月初八日	陽十月二十一日	陽一月十八日	陽一月二十八日

1931 4264. 辛未)

1月

陽	1	2	3	4	5	6	7	8	9	10	11	12	13	14	15	16	17	18	19	20	21	22	23	24	25	26	27	28	29	30	31
陰	13	14	15	16	17	18	19	20	21	22	23	24	25	26	27	28	29	30	⑫소	2	3	4	5	6	7	8	9	10	11	12	13
干支	丙辰	丁巳	戊午	己未	庚申	辛酉	壬戌	癸亥	甲子	乙丑	丙寅	丁卯	戊辰	己巳	庚午	辛未	壬申	癸酉	甲戌	乙亥	丙子	丁丑	戊寅	己卯	庚辰	辛巳	壬午	癸未	甲申	乙酉	丙戌
曜	목	금	토	일	월	화	수	목	금	토	일	월	화	수	목	금	토	일	월	화	수	목	금	토	일	월	화	수	목	금	토

2月

陽	1	2	3	4	5	6	7	8	9	10	11	12	13	14	15	16	17	18	19	20	21	22	23	24	25	26	27	28
降	14	15	16	17	18	19	20	21	22	23	24	25	26	27	28	29	①대	2	3	4	5	6	7	8	9	10	11	12
干支	丁亥	戊子	己丑	庚寅	辛卯	壬辰	癸巳	甲午	乙未	丙申	丁酉	戊戌	己亥	庚子	辛丑	壬寅	癸卯	甲辰	乙巳	丙午	丁未	戊申	己酉	庚戌	辛亥	壬子	癸丑	甲寅
曜	일	월	화	수	목	금	토	일	월	화	수	목	금	토	일	월	화	수	목	금	토	일	월	화	수	목	금	토

3月

陽	1	2	3	4	5	6	7	8	9	10	11	12	13	14	15	16	17	18	19	20	21	22	23	24	25	26	27	28	29	30	31
陰	13	14	15	16	17	18	19	20	21	22	23	24	25	26	27	28	29	30	②대	2	3	4	5	6	7	8	9	10	11	12	13
干支	乙卯	丙辰	丁巳	戊午	己未	庚申	辛酉	壬戌	癸亥	甲子	乙丑	丙寅	丁卯	戊辰	己巳	庚午	辛未	壬申	癸酉	甲戌	乙亥	丙子	丁丑	戊寅	己卯	庚辰	辛巳	壬午	癸未	甲申	乙酉
曜	일	월	화	수	목	금	토	일	월	화	수	목	금	토	일	월	화	수	목	금	토	일	월	화	수	목	금	토	일	월	화

4月

陽	1	2	3	4	5	6	7	8	9	10	11	12	13	14	15	16	17	18	19	20	21	22	23	24	25	26	27	28	29	30
陰	14	15	16	17	18	19	20	21	22	23	24	25	26	27	28	29	30	③대	2	3	4	5	6	7	8	9	10	11	12	13
干支	丙戌	丁亥	戊子	己丑	庚寅	辛卯	壬辰	癸巳	甲午	乙未	丙申	丁酉	戊戌	己亥	庚子	辛丑	壬寅	癸卯	甲辰	乙巳	丙午	丁未	戊申	己酉	庚戌	辛亥	壬子	癸丑	甲寅	乙卯
曜	수	목	금	토	일	월	화	수	목	금	토	일	월	화	수	목	금	토	일	월	화	수	목	금	토	일	월	화	수	목

5月

陽	1	2	3	4	5	6	7	8	9	10	11	12	13	14	15	16	17	18	19	20	21	22	23	24	25	26	27	28	29	30	31
陰	14	15	16	17	18	19	20	21	22	23	24	25	26	27	28	29	30	④소	2	3	4	5	6	7	8	9	10	11	12	13	14
干支	丙辰	丁巳	戊午	己未	庚申	辛酉	壬戌	癸亥	甲子	乙丑	丙寅	丁卯	戊辰	己巳	庚午	辛未	壬申	癸酉	甲戌	乙亥	丙子	丁丑	戊寅	己卯	庚辰	辛巳	壬午	癸未	甲申	乙酉	丙戌
曜	금	토	일	월	화	수	목	금	토	일	월	화	수	목	금	토	일	월	화	수	목	금	토	일	월	화	수	목	금	토	일

6月

陽	1	2	3	4	5	6	7	8	9	10	11	12	13	14	15	16	17	18	19	20	21	22	23	24	25	26	27	28	29	30
陰	15	16	17	18	19	20	21	22	23	24	25	26	27	28	29	⑤소	2	3	4	5	6	7	8	9	10	11	12	13	14	15
干支	丁亥	戊子	己丑	庚寅	辛卯	壬辰	癸巳	甲午	乙未	丙申	丁酉	戊戌	己亥	庚子	辛丑	壬寅	癸卯	甲辰	乙巳	丙午	丁未	戊申	己酉	庚戌	辛亥	壬子	癸丑	甲寅	乙卯	丙辰
曜	월	화	수	목	금	토	일	월	화	수	목	금	토	일	월	화	수	목	금	토	일	월	화	수	목	금	토	일	월	화

7月

陽	1	2	3	4	5	6	7	8	9	10	11	12	13	14	15	16	17	18	19	20	21	22	23	24	25	26	27	28	29	30	31
陰	16	17	18	19	20	21	22	23	24	25	26	27	28	29	⑥대	2	3	4	5	6	7	8	9	10	11	12	13	14	15	16	17
干支	丁巳	戊午	己未	庚申	辛酉	壬戌	癸亥	甲子	乙丑	丙寅	丁卯	戊辰	己巳	庚午	辛未	壬申	癸酉	甲戌	乙亥	丙子	丁丑	戊寅	己卯	庚辰	辛巳	壬午	癸未	甲申	乙酉	丙戌	丁亥
曜	수	목	금	토	일	월	화	수	목	금	토	일	월	화	수	목	금	토	일	월	화	수	목	금	토	일	월	화	수	목	금

8月

陽	1	2	3	4	5	6	7	8	9	10	11	12	13	14	15	16	17	18	19	20	21	22	23	24	25	26	27	28	29	30	31
陰	18	19	20	21	22	23	24	25	26	27	28	29	30	⑦소	2	3	4	5	6	7	8	9	10	11	12	13	14	15	16	17	18
干支	戊子	己丑	庚寅	辛卯	壬辰	癸巳	甲午	乙未	丙申	丁酉	戊戌	己亥	庚子	辛丑	壬寅	癸卯	甲辰	乙巳	丙午	丁未	戊申	己酉	庚戌	辛亥	壬子	癸丑	甲寅	乙卯	丙辰	丁巳	戊午
曜	토	일	월	화	수	목	금	토	일	월	화	수	목	금	토	일	월	화	수	목	금	토	일	월	화	수	목	금	토	일	월

9月

陽	1	2	3	4	5	6	7	8	9	10	11	12	13	14	15	16	17	18	19	20	21	22	23	24	25	26	27	28	29	30
陰	19	20	21	22	23	24	25	26	27	28	29	⑧소	2	3	4	5	6	7	8	9	10	11	12	13	14	15	16	17	18	19
干支	己未	庚申	辛酉	壬戌	癸亥	甲子	乙丑	丙寅	丁卯	戊辰	己巳	庚午	辛未	壬申	癸酉	甲戌	乙亥	丙子	丁丑	戊寅	己卯	庚辰	辛巳	壬午	癸未	甲申	乙酉	丙戌	丁亥	戊子
曜	화	수	목	금	토	일	월	화	수	목	금	토	일	월	화	수	목	금	토	일	월	화	수	목	금	토	일	월	화	수

10月

陽	1	2	3	4	5	6	7	8	9	10	11	12	13	14	15	16	17	18	19	20	21	22	23	24	25	26	27	28	29	30	31
陰	20	21	22	23	24	25	26	27	28	29	⑨대	2	3	4	5	6	7	8	9	10	11	12	13	14	15	16	17	18	19	20	21
干支	己丑	庚寅	辛卯	壬辰	癸巳	甲午	乙未	丙申	丁酉	戊戌	己亥	庚子	辛丑	壬寅	癸卯	甲辰	乙巳	丙午	丁未	戊申	己酉	庚戌	辛亥	壬子	癸丑	甲寅	乙卯	丙辰	丁巳	戊午	己未
曜	목	금	토	일	월	화	수	목	금	토	일	월	화	수	목	금	토	일	월	화	수	목	금	토	일	월	화	수	목	금	토

11月

陽	1	2	3	4	5	6	7	8	9	10	11	12	13	14	15	16	17	18	19	20	21	22	23	24	25	26	27	28	29	30
陰	22	23	24	25	26	27	28	29	30	⑩소	2	3	4	5	6	7	8	9	10	11	12	13	14	15	16	17	18	19	20	21
干支	庚申	辛酉	壬戌	癸亥	甲子	乙丑	丙寅	丁卯	戊辰	己巳	庚午	辛未	壬申	癸酉	甲戌	乙亥	丙子	丁丑	戊寅	己卯	庚辰	辛巳	壬午	癸未	甲申	乙酉	丙戌	丁亥	戊子	己丑
曜	일	월	화	수	목	금	토	일	월	화	수	목	금	토	일	월	화	수	목	금	토	일	월	화	수	목	금	토	일	월

12月

陽	1	2	3	4	5	6	7	8	9	10	11	12	13	14	15	16	17	18	19	20	21	22	23	24	25	26	27	28	29	30	31
陰	22	23	24	25	26	27	28	29	⑪대	2	3	4	5	6	7	8	9	10	11	12	13	14	15	16	17	18	19	20	21	22	23
干支	庚寅	辛卯	壬辰	癸巳	甲午	乙未	丙申	丁酉	戊戌	己亥	庚子	辛丑	壬寅	癸卯	甲辰	乙巳	丙午	丁未	戊申	己酉	庚戌	辛亥	壬子	癸丑	甲寅	乙卯	丙辰	丁巳	戊午	己未	庚申
曜	화	수	목	금	토	일	월	화	수	목	금	토	일	월	화	수	목	금	토	일	월	화	수	목	금	토	일	월	화	수	목

辛未 (路傍土)

西紀一九三一年●檀紀四二六四年

舊平三百五十四日
新平三百六十五日

九日得辛 二龍治水
酉喪門 巳吊客
卯大將軍 酉三殺

三碧	一白	五黃
八白	六白	四綠
七赤	二黑	九紫

建月之大小	正月大 庚寅	二月大 辛卯	三月大 壬辰	四月小 癸巳	五月小 甲午	六月大 乙未	七月小 丙申	八月小 丁酉	九月大 戊戌	十月小 己亥	十一月大 庚子	十二月小 辛丑
日辰	癸亥 癸丑 癸卯	癸巳 癸未 癸酉	癸亥 癸丑 癸卯	癸巳 癸未 癸酉	壬戌 壬子 壬寅	辛卯 辛巳 辛未	辛酉 辛亥 辛丑	庚寅 庚辰 庚午	己未 己酉 己亥	己丑 己卯 己巳	戊午 戊申 戊戌	戊子 戊寅 戊辰
月白	五黃	四綠	三碧	二黑	一白	五黃	八白	七赤	六白	五黃	四綠	三碧
入節	驚蟄十八日庚申午後八時五十三分 雨水初三日乙巳午後十時三十二分	清明十九日辛卯午前二時十二分 春分初三日乙亥午後九時五十七分	立夏十九日辛酉午後八時十一分 穀雨初四日丙午午前九時三十九分	芒種廿一日癸巳午前零時五十三分 小滿初五日丁丑午前九時二十七分	小暑廿三日甲子午後十一時二十五分 夏至初七日戊申午後五時五十一分	立秋廿五日乙未午後九時十九分 大暑初十日庚辰午前四時五十三分	白露廿七日丁卯午前零時九分 處暑十一日辛亥午前十時五十七分	寒露廿八日丁酉午後三時二十二分 秋分十三日壬午午前十二時十七分	立冬廿九日丁卯午前六時十一分 霜降十四日壬子午後五時二十四分	大雪廿九日丁酉午前十二時十四分 小雪十四日壬午午後三時二十一分	小寒廿九日丙寅午後九時一分 冬至十五日壬子午前四時十分	立春廿九日丙申午前八時二十六分 大寒十四日辛巳午後二時十三分

◆雜 節◆

寒食	二月十九日	陽四月六日
土王	三月初一日	陽四月十八日
初伏	五月廿九日	陽七月十四日
土王	六月初七日	陽七月二十一日
中伏	六月初十日	陽七月二十四日
末伏	六月三十日	陽八月十三日
土王	九月十一日	陽十月二十一日
土王	十二月十一日	陽一月十八日
臘享	十二月十六日	陽一月二十三日

1932(4265. 壬申)

1月

陽	1	2	3	4	5	6	7	8	9	10	11	12	13	14	15	16	17	18	19	20	21	22	23	24	25	26	27	28	29	30	31
陰	24	25	26	27	28	29	30	⑫소	2	3	4	5	6	7	8	9	10	11	12	13	14	15	16	17	18	19	20	21	22	23	24
干支	辛酉	壬戌	癸亥	甲子	乙丑	丙寅	丁卯	戊辰	己巳	庚午	辛未	壬申	癸酉	甲戌	乙亥	丙子	丁丑	戊寅	己卯	庚辰	辛巳	壬午	癸未	甲申	乙酉	丙戌	丁亥	戊子	己丑	庚寅	辛卯
曜	금	토	일	월	화	수	목	금	토	일	월	화	수	목	금	토	일	월	화	수	목	금	토	일	월	화	수	목	금	토	일

2月

陽	1	2	3	4	5	6	7	8	9	10	11	12	13	14	15	16	17	18	19	20	21	22	23	24	25	26	27	28	29
陰	25	26	27	28	29	①대	2	3	4	5	6	7	8	9	10	11	12	13	14	15	16	17	18	19	20	21	22	23	24
干支	壬辰	癸巳	甲午	乙未	丙申	丁酉	戊戌	己亥	庚子	辛丑	壬寅	癸卯	甲辰	乙巳	丙午	丁未	戊申	己酉	庚戌	辛亥	壬子	癸丑	甲寅	乙卯	丙辰	丁巳	戊午	己未	庚申
曜	월	화	수	목	금	토	일	월	화	수	목	금	토	일	월	화	수	목	금	토	일	월	화	수	목	금	토	일	월

3月

陽	1	2	3	4	5	6	7	8	9	10	11	12	13	14	15	16	17	18	19	20	21	22	23	24	25	26	27	28	29	30	31
陰	25	26	27	28	29	30	②대	2	3	4	5	6	7	8	9	10	11	12	13	14	15	16	17	18	19	20	21	22	23	24	25
干支	辛酉	壬戌	癸亥	甲子	乙丑	丙寅	丁卯	戊辰	己巳	庚午	辛未	壬申	癸酉	甲戌	乙亥	丙子	丁丑	戊寅	己卯	庚辰	辛巳	壬午	癸未	甲申	乙酉	丙戌	丁亥	戊子	己丑	庚寅	辛卯
曜	화	수	목	금	토	일	월	화	수	목	금	토	일	월	화	수	목	금	토	일	월	화	수	목	금	토	일	월	화	수	목

4月

陽	1	2	3	4	5	6	7	8	9	10	11	12	13	14	15	16	17	18	19	20	21	22	23	24	25	26	27	28	29	30
陰	26	27	28	29	30	③대	2	3	4	5	6	7	8	9	10	11	12	13	14	15	16	17	18	19	20	21	22	23	24	25
干支	壬辰	癸巳	甲午	乙未	丙申	丁酉	戊戌	己亥	庚子	辛丑	壬寅	癸卯	甲辰	乙巳	丙午	丁未	戊申	己酉	庚戌	辛亥	壬子	癸丑	甲寅	乙卯	丙辰	丁巳	戊午	己未	庚申	辛酉
曜	금	토	일	월	화	수	목	금	토	일	월	화	수	목	금	토	일	월	화	수	목	금	토	일	월	화	수	목	금	토

5月

陽	1	2	3	4	5	6	7	8	9	10	11	12	13	14	15	16	17	18	19	20	21	22	23	24	25	26	27	28	29	30	31
陰	26	27	28	29	30	④대	2	3	4	5	6	7	8	9	10	11	12	13	14	15	16	17	18	19	20	21	22	23	24	25	26
干支	壬戌	癸亥	甲子	乙丑	丙寅	丁卯	戊辰	己巳	庚午	辛未	壬申	癸酉	甲戌	乙亥	丙子	丁丑	戊寅	己卯	庚辰	辛巳	壬午	癸未	甲申	乙酉	丙戌	丁亥	戊子	己丑	庚寅	辛卯	壬辰
曜	일	월	화	수	목	금	토	일	월	화	수	목	금	토	일	월	화	수	목	금	토	일	월	화	수	목	금	토	일	월	화

6月

陽	1	2	3	4	5	6	7	8	9	10	11	12	13	14	15	16	17	18	19	20	21	22	23	24	25	26	27	28	29	30
陰	27	28	29	⑤대	2	3	4	5	6	7	8	9	10	11	12	13	14	15	16	17	18	19	20	21	22	23	24	25	26	27
干支	癸巳	甲午	乙未	丙申	丁酉	戊戌	己亥	庚子	辛丑	壬寅	癸卯	甲辰	乙巳	丙午	丁未	戊申	己酉	庚戌	辛亥	壬子	癸丑	甲寅	乙卯	丙辰	丁巳	戊午	己未	庚申	辛酉	壬戌
曜	수	목	금	토	일	월	화	수	목	금	토	일	월	화	수	목	금	토	일	월	화	수	목	금	토	일	월	화	수	목

7月

陽	1	2	3	4	5	6	7	8	9	10	11	12	13	14	15	16	17	18	19	20	21	22	23	24	25	26	27	28	29	30	31
陰	28	29	30	⑥소	2	3	4	5	6	7	8	9	10	11	12	13	14	15	16	17	18	19	20	21	22	23	24	25	26	27	28
干支	癸亥	甲子	乙丑	丙寅	丁卯	戊辰	己巳	庚午	辛未	壬申	癸酉	甲戌	乙亥	丙子	丁丑	戊寅	己卯	庚辰	辛巳	壬午	癸未	甲申	乙酉	丙戌	丁亥	戊子	己丑	庚寅	辛卯	壬辰	癸巳
曜	금	토	일	월	화	수	목	금	토	일	월	화	수	목	금	토	일	월	화	수	목	금	토	일	월	화	수	목	금	토	일

8月

陽	1	2	3	4	5	6	7	8	9	10	11	12	13	14	15	16	17	18	19	20	21	22	23	24	25	26	27	28	29	30	31
陰	29	⑦대	2	3	4	5	6	7	8	9	10	11	12	13	14	15	16	17	18	19	20	21	22	23	24	25	26	27	28	29	30
午支	甲午	乙未	丙申	丁酉	戊戌	己亥	庚子	辛丑	壬寅	癸卯	甲辰	乙巳	丙午	丁未	戊申	己酉	庚戌	辛亥	壬子	癸丑	甲寅	乙卯	丙辰	丁巳	戊午	己未	庚申	辛酉	壬戌	癸亥	甲子
曜	월	화	수	목	금	토	일	월	화	수	목	금	토	일	월	화	수	목	금	토	일	월	화	수	목	금	토	일	월	화	수

9月

陽	1	2	3	4	5	6	7	8	9	10	11	12	13	14	15	16	17	18	19	20	21	22	23	24	25	26	27	28	29	30
降	⑧소	2	3	4	5	6	7	8	9	10	11	12	13	14	15	16	17	18	19	20	21	22	23	24	25	26	27	28	29	⑨소
干支	乙丑	丙寅	丁卯	戊辰	己巳	庚午	辛未	壬申	癸酉	甲戌	乙亥	丙子	丁丑	戊寅	己卯	庚辰	辛巳	壬午	癸未	甲申	乙酉	丙戌	丁亥	戊子	己丑	庚寅	辛卯	壬辰	癸巳	甲午
曜	목	금	토	일	월	화	수	목	금	토	일	월	화	수	목	금	토	일	월	화	수	목	금	토	일	월	화	수	목	금

10月

陽	1	2	3	4	5	6	7	8	9	10	11	12	13	14	15	16	17	18	19	20	21	22	23	24	25	26	27	28	29	30	31
陰	2	3	4	5	6	7	8	9	10	11	12	13	14	15	16	17	18	19	20	21	22	23	24	25	26	27	28	29	⑩대	2	3
干支	乙未	丙申	丁酉	戊戌	己亥	庚子	辛丑	壬寅	癸卯	甲辰	乙巳	丙午	丁未	戊申	己酉	庚戌	辛亥	壬子	癸丑	甲寅	乙卯	丙辰	丁巳	戊午	己未	庚申	辛酉	壬戌	癸亥	甲子	乙丑
曜	토	일	월	화	수	목	금	토	일	월	화	수	목	금	토	일	월	화	수	목	금	토	일	월	화	수	목	금	토	일	월

11月

陽	1	2	3	4	5	6	7	8	9	10	11	12	13	14	15	16	17	18	19	20	21	22	23	24	25	26	27	28	29	30
陰	4	5	6	7	8	9	10	11	12	13	14	15	16	17	18	19	20	21	22	23	24	25	26	27	28	29	30	⑪소	2	3
干支	丙寅	丁卯	戊辰	己巳	庚午	辛未	壬申	癸酉	甲戌	乙亥	丙子	丁丑	戊寅	己卯	庚辰	辛巳	壬午	癸未	甲申	乙酉	丙戌	丁亥	戊子	己丑	庚寅	辛卯	壬辰	癸巳	甲午	乙未
曜	화	수	목	금	토	일	월	화	수	목	금	토	일	월	화	수	목	금	토	일	월	화	수	목	금	토	일	월	화	수

12月

陽	1	2	3	4	5	6	7	8	9	10	11	12	13	14	15	16	17	18	19	20	21	22	23	24	25	26	27	28	29	30	31
陰	4	5	6	7	8	9	10	11	12	13	14	15	16	17	18	19	20	21	22	23	24	25	26	27	28	29	⑫	2	3	4	5
干支	丙申	丁酉	戊戌	己亥	庚子	辛丑	壬寅	癸卯	甲辰	乙巳	丙午	丁未	戊申	己酉	庚戌	辛亥	壬子	癸丑	甲寅	乙卯	丙辰	丁巳	戊午	己未	庚申	辛酉	壬戌	癸亥	甲子	乙丑	丙寅
曜	목	금	토	일	월	화	수	목	금	토	일	월	화	수	목	금	토	일	월	화	수	목	금	토	일	월	화	수	목	금	토

壬申 (釰鋒金)

西紀一九三二年●檀紀四二六五年

舊平三百五十五日
新閏三百六十六日

五日得辛 八龍治水
戌喪門 午弔客
午大將軍 南 三殺

二黑	九紫	四綠
七赤	五黃	三碧
六白	一白	八白

朔月之大小	正月大 壬寅	二月大 癸卯	三月大 甲辰	四月小 乙巳	五月大 丙午	六月小 丁未	七月大 戊申	八月小 己酉	九月小 庚戌	十月大 辛亥	十一月小 壬子	十二月大 癸丑
日辰	丁巳 丁未 丁酉	丁亥 丁丑 丁卯	丁巳 丁未 丁酉	丁亥 丁丑 丁卯	丙辰 丙午 丙申	丙戌 丙子 丙寅	乙卯 乙巳 乙未	乙酉 乙亥 乙丑	甲寅 甲辰 甲午	癸未 癸酉 癸亥	癸丑 癸卯 癸巳	壬午 壬申 壬戌
月白	二黑	一白	九紫	八白	七赤	六白	五黃	四綠	三碧	二黑	一白	九紫
入節	雨水十五日辛亥午前 四時二十一分 驚蟄三十日丙寅午前 二時三十八分	春分十五日辛巳午前 三時四十六分 清明三十日丙申午前 八時一分	穀雨十五日辛亥午前 二十八 時分	立夏初一日丁卯午前 五十九 時分 小滿十六日壬午午後 三時十四分	芒種初三日戊戌午前 六時四十一分 夏至十九日甲寅午後 十時三十六分	小暑初四日己巳午後 五時十三分 大暑二十日乙酉午前 十時四十一分	立秋初七日辛丑午前 三時七分 處暑廿二日丙辰午後 五時四十六分	白露初八日壬申午前 五時五十八分 秋分廿三日丁亥午後 三時十五分	寒露初九日壬寅午後 九時二十一分 霜降廿五日戊午午前 零時一三分	立冬初十日壬申午前 零時一分 小雪廿五日丁亥午後 九時十三分	大雪初十日壬寅午後 四時十三分 冬至廿五日丁巳午前 九時四十八分	小寒十一日壬申午前 二時四十分 大寒廿六日丁亥午後 八時五分

◆雜 節◆

	三月	陽
寒食	三月初一日	陽四月六日
土王	三月十二日	陽四月十七日
初伏	六月十五日	陽七月十八日
土王	六月十七日	陽七月二十日
中伏	六月廿五日	陽七月卄八日
末伏	七月十六日	陽八月十七日
土王	九月廿一日	陽十月二十日
土王	十二月廿三日	陽一月十八日
臘享	十二月廿二日	陽一月十七日

1933 (4266. 癸酉)

1月

陽	1	2	3	4	5	6	7	8	9	10	11	12	13	14	15	16	17	18	19	20	21	22	23	24	25	26	27	28	29	30	31
陰	6	7	8	9	10	11	12	13	14	15	16	17	18	19	20	21	22	23	24	25	26	27	28	29	30	①소	2	3	4	5	6
干支	丁卯	戊辰	己巳	庚午	辛未	壬申	癸酉	甲戌	乙亥	丙子	丁丑	戊寅	己卯	庚辰	辛巳	壬午	癸未	甲申	乙酉	丙戌	丁亥	戊子	己丑	庚寅	辛卯	壬辰	癸巳	甲午	乙未	丙申	丁酉
曜	일	월	화	수	목	금	토	일	월	화	수	목	금	토	일	월	화	수	목	금	토	일	월	화	수	목	금	토	일	월	화

2月

陽	1	2	3	4	5	6	7	8	9	10	11	12	13	14	15	16	17	18	19	20	21	22	23	24	25	26	27	28
陰	7	8	9	10	11	12	13	14	15	16	17	18	19	20	21	22	23	24	25	26	27	28	29	②대	2	3	4	5
干支	戊戌	己亥	庚子	辛丑	壬寅	癸卯	甲辰	乙巳	丙午	丁未	戊申	己酉	庚戌	辛亥	壬子	癸丑	甲寅	乙卯	丙辰	丁巳	戊午	己未	庚申	辛酉	壬戌	癸亥	甲子	乙丑
曜	수	목	금	토	일	월	화	수	목	금	토	일	월	화	수	목	금	토	일	월	화	수	목	금	토	일	월	화

3月

陽	1	2	3	4	5	6	7	8	9	10	11	12	13	14	15	16	17	18	19	20	21	22	23	24	25	26	27	28	29	30	31
陰	6	7	8	9	10	11	12	13	14	15	16	17	18	19	20	21	22	23	24	25	26	27	28	29	30	③대	2	3	4	5	6
干支	丙寅	丁卯	戊辰	己巳	庚午	辛未	壬申	癸酉	甲戌	乙亥	丙子	丁丑	戊寅	己卯	庚辰	辛巳	壬午	癸未	甲申	乙酉	丙戌	丁亥	戊子	己丑	庚寅	辛卯	壬辰	癸巳	甲午	乙未	丙申
曜	수	목	금	토	일	월	화	수	목	금	토	일	월	화	수	목	금	토	일	월	화	수	목	금	토	일	월	화	수	목	금

4月

陽	1	2	3	4	5	6	7	8	9	10	11	12	13	14	15	16	17	18	19	20	21	22	23	24	25	26	27	28	29	30
陰	7	8	9	10	11	12	13	14	15	16	17	18	19	20	21	22	23	24	25	26	27	28	29	30	④소	2	3	4	5	6
干支	丁酉	戊戌	己亥	庚子	辛丑	壬寅	癸卯	甲辰	乙巳	丙午	丁未	戊申	己酉	庚戌	辛亥	壬子	癸丑	甲寅	乙卯	丙辰	丁巳	戊午	己未	庚申	辛酉	壬戌	癸亥	甲子	乙丑	丙寅
曜	토	일	월	화	수	목	금	토	일	월	화	수	목	금	토	일	월	화	수	목	금	토	일	월	화	수	목	금	토	일

5月

陽	1	2	3	4	5	6	7	8	9	10	11	12	13	14	15	16	17	18	19	20	21	22	23	24	25	26	27	28	29	30	31
陰	7	8	9	10	11	12	13	14	15	16	17	18	19	20	21	22	23	24	25	26	27	28	29	⑤대	2	3	4	5	6	7	8
干支	丁卯	戊辰	己巳	庚午	辛未	壬申	癸酉	甲戌	乙亥	丙子	丁丑	戊寅	己卯	庚辰	辛巳	壬午	癸未	甲申	乙酉	丙戌	丁亥	戊子	己丑	庚寅	辛卯	壬辰	癸巳	甲午	乙未	丙申	丁酉
曜	월	화	수	목	금	토	일	월	화	수	목	금	토	일	월	화	수	목	금	토	일	월	화	수	목	금	토	일	월	화	수

6月

陽	1	2	3	4	5	6	7	8	9	10	11	12	13	14	15	16	17	18	19	20	21	22	23	24	25	26	27	28	29	30
陰	9	10	11	12	13	14	15	16	17	18	19	20	21	22	23	24	25	26	27	28	29	30	⑤대	2	3	4	5	6	7	8
干支	戊戌	己亥	庚子	辛丑	壬寅	癸卯	甲辰	乙巳	丙午	丁未	戊申	己酉	庚戌	辛亥	壬子	癸丑	甲寅	乙卯	丙辰	丁巳	戊午	己未	庚申	辛酉	壬戌	癸亥	甲子	乙丑	丙寅	丁卯
曜	목	금	토	일	월	화	수	목	금	토	일	월	화	수	목	금	토	일	월	화	수	목	금	토	일	월	화	수	목	금

7月

陽	1	2	3	4	5	6	7	8	9	10	11	12	13	14	15	16	17	18	19	20	21	22	23	24	25	26	27	28	29	30	31
陰	9	10	11	12	13	14	15	16	17	18	19	20	21	22	23	24	25	26	27	28	29	30	⑥소	2	3	4	5	6	7	8	9
干支	戊辰	己巳	庚午	辛未	壬申	癸酉	甲戌	乙亥	丙子	丁丑	戊寅	己卯	庚辰	辛巳	壬午	癸未	甲申	乙酉	丙戌	丁亥	戊子	己丑	庚寅	辛卯	壬辰	癸巳	甲午	乙未	丙申	丁酉	戊戌
曜	토	일	월	화	수	목	금	토	일	월	화	수	목	금	토	일	월	화	수	목	금	토	일	월	화	수	목	금	토	일	월

8月

陽	1	2	3	4	5	6	7	8	9	10	11	12	13	14	15	16	17	18	19	20	21	22	23	24	25	26	27	28	29	30	31
陰	10	11	12	13	14	15	16	17	18	19	20	21	22	23	24	25	26	27	28	29	⑦대	2	3	4	5	6	7	8	9	10	11
干支	己亥	庚子	辛丑	壬寅	癸卯	甲辰	乙巳	丙午	丁未	戊申	己酉	庚戌	辛亥	壬子	癸丑	甲寅	乙卯	丙辰	丁巳	戊午	己未	庚申	辛酉	壬戌	癸亥	甲子	乙丑	丙寅	丁卯	戊辰	己巳
曜	화	수	목	금	토	일	월	화	수	목	금	토	일	월	화	수	목	금	토	일	월	화	수	목	금	토	일	월	화	수	목

9月

陽	1	2	3	4	5	6	7	8	9	10	11	12	13	14	15	16	17	18	19	20	21	22	23	24	25	26	27	28	29	30
陰	12	13	14	15	16	17	18	19	20	21	22	23	24	25	26	27	28	29	30	⑧소	2	3	4	5	6	7	8	9	10	11
干支	庚午	辛未	壬申	癸酉	甲戌	乙亥	丙子	丁丑	戊寅	己卯	庚辰	辛巳	壬午	癸未	甲申	乙酉	丙戌	丁亥	戊子	己丑	庚寅	辛卯	壬辰	癸巳	甲午	乙未	丙申	丁酉	戊戌	己亥
曜	금	토	일	월	화	수	목	금	토	일	월	화	수	목	금	토	일	월	화	수	목	금	토	일	월	화	수	목	금	토

10月

陽	1	2	3	4	5	6	7	8	9	10	11	12	13	14	15	16	17	18	19	20	21	22	23	24	25	26	27	28	29	30	31
陰	12	13	14	15	16	17	18	19	20	21	22	23	24	25	26	27	28	29	30	2	3	4	5	6	7	8	9	10	11	12	13
干支	庚子	辛丑	壬寅	癸卯	甲辰	乙巳	丙午	丁未	戊申	己酉	庚戌	辛亥	壬子	癸丑	甲寅	乙卯	丙辰	丁巳	戊午	己未	庚申	辛酉	壬戌	癸亥	甲子	乙丑	丙寅	丁卯	戊辰	己巳	庚午
曜	일	월	화	수	목	금	토	일	월	화	수	목	금	토	일	월	화	수	목	금	토	일	월	화	수	목	금	토	일	월	화

11月

陽	1	2	3	4	5	6	7	8	9	10	11	12	13	14	15	16	17	18	19	20	21	22	23	24	25	26	27	28	29	30
陰	14	15	16	17	18	19	20	21	22	23	24	25	26	27	28	29	30	⑩소	2	3	4	5	6	7	8	9	10	11	12	13
干支	辛未	壬申	癸酉	甲戌	乙亥	丙子	丁丑	戊寅	己卯	庚辰	辛巳	壬午	癸未	甲申	乙酉	丙戌	丁亥	戊子	己丑	庚寅	辛卯	壬辰	癸巳	甲午	乙未	丙申	丁酉	戊戌	己亥	庚子
曜	수	목	금	토	일	월	화	수	목	금	토	일	월	화	수	목	금	토	일	월	화	수	목	금	토	일	월	화	수	목

12月

陽	1	2	3	4	5	6	7	8	9	10	11	12	13	14	15	16	17	18	19	20	21	22	23	24	25	26	27	28	29	30	31
陰	14	15	16	17	18	19	20	21	22	23	24	25	26	27	28	29	⑪소	2	3	4	5	6	7	8	9	10	11	12	13	14	15
干支	辛丑	壬寅	癸卯	甲辰	乙巳	丙午	丁未	戊申	己酉	庚戌	辛亥	壬子	癸丑	甲寅	乙卯	丙辰	丁巳	戊午	己未	庚申	辛酉	壬戌	癸亥	甲子	乙丑	丙寅	丁卯	戊辰	己巳	庚午	辛未
曜	금	토	일	월	화	수	목	금	토	일	월	화	수	목	금	토	일	월	화	수	목	금	토	일	월	화	수	목	금	토	일

西紀一九三三年 ● 檀紀四二六六年

癸酉 (劍鋒金)

舊閏三百八十四日
新平三百六十五日

十日得辛 一龍治水
亥喪門 未吊客
午大將軍 東三殺

一白	八白	三碧
六白	四綠	二黑
五黃	九紫	七赤

月之大小	日辰	月白	入節
正月小 甲寅	壬子 壬寅 壬辰	八白	立春初十日辛丑午後 二時十三分 / 雨水廿五日丙辰午前 十時十一分
二月大 乙卯	辛巳 辛未 辛酉	七赤	驚蟄十一日辛未午前 八時二十八分 / 春分廿六日丙戌午前 九時四十三分
三月大 丙辰	辛亥 辛丑 辛卯	六白	清明十一日辛丑午後 一時五十分 / 穀雨廿六日丙辰午後 九時十七分
四月小 丁巳	辛巳 辛未 辛酉	五黃	立夏十二日壬申午前 七時四十八分 / 小滿廿七日丁亥午後 九時三分
五月大 戊午	庚戌 庚子 庚寅	四綠	芒種十四日癸卯午後 零時三十分 / 夏至三十日己未午前 五時二十四分
五閏月大	庚辰 庚午 庚申	四綠	小暑十五日甲戌午後 十一時一分
六月小 己未	庚戌 庚子 庚寅	三碧	大暑初一日庚寅午後 四時二十九分 / 立秋十七日丙午午前 八時二十五分
七月大 庚申	己卯 己巳 己未	二黑	處暑初三日辛酉午後 十一時二十四分 / 白露十九日丁丑午前 十一時四十七分
八月小 辛酉	己酉 己亥 己丑	一白	秋分初四日壬辰午後 九時四分 / 寒露二十日戊申午前 三時十一分
九月大 壬戌	戊寅 戊辰 戊午	九紫	霜降初六日癸亥午前 六時二分 / 立冬廿一日戊寅午前 五時四十一分
十月小 癸亥	戊申 戊戌 戊子	八白	小雪初六日癸巳午前 三時四分 / 大雪二十日丁未午後 十時三分
十一月小 甲子	丁丑 丁卯 丁巳	七赤	冬至初六日壬戌午後 三時五十三分 / 小寒廿一日丁丑午前 八時四十分
十二月大 乙丑	丙午 丙申 丙戌	六白	大寒初六日辛卯午前 二時三十三分 / 立春廿一日丙午午後 八時五分

◆雜 節◆

臘享	土王	土王	末伏	中伏	土王	初伏	土王	寒食
十二月初十日	十二月初三日	九月初三日	六月廿一日	六月初一日	閏五月廿八日	閏五月廿一日	三月廿三日	三月十二日
陽一月二十四日	陽一月十七日	陽十月二十一日	陽八月十二日	陽七月二十三日	陽七月二十日	陽七月十三日	陽四月十七日	陽四月六日

1934(4267. 甲戌)

1月

陽	1	2	3	4	5	6	7	8	9	10	11	12	13	14	15	16	17	18	19	20	21	22	23	24	25	26	27	28	29	30	31
陰	16	17	18	19	20	21	22	23	24	25	26	27	28	29	⑫대	2	3	4	5	6	7	8	9	10	11	12	13	14	15	16	17
干支	壬申	癸酉	甲戌	乙亥	丙子	丁丑	戊寅	己卯	庚辰	辛巳	壬午	癸未	甲申	乙酉	丙戌	丁亥	戊子	己丑	庚寅	辛卯	壬辰	癸巳	甲午	乙未	丙申	丁酉	戊戌	己亥	庚子	辛丑	壬寅
曜	월	화	수	목	금	토	일	월	화	수	목	금	토	일	월	화	수	목	금	토	일	월	화	수	목	금	토	일	월	화	수

2月

陽	1	2	3	4	5	6	7	8	9	10	11	12	13	14	15	16	17	18	19	20	21	22	23	24	25	26	27	28
陰	18	19	20	21	22	23	24	25	26	27	28	29	30	①소	2	3	4	5	6	7	8	9	10	11	12	13	14	15
干支	癸卯	甲辰	乙巳	丙午	丁未	戊申	己酉	庚戌	辛亥	壬子	癸丑	甲寅	乙卯	丙辰	丁巳	戊午	己未	庚申	辛酉	壬戌	癸亥	甲子	乙丑	丙寅	丁卯	戊辰	己巳	庚午
曜	목	금	토	일	월	화	수	목	금	토	일	월	화	수	목	금	토	일	월	화	수	목	금	토	일	월	화	수

3月

陽	1	2	3	4	5	6	7	8	9	10	11	12	13	14	15	16	17	18	19	20	21	22	23	24	25	26	27	28	29	30	31
陰	16	17	18	19	20	21	22	23	24	25	26	27	28	29	②대	2	3	4	5	6	7	8	9	10	11	12	13	14	15	16	17
干支	辛未	壬申	癸酉	甲戌	乙亥	丙子	丁丑	戊寅	己卯	庚辰	辛巳	壬午	癸未	甲申	乙酉	丙戌	丁亥	戊子	己丑	庚寅	辛卯	壬辰	癸巳	甲午	乙未	丙申	丁酉	戊戌	己亥	庚子	辛丑
曜	목	금	토	일	월	화	수	목	금	토	일	월	화	수	목	금	토	일	월	화	수	목	금	토	일	월	화	수	목	금	토

4月

陽	1	2	3	4	5	6	7	8	9	10	11	12	13	14	15	16	17	18	19	20	21	22	23	24	25	26	27	28	29	30
陰	18	19	20	21	22	23	24	25	26	27	28	29	30	③소	2	3	4	5	6	7	8	9	10	11	12	13	14	15	16	17
干支	壬寅	癸卯	甲辰	乙巳	丙午	丁未	戊申	己酉	庚戌	辛亥	壬子	癸丑	甲寅	乙卯	丙辰	丁巳	戊午	己未	庚申	辛酉	壬戌	癸亥	甲子	乙丑	丙寅	丁卯	戊辰	己巳	庚午	辛未
曜	일	월	화	수	목	금	토	일	월	화	수	목	금	토	일	월	화	수	목	금	토	일	월	화	수	목	금	토	일	월

5月

陽	1	2	3	4	5	6	7	8	9	10	11	12	13	14	15	16	17	18	19	20	21	22	23	24	25	26	27	28	29	30	31
陰	18	19	20	21	22	23	24	25	26	27	28	29	④대	2	3	4	5	6	7	8	9	10	11	12	13	14	15	16	17	18	19
干支	壬申	癸酉	甲戌	乙亥	丙子	丁丑	戊寅	己卯	庚辰	辛巳	壬午	癸未	甲申	乙酉	丙戌	丁亥	戊子	己丑	庚寅	辛卯	壬辰	癸巳	甲午	乙未	丙申	丁酉	戊戌	己亥	庚子	辛丑	壬寅
曜	화	수	목	금	토	일	월	화	수	목	금	토	일	월	화	수	목	금	토	일	월	화	수	목	금	토	일	월	화	수	목

6月

陽	1	2	3	4	5	6	7	8	9	10	11	12	13	14	15	16	17	18	19	20	21	22	23	24	25	26	27	28	29	30
陰	20	21	22	23	24	25	26	27	28	29	30	⑤대	2	3	4	5	6	7	8	9	10	11	12	13	14	15	16	17	18	19
干支	癸卯	甲辰	乙巳	丙午	丁未	戊申	己酉	庚戌	辛亥	壬子	癸丑	甲寅	乙卯	丙辰	丁巳	戊午	己未	庚申	辛酉	壬戌	癸亥	甲子	乙丑	丙寅	丁卯	戊辰	己巳	庚午	辛未	壬申
曜	금	토	일	월	화	수	목	금	토	일	월	화	수	목	금	토	일	월	화	수	목	금	토	일	월	화	수	목	금	토

7月

陽	1	2	3	4	5	6	7	8	9	10	11	12	13	14	15	16	17	18	19	20	21	22	23	24	25	26	27	28	29	30	31
陰	20	21	22	23	24	25	26	27	28	29	30	⑥소	2	3	4	5	6	7	8	9	10	11	12	13	14	15	16	17	18	19	20
干支	癸酉	甲戌	乙亥	丙子	丁丑	戊寅	己卯	庚辰	辛巳	壬午	癸未	甲申	乙酉	丙戌	丁亥	戊子	己丑	庚寅	辛卯	壬辰	癸巳	甲午	乙未	丙申	丁酉	戊戌	己亥	庚子	辛丑	壬寅	癸卯
曜	일	월	화	수	목	금	토	일	월	화	수	목	금	토	일	월	화	수	목	금	토	일	월	화	수	목	금	토	일	월	화

8月

陽	1	2	3	4	5	6	7	8	9	10	11	12	13	14	15	16	17	18	19	20	21	22	23	24	25	26	27	28	29	30	31
陰	21	22	23	24	25	26	27	28	29	⑦대	2	3	4	5	6	7	8	9	10	11	12	13	14	15	16	17	18	19	20	21	22
干支	甲辰	乙巳	丙午	丁未	戊申	己酉	庚戌	辛亥	壬子	癸丑	甲寅	乙卯	丙辰	丁巳	戊午	己未	庚申	辛酉	壬戌	癸亥	甲子	乙丑	丙寅	丁卯	戊辰	己巳	庚午	辛未	壬申	癸酉	甲戌
曜	수	목	금	토	일	월	화	수	목	금	토	일	월	화	수	목	금	토	일	월	화	수	목	금	토	일	월	화	수	목	금

9月

陽	1	2	3	4	5	6	7	8	9	10	11	12	13	14	15	16	17	18	19	20	21	22	23	24	25	26	27	38	29	30
降	23	24	25	26	27	28	29	30	⑧대	2	3	4	5	6	7	8	9	10	11	12	13	14	15	16	17	18	19	20	21	22
干支	乙亥	丙子	丁丑	戊寅	己卯	庚辰	辛巳	壬午	癸未	甲申	乙酉	丙戌	丁亥	戊子	己丑	庚寅	辛卯	壬辰	癸巳	甲午	乙未	丙申	丁酉	戊戌	己亥	庚子	辛丑	壬寅	癸卯	甲辰
曜	토	일	월	화	수	목	금	토	일	월	화	수	목	금	토	일	월	화	수	목	금	토	일	월	화	수	목	금	토	일

10月

陽	1	2	3	4	5	6	7	8	9	10	11	12	13	14	15	16	17	18	19	20	21	22	23	24	25	26	27	28	29	30	31
陰	23	24	25	26	27	28	29	30	⑨소	2	3	4	5	6	7	8	9	10	11	12	13	14	15	16	17	18	19	20	21	22	23
干支	乙巳	丙午	丁未	戊申	己酉	庚戌	辛亥	壬子	癸丑	甲寅	乙卯	丙辰	丁巳	戊午	己未	庚申	辛酉	壬戌	癸亥	甲子	乙丑	丙寅	丁卯	戊辰	己巳	庚午	辛未	壬申	癸酉	甲戌	乙亥
曜	월	화	수	목	금	토	일	월	화	수	목	금	토	일	월	화	수	목	금	토	일	월	화	수	목	금	토	일	월	화	수

11月

陽	1	2	3	4	5	6	7	8	9	10	11	12	13	14	15	16	17	18	19	20	21	22	23	24	25	26	27	28	29	30
陰	24	25	26	27	28	29	⑩대	2	3	4	5	6	7	8	9	10	11	12	13	14	15	16	17	18	19	20	21	22	23	24
干支	丙子	丁丑	戊寅	己卯	庚辰	辛巳	壬午	癸未	甲申	乙酉	丙戌	丁亥	戊子	己丑	庚寅	辛卯	壬辰	癸巳	甲午	乙未	丙申	丁酉	戊戌	己亥	庚子	辛丑	壬寅	癸卯	甲辰	乙巳
曜	목	금	토	일	월	화	수	목	금	토	일	월	화	수	목	금	토	일	월	화	수	목	금	토	일	월	화	수	목	금

12月

陽	1	2	3	4	5	6	7	8	9	10	11	12	13	14	15	16	17	18	19	20	21	22	23	24	25	26	27	28	29	30	31
陰	25	26	27	28	29	30	⑪소	2	3	4	5	6	7	8	9	10	11	12	13	14	15	16	17	18	19	20	21	22	23	24	25
干支	丙午	丁未	戊申	己酉	庚戌	辛亥	壬子	癸丑	甲寅	乙卯	丙辰	丁巳	戊午	己未	庚申	辛酉	壬戌	癸亥	甲子	乙丑	丙寅	丁卯	戊辰	己巳	庚午	辛未	壬申	癸酉	甲戌	乙亥	丙子
曜	토	일	월	화	수	목	금	토	일	월	화	수	목	금	토	일	월	화	수	목	금	토	일	월	화	수	목	금	토	일	월

西紀一九三四年●檀紀四二六七年
(山頭火)
舊平三百五十五日
新平三百六十五日

六日得辛 一龍治水
子喪門 申弔客
午大將軍 北三殺

九紫	七赤	二黑
五黃	三碧	一白
四綠	八白	六白

月之大小	正月小 丙寅	二月大 丁卯	三月小 戊辰	四月大 己巳	五月大 庚午	六月小 辛未	七月大 壬申	八月大 癸酉	九月小 甲戌	十月大 乙亥	十一月小 丙子	十二月大 丁丑
日辰	丙子 丙寅 丙辰	乙巳 乙未 乙酉	乙亥 乙丑 乙卯	甲辰 甲午 甲申	甲戌 甲子 甲寅	甲辰 甲午 甲申	癸酉 癸亥 癸丑	癸卯 癸巳 癸未	癸酉 癸亥 癸丑	壬寅 壬辰 壬午	壬申 壬戌 壬子	辛丑 辛卯 辛巳
白月	五黃	四綠	三碧	二黑	一白	九紫	八白	七赤	六白	五黃	四綠	三碧
入節	驚蟄廿一日丙子午後二時二十七分 雨水初六日辛酉午後四時[illegible]分	清明廿二日丙午午後七時三十六分 春分初七日辛卯午後三時十分	立夏二三日丁酉午後一時三十六分 穀雨初八日壬戌午前三時六分	芒種廿五日戊申午後六時十八分 小滿初十日癸巳午前二時三十二分	小暑廿七日庚辰午前四時五十分 夏至十一日甲子午前十一時十二分	立秋廿八日辛亥午後二時四十四分 大暑十二日乙未午後十一時十八分	白露三十日壬午午後五時三十五分 處暑十五日丁卯午前五時三十八分	秋分十六日戊戌午前二時五十三分	霜降十六日戊辰午前十一時五十一分 寒露初一日癸丑午前八時五十九分	小雪十七日戊戌午前八時五十分 立冬初二日癸未午前十一時四十分	冬至十六日丁卯午後九時二十二分 大雪初二日癸丑午前三時五十三分	大寒十七日丁酉午前七時四十三分 小寒初二日壬午午後二時二十一分

◆雜 節◆

寒食	土王	初伏	土王	中伏	末伏	土王	土王	臘享
二月廿三日	三月初五日	六月初七日	六月初九日	六月十七日	七月初八日	九月十三日	十二月十四日	十二月十五日
陽四月六日	陽四月十八日	陽七月十八日	陽七月二十日	陽七月二十八日	陽八月十七日	陽十月二十一日	陽一月十八日	陽一月十九日

1935 (4268. 乙亥)

1月

陽	1	2	3	4	5	6	7	8	9	10	11	12	13	14	15	16	17	18	19	20	21	22	23	24	25	26	27	28	29	30	31
陰	26	27	28	29	⑫대	2	3	4	5	6	7	8	9	10	11	12	13	14	15	16	17	18	19	20	21	22	23	24	25	26	27
干支	丁丑	戊寅	己卯	庚辰	辛巳	壬午	癸未	甲申	乙酉	丙戌	丁亥	戊子	己丑	庚寅	辛卯	壬辰	癸巳	甲午	乙未	丙申	丁酉	戊戌	己亥	庚子	辛丑	壬寅	癸卯	甲辰	乙巳	丙午	丁未
曜	화	수	목	금	토	일	월	화	수	목	금	토	일	월	화	수	목	금	토	일	월	화	수	목	금	토	일	월	화	수	목

2月

陽	1	2	3	4	5	6	7	8	9	10	11	12	13	14	15	16	17	18	19	20	21	22	23	24	25	26	27	28
陰	28	29	30	①소	2	3	4	5	6	7	8	9	10	11	12	13	14	15	16	17	18	19	20	21	22	23	24	25
干支	戊申	己酉	庚戌	辛亥	壬子	癸丑	甲寅	乙卯	丙辰	丁巳	戊午	己未	庚申	辛酉	壬戌	癸亥	甲子	乙丑	丙寅	丁卯	戊辰	己巳	庚午	辛未	壬申	癸酉	甲戌	乙亥
曜	금	토	일	월	화	수	목	금	토	일	월	화	수	목	금	토	일	월	화	수	목	금	토	일	월	화	수	목

3月

陽	1	2	3	4	5	6	7	8	9	10	11	12	13	14	15	16	17	18	19	20	21	22	23	24	25	26	27	28	29	30	31
陰	26	27	28	29	②소	2	3	4	5	6	7	8	9	10	11	12	13	14	15	16	17	18	19	20	21	22	23	24	25	26	27
干支	丙子	丁丑	戊寅	己卯	庚辰	辛巳	壬午	癸未	甲申	乙酉	丙戌	丁亥	戊子	己丑	庚寅	辛卯	壬辰	癸巳	甲午	乙未	丙申	丁酉	戊戌	己亥	庚子	辛丑	壬寅	癸卯	甲辰	乙巳	丙午
曜	금	토	일	월	화	수	목	금	토	일	월	화	수	목	금	토	일	월	화	수	목	금	토	일	월	화	수	목	금	토	일

4月

陽	1	2	3	4	5	6	7	8	9	10	11	12	13	14	15	16	17	18	19	20	21	22	23	24	25	26	27	28	29	30
陰	28	29	③대	2	3	4	5	6	7	8	9	10	11	12	13	14	15	16	17	18	19	20	21	22	23	24	25	26	27	28
干支	丁未	戊申	己酉	庚戌	辛亥	壬子	癸丑	甲寅	乙卯	丙辰	丁巳	戊午	己未	庚申	辛酉	壬戌	癸亥	甲子	乙丑	丙寅	丁卯	戊辰	己巳	庚午	辛未	壬申	癸酉	甲戌	乙亥	丙子
曜	월	화	수	목	금	토	일	월	화	수	목	금	토	일	월	화	수	목	금	토	일	월	화	수	목	금	토	일	월	화

5月

陽	1	2	3	4	5	6	7	8	9	10	11	12	13	14	15	16	17	18	19	20	21	22	23	24	25	26	27	28	29	30	31
陰	29	30	④소	2	3	4	5	6	7	8	9	10	11	12	13	14	15	16	17	18	19	20	21	22	23	24	25	26	27	28	29
干支	丁丑	戊寅	己卯	庚辰	辛巳	壬午	癸未	甲申	乙酉	丙戌	丁亥	戊子	己丑	庚寅	辛卯	壬辰	癸巳	甲午	乙未	丙申	丁酉	戊戌	己亥	庚子	辛丑	壬寅	癸卯	甲辰	乙巳	丙午	丁未
曜	수	목	금	토	일	월	화	수	목	금	토	일	월	화	수	목	금	토	일	월	화	수	목	금	토	일	월	화	수	목	금

6月

陽	1	2	3	4	5	6	7	8	9	10	11	12	13	14	15	16	17	18	19	20	21	22	23	24	25	26	27	28	29	30
陰	⑤대	2	3	4	5	6	7	8	9	10	11	12	13	14	15	16	17	18	19	20	21	22	23	24	25	26	27	28	29	30
干支	戊申	己酉	庚戌	辛亥	壬子	癸丑	甲寅	乙卯	丙辰	丁巳	戊午	己未	庚申	辛酉	壬戌	癸亥	甲子	乙丑	丙寅	丁卯	戊辰	己巳	庚午	辛未	壬申	癸酉	甲戌	乙亥	丙子	丁丑
曜	토	일	월	화	수	목	금	토	일	월	화	수	목	금	토	일	월	화	수	목	금	토	일	월	화	수	목	금	토	일

7月

陽	1	2	3	4	5	6	7	8	9	10	11	12	13	14	15	16	17	18	19	20	21	22	23	24	25	26	27	28	29	30	31
陰	⑥소	2	3	4	5	6	7	8	9	10	11	12	13	14	15	16	17	18	19	20	21	22	23	24	25	26	27	28	29	⑦대	2
干支	戊寅	己卯	庚辰	辛巳	壬午	癸未	甲申	乙酉	丙戌	丁亥	戊子	己丑	庚寅	辛卯	壬辰	癸巳	甲午	乙未	丙申	丁酉	戊戌	己亥	庚子	辛丑	壬寅	癸卯	甲辰	乙巳	丙午	丁未	戊申
曜	월	화	수	목	금	토	일	월	화	수	목	금	토	일	월	화	수	목	금	토	일	월	화	수	목	금	토	일	월	화	수

8月

陽	1	2	3	4	5	6	7	8	9	10	11	12	13	14	15	16	17	18	19	20	21	22	23	24	25	26	27	28	29	30	31
陰	3	4	5	6	7	8	9	10	11	12	13	14	15	16	17	18	19	20	21	22	23	24	25	26	27	28	29	30	⑧대	2	3
干支	己酉	庚戌	辛亥	壬子	癸丑	甲寅	乙卯	丙辰	丁巳	戊午	己未	庚申	辛酉	壬戌	癸亥	甲子	乙丑	丙寅	丁卯	戊辰	己巳	庚午	辛未	壬申	癸酉	甲戌	乙亥	丙子	丁丑	戊寅	己卯
曜	목	금	토	일	월	화	수	목	금	토	일	월	화	수	목	금	토	일	월	화	수	목	금	토	일	월	화	수	목	금	토

9月

陽	1	2	3	4	5	6	7	8	9	10	11	12	13	14	15	16	17	18	19	20	21	22	23	24	26	26	27	28	29	30
陰	4	5	6	7	8	9	10	11	12	13	14	15	16	17	18	19	20	21	22	23	24	25	26	27	28	29	30	⑨소	2	3
干支	庚辰	辛巳	壬午	癸未	甲申	乙酉	丙戌	丁亥	戊子	己丑	庚寅	辛卯	壬辰	癸巳	甲午	乙未	丙申	丁酉	戊戌	己亥	庚子	辛丑	壬寅	癸卯	甲辰	己巳	丙午	丁未	戊申	己酉
曜	일	월	화	수	목	금	토	일	월	화	수	목	금	토	일	월	화	수	목	금	토	일	월	화	수	목	금	토	일	월

10月

陽	1	2	3	4	5	6	7	8	9	10	11	12	13	14	15	16	17	18	19	20	21	22	23	24	25	26	27	28	29	30	31
陰	4	5	6	7	8	9	10	11	12	13	14	15	16	17	18	19	20	21	22	23	24	25	26	27	28	29	⑩대	2	3	4	5
干支	庚戌	辛亥	壬子	癸丑	甲寅	乙卯	丙辰	丁巳	戊午	己未	庚申	辛酉	壬戌	癸亥	甲子	乙丑	丙寅	丁卯	戊辰	己巳	庚午	辛未	壬申	癸酉	甲戌	乙亥	丙子	丁丑	戊寅	己卯	庚辰
曜	화	수	목	금	토	일	월	화	수	목	금	토	일	월	화	수	목	금	토	일	월	화	수	목	금	토	일	월	화	수	목

11月

陽	1	2	3	4	5	6	7	8	9	10	11	12	13	14	15	16	17	18	19	20	21	22	23	24	25	26	27	28	29	30
陰	6	7	8	9	10	11	12	13	14	15	16	17	18	19	20	21	22	23	24	25	26	27	28	29	30	⑪대	2	3	4	5
干支	辛巳	壬午	癸未	甲申	乙酉	丙戌	丁亥	戊子	己丑	庚寅	辛卯	壬辰	癸巳	甲午	乙未	丙申	丁酉	戊戌	己亥	庚子	辛丑	壬寅	癸卯	甲辰	乙巳	丙午	丁未	戊申	己酉	庚戌
曜	금	토	일	월	화	수	목	금	토	일	월	화	수	목	금	토	일	월	화	수	목	금	토	일	월	화	수	목	금	토

12月

陽	1	2	3	4	5	6	7	8	9	10	11	12	13	14	15	16	17	18	19	20	21	22	23	24	25	26	27	28	29	30	31
陰	6	7	8	9	10	11	12	13	14	15	16	17	18	19	20	21	22	23	24	25	26	27	28	29	30	⑫소	2	3	4	5	6
干支	辛亥	壬子	癸丑	甲寅	乙卯	丙辰	丁巳	戊午	己未	庚申	辛酉	壬戌	癸亥	甲子	己丑	丙寅	丁卯	戊辰	己巳	庚午	辛未	壬申	癸酉	甲戌	乙亥	丙子	丁丑	戊寅	己卯	庚辰	辛巳
曜	일	월	화	수	목	금	토	일	월	화	수	목	금	토	일	월	화	수	목	금	토	일	월	화	수	목	금	토	일	월	화

乙亥 (山頭火)

西紀一九三五年 ● 檀紀四二六八年

舊平三百五十四日
新平三百六十五日

一日得辛 六龍治水
丑喪門 酉吊客
酉大將軍 西三殺

八白	六白	一白
四緑	二黒	九紫
五黄	七赤	三碧

建月之大小	正月小 戊寅	二月小 己卯	三月大 庚辰	四月小 辛巳	五月大 壬午	六月小 癸未	七月大 甲申	八月大 乙酉	九月小 丙戌	十月大 丁亥	十一月大 戊子	十二月小 己丑
日辰	辛亥 辛酉 辛未	庚辰 庚寅 庚子	己酉 己未 己巳	己卯 己丑 己亥	戊申 戊午 戊辰	戊寅 戊子 戊戌	丁未 丁巳 丁卯	丁丑 丁亥 丁酉	丁未 丁巳 丁卯	丙子 丙戌 丙申	丙午 丙辰 丙	丙子 丙戌 丙申
月白	二 黒	一 白	九 紫	八 白	七 赤	六 白	五 黄	四 緑	三 碧	二 黒	一 白	九 紫
入節	立春初二日壬子午前一時四十八分 雨水十六日丙寅午後九時五十分	驚蟄初二日辛巳午後八時七分 春分十七日丙申午後九時十四分	清明初四日壬子午後一時二十八分 穀雨十九日丁卯午前八時五十五分	立夏初四日壬午午後七時二十五分 小滿二十日戊戌午前八時四十一分	芒種初七日甲寅午前零時六分 夏至廿二日己巳午後五時二分	小暑初八日乙酉午前十時三十八分 大暑廿四日辛丑午前四時六分	立秋初十日丙辰午後八時三十二分 處暑廿六日壬申午前十一時十二分	白露十一日丁亥午後十一時二十五分 秋分廿七日癸卯午前八時四十二分	寒露十二日戊午午後二時四十九分 霜降廿七日癸酉午後五時四十一分	立冬十三日戊子午後五時三十分 小雪廿八日癸卯午後二時四十分	大雪十三日戊午午前九時四十三分 冬至廿八日癸酉午前三時二十一分	小寒十二日丁亥午後八時二十二分 大寒廿七日壬寅午後一時三十三分

◆雜 節◆

寒食	土王	初伏	土王	中伏	末伏	土王	土王	臘享
三月初四日	三月十六日	六月十三日	六月廿一日	六月廿三日	七月十四日	九月廿四日	十二月廿四日	正月初三日
陽四月六日	陽四月十八日	陽七月十三日	陽七月二十一日	陽七月二十三日	陽八月十二日	陽十月二十一日	陽一月十八日	陽一月二十六日

1936 (4269. 丙子)

1月

陽	1	2	3	4	5	6	7	8	9	10	11	12	13	14	15	16	17	18	19	20	21	22	23	24	25	26	27	28	29	30	31
陰	7	8	9	10	11	12		14	15	16	17	18	19	20	21	22	23	24	25	26	27	28	29	①대	2	3	4	5	6	7	8
干支	壬午	癸未	甲申	乙酉	丙戌	丁亥	戊子	己丑	庚寅	辛卯	壬辰	癸巳	甲午	乙未	丙申	丁酉	戊戌	己亥	庚子	辛丑	壬寅	癸卯	甲辰	乙巳	丙午	丁未	戊申	己酉	庚戌	辛亥	壬子
曜	수	목	금	토	일	월	화	수	목	금	토	일	월	화	수	목	금	토	일	월	화	수	목	금	토	일	월	화	수	목	금

2月

陽	1	2	3	4	5	6	7	8	9	10	11	12	13	14	15	16	17	18	19	20	21	22	23	24	25	26	27	28	29
陰	9	10	11	12	13	14	15	16	17	18	19	20	21	22	23	24	25	26	27	28	29	30	②소	2	3	4	5	6	7
干支	癸丑	甲寅	乙卯	丙辰	丁巳	戊午	己未	庚申	辛酉	壬戌	癸亥	甲子	乙丑	丙寅	丁卯	戊辰	己巳	庚午	辛未	壬申	癸酉	甲戌	乙亥	丙子	丁丑	戊寅	己卯	庚辰	辛巳
曜	토	일	월	화	수	목	금	토	일	월	화	수	목	금	토	일	월	화	수	목	금	토	일	월	화	수	목	금	토

3月

陽	1	2	3	4	5	6	7	8	9	10	11	12	13	14	15	16	17	18	19	20	21	22	23	24	25	26	27	28	29	30	31
陰	8	9	10	11	12	13	14	15	16	17	18	19	20	21	22	23	24	25	26	27	28	29	③소	2	3	4	5	6	7	8	9
干支	壬午	癸未	甲申	乙酉	丙戌	丁亥	戊子	己丑	庚寅	辛卯	壬辰	癸巳	甲午	乙未	丙申	丁酉	戊戌	己亥	庚子	辛丑	壬寅	癸卯	甲辰	乙巳	丙午	丁未	戊申	己酉	庚戌	辛亥	壬子
曜	일	월	화	수	목	금	토	일	월	화	수	목	금	토	일	월	화	수	목	금	토	일	월	화	수	목	금	토	일	월	화

4月

陽	1	2	3	4	5	6	7	8	9	10	11	12	13	14	15	16	17	18	19	20	21	22	23	24	25	26	27	28	29	30
陰	10	11	12	13	14	15	16	17	18	19	20	21	22	23	24	25	26	27	28	29	③대	2	3	4	5	6	7	8	9	10
干支	癸丑	甲寅	乙卯	丙辰	丁巳	戊午	己未	庚申	辛酉	壬戌	癸亥	甲子	乙丑	丙寅	丁卯	戊辰	己巳	庚午	辛未	壬申	癸酉	甲戌	乙亥	丙子	丁丑	戊寅	己卯	庚辰	辛巳	壬午
曜	수	목	금	토	일	월	화	수	목	금	토	일	월	화	수	목	금	토	일	월	화	수	목	금	토	일	월	화	수	목

5月

陽	1	2	3	4	5	6	7	8	9	10	11	12	13	14	15	16	17	18	19	20	21	22	23	24	25	26	27	28	29	30	31
陰	11	12	13	14	15	16	17	18	19	20	21	22	23	24	25	26	27	28	29	30	④소	2	3	4	5	6	7	8	9	10	11
干支	癸未	甲申	乙酉	丙戌	丁亥	戊子	己丑	庚寅	辛卯	壬辰	癸巳	甲午	乙未	丙申	丁酉	戊戌	己亥	庚子	辛丑	壬寅	癸卯	甲辰	乙巳	丙午	丁未	戊申	己酉	庚戌	辛亥	壬子	癸丑
曜	금	토	일	월	화	수	목	금	토	일	월	화	수	목	금	토	일	월	화	수	목	금	토	일	월	화	수	목	금	토	일

6月

陽	1	2	3	4	5	6	7	8	9	10	11	12	13	14	15	16	17	18	19	20	21	22	23	24	25	26	27	28	29	30
陰	12	13	14	15	16	17	18	19	20	21	22	23	24	25	26	27	28	29	⑤대	2	3	4	5	6	7	8	9	10	11	12
干支	甲寅	乙卯	丙辰	丁巳	戊午	己未	庚申	辛酉	壬戌	癸亥	甲子	乙丑	丙寅	丁卯	戊辰	己巳	庚午	辛未	壬申	癸酉	甲戌	乙亥	丙子	丁丑	戊寅	己卯	庚辰	辛巳	壬午	癸未
曜	월	화	수	목	금	토	일	월	화	수	목	금	토	일	월	화	수	목	금	토	일	월	화	수	목	금	토	일	월	화

7月

陽	1	2	3	4	5	6	7	8	9	10	11	12	13	14	15	16	17	18	19	20	21	22	23	24	25	26	27	28	29	30	31
陰	13	14	15	16	17	18	19	20	21	22	23	24	25	26	27	28	29	30	⑥소	2	3	4	5	6	7	8	9	10	11	12	13
干支	甲申	乙酉	丙戌	丁亥	戊子	己丑	庚寅	辛卯	壬辰	癸巳	甲午	乙未	丙申	丁酉	戊戌	己亥	庚子	辛丑	壬寅	癸卯	甲辰	乙巳	丙午	丁未	戊申	己酉	庚戌	辛亥	壬子	癸丑	甲寅
曜	수	목	금	토	일	월	화	수	목	금	토	일	월	화	수	목	금	토	일	월	화	수	목	금	토	일	월	화	수	목	금

8月

陽	1	2	3	4	5	6	7	8	9	10	11	12	13	14	15	16	17	18	19	20	21	22	23	24	25	26	27	28	29	30	31
陰	14	15	16	17	18	19	20	21	22	23	24	25	26	27	28	29	⑦대	2	3	4	5	6	7	8	9	10	11	12	13	14	15
干支	乙卯	丙辰	丁巳	戊午	己未	庚申	辛酉	壬戌	癸亥	甲子	乙丑	丙寅	丁卯	戊辰	己巳	庚午	辛未	壬申	癸酉	甲戌	乙亥	丙子	丁丑	戊寅	己卯	庚辰	辛巳	壬午	癸未	甲申	乙酉
曜	토	일	월	화	수	목	금	토	일	월	화	수	목	금	토	일	월	화	수	목	금	토	일	월	화	수	목	금	토	일	월

9月

陽	1	2	3	4	5	6	7	8	9	10	11	12	13	14	15	16	17	18	19	20	21	22	23	24	25	26	27	28	29	30
陰	16	17	18	19	20	21	22	23	24	25	26	27	28	29	30	⑧소	2	3	4	5	6	7	8	9	10	11	12	13	14	15
干支	丙戌	丁亥	戊子	己丑	庚寅	辛卯	壬辰	癸巳	甲午	乙未	丙申	丁酉	戊戌	己亥	庚子	辛丑	壬寅	癸卯	甲辰	乙巳	丙午	丁未	戊申	己酉	庚戌	辛亥	壬子	癸丑	甲寅	乙卯
曜	화	수	목	금	토	일	월	화	수	목	금	토	일	월	화	수	목	금	토	일	월	화	수	목	금	토	일	월	화	수

10月

陽	1	2	3	4	5	6	7	8	9	10	11	12	13	14	15	16	17	18	19	20	21	22	23	24	25	26	27	28	29	30	31
陰	16	17	18	19	20	21	22	23	24	25	26	27	28	29	⑨대	2	3	4	5	6	7	8	9	10	11	12	13	14	15	16	17
干支	丙辰	丁巳	戊午	己未	庚申	辛酉	壬戌	癸亥	甲子	乙丑	丙寅	丁卯	戊辰	己巳	庚午	辛未	壬申	癸酉	甲戌	乙亥	丙子	丁丑	戊寅	己卯	庚辰	辛巳	壬午	癸未	甲申	乙酉	丙戌
曜	목	금	토	일	월	화	수	목	금	토	일	월	화	수	목	금	토	일	월	화	수	목	금	토	일	월	화	수	목	금	토

11月

陽	1	2	3	4	5	6	7	8	9	10	11	12	13	14	15	16	17	18	19	20	21	22	23	24	25	26	27	28	29	30
陰	18	19	20	21	22	23	24	25	26	27	28	29	30	⑩대	2	3	4	5	6	7	8	9	10	11	12	13	14	15	16	17
干支	丁亥	戊子	己丑	庚寅	辛卯	壬辰	癸巳	甲午	乙未	丙申	丁酉	戊戌	己亥	庚子	辛丑	壬寅	癸卯	甲辰	乙巳	丙午	丁未	戊申	己酉	庚戌	辛亥	壬子	癸丑	甲寅	乙卯	丙辰
曜	일	월	화	수	목	금	토	일	월	화	수	목	금	토	일	월	화	수	목	금	토	일	월	화	수	목	금	토	일	월

12月

陽	1	2	3	4	5	6	7	8	9	10	11	12	13	14	15	16	17	18	19	20	21	22	23	24	25	26	27	28	29	30	31
陰	18	19	20	21	22	23	24	25	26	27	28	29	30	⑪대	2	3	4	5	6	7	8	9	10	11	12	13	14	15	16	17	18
干支	丁巳	戊午	己未	庚申	辛酉	壬戌	癸亥	甲子	乙丑	丙寅	丁卯	戊辰	己巳	庚午	辛未	壬申	癸酉	甲戌	乙亥	丙子	丁丑	戊寅	己卯	庚辰	辛巳	壬午	癸未	甲申	乙酉	丙戌	丁亥
曜	화	수	목	금	토	일	월	화	수	목	금	토	일	월	화	수	목	금	토	일	월	화	수	목	금	토	일	월	화	수	목

西紀一九三六年 ● 檀紀四二六九年

(澗下水)

舊閏三百八十四日
新閏三百六十六日

七日得辛　十一龍治水
寅 喪門　戌 吊客
酉 大將軍　南 三殺

七赤	五黃	九紫
三碧	一白	八白
二黑	六白	四綠

月之大小	日辰	月白	入節
正月大 庚寅	乙丑 乙卯 乙巳	八白	立春十三日丁巳午前七時四十五分 / 雨水廿八日壬申午前四時四十分
二月小 辛卯	乙未 乙酉 乙亥	七赤	驚蟄十三日丁亥午前一時五十七分 / 春分廿八日壬寅午前三時四十分
三月小 壬辰	甲子 甲寅 甲辰	六白	清明十四日丁巳午前七時十七分 / 穀雨廿九日壬申午後二時四十四分
三閏月大	癸巳 癸未 癸酉	六白	立夏十六日戊子午前一時十四分
四月小 癸巳	癸亥 癸丑 癸卯	五黃	小滿初一日癸卯午後二時三十八分 / 芒種十七日己未午前五時五十五分
五月大 甲午	壬辰 壬午 壬申	四綠	夏至初三日甲戌午後十時四十六分 / 小暑十九日庚寅午後四時四十二分
六月小 乙未	壬戌 壬子 壬寅	三碧	大暑初五日丙午午前九時五十四分 / 立秋廿一日壬戌午前二時二十分
七月大 丙申	辛卯 辛巳 辛未	二黑	處暑初七日丁丑午後五時零分 / 白露廿三日癸巳午前五時十三分
八月小 丁酉	辛酉 辛亥 辛丑	一白	秋分初八日戊申午後二時三十二分 / 寒露廿三日癸亥午後八時三十八分
九月大 戊戌	庚寅 庚辰 庚午	九紫	霜降初九日戊寅午後十一時三十分 / 立冬廿四日癸巳午後零時十九分
十月大 己亥	庚申 庚戌 庚子	八白	小雪初九日戊申午後八時三十分 / 大雪廿四日癸亥午後三時三十三分
十一月大 庚子	庚寅 庚辰 庚午	七赤	冬至初九日戊寅午前九時十一分 / 小寒廿四日癸巳午前二時十分
十二月小 辛丑	庚申 庚戌 庚子	六白	大寒初九日戊申午後七時十二分 / 立春廿三日壬戌午後一時三十四分

◆雜　節◆

雜節	陰	陽
寒食	三月十五日	陽四月六日
土王	三月廿六日	陽四月十七日
初伏	五月廿九日	陽七月十七日
土王	六月初二日	陽七月二十日
中伏	六月初九日	陽七月二十七日
末伏	六月廿九日	陽八月十六日
土王	九月初六日	陽十月二十日
土王	十二月初六日	陽一月十八日
臘享	十二月初八日	陽一月二十日

1937 (4270. 丁丑)

1月

	1	2	3	4	5	6	7	8	9	10	11	12	13	14	15	16	17	18	19	20	21	22	23	24	25	26	27	28	29	30	31
陰	19	20	21	22	23	24	25	26	27	28	29	30	⑫소	2	3	4		6	7	8	9	10	11	12	13	14	15	16	17	18	19
干支	戊子	己丑	庚寅	辛卯	壬辰	癸巳	甲午	乙未	丙申	丁酉	戊戌	己亥	庚子	辛丑	壬寅	癸卯	甲辰	乙巳	丙午	丁未	戊申	己酉	庚戌	辛亥	壬子	癸丑	甲寅	乙卯	丙辰	丁巳	戊午
曜	금	토	일	월	화	수	목	금	토	일	월	화	수	목	금	토	일	월	화	수	목	금	토	일	월	화	수	목	금	토	일

2月

陽	1	2	3	4	5	6	7	8	9	10	11	12	13	14	15	16	17	18	19	20	21	22	23	24	25	26	27	28
陰	20	21	22	23	24	25	26	27	28	29	①대	2	3	4	5	6	7	8	9	10	11	12	13	14	15	16	17	18
干支	己未	庚申	辛酉	壬戌	癸亥	甲子	乙丑	丙寅	丁卯	戊辰	己巳	庚午	辛未	壬申	癸酉	甲戌	乙亥	丙子	丁丑	戊寅	己卯	庚辰	辛巳	壬午	癸未	甲申	乙酉	丙戌
曜	월	화	수	목	금	토	일	월	화	수	목	금	토	일	월	화	수	목	금	토	일	월	화	수	목	금	토	일

3月

陽	1	2	3	4	5	6	7	8	9	10	11	12	13	14	15	16	17	18	19	20	21	22	23	24	25	26	27	28	29	30	31
陰	19	20	21	22	23	24	25	26	27	28	29	30	②소	2	3	4	5	6	7	8	9	10	11	12	13	14	15	16	17	18	19
干支	丁亥	戊子	己丑	庚寅	辛卯	壬辰	癸巳	甲午	乙未	丙申	丁酉	戊戌	己亥	庚子	辛丑	壬寅	癸卯	甲辰	乙巳	丙午	丁未	戊申	己酉	庚戌	辛亥	壬子	癸丑	甲寅	乙卯	丙辰	丁巳
曜	월	화	수	목	금	토	일	월	화	수	목	금	토	일	월	화	수	목	금	토	일	월	화	수	목	금	토	일	월	화	수

4月

陽	1	2	3	4	5	6	7	8	9	10	11	12	13	14	15	16	17	18	19	20	21	22	23	24	25	26	27	28	29	30
陰	20	21	22	23	24	25	26	27	28	29	③소	2	3	4	5	6	7	8	9	10	11	12	13	14	15	16	17	18	19	20
干支	戊午	己未	庚申	辛酉	壬戌	癸亥	甲子	乙丑	丙寅	丁卯	戊辰	己巳	庚午	辛未	壬申	癸酉	甲戌	乙亥	丙子	丁丑	戊寅	己卯	庚辰	辛巳	壬午	癸未	甲申	乙酉	丙戌	丁亥
曜	목	금	토	일	월	화	수	목	금	토	일	월	화	수	목	금	토	일	월	화	수	목	금	토	일	월	화	수	목	금

5月

陽	1	2	3	4	5	6	7	8	9	10	11	12	13	14	15	16	17	18	19	20	21	22	23	24	25	26	27	28	29	30	31
陰	21	22	23	24	25	26	27	28	29	④대	2	3	4	5	6	7	8	9	10	11	12	13	14	15	16	17	18	19	20	21	22
干支	戊子	己丑	庚寅	辛卯	壬辰	癸巳	甲午	乙未	丙申	丁酉	戊戌	己亥	庚子	辛丑	壬寅	癸卯	甲辰	乙巳	丙午	丁未	戊申	己酉	庚戌	辛亥	壬子	癸丑	甲寅	乙卯	丙辰	丁巳	戊午
曜	토	일	월	화	수	목	금	토	일	월	화	수	목	금	토	일	월	화	수	목	금	토	일	월	화	수	목	금	토	일	월

6月

陽	1	2	3	4	5	6	7	8	9	10	11	12	13	14	15	16	17	18	19	20	21	22	23	24	25	26	27	28	29	30
陰	23	24	25	26	27	28	29	30	⑤소	2	3	4	5	6	7	8	9	10	11	12	13	14	15	16	17	18	19	20	21	22
干支	己未	庚申	辛酉	壬戌	癸亥	甲子	乙丑	丙寅	丁卯	戊辰	己巳	庚午	辛未	壬申	癸酉	甲戌	乙亥	丙子	丁丑	戊寅	己卯	庚辰	辛巳	壬午	癸未	甲申	乙酉	丙戌	丁亥	戊子
曜	화	수	목	금	토	일	월	화	수	목	금	토	일	월	화	수	목	금	토	일	월	화	수	목	금	토	일	월	화	수

7月

陽	1	2	3	4	5	6	7	8	9	10	11	12	13	14	15	16	17	18	19	20	21	22	23	24	25	26	27	28	29	30	31
陰	23	24	25	26	27	28	29	⑥소	2	3	4	5	6	7	8	9	10	11	12	13	14	15	16	17	18	19	20	21	22	23	24
干支	己丑	庚寅	辛卯	壬辰	癸巳	甲午	乙未	丙申	丁酉	戊戌	己亥	庚子	辛丑	壬寅	癸卯	甲辰	乙巳	丙午	丁未	戊申	己酉	庚戌	辛亥	壬子	癸丑	甲寅	乙卯	丙辰	丁巳	戊午	己未
曜	목	금	토	일	월	화	수	목	금	토	일	월	화	수	목	금	토	일	월	화	수	목	금	토	일	월	화	수	목	금	토

8月

陽	1	2	3	4	5	6	7	8	9	10	11	12	13	14	15	16	17	18	19	20	21	22	23	24	25	26	27	28	29	30	31
陰	25	26	27	28	29	⑦대	2	3	4	5	6	7	8	9	10	11	12	13	14	15	16	17	18	19	20	21	22	23	24	25	26
干支	庚申	辛酉	壬戌	癸亥	甲子	乙丑	丙寅	丁卯	戊辰	己巳	庚午	辛未	壬申	癸酉	甲戌	乙亥	丙子	丁丑	戊寅	己卯	庚辰	辛巳	壬午	癸未	甲申	乙酉	丙戌	丁亥	戊子	己丑	庚寅
曜	일	월	화	수	목	금	토	일	월	화	수	목	금	토	일	월	화	수	목	금	토	일	월	화	수	목	금	토	일	월	화

9月

陽	1	2	3	4	5	6	7	8	9	10	11	12	13	14	15	16	17	18	19	20	21	22	23	24	25	26	27	28	29	30
陰	27	28	29	30	⑧소	2	3	4	5	6	7	8	9	10	11	12	13	14	15	16	17	18	19	20	21	22	23	24	25	26
干支	辛酉	壬戌	癸亥	甲午	乙未	丙申	丁酉	戊戌	己亥	庚子	辛丑	壬寅	癸卯	甲辰	乙巳	丙午	丁未	戊申	己酉	庚戌	辛亥	壬子	癸丑	甲寅	乙卯	丙辰	丁巳	戊午	己未	庚申
曜	수	목	금	토	일	월	화	수	목	금	토	일	월	화	수	목	금	토	일	월	화	수	목	금	토	일	월	화	수	목

10月

陽	1	2	3	4	5	6	7	8	9	10	11	12	13	14	15	16	17	18	19	20	21	22	23	24	25	26	27	28	29	30	31
陰	27	28	29	⑨대	2	3	4	5	6	7	8	9	10	11	12	13	14	15	16	17	18	19	20	21	22	23	24	25	26	27	28
干支	辛酉	壬戌	癸亥	甲子	乙丑	丙寅	丁卯	戊辰	己巳	庚午	辛未	壬申	癸酉	甲戌	乙亥	丙子	丁丑	戊寅	己卯	庚辰	辛巳	壬午	癸未	甲申	乙酉	丙戌	丁亥	戊子	己丑	庚寅	辛卯
曜	금	토	일	월	화	수	목	금	토	일	월	화	수	목	금	토	일	월	화	수	목	금	토	일	월	화	수	목	금	토	일

11月

陽	1	2	3	4	5	6	7	8	9	10	11	12	13	14	15	16	17	18	19	20	21	22	23	24	25	26	27	28	29	30
陰	29	30	⑩대	2	3	4	5	6	7	8	9	10	11	12	13	14	15	16	17	18	19	20	21	22	23	24	25	26	27	28
干支	壬辰	癸巳	甲午	乙未	丙申	丁酉	戊戌	己亥	庚子	辛丑	壬寅	癸卯	甲辰	乙巳	丙午	丁未	戊申	己酉	庚戌	辛亥	壬子	癸丑	甲寅	乙卯	丙辰	丁巳	戊午	己未	庚申	辛酉
曜	월	화	수	목	금	토	일	월	화	수	목	금	토	일	월	화	수	목	금	토	일	월	화	수	목	금	토	일	월	화

12月

陽	1	2	3	4	5	6	7	8	9	10	11	12	13	14	15	16	17	18	19	20	21	22	23	24	25	26	27	28	29	30	31
陰	29	30	⑪대	2	3	4	5	6	7	8	9	10	11	12	13	14	15	16	17	18	19	20	21	22	23	24	25	26	27	28	29
干支	壬戌	癸亥	甲子	乙丑	丙寅	丁卯	戊辰	己巳	庚午	辛未	壬申	癸酉	甲戌	乙亥	丙子	丁丑	戊寅	己卯	庚辰	辛巳	壬午	癸未	甲申	乙酉	丙戌	丁亥	戊子	己丑	庚寅	辛卯	壬辰
曜	수	목	금	토	일	월	화	수	목	금	토	일	월	화	수	목	금	토	일	월	화	수	목	금	토	일	월	화	수	목	금

丁丑 (澗下水)

西紀一九三七年 ● 檀紀四二七〇年

舊平三百五十四日
新平三百六十五日

三日得辛 十二龍治水
卯 喪門 亥 弔客
酉 大將軍 東 三殺

六白	四綠	八白
二黑	九紫	七赤
一白	五黃	三碧

月之大小	正月大 壬寅	二月小 癸卯	三月小 甲辰	四月大 乙巳	五月小 丙午	六月小 丁未	七月大 戊申	八月小 己酉	九月大 庚戌	十月大 辛亥	十一月大 壬子	十二月小 癸丑
日辰	己巳 己卯 己丑	己亥 己酉 己未	戊辰 戊寅 戊子	丁酉 丁未 丁巳	丁卯 丁丑 丁亥	丙申 丙午 丙辰	乙丑 乙亥 乙酉	乙未 乙巳 乙卯	甲子 甲戌 甲申	甲午 甲辰 甲寅	甲子 甲戌 甲申	甲午 甲辰 甲寅
白月	五黃	四綠	三碧	二黑	一白	九紫	八白	七赤	六白	五黃	四綠	三碧
入節	驚蟄廿四日壬辰午前七時四十五分 雨水初九日丁丑午前十一時二十六分	清明廿四日壬戌午後一時六分 春分初九日丁未午前八時四十二分	立夏廿六日癸巳午前七時二分 穀雨初十日丁丑午後八時四十七分	芒種廿八日甲子午前十一時四十二分 小滿十二日戊申午後八時十六分	小暑廿九日乙未午後十時十四分 夏至十四日庚辰午前四時三十七分	大暑十六日辛亥午後三時四十三分	處暑十八日壬午午後十時四十八分 立秋初三日丁卯午前八時八分	秋分十九日癸丑午後八時二十分 白露初四日戊戌午前十一時一分	霜降廿一日甲申午前五時十九分 寒露初六日己巳午前二時三十七分	小雪廿一日甲寅午前二時十九分 立冬初六日己亥午前五時九分	冬至二十日癸未午後三時一分 大雪初五日戊辰午後九時三十二分	大寒十九日壬子午前一時十一分 小寒初五日戊戌午前八時零分

◆雜 節◆

寒食	土王	初伏	土王	中伏	末伏	土王	土王	臘享
二月廿五日	三月初七日	六月初五日	六月十三日	六月十五日	七月初六日	九月十八日	十二月十六日	十二月十四日
陽四月六日	陽四月十七日	陽七月十二日	陽七月二十日	陽七月二十二日	陽八月十一日	陽十月二十一日	陽一月十七日	陽一月十五日

1938 (4271. 戊寅)

1月

陽	1	2	3	4	5	6	7	8	9	10	11	12	13	14	15	16	17	18	19	20	21	22	23	24	25	26	27	28	29	30	31
陰	30	⑫소	2	3	4	5	6	7	8	9	10	11	12	13	14	15	16	17	18	19	20	21	22	23	24	25	26	27	28	29	①대
干支	癸巳	甲午	乙未	丙申	丁酉	戊戌	己亥	庚子	辛丑	壬寅	癸卯	甲辰	乙巳	丙午	丁未	戊申	己酉	庚戌	辛亥	壬子	癸丑	甲寅	乙卯	丙辰	丁巳	戊午	己未	庚申	辛酉	壬戌	癸亥
曜	토	일	월	화	수	목	금	토	일	월	화	수	목	금	토	일	월	화	수	목	금	토	일	월	화	수	목	금	토	일	월

2月

陽	1	2	3	4	5	6	7	8	9	10	11	12	13	14	15	16	17	18	19	20	21	22	23	24	25	26	27	28
陰	2	3	4	5	6	7	8	9	10	11	12	13	14	15	16	17	18	19	20	21	22	23	24	25	26	27	28	29
干支	甲子	乙丑	丙寅	丁卯	戊辰	己巳	庚午	辛未	壬申	癸酉	甲戌	乙亥	丙子	丁丑	戊寅	己卯	庚辰	辛巳	壬午	癸未	甲申	乙酉	丙戌	丁亥	戊子	己丑	庚寅	辛卯
曜	화	수	목	금	토	일	월	화	수	목	금	토	일	월	화	수	목	금	토	일	월	화	수	목	금	토	일	월

3月

陽	1	2	3	4	5	6	7	8	9	10	11	12	13	14	15	16	17	18	19	20	21	22	23	24	25	26	27	28	29	30	31
陰	30	②대	2	3	4	5	6	7	8	9	10	11	12	13	14	15	16	17	18	19	20	21	22	23	24	25	26	27	28	29	30
干支	壬辰	癸巳	甲午	乙未	丙申	丁酉	戊戌	己亥	庚子	辛丑	壬寅	癸卯	甲辰	乙巳	丙午	丁未	戊申	己酉	庚戌	辛亥	壬子	癸丑	甲寅	乙卯	丙辰	丁巳	戊午	己未	庚申	辛酉	壬戌
曜	화	수	목	금	토	일	월	화	수	목	금	토	일	월	화	수	목	금	토	일	월	화	수	목	금	토	일	월	화	수	목

4月

陽	1	2	3	4	5	6	7	8	9	10	11	12	13	14	15	16	17	18	19	20	21	22	23	24	25	26	27	28	29	30
陰	③소	2	3	4	5	6	7	8	9	10	11	12	13	14	15	16	17	18	19	20	21	22	23	24	25	26	27	28	29	④소
干支	癸亥	甲子	乙丑	丙寅	丁卯	戊辰	己巳	庚午	辛未	壬申	癸酉	甲戌	乙亥	丙子	丁丑	戊寅	己卯	庚辰	辛巳	壬午	癸未	甲申	乙酉	丙戌	丁亥	戊子	己丑	庚寅	辛卯	壬辰
曜	금	토	일	월	화	수	목	금	토	일	월	화	수	목	금	토	일	월	화	수	목	금	토	일	월	화	수	목	금	토

5月

陽	1	2	3	4	5	6	7	8	9	10	11	12	13	14	15	16	17	18	19	20	21	22	23	24	25	26	27	28	29	30	31
陰	2	3	4	5	6	7	8	9	10	11	12	13	14	15	16	17	18	19	20	21	22	23	24	25	26	27	28	29	⑤대	2	3
干支	癸巳	甲午	乙未	丙申	丁酉	戊戌	己亥	庚子	辛丑	壬寅	癸卯	甲辰	乙巳	丙午	丁未	戊申	己酉	庚戌	辛亥	壬子	癸丑	甲寅	乙卯	丙辰	丁巳	戊午	己未	庚申	辛酉	壬戌	癸亥
曜	일	월	화	수	목	금	토	일	월	화	수	목	금	토	일	월	화	수	목	금	토	일	월	화	수	목	금	토	일	월	화

6月

陽	1	2	3	4	5	6	7	8	9	10	11	12	13	14	15	16	17	18	19	20	21	22	23	24	25	26	27	28	29	30
陰	4	5	6	7	8	9	10	11	12	13	14	15	16	17	18	19	20	21	22	23	24	25	26	27	28	29	30	⑥소	2	3
干支	甲子	乙丑	丙寅	丁卯	戊辰	己巳	庚午	辛未	壬申	癸酉	甲戌	乙亥	丙子	丁丑	戊寅	己卯	庚辰	辛巳	壬午	癸未	甲申	乙酉	丙戌	丁亥	戊子	己丑	庚寅	辛卯	壬辰	癸巳
曜	수	목	금	토	일	월	화	수	목	금	토	일	월	화	수	목	금	토	일	월	화	수	목	금	토	일	월	화	수	목

7月

陽	1	2	3	4	5	6	7	8	9	10	11	12	13	14	15	16	17	18	19	20	21	22	23	24	25	26	27	28	29	30	31
陰	4	5	6	7	8	9	10	11	12	13	14	15	16	17	18	19	20	21	22	23	24	25	26	27	28	29	⑦소	2	3	4	5
干支	甲午	乙未	丙申	丁酉	戊戌	己亥	庚子	辛丑	壬寅	癸卯	甲辰	乙巳	丙午	丁未	戊申	己酉	庚戌	辛亥	壬子	癸丑	甲寅	乙卯	丙辰	丁巳	戊午	己未	庚申	辛酉	壬戌	癸亥	甲子
曜	금	토	일	월	화	수	목	금	토	일	월	화	수	목	금	토	일	월	화	수	목	금	토	일	월	화	수	목	금	토	일

8月

陽	1	2	3	4	5	6	7	8	9	10	11	12	13	14	15	16	17	18	19	20	21	22	23	24	25	26	27	28	29	30	31
陰	6	7	8	9	10	11	12	13	14	15	16	17	18	19	20	21	22	23	24	25	26	27	28	29	⑦대	2	3	4	5	6	7
干支	乙丑	丙寅	丁卯	戊辰	己巳	庚午	辛未	壬申	癸酉	甲戌	乙亥	丙子	丁丑	戊寅	己卯	庚辰	辛巳	壬午	癸未	甲申	乙酉	丙戌	丁亥	戊子	己丑	庚寅	辛卯	壬辰	癸巳	甲午	乙未
曜	월	화	수	목	금	토	일	월	화	수	목	금	토	일	월	화	수	목	금	토	일	월	화	수	목	금	토	일	월	화	수

9月

陽	1	2	3	4	5	6	7	8	9	10	11	12	13	14	15	16	17	18	19	20	21	22	23	24	25	26	27	28	29	30
陰	8	9	10	11	12	13	14	15	16	17	18	19	20	21	22	23	24	25	26	27	28	29	30	⑧소	2	3	4	5	6	7
干支	丙申	丁酉	戊戌	己亥	庚子	辛丑	壬寅	癸卯	甲辰	乙巳	丙午	丁未	戊申	己酉	庚戌	辛亥	壬子	癸丑	甲寅	乙卯	丙辰	丁巳	戊午	己未	庚申	辛酉	壬戌	癸亥	甲子	乙丑
曜	목	금	토	일	월	화	수	목	금	토	일	월	화	수	목	금	토	일	월	화	수	목	금	토	일	월	화	수	목	금

10月

陽	1	2	3	4	5	6	7	8	9	10	11	12	13	14	15	16	17	18	19	20	21	22	23	24	25	26	27	28	29	30	31
陰	8	9	10	11	12	13	14	15	16	17	18	19	20	21	22	23	24	25	26	27	28	29	⑨대	2	3	4	5	6	7	8	9
干支	丙寅	丁卯	戊辰	己巳	庚午	辛未	壬申	癸酉	甲戌	乙亥	丙子	丁丑	戊寅	己卯	庚辰	辛巳	壬午	癸未	甲申	乙酉	丙戌	丁亥	戊子	己丑	庚寅	辛卯	壬辰	癸巳	甲午	乙未	丙申
曜	토	일	월	화	수	목	금	토	일	월	화	수	목	금	토	일	월	화	수	목	금	토	일	월	화	수	목	금	토	일	월

11月

陽	1	2	3	4	5	6	7	8	9	10	11	12	13	14	15	16	17	18	19	20	21	22	23	24	25	26	27	28	29	30
陰	10	11	12	13	14	15	16	17	18	19	20	21	22	23	24	25	26	27	28	29	30	⑩대	2	3	4	5	6	7	8	9
干支	丁酉	戊戌	己亥	庚子	辛丑	壬寅	癸卯	甲辰	乙巳	丙午	丁未	戊申	己酉	庚戌	辛亥	壬子	癸丑	甲寅	乙卯	丙辰	丁巳	戊午	己未	庚申	辛酉	壬戌	癸亥	甲子	乙丑	丙寅
曜	화	수	목	금	토	일	월	화	수	목	금	토	일	월	화	수	목	금	토	일	월	화	수	목	금	토	일	월	화	수

12月

陽	1	2	3	4	5	6	7	8	9	10	11	12	13	14	15	16	17	18	19	20	21	22	23	24	25	26	27	28	29	30	31
陰	10	11	12	13	14	15	16	17	18	19	20	21	22	23	24	25	26	27	28	29	30	⑪소	2	3	4	5	6	7	8	9	10
干支	丁卯	戊辰	己巳	庚午	辛未	壬申	癸酉	甲戌	乙亥	丙子	丁丑	戊寅	己卯	庚辰	辛巳	壬午	癸未	甲申	乙酉	丙戌	丁亥	戊子	己丑	庚寅	辛卯	壬辰	癸巳	甲午	乙未	丙申	丁酉
曜	목	금	토	일	월	화	수	목	금	토	일	월	화	수	목	금	토	일	월	화	수	목	금	토	일	월	화	수	목	금	토

戊寅(城頭土)

西紀一九三八年 檀紀四二七一年

舊閏三百八十四日 新平三百六十五日

九日得辛 六龍治水
辰喪門 子弔客
子大將軍 北三殺

五黃	三碧	七赤
一白	八白	六白
九紫	四綠	二黑

建月之大小	正月大 甲寅	二月大 乙卯	三月小 丙辰	四月小 丁巳	五月大 戊午	六月小 乙未	七月小 庚申	七閏月大	八月小 辛酉	九月大 壬戌	十月大 癸亥	十一月大 甲子	十二月小 乙丑
日辰	己未 己酉 己亥	癸丑 癸卯 癸巳	癸未 癸酉 癸亥	壬子 壬寅 壬辰	辛巳 辛未 辛酉	辛亥 辛丑 辛卯	庚辰 庚午 庚申	乙酉 乙亥 乙丑	乙卯 乙巳 乙未	戊申 戊戌 戊子	戊寅 戊辰 戊午	戊申 戊戌 戊子	丁丑 丁卯 丁巳
月白	二黑	一白	九紫	八白	七赤	六白	五黃	五黃	四綠	三碧	二黑	一白	九綠
入節	立春初五日丁卯午後七時二十三分 雨水二十日壬午午後三時十九分	驚蟄初五日丁酉午後一時三十五分 春分二十日壬子午後二時四十一分	清明初五日丁卯午後六時五十五分 穀雨廿一日癸未午前二時二十一分	立夏初七日戊戌午後零時五十一分 小滿廿三日甲寅午前二時五分	芒種初九日己巳午後五時三十分 夏至廿五日乙酉午前十時二十五分	小暑十一日辛丑午前四時二分 大暑廿六日丙辰午後九時三十一分	立秋十三日壬申午後一時五十七分 處暑廿九日戊子午前四時三十七分	白露十五日癸卯午後四時五十分	秋分初一日己未午前二時八分 寒露十六日甲戌午前八時十六分	霜降初二日己丑午前十一時九分 立冬十七日甲辰午前十時五十八分	小雪初二日己未午前八時九分 大雪十七日甲戌午前三時十三分	冬至初一日戊子午後八時五十一分 小寒十六日癸卯午後一時五十一分	大寒初二日戊午午前七時二分 立春十七日癸酉午前一時十四分

◆雜　節◆

寒食	三月初六日	陽四月六日
土王	三月十八日	陽四月十八日
初伏	六月二十日	陽七月十七日
土王	六月廿三日	陽七月二十日
中伏	七月初一日	陽七月二十七日
末伏	七月廿一日	陽八月十六日
土王	八月廿八日	陽十月二十一日
土王	十一月廿八日	陽一月十八日
臘享	十二月初三日	陽一月二十二日

1939 (4272. 己卯)

1月

陽	1	2	3	4	5	6	7	8	9	10	11	12	13	14	15	16	17	18	19	20	21	22	23	24	25	26	27	28	29	30	31
陰	11	12	13	14	15	16	17	18	19	20	21	22	23	24	25	26	27	28	29	⑫대	2	3	4	5	6	7	8	9	10	11	12
干支	戊戌	己亥	庚子	辛丑	壬寅	癸卯	甲辰	乙巳	丙午	丁未	戊申	己酉	庚戌	辛亥	壬子	癸丑	甲寅	乙卯	丙辰	丁巳	戊午	己未	庚申	辛酉	壬戌	癸亥	甲子	乙丑	丙寅	丁卯	戊辰
曜	일	월	화	수	목	금	토	일	월	화	수	목	금	토	일	월	화	수	목	금	토	일	월	화	수	목	금	토	일	월	화

2月

陽	1	2	3	4	5	6	7	8	9	10	11	12	13	14	15	16	17	18	19	20	21	22	23	24	25	26	27	28
陰	13	14	15	16	17	18	19	20	21	22	23	24	25	26	27	28	29	30	①대	2	3	4	5	6	7	8	9	10
干支	己巳	庚午	辛未	壬申	癸酉	甲戌	乙亥	丙子	丁丑	戊寅	己卯	庚辰	辛巳	壬午	癸未	甲申	乙酉	丙戌	丁亥	戊子	己丑	庚寅	辛卯	壬辰	癸巳	甲午	乙未	丙申
曜	수	목	금	토	일	월	화	수	목	금	토	일	월	화	수	목	금	토	일	월	화	수	목	금	토	일	월	화

3月

陽	1	2	3	4	5	6	7	8	9	10	11	12	13	14	15	16	17	18	19	20	21	22	23	24	25	26	27	28	29	30	31
陰	11	12	13	14	15	16	17	18	19	20	21	22	23	24	25	26	27	28	29	30	②대	2	3	4	5	6	7	8	9	10	11
干支	丁酉	戊戌	己亥	庚子	辛丑	壬寅	癸卯	甲辰	乙巳	丙午	丁未	戊申	己酉	庚戌	辛亥	壬子	癸丑	甲寅	乙卯	丙辰	丁巳	戊午	己未	庚申	辛酉	壬戌	癸亥	甲子	乙丑	丙寅	丁卯
曜	수	목	금	토	일	월	화	수	목	금	토	일	월	화	수	목	금	토	일	월	화	수	목	금	토	일	월	화	수	목	금

4月

陽	1	2	3	4	5	6	7	8	9	10	11	12	13	14	15	16	17	18	19	20	21	22	23	24	25	26	27	28	29	30
陰	12	13	14	15	16	17	18	19	20	21	22	23	24	25	26	27	28	29	30	③소	2	3	4	5	6	7	8	9	10	11
干支	戊辰	己巳	庚午	辛未	壬申	癸酉	甲戌	乙亥	丙子	丁丑	戊寅	己卯	庚辰	辛巳	壬午	癸未	甲申	乙酉	丙戌	丁亥	戊子	己丑	庚寅	辛卯	壬辰	癸巳	甲午	乙未	丙申	丁酉
曜	토	일	월	화	수	목	금	토	일	월	화	수	목	금	토	일	월	화	수	목	금	토	일	월	화	수	목	금	토	일

5月

陽	1	2	3	4	5	6	7	8	9	10	11	12	13	14	15	16	17	18	19	20	21	22	23	24	25	26	27	28	29	30	31
陰	12	13	14	15	16	17	18	19	20	21	22	23	24	25	26	27	28	29	④소	2	3	4	5	6	7	8	9	10	11	12	13
干支	戊戌	己亥	庚子	辛丑	壬寅	癸卯	甲辰	乙巳	丙午	丁未	戊申	己酉	庚戌	辛亥	壬子	癸丑	甲寅	乙卯	丙辰	丁巳	戊午	己未	庚申	辛酉	壬戌	癸亥	甲子	乙丑	丙寅	丁卯	戊辰
曜	월	화	수	목	금	토	일	월	화	수	목	금	토	일	월	화	수	목	금	토	일	월	화	수	목	금	토	일	월	화	수

6月

陽	1	2	3	4	5	6	7	8	9	10	11	12	13	14	15	16	17	18	19	20	21	22	23	24	25	26	27	28	29	30
陰	14	15	16	17	18	19	20	21	22	23	24	25	26	27	28	29	⑤대	2	3	4	5	6	7	8	9	10	11	12	13	14
干支	己巳	庚午	辛未	壬申	癸酉	甲戌	乙亥	丙子	丁丑	戊寅	己卯	庚辰	辛巳	壬午	癸未	甲申	乙酉	丙戌	丁亥	戊子	己丑	庚寅	辛卯	壬辰	癸巳	甲午	乙未	丙申	丁酉	戊戌
曜	목	금	토	일	월	화	수	목	금	토	일	월	화	수	목	금	토	일	월	화	수	목	금	토	일	월	화	수	목	금

7月

陽	1	2	3	4	5	6	7	8	9	10	11	12	13	14	15	16	17	18	19	20	21	22	23	24	25	26	27	28	29	30	31
陰	15	16	17	18	19	20	21	22	23	24	25	26	27	28	29	30	⑥소	2	3	4	5	6	7	8	9	10	11	12	13	14	15
干支	己亥	庚子	辛丑	壬寅	癸卯	甲辰	乙巳	丙午	丁未	戊申	己酉	庚戌	辛亥	壬子	癸丑	甲寅	乙卯	丙辰	丁巳	戊午	己未	庚申	辛酉	壬戌	癸亥	甲子	乙丑	丙寅	丁卯	戊辰	己巳
曜	토	일	월	화	수	목	금	토	일	월	화	수	목	금	토	일	월	화	수	목	금	토	일	월	화	수	목	금	토	일	월

8月

陽	1	2	3	4	5	6	7	8	9	10	11	12	13	14	15	16	17	18	19	20	21	22	23	24	25	26	27	28	29	30	31
陰	16	17	18	19	20	21	22	23	24	25	26	27	28	29	⑦소	2	3	4	5	6	7	8	9	10	11	12	13	14	15	16	17
干支	庚午	辛未	壬申	癸酉	甲戌	乙亥	丙子	丁丑	戊寅	己卯	庚辰	辛巳	壬午	癸未	甲申	乙酉	丙戌	丁亥	戊子	己丑	庚寅	辛卯	壬辰	癸巳	甲午	乙未	丙申	丁酉	戊戌	己亥	庚子
曜	화	수	목	금	토	일	월	화	수	목	금	토	일	월	화	수	목	금	토	일	월	화	수	목	금	토	일	월	화	수	목

9月

陽	1	2	3	4	5	6	7	8	9	10	11	12	13	14	15	16	17	18	19	20	21	22	23	24	25	26	27	28	29	30
陰	18	19	20	21	22	23	24	25	26	27	28	29	⑧대	2	3	4	5	6	7	8	9	10	11	12	13	14	15	16	17	18
干支	辛丑	壬寅	癸卯	甲辰	乙巳	丙午	丁未	戊申	己酉	庚戌	辛亥	壬子	癸丑	甲寅	乙卯	丙辰	丁巳	戊午	己未	庚申	辛酉	壬戌	癸亥	甲子	乙丑	丙寅	丁卯	戊辰	己巳	庚午
曜	금	토	일	월	화	수	목	금	토	일	월	화	수	목	금	토	일	월	화	수	목	금	토	일	월	화	수	목	금	토

10月

陽	1	2	3	4	5	6	7	8	9	10	11	12	13	14	15	16	17	18	19	20	21	22	23	24	25	26	27	28	29	30	31
陰	19	20	21	22	23	24	25	26	27	28	29	30	⑨소	2	3	4	5	6	7	8	9	10	11	12	13	14	15	16	17	18	19
干支	辛未	壬申	癸酉	甲戌	乙亥	丙子	丁丑	戊寅	己卯	庚辰	辛巳	壬午	癸未	甲申	乙酉	丙戌	丁亥	戊子	己丑	庚寅	辛卯	壬辰	癸巳	甲午	乙未	丙申	丁酉	戊戌	己亥	庚子	辛丑
曜	일	월	화	수	목	금	토	일	월	화	수	목	금	토	일	월	화	수	목	금	토	일	월	화	수	목	금	토	일	월	화

11月

陽	1	2	3	4	5	6	7	8	9	10	11	12	13	14	15	16	17	18	19	20	21	22	23	24	25	26	27	28	29	30
陰	20	21	22	23	24	25	26	27	28	29	⑩대	2	3	4	5	6	7	8	9	10	11	12	13	14	15	16	17	18	19	20
干支	壬寅	癸卯	甲辰	乙巳	丙午	丁未	戊申	己酉	庚戌	辛亥	壬子	癸丑	甲寅	乙卯	丙辰	丁巳	戊午	己未	庚申	辛酉	壬戌	癸亥	甲子	乙丑	丙寅	丁卯	戊辰	己巳	庚午	辛未
曜	수	목	금	토	일	월	화	수	목	금	토	일	월	화	수	목	금	토	일	월	화	수	목	금	토	일	월	화	수	목

12月

陽	1	2	3	4	5	6	7	8	9	10	11	12	13	14	15	16	17	18	19	20	21	22	23	24	25	26	27	28	29	30	31
陰	21	22	23	24	25	26	27	28	29	30	⑪소	2	3	4	5	6	7	8	9	10	11	12	13	14	15	16	17	18	19	20	21
干支	壬申	癸酉	甲戌	乙亥	丙子	丁丑	戊寅	己卯	庚辰	辛巳	壬午	癸未	甲申	乙酉	丙戌	丁亥	戊子	己丑	庚寅	辛卯	壬辰	癸巳	甲午	乙未	丙申	丁酉	戊戌	己亥	庚子	辛丑	壬寅
曜	금	토	일	월	화	수	목	금	토	일	월	화	수	목	금	토	일	월	화	수	목	금	토	일	월	화	수	목	금	토	일

己卯 (城頭土)

西紀一九三九年 ● 檀紀四二七二年

舊平三百五十四日
新平三百六十五日

五日得水 六龍治水
巳喪門 丑弔客
子大將軍 西三殺

四綠	二黑	六白
九紫	七赤	五黃
八白	三碧	一白

月之大小	正月大 丙寅	二月大 丁卯	三月小 戊辰	四月小 己巳	五月大 庚午	六月小 辛未	七月小 壬申	八月大 癸酉	九月小 甲戌	十月大 乙亥	十一月小 丙子	十二月大 丁丑
日辰	丁亥 丁酉 丁未	丁巳 丁卯 丁丑	丁亥 丁酉 丁未	丙辰 丙寅 丙子	乙酉 乙未 乙巳	乙卯 乙丑 乙亥	甲申 甲午 甲辰	癸丑 癸亥 癸酉	癸未 癸巳 癸卯	壬子 壬戌 壬申	壬午 壬辰 壬寅	辛亥 辛酉 辛未
月白	八白	七赤	六白	五黃	四綠	三碧	二黑	一白	九紫	八白	七赤	六白
入節	雨水初一日丁亥午後 九時九分 驚蟄十六日壬寅午後 七時二十四分	春分初一日丁巳午後 八時三十分 淸明十七日癸酉午前 零時四十四分	穀雨初二日戊子午前 八時九分 立夏十七日癸卯午後 六時二十九分	小滿初四日己未午前 七時五十四分 芒種十九日甲戌午後 十時十九分	夏至初六日庚寅午後 四時三十九分 小暑廿二日丙午午前 五時十分	大暑初八日壬戌午前 三時十八分 立秋廿三日丁丑午後 七時四十五分	處暑初十日癸巳午前 十時二十五分 白露廿五日戊申午後 十時三十九分	秋分十二日甲子午前 七時五十七分 寒露廿七日己卯午後 二時五分	霜降十二日甲午午後 四時五十八分 立冬廿七日己酉午後 四時四十八分	小雪十三日甲子午後 一時五十八分 大雪廿八日己卯午前 九時二分	冬至十三日甲午午前 二時四十分 小寒廿七日戊申午後 七時四十一分	大寒十三日癸亥午後 零時五十二分 立春廿八日戊寅午前 七時三分

◆雜 節◆

寒食	土王	初伏	土王	中伏	末伏	土王	土王	臘享
二月十七日	二月廿九日	五月廿六日	六月初五日	六月初六日	六月廿六日	九月初九日	十二月初十日	十二月初九日
陽四月六日	陽四月十八日	陽七月十二日	陽七月二十一日	陽七月二十二日	陽八月十一日	陽十月二十一日	陽一月十八日	陽一月十七日

1940 (4273. 庚辰)

1月

陽	1	2	3	4	5	6	7	8	9	10	11	12	13	14	15	16	17	18	19	20	21	22	23	24	25	26	27	28	29	30	31
陰	22	23	24	25	26	27	28	29	⑫대	2	3	4	5	6	7	8	9	10	11	12	13	14	15	16	17	18	19	20	21	22	23
干支	癸卯	甲辰	乙巳	丙午	丁未	戊申	己酉	庚戌	辛亥	壬子	癸丑	甲寅	乙卯	丙辰	丁巳	戊午	己未	庚申	辛酉	壬戌	癸亥	甲子	乙丑	丙寅	丁卯	戊辰	己巳	庚午	辛未	壬申	癸酉
曜	월	화	수	목	금	토	일	월	화	수	목	금	토	일	월	화	수	목	금	토	일	월	화	수	목	금	토	일	월	화	수

2月

陽	1	2	3	4	5	6	7	8	9	10	11	12	13	14	15	16	17	18	19	20	21	22	23	24	25	26	27	28	29
陰	24	25	26	27	28	29	30	①대	2	3	4	5	6	7	8	9	10	11	12	13	14	15	16	17	18	19	20	21	22
干支	甲戌	乙亥	丙子	丁丑	戊寅	己卯	庚辰	辛巳	壬午	癸未	甲申	乙酉	丙戌	丁亥	戊子	己丑	庚寅	辛卯	壬辰	癸巳	甲午	乙未	丙申	丁酉	戊戌	己亥	庚子	辛丑	壬寅
曜	목	금	토	일	월	화	수	목	금	토	일	월	화	수	목	금	토	일	월	화	수	목	금	토	일	월	화	수	목

3月

陽	1	2	3	4	5	6	7	8	9	10	11	12	13	14	15	16	17	18	19	20	21	22	23	24	25	26	27	28	29	30	31
陰	23	24	25	26	27	28	29	30	②대	2	3	4	5	6	7	8	9	10	11	12	13	14	15	16	17	18	19	20	21	22	23
干支	癸卯	甲辰	乙巳	丙午	丁未	戊申	己酉	庚戌	辛亥	壬子	癸丑	甲寅	乙卯	丙辰	丁巳	戊午	己未	庚申	辛酉	壬戌	癸亥	甲子	乙丑	丙寅	丁卯	戊辰	己巳	庚午	辛未	壬申	癸酉
曜	금	토	일	월	화	수	목	금	토	일	월	화	수	목	금	토	일	월	화	수	목	금	토	일	월	화	수	목	금	토	일

4月

陽	1	2	3	4	5	6	7	8	9	10	11	12	13	14	15	16	17	18	19	20	21	22	23	24	25	26	27	28	29	30
陰	24	25	26	27	28	29	30	③소	2	3	4	5	6	7	8	9	10	11	12	13	14	15	16	17	18	19	20	21	22	23
干支	甲戌	乙亥	丙子	丁丑	戊寅	己卯	庚辰	辛巳	壬午	癸未	甲申	乙酉	丙戌	丁亥	戊子	己丑	庚寅	辛卯	壬辰	癸巳	甲午	乙未	丙申	丁酉	戊戌	己亥	庚子	辛丑	壬寅	癸卯
曜	월	화	수	목	금	토	일	월	화	수	목	금	토	일	월	화	수	목	금	토	일	월	화	수	목	금	토	일	월	화

5月

陽	1	2	3	4	5	6	7	8	9	10	11	12	13	14	15	16	17	18	19	20	21	22	23	24	25	26	27	28	29	30	31
陰	24	25	26	27	28	29	④대	2	3	4	5	6	7	8	9	10	11	12	13	14	15	16	17	18	19	20	21	22	23	24	25
干支	甲辰	乙巳	丙午	丁未	戊申	己酉	庚戌	辛亥	壬子	癸丑	甲寅	乙卯	丙辰	丁巳	戊午	己未	庚申	辛酉	壬戌	癸亥	甲子	乙丑	丙寅	丁卯	戊辰	己巳	庚午	辛未	壬申	癸酉	甲戌
曜	수	목	금	토	일	월	화	수	목	금	토	일	월	화	수	목	금	토	일	월	화	수	목	금	토	일	월	화	수	목	금

6月

陽	1	2	3	4	5	6	7	8	9	10	11	12	13	14	15	16	17	18	19	20	21	22	23	24	25	26	27	28	29	30
陰	26	27	28	29	30	⑤소	2	3	4	5	6	7	8	9	10	11	12	13	14	15	16	17	18	19	20	21	22	23	24	25
干支	乙亥	丙子	丁丑	戊寅	己卯	庚辰	辛巳	壬午	癸未	甲申	乙酉	丙戌	丁亥	戊子	己丑	庚寅	辛卯	壬辰	癸巳	甲午	乙未	丙申	丁酉	戊戌	己亥	庚子	辛丑	壬寅	癸卯	甲辰
曜	토	일	월	화	수	목	금	토	일	월	화	수	목	금	토	일	월	화	수	목	금	토	일	월	화	수	목	금	토	일

7月

陽	1	2	3	4	5	6	7	8	9	10	11	12	13	14	15	16	17	18	19	20	21	22	23	24	25	26	27	28	29	30	31
陰	26	27	28	29	⑥대	2	3	4	5	6	7	8	9	10	11	12	13	14	15	16	17	18	19	20	21	22	23	24	25	26	27
干支	乙巳	丙午	丁未	戊申	己酉	庚戌	辛亥	壬子	癸丑	甲寅	乙卯	丙辰	丁巳	戊午	己未	庚申	辛酉	壬戌	癸亥	甲子	乙丑	丙寅	丁卯	戊辰	己巳	庚午	辛未	壬申	癸酉	甲戌	乙亥
曜	월	화	수	목	금	토	일	월	화	수	목	금	토	일	월	화	수	목	금	토	일	월	화	수	목	금	토	일	월	화	수

8月

陽	1	2	3	4	5	6	7	8	9	10	11	12	13	14	15	16	17	18	19	20	21	22	23	24	25	26	27	28	29	30	31
陰	28	29	30	⑦소	2	3	4	5	6	7	8	9	10	11	12	13	14	15	16	17	18	19	20	21	22	23	24	25	26	27	28
干支	丙子	丁丑	戊寅	己卯	庚辰	辛巳	壬午	癸未	甲申	乙酉	丙戌	丁亥	戊子	己丑	庚寅	辛卯	壬辰	癸巳	甲午	乙未	丙申	丁酉	戊戌	己亥	庚子	辛丑	壬寅	癸卯	甲辰	乙巳	丙午
曜	목	금	토	일	월	화	수	목	금	토	일	월	화	수	목	금	토	일	월	화	수	목	금	토	일	월	화	수	목	금	토

9月

陽	1	2	3	4	5	6	7	8	9	10	11	12	13	14	15	16	17	18	19	20	21	22	23	24	25	26	27	28	29	30
陰	29	⑧소	2	3	4	5	6	7	8	9	10	11	12	13	14	15	16	17	18	19	20	21	22	23	24	25	26	27	28	29
干支	丁未	戊申	己酉	庚戌	辛亥	壬子	癸丑	甲寅	乙卯	丙辰	丁巳	戊午	己未	庚申	辛酉	壬戌	癸亥	甲子	乙丑	丙寅	丁卯	戊辰	己巳	庚午	辛未	壬申	癸酉	甲戌	乙亥	丙子
曜	일	월	화	수	목	금	토	일	월	화	수	목	금	토	일	월	화	수	목	금	토	일	월	화	수	목	금	토	일	월

10月

陽	1	2	3	4	5	6	7	8	9	10	11	12	13	14	15	16	17	18	19	20	21	22	23	24	25	26	27	28	29	30	31
陰	⑨대	2	3	4	5	6	7	8	9	10	11	12	13	14	15	16	17	18	19	20	21	22	23	24	25	26	27	28	29	30	⑩소
干支	丁丑	戊寅	己卯	庚辰	辛巳	壬午	癸未	甲申	乙酉	丙戌	丁亥	戊子	己丑	庚寅	辛卯	壬辰	癸巳	甲午	乙未	丙申	丁酉	戊戌	己亥	庚子	辛丑	壬寅	癸卯	甲辰	乙巳	丙午	丁未
曜	화	수	목	금	토	일	월	화	수	목	금	토	일	월	화	수	목	금	토	일	월	화	수	목	금	토	일	월	화	수	목

11月

陽	1	2	3	4	5	6	7	8	9	10	11	12	13	14	15	16	17	18	19	20	21	22	23	24	25	26	27	28	29	30
陰	2	3	4	5	6	7	8	9	10	11	12	13	14	15	16	17	18	19	20	21	22	23	24	25	26	27	28	29	⑪대	2
干支	戊申	己酉	庚戌	辛亥	壬子	癸丑	甲寅	乙卯	丙辰	丁巳	戊午	己未	庚申	辛酉	壬戌	癸亥	甲子	乙丑	丙寅	丁卯	戊辰	己巳	庚午	辛未	壬申	癸酉	甲戌	乙亥	丙子	丁丑
曜	금	토	일	월	화	수	목	금	토	일	월	화	수	목	금	토	일	월	화	수	목	금	토	일	월	화	수	목	금	토

12月

陽	1	2	3	4	5	6	7	8	9	10	11	12	13	14	15	16	17	18	19	20	21	22	23	24	25	26	27	28	29	30	31
陰	3	4	5	6	7	8	9	10	11	12	13	14	15	16	17	18	19	20	21	22	23	24	25	26	27	28	29	30	⑫소	2	3
干支	戊寅	己卯	庚辰	辛巳	壬午	癸未	甲申	乙酉	丙戌	丁亥	戊子	己丑	庚寅	辛卯	壬辰	癸巳	甲午	乙未	丙申	丁酉	戊戌	己亥	庚子	辛丑	壬寅	癸卯	甲辰	乙巳	丙午	丁未	戊申
曜	일	월	화	수	목	금	토	일	월	화	수	목	금	토	일	월	화	수	목	금	토	일	월	화	수	목	금	토	일	월	화

庚辰 (白臘金)

西紀一九四〇年 ● 檀紀四二七三年

舊平三百五十四日 新閏三百六十六日

一日得辛 十二龍治水

午喪門 寅吊客

子大將軍 南三殺

三碧	一白	五黃
八白	六白	四綠
七赤	二黑	九紫

建月之大小	日辰	白月	入節
正月大 戊寅	辛巳 辛卯 辛丑	五黃	雨水十三日癸巳午前二時五十八分 / 驚蟄廿八日戊申午前一時十四分
二月大 己卯	辛亥 辛酉 辛未	四綠	春分十三日癸亥午前二時十九分 / 清明廿八日戊寅午前六時三十三分
三月小 庚辰	辛巳 辛卯 辛丑	三碧	穀雨十三日癸巳午後一時五十八分 / 立夏廿九日己酉午前二十八時分
四月大 辛巳	庚戌 庚申 庚午	二黑	小滿十五日甲子午後一時四十一分
五月小 壬午	庚辰 庚寅 庚子	一白	芒種初一日庚辰午前五時七分 / 夏至十六日乙未午後十時二分
六月大 癸未	己酉 己未 己巳	九紫	小暑初三日辛亥午後三時三十六分 / 大暑十九日丁卯午前九時七分
七月小 甲申	己卯 己丑 己亥	八白	立秋初五日癸未午前一時三十四分 / 處暑二十日戊戌午後四時十三分
八月小 乙酉	戊申 戊午 戊辰	七赤	白露初七日甲寅午前四時二十七分 / 秋分廿二日己巳午後一時四十六分
九月大 丙戌	丁丑 丁亥 丁酉	六白	寒露初八日甲申午後七時四十四分 / 霜降廿三日己亥午後十時四十七分
十月小 丁亥	丁未 丁巳 丁卯	五黃	立冬初八日甲寅午後十時三十八分 / 小雪廿三日己巳午後七時四十八分
十一月大 戊子	丙子 丙戌 丙申	四綠	大雪初九日甲申午後二時五十二分 / 冬至廿四日己亥午前八時四十六分
十二月小 己丑	丙午 丙辰 丙寅	三碧	小寒初九日甲寅午前一時三十分 / 大寒廿四日己巳午後六時四十一分

◆雜 節◆

雜節	陰	陽
寒食	二月廿九日	陽四月六日
土王	三月初十日	陽四月十七日
初伏	六月十二日	陽七月十六日
土王	六月十六日	陽七月二十日
中伏	六月廿二日	陽七月二十六日
末伏	七月十二日	陽八月十五日
土王	九月二十日	陽十月二十日
土王	十二月二十一日	陽一月十八日
臘享	十二月廿六日	陽一月二十三日

1941 (4274. 辛巳)

1月

陽	1	2	3	4	5	6	7	8	9	10	11	12	13	14	15	16	17	18	19	20	21	22	23	24	25	26	27	28	29	30	31
陰	4	5	6	7	8	9	10	11	12	13	14	15	16	17	18	19	20	21	22	23	24	25	26	27	28	29	①대	2	3	4	5
干支	己酉	庚戌	辛亥	壬子	癸丑	甲寅	乙卯	丙辰	丁巳	戊午	己未	庚申	辛酉	壬戌	癸亥	甲子	乙丑	丙寅	丁卯	戊辰	己巳	庚午	辛未	壬申	癸酉	甲戌	乙亥	丙子	丁丑	戊寅	己卯
曜	수	목	금	토	일	월	화	수	목	금	토	일	월	화	수	목	금	토	일	월	화	수	목	금	토	일	월	화	수	목	금

2月

陽	1	2	3	4	5	6	7	8	9	10	11	12	13	14	15	16	17	18	19	20	21	22	23	24	25	26	27	28
陰	6	7	8	9	10	11	12	13	14	15	16	17	18	19	20	21	22	23	24	25	26	27	28	29	30	②대	2	3
干支	庚辰	辛巳	壬午	癸未	甲申	乙酉	丙戌	丁亥	戊子	己丑	庚寅	辛卯	壬辰	癸巳	甲午	乙未	丙申	丁酉	戊戌	己亥	庚子	辛丑	壬寅	癸卯	甲辰	乙巳	丙午	丁未
曜	토	일	월	화	수	목	금	토	일	월	화	수	목	금	토	일	월	화	수	목	금	토	일	월	화	수	목	금

3月

陽	1	2	3	4	5	6	7	8	9	10	11	12	13	14	15	16	17	18	19	20	21	22	23	24	25	26	27	28	29	30	31
陰	4	5	6	7	8	9	10	11	12	13	14	15	16	17	18	19	20	21	23	23	24	25	26	27	28	29	30	③소	2	3	4
干支	戊申	己酉	庚戌	辛亥	壬子	癸丑	甲寅	乙卯	丙辰	丁巳	戊午	己未	庚申	辛酉	壬戌	癸亥	甲子	乙丑	丙寅	丁卯	戊辰	己巳	庚午	辛未	壬申	癸酉	甲戌	乙亥	丙子	丁丑	戊寅
曜	토	일	월	화	수	목	금	토	일	월	화	수	목	금	토	일	월	화	수	목	금	토	일	월	화	수	목	금	토	일	월

4月

陽	1	2	3	4	5	6	7	8	9	10	11	12	13	14	15	16	17	18	19	20	21	22	23	24	25	26	27	28	29	30
陰	5	6	7	8	9	10	11	12	13	14	15	16	17	18	19	20	21	22	23	24	25	26	27	28	29	④대	2	3	4	5
干支	己卯	庚辰	辛巳	壬午	癸未	甲申	乙酉	丙戌	丁亥	戊子	己丑	庚寅	辛卯	壬辰	癸巳	甲午	乙未	丙申	丁酉	戊戌	己亥	庚子	辛丑	壬寅	癸卯	甲辰	乙巳	丙午	丁未	戊申
曜	화	수	목	금	토	일	월	화	수	목	금	토	일	월	화	수	목	금	토	일	월	화	수	목	금	토	일	월	화	수

5月

陽	1	2	3	4	5	6	7	8	9	10	11	12	13	14	15	16	17	18	19	20	21	22	23	24	25	26	27	28	29	30	31
陰	6	7	8	9	10	11	12	13	14	15	16	17	18	19	20	21	22	23	24	25	26	27	28	29	30	⑤대	2	3	4	5	6
干支	己酉	庚戌	辛亥	壬子	癸丑	甲寅	乙卯	丙辰	丁巳	戊午	己未	庚申	辛酉	壬戌	癸亥	甲子	乙丑	丙寅	丁卯	戊辰	己巳	庚午	辛未	壬申	癸酉	甲戌	乙亥	丙子	丁丑	戊寅	己卯
曜	목	금	토	일	월	화	수	목	금	토	일	월	화	수	목	금	토	일	월	화	수	목	금	토	일	월	화	수	목	금	토

6月

陽	1	2	3	4	5	6	7	8	9	10	11	12	13	14	15	16	17	18	19	20	21	22	23	24	25	26	27	28	29	30
陰	7	8	9	10	11	12	13	14	15	16	17	18	19	20	21	22	23	24	25	26	27	28	29	30	⑥소	2	3	4	5	6
干支	庚辰	辛巳	壬午	癸未	甲申	乙酉	丙戌	丁亥	戊子	己丑	庚寅	辛卯	壬辰	癸巳	甲午	乙未	丙申	丁酉	戊戌	己亥	庚子	辛丑	壬寅	癸卯	甲辰	乙巳	丙午	丁未	戊申	己酉
曜	일	월	화	수	목	금	토	일	월	화	수	목	금	토	일	월	화	수	목	금	토	일	월	화	수	목	금	토	일	월

7月

陽	1	2	3	4	5	6	7	8	9	10	11	12	13	14	15	16	17	18	19	20	21	22	23	24	25	26	27	28	29	30	31
陰	7	8	9	10	11	12	13	14	15	16	17	18	19	20	21	22	23	24	25	26	27	28	29	⑥대	2	3	4	5	6	7	8
干支	庚戌	辛亥	壬子	癸丑	甲寅	乙卯	丙辰	丁巳	戊午	己未	庚申	辛酉	壬戌	癸亥	甲子	乙丑	丙寅	丁卯	戊辰	己巳	庚午	辛未	壬申	癸酉	甲戌	乙亥	丙子	丁丑	戊寅	己卯	庚辰
曜	화	수	목	금	토	일	월	화	수	목	금	토	일	월	화	수	목	금	토	일	월	화	수	목	금	토	일	월	화	수	목

8月

陽	1	2	3	4	5	6	7	8	9	10	11	12	13	14	15	16	17	18	19	20	21	22	23	24	25	26	27	28	29	30	31
陰	9	10	11	12	13	14	15	16	17	18	19	20	21	22	23	24	25	26	27	28	29	30	⑦소	2	3	4	5	6	7	8	9
干支	辛巳	壬午	癸未	甲申	乙酉	丙戌	丁亥	戊子	己丑	庚寅	辛卯	壬辰	癸巳	甲午	乙未	丙申	丁酉	戊戌	己亥	庚子	辛丑	壬寅	癸卯	甲辰	乙巳	丙午	丁未	戊申	己酉	庚戌	辛亥
曜	금	토	일	월	화	수	목	금	토	일	월	화	수	목	금	토	일	월	화	수	목	금	토	일	월	화	수	목	금	토	일

9月

陽	1	2	3	4	5	6	7	8	9	10	11	12	13	14	15	16	17	18	19	20	21	22	23	24	25	26	27	28	29	30
陰	10	11	12	13	14	15	16	17	18	19	20	21	22	23	24	25	26	27	28	29	⑧소	2	3	4	5	6	7	8	9	10
干支	壬子	癸丑	甲寅	乙卯	丙辰	丁巳	戊午	己未	庚申	辛酉	壬戌	癸亥	甲子	乙丑	丙寅	丁卯	戊辰	己巳	庚午	辛未	壬申	癸酉	甲戌	乙亥	丙子	丁丑	戊寅	己卯	庚辰	辛巳
曜	월	화	수	목	금	토	일	월	화	수	목	금	토	일	월	화	수	목	금	토	일	월	화	수	목	금	토	일	월	화

10月

陽	1	2	3	4	5	6	7	8	9	10	11	12	13	14	15	16	17	18	19	20	21	22	23	24	25	26	27	28	29	30	31
陰	11	12	13	14	15	16	17	18	19	20	21	22	23	24	25	26	27	28	29	⑨대	2	3	4	5	6	7	8	9	10	11	12
干支	壬午	癸未	甲申	乙酉	丙戌	丁亥	戊子	己丑	庚寅	辛卯	壬辰	癸巳	甲午	乙未	丙申	丁酉	戊戌	己亥	庚子	辛丑	壬寅	癸卯	甲辰	乙巳	丙午	丁未	戊申	己酉	庚戌	辛亥	壬子
曜	수	목	금	토	일	월	화	수	목	금	토	일	월	화	수	목	금	토	일	월	화	수	목	금	토	일	월	화	수	목	금

11月

陽	1	2	3	4	5	6	7	8	9	10	11	12	13	14	15	16	17	18	19	20	21	22	23	24	25	26	27	28	29	30
陰	13	14	15	16	17	18	19	20	21	22	23	24	25	26	27	28	29	30	⑩소	2	3	4	5	6	7	8	9	10	11	12
干支	癸丑	甲寅	乙卯	丙辰	丁巳	戊午	己未	庚申	辛酉	壬戌	癸亥	甲子	乙丑	丙寅	丁卯	戊辰	己巳	庚午	辛未	壬申	癸酉	甲戌	乙亥	丙子	丁丑	戊寅	己卯	庚辰	辛巳	壬午
曜	토	일	월	화	수	목	금	토	일	월	화	수	목	금	토	일	월	화	수	목	금	토	일	월	화	수	목	금	토	일

12月

陽	1	2	3	4	5	6	7	8	9	10	11	12	13	14	15	16	17	18	19	20	21	22	23	24	25	26	27	28	29	30	31
陰	13	14	15	16	17	18	19	20	21	22	23	24	25	26	27	28	29	⑪대	2	3	4	5	6	7	8	9	10	11	12	13	14
干支	癸未	甲申	乙酉	丙戌	丁亥	戊子	己丑	庚寅	辛卯	壬辰	癸巳	甲午	乙未	丙申	丁酉	戊戌	己亥	庚子	辛丑	壬寅	癸卯	甲辰	乙巳	丙午	丁未	戊申	己酉	庚戌	辛亥	壬子	癸丑
曜	월	화	수	목	금	토	일	월	화	수	목	금	토	일	월	화	수	목	금	토	일	월	화	수	목	금	토	일	월	화	수

西紀一九四一年●檀紀四二七四年

辛巳(白鑞金)

舊閏三百八十四日
新平三百六十五日

七日得辛 六龍治水
未喪門 卯弔客
卯大將軍 東三殺

二黑	九紫	四綠
七赤	五黃	三碧
六白	一白	八白

建月之大小	正月大 庚寅	二月大 辛卯	三月小 壬辰	四月大 癸巳	五月大 甲午	六月小 乙未	六閏月大	七月小 丙申	八月小 丁酉	九月大 戊戌	十月小 己亥	十一月大 庚子	十二月小 辛丑
日辰	乙未 乙酉 乙亥	乙丑 乙卯 乙巳	乙未 乙酉 乙亥	甲子 甲寅 甲辰	甲午 甲申 甲戌	甲子 甲寅 甲辰	癸巳 癸未 癸酉	癸亥 癸丑 癸卯	壬辰 壬午 壬申	辛酉 辛亥 辛丑	辛卯 辛巳 辛未	庚申 庚戌 庚子	庚寅 庚辰 庚午
月白	二黑	一白	九紫	八白	七赤	六白	六白	五黃	四綠	三碧	二黑	一白	九紫
入節	立春初九日癸未午後零時五十三分 雨水廿四日戊戌午前八時四十八分	驚蟄初九日癸丑午前七時三分 春分廿四日戊辰午前八時九分	淸明初九日癸未午後零時二十二分 穀雨廿四日戊戌午後七時四十七分	立夏十一日甲寅午前六時十七分 小滿廿六日己巳午後八時二十六分	芒種十二日乙酉午前十時五十四分 夏至廿八日辛丑午前三時五十分	小暑十三日丙辰午後九時二十六分 大暑廿九日壬申午後二時五十四分	立秋十六日戊子午前七時二十三分	處暑初一日癸卯午後十時二分 白露十七日己未午前十時十五分	秋分初三日甲戌午後九時三十五分 寒露十九日庚寅午前一時四十三分	霜降初五日乙巳午前四時三十六分 立冬二十日庚申午前四時二十七分	小雪初五日乙亥午前一時三十八分 大雪十九日己丑午後八時四十二分	冬至初五日甲辰午後二時二十分 小寒二十日己未午前七時十九分	大寒初四日癸酉午前零時三十一分 立春十九日戊子午後六時四十三分

◆雜 節◆

寒食	土王	初伏	土王	中伏	末伏	土王	土王	臘享
三月初十日	三月廿一日	六月廿七日	六月廿六日	閏六月初八日	閏六月十八日	九月初二日	十二月初一日	十二月初二日
陽四月六日	陽四月十七日	陽七月二十一日	陽七月二十日	陽七月三十一日	陽八月十日	陽十月二十二日	陽一月十七日	陽一月十八日

1942 (4275. 壬午)

1月

陽	1	2	3	4	5	6	7	8	9	10	11	12	13	14	15	16	17	18	19	20	21	22	23	24	25	26	27	28	29	30	31
陰	15	16	17	18	19	20	21	22	23	24	25	26	27	28	29	30	⑫소	2	3	4	5	6	7	8	9	10	11	12	13	14	15
干支	甲寅	乙卯	丙辰	丁巳	戊午	己未	庚申	辛酉	壬戌	癸亥	甲子	乙丑	丙寅	丁卯	戊辰	己巳	庚午	辛未	壬申	癸酉	甲戌	乙亥	丙子	丁丑	戊寅	己卯	庚辰	辛巳	壬午	癸未	甲申
曜	목	금	토	일	월	화	수	목	금	토	일	월	화	수	목	금	토	일	월	화	수	목	금	토	일	월	화	수	목	금	토

2月

陽	1	2	3	4	5	6	7	8	9	10	11	12	13	14	15	16	17	18	19	20	21	22	23	24	25	26	27	28
陰	16	17	18	19	20	21	22	23	24	25	26	27	28	29	①대	2	3	4	5	6	7	8	9	10	11	12	13	14
干支	乙酉	丙戌	丁亥	戊子	己丑	庚寅	辛卯	壬辰	癸巳	甲午	乙未	丙申	丁酉	戊戌	己亥	庚子	辛丑	壬寅	癸卯	甲辰	乙巳	丙午	丁未	戊申	己酉	庚戌	辛亥	壬子
曜	일	월	화	수	목	금	토	일	월	화	수	목	금	토	일	월	화	수	목	금	토	일	월	화	수	목	금	토

3月

陽	1	2	3	4	5	6	7	8	9	10	11	12	13	14	15	16	17	18	19	20	21	22	23	24	25	26	27	28	29	30	31
陰	15	16	17	18	19	20	21	22	23	24	25	26	27	28	29	30	②소	2	3	4	5	6	7	8	9	10	11	12	13	14	15
干支	癸丑	甲寅	乙卯	丙辰	丁巳	戊午	己未	庚申	辛酉	壬戌	癸亥	甲子	乙丑	丙寅	丁卯	戊辰	己巳	庚午	辛未	壬申	癸酉	甲戌	乙亥	丙子	丁丑	戊寅	己卯	庚辰	辛巳	壬午	癸未
曜	일	월	화	수	목	금	토	일	월	화	수	목	금	토	일	월	화	수	목	금	토	일	월	화	수	목	금	토	일	월	화

4月

陽	1	2	3	4	5	6	7	8	9	10	11	12	13	14	15	16	17	18	19	20	21	22	23	24	25	26	27	28	29	30
陰	16	17	18	19	20	21	22	23	24	25	26	27	28	29	③대	2	3	4	5	6	7	8	9	10	11	12	13	14	15	16
干支	甲申	乙酉	丙戌	丁亥	戊子	己丑	庚寅	辛卯	壬辰	癸巳	甲午	乙未	丙申	丁酉	戊戌	己亥	庚子	辛丑	壬寅	癸卯	甲辰	乙巳	丙午	丁未	戊申	己酉	庚戌	辛亥	壬子	癸丑
曜	수	목	금	토	일	월	화	수	목	금	토	일	월	화	수	목	금	토	일	월	화	수	목	금	토	일	월	화	수	목

5月

陽	1	2	3	4	5	6	7	8	9	10	11	12	13	14	15	16	17	18	19	20	21	22	23	24	25	26	27	28	29	30	31
陰	17	18	19	20	21	22	23	24	25	26	27	28	29	30	④대	2	3	4	5	6	7	8	9	10	11	12	13	14	15	16	17
干支	甲寅	乙卯	丙辰	丁巳	戊午	己未	庚申	辛酉	壬戌	癸亥	甲子	乙丑	丙寅	丁卯	戊辰	己巳	庚午	辛未	壬申	癸酉	甲戌	乙亥	丙子	丁丑	戊寅	己卯	庚辰	辛巳	壬午	癸未	甲申
曜	금	토	일	월	화	수	목	금	토	일	월	화	수	목	금	토	일	월	화	수	목	금	토	일	월	화	수	목	금	토	일

6月

陽	1	2	3	4	5	6	7	8	9	10	11	12	13	14	15	16	17	18	19	20	21	22	23	24	25	26	27	28	29	30
陰	18	19	20	21	22	23	24	25	26	27	28	29	30	⑤소	2	3	4	5	6	7	8	9	10	11	12	13	14	15	16	17
干支	乙酉	丙戌	丁亥	戊子	己丑	庚寅	辛卯	壬辰	癸巳	甲午	乙未	丙申	丁酉	戊戌	己亥	庚子	辛丑	壬寅	癸卯	甲辰	乙巳	丙午	丁未	戊申	己酉	庚戌	辛亥	壬子	癸丑	甲寅
曜	월	화	수	목	금	토	일	월	화	수	목	금	토	일	월	화	수	목	금	토	일	월	화	수	목	금	토	일	월	화

7月

陽	1	2	3	4	5	6	7	8	9	10	11	12	13	14	15	16	17	18	19	20	21	22	23	24	25	26	27	28	29	30	31
陰	18	19	20	21	22	23	24	25	26	27	28	29	⑥대	2	3	4	5	6	7	8	9	10	11	12	13	14	15	16	17	18	19
干支	乙卯	丙辰	丁巳	戊午	己未	庚申	辛酉	壬戌	癸亥	甲子	乙丑	丙寅	丁卯	戊辰	己巳	庚午	辛未	壬申	癸酉	甲戌	乙亥	丙子	丁丑	戊寅	己卯	庚辰	辛巳	壬午	癸未	甲申	乙酉
曜	수	목	금	토	일	월	화	수	목	금	토	일	월	화	수	목	금	토	일	월	화	수	목	금	토	일	월	화	수	목	금

8月

陽	1	2	3	4	5	6	7	8	9	10	11	12	13	14	15	16	17	18	19	20	21	22	23	24	25	26	27	28	29	30	31
陰	20	21	22	23	24	25	26	27	28	29	30	⑦대	2	3	4	5	6	7	8	9	10	11	12	13	14	15	16	17	18	19	20
干支	丙戌	丁亥	戊子	己丑	庚寅	辛卯	壬辰	癸巳	甲午	乙未	丙申	丁酉	戊戌	己亥	庚子	辛丑	壬寅	癸卯	甲辰	乙巳	丙午	丁未	戊申	己酉	庚戌	辛亥	壬子	癸丑	甲寅	乙卯	丙辰
曜	토	일	월	화	수	목	금	토	일	월	화	수	목	금	토	일	월	화	수	목	금	토	일	월	화	수	목	금	토	일	월

9月

陽	1	2	3	4	5	6	7	8	9	10	11	12	13	14	15	16	17	18	19	20	21	22	23	24	25	26	27	28	29	30
陰	21	22	23	24	25	26	27	28	29	30	⑧소	2	3	4	5	6	7	8	9	10	11	12	13	14	15	16	17	18	19	20
干支	丁巳	戊午	己未	庚申	辛酉	壬戌	癸亥	甲子	乙丑	丙寅	丁卯	戊辰	己巳	庚午	辛未	壬申	癸酉	甲戌	乙亥	丙子	丁丑	戊寅	己卯	庚辰	辛巳	壬午	癸未	甲申	乙酉	丙戌
曜	화	수	목	금	토	일	월	화	수	목	금	토	일	월	화	수	목	금	토	일	월	화	수	목	금	토	일	월	화	수

10月

陽	1	2	3	4	5	6	7	8	9	10	11	12	13	14	15	16	17	18	19	20	21	22	23	24	25	26	27	28	29	30	31
陰	21	22	23	24	25	26	27	28	29	⑨대	2	3	4	5	6	7	8	9	10	11	12	13	14	15	16	17	18	19	20	21	22
干支	丁亥	戊子	己丑	庚寅	辛卯	壬辰	癸巳	甲午	乙未	丙申	丁酉	戊戌	己亥	庚子	辛丑	壬寅	癸卯	甲辰	乙巳	丙午	丁未	戊申	己酉	庚戌	辛亥	壬子	癸丑	甲寅	乙卯	丙辰	丁巳
曜	목	금	토	일	월	화	수	목	금	토	일	월	화	수	목	금	토	일	월	화	수	목	금	토	일	월	화	수	목	금	토

11月

陽	1	2	3	4	5	6	7	8	9	10	11	12	13	14	15	16	17	18	19	20	21	22	23	24	25	26	27	28	29	30
陰	23	24	25	26	27	28	29	30	⑩소	2	3	4	5	6	7	8	9	10	11	12	13	14	15	16	17	18	19	20	21	22
干支	戊午	己未	庚申	辛酉	壬戌	癸亥	甲子	乙丑	丙寅	丁卯	戊辰	己巳	庚午	辛未	壬申	癸酉	甲戌	乙亥	丙子	丁丑	戊寅	己卯	庚辰	辛巳	壬午	癸未	甲申	乙酉	丙戌	丁亥
曜	일	월	화	수	목	금	토	일	월	화	수	목	금	토	일	월	화	수	목	금	토	일	월	화	수	목	금	토	일	월

12月

陽	1	2	3	4	5	6	7	8	9	10	11	12	13	14	15	16	17	18	19	20	21	22	23	24	25	26	27	28	29	30	31
陰	23	24	25	26	27	28	29	⑪소	2	3	4	5	6	7	8	9	10	11	12	13	14	15	16	17	18	19	20	21	22	23	24
干支	戊子	己丑	庚寅	辛卯	壬辰	癸巳	甲午	乙未	丙申	丁酉	戊戌	己亥	庚子	辛丑	壬寅	癸卯	甲辰	乙巳	丙午	丁未	戊申	己酉	庚戌	辛亥	壬子	癸丑	甲寅	乙卯	丙辰	丁巳	戊午
曜	화	수	목	금	토	일	월	화	수	목	금	토	일	월	화	수	목	금	토	일	월	화	수	목	금	토	일	월	화	수	목

壬午 (楊柳木)

西紀一九四二年 ● 檀紀四二七五年

舊平三百五十五日
新平三百六十五日

三日得辛 六龍治水
申喪門 辰吊客
卯大將軍 北三殺

一白	八白	三碧
六白	四綠	二黑
五黃	九紫	七赤

月之大小	正月大 壬寅	二月小 癸卯	三月大 甲辰	四月大 乙巳	五月小 丙午	六月大 丁未	七月大 戊申	八月小 己酉	九月大 庚戌	十月小 辛亥	十一月小 壬子	十二月大 癸丑
日辰	己未 己酉 己亥	己丑 己卯 己巳	戊午 戊申 戊戌	戊子 戊寅 戊辰	戊午 戊申 戊戌	丁亥 丁丑 丁卯	丁巳 丁未 丁酉	丁亥 丁丑 丁卯	丙辰 丙午 丙申	丙戌 丙子 丙寅	乙卯 乙巳 乙未	甲申 甲戌 甲子
月白	八白	七赤	六白	五黃	四綠	三碧	二黑	一白	九紫	八白	七赤	六白
入節	驚蟄二十日戊午午後零時五十三分 雨水初五日癸卯午後二時三十七分	清明二十日戊子午後六時十分 春分初五日癸酉午後一時五十八分	立夏廿二日己未午後零時四分 穀雨初七日甲辰午前一時二十分	芒種廿三日庚寅午後四時四十四分 小滿初八日乙亥午前一時十九分	小暑廿五日壬戌午前三時十四分 夏至初九日丙午午前九時三十八分	立秋廿七日癸巳午後一時十分 大暑十一日丁丑午後八時四十三分	白露廿八日甲子午後四時四分 處暑十三日己酉午前三時五十分	寒露廿九日乙未午前七時三十二分 秋分十四日庚辰午前一時二十四分	霜降十五日庚戌午前十時二十六分	小雪十五日庚辰午前七時二十七分 立冬三十日乙丑午前十時十六分	冬至十五日己酉午後八時十分 大雪初一日乙未午前二時三十一分	大寒十六日己卯午前六時二十一分 小寒初一日甲子午後一時十分

◆雜 節◆

寒食	土王	初伏	土王	中伏	末伏	土王	土王	臘享
二月廿一日	三月初四日	六月初四日	六月初八日	六月十四日	七月初四日	九月十二日	十二月十三日	十二月二十日
陽四月六日	陽四月十八日	陽七月十六日	陽七月二十日	陽七月二十六日	陽八月十五日	陽十月二十一日	陽一月十八日	陽一月二十五日

1943 (4276. 癸未)

1月

陽	1	2	3	4	5	6	7	8	9	10	11	12	13	14	15	16	17	18	19	20	21	22	23	24	25	26	27	28	29	30	31
陰	25	26	27	28	29	⑫대	2	3	4	5	6	7	8	9	10	11	12	13	14	15	16	17	18	19	20	21	22	23	24	25	26
干支	己未	庚申	辛酉	壬戌	癸亥	甲子	乙丑	丙寅	丁卯	戊辰	己巳	庚午	辛未	壬申	癸酉	甲戌	乙亥	丙子	丁丑	戊寅	己卯	庚辰	辛巳	壬午	癸未	甲申	乙酉	丙戌	丁亥	戊子	己丑
曜	금	토	일	월	화	수	목	금	토	일	월	화	수	목	금	토	일	월	화	수	목	금	토	일	월	화	수	목	금	토	일

2月

陽	1	2	3	4	5	6	7	8	9	10	11	12	13	14	15	16	17	18	19	20	21	22	23	24	25	26	27	28
陰	27	28	29	30	①소	2	3	4	5	6	7	8	9	10	11	12	13	14	15	16	17	18	19	20	21	22	23	24
干支	庚寅	辛卯	壬辰	癸巳	甲午	乙未	丙申	丁酉	戊戌	己亥	庚子	辛丑	壬寅	癸卯	甲辰	乙巳	丙午	丁未	戊申	己酉	庚戌	辛亥	壬子	癸丑	甲寅	乙卯	丙辰	丁巳
曜	월	화	수	목	금	토	일	월	화	수	목	금	토	일	월	화	수	목	금	토	일	월	화	수	목	금	토	일

3月

陽	1	2	3	4	5	6	7	8	9	10	11	12	13	14	15	16	17	18	19	20	21	22	23	24	25	26	27	28	29	30	31
陰	25	26	27	28	29	②대	2	3	4	5	6	7	8	9	10	11	12	13	14	15	16	17	18	19	20	21	22	23	24	25	26
干支	戊午	己未	庚申	辛酉	壬戌	癸亥	甲子	乙丑	丙寅	丁卯	戊辰	己巳	庚午	辛未	壬申	癸酉	甲戌	乙亥	丙子	丁丑	戊寅	己卯	庚辰	辛巳	壬午	癸未	甲申	乙酉	丙戌	丁亥	戊子
曜	월	화	수	목	금	토	일	월	화	수	목	금	토	일	월	화	수	목	금	토	일	월	화	수	목	금	토	일	월	화	수

4月

陽	1	2	3	4	5	6	7	8	9	10	11	12	13	14	15	16	17	18	19	20	21	22	23	24	25	26	27	28	29	30
陰	27	28	29	30	③소	2	3	4	5	6	7	8	9	10	11	12	13	14	15	16	17	18	19	20	21	22	23	24	25	26
干支	己丑	庚寅	辛卯	壬辰	癸巳	甲午	乙未	丙申	丁酉	戊戌	己亥	庚子	辛丑	壬寅	癸卯	甲辰	乙巳	丙午	丁未	戊申	己酉	庚戌	辛亥	壬子	癸丑	甲寅	乙卯	丙辰	丁巳	戊午
曜	목	금	토	일	월	화	수	목	금	토	일	월	화	수	목	금	토	일	월	화	수	목	금	토	일	월	화	수	목	금

5月

陽	1	2	3	4	5	6	7	8	9	10	11	12	13	14	15	16	17	18	19	20	21	22	23	24	25	26	27	28	29	30	31
陰	27	28	29	④대	2	3	4	5	6	7	8	9	10	11	12	13	14	15	16	17	18	19	20	21	22	23	24	25	26	27	28
干支	己未	庚申	辛酉	壬戌	癸亥	甲子	乙丑	丙寅	丁卯	戊辰	己巳	庚午	辛未	壬申	癸酉	甲戌	乙亥	丙子	丁丑	戊寅	己卯	庚辰	辛巳	壬午	癸未	甲申	乙酉	丙戌	丁亥	戊子	己丑
曜	토	일	월	화	수	목	금	토	일	월	화	수	목	금	토	일	월	화	수	목	금	토	일	월	화	수	목	금	토	일	월

6月

陽	1	2	3	4	5	6	7	8	9	10	11	12	13	14	15	16	17	18	19	20	21	22	23	24	25	26	27	28	29	30
陰	29	30	⑤소	2	3	4	5	6	6	8	9	10	11	12	13	14	15	16	17	18	19	20	21	22	23	24	25	26	27	28
干支	庚寅	辛卯	壬辰	癸巳	甲午	乙未	丙申	丁酉	戊戌	己亥	庚子	辛丑	壬寅	癸卯	甲辰	乙巳	丙午	丁未	戊申	己酉	庚戌	辛亥	壬子	癸丑	甲寅	乙卯	丙辰	丁巳	戊午	己未
曜	화	수	목	금	토	일	월	화	수	목	금	토	일	월	화	수	목	금	토	일	월	화	수	목	금	토	일	월	화	수

7月

陽	1	2	3	4	5	6	7	8	9	10	11	12	13	14	15	16	17	18	19	20	21	22	23	24	25	26	27	28	29	30	31
陰	29	⑥대	2	3	4	5	6	7	8	9	10	11	12	13	14	15	16	17	18	19	20	21	23	23	24	25	26	27	28	29	30
干支	庚申	辛酉	壬戌	癸亥	甲子	乙丑	丙寅	丁卯	戊辰	己巳	庚午	辛未	壬申	癸酉	甲戌	乙亥	丙子	丁丑	戊寅	己卯	庚辰	辛巳	壬午	癸未	甲申	乙酉	丙戌	丁亥	戊子	己丑	庚寅
曜	목	금	토	일	월	화	수	목	금	토	일	월	화	수	목	금	토	일	월	화	수	목	금	토	일	월	화	수	목	금	토

8月

陽	1	2	3	4	5	6	7	8	9	10	11	12	13	14	15	16	17	18	19	20	21	22	23	24	25	26	27	28	29	30	31
陰	⑦대	2	3	4	5	6	7	8	9	10	11	12	13	14	15	16	17	18	19	20	21	22	23	24	25	26	27	28	29	30	⑧소
干支	辛卯	壬辰	癸巳	甲午	乙未	丙申	丁酉	戊戌	己亥	庚子	辛丑	壬寅	癸卯	甲辰	乙巳	丙午	丁未	戊申	己酉	庚戌	辛亥	壬子	癸丑	甲寅	乙卯	丙辰	丁巳	戊午	己未	庚申	辛酉
曜	일	월	화	수	목	금	토	일	월	화	수	목	금	토	일	월	화	수	목	금	토	일	월	화	수	목	금	토	일	월	화

9月

陽	1	2	3	4	5	6	7	8	9	10	11	12	13	14	15	16	17	18	19	20	21	22	23	24	25	26	27	28	29	30
陰	2	3	4	5	6	7	8	9	10	11	12	13	14	15	16	17	18	19	20	21	22	23	24	25	26	27	28	29	⑨대	2
干支	壬戌	癸亥	甲子	乙丑	丙寅	丁卯	戊辰	己巳	庚午	辛未	壬申	癸酉	甲戌	乙亥	丙子	丁丑	戊寅	己卯	庚辰	辛巳	壬午	癸未	甲申	乙酉	丙戌	丁亥	戊子	己丑	庚寅	辛卯
曜	수	목	금	토	일	월	화	수	목	금	토	일	월	화	수	목	금	토	일	월	화	수	목	금	토	일	월	화	수	목

10月

陽	1	2	3	4	5	6	7	8	9	10	11	12	13	14	15	16	17	18	19	20	21	22	23	24	25	26	27	28	29	30	31
陰	3	4	5	6	7	8	9	10	11	12	13	14	15	16	17	18	19	20	21	22	23	24	25	26	27	28	29	30	⑩대	2	3
干	壬辰	癸巳	甲午	乙未	丙申	丁酉	戊戌	己亥	庚子	辛丑	壬寅	癸卯	甲辰	乙巳	丙午	丁未	戊申	己酉	庚戌	辛亥	壬子	癸丑	甲寅	乙卯	丙辰	丁巳	戊午	己未	庚申	辛酉	壬戌
曜	금	토	일	월	화	수	목	금	토	일	월	화	수	목	금	토	일	월	화	수	목	금	토	일	월	화	수	목	금	토	일

11月

陽	1	2	3	4	5	6	7	8	9	10	11	12	13	14	15	16	17	18	19	20	21	22	23	24	25	26	27	28	29	30
陰	4	5	6	7	8	9	10	11	12	13	14	15	16	17	18	19	20	21	22	23	24	25	26	27	28	29	30	⑪소	2	3
干支	癸亥	甲子	乙丑	丙寅	丁卯	戊辰	己巳	庚午	辛未	壬申	癸酉	甲戌	乙亥	丙子	丁丑	戊寅	己卯	庚辰	辛巳	壬午	癸未	甲申	乙酉	丙戌	丁亥	戊子	己丑	庚寅	辛卯	壬辰
曜	월	화	수	목	금	토	일	월	화	수	목	금	토	일	월	화	수	목	금	토	일	월	화	수	목	금	토	일	월	화

12月

陽	1	2	3	4	5	6	7	8	9	10	11	12	13	14	15	16	17	18	19	20	21	22	23	24	25	26	27	28	29	30	31
陰	4	5	6	7	8	9	10	11	12	13	14	15	16	17	18	19	20	21	22	23	24	25	26	27	28	29	⑫대	2	3	4	5
干支	癸巳	甲午	乙未	丙申	丁酉	戊戌	己亥	庚子	辛丑	壬寅	癸卯	甲辰	乙巳	丙午	丁未	戊申	己酉	庚戌	辛亥	壬子	癸丑	甲寅	乙卯	丙辰	丁巳	戊午	己未	庚申	辛酉	壬戌	癸亥
曜	수	목	금	토	일	월	화	수	목	금	토	일	월	화	수	목	금	토	일	월	화	수	목	금	토	일	월	화	수	목	금

癸未 (楊柳木)

西紀一九四三年●檀紀四二七六年

舊平三百五十四日
新平三百六十五日

八日得辛　十一龍治水
西喪門　巳吊客
卯大將軍　西三殺

九紫	七赤	二黑
五黃	三碧	一白
四綠	八白	六白

建月之大小	正月小 甲寅	二月大 乙卯	三月小 丙辰	四月大 丁巳	五月小 戊午	六月大 己未	七月大 庚申	八月小 辛酉	九月大 壬戌	十月大 癸亥	十一月小 甲子	十二月大 乙丑
日辰	甲寅 甲辰 甲午	癸未 癸酉 癸亥	癸丑 癸卯 癸巳	壬午 壬申 壬戌	壬子 壬寅 壬辰	辛巳 辛未 辛酉	辛亥 辛丑 辛卯	辛巳 辛未 辛酉	庚戌 庚子 庚寅	庚辰 庚午 庚申	庚戌 庚子 庚寅	己卯 己巳 己未
月白	五黃	四綠	三碧	二黑	一白	九紫	八白	七赤	六白	五黃	四綠	三碧
入節	雨水十五日戊申午後七時二十七分 立春初一日甲午午前零時三十三分	春分十六日戊寅午後七時四十七分 驚蟄初一日癸亥午後六時三十三分	穀雨十七日己酉午後五時二十四分 清明初二日甲午午後十一時五十九分	小滿十九日庚辰午前七時七分 立夏初三日甲子午後五時五十三分	夏至二十日辛亥午後三時二十五分 芒種初四日乙未午後十時三十分	大暑廿三日癸未午前二時三十一分 小暑初七日丁卯午前九時三分	處暑廿四日甲寅午前九時三十八分 立秋初八日戊戌午後六時五十八分	秋分廿五日乙酉午前七時十一分 白露初九日己巳午後九時五十三分	霜降廿六日乙卯午後四時十五分 寒露十一日庚子午後一時二十一分	小雪廿六日乙酉午後一時十七分 立冬十一日庚午午後四時六分	冬至廿六日乙卯午前二時零分 大雪十一日庚子午前八時二十一分	大寒廿六日甲申午後零時十一分 小寒十一日己巳午後七時零分

◆雜 節◆

寒食	土王	初伏	土王	中伏	末伏	土王	土王	臘享
三月初二日	三月十四日	六月二十日	六月十九日	六月三十日	七月初十日	九月廿三日	十二月廿三日	十二月廿五日
陽四月六日	陽四月十八日	陽七月二十一日	陽七月二十日	陽七月三十一日	陽八月十日	陽十月二十一日	陽一月十八日	陽一月二十日

1944 (4277. 甲申)

1月

陽	1	2	3	4	5	6	7	8	9	10	11	12	13	14	15	16	17	18	19	20	21	22	23	24	25	26	27	28	29	30	31
陰	6	7	8	9	10	11	12	13	14	15	16	17	18	19	20	21	22	23	24	25	26	27	28	29	30	①소	2	3	4	5	6
干支	甲子	乙丑	丙寅	丁卯	戊辰	己巳	庚午	辛未	壬申	癸酉	甲戌	乙亥	丙子	丁丑	戊寅	己卯	庚辰	辛巳	壬午	癸未	甲申	乙酉	丙戌	丁亥	戊子	己丑	庚寅	辛卯	壬辰	癸巳	甲午
曜	토	일	월	화	수	목	금	토	일	월	화	수	목	금	토	일	월	화	수	목	금	토	일	월	화	수	목	금	토	일	월

2月

陽	1	2	3	4	5	6	7	8	9	10	11	12	13	14	15	16	17	18	19	20	21	22	23	24	25	26	27	28	29
陰	7	8	9	10	11	12	13	14	15	16	17	18	19	20	21	22	23	24	25	26	27	28	29	②소	2	3	4	5	6
干支	乙未	丙申	丁酉	戊戌	己亥	庚子	辛丑	壬寅	癸卯	甲辰	乙巳	丙午	丁未	戊申	己酉	庚戌	辛亥	壬子	癸丑	甲寅	乙卯	丙辰	丁巳	戊午	己未	庚申	辛酉	壬戌	癸亥
曜	화	수	목	금	토	일	월	화	수	목	금	토	일	월	화	수	목	금	토	일	월	화	수	목	금	토	일	월	화

3月

陽	1	2	3	4	5	6	7	8	9	10	11	12	13	14	15	16	17	18	19	20	21	22	23	24	25	26	27	28	29	30	31
陰	7	8	9	10	11	12	13	14	15	16	17	18	19	20	21	22	23	24	25	26	27	28	29	③대	2	3	4	5	6	7	8
干支	甲子	乙丑	丙寅	丁卯	戊辰	己巳	庚午	辛未	壬申	癸酉	甲戌	乙亥	丙子	丁丑	戊寅	己卯	庚辰	辛巳	壬午	癸未	甲申	乙酉	丙戌	丁亥	戊子	己丑	庚寅	辛卯	壬辰	癸巳	甲午
曜	수	목	금	토	일	월	화	수	목	금	토	일	월	화	수	목	금	토	일	월	화	수	목	금	토	일	월	화	수	목	금

4月

陽	1	2	3	4	5	6	7	8	9	10	11	12	13	14	15	16	17	18	19	20	21	22	23	24	25	26	27	28	29	30
陰	9	10	11	12	13	14	15	16	17	18	19	20	21	22	23	24	25	26	27	28	29	30	④소	2	3	4	5	6	7	8
干支	乙未	丙申	丁酉	戊戌	己亥	庚子	辛丑	壬寅	癸卯	甲辰	乙巳	丙午	丁未	戊申	己酉	庚戌	辛亥	壬子	癸丑	甲寅	乙卯	丙辰	丁巳	戊午	己未	庚申	辛酉	壬戌	癸亥	甲子
曜	토	일	월	화	수	목	금	토	일	월	화	수	목	금	토	일	월	화	수	목	금	토	일	월	화	수	목	금	토	일

5月

陽	1	2	3	4	5	6	7	8	9	10	11	12	13	14	15	16	17	18	19	20	21	22	23	24	25	26	27	28	29	30	31
陰	9	10	11	12	13	14	15	16	17	18	19	20	21	22	23	24	25	26	27	28	29	④대	2	3	4	5	6	7	8	9	10
干支	乙丑	丙寅	丁卯	戊辰	己巳	庚午	辛未	壬申	癸酉	甲戌	乙亥	丙子	丁丑	戊寅	己卯	庚辰	辛巳	壬午	癸未	甲申	乙酉	丙戌	丁亥	戊子	己丑	庚寅	辛卯	壬辰	癸巳	甲午	乙未
曜	월	화	수	목	금	토	일	월	화	수	목	금	토	일	월	화	수	목	금	토	일	월	화	수	목	금	토	일	월	화	수

6月

陽	1	2	3	4	5	6	7	8	9	10	11	12	13	14	15	16	17	18	19	20	21	22	23	24	25	26	27	28	29	30
陰	11	12	13	14	15	16	17	18	19	20	21	22	23	24	25	26	27	28	29	30	⑤소	2	3	4	5	6	7	8	9	10
干支	丙申	丁酉	戊戌	己亥	庚子	辛丑	壬寅	癸卯	甲辰	乙巳	丙午	丁未	戊申	己酉	庚戌	辛亥	壬子	癸丑	甲寅	乙卯	丙辰	丁巳	戊午	己未	庚申	辛酉	壬戌	癸亥	甲子	乙丑
曜	목	금	토	일	월	화	수	목	금	토	일	월	화	수	목	금	토	일	월	화	수	목	금	토	일	월	화	수	목	금

7月

陽	1	2	3	4	5	6	7	8	9	10	11	12	13	14	15	16	17	18	19	20	21	22	23	24	25	26	27	28	29	30	31
陰	11	12	13	14	15	16	17	18	19	20	21	22	23	24	25	26	27	28	29	⑥대	2	3	4	5	6	7	8	9	10	11	12
干支	丙寅	丁卯	戊辰	己巳	庚午	辛未	壬申	癸酉	甲戌	乙亥	丙子	丁丑	戊寅	己卯	庚辰	辛巳	壬午	癸未	甲申	乙酉	丙戌	丁亥	戊子	己丑	庚寅	辛卯	壬辰	癸巳	甲午	乙未	丙申
曜	토	일	월	화	수	목	금	토	일	월	화	수	목	금	토	일	월	화	수	목	금	토	일	월	화	수	목	금	토	일	월

8月

陽	1	2	3	4	5	6	7	8	9	10	11	12	13	14	15	16	17	18	19	20	21	22	23	24	25	26	27	28	29	30	31
陰	13	14	15	16	17	18	19	20	21	22	23	24	25	26	27	28	29	30	⑦소	2	3	4	5	6	7	8	9	10	11	12	13
干支	丁酉	戊戌	己亥	庚子	辛丑	壬寅	癸卯	甲辰	乙巳	丙午	丁未	戊申	己酉	庚戌	辛亥	壬子	癸丑	甲寅	乙卯	丙辰	丁巳	戊午	己未	庚申	辛酉	壬戌	癸亥	甲子	乙丑	丙寅	丁卯
曜	화	수	목	금	토	일	월	화	수	목	금	토	일	월	화	수	목	금	토	일	월	화	수	목	금	토	일	월	화	수	목

9月

陽	1	2	3	4	5	6	7	8	9	10	11	12	13	14	15	16	17	18	19	20	21	22	23	24	25	26	27	28	29	30
陰	14	15	16	17	18	19	20	21	22	23	24	25	26	27	28	29	⑧소	2	3	4	5	6	7	8	9	10	11	12	13	14
干支	戊辰	己巳	庚午	辛未	壬申	癸酉	甲戌	乙亥	丙子	丁丑	戊寅	己卯	庚辰	辛巳	壬午	癸未	甲申	乙酉	丙戌	丁亥	戊子	己丑	庚寅	辛丑	壬寅	癸卯	甲午	乙未	丙申	丁酉
曜	금	토	일	월	화	수	목	금	토	일	월	화	수	목	금	토	일	월	화	수	목	금	토	일	월	화	수	목	금	토

10月

陽	1	2	3	4	5	6	7	8	9	10	11	12	13	14	15	16	17	18	19	20	21	22	23	24	25	26	27	28	29	30	31
陰	15	16	17	18	19	20	21	22	23	24	25	26	27	28	29	30	⑨대	2	3	4	5	6	7	8	9	10	11	12	13	14	15
干支	戊戌	己亥	庚子	辛丑	壬寅	癸卯	甲辰	乙巳	丙午	丁未	戊申	己酉	庚戌	辛亥	壬子	癸丑	甲寅	乙卯	丙辰	丁巳	戊午	己未	庚申	辛酉	壬戌	癸亥	甲子	乙丑	丙寅	丁卯	戊辰
曜	일	월	화	수	목	금	토	일	월	화	수	목	금	토	일	월	화	수	목	금	토	일	월	화	수	목	금	토	일	월	화

11月

陽	1	2	3	4	5	6	7	8	9	10	11	12	13	14	15	16	17	18	19	20	21	22	23	24	25	26	27	28	29	30
陰	16	17	18	19	20	21	22	23	24	25	26	27	28	29	30	⑩소	2	3	4	5	6	7	8	9	10	11	12	13	14	15
干支	己巳	庚午	辛未	壬申	癸酉	甲戌	乙亥	丙子	丁丑	戊寅	己卯	庚辰	辛巳	壬午	癸未	甲申	乙酉	丙戌	丁亥	戊子	己丑	庚寅	辛卯	壬辰	癸巳	甲午	乙未	丙申	丁酉	戊戌
曜	수	목	금	토	일	월	화	수	목	금	토	일	월	화	수	목	금	토	일	월	화	수	목	금	토	일	월	화	수	목

12月

陽	1	2	3	4	5	6	7	8	9	10	11	12	13	14	15	16	17	18	19	20	21	22	23	24	25	26	27	28	29	30	31
陰	16	17	18	19	20	21	22	23	24	25	26	27	28	29	⑪대	2	3	4	5	6	7	8	9	10	11	12	13	14	15	16	17
干支	己亥	庚子	辛丑	壬寅	癸卯	甲辰	乙巳	丙午	丁未	戊申	己酉	庚戌	辛亥	壬子	癸丑	甲寅	乙卯	丙辰	丁巳	戊午	己未	庚申	辛酉	壬戌	癸亥	甲子	乙丑	丙寅	丁卯	戊辰	己巳
曜	금	토	일	월	화	수	목	금	토	일	월	화	수	목	금	토	일	월	화	수	목	금	토	일	월	화	수	목	금	토	일

甲申 (泉中水)

西紀一九四四年 ● 檀紀四二七七年

舊閏三百八十四日
新平三百六十五日

四日得辛 五龍治水
戊喪門 午吊客
午大將軍 南三殺

八白	六白	一白
四綠	二黑	九紫
三碧	七赤	五黃

月之大小	正月小 丙寅	二月小 丁卯	三月大 戊辰	四月小 己巳	四閏月大	五月小 庚午	六月大 辛未	七月小 壬申	八月大 癸酉	九月大 甲戌	十月小 乙亥	十一月大 丙子	十二月大 丁丑
日辰	己丑 己亥 己酉	戊午 戊辰 戊寅	丁亥 丁酉 丁未	丁巳 丁卯 丁丑	丙戌 丙申 丙午	丙辰 丙寅 丙子	乙酉 乙未 乙巳	乙卯 乙丑 乙亥	甲申 甲午 甲辰	甲寅 甲子 甲戌	甲申 甲午 甲辰	癸丑 癸亥 癸酉	癸未 癸巳 癸卯
月白	二黑	一白	九紫	八白	八白	七赤	六白	五黃	四綠	三碧	二黑	一白	九紫
入節	立春十二日庚子午前 六時二十三分 / 雨水廿六日甲寅午前 二時十七分	驚蟄十二日己巳午前 零時三十一分 / 春分廿七日甲申午前 一時三十六分	清明十三日己亥午前 五時四十八分 / 穀雨廿八日甲寅午後 一時十三分	立夏十四日庚午午後 十一時四十二分 / 小滿廿九日乙酉午後 零時五十五分	芒種十六日辛丑午前 三時二十分	夏至初一日丙辰午後 九時十四分 / 小暑十七日壬申午後 二時五十一分	大暑初四日戊子午前 八時十九分 / 立秋二十日甲辰午前 零時四十七分	處暑初五日己未午後 三時二十七分 / 白露廿一日乙亥午前 三時四十二分	秋分初七日庚申午後 一時一分 / 寒露廿二日乙巳午後 七時十分	霜降初七日庚申午後 十時四分 / 立冬廿二日乙亥午後 九時五十五分	小雪初七日庚寅午後 七時七分 / 大雪廿二日乙巳午後 二時十一分	冬至初八日庚申午前 七時五十分 / 小寒廿三日乙亥午前 零時四十九分	大寒初八日庚寅午後 六時一分 / 立春廿二日甲辰午後 零時十二分

◆雜 節◆

寒食	土王	初伏	土王	中伏	末伏	土王	土王	臘享
三月十四日	三月廿五日	五月廿五日	六月初一日	六月初六日	六月廿六日	九月初四日	十二月初五日	十二月十三日
陽四月六日	陽四月十七日	陽七月十五日	陽七月二十日	陽七月二十五日	陽八月十四日	陽十月二十日	陽一月十八日	陽一月二十六日

1945 (4278. 乙酉)

1月

陽	1	2	3	4	5	6	7	8	9	10	11	12	13	14	15	16	17	18	19	20	21	22	23	24	25	26	27	28	29	30	31
陰	18	19	20	21	22	23	24	25	26	27	28	29	30	⑫대	2	3	4	5	6	7	8	9	10	11	12	13	14	15	16	17	18
干支	庚午	辛未	壬申	癸酉	甲戌	乙亥	丙子	丁丑	戊寅	己卯	庚辰	辛巳	壬午	癸未	甲申	乙酉	丙戌	丁亥	戊子	己丑	庚寅	辛卯	壬辰	癸巳	甲午	乙未	丙申	丁酉	戊戌	己亥	庚子
曜	월	화	수	목	금	토	일	월	화	수	목	금	토	일	월	화	수	목	금	토	일	월	화	수	목	금	토	일	월	화	수

2月

陽	1	2	3	4	5	6	7	8	9	10	11	12	13	14	15	16	17	18	19	20	21	22	23	24	25	26	27	28
陰	19	20	21	22	23	24	25	26	27	28	29	30	①소	2	3	4	5	6	7	8	9	10	11	12	13	14	15	16
干支	辛丑	壬寅	癸卯	甲辰	乙巳	丙午	丁未	戊申	己酉	庚戌	辛亥	壬子	癸丑	甲寅	乙卯	丙辰	丁巳	戊午	己未	庚申	辛酉	壬戌	癸亥	甲子	乙丑	丙寅	丁卯	戊辰
曜	목	금	토	일	월	화	수	목	금	토	일	월	화	수	목	금	토	일	월	화	수	목	금	토	일	월	화	수

3月

陽	1	2	3	4	5	6	7	8	9	10	11	12	13	14	15	16	17	18	19	20	21	22	23	24	25	26	27	28	29	30	31
陰	17	18	19	20	21	22	23	24	25	26	27	28	29	②소	2	3	4	5	6	7	8	9	10	11	12	13	14	15	16	17	18
干支	己巳	庚午	辛未	壬申	癸酉	甲戌	乙亥	丙子	丁丑	戊寅	己卯	庚辰	辛巳	壬午	癸未	甲申	乙酉	丙戌	丁亥	戊子	己丑	庚寅	辛卯	壬辰	癸巳	甲午	乙未	丙申	丁酉	戊戌	己亥
暇	목	금	토	일	월	화	수	목	금	토	일	월	화	수	목	금	토	일	월	화	수	목	금	토	일	월	화	수	목	금	토

4月

陽	1	2	3	4	5	6	7	8	9	10	11	12	13	14	15	16	17	18	19	20	21	22	23	24	25	26	27	28	29	30
陰	19	20	21	22	23	24	25	26	27	28	29	③소	2	3	4	5	6	7	8	9	10	11	12	13	14	15	16	17	18	19
干支	庚子	辛丑	壬寅	癸卯	甲辰	乙巳	丙午	丁未	戊申	己酉	庚戌	辛亥	壬子	癸丑	甲寅	乙卯	丙辰	丁巳	戊午	己未	庚申	辛酉	壬戌	癸亥	甲子	乙丑	丙寅	丁卯	戊辰	己巳
曜	일	월	화	수	목	금	토	일	월	화	수	목	금	토	일	월	화	수	목	금	토	일	월	화	수	목	금	토	일	월

5月

陽	1	2	3	4	5	6	7	8	9	10	11	12	13	14	15	16	17	18	19	20	21	22	23	24	25	26	27	28	29	30	31
陰	20	21	22	23	24	25	26	27	28	29	30	④소	2	3	4	5	6	7	8	9	10	11	12	13	14	15	16	17	18	19	20
干支	庚午	辛未	壬申	癸酉	甲戌	乙亥	丙子	丁丑	戊寅	己卯	庚辰	辛巳	壬午	癸未	甲申	乙酉	丙戌	丁亥	戊子	己丑	庚寅	辛卯	壬辰	癸巳	甲午	乙未	丙申	丁酉	戊戌	己亥	庚子
曜	화	수	목	금	토	일	월	화	수	목	금	토	일	월	화	수	목	금	토	일	월	화	수	목	금	토	일	월	화	수	목

6月

陽	1	2	3	4	5	6	7	8	9	10	11	12	13	14	15	16	17	18	19	20	21	22	23	24	25	26	27	28	29	30
陰	21	22	23	24	25	26	27	28	29	⑤소	2	3	4	5	6	7	8	9	10	11	12	13	14	15	16	17	18	19	20	21
干支	辛丑	壬寅	癸卯	甲辰	乙巳	丙午	丁未	戊申	己酉	庚戌	辛亥	壬子	癸丑	甲寅	乙卯	丙辰	丁巳	戊午	己未	庚申	辛酉	壬戌	癸亥	甲子	乙丑	丙寅	丁卯	戊辰	己巳	庚午
曜	금	토	일	월	화	수	목	금	토	일	월	화	수	목	금	토	일	월	화	수	목	금	토	일	월	화	수	목	금	토

7月

陽	1	2	3	4	5	6	7	8	9	10	11	12	13	14	15	16	17	18	19	20	21	22	23	24	25	26	27	28	29	30	31
陰	22	23	24	25	26	27	28	29	⑥대	2	3	4	5	6	7	8	9	10	11	12	13	14	15	16	17	18	19	20	21	22	23
干支	辛未	壬申	癸酉	甲戌	乙亥	丙子	丁丑	戊寅	己卯	庚辰	辛巳	壬午	癸未	甲申	乙酉	丙戌	丁亥	戊子	己丑	庚寅	辛卯	壬辰	癸巳	甲午	乙未	丙申	丁酉	戊戌	己亥	庚子	辛丑
曜	일	월	화	수	목	금	토	일	월	화	수	목	금	토	일	월	화	수	목	금	토	일	월	화	수	목	금	토	일	월	화

8月

陽	1	2	3	4	5	6	7	8	9	10	11	12	13	14	15	16	17	18	19	20	21	22	23	24	25	26	27	28	29	30	31
陰	24	25	26	27	28	29	30	⑦소	2	3	4	5	6	7	8	9	10	11	12	13	14	15	16	17	18	19	20	21	22	23	24
干支	壬寅	癸卯	甲辰	乙巳	丙午	丁未	戊申	己酉	庚戌	辛亥	壬子	癸丑	甲寅	乙卯	丙辰	丁巳	戊午	己未	庚申	辛酉	壬戌	癸亥	甲子	乙丑	丙寅	丁卯	戊辰	己巳	庚午	辛未	壬申
曜	수	목	금	토	일	월	화	수	목	금	토	일	월	화	수	목	금	토	일	월	화	수	목	금	토	일	월	화	수	목	금

9月

陽	1	2	3	4	5	6	7	8	9	10	11	12	13	14	15	16	17	18	19	20	21	22	23	24	25	26	27	28	29	30
陰	25	26	27	28	29	⑧대	2	3	4	5	6	7	8	9	10	11	12	13	14	15	16	17	18	19	20	21	22	23	24	25
干支	癸酉	甲戌	乙亥	丙子	丁丑	戊寅	己卯	庚辰	辛巳	壬午	癸未	甲申	乙酉	丙戌	丁亥	戊子	己丑	庚寅	辛卯	壬辰	癸巳	甲午	乙未	丙申	丁酉	戊戌	己亥	庚子	辛丑	壬寅
曜	토	일	월	화	수	목	금	토	일	월	화	수	목	금	토	일	월	화	수	목	금	토	일	월	화	수	목	금	토	일

10月

陽	1	2	3	4	5	6	7	8	9	10	11	12	13	14	15	16	17	18	19	20	21	22	23	24	25	26	27	28	29	30	31
陰	26	27	28	29	30	⑨대	2	3	4	5	6	7	8	9	10	11	12	13	14	15	16	17	18	19	20	21	22	23	24	25	26
干支	癸卯	甲辰	乙巳	丙午	丁未	戊申	己酉	庚戌	辛亥	壬子	癸丑	甲寅	乙卯	丙辰	丁巳	戊午	己未	庚申	辛酉	壬戌	癸亥	甲子	乙丑	丙寅	丁卯	戊辰	己巳	庚午	辛未	壬申	癸酉
曜	월	화	수	목	금	토	일	월	화	수	목	금	토	일	월	화	수	목	금	토	일	월	화	수	목	금	토	일	월	화	수

11月

陽	1	2	3	4	5	6	7	8	9	10	11	12	13	14	15	16	17	18	19	20	21	22	23	24	25	26	27	28	29	30
陰	27	28	29	30	⑩대	2	3	4	5	6	7	8	9	10	11	12	13	14	15	16	17	18	19	20	21	22	23	24	25	26
干支	甲戌	乙亥	丙子	丁丑	戊寅	己卯	庚辰	辛巳	壬午	癸未	甲申	乙酉	丙戌	丁亥	戊子	己丑	庚寅	辛卯	壬辰	癸巳	甲午	乙未	丙申	丁酉	戊戌	己亥	庚子	辛丑	壬寅	癸卯
曜	목	금	토	일	월	화	수	목	금	토	일	월	화	수	목	금	토	일	월	화	수	목	금	토	일	월	화	수	목	금

12月

陽	1	2	3	4	5	6	7	8	9	10	11	12	13	14	15	16	17	18	19	20	21	22	23	24	25	26	27	28	29	30	31
降	27	28	29	30	⑪소	2	3	4	5	6	7	8	9	10	11	12	13	14	15	16	17	18	19	20	21	22	23	24	25	26	27
干支	甲辰	乙巳	丙午	丁未	戊申	己酉	庚戌	辛亥	壬子	癸丑	甲寅	乙卯	丙辰	丁巳	戊午	己未	庚申	辛酉	壬戌	癸亥	甲子	乙丑	丙寅	丁卯	戊辰	己巳	庚午	辛未	壬申	癸酉	甲戌
曜	토	일	월	화	수	목	금	토	일	월	화	수	목	금	토	일	월	화	수	목	금	토	일	월	화	수	목	금	토	일	월

乙酉 (泉中水)

西紀一九四五年●檀紀四二七八年

舊平三百五十四日
新平三百六十五日

九日得辛 四龍治水
歲喪門 未吊客
午大將軍 東三殺

七赤	五黃	九紫
三碧	一白	八白
二黑	六白	四綠

月之大小	正月小 戊寅	二月小 己卯	三月大 庚辰	四月小 辛巳	五月小 壬午	六月大 癸未	七月小 甲申	八月大 乙酉	九月大 丙戌	十月大 丁亥	十一月小 戊子	十二月大 己丑
日辰	癸丑 癸亥 癸酉	壬午 壬辰 壬寅	辛亥 辛酉 辛未	辛巳 辛卯 辛丑	庚戌 庚申 庚午	己卯 己丑 己亥	己酉 己未 己巳	戊寅 戊子 戊戌	戊申 戊午 戊辰	戊寅 戊子 戊戌	戊申 戊午 戊辰	丁丑 丁亥 丁酉
白月	八白	七赤	六白	五黃	四綠	三碧	二黑	一白	九紫	八白	七赤	六白
入節	雨水初七日己未午前 八時六分 驚蟄廿二日甲戌午前 六時三十一分	春分初八日己丑午前 七時二十五分 清明廿三日甲辰午前 十一時三十七分	穀雨初九日己未午後 七時二分 立夏廿五日乙亥午前 五時三十分	小滿初十日庚寅午後 六時四十三分 芒種廿六日丙午午前 十時八分	夏至十三日壬戌午前 三時二分 小暑廿八日丁丑午後 八時三十六分	大暑十五日癸巳午後 二時七分	立秋初一日己酉午前 六時三十五分 處暑十六日甲子午後 九時十五分	白露初三日庚辰午前 九時二十分 秋分十八日乙未午後 六時五十分	寒露初四日辛亥午前 零時五十六分 霜降十九日丙寅午前 三時五十三分	立冬初四日辛巳午前 三時四十四分 小雪十九日丙申午前 零時五十六分	大雪初三日庚戌午後 八時十五分 冬至十八日乙丑午後 一時三十六分	小寒初四日庚辰午前 六時三十九分 大寒十八日甲午午後 十一時五十分

◆雜 節◆

寒食	土王	初伏	土王	中伏	末伏	土王	土王	臘享
二月廿四日	三月初六日	六月十二日	六月十二日	六月廿二日	七月初二日	九月十六日	十二月十五日	十二月十九日
陽四月六日	陽四月十七日	陽七月二十日	陽七月二十日	陽七月三十日	陽八月九日	陽十月二十一日	陽一月十七日	陽一月二十一日

1946 (4279. 丙戌)

1月

陽	1	2	3	4	5	6	7	8	9	10	11	12	13	14	15	16	17	18	19	20	21	22	23	24	25	26	27	28	29	30	31
陰	28	29	⑫대	2	3	4	5	6	7	8	9	10	11	12	13	14	15	16	17	18	19	20	21	22	23	24	25	26	27	28	29
干支	乙亥	丙子	丁丑	戊寅	己卯	庚辰	辛巳	壬午	癸未	甲申	乙酉	丙戌	丁亥	戊子	己丑	庚寅	辛卯	壬辰	癸巳	甲午	乙未	丙申	丁酉	戊戌	己亥	庚子	辛丑	壬寅	癸卯	甲辰	乙巳
曜	화	수	목	금	토	일	월	화	수	목	금	토	일	월	화	수	목	금	토	일	월	화	수	목	금	토	일	월	화	수	목

2月

陽	1	2	3	4	5	6	7	8	9	10	11	12	13	14	15	16	17	18	19	20	21	22	23	24	25	26	27	28
陰	30	①대	2	3	4	5	6	7	8	9	10	11	12	13	14	15	16	17	18	19	20	21	22	23	24	25	26	27
干支	丙午	丁未	戊申	己酉	庚戌	辛亥	壬子	癸丑	甲寅	乙卯	丙辰	丁巳	戊午	己未	庚申	辛酉	壬戌	癸亥	甲子	乙丑	丙寅	丁卯	戊辰	己巳	庚午	辛未	壬申	癸酉
曜	금	토	일	월	화	수	목	금	토	일	월	화	수	목	금	토	일	월	화	수	목	금	토	일	월	화	수	목

3月

陽	1	2	3	4	5	6	7	8	9	10	11	12	13	14	15	16	17	18	19	20	21	22	23	24	25	26	27	28	29	30	31
陰	28	29	30	②소	2	3	4	5	6	7	8	9	10	11	12	13	14	15	16	17	18	19	20	21	22	23	24	25	26	27	28
干支	甲戌	乙亥	丙子	丁丑	戊寅	己卯	庚辰	辛巳	壬午	癸未	甲申	乙酉	丙戌	丁亥	戊子	己丑	庚寅	辛卯	壬辰	癸巳	甲午	乙未	丙申	丁酉	戊戌	己亥	庚子	辛丑	壬寅	癸卯	甲辰
曜	금	토	일	월	화	수	목	금	토	일	월	화	수	목	금	토	일	월	화	수	목	금	토	일	월	화	수	목	금	토	일

4月

陽	1	2	3	4	5	6	7	8	9	10	11	12	13	14	15	16	17	18	19	20	21	22	23	24	25	26	27	28	29	30
陰	29	③소	2	3	4	5	6	7	8	9	10	11	12	13	14	15	16	17	18	19	20	21	22	23	24	25	26	27	28	29
干支	乙巳	丙午	丁未	戊申	己酉	庚戌	辛亥	壬子	癸丑	甲寅	乙卯	丙辰	丁巳	戊午	己未	庚申	辛酉	壬戌	癸亥	甲子	乙丑	丙寅	丁卯	戊辰	己巳	庚午	辛未	壬申	癸酉	甲戌
曜	월	화	수	목	금	토	일	월	화	수	목	금	토	일	월	화	수	목	금	토	일	월	화	수	목	금	토	일	월	화

5月

陽	1	2	3	4	5	6	7	8	9	10	11	12	13	14	15	16	17	18	19	20	21	22	23	24	25	26	27	28	29	30	31
陰	④대	2	3	4	5	6	7	8	9	10	11	12	13	14	15	16	17	18	19	20	21	22	23	24	25	26	27	28	29	30	⑤소
干支	乙亥	丙子	丁丑	戊寅	己卯	庚辰	辛巳	壬午	癸未	甲申	乙酉	丙戌	丁亥	戊子	己丑	庚寅	辛卯	壬辰	癸巳	甲午	乙未	丙申	丁酉	戊戌	己亥	庚子	辛丑	壬寅	癸卯	甲辰	乙巳
曜	수	목	금	토	일	월	화	수	목	금	토	일	월	화	수	목	금	토	일	월	화	수	목	금	토	일	월	화	수	목	금

6月

陽	1	2	3	4	5	6	7	8	9	10	11	12	13	14	15	16	17	18	19	20	21	22	23	24	25	26	27	28	29	30
陰	2	3	4	5	6	7	8	9	10	11	12	13	14	15	16	17	18	19	20	21	22	23	24	25	26	27	28	29	⑥소	2
干支	丙午	丁未	戊申	己酉	庚戌	辛亥	壬子	癸丑	甲寅	乙卯	丙辰	丁巳	戊午	己未	庚申	辛酉	壬戌	癸亥	甲子	乙丑	丙寅	丁卯	戊辰	己巳	庚午	辛未	壬申	癸酉	甲戌	乙亥
曜	토	일	월	화	수	목	금	토	일	월	화	수	목	금	토	일	월	화	수	목	금	토	일	월	화	수	목	금	토	일

7月

陽	1	2	3	4	5	6	7	8	9	10	11	12	13	14	15	16	17	18	19	20	21	22	23	24	25	26	27	28	29	30	31
陰	3	4	5	6	7	8	9	10	11	12	13	14	15	16	17	18	19	20	21	22	23	24	25	26	27	28	29	⑦대	2	3	4
干支	丙子	丁丑	戊寅	己卯	庚辰	辛巳	壬午	癸未	甲申	乙酉	丙戌	丁亥	戊子	己丑	庚寅	辛卯	壬辰	癸巳	甲午	乙未	丙申	丁酉	戊戌	己亥	庚子	辛丑	壬寅	癸卯	甲辰	乙巳	丙午
曜	월	화	수	목	금	토	일	월	화	수	목	금	토	일	월	화	수	목	금	토	일	월	화	수	목	금	토	일	월	화	수

8月

陽	1	2	3	4	5	6	7	8	9	10	11	12	13	14	15	16	17	18	19	20	21	22	23	24	25	26	27	28	29	30	31
陰	5	6	7	8	9	10	11	12	13	14	15	16	17	18	19	20	21	22	23	24	25	26	27	28	29	30	⑧소	2	3	4	5
干支	丁未	戊申	己酉	庚戌	辛亥	壬子	癸丑	甲寅	乙卯	丙辰	丁巳	戊午	己未	庚申	辛酉	壬戌	癸亥	甲子	乙丑	丙寅	丁卯	戊辰	己巳	庚午	辛未	壬申	癸酉	甲戌	乙亥	丙子	丁丑
曜	목	금	토	일	월	화	수	목	금	토	일	월	화	수	목	금	토	일	월	화	수	목	금	토	일	월	화	수	목	금	토

9月

陽	1	2	3	4	5	6	7	8	9	10	11	12	13	14	15	16	17	18	19	20	21	22	23	24	25	26	27	28	29	30
陰	6	7	8	9	10	11	12	13	14	15	16	17	18	19	20	21	22	23	24	25	26	27	28	29	⑨대	2	3	4	5	6
干支	戊寅	己卯	庚辰	辛巳	壬午	癸未	甲申	乙酉	丙戌	丁亥	戊子	己丑	庚寅	辛卯	壬辰	癸巳	甲午	乙未	丙申	丁酉	戊戌	己亥	庚子	辛丑	壬寅	癸卯	甲辰	乙巳	丙午	丁未
曜	일	월	화	수	목	금	토	일	월	화	수	목	금	토	일	월	화	수	목	금	토	일	월	화	수	목	금	토	일	월

10月

陽	1	2	3	4	5	6	7	8	9	10	11	12	13	14	15	16	17	18	19	20	21	22	23	24	25	26	27	28	29	30	31
陰	7	8	9	10	11	12	13	14	15	16	17	18	19	20	21	22	23	24	25	26	27	28	29	30	⑩대	2	3	4	5	6	7
干支	戊申	己酉	庚戌	辛亥	壬子	癸丑	甲寅	乙卯	丙辰	丁巳	戊午	己未	庚申	辛酉	壬戌	癸亥	甲子	乙丑	丙寅	丁卯	戊辰	己巳	庚午	辛未	壬申	癸酉	甲戌	乙亥	丙子	丁丑	戊寅
曜	화	수	목	금	토	일	월	화	수	목	금	토	일	월	화	수	목	금	토	일	월	화	수	목	금	토	일	월	화	수	목

11月

陽	1	2	3	4	5	6	7	8	9	10	11	12	13	14	15	16	17	18	19	20	21	22	23	24	25	26	27	28	29	30
陰	8	9	10	11	12	13	14	15	16	17	18	19	20	21	22	23	24	25	26	27	28	29	30	⑪소	2	3	4	5	6	7
干支	己卯	庚辰	辛巳	壬午	癸未	甲申	乙酉	丙戌	丁亥	戊子	己丑	庚寅	辛卯	壬辰	癸巳	甲午	乙未	丙申	丁酉	戊戌	己亥	庚子	辛丑	壬寅	癸卯	甲辰	乙巳	丙午	丁未	戊申
曜	금	토	일	월	화	수	목	금	토	일	월	화	수	목	금	토	일	월	화	수	목	금	토	일	월	화	수	목	금	토

12月

陽	1	2	3	4	5	6	7	8	9	10	11	12	13	14	15	16	17	18	19	20	21	22	23	24	25	26	27	28	29	30	31
陰	8	9	10	11	12	13	14	15	16	17	18	19	20	21	22	23	24	25	26	27	28	29	⑫대	2	3	4	5	6	7	8	9
干支	己酉	庚戌	辛亥	壬子	癸丑	甲寅	乙卯	丙辰	丁巳	戊午	己未	庚申	辛酉	壬戌	癸亥	甲子	乙丑	丙寅	丁卯	戊辰	己巳	庚午	辛未	壬申	癸酉	甲戌	乙亥	丙子	丁丑	戊寅	己卯
曜	일	월	화	수	목	금	토	일	월	화	수	목	금	토	일	월	화	수	목	금	토	일	월	화	수	목	금	토	일	월	화

丙戌 (屋上土)

西紀一九四六年 ● 檀紀四二七九年

舊平三百五十四日

新平三百六十五日

五日得辛　十龍治水

子喪門　申弔客

午大將軍　北三殺

六白	四綠	八白
二黑	九紫	七赤
一白	五黃	三碧

月之大小	正月大 庚寅	二月小 辛卯	三月小 壬辰	四月大 癸巳	五月小 甲午	六月小 乙未	七月大 丙申	八月小 丁酉	九月大 戊戌	十月大 己亥	十一月小 庚子	十二月大 辛丑
日辰	丁未 丁巳 丁卯	丁丑 丁亥 丁酉	丙午 丙辰 丙寅	乙亥 乙酉 乙未	乙巳 乙卯 乙丑	甲戌 甲申 甲午	癸卯 癸丑 癸亥	癸酉 癸未 癸巳	壬寅 壬子 壬戌	壬申 壬午 壬辰	壬寅 壬子 壬戌	辛未 辛巳 辛卯
月白	五黃	四綠	三碧	二黑	一白	九紫	八白	七赤	六白	五黃	四綠	三碧
入節	立春初三日己酉午後六時一分 雨水十八日甲子午後一時三十五分	驚蟄初三日己卯午後零時十一分 春分十八日甲午午後一時十五分	淸明初四日己酉午後五時二十六分 穀雨二十日乙丑午前零時五十分	立夏初六日庚辰午前十一時十八分 小滿廿二日丙申午前零時三十三分	芒種初七日辛亥午後三時三十六分 夏至廿三日丁卯午前八時五十分	小暑初十日癸未午前二時二十七分 大暑廿五日戊戌午後七時三十六分	立秋十二日甲寅午後零時二十三分 處暑廿八日庚午午前三時四分	白露十三日乙酉午後三時十八分 秋分廿九日辛丑午前零時三十九分	寒露十五日丙辰午前六時四十八分 霜降三十日辛未午前九時四十三分	立冬十五日丙戌午前九時三十四分 小雪三十日辛丑午前六時四十六分	大雪十五日丙辰午前一時五十分 冬至廿九日庚午午後七時二十九分	小寒十五日乙酉午後零時三十分 大寒三十日庚子午前五時四十分

◆雜　節◆

寒食	二月初五日	陽	四月六日
土王	三月十七日	陽	四月十八日
初伏	六月十七日	陽	七月十五日
土王	六月廿二日	陽	七月二十日
中伏	六月廿七日	陽	七月二十五日
末伏	七月十八日	陽	八月十四日
土王	九月廿七日	陽	十月二十一日
土王	十二月廿七日	陽	一月十八日
臘享	十二月廿五日	陽	一月十六日

1947 (4280. 丁亥)

1月

陽	1	2	3	4	5	6	7	8	9	10	11	12	13	14	15	16	17	18	19	20	21	22	23	24	25	26	27	28	29	30	31
陰	10	11	12	13	14	15	16	17	18	19	20	21	22	23	24	25	26	27	28	29	30	①대	2	3	4	5	6	7	8	9	10
干支	庚辰	辛巳	壬午	癸未	甲申	乙酉	丙戌	丁亥	戊子	己丑	庚寅	辛卯	壬辰	癸巳	甲午	乙未	丙申	丁酉	戊戌	己亥	庚子	辛丑	壬寅	癸卯	甲辰	乙巳	丙午	丁未	戊申	己酉	庚戌
曜	수	목	금	토	일	월	화	수	목	금	토	일	월	화	수	목	금	토	일	월	화	수	목	금	토	일	월	화	수	목	금

2月

陽	1	2	3	4	5	6	7	8	9	10	11	12	13	14	15	16	17	18	19	20	21	22	23	24	25	26	27	28
陰	11	12	13	14	15	16	17	18	19	20	21	22	23	24	25	26	27	28	29	30	②대	2	3	4	5	6	7	8
干支	辛亥	壬子	癸丑	甲寅	乙卯	丙辰	丁巳	戊午	己未	庚申	辛酉	壬戌	癸亥	甲子	乙丑	丙寅	丁卯	戊辰	己巳	庚午	辛未	壬申	癸酉	甲戌	乙亥	丙子	丁丑	戊寅
曜	토	일	월	화	수	목	금	토	일	월	화	수	목	금	토	일	월	화	수	목	금	토	일	월	화	수	목	금

3月

陽	1	2	3	4	5	6	7	8	9	10	11	12	13	14	15	16	17	18	19	20	21	22	23	24	25	26	27	28	29	30	31
陰	9	10	11	12	13	14	15	16	17	18	19	20	21	22	23	24	25	26	27	28	29	30	윤2소	2	3	4	5	6	7	8	9
干支	己卯	庚辰	辛巳	壬午	癸未	甲申	乙酉	丙戌	丁亥	戊子	己丑	庚寅	辛卯	壬辰	癸巳	甲午	乙未	丙申	丁酉	戊戌	己亥	庚子	辛丑	壬寅	癸卯	甲辰	乙巳	丙午	丁未	戊申	己酉
曜	토	일	월	화	수	목	금	토	일	월	화	수	목	금	토	일	월	화	수	목	금	토	일	월	화	수	목	금	토	일	월

4月

陽	1	2	3	4	5	6	7	8	9	10	11	12	13	14	15	16	17	18	19	20	21	22	23	24	25	26	27	28	29	30
陰	10	11	12	13	14	15	16	17	18	19	20	21	22	23	24	25	26	27	28	29	③소	2	3	4	5	6	7	8	9	10
干支	庚戌	辛亥	壬子	癸丑	甲寅	乙卯	丙辰	丁巳	戊午	己未	庚申	辛酉	壬戌	癸亥	甲子	乙丑	丙寅	丁卯	戊辰	己巳	庚午	辛未	壬申	癸酉	甲戌	乙亥	丙子	丁丑	戊寅	己卯
曜	화	수	목	금	토	일	월	화	수	목	금	토	일	월	화	수	목	금	토	일	월	화	수	목	금	토	일	월	화	수

5月

陽	1	2	3	4	5	6	7	8	9	10	11	12	13	14	15	16	17	18	19	20	21	22	23	24	25	26	27	28	29	30	31
陰	11	12	13	14	15	16	17	18	19	20	21	22	23	24	25	26	27	28	29	④대	2	3	4	5	6	7	8	9	10	11	12
干支	庚辰	辛巳	壬午	癸未	甲申	乙酉	丙戌	丁亥	戊子	己丑	庚寅	辛卯	壬辰	癸巳	甲午	乙未	丙申	丁酉	戊戌	己亥	庚子	辛丑	壬寅	癸卯	甲辰	乙巳	丙午	丁未	戊申	己酉	庚戌
曜	목	금	토	일	월	화	수	목	금	토	일	월	화	수	목	금	토	일	월	화	수	목	금	토	일	월	화	수	목	금	토

6月

陽	1	2	3	4	5	6	7	8	9	10	11	12	13	14	15	16	17	18	19	20	21	22	23	24	25	26	27	28	29	30
陰	13	14	15	16	17	18	19	20	21	22	23	24	25	26	27	28	29	30	⑤소	2	3	4	5	6	7	8	9	10	11	12
干支	辛亥	壬子	癸丑	甲寅	乙卯	丙辰	丁巳	戊午	己未	庚申	辛酉	壬戌	癸亥	甲子	乙丑	丙寅	丁卯	戊辰	己巳	庚午	辛未	壬申	癸酉	甲戌	乙亥	丙子	丁丑	戊寅	己卯	庚辰
曜	일	월	화	수	목	금	토	일	월	화	수	목	금	토	일	월	화	수	목	금	토	일	월	화	수	목	금	토	일	월

7月

陽	1	2	3	4	5	6	7	8	9	10	11	12	13	14	15	16	17	18	19	20	21	22	23	24	25	26	27	28	29	30	31
陰	13	14	15	16	17	18	19	20	21	22	23	24	25	26	27	28	29	⑥소	2	3	4	5	6	7	8	9	10	11	12	13	14
干支	辛巳	壬午	癸未	甲申	乙酉	丙戌	丁亥	戊子	己丑	庚寅	辛卯	壬辰	癸巳	甲午	乙未	丙申	丁酉	戊戌	己亥	庚子	辛丑	壬寅	癸卯	甲辰	乙巳	丙午	丁未	戊申	己酉	庚戌	辛亥
曜	화	수	목	금	토	일	월	화	수	목	금	토	일	월	화	수	목	금	토	일	월	화	수	목	금	토	일	월	화	수	목

8月

陽	1	2	3	4	5	6	7	8	9	10	11	12	13	14	15	16	17	18	19	20	21	22	23	24	25	26	27	28	29	30	31
陰	15	16	17	18	19	20	21	22	23	24	25	26	27	28	29	⑦대	2	3	4	5	6	7	8	9	10	11	12	13	14	15	16
干支	壬子	癸丑	甲寅	乙卯	丙辰	丁巳	戊午	己未	庚申	辛酉	壬戌	癸亥	甲子	乙丑	丙寅	丁卯	戊辰	己巳	庚午	辛未	壬申	癸酉	甲戌	乙亥	丙子	丁丑	戊寅	己卯	庚辰	辛巳	壬午
曜	금	토	일	월	화	수	목	금	토	일	월	화	수	목	금	토	일	월	화	수	목	금	토	일	월	화	수	목	금	토	일

9月

陽	1	2	3	4	5	6	7	8	9	10	11	12	13	14	15	16	17	18	19	20	21	22	23	24	25	26	27	28	29	30
陰	17	18	19	20	21	22	23	24	25	26	27	28	29	30	⑧소	2	3	4	5	6	7	8	9	10	11	12	13	14	15	16
干支	癸未	甲申	乙酉	丙戌	丁亥	戊子	己丑	庚寅	辛卯	壬辰	癸巳	甲午	乙未	丙申	丁酉	戊戌	己亥	庚子	辛丑	壬寅	癸卯	甲辰	乙巳	丙午	丁未	戊申	己酉	庚戌	辛亥	壬子
曜	월	화	수	목	금	토	일	월	화	수	목	금	토	일	월	화	수	목	금	토	일	월	화	수	목	금	토	일	월	화

10月

陽	1	2	3	4	5	6	7	8	9	10	11	12	13	14	15	16	17	18	19	20	21	22	23	24	25	26	27	28	29	30	31
陰	17	18	19	20	21	22	23	24	25	26	27	28	29	⑨대	2	3	4	5	6	7	8	9	10	11	12	13	14	15	16	17	18
干支	癸丑	甲寅	乙卯	丙辰	丁巳	戊午	己未	庚申	辛酉	壬戌	癸亥	甲子	乙丑	丙寅	丁卯	戊辰	己巳	庚午	辛未	壬申	癸酉	甲戌	乙亥	丙子	丁丑	戊寅	己卯	庚辰	辛巳	壬午	癸未
曜	수	목	금	토	일	월	화	수	목	금	토	일	월	화	수	목	금	토	일	월	화	수	목	금	토	일	월	화	수	목	금

11月

陽	1	2	3	4	5	6	7	8	9	10	11	12	13	14	15	16	17	18	19	20	21	22	23	24	25	26	27	28	29	30
陰	19	20	21	22	23	24	25	26	27	28	29	30	⑩소	2	3	4	5	6	7	8	9	10	11	12	13	14	15	16	17	18
干支	甲申	乙酉	丙戌	丁亥	戊子	己丑	庚寅	辛卯	壬辰	癸巳	甲午	乙未	丙申	丁酉	戊戌	己亥	庚子	辛丑	壬寅	癸卯	甲辰	乙巳	丙午	丁未	戊申	己酉	庚戌	辛亥	壬子	癸丑
曜	토	일	월	화	수	목	금	토	일	월	화	수	목	금	토	일	월	화	수	목	금	토	일	월	화	수	목	금	토	일

12月

陽	1	2	3	4	5	6	7	8	9	10	11	12	13	14	15	16	17	18	19	20	21	22	23	24	25	26	27	28	29	30	31
陰	19	20	21	22	23	24	25	26	27	28	29	⑪대	2	3	4	5	6	7	8	9	10	11	12	13	14	15	16	17	18	19	20
干支	甲寅	乙卯	丙辰	丁巳	戊午	己未	庚申	辛酉	壬戌	癸亥	甲子	乙丑	丙寅	丁卯	戊辰	己巳	庚午	辛未	壬申	癸酉	甲戌	乙亥	丙子	丁丑	戊寅	己卯	庚辰	辛巳	壬午	癸未	甲申
曜	월	화	수	목	금	토	일	월	화	수	목	금	토	일	월	화	수	목	금	토	일	월	화	수	목	금	토	일	월	화	수

丁亥(屋上土)

西紀一九四七年 ● 檀紀四二八〇年

舊閏三百八十四日
新閏三百六十五日

一日得辛 四龍治水
丑喪門 酉吊客
午大將軍 酉三殺

五黃	三碧	七赤
一白	八白	六白
九紫	四綠	二黑

月之大小	正月大 壬寅	二月大 癸卯	二閏月小	三月小 甲辰	四月大 乙巳	五月小 丙午	六月小 丁未	七月大 戊申	八月小 己酉	九月大 庚戌	十月小 辛亥	十一月大 壬子	十二月大 癸丑
日辰	辛酉 辛亥 辛丑	辛卯 辛巳 辛未	辛酉 辛亥 辛丑	庚寅 庚辰 庚午	己未 己酉 己亥	己丑 己卯 己巳	戊午 戊申 戊戌	丁亥 丁丑 丁卯	丁巳 丁未 丁酉	丙戌 丙子 丙寅	丙辰 丙午 丙申	乙酉 乙亥 乙丑	乙卯 乙巳 乙未
月白	二黑	一白	一白	九紫	八白	七赤	六白	五黃	四綠	三碧	二黑	一白	九紫
入節	雨水廿九日己巳午後七時四十五分 立春十五日乙卯午後十一時五十分	春分廿九日己亥午後七時三分 驚蟄十四日甲申午後五時五十九分	清明十五日乙卯午後十一時十五分	立夏十六日乙酉午後五時七分 穀雨初一日庚午午前六時三十九分	芒種十八日丙辰午後九時四十三分 小滿初三日辛丑午前六時十九分	小暑二十日戊子午前八時十五分 夏至初四日壬申午後二時三十八分	立秋廿二日己未午後六時十分 大暑初七日甲辰午前一時四十三分	白露廿四日庚寅午後九時七分 處暑初九日乙亥午前八時五十二分	寒露廿五日辛酉午後零時三十七分 秋分初十日丙午午前六時二十八分	立冬廿六日辛卯午後三時二十三分 霜降十一日丙子午後三時三十一分	大雪廿六日辛酉午前七時四十分 小雪十一日丙午午後零時三十五分	小寒廿六日庚寅午後六時十九分 冬至十二日丙子午前一時四十九分	立春廿六日庚申午前五時四十一分 大寒十一日乙巳午前十一時三十一分

◆雜 節◆

寒食	閏二月十五日	陽	四月六日
土王	閏二月廿七日	陽	四月十八日
初伏	六月初三日	陽	七月二十日
土王	六月初三日	陽	七月二十日
中伏	六月十三日	陽	七月三十日
末伏	六月廿三日	陽	八月九日
土王	九月初八日	陽	十月二十一日
土王	十二月八日	陽	一月十八日
臘享	十二月十三日	陽	一月二十三日

1948(4281. 戊子)

1月

陽	1	2	3	4	5	6	7	8	9	10	11	12	13	14	15	16	17	18	19	20	21	22	23	24	25	26	27	28	29	30	31
陰	21	22	23	24	25	26	27	28	29	30	⑫대	2	3	4	5	6	7	8	9	10	11	12	13	14	15	16	17	18	19	20	21
干支	乙酉	丙戌	丁亥	戊子	己丑	庚寅	辛卯	壬辰	癸巳	甲午	乙未	丙申	丁酉	戊戌	己亥	庚子	辛丑	壬寅	癸卯	甲辰	乙巳	丙午	丁未	戊申	己酉	庚戌	辛亥	壬子	癸丑	甲寅	乙卯
曜	목	금	토	일	월	화	수	목	금	토	일	월	화	수	목	금	토	일	월	화	수	목	금	토	일	월	화	수	목	금	토

2月

陽	1	2	3	4	5	6	7	8	9	10	11	12	13	14	15	16	17	18	19	20	21	22	23	24	25	26	27	28	29
陰	22	23	24	25	26	27	28	29	30	①대	2	3	4	5	6	7	8	9	10	11	12	13	14	15	16	17	18	19	20
干支	丙辰	丁巳	戊午	己未	庚申	辛酉	壬戌	癸亥	甲子	乙丑	丙寅	丁卯	戊辰	己巳	庚午	辛未	壬申	癸酉	甲戌	乙亥	丙子	丁丑	戊寅	己卯	庚辰	辛巳	壬午	癸未	甲申
曜	일	월	화	수	목	금	토	일	월	화	수	목	금	토	일	월	화	수	목	금	토	일	월	화	수	목	금	토	일

3月

陽	1	2	3	4	5	6	7	8	9	10	11	12	13	14	15	16	17	18	19	20	21	22	23	24	25	26	27	28	29	30	31
陰	21	22	23	24	25	26	27	28	29	30	②소	2	3	4	5	6	7	8	9	10	11	12	13	14	15	16	17	18	19	20	21
干支	乙酉	丙戌	丁亥	戊子	己丑	庚寅	辛卯	壬辰	癸巳	甲午	乙未	丙申	丁酉	戊戌	己亥	庚子	辛丑	壬寅	癸卯	甲辰	乙巳	丙午	丁未	戊申	己酉	庚戌	辛亥	壬子	癸丑	甲寅	乙卯
曜	월	화	수	목	금	토	일	월	화	수	목	금	토	일	월	화	수	목	금	토	일	월	화	수	목	금	토	일	월	화	수

4月

陽	1	2	3	4	5	6	7	8	9	10	11	12	13	14	15	16	17	18	19	20	21	22	23	24	25	26	27	28	29	30
陰	22	23	24	25	26	27	28	29	③대	2	3	4	5	6	7	8	9	10	11	12	13	14	15	16	17	18	19	20	21	22
干支	丙辰	丁巳	戊午	己未	庚申	辛酉	壬戌	癸亥	甲子	乙丑	丙寅	丁卯	戊辰	己巳	庚午	辛未	壬申	癸酉	甲戌	乙亥	丙子	丁丑	戊寅	己卯	庚辰	辛巳	壬午	癸未	甲申	乙酉
曜	목	금	토	일	월	화	수	목	금	토	일	월	화	수	목	금	토	일	월	화	수	목	금	토	일	월	화	수	목	금

5月

陽	1	2	3	4	5	6	7	8	9	10	11	12	13	14	15	16	17	18	19	20	21	22	23	24	25	26	27	28	29	30	31
陰	23	24	25	26	27	28	29	30	④소	2	3	4	5	6	7	8	9	10	11	12	13	14	15	16	17	18	19	20	21	22	23
干支	丙戌	丁亥	戊子	己丑	庚寅	辛卯	壬辰	癸巳	甲午	乙未	丙申	丁酉	戊戌	己亥	庚子	辛丑	壬寅	癸卯	甲辰	乙巳	丙午	丁未	戊申	己酉	庚戌	辛亥	壬子	癸丑	甲寅	乙卯	丙辰
曜	토	일	월	화	수	목	금	토	일	월	화	수	목	금	토	일	월	화	수	목	금	토	일	월	화	수	목	금	토	일	월

6月

陽	1	2	3	4	5	6	7	8	9	10	11	12	13	14	15	16	17	18	19	20	21	22	23	24	25	26	27	28	29	30
陰	24	25	26	27	28	29	⑤대	2	3	4	5	6	7	8	9	10	11	12	13	14	15	16	17	18	19	20	21	22	23	24
干支	丁巳	戊午	己未	庚申	辛酉	壬戌	癸亥	甲子	乙丑	丙寅	丁卯	戊辰	己巳	庚午	辛未	壬申	癸酉	甲戌	乙亥	丙子	丁丑	戊寅	己卯	庚辰	辛巳	壬午	癸未	甲申	乙酉	丙戌
曜	화	수	목	금	토	일	월	화	수	목	금	토	일	월	화	수	목	금	토	일	월	화	수	목	금	토	일	월	화	수

7月

陽	1	2	3	4	5	6	7	8	9	10	11	12	13	14	15	16	17	18	19	20	21	22	23	24	25	26	27	28	29	30	31
陰	25	26	27	28	29	30	⑥소	2	3	4	5	6	7	8	9	10	11	12	13	14	15	16	17	18	19	20	21	22	23	24	25
干支	丁亥	戊子	己丑	庚寅	辛卯	壬辰	癸巳	甲午	乙未	丙申	丁酉	戊戌	己亥	庚子	辛丑	壬寅	癸卯	甲辰	乙巳	丙午	丁未	戊申	己酉	庚戌	辛亥	壬子	癸丑	甲寅	乙卯	丙辰	丁巳
曜	목	금	토	일	월	화	수	목	금	토	일	월	화	수	목	금	토	일	월	화	수	목	금	토	일	월	화	수	목	금	토

8月

陽	1	2	3	4	5	6	7	8	9	10	11	12	13	14	15	16	17	18	19	20	21	22	23	24	25	26	27	28	29	30	31
陰	26	27	28	29	⑦소	2	3	4	5	6	7	8	9	10	11	12	13	14	15	16	17	18	19	20	21	22	23	24	25	26	27
干支	戊午	己未	庚申	辛酉	壬戌	癸亥	甲子	乙丑	丙寅	丁卯	戊辰	己巳	庚午	辛未	壬申	癸酉	甲戌	乙亥	丙子	丁丑	戊寅	己卯	庚辰	辛巳	壬午	癸未	甲申	乙酉	丙戌	丁亥	戊子
曜	일	월	화	수	목	금	토	일	월	화	수	목	금	토	일	월	화	수	목	금	토	일	월	화	수	목	금	토	일	월	화

9月

陽	1	2	3	4	5	6	7	8	9	10	11	12	13	14	15	16	17	18	19	20	21	22	23	24	25	26	27	28	29	30
陰	28	29	⑧대	2	3	4	5	6	7	8	9	10	11	12	13	14	15	16	17	18	19	20	21	22	23	24	25	26	27	28
干支	己丑	庚寅	辛卯	壬辰	癸巳	甲午	乙未	丙申	丁酉	戊戌	己亥	庚子	辛丑	壬寅	癸卯	甲辰	乙巳	丙午	丁未	戊申	己酉	庚戌	辛亥	壬子	癸丑	甲寅	乙卯	丙辰	丁巳	戊午
曜	수	목	금	토	일	월	화	수	목	금	토	일	월	화	수	목	금	토	일	월	화	수	목	금	토	일	월	화	수	목

10月

陽	1	2	3	4	5	6	7	8	9	10	11	12	13	14	15	16	17	18	19	20	21	22	23	24	25	26	27	28	29	30	31
陰	29	30	⑨소	2	3	4	5	6	7	8	9	10	11	12	13	14	15	16	17	18	19	20	21	22	23	24	25	26	27	28	29
干支	己未	庚申	辛酉	壬戌	癸亥	甲子	乙丑	丙寅	丁卯	戊辰	己巳	庚午	辛未	壬申	癸酉	甲戌	乙亥	丙子	丁丑	戊寅	己卯	庚辰	辛巳	壬午	癸未	甲申	乙酉	丙戌	丁亥	戊子	己丑
曜	금	토	일	월	화	수	목	금	토	일	월	화	수	목	금	토	일	월	화	수	목	금	토	일	월	화	수	목	금	토	일

11月

陽	1	2	3	4	5	6	7	8	9	10	11	12	13	14	15	16	17	18	19	20	21	22	23	24	25	26	27	28	29	30
陰	⑩대	2	3	4	5	6	7	8	9	10	11	12	13	14	15	16	17	18	19	20	21	22	23	24	25	26	27	28	29	30
干支	庚寅	辛卯	壬辰	癸巳	甲午	乙未	丙申	丁酉	戊戌	己亥	庚子	辛丑	壬寅	癸卯	甲辰	乙巳	丙午	丁未	戊申	己酉	庚戌	辛亥	壬子	癸丑	甲寅	乙卯	丙辰	丁巳	戊午	己未
曜	월	화	수	목	금	토	일	월	화	수	목	금	토	일	월	화	수	목	금	토	일	월	화	수	목	금	토	일	월	화

12月

陽	1	2	3	4	5	6	7	8	9	10	11	12	13	14	15	16	17	18	19	20	21	22	23	24	25	26	27	28	29	30	31
陰	⑪소	2	3	4	5	6	7	8	9	10	11	12	13	14	15	16	17	18	19	20	21	22	23	24	25	26	27	28	29	⑫대	2
干支	庚申	辛酉	壬戌	癸亥	甲子	乙丑	丙寅	丁卯	戊辰	己巳	庚午	辛未	壬申	癸酉	甲戌	乙亥	丙子	丁丑	戊寅	己卯	庚辰	辛巳	壬午	癸未	甲申	乙酉	丙戌	丁亥	戊子	己丑	庚寅
曜	수	목	금	토	일	월	화	수	목	금	토	일	월	화	수	목	금	토	일	월	화	수	목	금	토	일	월	화	수	목	금

戊子 (霹靂火)

西紀一九四八年●檀紀四二八一年

舊平三百五十四日
新閏三百六十六日

七日得辛 四龍治水
寅 喪門 戌 吊客
酉 大將軍 南 三殺

四綠	二黑	六白
九紫	七赤	五黃
八白	三碧	一白

月之大小	日辰	月白	入節
正月大 甲寅	乙丑 乙亥 乙酉	八白	雨水 十一日 乙亥 午前 一時二十五分 / 驚蟄 廿六日 庚寅 午後 十一時四十八分
二月小 乙卯	乙未 乙巳 乙卯	七赤	春分 十一日 乙巳 午前 零時五十三分 / 淸明 廿六日 庚申 午前 五時四分
三月大 丙辰	甲子 甲戌 甲申	六白	穀雨 十二日 乙亥 午後 零時二十八分 / 立夏 廿七日 庚寅 午後 十時五十五分
四月小 丁巳	甲午 甲辰 甲寅	五黃	小滿 十三日 丙午 午後 零時八分 / 芒種 廿九日 壬戌 午前 三時三十三分
五月大 戊午	癸亥 癸酉 癸未	四綠	夏至 十五日 丁丑 午後 八時二十六分
六月小 己未	癸巳 癸卯 癸丑	三碧	小暑 初一日 癸巳 午後 一時三分 / 大暑 十七日 己酉 午前 七時三十三分
七月小 庚申	壬戌 壬申 壬午	二黑	立秋 初四日 乙丑 午後 十一時五十六分 / 處暑 十九日 庚辰 午後 二時四十分
八月大 辛酉	辛卯 辛丑 辛亥	一白	白露 初六日 丙申 午前 二時五十五分 / 秋分 廿一日 辛亥 午後 零時十七分
九月小 壬戌	辛酉 辛未 辛巳	九紫	寒露 初六日 丙寅 午後 六時二十六分 / 霜降 廿一日 辛巳 午後 九時二十一分
十月大 癸亥	庚寅 庚子 庚戌	八白	立冬 初七日 丙申 午後 九時十二分 / 小雪 廿二日 辛亥 午後 六時二十六分
十一月小 甲子	庚申 庚午 庚辰	七赤	大雪 初七日 丙寅 午後 二時十九分 / 冬至 廿二日 辛巳 午前 七時八分
十二月大 乙丑	己丑 己亥 己酉	六白	小寒 初八日 丙申 午前 零時八分 / 大寒 廿三日 辛亥 午後 五時二十分

◆雜　節◆

寒食	二月廿七日	陽四月六日
土王	三月初九日	陽四月十七日
初伏	六月初八日	陽七月十四日
土王	六月十四日	陽七月二十日
中伏	六月十八日	陽七月二十四日
末伏	七月初九日	陽八月十三日
土王	九月十八日	陽十月二十日
土王	十二月二十日	陽一月十八日
臘享	十二月十九日	陽一月十七日

1949 (4282. 己丑)

1月

陽	1	2	3	4	5	6	7	8	9	10	11	12	13	14	15	16	17	18	19	20	21	22	23	24	25	26	27	28	29	30	31
陰	3	4	5	6	7	8	9	10	11	12	13	14	15	16	17	18	19	20	21	22	23	24	25	26	27	28	29	30	①대	2	3
干支	辛卯	壬辰	癸巳	甲午	乙未	丙申	丁酉	戊戌	己亥	庚子	辛丑	壬寅	癸卯	甲辰	乙巳	丙午	丁未	戊申	己酉	庚戌	辛亥	壬子	癸丑	甲寅	乙卯	丙辰	丁巳	戊午	己未	庚申	辛酉
曜	토	일	월	화	수	목	금	토	일	월	화	수	목	금	토	일	월	화	수	목	금	토	일	월	화	수	목	금	토	일	월

2月

陽	1	2	3	4	5	6	7	8	9	10	11	12	13	14	15	16	17	18	19	20	21	22	23	24	25	26	27	28
陰	4	5	6	7	8	9	10	11	12	13	14	15	16	17	18	19	20	21	22	23	24	25	26	27	28	29	30	②대
干支	壬戌	癸亥	甲子	乙丑	丙寅	丁卯	戊辰	己巳	庚午	辛未	壬申	癸酉	甲戌	乙亥	丙子	丁丑	戊寅	己卯	庚辰	辛巳	壬午	癸未	甲申	乙酉	丙戌	丁亥	戊子	己丑
曜	화	수	목	금	토	일	월	화	수	목	금	토	일	월	화	수	목	금	토	일	월	화	수	목	금	토	일	월

3月

陽	1	2	3	4	5	6	7	8	9	10	11	12	13	14	15	16	17	18	19	20	21	22	23	24	25	26	27	28	29	30	31
陰	2	3	4	5	6	7	8	9	10	11	12	13	14	15	16	17	18	19	20	21	22	23	24	25	26	27	28	29	30	③소	2
干支	庚寅	辛卯	壬辰	癸巳	甲午	乙未	丙申	丁酉	戊戌	己亥	庚子	辛丑	壬寅	癸卯	甲辰	乙巳	丙午	丁未	戊申	己酉	庚戌	辛亥	壬子	癸丑	甲寅	乙卯	丙辰	丁巳	戊午	己未	庚申
曜	화	수	목	금	토	일	월	화	수	목	금	토	일	월	화	수	목	금	토	일	월	화	수	목	금	토	일	월	화	수	목

4月

陽	1	2	3	4	5	6	7	8	9	10	11	12	13	14	15	16	17	18	19	20	21	22	23	24	25	26	27	28	29	30
陰	3	4	5	6	7	8	9	10	11	12	13	14	15	16	17	18	19	20	21	22	23	24	25	26	27	28	29	④대	2	3
干支	辛酉	壬戌	癸亥	甲子	乙丑	丙寅	丁卯	戊辰	己巳	庚午	辛未	壬申	癸酉	甲戌	乙亥	丙子	丁丑	戊寅	己卯	庚辰	辛巳	壬午	癸未	甲申	乙酉	丙戌	丁亥	戊子	己丑	庚寅
曜	금	토	일	월	화	수	목	금	토	일	월	화	수	목	금	토	일	월	화	수	목	금	토	일	월	화	수	목	금	토

5月

陽	1	2	3	4	5	6	7	8	9	10	11	12	13	14	15	16	17	18	19	20	21	22	23	24	25	26	27	28	29	30	31
陰	4	5	6	7	8	9	10	11	12	13	14	15	16	17	18	19	20	21	22	23	24	25	26	27	28	29	30	⑤소	2	3	4
干支	辛卯	壬辰	癸巳	甲午	乙未	丙申	丁酉	戊戌	己亥	庚子	辛丑	壬寅	癸卯	甲辰	乙巳	丙午	丁未	戊申	己酉	庚戌	辛亥	壬子	癸丑	甲寅	乙卯	丙辰	丁巳	戊午	己未	庚申	辛酉
曜	일	월	화	수	목	금	토	일	월	화	수	목	금	토	일	월	화	수	목	금	토	일	월	화	수	목	금	토	일	월	화

6月

陽	1	2	3	4	5	6	7	8	9	10	11	12	13	14	15	16	17	18	19	20	21	22	23	24	25	26	27	28	29	30
陰	5	6	7	8	9	10	11	12	13	14	15	16	17	18	19	20	21	22	23	24	25	26	27	28	29	⑥대	2	3	4	5
干支	壬戌	癸亥	甲子	乙丑	丙寅	丁卯	戊辰	己巳	庚午	辛未	壬申	癸酉	甲戌	乙亥	丙子	丁丑	戊寅	己卯	庚辰	辛巳	壬午	癸未	甲申	乙酉	丙戌	丁亥	戊子	己丑	庚寅	辛卯
曜	수	목	금	토	일	월	화	수	목	금	토	일	월	화	수	목	금	토	일	월	화	수	목	금	토	일	월	화	수	목

7月

陽	1	2	3	4	5	6	7	8	9	10	11	12	13	14	15	16	17	18	19	20	21	22	23	24	25	26	27	28	29	30	31
陰	6	7	8	9	10	11	12	13	14	15	16	17	18	19	20	21	22	23	24	25	26	27	28	29	30	⑦소	2	3	4	5	6
干支	壬辰	癸巳	甲午	乙未	丙申	丁酉	戊戌	己亥	庚子	辛丑	壬寅	癸卯	甲辰	乙巳	丙午	丁未	戊申	己酉	庚戌	辛亥	壬子	癸丑	甲寅	乙卯	丙辰	丁巳	戊午	己未	庚申	辛酉	壬戌
曜	금	토	일	월	화	수	목	금	토	일	월	화	수	목	금	토	일	월	화	수	목	금	토	일	월	화	수	목	금	토	일

8月

陽	1	2	3	4	5	6	7	8	9	10	11	12	13	14	15	16	17	18	19	20	21	22	23	24	25	26	27	28	29	30	31
陰	7	8	9	10	11	12	13	14	15	16	17	18	19	20	21	22	23	24	25	26	27	28	29	⑦소	2	3	4	5	6	7	8
干支	癸亥	甲子	乙丑	丙寅	丁卯	戊辰	己巳	庚午	辛未	壬申	癸酉	甲戌	乙亥	丙子	丁丑	戊寅	己卯	庚辰	辛巳	壬午	癸未	甲申	乙酉	丙戌	丁亥	戊子	己丑	庚寅	辛卯	壬辰	癸巳
曜	월	화	수	목	금	토	일	월	화	수	목	금	토	일	월	화	수	목	금	토	일	월	화	수	목	금	토	일	월	화	수

9月

陽	1	2	3	4	5	6	7	8	9	10	11	12	13	14	15	16	17	18	19	20	21	22	23	24	25	26	27	28	29	30
陰	9	10	11	12	13	14	15	16	17	18	19	20	21	22	23	24	25	26	27	28	29	⑧대	2	3	4	5	6	7	8	9
干支	甲午	乙未	丙申	丁酉	戊戌	己亥	庚子	辛丑	壬寅	癸卯	甲辰	乙巳	丙午	丁未	戊申	己酉	庚戌	辛亥	壬子	癸丑	甲寅	乙卯	丙辰	丁巳	戊午	己未	庚申	辛酉	壬戌	癸亥
曜	목	금	토	일	월	화	수	목	금	토	일	월	화	수	목	금	토	일	월	화	수	목	금	토	일	월	화	수	목	금

10月

陽	1	2	3	4	5	6	7	8	9	10	11	12	13	14	15	16	17	18	19	20	21	22	23	24	25	26	27	28	29	30	31
陰	10	11	12	13	14	15	16	17	18	19	20	21	22	23	24	25	26	27	28	29	30	⑨소	2	3	4	5	6	7	8	9	10
干支	甲子	乙丑	丙寅	丁卯	戊辰	己巳	庚午	辛未	壬申	癸酉	甲戌	乙亥	丙子	丁丑	戊寅	己卯	庚辰	辛巳	壬午	癸未	甲申	乙酉	丙戌	丁亥	戊子	己丑	庚寅	辛卯	壬辰	癸巳	甲午
曜	토	일	월	화	수	목	금	토	일	월	화	수	목	금	토	일	월	화	수	목	금	토	일	월	화	수	목	금	토	일	월

11月

陽	1	2	3	4	5	6	7	8	9	10	11	12	13	14	15	16	17	18	19	20	21	22	23	24	25	26	27	28	29	30
陰	11	12	13	14	15	16	17	18	19	20	21	22	23	24	25	26	27	28	29	⑩대	2	3	4	5	6	7	8	9	10	11
干支	乙未	丙申	丁酉	戊戌	己亥	庚子	辛丑	壬寅	癸卯	甲辰	乙巳	丙午	丁未	戊申	己酉	庚戌	辛亥	壬子	癸丑	甲寅	乙卯	丙辰	丁巳	戊午	己未	庚申	辛酉	壬戌	癸亥	甲子
曜	화	수	목	금	토	일	월	화	수	목	금	토	일	월	화	수	목	금	토	일	월	화	수	목	금	토	일	월	화	수

12月

陽	1	2	3	4	5	6	7	8	9	10	11	12	13	14	15	16	17	18	19	20	21	22	23	24	25	26	27	28	29	30	31
陰	12	13	14	15	16	17	18	19	20	21	22	23	24	25	26	27	28	29	30	⑪소	2	3	4	5	6	7	8	9	10	11	12
干支	乙丑	丙寅	丁卯	戊辰	己巳	庚午	辛未	壬申	癸酉	甲戌	乙亥	丙子	丁丑	戊寅	己卯	庚辰	辛巳	壬午	癸未	甲申	乙酉	丙戌	丁亥	戊子	己丑	庚寅	辛卯	壬辰	癸巳	甲午	乙未
曜	목	금	토	일	월	화	수	목	금	토	일	월	화	수	목	금	토	일	월	화	수	목	금	토	일	월	화	수	목	금	토

己丑(霹靂火)
西紀一九四九年●檀紀四二八二年
舊閏三百八十四日
新平三百六十五日

三日得辛 十龍治水
卯喪門 亥吊客
酉大將軍 東三殺

三碧	一白	五黃
八白	六白	四綠
七赤	二黑	九紫

月之大小	正月大 丙寅	二月大 丁卯	三月大 戊辰	四月大 己巳	五月小 庚午	六月大 辛未	七月小 壬申	七閏月小	八月大 癸酉	九月小 甲戌	十月大 乙亥	十一月小 丙子	十二月大 丁丑
日辰	己卯 己巳 己未	己酉 己亥 己丑	己卯 己巳 己未	戊申 戊戌 戊子	戊寅 戊辰 戊午	丁未 丁酉 丁亥	丁丑 丁卯 丁巳	丙午 丙申 丙戌	乙亥 乙丑 乙卯	乙巳 乙未 乙酉	甲戌 甲子 甲寅	甲辰 甲午 甲申	癸酉 癸亥 癸丑
月白	五黃	四綠	三碧	二黑	一白	九紫	八白	八白	七赤	六白	五黃	四綠	三碧
入節	立春初七日乙丑午前十一時三十分 雨水廿二日庚辰午前七時二十四分	驚蟄初七日乙未午前五時三十八分 春分廿二日庚戌午前六時四十一分	淸明初七日乙丑午前十一時五十三分 穀雨廿二日庚辰午後六時十七分	立夏初九日丙申午前四時四十四分 小滿廿四日辛亥午後五時五十六分	芒種初十日丁卯午前九時二十一分 夏至廿六日癸未午前二時十四分	小暑十二日戊戌午後七時五十一分 大暑廿八日甲寅午後一時二十分	立秋十四日庚午午前五時四十七分 處暑廿九日乙酉午後八時二十九分	白露十六日辛丑午前八時四十四分	秋分初二日丙辰午後六時五分 寒露十八日壬申午前零時十五分	霜降初三日丁亥午前三時十分 立冬十八日壬寅午前三時二分	小雪初四日丁巳午前零時十四分 大雪十八日辛未午後七時二十分	冬至初三日丙戌午後零時五十九分 小寒十八日辛丑午前一時五十九分	大寒初三日乙卯午後十一時十分 立春十八日庚午午後五時二十分

◆雜 節◆

寒食	土王	初伏	土王	中伏	末伏	土王	土王	臘享
三月初八日	三月十九日	六月廿四日	六月廿五日	七月初四日	七月十四日	八月三十日	十二月廿九日	十二月初七日
陽四月六日	陽四月十七日	陽七月十九日	陽七月二十日	陽七月二十九日	陽八月八日	陽十月二十一日	陽一月十七日	陽一月二十四日

1950 (4283. 庚寅)

1月

陽	1	2	3	4	5	6	7	8	9	10	11	12	13	14	15	16	17	18	19	20	21	22	23	24	25	26	27	28	29	30	31
陰	13	14	15	16	17	18	19	20	21	22	23	24	25	26	27	28	29	⑫대	2	3	4	5	6	7	8	9	10	11	12	13	14
干支	丙申	丁酉	戊戌	己亥	庚子	辛丑	壬寅	癸卯	甲辰	乙巳	丙午	丁未	戊申	己酉	庚戌	辛亥	壬子	癸丑	甲寅	乙卯	丙辰	丁巳	戊午	己未	庚申	辛酉	壬戌	癸亥	甲子	乙丑	丙寅
曜	일	월	화	수	목	금	토	일	월	화	수	목	금	토	일	월	화	수	목	금	토	일	월	화	수	목	금	토	일	월	화

2月

陽	1	2	3	4	5	6	7	8	9	10	11	12	13	14	15	16	17	18	19	20	21	22	23	24	25	26	27	28
陰	15	16	17	18	19	20	21	22	23	24	25	26	27	28	29	30	①대	2	3	4	5	6	7	8	9	10	11	12
干支	丁卯	戊辰	己巳	庚午	辛未	壬申	癸酉	甲戌	乙亥	丙子	丁丑	戊寅	己卯	庚辰	辛巳	壬午	癸未	甲申	乙酉	丙戌	丁亥	戊子	己丑	庚寅	辛卯	壬辰	癸巳	甲午
曜	수	목	금	토	일	월	화	수	목	금	토	일	월	화	수	목	금	토	일	월	화	수	목	금	토	일	월	화

3月

陽	1	2	3	4	5	6	7	8	9	10	11	12	13	14	15	16	17	18	19	20	21	22	23	24	25	26	27	28	29	30	31
陰	13	14	15	16	17	18	19	20	21	22	23	24	25	26	27	28	29	30	②소	2	3	4	5	6	7	8	9	10	11	12	13
干支	乙未	丙申	丁酉	戊戌	己亥	庚子	辛丑	壬寅	癸卯	甲辰	乙巳	丙午	丁未	戊申	己酉	庚戌	辛亥	壬子	癸丑	甲寅	乙卯	丙辰	丁巳	戊午	己未	庚申	辛酉	壬戌	癸亥	甲子	乙丑
曜	수	목	금	토	일	월	화	수	목	금	토	일	월	화	수	목	금	토	일	월	화	수	목	금	토	일	월	화	수	목	금

4月

陽	1	2	3	4	5	6	7	8	9	10	11	12	13	14	15	16	17	18	19	20	21	22	23	24	25	26	27	28	29	30
陰	14	15	16	17	18	19	20	21	22	23	24	25	26	27	28	29	③대	2	3	4	5	6	7	8	9	10	11	12	13	14
干支	丙寅	丁卯	戊辰	己巳	庚午	辛未	壬申	癸酉	甲戌	乙亥	丙子	丁丑	戊寅	己卯	庚辰	辛巳	壬午	癸未	甲申	乙酉	丙戌	丁亥	戊子	己丑	庚寅	辛卯	壬辰	癸巳	甲午	乙未
曜	토	일	월	화	수	목	금	토	일	월	화	수	목	금	토	일	월	화	수	목	금	토	일	월	화	수	목	금	토	일

5月

陽	1	2	3	4	5	6	7	8	9	10	11	12	13	14	15	16	17	18	19	20	21	22	23	24	25	26	27	28	29	30	31
陰	15	16	17	18	19	20	21	22	23	24	25	26	27	28	29	30	④대	2	3	4	5	6	7	8	9	10	11	12	13	14	15
干支	丙申	丁酉	戊戌	己亥	庚子	辛丑	壬寅	癸卯	甲辰	乙巳	丙午	丁未	戊申	己酉	庚戌	辛亥	壬子	癸丑	甲寅	乙卯	丙辰	丁巳	戊午	己未	庚申	辛酉	壬戌	癸亥	甲子	乙丑	丙寅
曜	월	화	수	목	금	토	일	월	화	수	목	금	토	일	월	화	수	목	금	토	일	월	화	수	목	금	토	일	월	화	수

6月

陽	1	2	3	4	5	6	7	8	9	10	11	12	13	14	15	16	17	18	19	20	21	22	23	24	25	26	27	28	29	30
陰	16	17	18	19	20	21	22	23	24	25	26	27	28	29	30	⑤소	2	3	4	5	6	7	8	9	10	11	12	13	14	15
干支	丁卯	戊辰	己巳	庚午	辛未	壬申	癸酉	甲戌	乙亥	丙子	丁丑	戊寅	己卯	庚辰	辛巳	壬午	癸未	甲申	乙酉	丙戌	丁亥	戊子	己丑	庚寅	辛卯	壬辰	癸巳	甲午	乙未	丙申
曜	목	금	토	일	월	화	수	목	금	토	일	월	화	수	목	금	토	일	월	화	수	목	금	토	일	월	화	수	목	금

7月

陽	1	2	3	4	5	6	7	8	9	10	11	12	13	14	15	16	17	18	19	20	21	22	23	24	25	26	27	28	29	30	31
陰	16	17	18	19	20	21	22	23	24	25	26	27	28	29	⑥대	2	3	4	5	6	7	8	9	10	11	12	13	14	15	16	17
干支	丁酉	戊戌	己亥	庚子	辛丑	壬寅	癸卯	甲辰	乙巳	丙午	丁未	戊申	己酉	庚戌	辛亥	壬子	癸丑	甲寅	乙卯	丙辰	丁巳	戊午	己未	庚申	辛酉	壬戌	癸亥	甲子	乙丑	丙寅	丁卯
曜	토	일	월	화	수	목	금	토	일	월	화	수	목	금	토	일	월	화	수	목	금	토	일	월	화	수	목	금	토	일	월

8月

陽	1	2	3	4	5	6	7	8	9	10	11	12	13	14	15	16	17	18	19	20	21	22	23	24	25	26	27	28	29	30	31
陰	18	19	20	21	22	23	24	25	26	27	28	29	30	⑦소	2	3	4	5	6	7	8	9	10	11	12	13	14	15	16	17	18
干支	戊辰	己巳	庚午	辛未	壬申	癸酉	甲戌	乙亥	丙子	丁丑	戊寅	己卯	庚辰	辛巳	壬午	癸未	甲申	乙酉	丙戌	丁亥	戊子	己丑	庚寅	辛卯	壬辰	癸巳	甲午	乙未	丙申	丁酉	戊戌
曜	화	수	목	금	토	일	월	화	수	목	금	토	일	월	화	수	목	금	토	일	월	화	수	목	금	토	일	월	화	수	목

9月

陽	1	2	3	4	5	6	7	8	9	10	11	12	13	14	15	16	17	18	19	20	21	22	23	24	25	26	27	28	29	30
陰	19	20	21	22	23	24	25	26	27	28	29	⑧소	2	3	4	5	6	7	8	9	10	11	12	13	14	15	16	17	18	19
干支	己亥	庚子	辛丑	壬寅	癸卯	甲辰	乙巳	丙午	丁未	戊申	己酉	庚戌	辛亥	壬子	癸丑	甲寅	乙卯	丙辰	丁巳	戊午	己未	庚申	辛酉	壬戌	癸亥	甲子	乙丑	丙寅	丁卯	戊辰
曜	금	토	일	월	화	수	목	금	토	일	월	화	수	목	금	토	일	월	화	수	목	금	토	일	월	화	수	목	금	토

10月

陽	1	2	3	4	5	6	7	8	9	10	11	12	13	14	15	16	17	18	19	20	21	22	23	24	25	26	27	28	29	30	31
陰	20	21	22	23	24	25	26	27	28	29	⑨大	2	3	4	5	6	7	8	9	10	11	12	13	14	15	16	17	18	19	20	21
干支	己巳	庚午	辛未	壬申	癸酉	甲戌	乙亥	丙子	丁丑	戊寅	己卯	庚辰	辛巳	壬午	癸未	甲申	乙酉	丙戌	丁亥	戊子	己丑	庚寅	辛卯	壬辰	癸巳	甲午	乙未	丙申	丁酉	戊戌	己亥
曜	일	월	화	수	목	금	토	일	월	화	수	목	금	토	일	월	화	수	목	금	토	일	월	화	수	목	금	토	일	월	화

11月

陽	1	2	3	4	5	6	7	8	9	10	11	12	13	14	15	16	17	18	19	20	21	22	23	24	25	26	27	28	29	30
陰	22	23	24	25	26	27	28	29	30	⑩소	2	3	4	5	6	7	8	9	10	11	12	13	14	15	16	17	18	19	20	21
干支	庚子	辛丑	壬寅	癸卯	甲辰	乙巳	丙午	丁未	戊申	己酉	庚戌	辛亥	壬子	癸丑	甲寅	乙卯	丙辰	丁巳	戊午	己未	庚申	辛酉	壬戌	癸亥	甲子	乙丑	丙寅	丁卯	戊辰	己巳
曜	수	목	금	토	일	월	화	수	목	금	토	일	월	화	수	목	금	토	일	월	화	수	목	금	토	일	월	화	수	목

12月

陽	1	2	3	4	5	6	7	8	9	10	11	12	13	14	15	16	17	18	19	20	21	22	23	24	25	26	27	28	29	30	31
陰	22	23	24	25	26	27	28	29	⑪대	2	3	4	5	6	7	8	9	10	11	12	13	14	15	16	17	18	19	20	21	22	23
干支	庚午	辛未	壬申	癸酉	甲戌	乙亥	丙子	丁丑	戊寅	己卯	庚辰	辛巳	壬午	癸未	甲申	乙酉	丙戌	丁亥	戊子	己丑	庚寅	辛卯	壬辰	癸巳	甲午	乙未	丙申	丁酉	戊戌	己亥	庚子
曜	금	토	일	월	화	수	목	금	토	일	월	화	수	목	금	토	일	월	화	수	목	금	토	일	월	화	수	목	금	토	일

庚寅 (松栢木)

西紀一九五〇年 ● 檀紀四二八三年

舊平三百五十四日
新平三百六十五日

九日得辛 十龍治水
辰 喪門 子 吊客
子 大將軍 北 三殺

二黑	九紫	四綠
七赤	五黃	三碧
六白	一白	八白

建月之大小	正月大 戊寅	二月小 己卯	三月大 庚辰	四月大 辛巳	五月小 壬午	六月大 癸未	七月小 甲申	八月小 乙酉	九月大 丙戌	十月小 丁亥	十一月大 戊子	十二月小 己丑
日辰	癸卯 癸巳 癸未	癸酉 癸亥 癸丑	壬寅 壬辰 壬午	壬申 壬戌 壬子	壬寅 壬辰 壬午	辛未 辛酉 辛亥	辛丑 辛卯 辛巳	戊午 戊申 戊戌	己亥 己丑 己卯	己巳 己未 己酉	戊戌 戊子 戊寅	戊辰 戊午 戊申
月白	二 黑	一 白	九 紫	八 白	七 赤	六 白	五 黃	四 綠	三 碧	二 黑	一 白	九 紫
入節	驚蟄十八日庚子午前十一時二十八分 雨水初三日乙酉午後一時十四分	清明十八日庚午午後四時五十七分 春分初三日乙卯午後零時四十六分	立夏廿十日辛丑午前十時三十三分 穀雨初五日丙戌午前零時六分	芒種廿一日壬申午後三時九分 小滿初六日丁巳午後十一時四十五分	小暑廿三日甲辰午前一時三十九分 夏至初七日戊子午前八時二分	立秋廿五日乙亥午前十一時三十六分 大暑初九日己未午後七時八分	白露廿六日丙午午後二時三十三分 處暑十一日辛卯午前二時十八分	寒露廿八日丁丑午前六時四分 秋分十二日辛酉午後十一時五十四分	立冬廿九日丁未午前八時五十二分 霜降十四日壬辰午前九時零分	大雪廿九日丁丑午前一時十分 小雪十四日壬戌午前六時四分	小寒廿九日丙午午前十一時四十九分 冬至十四日辛卯午後六時四十八分	立春廿九日丙子午後十時十一分 大寒十三日庚申午前四時五十九分

◆雜 節◆

寒食	土王	初伏	土王	中伏	末伏	土王	土王	臘享
二月十九日	三月初一日	五月廿九日	六月初六日	六月初十日	六月三十日	九月十一日	十二月十一日	十二月十二日
陽四月六日	陽四月十七日	陽七月十四日	陽七月二十日	陽七月二十四日	陽八月十三日	陽十月二十一日	陽一月十八日	陽一月十九日

1951 (4284. 辛卯)

1月

陽	1	2	3	4	5	6	7	8	9	10	11	12	13	14	15	16	17	18	19	20	21	22	23	24	25	26	27	28	29	30	31
陰	24	25	26	27	28	29	30	⑫대	2	3	4	5	6	7	8	9	10	11	12	13	14	15	16	17	18	19	20	21	22	23	24
干支	辛丑	壬寅	癸卯	甲辰	乙巳	丙午	丁未	戊申	己酉	庚戌	辛亥	壬子	癸丑	甲寅	乙卯	丙辰	丁巳	戊午	己未	庚申	辛酉	壬戌	癸亥	甲子	乙丑	丙寅	丁卯	戊辰	己巳	庚午	辛未
曜	월	화	수	목	금	토	일	월	화	수	목	금	토	일	월	화	수	목	금	토	일	월	화	수	목	금	토	일	월	화	수

2月

陽	1	2	3	4	5	6	7	8	9	10	11	12	13	14	15	16	17	18	19	20	21	22	23	24	25	26	27	28
陰	25	26	27	28	29	①대	2	3	4	5	6	7	8	9	10	11	12	13	14	15	16	17	18	19	20	21	22	23
干支	壬申	癸酉	甲戌	乙亥	丙子	丁丑	戊寅	己卯	庚辰	辛巳	壬午	癸未	甲申	乙酉	丙戌	丁亥	戊子	己丑	庚寅	辛卯	壬辰	癸巳	甲午	乙未	丙申	丁酉	戊戌	己亥
曜	목	금	토	일	월	화	수	목	금	토	일	월	화	수	목	금	토	일	월	화	수	목	금	토	일	월	화	수

3月

陽	1	2	3	4	5	6	7	8	9	10	11	12	13	14	15	16	17	18	19	20	21	22	23	24	25	26	27	28	29	30	31
陰	24	25	26	27	28	29	30	②소	2	3	4	5	6	7	8	9	10	11	12	13	14	15	16	17	18	19	20	21	22	23	24
干支	庚子	辛丑	壬寅	癸卯	甲辰	乙巳	丙午	丁未	戊申	己酉	庚戌	辛亥	壬子	癸丑	甲寅	乙卯	丙辰	丁巳	戊午	己未	庚申	辛酉	壬戌	癸亥	甲子	乙丑	丙寅	丁卯	戊辰	己巳	庚午
曜	목	금	토	일	월	화	수	목	금	토	일	월	화	수	목	금	토	일	월	화	수	목	금	토	일	월	화	수	목	금	토

4月

陽	1	2	3	4	5	6	7	8	9	10	11	12	13	14	15	16	17	18	19	20	21	22	23	24	25	26	27	28	29	30
陰	25	26	27	28	29	③대	2	3	4	5	6	7	8	9	10	11	12	13	14	15	16	17	18	19	20	21	22	23	24	25
干支	辛未	壬申	癸酉	甲戌	乙亥	丙子	丁丑	戊寅	己卯	庚辰	辛巳	壬午	癸未	甲申	乙酉	丙戌	丁亥	戊子	己丑	庚寅	辛卯	壬辰	癸巳	甲午	乙未	丙申	丁酉	戊戌	己亥	庚子
曜	일	월	화	수	목	금	토	일	월	화	수	목	금	토	일	월	화	수	목	금	토	일	월	화	수	목	금	토	일	월

5月

陽	1	2	3	4	5	6	7	8	9	10	11	12	13	14	15	16	17	18	19	20	21	22	23	24	25	26	27	28	29	30	31
陰	26	27	28	29	30	④대	2	3	4	5	6	7	8	9	10	11	12	13	14	15	16	17	18	19	20	21	22	23	24	25	26
干支	辛丑	壬寅	癸卯	甲辰	乙巳	丙午	丁未	戊申	己酉	庚戌	辛亥	壬子	癸丑	甲寅	乙卯	丙辰	丁巳	戊午	己未	庚申	辛酉	壬戌	癸亥	甲子	乙丑	丙寅	丁卯	戊辰	己巳	庚午	辛未
曜	화	수	목	금	토	일	월	화	수	목	금	토	일	월	화	수	목	금	토	일	월	화	수	목	금	토	일	월	화	수	목

6月

陽	1	2	3	4	5	6	7	8	9	10	11	12	13	14	15	16	17	18	19	20	21	22	23	24	25	26	27	28	29	30
陰	27	28	29	30	⑤소	2	3	4	5	6	7	8	9	10	11	12	13	14	15	16	17	18	19	20	21	22	23	24	25	26
干支	壬申	癸酉	甲戌	乙亥	丙子	丁丑	戊寅	己卯	庚辰	辛巳	壬午	癸未	甲申	乙酉	丙戌	丁亥	戊子	己丑	庚寅	辛卯	壬辰	癸巳	甲午	乙未	丙申	丁酉	戊戌	己亥	庚子	辛丑
曜	금	토	일	월	화	수	목	금	토	일	월	화	수	목	금	토	일	월	화	수	목	금	토	일	월	화	수	목	금	토

7月

陽	1	2	3	4	5	6	7	8	9	10	11	12	13	14	15	16	17	18	19	20	21	22	23	24	25	26	27	28	29	30	31
陰	27	28	29	⑥대	2	3	4	5	6	7	8	9	10	11	12	13	14	15	16	17	18	19	20	21	22	23	24	25	26	27	28
干支	壬寅	癸卯	甲辰	乙巳	丙午	丁未	戊申	己酉	庚戌	辛亥	壬子	癸丑	甲寅	乙卯	丙辰	丁巳	戊午	己未	庚申	辛酉	壬戌	癸亥	甲子	乙丑	丙寅	丁卯	戊辰	己巳	庚午	辛未	壬申
曜	일	월	화	수	목	금	토	일	월	화	수	목	금	토	일	월	화	수	목	금	토	일	월	화	수	목	금	토	일	월	화

8月

陽	1	2	3	4	5	6	7	8	9	10	11	12	13	14	15	16	17	18	19	20	21	22	23	24	25	26	27	28	29	30	31
陰	29	30	⑦소	2	3	4	5	6	7	8	9	10	11	12	13	14	15	16	17	18	19	20	21	22	23	24	25	26	27	28	29
干支	癸酉	甲戌	乙亥	丙子	丁丑	戊寅	己卯	庚辰	辛巳	壬午	癸未	甲申	乙酉	丙戌	丁亥	戊子	己丑	庚寅	辛卯	壬辰	癸巳	甲午	乙未	丙申	丁酉	戊戌	己亥	庚子	辛丑	壬寅	癸卯
曜	수	목	금	토	일	월	화	수	목	금	토	일	월	화	수	목	금	토	일	월	화	수	목	금	토	일	월	화	수	목	금

9月

陽	1	2	3	4	5	6	7	8	9	10	11	12	13	14	15	16	17	18	19	20	21	22	23	24	25	26	27	28	29	30
陰	⑧대	2	3	4	5	6	7	8	9	10	11	12	13	14	15	16	17	18	19	20	21	22	23	24	25	26	27	28	29	30
干支	甲辰	乙巳	丙午	丁未	戊申	己酉	庚戌	辛亥	壬子	癸丑	甲寅	乙卯	丙辰	丁巳	戊午	己未	庚申	辛酉	壬戌	癸亥	甲子	乙丑	丙寅	丁卯	戊辰	己巳	庚午	辛未	壬申	癸酉
曜	토	일	월	화	수	목	금	토	일	월	화	수	목	금	토	일	월	화	수	목	금	토	일	월	화	수	목	금	토	일

10月

陽	1	2	3	4	5	6	7	8	9	10	11	12	13	14	15	16	17	18	19	20	21	22	23	24	25	26	27	28	29	30	31
陰	⑨소	2	3	4	5	6	7	8	9	10	11	12	13	14	15	16	17	18	19	20	21	22	23	24	25	26	27	28	29	⑩대	2
干支	甲戌	乙亥	丙子	丁丑	戊寅	己卯	庚辰	辛巳	壬午	癸未	甲申	乙酉	丙戌	丁亥	戊子	己丑	庚寅	辛卯	壬辰	癸巳	甲午	乙未	丙申	丁酉	戊戌	己亥	庚子	辛丑	壬寅	癸卯	甲辰
曜	월	화	수	목	금	토	일	월	화	수	목	금	토	일	월	화	수	목	금	토	일	월	화	수	목	금	토	일	월	화	수

11月

陽	1	2	3	4	5	6	7	8	9	10	11	12	13	14	15	16	17	18	19	20	21	22	23	24	25	26	27	28	29	30
陰	3	4	5	6	7	8	9	10	11	12	13	14	15	16	17	18	19	.	21	22	23	24	25	26	27	28	29	30	⑪소	2
干支	乙巳	丙午	丁未	戊申	己酉	庚戌	辛亥	壬子	癸丑	甲寅	乙卯	丙辰	丁巳	戊午	己未	庚申	辛酉	壬戌	癸亥	甲子	乙丑	丙寅	丁卯	戊辰	己巳	庚午	辛未	壬申	癸酉	甲戌
曜	목	금	토	일	월	화	수	목	금	토	일	월	화	수	목	금	토	일	월	화	수	목	금	토	일	월	화	수	목	금

12月

陽	1	2	3	4	5	6	7	8	9	10	11	12	13	14	15	16	17	18	19	20	21	22	23	24	25	26	27	28	29	30	31
陰	3	4	5	6	7	8	9	10	11	12	13	14	15	16	17	18	19	20	21	22	23	24	25	26	27	28	29	⑫대	2	3	4
干支	乙亥	丙子	丁丑	戊寅	己卯	庚辰	辛巳	壬午	癸未	甲申	乙酉	丙戌	丁亥	戊子	己丑	庚寅	辛卯	壬辰	癸巳	甲午	乙未	丙申	丁酉	戊戌	己亥	庚子	辛丑	壬寅	癸卯	甲辰	乙巳
曜	토	일	월	화	수	목	금	토	일	월	화	수	목	금	토	일	월	화	수	목	금	토	일	월	화	수	목	금	토	일	월

辛卯 (松栢木)

舊平三百五十五日
新平三百六十五日

西紀一九五一年 ● 檀紀四二八四年

五日得辛 四龍治水
巳喪門 丑吊客
子大將軍 西三殺

一白	八白	三碧
六白	四綠	二黑
五黃	九紫	七赤

月之大小	日辰	白月	入節
正月大 (庚寅)	丁酉 丁亥 丁丑	八白	雨水 十四日 庚寅 午後 七時三分 / 驚蟄 廿九日 乙巳 午後 五時十七分
二月小 (辛卯)	丁卯 丁巳 丁未	七赤	春分 十四日 庚申 午後 六時二十分 / 清明 廿九日 乙亥 午後 十時三十一分
三月大 (壬辰)	丙申 丙戌 丙子	六白	穀雨 十六日 辛卯 午前 五時五十四分
四月大 (癸巳)	丙寅 丙辰 丙午	五黃	立夏 初一日 丙午 午後 四時二十一分 / 小滿 十七日 壬戌 午前 五時三十三分
五月小 (甲午)	丙申 丙戌 丙子	四綠	芒種 初二日 丁丑 午後 八時五十七分 / 夏至 十八日 癸巳 午後 一時五十一分
六月大 (乙未)	乙丑 乙卯 乙巳	三碧	小暑 初五日 己酉 午前 七時二十八分 / 大暑 廿一日 乙丑 午前 零時五十六分
七月小 (丙申)	乙未 乙酉 乙亥	二黑	立秋 初六日 庚辰 午後 五時二十四分 / 處暑 廿二日 丙申 午前 七時二十一分
八月大 (丁酉)	甲子 甲寅 甲辰	一白	白露 初八日 辛亥 午後 八時二十三分 / 秋分 廿四日 丁卯 午前 五時四十三分
九月小 (戊戌)	甲午 甲申 甲戌	九紫	寒露 初九日 壬午 午前 十一時五十三分 / 霜降 廿四日 丁酉 午後 二時四十九分
十月大 (己亥)	癸亥 癸丑 癸卯	八白	立冬 初十日 壬子 午後 二時四十一分 / 小雪 廿五日 丁卯 午前 十一時四十四分
十一月小 (庚子)	癸巳 癸未 癸酉	七赤	大雪 初十日 壬午 午前 六時五十九分 / 冬至 廿五日 丁酉 午前 零時三十七分
十二月大 (辛丑)	壬戌 壬子 壬寅	六白	小寒 初十日 辛亥 午後 五時三十八分 / 大寒 廿五日 丑寅 午前 十時四十九分

◆雜 節◆

雜節	陰	陽
寒食	三月初一日	陽四月六日
土王	三月十三日	陽四月十八日
初伏	六月十六日	陽七月十九日
土王	六月十七日	陽七月二十日
中伏	六月廿六日	陽七月二十九日
末伏	七月初六日	陽八月八日
土王	九月廿一日	陽十月二十一日
土王	十二月廿二日	陽一月十八日
臘享	十二月三十日	陽一月二十六日

1952 (4285. 壬辰)

1月

陽	1	2	3	4	5	6	7	8	9	10	11	12	13	14	15	16	17	18	19	20	21	22	23	24	25	26	27	28	29	30	31
陰	5	6	7	8	9	10	11	12	13	14	15	16	17	18	19	20	21	22	23	24	25	26	27	28	29	30	①소	2	3	4	5
干支	丙午	丁未	戊申	己酉	庚戌	辛亥	壬子	癸丑	甲寅	乙卯	丙辰	丁巳	戊午	己未	庚申	辛酉	壬戌	癸亥	甲子	乙丑	丙寅	丁卯	戊辰	己巳	庚午	辛未	壬申	癸酉	甲戌	乙亥	丙子
曜	화	수	목	금	토	일	월	화	수	목	금	토	일	월	화	수	목	금	토	일	월	화	수	목	금	토	일	월	화	수	목

2月

陽	1	2	3	4	5	6	7	8	9	10	11	12	13	14	15	16	17	18	19	20	21	22	23	24	25	26	27	28	29
陰	6	7	8	9	10	11	12	13	14	15	16	17	18	19	20	21	22	23	24	25	26	27	28	29	②대	2	3	4	5
干支	丁丑	戊寅	己卯	庚辰	辛巳	壬午	癸未	甲申	乙酉	丙戌	丁亥	戊子	己丑	庚寅	辛卯	壬辰	癸巳	甲午	乙未	丙申	丁酉	戊戌	己亥	庚子	辛丑	壬寅	癸卯	甲辰	乙巳
曜	금	토	일	월	화	수	목	금	토	일	월	화	수	목	금	토	일	월	화	수	목	금	토	일	월	화	수	목	금

3月

陽	1	2	3	4	5	6	7	8	9	10	11	12	13	14	15	16	17	18	19	20	21	22	23	24	25	26	27	28	29	30	31
陰	6	7	8	9	10	11	12	13	14	15	16	17	18	19	20	21	22	23	24	25	26	27	28	29	30	③소	2	3	4	5	6
干支	丙午	丁未	戊申	己酉	庚戌	辛亥	壬子	癸丑	甲寅	乙卯	丙辰	丁巳	戊午	己未	庚申	辛酉	壬戌	癸亥	甲子	乙丑	丙寅	丁卯	戊辰	己巳	庚午	辛未	壬申	癸酉	甲戌	乙亥	丙子
曜	토	일	월	화	수	목	금	토	일	월	화	수	목	금	토	일	월	화	수	목	금	토	일	월	화	수	목	금	토	일	월

4月

陽	1	2	3	4	5	6	7	8	9	10	11	12	13	14	15	16	17	18	19	20	21	22	23	24	25	26	27	28	29	30
陰	7	8	9	10	11	12	13	14	15	16	17	18	19	20	21	22	23	24	25	26	27	28	29	④대	2	3	4	5	6	7
干支	丁丑	戊寅	己卯	庚辰	辛巳	壬午	癸未	甲申	乙酉	丙戌	丁亥	戊子	己丑	庚寅	辛卯	壬辰	癸巳	甲午	乙未	丙申	丁酉	戊戌	己亥	庚子	辛丑	壬寅	癸卯	甲辰	乙巳	丙午
曜	화	수	목	금	토	일	월	화	수	목	금	토	일	월	화	수	목	금	토	일	월	화	수	목	금	토	일	월	화	수

5月

陽	1	2	3	4	5	6	7	8	9	10	11	12	13	14	15	16	17	18	19	20	21	22	23	24	25	26	27	28	29	30	31
陰	8	9	10	11	12	13	14	15	16	17	18	19	20	21	22	23	24	25	26	27	28	29	30	⑤소	2	3	4	5	6	7	8
干支	丁未	戊申	己酉	庚戌	辛亥	壬子	癸丑	甲寅	乙卯	丙辰	丁巳	戊午	己未	庚申	辛酉	壬戌	癸亥	甲子	乙丑	丙寅	丁卯	戊辰	己巳	庚午	辛未	壬申	癸酉	甲戌	乙亥	丙子	丁丑
曜	목	금	토	일	월	화	수	목	금	토	일	월	화	수	목	금	토	일	월	화	수	목	금	토	일	월	화	수	목	금	토

6月

陽	1	2	3	4	5	6	7	8	9	10	11	12	13	14	15	16	17	18	19	20	21	22	23	24	25	26	27	28	29	30
陰	9	10	11	12	13	14	15	16	17	18	19	20	21	22	23	24	25	26	27	28	29	⑤대	2	3	4	5	6	7	8	9
干支	戊寅	己卯	庚辰	辛巳	壬午	癸未	甲申	乙酉	丙戌	丁亥	戊子	己丑	庚寅	辛卯	壬辰	癸巳	甲午	乙未	丙申	丁酉	戊戌	己亥	庚子	辛丑	壬寅	癸卯	甲辰	乙巳	丙午	丁未
曜	일	월	화	수	목	금	토	일	월	화	수	목	금	토	일	월	화	수	목	금	토	일	월	화	수	목	금	토	일	월

7月

陽	1	2	3	4	5	6	7	8	9	10	11	12	13	14	15	16	17	18	19	20	21	22	23	24	25	26	27	28	29	30	31
陰	10	11	12	13	14	15	16	17	18	19	20	21	22	23	24	25	26	27	28	29	30	⑥대	2	3	4	5	6	7	8	9	10
干支	戊申	己酉	庚戌	辛亥	壬子	癸丑	甲寅	乙卯	丙辰	丁巳	戊午	己未	庚申	辛酉	壬戌	癸亥	甲子	乙丑	丙寅	丁卯	戊辰	己巳	庚午	辛未	壬申	癸酉	甲戌	乙亥	丙子	丁丑	戊寅
曜	화	수	목	금	토	일	월	화	수	목	금	토	일	월	화	수	목	금	토	일	월	화	수	목	금	토	일	월	화	수	목

8月

陽	1	2	3	4	5	6	7	8	9	10	11	12	13	14	15	16	17	18	19	20	21	22	23	24	25	26	27	28	29	30	31
陰	11	12	13	14	15	16	17	18	19	20	21	22	23	24	25	26	27	28	29	30	⑦소	2	3	4	5	6	7	8	9	10	11
干支	己卯	庚辰	辛巳	壬午	癸未	甲申	乙酉	丙戌	丁亥	戊子	己丑	庚寅	辛卯	壬辰	癸巳	甲午	乙未	丙申	丁酉	戊戌	己亥	庚子	辛丑	壬寅	癸卯	甲辰	乙巳	丙午	丁未	戊申	己酉
曜	금	토	일	월	화	수	목	금	토	일	월	화	수	목	금	토	일	월	화	수	목	금	토	일	월	화	수	목	금	토	일

9月

陽	1	2	3	4	5	6	7	8	9	10	11	12	13	14	15	16	17	18	19	20	21	22	23	24	25	26	27	28	29	30
陰	12	13	14	15	16	17	18	19	20	21	22	23	24	25	26	27	28	29	⑧대	2	3	4	5	6	7	8	9	10	11	12
干支	庚戌	辛亥	壬子	癸丑	甲寅	乙卯	丙辰	丁巳	戊午	己未	庚申	辛酉	壬戌	癸亥	甲子	乙丑	丙寅	丁卯	戊辰	己巳	庚午	辛未	壬申	癸酉	甲戌	乙亥	丙子	丁丑	戊寅	己卯
曜	월	화	수	목	금	토	일	월	화	수	목	금	토	일	월	화	수	목	금	토	일	월	화	수	목	금	토	일	월	화

10月

陽	1	2	3	4	5	6	7	8	9	10	11	12	13	14	15	16	17	18	19	20	21	22	23	24	25	26	27	28	29	30	31
陰	13	14	15	16	17	18	19	20	21	22	23	24	25	26	27	28	29	30	⑨소	2	3	4	5	6	7	8	9	10	11	12	13
干支	庚辰	辛巳	壬午	癸未	甲申	乙酉	丙戌	丁亥	戊子	己丑	庚寅	辛卯	壬辰	癸巳	甲午	乙未	丙申	丁酉	戊戌	己亥	庚子	辛丑	壬寅	癸卯	甲辰	乙巳	丙午	丁未	戊申	己酉	庚戌
曜	수	목	금	토	일	월	화	수	목	금	토	일	월	화	수	목	금	토	일	월	화	수	목	금	토	일	월	화	수	목	금

11

陽	1	2	3	4	5	6	7	8	9	10	11	12	13	14	15	16	17	18	19	20	21	22	23	24	25	26	27	28	29	30
陰	14	15	16	17	18	19	20	21	22	23	24	25	26	27	28	29	⑩대	2	3	4	5	6	7	8	9	10	11	12	13	14
干支	辛亥	壬子	癸丑	甲寅	乙卯	丙辰	丁巳	戊午	己未	庚申	辛酉	壬戌	癸亥	甲子	乙丑	丙寅	丁卯	戊辰	己巳	庚午	辛未	壬申	癸酉	甲戌	乙亥	丙子	丁丑	戊寅	己卯	庚辰
曜	토	일	월	화	수	목	금	토	일	월	화	수	목	금	토	일	월	화	수	목	금	토	일	월	화	수	목	금	토	일

12月

陽	1	2	3	4	5	6	7	8	9	10	11	12	13	14	15	16	17	18	19	20	21	22	23	24	25	26	27	28	29	30	31
陰	15	16	17	18	19	20	21	22	23	24	25	26	27	28	29	30	⑪소	2	3	4	5	6	7	8	9	10	11	12	13	14	15
干支	辛巳	壬午	癸未	甲申	乙酉	丙戌	丁亥	戊子	己丑	庚寅	辛卯	壬辰	癸巳	甲午	乙未	丙申	丁酉	戊戌	己亥	庚子	辛丑	壬寅	癸卯	甲辰	乙巳	丙午	丁未	戊申	己酉	庚戌	辛亥
曜	월	화	수	목	금	토	일	월	화	수	목	금	토	일	월	화	수	목	금	토	일	월	화	수	목	금	토	일	월	화	수

壬辰 (長流水)

西紀一九五二年 ● 檀紀四二八五年

舊閏三百八十四日
新閏三百六十六日

十日得辛 九龍治水
午喪門 寅吊客
子大將軍 南三殺

九紫	七赤	二黑
五黃	三碧	一白
四綠	八白	六白

此月之大小	正月小 壬寅	二月大 癸卯	三月小 甲辰	四月大 乙巳	五月小 丙午	五閏月大	六月大 丁未	七月小 戊申	八月大 己酉	九月小 庚戌	十月大 辛亥	十一月小 壬子	十二月大 癸丑
日辰	壬申 壬午 壬辰	辛丑 辛亥 辛酉	辛未 辛巳 辛卯	庚子 庚戌 庚申	庚午 庚辰 庚寅	己亥 己酉 己未	己巳 己卯 己丑	己亥 己酉 己未	戊辰 戊寅 戊子	戊戌 戊申 戊午	丁卯 丁丑 丁亥	丁酉 丁未 丁巳	丙寅 丙子 丙戌
月白	五黃	四綠	三碧	二黑	一白	一白	九紫	八白	七赤	六白	五黃	四綠	三碧
入節	立春初十日辛巳午前四時五十九分 雨水廿五日丙申午前零時五十三分	驚蟄十一日辛亥午後十一時五十一分 春分廿六日丙寅午前零時九分	淸明十一日辛巳午前四時二十一分 穀雨廿六日丙申午前十一時五十八分	立夏十二日辛亥午後十時九分 小滿廿八日丁卯午前十一時二十一分	芒種十四日癸未午前二時四十五分 夏至廿九日戊戌午後七時三十八分	小暑十六日甲寅午後一時十五分	大暑初二日庚午午前六時四十五分 立秋十七日乙酉午後十一時十二分	處暑初三日辛丑午後一時五十四分 白露十九日丁巳午前十時二十一分	秋分初五日壬申午前十一時三十一分 寒露二十日丁亥午後五時四十三分	霜降初五日壬寅午後八時三十八分 立冬二十日丁巳午後八時三十一分	小雪初六日壬申午後五時四十三分 大雪廿一日丁亥午前十一時四十八分	冬至初六日壬寅午前五時二十八分 小寒廿一日丁巳午後十一時三十八分	大寒初七日壬申午後四時三十九分 立春廿一日丙戌午前十時四十九分

◆雜 節◆

寒食	土王	初伏	土王	中伏	末伏	土王	土王	臘享
三月十二日	三月廿三日	閏五月廿二日	閏五月廿九日	六月初二日	六月廿二日	九月初二日	十二月初四日	十二月初六日
陽四月五日	陽四月十七日	陽七月十三日	陽七月二十日	陽七月二十三日	陽八月十二日	陽十月二十日	陽一月十八日	陽一月二十日

1953 (4286. 癸巳)

1月

陽	1	2	3	4	5	6	7	8	9	10	11	12	13	14	15	16	17	18	19	20	21	22	23	24	25	26	27	28	29	30	31
陰	16	17	18	19	20	21	22	23	24	25	26	27	28	29	⑫대	2	3	4	5	6	7	8	9	10	11	12	13	14	15	16	17
干支	壬子	癸丑	甲寅	乙卯	丙辰	丁巳	戊午	己未	庚申	辛酉	壬戌	癸亥	甲子	乙丑	丙寅	丁卯	戊辰	己巳	庚午	辛未	壬申	癸酉	甲戌	乙亥	丙子	丁丑	戊寅	己卯	庚辰	辛巳	壬午
曜	목	금	토	일	월	화	수	목	금	토	일	월	화	수	목	금	토	일	월	화	수	목	금	토	일	월	화	수	목	금	토

2月

陽	1	2	3	4	5	6	7	8	9	10	11	12	13	14	15	16	17	18	19	20	21	22	23	24	25	26	27	28
陰	18	19	20	21	22	23	24	25	26	27	28	29	30	①소	2	3	4	5	6	7	8	9	10	11	12	13	14	15
干支	癸未	甲申	乙酉	丙戌	丁亥	戊子	己丑	庚寅	辛卯	壬辰	癸巳	甲午	乙未	丙申	丁酉	戊戌	己亥	庚子	辛丑	壬寅	癸卯	甲辰	乙巳	丙午	丁未	戊申	己酉	庚戌
曜	일	월	화	수	목	금	토	일	월	화	수	목	금	토	일	월	화	수	목	금	토	일	월	화	수	목	금	토

3月

陽	1	2	3	4	5	6	7	8	9	10	11	12	13	14	15	16	17	18	19	20	21	22	23	24	25	26	27	28	29	30	31
陰	16	17	18	19	20	21	22	23	24	25	26	27	28	29	②대	2	3	4	5	6	7	8	9	10	11	12	13	14	15	16	17
干支	辛亥	壬子	癸丑	甲寅	乙卯	丙辰	丁巳	戊午	己未	庚申	辛酉	壬戌	癸亥	甲子	乙丑	丙寅	丁卯	戊辰	己巳	庚午	辛未	壬申	癸酉	甲戌	乙亥	丙子	丁丑	戊寅	己卯	庚辰	辛巳
曜	일	월	화	수	목	금	토	일	월	화	수	목	금	토	일	월	화	수	목	금	토	일	월	화	수	목	금	토	일	월	화

4月

陽	1	2	3	4	5	6	7	8	9	10	11	12	13	14	15	16	17	18	19	20	21	22	23	24	25	26	27	28	29	30
陰	18	19	20	21	22	23	24	25	26	27	28	29	30	③소	2	3	4	5	6	7	8	9	10	11	12	13	14	15	16	17
干支	壬午	癸未	甲申	乙酉	丙戌	丁亥	戊子	己丑	庚寅	辛卯	壬辰	癸巳	甲午	乙未	丙申	丁酉	戊戌	己亥	庚子	辛丑	壬寅	癸卯	甲辰	乙巳	丙午	丁未	戊申	己酉	庚戌	辛亥
曜	수	목	금	토	일	월	화	수	목	금	토	일	월	화	수	목	금	토	일	월	화	수	목	금	토	일	월	화	수	목

5月

陽	1	2	3	4	5	6	7	8	9	10	11	12	13	14	15	16	17	18	19	20	21	22	23	24	25	26	27	28	29	30	31
陰	18	19	20	21	22	23	24	25	26	27	28	29	④소	2	3	4	5	6	7	8	9	10	11	12	13	14	15	16	17	18	19
干支	壬子	癸丑	甲寅	乙卯	丙辰	丁巳	戊午	己未	庚申	辛酉	壬戌	癸亥	甲子	乙丑	丙寅	丁卯	戊辰	己巳	庚午	辛未	壬申	癸酉	甲戌	乙亥	丙子	丁丑	戊寅	己卯	庚辰	辛巳	壬午
曜	금	토	일	월	화	수	목	금	토	일	월	화	수	목	금	토	일	월	화	수	목	금	토	일	월	화	수	목	금	토	일

6月

陽	1	2	3	4	5	6	7	8	9	10	11	12	13	14	15	16	17	18	19	20	21	22	23	24	25	26	27	28	29	30
陰	20	21	22	23	24	25	26	27	28	29	⑤대	2	3	4	5	6	7	8	9	10	11	12	13	14	15	16	17	18	19	20
干支	癸未	甲申	乙酉	丙戌	丁亥	戊子	己丑	庚寅	辛卯	壬辰	癸巳	甲午	乙未	丙申	丁酉	戊戌	己亥	庚子	辛丑	壬寅	癸卯	甲辰	乙巳	丙午	丁未	戊申	己酉	庚戌	辛亥	壬子
曜	월	화	수	목	금	토	일	월	화	수	목	금	토	일	월	화	수	목	금	토	일	월	화	수	목	금	토	일	월	화

7月

陽	1	2	3	4	5	6	7	8	9	10	11	12	13	14	15	16	17	18	19	20	21	22	23	24	25	26	27	28	29	30	31
陰	21	22	23	24	25	26	27	28	29	30	⑥대	2	3	4	5	6	7	8	9	10	11	12	13	14	15	16	17	18	19	20	21
干支	癸丑	甲寅	乙卯	丙辰	丁巳	戊午	己未	庚申	辛酉	壬戌	癸亥	甲子	乙丑	丙寅	丁卯	戊辰	己巳	庚午	辛未	壬申	癸酉	甲戌	乙亥	丙子	丁丑	戊寅	己卯	庚辰	辛巳	壬午	癸未
曜	수	목	금	토	일	월	화	수	목	금	토	일	월	화	수	목	금	토	일	월	화	수	목	금	토	일	월	화	수	목	금

8月

陽	1	2	3	4	5	6	7	8	9	10	11	12	13	14	15	16	17	18	19	20	21	22	23	24	25	26	27	28	29	30	31
陰	22	23	24	25	26	27	28	29	30	⑦소	2	3	4	5	6	7	8	9	10	11	12	13	14	15	16	17	18	19	20	21	22
干支	甲申	乙酉	丙戌	丁亥	戊子	己丑	庚寅	辛卯	壬辰	癸巳	甲午	乙未	丙申	丁酉	戊戌	己亥	庚子	辛丑	壬寅	癸卯	甲辰	乙巳	丙午	丁未	戊申	己酉	庚戌	辛亥	壬子	癸丑	甲寅
曜	토	일	월	화	수	목	금	토	일	월	화	수	목	금	토	일	월	화	수	목	금	토	일	월	화	수	목	금	토	일	월

9月

陽	1	2	3	4	5	6	7	8	9	10	11	12	13	14	15	16	17	18	19	20	21	22	23	24	25	26	27	28	29	30
陰	23	24	25	26	27	28	29	⑧대	2	3	4	5	6	7	8	9	10	11	12	13	14	15	16	17	18	19	20	21	22	23
干支	乙卯	丙辰	丁巳	戊午	己未	庚申	辛酉	壬戌	癸亥	甲子	乙丑	丙寅	丁卯	戊辰	己巳	庚午	辛未	壬申	癸酉	甲戌	乙亥	丙子	丁丑	戊寅	己卯	庚辰	辛巳	壬午	癸未	甲申
曜	화	수	목	금	토	일	월	화	수	목	금	토	일	월	화	수	목	금	토	일	월	화	수	목	금	토	일	월	화	수

10月

陽	1	2	3	4	5	6	7	8	9	10	11	12	13	14	15	16	17	18	19	20	21	22	23	24	25	26	27	28	29	30	31
陰	24	25	26	27	28	29	30	⑨대	2	3	4	5	6	7	8	9	10	11	12	13	14	15	16	17	18	19	20	21	22	23	24
干支	乙酉	丙戌	丁亥	戊子	己丑	庚寅	辛卯	壬辰	癸巳	甲午	乙未	丙申	丁酉	戊戌	己亥	庚子	辛丑	壬寅	癸卯	甲辰	乙巳	丙午	丁未	戊申	己酉	庚戌	辛亥	壬子	癸丑	甲寅	乙卯
曜	목	금	토	일	월	화	수	목	금	토	일	월	화	수	목	금	토	일	월	화	수	목	금	토	일	월	화	수	목	금	토

11月

陽	1	2	3	4	5	6	7	8	9	10	11	12	13	14	15	16	17	18	19	20	21	22	23	24	25	26	27	28	29	30
陰	25	26	27	28	29	30	⑩소	2	3	4	5	6	7	8	9	10	11	12	13	14	15	16	17	18	19	20	21	22	23	24
干支	丙辰	丁巳	戊午	己未	庚申	辛酉	壬戌	癸亥	甲子	乙丑	丙寅	丁卯	戊辰	己巳	庚午	辛未	壬申	癸酉	甲戌	乙亥	丙子	丁丑	戊寅	己卯	庚辰	辛巳	壬午	癸未	甲申	乙酉
曜	일	월	화	수	목	금	토	일	월	화	수	목	금	토	일	월	화	수	목	금	토	일	월	화	수	목	금	토	일	월

12月

陽	1	2	3	4	5	6	7	8	9	10	11	12	13	14	15	16	17	18	19	20	21	22	23	24	25	26	27	28	29	30	31
陰	25	26	27	28	29	⑪대	2	3	4	5	6	7	8	9	10	11	12	13	14	15	16	17	18	19	20	21	22	23	24	25	26
干支	丙戌	丁亥	戊子	己丑	庚寅	辛卯	壬辰	癸巳	甲午	乙未	丙申	丁酉	戊戌	己亥	庚子	辛丑	壬寅	癸卯	甲辰	乙巳	丙午	丁未	戊申	己酉	庚戌	辛亥	壬子	癸丑	甲寅	乙卯	丙辰
曜	화	수	목	금	토	일	월	화	수	목	금	토	일	월	화	수	목	금	토	일	월	화	수	목	금	토	일	월	화	수	목

癸巳 (長流水)

西紀一九五三年●檀紀四二八六年

舊平三百五十五日
新平三百六十五日

六日得辛 九龍治水
未喪門 卯吊客
卯大將軍 東三殺

八白	六白	一白
四綠	二黑	九紫
三碧	七赤	五黃

建月之大小	甲寅 正月小	乙卯 二月大	丙辰 三月小	丁巳 四月小	戊午 五月大	己未 六月大	庚申 七月小	辛酉 八月大	壬戌 九月大	癸亥 十月小	甲子 十一月大	乙丑 十二月大
日辰	丙辰 丙午 丙申	乙酉 乙亥 乙丑	乙卯 乙巳 乙未	甲申 甲戌 甲子	癸丑 癸卯 癸巳	癸未 癸酉 癸亥	癸丑 癸卯 癸巳	壬午 壬申 壬戌	壬子 壬寅 壬辰	壬午 壬申 壬戌	辛亥 辛丑 辛卯	辛巳 辛未 辛酉
白月	二黑	一白	九紫	八白	七赤	六白	五黃	四綠	三碧	二黑	一白	九紫
入節	驚蟄廿一日丙辰午前四時五十六分 雨水初六日辛丑午前六時四十二分	淸明廿二日丙戌午前十時九分 春分初七日辛未午後五時五十八分	立夏廿三日丁巳午前三時五十八分 穀雨初七日辛丑午後五時三十一分	芒種廿五日戊子午前八時二十三分 小滿初九日壬申午後五時九分	小暑廿七日己未午後七時三十三分 夏至十二日甲辰午前一時二十七分	立秋廿九日辛卯午前五時零分 大暑十三日乙亥午後零時三十二分	處暑十四日丙午午後七時四十二分	秋分十六日丁丑午後五時二十分 白露初一日壬戌午前七時五十九分	霜降十七日戊申午前二時二十七分 寒露初一日壬辰午後十一時三十一分	小雪十六日丁丑午後十一時二十三分 立冬初二日癸亥午前二時二十一分	冬至十七日丁未午後零時十八分 大雪初二日壬辰午後六時三十八分	大寒十六日丙子午後十時二十八分 小寒初二日壬戌午前五時十八分

◆雜 節◆

臘享	土王	土王	末伏	中伏	土王	初伏	土王	寒食
十二月十一日	十二月十三日	九月十四日	七月初八日	六月十八日	六月十日	六月初八日	三月初四日	二月廿三日
陽一月十五日	陽一月十七日	陽十月二十一日	陽八月十七日	陽七月二十八日	陽七月二十日	陽七月十八日	陽四月十七日	陽四月六日

1954 (4287. 甲午)

1月

陽	1	2	3	4	5	6	7	8	9	10	11	12	13	14	15	16	17	18	19	20	21	22	23	24	25	26	27	28	29	30	31
陰	27	28	29	30	⑫대	2	3	4	5	6	7	8	9	10	11	12	13	14	15	16	17	18	19	20	21	22	23	24	25	26	27
干支	丁巳	戊午	己未	庚申	辛酉	壬戌	癸亥	甲子	乙丑	丙寅	丁卯	戊辰	己巳	庚午	辛未	壬申	癸酉	甲戌	乙亥	丙子	丁丑	戊寅	己卯	庚辰	辛巳	壬午	癸未	甲申	乙酉	丙戌	丁亥
曜	금	토	일	월	화	수	목	금	토	일	월	화	수	목	금	토	일	월	화	수	목	금	토	일	월	화	수	목	금	토	일

2月

陽	1	2	3	4	5	6	7	8	9	10	11	12	13	14	15	16	17	18	19	20	21	22	23	24	25	26	27	28
陰	28	29	30	1 소	2	3	4	5	6	7	8	9	10	11	12	13	14	15	16	17	18	19	20	21	22	23	24	25
干支	戊子	己丑	庚寅	辛卯	壬辰	癸巳	甲午	乙未	丙申	丁酉	戊戌	己亥	庚子	辛丑	壬寅	癸卯	甲辰	乙巳	丙午	丁未	戊申	己酉	庚戌	辛亥	壬子	癸丑	甲寅	乙卯
曜	월	화	수	목	금	토	일	월	화	수	목	금	토	일	월	화	수	목	금	토	일	월	화	수	목	금	토	일

3月

陽	1	2	3	4	5	6	7	8	9	10	11	12	13	14	15	16	17	18	19	20	21	22	23	24	25	26	27	28	29	30	31
陰	26	27	28	29	②소	2	3	4	5	6	7	8	9	10	11	12	13	14	15	16	17	18	19	20	21	22	23	24	25	26	27
干支	丙辰	丁巳	戊午	己未	庚申	辛酉	壬戌	癸亥	甲子	乙丑	丙寅	丁卯	戊辰	己巳	庚午	辛未	壬申	癸酉	甲戌	乙亥	丙子	丁丑	戊寅	己卯	庚辰	辛巳	壬午	癸未	甲申	乙酉	丙戌
曜	월	화	수	목	금	토	일	월	화	수	목	금	토	일	월	화	수	목	금	토	일	월	화	수	목	금	토	일	월	화	수

4月

陽	1	2	3	4	5	6	7	8	9	10	11	12	13	14	15	16	17	18	19	20	21	22	23	24	25	26	27	28	29	30
陰	28	29	③대	2	3	4	5	6	7	8	9	10	11	12	13	14	15	16	17	18	19	20	21	22	23	24	25	26	27	28
干支	丁亥	戊子	己丑	庚寅	辛卯	壬辰	癸巳	甲午	乙未	丙申	丁酉	戊戌	己亥	庚子	辛丑	壬寅	癸卯	甲辰	乙巳	丙午	丁未	戊申	己酉	庚戌	辛亥	壬子	癸丑	甲寅	乙卯	丙辰
曜	목	금	토	일	월	화	수	목	금	토	일	월	화	수	목	금	토	일	월	화	수	목	금	토	일	월	화	수	목	금

5月

陽	1	2	3	4	5	6	7	8	9	10	11	12	13	14	15	16	17	18	19	20	21	22	23	24	25	26	27	28	29	30	31
陰	29	30	④소	2	3	4	5	6	7	8	9	10	11	12	13	14	15	16	17	18	19	20	21	22	23	24	25	26	27	28	29
干支	丁巳	戊午	己未	庚申	辛酉	壬戌	癸亥	甲子	乙丑	丙寅	丁卯	戊辰	己巳	庚午	辛未	壬申	癸酉	甲戌	乙亥	丙子	丁丑	戊寅	己卯	庚辰	辛巳	壬午	癸未	甲申	乙酉	丙戌	丁亥
曜	토	일	월	화	수	목	금	토	일	월	화	수	목	금	토	일	월	화	수	목	금	토	일	월	화	수	목	금	토	일	월

6月

陽	1	2	3	4	5	6	7	8	9	10	11	12	13	14	15	16	17	18	19	20	21	22	23	24	25	26	27	28	29	30
陰	⑤소	2	3	4	5	6	7	8	9	10	11	12	13	14	15	16	17	18	19	20	21	22	23	24	25	26	27	28	29	⑥대
干支	戊子	己丑	庚寅	辛卯	壬辰	癸巳	甲午	乙未	丙申	丁酉	戊戌	己亥	庚子	辛丑	壬寅	癸卯	甲辰	乙巳	丙午	丁未	戊申	己酉	庚戌	辛亥	壬子	癸丑	甲寅	乙卯	丙辰	丁巳
曜	화	수	목	금	토	일	월	화	수	목	금	토	일	월	화	수	목	금	토	일	월	화	수	목	금	토	일	월	화	수

7月

陽	1	2	3	4	5	6	7	8	9	10	11	12	13	14	15	16	17	18	19	20	21	22	23	24	25	26	27	28	29	30	31
陰	2	3	4	5	6	7	8	9	10	11	12	13	14	15	16	17	18	19	20	21	22	23	24	25	26	27	28	29	30	⑦소	2
干支	戊午	己未	庚申	辛酉	壬戌	癸亥	甲子	乙丑	丙寅	丁卯	戊辰	己巳	庚午	辛未	壬申	癸酉	甲戌	乙亥	丙子	丁丑	戊寅	己卯	庚辰	辛巳	壬午	癸未	甲申	乙酉	丙戌	丁亥	戊子
曜	목	금	토	일	월	화	수	목	금	토	일	월	화	수	목	금	토	일	월	화	수	목	금	토	일	월	화	수	목	금	토

8月

陽	1	2	3	4	5	6	7	8	9	10	11	12	13	14	15	16	17	18	19	20	21	22	23	24	25	26	27	28	29	30	31
陰	3	4	5	6	7	8	9	10	11	12	13	14	15	16	17	18	19	20	21	22	23	24	25	26	27	28	29	⑧대	2	3	4
干支	己丑	庚寅	辛卯	壬辰	癸巳	甲午	乙未	丙申	丁酉	戊戌	己亥	庚子	辛丑	壬寅	癸卯	甲辰	乙巳	丙午	丁未	戊申	己酉	庚戌	辛亥	壬子	癸丑	甲寅	乙卯	丙辰	丁巳	戊午	己未
曜	일	월	화	수	목	금	토	일	월	화	수	목	금	토	일	월	화	수	목	금	토	일	월	화	수	목	금	토	일	월	화

9月

陽	1	2	3	4	5	6	7	8	9	10	11	12	13	14	15	16	17	18	19	20	21	22	23	24	25	26	27	28	29	30
陰	5	6	7	8	9	10	11	12	13	14	15	16	17	18	19	20	21	22	23	24	25	26	27	28	29	30	⑨대	2	3	4
干支	庚申	辛酉	壬戌	癸亥	甲子	乙丑	丙寅	丁卯	戊辰	己巳	庚午	辛未	壬申	癸酉	甲戌	乙亥	丙子	丁丑	戊寅	己卯	庚辰	辛巳	壬午	癸未	甲申	乙酉	丙戌	丁亥	戊子	己丑
曜	수	목	금	토	일	월	화	수	목	금	토	일	월	화	수	목	금	토	일	월	화	수	목	금	토	일	월	화	수	목

10月

陽	1	2	3	4	5	6	7	8	9	10	11	12	13	14	15	16	17	18	19	20	21	22	23	24	25	26	27	28	29	30	31
陰	5	6	7	8	9	10	11	12	13	14	15	16	17	18	19	20	21	22	23	24	25	26	27	28	29	30	⑩소	2	3	4	5
干支	庚寅	辛卯	壬辰	癸巳	甲午	乙未	丙申	丁酉	戊戌	己亥	庚子	辛丑	壬寅	癸卯	甲辰	乙巳	丙午	丁未	戊申	己酉	庚戌	辛亥	壬子	癸丑	甲寅	乙卯	丙辰	丁巳	戊午	己未	庚申
曜	금	토	일	월	화	수	목	금	토	일	월	화	수	목	금	토	일	월	화	수	목	금	토	일	월	화	수	목	금	토	일

11月

陽	1	2	3	4	5	6	7	8	9	10	11	12	13	14	15	16	17	18	19	20	21	22	23	24	25	26	27	28	29	30
陰	6	7	8	9	10	11	12	13	14	15	16	17	18	19	20	21	22	23	24	25	26	27	28	29	⑪대	2	3	4	5	6
干支	辛酉	壬戌	癸亥	甲子	乙丑	丙寅	丁卯	戊辰	己巳	庚午	辛未	壬申	癸酉	甲戌	乙亥	丙子	丁丑	戊寅	己卯	庚辰	辛巳	壬午	癸未	甲申	乙酉	丙戌	丁亥	戊子	己丑	庚寅
曜	월	화	수	목	금	토	일	월	화	수	목	금	토	일	월	화	수	목	금	토	일	월	화	수	목	금	토	일	월	화

12月

陽	1	2	3	4	5	6	7	8	9	10	11	12	13	14	15	16	17	18	19	20	21	22	23	24	25	26	27	28	29	30	31
陰	7	8	9	10	11	12	13	14	15	16	17	18	19	20	21	22	23	24	25	26	27	28	29	30	⑫대	2	3	4	5	6	7
干支	辛卯	壬辰	癸巳	甲午	乙未	丙申	丁酉	戊戌	己亥	庚子	辛丑	壬寅	癸卯	甲辰	乙巳	丙午	丁未	戊申	己酉	庚戌	辛亥	壬子	癸丑	甲寅	乙卯	丙辰	丁巳	戊午	己未	庚申	辛酉
曜	수	목	금	토	일	월	화	수	목	금	토	일	월	화	수	목	금	토	일	월	화	수	목	금	토	일	월	화	수	목	금

甲午 (沙中金)

西紀一九五四年 ● 檀紀四二八七年

舊平三百五十四日
新平三百六十五日

一日得辛 二龍治水
申喪門 辰吊客
卯大將軍 北三殺

七赤	五黃	九紫
三碧	一白	八白
二黑	六白	四綠

建月之大小	正月小 丙寅	二月小 丁卯	三月大 戊辰	四月小 己巳	五月小 庚午	六月大 辛未	七月小 壬申	八月大 癸酉	九月大 甲戌	十月小 乙亥	十一月大 丙子	十二月大 丁丑
日辰	辛卯 辛丑 辛亥	庚申 庚午 庚辰	己丑 己亥 己酉	己未 己巳 己卯	戊子 戊戌 戊申	丁巳 丁卯 丁丑	丁亥 丁酉 丁未	丙辰 丙寅 丙子	丙戌 丙申 丙午	丙辰 丙寅 丙子	乙酉 乙未 乙巳	乙卯 乙丑 乙亥
月白	八白	七赤	六白	五黃	四綠	三碧	二黑	一白	九紫	八白	七赤	六白
入節	立春初一日辛卯午後四時三十九分 雨水十六日丙午午後零時四十六分	驚蟄初二日辛酉午前十時四十五分 春分十七日丙子午前十一時四十八分	淸明初三日辛卯午後三時五十八分 穀雨十九日丁未午後十一時二十分	立夏初四日壬戌午前十一時四十七分 小滿十九日丁丑午後十時五十八分	芒種初六日癸巳午後二時三十二分 夏至廿二日乙酉午前七時十五分	小暑初九日乙丑午後零時五十三分 大暑廿四日庚辰午後六時二十二分	立秋初十日丙申午前十時四十九分 處暑廿六日壬子午前一時三十一分	白露十二日丁卯午後一時四十七分 秋分十七日壬午午後十時九分	寒露十三日戊戌午前五時三十二分 霜降廿八日癸丑午前八時十七分	立冬十三日戊辰午前八時九分 小雪廿八日癸未午前五時二十三分	大雪十四日戊戌午前零時二十八分 冬至廿八日壬子午後六時七分	小寒十三日丁卯午前十一時八分 大寒廿七日辛巳午前四時十八分

◆雜　節◆

寒食	土王	初伏	土王	中伏	末伏	土王	土王	臘享
三月初四日	三月十五日	六月十四日	六月廿一日	六月廿四日	七月十四日	九月廿五日	十二月廿五日	十二月廿九日
陽四月六日	陽四月十七日	陽七月十三日	陽七月二十日	陽七月二十三日	陽八月十二日	陽十月二十一日	陽一月十八日	陽一月二十二日

1955(4288. 乙未)

1月

陽	1	2	3	4	5	6	7	8	9	10	11	12	13	14	15	16	17	18	19	20	21	22	23	24	25	26	27	28	29	30	31
陰	8	9	10	11	12	13	14	15	16	17	18	19	20	21	22	23	24	25	26	27	28	29	30	①대	2	3	4	5	6	7	8
干支	壬戌	癸亥	甲子	乙丑	丙寅	丁卯	戊辰	己巳	庚午	辛未	壬申	癸酉	甲戌	乙亥	丙子	丁丑	戊寅	己卯	庚辰	辛巳	壬午	癸未	甲申	乙酉	丙戌	丁亥	戊子	己丑	庚寅	辛卯	壬辰
曜	토	일	월	화	수	목	금	토	일	월	화	수	목	금	토	일	월	화	수	목	금	토	일	월	화	수	목	금	토	일	월

2月

陽	1	2	3	4	5	6	7	8	9	10	11	12	13	14	15	16	17	18	19	20	21	22	23	24	25	26	27	28
陰	9	10	11	12	13	14	15	16	17	18	19	20	21	22	23	24	25	26	27	28	29	30	②소	2	3	4	5	6
干支	癸巳	甲午	乙未	丙申	丁酉	戊戌	己亥	庚子	辛丑	壬寅	癸卯	甲辰	乙巳	丙午	丁未	戊申	己酉	庚戌	辛亥	壬子	癸丑	甲寅	乙卯	丙辰	丁巳	戊午	己未	庚申
曜	화	수	목	금	토	일	월	화	수	목	금	토	일	월	화	수	목	금	토	일	월	화	수	목	금	토	일	월

3月

陽	1	2	3	4	5	6	7	8	9	10	11	12	13	14	15	16	17	18	19	20	21	22	23	24	25	26	27	28	29	30	31
陰	7	8	9	10	11	12	13	14	15	16	17	18	19	20	21	22	23	24	25	26	27	28	29	③소	2	3	4	5	6	7	8
干支	辛酉	壬戌	癸亥	甲子	乙丑	丙寅	丁卯	戊辰	己巳	庚午	辛未	壬申	癸酉	甲戌	乙亥	丙子	丁丑	戊寅	己卯	庚辰	辛巳	壬午	癸未	甲申	乙酉	丙戌	丁亥	戊子	己丑	庚寅	辛卯
曜	화	수	목	금	토	일	월	화	수	목	금	토	일	월	화	수	목	금	토	일	월	화	수	목	금	토	일	월	화	수	목

4月

陽	1	2	3	4	5	6	7	8	9	10	11	12	13	14	15	16	17	18	19	20	21	22	23	24	25	26	27	28	29	30
陰	9	10	11	12	13	14	15	16	17	18	19	20	21	22	23	24	25	26	27	28	29	③대	2	3	4	5	6	7	8	9
干支	壬辰	癸巳	甲午	乙未	丙申	丁酉	戊戌	己亥	庚子	辛丑	壬寅	癸卯	甲辰	乙巳	丙午	丁未	戊申	己酉	庚戌	辛亥	壬子	癸丑	甲寅	乙卯	丙辰	丁巳	戊午	己未	庚申	辛酉
曜	금	토	일	월	화	수	목	금	토	일	월	화	수	목	금	토	일	월	화	수	목	금	토	일	월	화	수	목	금	토

5月

陽	1	2	3	4	5	6	7	8	9	10	11	12	13	14	15	16	17	18	19	20	21	22	23	24	25	26	27	28	29	30	31
陰	10	11	12	13	14	15	16	17	18	19	20	21	22	23	24	25	26	27	28	29	30	④소	2	3	4	5	6	7	8	9	10
干支	壬戌	癸亥	甲子	乙丑	丙寅	丁卯	戊辰	己巳	庚午	辛未	壬申	癸酉	甲戌	乙亥	丙子	丁丑	戊寅	己卯	庚辰	辛巳	壬午	癸未	甲申	乙酉	丙戌	丁亥	戊子	己丑	庚寅	辛卯	壬辰
曜	일	월	화	수	목	금	토	일	월	화	수	목	금	토	일	월	화	수	목	금	토	일	월	화	수	목	금	토	일	월	화

6月

陽	1	2	3	4	5	6	7	8	9	10	11	12	13	14	15	16	17	18	19	20	21	22	23	24	25	26	27	28	29	30
陰	11	12	13	14	15	16	17	18	19	20	21	22	23	24	25	26	27	28	29	⑤소	2	3	4	5	6	7	8	9	10	11
干支	癸巳	甲午	乙未	丙申	丁酉	戊戌	己亥	庚子	辛丑	壬寅	癸卯	甲辰	乙巳	丙午	丁未	戊申	己酉	庚戌	辛亥	壬子	癸丑	甲寅	乙卯	丙辰	丁巳	戊午	己未	庚申	辛酉	壬戌
曜	수	목	금	토	일	월	화	수	목	금	토	일	월	화	수	목	금	토	일	월	화	수	목	금	토	일	월	화	수	목

7月

陽	1	2	3	4	5	6	7	8	9	10	11	12	13	14	15	16	17	18	19	20	21	22	23	24	25	26	27	28	29	30	31
陰	12	13	14	15	16	17	18	19	20	21	22	23	24	25	26	27	28	29	⑥대	2	3	4	5	6	7	8	9	10	11	12	13
干支	癸亥	甲子	乙丑	丙寅	丁卯	戊辰	己巳	庚午	辛未	壬申	癸酉	甲戌	乙亥	丙子	丁丑	戊寅	己卯	庚辰	辛巳	壬午	癸未	甲申	乙酉	丙戌	丁亥	戊子	己丑	庚寅	辛卯	壬辰	癸巳
曜	금	토	일	월	화	수	목	금	토	일	월	화	수	목	금	토	일	월	화	수	목	금	토	일	월	화	수	목	금	토	일

8月

陽	1	2	3	4	5	6	7	8	9	10	11	12	13	14	15	16	17	18	19	20	21	22	23	24	25	26	27	28	29	30	31
陰	14	15	16	17	18	19	20	21	22	23	24	25	26	27	28	29	30	⑦소	2	3	4	5	6	7	8	9	10	11	12	13	14
干支	甲午	乙未	丙申	丁酉	戊戌	己亥	庚子	辛丑	壬寅	癸卯	甲辰	乙巳	丙午	丁未	戊申	己酉	庚戌	辛亥	壬子	癸丑	甲寅	乙卯	丙辰	丁巳	戊午	己未	庚申	辛酉	壬戌	癸亥	甲子
曜	월	화	수	목	금	토	일	월	화	수	목	금	토	일	월	화	수	목	금	토	일	월	화	수	목	금	토	일	월	화	수

9月

陽	1	2	3	4	5	6	7	8	9	10	11	12	13	14	15	16	17	18	19	20	21	22	23	24	25	26	27	28	29	30
陰	15	16	17	18	19	20	21	22	23	24	25	26	27	28	29	⑧대	2	3	4	5	6	7	8	9	10	11	12	13	14	15
干支	乙丑	丙寅	丁卯	戊辰	己巳	庚午	辛未	壬申	癸酉	甲戌	乙亥	丙子	丁丑	戊寅	己卯	庚辰	辛巳	壬午	癸未	甲申	乙酉	丙戌	丁亥	戊子	己丑	庚寅	辛卯	壬辰	癸巳	甲午
曜	목	금	토	일	월	화	수	목	금	토	일	월	화	수	목	금	토	일	월	화	수	목	금	토	일	월	화	수	목	금

10月

陽	1	2	3	4	5	6	7	8	9	10	11	12	13	14	15	16	17	18	19	20	21	22	23	24	25	26	27	28	29	30	31
陰	16	17	18	19	20	21	22	23	24	25	26	27	28	29	30	⑨소	2	3	4	5	6	7	8	9	10	11	12	13	14	15	16
干支	乙未	丙申	丁酉	戊戌	己亥	庚子	辛丑	壬寅	癸卯	甲辰	乙巳	丙午	丁未	戊申	己酉	庚戌	辛亥	壬子	癸丑	甲寅	乙卯	丙辰	丁巳	戊午	己未	庚申	辛酉	壬戌	癸亥	甲子	乙丑
曜	토	일	월	화	수	목	금	토	일	월	화	수	목	금	토	일	월	화	수	목	금	토	일	월	화	수	목	금	토	일	월

11月

陽	1	2	3	4	5	6	7	8	9	10	11	12	13	14	15	16	17	18	19	20	21	22	23	24	25	26	27	28	29	30
陰	17	18	19	20	21	22	23	24	25	26	27	28	29	⑩대	2	3	4	5	6	7	8	9	10	11	12	13	14	15	16	17
干支	丙寅	丁卯	戊辰	己巳	庚午	辛未	壬申	癸酉	甲戌	乙亥	丙子	丁丑	戊寅	己卯	庚辰	辛巳	壬午	癸未	甲申	乙酉	丙戌	丁亥	戊子	己丑	庚寅	辛卯	壬辰	癸巳	甲午	乙未
曜	화	수	목	금	토	일	월	화	수	목	금	토	일	월	화	수	목	금	토	일	월	화	수	목	금	토	일	월	화	수

12月

陽	1	2	3	4	5	6	7	8	9	10	11	12	13	14	15	16	17	18	19	20	21	22	23	24	25	26	27	28	29	30	31
陰	18	19	20	21	22	23	24	25	26	27	28	29	30	⑪대	2	3	4	5	6	7	8	9	10	11	12	13	14	15	16	17	18
干支	丙申	丁酉	戊戌	己亥	庚子	辛丑	壬寅	癸卯	甲辰	乙巳	丙午	丁未	戊申	己酉	庚戌	辛亥	壬子	癸丑	甲寅	乙卯	丙辰	丁巳	戊午	己未	庚申	辛酉	壬戌	癸亥	甲子	乙丑	丙寅
曜	목	금	토	일	월	화	수	목	금	토	일	월	화	수	목	금	토	일	월	화	수	목	금	토	일	월	화	수	목	금	토

乙未 (沙中金)

西紀一九五五年 ● 檀紀四二八八年

舊閏三百八十四日 新平三百六十五日

七日得辛 八龍治水
酉喪門 巳弔客
卯大將軍 酉三殺

六白	四綠	八白
二黑	九紫	七赤
一白	五黃	三碧

建月之大小	日辰	月白	入節
正月大 (戊寅)	乙酉 乙未 乙巳	五黃	立春十二日丙申午後 十時三十八分 / 雨水廿七日辛亥午後 六時二十一分
二月小 (己卯)	乙卯 乙丑 乙亥	四綠	驚蟄十二日丙寅午後 四時三十四分 / 春分廿七日辛巳午後 五時三十七分
三月小 (庚辰)	甲申 甲午 甲辰	三碧	清明十三日丙申午後 九時四十七分 / 穀雨廿九日壬子午前 五時九分
三閏月大	癸丑 癸亥 癸酉	三碧	立夏十五日丁卯午後 三時三十五分
四月小 (辛巳)	癸未 癸巳 癸卯	二黑	小滿初一日癸未午前 四時四十六分 / 芒種十六日戊戌午後 八時九分
五月小 (壬午)	壬子 壬戌 壬申	一白	夏至初三日甲寅午後 一時三分 / 小暑十九日庚午午前 六時四十分
六月大 (癸未)	辛巳 辛卯 辛丑	九紫	大暑初六日丙戌午前 零時九分 / 立秋廿一日辛丑午後 四時三十七分
七月小 (甲申)	辛亥 辛酉 辛未	八白	處暑初七日丁巳午前 七時十九分 / 白露廿二日壬申午後 七時三十六分
八月大 (乙酉)	庚辰 庚寅 庚子	七赤	秋分初九日戊子午前 四時五十八分 / 寒露廿四日癸卯午前 十一時九分
九月小 (丙戌)	庚戌 庚申 庚午	六白	霜降初九日戊午午後 二時六分 / 立冬廿四日癸酉午後 一時四十九分
十月大 (丁亥)	己卯 己丑 己亥	五黃	小雪初十日戊子午前 十一時十二分 / 大雪廿五日癸卯午前 六時十八分
十一月大 (戊子)	己酉 己未 己巳	四綠	冬至初十日戊午午後 十一時五十八分 / 小寒廿四日壬申午後 四時五十八分
十二月大 (己丑)	己卯 己丑 己亥	三碧	大寒初九日丁亥午前 十時九分 / 立春廿四日壬寅午前 四時十九分

◆雜 節◆

寒食	土王	初伏	土王	中伏	末伏	土王	土王	臘享
三月十四日	三月廿六日	五月廿九日	六月初二日	六月初十日	六月三十日	九月初六日	十二月初六日	十二月初五日
陽四月六日	陽四月十八日	陽七月十八日	陽七月二十日	陽七月二十八日	陽八月十七日	陽十月二十一日	陽一月十八日	陽一月十七日

1956 (4289. 丙申)

1月

陽	1	2	3	4	5	6	7	8	9	10	11	12	13	14	15	16	17	18	19	20	21	22	23	24	25	26	27	28	29	30	31
陰	19	20	21	22	23	24	25	26	27	28	29	30	⑫대	2	3	4	5	6	7	8	9	10	11	12	13	14	15	16	17	18	19
干支	丁卯	戊辰	己巳	庚午	辛未	壬申	癸酉	甲戌	乙亥	丙子	丁丑	戊寅	己卯	庚辰	辛巳	壬午	癸未	甲申	乙酉	丙戌	丁亥	戊子	己丑	庚寅	辛卯	壬辰	癸巳	甲午	乙未	丙申	丁酉
曜	일	월	화	수	목	금	토	일	월	화	수	목	금	토	일	월	화	수	목	금	토	일	월	화	수	목	금	토	일	월	화

2月

陽	1	2	3	4	5	6	7	8	9	10	11	12	13	14	15	16	17	18	19	20	21	22	23	24	25	26	27	28	29
陰	20	21	22	23	24	25	26	27	28	29	30	①소	2	3	4	5	6	7	8	9	10	11	12	13	14	15	16	17	18
干支	戊戌	己亥	庚子	辛丑	壬寅	癸卯	甲辰	乙巳	丙午	丁未	戊申	己酉	庚戌	辛亥	壬子	癸丑	甲寅	乙卯	丙辰	丁巳	戊午	己未	庚申	辛酉	壬戌	癸亥	甲子	乙丑	丙寅
曜	수	목	금	토	일	월	화	수	목	금	토	일	월	화	수	목	금	토	일	월	화	수	목	금	토	일	월	화	수

3月

陽	1	2	3	4	5	6	7	8	9	10	11	12	13	14	15	16	17	18	19	20	21	22	23	24	25	26	27	28	29	30	31
陰	19	20	21	22	23	24	25	26	27	28	29	②대	2	3	4	5	6	7	8	9	10	11	12	13	14	15	16	17	18	19	20
干支	丁卯	戊辰	己巳	庚午	辛未	壬申	癸酉	甲戌	乙亥	丙子	丁丑	戊寅	己卯	庚辰	辛巳	壬午	癸未	甲申	乙酉	丙戌	丁亥	戊子	己丑	庚寅	辛卯	壬辰	癸巳	甲午	乙未	丙申	丁酉
曜	목	금	토	일	월	화	수	목	금	토	일	월	화	수	목	금	토	일	월	화	수	목	금	토	일	월	화	수	목	금	토

4月

陽	1	2	3	4	5	6	7	8	9	10	11	12	13	14	15	16	17	18	19	20	21	22	23	24	25	26	27	28	29	30
陰	21	22	23	24	25	26	27	28	29	30	③소	2	3	4	5	6	7	8	9	10	11	12	13	14	15	16	17	18	19	20
干支	戊戌	己亥	庚子	辛丑	壬寅	癸卯	甲辰	乙巳	丙午	丁未	戊申	己酉	庚戌	辛亥	壬子	癸丑	甲寅	乙卯	丙辰	丁巳	戊午	己未	庚申	辛酉	壬戌	癸亥	甲子	乙丑	丙寅	丁卯
曜	일	월	화	수	목	금	토	일	월	화	수	목	금	토	일	월	화	수	목	금	토	일	월	화	수	목	금	토	일	월

5月

陽	1	2	3	4	5	6	7	8	9	10	11	12	13	14	15	16	17	18	19	20	21	22	23	24	25	26	27	28	29	30	31
陰	21	22	23	24	25	26	27	28	29	④대	2	3	4	5	6	7	8	9	10	11	12	13	14	15	16	17	18	19	20	21	22
干支	戊辰	己巳	庚午	辛未	壬申	癸酉	甲戌	乙亥	丙子	丁丑	戊寅	己卯	庚辰	辛巳	壬午	癸未	甲申	乙酉	丙戌	丁亥	戊子	己丑	庚寅	辛卯	壬辰	癸巳	甲午	乙未	丙申	丁酉	戊戌
曜	화	수	목	금	토	일	월	화	수	목	금	토	일	월	화	수	목	금	토	일	월	화	수	목	금	토	일	월	화	수	목

6月

陽	1	2	3	4	5	6	7	8	9	10	11	12	13	14	15	16	17	18	19	20	21	22	23	24	25	26	27	28	29	30
陰	23	24	25	26	27	28	29	30	⑤소	2	3	4	5	6	7	8	9	10	11	12	13	14	15	16	17	18	19	20	21	22
干支	己亥	庚子	辛丑	壬寅	癸卯	甲辰	乙巳	丙午	丁未	戊申	己酉	庚戌	辛亥	壬子	癸丑	甲寅	乙卯	丙辰	丁巳	戊午	己未	庚申	辛酉	壬戌	癸亥	甲子	乙丑	丙寅	丁卯	戊辰
曜	금	토	일	월	화	수	목	금	토	일	월	화	수	목	금	토	일	월	화	수	목	금	토	일	월	화	수	목	금	토

7月

陽	1	2	3	4	5	6	7	8	9	10	11	12	13	14	15	16	17	18	19	20	21	22	23	24	25	26	27	28	29	30	31
陰	23	24	25	26	27	28	29	⑥소	2	3	4	5	6	7	8	9	10	11	12	13	14	15	16	17	18	19	20	21	22	23	24
干支	己巳	庚午	辛未	壬申	癸酉	甲戌	乙亥	丙子	丁丑	戊寅	己卯	庚辰	辛巳	壬午	癸未	甲申	乙酉	丙戌	丁亥	戊子	己丑	庚寅	辛卯	壬辰	癸巳	甲午	乙未	丙申	丁酉	戊戌	己亥
曜	일	월	화	수	목	금	토	일	월	화	수	목	금	토	일	월	화	수	목	금	토	일	월	화	수	목	금	토	일	월	화

8月

陽	1	2	3	4	5	6	7	8	9	10	11	12	13	14	15	16	17	18	19	20	21	22	23	24	25	26	27	28	29	30	31
陰	25	26	27	28	29	⑦대	2	3	4	5	6	7	8	9	10	11	12	13	14	15	16	17	18	19	20	21	22	23	24	25	26
干支	庚子	辛丑	壬寅	癸卯	甲辰	乙巳	丙午	丁未	戊申	己酉	庚戌	辛亥	壬子	癸丑	甲寅	乙卯	丙辰	丁巳	戊午	己未	庚申	辛酉	壬戌	癸亥	甲子	乙丑	丙寅	丁卯	戊辰	己巳	庚午
曜	수	목	금	토	일	월	화	수	목	금	토	일	월	화	수	목	금	토	일	월	화	수	목	금	토	일	월	화	수	목	금

9月

陽	1	2	3	4	5	6	7	8	9	10	11	12	13	14	15	16	17	18	19	20	21	22	23	24	25	26	27	28	29	30
陰	27	28	29	30	⑧소	2	3	4	5	6	7	8	9	10	11	12	13	14	15	16	17	18	19	20	21	22	23	24	25	26
干支	辛未	壬申	癸酉	甲戌	乙亥	丙子	丁丑	戊寅	己卯	庚辰	辛巳	壬午	癸未	甲申	乙酉	丙戌	丁亥	戊子	己丑	庚寅	辛卯	壬辰	癸巳	甲午	乙未	丙申	丁酉	戊戌	己亥	庚子
曜	토	일	월	화	수	목	금	토	일	월	화	수	목	금	토	일	월	화	수	목	금	토	일	월	화	수	목	금	토	일

10月

陽	1	2	3	4	5	6	7	8	9	10	11	12	13	14	15	16	17	18	19	20	21	22	23	24	25	26	27	28	29	30	31
陰	27	28	29	⑨대	2	3	4	5	6	7	8	9	10	11	12	13	14	15	16	17	18	19	20	21	22	23	24	25	26	27	28
干支	辛丑	壬寅	癸卯	甲辰	乙巳	丙午	丁未	戊申	己酉	庚戌	辛亥	壬子	癸丑	甲寅	乙卯	丙辰	丁巳	戊午	己未	庚申	辛酉	壬戌	癸亥	甲子	乙丑	丙寅	丁卯	戊辰	己巳	庚午	辛未
曜	월	화	수	목	금	토	일	월	화	수	목	금	토	일	월	화	수	목	금	토	일	월	화	수	목	금	토	일	월	화	수

11月

陽	1	2	3	4	5	6	7	8	9	10	11	12	13	14	15	16	17	18	19	20	21	22	23	24	25	26	27	28	29	30
陰	29	30	⑩소	2	3	4	5	6	7	8	9	10	11	12	13	14	15	16	17	18	19	20	21	22	23	24	25	26	27	28
干支	壬申	癸酉	甲戌	乙亥	丙子	丁丑	戊寅	己卯	庚辰	辛巳	壬午	癸未	甲申	乙酉	丙戌	丁亥	戊子	己丑	庚寅	辛卯	壬辰	癸巳	甲午	乙未	丙申	丁酉	戊戌	己亥	庚子	辛丑
曜	목	금	토	일	월	화	수	목	금	토	일	월	화	수	목	금	토	일	월	화	수	목	금	토	일	월	화	수	목	금

12月

陽	1	2	3	4	5	6	7	8	9	10	11	12	13	14	15	16	17	18	19	20	21	22	23	24	25	26	27	28	29	30	31
陰	29	⑪대	2	3	4	5	6	7	8	9	10	11	12	13	14	15	16	17	18	19	20	21	22	23	24	25	26	27	28	29	30
干支	壬寅	癸卯	甲辰	乙巳	丙午	丁未	戊申	己酉	庚戌	辛亥	壬子	癸丑	甲寅	乙卯	丙辰	丁巳	戊午	己未	庚申	辛酉	壬戌	癸亥	甲子	乙丑	丙寅	丁卯	戊辰	己巳	庚午	辛未	壬申
曜	토	일	월	화	수	목	금	토	일	월	화	수	목	금	토	일	월	화	수	목	금	토	일	월	화	수	목	금	토	일	월

丙申 (山下火)

舊平三百五十四日
新閏三百六十六日

西紀一九五六年●檀紀四二八九年

三日得辛 八龍治水
戊喪門 午吊客
午大將軍 南三殺

五黃	三碧	七赤
一白	八白	六白
九紫	四綠	二黑

建月之大小	日辰	月白	入節
正月小 庚寅	己巳 己未 己酉	二黑	雨水初九日丁巳午前零時十一分 / 驚蟄廿三日辛未午後十時二十四分
二月大 辛卯	戊戌 戊子 戊寅	一白	春分初十日丁亥午後十一時二十六分 / 清明廿五日壬寅午前三時三十六分
三月小 壬辰	戊辰 戊午 戊申	九紫	穀雨初十日丁巳午前十時五十七分 / 立夏廿五日壬申午後九時二十四分
四月大 癸巳	丁酉 丁亥 丁丑	八白	小滿十二日戊子午前十時三十五分 / 芒種廿八日甲辰午前一時五十八分
五月小 甲午	丁卯 丁巳 丁未	七赤	夏至十三日己未午後六時五十一分 / 小暑廿九日乙亥午後零時二十八分
六月小 乙未	丙申 丙戌 丙子	六白	大暑十六日辛卯午前五時五十七分
七月大 丙申	乙丑 乙卯 乙巳	五黃	立秋初二日丙午午後十時二十五分 / 處暑十八日壬戌午後一時八分
八月小 丁酉	乙未 乙酉 乙亥	四綠	白露初四日戊寅午前一時二十四分 / 秋分十九日癸巳午前十時四十七分
九月大 戊戌	甲子 甲寅 甲辰	三碧	寒露初五日戊申午後四時五十八分 / 霜降二十日癸亥午後七時五十五分
十月小 己亥	甲午 甲申 甲戌	二黑	立冬初五日戊寅午後七時四十八分 / 小雪二十日癸巳午後五時二分
十一月大 庚子	癸亥 癸丑 癸卯	一白	大雪初六日戊申午後零時七分 / 冬至廿一日癸亥午前五時四十八分
十二月大 辛丑	癸巳 癸未 癸酉	九紫	小寒初六日戊寅午後十時四十七分 / 大寒廿一日癸巳午後三時五十八分

◆雜 節◆

雜節	陰	陽
臘享	十二月廿三日	陽一月二十三日
土王	十二月十八日	陽一月十八日
土王	九月十七日	陽十月二十日
末伏	七月初六日	陽八月十一日
中伏	六月十五日	陽七月二十二日
土王	六月十三日	陽七月二十日
初伏	六月初五日	陽七月十二日
土王	三月初七日	陽四月十七日
寒食	二月廿六日	陽四月初六日

1957 (4290. 丁酉)

1月

陽	1	2	3	4	5	6	7	8	9	10	11	12	13	14	15	16	17	18	19	20	21	22	23	24	25	26	27	28	29	30	31
陰	⑫대	2	3	4	5	6	7	8	9	10	11	12	13	14	15	16	17	18	19	20	21	22	23	24	25	26	27	28	29	30	①대
干支	癸酉	甲戌	乙亥	丙子	丁丑	戊寅	己卯	庚辰	辛巳	壬午	癸未	甲申	乙酉	丙戌	丁亥	戊子	己丑	庚寅	辛卯	壬辰	癸巳	甲午	乙未	丙申	丁酉	戊戌	己亥	庚子	辛丑	壬寅	癸卯
曜	화	수	목	금	토	일	월	화	수	목	금	토	일	월	화	수	목	금	토	일	월	화	수	목	금	토	일	월	화	수	목

2月

陽	1	2	3	4	5	6	7	8	9	10	11	12	13	14	15	16	17	18	19	20	21	22	23	24	25	26	27	28
陰	2	3	4	5	6	7	8	9	10	11	12	13	14	15	16	17	18	19	20	21	22	23	24	25	26	27	28	29
干支	甲辰	乙巳	丙午	丁未	戊申	己酉	庚戌	辛亥	壬子	癸丑	甲寅	乙卯	丙辰	丁巳	戊午	己未	庚申	辛酉	壬戌	癸亥	甲子	乙丑	丙寅	丁卯	戊辰	己巳	庚午	辛未
曜	금	토	일	월	화	수	목	금	토	일	월	화	수	목	금	토	일	월	화	수	목	금	토	일	월	화	수	목

3月

陽	1	2	3	4	5	6	7	8	9	10	11	12	13	14	15	16	17	18	19	20	21	22	23	24	25	26	27	28	29	30	31
陰	30	②소	2	3	4	5	6	7	8	9	10	11	12	13	14	15	16	17	18	19	20	21	22	23	24	25	26	27	28	29	③대
干支	壬申	癸酉	甲戌	乙亥	丙子	丁丑	戊寅	己卯	庚辰	辛巳	壬午	癸未	甲申	乙酉	丙戌	丁亥	戊子	己丑	庚寅	辛卯	壬辰	癸巳	甲午	乙未	丙申	丁酉	戊戌	己亥	庚子	辛丑	壬寅
曜	금	토	일	월	화	수	목	금	토	일	월	화	수	목	금	토	일	월	화	수	목	금	토	일	월	화	수	목	금	토	일

4月

陽	1	2	3	4	5	6	7	8	9	10	11	12	13	14	15	16	17	18	19	20	21	22	23	24	25	26	27	28	29	30
陰	2	3	4	5	6	7	8	9	10	11	12	13	14	15	16	17	18	19	20	21	22	23	24	25	26	27	28	29	30	④소
干支	癸卯	甲辰	乙巳	丙午	丁未	戊申	己酉	庚戌	辛亥	壬子	癸丑	甲寅	乙卯	丙辰	丁巳	戊午	己未	庚申	辛酉	壬戌	癸亥	甲子	乙丑	丙寅	丁卯	戊辰	己巳	庚午	辛未	壬申
曜	월	화	수	목	금	토	일	월	화	수	목	금	토	일	월	화	수	목	금	토	일	월	[illegible]	수	목	금	토	일	월	화

5月

陽	1	2	3	4	5	6	7	8	9	10	11	12	13	14	15	16	17	18	19	20	21	22	23	24	25	26	27	28	29	30	31
陰	2	3	4	5	6	7	8	9	10	11	12	13	14	15	16	17	18	19	20	21	22	23	24	25	26	27	28	29	⑤대	2	3
干支	癸酉	甲戌	乙亥	丙子	丁丑	戊寅	己卯	庚辰	辛巳	壬午	癸未	甲申	乙酉	丙戌	丁亥	戊子	己丑	庚寅	辛卯	壬辰	癸巳	甲午	乙未	丙申	丁酉	戊戌	己亥	庚子	辛丑	壬寅	癸卯
曜	수	목	금	토	일	월	화	수	목	금	토	일	월	화	수	목	금	토	일	월	화	수	목	금	토	일	월	화	수	목	금

6月

陽	1	2	3	4	5	6	7	8	9	10	11	12	13	14	15	16	17	18	19	20	21	22	23	24	25	26	27	28	29	30
陰	4	5	6	7	8	9	10	11	12	13	14	15	16	17	18	19	20	21	22	23	24	25	26	27	28	29	30	⑥소	2	3
干支	甲辰	乙巳	丙午	丁未	戊申	己酉	庚戌	辛亥	壬子	癸丑	甲寅	乙卯	丙辰	丁巳	戊午	己未	庚申	辛酉	壬戌	癸亥	甲子	乙丑	丙寅	丁卯	戊辰	己巳	庚午	辛未	壬申	癸酉
曜	토	일	월	화	수	목	금	토	일	월	화	수	목	금	토	일	월	화	수	목	금	토	일	월	화	수	목	금	토	일

7月

陽	1	2	3	4	5	6	7	8	9	10	11	12	13	14	15	16	17	18	19	20	21	22	23	24	25	26	27	28	29	30	31
陰	4	5	6	7	8	9	10	11	12	13	14	15	16	17	18	19	20	21	22	23	24	25	26	27	28	29	⑦소	2	3	4	5
干支	甲戌	乙亥	丙子	丁丑	戊寅	己卯	庚辰	辛巳	壬午	癸未	甲申	乙酉	丙戌	丁亥	戊子	己丑	庚寅	辛卯	壬辰	癸巳	甲午	乙未	丙申	丁酉	戊戌	己亥	庚子	辛丑	壬寅	癸卯	甲辰
曜	월	화	수	목	금	토	일	월	화	수	목	금	토	일	월	화	수	목	금	토	일	월	화	수	목	금	토	일	월	화	수

8月

陽	1	2	3	4	5	6	7	8	9	10	11	12	13	14	15	16	17	18	19	20	21	22	23	24	25	26	27	28	29	30	31
陰	6	7	8	9	10	11	12	13	14	15	16	17	18	19	20	21	22	23	24	25	26	27	28	29	⑧대	2	3	4	5	6	7
干支	乙巳	丙午	丁未	戊申	己酉	庚戌	辛亥	壬子	癸丑	甲寅	乙卯	丙辰	丁巳	戊午	己未	庚申	辛酉	壬戌	癸亥	甲子	乙丑	丙寅	丁卯	戊辰	己巳	庚午	辛未	壬申	癸酉	甲戌	乙亥
曜	목	금	토	일	월	화	수	목	금	토	일	월	화	수	목	금	토	일	월	화	수	목	금	토	일	월	화	수	목	금	토

9月

陽	1	2	3	4	5	6	7	8	9	10	11	12	13	14	15	16	17	18	19	20	21	22	23	24	25	26	27	28	29	30
陰	8	9	10	11	12	13	14	15	16	17	18	19	20	21	22	23	24	25	26	27	28	29	30	⑧대	2	3	4	5	6	7
干支	丙子	丁丑	戊寅	己卯	庚辰	辛巳	壬午	癸未	甲申	乙酉	丙戌	丁亥	戊子	己丑	庚寅	辛卯	壬辰	癸巳	甲午	乙未	丙申	丁酉	戊戌	己亥	庚子	辛丑	壬寅	癸卯	甲辰	乙巳
曜	일	월	화	수	목	금	토	일	월	화	수	목	금	토	일	월	화	수	목	금	토	일	월	화	수	목	금	토	일	월

10月

陽	1	2	3	4	5	6	7	8	9	10	11	12	13	14	15	16	17	18	19	20	21	22	23	24	25	26	27	28	29	30	31
陰	8	9	10	11	12	13	14	15	16	17	18	19	20	21	22	23	24	25	26	27	28	29	⑨대	2	3	4	5	6	7	8	9
干支	丙午	丁未	戊申	己酉	庚戌	辛亥	壬子	癸丑	甲寅	乙卯	丙辰	丁巳	戊午	己未	庚申	辛酉	壬戌	癸亥	甲子	乙丑	丙寅	丁卯	戊辰	己巳	庚午	辛未	壬申	癸酉	甲戌	乙亥	丙子
曜	화	수	목	금	토	일	월	화	수	목	금	토	일	월	화	수	목	금	토	일	월	화	수	목	금	토	일	월	화	수	목

11月

陽	1	2	3	4	5	6	7	8	9	10	11	12	13	14	15	16	17	18	19	20	21	22	23	24	25	26	27	28	29	30
陰	10	11	12	13	14	15	16	17	18	19	20	21	22	23	24	25	26	27	28	29	⑩소	2	3	4	5	6	7	8	9	
干支	丁丑	戊寅	己卯	庚辰	辛巳	壬午	癸未	甲申	乙酉	丙戌	丁亥	戊子	己丑	庚寅	辛卯	壬辰	癸巳	甲午	乙未	丙申	丁酉	戊戌	己亥	庚子	辛丑	壬寅	癸卯	甲辰	乙巳	丙午
曜	금	토	일	월	화	수	목	금	토	일	월	화	수	목	금	토	일	월	화	수	목	금	토	일	월	화	수	목	금	토

12

陽	1	2	3	4	5	6	7	8	9	10	11	12	13	14	15	16	17	18	19	20	21	22	23	24	25	26	27	28	29	30	31
陰	10	11	12	13	14	15	16	17	18	19	20	21	22	23	24	25	26	27	28	29	⑪대	2	3	4	5	6	7	8	9	10	11
干支	丁未	戊申	己酉	庚戌	辛亥	壬子	癸丑	甲寅	乙卯	丙辰	丁巳	戊午	己未	庚申	辛酉	壬戌	癸亥	甲子	乙丑	丙寅	丁卯	戊辰	己巳	庚午	辛未	壬申	癸酉	甲戌	乙亥	丙子	丁丑
曜	일	월	화	수	목	금	토	일	월	화	수	목	금	토	일	월	화	수	목	금	토	일	월	화	수	목	금	토	일	월	화

丁酉 (山下火)

西紀 一九五七年 ● 檀紀四二九〇年

舊閏三百八十四日
新平三百六十五日

九日得辛 二龍治水
亥喪門 未吊客
午大將軍 東三殺

四綠	二黑	六白
九紫	七赤	五黃
八白	三碧	一白

建月之大小	正月大 壬寅	二月小 癸卯	三月大 甲辰	四月小 乙巳	五月大 丙午	六月小 丁未	七月小 戊申	八月大 己酉	八閏月小	九月大 庚戌	十月小 辛亥	十一月大 壬子	十二月大 癸丑
日辰	癸亥 癸丑 癸卯	辛巳 辛未 辛酉	壬戌 壬子 壬寅	壬辰 壬午 壬申	辛酉 辛亥 辛丑	辛卯 辛巳 辛未	庚申 庚戌 庚子	己丑 己卯 己巳	己未 己酉 己亥	戊子 戊寅 戊辰	戊午 戊申 戊戌	丁亥 丁丑 丁卯	丁巳 丁未 丁酉
月白	八白	七赤	六白	五黃	四綠	三碧	二黑	一白	一白	九紫	八白	七赤	六白
入節	雨水二十日壬戌午前 十五時 五分 立春初五日丁未午前 十七時 六分	春分二十日壬辰午前 十五時 五分 驚蟄初五日丁丑午前 四十三時分	穀雨廿一日壬戌午後 四 四十六 時分 清明初六日丁未午前 九 二十四 時分	小滿廿二日癸巳午後 四 二十二 時分 立夏初七日戊寅午前 三十 二 時分	夏至廿五日乙丑午前 零 三十九 時分 芒種初九日己酉午前 七 四十六 時分	大暑廿六日丙申午後 零 四十五 時分 小暑初十日庚辰午後 六 十六 時分	處暑廿八日丁卯午後 六 五十六 時分 立秋十三日壬子午前 四 十三 時分	秋分三十日戊戌午後 三 三十五 時分 白露十五日癸未午前 七 三 時分	寒露十五日癸丑午後 十 四十七 時分	立冬十七日甲申午前 一 三十七 時分 霜降初二日己巳午前 一 四十四 時分	大雪十六日癸丑午後 五 五十七 時分 小雪初一日戊戌午後 十 五十一 時分	小寒十六日壬午午前 四 三十七 時分 冬至初二日戊辰午前 十 五十一 時分	立春十六日壬子午後 三 五十七 時分 大寒初一日丁酉午後 九 四十七 時分

◆雜 節◆

雜節	陰	陽
寒食	三月初七日	陽四月六日
土王	三月十八日	陽四月十七日
初伏	六月二十日	陽七月十七日
土王	六月廿三日	陽七月二十日
中伏	七月初一日	陽七月二十七日
末伏	七月廿一日	陽八月十六日
土王	閏八月廿八日	陽十月二十一日
土王	十一月廿八日	陽一月十七日
臘享	十二月十一日	陽一月三十日

1958(4291. 戊戌)

1月

陽	1	2	3	4	5	6	7	8	9	10	11	12	13	14	15	16	17	18	19	20	21	22	23	24	25	26	27	28	29	30	31
陰	12	13	14	15	16	17	18	19	20	21	22	23	24	25	26	27	28	29	30	⑫대	2	3	4	5	6	7	8	9	10	11	12
干支	戊寅	己卯	庚辰	辛巳	壬午	癸未	甲申	乙酉	丙戌	丁亥	戊子	己丑	庚寅	辛卯	壬辰	癸巳	甲午	乙未	丙申	丁酉	戊戌	己亥	庚子	辛丑	壬寅	癸卯	甲辰	乙巳	丙午	丁未	戊申
曜	수	목	금	토	일	월	화	수	목	금	토	일	월	화	수	목	금	토	일	월	화	수	목	금	토	일	월	화	수	목	금

2月

陽	1	2	3	4	5	6	7	8	9	10	11	12	13	14	15	16	17	18	19	20	21	22	23	24	25	26	27	28
陰	13	14	15	16	17	18	19	20	21	22	23	24	25	26	27	28	29	30	①소	2	3	4	5	6	7	8	9	10
干支	己酉	庚戌	辛亥	壬子	癸丑	甲寅	乙卯	丙辰	丁巳	戊午	己未	庚申	辛酉	壬戌	癸亥	甲子	乙丑	丙寅	丁卯	戊辰	己巳	庚午	辛未	壬申	癸酉	甲戌	乙亥	丙子
曜	토	일	월	화	수	목	금	토	일	월	화	수	목	금	토	일	월	화	수	목	금	토	일	월	화	수	목	금

3月

陽	1	2	3	4	5	6	7	8	9	10	11	12	13	14	15	16	17	18	19	20	21	22	23	24	25	26	27	28	29	30	31
陰	11	12	13	14	15	16	17	18	19	20	21	22	23	24	25	26	27	28	29	②대	2	3	4	5	6	7	8	9	10	11	12
干支	丁丑	戊寅	己卯	庚辰	辛巳	壬午	癸未	甲申	乙酉	丙戌	丁亥	戊子	己丑	庚寅	辛卯	壬辰	癸巳	甲午	乙未	丙申	丁酉	戊戌	己亥	庚子	辛丑	壬寅	癸卯	甲辰	乙巳	丙午	丁未
曜	토	일	월	화	수	목	금	토	일	월	화	수	목	금	토	일	월	화	수	목	금	토	일	월	화	수	목	금	토	일	월

4月

陽	1	2	3	4	5	6	7	8	9	10	11	12	13	14	15	16	17	18	19	20	21	22	23	24	25	26	27	28	29	30
陰	13	14	15	16	17	18	19	20	21	22	23	24	25	26	27	28	29	30	③대	2	3	4	5	6	7	8	9	10	11	12
干支	戊申	己酉	庚戌	辛亥	壬子	癸丑	甲寅	乙卯	丙辰	丁巳	戊午	己未	庚申	辛酉	壬戌	癸亥	甲子	乙丑	丙寅	丁卯	戊辰	己巳	庚午	辛未	壬申	癸酉	甲戌	乙亥	丙子	丁丑
曜	화	수	목	금	토	일	월	화	수	목	금	토	일	월	화	수	목	금	토	일	월	화	수	목	금	토	일	월	화	수

5月

陽	1	2	3	4	5	6	7	8	9	10	11	12	13	14	15	16	17	18	19	20	21	22	23	24	25	26	27	28	29	30	31
陰	13	14	15	16	17	18	19	20	21	22	23	24	25	26	27	28	29	30	④소	2	3	4	5	6	7	8	9	10	11	12	13
干支	戊寅	己卯	庚辰	辛巳	壬午	癸未	甲申	乙酉	丙戌	丁亥	戊子	己丑	庚寅	辛卯	壬辰	癸巳	甲午	乙未	丙申	丁酉	戊戌	己亥	庚子	辛丑	壬寅	癸卯	甲辰	乙巳	丙午	丁未	戊申
曜	목	금	토	일	월	화	수	목	금	토	일	월	화	수	목	금	토	일	월	화	수	목	금	토	일	월	화	수	목	금	토

6月

陽	1	2	3	4	5	6	7	8	9	10	11	12	13	14	15	16	17	18	19	20	21	22	23	24	25	26	27	28	29	30
陰	14	15	16	17	18	19	20	21	22	23	24	25	26	27	28	29	⑤대	2	3	4	5	6	7	8	9	10	11	12	13	14
干支	己酉	庚戌	辛亥	壬子	癸丑	甲寅	乙卯	丙辰	丁巳	戊午	己未	庚申	辛酉	壬戌	癸亥	甲子	乙丑	丙寅	丁卯	戊辰	己巳	庚午	辛未	壬申	癸酉	甲戌	乙亥	丙子	丁丑	戊寅
曜	일	월	화	수	목	금	토	일	월	화	수	목	금	토	일	월	화	수	목	금	토	일	월	화	수	목	금	토	일	월

7月

陽	1	2	3	4	5	6	7	8	9	10	11	12	13	14	15	16	17	18	19	20	21	22	23	24	25	26	27	28	29	30	31
陰	15	16	17	18	19	20	21	22	23	24	25	26	27	28	29	30	⑥소	2	3	4	5	6	7	8	9	10	11	12	13	14	15
干支	己卯	庚辰	辛巳	壬午	癸未	甲申	乙酉	丙戌	丁亥	戊子	己丑	庚寅	辛卯	壬辰	癸巳	甲午	乙未	丙申	丁酉	戊戌	己亥	庚子	辛丑	壬寅	癸卯	甲辰	乙巳	丙午	丁未	戊申	己酉
曜	화	수	목	금	토	일	월	화	수	목	금	토	일	월	화	수	목	금	토	일	월	화	수	목	금	토	일	월	화	수	목

8月

陽	1	2	3	4	5	6	7	8	9	10	11	12	13	14	15	16	17	18	19	20	21	22	23	24	25	26	27	28	29	30	31
陰	16	17	18	19	20	21	22	23	24	25	26	27	28	29	⑦소	2	3	4	5	6	7	8	9	10	11	12	13	14	15	16	17
干支	庚戌	辛亥	壬子	癸丑	甲寅	乙卯	丙辰	丁巳	戊午	己未	庚申	辛酉	壬戌	癸亥	甲子	乙丑	丙寅	丁卯	戊辰	己巳	庚午	辛未	壬申	癸酉	甲戌	乙亥	丙子	丁丑	戊寅	己卯	庚辰
曜	금	토	일	월	화	수	목	금	토	일	월	화	수	목	금	토	일	월	화	수	목	금	토	일	월	화	수	목	금	토	일

9月

陽	1	2	3	4	5	6	7	8	9	10	11	12	13	14	15	16	17	18	19	20	21	22	23	24	25	26	27	28	29	30
陰	18	19	20	21	22	23	24	25	26	27	28	29	⑧대	2	3	4	5	6	7	8	9	10	11	12	13	14	15	16	17	18
干支	辛巳	壬午	癸未	甲申	乙酉	丙戌	丁亥	戊子	己丑	庚寅	辛卯	壬辰	癸巳	甲午	乙未	丙申	丁酉	戊戌	己亥	庚子	辛丑	壬寅	癸卯	甲辰	乙巳	丙午	丁未	戊申	己酉	庚戌
曜	월	화	수	목	금	토	일	월	화	수	목	금	토	일	월	화	수	목	금	토	일	월	화	ㄱ	목	금	토	일	월	화

10月

陽	1	2	3	4	5	6	7	8	9	10	11	12	13	14	15	16	17	18	19	20	21	22	23	24	25	26	27	28	29	30	31
陰	19	20	21	22	23	24	25	26	27	28	29	30	⑨소	2	3	4	5	6	7	8	9	10	11	12	13	14	15	16	17	18	19
干支	辛亥	壬子	癸丑	甲寅	乙卯	丙辰	丁巳	戊午	己未	庚申	辛酉	壬戌	癸亥	甲子	乙丑	丙寅	丁卯	戊辰	己巳	庚午	辛未	壬申	癸酉	甲戌	乙亥	丙子	丁丑	戊寅	己卯	庚辰	辛巳
曜	수	목	금	토	일	월	화	수	목	금	토	일	월	화	수	목	금	토	일	월	화	수	목	금	토	일	월	화	수	목	금

11月

陽	1	2	3	4	5	6	7	8	9	10	11	12	13	14	15	16	17	18	19	20	21	22	23	24	25	26	27	28	29	30
陰	20	21	22	23	24	25	26	27	28	29	⑩대	2	3	4	5	6	7	8	9	10	11	12	13	14	25	16	17	18	19	20
干支	壬午	癸未	甲申	乙酉	丙戌	丁亥	戊子	己丑	庚寅	辛卯	壬辰	癸巳	甲午	乙未	丙申	丁酉	戊戌	己亥	庚子	辛丑	壬寅	癸卯	甲辰	乙巳	丙午	丁未	戊申	己酉	庚戌	辛亥
曜	토	일	월	화	수	목	금	토	일	월	화	수	목	금	토	일	월	화	수	목	금	토	일	월	화	수	목	금	토	일

12月

陽	1	2	3	4	5	6	7	8	9	10	11	12	13	14	15	16	17	18	19	20	21	22	23	24	25	26	27	28	29	30	31
陰	21	22	23	24	25	26	27	28	29	30	⑪소	2	3	4	5	6	7	8	9	10	11	12	13	14	15	16	17	18	19	20	21
干支	壬子	癸丑	甲寅	乙卯	丙辰	丁巳	戊午	己未	庚申	辛酉	壬戌	癸亥	甲子	乙丑	丙寅	丁卯	戊辰	己巳	庚午	辛未	壬申	癸酉	甲戌	乙亥	丙子	丁丑	戊寅	己卯	庚辰	辛巳	壬午
曜	월	화	수	목	금	토	일	월	화	수	목	금	토	일	월	화	수	목	금	토	일	월	화	수	목	금	토	일	월	화	수

戊戌 (平地木)

西紀·九九八年●檀紀四·九·年

舊平三百五十四日
新平三百六十五日

六日得辛 二龍治水
子喪門 申吊客
午大將軍 北三殺

三碧	一白	五黃
八白	六白	四綠
七赤	二黑	九紫

月之大小	正月小 甲寅	二月大 乙卯	三月大 丙辰	四月小 丁巳	五月大 戊午	六月小 己未	七月小 庚申	八月大 辛酉	九月小 壬戌	十月大 癸亥	十一月小 甲子	十二月大 乙丑
日辰	丁亥 丁丑 丁卯	丙辰 丙午 丙申	丙戌 丙子 丙寅	丙辰 丙午 丙申	乙酉 乙亥 乙丑	乙卯 乙巳 乙未	甲申 甲戌 甲子	癸丑 癸卯 癸巳	癸未 癸酉 癸亥	壬子 壬寅 壬辰	壬午 壬申 壬戌	辛亥 辛丑 辛卯
月白	五黃	四綠	三碧	二黑	一白	九紫	八白	七赤	六白	五黃	四綠	三碧
入節	驚蟄十六日癸壬午前十時二分 雨水初一日丁卯午前十一時五十分	清明十七日壬子午後三時十三分 春分初二日丁酉午前十一時四分	立夏十八日癸未午前九時一分 穀雨初二日丁卯午後十時十八分	芒種十九日甲寅午後一時三十四分 小滿初三日戊戌午後十時十一分	小暑廿二日丙戌午前零時三分 夏至廿六日庚午午前六時二十七分	立秋廿三日丁巳午前十時二分 大暑初七日辛丑午後五時三十五分	白露廿五日戊子午後一時一分 處暑初十日癸酉午前零時四十四分	寒露廿七日己未午前四時三十六分 秋分十一日癸卯午後十時二十四分	立冬廿七日己丑午前七時二十六分 霜降十二日甲戌午前七時三十四分	大雪廿七日戊午午後十一時四十七分 小雪十三日甲辰午前四時四十一分	小寒廿七日戊子午前十時二十八分 冬至十二日癸酉午後五時二十七分	立春廿七日丁巳午後九時四十七分 大寒十二日壬寅午前三時三十八分

◆雜 節◆

臘享	十二月十七日	陽	一月二十五日
土王	十二月初九日	陽	一月十七日
土王	九月初九日	陽	十月二十一日
末伏	六月廿六日	陽	八月十一日
中伏	六月初六日	陽	七月二十二日
土王	六月初四日	陽	七月二十日
初伏	五月廿六日	陽	七月十二日
土王	二月廿九日	陽	四月十七日
寒食	二月十八日	陽	四月六日

1959 (4292. 己亥)

1月

陽	1	2	3	4	5	6	7	8	9	10	11	12	13	14	15	16	17	18	19	20	21	22	23	24	25	26	27	28	29	30	31
陰	22	23	24	25	26	27	28	29	⑫대	2	3	4	5	6	7	8	9	10	11	12	13	14	15	16	17	18	19	20	21	22	23
干支	癸未	甲申	乙酉	丙戌	丁亥	戊子	己丑	庚寅	辛卯	壬辰	癸巳	甲午	乙未	丙申	丁酉	戊戌	己亥	庚子	辛丑	壬寅	癸卯	甲辰	乙巳	丙午	丁未	戊申	己酉	庚戌	辛亥	壬子	癸丑
曜	목	금	토	일	월	화	수	목	금	토	일	월	화	수	목	금	토	일	월	화	수	목	금	토	일	월	화	수	목	금	토

2月

陽	1	2	3	4	5	6	7	8	9	10	11	12	13	14	15	16	17	18	19	20	21	22	23	24	25	26	27	28
陰	24	25	26	27	28	29	30	①소	2	3	4	5	6	7	8	9	10	11	12	13	14	15	16	17	18	19	20	21
干支	甲寅	乙卯	丙辰	丁巳	戊午	己未	庚申	辛酉	壬戌	癸亥	甲子	乙丑	丙寅	丁卯	戊辰	己巳	庚午	辛未	壬申	癸酉	甲戌	乙亥	丙子	丁丑	戊寅	己卯	庚辰	辛巳
曜	일	월	화	수	목	금	토	일	월	화	수	목	금	토	일	월	화	수	목	금	토	일	월	화	수	목	금	토

3月

陽	1	2	3	4	5	6	7	8	9	10	11	12	13	14	15	16	17	18	19	20	21	22	23	24	25	26	27	28	29	30	31
陰	22	23	24	25	26	27	28	29	②대	2	3	4	5	6	7	8	9	10	11	12	13	14	15	16	17	18	19	20	21	22	23
干支	壬午	癸未	甲申	乙酉	丙戌	丁亥	戊子	己丑	庚寅	辛卯	壬辰	癸巳	甲午	乙未	丙申	丁酉	戊戌	己亥	庚子	辛丑	壬寅	癸卯	甲辰	乙巳	丙午	丁未	戊申	己酉	庚戌	辛亥	壬子
曜	일	월	화	수	목	금	토	일	월	화	수	목	금	토	일	월	화	수	목	금	토	일	월	화	수	목	금	토	일	월	화

4月

陽	1	2	3	4	5	6	7	8	9	10	11	12	13	14	15	16	17	18	19	20	21	22	23	24	25	26	27	28	29	30
陰	24	25	26	27	28	29	30	③대	2	3	4	5	6	7	8	9	10	11	12	13	14	15	16	17	18	19	20	21	22	23
干支	癸丑	甲寅	乙卯	丙辰	丁巳	戊午	己未	庚申	辛酉	壬戌	癸亥	甲子	乙丑	丙寅	丁卯	戊辰	己巳	庚午	辛未	壬申	癸酉	甲戌	乙亥	丙子	丁丑	戊寅	己卯	庚辰	辛巳	壬午
曜	수	목	금	토	일	월	화	수	목	금	토	일	월	화	수	목	금	토	일	월	화	수	목	금	토	일	월	화	수	목

5月

陽	1	2	3	4	5	6	7	8	9	10	11	12	13	14	15	16	17	18	19	20	21	22	23	24	25	26	27	28	29	30	31
陰	24	25	26	27	28	29	30	④소	2	3	4	5	6	7	8	9	10	11	12	13	14	15	16	17	18	19	20	21	22	23	24
干支	癸未	甲申	乙酉	丙戌	丁亥	戊子	己丑	庚寅	辛卯	壬辰	癸巳	甲午	乙未	丙申	丁酉	戊戌	己亥	庚子	辛丑	壬寅	癸卯	甲辰	乙巳	丙午	丁未	戊申	己酉	庚戌	辛亥	壬子	癸丑
曜	금	토	일	월	화	수	목	금	토	일	월	화	수	목	금	토	일	월	화	수	목	금	토	일	월	화	수	목	금	토	일

6月

陽	1	2	3	4	5	6	7	8	9	10	11	12	13	14	15	16	17	18	19	20	21	22	23	24	25	26	27	28	29	30
陰	25	26	27	28	29	⑤대	2	3	4	5	6	7	8	9	10	11	12	13	14	15	16	17	18	19	20	21	22	23	24	25
干支	甲寅	乙卯	丙辰	丁巳	戊午	己未	庚申	辛酉	壬戌	癸亥	甲子	乙丑	丙寅	丁卯	戊辰	己巳	庚午	辛未	壬申	癸酉	甲戌	乙亥	丙子	丁丑	戊寅	己卯	庚辰	辛巳	壬午	癸未
曜	월	화	수	목	금	토	일	월	화	수	목	금	토	일	월	화	수	목	금	토	일	월	화	수	목	금	토	일	월	화

7月

陽	1	2	3	4	5	6	7	8	9	10	11	12	13	14	15	16	17	18	19	20	21	22	23	24	25	26	27	28	29	30	31
陰	26	27	28	29	30	⑥소	2	3	4	5	6	7	8	9	10	11	12	13	14	15	16	17	18	19	20	21	22	23	24	25	26
干支	甲申	乙酉	丙戌	丁亥	戊子	己丑	庚寅	辛卯	壬辰	癸巳	甲午	乙未	丙申	丁酉	戊戌	己亥	庚子	辛丑	壬寅	癸卯	甲辰	乙巳	丙午	丁未	戊申	己酉	庚戌	辛亥	壬子	癸丑	甲寅
曜	수	목	금	토	일	월	화	수	목	금	토	일	월	화	수	목	금	토	일	월	화	수	목	금	토	일	월	화	수	목	금

8月

陽	1	2	3	4	5	6	7	8	9	10	11	12	13	14	15	16	17	18	19	20	21	22	23	24	25	26	27	28	29	30	31
陰	27	28	29	⑦대	2	3	4	5	6	7	8	9	10	11	12	13	14	15	16	17	18	19	20	21	22	23	24	25	26	27	28
干支	乙卯	丙辰	丁巳	戊午	己未	庚申	辛酉	壬戌	癸亥	甲子	乙丑	丙寅	丁卯	戊辰	己巳	庚午	辛未	壬申	癸酉	甲戌	乙亥	丙子	丁丑	戊寅	己卯	庚辰	辛巳	壬午	癸未	甲申	乙酉
曜	토	일	월	화	수	목	금	토	일	월	화	수	목	금	토	일	월	화	수	목	금	토	일	월	화	수	목	금	토	일	월

9月

陽	1	2	3	4	5	6	7	8	9	10	11	12	13	14	15	16	17	18	19	20	21	22	23	24	25	26	27	28	29	30
陰	29	30	⑧소	2	3	4	5	6	7	8	9	10	11	12	13	14	15	16	17	18	19	20	21	22	23	24	25	26	27	28
干支	丙戌	丁亥	戊子	己丑	庚寅	辛卯	壬辰	癸巳	甲午	乙未	丙申	丁酉	戊戌	己亥	庚子	辛丑	壬寅	癸卯	甲辰	乙巳	丙午	丁未	戊申	己酉	庚戌	辛亥	壬子	癸丑	甲寅	乙卯
曜	화	수	목	금	토	일	월	화	수	목	금	토	일	월	화	수	목	금	토	일	월	화	수	목	금	토	일	월	화	수

10月

陽	1	2	3	4	5	6	7	8	9	10	11	12	13	14	15	16	17	18	19	20	21	22	23	24	25	26	27	28	29	30	31
陰	29	⑨대	2	3	4	5	6	7	8	9	10	11	12	13	14	15	16	17	18	19	20	21	22	23	24	25	26	27	28	29	30
干支	丙辰	丁巳	戊午	己未	庚申	辛酉	壬戌	癸亥	甲子	乙丑	丙寅	丁卯	戊辰	己巳	庚午	辛未	壬申	癸酉	甲戌	乙亥	丙子	丁丑	戊寅	己卯	庚辰	辛巳	壬午	癸未	甲申	乙酉	丙戌
曜	목	금	토	일	월	화	수	목	금	토	일	월	화	수	목	금	토	일	월	화	수	목	금	토	일	월	화	수	목	금	토

11月

陽	1	2	3	4	5	6	7	8	9	10	11	12	13	14	15	16	17	18	19	20	21	22	23	24	25	26	27	28	29	30
陰	⑩소	2	3	4	5	6	7	8	9	10	11	12	13	14	15	16	17	18	19	20	21	22	23	24	25	26	27	28	29	⑪대
干支	丁亥	戊子	己丑	庚寅	辛卯	壬辰	癸巳	甲午	乙未	丙申	丁酉	戊戌	己亥	庚子	辛丑	壬寅	癸卯	甲辰	乙巳	丙午	丁未	戊申	己酉	庚戌	辛亥	壬子	癸丑	甲寅	乙卯	丙辰
曜	일	월	화	수	목	금	토	일	월	화	수	목	금	토	일	월	화	수	목	금	토	일	월	화	수	목	금	토	일	월

12月

陽	1	2	3	4	5	6	7	8	9	10	11	12	13	14	15	16	17	18	19	20	21	22	23	24	25	26	27	28	29	30	31
陰	2	3	4	5	6	7	8	9	10	11	12	13	14	15	16	17	18	19	20	21	22	23	24	25	26	27	28	29	30	⑫소	2
干支	丁巳	戊午	己未	庚申	辛酉	壬戌	癸亥	甲子	乙丑	丙寅	丁卯	戊辰	己巳	庚午	辛未	壬申	癸酉	甲戌	乙亥	丙子	丁丑	戊寅	己卯	庚辰	辛巳	壬午	癸未	甲申	乙酉	丙戌	丁亥
曜	화	수	목	금	토	일	월	화	수	목	금	토	일	월	화	수	목	금	토	일	월	화	수	목	금	토	일	월	화	수	목

己亥 (平地木)

舊平三百五十四日
新平三百六十五日

西紀一九五九年●檀紀四二九二年

一日得辛 八龍治水
壯喪門 西吊客
西大將軍 西三殺

二黑	九紫	四綠
七赤	五黃	三碧
六白	一白	八白

月之大小	正月小 丙寅	二月大 丁卯	三月大 戊辰	四月小 己巳	五月大 庚午	六月小 辛未	七月大 壬申	八月小 癸酉	九月大 甲戌	十月小 乙亥	十一月大 丙子	十二月小 丁丑
日辰	辛巳 辛未 辛酉	庚戌 庚子 庚寅	庚辰 庚午 庚申	庚戌 庚子 庚寅	己卯 己巳 己未	己酉 己亥 己丑	戊寅 戊辰 戊午	戊申 戊戌 戊子	丁丑 丁卯 丁巳	丁未 丁酉 丁亥	丙子 丙寅 丙辰	丙午 丙申 丙戌
月白	二黑	一白	九紫	八白	七赤	六白	五黃	四綠	三碧	二黑	一白	九紫
入節	驚蟄廿七日丁亥午後三時五十二分 雨水十二日壬申午後五時四十分	清明廿八日丁巳午後九時二分 春分十三日壬寅午後三時五十二分	立夏廿九日戊子午後二時四十八分 穀雨十四日癸酉午前三時二十三分	小滿十五日甲辰午前四時十五分	夏至十七日乙亥午後零時十五分 芒種初一日己未午後七時二十二分	大暑十八日丙午午後十一時二十一分 小暑初三日辛卯午前五時五十二分	處暑廿一日戊寅午前六時三十三分 立秋初五日壬戌午後三時五十分	秋分廿二日己酉午前四時十三分 白露初六日癸巳午後六時五十分	霜降廿三日己卯午後一時二十三分 寒露初八日甲子午前十時二十五分	小雪廿三日己酉午前十時三十分 立冬初八日甲午午後一時十六分	冬至廿三日戊寅午後十一時十六分 大雪初九日甲子午前五時三十七分	大寒廿三日戊申午前九時二十七分 小寒初八日癸巳午後四時十七分

◆雜 節◆

寒食	土王	初伏	土王	中伏	末伏	土王	土王	臘享
二月廿九日	三月十一日	六月十二日	六月十五日	六月廿二日	七月十三日	九月二十日	十二月二十日	十二月廿二日
陽四月六日	陽四月十八日	陽七月十七日	陽七月二十日	陽七月二十七日	陽八月十六日	陽十月二十一日	陽一月十八日	陽一月二十日

1960 (4293. 庚子)

1月

陽	1	2	3	4	5	6	7	8	9	10	11	12	13	14	15	16	17	18	19	20	21	22	23	24	25	26	27	28	29	30	31
陰	3	4	5	6	7	8	9	10	11	12	13	14	15	16	17	18	19	20	21	22	23	24	25	26	27	28	29	①대	2	3	4
干支	戊子	己丑	庚寅	辛卯	壬辰	癸巳	甲午	乙未	丙申	丁酉	戊戌	己亥	庚子	辛丑	壬寅	癸卯	甲辰	乙巳	丙午	丁未	戊申	己酉	庚戌	辛亥	壬子	癸丑	甲寅	乙卯	丙辰	丁巳	戊午
曜	금	토	일	월	화	수	목	금	토	일	월	화	수	목	금	토	일	월	화	수	목	금	토	일	월	화	수	목	금	토	일

2月

陽	1	2	3	4	5	6	7	8	9	10	11	12	13	14	15	16	17	18	19	20	21	22	23	24	25	26	27	28	29
陰	5	6	7	8	9	10	11	12	13	14	15	16	17	18	19	20	21	22	23	24	25	26	27	28	29	30	②소	2	3
干支	己未	庚申	辛酉	壬戌	癸亥	甲子	乙丑	丙寅	丁卯	戊辰	己巳	庚午	辛未	壬申	癸酉	甲戌	乙亥	丙子	丁丑	戊寅	己卯	庚辰	辛巳	壬午	癸未	甲申	乙酉	丙戌	丁亥
曜	월	화	수	목	금	토	일	월	화	수	목	금	토	일	월	화	수	목	금	토	일	월	화	수	목	금	토	일	월

3月

陽	1	2	3	4	5	6	7	8	9	10	11	12	13	14	15	16	17	18	19	20	21	22	23	24	25	26	27	28	29	30	31
陰	4	5	6	7	8	9	10	11	12	13	14	15	16	17	18	19	20	21	22	23	24	25	26	27	28	29	③소	2	3	4	5
干	戊子	己丑	庚寅	辛卯	壬辰	癸巳	甲午	乙未	丙申	丁酉	戊戌	己亥	庚子	辛丑	壬寅	癸卯	甲辰	乙巳	丙午	丁未	戊申	己酉	庚戌	辛亥	壬子	癸丑	甲寅	乙卯	丙辰	丁巳	戊午
曜	화	수	목	금	토	일	월	화	수	목	금	토	일	월	화	수	목	금	토	일	월	화	수	목	금	토	일	월	화	수	목

4月

陽	1	2	3	4	5	6	7	8	9	10	11	12	13	14	15	16	17	18	19	20	21	22	23	24	25	26	27	28	29	30
陰	6	7	8	9	10	11	12	13	14	15	16	17	18	19	20	21	22	23	24	25	26	27	28	29	30	④소	2	3	4	5
干支	己未	庚申	辛酉	壬戌	癸亥	甲子	乙丑	丙寅	丁卯	戊辰	己巳	庚午	辛未	壬申	癸酉	甲戌	乙亥	丙子	丁丑	戊寅	己卯	庚辰	辛巳	壬午	癸未	甲申	乙酉	丙戌	丁亥	戊子
曜	금	토	일	월	화	수	목	금	토	일	월	화	수	목	금	토	일	월	화	수	목	금	토	일	월	화	수	목	금	토

5月

陽	1	2	3	4	5	6	7	8	9	10	11	12	13	14	15	16	17	18	19	20	21	22	23	24	25	26	27	28	29	30	31
陰	6	7	8	9	10	11	12	13	14	15	16	17	18	19	20	21	22	23	24	25	26	27	28	29	⑤대	2	3	4	5	6	7
干支	己丑	庚寅	辛卯	壬辰	癸巳	甲午	乙未	丙申	丁酉	戊戌	己亥	庚子	辛丑	壬寅	癸卯	甲辰	乙巳	丙午	丁未	戊申	己酉	庚戌	辛亥	壬子	癸丑	甲寅	乙卯	丙辰	丁巳	戊午	己未
曜	일	월	화	수	목	금	토	일	월	화	수	목	금	토	일	월	화	수	목	금	토	일	월	화	수	목	금	토	일	월	화

6月

陽	1	2	3	4	5	6	7	8	9	10	11	12	13	14	15	16	17	18	19	20	21	22	23	24	25	26	27	28	29	30
陰	8	9	10	11	12	13	14	15	16	17	18	19	20	21	22	23	24	25	26	27	28	29	30	⑥대	2	3	4	5	6	7
干支	庚申	辛酉	壬戌	癸亥	甲子	乙丑	丙寅	丁卯	戊辰	己巳	庚午	辛未	壬申	癸酉	甲戌	乙亥	丙子	丁丑	戊寅	己卯	庚辰	辛巳	壬午	癸未	甲申	乙酉	丙戌	丁亥	戊子	己丑
曜	수	목	금	토	일	월	화	수	목	금	토	일	월	화	수	목	금	토	일	월	화	수	목	금	토	일	월	화	수	목

7月

陽	1	2	3	4	5	6	7	8	9	10	11	12	13	14	15	16	17	18	19	20	21	22	23	24	25	26	27	28	29	30	31
陰	8	9	10	11	12	13	14	15	16	17	18	19	20	21	22	23	24	25	26	27	28	29	30	⑥소	2	3	4	5	6	7	8
干支	庚寅	辛卯	壬辰	癸巳	甲午	乙未	丙申	丁酉	戊戌	己亥	庚子	辛丑	壬寅	癸卯	甲辰	乙巳	丙午	丁未	戊申	己酉	庚戌	辛亥	壬子	癸丑	甲寅	乙卯	丙辰	丁巳	戊午	己未	庚申
曜	금	토	일	월	화	수	목	금	토	일	월	화	수	목	금	토	일	월	화	수	목	금	토	일	월	화	수	목	금	토	일

8月

陽	1	2	3	4	5	6	7	8	9	10	11	12	13	14	15	16	17	18	19	20	21	22	23	24	25	26	27	28	29	30	31
陰	9	10	11	12	13	14	15	16	17	18	19	20	21	22	23	24	25	26	27	28	29	⑦대	2	3	4	5	6	7	8	9	10
干支	辛酉	壬戌	癸亥	甲子	乙丑	丙寅	丁卯	戊辰	己巳	庚午	辛未	壬申	癸酉	甲戌	乙亥	丙子	丁丑	戊寅	己卯	庚辰	辛巳	壬午	癸未	甲申	乙酉	丙戌	丁亥	戊子	己丑	庚寅	辛卯
曜	월	화	수	목	금	토	일	월	화	수	목	금	토	일	월	화	수	목	금	토	일	월	화	수	목	금	토	일	월	화	수

9月

陽	1	2	3	4	5	6	7	8	9	10	11	12	13	14	15	16	17	18	19	20	21	22	23	24	25	26	27	28	29	30
陰	11	12	13	14	15	16	17	18	19	20	21	22	23	24	25	26	27	28	29	30	⑧소	2	3	4	5	6	7	8	9	10
干支	壬辰	癸巳	甲午	乙未	丙申	丁酉	戊戌	己亥	庚子	辛丑	壬寅	癸卯	甲辰	乙巳	丙午	丁未	戊申	己酉	庚戌	辛亥	壬子	癸丑	甲寅	乙卯	丙辰	丁巳	戊午	己未	庚申	辛酉
曜	목	금	토	일	월	화	수	목	금	토	일	월	화	수	목	금	토	일	월	화	수	목	금	토	일	월	화	수	목	금

10月

陽	1	2	3	4	5	6	7	8	9	10	11	12	13	14	25	16	17	18	19	20	21	22	23	24	25	26	27	28	29	30	31
陰	11	12	13	14	15	16	17	18	19	20	21	22	23	24	25	26	27	28	29	⑨대	2	3	4	5	6	7	8	9	10	11	12
干支	壬戌	癸亥	甲子	乙丑	丙寅	丁卯	戊辰	己巳	庚午	辛未	壬申	癸酉	甲戌	乙亥	丙子	丁丑	戊寅	己卯	庚辰	辛巳	壬午	癸未	甲申	乙酉	丙戌	丁亥	戊子	己丑	庚寅	辛卯	壬辰
曜	토	일	월	화	수	목	금	토	일	월	화	수	목	금	토	일	월	화	수	목	금	토	일	월	화	수	목	금	토	일	월

11月

陽	1	2	3	4	5	6	7	8	9	10	11	12	13	14	15	16	17	18	19	20	21	22	23	24	25	26	27	28	29	30
陰	13	14	15	16	17	18	19	20	21	22	23	24	25	26	27	28	29	30	⑩소	2	3	4	5	6	7	8	9	10	11	12
干支	癸巳	甲午	乙未	丙申	丁酉	戊戌	己亥	庚子	辛丑	壬寅	癸卯	甲辰	乙巳	丙午	丁未	戊申	己酉	庚戌	辛亥	壬子	癸丑	甲寅	乙卯	丙辰	丁巳	戊午	己未	庚申	辛酉	壬戌
曜	화	수	목	금	토	일	월	화	수	목	금	토	일	월	화	수	목	금	토	일	월	화	수	목	금	토	일	월	화	수

12月

陽	1	2	3	4	5	6	7	8	9	10	11	12	13	14	15	16	17	18	19	20	21	22	23	24	25	26	27	28	29	30	31
陰	13	14	15	16	17	18	19	20	21	22	23	24	25	26	27	28	29	⑪대	2	3	4	5	6	7	8	9	10	11	12	13	14
干支	癸亥	甲子	乙丑	丙寅	丁卯	戊辰	己巳	庚午	辛未	壬申	癸酉	甲戌	乙亥	丙子	丁丑	戊寅	己卯	庚辰	辛巳	壬午	癸未	甲申	乙酉	丙戌	丁亥	戊子	己丑	庚寅	辛卯	壬辰	癸巳
曜	목	금	토	일	월	화	수	목	금	토	일	월	화	수	목	금	토	일	월	화	수	목	금	토	일	월	화	수	목	금	토

庚子 (壁上土)

西紀一九六〇年 ● 檀紀四二九三年

舊閏三百八十四日
新閏三百六十六日

七日得辛 二龍治水
寅喪門 戌吊客
西大將軍 南三殺

一白	八白	三碧
六白	四緑	二黒
五黄	九紫	七赤

建月之大小	正月大 (戊寅)	二月小 (己卯)	三月大 (庚辰)	四月小 (辛巳)	五月大 (壬午)	六月大 (癸未)	六閏月小	七月大 (甲申)	八月小 (乙酉)	九月大 (丙戌)	十月小 (丁亥)	十一月大 (戊子)	十二月小 (己丑)
日辰	乙亥 乙丑 乙卯	乙巳 乙未 乙酉	甲戌 甲子 甲寅	甲辰 甲午 甲申	癸酉 癸亥 癸丑	癸卯 癸巳 癸未	癸酉 癸亥 癸丑	壬寅 壬辰 壬午	壬申 壬戌 壬子	辛丑 辛卯 辛巳	辛未 辛酉 辛亥	庚子 庚寅 庚辰	庚午 庚申 庚戌
月白	八白	七赤	六白	五黄	四緑	三碧	三碧	二黒	一白	九紫	八白	七赤	六白
入節	雨水廿四日戊寅午後 十一時二十九分 / 立春初九日癸亥午前 三時三十七分	春分廿三日丁未午後 十時五十七分 / 驚蟄初八日壬辰午後 九時四十一分	穀雨廿五日戊寅午前 十時十二分 / 清明初十日癸亥午前 二時四十一分	小満廿六日己酉午前 九時四十七分 / 立夏初十日癸巳午後 八時二十八分	夏至廿八日庚辰午後 六時四分 / 芒種十三日乙丑午前 一時十一分	大暑三十日壬子午前 五時十分 / 小暑十四日丙申午前 十時四十一分	立秋十五日丁卯午後 九時三十八分	白露十八日己亥午前 零時三十九分 / 處暑初二日癸未午後 零時二十一分	寒露十八日己巳午後 十時四分 / 秋分初三日甲寅午前 十二時四分	立冬十九日己亥午後 七時六分 / 霜降初四日甲申午後 七時十二分	大雪十九日己巳午前 十時三十六分 / 小雪初四日甲寅午後 四時二十一分	小寒二十日己亥午後 十時十分 / 冬至初五日甲申午前 五時六分	立春十九日戊辰午前 九時二十七分 / 大寒初五日甲寅午後 三時十七分

◆雜 節◆

寒食	土王	初伏	土王	中伏	末伏	土王	土王	臘享
三月初十日	三月廿二日	六月十八日	六月廿七日	六月廿八日	閏六月十八日	[illegible]月初一日	十二月初二日	十二月初十日
陽四月五日	陽四月十七日	陽七月十一日	陽七月二十日	陽七月二十一日	陽八月十日	陽十月二十日	陽一月十八日	陽一月二十六日

1961 (4294. 辛丑)

1月

陽	1	2	3	4	5	6	7	8	9	10	11	12	13	14	15	16	17	18	19	20	21	22	23	24	25	26	27	28	29	30	31
陰	15	16	17	18	19	20	21	22	23	24	25	26	27	28	29	30	⑫소	2	3	4	5	6	7	8	9	10	11	12	13	14	15
干支	甲午	乙未	丙申	丁酉	戊戌	己亥	庚子	辛丑	壬寅	癸卯	甲辰	乙巳	丙午	丁未	戊申	己酉	庚戌	辛亥	壬子	癸丑	甲寅	乙卯	丙辰	丁巳	戊午	己未	庚申	辛酉	壬戌	亥亥	甲子
曜	일	월	화	수	목	금	토	일	월	화	수	목	금	토	일	월	화	수	목	금	토	일	월	화	수	목	금	토	일	월	화

2月

陽	1	2	3	4	5	6	7	8	9	10	11	12	13	14	15	16	17	18	19	20	21	22	23	24	25	26	27	28
陰	16	17	18	19	20	21	22	23	24	25	26	27	28	29	①대	2	3	4	5	6	7	8	9	10	11	12	13	14
干支	乙丑	丙寅	丁卯	戊辰	己巳	庚午	辛未	壬申	癸酉	甲戌	乙亥	丙子	丁丑	戊寅	己卯	庚辰	辛巳	壬午	癸未	甲申	乙酉	丙戌	丁亥	戊子	己丑	庚寅	辛卯	壬辰
曜	수	목	금	토	일	월	화	수	목	금	토	일	월	화	수	목	금	토	일	월	화	수	목	금	토	일	월	화

3月

陽	1	2	3	4	5	6	7	8	9	10	11	12	13	14	15	16	17	18	19	20	21	22	23	24	25	26	27	28	29	30	31
陰	15	16	17	18	19	20	21	22	23	24	25	26	27	28	29	30	②소	2	3	4	5	6	7	8	9	10	11	12	13	14	15
干支	癸巳	甲午	乙未	丙申	丁酉	戊戌	己亥	庚子	辛丑	壬寅	癸卯	甲辰	乙巳	丙午	丁未	戊申	己酉	庚戌	辛亥	壬子	癸丑	甲寅	乙卯	丙辰	丁巳	戊午	己未	庚申	辛酉	壬戌	癸亥
曜	수	목	금	토	일	월	화	수	목	금	토	일	월	화	수	목	금	토	일	월	화	수	목	금	토	일	월	화	수	목	금

4月

陽	1	2	3	4	5	6	7	8	9	10	11	12	13	14	15	16	17	18	19	20	21	22	23	24	25	26	27	28	29	30
陰	16	17	18	19	20	21	22	23	24	25	26	27	28	29	③대	2	3	4	5	6	7	8	9	10	11	12	13	14	15	16
干支	甲子	乙丑	丙寅	丁卯	戊辰	己巳	庚午	辛未	壬申	癸酉	甲戌	乙亥	丙子	丁丑	戊寅	己卯	庚辰	辛巳	壬午	癸未	甲申	乙酉	丙戌	丁亥	戊子	己丑	庚寅	辛卯	壬辰	癸巳
曜	토	일	월	화	수	목	금	토	일	월	화	수	목	금	토	일	월	화	수	목	금	토	일	월	화	수	목	금	토	일

5月

陽	1	2	3	4	5	6	7	8	9	10	11	12	13	14	15	16	17	18	19	20	21	22	23	24	25	26	27	28	29	30	31
陰	17	18	19	20	21	22	23	24	25	26	27	28	29	30	④소	2	3	4	5	6	7	8	9	10	11	12	13	14	15	16	17
干支	甲午	乙未	丙申	丁酉	戊戌	己亥	庚子	辛丑	壬寅	癸卯	甲辰	乙巳	丙午	丁未	戊申	己酉	庚戌	辛亥	壬子	癸丑	甲寅	乙卯	丙辰	丁巳	戊午	己未	庚申	辛酉	壬戌	癸亥	甲子
曜	월	화	수	목	금	토	일	월	화	수	목	금	토	일	월	화	수	목	금	토	일	월	화	수	목	금	토	일	월	화	수

6月

陽	1	2	3	4	5	6	7	8	9	10	11	12	13	14	15	16	17	18	19	20	21	22	23	24	25	26	27	28	29	30
陰	18	19	20	21	22	23	24	25	26	27	28	29	⑤대	2	3	4	5	6	7	8	9	10	11	12	13	14	15	16	17	18
干支	乙丑	丙寅	丁卯	戊辰	己巳	庚午	辛未	壬申	癸酉	甲戌	乙亥	丙子	丁丑	戊寅	己卯	庚辰	辛巳	壬午	癸未	甲申	乙酉	丙戌	丁亥	戊子	己丑	庚寅	辛卯	壬辰	癸巳	甲午
曜	목	금	토	일	월	화	수	목	금	토	일	월	화	수	목	금	토	일	월	화	수	목	금	토	일	월	화	수	목	금

7月

陽	1	2	3	4	5	6	7	8	9	10	11	12	13	14	15	16	17	18	19	20	21	22	23	24	25	26	27	28	29	30	31
陰	19	20	21	22	23	24	25	26	27	28	29	30	⑥소	2	3	4	5	6	7	8	9	10	11	12	13	14	15	16	17	18	19
干支	乙未	丙申	丁酉	戊戌	己亥	庚子	辛丑	壬寅	癸卯	甲辰	乙巳	丙午	丁未	戊申	己酉	庚戌	辛亥	壬子	癸丑	甲寅	乙卯	丙辰	丁巳	戊午	己未	庚申	辛酉	壬戌	癸亥	甲子	乙丑
曜	토	일	월	화	수	목	금	토	일	월	화	수	목	금	토	일	월	화	수	목	금	토	일	월	화	수	목	금	토	일	월

8月

陽	1	2	3	4	5	6	7	8	9	10	11	12	13	14	15	16	17	18	19	20	21	22	23	24	25	26	27	28	29	30	31
陰	20	21	22	23	24	25	26	27	28	29	⑦대	2	3	4	5	6	7	8	9	10	11	12	13	14	15	16	17	18	19	20	21
干支	丙寅	丁卯	戊辰	己巳	庚午	辛未	壬申	癸酉	甲戌	乙亥	丙子	丁丑	戊寅	己卯	庚辰	辛巳	壬午	癸未	甲申	乙酉	丙戌	丁亥	戊子	己丑	庚寅	辛卯	壬辰	癸巳	甲午	乙未	丙申
曜	화	수	목	금	토	일	월	화	수	목	금	토	일	월	화	수	목	금	토	일	월	화	수	목	금	토	일	월	화	수	목

9月

陽	1	2	3	4	5	6	7	8	9	10	11	12	13	14	15	16	17	18	19	20	21	22	23	24	25	26	27	28	29	30
陰	22	23	24	25	26	27	28	29	30	⑧대	2	3	4	5	6	7	8	9	10	11	12	13	14	15	16	17	18	19	20	21
干支	丁酉	戊戌	己亥	庚子	辛丑	壬寅	癸卯	甲辰	乙巳	丙午	丁未	戊申	己酉	庚戌	辛亥	壬子	癸丑	甲寅	乙卯	丙辰	丁巳	戊午	己未	庚申	辛酉	壬戌	癸亥	甲子	乙丑	丙寅
曜	금	토	일	월	화	수	목	금	토	일	월	화	수	목	금	토	일	월	화	수	목	금	토	일	월	화	수	목	금	토

10月

陽	1	2	3	4	5	6	7	8	9	10	11	12	13	14	15	16	17	18	19	20	21	22	23	24	25	26	27	28	29	30	31
陰	22	23	24	25	26	27	28	29	30	⑨소	2	3	4	5	6	7	8	9	10	11	12	13	14	15	16	17	18	19	20	21	22
干支	丁卯	戊辰	己巳	庚午	辛未	壬申	癸酉	甲戌	乙亥	丙子	丁丑	戊寅	己卯	庚辰	辛巳	壬午	癸未	甲申	乙酉	丙戌	丁亥	戊子	己丑	庚寅	辛卯	壬辰	癸巳	甲午	乙未	丙申	丁酉
曜	일	월	화	수	목	금	토	일	월	화	수	목	금	토	일	월	화	수	목	금	토	일	월	화	수	목	금	토	일	월	화

11月

陽	1	2	3	4	5	6	7	8	9	10	11	12	13	14	15	16	17	18	19	20	21	22	23	24	25	26	27	28	29	30
陰	23	24	25	26	27	28	29	⑩대	2	3	4	5	6	7	8	9	10	11	12	13	14	15	16	17	18	19	20	21	22	23
干支	戊戌	己亥	庚子	辛丑	壬寅	癸卯	甲辰	乙巳	丙午	丁未	戊申	己酉	庚戌	辛亥	壬子	癸丑	甲寅	乙卯	丙辰	丁巳	戊午	己未	庚申	辛酉	壬戌	癸亥	甲子	乙丑	丙寅	丁卯
曜	수	목	금	토	일	월	화	수	목	금	토	일	월	화	수	목	금	토	일	월	화	수	목	금	토	일	월	화	수	목

12月

陽	1	2	3	4	5	6	7	8	9	10	11	12	13	14	15	16	17	18	19	20	21	22	23	24	25	26	27	28	29	30	31
陰	24	25	26	27	28	29	30	⑪소	2	3	4	5	6	7	8	9	10	11	12	13	14	15	16	17	18	19	20	21	22	23	24
干支	戊辰	己巳	庚午	辛未	壬申	癸酉	甲戌	乙亥	丙子	丁丑	戊寅	己卯	庚辰	辛巳	壬午	癸未	甲申	乙酉	丙戌	丁亥	戊子	己丑	庚寅	辛卯	壬辰	癸巳	甲午	乙未	丙申	丁酉	戊戌
曜	금	토	일	월	화	수	목	금	토	일	월	화	수	목	금	토	일	월	화	수	목	금	토	일	월	화	수	목	금	토	일

辛丑 (壁上土)

西紀一九六一年 ● 檀紀四二九四年

舊平三百五十五日
新平三百六十五日

三日得辛 二龍治水
卯喪門 亥吊客
西大將軍 東三殺

九紫	七赤	二黑
五黃	三碧	一白
四綠	八白	六白

建月之大小	正月大 庚寅	二月小 辛卯	三月大 壬辰	四月小 癸巳	五月大 甲午	六月小 乙未	七月大 丙申	八月大 丁酉	九月小 戊戌	十月大 己亥	十一月小 庚子	十二月大 辛丑
日辰	己亥 己丑 己卯	己巳 己未 己酉	戊戌 戊子 戊寅	戊辰 戊午 戊申	丁酉 丁亥 丁丑	丁卯 丁巳 丁未	丙申 丙戌 丙子	丙寅 丙辰 丙午	丙申 丙戌 丙子	乙丑 乙卯 乙巳	乙未 乙酉 乙亥	甲子 甲寅 甲辰
月白	五黃	四綠	三碧	二黑	一白	九紫	八白	七赤	六白	五黃	四綠	三碧
入節	驚蟄二十日戊戌午前[illegible]時[illegible]分 雨水初五日癸未午前[illegible]時[illegible]分	清明二十日戊辰午前[illegible]時[illegible]分 春分初五日癸丑午前[illegible]時[illegible]分	立夏廿二日己亥午前[illegible]時[illegible]分 穀雨初六日癸未午後[illegible]時[illegible]分	芒種廿三日庚午午前[illegible]時[illegible]分 小滿初七日甲寅午後[illegible]時[illegible]分	小暑廿五日辛丑午後[illegible]時[illegible]分 夏至初十日丙戌午後[illegible]時[illegible]分	立秋廿七日癸酉午前[illegible]時[illegible]分 大暑十一日丁巳午前[illegible]時[illegible]分	白露廿九日甲辰午前[illegible]時[illegible]分 處暑十三日戊子午後[illegible]時[illegible]分	寒露廿九日甲戌午後[illegible]時[illegible]分 秋分十四日己未午後[illegible]時[illegible]分	霜降十五日庚寅午前[illegible]時[illegible]分	大雪三十日甲戌午後[illegible]時[illegible]分 小雪十五日己未午後[illegible]時[illegible]分 立冬初一日乙巳午前[illegible]時[illegible]分	小寒廿九日癸卯午前[illegible]時[illegible]分 冬至十五日己丑午前[illegible]時[illegible]分	立春三十日癸酉午後[illegible]時[illegible]分 大寒十五日戊午午後[illegible]時[illegible]分

◆雜 節◆

寒食	土王	初伏	土王	中伏	末伏	土王	土王	臘享
二月廿一日	三月初三日	六月初四日	六月初八日	六月十四日	七月初五日	九月十二日	十二月十二日	十二月十六日
陽四月六日	陽四月十七日	陽七月十六日	陽七月二十日	陽七月二十六日	陽八月十五日	陽十月二十一日	陽一月十七日	陽一月二十一日

1962 (4295. 壬寅)

1月

陽	1	2	3	4	5	6	7	8	9	10	11	12	13	14	15	16	17	18	19	20	21	22	23	24	25	26	27	28	29	30	31
陰	25	26	27	28	29	⑫대	2	3	4	5	6	7	8	9	10	11	12	13	14	15	16	17	18	19	20	21	22	23	24	25	26
干支	己亥	庚子	辛丑	壬寅	癸卯	甲辰	乙巳	丙午	丁未	戊申	己酉	庚戌	辛亥	壬子	癸丑	甲寅	乙卯	丙辰	丁巳	戊午	己未	庚申	辛酉	壬戌	癸亥	甲子	乙丑	丙寅	丁卯	戊辰	己巳
曜	월	화	수	목	금	토	일	월	화	수	목	금	토	일	월	화	수	목	금	토	일	월	화	수	목	금	토	일	월	화	수

2月

陽	1	2	3	4	5	6	7	8	9	10	11	12	13	14	15	16	17	18	19	20	21	22	23	24	25	26	27	28
陰	27	28	29	30	①소	2	3	4	5	6	7	8	9	10	11	12	13	14	15	16	17	18	19	20	21	22	23	24
干支	庚午	辛未	壬申	癸酉	甲戌	乙亥	丙子	丁丑	戊寅	己卯	庚辰	辛巳	壬午	癸未	甲申	乙酉	丙戌	丁亥	戊子	己丑	庚寅	辛卯	壬辰	癸巳	甲午	乙未	丙申	丁酉
曜	목	금	토	일	월	화	수	목	금	토	일	월	화	수	목	금	토	일	월	화	수	목	금	토	일	월	화	수

3月

陽	1	2	3	4	5	6	7	8	9	10	11	12	13	14	15	16	17	18	19	20	21	22	23	24	25	26	27	28	29	30	31
陰	25	26	27	28	29	②대	2	3	4	5	6	7	8	9	10	11	12	13	14	15	16	17	18	19	20	21	22	23	24	25	26
干支	戊戌	己亥	庚子	辛丑	壬寅	癸卯	甲辰	乙巳	丙午	丁未	戊申	己酉	庚戌	辛亥	壬子	癸丑	甲寅	乙卯	丙辰	丁巳	戊午	己未	庚申	辛酉	壬戌	癸亥	甲子	乙丑	丙寅	丁卯	戊辰
曜	목	금	토	일	월	화	수	목	금	토	일	월	화	수	목	금	토	일	월	화	수	목	금	토	일	월	화	수	목	금	토

4月

陽	1	2	3	4	5	6	7	8	9	10	11	12	13	14	15	16	17	18	19	20	21	22	23	24	25	26	27	28	29	30
陰	27	28	29	30	③소	2	3	4	5	6	7	8	9	10	11	12	13	14	15	16	17	18	19	20	21	22	23	24	25	26
干支	己巳	庚午	辛未	壬申	癸酉	甲戌	乙亥	丙子	丁丑	戊寅	己卯	庚辰	辛巳	壬午	癸未	甲申	乙酉	丙戌	丁亥	戊子	己丑	庚寅	辛卯	壬辰	癸巳	甲午	乙未	丙申	丁酉	戊戌
曜	일	월	화	수	목	금	토	일	월	화	수	목	금	토	일	월	화	수	목	금	토	일	월	화	수	목	금	토	일	월

5月

陽	1	2	3	4	5	6	7	8	9	10	11	12	13	14	15	16	17	18	19	20	21	22	23	24	25	26	27	28	29	30	31
陰	27	28	29	④소	2	3	4	5	6	7	8	9	10	11	12	13	14	15	16	17	18	19	20	21	22	23	24	25	26	27	28
干支	己亥	庚子	辛丑	壬寅	癸卯	甲辰	乙巳	丙午	丁未	戊申	己酉	庚戌	辛亥	壬子	癸丑	甲寅	乙卯	丙辰	丁巳	戊午	己未	庚申	辛酉	壬戌	癸亥	甲子	乙丑	丙寅	丁卯	戊辰	己巳
曜	화	수	목	금	토	일	월	화	수	목	금	토	일	월	화	수	목	금	토	일	월	화	수	목	금	토	일	월	화	수	목

6月

陽	1	2	3	4	5	6	7	8	9	10	11	12	13	14	15	16	17	18	19	20	21	22	23	24	25	26	27	28	29	30
陰	29	⑤대	2	3	4	5	6	7	8	9	10	11	12	13	14	15	16	17	18	19	20	21	22	23	24	25	26	27	28	29
干支	庚午	辛未	壬申	癸酉	甲戌	乙亥	丙子	丁丑	戊寅	己卯	庚辰	辛巳	壬午	癸未	甲申	乙酉	丙戌	丁亥	戊子	己丑	庚寅	辛卯	壬辰	癸巳	甲午	乙未	丙申	丁酉	戊戌	己亥
曜	금	토	일	월	화	수	목	금	토	일	월	화	수	목	금	토	일	월	화	수	목	금	토	일	월	화	수	목	금	토

7月

陽	1	2	3	4	5	6	7	8	9	10	11	12	13	14	15	16	17	18	19	20	21	22	23	24	25	26	27	28	29	30	31
陰	30	⑥소	2	3	4	5	6	7	8	9	10	11	12	13	14	15	16	17	18	19	20	21	22	23	24	25	26	27	28	29	⑦대
干支	庚子	辛丑	壬寅	癸卯	甲辰	乙巳	丙午	丁未	戊申	己酉	庚戌	辛亥	壬子	癸丑	甲寅	乙卯	丙辰	丁巳	戊午	己未	庚申	辛酉	壬戌	癸亥	甲子	乙丑	丙寅	丁卯	戊辰	己巳	庚午
曜	일	월	화	수	목	금	토	일	월	화	수	목	금	토	일	월	화	수	목	금	토	일	월	화	수	목	금	토	일	월	화

8月

陽	1	2	3	4	5	6	7	8	9	10	11	12	13	14	15	16	17	18	19	20	21	22	23	24	25	26	27	28	29	30	31
陰	2	3	4	5	6	7	8	9	10	11	12	13	14	15	16	17	18	19	20	21	22	23	24	25	26	27	28	29	30	⑧대	2
干支	辛未	壬申	癸酉	甲戌	乙亥	丙子	丁丑	戊寅	己卯	庚辰	辛巳	壬午	癸未	甲申	乙酉	丙戌	丁亥	戊子	己丑	庚寅	辛卯	壬辰	癸巳	甲午	乙未	丙申	丁酉	戊戌	己亥	庚子	辛丑
曜	수	목	금	토	일	월	화	수	목	금	토	일	월	화	수	목	금	토	일	월	화	수	목	금	토	일	월	화	수	목	금

9月

陽	1	2	3	4	5	6	7	8	9	10	11	12	13	14	15	16	17	18	19	20	21	22	23	24	25	26	27	28	29	30
陰	3	4	5	6	7	8	9	10	11	12	13	14	15	16	17	18	19	20	21	22	23	24	25	26	27	28	29	30	⑨소	2
干支	壬寅	癸卯	甲辰	乙巳	丙午	丁未	戊申	己酉	庚戌	辛亥	壬子	癸丑	甲寅	乙卯	丙辰	丁巳	戊午	己未	庚申	辛酉	壬戌	癸亥	甲子	乙丑	丙寅	丁卯	戊辰	己巳	庚午	辛未
曜	토	일	월	화	수	목	금	토	일	월	화	수	목	금	토	일	월	화	수	목	금	토	일	월	화	수	목	금	토	일

10月

陽	1	2	3	4	5	6	7	8	9	10	11	12	13	14	15	16	17	18	19	20	21	22	23	24	25	26	27	28	29	30	31
陰	3	4	5	6	7	8	9	10	11	12	13	14	15	16	17	18	19	20	21	22	23	24	25	26	27	28	29	⑩대	2	3	4
干支	壬申	癸酉	甲戌	乙亥	丙子	丁丑	戊寅	己卯	庚辰	辛巳	壬午	癸未	甲申	乙酉	丙戌	丁亥	戊子	己丑	庚寅	辛卯	壬辰	癸巳	甲午	乙未	丙申	丁酉	戊戌	己亥	庚子	辛丑	壬寅
曜	월	화	수	목	금	토	일	월	화	수	목	금	토	일	월	화	수	목	금	토	일	월	화	수	목	금	토	일	월	화	수

11月

陽	1	2	3	4	5	6	7	8	9	10	11	12	13	14	15	16	17	18	19	20	21	22	23	24	25	26	27	28	29	30
陰	5	6	7	8	9	10	11	12	13	14	15	16	17	18	19	20	21	22	23	24	25	26	27	28	29	30	⑪대	2	3	4
干支	癸卯	甲辰	乙巳	丙午	丁未	戊申	己酉	庚戌	辛亥	壬子	癸丑	甲寅	乙卯	丙辰	丁巳	戊午	己未	庚申	辛酉	壬戌	癸亥	甲子	乙丑	丙寅	丁卯	戊辰	己巳	庚午	辛未	壬申
曜	목	금	토	일	월	화	수	목	금	토	일	월	화	수	목	금	토	일	월	화	수	목	금	토	일	월	화	수	목	금

12月

陽	1	2	3	4	5	6	7	8	9	10	11	12	13	14	15	16	17	18	19	20	21	22	23	24	25	26	27	28	29	30	31
陰	5	6	7	8	9	10	11	12	13	14	15	16	17	18	19	20	21	22	23	24	25	26	27	28	29	30	⑫소	2	3	4	5
干支	癸酉	甲戌	乙亥	丙子	丁丑	戊寅	己卯	庚辰	辛巳	壬午	癸未	甲申	乙酉	丙戌	丁亥	戊子	己丑	庚寅	辛卯	壬辰	癸巳	甲午	乙未	丙申	丁酉	戊戌	己亥	庚子	辛丑	壬寅	癸卯
曜	토	일	월	화	수	목	금	토	일	월	화	수	목	금	토	일	월	화	수	목	금	토	일	월	화	수	목	금	토	일	월

西紀一九六二年 ● 檀紀四二九五年

壬寅 (金箔金)

舊平三百五十四日
新平三百六十五日

八日得辛 七龍治水
辰喪門 子吊客
子大將軍 北三殺

八白	六白	一白
四綠	二黑	九紫
三碧	七赤	五黃

建月之大小	正月小 壬寅	二月大 癸卯	三月小 甲辰	四月小 乙巳	五月大 丙午	六月小 丁未	七月大 戊申	八月大 己酉	九月小 庚戌	十月大 辛亥	十一月大 壬子	十二月小 癸丑
日辰	甲戌 甲申 甲午	癸卯 癸丑 癸亥	癸酉 癸未 癸巳	壬寅 壬子 壬戌	辛未 辛巳 辛卯	辛丑 辛亥 辛酉	庚午 庚辰 庚寅	庚子 庚戌 庚申	庚午 庚辰 庚寅	己亥 己酉 己未	己巳 己卯 己丑	己亥 己酉 己未
月白	二黑	一白	九紫	八白	七赤	六白	五黃	四綠	三碧	二黑	一白	九紫
入節	雨水十五日戊子午前一時十八分	驚蟄初一日癸卯午前五時二十分 / 春分十六日戊午午前十時三十分	清明初一日癸酉午後二時三十六分 / 穀雨十六日戊子午後九時四十六分	立夏初三日甲辰午後八時十四分 / 小滿十八日己未午前九時二十四分	芒種初五日乙亥午後零時四十七分 / 夏至廿一日辛卯午後五時四十分	小暑初六日丙午午後十一時十六分 / 大暑廿二日壬戌午後四時四十五分	立秋初九日戊寅午前九時十四分 / 處暑廿五日甲午午後十一時四十八分	白露初十日己酉午後零時十六分 / 秋分廿五日甲子午後九時三十六分	寒露十一日庚辰午前三時五十二分 / 霜降廿六日乙未午前六時五十分	立冬十二日庚戌午前六時四十五分 / 小雪廿七日乙丑午前三時五十六分	大雪十一日己卯午後十一時六分 / 冬至廿六日甲午午後三時五十五分	小寒十一日己酉午前九時四十六分 / 大寒廿五日癸亥午前二時五十六分

◆雜 節◆

寒食	土王	初伏	土王	中伏	末伏	土王	土王	臘享
三月初二日	三月十三日	六月二十日	六月十九日	七月初一日	七月十一日	九月廿三日	十二月廿二日	十二月廿一日
陽四月六日	陽四月十七日	陽七月二十一日	陽七月二十日	陽七月三十一日	陽八月十日	陽十月二十一日	陽一月十七日	陽一月十六日

1963 (4296. 癸卯)

1 月

陽	1	2	3	4	5	6	7	8	9	10	11	12	13	14	15	16	17	18	19	20	21	22	23	24	25	26	27	28	29	30	31
陰	6	7	8	9	10	11	12	13	14	15	16	17	18	19	20	21	22	23	24	25	26	27	28	29	①대	2	3	4	5	6	7
干支	甲辰	乙巳	丙午	丁未	戊申	己酉	庚戌	辛亥	壬子	癸丑	甲寅	乙卯	丙辰	丁巳	戊午	己未	庚申	辛酉	壬戌	癸亥	甲子	乙丑	丙寅	丁卯	戊辰	己巳	庚午	辛未	壬申	癸酉	甲戌
曜	화	수	목	금	토	일	월	화	수	목	금	토	일	월	화	수	목	금	토	일	월	화	수	목	금	토	일	월	화	수	목

2 月

陽	1	2	3	4	5	6	7	8	9	10	11	12	13	14	15	16	17	18	19	20	21	22	23	24	25	26	27	28
陰	8	9	10	11	12	13	14	15	16	17	18	19	20	21	22	23	24	25	26	27	28	29	30	②소	2	3	4	5
干支	乙亥	丙子	丁丑	戊寅	己卯	庚辰	辛巳	壬午	癸未	甲申	乙酉	丙戌	丁亥	戊子	己丑	庚寅	辛卯	壬辰	癸巳	甲午	乙未	丙申	丁酉	戊戌	己亥	庚子	辛丑	壬寅
曜	금	토	일	월	화	수	목	금	토	일	월	화	수	목	금	토	일	월	화	수	목	금	토	일	월	화	수	목

3 月

陽	1	2	3	4	5	6	7	8	9	10	11	12	13	14	15	16	17	18	19	20	21	22	23	24	25	26	27	28	29	30	31
陰	6	7	8	9	10	11	12	13	14	15	16	17	18	19	20	21	22	23	24	25	26	27	28	29	③대	2	3	4	5	6	7
干支	癸卯	甲辰	乙巳	丙午	丁未	戊申	己酉	庚戌	辛亥	壬子	癸丑	甲寅	乙卯	丙辰	丁巳	戊午	己未	庚申	辛酉	壬戌	癸亥	甲子	乙丑	丙寅	丁卯	戊辰	己巳	庚午	辛未	壬申	癸酉
曜	금	토	일	월	화	수	목	금	토	일	월	화	수	목	금	토	일	월	화	수	목	금	토	일	월	화	수	목	금	토	일

4 月

陽	1	2	3	4	5	6	7	8	9	10	11	12	13	14	15	16	17	18	19	20	21	22	23	24	25	26	27	28	29	30
陰	8	9	10	11	12	13	14	15	16	17	18	19	20	21	22	23	24	25	26	27	28	29	30	④소	2	3	4	5	6	7
干支	甲戌	乙亥	丙子	丁丑	戊寅	己卯	庚辰	辛巳	壬午	癸未	甲申	乙酉	丙戌	丁亥	戊子	己丑	庚寅	辛卯	壬辰	癸巳	甲午	乙未	丙申	丁酉	戊戌	己亥	庚子	辛丑	壬寅	癸卯
曜	월	화	수	목	금	토	일	월	화	수	목	금	토	일	월	화	수	목	금	토	일	월	화	수	목	금	토	일	월	화

5 月

陽	1	2	3	4	5	6	7	8	9	10	11	12	13	14	15	16	17	18	19	20	21	22	23	24	25	26	27	28	29	30	31
陰	8	9	10	11	12	13	14	15	16	17	18	19	20	21	22	23	24	25	26	27	28	29	④윤	2	3	4	5	6	7	8	9
干支	甲辰	乙巳	丙午	丁未	戊申	己酉	庚戌	辛亥	壬子	癸丑	甲寅	乙卯	丙辰	丁巳	戊午	己未	庚申	辛酉	壬戌	癸亥	甲子	乙丑	丙寅	丁卯	戊辰	己巳	庚午	辛未	壬申	癸酉	甲戌
曜	수	목	금	토	일	월	화	수	목	금	토	일	월	화	수	목	금	토	일	월	화	수	목	금	토	일	월	화	수	목	금

6 月

陽	1	2	3	4	5	6	7	8	9	10	11	12	13	14	15	16	17	18	19	20	21	22	23	24	25	26	27	28	29	30
陰	10	11	12	13	14	15	16	17	18	19	20	21	22	23	24	25	26	27	28	29	⑤대	2	3	4	5	6	7	8	9	10
干支	乙亥	丙子	丁丑	戊寅	己卯	庚辰	辛巳	壬午	癸未	甲申	乙酉	丙戌	丁亥	戊子	己丑	庚寅	辛卯	壬辰	癸巳	甲午	乙未	丙申	丁酉	戊戌	乙亥	丙子	丁丑	戊寅	己卯	庚辰
曜	토	일	월	화	수	목	금	토	일	월	화	수	목	금	토	일	월	화	수	목	금	토	일	월	화	수	목	금	토	일

7 月

陽	1	2	3	4	5	6	7	8	9	10	11	12	13	14	15	16	17	18	19	20	21	22	23	24	25	26	27	28	29	30	31
陰	11	12	13	14	15	16	17	18	19	20	21	22	23	24	25	26	27	28	29	30	⑥소	2	3	4	5	6	7	8	9	10	11
干支	乙巳	丙午	丁未	戊申	己酉	庚戌	辛亥	壬子	癸丑	甲寅	乙卯	丙辰	丁巳	戊午	己未	庚申	辛酉	壬戌	癸亥	甲子	乙丑	丙寅	丁卯	戊辰	己巳	庚午	辛未	壬申	癸酉	甲戌	乙亥
曜	월	화	수	목	금	토	일	월	화	수	목	금	토	일	월	화	수	목	금	토	일	월	화	수	목	금	토	일	월	화	수

8 月

陽	1	2	3	4	5	6	7	8	9	10	11	12	13	14	15	16	17	18	19	20	21	22	23	24	25	26	27	28	29	30	31
陰	12	13	14	15	16	17	18	19	20	21	22	23	24	25	26	27	28	29	⑦대	2	3	4	5	6	7	8	9	10	11	12	13
干支	丙子	丁丑	戊寅	己卯	庚辰	辛巳	壬午	癸未	甲申	乙酉	丙戌	丁亥	戊子	己丑	庚寅	辛卯	壬辰	癸巳	甲午	乙未	丙申	丁酉	戊戌	己亥	庚子	辛丑	壬寅	癸卯	甲辰	乙巳	丙午
曜	목	금	토	일	월	화	수	목	금	토	일	월	화	수	목	금	토	일	월	화	수	목	금	토	일	월	화	수	목	금	토

9 月

陽	1	2	3	4	5	6	7	8	9	10	11	12	13	14	15	16	17	18	19	20	21	22	23	24	25	26	27	28	29	30
陰	14	15	16	17	18	19	20	21	22	23	24	25	26	27	28	29	30	⑧소	2	3	4	5	6	7	8	9	10	11	12	13
干支	丁未	戊申	己酉	庚戌	辛亥	壬子	癸丑	甲寅	乙卯	丙辰	丁巳	戊午	己未	庚申	辛酉	壬戌	癸亥	甲子	乙丑	丙寅	丁卯	戊辰	己巳	庚午	辛未	壬申	癸酉	甲戌	乙亥	丙子
曜	일	월	화	수	목	금	토	일	월	화	수	목	금	토	일	월	화	수	목	금	토	일	월	화	수	목	금	토	일	월

10 月

陽	1	2	3	4	5	6	7	8	9	10	11	12	13	14	15	16	17	18	19	20	21	22	23	24	25	26	27	28	29	30	31
陰	14	15	16	17	18	19	20	21	22	23	24	25	26	27	28	29	⑨대	2	3	4	5	6	7	8	9	10	11	12	13	14	15
干支	丁丑	戊寅	己卯	庚辰	辛巳	壬午	癸未	甲申	乙酉	丙戌	丁亥	戊子	己丑	庚寅	辛卯	壬辰	癸巳	甲午	乙未	丙申	丁酉	戊戌	己亥	庚子	辛丑	壬寅	癸卯	甲辰	乙巳	丙午	丁未
曜	화	수	목	금	토	일	월	화	수	목	금	토	일	월	화	수	목	금	토	일	월	화	수	목	금	토	일	월	화	수	목

11 月

陽	1	2	3	4	5	6	7	8	9	10	11	12	13	14	15	16	17	18	19	20	21	22	23	24	25	26	27	28	29	30
陰	16	17	18	19	20	21	22	23	24	25	26	27	28	29	30	⑩대	2	3	4	5	6	7	8	9	10	11	12	13	14	15
干支	戊申	己酉	庚戌	辛亥	壬子	癸丑	甲寅	乙卯	丙辰	丁巳	戊午	己未	庚申	辛酉	壬戌	癸亥	甲子	乙丑	丙寅	丁卯	戊辰	己巳	庚午	辛未	壬申	癸酉	甲戌	乙亥	丙子	丁丑
曜	금	토	일	월	화	수	목	금	토	일	월	화	수	목	금	토	일	월	화	수	목	금	토	일	월	화	수	목	금	토

12 月

陽	1	2	3	4	5	6	7	8	9	10	11	12	13	14	15	16	17	18	19	20	21	22	23	24	25	26	27	28	29	30	31
陰	16	17	18	19	20	21	22	23	24	25	26	27	28	29	30	⑪대	2	3	4	5	6	7	8	9	10	11	12	13	14	15	16
干支	戊寅	己卯	庚辰	辛巳	壬午	癸未	甲申	乙酉	丙戌	丁亥	戊子	己丑	庚寅	辛卯	壬辰	癸巳	甲午	乙未	丙申	丁酉	戊戌	己亥	庚子	辛丑	壬寅	癸卯	甲辰	乙巳	丙午	丁未	戊申
曜	일	월	화	수	목	금	토	일	월	화	수	목	금	토	일	월	화	수	목	금	토	일	월	화	수	목	금	토	일	월	화

癸卯 (金箔金)

西紀一九六三年 ● 檀紀四二九六年

舊閏三百八十四日
新平三百六十五日

四日得辛 一龍治水
巳喪門 丑弔客
子大將軍 西三殺

七赤	五黃	九紫
三碧	一白	八白
二黒	六白	四緑

建月之大小	日辰	月白	節
正月大 甲寅	戊辰 戊寅 戊子	八白	立春十一日戊寅午後九時六分 雨水廿六日癸巳午後四時五十八分
二月小 乙卯	戊戌 戊申 戊午	七赤	驚蟄十一日戊申午後三時九分 春分廿六日癸亥午後四時十分
三月大 丙辰	丁卯 丁丑 丁亥	六白	清明十二日戊寅午後八時十八分 穀雨廿八日甲申午前三時三十八分
四月小 丁巳	丁酉 丁未 丁巳	五黃	立夏十三日己酉午後二時三分 小滿廿九日乙丑午前三時十二分
四閏月小	丙寅 丙子 丙戌	五黃	芒種十五日庚辰午後六時三十四分
五月大 戊午	乙未 乙巳 乙卯	四緑	夏至初二日丙申午前十一時三十八分 小暑十八日壬子午前五時五分
六月小 己未	乙丑 乙亥 乙酉	三碧	大暑初三日丁卯午後十時三十四分 立秋十九日癸未午後三時十八分
七月大 庚申	甲午 甲辰 甲寅	二黑	處暑初六日己亥午前五時四十六分 白露廿一日甲寅午後六時四分
八月小 辛酉	甲子 甲戌 甲申	一白	秋分初七日庚午午前三時三十八分 寒露廿三日乙酉午前九時四十一分
九月大 壬戌	癸巳 癸卯 癸丑	九紫	霜降初八日庚子午後零時四分 立冬廿三日乙卯午前十一時三十四分
十月大 癸亥	癸亥 癸酉 癸未	八白	小雪初八日庚午午前十一時四十九分 大雪廿三日乙酉午前四時五十六分
十一月大 甲子	癸巳 癸卯 癸丑	七赤	冬至初七日己亥午後十時三十五分 小寒廿二日甲寅午後三時三十八分
十二月小 乙丑	癸亥 癸酉 癸未	六白	大寒初七日己巳午前八時四十六分 立春廿二日甲申午前二時五十六分

◆雜 節◆

寒食	土王	初伏	土王	中伏	末伏	土王	土王	臘享
三月十三日	三月廿五日	五月廿六日	五月三十日	六月初六日	六月廿六日	九月初五日	十二月初四日	十二月初九日
陽四月六日	陽四月十八日	陽七月十六日	陽七月二十日	陽七月二十六日	陽八月十五日	陽十月二十一日	陽一月十八日	陽一月二十四日

1964 (4297. 甲辰)

1月

陽	1	2	3	4	5	6	7	8	9	10	11	12	13	14	15	16	17	18	19	20	21	22	23	24	25	26	27	28	29	30	31
陰	17	18	19	20	21	22	23	24	25	26	27	28	29	30	⑫소	2	3	4	5	6	7	8	9	10	11	12	13	14	15	16	17
干支	己酉	庚戌	辛亥	壬子	癸丑	甲寅	乙卯	丙辰	丁巳	戊午	己未	庚申	辛酉	壬戌	癸亥	甲子	乙丑	丙寅	丁卯	戊辰	己巳	庚午	辛未	壬申	癸酉	甲戌	乙亥	丙子	丁丑	戊寅	己卯
曜	수	목	금	토	일	월	화	수	목	금	토	일	월	화	수	목	금	토	일	월	화	수	목	금	토	일	월	화	수	목	금

2月

陽	1	2	3	4	5	6	7	8	9	10	11	12	13	14	15	16	17	18	19	20	21	22	23	24	25	26	27	28	29
陰	18	19	20	21	22	23	24	25	26	27	28	29	①대	2	3	4	5	6	7	8	9	10	11	12	13	14	15	16	17
干支	庚辰	辛巳	壬午	癸未	甲申	乙酉	丙戌	丁亥	戊子	己丑	庚寅	辛卯	壬辰	癸巳	甲午	乙未	丙申	丁酉	戊戌	己亥	庚子	辛丑	壬寅	癸卯	甲辰	乙巳	丙午	丁未	戊申
曜	토	일	월	화	수	목	금	토	일	월	화	수	목	금	토	일	월	화	수	목	금	토	일	월	화	수	목	금	토

3月

陽	1	2	3	4	5	6	7	8	9	10	11	12	13	14	15	16	17	18	19	20	21	22	23	24	25	26	27	28	29	30	31
陰	18	19	20	21	22	23	24	25	26	27	28	29	30	②소	2	3	4	5	6	7	8	9	10	11	12	13	14	15	16	17	18
干支	己酉	庚戌	辛亥	壬子	癸丑	甲寅	乙卯	丙辰	丁巳	戊午	己未	庚申	辛酉	壬戌	癸亥	甲子	乙丑	丙寅	丁卯	戊辰	己巳	庚午	辛未	壬申	癸酉	甲戌	乙亥	丙子	丁丑	戊寅	己卯
曜	일	월	화	수	목	금	토	일	월	화	수	목	금	토	일	월	화	수	목	금	토	일	월	화	수	목	금	토	일	월	화

4月

陽	1	2	3	4	5	6	7	8	9	10	11	12	13	14	15	16	17	18	19	20	21	22	23	24	25	26	27	28	29	30
陰	19	20	21	22	23	24	25	26	27	28	29	③대	2	3	4	5	6	7	8	9	10	11	12	13	14	15	16	17	18	19
干支	庚辰	辛巳	壬午	癸未	甲申	乙酉	丙戌	丁亥	戊子	己丑	庚寅	辛卯	壬辰	癸巳	甲午	乙未	丙申	丁酉	戊戌	己亥	庚子	辛丑	壬寅	癸卯	甲辰	乙巳	丙午	丁未	戊申	己酉
曜	수	목	금	토	일	월	화	수	목	금	토	일	월	화	수	목	금	토	일	월	화	수	목	금	토	일	월	화	수	목

5月

陽	1	2	3	4	5	6	7	8	9	10	11	12	13	14	15	16	17	18	19	20	21	22	23	24	25	26	27	28	29	30	31
陰	20	21	22	23	24	25	26	27	28	29	30	④소	2	3	4	5	6	7	8	9	10	11	12	13	14	15	16	17	18	19	20
干支	庚戌	辛亥	壬子	癸丑	甲寅	乙卯	丙辰	丁巳	戊午	己未	庚申	辛酉	壬戌	癸亥	甲子	乙丑	丙寅	丁卯	戊辰	己巳	庚午	辛未	壬申	癸酉	甲戌	乙亥	丙子	丁丑	戊寅	己卯	庚辰
曜	금	토	일	월	화	수	목	금	토	일	월	화	수	목	금	토	일	월	화	수	목	금	토	일	월	화	수	목	금	토	일

6月

陽	1	2	3	4	5	6	7	8	9	10	11	12	13	14	15	16	17	18	19	20	21	22	23	24	25	26	27	28	29	30
陰	21	22	23	24	25	26	27	28	29	⑤소	2	3	4	5	6	7	8	9	10	11	12	13	14	15	16	17	18	19	20	21
干支	辛巳	壬午	癸未	甲申	乙酉	丙戌	丁亥	戊子	己丑	庚寅	辛卯	壬辰	癸巳	甲午	乙未	丙申	丁酉	戊戌	己亥	庚子	辛丑	壬寅	癸卯	甲辰	乙巳	丙午	丁未	戊申	己酉	庚戌
曜	월	화	수	목	금	토	일	월	화	수	목	금	토	일	월	화	수	목	금	토	일	월	화	수	목	금	토	일	월	화

7月

陽	1	2	3	4	5	6	7	8	9	10	11	12	13	14	15	16	17	18	19	20	21	22	23	24	25	26	27	28	29	30	31
陰	22	23	24	25	26	27	28	29	⑥대	2	3	4	5	6	7	8	9	10	11	12	13	14	15	16	17	18	19	20	21	22	23
干支	辛亥	壬子	癸丑	甲寅	乙卯	丙辰	丁巳	戊午	己未	庚申	辛酉	壬戌	癸亥	甲子	乙丑	丙寅	丁卯	戊辰	己巳	庚午	辛未	壬申	癸酉	甲戌	乙亥	丙子	丁丑	戊寅	己卯	庚辰	辛巳
曜	수	목	금	토	일	월	화	수	목	금	토	일	월	화	수	목	금	토	일	월	화	수	목	금	토	일	월	화	수	목	금

8月

陽	1	2	3	4	5	6	7	8	9	10	11	12	13	14	15	16	17	18	19	20	21	22	23	24	25	26	27	28	29	30	31
陰	24	25	26	27	28	29	30	⑦소	2	3	4	5	6	7	8	9	10	11	12	13	14	15	16	17	18	19	20	21	22	23	24
干支	壬午	癸未	甲申	乙酉	丙戌	丁亥	戊子	己丑	庚寅	辛卯	壬辰	癸巳	甲午	乙未	丙申	丁酉	戊戌	己亥	庚子	辛丑	壬寅	癸卯	甲辰	乙巳	丙午	丁未	戊申	己酉	庚戌	辛亥	壬子
曜	토	일	월	화	수	목	금	토	일	월	화	수	목	금	토	일	월	화	수	목	금	토	일	월	화	수	목	금	토	일	월

9月

陽	1	2	3	4	5	6	7	8	9	10	11	12	13	14	15	16	17	18	19	20	21	22	23	24	25	26	27	28	29	30
陰	25	26	27	28	29	⑧대	2	3	4	5	6	7	8	9	10	11	12	13	14	15	16	17	18	19	20	21	22	23	24	25
干支	癸丑	甲寅	乙卯	丙辰	丁巳	戊午	己未	庚申	辛酉	壬戌	癸亥	甲子	乙丑	丙寅	丁卯	戊辰	己巳	庚午	辛未	壬申	癸酉	甲戌	乙亥	丙子	丁丑	戊寅	己卯	庚辰	辛巳	壬午
曜	화	수	목	금	토	일	월	화	수	목	금	토	일	월	화	수	목	금	토	일	월	화	수	목	금	토	일	월	화	수

10月

陽	1	2	3	4	5	6	7	8	9	10	11	12	13	14	15	16	17	18	19	20	21	22	23	24	25	26	27	28	29	30	31
陰	26	27	28	28	30	⑨소	2	3	4	5	6	7	8	9	10	11	12	13	14	15	16	17	18	19	20	21	22	23	24	25	26
干支	癸未	甲申	乙酉	丙戌	丁亥	戊子	己丑	庚寅	辛卯	壬辰	癸巳	甲午	乙未	丙申	丁酉	戊戌	己亥	庚子	辛丑	壬寅	癸卯	甲辰	乙巳	丙午	丁未	戊申	己酉	庚戌	辛亥	壬子	癸丑
曜	목	금	토	일	월	화	수	목	금	토	일	월	화	수	목	금	토	일	월	화	수	목	금	토	일	월	화	수	목	금	토

11月

陽	1	2	3	4	5	6	7	8	9	10	11	12	13	14	15	16	17	18	19	20	21	22	23	24	25	26	27	28	29	30
陰	27	28	29	⑩대	2	3	4	5	6	7	8	9	10	11	12	13	14	15	16	17	18	19	20	21	22	23	24	25	26	27
干支	甲寅	乙卯	丙辰	丁巳	戊午	己未	庚申	辛酉	壬戌	癸亥	甲子	乙丑	丙寅	丁卯	戊辰	己巳	庚午	辛未	壬申	癸酉	甲戌	乙亥	丙子	丁丑	戊寅	己卯	庚辰	辛巳	壬午	癸未
曜	일	월	화	수	목	금	토	일	월	화	수	목	금	토	일	월	화	수	목	금	토	일	월	화	수	목	금	토	일	월

12月

陽	1	2	3	4	5	6	7	8	9	10	11	12	13	14	15	16	17	18	19	20	21	22	23	24	25	26	27	28	29	30	31
陰	28	29	30	⑪대	2	3	4	5	6	7	8	9	10	11	12	13	14	15	16	17	18	19	20	21	22	23	24	25	26	27	28
干支	甲申	乙酉	丙戌	丁亥	戊子	己丑	庚寅	辛卯	壬辰	癸巳	甲午	乙未	丙申	丁酉	戊戌	己亥	庚子	辛丑	壬寅	癸卯	甲辰	乙巳	丙午	丁未	戊申	己酉	庚戌	辛亥	壬子	癸丑	甲寅
曜	화	수	목	금	토	일	월	화	수	목	금	토	일	월	화	수	목	금	토	일	월	화	수	목	금	토	일	월	화	수	목

甲辰 (覆燈火)

西紀一九六四年 ● 檀紀四二九七年

舊平三百五十五日
新閏三百六十六日

十日得辛 一龍治水
午喪門 寅吊客
子大將軍 南三殺

六白	四綠	八白
二黑	九紫	七赤
一白	五黃	三碧

建月之大小	正月大 丙寅	二月小 丁卯	三月大 戊辰	四月小 己巳	五月小 庚午	六月大 辛未	七月小 壬申	八月大 癸酉	九月小 甲戌	十月大 乙亥	十一月大 丙子	十二月大 丁丑
日辰	壬子 壬寅 壬辰	壬午 壬申 壬戌	辛亥 辛丑 辛卯	辛巳 辛未 辛酉	庚戌 庚子 庚寅	己卯 己巳 己未	己酉 己亥 己丑	戊寅 戊辰 戊午	戊申 戊戌 戊子	丁丑 丁卯 丁巳	丁未 丁酉 丁亥	丁丑 丁卯 丁巳
月白	五黃	四綠	三碧	二黑	一白	九紫	八白	七赤	六白	五黃	四綠	三碧
入節	驚蟄廿二日癸丑午後八時五十八分 雨水初七日戊戌午後十時四十七分	清明廿三日甲申午前七時二分 春分初七日戊辰午後九時五十六分	立夏廿四日甲寅午後七時五十二分 穀雨初九日己亥午前九時二十七分	芒種廿六日丙戌午前零時二十三分 小滿初十日庚午午前九時一分	小暑廿八日丁巳午前十一時五十二分 夏至十二日辛丑午後五時十六分	立秋三十日戊子午後八時五十一分 大暑十五日癸酉午前四時三十三分	處暑十六日甲辰午前十一時三十五分	秋分十八日乙亥午前九時十七分 白露初二日己未午後十一時五十三分	霜降十八日乙巳午後六時二十九分 寒露初三日庚寅午後三時三十分	小雪十九日乙亥午後三時三十八分 立冬初四日庚申午後六時二十四分	冬至十九日乙巳午前四時二十五分 大雪初四日庚寅午前十時四十五分	大寒十九日乙亥午後二時二十六分 小寒初四日庚申午後九時一分

◆雜 節◆

臘享	十二月十五日	陽一月十七日
土王	十二月十五日	陽一月十七日
土王	九月十五日	陽十月二十日
末伏	七月初二日	陽八月九日
中伏	六月廿二日	陽七月三十日
土王	六月十二日	陽七月二十日
初伏	六月十二日	陽七月二十日
土王	三月初六日	陽四月十七日
寒食	二月廿三日	陽四月五日

1965 (4298. 乙巳)

1 月

陽	1	2	3	4	5	6	7	8	9	10	11	12	13	14	15	16	17	18	19	20	21	22	23	24	25	26	27	28	29	30	31
陰	29	30	(12대	2	3	4	5	6	7	8	9	10	11	12	13	14	15	16	17	18	19	20	21	22	23	24	25	26	27	28	29
干支	己卯	丙辰	丁巳	戊午	己未	庚申	辛酉	壬戌	癸亥	甲子	乙丑	丙寅	丁卯	戊辰	己巳	庚午	辛未	壬申	癸酉	甲戌	乙亥	丙子	丁丑	戊寅	己卯	庚辰	辛巳	壬午	癸未	甲申	乙酉
曜	금	토	일	월	화	수	목	금	토	일	월	화	수	목	금	토	일	월	화	수	목	금	토	일	월	화	수	목	금	토	일

2 月

陽	1	2	3	4	5	6	7	8	9	10	11	12	13	14	15	16	17	18	19	20	21	22	23	24	25	26	27	28
陰	30	(1소	2	3	4	5	6	7	8	9	10	11	12	13	14	15	16	17	18	19	20	21	22	23	24	25	26	27
干支	丙戌	丁亥	戊子	己丑	庚寅	辛卯	壬辰	癸巳	甲午	乙未	丙申	丁酉	戊戌	己亥	庚子	辛丑	壬寅	癸卯	甲辰	乙巳	丙午	丁未	戊申	己酉	庚戌	辛亥	壬子	癸丑
曜	월	화	수	목	금	토	일	월	화	수	목	금	토	일	월	화	수	목	금	토	일	월	화	수	목	금	토	일

3 月

陽	1	2	3	4	5	6	7	8	9	10	11	12	13	14	15	16	17	18	19	20	21	22	23	24	25	26	27	28	29	30	31
陰	28	29	(2대	2	3	4	5	6	7	8	9	10	11	12	13	14	15	16	17	18	19	20	21	22	23	24	25	26	27	28	29
干支	甲寅	乙卯	丙辰	丁巳	戊午	己未	庚申	辛酉	壬戌	癸亥	甲子	乙丑	丙寅	丁卯	戊辰	己巳	庚午	辛未	壬申	癸酉	甲戌	乙亥	丙子	丁丑	戊寅	己卯	庚辰	辛巳	壬午	癸未	甲申
曜	월	화	수	목	금	토	일	월	화	수	목	금	토	일	월	화	수	목	금	토	일	월	화	수	목	금	토	일	월	화	수

4 月

陽	1	2	3	4	5	6	7	8	9	10	11	12	13	14	15	16	17	18	19	20	21	22	23	24	25	26	27	28	29	30
陰	30	(3소	2	3	4	5	6	7	8	9	10	11	12	13	14	15	16	17	18	19	20	21	22	23	24	25	26	27	28	29
干支	乙酉	丙戌	丁亥	戊子	己丑	庚寅	辛卯	壬辰	癸巳	甲午	乙未	丙申	丁酉	戊戌	己亥	庚子	辛丑	壬寅	癸卯	甲辰	乙巳	丙午	丁未	戊申	己酉	庚戌	辛亥	壬子	癸丑	甲寅
曜	목	금	토	일	월	화	수	목	금	토	일	월	화	수	목	금	토	일	월	화	수	목	금	토	일	월	화	수	목	금

5 月

陽	1	2	3	4	5	6	7	8	9	10	11	12	13	14	15	16	17	18	19	20	21	22	23	24	25	26	27	28	29	30	31
陰	(4대	2	3	4	5	6	7	8	9	10	11	12	13	14	15	16	17	18	19	20	21	22	23	24	25	26	27	28	29	30	(5대
干支	乙卯	丙辰	丁巳	戊午	己未	庚申	辛酉	壬戌	癸亥	甲子	乙丑	丙寅	丁卯	戊辰	己巳	庚午	辛未	壬申	癸酉	甲戌	乙亥	丙子	丁丑	戊寅	己卯	庚辰	辛巳	壬午	癸未	甲申	乙酉
曜	토	일	월	화	수	목	금	토	일	월	화	수	목	금	토	일	월	화	수	목	금	토	일	월	화	수	목	금	토	일	월

6 月

陽	1	2	3	4	5	6	7	8	9	10	11	12	13	14	15	16	17	18	19	20	21	22	23	24	25	26	27	28	29	30
陰	2	3	4	5	6	7	8	9	10	11	12	13	14	15	16	17	18	19	20	21	22	23	24	25	26	27	28	29	(6소	2
干支	丙戌	丁亥	戊子	己丑	庚寅	辛卯	壬辰	癸巳	甲午	乙未	丙申	丁酉	戊戌	己亥	庚子	辛丑	壬寅	癸卯	甲辰	乙巳	丙午	丁未	戊申	己酉	庚戌	辛亥	壬子	癸丑	甲寅	乙卯
曜	화	수	목	금	토	일	월	화	수	목	금	토	일	월	화	수	목	금	토	일	월	화	수	목	금	토	일	월	화	수

7 月

陽	1	2	3	4	5	6	7	8	9	10	11	12	13	14	15	16	17	18	19	20	21	22	23	24	25	26	27	28	29	30	31
陰	3	4	5	6	7	8	9	10	11	12	13	14	15	16	17	18	19	20	21	22	23	24	25	26	27	28	29	(7대	2	3	4
干支	丙辰	丁巳	戊午	己未	庚申	辛酉	壬戌	癸亥	甲子	乙丑	丙寅	丁卯	戊辰	己巳	庚午	辛未	壬申	癸酉	甲戌	乙亥	丙子	丁丑	戊寅	己卯	庚辰	辛巳	壬午	癸未	甲申	乙酉	丙戌
曜	목	금	토	일	월	화	수	목	금	토	일	월	화	수	목	금	토	일	월	화	수	목	금	토	일	월	화	수	목	금	토

8 月

陽	1	2	3	4	5	6	7	8	9	10	11	12	13	14	15	16	17	18	19	20	21	22	23	24	25	26	27	28	29	30	31
陰	5	6	7	8	9	10	11	12	13	14	15	16	17	18	19	20	21	22	23	24	25	26	27	28	29	30	(8소	2	3	4	5
干支	丁亥	戊子	己丑	庚寅	辛卯	壬辰	癸巳	甲午	乙未	丙申	丁酉	戊戌	己亥	庚子	辛丑	壬寅	癸卯	甲辰	乙巳	丙午	丁未	戊申	己酉	庚戌	辛亥	壬子	癸丑	甲寅	乙卯	丙辰	丁巳
曜	일	월	화	수	목	금	토	일	월	화	수	목	금	토	일	월	화	수	목	금	토	일	월	화	수	목	금	토	일	월	화

9 月

陽	1	2	3	4	5	6	7	8	9	10	11	12	13	14	15	16	17	18	19	20	21	22	23	24	25	26	27	28	29	30
陰	6	7	8	9	10	11	12	13	14	15	16	17	18	19	20	21	22	23	24	25	26	27	28	29	(9소	2	3	4	5	6
干支	戊午	己未	庚申	辛酉	壬戌	癸亥	甲子	乙丑	丙寅	丁卯	戊辰	己巳	庚午	辛未	壬申	癸酉	甲戌	乙亥	丙子	丁丑	戊寅	己卯	庚辰	辛巳	壬午	癸未	甲申	乙酉	丙戌	丁亥
曜	수	목	금	토	일	월	화	수	목	금	토	일	월	화	수	목	금	토	일	월	화	수	목	금	토	일	월	화	수	목

10 月

陽	1	2	3	4	5	6	7	8	9	10	11	12	13	14	15	16	17	18	19	20	21	22	23	24	25	26	27	28	29	30	31
陰	7	8	9	10	11	12	13	14	15	16	17	18	19	20	21	22	23	24	25	26	27	28	29	(10대	2	3	4	5	6	7	8
干支	戊子	己丑	庚寅	辛卯	壬辰	癸巳	甲午	乙未	丙申	丁酉	戊戌	己亥	庚子	辛丑	壬寅	癸卯	甲辰	乙巳	丙午	丁未	戊申	己酉	庚戌	辛亥	壬子	癸丑	甲寅	乙卯	丙辰	丁巳	戊午
曜	금	토	일	월	화	수	목	금	토	일	월	화	수	목	금	토	일	월	화	수	목	금	토	일	월	화	수	목	금	토	일

11 月

陽	1	2	3	4	5	6	7	8	9	10	11	12	13	14	15	16	17	18	19	20	21	22	23	24	25	26	27	28	29	30
陰	9	10	11	12	13	14	15	16	17	18	19	20	21	22	23	24	25	26	27	28	29	30	(11대	2	3	4	5	6	7	8
干支	己未	庚申	辛酉	壬戌	癸亥	甲子	乙丑	丙寅	丁卯	戊辰	己巳	庚午	辛未	壬申	癸酉	甲戌	乙亥	丙子	丁丑	戊寅	己卯	庚辰	辛巳	壬午	癸未	甲申	乙酉	丙戌	丁亥	戊子
曜	월	화	수	목	금	토	일	월	화	수	목	금	토	일	월	화	수	목	금	토	일	월	화	수	목	금	토	일	월	화

12 月

陽	1	2	3	4	5	6	7	8	9	10	11	12	13	14	15	16	17	18	19	20	21	22	23	24	25	26	27	28	29	30	31
陰	9	10	11	12	13	14	15	16	17	18	19	20	21	22	23	24	25	26	27	28	29	30	(12소	2	3	4	5	6	7	8	9
干支	己丑	庚寅	辛卯	壬辰	癸巳	甲午	乙未	丙申	丁酉	戊戌	己亥	庚子	辛丑	壬寅	癸卯	甲辰	乙巳	丙午	丁未	戊申	己酉	庚戌	辛亥	壬子	癸丑	甲寅	乙卯	丙辰	丁巳	戊午	己未
曜	수	목	금	토	일	월	화	수	목	금	토	일	월	화	수	목	금	토	일	월	화	수	목	금	토	일	월	화	수	목	금

乙巳 (覆燈火)

西紀一九六五年 ● 檀紀四二九八年

舊平三百五十三日
新平三百六十五日

五日得辛 六龍治水
未 喪門 卯 弔客
卯大將軍 東 三殺

五黃	三碧	七赤
一白	八白	六白
九紫	四綠	二黑

建月之大小	正月小 戊寅	二月大 己卯	三月小 庚辰	四月大 辛巳	五月小 壬午	六月小 癸未	七月大 甲申	八月小 乙酉	九月小 丙戌	十月大 丁亥	十一月大 戊子	十二月小 己丑
日辰	丁亥 丁酉 丁未	丙辰 丙寅 丙子	丙戌 丙申 丙午	乙卯 乙丑 乙亥	乙酉 乙未 乙巳	甲寅 甲子 甲戌	癸未 癸巳 癸卯	癸丑 癸亥 癸酉	壬午 壬辰 壬寅	辛亥 辛酉 辛未	辛巳 辛卯 辛丑	辛亥 辛酉 辛未
月白	二黑	一白	九紫	八白	七赤	六白	五黃	四綠	三碧	二黑	一白	九紫
入節	立春初三日己丑午前八時四十五分 雨水十八日甲辰午前四時三十七分	驚蟄初四日己未午前二時四十八分 春分十九日甲戌午前三時四十八分	淸明初四日己丑午前七時四十一分 穀雨十九日甲辰午後三時一六分	立夏初六日庚申午前一時四十分 小滿廿一日乙亥午後二時四十九分	芒種初七日辛卯午前六時十二分 夏至廿二日丙午午後十時四十一分	小暑初九日壬戌午後四時四十二分 大暑廿五日戊寅午前十時十分	立秋十二日甲午午前二時三十九分 處暑廿七日己酉午後五時二十三分	白露十三日乙丑午前一時四十一分 秋分廿八日庚辰午後三時六分	寒露十四日乙未午後九時十九分	霜降初一日辛亥午前零時十八分 立冬十六日丙寅午後九時十三分 小雪三十日庚辰午後四時二十八分	大雪十五日乙未午後四時三十五分 冬至三十日庚戌午前十時十五分	小寒十四日甲子午前三時十六分 大寒廿九日己卯午後八時二十六分

◆雜 節◆

寒食	土王	初伏	土王	中伏	末伏	土王	土王	臘享
三月初五日	三月十七日	六月十七日	六月廿二日	六月廿七日	七月十八日	九月廿六日	十二月廿六日	十二月廿一日
陽四月六日	陽四月十七日	陽七月十五日	陽七月二十日	陽七月二十五日	陽八月十四日	陽十月二十日	陽一月十七日	陽一月十七日

1966 (4299. 丙午)

1月

陽	1	2	3	4	5	6	7	8	9	10	11	12	13	14	15	16	17	18	19	20	21	22	23	24	25	26	27	28	29	30	31
陰	10	11	12	13	14	15	16	17	18	19	20	21	22	23	24	25	26	27	28	29	30	①소	2	3	4	5	6	7	8	9	10
干支	庚申	辛酉	壬戌	癸亥	甲子	乙丑	丙寅	丁卯	戊辰	己巳	庚午	辛未	壬申	癸酉	甲戌	乙亥	丙子	丁丑	戊寅	己卯	庚辰	辛巳	壬午	癸未	甲申	乙酉	丙戌	丁亥	戊子	己丑	庚寅
曜	토	일	월	화	수	목	금	토	일	월	화	수	목	금	토	일	월	화	수	목	금	토	일	월	화	수	목	금	토	일	월

2月

陽	1	2	3	4	5、	6	7	8	9	10	11	12	13	14	15	16	17	18	19	20	21	22	23	24	25	26	27	28
陰	11	12	13	14	15	16	17	18	19	20	21	22	23	24	25	26	27	28	29	②대	2	3	4	5	6	7	8	9
干支	辛卯	壬辰	癸巳	甲午	乙未	丙申	丁酉	戊戌	己亥	庚子	辛丑	壬寅	癸卯	甲辰	乙巳	丙午	丁未	戊申	己酉	庚戌	辛亥	壬子	癸丑	甲寅	乙卯	丙辰	丁巳	戊午
曜	화	수	목	금	토	일	월	화	수	목	금	토	일	월	화	수	목	금	토	일	월	화	수	목	금	토	일	월

3月

陽	1	2	3	4	5	6	7	8	9	10	11	12	13	14	15	16	17	18	19	20	21	22	23	24	25	26	27	28	29	30	31
陰	10	11	12	13	14	15	16	17	18	19	20	21	22	23	24	25	26	27	28	29	30	③대	2	3	4	5	6	7	8	9	10
干支	己未	庚申	辛酉	壬戌	癸亥	甲子	乙丑	丙寅	丁卯	戊辰	己巳	庚午	辛未	壬申	癸酉	甲戌	乙亥	丙子	丁丑	戊寅	己卯	庚辰	辛巳	壬午	癸未	甲申	乙酉	丙戌	丁亥	戊子	己丑
曜	화	수	목	금	토	일	월	화	수	목	금	토	일	월	화	수	목	금	토	일	월	화	수	목	금	토	일	월	화	수	목

4月

陽	1	2	3	4	5	6	7	8	9	10	11	12	13	14	15	16	17	18	19	20	21	22	23	24	25	26	27	28	29	30
陰	11	12	13	14	15	16	17	18	19	20	21	22	23	24	25	26	27	28	29	30	③소	2	3	4	5	6	7	8	9	10
干支	庚寅	辛卯	壬辰	癸巳	甲午	乙未	丙申	丁酉	戊戌	己亥	庚子	辛丑	壬寅	癸卯	甲辰	乙巳	丙午	丁未	戊申	己酉	庚戌	辛亥	壬子	癸丑	甲寅	乙卯	丙辰	丁巳	戊午	己未
曜	금	토	일	월	화	수	목	금	토	일	월	화	수	목	금	토	일	월	화	수	목	금	토	일	월	화	수	목	금	토

5月

陽	1	2	3	4	5	6	7	8	9	10	11	12	13	14	15	16	17	18	19	20	21	22	23	24	25	26	27	28	29	30	31
陰	11	12	13	14	15	16	17	18	19	20	21	22	23	24	25	26	27	28	29	④대	2	3	4	5	6	7	8	9	10	11	12
干支	庚申	辛酉	壬戌	癸亥	甲子	乙丑	丙寅	丁卯	戊辰	己巳	庚午	辛未	壬申	癸酉	甲戌	乙亥	丙子	丁丑	戊寅	己卯	庚辰	辛巳	壬午	癸未	甲申	乙酉	丙戌	丁亥	戊子	己丑	庚寅
曜	일	월	화	수	목	금	토	일	월	화	수	목	금	토	일	월	화	수	목	금	토	일	월	화	수	목	금	토	일	월	화

6月

陽	1	2	3	4	5	6	7	8	9	10	11	12	13	14	15	16	17	18	19	20	21	22	23	24	25	26	27	28	29	30
陰	13	14	15	16	17	18	19	20	21	22	23	24	25	26	27	28	29	30	⑤소	2	3	4	5	6	7	8	9	10	11	12
干支	辛卯	壬辰	癸巳	甲午	乙未	丙申	丁酉	戊戌	己亥	庚子	辛丑	壬寅	癸卯	甲辰	乙巳	丙午	丁未	戊申	己酉	庚戌	辛亥	壬子	癸丑	甲寅	乙卯	丙辰	丁巳	戊午	己未	庚申
曜	수	목	금	토	일	월	화	수	목	금	토	일	월	화	수	목	금	토	일	월	화	수	목	금	토	일	월	화	수	목

7月

陽	1	2	3	4	5	6	7	8	9	10	11	12	13	14	15	16	17	18	19	20	21	22	23	24	25	26	27	28	29	30	31
陰	13	14	15	16	17	18	19	20	21	22	23	24	25	26	27	28	29	⑥대	2	3	4	5	6	7	8	9	10	11	12	13	14
干支	辛酉	壬戌	癸亥	甲子	乙丑	丙寅	丁卯	戊辰	己巳	庚午	辛未	壬申	癸酉	甲戌	乙亥	丙子	丁丑	戊寅	己卯	庚辰	辛巳	壬午	癸未	甲申	乙酉	丙戌	丁亥	戊子	己丑	庚寅	辛卯
曜	금	토	일	월	화	수	목	금	토	일	월	화	수	목	금	토	일	월	화	수	목	금	토	일	월	화	수	목	금	토	일

8月

陽	1	2	3	4	5	6	7	8	9	10	11	12	13	14	15	16	17	18	19	20	21	22	23	24	25	26	27	28	29	30	31
陰	15	16	17	18	19	20	21	22	23	24	25	26	27	28	29	⑦대	2	3	4	5	6	7	8	9	10	11	12	13	14	15	16
干支	壬辰	癸巳	甲午	乙未	丙申	丁酉	戊戌	己亥	庚子	辛丑	壬寅	癸卯	甲辰	乙巳	丙午	丁未	戊申	己酉	庚戌	辛亥	壬子	癸丑	甲寅	乙卯	丙辰	丁巳	戊午	己未	庚申	辛酉	壬戌
曜	월	화	수	목	금	토	일	월	화	수	목	금	토	일	월	화	수	목	금	토	일	월	화	수	목	금	토	일	월	화	수

9月

陽	1	2	3	4	5	6	7	8	9	10	11	12	13	14	15	16	17	18	19	20	21	22	23	24	25	26	27	28	29	30
陰	17	18	19	20	21	22	23	24	25	26	27	28	29	30	⑧소	2	3	4	5	6	7	8	9	10	11	12	13	14	15	16
干支	癸亥	甲子	乙丑	丙寅	丁卯	戊辰	己巳	庚午	辛未	壬申	癸酉	甲戌	乙亥	丙子	丁丑	戊寅	己卯	庚辰	辛巳	壬午	癸未	甲申	乙酉	丙戌	丁亥	戊子	己丑	庚寅	辛卯	壬辰
曜	목	금	토	일	월	화	수	목	금	토	일	월	화	수	목	금	토	일	월	화	수	목	금	토	일	월	화	수	목	금

10月

陽	1	2	3	4	5	6	7	8	9	10	11	12	13	14	15	16	17	18	19	20	21	22	23	24	25	26	27	28	29	30	31
陰	17	18	19	20	21	22	23	24	25	26	27	28	29	⑨대	2	3	4	5	6	7	8	9	10	11	12	13	14	15	16	17	18
干支	癸巳	甲午	乙未	丙申	丁酉	戊戌	己亥	庚子	辛丑	壬寅	癸卯	甲辰	乙巳	丙午	丁未	戊申	己酉	庚戌	辛亥	壬子	癸丑	甲寅	乙卯	丙辰	丁巳	戊午	己未	庚申	辛酉	壬戌	癸亥
曜	토	일	월	화	수	목	금	토	일	월	화	수	목	금	토	일	월	화	수	목	금	토	일	월	화	수	목	금	토	일	월

11月

陽	1	2	3	4	5	6	7	8	9	10	11	12	13	14	15	16	17	18	19	20	21	22	23	24	25	26	27	28	29	30
陰	19	20	21	22	23	24	25	26	27	28	29	⑩대	2	3	4	5	6	7	8	9	10	11	12	13	14	15	16	17	18	19
干支	甲子	乙丑	丙寅	丁卯	戊辰	己巳	庚午	辛未	壬申	癸酉	甲戌	乙亥	丙子	丁丑	戊寅	己卯	庚辰	辛巳	壬午	癸未	甲申	乙酉	丙戌	丁亥	戊子	己丑	庚寅	辛卯	壬辰	癸巳
曜	화	수	목	금	토	일	월	화	수	목	금	토	일	월	화	수	목	금	토	일	월	화	수	목	금	토	일	월	화	수

12月

陽	1	2	3	4	5	6	7	8	9	10	11	12	13	14	15	16	17	18	19	20	21	22	23	24	25	26	27	28	29	30	31
陰	20	21	22	23	24	25	26	27	28	29	30	⑪대	2	3	4	5	6	7	8	9	10	11	12	13	14	15	16	17	18	19	20
干支	甲午	乙未	丙申	丁酉	戊戌	己亥	庚子	辛丑	壬寅	癸卯	甲辰	乙巳	丙午	丁未	戊申	己酉	庚戌	辛亥	壬子	癸丑	甲寅	乙卯	丙辰	丁巳	戊午	己未	庚申	辛酉	壬戌	癸亥	甲子
曜	목	금	토	일	월	화	수	목	금	토	일	월	화	수	목	금	토	일	월	화	수	목	금	토	일	월	화	수	목	금	토

丙午 (天河水)

西紀一九六六年●檀紀四二九九年

陰閏三百八十四日
新平三百六十五日

二日得辛 一龍治水
申喪門 辰吊客
卯大將軍 北三殺

四綠	二黑	六白
七赤	九紫	五黃
八白	三碧	一白

月之大小	正月小 庚寅	二月大 辛卯	三月大 壬辰	閏月小	四月大 癸巳	五月小 甲午	六月小 乙未	七月大 丙申	八月小 丁酉	九月小 戊戌	十月大 己亥	十一月大 庚子	十二月小 辛丑
日辰	辛子 辛寅 辛辰	庚午 庚申 庚戌	庚子 庚寅 庚辰	庚午 庚申 庚戌	己亥 己丑 己卯	己巳 己未 己酉	戊戌 戊子 戊寅	丁卯 丁巳 丁未	丁酉 丁亥 丁丑	丙寅 丙辰 丙午	乙未 乙酉 乙亥	乙丑 乙卯 乙巳	乙未 乙酉 乙亥
月白	八白	七赤	六白	六白	五黃	四綠	三碧	二黑	一白	九紫	八白	七赤	六白
入節	雨水廿九日己酉午前十時三十八分 立春十四日甲午午後二時三十四分	春分三十日己卯午前九時三十七分 驚蟄十五日甲子午前八時三十七分	穀雨三十日己酉午後九時四分 清明十五日甲午午後一時四十五分	立夏十六日乙丑午前七時二十八分	芒種十八日丙申午後十一時三十六分 小滿初二日庚辰午後七時三十七分	小暑十九日丁卯午後十時二十六分 夏至初四日壬子午前四時三十三分	立秋廿二日己亥午前八時十七分 大暑初六日癸未午後三時三十八分	白露廿四日庚午午前十一時三十分 處暑初八日甲寅午後十一時十一分	寒露廿五日辛丑午後三時八分 秋分初九日乙酉午後八時三十四分	立冬廿六日辛未午前六時二分 霜降十一日丙辰午前六時八分	大雪廿六日庚子午後十時三十五分 小雪十二日丙戌午前六時八分	小寒廿六日庚午午前九時十分 冬至十一日乙卯午後四時四分	立春廿五日己亥午後七時三十五分 大寒初十日甲申午前二時十六分

◆雜 節◆

寒食	土王	初伏	土王	中伏	末伏	土王	土王	臘享
三月十六日	三月廿七日	六月初三日	六月初三日	六月十三日	六月廿三日	九月初八日	十二月初七日	十二月初九日
陽四月六日	陽四月十七日	陽七月二十日	陽七月二十日	陽七月三十日	陽八月九日	陽十月二十一日	陽一月十七日	陽一月十九日

1967 (4300. 丁未)

1月

陽	1	2	3	4	5	6	7	8	9	10	11	12	13	14	15	16	17	18	19	20	21	22	23	24	25	26	27	28	29	30	31
陰	21	22	23	24	25	26	27	28	29	30	(12)소	2	3	4	5	6	7	8	9	10	11	12	13	14	15	16	17	18	19	20	21
干支	乙丑	丙寅	丁卯	戊辰	己巳	庚午	辛未	壬申	癸酉	甲戌	乙亥	丙子	丁丑	戊寅	己卯	庚辰	辛巳	壬午	癸未	甲申	乙酉	丙戌	丁亥	戊子	己丑	庚寅	辛卯	壬辰	癸巳	甲午	乙未
曜	일	월	화	수	목	금	토	일	월	화	수	목	금	토	일	월	화	수	목	금	토	일	월	화	수	목	금	토	일	월	화

2月

陽	1	2	3	4	5	6	7	8	9	10	11	12	13	14	15	16	17	18	19	20	21	22	23	24	25	26	27	28
陰	22	23	24	25	26	27	28	29	(1)대	2	3	4	5	6	7	8	9	10	11	12	13	14	15	16	17	18	19	20
干支	丙申	丁酉	戊戌	己亥	庚子	辛丑	壬寅	癸卯	甲辰	乙巳	丙午	丁未	戊申	己酉	庚戌	辛亥	壬子	癸丑	甲寅	乙卯	丙辰	丁巳	戊午	己未	庚申	辛酉	壬戌	癸亥
曜	수	목	금	토	일	월	화	수	목	금	토	일	월	화	수	목	금	토	일	월	화	수	목	금	토	일	월	화

3月

陽	1	2	3	4	5	6	7	8	9	10	11	12	13	14	15	16	17	18	19	20	21	22	23	24	25	26	27	28	29	30	31
陰	21	22	23	24	25	26	27	28	29	30	(2)대	2	3	4	5	6	7	8	9	10	11	12	13	14	15	16	17	18	19	20	21
干支	甲子	乙丑	丙寅	丁卯	戊辰	己巳	庚午	辛未	壬申	癸酉	甲戌	乙亥	丙子	丁丑	戊寅	己卯	庚辰	辛巳	壬午	癸未	甲申	乙酉	丙戌	丁亥	戊子	己丑	庚寅	辛卯	壬辰	癸巳	甲午
曜	수	목	금	토	일	월	화	수	목	금	토	일	월	화	수	목	금	토	일	월	화	수	목	금	토	일	월	화	수	목	금

4月

陽	1	2	3	4	5	6	7	8	9	10	11	12	13	14	15	16	17	18	19	20	21	22	23	24	25	26	27	28	29	30
陰	22	23	24	25	26	27	28	29	30	(3)소	2	3	4	5	6	7	8	9	10	11	12	13	14	15	16	17	18	19	20	21
干支	乙未	丙申	丁酉	戊戌	己亥	庚子	辛丑	壬寅	癸卯	甲辰	乙巳	丙午	丁未	戊申	己酉	庚戌	辛亥	壬子	癸丑	甲寅	乙卯	丙辰	丁巳	戊午	己未	庚申	辛酉	壬戌	癸亥	甲子
曜	토	일	월	화	수	목	금	토	일	월	화	수	목	금	토	일	월	화	수	목	금	토	일	월	화	수	목	금	토	일

5月

陽	1	2	3	4	5	6	7	8	9	10	11	12	13	14	15	16	17	18	19	20	21	22	23	24	25	26	27	28	29	30	31
陰	22	23	24	25	26	27	28	29	(4)대	2	3	4	5	6	7	8	9	10	11	12	13	14	15	16	17	18	19	20	21	22	23
干支	乙丑	丙寅	丁卯	戊辰	己巳	庚午	辛未	壬申	癸酉	甲戌	乙亥	丙子	丁丑	戊寅	己卯	庚辰	辛巳	壬午	癸未	甲申	乙酉	丙戌	丁亥	戊子	己丑	庚寅	辛卯	壬辰	癸巳	甲午	乙未
曜	월	화	수	목	금	토	일	월	화	수	목	금	토	일	월	화	수	목	금	토	일	월	화	수	목	금	토	일	월	화	수

6月

陽	1	2	3	4	5	6	7	8	9	10	11	12	13	14	15	16	17	18	19	20	21	22	23	24	25	26	27	28	29	30
陰	24	25	26	27	28	29	30	(5)대	2	3	4	5	6	7	8	9	10	11	12	13	14	15	16	17	18	19	20	21	22	23
干支	丙申	丁酉	戊戌	己亥	庚子	辛丑	壬寅	癸卯	甲辰	乙巳	丙午	丁未	戊申	己酉	庚戌	辛亥	壬子	癸丑	甲寅	乙卯	丙辰	丁巳	戊午	己未	庚申	辛酉	壬戌	癸亥	甲子	乙丑
曜	목	금	토	일	월	화	수	목	금	토	일	월	화	수	목	금	토	일	월	화	수	목	금	토	일	월	화	수	목	금

7月

陽	1	2	3	4	5	6	7	8	9	10	11	12	13	14	15	16	17	18	19	20	21	22	23	24	25	26	27	28	29	30	31
陰	24	25	26	27	28	29	30	(6)소	2	3	4	5	6	7	8	9	10	11	12	13	14	15	16	17	18	19	20	21	22	23	24
干支	丙寅	丁卯	戊辰	己巳	庚午	辛未	壬申	癸酉	甲戌	乙亥	丙子	丁丑	戊寅	己卯	庚辰	辛巳	壬午	癸未	甲申	乙酉	丙戌	丁亥	戊子	己丑	庚寅	辛卯	壬辰	癸巳	甲午	乙未	丙申
曜	토	일	월	화	수	목	금	토	일	월	화	수	목	금	토	일	월	화	수	목	금	토	일	월	화	수	목	금	토	일	월

8月

陽	1	2	3	4	5	6	7	8	9	10	11	12	13	14	15	16	17	18	19	20	21	22	23	24	25	26	27	28	29	30	31
陰	25	26	27	28	29	(7)소	2	3	4	5	6	7	8	9	10	11	12	13	14	15	16	17	18	19	20	21	22	23	24	25	26
干支	丁酉	戊戌	己亥	庚子	辛丑	壬寅	癸卯	甲辰	乙巳	丙午	丁未	戊申	己酉	庚戌	辛亥	壬子	癸丑	甲寅	乙卯	丙辰	丁巳	戊午	己未	庚申	辛酉	壬戌	癸亥	甲子	乙丑	丙寅	丁卯
曜	화	수	목	금	토	일	월	화	수	목	금	토	일	월	화	수	목	금	토	일	월	화	수	목	금	토	일	월	화	수	목

9月

陽	1	2	3	4	5	6	7	8	9	10	11	12	13	14	15	16	17	18	19	20	21	22	23	24	25	26	27	28	29	30
陰	27	28	29	(8)대	2	3	4	5	6	7	8	9	10	11	12	13	14	15	16	17	18	19	20	21	22	23	24	25	26	27
干支	戊辰	己巳	庚午	辛未	壬申	癸酉	甲戌	乙亥	丙子	丁丑	戊寅	己卯	庚辰	辛巳	壬午	癸未	甲申	乙酉	丙戌	丁亥	戊子	己丑	庚寅	辛卯	壬辰	癸巳	甲午	乙未	丙申	丁酉
曜	금	토	일	월	화	수	목	금	토	일	월	화	수	목	금	토	일	월	화	수	목	금	토	일	월	화	수	목	금	토

10月

陽	1	2	3	4	5	6	7	8	9	10	11	12	13	14	15	16	17	18	19	20	21	22	23	24	25	26	27	28	29	30	31
陰	28	29	30	(9)소	2	3	4	5	6	7	8	9	10	11	12	13	14	15	16	17	18	19	20	21	22	23	24	25	26	27	28
干支	戊戌	己亥	庚子	辛丑	壬寅	癸卯	甲辰	乙巳	丙午	丁未	戊申	己酉	庚戌	辛亥	壬子	癸丑	甲寅	乙卯	丙辰	丁巳	戊午	己未	庚申	辛酉	壬戌	癸亥	甲子	乙丑	丙寅	丁卯	戊辰
曜	일	월	화	수	목	금	토	일	월	화	수	목	금	토	일	월	화	수	목	금	토	일	월	화	수	목	금	토	일	월	화

11月

陽	1	2	3	4	5	6	7	8	9	10	11	12	13	14	15	16	17	18	19	20	21	22	23	24	25	26	27	28	29	30
陰	29	(10)대	2	3	4	5	6	7	8	9	10	11	12	13	14	15	16	17	18	19	20	21	22	23	24	25	26	27	28	29
干支	己巳	庚午	辛未	壬申	癸酉	甲戌	乙亥	丙子	丁丑	戊寅	己卯	庚辰	辛巳	壬午	癸未	甲申	乙酉	丙戌	丁亥	戊子	己丑	庚寅	辛卯	壬辰	癸巳	甲午	乙未	丙申	丁酉	戊戌
曜	수	목	금	토	일	월	화	수	목	금	토	일	월	화	수	목	금	토	일	월	화	수	목	금	토	일	월	화	수	목

12月

陽	1	2	3	4	5	6	7	8	9	10	11	12	13	14	15	16	17	18	19	20	21	22	23	24	25	26	27	28	29	30	31
陰	30	(11)소	2	3	4	5	6	7	8	9	10	11	12	13	14	15	16	17	18	19	20	21	22	23	24	25	26	27	28	29	(12)대
干支	己亥	庚子	辛丑	壬寅	癸卯	甲辰	乙巳	丙午	丁未	戊申	己酉	庚戌	辛亥	壬子	癸丑	甲寅	乙卯	丙辰	丁巳	戊午	己未	庚申	辛酉	壬戌	癸亥	甲子	乙丑	丙寅	丁卯	戊辰	己巳
曜	금	토	일	월	화	수	목	금	토	일	월	화	수	목	금	토	일	월	화	수	목	금	토	일	월	화	수	목	금	토	일

丁未 (天河水)

西紀一九六七年 ● 檀紀四三〇〇年

舊平三百五十五日
新平三百六十五日

八日得辛 一龍治水
西喪門 巳弔客
卯大將軍 西三殺

三碧	一白	五黃
八白	六白	四綠
七赤	二黑	九紫

建月之大小	正月大 壬寅	二月大 癸卯	三月小 甲辰	四月大 乙巳	五月大 丙午	六月小 丁未	七月小 戊申	八月大 己酉	九月小 庚戌	十月大 辛亥	十一月小 壬子	十二月大 癸丑
日辰	甲子 甲寅 甲辰	甲午 甲申 甲戌	甲子 甲寅 甲辰	癸巳 癸未 癸酉	癸亥 癸丑 癸卯	癸巳 癸未 癸酉	壬戌 壬子 壬寅	辛卯 辛巳 辛未	辛酉 辛亥 辛丑	庚寅 庚辰 庚午	庚申 庚戌 庚子	己丑 己卯 己巳
月白	五黃	四綠	三碧	二黑	一白	九紫	八白	七赤	六白	五黃	四綠	三碧
入節	驚蟄廿六日己巳午後二時二十七分 雨水十一日甲寅午後四時十六分	清明廿六日己亥午後七時三十四分 春分十一日甲申午後三時三十六分	立夏廿七日庚午午後一時十七分 穀雨十二日乙卯午前二時五十三分	芒種廿九日辛丑午後五時四十七分 小滿十四日丙戌午前三時二十七分	夏至十五日丁巳午前十時四十分	大暑十六日戊子午後九時四十五分 小暑初一日癸酉午前四時十六分	處暑十九日庚申午前五時零分 立秋三日甲辰午後二時十六分	秋分廿一日辛卯午前二時四十三分 白露初五日乙亥午前五時十八分	霜降廿一日辛酉午前十一時五十七分 寒露初六日丙午午前八時五十八分	小雪廿二日辛酉午前九時七分 立冬初七日丙子午前十一時五十二分	冬至廿一日庚申午後十時十七分 大雪初七日丙午午前四時十八分	大寒廿二日庚寅午前三時二十七分 小寒初七日乙亥午後八時五十四分

◆雜 節◆

寒食	二月	廿七日	陽四月六日
土王	三月	初九日	陽四月十八日
初伏	六月	初八日	陽七月十五日
土王	六月	十三日	陽七月二十日
中伏	六月	十八日	陽七月二十五日
末伏	七月	初九日	陽八月十四日
土王	九月	十八日	陽十月二十一日
土王	十二月	十九日	陽一月十八日
臘享	十二月	廿七日	陽一月二十六日

1968 (4301. 戊申)

1月

陽	1	2	3	4	5	6	7	8	9	10	11	12	13	14	15	16	17	18	19	20	21	22	23	24	25	26	27	28	29	30	31
陰	2	3	4	5	6	7	8	9	10	11	12	13	14	15	16	17	18	19	20	21	22	23	24	25	26	27	28	29	30	①소	2
干支	庚午	辛未	壬申	癸酉	甲戌	乙亥	丙子	丁丑	戊寅	己卯	庚辰	辛巳	壬午	癸未	甲申	乙酉	丙戌	丁亥	戊子	己丑	庚寅	辛卯	壬辰	癸巳	甲午	乙未	丙申	丁酉	戊戌	己亥	庚子
曜	월	화	수	목	금	토	일	월	화	수	목	금	토	일	월	화	수	목	금	토	일	월	화	수	목	금	토	일	월	화	수

2月

陽	1	2	3	4	5	6	7	8	9	10	11	12	13	14	15	16	17	18	19	20	21	22	23	24	25	26	27	28	29
陰	3	4	5	6	7	8	9	10	11	12	13	14	15	16	17	18	19	20	21	22	23	24	25	26	27	28	29	②대	2
干支	辛丑	壬寅	癸卯	甲辰	乙巳	丙午	丁未	戊申	己酉	庚戌	辛亥	壬子	癸丑	甲寅	乙卯	丙辰	丁巳	戊午	己未	庚申	辛酉	壬戌	癸亥	甲子	乙丑	丙寅	丁卯	戊辰	己巳
曜	목	금	토	일	월	화	수	목	금	토	일	월	화	수	목	금	토	일	월	화	수	목	금	토	일	월	화	수	목

3月

陽	1	2	3	4	5	6	7	8	9	10	11	12	13	14	15	16	17	18	19	20	21	22	23	24	25	26	27	28	29	30	31
陰	3	4	5	6	7	8	9	10	11	12	13	14	15	16	17	18	19	20	21	22	23	24	25	26	27	28	29	30	③대	2	3
干支	庚午	辛未	壬申	癸酉	甲戌	乙亥	丙子	丁丑	戊寅	己卯	庚辰	辛巳	壬午	癸未	甲申	乙酉	丙戌	丁亥	戊子	己丑	庚寅	辛卯	壬辰	癸巳	甲午	乙未	丙申	丁酉	戊戌	己亥	庚子
曜	금	토	일	월	화	수	목	금	토	일	월	화	수	목	금	토	일	월	화	수	목	금	토	일	월	화	수	목	금	토	일

4月

陽	1	2	3	4	5	6	7	8	9	10	11	12	13	14	15	16	17	18	19	20	21	22	23	24	25	26	27	28	29	30
陰	4	5	6	7	8	9	10	11	12	13	14	15	16	17	18	19	20	21	22	23	24	25	26	27	28	29	30	④소	2	3
干支	辛丑	壬寅	癸卯	甲辰	乙巳	丙午	丁未	戊申	己酉	庚戌	辛亥	壬子	癸丑	甲寅	乙卯	丙辰	丁巳	戊午	己未	庚申	辛酉	壬戌	癸亥	甲子	乙丑	丙寅	丁卯	戊辰	己巳	庚午
曜	월	화	수	목	금	토	일	월	화	수	목	금	토	일	월	화	수	목	금	토	일	월	화	수	목	금	토	일	월	화

5月

陽	1	2	3	4	5	6	7	8	9	10	11	12	13	14	15	16	17	18	19	20	21	22	23	24	25	26	27	28	29	30	31
陰	4	5	6	7	8	9	10	11	12	13	14	15	16	17	18	19	20	21	22	23	24	25	26	27	28	29	⑤대	2	3	4	5
干支	辛未	壬申	癸酉	甲戌	乙亥	丙子	丁丑	戊寅	己卯	庚辰	辛巳	壬午	癸未	甲申	乙酉	丙戌	丁亥	戊子	己丑	庚寅	辛卯	壬辰	癸巳	甲午	乙未	丙申	丁酉	戊戌	己亥	庚子	辛丑
曜	수	목	금	토	일	월	화	수	목	금	토	일	월	화	수	목	금	토	일	월	화	수	목	금	토	일	월	화	수	목	금

6月

陽	1	2	3	4	5	6	7	8	9	10	11	12	13	14	15	16	17	18	19	20	21	22	23	24	25	26	27	28	29	30
陰	6	7	8	9	10	11	12	13	14	15	16	17	18	19	20	21	22	23	24	25	26	27	28	29	30	⑥소	2	3	4	5
干支	壬寅	癸卯	甲辰	乙巳	丙午	丁未	戊申	己酉	庚戌	辛亥	壬子	癸丑	甲寅	乙卯	丙辰	丁巳	戊午	己未	庚申	辛酉	壬戌	癸亥	甲子	乙丑	丙寅	丁卯	戊辰	己巳	庚午	辛未
曜	토	일	월	화	수	목	금	토	일	월	화	수	목	금	토	일	월	화	수	목	금	토	일	월	화	수	목	금	토	일

7月

陽	1	2	3	4	5	6	7	8	9	10	11	12	13	14	15	16	17	18	19	20	21	22	23	24	25	26	27	28	29	30	31
陰	6	7	8	9	10	11	12	13	14	15	16	17	18	19	20	21	22	23	24	25	26	27	28	29	⑦대	2	3	4	5	6	7
干支	壬申	癸酉	甲戌	乙亥	丙子	丁丑	戊寅	己卯	庚辰	辛巳	壬午	癸未	甲申	乙酉	丙戌	丁亥	戊子	己丑	庚寅	辛卯	壬辰	癸巳	甲午	乙未	丙申	丁酉	戊戌	己亥	庚子	辛丑	壬寅
曜	월	화	수	목	금	토	일	월	화	수	목	금	토	일	월	화	수	목	금	토	일	월	화	수	목	금	토	일	월	화	수

8月

陽	1	2	3	4	5	6	7	8	9	10	11	12	13	14	15	16	17	18	19	20	21	22	23	24	25	26	27	28	29	30	31
陰	8	9	10	11	12	13	14	15	16	17	18	19	20	21	22	23	24	25	26	27	28	29	30	⑦소	2	3	4	5	6	7	8
干支	癸卯	甲辰	乙巳	丙午	丁未	戊申	己酉	庚戌	辛亥	壬子	癸丑	甲寅	乙卯	丙辰	丁巳	戊午	己未	庚申	辛酉	壬戌	癸亥	甲子	乙丑	丙寅	丁卯	戊辰	己巳	庚午	辛未	壬申	癸酉
曜	목	금	토	일	월	화	수	목	금	토	일	월	화	수	목	금	토	일	월	화	수	목	금	토	일	월	화	수	목	금	토

9月

陽	1	2	3	4	5	6	7	8	9	10	11	12	13	14	15	16	17	18	19	20	21	22	23	24	25	26	27	28	29	30
陰	9	10	11	12	13	14	15	16	17	18	19	20	21	22	23	24	25	26	27	28	29	⑧대	2	3	4	5	6	7	8	9
干支	甲戌	乙亥	丙子	丁丑	戊寅	己卯	庚辰	辛巳	壬午	癸未	甲申	乙酉	丙戌	丁亥	戊子	己丑	庚寅	辛卯	壬辰	癸巳	甲午	乙未	丙申	丁酉	戊戌	己亥	庚子	辛丑	壬寅	癸卯
曜	일	월	화	수	목	금	토	일	월	화	수	목	금	토	일	월	화	수	목	금	토	일	월	화	수	목	금	토	일	월

10月

陽	1	2	3	4	5	6	7	8	9	10	11	12	13	14	15	16	17	18	19	20	21	22	23	24	25	26	27	28	29	30	31
陰	10	11	12	13	14	15	16	17	18	19	20	21	22	23	24	25	26	27	28	29	30	⑨소	2	3	4	5	6	7	8	9	10
干支	甲辰	乙巳	丙午	丁未	戊申	己酉	庚戌	辛亥	壬子	癸丑	甲寅	乙卯	丙辰	丁巳	戊午	己未	庚申	辛酉	壬戌	癸亥	甲子	乙丑	丙寅	丁卯	戊辰	己巳	庚午	辛未	壬申	癸酉	甲戌
曜	화	수	목	금	토	일	월	화	수	목	금	토	일	월	화	수	목	금	토	일	월	화	수	목	금	토	일	월	화	수	목

11月

陽	1	2	3	4	5	6	7	8	9	10	11	12	13	14	15	16	17	18	19	20	21	22	23	24	25	26	27	28	29	30
陰	11	12	13	14	15	16	17	18	19	20	21	22	23	24	25	26	27	28	29	⑩대	2	3	4	5	6	7	8	9	10	11
干支	乙亥	丙子	丁丑	戊寅	己卯	庚辰	辛巳	壬午	癸未	甲申	乙酉	丙戌	丁亥	戊子	己丑	庚寅	辛卯	壬辰	癸巳	甲午	乙未	丙申	丁酉	戊戌	己亥	庚子	辛丑	壬寅	癸卯	甲辰
曜	금	토	일	월	화	수	목	금	토	일	월	화	수	목	금	토	일	월	화	수	목	금	토	일	월	화	수	목	금	토

12月

陽	1	2	3	4	5	6	7	8	9	10	11	12	13	14	15	16	17	18	19	20	21	22	23	24	25	26	27	28	29	30	31
陰	12	13	14	15	16	17	18	19	20	21	22	23	24	25	26	27	28	29	30	⑪소	2	3	4	5	6	7	8	9	10	11	12
干支	乙巳	丙午	丁未	戊申	己酉	庚戌	辛亥	壬子	癸丑	甲寅	乙卯	丙辰	丁巳	戊午	己未	庚申	辛酉	壬戌	癸亥	甲子	乙丑	丙寅	丁卯	戊辰	己巳	庚午	辛未	壬申	癸酉	甲戌	乙亥
曜	일	월	화	수	목	금	토	일	월	화	수	목	금	토	일	월	화	수	목	금	토	일	월	화	수	목	금	토	일	월	화

戊申 (大驛土)

西紀一九六八年●檀紀四三〇一年

舊閏三百八十四日 新閏三百六十六日

三日得辛 六龍治水
戊喪門 午吊客
午大將軍 南三殺

二黑	九紫	四綠
七赤	五黃	三碧
六白	一白	八白

月之大小	正月小 甲寅	二月大 乙卯	三月大 丙辰	四月小 丁巳	五月大 戊午	六月小 己未	七月大 庚申	七閏月小	八月大 辛酉	九月小 壬戌	十月大 癸亥	十一月小 甲子	十二月大 乙丑
日辰	己未 己酉 己亥	戊子 戊寅 戊辰	戊午 戊申 戊戌	戊子 戊寅 戊辰	丁巳 丁未 丁酉	丁亥 丁丑 丁卯	丙辰 丙午 丙申	丙戌 丙子 丙寅	乙卯 乙巳 乙未	乙酉 乙亥 乙丑	甲寅 甲辰 甲午	甲申 甲戌 甲子	癸丑 癸卯 癸巳
月白	二黑	一白	九紫	八白	七赤	六白	五黃	五黃	四綠	三碧	二黑	一白	九紫
入節	立春 初七日 乙巳 午前 三時八分 / 雨水 廿一日 己未 午後 十一時九分	驚蟄 初七日 甲戌 午後 九時十八分 / 春分 廿二日 己丑 午後 十時二十二分	清明 初八日 乙巳 午前 二時二十一分 / 穀雨 廿三日 庚申 午前 九時四十一分	立夏 初八日 甲戌 午後 七時五十六分 / 小滿 廿四日 庚寅 午前 九時六分	芒種 十一日 丁未 午前 零時十九分 / 夏至 廿六日 壬戌 午後 十時十三分	小暑 十二日 戊寅 午前 十時四十二分 / 大暑 廿八日 甲午 午前 四時七分	立秋 十四日 己酉 午後 八時二十七分 / 處暑 三十日 乙丑 午前 十一時三分	白露 十五日 庚辰 午後 十一時十二分	秋分 初二日 丙申 午前 八時二十六分 / 寒露 十七日 辛亥 午後 二時三十五分	霜降 初二日 丙寅 午後 五時三十分 / 立冬 十七日 辛巳 午後 五時三十分	小雪 初三日 丙申 午後 二時四十九分 / 大雪 十八日 辛亥 午前 十時九分	冬至 初三日 丙寅 午前 四時零分 / 小寒 十八日 辛巳 午後 九時十七分	大寒 初四日 丙申 午後 一時五十五分 / 立春 十八日 庚戌 午前 八時四分

◆雜 節◆

寒食	土王	初伏	土王	中伏	末伏	土王	土王	臘享
三月初八日	三月二十日	六月廿四日	六月廿五日	七月初五日	七月十五日	八月廿九日	十一月初一日	十二月初三日
陽四月五日	陽四月十七日	陽七月十九日	陽七月二十日	陽七月三十日	陽八月八日	陽十月二十日	陽一月十八日	陽一月二十日

1969 (4302. 己酉)

1月

陽	1	2	3	4	5	6	7	8	9	10	11	12	13	14	15	16	17	18	19	20	21	22	23	24	25	26	27	28	29	30	31
陰	13	14	15	16	17	18	19	20	21	22	23	24	25	26	27	28	29	⑫대	2	3	4	5	6	7	8	9	10	11	12	13	14
干支	丙子	丁丑	戊寅	己卯	庚辰	辛巳	壬午	癸未	甲申	乙酉	丙戌	丁亥	戊子	己丑	庚寅	辛卯	壬辰	癸巳	甲午	乙未	丙申	丁酉	戊戌	己亥	庚子	辛丑	壬寅	癸卯	甲辰	乙巳	丙午
曜	수	목	금	토	일	월	화	수	목	금	토	일	월	화	수	목	금	토	일	월	화	수	목	금	토	일	월	화	수	목	금

2月

陽	1	2	3	4	5	6	7	8	9	10	11	12	13	14	15	16	17	18	19	20	21	22	23	24	25	26	27	28
陰	15	16	17	18	19	20	21	22	23	24	25	26	27	28	29	30	①소	2	3	4	5	6	7	8	9	10	11	12
干支	丁未	戊申	己酉	庚戌	辛亥	壬子	癸丑	甲寅	乙卯	丙辰	丁巳	戊午	己未	庚申	辛酉	壬戌	癸亥	甲子	乙丑	丙寅	丁卯	戊辰	己巳	庚午	辛未	壬申	癸酉	甲戌
曜	토	일	월	화	수	목	금	토	일	월	화	수	목	금	토	일	월	화	수	목	금	토	일	월	화	수	목	금

3月

陽	1	2	3	4	5	6	7	8	9	10	11	12	13	14	15	16	17	18	19	20	21	22	23	24	25	26	27	28	29	30	31
陰	13	14	15	16	17	18	19	20	21	22	23	24	25	26	27	28	29	②대	2	3	4	5	6	7	8	9	10	11	12	13	14
干支	乙亥	丙子	丁丑	戊寅	己卯	庚辰	辛巳	壬午	癸未	甲申	乙酉	丙戌	丁亥	戊子	己丑	庚寅	辛卯	壬辰	癸巳	甲午	乙未	丙申	丁酉	戊戌	己亥	庚子	辛丑	壬寅	癸卯	甲辰	乙巳
曜	토	일	월	화	수	목	금	토	일	월	화	수	목	금	토	일	월	화	수	목	금	토	일	월	화	수	목	금	토	일	월

4月

陽	1	2	3	4	5	6	7	8	9	10	11	12	13	14	15	16	17	18	19	20	21	22	23	24	25	26	27	28	29	30
陰	15	16	17	18	19	20	21	22	23	24	25	26	27	28	29	30	③소	2	3	4	5	6	7	8	9	10	11	12	13	14
干支	丙午	丁未	戊申	己酉	庚戌	辛亥	壬子	癸丑	甲寅	乙卯	丙辰	丁巳	戊午	己未	庚申	辛酉	壬戌	癸亥	甲子	乙丑	丙寅	丁卯	戊辰	己巳	庚午	辛未	壬申	癸酉	甲戌	乙亥
曜	화	수	목	금	토	일	월	화	수	목	금	토	일	월	화	수	목	금	토	일	월	화	수	목	금	토	일	월	화	수

5月

陽	1	2	3	4	5	6	7	8	9	10	11	12	13	14	15	16	17	18	19	20	21	22	23	24	25	26	27	28	29	30	31
陰	15	16	17	18	19	20	21	22	23	24	25	26	27	28	29	④대	2	3	4	5	6	7	8	9	10	11	12	13	14	15	16
干支	丙子	丁丑	戊寅	己卯	庚辰	辛巳	壬午	癸未	甲申	乙酉	丙戌	丁亥	戊子	己丑	庚寅	辛卯	壬辰	癸巳	甲午	乙未	丙申	丁酉	戊戌	己亥	庚子	辛丑	壬寅	癸卯	甲辰	乙巳	丙午
曜	목	금	토	일	월	화	수	목	금	토	일	월	화	수	목	금	토	일	월	화	수	목	금	토	일	월	화	수	목	금	토

6月

陽	1	2	3	4	5	6	7	8	9	10	11	12	13	14	15	16	17	18	19	20	21	22	23	24	25	26	27	28	29	30
陰	17	18	19	20	21	22	23	24	25	26	27	28	29	30	⑤소	2	3	4	5	6	7	8	9	10	11	12	13	14	15	16
干支	丁未	戊申	己酉	庚戌	辛亥	壬子	癸丑	甲寅	乙卯	丙辰	丁巳	戊午	己未	庚申	辛酉	壬戌	癸亥	甲子	乙丑	丙寅	丁卯	戊辰	己巳	庚午	辛未	壬申	癸酉	甲戌	乙亥	丙子
曜	일	월	화	수	목	금	토	일	월	화	수	목	금	토	일	월	화	수	목	금	토	일	월	화	수	목	금	토	일	월

7月

陽	1	2	3	4	5	6	7	8	9	10	11	12	13	14	15	16	17	18	19	20	21	22	23	24	25	26	27	28	29	30	31
陰	17	18	19	20	21	22	23	24	25	26	27	28	29	⑥대	2	3	4	5	6	7	8	9	10	11	12	13	14	15	16	17	18
干支	丁丑	戊寅	己卯	庚辰	辛巳	壬午	癸未	甲申	乙酉	丙戌	丁亥	戊子	己丑	庚寅	辛卯	壬辰	癸巳	甲午	乙未	丙申	丁酉	戊戌	己亥	庚子	辛丑	壬寅	癸卯	甲辰	乙巳	丙午	丁未
曜	화	수	목	금	토	일	월	화	수	목	금	토	일	월	화	수	목	금	토	일	월	화	수	목	금	토	일	월	화	수	목

8月

陽	1	2	3	4	5	6	7	8	9	10	11	12	13	14	15	16	17	18	19	20	21	22	23	24	25	26	27	28	29	30	31
陰	19	20	21	22	23	24	25	26	27	28	29	30	⑦대	2	3	4	5	6	7	8	9	10	11	12	13	14	15	16	17	18	19
干支	戊申	己酉	庚戌	辛亥	壬子	癸丑	甲寅	乙卯	丙辰	丁巳	戊午	己未	庚申	辛酉	壬戌	癸亥	甲子	乙丑	丙寅	丁卯	戊辰	己巳	庚午	辛未	壬申	癸酉	甲戌	乙亥	丙子	丁丑	戊寅
曜	금	토	일	월	화	수	목	금	토	일	월	화	수	목	금	토	일	월	화	수	목	금	토	일	월	화	수	목	금	토	일

9月

陽	1	2	3	4	5	6	7	8	9	10	11	12	13	14	15	16	17	18	19	20	21	22	23	24	25	26	27	28	29	30
陰	20	21	22	23	24	25	26	27	28	29	30	⑧소	2	3	4	5	6	7	8	9	10	11	12	13	14	15	16	17	18	19
干支	己卯	庚辰	辛巳	壬午	癸未	甲申	乙酉	丙戌	丁亥	戊子	己丑	庚寅	辛卯	壬辰	癸巳	甲午	乙未	丙申	丁酉	戊戌	己亥	庚子	辛丑	壬寅	癸卯	甲辰	乙巳	丙午	丁未	戊申
曜	월	화	수	목	금	토	일	월	화	수	목	금	토	일	월	화	수	목	금	토	일	월	화	수	목	금	토	일	월	화

10月

陽	1	2	3	4	5	6	7	8	9	10	11	12	13	14	15	16	17	18	19	20	21	22	23	24	25	26	27	28	29	30	31
陰	20	21	22	23	24	25	26	27	28	29	⑨대	2	3	4	5	6	7	8	9	10	11	12	13	14	15	16	17	18	19	20	21
干支	己酉	庚戌	辛亥	壬子	癸丑	甲寅	乙卯	丙辰	丁巳	戊午	己未	庚申	辛酉	壬戌	癸亥	甲子	乙丑	丙寅	丁卯	戊辰	己巳	庚午	辛未	壬申	癸酉	甲戌	乙亥	丙子	丁丑	戊寅	己卯
曜	수	목	금	토	일	월	화	수	목	금	토	일	월	화	수	목	금	토	일	월	화	수	목	금	토	일	월	화	수	목	금

11月

陽	1	2	3	4	5	6	7	8	9	10	11	12	13	14	15	16	17	18	19	20	21	22	23	24	25	26	27	28	29	30
陰	22	23	24	25	26	27	28	29	30	⑩소	2	3	4	5	6	7	8	9	10	11	12	13	14	15	16	17	18	19	20	21
干支	庚辰	辛巳	壬午	癸未	甲申	乙酉	丙戌	丁亥	戊子	己丑	庚寅	辛卯	壬辰	癸巳	甲午	乙未	丙申	丁酉	戊戌	己亥	庚子	辛丑	壬寅	癸卯	甲辰	乙巳	丙午	丁未	戊申	己酉
曜	토	일	월	화	수	목	금	토	일	월	화	수	목	금	토	일	월	화	수	목	금	토	일	월	화	수	목	금	토	일

12月

陽	1	2	3	4	5	6	7	8	9	10	11	12	12	14	15	16	17	18	19	20	21	22	23	24	25	26	27	28	29	30	31
陰	22	23	24	25	26	27	28	29	⑪대	2	3	4	5	6	7	8	9	10	11	12	13	14	15	16	17	18	19	20	21	22	23
干支	庚戌	辛亥	壬子	癸丑	甲寅	乙卯	丙辰	丁巳	戊午	己未	庚申	辛酉	壬戌	癸亥	甲子	乙丑	丙寅	丁卯	戊辰	己巳	庚午	辛未	壬申	癸酉	甲戌	乙亥	丙子	丁丑	戊寅	己卯	庚辰
曜	월	화	수	목	금	토	일	월	화	수	목	금	토	일	월	화	수	목	금	토	일	월	화	수	목	금	토	일	월	화	수

西紀一九六九年●檀紀四三〇二年

己酉 (大驛土)

舊平三百五十四日
新平三百六十五日

九日得辛 六龍治水
亥喪門 未弔客
午大將軍 東三殺

一白	八白	三碧
六白	四綠	二黑
五黃	九紫	七赤

建月之大小	正月小 丙寅	二月大 丁卯	三月小 戊辰	四月大 己巳	五月小 庚午	六月大 辛未	七月大 壬申	八月小 癸酉	九月大 甲戌	十月小 乙亥	十一月大 丙子	十二月小 丁丑
日辰	癸未 癸酉 癸亥	壬子 壬寅 壬辰	壬午 壬申 壬戌	辛亥 辛丑 辛卯	辛巳 辛未 辛酉	庚戌 庚子 庚寅	庚辰 庚午 庚申	庚戌 庚子 庚寅	己卯 己巳 己未	己酉 己亥 己丑	戊寅 戊辰 戊午	戊申 戊戌 戊子
月白	八白	七赤	六白	五黃	四綠	三碧	二黑	一白	九紫	八白	七赤	六白
入節	驚蟄十八日庚辰午前三時十一分 / 雨水初三日乙丑午前四時五十五分	清明十九日庚戌午前八時十五分 / 春分初四日乙未午前四時八分	立夏二十日辛巳午前一時五十分 / 穀雨初四日乙丑午後三時二十七分	芒種廿二日壬子午前六時十一分 / 小滿初六日丙申午後二時五十分	小暑廿三日癸未午後四時三十二分 / 夏至初七日丁卯午後十時五十五分	立秋廿六日乙卯午前二時十四分 / 大暑初十日己亥午前九時四十八分	白露廿七日丙戌午前四時五十六分 / 處暑十一日庚午午後四時四十四分	寒露廿七日丙辰午後八時十七分 / 秋分十二日辛丑午後二時七分	立冬廿八日丙戌午後十一時十二分 / 霜降十三日辛未午後十一時十一分	大雪廿八日丙辰午後三時五十三分 / 小雪十三日辛丑午後八時三十一分	小寒廿八日乙酉午前三時二分 / 冬至十四日辛未午前九時四十四分	立春廿八日乙卯午後二時四十六分 / 大寒十三日庚子午後八時二十四分

◆雜 節◆

寒食	土王	初伏	土王	中伏	末伏	土王	土王	臘享
一月二十日	三月初一日	六月初一日	六月初七日	六月十一日	七月初一日	九月初十日	十二月初十日	十二月初八日
陽四月六日	陽四月十七日	陽七月十四日	陽七月二十日	陽七月二十四日	陽八月十三日	陽十月二十日	陽一月十七日	陽一月十五日

1970 (4303. 庚戌)

1月

陽	1	2	3	4	5	6	7	8	9	10	11	12	13	14	15	16	17	18	19	20	21	22	23	24	25	26	27	28	29	30	31
陰	24	25	26	27	28	29	30	⑫소	2	3	4	5	6	7	8	9	10	11	12	13	14	15	16	17	18	19	20	21	22	23	24
干支	辛巳	壬午	癸未	甲申	乙酉	丙戌	丁亥	戊子	己丑	庚寅	辛卯	壬辰	癸巳	甲午	乙未	丙申	丁酉	戊戌	己亥	庚子	辛丑	壬寅	癸卯	甲辰	乙巳	丙午	丁未	戊申	己酉	庚戌	辛亥
曜	목	금	토	일	월	화	수	목	금	토	일	월	화	수	목	금	토	일	월	화	수	목	금	토	일	월	화	수	목	금	토

2月

陽	1	2	3	4	5	6	7	8	9	10	11	12	13	14	15	16	17	18	19	20	21	22	23	24	25	26	27	28
陰	25	26	27	28	29	①대	2	3	4	5	6	7	8	9	10	11	12	13	14	15	16	17	18	19	20	21	22	23
干支	壬子	癸丑	甲寅	乙卯	丙辰	丁巳	戊午	己未	庚申	辛酉	壬戌	癸亥	甲子	乙丑	丙寅	丁卯	戊辰	己巳	庚午	辛未	壬申	癸酉	甲戌	乙亥	丙子	丁丑	戊寅	己卯
曜	일	월	화	수	목	금	토	일	월	화	수	목	금	토	일	월	화	수	목	금	토	일	월	화	수	목	금	토

3

陽	1	2	3	4	5	6	7	8	9	10	11	12	13	14	15	16	17	18	19	20	21	22	23	24	25	26	27	28	29	30	31
陰	24	25	26	27	28	29	30	②소	2	3	4	5	6	7	8	9	10	11	12	13	14	15	16	17	18	19	20	21	22	23	24
干支	庚辰	辛巳	壬午	癸未	甲申	乙酉	丙戌	丁亥	戊子	己丑	庚寅	辛卯	壬辰	癸巳	甲午	乙未	丙申	丁酉	戊戌	己亥	庚子	辛丑	壬寅	癸卯	甲辰	乙巳	丙午	丁未	戊申	己酉	庚戌
曜	일	월	화	수	목	금	토	일	월	화	수	목	금	토	일	월	화	수	목	금	토	일	월	화	수	목	금	토	일	월	화

4月

陽	1	2	3	4	5	6	7	8	9	10	11	12	13	14	15	16	17	18	19	20	21	22	23	24	25	26	27	28	29	30
陰	25	26	27	28	29	③소	2	3	4	5	6	7	8	9	10	11	12	13	14	15	16	17	18	19	20	21	22	23	24	25
干支	辛亥	壬子	癸丑	甲寅	乙卯	丙辰	丁巳	戊午	己未	庚申	辛酉	壬戌	癸亥	甲子	乙丑	丙寅	丁卯	戊辰	己巳	庚午	辛未	壬申	癸酉	甲戌	乙亥	丙子	丁丑	戊寅	己卯	庚辰
曜	수	목	금	토	일	월	화	수	목	금	토	일	월	화	수	목	금	토	일	월	화	수	목	금	토	일	월	화	수	목

5月

陽	1	2	3	4	5	6	7	8	9	10	11	12	13	14	15	16	17	18	19	20	21	22	23	24	25	26	27	28	29	30	31
陰	26	27	28	29	④대	2	3	4	5	6	7	8	9	10	11	12	13	14	15	16	17	18	19	20	21	22	23	24	25	26	27
干支	辛巳	壬午	癸未	甲申	乙酉	丙戌	丁亥	戊子	己丑	庚寅	辛卯	壬辰	癸巳	甲午	乙未	丙申	丁酉	戊戌	己亥	庚子	辛丑	壬寅	癸卯	甲辰	乙巳	丙午	丁未	戊申	己酉	庚戌	辛亥
曜	금	토	일	월	화	수	목	금	토	일	월	화	수	목	금	토	일	월	화	수	목	금	토	일	월	화	수	목	금	토	일

6月

陽	1	2	3	4	5	6	7	8	9	10	11	12	13	14	15	16	17	18	19	20	21	22	23	24	25	26	27	28	29	30
陰	28	29	30	⑤대	2	3	4	5	6	7	8	9	10	11	12	13	14	15	16	17	18	19	20	21	22	23	24	25	26	27
干支	壬子	癸丑	甲寅	乙卯	丙辰	丁巳	戊午	己未	庚申	辛酉	壬戌	癸亥	甲子	乙丑	丙寅	丁卯	戊辰	己巳	庚午	辛未	壬申	癸酉	甲戌	乙亥	丙子	丁丑	戊寅	己卯	庚辰	辛巳
曜	월	화	수	목	금	토	일	월	화	수	목	금	토	일	월	화	수	목	금	토	일	월	화	수	목	금	토	일	월	화

7月

陽	1	2	3	4	5	6	7	8	9	10	11	12	13	14	15	16	17	18	19	20	21	22	23	24	25	26	27	28	29	30	31
陰	28	29	30	⑥소	2	3	4	5	6	7	8	9	10	11	12	13	14	15	16	17	18	19	20	21	22	23	24	25	26	27	28
干支	壬午	癸未	甲申	乙酉	丙戌	丁亥	戊子	己丑	庚寅	辛卯	壬辰	癸巳	甲午	乙未	丙申	丁酉	戊戌	己亥	庚子	辛丑	壬寅	癸卯	甲辰	乙巳	丙午	丁未	戊申	己酉	庚戌	辛亥	壬子
曜	수	목	금	토	일	월	화	수	목	금	토	일	월	화	수	목	금	토	일	월	화	수	목	금	토	일	월	화	수	목	금

8月

陽	1	2	3	4	5	6	7	8	9	10	11	12	13	14	15	16	17	18	19	20	21	22	23	24	25	26	27	28	29	30	31
陰	29	⑦대	2	3	4	5	6	7	8	9	10	11	12	13	14	15	16	17	18	19	20	21	22	23	24	25	26	27	28	29	30
干支	癸丑	甲寅	乙卯	丙辰	丁巳	戊午	己未	庚申	辛酉	壬戌	癸亥	甲子	乙丑	丙寅	丁卯	戊辰	己巳	庚午	辛未	壬申	癸酉	甲戌	乙亥	丙子	丁丑	戊寅	己卯	庚辰	辛巳	壬午	癸未
曜	토	일	월	화	수	목	금	토	일	월	화	수	목	금	토	일	월	화	수	목	금	토	일	월	화	수	목	금	토	일	월

9月

陽	1	2	3	4	5	6	7	8	9	10	11	12	13	14	15	16	17	18	19	20	21	22	23	24	25	26	27	28	29	30
陰	⑧소	2	3	4	5	6	7	8	9	10	11	12	13	14	15	16	17	18	19	20	21	22	23	24	25	26	27	28	29	⑨대
甲支	甲申	乙酉	丙戌	丁亥	戊子	己丑	庚寅	辛卯	壬辰	癸巳	甲午	乙未	丙申	丁酉	戊戌	己亥	庚子	辛丑	壬寅	癸卯	甲辰	乙巳	丙午	丁未	戊申	己酉	庚戌	辛亥	壬子	癸丑
曜	화	수	목	금	토	일	월	화	수	목	금	토	일	월	화	수	목	금	토	일	월	화	수	목	금	토	일	월	화	수

10月

陽	1	2	3	4	5	6	7	8	9	10	11	12	13	14	15	16	17	18	19	20	21	22	23	24	25	26	27	28	29	30	31
陰	2	3	4	5	6	7	8	9	10	11	12	13	14	15	16	17	18	19	20	21	22	23	24	25	26	27	28	29	30	⑩대	2
干支	甲寅	乙卯	丙辰	丁巳	戊午	己未	庚申	辛酉	壬戌	癸亥	甲子	乙丑	丙寅	丁卯	戊辰	己巳	庚午	辛未	壬申	癸酉	甲戌	乙亥	丙子	丁丑	戊寅	己卯	庚辰	辛巳	壬午	癸未	甲申
曜	목	금	토	일	월	화	수	목	금	토	일	월	화	수	목	금	토	일	월	화	수	목	금	토	일	월	화	수	목	금	토

11月

陽	1	2	3	4	5	6	7	8	9	10	11	12	13	14	15	16	17	18	19	20	21	22	23	24	25	26	27	28	29	30
陰	3	4	5	6	7	8	9	10	11	12	13	14	15	16	17	18	19	20	21	22	23	24	25	26	27	28	29	30	⑪소	2
干支	乙酉	丙戌	丁亥	戊子	己丑	庚寅	辛卯	壬辰	癸巳	甲午	乙未	丙申	丁酉	戊戌	己亥	庚子	辛丑	壬寅	癸卯	甲辰	乙巳	丙午	丁未	戊申	己酉	庚戌	辛亥	壬子	癸丑	甲寅
曜	일	월	화	수	목	금	토	일	월	화	수	목	금	토	일	월	화	수	목	금	토	일	월	화	수	목	금	토	일	월

12月

陽	1	2	3	4	5	6	7	8	9	10	11	12	13	14	15	16	17	18	19	20	21	22	23	24	25	26	27	28	29	30	31
陰	3	4	5	6	7	8		10	11	12	13	14	15	16	17	18	19	20	21	22	23	24	25	26	27	28	29	⑫대	2	3	4
干支	乙卯	丙辰	丁巳	戊午	己未	庚申	辛酉	壬戌	癸亥	甲子	乙丑	丙寅	丁卯	戊辰	己巳	庚午	辛未	壬申	癸酉	甲戌	乙亥	丙子	丁丑	戊寅	己卯	庚辰	辛巳	壬午	癸未	甲申	乙酉
曜	화	수	목	금	토	일	월	화	수	목	금	토	일	월	화	수	목	금	토	일	월	화	수	목	금	토	일	월	화	수	목

庚戌 (釵釧金)

舊平 三百五十五日
新平 三百六十五日
西紀 一九七〇年 ● 檀紀 四三〇三年

日得辛 十二龍治水
子 喪門 申 吊客
午 大將軍 北 三殺

二黑	七赤	九紫
一白	三碧	五黃
六白	八白	四綠

建月之大小	正月大 戊寅	二月小 己卯	三月小 庚辰	四月大 辛巳	五月大 壬午	六月小 癸未	七月大 甲申	八月小 乙酉	九月大 丙戌	十月大 丁亥	十一月小 戊子	十二月大 己丑
日辰	丁丑 丁卯 丁巳	丁未 丁酉 丁亥	丙子 丙寅 丙辰	乙巳 乙未 乙酉	乙亥 乙丑 乙卯	乙巳 乙未 乙酉	甲戌 甲子 甲寅	甲辰 甲午 甲申	癸酉 癸亥 癸丑	癸卯 癸巳 癸未	癸酉 癸亥 癸丑	壬寅 壬辰 壬午
月白	五黃	四綠	三碧	二黑	一白	九紫	八白	七赤	六白	五黃	四綠	三碧
入節	驚蟄 廿九日 乙酉 午前 八時 五十九分 / 雨水 十四日 庚午 午前 十時 四十二分	清明 廿九日 乙卯 午後 二時 二分 / 春分 十四日 庚子 午前 九時 五十六分	穀雨 十五日 庚午 午後 九時 十五分	小滿 十七日 辛丑 午後 八時 三十七分 / 立夏 初二日 丙戌 午前 七時 三十四分	夏至 十九日 癸酉 午前 四時 四十三分 / 芒種 初三日 丁巳 午前 十一時 五十二分	大暑 二十日 甲辰 午後 三時 三十七分 / 小暑 初四日 戊子 午後 十一時 十一分	處暑 廿二日 乙亥 午後 十時 三十四分 / 立秋 初七日 庚申 午前 七時 五十四分	秋分 廿三日 丙午 午後 七時 五十九分 / 白露 初八日 辛卯 午前 十時 三十分	霜降 廿五日 丁未 午前 五時 五分 / 寒露 初十日 壬戌 午前 二時 二分	小雪 廿五日 丁未 午前 二時 二十五分 / 立冬 初十日 壬辰 午前 四時 五十八分	冬至 廿四日 丙子 午後 三時 三十六分 / 大雪 初九日 辛酉 午後 九時 三十八分	大寒 廿四日 乙巳 午前 一時 四十九分 / 小寒 初十日 辛卯 午前 八時 二十六分

◆雜 節◆

寒食	土王	初伏	土王	中伏	末伏	土王	土王	臘享
三月 初一日	三月 十二日	六月 十六日	六月 十七日	六月 廿六日	七月 初七日	九月 廿二日	十二月 廿一日	十二月 廿六日
陽 四月 六日	陽 四月 十七日	陽 七月 十九日	陽 七月 二十日	陽 七月 二十九日	陽 八月 八日	陽 十月 二十一日	陽 一月 十七日	陽 一月 二十二日

1971 (4304. 辛亥)

1月

陽	1	2	3	4	5	6	7	8	9	10	11	12	13	14	15	16	17	18	19	20	21	22	23	24	25	26	27	28	29	30	31
陰	5	6	7	8	9	10	11	12	13	14	15	16	17	18	19	20	21	22	23	24	25	26	27	28	29	30	①소	2	3	4	5
干支	丙戌	丁亥	戊子	己丑	庚寅	辛卯	壬辰	癸巳	甲午	乙未	丙申	丁酉	戊戌	己亥	庚子	辛丑	壬寅	癸卯	甲辰	乙巳	丙午	丁未	戊申	己酉	庚戌	辛亥	壬子	癸丑	甲寅	乙卯	丙辰
曜	금	토	일	월	화	수	목	금	토	일	월	화	수	목	금	토	일	월	화	수	목	금	토	일	월	화	수	목	금	토	일

2月

陽	1	2	3	4	5	6	7	8	9	10	11	12	13	14	15	16	17	18	19	20	21	22	23	24	25	26	27	28
陰	6	7	8	9	10	11	12	13	14	15	16	17	18	19	20	21	22	23	24	25	26	27	28	29	②대	2	3	4
干支	丁巳	戊午	己未	庚申	辛酉	壬戌	癸亥	甲子	乙丑	丙寅	丁卯	戊辰	己巳	庚午	辛未	壬申	癸酉	甲戌	乙亥	丙子	丁丑	戊寅	己卯	庚辰	辛巳	壬午	癸未	甲申
曜	월	화	수	목	금	토	일	월	화	수	목	금	토	일	월	화	수	목	금	토	일	월	화	수	목	금	토	일

3月

陽	1	2	3	4	5	6	7	8	9	10	11	12	13	14	15	16	17	18	19	20	21	22	23	24	25	26	27	28	29	30	31
陰	5	6	7	8	9	10	11	12	13	14	15	16	17	18	19	20	21	22	23	24	25	26	27	28	29	30	③소	2	3	4	5
干支	乙酉	丙戌	丁亥	戊子	己丑	庚寅	辛卯	壬辰	癸巳	甲午	乙未	丙申	丁酉	戊戌	己亥	庚子	辛丑	壬寅	癸卯	甲辰	乙巳	丙午	丁未	戊申	己酉	庚戌	辛亥	壬子	癸丑	甲寅	乙卯
曜	월	화	수	목	금	토	일	월	화	수	목	금	토	일	월	화	수	목	금	토	일	월	화	수	목	금	토	일	월	화	수

4月

陽	1	2	3	4	5	6	7	8	9	10	11	12	13	14	15	16	17	18	19	20	21	22	23	24	25	26	27	28	29	30
陰	6	7	8	9	10	11	12	13	14	15	16	17	18	19	20	21	22	23	24	25	26	27	28	29	④소	2	3	4	5	6
干支	丙辰	丁巳	戊午	己未	庚申	辛酉	壬戌	癸亥	甲子	乙丑	丙寅	丁卯	戊辰	己巳	庚午	辛未	壬申	癸酉	甲戌	乙亥	丙子	丁丑	戊寅	己卯	庚辰	辛巳	壬午	癸未	甲申	乙酉
曜	목	금	토	일	월	화	수	목	금	토	일	월	화	수	목	금	토	일	월	화	수	목	금	토	일	월	화	수	목	금

5月

陽	1	2	3	4	5	6	7	8	9	10	11	12	13	14	15	16	17	18	19	20	21	22	23	24	25	26	27	28	29	30	31
陰	7	8	9	10	11	12	13	14	15	16	17	18	19	20	21	22	23	24	25	26	27	28	29	⑤대	2	3	4	5	6	7	8
干支	丙戌	丁亥	戊子	己丑	庚寅	辛卯	壬辰	癸巳	甲午	乙未	丙申	丁酉	戊戌	己亥	庚子	辛丑	壬寅	癸卯	甲辰	乙巳	丙午	丁未	戊申	己酉	庚戌	辛亥	壬子	癸丑	甲寅	乙卯	丙辰
曜	토	일	월	화	수	목	금	토	일	월	화	수	목	금	토	일	월	화	수	목	금	토	일	월	화	수	목	금	토	일	월

6月

陽	1	2	3	4	5	6	7	8	9	10	11	12	13	14	15	16	17	18	19	20	21	22	23	24	25	26	27	28	29	30
陰	9	10	11	12	13	14	15	16	17	18	19	20	21	22	23	24	25	26	27	28	29	30	⑤소	2	3	4	5	6	7	8
干支	丁巳	戊午	己未	庚申	辛酉	壬戌	癸亥	甲子	乙丑	丙寅	丁卯	戊辰	己巳	庚午	辛未	壬申	癸酉	甲戌	乙亥	丙子	丁丑	戊寅	己卯	庚辰	辛巳	壬午	癸未	甲申	乙酉	丙戌
曜	화	수	목	금	토	일	월	화	수	목	금	토	일	월	화	수	목	금	토	일	월	화	수	목	금	토	일	월	화	수

7月

陽	1	2	3	4	5	6	7	8	9	10	11	12	13	14	15	16	17	18	19	20	21	22	23	24	25	26	27	28	29	30	31
陰	9	10	11	12	13	14	15	16	17	18	19	20	21	22	23	24	25	26	27	28	29	⑥대	2	3	4	5	6	7	8	9	10
干支	丁亥	戊子	己丑	庚寅	辛卯	壬辰	癸巳	甲午	乙未	丙申	丁酉	戊戌	己亥	庚子	辛丑	壬寅	癸卯	甲辰	乙巳	丙午	丁未	戊申	己酉	庚戌	辛亥	壬子	癸丑	甲寅	乙卯	丙辰	丁巳
曜	목	금	토	일	월	화	수	목	금	토	일	월	화	수	목	금	토	일	월	화	수	목	금	토	일	월	화	수	목	금	토

8月

陽	1	2	3	4	5	6	7	8	9	10	11	12	13	14	15	16	17	18	19	20	21	22	23	24	25	26	27	28	29	30	31
陰	11	12	13	14	15	16	17	18	19	20	21	22	23	24	25	26	27	28	29	30	⑦소	2	3	4	5	6	7	8	9	10	11
干支	戊午	己未	庚申	辛酉	壬戌	癸亥	甲子	乙丑	丙寅	丁卯	戊辰	己巳	庚午	辛未	壬申	癸酉	甲戌	乙亥	丙子	丁丑	戊寅	己卯	庚辰	辛巳	壬午	癸未	甲申	乙酉	丙戌	丁亥	戊子
曜	일	월	화	수	목	금	토	일	월	화	수	목	금	토	일	월	화	수	목	금	토	일	월	화	수	목	금	토	일	월	화

9月

陽	1	2	3	4	5	6	7	8	9	10	11	12	13	14	15	16	17	18	19	20	21	22	23	24	25	26	27	28	29	30
陰	12	13	14	15	16	17	18	19	20	21	22	23	24	25	26	27	28	29	⑧대	2	3	4	5	6	7	8	9	10	11	12
干支	己丑	庚寅	辛卯	壬辰	癸巳	甲午	乙未	丙申	丁酉	戊戌	己亥	庚子	辛丑	壬寅	癸卯	甲辰	乙巳	丙午	丁未	戊申	己酉	庚戌	辛亥	壬子	癸丑	甲寅	乙卯	丙辰	丁巳	戊午
曜	수	목	금	토	일	월	화	수	목	금	토	일	월	화	수	목	금	토	일	월	화	수	목	금	토	일	월	화	수	목

10月

陽	1	2	3	4	5	6	7	8	9	10	11	12	13	14	15	16	17	18	19	20	21	22	23	24	25	26	27	28	29	30	31
陰	13	14	15	16	17	18	19	20	21	22	23	24	25	26	27	28	29	30	⑨대	2	3	4	5	6	7	8	9	10	11	12	13
干支	己未	庚申	辛酉	壬戌	癸亥	甲子	乙丑	丙寅	丁卯	戊辰	己巳	庚午	辛未	壬申	癸酉	甲戌	乙亥	丙子	丁丑	戊寅	己卯	庚辰	辛巳	壬午	癸未	甲申	乙酉	丙戌	丁亥	戊子	己丑
曜	금	토	일	월	화	수	목	금	토	일	월	화	수	목	금	토	일	월	화	수	목	금	토	일	월	화	수	목	금	토	일

11月

陽	1	2	3	4	5	6	7	8	9	10	11	12	13	14	15	16	17	18	19	20	21	22	23	24	25	26	27	28	29	30
陰	14	15	16	17	18	19	20	21	22	23	24	25	26	27	28	29	30	⑩대	2	3	4	5	6	7	8	9	10	11	12	13
干支	庚寅	辛卯	壬辰	癸巳	甲午	乙未	丙申	丁酉	戊戌	己亥	庚子	辛丑	壬寅	癸卯	甲辰	乙巳	丙午	丁未	戊申	己酉	庚戌	辛亥	壬子	癸丑	甲寅	乙卯	丙辰	丁巳	戊午	己未
曜	월	화	수	목	금	토	일	월	화	수	목	금	토	일	월	화	수	목	금	토	일	월	화	수	목	금	토	일	월	화

12月

陽	1	2	3	4	5	6	7	8	9	10	11	12	13	14	15	16	17	18	19	20	21	22	23	24	25	26	27	28	29	30	31
陰	14	15	16	17	18	19	20	21	22	23	24	25	26	27	28	29	30	⑪소	2	3	4	5	6	7	8	9	10	11	12	13	14
干支	庚申	辛酉	壬戌	癸亥	甲子	乙丑	丙寅	丁卯	戊辰	己巳	庚午	辛未	壬申	癸酉	甲戌	乙亥	丙子	丁丑	戊寅	己卯	庚辰	辛巳	壬午	癸未	甲申	乙酉	丙戌	丁亥	戊子	己丑	庚寅
曜	수	목	금	토	일	월	화	수	목	금	토	일	월	화	수	목	금	토	일	월	화	수	목	금	토	일	월	화	수	목	금

辛亥 (釵釧金)

舊閏三百八十四日 新平三百六十五日

西紀一九七一年●檀紀四三〇四年

十日得辛 五龍治水

丑喪門 酉弔客

酉大將軍 西三殺

八白	六白	一白
四綠	二黑	九紫
三碧	七赤	五黃

建月之大小	日辰	月白	入節
正月小 庚寅	壬申 壬戌 壬子	二黑	立春 初九日庚申午後八時二十六分 / 雨水 廿四日乙亥午後四時二十七分
二月大 辛卯	辛丑 辛卯 辛巳	一白	驚蟄 初十日庚寅午後二時三十五分 / 春分 廿五日乙巳午後三時三十八分
三月小 壬辰	辛未 辛酉 辛亥	九紫	清明 初十日庚申午後七時三十六分 / 穀雨 廿六日丙子午前二時五十四分
四月小 癸巳	庚子 庚寅 庚辰	八白	立夏 十二日辛卯午後一時八分 / 小滿 廿八日丁未午前二時十五分
五月大 甲午	己巳 己未 己酉	七赤	芒種 十四日壬戌午後五時二十九分 / 夏至 三十日戊寅午前十二時二十分
五閏月小	己亥 己丑 己卯	七赤	小暑 十六日甲午午前三時五十二分
六月大 乙未	戊辰 戊午 戊申	六白	大暑 初二日己酉午後九時十五分 / 立秋 十八日乙丑午後一時四十分
七月小 丙申	戊戌 戊子 戊寅	五黃	處暑 初四日辛巳午前四時十五分 / 白露 十九日丙申午後四時三十分
八月大 丁酉	丁卯 丁巳 丁未	四綠	秋分 初六日壬子午前一時四十五分 / 寒露 廿一日丁卯午前七時五十九分
九月大 戊戌	丁酉 丁亥 丁丑	三碧	霜降 初六日壬午午前十時五十三分 / 立冬 廿一日丁酉午前十時五十七分
十月大 己亥	丁卯 丁巳 丁未	二黑	小雪 初六日壬子午前八時十四分 / 大雪 廿一日丁卯午前三時三十六分
十一月小 庚子	丁酉 丁亥 丁丑	一白	冬至 初五日辛巳午後九時二十四分 / 小寒 二十日丙申午後二時四十二分
十二月大 辛丑	丙寅 丙辰 丙午	九紫	大寒 初六日辛亥午前七時五十九分 / 立春 廿一日丙寅午前二時二十二分

◆雜 節◆

臘享	土王	土王	末伏	中伏	土王	初伏	土王	寒食
十二月初二日	十二月初三日	九月初三日	六月廿三日	六月初三日	閏五月廿八日	閏五月廿二日	三月廿三日	三月十一日
陽一月十七日	陽一月十八日	陽十月二十一日	陽八月十三日	陽七月二十四日	陽七月二十日	陽七月十四日	陽四月十八日	陽四月六日

1972 (4305. 壬子)

1月

陽	1	2	3	4	5	6	7	8	9	10	11	12	13	14	15	16	17	18	19	20	21	22	23	24	25	26	27	28	29	30	31
陰	15	16	17	18	19	20	21	22	23	24	25	26	27	28	29	⑫대	2	3	4	5	6	7	8	9	10	11	12	13	14	15	16
干支	辛卯	壬辰	癸巳	甲午	乙未	丙申	丁酉	戊戌	己亥	庚子	辛丑	壬寅	癸卯	甲辰	乙巳	丙午	丁未	戊申	己酉	庚戌	辛亥	壬子	癸丑	甲寅	乙卯	丙辰	丁巳	戊午	己未	庚申	辛酉
曜	토	일	월	화	수	목	금	토	일	월	화	수	목	금	토	일	월	화	수	목	금	토	일	월	화	수	목	금	토	일	월

2月

陽	1	2	3	4	5	6	7	8	9	10	11	12	13	14	15	16	17	18	19	20	21	22	23	24	25	26	27	28	29
陰	17	18	19	20	21	22	23	24	25	26	27	28	29	30	①소	2	3	4	5	6	7	8	9	10	11	12	13	14	15
干支	壬戌	癸亥	甲子	乙丑	丙寅	丁卯	戊辰	己巳	庚午	辛未	壬申	癸酉	甲戌	乙亥	丙子	丁丑	戊寅	己卯	庚辰	辛巳	壬午	癸未	甲申	乙酉	丙戌	丁亥	戊子	己丑	庚寅
曜	화	수	목	금	토	일	월	화	수	목	금	토	일	월	화	수	목	금	토	일	월	화	수	목	금	토	일	월	화

3月

陽	1	2	3	4	5	6	7	8	9	10	11	12	13	14	15	16	17	18	19	20	21	22	23	24	25	26	27	28	29	30	31
陰	16	17	18	19	20	21	22	23	24	25	26	27	28	29	②대	2	3	4	5	6	7	8	9	10	11	12	13	14	15	16	17
干支	辛卯	壬辰	癸巳	甲午	乙未	丙申	丁酉	戊戌	己亥	庚子	辛丑	壬寅	癸卯	甲辰	乙巳	丙午	丁未	戊申	己酉	庚戌	辛亥	壬子	癸丑	甲寅	乙卯	丙辰	丁巳	戊午	己未	庚申	辛酉
曜	수	목	금	토	일	월	화	수	목	금	토	일	월	화	수	목	금	토	일	월	화	수	목	금	토	일	월	화	수	목	금

4月

陽	1	2	3	4	5	6	7	8	9	10	11	12	13	14	15	16	17	18	19	20	21	22	23	24	25	26	27	28	29	30
陰	18	19	20	21	22	23	24	25	26	27	28	29	30	③소	2	3	4	5	6	7	8	9	10	11	12	13	14	15	16	17
干支	壬戌	癸亥	甲子	乙丑	丙寅	丁卯	戊辰	己巳	庚午	辛未	壬申	癸酉	甲戌	乙亥	丙子	丁丑	戊寅	己卯	庚辰	辛巳	壬午	癸未	甲申	乙酉	丙戌	丁亥	戊子	己丑	庚寅	辛卯
曜	토	일	월	화	수	목	금	토	일	월	화	수	목	금	토	일	월	화	수	목	금	토	일	월	화	수	목	금	토	일

5月

陽	1	2	3	4	5	6	7	8	9	10	11	12	13	14	15	16	17	18	19	20	21	22	23	24	25	26	27	28	29	30	31
陰	18	19	20	21	22	23	24	25	26	27	28	29	④소	2	3	4	5	6	7	8	9	10	11	12	13	14	15	16	17	18	19
干支	壬辰	癸巳	甲午	乙未	丙申	丁酉	戊戌	己亥	庚子	辛丑	壬寅	癸卯	甲辰	乙巳	丙午	丁未	戊申	己酉	庚戌	辛亥	壬子	癸丑	甲寅	乙卯	丙辰	丁巳	戊午	己未	庚申	辛酉	壬戌
曜	월	화	수	목	금	토	일	월	화	수	목	금	토	일	월	화	수	목	금	토	일	월	화	수	목	금	토	일	월	화	수

6月

陽	1	2	3	4	5	6	7	8	9	10	11	12	13	14	15	16	17	18	19	20	21	22	23	24	25	26	27	28	29	30
陰	20	21	22	23	24	25	26	27	28	29	⑤대	2	3	4	5	6	7	8	9	10	11	12	13	14	15	16	17	18	19	20
干支	癸亥	甲子	乙丑	丙寅	丁卯	戊辰	己巳	庚午	辛未	壬申	癸酉	甲戌	乙亥	丙子	丁丑	戊寅	己卯	庚辰	辛巳	壬午	癸未	甲申	乙酉	丙戌	丁亥	戊子	己丑	庚寅	辛卯	壬辰
曜	목	금	토	일	월	화	수	목	금	토	일	월	화	수	목	금	토	일	월	화	수	목	금	토	일	월	화	수	목	금

7月

陽	1	2	3	4	5	6	7	8	9	10	11	12	13	14	15	16	17	18	19	20	21	22	23	24	25	26	27	28	29	30	31
陰	21	22	23	24	25	26	27	28	29	30	⑥소	2	3	4	5	6	7	8	9	10	11	12	13	14	15	16	17	18	19	20	21
干支	癸巳	甲午	乙未	丙申	丁酉	戊戌	己亥	庚子	辛丑	壬寅	癸卯	甲辰	乙巳	丙午	丁未	戊申	己酉	庚戌	辛亥	壬子	癸丑	甲寅	乙卯	丙辰	丁巳	戊午	己未	庚申	辛酉	壬戌	癸亥
曜	토	일	월	화	수	목	금	토	일	월	화	수	목	금	토	일	월	화	수	목	금	토	일	월	화	수	목	금	토	일	월

8月

陽	1	2	3	4	5	6	7	8	9	10	11	12	13	14	15	16	17	18	19	20	21	22	23	24	25	26	27	28	29	30	31
陰	22	23	24	25	26	27	28	29	⑦대	2	3	4	5	6	7	8	9	10	11	12	13	14	15	16	17	18	19	20	21	22	23
干支	甲子	乙丑	丙寅	丁卯	戊辰	己巳	庚午	辛未	壬申	癸酉	甲戌	乙亥	丙子	丁丑	戊寅	己卯	庚辰	辛巳	壬午	癸未	甲申	乙酉	丙戌	丁亥	戊子	己丑	庚寅	辛卯	壬辰	癸巳	甲午
曜	화	수	목	금	토	일	월	화	수	목	금	토	일	월	화	수	목	금	토	일	월	화	수	목	금	토	일	월	화	수	목

9月

陽	1	2	3	4	5	6	7	8	9	10	11	12	13	14	15	16	17	18	19	20	21	22	23	24	25	26	27	28	29	30
陰	24	25	26	27	28	29	30	⑧소	2	3	4	5	6	7	8	9	10	11	12	13	14	15	16	17	18	19	20	21	22	23
干支	乙未	丙申	丁酉	戊戌	己亥	庚子	辛丑	壬寅	癸卯	甲辰	乙巳	丙午	丁未	戊申	己酉	庚戌	辛亥	壬子	癸丑	甲寅	乙卯	丙辰	丁巳	戊午	己未	庚申	辛酉	壬戌	癸亥	甲子
曜	금	토	일	월	화	수	목	금	토	일	월	화	수	목	금	토	일	월	화	수	목	금	토	일	월	화	수	목	금	토

10月

陽	1	2	3	4	5	6	7	8	9	10	11	12	13	14	15	16	17	18	19	20	21	22	23	24	25	26	27	28	29	30	31
陰	24	25	26	27	28	29	⑨대	2	3	4	5	6	7	8	9	10	11	12	13	14	15	16	17	18	19	20	21	22	23	24	25
干支	乙丑	丙寅	丁卯	戊辰	己巳	庚午	辛未	壬申	癸酉	甲戌	乙亥	丙子	丁丑	戊寅	己卯	庚辰	辛巳	壬午	癸未	甲申	乙酉	丙戌	丁亥	戊子	己丑	庚寅	辛卯	壬辰	癸巳	甲午	乙未
曜	일	월	화	수	목	금	토	일	월	화	수	목	금	토	일	월	화	수	목	금	토	일	월	화	수	목	금	토	일	월	화

11月

陽	1	2	3	4	5	6	7	8	9	10	11	12	13	14	15	16	17	18	19	20	21	22	23	24	25	26	27	28	29	30
陰	26	27	28	29	30	⑩대	2	3	4	5	6	7	8	9	10	11	12	13	14	15	16	17	18	19	20	21	22	23	24	25
干支	丙申	丁酉	戊戌	己亥	庚子	辛丑	壬寅	癸卯	甲辰	乙巳	丙午	丁未	戊申	己酉	庚戌	辛亥	壬子	癸丑	甲寅	乙卯	丙辰	丁巳	戊午	己未	庚申	辛酉	壬戌	癸亥	甲子	乙丑
曜	수	목	금	토	일	월	화	수	목	금	토	일	월	화	수	목	금	토	일	월	화	수	목	금	토	일	월	화	수	목

12月

陽	1	2	3	4	5	6	7	8	9	10	11	12	13	14	15	16	17	18	19	20	21	22	23	24	25	26	27	28	29	30	31
陰	26	27	28	29	30	⑪대	2	3	4	5	6	7	8	9	10	11	12	13	14	15	16	17	18	19	20	21	22	23	24	25	26
干支	丙寅	丁卯	戊辰	己巳	庚午	辛未	壬申	癸酉	甲戌	乙亥	丙子	丁丑	戊寅	己卯	庚辰	辛巳	壬午	癸未	甲申	乙酉	丙戌	丁亥	戊子	己丑	庚寅	辛卯	壬辰	癸巳	甲午	乙未	丙申
曜	금	토	일	월	화	수	목	금	토	일	월	화	수	목	금	토	일	월	화	수	목	금	토	일	월	화	수	목	금	토	일

壬 (桑柘木)
舊 平 三百五十四日
新 閏 三百六十六日
西紀一九七二年●檀紀四三〇五年

六日得辛 五龍治水
寅 喪門 戌 吊客
酉 大將軍 南 三殺

七赤	五黃	九紫
三碧	一白	八白
二黑	六白	四綠

建月之大小	日辰	月白	入節
正月小 壬寅	丙申 丙戌 丙子	八白	驚蟄二十日乙未午後八時二十八分 / 雨水初五日庚辰午後十時十二分
二月大 癸卯	乙丑 乙卯 乙巳	七赤	淸明廿二日丙寅午前一時二十九分 / 春分初六日庚戌午後九時二十二分
三月小 甲辰	乙未 乙酉 乙亥	六白	立夏廿二日丙申午後七時一分 / 穀雨初七日辛巳午前八時三十七分
四月小 乙巳	甲子 甲寅 甲辰	五黃	芒種廿四日丁卯午後十一時二十二分 / 小滿初九日壬子午前七時五十九分
五月大 丙午	癸巳 癸未 癸酉	四綠	小暑廿七日己亥午前九時四十三分 / 夏至十一日癸未午後四時六分
六月小 丁未	癸亥 癸丑 癸卯	三碧	立秋廿八日庚午午後七時二十九分 / 大暑十三日乙卯午前三時三分
七月大 戊申	壬辰 壬午 壬申	二黑	白露三十日辛丑午後十時十五分 / 處暑十五日丙戌午前十時十三分
八月小 己酉	壬戌 壬子 壬寅	一白	秋分十六日丁巳午前七時三十三分
九月大 庚戌	辛卯 辛巳 辛未	九紫	霜降十七日丁亥午後四時四十二分 / 寒露初二日壬申午後一時四十二分
十月大 辛亥	辛酉 辛亥 辛丑	八白	小雪十七日丁巳午後二時三分 / 立冬初二日壬寅午後四時四十分
十一月大 壬子	辛卯 辛巳 辛未	七赤	冬至十七日丁亥午前十時十三分 / 大雪初二日壬申午前九時十九分
十二月小 癸丑	辛酉 辛亥 辛丑	六白	大寒十七日丁巳午後一時四十九分 / 小寒初二日壬寅午後八時二十六分

◆雜 節◆

雜節	陰	陽
臘享	十二月十九日	陽一月二十三日
土王	十二月十四日	陽一月十八日
土王	九月十四日	陽十月二十日
末伏	六月廿八日	陽八月七日
中伏	六月十八日	陽七月二十八日
土王	六月初九日	陽七月十九日
初伏	六月初八日	陽七月十八日
土王	三月初四日	陽四月十七日
寒食	二月廿二日	陽四月五日

1973 (4306. 癸丑)

1月

陽	1	2	3	4	5	6	7	8	9	10	11	12	13	14	15	16	17	18	19	20	21	22	23	24	25	26	27	28	29	30	31
陰	27	28	29	30	⑫소	2	3	4	5	6	7	8	9	10	11	12	13	14	15	16	17	18	19	20	21	22	23	24	25	26	27
干支	丁酉	戊戌	己亥	庚子	辛丑	壬寅	癸卯	甲辰	乙巳	丙午	丁未	戊申	己酉	庚戌	辛亥	壬子	癸丑	甲寅	乙卯	丙辰	丁巳	戊午	己未	庚申	辛酉	壬戌	癸亥	甲子	乙丑	丙寅	丁卯
曜	월	화	수	목	금	토	일	월	화	수	목	금	토	일	월	화	수	목	금	토	일	월	화	수	목	금	토	일	월	화	수

2月

陽	1	2	3	4	5	6	7	8	9	10	11	12	13	14	15	16	17	18	19	20	21	22	23	24	25	26	27	28
陰	28	29	①대	2	3	4	5	6	7	8	9	10	11	12	13	14	15	16	17	18	19	20	21	22	23	24	25	26
干支	戊辰	己巳	庚午	辛未	壬申	癸酉	甲戌	乙亥	丙子	丁丑	戊寅	己卯	庚辰	辛巳	壬午	癸未	甲申	乙酉	丙戌	丁亥	戊子	己丑	庚寅	辛卯	壬辰	癸巳	甲午	乙未
曜	목	금	토	일	월	화	수	목	금	토	일	월	화	수	목	금	토	일	월	화	수	목	금	토	일	월	화	수

3月

陽	1	2	3	4	5	6	7	8	9	10	11	12	13	14	15	16	17	18	19	20	21	22	23	24	25	26	27	28	29	30	31
陰	27	28	29	30	②소	2	3	4	5	6	7	8	9	10	11	12	13	14	15	16	17	18	19	20	21	22	23	24	25	26	27
干支	丙申	丁酉	戊戌	己亥	庚子	辛丑	壬寅	癸卯	甲辰	乙巳	丙午	丁未	戊申	己酉	庚戌	辛亥	壬子	癸丑	甲寅	乙卯	丙辰	丁巳	戊午	己未	庚申	辛酉	壬戌	癸亥	甲子	乙丑	丙寅
曜	목	금	토	일	월	화	수	목	금	토	일	월	화	수	목	금	토	일	월	화	수	목	금	토	일	월	화	수	목	금	토

4月

陽	1	2	3	4	5	6	7	8	9	10	11	12	13	14	15	16	17	18	19	20	21	22	23	24	25	26	27	28	29	30
陰	28	29	③대	2	3	4	5	6	7	8	9	10	11	12	13	14	15	16	17	18	19	20	21	22	23	24	25	26	27	28
干支	丁卯	戊辰	己巳	庚午	辛未	壬申	癸酉	甲戌	乙亥	丙子	丁丑	戊寅	己卯	庚辰	辛巳	壬午	癸未	甲申	乙酉	丙戌	丁亥	戊子	己丑	庚寅	辛卯	壬辰	癸巳	甲午	乙未	丙申
曜	일	월	화	수	목	금	토	일	월	화	수	목	금	토	일	월	화	수	목	금	토	일	월	화	수	목	금	토	일	월

5月

陽	1	2	3	4	5	6	7	8	9	10	11	12	13	14	15	16	17	18	19	20	21	22	23	24	25	26	27	28	29	30	31
陰	29	30	④소	2	3	4	5	6	7	8	9	10	11	12	13	14	15	16	17	18	19	20	21	22	23	24	25	26	27	28	29
干支	丁酉	戊戌	己亥	庚子	辛丑	壬寅	癸卯	甲辰	乙巳	丙午	丁未	戊申	己酉	庚戌	辛亥	壬子	癸丑	甲寅	乙卯	丙辰	丁巳	戊午	己未	庚申	辛酉	壬戌	癸亥	甲子	乙丑	丙寅	丁卯
曜	화	수	목	금	토	일	월	화	수	목	금	토	일	월	화	수	목	금	토	일	월	화	수	목	금	토	일	월	화	수	목

6月

陽	1	2	3	4	5	6	7	8	9	10	11	12	13	14	15	16	17	18	19	20	21	22	23	24	25	26	27	28	29	30
陰	⑤소	2	3	4	5	6	7	8	9	10	11	12	13	14	15	16	17	18	19	20	21	22	23	24	25	26	27	28	29	⑥대
干支	戊辰	己巳	庚午	辛未	壬申	癸酉	甲戌	乙亥	丙子	丁丑	戊寅	己卯	庚辰	辛巳	壬午	癸未	甲申	乙酉	丙戌	丁亥	戊子	己丑	庚寅	辛卯	壬辰	癸巳	甲午	乙未	丙申	丁酉
曜	금	토	일	월	화	수	목	금	토	일	월	화	수	목	금	토	일	월	화	수	목	금	토	일	월	화	수	목	금	토

7月

陽	1	2	3	4	5	6	7	8	9	10	11	12	13	14	15	16	17	18	19	20	21	22	23	24	25	26	27	28	29	30	31
陰	2	3	4	5	6	7	8	9	10	11	12	13	14	15	16	17	18	19	20	21	22	23	24	25	26	27	28	29	30	⑦소	2
干支	戊戌	己亥	庚子	辛丑	壬寅	癸卯	甲辰	乙巳	丙午	丁未	戊申	己酉	庚戌	辛亥	壬子	癸丑	甲寅	乙卯	丙辰	丁巳	戊午	己未	庚申	辛酉	壬戌	癸亥	甲子	乙丑	丙寅	丁卯	戊辰
曜	일	월	화	수	목	금	토	일	월	화	수	목	금	토	일	월	화	수	목	금	토	일	월	화	수	목	금	토	일	월	화

8月

陽	1	2	3	4	5	6	7	8	9	10	11	12	13	14	15	16	17	18	19	20	21	22	23	24	25	26	27	28	29	30	31
陰	3	4	5	6	7	8	9	10	11	12	13	14	15	16	17	18	19	20	21	22	23	24	25	26	27	28	29	⑧소	2	3	4
干支	己巳	庚午	辛未	壬申	癸酉	甲戌	乙亥	丙子	丁丑	戊寅	己卯	庚辰	辛巳	壬午	癸未	甲申	乙酉	丙戌	丁亥	戊子	己丑	庚寅	辛卯	壬辰	癸巳	甲午	乙未	丙申	丁酉	戊戌	己亥
曜	수	목	금	토	일	월	화	수	목	금	토	일	월	화	수	목	금	토	일	월	화	수	목	금	토	일	월	화	수	목	금

9月

陽	1	2	3	4	5	6	7	8	9	10	11	12	13	14	15	16	17	18	19	20	21	22	23	24	25	26	27	28	29	30
陰	5	6	7	8	9	10	11	12	13	14	15	16	17	18	19	20	21	22	23	24	25	26	27	28	29	⑨대	2	3	4	5
干支	庚子	辛丑	壬寅	癸卯	甲辰	乙巳	丙午	丁未	戊申	己酉	庚戌	辛亥	壬子	癸丑	甲寅	乙卯	丙辰	丁巳	戊午	己未	庚申	辛酉	壬戌	癸亥	甲子	乙丑	丙寅	丁卯	戊辰	己巳
曜	토	일	월	화	수	목	금	토	일	월	화	수	목	금	토	일	월	화	수	목	금	토	일	월	화	수	목	금	토	일

10月

陽	1	2	3	4	5	6	7	8	9	10	11	12	13	14	15	16	17	18	19	20	21	22	23	24	25	26	27	28	29	30	31
陰	6	7	8	9	10	11	12	13	14	15	16	17	18	19	20	21	22	23	24	25	26	27	28	29	30	⑩대	2	3	4	5	6
干支	庚午	辛未	壬申	癸酉	甲戌	乙亥	丙子	丁丑	戊寅	己卯	庚辰	辛巳	壬午	癸未	甲申	乙酉	丙戌	丁亥	戊子	己丑	庚寅	辛卯	壬辰	癸巳	甲午	乙未	丙申	丁酉	戊戌	己亥	庚子
曜	월	화	수	목	금	토	일	월	화	수	목	금	토	일	월	화	수	목	금	토	일	월	화	수	목	금	토	일	월	화	수

11月

陽	1	2	3	4	5	6	7	8	9	10	11	12	13	14	15	16	17	18	19	20	21	22	23	24	25	26	27	28	29	30
陰	7	8	9	10	11	12	13	14	15	16	17	18	19	20	21	22	23	24	25	26	27	28	29	30	⑪대	2	3	4	5	6
干支	辛丑	壬寅	癸卯	甲辰	乙巳	丙午	丁未	戊申	己酉	庚戌	辛亥	壬子	癸丑	甲寅	乙卯	丙辰	丁巳	戊午	己未	庚申	辛酉	壬戌	癸亥	甲子	乙丑	丙寅	丁卯	戊辰	己巳	庚午
曜	목	금	토	일	월	화	수	목	금	토	일	월	화	수	목	금	토	일	월	화	수	목	금	토	일	월	화	수	목	금

12月

陽	1	2	3	4	5	6	7	8	9	10	11	12	13	14	15	16	17	18	19	20	21	22	23	24	25	26	27	28	29	30	31
陰	7	8	9	10	11	12	13	14	15	16	17	18	19	20	21	22	23	24	25	26	27	28	29	30	⑫소	2	3	4	5	6	7
干支	辛未	壬申	癸酉	甲戌	乙亥	丙子	丁丑	戊寅	己卯	庚辰	辛巳	壬午	癸未	甲申	乙酉	丙戌	丁亥	戊子	己丑	庚寅	辛卯	壬辰	癸巳	甲午	乙未	丙申	丁酉	戊戌	己亥	庚子	辛丑
曜	토	일	월	화	수	목	금	토	일	월	화	수	목	금	토	일	월	화	수	목	금	토	일	월	화	수	목	금	토	일	월

癸丑 (桑柘木

舊平三百五十四日
新平三百六十五日

西紀一九七三年●檀紀四三〇六年

二日得辛　土龍治水
卯喪門　亥吊客
酉大將軍　東三殺

六白	四綠	八白
二黑	九紫	七赤
一白	五黃	三碧

建月之大小	正月大 甲寅	二月小 乙卯	三月大 丙辰	四月小 丁巳	五月小 戊午	六月大 己未	七月小 庚申	八月小 辛酉	九月大 壬戌	十月大 癸亥	十一月大 甲子	十二月小 乙丑
日辰	庚寅 庚辰 庚午	庚申 庚戌 庚子	己丑 己卯 己巳	己未 己酉 己亥	戊子 戊寅 戊辰	丁巳 丁未 丁酉	丁亥 丁丑 丁卯	丙辰 丙午 丙申	乙酉 乙亥 乙丑	乙卯 乙巳 乙未	乙酉 乙亥 乙丑	乙卯 乙巳 乙未
月白	五黃	四綠	三碧	二黑	一白	九紫	八白	七赤	六白	五黃	四綠	三碧
入節	立春初二日辛未午前八時四分 雨水十七日丙戌午前四時一分	驚蟄初二日辛丑午前二時十三分 春分十七日丙辰午前三時十三分	清明初三日辛未午前七時十四分 穀雨十八日丙戌午後二時三十分	立夏初四日壬寅午前零時四十六分 小滿十九日丁巳午後一時五十四分	芒種初六日癸酉午前五時七分 夏至廿一日戊子午後十時一分	小暑初八日甲辰午後三時二十七分 大暑廿四日庚申午前八時五十六分	立秋初十日丙子午前一時十三分 處暑廿五日辛卯午後三時五十四分	白露十二日丁未午前四時零分 秋分廿七日壬戌午後一時二十一分	寒露十三日丁丑午後七時二十八分 霜降廿八日壬辰午後十時三十分	立冬十三日丁未午後十時二十八分 小雪廿八日壬戌午後七時五十四分	大雪十三日丁丑午後三時十一分 冬至廿八日壬辰午前九時八分	小寒十二日丙午午前二時二十分 大寒廿七日辛酉午後七時四十六分

◆雜　節◆

寒食	三月	初四日	陽 四月 六日
土王	三月	十五日	陽 四月 十七日
初伏	六月	十四日	陽 七月 十三日
土王	六月	廿一日	陽 七月 二十日
中伏	六月	廿四日	陽 七月 廿三日
末伏	七月	十四日	陽 八月 十二日
土王	九月	廿五日	陽 十月 二十日
土王	十二月	廿四日	陽 一月 十七日
臘享	十二月	廿五日	陽 一月 十九日

1974 (4307. 甲寅)

1月

陽	1	2	3	4	5	6	7	8	9	10	11	12	13	14	15	16	17	18	19	20	21	22	23	24	25	26	27	28	29	30	31
陰	8	9	10	11	12	13	14	15	16	17	18	19	20	21	22	23	24	25	26	27	28	29	①대	2	3	4	5	6	7	8	9
干支	壬寅	癸卯	甲辰	乙巳	丙午	丁未	戊申	己酉	庚戌	辛亥	壬子	癸丑	甲寅	乙卯	丙辰	丁巳	戊午	己未	庚申	辛酉	壬戌	癸亥	甲子	乙丑	丙寅	丁卯	戊辰	己巳	庚午	辛未	壬申
曜	화	수	목	금	토	일	월	화	수	목	금	토	일	월	화	수	목	금	토	일	월	화	수	목	금	토	일	월	화	수	목

2月

陽	1	2	3	4	5	6	7	8	9	10	11	12	13	14	15	16	17	18	19	20	21	22	23	24	25	26	27	28
陰	10	11	12	13	14	15	16	17	18	19	20	21	22	23	24	25	26	27	28	29	30	②대	2	3	4	5	6	7
干支	癸酉	甲戌	乙亥	丙子	丁丑	戊寅	己卯	庚辰	辛巳	壬午	癸未	甲申	乙酉	丙戌	丁亥	戊子	己丑	庚寅	辛卯	壬辰	癸巳	甲午	乙未	丙申	丁酉	戊戌	己亥	庚子
曜	금	토	일	월	화	수	목	금	토	일	월	화	수	목	금	토	일	월	화	수	목	금	토	일	월	화	수	목

3月

陽	1	2	3	4	5	6	7	8	9	10	11	12	13	14	15	16	17	18	19	20	21	22	23	24	25	26	27	28	29	30	31
陰	8	9	10	11	12	13	14	15	16	17	18	19	20	21	22	23	24	25	26	27	28	29	30	③소	2	3	4	5	6	7	8
干支	辛丑	壬寅	癸卯	甲辰	乙巳	丙午	丁未	戊申	己酉	庚戌	辛亥	壬子	癸丑	甲寅	乙卯	丙辰	丁巳	戊午	己未	庚申	辛酉	壬戌	癸亥	甲子	乙丑	丙寅	丁卯	戊辰	己巳	庚午	辛未
曜	금	토	일	월	화	수	목	금	토	일	월	화	수	목	금	토	일	월	화	수	목	금	토	일	월	화	수	목	금	토	일

4月

陽	1	2	3	4	5	6	7	8	9	10	11	12	13	14	15	16	17	18	19	20	21	22	23	24	25	26	27	28	29	30
陰	9	10	11	12	13	14	15	16	17	18	19	20	21	22	23	24	25	26	27	28	29	④대	2	3	4	5	6	7	8	9
干支	壬申	癸酉	甲戌	乙亥	丙子	丁丑	戊寅	己卯	庚辰	辛巳	壬午	癸未	甲申	乙酉	丙戌	丁亥	戊子	己丑	庚寅	辛卯	壬辰	癸巳	甲午	乙未	丙申	丁酉	戊戌	己亥	庚子	辛丑
曜	월	화	수	목	금	토	일	월	화	수	목	금	토	일	월	화	수	목	금	토	일	월	화	수	목	금	토	일	월	화

5月

陽	1	2	3	4	5	6	7	8	9	10	11	12	13	14	15	16	17	18	19	20	21	22	23	24	25	26	27	28	29	30	31
陰	10	11	12	13	14	15	16	17	18	19	20	21	22	23	24	25	26	27	28	29	30	④소	2	3	4	5	6	7	8	9	10
干支	壬寅	癸卯	甲辰	乙巳	丙午	丁未	戊申	己酉	庚戌	辛亥	壬子	癸丑	甲寅	乙卯	丙辰	丁巳	戊午	己未	庚申	辛酉	壬戌	癸亥	甲子	乙丑	丙寅	丁卯	戊辰	己巳	庚午	辛未	壬申
曜	수	목	금	토	일	월	화	수	목	금	토	일	월	화	수	목	금	토	일	월	화	수	목	금	토	일	월	화	수	목	금

6月

陽	1	2	3	4	5	6	7	8	9	10	11	12	13	14	15	16	17	18	19	20	21	22	23	24	25	26	27	28	29	30
陰	11	12	13	14	15	16	17	18	19	20	21	22	23	24	25	26	27	28	29	⑤소	2	3	4	5	6	7	8	9	10	11
干支	癸酉	甲戌	乙亥	丙子	丁丑	戊寅	己卯	庚辰	辛巳	壬午	癸未	甲申	乙酉	丙戌	丁亥	戊子	己丑	庚寅	辛卯	壬辰	癸巳	甲午	乙未	丙申	丁酉	戊戌	己亥	庚子	辛丑	壬寅
曜	토	일	월	화	수	목	금	토	일	월	화	수	목	금	토	일	월	화	수	목	금	토	일	월	화	수	목	금	토	일

7月

陽	1	2	3	4	5	6	7	8	9	10	11	12	13	14	15	16	17	18	19	20	21	22	23	24	25	26	27	28	29	30	31
陰	12	13	14	15	16	17	18	19	20	21	22	23	24	25	26	27	28	29	⑥대	2	3	4	5	6	7	8	9	10	11	12	13
干支	癸卯	甲辰	乙巳	丙午	丁未	戊申	己酉	庚戌	辛亥	壬子	癸丑	甲寅	乙卯	丙辰	丁巳	戊午	己未	庚申	辛酉	壬戌	癸亥	甲子	乙丑	丙寅	丁卯	戊辰	己巳	庚午	辛未	壬申	癸酉
曜	월	화	수	목	금	토	일	월	화	수	목	금	토	일	월	화	수	목	금	토	일	월	화	수	목	금	토	일	월	화	수

8月

陽	1	2	3	4	5	6	7	8	9	10	11	12	13	14	15	16	17	18	19	20	21	22	23	24	25	26	27	28	29	30	31
陰	14	15	16	17	18	19	20	21	22	23	24	25	26	27	28	29	30	⑦소	2	3	4	5	6	7	8	9	10	11	12	13	14
干支	甲戌	乙亥	丙子	丁丑	戊寅	己卯	庚辰	辛巳	壬午	癸未	甲申	乙酉	丙戌	丁亥	戊子	己丑	庚寅	辛卯	壬辰	癸巳	甲午	乙未	丙申	丁酉	戊戌	己亥	庚子	辛丑	壬寅	癸卯	甲辰
曜	목	금	토	일	월	화	수	목	금	토	일	월	화	수	목	금	토	일	월	화	수	목	금	토	일	월	화	수	목	금	토

9月

陽	1	2	3	4	5	6	7	8	9	10	11	12	13	14	15	16	17	18	19	20	21	22	23	24	25	26	27	28	29	30
陰	15	16	17	18	19	20	21	22	23	24	25	26	27	28	29	⑧소	2	3	4	5	6	7	8	9	10	11	12	13	14	15
干支	乙巳	丙午	丁未	戊申	己酉	庚戌	辛亥	壬子	癸丑	甲寅	乙卯	丙辰	丁巳	戊午	己未	庚申	辛酉	壬戌	癸亥	甲子	乙丑	丙寅	丁卯	戊辰	己巳	庚午	辛未	壬申	癸酉	甲戌
曜	일	월	화	수	목	금	토	일	월	화	수	목	금	토	일	월	화	수	목	금	토	일	월	화	수	목	금	토	일	월

10月

陽	1	2	3	4	5	6	7	8	9	10	11	12	13	14	15	16	17	18	19	20	21	22	23	24	25	26	27	28	29	30	31
陰	16	17	18	19	20	21	22	23	24	25	26	27	28	29	⑨대	2	3	4	5	6	7	8	9	10	11	12	13	14	15	16	17
干支	乙亥	丙子	丁丑	戊寅	己卯	庚辰	辛巳	壬午	癸未	甲申	乙酉	丙戌	丁亥	戊子	己丑	庚寅	辛卯	壬辰	癸巳	甲午	乙未	丙申	丁酉	戊戌	己亥	庚子	辛丑	壬寅	癸卯	甲辰	乙巳
曜	화	수	목	금	토	일	월	화	수	목	금	토	일	월	화	수	목	금	토	일	월	화	수	목	금	토	일	월	화	수	목

11月

陽	1	2	3	4	5	6	7	8	9	10	11	12	13	14	15	16	17	18	19	20	21	22	23	24	25	26	27	28	29	30
陰	18	19	20	21	22	23	24	25	26	27	28	29	30	⑩대	2	3	4	5	6	7	8	9	10	11	12	13	14	15	16	17
干支	丙午	丁未	戊申	己酉	庚戌	辛亥	壬子	癸丑	甲寅	乙卯	丙辰	丁巳	戊午	己未	庚申	辛酉	壬戌	癸亥	甲子	乙丑	丙寅	丁卯	戊辰	己巳	庚午	辛未	壬申	癸酉	甲戌	乙亥
曜	금	토	일	월	화	수	목	금	토	일	월	화	수	목	금	토	일	월	화	수	목	금	토	일	월	화	수	목	금	토

12月

陽	1	2	3	4	5	6	7	8	9	10	11	12	13	14	15	16	17	18	19	20	21	22	23	24	25	26	27	28	29	30	31
陰	18	19	20	21	22	23	24	25	26	27	28	29	30	⑪소	2	3	4	5	6	7	8	9	10	11	12	13	14	15	16	17	18
干支	丙子	丁丑	戊寅	己卯	庚辰	辛巳	壬午	癸未	甲申	乙酉	丙戌	丁亥	戊子	己丑	庚寅	辛卯	壬辰	癸巳	甲午	乙未	丙申	丁酉	戊戌	己亥	庚子	辛丑	壬寅	癸卯	甲辰	乙巳	丙午
曜	일	월	화	수	목	금	토	일	월	화	수	목	금	토	일	월	화	수	목	금	토	일	월	화	수	목	금	토	일	월	화

西紀一九七四年●檀紀四三〇七年

甲寅 (大溪水)

舊閏三百八十四日 新平三百六十五日

八日得辛 五龍治水 辰喪門 子吊客 子大將軍 北三殺

五黃	三碧	七赤
一白	八白	六白
九紫	四綠	二黑

建月之大小	日辰	月白	入節
正月大 丙寅	甲申 甲戌 甲子	二黑	雨水廿八日辛卯午前九時五十九分 / 立春十三日丙子午後二時零分
二月大 丁卯	甲寅 甲辰 甲午	一白	春分廿八日辛酉午前九時七分 / 驚蟄十三日丙午午前八時七分
三月小 戊辰	甲申 甲戌 甲子	九紫	穀雨廿八日辛卯午後八時十九分 / 清明十三日丙子午後一時五分
四月大 己巳	癸丑 癸卯 癸巳	八白	小滿三十日壬戌午後七時三十六分 / 立夏十五日丁未午前六時三十四分
四閏月小	癸未 癸酉 癸亥	八白	芒種十六日戊寅午前十時五十二分
五月小 庚午	壬子 壬寅 壬辰	七赤	小暑十八日己酉午後十時一分 / 夏至初三日甲午午前三時三十八分
六月大 辛未	辛巳 辛未 辛酉	六白	立秋廿一日辛巳午前六時五十七分 / 大暑初五日乙丑午後二時三十分
七月小 壬申	辛亥 辛丑 辛卯	五黃	白露廿二日壬子午前九時四十五分 / 處暑初六日丙申午後九時三十九分
八月小 癸酉	庚辰 庚午 庚申	四綠	寒露廿四日癸未午前一時十五分 / 秋分初八日丁卯午後六時五十九分
九月大 甲戌	己酉 己亥 己丑	三碧	立冬廿五日癸丑午前四時十八分 / 霜降初十日戊戌午前四時十一分
十月大 乙亥	己卯 己巳 己未	二黑	大雪廿四日壬午午後九時五分 / 小雪初十日戊辰午前一時三十九分
十一月小 丙子	己酉 己亥 己丑	一白	小寒廿四日壬子午前八時十八分 / 冬至初九日丁酉午後二時五十六分
十二月大 丁丑	戊寅 戊辰 戊午	九紫	立春廿四日辛巳午後七時五十九分 / 大寒初九日丙寅午前一時三十七分

◆雜 節◆

寒食	土王	初伏	土王	中伏	末伏	土王	土王	臘享
三月十四日	三月廿五日	五月廿九日	六月初二日	六月初十日	六月三十日	九月初七日	十二月初六日	十二月十四日
陽四月六月	陽四月十七日	陽七月十八日	陽七月二十日	陽七月二十八日	陽八月十七日	陽十月二十一日	陽一月十七日	陽一月二十五日

1975 (4308. 乙卯)

1月

陽	1	2	3	4	5	6	7	8	9	10	11	12	13	14	15	16	17	18	19	20	21	22	23	24	25	26	27	28	29	30	31
陰	19	20	21	22	23	24	25	26	27	28	29	⑫대	2	3	4	5	6	7	8	9	10	11	12	13	14	15	16	17	18	19	20
干支	丁未	戊申	己酉	庚戌	辛亥	壬子	癸丑	甲寅	乙卯	丙辰	丁巳	戊午	己未	庚申	辛酉	壬戌	癸亥	甲子	乙丑	丙寅	丁卯	戊辰	己巳	庚午	辛未	壬申	癸酉	甲戌	乙亥	丙子	丁丑
曜	수	목	금	토	일	월	화	수	목	금	토	일	월	화	수	목	금	토	일	월	화	수	목	금	토	일	월	화	수	목	금

2月

陽	1	2	3	4	5	6	7	8	9	10	11	12	13	14	15	16	17	18	19	20	21	22	23	24	25	26	27	28
陰	21	22	23	24	25	26	27	28	29	30	①대	2	3	4	5	6	7	8	9	10	11	12	13	14	15	16	17	18
干支	戊寅	己卯	庚辰	辛巳	壬午	癸未	甲申	乙酉	丙戌	丁亥	戊子	己丑	庚寅	辛卯	壬辰	癸巳	甲午	乙未	丙申	丁酉	戊戌	己亥	庚子	辛丑	壬寅	癸卯	甲辰	乙巳
曜	토	일	월	화	수	목	금	토	일	월	화	수	목	금	토	일	월	화	수	목	금	토	일	월	화	수	목	금

3月

陽	1	2	3	4	5	6	7	8	9	10	11	12	13	14	15	16	17	18	19	20	21	22	23	24	25	26	27	28	29	30	31
陰	19	20	21	22	23	24	25	26	27	28	29	30	②대	2	3	4	5	6	7	8	9	10	11	12	13	14	15	16	17	18	19
干支	丙午	丁未	戊申	己酉	庚戌	辛亥	壬子	癸丑	甲寅	乙卯	丙辰	丁巳	戊午	己未	庚申	辛酉	壬戌	癸亥	甲子	乙丑	丙寅	丁卯	戊辰	己巳	庚午	辛未	壬申	癸酉	甲戌	乙亥	丙子
曜	토	일	월	화	수	목	금	토	일	월	화	수	목	금	토	일	월	화	수	목	금	토	일	월	화	수	목	금	토	일	월

4月

陽	1	2	3	4	5	6	7	8	9	10	11	12	13	14	15	16	17	18	19	20	21	22	23	24	25	26	27	28	29	30
陰	20	21	22	23	24	25	26	27	28	29	30	③소	2	3	4	5	6	7	8	9	10	11	12	13	14	15	16	17	18	19
干支	丁丑	戊寅	己卯	庚辰	辛巳	壬午	癸未	甲申	乙酉	丙戌	丁亥	戊子	己丑	庚寅	辛卯	壬辰	癸巳	甲午	乙未	丙申	丁酉	戊戌	己亥	庚子	辛丑	壬寅	癸卯	甲辰	乙巳	丙午
曜	화	수	목	금	토	일	월	화	수	목	금	토	일	월	화	수	목	금	토	일	월	화	수	목	금	토	일	월	화	수

5月

陽	1	2	3	4	5	6	7	8	9	10	11	12	13	14	15	16	17	18	19	20	21	22	23	24	25	26	27	28	29	30	31
陰	20	21	22	23	24	25	26	27	28	29	④대	2	3	4	5	6	7	8	9	10	11	12	13	14	15	16	17	18	19	20	21
干支	丁未	戊申	己酉	庚戌	辛亥	壬子	癸丑	甲寅	乙卯	丙辰	丁巳	戊午	己未	庚申	辛酉	壬戌	癸亥	甲子	乙丑	丙寅	丁卯	戊辰	己巳	庚午	辛未	壬申	癸酉	甲戌	乙亥	丙子	丁丑
曜	목	금	토	일	월	화	수	목	금	토	일	월	화	수	목	금	토	일	월	화	수	목	금	토	일	월	화	수	목	금	토

6月

陽	1	2	3	4	5	6	7	8	9	10	11	12	13	14	15	16	17	18	19	20	21	22	23	24	25	26	27	28	29	30
陰	22	23	24	25	26	27	28	29	30	⑤소	2	3	4	5	6	7	8	9	10	11	12	13	14	15	16	17	18	19	20	21
干支	戊寅	己卯	庚辰	辛巳	壬午	癸未	甲申	乙酉	丙戌	丁亥	戊子	己丑	庚寅	辛卯	壬辰	癸巳	甲午	乙未	丙申	丁酉	戊戌	己亥	庚子	辛丑	壬寅	癸卯	甲辰	乙巳	丙午	丁未
曜	일	월	화	수	목	금	토	일	월	화	수	목	금	토	일	월	화	수	목	금	토	일	월	화	수	목	금	토	일	월

7月

陽	1	2	3	4	5	6	7	8	9	10	11	12	13	14	15	16	17	18	19	20	21	22	23	24	25	26	27	28	29	30	31
陰	22	23	24	25	26	27	28	29	⑥소	2	3	4	5	6	7	8	9	10	11	12	13	14	15	16	17	18	19	20	21	22	23
干支	戊申	己酉	庚戌	辛亥	壬子	癸丑	甲寅	乙卯	丙辰	丁巳	戊午	己未	庚申	辛酉	壬戌	癸亥	甲子	乙丑	丙寅	丁卯	戊辰	己巳	庚午	辛未	壬申	癸酉	甲戌	乙亥	丙子	丁丑	戊寅
曜	화	수	목	금	토	일	월	화	수	목	금	토	일	월	화	수	목	금	토	일	월	화	수	목	금	토	일	월	화	수	목

8月

陽	1	2	3	4	5	6	7	8	9	10	11	12	13	14	15	16	17	18	19	20	21	22	23	24	25	26	27	28	29	30	31
陰	24	25	26	27	28	29	⑦대	2	3	4	5	6	7	8	9	10	11	12	13	14	15	16	17	18	19	20	21	22	23	24	25
干支	己卯	庚辰	辛巳	壬午	癸未	甲申	乙酉	丙戌	丁亥	戊子	己丑	庚寅	辛卯	壬辰	癸巳	甲午	乙未	丙申	丁酉	戊戌	己亥	庚子	辛丑	壬寅	癸卯	甲辰	乙巳	丙午	丁未	戊申	己酉
曜	금	토	일	월	화	수	목	금	토	일	월	화	수	목	금	토	일	월	화	수	목	금	토	일	월	화	수	목	금	토	일

9月

陽	1	2	3	4	5	6	7	8	9	10	11	12	13	14	15	16	17	18	19	20	21	22	23	24	25	26	27	28	29	30
降	26	27	28	29	30	⑧소	2	3	4	5	6	7	8	9	10	11	12	13	14	15	16	17	18	19	20	21	22	23	24	25
干支	庚戌	辛亥	壬子	癸丑	甲寅	乙卯	丙辰	丁巳	戊午	己未	庚申	辛酉	壬戌	癸亥	甲子	乙丑	丙寅	丁卯	戊辰	己巳	庚午	辛未	壬申	癸酉	甲戌	乙亥	丙子	丁丑	戊寅	己卯
曜	월	화	수	목	금	토	일	월	화	수	목	금	토	일	월	화	수	목	금	토	일	월	화	수	목	금	토	일	월	화

10月

陽	1	2	3	4	5	6	7	8	9	10	11	12	13	14	15	16	17	18	19	20	21	22	23	24	25	26	27	28	29	30	31
陰	26	27	28	29	⑨소	2	3	4	5	6	7	8	9	10	11	12	13	14	15	16	17	18	19	20	21	22	23	24	25	26	27
干支	庚辰	辛巳	壬午	癸未	甲申	乙酉	丙戌	丁亥	戊子	己丑	庚寅	辛卯	壬辰	癸巳	甲午	乙未	丙申	丁酉	戊戌	己亥	庚子	辛丑	壬寅	癸卯	甲辰	乙巳	丙午	丁未	戊申	己酉	庚戌
曜	수	목	금	토	일	월	화	수	목	금	토	일	월	화	수	목	금	토	일	월	화	수	목	금	토	일	월	화	수	목	금

11月

陽	1	2	3	4	5	6	7	8	9	10	11	12	13	14	15	16	17	18	19	20	21	22	23	24	25	26	27	28	29	30
陰	28	29	⑩대	2	3	4	5	6	7	8	9	10	11	12	13	14	15	16	17	18	19	20	21	22	23	24	25	26	27	28
干支	辛亥	壬子	癸丑	甲寅	乙卯	丙辰	丁巳	戊午	己未	庚申	辛酉	壬戌	癸亥	甲子	乙丑	丙寅	丁卯	戊辰	己巳	庚午	辛未	壬申	癸酉	甲戌	乙亥	丙子	丁丑	戊寅	己卯	庚辰
曜	토	일	월	화	수	목	금	토	일	월	화	수	목	금	토	일	월	화	수	목	금	토	일	월	화	수	목	금	토	일

12月

陽	1	2	3	4	5	6	7	8	9	10	11	12	13	14	15	16	17	18	19	20	21	22	23	24	25	26	27	28	29	30	31
陰	29	30	⑪소	2	3	4	5	6	7	8	9	10	11	12	13	14	15	16	17	18	19	20	21	22	23	24	25	26	27	28	29
干支	辛巳	壬午	癸未	甲申	乙酉	丙戌	丁亥	戊子	己丑	庚寅	辛卯	壬辰	癸巳	甲午	乙未	丙申	丁酉	戊戌	己亥	庚子	辛丑	壬寅	癸卯	甲辰	乙巳	丙午	丁未	戊申	己酉	庚戌	辛亥
曜	월	화	수	목	금	토	일	월	화	수	목	금	토	일	월	화	수	목	금	토	일	월	화	수	목	금	토	일	월	화	수

乙卯 (大溪水)

舊平三百五十四日
新平三百六十五日

西紀一九七五年●檀紀四三〇八年

四日得辛 五龍治水
巳喪門 丑吊客
子大將軍 西三殺

四綠	二黑	六白
九紫	七赤	五黃
八白	三碧	一白

月之大小	正月大 戊寅	二月大 己卯	三月小 庚辰	四月大 辛巳	五月小 壬午	六月小 癸未	七月大 甲申	八月小 乙酉	九月小 丙戌	十月大 丁亥	十一月小 戊子	十二月大 己丑
日辰	戊申 戊戌 戊子	戊寅 戊辰 戊午	戊申 戊戌 戊子	丁丑 丁卯 丁巳	丁未 丁酉 丁亥	丙子 丙寅 丙辰	乙巳 乙未 乙酉	乙亥 乙丑 乙卯	甲辰 甲午 甲申	癸酉 癸亥 癸丑	癸卯 癸巳 癸未	壬申 壬戌 壬子
月白	八白	七赤	六白	五黃	四綠	三碧	二黑	一白	九紫	八白	七赤	六白
入節	驚蟄廿四日辛亥午後二時六分 雨水初九日丙申午後三時五十分	清明廿四日辛巳午後七時二分 春分初九日丙寅午後二時五十七分	立夏廿五日壬子午後零時二十七分 穀雨初十日丁酉午前二時七分	芒種廿七日癸未午後四時四十二分 小滿十二日戊辰午前一時二十四分	小暑廿九日乙卯午前二時五十九分 夏至十三日己亥午前九時二十六分	大暑十五日庚午午後八時二十二分	處暑十八日壬寅午前三時二十四分 立秋初二日丙戌午後零時四十五分	秋分十九日癸酉午前一時十四分 白露初三日丁巳午後三時三十三分	霜降二十日癸卯午前十時六分 寒露初五日戊子午前七時二分	小雪廿一日癸酉午前七時三十一分 立冬初六日戊午午前十時三分	冬至二十日壬寅午後八時四十六分 大雪初六日戊子午前二時四十七分	大寒廿一日壬申午前七時二十五分 小寒初六日丁巳午後一時五十八分

◆雜 節◆

臘享	土王	土王	末伏	中伏	土王	初伏	土王	寒食
十二月二十日	十二月十八日	九月十七日	七月初六日	六月十五日	六月十二日	六月初五日	三月初七日	二月廿五日
陽一月二十日	陽一月十八日	陽十月二十一日	陽八月十二日	陽七月二十三日	陽七月二十日	陽七月十三日	陽四月十八日	陽四月六日

1976 (4309. 丙辰)

1月

陽	1	2	3	4	5	6	7	8	9	10	11	12	13	14	15	16	17	18	19	20	21	22	23	24	25	26	27	28	29	30	31
陰	⑫대	2	3	4	5	6	7	8	9	10	11	12	13	14	15	16	17	18	19	20	21	22	23	24	25	26	27	28	29	30	①대
干支	壬子	癸丑	甲寅	乙卯	丙辰	丁巳	戊午	己未	庚申	辛酉	壬戌	癸亥	甲子	乙丑	丙寅	丁卯	戊辰	己巳	庚午	辛未	壬申	癸酉	甲戌	乙亥	丙子	丁丑	戊寅	己卯	庚辰	辛巳	壬午
曜	목	금	토	일	월	화	수	목	금	토	일	월	화	수	목	금	토	일	월	화	수	목	금	토	일	월	화	수	목	금	토

2月

陽	1	2	3	4	5	6	7	8	9	10	11	12	13	14	15	16	17	18	19	20	21	22	23	24	25	26	27	28	29
陰	2	3	4	5	6	7	8	9	10	11	12	13	14	15	16	17	18	19	20	21	22	23	24	25	26	27	28	29	30
干支	癸未	甲申	乙酉	丙戌	丁亥	戊子	己丑	庚寅	辛卯	壬辰	癸巳	甲午	乙未	丙申	丁酉	戊戌	己亥	庚子	辛丑	壬寅	癸卯	甲辰	乙巳	丙午	丁未	戊申	己酉	庚戌	辛亥
曜	일	월	화	수	목	금	토	일	월	화	수	목	금	토	일	월	화	수	목	금	토	일	월	화	수	목	금	토	일

3月

陽	1	2	3	4	5	6	7	8	9	10	11	12	13	14	15	16	17	18	19	20	21	22	23	24	25	26	27	28	29	30	31
陰	②대	2	3	4	5	6	7	8	9	10	11	12	13	14	15	16	17	18	19	20	21	22	23	24	25	26	27	28	29	30	③소
干支	壬子	癸丑	甲寅	乙卯	丙辰	丁巳	戊午	己未	庚申	辛酉	壬戌	癸亥	甲子	乙丑	丙寅	丁卯	戊辰	己巳	庚午	辛未	壬申	癸酉	甲戌	乙亥	丙子	丁丑	戊寅	己卯	庚辰	辛巳	壬午
曜	월	화	수	목	금	토	일	월	화	수	목	금	토	일	월	화	수	목	금	토	일	월	화	수	목	금	토	일	월	화	수

4月

陽	1	2	3	4	5	6	7	8	9	10	11	12	13	14	15	16	17	18	19	20	21	22	23	24	25	26	27	28	29	30
陰	2	3	4	5	6	7	8	9	10	11	12	13	14	15	16	17	18	19	20	21	22	23	24	25	26	27	28	29	④대	2
干支	癸未	甲申	乙酉	丙戌	丁亥	戊子	己丑	庚寅	辛卯	壬辰	癸巳	甲午	乙未	丙申	丁酉	戊戌	己亥	庚子	辛丑	壬寅	癸卯	甲辰	乙巳	丙午	丁未	戊申	己酉	庚戌	辛亥	壬子
曜	목	금	토	일	월	화	수	목	금	토	일	월	화	수	목	금	토	일	월	화	수	목	금	토	일	월	화	수	목	금

5月

陽	1	2	3	4	5	6	7	8	9	10	11	12	13	14	15	16	17	18	19	20	21	22	23	24	25	26	27	28	29	30	31
陰	3	4	5	6	7	8	9	10	11	12	13	14	15	16	17	18	19	20	21	22	23	24	25	26	27	28	29	30	⑤소	2	3
干支	癸丑	甲寅	乙卯	丙辰	丁巳	戊午	己未	庚申	辛酉	壬戌	癸亥	甲子	乙丑	丙寅	丁卯	戊辰	己巳	庚午	辛未	壬申	癸酉	甲戌	乙亥	丙子	丁丑	戊寅	己卯	庚辰	辛巳	壬午	癸未
曜	토	일	월	화	수	목	금	토	일	월	화	수	목	금	토	일	월	화	수	목	금	토	일	월	화	수	목	금	토	일	월

6月

陽	1	2	3	4	5	6	7	8	9	10	11	12	13	14	15	16	17	18	19	20	21	22	23	24	25	26	27	28	29	30
陰	4	5	6	7	8	9	10	11	12	13	14	15	16	17	18	19	20	21	22	23	24	25	26	27	28	29	⑥대	2	3	4
干支	甲申	乙酉	丙戌	丁亥	戊子	己丑	庚寅	辛卯	壬辰	癸巳	甲午	乙未	丙申	丁酉	戊戌	己亥	庚子	辛丑	壬寅	癸卯	甲辰	乙巳	丙午	丁未	戊申	己酉	庚戌	辛亥	壬子	癸丑
曜	화	수	목	금	토	일	월	화	수	목	금	토	일	월	화	수	목	금	토	일	월	화	수	목	금	토	일	월	화	수

7月

陽	1	2	3	4	5	6	7	8	9	10	11	12	13	14	15	16	17	18	19	20	21	22	23	24	25	26	27	28	29	30	31
陰	5	6	7	8	9	10	11	12	13	14	15	16	17	18	19	20	21	22	23	24	25	26	27	28	29	30	⑦소	2	3	4	5
干支	甲寅	乙卯	丙辰	丁巳	戊午	己未	庚申	辛酉	壬戌	癸亥	甲子	乙丑	丙寅	丁卯	戊辰	己巳	庚午	辛未	壬申	癸酉	甲戌	乙亥	丙子	丁丑	戊寅	己卯	庚辰	辛巳	壬午	癸未	甲申
曜	목	금	토	일	월	화	수	목	금	토	일	월	화	수	목	금	토	일	월	화	수	목	금	토	일	월	화	수	목	금	토

8月

陽	1	2	3	4	5	6	7	8	9	10	11	12	13	14	15	16	17	18	19	20	21	22	23	24	25	26	27	28	29	30	31
陰	6	7	8	9	10	11	12	13	14	15	16	17	18	19	20	21	22	23	24	25	26	27	28	29	⑧대	2	3	4	5	6	7
干支	乙酉	丙戌	丁亥	戊子	己丑	庚寅	辛卯	壬辰	癸巳	甲午	乙未	丙申	丁酉	戊戌	己亥	庚子	辛丑	壬寅	癸卯	甲辰	乙巳	丙午	丁未	戊申	己酉	庚戌	辛亥	壬子	癸丑	甲寅	乙卯
曜	일	월	화	수	목	금	토	일	월	화	수	목	금	토	일	월	화	수	목	금	토	일	월	화	수	목	금	토	일	월	화

9月

陽	1	2	3	4	5	6	7	8	9	10	11	12	13	14	15	16	17	18	19	20	21	22	23	24	25	26	27	28	29	30
陰	8	9	10	11	12	13	14	15	16	17	18	19	20	21	22	23	24	25	26	27	28	29	30	윤⑧소	2	3	4	5	6	7
干支	丙辰	丁巳	戊午	己未	庚申	辛酉	壬戌	癸亥	甲子	乙丑	丙寅	丁卯	戊辰	己巳	庚午	辛未	壬申	癸酉	甲戌	乙亥	丙子	丁丑	戊寅	己卯	庚辰	辛巳	壬午	癸未	甲申	乙酉
曜	수	목	금	토	일	월	화	수	목	금	토	일	월	화	수	목	금	토	일	월	화	수	목	금	토	일	월	화	수	목

10月

陽	1	2	3	4	5	6	7	8	9	10	11	12	13	14	15	16	17	18	19	20	21	22	23	24	25	26	27	28	29	30	31
陰	8	9	10	11	12	13	14	15	16	17	18	19	20	21	22	23	24	25	26	27	28	29	⑨대	2	3	4	5	6	7	8	9
干支	丙戌	丁亥	戊子	己丑	庚寅	辛卯	壬辰	癸巳	甲午	乙未	丙申	丁酉	戊戌	己亥	庚子	辛丑	壬寅	癸卯	甲辰	乙巳	丙午	丁未	戊申	己酉	庚戌	辛亥	壬子	癸丑	甲寅	乙卯	丙辰
曜	금	토	일	월	화	수	목	금	토	일	월	화	수	목	금	토	일	월	화	수	목	금	토	일	월	화	수	목	금	토	일

11月

陽	1	2	3	4	5	6	7	8	9	10	11	12	13	14	15	16	17	18	19	20	21	22	23	24	25	26	27	28	29	30
陰	10	11	12	13	14	15	16	17	18	19	20	21	22	23	24	25	26	27	28	29	30	⑩소	2	3	4	5	6	7	8	9
干支	丁巳	戊午	己未	庚申	辛酉	壬戌	癸亥	甲子	乙丑	丙寅	丁卯	戊辰	己巳	庚午	辛未	壬申	癸酉	甲戌	乙亥	丙子	丁丑	戊寅	己卯	庚辰	辛巳	壬午	癸未	甲申	乙酉	丙戌
曜	월	화	수	목	금	토	일	월	화	수	목	금	토	일	월	화	수	목	금	토	일	월	화	수	목	금	토	일	월	화

12月

陽	1	2	3	4	5	6	7	8	9	10	11	12	13	14	15	16	17	18	19	20	21	22	23	24	25	26	27	28	29	30	31
陰	10	11	12	13	14	15	16	17	18	19	20	21	22	23	24	25	26	27	28	29	⑪소	2	3	4	5	6	7	8	9	10	11
干支	丁亥	戊子	己丑	庚寅	辛卯	壬辰	癸己	甲午	乙未	丙申	丁酉	戊戌	己亥	庚子	辛丑	壬寅	癸卯	甲辰	乙己	丙午	丁未	戊申	己酉	庚戌	辛亥	壬子	癸丑	甲寅	乙卯	丙辰	丁巳
曜	수	목	금	토	일	월	화	수	목	금	토	일	월	화	수	목	금	토	일	월	화	수	목	금	토	일	월	화	수	목	금

丙辰 (沙中土)

西紀一九七六年 ● 檀紀四三〇 年

舊閏三百八十四日
新閏三百六十六日

十日得辛　十一龍治水
午喪門　寅弔客
子大將軍　南三殺

三碧	五黃	一白
八白	四綠	六白
七赤	九紫	二黑

定月之大小	日辰	月白	入節
正月大 庚寅	壬寅 壬辰 壬午	五黃	立春初六日丁亥午前零時五十二分 / 雨水二十日辛丑午後八時四十二分
二月大 辛卯	壬申 壬戌 壬子	四綠	驚蟄初五日丙辰午後六時五十一分 / 春分二十日辛未午後七時四十九分
三月小 壬辰	壬寅 壬辰 壬午	三碧	清明初六日丁亥午後十一時十二分 / 穀雨廿一日壬寅午前八時三分
四月大 癸巳	辛未 辛酉 辛亥	二黑	立夏初七日丁巳午後五時四分 / 小滿廿三日癸酉午前六時二十四分
五月小 甲午	辛丑 辛卯 辛巳	一白	芒種初八日戊子午後十一時 / 夏至廿四日甲辰午後十時三十三分
六月大 乙未	庚午 庚申 庚戌	九紫	小暑十一日庚申午前八時三十分 / 大暑廿七日丙子午前[illegible]時五十九分
七月小 丙申	庚子 庚寅 庚辰	八白	立秋十二日辛卯午後六時三十分 / 處暑廿八日丁未午前九時十六分
八月大 丁酉	己巳 己未 己酉	七赤	白露十四日壬戌午後九時二十六分 / 秋分三十日戊寅午前七時三分
八閏月小	己亥 己丑 己卯	七赤	寒露十五日癸巳午後一時十八分
九月小 戊戌	戊辰 戊午 戊申	六白	霜降初一日戊申午後三時二十分 / 立冬十六日癸亥午後三時十七分
十月小 己亥	丁酉 丁亥 丁丑	五黃	小雪初二日戊寅午後二時二十四分 / 大雪十六日癸巳午前八時四十二分
十一月小 庚子	丁卯 丁巳 丁未	四綠	冬至初二日戊申午前二時三十三分 / 小寒十七日癸亥午後七時五十一分
十二月大 辛丑	丙申 丙戌 丙子	三碧	大寒初三日戊寅午後一時十四分 / 立春十七日壬辰午前七時三十四分

◆雜 節◆

臘享	土王	土王	末伏	中伏	土王	初伏	土王	寒食
十二月	十二月	閏八月	七月	七月	六月	六月	三月	三月
初八日	廿九日	廿七日	廿一日	初一日	廿三日	廿一日	十八日	初六日
陽	陽	陽	陽	陽	陽	陽	陽	陽
一月	一月	十月	八月	七月	七月	七月	四月	四月
二十六日	十八日	二十日	十六日	二十七日	十九日	十七日	十七日	五日

1977 (4310. 丁巳)

1月

	1	2	3	4	5	6	7	8	9	10	11	12	13	14	15	16	17	18	19	20	21	22	23	24	25	26	27	28	29	30	31
陰	12	13	14	15	16	17	18	19	20	21	22	23	24	25	26	27	28	29	⑫대	2	3	4	5	6	7	8	9	10	11	12	13
干支	戊午	己未	庚申	辛酉	壬戌	癸亥	甲子	乙丑	丙寅	丁卯	戊辰	己巳	庚午	辛未	壬申	癸酉	甲戌	乙亥	丙子	丁丑	戊寅	己卯	庚辰	辛巳	壬午	癸未	甲申	乙酉	丙戌	丁亥	戊子
曜	토	일	월	화	수	목	금	토	일	월	화	수	목	금	토	일	월	화	수	목	금	토	일	월	화	수	목	금	토	일	월

2月

陽	1	2	3	4	5	6	7	8	9	10	11	12	13	14	15	16	17	18	19	20	21	22	23	24	25	26	27	28
陰	14	15	16	17	18	19	20	21	22	23	24	25	26	27	28	29	30	①대	2	3	4	5	6	7	8	9	10	11
干支	己丑	庚寅	辛卯	壬辰	癸巳	甲午	乙未	丙申	丁酉	戊戌	己亥	庚子	辛丑	壬寅	癸卯	甲辰	乙巳	丙午	丁未	戊申	己酉	庚戌	辛亥	壬子	癸丑	甲寅	乙卯	丙辰
曜	화	수	목	금	토	일	월	화	수	목	금	토	일	월	화	수	목	금	토	일	월	화	수	목	금	토	일	월

3月

陽	1	2	3	4	5	6	7	8	9	10	11	12	13	14	15	16	17	18	19	20	21	22	23	24	25	26	27	28	29	30	31
陰	12	13	14	15	16	17	18	19	20	21	22	23	24	25	26	27	28	29	30	②소	2	3	4	5	6	7	8	9	10	11	12
干支	丁巳	戊午	己未	庚申	辛酉	壬戌	癸亥	甲子	乙丑	丙寅	丁卯	戊辰	己巳	庚午	辛未	壬申	癸酉	甲戌	乙亥	丙子	丁丑	戊寅	己卯	庚辰	辛巳	壬午	癸未	甲申	乙酉	丙戌	丁亥
曜	화	수	목	금	토	일	월	화	수	목	금	토	일	월	화	수	목	금	토	일	월	화	수	목	금	토	일	월	화	수	목

4月

陽	1	2	3	4	5	6	7	8	9	10	11	12	13	14	15	16	17	18	19	20	21	22	23	24	25	26	27	28	29	30
陰	13	14	15	16	17	18	19	20	21	22	23	24	25	26	27	28	29	③대	2	3	4	5	6	7	8	9	10	11	12	13
干支	戊子	己丑	庚寅	辛卯	壬辰	癸巳	甲午	乙未	丙申	丁酉	戊戌	己亥	庚子	辛丑	壬寅	癸卯	甲辰	乙巳	丙午	丁未	戊申	己酉	庚戌	辛亥	壬子	癸丑	甲寅	乙卯	丙辰	丁巳
曜	금	토	일	월	화	수	목	금	토	일	월	화	수	목	금	토	일	월	화	수	목	금	토	일	월	화	수	목	금	토

5月

陽	1	2	3	4	5	6	7	8	9	10	11	12	13	14	15	16	17	18	19	20	21	22	23	24	25	26	27	28	29	30	31
陰	14	15	16	17	18	19	20	21	22	23	24	25	26	27	28	29	30	④대	2	3	4	5	6	7	8	9	10	11	12	13	14
干支	戊午	己未	庚申	辛酉	壬戌	癸亥	甲子	乙丑	丙寅	丁卯	戊辰	己巳	庚午	辛未	壬申	癸酉	甲戌	乙亥	丙子	丁丑	戊寅	己卯	庚辰	辛巳	壬午	癸未	甲申	乙酉	丙戌	丁亥	戊子
曜	일	월	화	수	목	금	토	일	월	화	수	목	금	토	일	월	화	수	목	금	토	일	월	화	수	목	금	토	일	월	화

6月

陽	1	2	3	4	5	6	7	8	9	10	11	12	13	14	15	16	17	18	19	20	21	22	23	24	25	26	27	28	29	30
陰	15	16	17	18	19	20	21	22	23	24	25	26	27	28	29	30	⑤소	2	3	4	5	6	7	8	9	10	11	12	13	14
干支	己丑	庚寅	辛卯	壬辰	癸巳	甲午	乙未	丙申	丁酉	戊戌	己亥	庚子	辛丑	壬寅	癸卯	甲辰	乙巳	丙午	丁未	戊申	己酉	庚戌	辛亥	壬子	癸丑	甲寅	乙卯	丙辰	丁巳	戊午
曜	수	목	금	토	일	월	화	수	목	금	토	일	월	화	수	목	금	토	일	월	화	수	목	금	토	일	월	화	수	목

7月

陽	1	2	3	4	5	6	7	8	9	10	11	12	13	14	15	16	17	18	19	20	21	22	23	24	25	26	27	28	29	30	31
陰	15	16	17	18	19	20	21	22	23	24	25	26	27	28	29	⑥대	2	3	4	5	6	7	8	9	10	11	12	13	14	15	16
干支	己未	庚申	辛酉	壬戌	癸亥	甲子	乙丑	丙寅	丁卯	戊辰	己巳	庚午	辛未	壬申	癸酉	甲戌	乙亥	丙子	丁丑	戊寅	己卯	庚辰	辛巳	壬午	癸未	甲申	乙酉	丙戌	丁亥	戊子	己丑
曜	금	토	일	월	화	수	목	금	토	일	월	화	수	목	금	토	일	월	화	수	목	금	토	일	월	화	수	목	금	토	일

8月

陽	1	2	3	4	5	6	7	8	9	10	11	12	13	14	15	16	17	18	19	20	21	22	23	24	25	26	27	28	29	30	31
陰	17	18	19	20	21	22	23	24	25	26	27	28	29	30	⑦소	2	3	4	5	6	7	8	9	10	11	12	13	14	15	16	17
干支	庚寅	辛卯	壬辰	癸巳	甲午	乙未	丙申	丁酉	戊戌	己亥	庚子	辛丑	壬寅	癸卯	甲辰	乙巳	丙午	丁未	戊申	己酉	庚戌	辛亥	壬子	癸丑	甲寅	乙卯	丙辰	丁巳	戊午	己未	庚申
曜	월	화	수	목	금	토	일	월	화	수	목	금	토	일	월	화	수	목	금	토	일	월	화	수	목	금	토	일	월	화	수

9月

陽	1	2	3	4	5	6	7	8	9	10	11	12	13	14	15	16	17	18	19	20	21	22	23	24	25	26	27	28	29	30
陰	18	19	20	21	22	23	24	25	26	27	28	29	⑧대	2	3	4	5	6	7	8	9	10	11	12	13	14	15	16	17	18
干支	辛酉	壬戌	癸亥	甲子	乙丑	丙寅	丁卯	戊辰	己巳	庚午	辛未	壬申	癸酉	甲戌	乙亥	丙子	丁丑	戊寅	己卯	庚辰	辛巳	壬午	癸未	甲申	乙酉	丙戌	丁亥	戊子	己丑	庚寅
曜	목	금	토	일	월	화	수	목	금	토	일	월	화	수	목	금	토	일	월	화	수	목	금	토	일	월	화	수	목	금

10月

陽	1	2	3	4	5	6	7	8	9	10	11	12	13	14	15	16	17	18	19	20	21	22	23	24	25	26	27	28	29	30	31
陰	19	20	21	22	23	24	25	26	27	28	29	30	⑨소	2	3	4	5	6	7	8	9	10	11	12	13	14	15	16	17	18	19
干支	辛卯	壬辰	癸巳	甲午	乙未	丙申	丁酉	戊戌	己亥	庚子	辛丑	壬寅	癸卯	甲辰	乙巳	丙午	丁未	戊申	己酉	庚戌	辛亥	壬子	癸丑	甲寅	乙卯	丙辰	丁巳	戊午	己未	庚申	辛酉
曜	토	일	월	화	수	목	금	토	일	월	화	수	목	금	토	일	월	화	수	목	금	토	일	월	화	수	목	금	토	일	월

11月

陽	1	2	3	4	5	6	7	8	9	10	11	12	13	14	15	16	17	18	19	20	21	22	23	24	25	26	27	28	29	30
陰	20	21	22	23	24	25	26	27	28	29	⑩대	2	3	4	5	6	7	8	9	10	11	12	13	14	15	16	17	18	19	20
干支	壬戌	癸亥	甲子	乙丑	丙寅	丁卯	戊辰	己巳	庚午	辛未	壬申	癸酉	甲戌	乙亥	丙子	丁丑	戊寅	己卯	庚辰	辛巳	壬午	癸未	甲申	乙酉	丙戌	丁亥	戊子	己丑	庚寅	辛卯
曜	화	수	목	금	토	일	월	화	수	목	금	토	일	월	화	수	목	금	토	일	월	화	수	목	금	토	일	월	화	수

12月

陽	1	2	3	4	5	6	7	8	9	10	11	12	13	14	15	16	17	18	19	20	21	22	23	24	25	26	27	28	29	30	31
陰	21	22	23	24	25	26	27	28	29	30	⑪소	2	3	4	5	6	7	8	9	10	11	12	13	14	15	16	17	18	19	20	21
干支	壬辰	癸巳	甲午	乙未	丙申	丁酉	戊戌	己亥	庚子	辛丑	壬寅	癸卯	甲辰	乙巳	丙午	丁未	戊申	己酉	庚戌	辛亥	壬子	癸丑	甲寅	乙卯	丙辰	丁巳	戊午	己未	庚申	辛酉	壬戌
曜	목	금	토	일	월	화	수	목	금	토	일	월	화	수	목	금	토	일	월	화	수	목	금	토	일	월	화	수	목	금	토

丁巳 (沙中土)

西紀一九七七年●檀紀四三一〇年

舊平三百五十四日
新平三百六十五日

六日得辛 十二龍治水
未 喪門 卯 弔客
卯 大將軍 東 三殺

二黑	九紫	四綠
七赤	五黃	三碧
六白	一白	八白

建月之大小	正月大 壬寅	二月小 癸卯	三月大 甲辰	四月大 乙巳	五月小 丙午	六月大 丁未	七月小 戊申	八月大 己酉	九月小 庚戌	十月大 辛亥	十一月小 壬子	十二月小 癸丑
日辰	丙午 丙辰 丙寅	丙子 丙戌 丙申	乙巳 乙卯 乙丑	乙亥 乙酉 乙未	乙巳 乙卯 乙丑	甲戌 甲申 甲午	甲辰 甲寅 甲子	癸酉 癸未 癸巳	癸卯 癸丑 癸亥	壬申 壬午 壬辰	壬寅 壬子 壬戌	辛未 辛巳 辛卯
月白	二黑	一白	九紫	八白	七赤	六白	五黃	四綠	三碧	二黑	一白	九紫
入節	驚蟄 十七日壬戌午前 [illegible]; 雨水 初二日丁未午前 [illegible]	清明 十七日壬辰午前 [illegible]; 春分 初二日丁丑午前 [illegible]	立夏 十九日癸亥午前 [illegible]; 穀雨 初三日丁未午後 [illegible]	芒種 二十日甲午午前 [illegible]; 小滿 初四日戊寅午後 [illegible]	小暑 廿一日乙丑午後 [illegible]; 夏至 初五日己酉午後 [illegible]	立秋 廿四日丁酉午前 [illegible]; 大暑 初八日辛巳午前 [illegible]	白露 廿五日戊辰午前 [illegible]; 處暑 初九日壬子午後 [illegible]	寒露 廿六日戊戌午後 [illegible]; 秋分 十一日癸未午後 [illegible]	立冬 廿六日戊辰午後 [illegible]; 霜降 十一日癸丑午後 [illegible]	大雪 廿七日戊戌午後 [illegible]; 小雪 十二日癸未午後 [illegible]	小寒 廿六日丁卯午前 [illegible]; 冬至 十二日癸丑午前 [illegible]	立春 廿七日丁酉午後 [illegible]; 大寒 十二日壬午午後 [illegible]
	時分時分	時分時分	時分時分	時分時分	時分時分	時分時分	時分時分	時分時分	時分時分	時分時分	時分時分	時分時分

◆雜 節◆

寒食	土王	初伏	土王	中伏	末伏	土王	土王	臘享
二月十八日	二月廿九日	五月廿六日	六月初五日	六月初七日	六月廿七日	九月初八日	十二月初九日	十二月十三日
陽四月六日	陽四月十七日	陽七月十二日	陽七月二十日	陽七月二十二日	陽八月十一日	陽十月二十日	陽一月十七日	陽一月二十一日

1978 (4311. 戊午)

1月

陽	1	2	3	4	5	6	7	8	9	10	11	12	13	14	15	16	17	18	19	20	21	22	23	24	25	26	27	28	29	30	31
陰	22	23	24	25	26	27	28	29	⑫소	2	3	4	5	6	7	8	9	10	11	12	13	14	15	16	17	18	19	20	21	22	23
干支	癸亥	甲子	乙丑	丙寅	丁卯	戊辰	己巳	庚午	辛未	壬申	癸酉	甲戌	乙亥	丙子	丁丑	戊寅	己卯	庚辰	辛巳	壬午	癸未	甲申	乙酉	丙戌	丁亥	戊子	己丑	庚寅	辛卯	壬辰	癸巳
曜	일	월	화	수	목	금	토	일	월	화	수	목	금	토	일	월	화	수	목	금	토	일	월	화	수	목	금	토	일	월	화

2月

陽	1	2	3	4	5	6	7	8	9	10	11	12	13	14	15	16	17	18	19	20	21	22	23	24	25	26	27	28
陰	24	25	26	27	28	29	①대	2	3	4	5	6	7	8	9	10	11	12	13	14	15	16	17	18	19	20	21	22
干支	甲午	乙未	丙申	丁酉	戊戌	己亥	庚子	辛丑	壬寅	癸卯	甲辰	乙巳	丙午	丁未	戊申	己酉	庚戌	辛亥	壬子	癸丑	甲寅	乙卯	丙辰	丁巳	戊午	己未	庚申	辛酉
曜	수	목	금	토	일	월	화	수	목	금	토	일	월	화	수	목	금	토	일	월	화	수	목	금	토	일	월	화

3月

陽	1	2	3	4	5	6	7	8	9	10	11	12	13	14	15	16	17	18	19	20	21	22	23	24	25	26	27	28	29	30	31
陰	23	24	25	26	27	28	29	30	②대	2	3	4	5	6	7	8	9	10	11	12	13	14	15	16	17	18	19	20	21	22	23
干支	壬戌	癸亥	甲子	乙丑	丙寅	丁卯	戊辰	己巳	庚午	辛未	壬申	癸酉	甲戌	乙亥	丙子	丁丑	戊寅	己卯	庚辰	辛巳	壬午	癸未	甲申	乙酉	丙戌	丁亥	戊子	己丑	庚寅	辛卯	壬辰
曜	수	목	금	토	일	월	화	수	목	금	토	일	월	화	수	목	금	토	일	월	화	수	목	금	토	일	월	화	수	목	금

4月

陽	1	2	3	4	5	6	7	8	9	10	11	12	13	14	15	16	17	18	19	20	21	22	23	24	25	26	27	28	29	30
陰	24	25	26	27	28	29	30	③소	2	3	4	5	6	7	8	9	10	11	12	13	14	15	16	17	18	19	20	21	22	23
干支	癸巳	甲午	乙未	丙申	丁酉	戊戌	己亥	庚子	辛丑	壬寅	癸卯	甲辰	乙巳	丙午	丁未	戊申	己酉	庚戌	辛亥	壬子	癸丑	甲寅	乙卯	丙辰	丁巳	戊午	己未	庚申	辛酉	壬戌
曜	토	일	월	화	수	목	금	토	일	월	화	수	목	금	토	일	월	화	수	목	금	토	일	월	화	수	목	금	토	일

5月

陽	1	2	3	4	5	6	7	8	9	10	11	12	13	14	15	16	17	18	19	20	21	22	23	24	25	26	27	28	29	30	31
陰	24	25	26	27	28	29	④대	2	3	4	5	6	7	8	9	10	11	12	13	14	15	16	17	18	19	20	21	22	23	24	25
干支	癸亥	甲子	乙丑	丙寅	丁卯	戊辰	己巳	庚午	辛未	壬申	癸酉	甲戌	乙亥	丙子	丁丑	戊寅	己卯	庚辰	辛巳	壬午	癸未	甲申	乙酉	丙戌	丁亥	戊子	己丑	庚寅	辛卯	壬辰	癸巳
曜	월	화	수	목	금	토	일	월	화	수	목	금	토	일	월	화	수	목	금	토	일	월	화	수	목	금	토	일	월	화	수

6月

陽	1	2	3	4	5	6	7	8	9	10	11	12	13	14	15	16	17	18	19	20	21	22	23	24	25	26	27	28	29	30
陰	26	27	28	29	30	⑤소	2	3	4	5	6	7	8	9	10	11	12	13	14	15	16	17	18	19	20	21	22	23	24	25
干支	甲午	乙未	丙申	丁酉	戊戌	己亥	庚子	辛丑	壬寅	癸卯	甲辰	乙巳	丙午	丁未	戊申	己酉	庚戌	辛亥	壬子	癸丑	甲寅	乙卯	丙辰	丁巳	戊午	己未	庚申	辛酉	壬戌	癸亥
曜	목	금	토	일	월	화	수	목	금	토	일	월	화	수	목	금	토	일	월	화	수	목	금	토	일	월	화	수	목	금

7月

陽	1	2	3	4	5	6	7	8	9	10	11	12	13	14	15	16	17	18	19	20	21	22	23	24	25	26	27	28	29	30	31
陰	26	27	28	29	⑥대	2	3	4	5	6	7	8	9	10	11	12	13	14	15	16	17	18	19	20	21	22	23	24	25	26	27
干支	甲子	乙丑	丙寅	丁卯	戊辰	己巳	庚午	辛未	壬申	癸酉	甲戌	乙亥	丙子	丁丑	戊寅	己卯	庚辰	辛巳	壬午	癸未	甲申	乙酉	丙戌	丁亥	戊子	己丑	庚寅	辛卯	壬辰	癸巳	甲午
曜	토	일	월	화	수	목	금	토	일	월	화	수	목	금	토	일	월	화	수	목	금	토	일	월	화	수	목	금	토	일	월

8月

陽	1	2	3	4	5	6	7	8	9	10	11	12	13	14	15	16	17	18	19	20	21	22	23	24	25	26	27	28	29	30	31
陰	28	29	30	⑦대	2	3	4	5	6	7	8	9	10	11	12	13	14	15	16	17	18	19	20	21	22	23	24	25	26	27	28
干支	乙未	丙申	丁酉	戊戌	己亥	庚子	辛丑	壬寅	癸卯	甲辰	乙巳	丙午	丁未	戊申	己酉	庚戌	辛亥	壬子	癸丑	甲寅	乙卯	丙辰	丁巳	戊午	己未	庚申	辛酉	壬戌	癸亥	甲子	乙丑
曜	화	수	목	금	토	일	월	화	수	목	금	토	일	월	화	수	목	금	토	일	월	화	수	목	금	토	일	월	화	수	목

9月

陽	1	2	3	4	5	6	7	8	9	10	11	12	13	14	15	16	17	18	19	20	21	22	23	24	25	26	27	28	29	30
陰	29	30	⑧소	2	3	4	5	6	7	8	9	10	11	12	13	14	15	16	17	18	19	20	21	22	23	24	25	26	27	28
干支	丙寅	丁卯	戊辰	己巳	庚午	辛未	壬申	癸酉	甲戌	乙亥	丙子	丁丑	戊寅	己卯	庚辰	辛巳	壬午	癸未	甲申	乙酉	丙戌	丁亥	戊子	己丑	庚寅	辛卯	壬辰	癸巳	甲午	乙未
曜	금	토	일	월	화	수	목	금	토	일	월	화	수	목	금	토	일	월	화	수	목	금	토	일	월	화	수	목	금	토

10月

陽	1	2	3	4	5	6	7	8	9	10	11	12	13	14	15	16	17	18	19	20	21	22	23	24	25	26	27	28	29	30	31
陰	29	⑨대	2	3	4	5	6	7	8	9	10	11	12	13	14	15	16	17	18	19	20	21	22	23	24	25	26	27	28	29	30
干支	丙申	丁酉	戊戌	己亥	庚子	辛丑	壬寅	癸卯	甲辰	乙巳	丙午	丁未	戊申	己酉	庚戌	辛亥	壬子	癸丑	甲寅	乙卯	丙辰	丁巳	戊午	己未	庚申	辛酉	壬戌	癸亥	甲子	乙丑	丙寅
曜	일	월	화	수	목	금	토	일	월	화	수	목	금	토	일	월	화	수	목	금	토	일	월	화	수	목	금	토	일	월	화

11月

陽	1	2	3	4	5	6	7	8	9	10	11	12	13	14	15	16	17	18	19	20	21	22	23	24	25	26	27	28	29	30
陰	⑩소	2	3	4	5	6	7	8	9	10	11	12	13	14	15	16	17	18	19	20	21	22	23	24	25	26	27	28	29	⑪대
干支	丁卯	戊辰	己巳	庚午	辛未	壬申	癸酉	甲戌	乙亥	丙子	丁丑	戊寅	己卯	庚辰	辛巳	壬午	癸未	甲申	乙酉	丙戌	丁亥	戊子	己丑	庚寅	辛卯	壬辰	癸巳	甲午	乙未	丙申
曜	수	목	금	토	일	월	화	수	목	금	토	일	월	화	수	목	금	토	일	월	화	수	목	금	토	일	월	화	수	목

12月

陽	1	2	3	4	5	6	7	8	9	10	11	12	13	14	15	16	17	18	19	20	21	22	23	24	25	26	27	28	29	30	31
陰	2	3	4	5	6	7	8	9	10	11	12	13	14	15	16	17	18	19	20	21	22	23	24	25	26	27	28	29	30	⑫소	2
干支	丁酉	戊戌	己亥	庚子	辛丑	壬寅	癸卯	甲辰	乙巳	丙午	丁未	戊申	己酉	庚戌	辛亥	壬子	癸丑	甲寅	乙卯	丙辰	丁巳	戊午	己未	庚申	辛酉	壬戌	癸亥	甲子	乙丑	丙寅	丁卯
曜	금	토	일	월	화	수	목	금	토	일	월	화	수	목	금	토	일	월	화	수	목	금	토	일	월	화	수	목	금	토	일

戊午 (天上火)

西紀一九七八年 ● 檀紀四三一一年

舊平三百五十五日
新平三百六十五日

二日得辛 五龍治水
中喪門 辰吊客
卯大將軍 北三殺

一白	八白	三碧
六白	四綠	二黑
五黃	九紫	七赤

月之大小	日辰	月白	入節
正月大 甲寅	庚申 庚戌 庚子	八白	驚蟄 廿八日丁卯午前 七時三十八分 / 雨水 十三日壬子午前 九時二十一分
二月大 乙卯	庚寅 庚辰 庚午	七赤	清明 廿八日丁酉午後 零時三十九分 / 春分 十三日壬午午前 八時三十四分
三月小 丙辰	庚申 庚戌 庚子	六白	立夏 廿九日戊辰午前 六時九分 / 穀雨 十三日壬子午後 七時五十分
四月大 丁巳	己丑 己卯 己巳	五黃	小滿 十五日癸未午後 七時八分
五月小 戊午	己未 己酉 己亥	四綠	夏至 十七日乙卯午前 三時十分 / 芒種 初一日己亥午前 十一時二十三分
六月大 己未	戊子 戊寅 戊辰	三碧	大暑 十九日丙戌午後 二時零分 / 小暑 初三日庚午午後 八時三十七分
七月大 庚申	戊午 戊申 戊戌	二黑	處暑 二十日丁巳午後 五時五十七分 / 立秋 初五日壬寅午前 六時十八分
八月小 辛酉	戊子 戊寅 戊辰	一白	秋分 廿一日戊子午後 六時六分 / 白露 初六日癸酉午前 九時三分
九月大 壬戌	丁巳 丁未 丁酉	九紫	霜降 廿三日己未午前 三時三十七分 / 寒露 初八日甲辰午前 零時三十一分
十月小 癸亥	丁亥 丁丑 丁卯	八白	小雪 廿三日己丑午前 一時五分 / 立冬 初八日甲戌午前 三時四分
十一月大 甲子	丙辰 丙午 丙申	七赤	冬至 廿三日戊午午後 二時二十一分 / 大雪 初八日癸卯午後 八時二十分
十二月小 乙丑	丙戌 丙子 丙寅	六白	大寒 廿二日丁亥午前 一時零分 / 小寒 初八日癸酉午前 七時三十二分

◆雜 節◆

雜節	陰	陽
寒食	二月廿九日	陽四月六日
土王	三月初十日	陽四月十七日
初伏	六月十三日	陽七月十七日
土王	六月十六日	陽七月二十日
中伏	六月廿三日	陽七月二十七日
末伏	七月十三日	陽八月十六日
土王	九月二十日	陽十月二十一日
土王	十二月十九日	陽一月十七日
臘享	十二月十八日	陽一月十六日

1979 （4312 己未）

1月

陽	1	2	3	4	5	6	7	8	9	10	11	12	13	14	15	16	17	18	19	20	21	22	23	24	25	26	27	28	29	30	31
陰	3	4	5	6	7	8	9	10	11	12	13	14	15	16	17	18	19	20	21	22	23	24	25	26	27	28	29	①대	2	3	4
干支	戊辰	己巳	庚午	辛未	壬申	癸酉	甲戌	乙亥	丙子	丁丑	戊寅	己卯	庚辰	辛巳	壬午	癸未	甲申	乙酉	丙戌	丁亥	戊子	己丑	庚寅	辛卯	壬辰	癸巳	甲午	乙未	丙申	丁酉	戊戌
曜	월	화	수	목	금	토	일	월	화	수	목	금	토	일	월	화	수	목	금	토	일	월	화	수	목	금	토	일	월	화	수

2月

陽	1	2	3	4	5	6	7	8	9	10	11	12	13	14	15	16	17	18	19	20	21	22	23	24	25	26	27	28
陰	5	6	7	8	9	10	11	12	13	14	15	16	17	18	19	20	21	22	23	24	25	26	27	28	29	30	②소	2
干支	己亥	庚子	辛丑	壬寅	癸卯	甲辰	乙巳	丙午	丁未	戊申	己酉	庚戌	辛亥	壬子	癸丑	甲寅	乙卯	丙辰	丁巳	戊午	己未	庚申	辛酉	壬戌	癸亥	甲子	乙丑	丙寅
曜	목	금	토	일	월	화	수	목	금	토	일	월	화	수	목	금	토	일	월	화	수	목	금	토	일	월	화	수

3月

陽	1	2	3	4	5	6	7	8	9	10	11	12	13	14	15	16	17	18	19	20	21	22	23	24	25	26	27	28	29	30	31
陰	3	4	5	6	7	8	9	10	11	12	13	14	15	16	17	18	19	20	21	22	23	24	25	26	27	28	29	③소	2	3	4
干支	丁卯	戊辰	己巳	庚午	辛未	壬申	癸酉	甲戌	乙亥	丙子	丁丑	戊寅	己卯	庚辰	辛巳	壬午	癸未	甲申	乙酉	丙戌	丁亥	戊子	己丑	庚寅	辛卯	壬辰	癸巳	甲午	乙未	丙申	丁酉
曜	목	금	토	일	월	화	수	목	금	토	일	월	화	수	목	금	토	일	월	화	수	목	금	토	일	월	화	수	목	금	토

4月

陽	1	2	3	4	5	6	7	8	9	10	11	12	13	14	15	16	17	18	19	20	21	22	23	24	25	26	27	28	29	30
陰	5	6	7	8	9	10	11	12	13	14	15	16	17	18	19	20	21	22	23	24	25	26	27	28	29	④대	2	3	4	5
干支	戊戌	己亥	庚子	辛丑	壬寅	癸卯	甲辰	乙巳	丙午	丁未	戊申	己酉	庚戌	辛亥	壬子	癸丑	甲寅	乙卯	丙辰	丁巳	戊午	己未	庚申	辛酉	壬戌	癸亥	甲子	乙丑	丙寅	丁卯
曜	일	월	화	수	목	금	토	일	월	화	수	목	금	토	임	월	화	수	목	금	토	일	월	화	수	목	금	토	일	월

5月

曜	1	2	3	4	5	6	7	8	9	10	11	12	13	14	15	16	17	18	19	20	21	22	23	24	25	26	27	28	29	30	31
陰	6	7	8	9	10	11	12	13	14	15	16	17	18	19	20	21	22	23	24	25	26	27	28	29	30	⑤소	2	3	4	5	6
干支	戊辰	己巳	庚午	辛未	壬申	癸酉	甲戌	乙亥	丙子	丁丑	戊寅	己卯	庚辰	辛巳	壬午	癸未	甲申	乙酉	丙戌	丁亥	戊子	己丑	庚寅	辛卯	壬辰	癸巳	甲午	乙未	丙申	丁酉	戊戌
曜	화	수	목	금	토	일	월	화	수	목	금	토	일	월	화	수	목	금	토	일	월	화	수	목	금	토	일	월	화	수	목

6月

陽	1	2	3	4	5	6	7	8	9	10	11	12	13	14	15	16	17	18	19	20	21	22	23	24	25	26	27	28	29	30
陰	7	8	9	10	11	12	13	14	15	16	17	18	19	20	21	22	23	24	25	26	27	28	29	⑥대	2	3	4	5	6	7
干支	己亥	庚子	辛丑	壬寅	癸卯	甲辰	乙巳	丙午	丁未	戊申	己酉	庚戌	辛亥	壬子	癸丑	甲寅	乙卯	丙辰	丁巳	戊午	己未	庚申	辛酉	壬戌	癸亥	甲子	乙丑	丙寅	丁卯	戊辰
曜	금	토	일	월	화	수	목	금	토	일	월	화	수	목	금	토	일	월	화	수	목	금	토	일	월	화	수	목	금	토

7月

陽	1	2	3	4	5	6	7	8	9	10	11	12	13	14	15	16	17	18	19	20	21	22	23	24	25	26	27	28	29	30	31
陰	8	9	10	11	12	13	14	15	16	17	18	19	20	21	22	23	24	25	26	27	28	29	30	⑥대	2	3	4	5	6	7	8
干支	己巳	庚午	辛未	壬申	癸酉	甲戌	乙亥	丙子	丁丑	戊寅	己卯	庚辰	辛巳	壬午	癸未	甲申	乙酉	丙戌	丁亥	戊子	己丑	庚寅	辛卯	壬辰	癸巳	甲午	乙未	丙申	丁酉	戊戌	己亥
曜	일	월	화	수	목	금	토	일	월	화	수	목	금	토	일	월	화	수	목	금	토	일	월	화	수	목	금	토	일	월	화

8月

陽	1	2	3	4	5	6	7	8	9	10	11	12	13	14	15	16	17	18	19	20	21	22	23	24	25	26	27	28	29	30	31
陰	9	10	11	12	13	14	15	16	17	18	19	20	21	22	23	24	25	26	27	28	29	30	⑦소	2	3	4	5	6	7	8	9
干支	庚子	辛丑	壬寅	癸卯	甲辰	乙巳	丙午	丁未	戊申	己酉	庚戌	辛亥	壬子	癸丑	甲寅	乙卯	丙辰	丁巳	戊午	己未	庚申	辛酉	壬戌	癸亥	甲子	乙丑	丙寅	丁卯	戊辰	己巳	庚午
曜	수	목	금	토	일	월	화	수	목	금	톱	일	월	화	수	목	금	토	일	월	화	수	목	금	토	일	월	화	수	목	금

9月

陽	1	2	3	4	5	6	7	8	9	10	11	12	13	14	15	16	17	18	19	20	21	22	23	24	25	26	27	28	29	30
陰	10	11	12	13	14	15	16	17	18	19	20	21	22	23	24	25	26	27	28	29	⑧대	2	3	4	5	6	7	8	9	10
干支	辛未	壬申	癸酉	甲戌	乙亥	丙子	丁丑	戊寅	己卯	庚辰	辛巳	壬午	癸未	甲申	乙酉	丙戌	丁亥	戊子	己丑	庚寅	辛卯	壬辰	癸巳	甲午	乙未	丙申	丁酉	戊戌	己亥	庚子
曜	토	일	월	화	수	목	금	토	일	월	화	수	목	금	토	일	월	화	수	목	금	토	일	월	화	수	목	금	토	일

10月

陽	1	2	3	4	5	6	7	8	9	10	11	12	13	14	15	16	17	18	19	20	21	22	23	24	25	26	27	28	29	30	31
降	11	12	13	14	15	16	17	18	19	20	21	22	23	24	25	26	27	28	29	30	⑨대	2	3	4	5	6	7	8	9	10	11
干支	辛丑	壬寅	癸卯	甲辰	乙巳	丙午	丁未	戊申	己酉	庚戌	辛亥	壬子	癸丑	甲寅	乙卯	丙辰	丁巳	戊午	己未	庚申	辛酉	壬戌	癸亥	甲子	乙丑	丙寅	丁卯	戊辰	己巳	庚午	辛未
曜	월	화	수	목	금	토	일	월	화	수	목	금	토	일	월	화	수	목	금	토	일	월	화	수	목	금	토	일	월	화	수

11月

陽	1	2	3	4	5	6	7	8	9	10	11	12	13	14	15	16	17	18	19	20	21	22	23	24	25	26	27	28	29	30
陰	12	13	14	15	16	17	18	19	20	21	22	23	24	25	26	27	28	29	30	⑩소	2	3	4	5	6	7	8	9	10	11
干支	壬申	癸酉	甲戌	乙亥	丙子	丁丑	戊寅	己卯	庚辰	辛巳	壬午	癸未	甲申	乙酉	丙戌	丁亥	戊子	己丑	庚寅	辛卯	壬辰	癸巳	甲午	乙未	丙申	丁酉	戊戌	己亥	庚子	辛丑
曜	목	금	토	일	월	화	수	목	금	토	일	월	화	수	목	금	토	일	월	화	수	목	금	토	일	월	화	수	목	금

12月

陽	1	2	3	4	5	6	7	8	9	10	11	12	13	14	15	16	17	18	19	20	21	22	23	24	25	26	27	28	29	30	31
陰	12	13	14	15	16	17	18	19	20	21	22	23	24	25	26	27	28	29	⑪대	2	3	4	5	6	7	8	9	10	11	12	13
干支	壬寅	癸卯	甲辰	乙巳	丙午	丁未	戊申	己酉	庚戌	辛亥	壬子	癸丑	甲寅	乙卯	丙辰	丁巳	戊午	己未	庚申	辛酉	壬戌	癸亥	甲子	乙丑	丙寅	丁卯	戊辰	己巳	庚午	辛未	壬申
曜	토	일	월	화	수	목	금	토	일	월	화	수	목	금	토	일	월	화	수	목	금	토	일	월	화	수	목	금	토	일	월

己未（天上火）

西紀一九七九年 ● 檀紀四三一二年

舊閏三百八十四日
新平三百六十五日

七日得辛 十龍治水
酉喪門 巳弔客
卯大將軍 酉三殺

九紫	七赤	二黑
五黃	三碧	一白
四綠	八白	六白

建月之大小	日辰	月白	入節
正月大 丙寅	乙未 乙巳 乙卯	五黃	立春初八日壬寅午後七時十三分 / 雨水廿三日丁巳午後三時十三分
二月小 丁卯	乙丑 乙亥 乙酉	四綠	驚蟄初八日壬申午後一時二十分 / 春分廿三日丁亥午後二時二十二分
三月小 戊辰	甲午 甲辰 甲寅	三碧	清明初九日壬寅午後六時十八分 / 穀雨廿五日戊午午前一時三十五分
四月大 己巳	癸亥 癸酉 癸未	二黑	立夏十一日癸酉午前十一時四十七分 / 小滿廿七日己丑午前零時五十四分
五月小 庚午	癸巳 癸卯 癸丑	一白	芒種十三日甲辰午後四時五分 / 夏至廿八日庚申午前八時五十六分
六月大 辛未	壬戌 壬申 壬午	九紫	小暑十五日丙子午前二時二十五分 / 大暑三十日辛卯午後七時四十九分
六閏月大	壬辰 壬寅 壬子	九紫	立秋十六日丁未午後零時十一分
七月小 壬申	壬戌 壬申 壬午	八白	處暑初二日癸亥午後三時零分 / 白露十七日戊寅午前二時四十七分
八月大 癸酉	辛卯 辛丑 辛亥	七赤	秋分初四日甲午午後零時十七分 / 寒露十九日己酉午前六時三十分
九月大 甲戌	辛酉 辛未 辛巳	六白	霜降初四日甲子午前九時二十八分 / 立冬十九日乙卯午前九時三十三分
十月小 乙亥	辛卯 辛丑 辛亥	五黃	小雪初四日甲午午前六時五十四分 / 大雪十九日己酉午後二時十八分
十一月大 丙子	庚申 庚午 庚辰	四綠	冬至初四日癸亥午後八時十分 / 小寒十九日戊寅午前一時十九分
十二月小 丁丑	庚寅 庚子 庚戌	三碧	大寒初四日癸巳午前六時四十九分 一十 時分

◆雜 節◆

寒食	三月初十日	陽四月六日
土王	三月廿一日	陽四月十七日
初伏	六月十九日	陽七月十二日
土王	六月廿七日	陽七月二十日
中伏	六月廿九日	陽七月二十二日
末伏	閏六月十九日	陽八月十一日
土王	九月初一日	陽十月二十一日
土王	十二月初一日	陽一月十八日
臘享	十二月初六日	陽一月二十三日

1980 (4313. 庚申)

1月

陽	1	2	3	4	5	6	7	8	9	10	11	12	13	14	15	16	17	18	19	20	21	22	23	24	25	26	27	28	29	30	31
陰	14	15	16	17	18	19	20	21	22	23	24	25	26	27	28	29	30	⑫소	2	3	4	5	6	7	8	9	10	11	12	13	14
干支	癸酉	甲戌	乙亥	丙子	丁丑	戊寅	己卯	庚辰	辛巳	壬午	癸未	甲申	乙酉	丙戌	丁亥	戊子	己丑	庚寅	辛卯	壬辰	癸巳	甲午	乙未	丙申	丁酉	戊戌	己亥	庚子	辛丑	壬寅	癸卯
曜	화	수	목	금	토	일	월	화	수	목	금	토	일	월	화	수	목	금	토	일	월	화	수	목	금	토	일	월	화	수	목

2月

陽	1	2	3	4	5	6	7	8	9	10	11	12	13	14	15	16	17	18	19	20	21	22	23	24	25	26	27	28	29
陰	15	16	17	18	19	20	21	22	23	24	25	26	27	28	29	①대	2	3	4	5	6	7	8	9	10	11	12	13	14
干支	甲辰	乙巳	丙午	丁未	戊申	己酉	庚戌	辛亥	壬子	癸丑	甲寅	乙卯	丙辰	丁巳	戊午	己未	庚申	辛酉	壬戌	癸亥	甲子	乙丑	丙寅	丁卯	戊辰	己巳	庚午	辛未	壬申
曜	금	토	일	월	화	수	목	금	토	일	월	화	수	목	금	토	일	월	화	수	목	금	토	일	월	화	수	목	금

3月

陽	1	2	3	4	5	6	7	8	9	10	11	12	13	14	15	16	17	18	19	20	21	22	23	24	25	26	27	28	29	30	31
陰	15	16	17	18	19	20	21	22	23	24	25	26	27	28	29	30	②소	2	3	4	5	6	7	8	9	10	11	12	13	14	15
干支	癸酉	甲戌	乙亥	丙子	丁丑	戊寅	己卯	庚辰	辛巳	壬午	癸未	甲申	乙酉	丙戌	丁亥	戊子	己丑	庚寅	辛卯	壬辰	癸巳	甲午	乙未	丙申	丁酉	戊戌	己亥	庚子	辛丑	壬寅	癸卯
曜	토	일	월	화	수	목	금	토	일	월	화	수	목	금	토	일	월	화	수	목	금	토	일	월	화	수	목	금	토	일	월

4月

陽	1	2	3	4	5	6	7	8	9	10	11	12	13	14	15	16	17	18	19	20	21	22	23	24	25	26	27	28	29	30
陰	16	17	18	19	20	21	22	23	24	25	26	27	28	29	③소	2	3	4	5	6	7	8	9	10	11	12	13	14	15	16
干支	甲辰	乙巳	丙午	丁未	戊申	己酉	庚戌	辛亥	壬子	癸丑	甲寅	乙卯	丙辰	丁巳	戊午	己未	庚申	辛酉	壬戌	癸亥	甲子	乙丑	丙寅	丁卯	戊辰	己巳	庚午	辛未	壬申	癸酉
曜	화	수	목	금	토	일	월	화	수	목	금	토	일	월	화	수	목	금	토	일	월	화	수	목	금	토	일	월	화	수

5月

陽	1	2	3	4	5	6	7	8	9	10	11	12	13	14	15	16	17	18	19	20	21	22	23	24	25	26	27	28	29	30	31
陰	17	18	19	20	21	22	23	24	25	26	27	28	29	④대	2	3	4	5	6	7	8	9	10	11	12	13	14	15	16	17	18
干支	甲戌	乙亥	丙子	丁丑	戊寅	己卯	庚辰	辛巳	壬午	癸未	甲申	乙酉	丙戌	丁亥	戊子	己丑	庚寅	辛卯	壬辰	癸巳	甲午	乙未	丙申	丁酉	戊戌	己亥	庚子	辛丑	壬寅	癸卯	甲辰
曜	목	금	토	일	월	화	수	목	금	토	일	월	화	수	목	금	토	일	월	화	수	목	금	토	일	월	화	수	목	금	토

6月

陽	1	2	3	4	5	6	7	8	9	10	11	12	13	14	15	16	17	18	19	20	21	22	23	24	25	26	27	28	29	30
陰	19	20	21	22	23	24	25	26	27	28	29	30	⑤소	2	3	4	5	6	7	8	9	10	11	12	13	14	15	16	17	18
干支	乙巳	丙午	丁未	戊申	己酉	庚戌	辛亥	壬子	癸丑	甲寅	乙卯	丙辰	丁巳	戊午	己未	庚申	辛酉	壬戌	癸亥	甲子	乙丑	丙寅	丁卯	戊辰	己巳	庚午	辛未	壬申	癸酉	甲戌
曜	일	월	화	수	목	금	토	일	월	화	수	목	금	토	일	월	화	수	목	금	토	일	월	화	수	목	금	토	일	월

7月

陽	1	2	3	4	5	6	7	8	9	10	11	12	13	14	15	16	17	18	19	20	21	22	23	24	25	26	27	28	29	30	31
陰	19	20	21	22	23	24	25	26	27	28	29	⑥대	2	3	4	5	6	7	8	9	10	11	12	13	14	15	16	17	18	19	20
干支	乙亥	丙子	丁丑	戊寅	己卯	庚辰	辛巳	壬午	癸未	甲申	乙酉	丙戌	丁亥	戊子	己丑	庚寅	辛卯	壬辰	癸巳	甲午	乙未	丙申	丁酉	戊戌	己亥	庚子	辛丑	壬寅	癸卯	甲辰	乙巳
曜	화	수	목	금	토	일	월	화	수	목	금	토	일	월	화	수	목	금	토	일	월	화	수	목	금	토	일	월	화	수	목

8月

陽	1	2	3	4	5	6	7	8	9	10	11	12	13	14	15	16	17	18	19	20	21	22	23	24	25	26	27	28	29	30	31
陰	21	22	23	24	25	26	27	28	29	30	⑦소	2	3	4	5	6	7	8	9	10	11	12	13	14	15	16	17	18	19	20	21
干支	丙午	丁未	戊申	己酉	庚戌	辛亥	壬子	癸丑	甲寅	乙卯	丙辰	丁巳	戊午	己未	庚申	辛酉	壬戌	癸亥	甲子	乙丑	丙寅	丁卯	戊辰	己巳	庚午	辛未	壬申	癸酉	甲戌	乙亥	丙子
曜	금	토	일	월	화	수	목	금	토	일	월	화	수	목	금	토	일	월	화	수	목	금	토	일	월	화	수	목	금	토	일

9月

陽	1	2	3	4	5	6	7	8	9	10	11	12	13	14	15	16	17	18	19	20	21	22	23	24	25	26	27	28	29	30
陰	22	23	24	25	26	27	28	29	⑧대	2	3	4	5	6	7	8	9	10	11	12	13	14	15	16	17	18	19	20	21	22
干支	丁丑	戊寅	己卯	庚辰	辛巳	壬午	癸未	甲申	乙酉	丙戌	丁亥	戊子	己丑	庚寅	辛卯	壬辰	癸巳	甲午	乙未	丙申	丁酉	戊戌	己亥	庚子	辛丑	壬寅	癸卯	甲辰	乙巳	丙午
曜	월	화	수	목	금	토	일	월	화	수	목	금	토	일	월	화	수	목	금	토	일	월	화	수	목	금	토	일	월	화

10月

陽	1	2	3	4	5	6	7	8	9	10	11	12	13	14	15	16	17	18	19	20	21	22	23	24	25	26	27	28	29	30	31
陰	23	24	25	26	27	28	29	30	⑨대	2	3	4	5	6	7	8	9	10	11	12	13	14	15	16	17	18	19	20	21	22	23
干支	丁未	戊申	己酉	庚戌	辛亥	壬子	癸丑	甲寅	乙卯	丙辰	丁巳	戊午	己未	庚申	辛酉	壬戌	癸亥	甲子	乙丑	丙寅	丁卯	戊辰	己巳	庚午	辛未	壬申	癸酉	甲戌	乙亥	丙子	丁丑
曜	수	목	금	토	일	월	화	수	목	금	토	일	월	화	수	목	금	토	일	월	화	수	목	금	토	일	월	화	수	목	금

11月

陽	1	2	3	4	5	6	7	8	9	10	11	12	13	14	15	16	17	18	19	20	21	22	23	24	25	26	27	28	29	30
陰	24	25	26	27	28	29	30	⑩소	2	3	4	5	6	7	8	9	10	11	12	13	14	15	16	17	18	19	20	21	22	23
干支	戊寅	己卯	庚辰	辛巳	壬午	癸未	甲申	乙酉	丙戌	丁亥	戊子	己丑	庚寅	辛卯	壬辰	癸巳	甲午	乙未	丙申	丁酉	戊戌	己亥	庚子	辛丑	壬寅	癸卯	甲辰	乙巳	丙午	丁未
曜	토	일	월	화	수	목	금	토	일	월	화	수	목	금	토	일	월	화	수	목	금	토	일	월	화	수	목	금	토	일

12月

陽	1	2	3	4	5	6	7	8	9	10	11	12	13	14	15	16	17	18	19	20	21	22	23	24	25	26	27	28	29	30	31
陰	24	25	26	27	28	29	⑪대	2	3	4	5	6	7	8	9	10	11	12	13	14	15	16	17	18	19	20	21	22	23	24	25
干支	戊申	己酉	庚戌	辛亥	壬子	癸丑	甲寅	乙卯	丙辰	丁巳	戊午	己未	庚申	辛酉	壬戌	癸亥	甲子	乙丑	丙寅	丁卯	戊辰	己巳	庚午	辛未	壬申	癸酉	甲戌	乙亥	丙子	丁丑	戊寅
曜	월	화	수	목	금	토	일	월	화	수	목	금	토	일	월	화	수	목	금	토	일	월	화	수	목	금	토	일	월	화	수

西紀一九八〇年 ● 檀紀四三一三年

申 (石榴木)

舊曆平三百五十五日
新曆閏三百六十六日

三日得辛 午吊客
戌喪門 十龍治水
午大將軍 南三門

六白	一白	八白
二黑	九紫	四綠
七赤	五黃	三碧

此月之大小	日辰	月白	入節
正月大 (戊寅)	己未 己巳 己卯	二黑	雨水 初四日壬戌午後 九時二分 / 驚蟄 十九日丁丑午後 七時十七分
二月小 (己卯)	己丑 己亥 己酉	一白	春分 初四日壬辰午後 八時十分 / 淸明 二十日戊申午前 零時十五分
三月小 (庚辰)	戊午 戊辰 戊寅	九紫	穀雨 初六日癸亥午前 七時二十三分 / 立夏 廿一日戊寅午後 五時四十五分
四月大 (辛巳)	丁亥 丁酉 丁未	八白	小滿 初八日甲午午前 六時四十二分 / 芒種 廿三日己酉午後 十四 時分
五月小 (壬午)	丁巳 丁卯 丁丑	七赤	夏至 初九日乙丑午後 二時四十七分 / 小暑 廿五日辛巳午前 八時四分
六月大 (癸未)	丙午 丙申 丙戌	六白	大暑 十二日丁酉午前 一時四十二分 / 立秋 廿七日壬子午後 六時九分
七月小 (甲申)	丙子 丙寅 丙辰	五黃	處暑 十三日戊辰午前 八時四十一分 / 白露 廿八日癸未午後 八時五十四分
八月大 (乙酉)	乙巳 乙未 乙酉	四綠	秋分 十五日己亥午前 六九 分分 / 寒露 三十日甲寅午後 零時二十分
九月大 (丙戌)	乙亥 乙丑 乙卯	三碧	霜降 十五日己巳午後 三時十八分 / 立冬 三十日甲申午後 三時十九分
十月小 (丁亥)	乙巳 乙未 乙酉	二黑	小雪 十五日己亥午後 零時四十二分
十一月大 (戊子)	甲寅 甲子 甲戌	一白	大雪 初一日甲寅午前 八時二 / 冬至 十六日己巳午前 一時五十六 十二
十二月大 (己丑)	甲申 甲午 甲辰	九紫	小寒 初一日甲申午後 十一 五十二 時分 / 大寒 十六日己亥午後 六 / 立春 三十日癸丑午前 零 時分

◆雜 節◆

雜節	陰曆	陽曆
寒食	二月二十日	陽四月五
土王	三月初三日	陽四月十七日
土王	六月初八日	陽七月十九日
初伏	六月初五日	陽七月十六日
中伏	六月十五日	陽七月廿六日
末伏	七月初五日	陽八月十五日
土王	九月十二日	陽十月二十日
土王	十二月十三日	陽一月十八日
臘享	十二月十二日	陽一月十七日

1981 (4314. 辛酉)

1月

陽	1	2	3	4	5	6	7	8	9	10	11	12	13	14	15	16	17	18	19	20	21	22	23	24	25	26	27	28	29	30	31
陰	26	27	28	29	30	⑫대	2	3	4	5	6	7	8	9	10	11	12	13	14	15	16	17	18	19	20	21	22	23	24	25	26
干支	己卯	庚辰	辛巳	壬午	癸未	甲申	乙酉	丙戌	丁亥	戊子	己丑	庚寅	辛卯	壬辰	癸巳	甲午	乙未	丙申	丁酉	戊戌	己亥	庚子	辛丑	壬寅	癸卯	甲辰	乙巳	丙午	丁未	戊申	己酉
曜	목	금	토	일	월	화	수	목	금	토	일	월	화	수	목	금	토	일	월	화	수	목	금	토	일	월	화	수	목	금	토

2月

陽	1	2	3	4	5	6	7	8	9	10	11	12	13	14	15	16	17	18	19	20	21	22	23	24	25	26	27	28
陰	27	28	29	30	①소	2	3	4	5	6	7	8	9	10	11	12	13	14	15	16	17	18	19	20	21	22	23	24
干支	庚戌	辛亥	壬子	癸丑	甲寅	乙卯	丙辰	丁巳	戊午	己未	庚申	辛酉	壬戌	癸亥	甲子	乙丑	丙寅	丁卯	戊辰	己巳	庚午	辛未	壬申	癸酉	甲戌	乙亥	丙子	丁丑
曜	일	월	화	수	목	금	토	일	월	화	수	목	금	토	일	월	화	수	목	금	토	일	월	화	수	목	금	토

3月

陽	1	2	3	4	5	6	7	8	9	10	11	12	13	14	15	16	17	18	19	20	21	22	23	24	25	26	27	28	29	30	31
陰	25	26	27	28	29	②대	2	3	4	5	6	7	8	9	10	11	12	13	14	15	16	17	18	19	20	21	22	23	24	25	26
干支	戊寅	己卯	庚辰	辛巳	壬午	癸未	甲申	乙酉	丙戌	丁亥	戊子	己丑	庚寅	辛卯	壬辰	癸巳	甲午	乙未	丙申	丁酉	戊戌	己亥	庚子	辛丑	壬寅	癸卯	甲辰	乙巳	丙午	丁未	戊申
曜	일	월	화	수	목	금	토	일	월	화	수	목	금	토	일	월	화	수	목	금	토	일	월	화	수	목	금	토	일	월	화

4月

陽	1	2	3	4	5	6	7	8	9	10	11	12	13	14	15	16	17	18	19	20	21	22	23	24	25	26	27	28	29	30
陰	27	28	29	30	③소	2	3	4	5	6	7	8	9	10	11	12	13	14	15	16	17	18	19	20	21	22	23	24	25	26
干支	己酉	庚戌	辛亥	壬子	癸丑	甲寅	乙卯	丙辰	丁巳	戊午	己未	庚申	辛酉	壬戌	癸亥	甲子	乙丑	丙寅	丁卯	戊辰	己巳	庚午	辛未	壬申	癸酉	甲戌	乙亥	丙子	丁丑	戊寅
曜	수	목	금	토	일	월	화	수	목	금	토	일	월	화	수	목	금	토	일	월	화	수	목	금	토	일	월	화	수	목

5月

陽	1	2	3	4	5	6	7	8	9	10	11	12	13	14	15	16	17	18	19	20	21	22	23	24	25	26	27	28	29	30	31
陰	27	28	29	④소	2	3	4	5	6	7	8	9	10	11	12	13	14	15	16	17	18	19	20	21	22	23	24	25	26	27	28
干支	己卯	庚辰	辛巳	壬午	癸未	甲申	乙酉	丙戌	丁亥	戊子	己丑	庚寅	辛卯	壬辰	癸巳	甲午	乙未	丙申	丁酉	戊戌	己亥	庚子	辛丑	壬寅	癸卯	甲辰	乙巳	丙午	丁未	戊申	己酉
曜	금	토	일	월	화	수	목	금	토	일	월	화	수	목	금	토	일	월	화	수	목	금	토	일	월	화	수	목	금	토	일

6月

陽	1	2	3	4	5	6	7	8	9	10	11	12	13	14	15	16	17	18	19	20	21	22	23	24	25	26	27	28	29	30
陰	29	⑤대	2	3	4	5	6	7	8	9	10	11	12	13	14	15	16	17	18	19	20	21	22	23	24	25	26	27	28	29
干支	庚戌	辛亥	壬子	癸丑	甲寅	乙卯	丙辰	丁巳	戊午	己未	庚申	辛酉	壬戌	癸亥	甲子	乙丑	丙寅	丁卯	戊辰	己巳	庚午	辛未	壬申	癸酉	甲戌	乙亥	丙子	丁丑	戊寅	己卯
曜	월	화	수	목	금	토	일	월	화	수	목	금	토	일	월	화	수	목	금	토	일	월	화	수	목	금	토	일	월	화

7月

陽	1	2	3	4	5	6	7	8	9	10	11	12	13	14	15	16	17	18	19	20	21	22	23	24	25	26	27	28	29	30	31
陰	30	⑥소	2	3	4	5	6	7	8	9	10	11	12	13	14	15	16	17	18	19	20	21	22	23	24	25	26	27	28	29	⑦소
干支	庚辰	辛巳	壬午	癸未	甲申	乙酉	丙戌	丁亥	戊子	己丑	庚寅	辛卯	壬辰	癸巳	甲午	乙未	丙申	丁酉	戊戌	己亥	庚子	辛丑	壬寅	癸卯	甲辰	乙巳	丙午	丁未	戊申	己酉	庚戌
曜	수	목	금	토	일	월	화	수	목	금	토	일	월	화	수	목	금	토	일	월	화	수	목	금	토	일	월	화	수	목	금

8月

陽	1	2	3	4	5	6	7	8	9	10	11	12	13	14	15	16	17	18	19	20	21	22	23	24	25	26	27	28	29	30	31
陰	2	3	4	5	6	7	8	9	10	11	12	13	14	15	16	17	18	19	20	21	22	23	24	25	26	27	28	29	⑧대	2	3
干支	辛亥	壬子	癸丑	甲寅	乙卯	丙辰	丁巳	戊午	己未	庚申	辛酉	壬戌	癸亥	甲子	乙丑	丙寅	丁卯	戊辰	己巳	庚午	辛未	壬申	癸酉	甲戌	乙亥	丙子	丁丑	戊寅	己卯	庚辰	辛巳
曜	토	일	월	화	수	목	금	토	일	월	화	수	목	금	토	일	월	화	수	목	금	토	일	월	화	수	목	금	토	일	월

9月

陽	1	2	3	4	5	6	7	8	9	10	11	12	13	14	15	16	17	18	19	20	21	22	23	24	25	26	27	28	29	30
陰	4	5	6	7	8	9	10	11	12	13	14	15	16	17	18	19	20	21	22	23	24	25	26	27	28	29	30	⑨대	2	3
干支	壬午	癸未	甲申	乙酉	丙戌	丁亥	戊子	己丑	庚寅	辛卯	壬辰	癸巳	甲午	乙未	丙申	丁酉	戊戌	己亥	庚子	辛丑	壬寅	癸卯	甲辰	乙巳	丙午	丁未	戊申	己酉	庚戌	辛亥
曜	화	수	목	금	토	일	월	화	수	목	금	토	일	월	화	수	목	금	토	일	월	화	수	목	금	토	일	월	화	수

10月

陽	1	2	3	4	5	6	7	8	9	10	11	12	13	14	15	16	17	18	19	20	21	22	23	24	25	26	27	28	29	30	31
陰	4	5	6	7	8	9	10	11	12	13	14	15	16	17	18	19	20	21	22	23	24	25	26	27	28	29	30	⑩소	2	3	4
干支	壬子	癸丑	甲寅	乙卯	丙辰	丁巳	戊午	己未	庚申	辛酉	壬戌	癸亥	甲子	乙丑	丙寅	丁卯	戊辰	己巳	庚午	辛未	壬申	癸酉	甲戌	乙亥	丙子	丁丑	戊寅	己卯	庚辰	辛巳	壬午
曜	목	금	토	일	월	화	수	목	금	토	일	월	화	수	목	금	토	일	월	화	수	목	금	토	일	월	화	수	목	금	토

11月

陽	1	2	3	4	5	6	7	8	9	10	11	12	13	14	15	16	17	18	19	20	21	22	23	24	25	26	27	28	29	30
陰	5	6	7	8	9	10	11	12	13	14	15	16	17	18	19	20	21	22	23	24	25	26	27	28	29	⑪대	2	3	4	5
干支	癸未	甲申	乙酉	丙戌	丁亥	戊子	己丑	庚寅	辛卯	壬辰	癸巳	甲午	乙未	丙申	丁酉	戊戌	己亥	庚子	辛丑	壬寅	癸卯	甲辰	乙巳	丙午	丁未	戊申	己酉	庚戌	辛亥	壬子
曜	일	월	화	수	목	금	토	일	월	화	수	목	금	토	일	월	화	수	목	금	보	일	월	화	수	목	금	토	일	월

12月

陽	1	2	3	4	5	6	7	8	9	10	11	12	13	14	15	16	17	18	19	20	21	22	23	24	25	26	27	28	29	30	31
陰	6	7	8	9	10	11	12	13	14	15	16	17	18	19	20	21	22	23	24	25	26	27	28	29	30	⑫대	2	3	4	5	6
干支	癸丑	甲寅	乙卯	丙辰	丁巳	戊午	己未	庚申	辛酉	壬戌	癸亥	甲子	乙丑	丙寅	丁卯	戊辰	己巳	庚午	辛未	壬申	癸酉	甲戌	乙亥	丙子	丁丑	戊寅	己卯	庚辰	辛巳	壬午	癸未
曜	화	수	목	금	토	일	월	화	수	목	금	토	일	월	화	수	목	금	토	일	월	화	수	목	금	토	일	월	화	수	목

辛酉 (石榴木)

八日得辛 三龍治水
亥 喪門 未 吊客
午 大將軍 東 三殺

九紫	五黃	七赤
八白	一白	三碧
四綠	六白	二黑

舊 平三百五十四日
新 平三百六十五日

建月之大小	正月小 庚寅	二月大 辛卯	三月小 壬辰	四月小 癸巳	五月大 甲午	六月小 乙未	七月小 丙申	八月大 丁酉	九月大 戊戌	十月小 己亥	十一月大 庚子	十二月大 辛丑
日辰	甲寅 甲子 甲戌	癸未 癸巳 癸卯	癸丑 癸亥 癸酉	壬午 壬辰 壬寅	辛亥 辛酉 辛未	辛巳 辛卯 辛丑	庚戌 庚申 庚午	己卯 己丑 己亥	己酉 己未 己巳	己卯 己丑 己亥	戊申 戊午 戊辰	戊寅 戊子 戊戌
月白	八白	七赤	六白	五黃	四綠	三碧	二黑	一白	九紫	八白	七赤	六白
入節	雨水十五日戊辰午前一時四十九分	驚蟄初一日乙卯午後十一時五十八分 / 春分十六日戊戌午前零時五十三分	淸明初一日癸丑午前四時五十八分 / 穀雨十六日戊辰午後零時十五分	立夏初二日癸未午後十時三十六分 / 小滿十八日己亥午前十一時四十三分	芒種初五日乙卯午前三時三十一分 / 夏至二十日庚午午後七時四十四分	小暑初六日丙戌午後一時三十分 / 大暑廿二日壬寅午前七時一分	立秋初八日丁巳午後十一時三十一分 / 處暑廿四日癸酉午後二時十七分	白露十一日己丑午前二時三十八分 / 秋分廿六日甲辰午前零時七分	寒露十一日己未午後六時二十一分 / 霜降廿六日甲戌午後九時二十八分	立冬十一日己丑午後九時二十四分 / 小雪廿六日甲辰午後六時四十二分	大雪十二日己未午後一時三十二分 / 冬至廿七日甲戌午前七時三十二分	小寒十一日戊子午前零時三十二分 / 大寒廿六日癸卯午後五時四十四分

◆雜 節◆

雜節	陰	陽
寒食	三月初二日	陽 四月六日
土王	三月十三日	陽 四月十七日
初伏	六月初十日	陽 七月十一日
土王	六月十九日	陽 七月二十日
中伏	六月二十日	陽 七月二十一日
末伏	七月十一日	陽 八月十日
土王	九月廿三日	陽 十月二十日
土王	十二月廿三日	陽 一月十七日
臘享	十二月三十日	陽 一月二十四日

1982 (4315. 壬戌)

1月

陽	1	2	3	4	5	6	7	8	9	10	11	12	13	14	15	16	17	18	19	20	21	22	23	24	25	26	27	28	29	30	31
陰	7	8	9	10	11	12	13	14	15	16	17	18	19	20	21	22	23	24	25	26	27	28	29	30	①대	2	3	4	5	6	7
干支	甲申	乙酉	丙戌	丁亥	戊子	己丑	庚寅	辛卯	壬辰	癸巳	甲午	乙未	丙申	丁酉	戊戌	己亥	庚子	辛丑	壬寅	癸卯	甲辰	乙巳	丙午	丁未	戊申	己酉	庚戌	辛亥	壬子	癸丑	甲寅
曜	금	토	일	월	화	수	목	금	토	일	월	화	수	목	금	토	일	월	화	수	목	금	토	일	월	화	수	목	금	토	일

2月

陽	1	2	3	4	5	6	7	8	9	10	11	12	13	14	15	16	17	18	19	20	21	22	23	24	25	26	27	28
陰	8	9	10	11	12	13	14	15	16	17	18	19	20	21	22	23	24	25	26	27	28	29	30	②소	2	3	4	5
干支	乙卯	丙辰	丁巳	戊午	己未	庚申	辛酉	壬戌	癸亥	甲子	乙丑	丙寅	丁卯	戊辰	己巳	庚午	辛未	壬申	癸酉	甲戌	乙亥	丙子	丁丑	戊寅	己卯	庚辰	辛巳	壬午
曜	월	화	수	목	금	토	일	월	화	수	목	금	토	일	월	화	수	목	금	토	일	월	화	수	목	금	토	일

3月

陽	1	2	3	4	5	6	7	8	9	10	11	12	13	14	15	16	17	18	19	20	21	22	23	24	25	26	27	28	29	30	31
陰	6	7	8	9	10	11	12	13	14	15	16	17	18	19	20	21	22	23	24	25	26	27	28	29	③대	2	3	4	5	6	7
干支	癸未	甲申	乙酉	丙戌	丁亥	戊子	己丑	庚寅	辛卯	壬辰	癸巳	甲午	乙未	丙申	丁酉	戊戌	己亥	庚子	辛丑	壬寅	癸卯	甲辰	乙巳	丙午	丁未	戊申	己酉	庚戌	辛亥	壬子	癸丑
曜	월	화	수	목	금	토	일	월	화	수	목	금	토	일	월	화	수	목	금	토	일	월	화	수	목	금	토	일	월	화	수

4月

陽	1	2	3	4	5	6	7	8	9	10	11	12	13	14	15	16	17	18	19	20	21	22	23	24	25	26	27	28	29	30
陰	8	9	10	11	12	13	14	15	16	17	18	19	20	21	22	23	24	25	26	27	28	29	30	④소	2	3	4	5	6	7
干支	甲寅	乙卯	丙辰	丁巳	戊午	己未	庚申	辛酉	壬戌	癸亥	甲子	乙丑	丙寅	丁卯	戊辰	己巳	庚午	辛未	壬申	癸酉	甲戌	乙亥	丙子	丁丑	戊寅	己卯	庚辰	辛巳	壬午	癸未
曜	목	금	토	일	월	화	수	목	금	토	일	월	화	수	목	금	토	일	월	화	수	목	금	토	일	월	화	수	목	금

5月

陽	1	2	3	4	5	6	7	8	9	10	11	12	13	14	15	16	17	18	19	20	21	22	23	24	25	26	27	28	29	30	31
陰	8	9	10	11	12	13	14	15	16	17	18	19	20	21	22	23	24	25	26	27	28	29	④소	2	3	4	5	6	7	8	9
干支	甲申	乙酉	丙戌	丁亥	戊子	己丑	庚寅	辛卯	壬辰	癸巳	甲午	乙未	丙申	丁酉	戊戌	己亥	庚子	辛丑	壬寅	癸卯	甲辰	乙巳	丙午	丁未	戊申	己酉	庚戌	辛亥	壬子	癸丑	甲寅
曜	토	일	월	화	수	목	금	토	일	월	화	수	목	금	토	일	월	화	수	목	금	토	일	월	화	수	목	금	토	일	월

6月

陽	1	2	3	4	5	6	7	8	9	10	11	12	13	14	15	16	17	18	19	20	21	22	23	24	25	26	27	28	29	30
陰	10	11	12	13	14	15	16	17	18	19	20	21	22	23	24	25	26	27	28	29	⑤대	2	3	4	5	6	7	8	9	10
干支	乙卯	丙辰	丁巳	戊午	己未	庚申	辛酉	壬戌	癸亥	甲子	乙丑	丙寅	丁卯	戊辰	己巳	庚午	辛未	壬申	癸酉	甲戌	乙亥	丙子	丁丑	戊寅	己卯	庚辰	辛巳	壬午	癸未	甲申
曜	화	수	목	금	토	일	월	화	수	목	금	토	일	월	화	수	목	금	토	일	월	화	수	목	금	토	일	월	화	수

7月

陽	1	2	3	4	5	6	7	8	9	10	11	12	13	14	15	16	17	18	19	20	21	22	23	24	25	26	27	28	29	30	31
陰	11	12	13	14	15	16	17	18	19	20	21	22	23	24	25	26	27	28	29	30	⑥소	2	3	4	5	6	7	8	9	10	11
干支	乙酉	丙戌	丁亥	戊子	己丑	庚寅	辛卯	壬辰	癸巳	甲午	乙未	丙申	丁酉	戊戌	己亥	庚子	辛丑	壬寅	癸卯	甲辰	乙巳	丙午	丁未	戊申	己酉	庚戌	辛亥	壬子	癸丑	甲寅	乙卯
曜	목	금	토	일	월	화	수	목	금	토	일	월	화	수	목	금	토	일	월	화	수	목	금	토	일	월	화	수	목	금	토

8月

陽	1	2	3	4	5	6	7	8	9	10	11	12	13	14	15	16	17	18	19	20	21	22	23	24	25	26	27	28	29	30	31
陰	12	13	14	15	16	17	18	19	20	21	22	23	24	25	26	27	28	29	⑦소	2	3	4	5	6	7	8	9	10	11	12	13
干支	丙辰	丁巳	戊午	己未	庚申	辛酉	壬戌	癸亥	甲子	乙丑	丙寅	丁卯	戊辰	己巳	庚午	辛未	壬申	癸酉	甲戌	乙亥	丙子	丁丑	戊寅	己卯	庚辰	辛巳	壬午	癸未	甲申	乙酉	丙戌
曜	일	월	화	수	목	금	토	일	월	화	수	목	금	토	일	월	화	수	목	금	토	일	월	화	수	목	금	토	일	월	화

9月

陽	1	2	3	4	5	6	7	8	9	10	11	12	13	14	15	16	17	18	19	20	21	22	23	24	25	26	27	28	29	30
陰	14	15	16	17	18	19	20	21	22	23	24	25	26	27	28	29	⑧대	2	3	4	5	6	7	8	9	10	11	12	13	14
干支	丁亥	戊子	己丑	庚寅	辛卯	壬辰	癸巳	甲午	乙未	丙申	丁酉	戊戌	己亥	庚子	辛丑	壬寅	癸卯	甲辰	乙巳	丙午	丁未	戊申	己酉	庚戌	辛亥	壬子	癸丑	甲寅	乙卯	丙辰
曜	수	목	금	토	일	월	화	수	목	금	토	일	월	화	수	목	금	토	일	월	화	수	목	금	토	일	월	화	수	목

10月

陽	1	2	3	4	5	6	7	8	9	10	11	12	13	14	15	16	17	18	19	20	21	22	23	24	25	26	27	28	29	30	31
陰	15	16	17	18	19	20	21	22	23	24	25	26	27	28	29	30	⑨대	2	3	4	5	6	7	8	9	10	11	12	13	14	15
干支	丁巳	戊午	己未	庚申	辛酉	壬戌	癸亥	甲子	乙丑	丙寅	丁卯	戊辰	己巳	庚午	辛未	壬申	癸酉	甲戌	乙亥	丙子	丁丑	戊寅	己卯	庚辰	辛巳	壬午	癸未	甲申	乙酉	丙戌	丁亥
曜	금	토	일	월	화	수	목	금	토	일	월	화	수	목	금	토	일	월	화	수	목	금	토	일	월	화	수	목	금	토	일

11月

陽	1	2	3	4	5	6	7	8	9	10	11	12	13	14	15	16	17	18	19	20	21	22	23	24	25	26	27	28	29	30
陰	16	17	18	19	20	21	22	23	24	25	26	27	28	29	30	⑩소	2	3	4	5	6	7	8	9	10	11	12	13	14	15
干支	戊子	己丑	庚寅	辛卯	壬辰	癸巳	甲午	乙未	丙申	丁酉	戊戌	己亥	庚子	辛丑	壬寅	癸卯	甲辰	乙巳	丙午	丁未	戊申	己酉	庚戌	辛亥	壬子	癸丑	甲寅	乙卯	丙辰	丁巳
曜	월	화	수	목	금	토	일	월	화	수	목	금	토	일	월	화	수	목	금	토	일	월	화	수	목	금	토	일	월	화

12月

陽	1	2	3	4	5	6	7	8	9	10	11	12	13	14	15	16	17	18	19	20	21	22	23	24	25	26	27	28	29	30	31
陰	16	17	18	19	20	21	22	23	24	25	26	27	28	29	⑪대	2	3	4	5	6	7	8	9	10	11	12	13	14	15	16	17
干支	戊午	己未	庚申	辛酉	壬戌	癸亥	甲子	乙丑	丙寅	丁卯	戊辰	己巳	庚午	辛未	壬申	癸酉	甲戌	乙亥	丙子	丁丑	戊寅	己卯	庚辰	辛巳	壬午	癸未	甲申	乙酉	丙戌	丁亥	戊子
曜	수	목	금	토	일	월	화	수	목	금	토	일	월	화	수	목	금	토	일	월	화	수	목	금	토	일	월	화	수	목	금

壬戌（大海水）

西紀一九八二年●檀紀四三一五年

舊平三百八十四日
新平三百六十五日

四日得辛 九龍治水
子喪門 申弔客
午大將軍 北三殺

六白	四綠	八白
二黑	九紫	七赤
一白	五黃	三碧

月之大小	正月大 壬寅	二月小 癸卯	三月大 甲辰	四月小 乙巳	閏四月小	五月大 丙午	六月小 丁未	七月小 戊申	八月大 己酉	九月大 庚戌	十月大 辛亥	十一月大 壬子	十二月大 癸丑
日辰	戊申 戊午 戊辰	戊寅 戊子 戊戌	丁未 丁巳 丁卯	丁丑 丁亥 丁酉	丙午 丙辰 丙寅	乙亥 乙酉 乙未	乙巳 乙卯 乙丑	甲戌 甲申 甲午	癸卯 癸丑 癸亥	癸酉 癸未 癸巳	壬寅 壬子 壬戌	壬申 壬午 壬辰	壬寅 壬子 壬戌
月白	五黃	四綠	三碧	二黑	二黑	一白	九紫	八白	七赤	六白	五黃	四綠	三碧
入節	立春十一日戊午午後 十一時五十分 雨水廿六日癸酉午前 七時三十六分	驚蟄十一日戊子午前 五時四十七分 春分廿六日癸卯午前 六時四十四分	淸明十二日戊午午前 十時四十八分 穀雨廿七日癸酉午後 六時四分	立夏十三日己丑午前 四時二十五分 小滿廿八日甲辰午後 五時三十一分	芒種十五日庚申午前 八時五十分	夏至初二日丙子午前 一時四十三分 小暑十七日辛卯午後 七時十九分	大暑初三日丁未午後 零時四十六分 立秋十九日癸亥午前 五時十九分	處暑初五日戊寅午後 八時六分 白露廿一日甲午午前 八時三十八分	秋分初七日己酉午後 五時四十六分 寒露廿三日乙丑午前 零時二十分	霜降初八日庚辰午前 三時十五分 立冬廿三日乙未午前 三時三十分	小雪初八日庚戌午前 零時二十三分 大雪廿二日甲子午後 七時四十分	冬至初八日己卯午後 一時二十三分 小寒廿三日甲午午前 六時二十三分	大寒初七日戊申午前 十二時三十二分 立春廿二日癸亥午後 九時四十分

◆雜 節◆

雜節	陰	陽
寒食	三月十二日	陽四月六日
土王	三月廿四日	陽四月十七日
初伏	五月廿六日	陽七月十六日
土王	五月三十日	陽七月二十日
中伏	六月初六日	陽七月二十六日
末伏	六月廿六日	陽八月十五日
土王	九月初五日	陽十月二十一日
土王	十二月十五日	陽一月十七日
臘享	十二月初六日	陽一月十九日

1983 (4316. 癸亥)

1 月

陽	1	2	3	4	5	6	7	8	9	10	11	12	13	14	15	16	17	18	19	20	21	22	23	24	25	26	27	28	29	30	31
陰	18	19	20	21	22	23	24	25	26	27	28	29	30	⑫대	2	3	4	5	6	7	8	9	10	11	12	13	14	15	16	17	18
干支	己丑	庚寅	辛卯	壬辰	癸巳	甲午	乙未	丙申	丁酉	戊戌	己亥	庚子	辛丑	壬寅	癸卯	甲辰	乙巳	丙午	丁未	戊申	己酉	庚戌	辛亥	壬子	癸丑	甲寅	乙卯	丙辰	丁巳	戊午	己未
曜	토	일	월	화	수	목	금	토	일	월	화	수	목	금	토	일	월	화	수	목	금	토	일	월	화	수	목	금	토	일	월

2 月

陽	1	2	3	4	5	6	7	8	9	10	11	12	13	14	15	16	17	18	19	20	21	22	23	24	25	26	27	28
陰	19	20	21	22	23	24	25	26	27	28	29	30	①대	2	3	4	5	6	7	8	9	10	11	12	13	14	15	16
干支	庚申	辛酉	壬戌	癸亥	甲子	乙丑	丙寅	丁卯	戊辰	己巳	庚午	辛未	壬申	癸酉	甲戌	乙亥	丙子	丁丑	戊寅	己卯	庚辰	辛巳	壬午	癸未	甲申	乙酉	丙戌	丁亥
曜	화	수	목	금	토	일	월	화	수	목	금	토	일	월	화	수	목	금	토	일	월	화	수	목	금	토	일	월

3 月

陽	1	2	3	4	5	6	7	8	9	10	11	12	13	14	15	16	17	18	19	20	21	22	23	24	25	26	27	28	29	30	31
陰	17	18	19	20	21	22	23	24	25	26	27	28	29	30	②소	2	3	4	5	6	7	8	9	10	11	12	13	14	15	16	17
干支	戊子	己丑	庚寅	辛卯	壬辰	癸巳	甲午	乙未	丙申	丁酉	戊戌	己亥	庚子	辛丑	壬寅	癸卯	甲辰	乙巳	丙午	丁未	戊申	己酉	庚戌	辛亥	壬子	癸丑	甲寅	乙卯	丙辰	丁巳	戊午
曜	화	수	목	금	토	일	월	화	수	목	금	토	일	월	화	수	목	금	토	일	월	화	수	목	금	토	일	월	화	수	목

4 月

陽	1	2	3	4	5	6	7	8	9	10	11	12	13	14	15	16	17	18	19	20	21	22	23	24	25	26	27	28	29	30
陰	18	19	20	21	22	23	24	25	26	27	28	29	③대	2	3	4	5	6	7	8	9	10	11	12	13	14	15	16	17	18
干支	己未	庚申	辛酉	壬戌	癸亥	甲子	乙丑	丙寅	丁卯	戊辰	己巳	庚午	辛未	壬申	癸酉	甲戌	乙亥	丙子	丁丑	戊寅	己卯	庚辰	辛巳	壬午	癸未	甲申	乙酉	丙戌	丁亥	戊子
曜	금	토	일	월	화	수	목	금	토	일	월	화	수	목	금	토	일	월	화	수	목	금	토	일	월	화	수	목	금	토

5 月

陽	1	2	3	4	5	6	7	8	9	10	11	12	13	14	15	16	17	18	19	20	21	22	23	24	25	26	27	28	29	30	31
陰	19	20	21	22	23	24	25	26	27	28	29	30	④소	2	3	4	5	6	7	8	9	10	11	12	13	14	15	16	17	18	19
干支	己丑	庚寅	辛卯	壬辰	癸巳	甲午	乙未	丙申	丁酉	戊戌	己亥	庚子	辛丑	壬寅	癸卯	甲辰	乙巳	丙午	丁未	戊申	己酉	庚戌	辛亥	壬子	癸丑	甲寅	乙卯	丙辰	丁巳	戊午	己未
曜	일	월	화	수	목	금	토	일	월	화	수	목	금	토	일	월	화	수	목	금	토	일	월	화	수	목	금	토	일	월	화

6 月

陽	1	2	3	4	5	6	7	8	9	10	11	12	13	14	15	16	17	18	19	20	21	22	23	24	25	26	27	28	29	30
陰	20	21	22	23	24	25	26	27	28	29	⑤소	2	3	4	5	6	7	8	9	10	11	12	13	14	15	16	17	18	19	20
干支	庚申	辛酉	壬戌	癸亥	甲子	乙丑	丙寅	丁卯	戊辰	己巳	庚午	辛未	壬申	癸酉	甲戌	乙亥	丙子	丁丑	戊寅	己卯	庚辰	辛巳	壬午	癸未	甲申	乙酉	丙戌	丁亥	戊子	己丑
曜	수	목	금	토	일	월	화	수	목	금	토	일	월	화	수	목	금	토	일	월	화	수	목	금	토	일	월	화	수	목

7 月

陽	1	2	3	4	5	6	7	8	9	10	11	12	13	14	15	16	17	18	19	20	21	22	23	24	25	26	27	28	29	30	31
陰	21	22	23	24	25	26	27	28	29	⑥대	2	3	4	5	6	7	8	9	10	11	12	13	14	15	16	17	18	19	20	21	22
干支	庚寅	辛卯	壬辰	癸巳	甲午	乙未	丙申	丁酉	戊戌	己亥	庚子	辛丑	壬寅	癸卯	甲辰	乙巳	丙午	丁未	戊申	己酉	庚戌	辛亥	壬子	癸丑	甲寅	乙卯	丙辰	丁巳	戊午	己未	庚申
曜	금	토	일	월	화	수	목	금	토	일	월	화	수	목	금	토	일	월	화	수	목	금	토	일	월	화	수	목	금	토	일

8 月

陽	1	2	3	4	5	6	7	8	9	10	11	12	13	14	15	16	17	18	19	20	21	22	23	24	25	26	27	28	29	30	31
陰	23	24	25	26	27	28	29	30	⑦소	2	3	4	5	6	7	8	9	10	11	12	13	14	15	16	17	18	19	20	21	22	23
干支	辛酉	壬戌	癸亥	甲子	乙丑	丙寅	丁卯	戊辰	己巳	庚午	辛未	壬申	癸酉	甲戌	乙亥	丙子	丁丑	戊寅	己卯	庚辰	辛巳	壬午	癸未	甲申	乙酉	丙戌	丁亥	戊子	己丑	庚寅	辛卯
曜	월	화	수	목	금	토	일	월	화	수	목	금	토	일	월	화	수	목	금	토	일	월	화	수	목	금	토	일	월	화	수

9 月

陽	1	2	3	4	5	6	7	8	9	10	11	12	13	14	15	16	17	18	19	20	21	22	23	24	25	26	27	28	29	30
陰	24	25	26	27	28	29	⑧소	2	3	4	5	6	7	8	9	10	11	12	13	14	15	16	17	18	19	20	21	22	23	24
干支	壬辰	癸巳	甲午	乙未	丙申	丁酉	戊戌	己亥	庚子	辛丑	壬寅	癸卯	甲辰	乙巳	丙午	丁未	戊申	己酉	庚戌	辛亥	壬子	癸丑	甲寅	乙卯	丙辰	丁巳	戊午	己未	庚申	辛酉
曜	목	금	토	일	월	화	수	목	금	토	일	월	화	수	목	금	토	일	월	화	수	목	금	토	일	월	화	수	목	금

10 月

陽	1	2	3	4	5	6	7	8	9	10	11	12	13	14	15	16	17	18	19	20	21	22	23	24	25	26	27	28	29	30	31
陰	25	26	27	28	29	⑨대	2	3	4	5	6	7	8	9	10	11	12	13	14	15	16	17	18	19	20	21	22	23	24	25	26
干支	壬戌	癸亥	甲子	乙丑	丙寅	丁卯	戊辰	己巳	庚午	辛未	壬申	癸酉	甲戌	乙亥	丙子	丁丑	戊寅	己卯	庚辰	辛巳	壬午	癸未	甲申	乙酉	丙戌	丁亥	戊子	己丑	庚寅	辛卯	壬辰
曜	토	일	월	화	수	목	금	토	일	월	화	수	목	금	토	일	월	화	수	목	금	토	일	월	화	수	목	금	토	일	월

11 月

陽	1	2	3	4	5	6	7	8	9	10	11	12	13	14	15	16	17	18	19	20	21	22	23	24	25	26	27	28	29	30
陰	27	28	29	30	⑩소	2	3	4	5	6	7	8	9	10	11	12	13	14	15	16	17	18	19	20	21	22	23	24	25	26
干支	癸巳	甲午	乙未	丙申	丁酉	戊戌	己亥	庚子	辛丑	壬寅	癸卯	甲辰	乙巳	丙午	丁未	戊申	己酉	庚戌	辛亥	壬子	癸丑	甲寅	乙卯	丙辰	丁巳	戊午	己未	庚申	辛酉	壬戌
曜	화	수	목	금	토	일	월	화	수	목	금	토	일	월	화	수	목	금	토	일	월	화	수	목	금	토	일	월	화	수

12 月

陽	1	2	3	4	5	6	7	8	9	10	11	12	13	14	15	16	17	18	19	20	21	22	23	24	25	26	27	28	29	30	31
陰	27	28	29	⑪대	2	3	4	5	6	7	8	9	10	11	12	13	14	15	16	17	18	19	20	21	22	23	24	25	26	27	28
干支	癸亥	甲子	乙丑	丙寅	丁卯	戊辰	己巳	庚午	辛未	壬申	癸酉	甲戌	乙亥	丙子	丁丑	戊寅	己卯	庚辰	辛巳	壬午	癸未	甲申	乙酉	丙戌	丁亥	戊子	己丑	庚寅	辛卯	壬辰	癸巳
曜	목	금	토	일	월	화	수	목	금	토	일	월	화	수	목	금	토	일	월	화	수	목	금	토	일	월	화	수	목	금	토

癸亥 (大海水)

舊平三百五十四日
新平三百六十五日
西紀一九八三年 ● 檀紀四三一六年

十日得辛 九龍治水
丑 喪門 酉 吊客
酉 大將軍 西 三 殺

五黃	三碧	七赤
一白	八白	六白
九紫	四綠	二黑

建月之大小	正月大 甲寅	二月小 乙卯	三月大 丙辰	四月小 丁巳	五月小 戊午	六月大 己未	七月小 庚申	八月小 辛酉	九月大 壬戌	十月小 癸亥	十一月大 甲子	十二月大 乙丑
日辰	壬申 壬午 壬辰	壬寅 壬子 壬戌	辛未 辛巳 辛卯	辛丑 辛亥 辛酉	庚午 庚辰 庚寅	己亥 己酉 己未	己巳 己卯 己丑	戊戌 戊申 戊午	丁卯 丁丑 丁亥	丁酉 丁未 丁巳	丙寅 丙子 丙戌	丙申 丙午 丙辰
月白	二 黑	一 白	九 紫	八 白	七 赤	六 白	五 黃	四 綠	三 碧	二 黑	一 白	九 紫
入節	驚蟄廿二日癸巳午前 十一時三十六分 雨水初七日戊寅午後 一時二十九分	淸明廿二日癸亥午後 四時四十七分 春分初七日戊申午後 零時三十九分	立夏廿四日甲午午前 十時十三分 穀雨初九日己卯午後 十一時五十二分	芒種廿五日乙丑午後 二時二十六分 小滿初十日庚戌午後 十一時十九分	小暑廿八日丁酉午前 一時六分 夏至十二日辛巳午前 七時三十分	立秋三十日戊辰午前 十一時七分 大暑十四日壬子午後 六時三十五分	處暑十六日甲申午前 一時四十四分	秋分十七日甲寅午後 十一時四十四分 白露初二日己亥午後 二時十五分	霜降十九日乙酉午前 九時四分 寒露初四日庚午午前 六時一分	小雪十九日乙卯午前 六時二十二分 立冬初四日庚子午前 九時三分	冬至十九日甲申午後 七時二十一分 大雪初五日庚午午前 一時三十分	大寒十九日甲寅午前 五時二十二分 小寒初四日己亥午後 零時十三分

◆雜 節◆

寒食	土王	初伏	土王	中伏	末伏	土王	土王	臘享
二月廿三日	三月初五日	六月十二日	六月十一日	六月廿二日	七月初二日	九月十六日	十二月十六日	十二月廿四日
陽四月六日	陽四月十七日	陽七月二十一日	陽七月二十日	陽七月三十一日	陽八月十日	陽十月二十一日	陽一月十八日	陽一月二十六日

1984 (甲子 4317)

1 月

	1	2	3	4	5	6	7	8	9	10	11	12	13	14	15	16	17	18	19	20	21	22	23	24	25	26	27	28	29	30	31
陰	29	30	⑫대	2	3	4	5	6	7	8	9	10	11	12	13	14	15	16	17	18	19	20	21	22	23	24	25	26	27	28	29
干支	甲午	乙未	丙申	丁酉	戊戌	己亥	庚子	辛丑	壬寅	癸卯	甲辰	乙巳	丙午	丁未	戊申	己酉	庚戌	辛亥	壬子	癸丑	甲寅	乙卯	丙辰	丁巳	戊午	己未	庚申	辛酉	壬戌	癸亥	甲子
曜	일	월	화	수	목	금	토	일	월	화	수	목	금	토	일	월	화	수	목	금	토	일	월	화	수	목	금	토	일	월	화

2 月

陽	1	2	3	4	5	6	7	8	9	10	11	12	13	14	15	16	17	18	19	20	21	22	23	24	25	26	27	28	29
陰	30	①대	2	3	4	5	6	7	8	9	10	11	12	13	14	15	16	17	18	19	20	21	22	23	24	25	26	27	28
干支	乙丑	丙寅	丁卯	戊辰	己巳	庚午	辛未	壬申	癸酉	甲戌	乙亥	丙子	丁丑	戊寅	己卯	庚辰	辛巳	壬午	癸未	甲申	乙酉	丙戌	丁亥	戊子	己丑	庚寅	辛卯	壬辰	癸巳
曜	수	목	금	토	일	월	화	수	목	금	토	일	월	화	수	목	금	토	일	월	화	수	목	금	토	일	월	화	수

3 月

陽	1	2	3	4	5	6	7	8	9	10	11	12	13	14	15	16	17	18	19	20	21	22	23	24	25	26	27	28	29	30	31
陰	29	30	②소	2	3	4	5	6	7	8	9	10	11	12	13	14	15	16	17	18	19	20	21	22	23	24	25	26	27	28	29
干支	甲午	乙未	丙申	丁酉	戊戌	己亥	庚子	辛丑	壬寅	癸卯	甲辰	乙巳	丙午	丁未	戊申	己酉	庚戌	辛亥	壬子	癸丑	甲寅	乙卯	丙辰	丁巳	戊午	己未	庚申	辛酉	壬戌	癸亥	甲子
曜	목	금	토	일	월	화	수	목	금	토	일	월	화	수	목	금	토	일	월	화	수	목	금	토	일	월	화	수	목	금	토

4 月

陽	1	2	3	4	5	6	7	8	9	10	11	12	13	14	15	16	17	18	19	20	21	22	23	24	25	26	27	28	29	30
陰	③대	2	3	4	5	6	7	8	9	10	11	12	13	14	15	16	17	18	19	20	21	22	23	24	25	26	27	28	29	30
干支	乙丑	丙寅	丁卯	戊辰	己巳	庚午	辛未	壬申	癸酉	甲戌	乙亥	丙子	丁丑	戊寅	己卯	庚辰	辛巳	壬午	癸未	甲申	乙酉	丙戌	丁亥	戊子	己丑	庚寅	辛卯	壬辰	癸巳	甲午
曜	일	월	화	수	목	금	토	일	월	화	수	목	금	토	일	월	화	수	목	금	토	일	월	화	수	목	금	토	일	월

5 月

陽	1	2	3	4	5	6	7	8	9	10	11	12	13	14	15	16	17	18	19	20	21	22	23	24	25	26	27	28	29	30	31
陰	④대	2	3	4	5	6	7	8	9	10	11	12	13	14	15	16	17	18	19	20	21	22	23	24	25	26	27	28	29	30	⑤소
干支	乙未	丙申	丁酉	戊戌	己亥	庚子	辛丑	壬寅	癸卯	甲辰	乙巳	丙午	丁未	戊申	己酉	庚戌	辛亥	壬子	癸丑	甲寅	乙卯	丙辰	丁巳	戊午	己未	庚申	辛酉	壬戌	癸亥	甲子	乙丑
曜	화	수	목	금	토	일	월	화	수	목	금	토	일	월	화	수	목	금	토	일	월	화	수	목	금	토	일	월	화	수	목

6 月

陽	1	2	3	4	5	6	7	8	9	10	11	12	13	14	15	16	17	18	19	20	21	22	23	24	25	26	27	28	29	30
陰	2	3	4	5	6	7	8	9	10	11	12	13	14	15	16	17	18	19	20	21	22	23	24	25	26	27	28	29	⑥소	2
干支	丙寅	丁卯	戊辰	己巳	庚午	辛未	壬申	癸酉	甲戌	乙亥	丙子	丁丑	戊寅	己卯	庚辰	辛巳	壬午	癸未	甲申	乙酉	丙戌	丁亥	戊子	己丑	庚寅	辛卯	壬辰	癸巳	甲午	乙未
曜	금	토	일	월	화	수	목	금	토	일	월	화	수	목	금	토	일	월	화	수	목	금	토	일	월	화	수	목	금	토

7 月

陽	1	2	3	4	5	6	7	8	9	10	11	12	13	14	15	16	17	18	19	20	21	22	23	24	25	26	27	28	29	30	31
陰	3	4	5	6	7	8	9	10	11	12	13	14	15	16	17	18	19	20	21	22	23	24	25	26	27	28	29	⑦대	2	3	4
干支	丙申	丁酉	戊戌	己亥	庚子	辛丑	壬寅	癸卯	甲辰	乙巳	丙午	丁未	戊申	己酉	庚戌	辛亥	壬子	癸丑	甲寅	乙卯	丙辰	丁巳	戊午	己未	庚申	辛酉	壬戌	癸亥	甲子	乙丑	丙寅
曜	일	월	화	수	목	금	토	일	월	화	수	목	금	토	일	월	화	수	목	금	토	일	월	화	수	목	금	토	일	월	화

8 月

陽	1	2	3	4	5	6	7	8	9	10	11	12	13	14	15	16	17	18	19	20	21	22	23	24	25	26	27	28	29	30	31
陰	5	6	7	8	9	10	11	12	13	14	15	16	17	18	19	20	21	22	23	24	25	26	27	28	29	30	⑧소	2	3	4	5
干支	丁卯	戊辰	己巳	庚午	辛未	壬申	癸酉	甲戌	乙亥	丙子	丁丑	戊寅	己卯	庚辰	辛巳	壬午	癸未	甲申	乙酉	丙戌	丁亥	戊子	己丑	庚寅	辛卯	壬辰	癸巳	甲午	乙未	丙申	丁酉
曜	수	목	금	토	일	월	화	수	목	금	토	일	월	화	수	목	금	토	일	월	화	수	목	금	토	일	월	화	수	목	금

9 月

陽	1	2	3	4	5	6	7	8	9	10	11	12	13	14	15	16	17	18	19	20	21	22	23	24	25	26	27	28	29	30
陰	6	7	8	9	10	11	12	13	14	15	16	17	18	19	20	21	22	23	24	25	26	27	28	29	⑨소	2	3	4	5	6
干支	戊戌	己亥	庚子	辛丑	壬寅	癸卯	甲辰	乙巳	丙午	丁未	戊申	己酉	庚戌	辛亥	壬子	癸丑	甲寅	乙卯	丙辰	丁巳	戊午	己未	庚申	辛酉	壬戌	癸亥	甲子	乙丑	丙寅	丁卯
曜	토	일	월	화	수	목	금	토	일	월	화	수	목	금	토	일	월	화	수	목	금	토	일	월	화	수	목	금	토	일

10 月

陽	1	2	3	4	5	6	7	8	9	10	11	12	13	14	15	16	17	18	19	20	21	22	23	24	25	26	27	28	29	30	31
陰	7	8	9	10	11	12	13	14	15	16	17	18	19	20	21	22	23	24	25	26	27	28	29	⑩대	2	3	4	5	6	7	8
干支	戊辰	己巳	庚午	辛未	壬申	癸酉	甲戌	乙亥	丙子	丁丑	戊寅	己卯	庚辰	辛巳	壬午	癸未	甲申	乙酉	丙戌	丁亥	戊子	己丑	庚寅	辛卯	壬辰	癸巳	甲午	乙未	丙申	丁酉	戊戌
曜	월	화	수	목	금	토	일	월	화	수	목	금	토	일	월	화	수	목	금	토	일	월	화	수	목	금	토	일	월	화	수

11 月

陽	1	2	3	4	5	6	7	8	9	10	11	12	13	14	15	16	17	18	19	20	21	22	23	24	25	26	27	28	29	30
陰	9	10	11	12	13	14	15	16	17	18	19	20	21	22	23	24	25	26	27	28	29	30	윤소	2	3	4	5	6	7	8
干支	己亥	庚子	辛丑	壬寅	癸卯	甲辰	乙巳	丙午	丁未	戊申	己酉	庚戌	辛亥	壬子	癸丑	甲寅	乙卯	丙辰	丁巳	戊午	己未	庚申	辛酉	壬戌	癸亥	甲子	乙丑	丙寅	丁卯	戊辰
曜	목	금	토	일	월	화	수	목	금	토	일	월	화	수	목	금	토	일	월	화	수	목	금	토	일	월	화	수	목	금

12

陽	1	2	3	4	5	6	7	8	9	10	11	12	13	14	15	16	17	18	19	20	21	22	23	24	25	26	27	28	29	30	31
陰	9	10	11	12	13	14	15	16	17	18	19	20	21	22	23	24	25	26	27	28	29	⑪대	2	3	4	5	6	7	8	9	10
干支	己巳	庚午	辛未	壬申	癸酉	甲戌	乙亥	丙子	丁丑	戊寅	己卯	庚辰	辛巳	壬午	癸未	甲申	乙酉	丙戌	丁亥	戊子	己丑	庚寅	辛卯	壬辰	癸巳	甲午	乙未	丙申	丁酉	戊戌	己亥
曜	토	일	월	화	수	목	금	토	일	월	화	수	목	금	토	일	월	화	수	목	금	토	일	월	화	수	목	금	토	일	월

下元 **甲子** (海中金)

西紀一九八四年 ● 檀紀四三一七年

舊閏三百八十四日 新閏三百六十六日

六日得辛 三龍治水

寅喪門 戌吊客

西大將軍 南三殺

四綠	二黑	六白
九紫	七赤	五黃
八白	三碧	一白

建月之大小	正月大 丙寅	二月小 丁卯	三月大 戊辰	四月大 己巳	五月小 庚午	六月小 辛未	七月大 壬申	八月小 癸酉	九月小 甲戌	十月大 乙亥	十閏月小	十一月大 丙子	十二月大 丁丑
日辰	丙寅 丙子 丙戌	丙申 丙午 丙辰	乙丑 乙亥 乙酉	乙未 乙巳 乙卯	乙丑 乙亥 乙酉	甲午 甲辰 甲寅	癸亥 癸酉 癸未	癸巳 癸卯 癸丑	壬戌 壬申 壬午	辛卯 辛丑 辛亥	辛酉 辛未 辛巳	庚寅 庚子 庚戌	庚申 庚午 庚辰
月白	八白	七赤	六白	五黃	四綠	三碧	二黑	一白	九紫	八白	八白	七赤	六白
入節	立春初四日己巳午後 十一時十九分 / 雨水十八日癸未午後 七時十八分	驚蟄初三日戊戌午後 五時二十六分 / 春分十八日癸丑午後 六時二十二分	清明初四日戊辰午後 十時二十六分 / 穀雨二十日甲申午前 五時四十二分	立夏初五日己亥午後 四時二分 / 小滿廿一日乙卯午前 五時七分	芒種初六日庚午午後 八時二十六分 / 夏至廿二日丙戌午後 一時十八分	小暑初九日壬寅午前 六時五十四分 / 大暑廿五日戊午午前 零時二十五分	立秋十一日癸酉午後 四時五十八分 / 處暑廿七日己丑午前 七時四十二分	白露十二日甲辰午後 八時四分 / 秋分廿八日庚申午前 五時五十三分	寒露十四日乙亥午前 十一時五十分 / 霜降廿九日庚寅午後 二時五十四分	立冬十五日乙巳午後 二時五十二分 / 小雪三十日庚申午後 零時十分	大雪十五日乙亥午前 七時二十分	冬至初一日庚寅午前 [illegible]時[illegible]分 / 小寒十六日乙巳午後 六時[illegible]分	大寒初一日庚申午前 五時十九分 / 立春十五日甲戌午前 / 雨水三十日己丑午前 一時八分

◆雜 節◆

寒食	土王	初伏	土王	中伏	末伏	土王	土王	臘享
三月初五日	三月十七日	六月十七日	六月廿一日	六月二十七日	七月十八日	九月廿六日	十二月廿八日	十二月十[illegible]日
陽四月五日	陽四月十七日	陽七月十五日	陽七月十九日	陽七月二十五日	陽八月十四日	陽十月二十日	陽一月十八日	陽[illegible]月[illegible]日

1985 (4318. 乙丑)

1月

陽	1	2	3	4	5	6	7	8	9	10	11	12	13	14	15	16	17	18	19	20	21	22	23	24	25	26	27	28	29	30	31
陰	11	12	13	14	15	16	17	18	19	20	21	22	23	24	25	26	27	28	29	30	⑫대	2	3	4	5	6	7	8	9	10	11
干支	庚子	辛丑	壬寅	癸卯	甲辰	乙巳	丙午	丁未	戊申	己酉	庚戌	辛亥	壬子	癸丑	甲寅	乙卯	丙辰	丁巳	戊午	己未	庚申	辛酉	壬戌	癸亥	甲子	乙丑	丙寅	丁卯	戊辰	己巳	庚午
曜	화	수	목	금	토	일	월	화	수	목	금	토	일	월	화	수	목	금	토	일	월	화	수	목	금	토	일	월	화	수	목

2月

陽	1	2	3	4	5	6	7	8	9	10	11	12	13	14	15	16	17	18	19	20	21	22	23	24	25	26	27	28
陰	12	13	14	15	16	17	18	19	20	21	22	23	24	25	26	27	28	29	30	①소	2	3	4	5	6	7	8	9
干支	辛未	壬申	癸酉	甲戌	乙亥	丙子	丁丑	戊寅	己卯	庚辰	辛巳	壬午	癸未	甲申	乙酉	丙戌	丁亥	戊子	己丑	庚寅	辛卯	壬辰	癸巳	甲午	乙未	丙申	丁酉	戊戌
曜	금	토	일	월	화	수	목	금	토	일	월	화	수	목	금	토	일	월	화	수	목	금	토	일	월	화	수	목

3月

陽	1	2	3	4	5	6	7	8	9	10	11	12	13	14	15	16	17	18	19	20	21	22	23	24	25	26	27	28	29	30	31
陰	10	11	12	13	14	15	16	17	18	19	20	21	22	23	24	25	26	27	28	29	②대	2	3	4	5	6	7	8	9	10	11
干支	己亥	庚子	辛丑	壬寅	癸卯	甲辰	乙巳	丙午	丁未	戊申	己酉	庚戌	辛亥	壬子	癸丑	甲寅	乙卯	丙辰	丁巳	戊午	己未	庚申	辛酉	壬戌	癸亥	甲子	乙丑	丙寅	丁卯	戊辰	己巳
曜	금	토	일	월	화	수	목	금	토	일	월	화	수	목	금	토	일	월	화	수	목	금	토	일	월	화	수	목	금	토	일

4月

陽	1	2	3	4	5	6	7	8	9	10	11	12	13	14	15	16	17	18	19	20	21	22	23	24	25	26	27	28	29	30
陰	12	13	14	15	16	17	18	19	20	21	22	23	24	25	26	27	28	29	30	③대	2	3	4	5	6	7	8	9	10	11
干支	庚午	辛未	壬申	癸酉	甲戌	乙亥	丙子	丁丑	戊寅	己卯	庚辰	辛巳	壬午	癸未	甲申	乙酉	丙戌	丁亥	戊子	己丑	庚寅	辛卯	壬辰	癸巳	甲午	乙未	丙申	丁酉	戊戌	己亥
曜	월	화	수	목	금	토	일	월	화	수	목	금	토	일	월	화	수	목	금	토	일	월	화	수	목	금	토	일	월	화

5月

陽	1	2	3	4	5	6	7	8	9	10	11	12	13	14	15	16	17	18	19	20	21	22	23	24	25	26	27	28	29	30	31
陰	12	13	14	15	16	17	18	19	20	21	22	23	24	25	26	27	28	29	30	④소	2	3	4	5	6	7	8	9	10	11	12
干支	庚子	辛丑	壬寅	癸卯	甲辰	乙巳	丙午	丁未	戊申	己酉	庚戌	辛亥	壬子	癸丑	甲寅	乙卯	丙辰	丁巳	戊午	己未	庚申	辛酉	壬戌	癸亥	甲子	乙丑	丙寅	丁卯	戊辰	己巳	庚午
曜	수	목	금	토	일	월	화	수	목	금	토	일	월	화	수	목	금	토	일	월	화	수	목	금	토	일	월	화	수	목	금

6月

陽	1	2	3	4	5	6	7	8	9	10	11	12	13	14	15	16	17	18	19	20	21	22	23	24	25	26	27	28	29	30
陰	13	14	15	16	17	18	19	20	21	22	23	24	25	26	27	28	29	⑤대	2	3	4	5	6	7	8	9	10	11	12	13
干支	辛未	壬申	癸酉	甲戌	乙亥	丙子	丁丑	戊寅	己卯	庚辰	辛巳	壬午	癸未	甲申	乙酉	丙戌	丁亥	戊子	己丑	庚寅	辛卯	壬辰	癸巳	甲午	乙未	丙申	丁酉	戊戌	己亥	庚子
曜	토	일	월	화	수	목	금	토	일	월	화	수	목	금	토	일	월	화	수	목	금	토	일	월	화	수	목	금	토	일

7月

陽	1	2	3	4	5	6	7	8	9	10	11	12	13	14	15	16	17	18	19	20	21	22	23	24	25	26	27	28	29	30	31
陰	14	15	16	17	18	19	20	21	22	23	24	25	26	27	28	29	30	⑥소	2	3	4	5	6	7	8	9	10	11	12	13	14
干支	辛丑	壬寅	癸卯	甲辰	乙巳	丙午	丁未	戊申	己酉	庚戌	辛亥	壬子	癸丑	甲寅	乙卯	丙辰	丁巳	戊午	己未	庚申	辛酉	壬戌	癸亥	甲子	乙丑	丙寅	丁卯	戊辰	己巳	庚午	辛未
曜	월	화	수	목	금	토	일	월	화	수	목	금	토	일	월	화	수	목	금	토	일	월	화	수	목	금	토	일	월	화	수

8月

陽	1	2	3	4	5	6	7	8	9	10	11	12	13	14	15	16	17	18	19	20	21	22	23	24	25	26	27	28	29	30	31
陰	15	16	17	18	19	20	21	22	23	24	25	26	27	28	29	⑦대	2	3	4	5	6	7	8	9	10	11	12	13	14	15	16
干支	壬申	癸酉	甲戌	乙亥	丙子	丁丑	戊寅	己卯	庚辰	辛巳	壬午	癸未	甲申	乙酉	丙戌	丁亥	戊子	己丑	庚寅	辛卯	壬辰	癸巳	甲午	乙未	丙申	丁酉	戊戌	己亥	庚子	辛丑	壬寅
曜	목	금	토	일	월	화	수	목	금	토	일	월	화	수	목	금	토	일	월	화	수	목	금	토	일	월	화	수	목	금	토

9月

陽	1	2	3	4	5	6	7	8	9	10	11	12	13	14	15	16	17	18	19	20	21	22	23	24	25	26	27	28	29	30
陰	17	18	19	20	21	22	23	24	25	26	27	28	29	30	⑧소	2	3	4	5	6	7	8	9	10	11	12	13	14	15	16
干支	癸卯	甲辰	乙巳	丙午	丁未	戊申	己酉	庚戌	辛亥	壬子	癸丑	甲寅	乙卯	丙辰	丁巳	戊午	己未	庚申	辛酉	壬戌	癸亥	甲子	乙丑	丙寅	丁卯	戊辰	己巳	庚午	辛未	壬申
曜	일	월	화	수	목	금	토	일	월	화	수	목	금	토	일	월	화	수	목	금	토	일	월	화	수	목	금	토	일	월

10月

陽	1	2	3	4	5	6	7	8	9	10	11	12	13	14	15	16	17	18	19	20	21	22	23	24	25	26	27	28	29	30	31
陰	17	18	19	20	21	22	23	24	25	26	27	28	29	⑨소	2	3	4	5	6	7	8	9	10	11	12	13	14	15	16	17	18
干支	癸酉	甲戌	乙亥	丙子	丁丑	戊寅	己卯	庚辰	辛巳	壬午	癸未	甲申	乙酉	丙戌	丁亥	戊子	己丑	庚寅	辛卯	壬辰	癸巳	甲午	乙未	丙申	丁酉	戊戌	己亥	庚子	辛丑	壬寅	癸卯
曜	화	수	목	금	토	일	월	화	수	목	금	토	일	월	화	수	목	금	토	일	월	화	수	목	금	토	일	월	화	수	목

11月

陽	1	2	3	4	5	6	7	8	9	10	11	12	13	14	15	16	17	18	19	20	21	22	23	24	25	26	27	28	29	30
陰	19	20	21	22	23	24	25	26	27	28		⑩대	2	3	4	5	6	7	8	9	10	11	12	13	14	15	16	17	18	19
干支	甲辰	乙巳	丙午	丁未	戊申	己酉	庚戌	辛亥	壬子	癸丑	甲寅	乙卯	丙辰	丁巳	戊午	己未	庚申	辛酉	壬戌	癸亥	甲子	乙丑	丙寅	丁卯	戊辰	己巳	庚午	辛未	壬申	癸酉
曜	금	토	일	월	화	수	목	금	토	일	월	화	수	목	금	토	일	월	화	수	목	금	토	일	월	화	수	목	금	토

12月

陽	1	2	3	4	5	6	7	8	9	10	11	12	13	14	15	16	17	18	19	20	21	22	23	24	25	26	27	28	29	30	31
陰	20	21	22	23	24	25	26	27	28	29	30	⑪소	2	3	4	5	6	7	8	9	10	11	12	13	14	15	16	17	18	19	20
干支	甲戌	乙亥	丙子	丁丑	戊寅	己卯	庚辰	辛巳	壬午	癸未	甲申	乙酉	丙戌	丁亥	戊子	己丑	庚寅	辛卯	壬辰	癸巳	甲午	乙未	丙申	丁酉	戊戌	己亥	庚子	辛丑	壬寅	癸卯	甲辰
曜	일	월	화	수	목	금	토	일	월	화	수	목	금	토	일	월	화	수	목	금	토	일	월	화	수	목	금	토	일	월	화

西紀一九八五年●檀紀四三一八年

乙丑(海中金)

舊閏三百八十四日
新平三百六十五日

二日得辛 三龍治水
卯喪門 亥吊客
酉大將軍 東三殺

三碧	一白	五黃
八白	六白	四綠
七赤	二黑	九紫

建月之大小	正月小 戊寅	二月大 己卯	三月大 庚辰	四月小 辛巳	五月大 壬午	六月小 癸未	七月大 甲申	八月小 乙酉	九月小 丙戌	十月大 丁亥	十一月小 戊子	十二月大 己丑
日辰	庚戌 庚子 庚寅	己卯 己巳 己未	己酉 己亥 己丑	己卯 己巳 己未	戊申 戊戌 戊子	戊寅 戊辰 戊午	丁未 丁酉 丁亥	丁丑 丁卯 丁巳	丙午 丙申 丙戌	乙亥 乙丑 乙卯	乙巳 乙未 乙酉	甲戌 甲子 甲寅
月白	五黃	四綠	三碧	二黑	一白	九紫	八白	七赤	六白	五黃	四綠	三碧
入節	驚蟄十五日甲辰午後十一時一分	清明十六日甲戌午前十時十六分 春分初一日己未午前零時十四分	立夏十六日甲辰午後九時五十分 穀雨初一日己丑午前十一時三十分	芒種十八日丙子午前二時十六分 小滿初二日庚申午前十時五十六分	小暑二十日丁未午後零時四十二分 夏至初四日辛卯午後七時六分	立秋廿一日戊寅午後十時四十三分 大暑初六日癸亥午前六時十二分	白露廿四日庚戌午前一時五十三分 處暑初八日甲午午後一時三十一分	寒露廿四日庚辰午後五時三十九分 秋分初九日乙丑午前十一時七分	立冬廿五日庚戌午後八時四十三分 霜降初十日乙未午後八時四十三分	大雪廿六日庚辰午後一時九分 小雪十一日乙丑午後六時十五分	小寒廿五日己酉午後十二時四十二分 冬至十一日乙未午前六時四十一分	立春廿六日己卯午前十一時九分 大寒十一日甲子午後五時二分

◆雜 節◆

寒食	土王	初伏	土王	中伏	末伏	土王	土王	臘享
二月十七日	二月廿八日	六月初三日	六月初三日	六月十三日	六月廿三日	九月初七日	十二月初八日	十二月初六日
陽四月六日	陽四月十七日	陽七月二十日	陽七月二十日	陽七月三十日	陽八月九日	陽十月二十日	陽一月十七日	陽一月十五日

1986(4319. 丙寅)

1月

陽	1	2	3	4	5	6	7	8	9	10	11	12	13	14	15	16	17	18	19	20	21	22	23	24	25	26	27	28	29	30	31
陰	21	22	23	24	25	26	27	28	29	⑫대	2	3	4	5	6	7	8	9	10	11	12	13	14	15	16	17	18	19	20	21	22
干支	乙巳	丙午	丁未	戊申	己酉	庚戌	辛亥	壬子	癸丑	甲寅	乙卯	丙辰	丁巳	戊午	己未	庚申	辛酉	壬戌	癸亥	甲子	乙丑	丙寅	丁卯	戊辰	己巳	庚午	辛未	壬申	癸酉	甲戌	乙亥
曜	수	목	금	토	일	월	화	수	목	금	토	일	월	화	수	목	금	토	일	월	화	수	목	금	토	일	월	화	수	목	금

2月

陽	1	2	3	4	5	6	7	8	9	10	11	12	13	14	15	16	17	18	19	20	21	22	23	24	25	26	27	28
陰	23	24	25	26	27	28	29	30	①소	2	3	4	5	6	7	8	9	10	11	12	13	14	15	16	17	18	19	20
干支	丙子	丁丑	戊寅	己卯	庚辰	辛巳	壬午	癸未	甲申	乙酉	丙戌	丁亥	戊子	己丑	庚寅	辛卯	壬辰	癸巳	甲午	乙未	丙申	丁酉	戊戌	己亥	庚子	辛丑	壬寅	癸卯
曜	토	일	월	화	수	목	금	토	일	월	화	수	목	금	토	일	월	화	수	목	금	토	일	월	화	수	목	금

3月

陽	1	2	3	4	5	6	7	8	9	10	11	12	13	14	15	16	17	18	19	20	21	22	23	24	25	26	27	28	29	30	31
陰	21	22	23	24	25	26	27	28	29	②대	2	3	4	5	6	7	8	9	10	11	12	13	14	15	16	17	18	19	20	21	22
干支	甲辰	乙巳	丙午	丁未	戊申	己酉	庚戌	辛亥	壬子	癸丑	甲寅	乙卯	丙辰	丁巳	戊午	己未	庚申	辛酉	壬戌	癸亥	甲子	乙丑	丙寅	丁卯	戊辰	己巳	庚午	辛未	壬申	癸酉	甲戌
曜	토	일	월	화	수	목	금	토	일	월	화	수	목	금	토	일	월	화	수	목	금	토	일	월	화	수	목	금	토	일	월

4月

陽	1	2	3	4	5	6	7	8	9	10	11	12	13	14	15	16	17	18	19	20	21	22	23	24	25	26	27	28	29	30
陰	23	24	25	26	27	28	29	30	③대	2	3	4	5	6	7	8	9	10	11	12	13	14	15	16	17	18	19	20	21	22
干支	乙亥	丙子	丁丑	戊寅	己卯	庚辰	辛巳	壬午	癸未	甲申	乙酉	丙戌	丁亥	戊子	己丑	庚寅	辛卯	壬辰	癸巳	甲午	乙未	丙申	丁酉	戊戌	己亥	庚子	辛丑	壬寅	癸卯	甲辰
曜	화	수	목	금	토	일	월	화	수	목	금	토	일	월	화	수	목	금	토	일	월	화	수	목	금	토	일	월	화	수

5月

陽	1	2	3	4	5	6	7	8	9	10	11	12	13	14	15	16	17	18	19	20	21	22	23	24	25	26	27	28	29	30	31
陰	23	24	25	26	27	28	29	30	④소	2	3	4	5	6	7	8	9	10	11	12	13	14	15	16	17	18	19	20	21	22	23
干支	乙巳	丙午	丁未	戊申	己酉	庚戌	辛亥	壬子	癸丑	甲寅	乙卯	丙辰	丁巳	戊午	己未	庚申	辛酉	壬戌	癸亥	甲子	乙丑	丙寅	丁卯	戊辰	己巳	庚午	辛未	壬申	癸酉	甲戌	乙亥
曜	목	금	토	일	월	화	수	목	금	토	일	월	화	수	목	금	토	일	월	화	수	목	금	토	일	월	화	수	목	금	토

6月

陽	1	2	3	4	5	6	7	8	9	10	11	12	13	14	15	16	17	18	19	20	21	22	23	24	25	26	27	28	29	30
陰	24	25	26	27	28	29	⑤대	2	3	4	5	6	7	8	9	10	11	12	13	14	15	16	17	18	19	20	21	22	23	24
干支	丙子	丁丑	戊寅	己卯	庚辰	辛巳	壬午	癸未	甲申	乙酉	丙戌	丁亥	戊子	己丑	庚寅	辛卯	壬辰	癸巳	甲午	乙未	丙申	丁酉	戊戌	己亥	庚子	辛丑	壬寅	癸卯	甲辰	乙巳
曜	일	월	화	수	목	금	토	일	월	화	수	목	금	토	일	월	화	수	목	금	토	일	월	화	수	목	금	토	일	월

7月

陽	1	2	3	4	5	6	7	8	9	10	11	12	13	14	15	16	17	18	19	20	21	22	23	24	25	26	27	28	29	30	31
陰	25	26	27	28	29	30	⑥대	2	3	4	5	6	7	8	9	10	11	12	13	14	15	16	17	18	19	20	21	22	23	24	25
干支	丙午	丁未	戊申	己酉	庚戌	辛亥	壬子	癸丑	甲寅	乙卯	丙辰	丁巳	戊午	己未	庚申	辛酉	壬戌	癸亥	甲子	乙丑	丙寅	丁卯	戊辰	己巳	庚午	辛未	壬申	癸酉	甲戌	乙亥	丙子
曜	화	수	목	금	토	일	월	화	수	목	금	토	일	월	화	수	목	금	토	일	월	화	수	목	금	토	일	월	화	수	목

8月

陽	1	2	3	4	5	6	7	8	9	10	11	12	13	14	15	16	17	18	19	20	21	22	23	24	25	26	27	28	29	30	31
陰	26	27	28	29	30	⑦소	2	3	4	5	6	7	8	9	10	11	12	13	14	15	16	17	18	19	20	21	22	23	24	25	26
干支	丁丑	戊寅	己卯	庚辰	辛巳	壬午	癸未	甲申	乙酉	丙戌	丁亥	戊子	己丑	庚寅	辛卯	壬辰	癸巳	甲午	乙未	丙申	丁酉	戊戌	己亥	庚子	辛丑	壬寅	癸卯	甲辰	乙巳	丙午	丁未
曜	금	토	일	월	화	수	목	금	토	일	월	화	수	목	금	토	일	월	화	수	목	금	토	일	월	화	수	목	금	토	일

9月

陽	1	2	3	4	5	6	7	8	9	10	11	12	13	14	15	16	17	18	19	20	21	22	23	24	25	26	27	28	29	30
陰	27	28	29	⑧대	2	3	4	5	6	7	8	9	10	11	12	13	14	15	16	17	18	19	20	21	22	23	24	25	26	27
干支	戊申	己酉	庚戌	辛亥	壬子	癸丑	甲寅	乙卯	丙辰	丁巳	戊午	己未	庚申	辛酉	壬戌	癸亥	甲子	乙丑	丙寅	丁卯	戊辰	己巳	庚午	辛未	壬申	癸酉	甲戌	乙亥	丙子	丁丑
曜	월	화	수	목	금	토	일	월	화	수	목	금	토	일	월	화	수	목	금	토	일	월	화	수	목	금	토	일	월	화

10月

陽	1	2	3	4	5	6	7	8	9	10	11	12	13	14	15	16	17	18	19	20	21	22	23	24	25	26	27	28	29	30	31
陰	28	29	30	⑨소	2	3	4	5	6	7	8	9	10	11	12	13	14	15	16	17	18	19	20	21	22	23	24	25	26	27	28
干支	戊寅	己卯	庚辰	辛巳	壬午	癸未	甲申	乙酉	丙戌	丁亥	戊子	己丑	庚寅	辛卯	壬辰	癸巳	甲午	乙未	丙申	丁酉	戊戌	己亥	庚子	辛丑	壬寅	癸卯	甲辰	乙巳	丙午	丁未	戊申
曜	수	목	금	토	일	월	화	수	목	금	토	일	월	화	수	목	금	토	일	월	화	수	목	금	토	일	월	화	수	목	금

11月

陽	1	2	3	4	5	6	7	8	9	10	11	12	13	14	15	16	17	18	19	20	21	22	23	24	25	26	27	28	29	30
陰	29	⑩대	2	3	4	5	6	7	8	9	10	11	12	13	14	15	16	17	18	19	20	21	22	23	24	25	26	27	28	29
干支	己酉	庚戌	辛亥	壬子	癸丑	甲寅	乙卯	丙辰	丁巳	戊午	己未	庚申	辛酉	壬戌	癸亥	甲子	乙丑	丙寅	丁卯	戊辰	己巳	庚午	辛未	壬申	癸酉	甲戌	乙亥	丙子	丁丑	戊寅
曜	토	일	월	화	수	목	금	토	일	월	화	수	목	금	토	일	월	화	수	목	금	토	일	월	화	수	목	금	토	일

12月

陽	1	2	3	4	5	6	7	8	9	10	11	12	13	14	15	16	17	18	19	20	21	22	23	24	25	26	27	28	29	30	31
陰	30	⑪소	2	3	4	5	6	7	8	9	10	11	12	13	14	15	16	17	18	19	20	21	22	23	24	25	26	27	28	29	⑫소
干支	己卯	庚辰	辛巳	壬午	癸未	甲申	乙酉	丙戌	丁亥	戊子	己丑	庚寅	辛卯	壬辰	癸巳	甲午	乙未	丙申	丁酉	戊戌	己亥	庚子	辛丑	壬寅	癸卯	甲辰	乙巳	丙午	丁未	戊申	己酉
曜	월	화	수	목	금	토	일	월	화	수	목	금	토	일	월	화	수	목	금	토	일	월	화	수	목	금	토	일	월	화	수

丙寅(爐中火)

西紀一九八六年 ● 檀紀四三一九年

舊平三百五十四日
新平三百六十五日

八日得辛 九龍治水
辰喪門 子弔客
子大將軍 北三殺

四綠	九紫	二黒
三碧	五黃	七赤
八白	一白	六白

建月之大小	庚寅 正月小	辛卯 二月大	壬辰 三月大	癸巳 四月小	甲午 五月大	乙未 六月大	丙申 七月小	丁酉 八月大	戊戌 九月小	己亥 十月大	庚子 十一月小	辛丑 十二月大
日辰	甲辰 甲午 甲申	癸酉 癸亥 癸丑	癸卯 癸巳 癸未	癸酉 癸亥 癸丑	壬寅 壬辰 壬午	壬申 壬戌 壬子	壬寅 壬辰 壬午	辛未 辛酉 辛亥	辛丑 辛卯 辛巳	庚午 庚申 庚戌	庚子 庚寅 庚辰	己巳 己未 己酉
月白	二 黒	一 白	九 紫	八 白	七 赤	六 白	五 黃	四 綠	三 碧	二 黒	一 白	九 紫
入節	驚蟄廿六日己酉午前五時五分 雨水十一日甲午午前六時五十七分	清明廿七日己卯午前十時四分 春分十二日甲子午前六時一分	立夏廿八日庚戌午前三時三十六分 穀雨十二日甲午午後五時十九分	芒種廿九日辛巳午前八時三分 小滿十三日乙丑午後三時二十四分	夏至十六日丁酉午前零時三十分	大暑十七日戊辰午前零時一分 小暑初一日壬子午後六時三十一分	處暑十八日己亥午後七時十九分 立秋初三日甲申午前四時三十三分	秋分二十日庚午午後五時十分 白露初五日乙卯午前七時四十二分	霜降廿一日辛丑午前二時三十二分 寒露初九日乙酉午後十一時二十八分	小雪廿一日庚午午後十一時五十分 立冬初七日丙辰午前二時三十一分	冬至廿一日庚子午後零時四十二分 大雪初六日乙酉午後六時二十九分	大寒廿一日己巳午後十時四十一分 小寒初七日乙卯午前五時四十二分

◆雜 節◆

寒食	土王	初伏	土王	中伏	末伏	土王	土王	臘享
二月廿八日	三月初九日	六月初九日	六月十四日	六月十九日	七月初九日	九月十八日	十二月十八日	十二月廿三日
陽四月六日	陽四月十七日	陽七月十五日	陽七月二十日	陽七月二十五日	陽八月十四日	陽十月二十一日	陽一月十七日	陽一月二十二日

1987 (4320. 丁卯)

1月

陽	1	2	3	4	5	6	7	8	9	10	11	12	13	14	15	16	17	18	19	20	21	22	23	24	25	26	27	28	29	30	31
陰	2	3	4	5	6	7	8	9	10	11	12	13	14	15	16	17	18	19	20	21	22	23	24	25	26	27	28	29	①대	2	3
	庚戌	辛亥	壬子	癸丑	甲寅	乙卯	丙辰	丁巳	戊午	己未	庚申	辛酉	壬戌	癸亥	甲子	乙丑	丙寅	丁卯	戊辰	己巳	庚午	辛未	壬申	癸酉	甲戌	乙亥	丙子	丁丑	戊寅	己卯	庚辰
曜	목	금	토	일	월	화	수	목	금	토	일	월	화	수	목	금	토	일	월	화	수	목	금	토	일	월	화	수	목	금	토

2月

陽	1	2	3	4	5	6	7	8	9	10	11	12	13	14	15	16	17	18	19	20	21	22	23	24	25	26	27	28
陰	4	5	6	7	8	9	10	11	12	13	14	15	16	17	18	19	20	21	22	23	24	25	26	27	28	29	30	②소
干支	辛巳	壬午	癸未	甲申	乙酉	丙戌	丁亥	戊子	己丑	庚寅	辛卯	壬辰	癸巳	甲午	乙未	丙申	丁酉	戊戌	己亥	庚子	辛丑	壬寅	癸卯	甲辰	乙巳	丙午	丁未	戊申
曜	일	월	화	수	목	금	토	일	월	화	수	목	금	토	일	월	화	수	목	금	토	일	월	화	수	목	금	토

3月

陽	1	2	3	4	5	6	7	8	9	10	11	12	13	14	15	16	17	18	19	20	21	22	23	24	25	26	27	28	29	30	31
陰	2	3	4	5	6	7	8	9	10	11	12	13	14	15	16	17	18	19	20	21	22	23	24	25	26	27	28	29	③대	2	3
干支	己酉	庚戌	辛亥	壬子	癸丑	甲寅	乙卯	丙辰	丁巳	戊午	己未	庚申	辛酉	壬戌	癸亥	甲子	乙丑	丙寅	丁卯	戊辰	己巳	庚午	辛未	壬申	癸酉	甲戌	乙亥	丙子	丁丑	戊寅	己卯
曜	일	월	화	수	목	금	토	일	월	화	수	목	금	토	일	월	화	수	목	금	토	일	월	화	수	목	금	토	일	월	화

4月

陽	1	2	3	4	5	6	7	8	9	10	11	12	13	14	15	16	17	18	19	20	21	22	23	24	25	26	27	28	29	30
陰	4	5	6	7	8	9	10	11	12	13	14	15	16	17	18	19	20	21	22	23	24	25	26	27	28	29	30	④대	2	3
干支	庚辰	辛巳	壬午	癸未	甲申	乙酉	丙戌	丁亥	戊子	己丑	庚寅	辛卯	壬辰	癸巳	甲午	乙未	丙申	丁酉	戊戌	己亥	庚子	辛丑	壬寅	癸卯	甲辰	乙巳	丙午	丁未	戊申	己酉
曜	수	목	금	토	일	월	화	수	목	금	토	일	월	화	수	목	금	토	일	월	화	수	목	금	토	일	월	화	수	목

5月

陽	1	2	3	4	5	6	7	8	9	10	11	12	13	14	15	16	17	18	19	20	21	22	23	24	25	26	27	28	29	30	31
陰	4	5	6	7	8	9	10	11	12	13	14	15	16	17	18	19	20	21	22	23	24	25	26	27	28	29	30	⑤소	2	3	4
干支	庚戌	辛亥	壬子	癸丑	甲寅	乙卯	丙辰	丁巳	戊午	己未	庚申	辛酉	壬戌	癸亥	甲子	乙丑	丙寅	丁卯	戊辰	己巳	庚午	辛未	壬申	癸酉	甲戌	乙亥	丙子	丁丑	戊寅	己卯	庚辰
曜	금	토	일	월	화	수	목	금	토	일	월	화	수	목	금	토	일	월	화	수	목	금	토	일	월	화	수	목	금	토	일

6月

陽	1	2	3	4	5	6	7	8	9	10	11	12	13	14	15	16	17	18	19	20	21	22	23	24	25	26	27	28	29	30
陰	5	6	7	8	9	10	11	12	13	14	15	16	17	18	19	20	21	22	23	24	25	26	27	28	29	⑥대	2	3	4	5
干支	辛巳	壬午	癸未	甲申	乙酉	丙戌	丁亥	戊子	己丑	庚寅	辛卯	壬辰	癸巳	甲午	乙未	丙申	丁酉	戊戌	己亥	庚子	辛丑	壬寅	癸卯	甲辰	乙巳	丙午	丁未	戊申	己酉	庚戌
曜	월	화	수	목	금	토	일	월	화	수	목	금	토	일	월	화	수	목	금	토	일	월	화	수	목	금	토	일	월	화

7月

陽	1	2	3	4	5	6	7	8	9	10	11	12	13	14	15	16	17	18	19	20	21	22	23	24	25	26	27	28	29	30	31
陰	6	7	8	9	10	11	12	13	14	15	16	17	18	19	20	21	22	23	24	25	26	27	28	29	30	⑥소	2	3	4	5	6
干支	辛亥	壬子	癸丑	甲寅	乙卯	丙辰	丁巳	戊午	己未	庚申	辛酉	壬戌	癸亥	甲子	乙丑	丙寅	丁卯	戊辰	己巳	庚午	辛未	壬申	癸酉	甲戌	乙亥	丙子	丁丑	戊寅	己卯	庚辰	辛巳
曜	수	목	금	토	일	월	화	수	목	금	토	일	월	화	수	목	금	토	일	월	화	수	목	금	토	일	월	화	수	목	금

8月

陽	1	2	3	4	5	6	7	8	9	10	11	12	13	14	15	16	17	18	19	20	21	22	23	24	25	26	27	28	29	30	31
陰	7	8	9	10	11	12	13	14	15	16	17	18	19	20	21	22	23	24	25	26	27	28	29	⑦대	2	3	4	5	6	7	8
干支	壬午	癸未	甲申	乙酉	丙戌	丁亥	戊子	己丑	庚寅	辛卯	壬辰	癸巳	甲午	乙未	丙申	丁酉	戊戌	己亥	庚子	辛丑	壬寅	癸卯	甲辰	乙巳	丙午	丁未	戊申	己酉	庚戌	辛亥	壬子
曜	토	일	월	화	수	목	금	토	일	월	화	수	목	금	토	일	월	화	수	목	금	토	일	월	화	수	목	금	토	일	월

9月

陽	1	2	3	4	5	6	7	8	9	10	11	12	13	14	15	16	17	18	19	30	21	22	23	24	25	26	27	28	29	30
陰	9	10	11	12	13	14	15	16	17	18	19	20	21	22	23	24	25	26	27	28	29	30	⑧대	2	3	4	5	6	7	8
干支	癸丑	甲寅	乙卯	丙辰	丁巳	戊午	己未	庚申	辛酉	壬戌	癸亥	甲子	乙丑	丙寅	丁卯	戊辰	己巳	庚午	辛未	壬申	癸酉	甲戌	乙亥	丙子	丁丑	戊寅	己卯	庚辰	辛巳	壬午
曜	화	수	목	금	토	일	월	화	수	목	금	토	일	월	화	수	목	금	토	일	월	화	수	목	금	토	일	월	화	수

10月

陽	1	2	3	4	5	6	7	8	9	10	11	12	13	14	15	16	17	18	19	20	21	22	23	24	25	26	27	28	29	30	31
陰	9	10	11	12	13	14	15	16	17	18	19	20	21	22	23	24	25	26	27	28	29	30	⑨소	2	3	4	5	6	7	8	9
干支	癸未	甲申	乙酉	丙戌	丁亥	戊子	己丑	庚寅	辛卯	壬辰	癸巳	甲午	乙未	丙申	丁酉	戊戌	己亥	庚子	辛丑	壬寅	癸卯	甲辰	乙巳	丙午	丁未	戊申	己酉	庚戌	辛亥	壬子	癸丑
曜	목	금	토	일	월	화	수	목	금	토	일	월	화	수	목	금	토	일	월	화	수	목	금	토	일	월	화	수	목	금	토

11月

陽	1	2	3	4	5	6	7	8	9	10	11	12	13	14	15	16	17	18	19	20	21	22	23	24	25	26	27	28	29	30
陰	10	11	12	13	14	15	16	17	18	19	20	21	22	23	24	25	26	27	28	29	⑩대	2	3	4	5	6	7	8	9	10
干支	甲寅	乙卯	丙辰	丁巳	戊午	己未	庚申	辛酉	壬戌	癸亥	甲子	乙丑	丙寅	丁卯	戊辰	己巳	庚午	辛未	壬申	癸酉	甲戌	乙亥	丙子	丁丑	戊寅	己卯	庚辰	辛巳	壬午	癸未
曜	일	월	화	수	목	금	토	일	월	화	수	목	금	토	일	월	화	수	목	금	토	일	월	화	수	목	금	토	일	월

12月

陽	1	2	3	4	5	6	7	8	9	10	11	12	13	14	15	16	17	18	19	20	21	22	23	24	25	26	27	28	29	30	31
陰	11	12	13	14	15	16	17	18	19	20	21	22	23	24	25	26	27	28	29	30	⑪소	2	3	4	5	6	7	8	9	10	11
干支	甲申	乙酉	丙戌	丁亥	戊子	己丑	庚寅	辛卯	壬辰	癸巳	甲午	乙未	丙申	丁酉	戊戌	己亥	庚子	辛丑	壬寅	癸卯	甲辰	乙巳	丙午	丁未	戊申	己酉	庚戌	辛亥	壬子	癸丑	甲寅
曜	화	수	목	금	토	일	월	화	수	목	금	토	일	월	화	수	목	금	토	일	월	화	수	목	금	토	일	월	화	수	목

西紀一九八七年●檀紀四三二〇年

丁卯 (爐中火)

舊閏三百八十五日
新平三百六十五日

四日得辛 三龍治水
巳喪門 丑吊客
子大將軍 酉三殺

一白	八白	三碧
六白	四綠	二黑
五黃	九紫	七赤

節月之大小	正月大 壬寅	二月小 癸卯	三月大 甲辰	四月小 乙巳	五月大 丙午	六月大 丁未	六閏月小	七月大 戊申	八月大 己酉	九月小 庚戌	十月大 辛亥	十一月小 壬子	十二月小 癸丑
日辰	戊寅 戊子 戊戌	戊申 戊午 戊辰	丁丑 丁亥 丁酉	丁未 丁巳 丁卯	丁丑 丁亥 丁酉	丙午 丙辰 丙寅	丙子 丙戌 丙申	乙巳 乙卯 乙丑	乙亥 乙酉 乙未	乙巳 乙卯 乙丑	甲戌 甲申 甲午	甲辰 甲寅 甲子	癸酉 癸未 癸巳
月白	八白	七赤	六白	五黃	四綠	三碧	三碧	二黑	一白	九紫	八白	七赤	六白
入節	立春初七日甲申午後四時五十九分 雨水廿二日己亥午後零時五十二分	驚蟄初七日甲寅午前十時五十四分 春分廿二日己巳午前十一時四十八分	淸明初八日甲申午後四時二十一分 穀雨廿三日己亥午前十時五十八分	立夏初九日乙卯午前十時九分 小滿廿四日庚午午後十時二十一分	芒種十一日丙戌午後二時四十五分 夏至廿六日壬寅午前七時三十八分	小暑十三日戊午午前五時五十二分 大暑廿八日癸酉午後十一時二十一分	立秋十四日己丑午前七時二十二分	處暑初一日乙巳午前一時五十四分 白露十六日庚申午後二時十分	秋分初一日乙亥午後十一時三十一分 寒露十七日辛卯午前五時四十二分	霜降初二日丙午午前八時三十八分 立冬十七日辛酉午前八時三十一分	小雪初三日丙子午前五時四十三分 大雪十八日辛卯午前十一時四十八分	冬至初二日乙巳午後五時二十八分 小寒十七日庚申午前十一時二十八分	大寒初二日甲戌午前四時三十九分 立春十七日己丑午後十時四十六分

◆雜 節◆

寒食	土王	初伏	土王	中伏	末伏	土王	土王	臘享
三月	三月	六月	六月	閏六月	閏六月	九月	十二月	十二月
初九日	二十日	廿五日	廿五日	初五日	十五日	廿九日	廿九日	十一日
陽	陽	陽	陽	陽	陽	陽	陽	陽
四月	四月	七月	七月	七月	八月	十月	一月	一月
六日	十七日	二十日	二十日	三十日	九日	二十一日	十八日	二十九日

1988(4321. 戊辰)

1月

陽	1	2	3	4	5	6	7	8	9	10	11	12	13	14	15	16	17	18	19	20	21	22	23	24	25	26	27	28	29	30	31
陰	12	13	14	15	16	17	18	19	20	21	22	23	24	25	26	27	28	29	⑫대	2	3	4	5	6	7	8	9	10	11	12	13
干支	乙卯	丙辰	丁巳	戊午	己未	庚申	辛酉	壬戌	癸亥	甲子	乙丑	丙寅	丁卯	戊辰	己巳	庚午	辛未	壬申	癸酉	甲戌	乙亥	丙子	丁丑	戊寅	己卯	庚辰	辛巳	壬午	癸未	甲申	乙酉
曜	금	토	일	월	화	수	목	금	토	일	월	화	수	목	금	토	일	월	화	수	목	금	토	일	월	화	수	목	금	토	일

2月

陽	1	2	3	4	5	6	7	8	9	10	11	12	13	14	15	16	17	18	19	20	21	22	23	24	25	26	27	28	29
陰	14	15	16	17	18	19	20	21	22	23	24	25	26	27	28	29	30	①소	2	3	4	5	6	7	8	9	10	11	12
干支	丙戌	丁亥	戊子	己丑	庚寅	辛卯	壬辰	癸巳	甲午	乙未	丙申	丁酉	戊戌	己亥	庚子	辛丑	壬寅	癸卯	甲辰	乙巳	丙午	丁未	戊申	己酉	庚戌	辛亥	壬子	癸丑	甲寅
曜	월	화	수	목	금	토	일	월	화	수	목	금	토	일	월	화	수	목	금	토	일	월	화	수	목	금	토	일	월

3月

陽	1	2	3	4	5	6	7	8	9	10	11	12	13	14	15	16	17	18	19	20	21	22	23	24	25	26	27	28	29	30	31
陰	13	14	15	16	17	18	19	20	21	22	23	24	25	26	27	28	29	②소	2	3	4	5	6	7	8	9	10	11	12	13	14
干支	乙卯	丙辰	丁巳	戊午	己未	庚申	辛酉	壬戌	癸亥	甲子	乙丑	丙寅	丁卯	戊辰	己巳	庚午	辛未	壬申	癸酉	甲戌	乙亥	丙子	丁丑	戊寅	己卯	庚辰	辛巳	壬午	癸未	甲申	乙酉
曜	화	수	목	금	토	일	월	화	수	목	금	토	일	월	화	수	목	금	토	일	월	화	수	목	금	토	일	월	화	수	목

4月

陽	1	2	3	4	5	6	7	8	9	10	11	12	13	14	15	16	17	18	19	20	21	22	23	24	25	26	27	28	29	30
陰	15	16	17	18	19	20	21	22	23	24	25	26	27	28	29	③대	2	3	4	5	6	7	8	9	10	11	12	13	14	15
干支	丙戌	丁亥	戊子	己丑	庚寅	辛卯	壬辰	癸巳	甲午	乙未	丙申	丁酉	戊戌	己亥	庚子	辛丑	壬寅	癸卯	甲辰	乙巳	丙午	丁未	戊申	己酉	庚戌	辛亥	壬子	癸丑	甲寅	乙卯
曜	금	토	일	월	화	수	목	금	토	일	월	화	수	목	금	토	일	월	화	수	목	금	토	일	월	화	수	목	금	토

5月

陽	1	2	3	4	5	6	7	8	9	10	11	12	13	14	15	16	17	18	19	20	21	22	23	24	25	26	27	28	29	30	31
陰	16	17	18	19	20	21	22	23	24	25	26	27	28	29	30	④소	2	3	4	5	6	7	8	9	10	11	12	13	14	15	16
干支	丙辰	丁巳	戊午	己未	庚申	辛酉	壬戌	癸亥	甲子	乙丑	丙寅	丁卯	戊辰	己巳	庚午	辛未	壬申	癸酉	甲戌	乙亥	丙子	丁丑	戊寅	己卯	庚辰	辛巳	壬午	癸未	甲申	乙酉	丙戌
曜	일	월	화	수	목	금	토	일	월	화	수	목	금	토	일	월	화	수	목	금	토	일	월	화	수	목	금	토	일	월	화

6月

陽	1	2	3	4	5	6	7	8	9	10	11	12	13	14	15	16	17	18	19	20	21	22	23	24	25	26	27	28	29	30
陰	17	18	19	20	21	22	23	24	25	26	27	28	29	⑤대	2	3	4	5	6	7	8	9	10	11	12	13	14	15	16	17
干支	丁亥	戊子	己丑	庚寅	辛卯	壬辰	癸巳	甲午	乙未	丙申	丁酉	戊戌	己亥	庚子	辛丑	壬寅	癸卯	甲辰	乙巳	丙午	丁未	戊申	己酉	庚戌	辛亥	壬子	癸丑	甲寅	乙卯	丙辰
曜	수	목	금	토	일	월	화	수	목	금	토	일	월	화	수	목	금	토	일	월	화	수	목	금	토	일	월	화	수	목

7月

陽	1	2	3	4	5	6	7	8	9	10	11	12	13	14	15	16	17	18	19	20	21	22	23	24	25	26	27	28	29	30	31
陰	18	19	20	21	22	23	24	25	26	27	28	29	30	⑥소	2	3	4	5	6	7	8	9	10	11	12	13	14	15	16	17	18
干支	丁巳	戊午	己未	庚申	辛酉	壬戌	癸亥	甲子	乙丑	丙寅	丁卯	戊辰	己巳	庚午	辛未	壬申	癸酉	甲戌	乙亥	丙子	丁丑	戊寅	己卯	庚辰	辛巳	壬午	癸未	甲申	乙酉	丙戌	丁亥
曜	금	토	일	월	화	수	목	금	토	일	월	화	수	목	금	토	일	월	화	수	목	금	토	일	월	화	수	목	금	토	일

8月

陽	1	2	3	4	5	6	7	8	9	10	11	12	13	14	15	16	17	18	19	20	21	22	23	24	25	26	27	28	29	30	31
陰	19	20	21	22	23	24	25	26	27	28	29	⑦대	2	3	4	5	6	7	8	9	10	11	12	13	14	15	16	17	18	19	20
干支	戊子	己丑	庚寅	辛卯	壬辰	癸巳	甲午	乙未	丙申	丁酉	戊戌	己亥	庚子	辛丑	壬寅	癸卯	甲辰	乙巳	丙午	丁未	戊申	己酉	庚戌	辛亥	壬子	癸丑	甲寅	乙卯	丙辰	丁巳	戊午
曜	월	화	수	목	금	토	일	월	화	수	목	금	토	일	월	화	수	목	금	토	일	월	화	수	목	금	토	일	월	화	수

9月

陽	1	2	3	4	5	6	7	8	9	10	11	12	13	14	15	16	17	18	19	20	21	22	23	24	25	26	27	28	29	30
陰	21	22	23	24	25	26	27	28	29	30	⑧대	2	3	4	5	6	7	8	9	10	11	12	13	14	15	16	17	18	19	20
干支	己未	庚申	辛酉	壬戌	癸亥	甲子	乙丑	丙寅	丁卯	戊辰	己巳	庚午	辛未	壬申	癸酉	甲戌	乙亥	丙子	丁丑	戊寅	己卯	庚辰	辛巳	壬午	癸未	甲申	乙酉	丙戌	丁亥	戊子
曜	목	금	토	일	월	화	수	목	금	토	일	월	화	수	목	금	토	일	월	화	수	목	금	토	일	월	화	수	목	금

10月

陽	1	2	3	4	5	6	7	8	9	10	11	12	13	14	15	16	17	18	19	20	21	22	23	24	25	26	27	28	29	30	31
陰	21	22	23	24	25	26	27	28	29	30	⑨소	2	3	4	5	6	7	8	9	10	11	12	13	14	15	16	17	18	19	20	21
干支	己丑	庚寅	辛卯	壬辰	癸巳	甲午	乙未	丙申	丁酉	戊戌	己亥	庚子	辛丑	壬寅	癸卯	甲辰	乙巳	丙午	丁未	戊申	己酉	庚戌	辛亥	壬子	癸丑	甲寅	乙卯	丙辰	丁巳	戊午	己未
曜	토	일	월	화	수	목	금	토	일	월	화	수	목	금	토	일	월	화	수	목	금	토	일	월	화	수	목	금	토	일	월

11月

陽	1	2	3	4	5	6	7	8	9	10	11	12	13	14	15	16	17	18	19	20	21	22	23	24	25	26	27	28	29	30
陰	22	23	24	25	26	27	28	29	⑩대	2	3	4	5	6	7	8	9	10	11	12	13	14	15	16	17	18	19	20	21	22
干支	庚申	辛酉	壬戌	癸亥	甲子	乙丑	丙寅	丁卯	戊辰	己巳	庚午	辛未	壬申	癸酉	甲戌	乙亥	丙子	丁丑	戊寅	己卯	庚辰	辛巳	壬午	癸未	甲申	乙酉	丙戌	丁亥	戊子	己丑
曜	화	수	목	금	토	일	월	화	수	목	금	토	일	월	화	수	목	금	토	일	월	화	수	목	금	토	일	월	화	수

12月

陽	1	2	3	4	5	6	7	8	9	10	11	12	13	14	15	16	17	18	19	20	21	22	23	24	25	26	27	28	29	30	31
陰	23	24	25	26	27	28	29	30	⑪대	2	3	4	5	6	7	8	9	10	11	12	13	14	15	16	17	18	19	20	21	22	23
干支	庚寅	辛卯	壬辰	癸巳	甲午	乙未	丙申	丁酉	戊戌	己亥	庚子	辛丑	壬寅	癸卯	甲辰	乙巳	丙午	丁未	戊申	己酉	庚戌	辛亥	壬子	癸丑	甲寅	乙卯	丙辰	丁巳	戊午	己未	庚申
曜	목	금	토	일	월	화	수	목	금	토	일	월	화	수	목	금	토	일	월	화	수	목	금	토	일	월	화	수	목	금	토

戊辰 (大林木)

西紀一九八八年●檀紀四三二一年

舊平三百五十四日
新閏三百六十六日

九日得辛　二龍治水
午喪門　寅吊客
子大將軍　南三殺

九紫	七赤	二黑
五黃	三碧	一白
四綠	八白	六白

建月之大小	正月 甲寅 大	二月 乙卯 小	三月 丙辰 大	四月 丁巳 小	五月 戊午 大	六月 己未 小	七月 庚申 大	八月 辛酉 大	九月 壬戌 小	十月 癸亥 大	十一月 甲子 大	十二月 乙丑 小
日辰	癸巳 癸丑 癸卯	壬辰 壬午 壬申	辛酉 辛亥 辛丑	辛卯 辛巳 辛未	庚申 庚戌 庚子	庚寅 庚辰 庚午	己未 己酉 己亥	己丑 己卯 己巳	己未 己酉 己亥	戊子 戊寅 戊辰	戊午 戊申 戊戌	戊子 戊寅 戊辰
月白	五黃	四綠	三碧	二黑	一白	九紫	八白	七赤	六白	五黃	四綠	三碧
入節	驚蟄十七日己未午後 五時四十六分 雨水初二日甲辰午後 七時三十六分	淸明十八日己丑午後 十時四十三分 春分初三日甲戌午後 六時四十一分	立夏二十日庚申午後 四時六分 穀雨初五日乙巳午前 五時五十三分	芒種廿一日辛卯午後 八時二十分 小滿初六日丙子午前 五時七分	小暑廿四日癸亥午前 六時三十六分 夏至初八日丁未午後 一時七分	立秋廿五日甲午午後 四時二十一分 大暑初九日戊寅午後 十一時五十七分	白露廿七日乙丑午後 七時十一分 處暑十二日庚戌午前 六時五十八分	寒露廿八日丙申午前 十時四十四分 秋分十三日辛巳午前 四時三十一分	立冬廿八日丙寅午後 一時四十九分 霜降十三日辛亥午後 一時四十七分	大雪廿九日丙申午後 六時三十七分 小雪十四日辛巳午前 十一時十六分	小寒廿九日丙寅午後 五時四十八分 冬至十四日辛巳午前 零時三十四分	立春廿八日乙未午前 五時二十九分 大寒十四日辛巳午前 十一時十一分

◆雜 節◆

寒食	土王	初伏	土王	中伏	末伏	土王	土王	臘享
二月十九日	三月初二日	六月初一日	六月初六日	六月十一日	七月初二日	九月初十日	十二月十一日	十二月十六日
陽四月五日	陽四月十七日	陽七月十四日	陽七月十九日	陽七月二十四日	陽八月十三日	陽十月二十日	陽一月十八日	陽一月二十三日

1989 (4322. 己巳)

1月
陽 1 2 3 4 5 6 7 8 9 10 11 12 13 14 15 16 17 18 19 20 21 22 23 24 25 26 27 28 29 30 31
陰 24 25 26 27 28 29 30 ⑫소 2 3 4 5 6 7 8 9 10 11 12 13 14 15 16 17 18 19 20 21 22 23 24
干支 辛酉壬戌癸亥甲子乙丑丙寅丁卯戊辰己巳庚午辛未壬申癸酉甲戌乙亥丙子丁丑戊寅己卯庚辰辛巳壬午癸未甲申乙酉丙戌丁亥戊子己丑庚寅辛卯
曜 일 월 화 수 목 금 토 일 월 화 수 목 금 토 일 월 화 수 목 금 토 일 월 화 수 목 금 토 일 월 화

2月
陽 1 2 3 4 5 6 7 8 9 10 11 12 13 14 15 16 17 18 19 20 21 22 23 24 25 26 27 28
陰 25 26 27 28 29 ①대 2 3 4 5 6 7 8 9 10 11 12 13 14 15 16 17 18 19 20 21 22 23
干支 壬辰癸巳甲午乙未丙申丁酉戊戌己亥庚子辛丑壬寅癸卯甲辰乙巳丙午丁未戊申己酉庚戌辛亥壬子癸丑甲寅乙卯丙辰丁巳戊午己未
曜 수 목 금 토 일 월 화 수 목 금 토 일 월 화 수 목 금 토 일 월 화 수 목 금 토 일 월 화

3月
陽 1 2 3 4 5 6 7 8 9 10 11 12 13 14 15 16 17 18 19 20 21 22 23 24 25 26 27 28 29 30 31
陰 24 25 26 27 28 29 30 ②소 2 3 4 5 6 7 8 9 10 11 12 13 14 15 16 17 18 19 20 21 22 23 24
干支 庚申辛酉壬戌癸亥甲子乙丑丙寅丁卯戊辰己巳庚午辛未壬申癸酉甲戌乙亥丙子丁丑戊寅己卯庚辰辛巳壬午癸未甲申乙酉丙戌丁亥戊子己丑庚寅
曜 수 목 금 토 일 월 화 수 목 금 토 일 월 화 수 목 금 토 일 월 화 수 목 금 토 일 월 화 수 목 금

4月
陽 1 2 3 4 5 6 7 8 9 10 11 12 13 14 15 16 17 18 19 20 21 22 23 24 25 26 27 28 29 30
陰 25 26 27 28 29 ③소 2 3 4 5 6 7 8 9 10 11 12 13 14 15 16 17 18 19 20 21 22 23 24 25
干支 辛卯壬辰癸巳甲午乙未丙申丁酉戊戌己亥庚子辛丑壬寅癸卯甲辰乙巳丙午丁未戊申己酉庚戌辛亥壬子癸丑甲寅乙卯丙辰丁巳戊午己未庚申
曜 토 일 월 화 수 목 금 토 일 월 화 수 목 금 토 일 월 화 수 목 금 토 일 월 화 수 목 금 토 일

5月
陽 1 2 3 4 5 6 7 8 9 10 11 12 13 14 15 16 17 18 19 20 21 22 23 24 25 26 27 28 29 30 31
陰 26 27 28 29 ④대 2 3 4 5 6 7 8 9 10 11 12 13 14 15 16 17 18 19 20 21 22 23 24 25 26 27
干支 辛酉壬戌癸亥甲子乙丑丙寅丁卯戊辰己巳庚午辛未壬申癸酉甲戌乙亥丙子丁丑戊寅己卯庚辰辛巳壬午癸未甲申乙酉丙戌丁亥戊子己丑庚寅辛卯
曜 월 화 수 목 금 토 일 월 화 수 목 금 토 일 월 화 수 목 금 토 일 월 화 수 목 금 토 일 월 화 수

6月
陽 1 2 3 4 5 6 7 8 9 10 11 12 13 14 15 16 17 18 19 20 21 22 23 24 25 26 27 28 29 30
陰 28 29 30 ⑤소 2 3 4 5 6 7 8 9 10 11 12 13 14 15 16 17 18 19 20 21 22 23 24 25 26 27
干支 壬辰癸巳甲午乙未丙申丁酉戊戌己亥庚子辛丑壬寅癸卯甲辰乙巳丙午丁未戊申己酉庚戌辛亥壬子癸丑甲寅乙卯丙辰丁巳戊午己未庚申辛酉
曜 목 금 토 일 월 화 수 목 금 토 일 월 화 수 목 금 토 일 월 화 수 목 금 토 일 월 화 수 목 금

7月
陽 1 2 3 4 5 6 7 8 9 10 11 12 13 14 15 16 17 18 19 20 21 22 23 24 25 26 27 28 29 30 31
陰 28 29 ⑥대 2 3 4 5 6 7 8 9 10 11 12 13 14 15 16 17 18 19 20 21 22 23 24 25 26 27 28 29
干支 壬戌癸亥甲子乙丑丙寅丁卯戊辰己巳庚午辛未壬申癸酉甲戌乙亥丙子丁丑戊寅己卯庚辰辛巳壬午癸未甲申乙酉丙戌丁亥戊子己丑庚寅辛卯壬辰
曜 토 일 월 화 수 목 금 토 일 월 화 수 목 금 토 일 월 화 수 목 금 토 일 월 화 수 목 금 토 일 월

8月
陽 1 2 3 4 5 6 7 8 9 10 11 12 13 14 15 16 17 18 19 20 21 22 23 24 25 26 27 28 29 30 31
陰 30 ⑦소 2 3 4 5 6 7 8 9 10 11 12 13 14 15 16 17 18 19 20 21 22 23 24 25 26 27 28 29 ⑧대
干支 癸巳甲午乙未丙申丁酉戊戌己亥庚子辛丑壬寅癸卯甲辰乙巳丙午丁未戊申己酉庚戌辛亥壬子癸丑甲寅乙卯丙辰丁巳戊午己未庚申辛酉壬戌癸亥
曜 화 수 목 금 토 일 월 화 수 목 금 토 일 월 화 수 목 금 토 일 월 화 수 목 금 토 일 월 화 수 목

9月
陽 1 2 3 4 5 6 7 8 9 10 11 12 13 14 15 16 17 18 19 20 21 22 23 24 25 26 27 28 29 30
陰 2 3 4 5 6 7 8 9 10 11 12 13 14 15 16 17 18 19 20 21 22 23 24 25 26 27 28 29 30 ⑨대
干支 甲子乙丑丙寅丁卯戊辰己巳庚午辛未壬申癸酉甲戌乙亥丙子丁丑戊寅己卯庚辰辛巳壬午癸未甲申乙酉丙戌丁亥戊子己丑庚寅辛卯壬辰癸巳
曜 금 토 일 월 화 수 목 금 토 일 월 화 수 목 금 토 일 월 화 수 목 금 토 일 월 화 수 목 금 토

10月
陽 1 2 3 4 5 6 7 8 9 10 11 12 13 14 15 16 17 18 19 20 21 22 23 24 25 26 27 28 29 30 31
陰 2 3 4 5 6 7 8 9 10 11 12 13 14 15 16 17 18 19 20 21 22 23 24 25 26 27 28 29 30 ⑩소 2
干支 甲午乙未丙申丁酉戊戌己亥庚子辛丑壬寅癸卯甲辰乙巳丙午丁未戊申己酉庚戌辛亥壬子癸丑甲寅乙卯丙辰丁巳戊午己未庚申辛酉壬戌癸亥甲子
曜 일 월 화 수 목 금 토 일 월 화 수 목 금 토 일 월 화 수 목 금 토 일 월 화 수 목 금 토 일 월 화

11月
陽 1 2 3 4 5 6 7 8 9 10 11 12 13 14 15 16 17 18 19 20 21 22 23 24 25 26 27 28 29 30
陰 3 4 5 6 7 8 9 10 11 12 13 14 15 16 17 18 19 20 21 22 23 24 25 26 27 28 29 ⑪대 2 3
干支 乙丑丙寅丁卯戊辰己巳庚午辛未壬申癸酉甲戌乙亥丙子丁丑戊寅己卯庚辰辛巳壬午癸未甲申乙酉丙戌丁亥戊子己丑庚寅辛卯壬辰癸巳甲午
曜 수 목 금 토 일 월 화 수 목 금 토 일 월 화 수 목 금 토 일 월 화 수 목 금 토 일 월 화 수 목

12月
陽 1 2 3 4 5 6 7 8 9 10 11 12 13 14 15 16 17 18 19 20 21 22 23 24 25 26 27 28 29 30 31
陰 4 5 6 7 8 9 10 11 12 13 14 15 16 17 18 19 20 21 22 23 24 25 26 27 28 29 30 ⑫대 2 3 4
干支 乙未丙申丁酉戊戌己亥庚子辛丑壬寅癸卯甲辰乙巳丙午丁未戊申己酉庚戌辛亥壬子癸丑甲寅乙卯丙辰丁巳戊午己未庚申辛酉壬戌癸亥甲子乙丑
曜 금 토 일 월 화 수 목 금 토 일 월 화 수 목 금 토 일 월 화 수 목 금 토 일 월 화 수 목 금 토 일

己巳 (大林木)

五日得辛 八龍治水
未喪門 卯吊客
卯大將軍 東三殺

八白	六白	一白
四綠	二黑	九紫
三碧	七赤	五黃

舊平三百五十五日
新平三百六十五日
西紀一九八九年●檀紀四三二二年

建月之大小	日辰	月白	入節
丙寅 正月大	丁巳 丁未 丁酉	二黑	驚蟄 廿八日甲子 午後 十一時三十五分 / 雨水 十四日庚戌 午前 一時二十五分
丁卯 二月小	丁亥 丁丑 丁卯	一白	清明 廿九日乙未 午前 四時三十分 / 春分 十四日庚辰 午前 零時三十分
戊辰 三月小	丙辰 丙午 丙申	九紫	穀雨 十五日庚戌 午前 十一時四十一分
己巳 四月大	乙酉 乙亥 乙丑	八白	小滿 十七日辛巳 午前 十時五十五分 / 立夏 初一日乙丑 午後 九時五十五分
庚午 五月小	乙卯 乙巳 乙未	七赤	夏至 十八日壬子 午後 六時五十四分 / 芒種 初三日丁酉 午前 二時八分
辛未 六月小	甲申 甲戌 甲子	六白	大暑 廿一日甲申 午前 五時四十五分 / 小暑 初五日戊辰 午後 零時二十三分
壬申 七月大	甲寅 甲辰 甲午	五黃	處暑 廿二日丁卯 午後 零時四十六分 / 立秋 初六日己亥 午後 十時九分
癸酉 八月大	癸未 癸酉 癸亥	四綠	秋分 廿四日丙戌 午前 十時十九分 / 白露 初九日辛未 午前 零時五十九分
甲戌 九月小	癸丑 癸卯 癸巳	三碧	霜降 廿四日丙辰 午後 七時三十五分 / 寒露 初九日辛丑 午後 四時二十三分
乙亥 十月大	癸未 癸酉 癸亥	二黑	小雪 廿四日丙戌 午後 五時五分 / 立冬 初九日辛未 午後 七時三十八分
丙子 十一月大	壬子 壬寅 壬辰	一白	冬至 廿五日丙辰 午前 六時二十四分 / 大雪 初十日辛丑 午後 零時二十七分
丁丑 十二月大	壬午 壬申 壬戌	九紫	大寒 廿四日乙酉 午後 五時一分 / 小寒 初九日庚午 午後 十一時三十八分

◆雜　節◆

雜節	陰曆	陽曆
臘享	十二月廿二日	陽一月十八日
土王	十二月廿一日	陽一月十七日
土王	九月廿一日	陽十月二十日
末伏	七月初七日	陽八月八日
中伏	六月廿七日	陽七月二十九日
土王	六月十八日	陽七月二十日
初伏	六月十七日	陽七月十九日
土王	三月十二日	陽四月十七日
寒食	三月初一日	陽四月六日

1990 (4323. 庚午)

1月

陽	1	2	3	4	5	6	7	8	9	10	11	12	13	14	15	16	17	18	19	20	21	22	23	24	25	26	27	28	29	30	31
陰	5	6	7	8	9	10	11	12	13	14	15	16	17	18	19	20	21	22	23	24	25	26	27	28	29	30	①소	2	3	4	5
干支	丙寅	丁卯	戊辰	己巳	庚午	辛未	壬申	癸酉	甲戌	乙亥	丙子	丁丑	戊寅	己卯	庚辰	辛巳	壬午	癸未	甲申	乙酉	丙戌	丁亥	戊子	己丑	庚寅	辛卯	壬辰	癸巳	甲午	乙未	丙申
曜	월	화	수	목	금	토	일	월	화	수	목	금	토	일	월	화	수	목	금	토	일	월	화	수	목	금	토	일	월	화	수

2月

陽	1	2	3	4	5	6	7	8	9	10	11	12	13	14	15	16	17	18	19	20	21	22	23	24	25	26	27	28
陰	6	7	8	9	10	11	12	13	14	15	16	17	18	19	20	21	22	23	24	25	26	27	28	29	②대	2	3	4
干支	丁酉	戊戌	己亥	庚子	辛丑	壬寅	癸卯	甲辰	乙巳	丙午	丁未	戊申	己酉	庚戌	辛亥	壬子	癸丑	甲寅	乙卯	丙辰	丁巳	戊午	己未	庚申	辛酉	壬戌	癸亥	甲子
曜	목	금	토	일	월	화	수	목	금	토	일	월	화	수	목	금	토	일	월	화	수	목	금	토	일	월	화	수

3月

陽	1	2	3	4	5	6	7	8	9	10	11	12	13	14	15	16	17	18	19	20	21	22	23	24	25	26	27	28	29	30	31
陰	5	6	7	8	9	10	11	12	13	14	15	16	17	18	19	20	21	22	23	24	25	26	27	28	29	30	③소	2	3	4	5
干支	乙丑	丙寅	丁卯	戊辰	己巳	庚午	辛未	壬申	癸酉	甲戌	乙亥	丙子	丁丑	戊寅	己卯	庚辰	辛巳	壬午	癸未	甲申	乙酉	丙戌	丁亥	戊子	己丑	庚寅	辛卯	壬辰	癸巳	甲午	乙未
曜	목	금	토	일	월	화	수	목	금	토	일	월	화	수	목	금	토	일	월	화	수	목	금	토	일	월	화	수	목	금	토

4月

陽	1	2	3	4	5	6	7	8	9	10	11	12	13	14	15	16	17	18	19	20	21	22	23	24	25	26	27	28	29	30
陰	6	7	8	9	10	11	12	13	14	15	16	17	18	19	20	21	22	23	24	25	26	27	28	29	④소	2	3	4	5	6
干支	丙申	丁酉	戊戌	己亥	庚子	辛丑	壬寅	癸卯	甲辰	乙巳	丙午	丁未	戊申	己酉	庚戌	辛亥	壬子	癸丑	甲寅	乙卯	丙辰	丁巳	戊午	己未	庚申	辛酉	壬戌	癸亥	甲子	乙丑
曜	일	월	화	수	목	금	토	일	월	화	수	목	금	토	일	월	화	수	목	금	토	일	월	화	수	목	금	토	일	월

5月

陽	1	2	3	4	5	6	7	8	9	10	11	12	13	14	15	16	17	18	19	20	21	22	23	24	25	26	27	28	29	30	31
陰	7	8	9	10	11	12	13	14	15	16	17	18	19	20	21	22	23	24	25	26	27	28	29	⑤대	2	3	4	5	6	7	8
干支	丙寅	丁卯	戊辰	己巳	庚午	辛未	壬申	癸酉	甲戌	乙亥	丙子	丁丑	戊寅	己卯	庚辰	辛巳	壬午	癸未	甲申	乙酉	丙戌	丁亥	戊子	己丑	庚寅	辛卯	壬辰	癸巳	甲午	乙未	丙申
曜	화	수	목	금	토	일	월	화	수	목	금	토	일	월	화	수	목	금	토	일	월	화	수	목	금	토	일	월	화	수	목

6月

陽	1	2	3	4	5	6	7	8	9	10	11	12	13	14	15	16	17	18	19	20	21	22	23	24	25	26	27	28	29	30
陰	9	10	11	12	13	14	14	16	17	18	19	20	21	22	23	24	25	26	27	28	29	30	⑤소	2	3	4	5	6	7	8
干支	丁酉	戊戌	己亥	庚子	辛丑	壬寅	癸卯	甲辰	乙巳	丙午	丁未	戊申	己酉	庚戌	辛亥	壬子	癸丑	甲寅	乙卯	丙辰	丁巳	戊午	己未	庚申	辛酉	壬戌	癸亥	甲子	乙丑	丙寅
曜	금	토	일	월	화	수	목	금	토	일	월	화	수	목	금	토	일	월	화	수	목	금	토	일	월	화	수	목	금	토

7月

陽	1	2	3	4	5	6	7	8	9	10	11	12	13	14	15	16	17	18	19	20	21	22	23	24	25	26	27	28	29	30	31
陰	9	10	11	12	13	14	15	16	17	18	19	20	21	22	23	24	25	26	27	28	29	⑥소	2	3	4	5	6	7	8	9	10
干支	丁卯	戊辰	己巳	庚午	辛未	壬申	癸酉	甲戌	乙亥	丙子	丁丑	戊寅	己卯	庚辰	辛巳	壬午	癸未	甲申	乙酉	丙戌	丁亥	戊子	己丑	庚寅	辛卯	壬辰	癸巳	甲午	乙未	丙申	丁酉
曜	일	월	화	수	목	금	토	일	월	화	수	목	금	토	일	월	화	수	목	금	토	일	월	화	수	목	금	토	일	월	화

8月

陽	1	2	3	4	5	6	7	8	9	10	11	12	13	14	15	16	17	18	19	20	21	22	23	24	25	26	27	28	29	30	31
陰	11	12	13	14	15	16	17	18	19	20	21	22	23	24	25	26	27	28	29	⑦대	2	3	4	5	6	7	8	9	10	11	12
干支	戊戌	己亥	庚子	辛丑	壬寅	癸卯	甲辰	乙巳	丙午	丁未	戊申	己酉	庚戌	辛亥	壬子	癸丑	甲寅	乙卯	丙辰	丁巳	戊午	己未	庚申	辛酉	壬戌	癸亥	甲子	乙丑	丙寅	丁卯	戊辰
曜	수	목	금	토	일	월	화	수	목	금	토	일	월	화	수	목	금	토	일	월	화	수	목	금	토	일	월	화	수	목	금

9月

陽	1	2	3	4	5	6	7	8	9	10	11	12	13	14	15	16	17	18	19	20	21	22	23	25	26	27	28	29	30	
陰	13	14	15	16	17	18	19	20	21	22	23	24	25	26	27	28	29	30	⑧대	2	3	4	5	6	7	8	9	10	11	12
干支	己巳	庚午	辛未	壬申	癸酉	甲戌	乙亥	丙子	丁丑	戊寅	己卯	庚辰	辛巳	壬午	癸未	甲申	乙酉	丙戌	丁亥	戊子	己丑	庚寅	辛卯	壬辰	癸巳	甲午	乙未	丙申	丁酉	戊戌
曜	토	일	월	화	수	목	금	토	일	월	화	수	목	금	토	일	월	화	수	목	금	토	일	월	화	수	목	금	토	일

10月

陽	1	2	3	4	5	6	7	8	9	10	11	12	13	14	15	16	17	18	19	20	21	22	23	24	25	26	27	28	29	30	31
陰	13	14	15	16	17	18	19	20	21	22	23	24	25	26	27	28	29	30	⑨소	2	3	4	5	6	7	8	9	10	11	12	13
干支	己亥	庚子	辛丑	壬寅	癸卯	甲辰	乙巳	丙午	丁未	戊申	己酉	庚戌	辛亥	壬子	癸丑	甲寅	乙卯	丙辰	丁巳	戊午	己未	庚申	辛酉	壬戌	癸亥	甲子	乙丑	丙寅	丁卯	戊辰	己巳
曜	월	화	수	목	금	토	일	월	화	수	목	금	토	일	월	화	수	목	금	토	일	월	화	수	목	금	토	일	월	화	수

11月

陽	1	2	3	4	5	6	7	8	9	10	11	12	13	14	15	16	17	18	19	20	21	22	23	24	25	26	27	28	29	30
陰	14	15	16	17	18	19	20	21	22	23	24	25	26	27	28	29	⑩대	2	3	4	5	6	7	8	9	10	11	12	13	14
干支	庚午	辛未	壬申	癸酉	甲戌	乙亥	丙子	丁丑	戊寅	己卯	庚辰	辛巳	壬午	癸未	甲申	乙酉	丙戌	丁亥	戊子	己丑	庚寅	辛卯	壬辰	癸巳	甲午	乙未	丙申	丁酉	戊戌	己亥
曜	목	금	토	일	월	화	수	목	금	토	일	월	화	수	목	금	토	일	월	화	수	목	금	토	일	월	화	수	목	금

12月

陽	1	2	3	4	5	6	7	8	9	10	11	12	13	14	15	16	17	18	19	20	21	22	23	24	25	26	27	28	29	30	31
陰	15	16	17	18	19	20	21	22	23	24	25	26	27	28	29	30	⑪대	2	3	4	5	6	7	8	9	10	11	12	13	14	15
干支	庚子	辛丑	壬寅	癸卯	甲辰	乙巳	丙午	丁未	戊申	己酉	庚戌	辛亥	壬子	癸丑	甲寅	乙卯	丙辰	丁巳	戊午	己未	庚申	辛酉	壬戌	癸亥	甲子	乙丑	丙寅	丁卯	戊辰	己巳	庚午
曜	토	일	월	화	수	목	금	토	일	월	화	수	목	금	토	일	월	화	수	목	금	토	일	월	화	수	목	금	토	일	월

庚午(路傍土)

西紀一九九〇年●檀紀四三二三年

舊閏三百八十四日
新平三百六十五日

十日得辛 一龍治水
申喪門 辰吊客
卯大將軍 北 三殺

七赤	五黃	九紫
三碧	一白	八白
二黑	六白	四綠

建月之大小	正月小 戊寅	二月大 己卯	三月小 庚辰	四月小 辛巳	五月大 壬午	五月閏小	六月小 癸未	七月大 甲申	八月大 乙酉	九月小 丙戌	十月大 丁亥	十一月大 戊子	十二月大 己丑
日辰	壬子 壬寅 壬辰	辛巳 辛未 辛酉	辛亥 辛丑 辛卯	庚辰 庚午 庚申	己酉 己亥 己丑	己卯 己巳 己未	戊申 戊戌 戊子	丁丑 丁卯 丁巳	丁未 丁酉 丁亥	丙子 丙寅 丙辰	丙午 丙申 丙戌	丙子 丙寅 丙辰	丙午 丙申 丙戌
月白	八白	七赤	六白	五黃	四綠	四綠	三碧	二黑	一白	九紫	八白	七赤	六白
入節	立春初九日庚子午前 十時二十八分 / 雨水廿四日乙卯午前 六時十六分	驚蟄初十日庚午午前 四時二十二分 / 春分廿五日乙酉午前 五時十七分	清明初十日庚子午前 九時十九分 / 穀雨廿五日乙卯午後 四時三十四分	立夏十二日辛未午後 二時五十三分 / 小滿廿七日丙戌午前 三時五十七分	芒種十四日壬寅午前 七時十五分 / 夏至三十日戊午午前 零時七分	小暑十五日癸酉午後 五時四十三分	大暑初二日己丑午前 十一時十二分 / 立秋十八日乙巳午前 三時四十五分	處暑初四日庚申午前 二時二十二分 / 白露二十日丙子午前 六時三十六分	秋分初五日辛卯午後 四時二十六分 / 寒露二十日丙午午後 十時四十四分	霜降初六日壬戌午前 一時四十六分 / 立冬廿一日丁丑午前 一時二十九分	小雪初六日辛卯午後 十一時八分 / 大雪廿一日丙午午後 六時十八分	冬至初六日辛酉午後 零時零分 / 小寒二十日乙亥午前 五時一分	大寒初五日庚寅午後 十時十分 / 立春二十日乙巳午後 四時十七分

◆雜　節◆

寒食	土王	初伏	土王	中伏	末伏	土王	土王	臘享
三月十一日	三月廿二日	閏五月廿二日	閏五月廿八日	六月初三日	六月廿三日	九月初三日	十二月初二日	十二月初十日
陽四月六日	陽四月十七日	陽七月十四日	陽七月二十日	陽七月二十四日	陽八月十三日	陽十月二十一日	陽一月十七日	陽一月二十五日

1991 (4324. 辛未)

1月

陽	1	2	3	4	5	6	7	8	9	10	11	12	13	14	15	16	17	18	19	20	21	22	23	24	25	26	27	28	29	30	31
陰	16	17	18	19	20	21	22	23	24	25	26	27	28	29	30	⑫대	2	3	4	5	6	7	8	9	10	11	12	13	14	15	16
干支	辛未	壬申	癸酉	甲戌	乙亥	丙子	丁丑	戊寅	己卯	庚辰	辛巳	壬午	癸未	甲申	乙酉	丙戌	丁亥	戊子	己丑	庚寅	辛卯	壬辰	癸巳	甲午	乙未	丙申	丁酉	戊戌	己亥	庚子	辛丑
曜	화	수	목	금	토	일	월	화	수	목	금	토	일	월	화	수	목	금	토	일	월	화	수	목	금	토	일	월	화	수	목

2月

陽	1	2	3	4	5	6	7	8	9	10	11	12	13	14	15	16	17	18	19	20	21	22	23	24	25	26	27	28
陰	17	18	19	20	21	22	23	24	25	26	27	28	29	30	①소	2	3	4	5	6	7	8	9	10	11	12	13	14
干支	壬寅	癸卯	甲辰	乙巳	丙午	丁未	戊申	己酉	庚戌	辛亥	壬子	癸丑	甲寅	乙卯	丙辰	丁巳	戊午	己未	庚申	辛酉	壬戌	癸亥	甲子	乙丑	丙寅	丁卯	戊辰	己巳
曜	금	토	일	월	화	수	목	금	토	일	월	화	수	목	금	토	일	월	화	수	목	금	토	일	월	화	수	목

3月

陽	1	2	3	4	5	6	7	8	9	10	11	12	13	14	15	16	17	18	19	20	21	22	23	24	25	26	27	28	29	30	31
陰	15	16	17	18	19	20	21	22	23	24	25	26	27	28	29	②대	2	3	4	5	6	7	8	9	10	11	12	13	14	15	16
干支	庚午	辛未	壬申	癸酉	甲戌	乙亥	丙子	丁丑	戊寅	己卯	庚辰	辛巳	壬午	癸未	甲申	乙酉	丙戌	丁亥	戊子	己丑	庚寅	辛卯	壬辰	癸巳	甲午	乙未	丙申	丁酉	戊戌	己亥	庚子
曜	금	토	일	월	화	수	목	금	토	일	월	화	수	목	금	토	일	월	화	수	목	금	토	일	월	화	수	목	금	토	일

4月

陽	1	2	3	4	5	6	7	8	9	10	11	12	13	14	15	16	17	18	19	20	21	22	23	24	25	26	27	28	29	30
陰	17	18	19	20	21	22	23	24	25	26	27	28	29	30	③소	2	3	4	5	6	7	8	9	10	11	12	13	14	15	16
干支	辛丑	壬寅	癸卯	甲辰	乙巳	丙午	丁未	戊申	己酉	庚戌	辛亥	壬子	癸丑	甲寅	乙卯	丙辰	丁巳	戊午	己未	庚申	辛酉	壬戌	癸亥	甲子	乙丑	丙寅	丁卯	戊辰	己巳	庚午
曜	월	화	수	목	금	토	일	월	화	수	목	금	토	일	월	화	수	목	금	토	일	월	화	수	목	금	토	일	월	화

5月

陽	1	2	3	4	5	6	7	8	9	10	11	12	13	14	15	16	17	18	19	20	21	22	23	24	25	26	27	28	29	30	31
陰	17	18	19	20	21	22	23	24	25	26	27	28	29	④소	2	3	4	5	6	7	8	9	10	11	12	13	14	15	16	17	18
干支	辛未	壬申	癸酉	甲戌	乙亥	丙子	丁丑	戊寅	己卯	庚辰	辛巳	壬午	癸未	甲申	乙酉	丙戌	丁亥	戊子	己丑	庚寅	辛卯	壬辰	癸巳	甲午	乙未	丙申	丁酉	戊戌	己亥	庚子	辛丑
曜	수	목	금	토	일	월	화	수	목	금	토	일	월	화	수	목	금	토	일	월	화	수	목	금	토	일	월	화	수	목	금

6月

陽	1	2	3	4	5	6	7	8	9	10	11	12	13	14	15	16	17	18	19	20	21	22	23	24	25	26	27	28	29	30
陰	19	20	21	22	23	24	25	26	27	28	29	⑤대	2	3	4	5	6	7	8	9	10	11	12	13	14	15	16	17	18	19
干支	壬寅	癸卯	甲辰	乙巳	丙午	丁未	戊申	己酉	庚戌	辛亥	壬子	癸丑	甲寅	乙卯	丙辰	戊午	戊午	己未	庚申	辛酉	壬戌	癸亥	甲子	乙丑	丙寅	丁卯	戊辰	己巳	庚午	辛未
曜	토	일	월	화	수	목	금	토	일	월	화	수	목	금	토	일	월	화	수	목	금	토	일	월	화	수	목	금	토	일

7月

陽	1	2	3	4	5	6	7	8	9	10	11	12	13	14	15	16	17	18	19	20	21	22	23	24	25	26	27	28	29	30	31
陰	20	21	22	23	24	25	26	27	28	29	30	⑥소	2	3	4	5	6	7	8	9	10	11	12	13	14	15	16	17	18	19	20
干支	壬申	癸酉	甲戌	乙亥	丙子	丁丑	戊寅	辛巳	庚辰	辛巳	壬午	癸未	甲申	乙酉	丙戌	丁亥	戊子	己丑	庚寅	辛卯	壬辰	癸巳	甲午	乙未	丙申	丁酉	戊戌	己亥	庚子	辛丑	壬寅
曜	월	화	수	목	금	토	일	월	화	수	목	금	토	일	월	화	수	목	금	토	일	월	화	수	목	금	토	일	월	화	수

8月

陽	1	2	3	4	5	6	7	8	9	10	11	12	13	14	15	16	17	18	19	20	21	22	23	24	25	26	27	28	29	30	31
陰	21	22	23	24	25	26	27	28	29	⑦소	2	3	4	5	6	7	8	9	10	11	12	13	14	15	16	17	18	19	20	21	22
干支	癸卯	甲辰	乙巳	丙午	丁未	戊申	己酉	庚戌	辛亥	壬子	癸丑	甲寅	乙卯	丙辰	丁巳	戊午	己未	庚申	辛酉	壬戌	癸亥	甲子	乙丑	丙寅	丁卯	戊辰	己巳	庚午	辛未	壬申	癸酉
曜	목	금	토	일	월	화	수	목	금	토	일	월	화	수	목	금	토	일	월	화	수	목	금	토	일	월	화	수	목	금	토

9月

陽	1	2	3	4	5	6	7	8	9	10	11	12	13	14	15	16	17	18	19	20	21	22	23	24	25	26	27	28	29	30
陰	23	24	25	26	27	28	29	⑧대	2	3	4	5	6	7	8	9	10	11	12	13	14	15	16	17	18	19	20	21	22	23
干支	甲戌	乙亥	丙子	丁丑	戊寅	己卯	庚辰	辛巳	壬午	癸未	甲申	乙酉	丙戌	丁亥	戊子	己丑	庚寅	辛卯	壬辰	癸巳	甲午	乙未	丙申	丁酉	戊戌	己亥	庚子	辛丑	壬寅	癸卯
曜	일	월	화	수	목	금	토	일	월	화	수	목	금	토	일	월	화	수	목	금	토	일	월	화	수	목	금	토	일	월

10月

陽	1	2	3	4	5	6	7	8	9	10	11	12	13	14	15	16	17	18	19	20	21	22	23	24	25	26	27	28	29	30	31
陰	24	25	26	27	28	29	30	⑨소	2	3	4	5	6	7	8	9	10	11	12	13	14	15	16	17	18	19	20	21	22	23	24
干支	甲辰	乙巳	丙午	丁未	戊申	己酉	庚戌	辛亥	壬子	癸丑	甲寅	乙卯	丙辰	丁巳	戊午	己未	庚申	辛酉	壬戌	癸亥	甲子	乙丑	丙寅	丁卯	戊辰	己巳	庚午	辛未	壬申	癸酉	甲戌
曜	화	수	목	금	토	일	월	화	수	목	금	토	일	월	화	수	목	금	토	일	월	화	수	목	금	토	일	월	화	수	목

11月

陽	1	2	3	4	5	6	7	8	9	10	11	12	13	14	15	16	17	18	19	20	21	22	23	24	25	26	27	28	29	30
陰	25	26	27	28	29	⑩대	2	3	4	5	6	7	8	9	10	11	12	13	14	15	16	17	18	19	20	21	22	23	24	25
干支	乙亥	丙子	丁丑	戊寅	己卯	庚辰	辛巳	壬午	癸未	甲申	乙酉	丙戌	丁亥	戊子	己丑	庚寅	辛卯	壬辰	癸巳	甲午	乙未	丙申	丁酉	戊戌	己亥	庚子	辛丑	壬寅	癸卯	甲辰
曜	금	토	일	월	화	수	목	금	토	일	월	화	수	목	금	토	일	월	화	수	목	금	토	일	월	화	수	목	금	토

12月

陽	1	2	3	4	5	6	7	8	9	10	11	12	13	14	15	16	17	18	19	20	21	22	23	24	25	26	27	28	29	30	31
陰	26	27	28	29	30	⑪대	2	3	4	5	6	7	8	9	10	11	12	13	14	15	16	17	18	19	20	21	22	23	24	25	26
干支	乙巳	丙午	丁未	戊申	己酉	庚戌	辛亥	壬子	癸丑	甲寅	乙卯	丙辰	丁巳	戊午	己未	庚申	辛酉	壬戌	癸亥	甲子	乙丑	丙寅	丁卯	戊辰	己巳	庚午	辛未	壬申	癸酉	甲戌	乙亥
曜	일	월	화	수	목	금	토	일	월	화	수	목	금	토	일	월	화	수	목	금	토	일	월	화	수	목	금	토	일	월	화

辛未(路傍土)

西紀一九九一年 ● 檀紀四三二四年

舊平三百五十四日
新平三百六十五日

六日得辛 一龍治水
酉喪門 巳弔客
卯大將軍 酉三殺

六白	四綠	八白
二黑	九紫	七赤
一白	五黃	三碧

建月之大小	日辰	月白	入節
正月小 庚寅	丙子 丙寅 丙辰	五黃	驚蟄二十日乙亥午前十十二時分 / 雨水初五日庚申午後零五十時分
二月大 辛卯	乙巳 乙未 乙酉	四綠	清明廿一日乙巳午後三九時分 / 春分初六日庚寅午前十一六時分
三月小 壬辰	乙亥 乙丑 乙卯	三碧	立夏廿二日丙子午前八四十二時分 / 穀雨初六日庚申午後十二十三時分
四月小 癸巳	甲辰 甲午 甲申	二黑	芒種廿四日丁未午後一四時分 / 小滿初八日辛卯午後九四十六時分
五月大 甲午	癸酉 癸亥 癸丑	一白	小暑廿六日戊寅午後十三十一時分 / 夏至十一日癸亥午前五五十五時分
六月小 乙未	癸卯 癸巳 癸未	九紫	立秋廿八日庚戌午前九三十三時分 / 大暑十二日甲申午後五一時分
七月小 丙申	壬申 壬戌 壬子	八白	處暑十五日丙寅午前零二十二時分
八月大 丁酉	辛丑 辛卯 辛巳	七赤	秋分十六日丙申午後十十五時分 / 白露初二日辛巳午後零五十九時分
九月小 戊戌	辛巳 辛酉 辛亥	六白	霜降十七日丁卯午前七三十八時分 / 寒露初二日壬子午前四三十三時分
十月大 己亥	庚子 庚寅 庚辰	五黃	小雪十八日丁酉午前四五十八時分 / 立冬初二日壬午午前七三十九時分
十一月大 庚子	庚午 庚申 庚戌	四綠	冬至十七日丙寅午後五五十時分 / 大雪初二日辛亥午前零四十六時分
十二月大 辛丑	庚子 庚寅 庚辰	三碧	大寒十六日乙未午前四零時分 / 小寒初二日辛巳午前十五十一時分

◆雜 節◆

寒食	二月廿二日	陽四月六日
土王	三月初四日	陽四月十八日
初伏	六月初八日	陽七月十九日
土王	六月初九日	陽七月二十日
中伏	[illegible]月十八日	陽七月二十九日
末伏	六月廿八日	陽八月八日
土王	九月十四日	陽十月二十一日
土王	十二月十四日	陽一月十八日
臘享	十二月十六日	陽一月二十日

1992 (4325. 壬申)

1月

陽	1	2	3	4	5	6	7	8	9	10	11	12	13	14	15	16	17	18	19	20	21	22	23	24	25	26	27	28	29	30	31
陰	27	28	29	30	⑫대	2	3	4	5	6	7	8	9	10	11	12	13	14	15	16	17	18	19	20	21	22	23	24	25	26	27
干支	丙子	丁丑	戊寅	己卯	庚辰	辛巳	壬午	癸未	甲申	乙酉	丙戌	丁亥	戊子	己丑	庚寅	辛卯	壬辰	癸巳	甲午	乙未	丙申	丁酉	戊戌	己亥	庚子	辛丑	壬寅	癸卯	甲辰	乙巳	丙午
曜	수	목	금	토	일	월	화	수	목	금	토	일	월	화	수	목	금	토	일	월	화	수	목	금	토	일	월	화	수	목	금

2月

陽	1	2	3	4	5	6	7	8	9	10	11	12	13	14	15	16	17	18	19	20	21	22	23	24	25	26	27	28	29
陰	28	29	30	①소	2	3	4	5	6	7	8	9	10	11	12	13	14	15	16	17	18	19	20	21	22	23	24	25	26
干支	丁未	戊申	己酉	庚戌	辛亥	壬子	癸丑	甲寅	乙卯	丙辰	丁巳	戊午	己未	庚申	辛酉	壬戌	癸亥	甲子	乙丑	丙寅	丁卯	戊辰	己巳	庚午	辛未	壬申	癸酉	甲戌	乙亥
曜	토	일	월	화	수	목	금	토	일	월	화	수	목	금	토	일	월	화	수	목	금	토	일	월	화	수	목	금	토

3月

陽	1	2	3	4	5	6	7	8	9	10	11	12	13	14	15	16	17	18	19	20	21	22	23	24	25	26	27	28	29	30	31
陰	27	28	29	②대	2	3	4	5	6	7	8	9	10	11	12	13	14	15	16	17	18	19	20	21	22	23	24	25	26	27	28
干支	丙子	丁丑	戊寅	己卯	庚辰	辛巳	壬午	癸未	甲申	乙酉	丙戌	丁亥	戊子	己丑	庚寅	辛卯	壬辰	癸巳	甲午	乙未	丙申	丁酉	戊戌	己亥	庚子	辛丑	壬寅	癸卯	甲辰	乙巳	丙午
曜	일	월	화	수	목	금	토	일	월	화	수	목	금	토	일	월	화	수	목	금	토	일	월	화	수	목	금	토	일	월	화

4月

陽	1	2	3	4	5	6	7	8	9	10	11	12	13	14	15	16	17	18	19	20	21	22	23	24	25	26	27	28	29	30
陰	29	30	③대	2	3	4	5	6	7	8	9	10	11	12	13	14	15	16	17	18	19	20	21	22	23	24	25	26	27	28
干支	丁未	戊申	己酉	庚戌	辛亥	壬子	癸丑	甲寅	乙卯	丙辰	丁巳	戊午	己未	庚申	辛酉	壬戌	癸亥	甲子	乙丑	丙寅	丁卯	戊辰	己巳	庚午	辛未	壬申	癸酉	甲戌	乙亥	丙子
曜	수	목	금	토	일	월	화	수	목	금	토	일	월	화	수	목	금	토	일	월	화	수	목	금	토	일	월	화	수	목

5月

陽	1	2	3	4	5	6	7	8	9	10	11	12	13	14	15	16	17	18	19	20	21	22	23	24	25	26	27	28	29	30	31
陰	29	30	④소	2	3	4	5	6	7	8	9	10	11	12	13	14	15	16	17	18	19	20	21	22	23	24	25	26	27	28	29
干支	丁丑	戊寅	己卯	庚辰	辛巳	壬午	癸未	甲申	乙酉	丙戌	丁亥	戊子	己丑	庚寅	辛卯	壬辰	癸巳	甲午	乙未	丙申	丁酉	戊戌	己亥	庚子	辛丑	壬寅	癸卯	甲辰	乙巳	丙午	丁未
曜	금	토	일	월	화	수	목	금	토	일	월	화	수	목	금	토	일	월	화	수	목	금	토	일	월	화	수	목	금	토	일

6月

陽	1	2	3	4	5	6	7	8	9	10	11	12	13	14	15	16	17	18	19	20	21	22	23	24	25	26	27	28	29	30
陰	⑤소	2	3	4	5	6	7	8	9	10	11	12	13	14	15	16	17	18	19	20	21	22	23	24	25	26	27	28	29	⑥대
干支	戊申	己酉	庚戌	辛亥	壬子	癸丑	甲寅	乙卯	丙辰	丁巳	戊午	己未	庚申	辛酉	壬戌	癸亥	甲子	乙丑	丙寅	丁卯	戊辰	己巳	庚午	辛未	壬申	癸酉	甲戌	乙亥	丙子	丁丑
曜	월	화	수	목	금	토	일	월	화	수	목	금	토	일	월	화	수	목	금	토	일	월	화	수	목	금	토	일	월	화

7月

陽	1	2	3	4	5	6	7	8	9	10	11	12	13	14	15	16	17	18	19	20	21	22	23	24	25	26	27	28	29	30	31
陰	2	3	4	5	6	7	8	9	10	11	12	13	14	15	16	17	18	19	20	21	22	23	24	25	26	27	28	29	30	⑦소	2
干支	戊寅	己卯	庚辰	辛巳	壬午	癸未	甲申	乙酉	丙戌	丁亥	戊子	己丑	庚寅	辛卯	壬辰	癸巳	甲午	乙未	丙申	丁酉	戊戌	己亥	庚子	辛丑	壬寅	癸卯	甲辰	乙巳	丙午	丁未	戊申
曜	수	목	금	토	일	월	화	수	목	금	토	일	월	화	수	목	금	토	일	월	화	수	목	금	토	일	월	화	수	목	금

8月

陽	1	2	3	4	5	6	7	8	9	10	11	12	13	14	15	16	17	18	19	20	21	22	23	24	25	26	27	28	29	30	31
陰	3	4	5	6	7	8	9	10	11	12	13	14	15	16	17	18	19	20	21	22	23	24	25	26	27	28	29	⑧소	2	3	4
干支	己酉	庚戌	辛亥	壬子	癸丑	甲寅	乙卯	丙辰	丁巳	戊午	己未	庚申	辛酉	壬戌	癸亥	甲子	乙丑	丙寅	丁卯	戊辰	己巳	庚午	辛未	壬申	癸酉	甲戌	乙亥	丙子	丁丑	戊寅	己卯
曜	토	일	월	화	수	목	금	토	일	월	화	수	목	금	토	일	월	화	수	목	금	토	일	월	화	수	목	금	토	일	월

9月

陽	1	2	3	4	5	6	7	8	9	10	11	12	13	14	15	16	17	18	19	20	21	22	23	24	25	26	27	28	29	30
陰	5	6	7	8	9	10	11	12	13	14	15	16	17	18	19	20	21	22	23	24	25	26	27	28	29	⑨대	2	3	4	5
干支	庚辰	辛巳	壬午	癸未	甲申	乙酉	丙戌	丁亥	戊子	己丑	庚寅	辛卯	壬辰	癸巳	甲午	乙未	丙申	丁酉	戊戌	己亥	庚子	辛丑	壬寅	癸卯	甲辰	乙巳	丙午	丁未	戊申	己酉
曜	화	수	목	금	토	일	월	화	수	목	금	토	일	월	화	수	목	금	토	일	월	화	수	목	금	토	일	월	화	수

10月

陽	1	2	3	4	5	6	7	8	9	10	11	12	13	14	15	16	17	18	19	20	21	22	23	24	25	26	27	28	29	30	31
陰	6	7	8	9	10	11	12	13	14	15	16	17	18	19	20	21	22	23	24	25	26	27	28	29	30	⑩소	2	3	4	5	6
干支	庚戌	辛亥	壬子	癸丑	甲寅	乙卯	丙辰	丁巳	戊午	己未	庚申	辛酉	壬戌	癸亥	甲子	乙丑	丙寅	丁卯	戊辰	己巳	庚午	辛未	壬申	癸酉	甲戌	乙亥	丙子	丁丑	戊寅	己卯	庚辰
曜	목	금	토	일	월	화	수	목	금	토	일	월	화	수	목	금	토	일	월	화	수	목	금	토	일	월	화	수	목	금	토

11月

陽	1	2	3	4	5	6	7	8	9	10	11	12	13	14	15	16	17	18	19	20	21	22	23	24	25	26	27	28	29	30
陰	7	8	9	10	11	12	13	14	15	16	17	18	19	20	21	22	23	24	25	26	27	28	29	⑪대	2	3	4	5	6	7
干支	辛巳	壬午	癸未	甲申	乙酉	丙戌	丁亥	戊子	己丑	庚寅	辛卯	壬辰	癸巳	甲午	乙未	丙申	丁酉	戊戌	己亥	庚子	辛丑	壬寅	癸卯	甲辰	乙巳	丙午	丁未	戊申	己酉	庚戌
曜	일	월	화	수	목	금	토	일	월	화	수	목	금	토	일	월	화	수	목	금	토	일	월	화	수	목	금	토	일	월

12月

陽	1	2	3	4	5	6	7	8	9	10	11	12	13	14	15	16	17	18	19	20	21	22	23	24	25	26	27	28	29	30	31
陰	8	9	10	11	12	13	14	15	16	17	18	19	20	21	22	23	24	25	26	27	28	29	30	⑫대	2	3	4	5	6	7	8
干支	辛亥	壬子	癸丑	甲寅	乙卯	丙辰	丁巳	戊午	己未	庚申	辛酉	壬戌	癸亥	甲子	乙丑	丙寅	丁卯	戊辰	己巳	庚午	辛未	壬申	癸酉	甲戌	乙亥	丙子	丁丑	戊寅	己卯	庚辰	辛巳
曜	화	수	목	금	토	일	월	화	수	목	금	토	일	월	화	수	목	금	토	일	월	화	수	목	금	토	일	월	화	수	목

西紀一九九二年●檀紀四三二五年

壬申(釰鋒金)

舊平三百五十四日
新閏三百六十六日

二日得辛 七龍治水
戌 喪門 午 吊客
午大將軍 南 三殺

五黃	三碧	七赤
一白	八白	六白
九紫	四綠	二黑

建月之大小	正月小 壬寅	二月大 癸卯	三月大 甲辰	四月小 乙巳	五月小 丙午	六月大 丁未	七月小 戊申	八月小 己酉	九月大 庚戌	十月小 辛亥	十一月大 壬子	十二月大 癸丑
日辰	庚午 庚申 庚戌	己亥 己丑 己卯	己巳 己未 己酉	己亥 己丑 己卯	戊辰 戊午 戊申	丁酉 丁亥 丁丑	丁卯 丁巳 丁未	丙申 丙戌 丙子	乙丑 乙卯 乙巳	乙未 乙酉 乙亥	甲子 甲寅 甲辰	甲午 甲申 甲戌
月白	二 黑	一 白	九 紫	八 白	七 赤	六 白	五 黃	四 綠	三 碧	二 黑	一 白	九 紫
入節	立春初一日庚戌午後 雨水十六日乙丑午後 十七 五 五十四 時分時分	驚蟄初二日庚辰午後 春分十七日乙未午後 四 一 四 五十六 時分時分	清明初二日庚戌午後 穀雨十八日丙寅午前 八 五十七 四十一 時分時分	立夏初三日辛巳午後 小滿十九日丁酉午前 二 二十九 三 三十三 時分時分	芒種初五日壬子午後 夏至廿一日戊辰午前 六 五十二 十一 四十三 時分時分	小暑初八日甲申午前 大暑廿三日己亥午後 五 十九 十 四十八 時分時分	立秋初九日乙卯午後 處暑廿五日辛未午前 三 二十一 六 九 時分時分	白露十一日丙戌午後 秋分廿七日壬寅午前 六 三十二 四 三 時分時分	寒露十三日丁巳午前 霜降廿八日壬申午後 十 二十二 一 二十七 時分時分	立冬十三日丁亥午後 小雪廿八日壬寅午前 一 二十八 十 四十七 時分時分	大雪十四日丁巳午前 冬至廿八日辛未午後 五 五十八 十一 四十 時分時分	小寒十四日丁亥午後 大寒廿九日壬寅午前 四 四十一 九 五十 時分時分

◆雜 節◆

寒食	土王	初伏	土王	中伏	末伏	土王	土王	臘享
三月初三日	三月十五日	六月十四日	六月廿十日	六月廿四日	七月十四日	九月廿五日	十二月廿六日	十二月廿二日
陽四月五日	陽四月十七日	陽七月十三日	陽七月十九日	陽七月二十三日	陽八月十二日	陽十月二十日	陽一月十八日	陽一月十四日

1993 (4326. 癸酉)

1月

陽	1	2	3	4	5	6	7	8	9	10	11	12	13	14	15	16	17	18	19	20	21	22	23	24	25	26	27	28	29	30	31
陰	9	10	11	12	13	14	15	16	17	18	19	20	21	22	23	24	25	26	27	28	29	30	①소	2	3	4	5	6	7	8	9
干支	壬午	癸未	甲申	乙酉	丙戌	丁亥	戊子	己丑	庚寅	辛卯	壬辰	癸巳	甲午	乙未	丙申	丁酉	戊戌	己亥	庚子	辛丑	壬寅	癸卯	甲辰	乙巳	丙午	丁未	戊申	己酉	庚戌	辛亥	壬子
曜	금	토	일	월	화	수	목	금	토	일	월	화	수	목	금	토	일	월	화	수	목	금	토	일	월	화	수	목	금	토	일

2月

陽	1	2	3	4	5	6	7	8	9	10	11	12	13	14	15	16	17	18	19	20	21	22	23	24	25	26	27	28
陰	10	11	12	13	14	15	16	17	18	19	20	21	22	23	24	25	26	27	28	29	②대	2	3	4	5	6	7	8
干支	癸丑	甲寅	乙卯	丙辰	丁巳	戊午	己未	庚申	辛酉	壬戌	癸亥	甲子	乙丑	丙寅	丁卯	戊辰	己巳	庚午	辛未	壬申	癸酉	甲戌	乙亥	丙子	丁丑	戊寅	己卯	庚辰
曜	월	화	수	목	금	토	일	월	화	수	목	금	토	일	월	화	수	목	금	토	일	월	화	수	목	금	토	일

3月

陽	1	2	3	4	5	6	7	8	9	10	11	12	13	14	15	16	17	18	19	20	21	22	23	24	25	26	27	28	29	30	31
陰	9	10	11	12	13	14	15	16	17	18	19	20	21	22	23	24	25	26	27	28	29	30	③대	2	3	4	5	6	7	8	9
干支	辛巳	壬午	癸未	甲申	乙酉	丙戌	丁亥	戊子	己丑	庚寅	辛卯	壬辰	癸巳	甲午	乙未	丙申	丁酉	戊戌	己亥	庚子	辛丑	壬寅	癸卯	甲辰	乙巳	丙午	丁未	戊申	己酉	庚戌	辛亥
曜	월	화	수	목	금	토	일	월	화	수	목	금	토	일	월	화	수	목	금	토	일	월	화	수	목	금	토	일	월	화	수

4月

陽	1	2	3	4	5	6	7	8	9	10	11	12	13	14	15	16	17	18	19	20	21	22	23	24	25	26	27	28	29	30
陰	10	11	12	13	14	15	16	17	18	19	20	21	22	23	24	25	26	27	28	29	30	③소	2	3	4	5	6	7	8	9
干支	壬子	癸丑	甲寅	乙卯	丙辰	丁巳	戊午	己未	庚申	辛酉	壬戌	癸亥	甲子	乙丑	丙寅	丁卯	戊辰	己巳	庚午	辛未	壬申	癸酉	甲戌	乙亥	丙子	丁丑	戊寅	己卯	庚辰	辛巳
曜	목	금	토	일	월	화	수	목	금	토	일	월	화	수	목	금	토	일	월	화	수	목	금	토	일	월	화	수	목	금

5月

陽	1	2	3	4	5	6	7	8	9	10	11	12	13	14	15	16	17	18	19	20	21	22	23	24	25	26	27	28	29	30	31
陰	10	11	12	13	14	15	16	17	18	19	20	21	22	23	24	25	26	27	28	29	④대	2	3	4	5	6	7	8	9	10	11
干支	壬午	癸未	甲申	乙酉	丙戌	丁亥	戊子	己丑	庚寅	辛卯	壬辰	癸巳	甲午	乙未	丙申	丁酉	戊戌	己亥	庚子	辛丑	壬寅	癸卯	甲辰	乙巳	丙午	丁未	戊申	己酉	庚戌	辛亥	壬子
陰	토	일	월	화	수	목	금	토	일	월	화	수	목	금	토	일	월	화	수	목	금	토	일	월	화	수	목	금	토	일	월

6月

陽	1	2	3	4	5	6	7	8	9	10	11	12	13	14	15	16	17	18	19	20	21	22	23	24	25	26	27	28	29	30
陰	12	13	14	15	16	17	18	19	20	21	22	23	24	25	26	27	28	29	30	⑤소	2	3	4	5	6	7	8	9	10	11
干支	癸丑	甲寅	乙卯	丙辰	丁巳	戊午	己未	庚申	辛酉	壬戌	癸亥	甲子	乙丑	丙寅	丁卯	戊辰	己巳	庚午	辛未	壬申	癸酉	甲戌	乙亥	丙子	丁丑	戊寅	己卯	庚辰	辛巳	壬午
曜	화	수	목	금	토	일	월	화	수	목	금	토	일	월	화	수	목	금	토	일	월	화	수	목	금	토	일	월	화	수

7月

陽	1	2	3	4	5	6	7	8	9	10	11	12	13	14	15	16	17	18	19	20	21	22	23	24	25	26	27	28	29	30	31
陰	12	13	14	15	16	17	18	19	20	21	22	23	24	25	26	27	28	29	⑥대	2	3	4	5	6	7	8	9	10	11	12	13
干支	癸未	甲申	乙酉	丙戌	丁亥	戊子	己丑	庚寅	辛卯	壬辰	癸巳	甲午	乙未	丙申	丁酉	戊戌	己亥	庚子	辛丑	壬寅	癸卯	甲辰	乙巳	丙午	丁未	戊申	己酉	庚戌	辛亥	壬子	癸丑
曜	목	금	토	일	월	화	수	목	금	토	일	월	화	수	목	금	토	일	월	화	수	목	금	토	일	월	화	수	목	금	토

8月

陽	1	2	3	4	5	6	7	8	9	10	11	12	13	14	15	16	17	18	19	20	21	22	23	24	25	26	27	28	29	30	31
陰	14	15	16	17	18	19	20	21	22	23	24	25	26	27	28	29	30	⑦소	2	3	4	5	6	7	8	9	10	11	12	13	14
干支	甲寅	乙卯	丙辰	丁巳	戊午	己未	庚申	辛酉	壬戌	癸亥	甲子	乙丑	丙寅	丁卯	戊辰	己巳	庚午	辛未	壬申	癸酉	甲戌	乙亥	丙子	丁丑	戊寅	己卯	庚辰	辛巳	壬午	癸未	甲申
曜	일	월	화	수	목	금	토	일	월	화	수	목	금	토	일	월	화	수	목	금	토	일	월	화	수	목	금	토	일	월	화

9月

陽	1	2	3	4	5	6	7	8	9	10	11	12	13	14	15	16	17	18	19	20	21	22	23	24	25	26	27	28	29	30
陰	15	16	17	18	19	20	21	22	23	24	25	26	27	28	29	⑧소	2	3	4	5	6	7	8	9	10	11	12	13	14	15
干支	乙酉	丙戌	丁亥	戊子	己丑	庚寅	辛卯	壬辰	癸巳	甲午	乙未	丙申	丁酉	戊戌	己亥	庚子	辛丑	壬寅	癸卯	甲辰	乙巳	丙午	丁未	戊申	己酉	庚戌	辛亥	壬子	癸丑	甲寅
曜	수	목	금	토	일	월	화	수	목	금	토	일	월	화	수	목	금	토	일	월	화	수	목	금	토	일	월	화	수	목

10月

陽	1	2	3	4	5	6	7	8	9	10	11	12	13	14	15	16	17	18	19	20	21	22	23	24	25	26	27	28	29	30	31
陰	16	17	18	19	20	21	22	23	24	25	26	27	28	29	⑨대	2	3	4	5	6	7	8	9	10	11	12	13	14	15	16	17
干支	乙卯	丙辰	丁巳	戊午	己未	庚申	辛酉	壬戌	癸亥	甲子	乙丑	丙寅	丁卯	戊辰	己巳	庚午	辛未	壬申	癸酉	甲戌	乙亥	丙子	丁丑	戊寅	己卯	庚辰	辛巳	壬午	癸未	甲申	乙酉
曜	금	토	일	월	화	수	목	금	토	일	월	화	수	목	금	토	일	월	화	수	목	금	토	일	월	화	수	목	금	토	일

11月

陽	1	2	3	4	5	6	7	8	9	10	11	12	13	14	15	16	17	18	19	20	21	22	23	24	25	26	27	28	29	30
陰	18	19	20	21	22	23	24	25	26	27	28	29	30	⑩소	2	3	4	5	6	7	8	9	10	11	12	13	14	15	16	17
干支	丙戌	丁亥	戊子	己丑	庚寅	辛卯	壬辰	癸巳	甲午	乙未	丙申	丁酉	戊戌	己亥	庚子	辛丑	壬寅	癸卯	甲辰	乙巳	丙午	丁未	戊申	己酉	庚戌	辛亥	壬子	癸丑	甲寅	乙卯
曜	월	화	수	목	금	토	일	월	화	수	목	금	토	일	월	화	수	목	금	토	일	월	화	수	목	금	토	일	월	화

12月

陽	1	2	3	4	5	6	7	8	9	10	11	12	13	14	15	16	17	18	19	20	21	22	23	24	25	26	27	28	29	30	31
陰	18	19	20	21	22	23	24	25	26	27	28	29	⑪대	2	3	4	5	6	7	8	9	10	11	12	13	14	15	16	17	18	19
干支	丙辰	丁巳	戊午	己未	庚申	辛酉	壬戌	癸亥	甲子	乙丑	丙寅	丁卯	戊辰	己巳	庚午	辛未	壬申	癸酉	甲戌	乙亥	丙子	丁丑	戊寅	己卯	庚辰	辛巳	壬午	癸未	甲申	乙酉	丙戌
曜	수	목	금	토	일	월	화	수	목	금	토	일	월	화	수	목	금	토	일	월	화	수	목	금	토	일	월	화	수	목	금

癸酉 (釘鋒金)

西紀一九九三年●檀紀四三二六年

舊閏三百八十三日
新平三百六十五日

八日得辛 一龍治水
亥喪門 未弔客
午大將軍 東三殺

四綠	二黑	六白
九紫	七赤	五黃
八白	三碧	一白

月之大小	正月小 甲寅	二月大 乙卯	三月大 丙辰	閏三月小	四月大 丁巳	五月小 戊午	六月大 己未	七月小 庚申	八月小 辛酉	九月大 壬戌	十月小 癸亥	十一月大 甲子	十二月大 乙丑
日辰	甲子 甲寅 甲辰	癸巳 癸未 癸酉	癸亥 癸丑 癸卯	癸巳 癸未 癸酉	壬戌 壬子 壬寅	壬辰 壬午 壬申	辛酉 辛亥 辛丑	辛卯 辛巳 辛未	庚申 庚戌 庚子	己丑 己卯 己巳	己未 己酉 己亥	戊子 戊寅 戊辰	戊午 戊申 戊戌
月白	八白	七赤	六白	六白	五黃	四綠	三碧	二黑	一白	九紫	八白	七赤	六白
入節	雨水廿八日辛未午後 十時四十四分 立春十三日丙辰午前 三時五十七分	春分廿八日庚子午後 十時四十五分 驚蟄十三日乙酉午後 九時五十分	穀雨廿九日辛未午前 十時零分 淸明十四日丙辰午前 二時四十六分	立夏十四日丙戌午後 八時十八分	芒種十七日戊午午後 十一時四十分 小滿初一日壬寅午前 九時二十三分	小暑十八日己丑午前 十一時七分 夏至初二日癸酉午前 九時三十一分	立秋二十日庚申午後 九時十分 大暑初五日乙巳午前 四時三十七分	白露廿二日壬辰午前 零時二十一分 處暑初六日丙子午前 十一時五十七分	寒露廿三日壬戌午後 六時十一分 秋分初八日丁未午前 九時五十二分	立冬廿四日壬辰午後 七時十七分 霜降初九日丁丑午後 七時十六分	大雪廿四日壬戌午前 十一時四十七分 小雪初九日丁未午後 四時三十七分	小寒廿四日辛卯午後 十時二十一分 冬至初十日丁丑午前 五時二十九分	立春廿四日辛酉午前 九時四十六分 大寒初九日丙午午後 三時四十分

◆雜　節◆

臘享	十二月初十日	陽	一月二十一日
土王	十二月初六日	陽	一月十七日
土王	九月初六日	陽	十月二十日
末伏	六月二十日	陽	八月七日
中伏	六月初十日	陽	七月二十八日
土王	六月初二日	陽	七月二十日
初伏	五月廿九日	陽	七月十八日
土王	三月廿六日	陽	四月十七日
寒食	三月十四日	陽	四月五日

1994 (4327. 甲戌)

1月

陽	1	2	3	4	5	6	7	8	9	10	11	12	13	14	15	16	17	18	19	20	21	22	23	24	25	26	27	28	29	30	31
陰	20	21	22	23	24	25	26	27	28	29	30	⑫소	2	3	4	5	6	7	8	9	10	11	12	13	14	15	16	17	18	19	20
干支	丁亥	戊子	己丑	庚寅	辛卯	壬辰	癸巳	甲午	乙未	丙申	丁酉	戊戌	己亥	庚子	辛丑	壬寅	癸卯	甲辰	乙巳	丙午	丁未	戊申	己酉	庚戌	辛亥	壬子	癸丑	甲寅	乙卯	丙辰	丁巳
曜	토	일	월	화	수	목	금	토	일	월	화	수	목	금	토	일	월	화	수	목	금	토	일	월	화	수	목	금	토	일	월

2月

陽	1	2	3	4	5	6	7	8	9	10	11	12	13	14	15	16	17	18	19	20	21	22	23	24	25	26	27	28
陰	21	22	23	24	25	26	27	28	29	①대	2	3	4	5	6	7	8	9	10	11	12	13	14	15	16	17	18	19
干支	戊午	己未	庚申	辛酉	壬戌	癸亥	甲子	乙丑	丙寅	丁卯	戊辰	己巳	庚午	辛未	壬申	癸酉	甲戌	乙亥	丙子	丁丑	戊寅	己卯	庚辰	辛巳	壬午	癸未	甲申	乙酉
曜	화	수	목	금	토	일	월	화	수	목	금	토	일	월	화	수	목	금	토	일	월	화	수	목	금	토	일	월

3月

陽	1	2	3	4	5	6	7	8	9	10	11	12	13	14	15	16	17	18	19	20	21	22	23	24	25	26	27	28	29	30	31
陰	20	21	22	23	24	25	26	27	28	29	30	②대	2	3	4	5	6	7	8	9	10	11	12	13	14	15	16	17	18	19	20
干支	丙戌	丁亥	戊子	己丑	庚寅	辛卯	壬辰	癸巳	甲午	乙未	丙申	丁酉	戊戌	己亥	庚子	辛丑	壬寅	癸卯	甲辰	乙巳	丙午	丁未	戊申	己酉	庚戌	辛亥	壬子	癸丑	甲寅	乙卯	丙辰
曜	화	수	목	금	토	일	월	화	수	목	금	토	일	월	화	수	목	금	토	일	월	화	수	목	금	토	일	월	화	수	목

4月

陽	1	2	3	4	5	6	7	8	9	10	11	12	13	14	15	16	17	18	19	20	21	22	23	24	25	26	27	28	29	30
陰	21	22	23	24	25	26	27	28	29	30	③대	2	3	4	5	6	7	8	9	10	11	12	13	14	15	16	17	18	19	20
干支	丁巳	戊午	己未	庚申	辛酉	壬戌	癸亥	甲子	乙丑	丙寅	丁卯	戊辰	己巳	庚午	辛未	壬申	癸酉	甲戌	乙亥	丙子	丁丑	戊寅	己卯	庚辰	辛巳	壬午	癸未	甲申	乙酉	丙戌
曜	금	토	일	월	화	수	목	금	토	일	월	화	수	목	금	토	일	월	화	수	목	금	토	일	월	화	수	목	금	토

5月

陽	1	2	3	4	5	6	7	8	9	10	11	12	13	14	15	16	17	18	19	20	21	22	23	24	25	26	27	28	29	30	31
陰	21	22	23	24	25	26	27	28	29	30	④소	2	3	4	5	6	7	8	9	10	11	12	13	14	15	16	17	18	19	20	21
干支	丁亥	戊子	己丑	庚寅	辛卯	壬辰	癸巳	甲午	乙未	丙申	丁酉	戊戌	己亥	庚子	辛丑	壬寅	癸卯	甲辰	乙巳	丙午	丁未	戊申	己酉	庚戌	辛亥	壬子	癸丑	甲寅	乙卯	丙辰	丁巳
曜	일	월	화	수	목	금	토	일	월	화	수	목	금	토	일	월	화	수	목	금	토	일	월	화	수	목	금	토	일	월	화

6月

陽	1	2	3	4	5	6	7	8	9	10	11	12	13	14	15	16	17	18	19	20	21	22	23	24	25	26	27	28	29	30
陰	22	23	24	25	26	27	28	29	⑤대	2	3	4	5	6	7	8	9	10	11	12	13	14	15	16	17	18	19	20	21	22
干支	戊午	己未	庚申	辛酉	壬戌	癸亥	甲子	乙丑	丙寅	丁卯	戊辰	己巳	庚午	辛未	壬申	癸酉	甲戌	乙亥	丙子	丁丑	戊寅	己卯	庚辰	辛巳	壬午	癸未	甲申	乙酉	丙戌	丁亥
曜	수	목	금	토	일	월	화	수	목	금	토	일	월	화	수	목	금	토	일	월	화	수	목	금	토	일	월	화	수	목

7月

陽	1	2	3	4	5	6	7	8	9	10	11	12	13	14	15	16	17	18	19	20	21	22	23	24	25	26	27	28	29	30	31
陰	23	24	25	26	27	28	29	30	⑥소	2	3	4	5	6	7	8	9	10	11	12	13	14	15	16	17	18	19	20	21	22	23
干支	戊子	己丑	庚寅	辛卯	壬辰	癸巳	甲午	乙未	丙申	丁酉	戊戌	己亥	庚子	辛丑	壬寅	癸卯	甲辰	乙巳	丙午	丁未	戊申	己酉	庚戌	辛亥	壬子	癸丑	甲寅	乙卯	丙辰	丁巳	戊午
曜	금	토	일	월	화	수	목	금	토	일	월	화	수	목	금	토	일	월	화	수	목	금	토	일	월	화	수	목	금	토	일

8月

陽	1	2	3	4	5	6	7	8	9	10	11	12	13	14	15	16	17	18	19	20	21	22	23	24	25	26	27	28	29	30	31
陰	24	25	26	27	28	29	⑦대	2	3	4	5	6	7	8	9	10	11	12	13	14	15	16	17	18	19	20	21	22	23	24	25
干支	己未	庚申	辛酉	壬戌	癸亥	甲子	乙丑	丙寅	丁卯	戊辰	己巳	庚午	辛未	壬申	癸酉	甲戌	乙亥	丙子	丁丑	戊寅	己卯	庚辰	辛巳	壬午	癸未	甲申	乙酉	丙戌	丁亥	戊子	己丑
曜	월	화	수	목	금	토	일	월	화	수	목	금	토	일	월	화	수	목	금	토	일	월	화	수	목	금	토	일	월	화	수

9月

陽	1	2	3	4	5	6	7	8	9	10	11	12	13	14	15	16	17	18	19	20	21	22	23	24	25	26	27	28	29	30
陰	26	27	28	29	30	⑧소	2	3	4	5	6	7	8	9	10	11	12	13	14	15	16	17	18	19	20	21	22	23	24	25
干支	庚寅	辛卯	壬辰	癸巳	甲午	乙未	丙申	丁酉	戊戌	己亥	庚子	辛丑	壬寅	癸卯	甲辰	乙巳	丙午	丁未	戊申	己酉	庚戌	辛亥	壬子	癸丑	甲寅	乙卯	丙辰	丁巳	戊午	己未
曜	목	금	토	일	월	화	수	목	금	토	일	월	화	수	목	금	토	일	월	화	수	목	금	토	일	월	화	수	목	금

10月

陽	1	2	3	4	5	6	7	8	9	10	11	12	13	14	15	16	17	18	19	20	21	22	23	24	25	26	27	28	29	30	31
陰	26	27	28	29	⑨소	2	3	4	5	6	7	8	9	10	11	12	13	14	15	16	17	18	19	20	21	22	23	24	25	26	27
干支	庚申	辛酉	壬戌	癸亥	甲子	乙丑	丙寅	丁卯	戊辰	己巳	庚午	辛未	壬申	癸酉	甲戌	乙亥	丙子	丁丑	戊寅	己卯	庚辰	辛巳	壬午	癸未	甲申	乙酉	丙戌	丁亥	戊子	己丑	庚寅
曜	토	일	월	화	수	목	금	토	일	월	화	수	목	금	토	일	월	화	수	목	금	토	일	월	화	수	목	금	토	일	월

11月

陽	1	2	3	4	5	6	7	8	9	10	11	12	13	14	15	16	17	18	19	20	21	22	23	24	25	26	27	28	29	30
陰	28	29	⑩대	2	3	4	5	6	7	8	9	10	11	12	13	14	15	16	17	18	19	20	21	22	23	24	25	26	27	28
干支	辛卯	壬辰	癸巳	甲午	乙未	丙申	丁酉	戊戌	己亥	庚子	辛丑	壬寅	癸卯	甲辰	乙巳	丙午	丁未	戊申	己酉	庚戌	辛亥	壬子	癸丑	甲寅	乙卯	丙辰	丁巳	戊午	己未	庚申
曜	화	수	목	금	토	일	월	화	수	목	금	토	일	월	화	수	목	금	토	일	월	화	수	목	금	토	일	월	화	수

12月

陽	1	2	3	4	5	6	7	8	9	10	11	12	13	14	15	16	17	18	19	20	21	22	23	24	25	26	27	28	29	30	31
陰	29	30	⑪소	2	3	4	5	6	7	8	9	10	11	12	13	14	15	16	17	18	19	20	21	22	23	24	25	26	27	28	29
干支	辛酉	壬戌	癸亥	甲子	乙丑	丙寅	丁卯	戊辰	己巳	庚午	辛未	壬申	癸酉	甲戌	乙亥	丙子	丁丑	戊寅	己卯	庚辰	辛巳	壬午	癸未	甲申	乙酉	丙戌	丁亥	戊子	己丑	庚寅	辛卯
曜	목	금	토	일	월	화	수	목	금	토	일	월	화	수	목	금	토	일	월	화	수	목	금	토	일	월	화	수	목	금	토

甲 (山頭火)

西紀一九九四年●檀紀四三二七年

舊平三百五十五日
新平三百六十五日

五日得辛 二龍治水
子喪門 申吊客
午大將軍 北三殺

三碧	一白	五黃
八白	六白	四綠
七赤	二黑	九紫

建月之大小	正月大 丙寅	二月大 丁卯	三月大 戊辰	四月小 己巳	五月大 庚午	六月小 辛未	七月大 壬申	八月小 癸酉	九月小 甲戌	十月大 乙亥	十一月小 丙子	十二月大 丁丑
日辰	丁亥 丁丑 丁卯	丁巳 丁未 丁酉	丁亥 丁丑 丁卯	丁巳 丁未 丁酉	丙戌 丙子 丙寅	丙辰 丙午 丙申	乙酉 乙亥 乙丑	乙卯 乙巳 乙未	甲申 甲戌 甲子	癸丑 癸卯 癸巳	癸未 癸酉 癸亥	壬子 壬寅 壬辰
月白	五黃	四綠	三碧	二黑	一白	九紫	八白	七赤	六白	五黃	四綠	三碧
人節	雨水初十日丙子午前五時三十三分 驚蟄廿五日辛卯午前三時四十分	春分初十日丙午午前四時二十四分 清明廿五日辛酉午前八時三十五分	穀雨初十日丙子午後三時四十八分 立夏廿六日壬辰午前二時七分	小滿十一日丁未午後三時十一分 芒種廿七日癸亥午前五時二十八分	夏至十三日戊寅午後十一時十九分 小暑廿九日甲午午後三時三十五分	大暑十五日庚戌午前十二時十六分	立秋初二日丙寅午前二時五十八分 處暑廿七日辛卯午後五時四十六分	白露初三日丁酉午前六時十分 秋分十八日壬子午後三時四十一分	寒露初四日丁卯午後十時零分 霜降二十日癸未午前一時五分	立冬初六日戊戌午前一時六分 小雪二十日壬子午後十時二十六分	大雪初五日丁卯午後五時三十六分 冬至二十日壬午午前十一時十九分	小寒初五日丙申午前四時二十分 大寒二十日辛亥午後九時二十九分

◆雜　節◆

寒食	土王	初伏	土王	中伏	末伏	土王	土王	臘享
二月廿六日	三月初七日	六月初五日	六月十二日	六月十五日	七月初六日	九月十七日	十二月十七日	十二月十七日
陽四月六日	陽四月十七日	陽七月十三日	陽七月二十日	陽七月二十三日	陽八月十二日	陽十月二十一日	陽一月十七日	陽一月十六日

1995 (4326. 乙亥)

1月

陽	1	2	3	4	5	6	7	8	9	10	11	12	13	14	15	16	17	18	19	20	21	22	23	24	25	26	27	28	29	30	31
陰	⑫대	2	3	4	5	6	7	8	9	10	11	12	13	14	15	16	17	18	19	20	21	22	23	24	25	26	27	28	29	30	①소
干支	壬辰	癸巳	甲午	乙未	丙申	丁酉	戊戌	己亥	庚子	辛丑	壬寅	癸卯	甲辰	乙巳	丙午	丁未	戊申	己酉	庚戌	辛亥	壬子	癸丑	甲寅	乙卯	丙辰	丁巳	戊午	己未	庚申	辛酉	壬戌
曜	일	월	화	수	목	금	토	일	월	화	수	목	금	토	일	월	화	수	목	금	토	일	월	화	수	목	금	토	일	월	화

2月

陽	1	2	3	4	5	6	7	8	9	10	11	12	13	14	15	16	17	18	19	20	21	22	23	24	25	26	27	28
陰	2	3	4	5	6	7	8	9	10	11	12	13	14	15	16	17	18	19	20	21	22	23	24	25	26	27	28	29
干支	癸亥	甲子	乙丑	丙寅	丁卯	戊辰	己巳	庚午	辛未	壬申	癸酉	甲戌	乙亥	丙子	丁丑	戊寅	己卯	庚辰	辛巳	壬午	癸未	甲申	乙酉	丙戌	丁亥	戊子	己丑	庚寅
曜	수	목	금	토	일	월	화	수	목	금	토	일	월	화	수	목	금	토	일	월	화	수	목	금	토	일	월	화

3月

陽	1	2	3	4	5	6	7	8	9	10	11	12	13	14	15	16	17	18	19	20	21	22	23	24	25	26	27	28	29	30	31
陰	②대	2	3	4	5	6	7	8	9	10	11	12	13	14	15	16	17	18	19	20	21	22	23	24	25	26	27	28	29	30	③대
干支	辛卯	壬辰	癸巳	甲午	乙未	丙申	丁酉	戊戌	己亥	庚子	辛丑	壬寅	癸卯	甲辰	乙巳	丙午	丁未	戊申	己酉	庚戌	辛亥	壬子	癸丑	甲寅	乙卯	丙辰	丁巳	戊午	己未	庚申	
曜	수	목	금	토	일	월	화	수	목	금	토	일	월	화	수	목	금	토	일	월	화	수	목	금	토	일	월	화	수	목	금

4月

陽	1	2	3	4	5	6	7	8	9	10	11	12	13	14	15	16	17	18	19	20	21	22	23	24	25	26	27	28	29	30
陰	2	3	4	5	6	7	8	9	10	11	12	13	14	15	16	17	18	19	20	21	22	23	24	25	26	27	28	29	30	④소
干支	壬戌	癸亥	甲子	乙丑	丙寅	丁卯	戊辰	己巳	庚午	辛未	壬申	癸酉	甲戌	乙亥	丙子	丁丑	戊寅	己卯	庚辰	辛巳	壬午	癸未	甲申	乙酉	丙戌	丁亥	戊子	己丑	庚寅	辛卯
曜	토	일	월	화	수	목	금	토	일	월	화	수	목	금	토	일	월	화	수	목	금	토	일	월	화	수	목	금	토	일

5月

陽	1	2	3	4	5	6	7	8	9	10	11	12	13	14	15	16	17	18	19	20	21	22	23	24	25	26	27	28	29	30	31
陰	2	3	4	5	6	7	8	9	10	11	12	13	14	15	16	17	18	19	20	21	22	23	24	25	26	27	28	29	⑤대	2	3
干支	壬辰	癸巳	甲午	乙未	丙申	丁酉	戊戌	己亥	庚子	辛丑	壬寅	癸卯	甲辰	乙巳	丙午	丁未	戊申	己酉	庚戌	辛亥	壬子	癸丑	甲寅	乙卯	丙辰	丁巳	戊午	己未	庚申	辛酉	壬戌
曜	월	화	수	목	금	토	일	월	화	수	목	금	토	일	월	화	수	목	금	토	일	월	화	수	목	금	토	일	월	화	수

6月

陽	1	2	3	4	5	6	7	8	9	10	11	12	13	14	15	16	17	18	19	20	21	22	23	24	25	26	27	28	29	30
陰	4	5	6	7	8	9	10	11	12	13	14	15	16	17	18	19	20	21	22	23	24	25	26	27	28	29	30	⑥대	2	3
干支	癸亥	甲子	乙丑	丙寅	丁卯	戊辰	己巳	庚午	辛未	壬申	癸酉	甲戌	乙亥	丙子	丁丑	戊寅	己卯	庚辰	辛巳	壬午	癸未	甲申	乙酉	丙戌	丁亥	戊子	己丑	庚寅	辛卯	壬辰
曜	목	금	토	일	월	화	수	목	금	토	일	월	화	수	목	금	토	일	월	화	수	목	금	토	일	월	화	수	목	금

7月

陽	1	2	3	4	5	6	7	8	9	10	11	12	13	14	15	16	17	18	19	20	21	22	23	24	25	26	27	28	29	30	31
陰	4	5	6	7	8	9	10	11	12	13	14	15	16	17	18	19	20	21	22	23	24	25	26	27	28	29	30	⑦소	2	3	4
干支	癸巳	甲午	乙未	丙申	丁酉	戊戌	己亥	庚子	辛丑	壬寅	癸卯	甲辰	乙巳	丙午	丁未	戊申	己酉	庚戌	辛亥	壬子	癸丑	甲寅	乙卯	丙辰	丁巳	戊午	己未	庚申	辛酉	壬戌	癸亥
曜	토	일	월	화	수	목	금	토	일	월	화	수	목	금	토	일	월	화	수	목	금	토	일	월	화	수	목	금	토	일	월

8月

陽	1	2	3	4	5	6	7	8	9	10	11	12	13	14	15	16	17	18	19	20	21	22	23	24	25	26	27	28	29	30	31
陰	5	6	7	8	9	10	11	12	13	14	15	16	17	18	19	20	21	22	23	24	25	26	27	28	29	⑧대	2	3	4	5	6
干支	甲子	乙丑	丙寅	丁卯	戊辰	己巳	庚午	辛未	壬申	癸酉	甲戌	乙亥	丙子	丁丑	戊寅	己卯	庚辰	辛巳	壬午	癸未	甲申	乙酉	丙戌	丁亥	戊子	己丑	庚寅	辛卯	壬辰	癸巳	甲午
曜	화	수	목	금	토	일	월	화	수	목	금	토	일	월	화	수	목	금	토	일	월	화	수	목	금	토	일	월	화	수	목

9月

陽	1	2	3	4	5	6	7	8	9	10	11	12	13	14	15	16	17	18	19	20	21	22	23	24	25	26	27	28	29	30
陰	7	8	9	10	11	12	13	14	15	16	17	18	19	20	21	22	23	24	25	26	27	28	29	30	⑧소	2	3	4	5	6
干支	乙未	丙申	丁酉	戊戌	己亥	庚子	辛丑	壬寅	癸卯	甲辰	乙巳	丙午	丁未	戊申	己酉	庚戌	辛亥	壬子	癸丑	甲寅	乙卯	丙辰	丁巳	己未	庚申	庚申	辛酉	壬戌	癸亥	甲子
曜	금	토	일	월	화	수	목	금	토	일	월	화	수	목	금	토	일	월	화	수	목	금	토	일	월	화	수	목	금	토

10月

陽	1	2	3	4	5	6	7	8	9	10	11	12	13	14	15	16	17	18	19	20	21	22	23	24	25	26	27	28	29	30	31
陰	7	8	9	10	11	12	13	14	15	16	17	18	19	20	21	22	23	24	25	26	27	28	29	⑨대	2	3	4	5	6	7	8
干支	乙丑	丙寅	丁卯	戊辰	己巳	庚午	辛未	壬申	癸酉	甲戌	乙亥	丙子	丁丑	戊寅	己卯	庚辰	辛巳	壬午	癸未	甲申	乙酉	丙戌	丁亥	戊子	己丑	庚寅	辛卯	壬辰	癸巳	甲午	乙未
曜	일	월	화	수	목	금	토	일	월	화	수	목	금	토	일	월	화	수	목	금	토	일	월	화	수	목	금	토	일	월	화

11月

陽	1	2	3	4	5	6	7	8	9	10	11	12	13	14	15	16	17	18	19	20	21	22	23	24	25	26	27	28	29	30
陰	9	10	11	12	13	14	15	16	17	18	19	20	21	22	23	24	25	26	27	28	29	30	⑩소	2	3	4	5	6	7	8
干支	丙申	丁酉	戊戌	己亥	庚子	辛丑	壬寅	癸卯	甲辰	乙巳	丙午	丁未	戊申	己酉	庚戌	辛亥	壬子	癸丑	甲寅	乙卯	丙辰	丁巳	戊午	己未	庚申	辛酉	壬戌	癸亥	甲子	乙丑
曜	수	목	금	토	일	월	화	수	목	금	토	일	월	화	수	목	금	토	일	월	화	수	목	금	토	일	월	화	수	목

12月

陽	1	2	3	4	5	6	7	8	9	10	11	12	13	14	15	16	17	18	19	20	21	22	23	24	25	26	27	28	29	30	31
陰	9	10	11	12	13	14	15	16	17	18	19	20	21	22	23	24	25	26	27	28	29	⑪소	2	3	4	5	6	7	8	9	10
干支	丙寅	丁卯	戊辰	己巳	庚午	辛未	壬申	癸酉	甲戌	乙亥	丙子	丁丑	戊寅	己卯	庚辰	辛巳	壬午	癸未	甲申	乙酉	丙戌	丁亥	戊子	己丑	庚寅	辛卯	壬辰	癸巳	甲午	乙未	丙申
曜	금	토	일	월	화	수	목	금	토	일	월	화	수	목	금	토	일	월	화	수	목	금	토	일	월	화	수	목	금	토	일

乙亥(山頭火)

西紀一九九五年●檀紀四三二八年

舊閏三百八十四日
新平三百六十五日

六日得辛 七龍治水
寅喪門 戌吊客
酉大將軍 西三殺

二黑	九紫	四緑
七赤	五黃	三碧
六白	一白	八白

月之大小	日辰	月白	入節
正月小 戊寅	壬戌 壬申 壬午	二黑	立春初五日丙寅午後三時三十六分 雨水二十日辛巳午前十一時二十三分
二月大 己卯	辛卯 辛丑 辛亥	一白	驚蟄初六日丙申午前九時二十九分 春分廿一日辛亥午前十時二十三分
三月大 庚辰	辛酉 辛未 辛巳	九紫	清明初六日丙寅午後二時二十四分 穀雨廿一日辛巳午後九時三十七分
四月小 辛巳	辛卯 辛丑 辛亥	八白	立夏初七日丁酉午前七時五十五分 小滿廿二日壬子午後八時五十九分
五月大 壬午	庚申 庚午 庚辰	七赤	芒種初九日戊辰午後零時十六分 夏至廿五日甲申午前五時七分
六月大 癸未	庚寅 庚子 庚戌	六白	小暑初十日己亥午後十時四十四分 大暑廿六日乙卯午後四時十三分
七月大 甲申	己未 己巳 己卯	五黃	立秋十二日辛未午前八時四十六分 處暑廿七日丙戌午後十一時三十五分
八月大 乙酉	己丑 己亥 己酉	四緑	白露十四日壬寅午前十一時五十八分 秋分廿九日丁巳午後九時二十九分
閏八月小	己未 己巳 己卯	四緑	寒露十五日癸酉午前三時五十分
九月小 丙戌	戊子 戊戌 戊申	三碧	霜降初一日戊子午前六時五十五分 立冬十六日癸卯午前六時五十六分
十月大 丁亥	丁巳 丁卯 丁丑	二黑	小雪初一日戊午午前四時十七分 大雪十五日壬申午後十一時二十七分
十一月小 戊子	丁亥 丁酉 丁未	一白	冬至初一日丁亥午後五時九分 小寒十六日壬寅午前十時十一分
十二月大 己丑	丙辰 丙寅 丙子	九紫	大寒初一日丙辰午前三時二十分 立春十六日辛未午前三時二十六分

◆雜 節◆

雜節	陰曆	陽曆
寒食	三月初七日	陽四月六日
土王	三月十八日	陽四月十七日
初伏	六月廿一日	陽七月十八日
土王	六月廿三日	陽七月二十日
中伏	七月初一日	陽七月二十八日
末伏	七月廿一日	陽八月十七日
土王	閏八月廿七日	陽十月二十一日
土王	十二月廿七日	陽一月十七日
臘享	十二月初四日	陽一月二十三日

1996 (4329. 丙子)

1月

陽	1	2	3	4	5	6	7	8	9	10	11	12	13	14	15	16	17	18	19	20	21	22	23	24	25	26	27	28	29	30	31
陰	11	12	13	14	15	16	17	18	19	20	21	22	23	24	25	26	27	28	29	⑫대	2	3	4	5	6	7	8	9	10	11	12
干支	丁酉	戊戌	己亥	庚子	辛丑	壬寅	癸卯	甲辰	乙巳	丙午	丁未	戊申	己酉	庚戌	辛亥	壬子	癸丑	甲寅	乙卯	丙辰	丁巳	戊午	己未	庚申	辛酉	壬戌	癸亥	甲子	乙丑	丙寅	丁卯
曜	월	화	수	목	금	토	일	월	화	수	목	금	토	일	월	화	수	목	금	토	일	월	화	수	목	금	토	일	월	화	수

2月

陽	1	2	3	4	5	6	7	8	9	10	11	12	13	14	15	16	17	18	19	20	21	22	23	24	25	26	27	28	29
陰	13	14	15	16	17	18	19	20	21	22	23	24	25	26	27	28	29	30	①소	2	3	4	5	6	7	8	9	10	11
干支	戊辰	己巳	庚午	辛未	壬申	癸酉	甲戌	乙亥	丙子	丁丑	戊寅	己卯	庚辰	辛巳	壬午	癸未	甲申	乙酉	丙戌	丁亥	戊子	己丑	庚寅	辛卯	壬辰	癸巳	甲午	乙未	丙申
曜	목	금	토	일	월	화	수	목	금	토	일	월	화	수	목	금	토	일	월	화	수	목	금	토	일	월	화	수	목

3月

陽	1	2	3	4	5	6	7	8	9	10	11	12	13	14	15	16	17	18	19	20	21	22	23	24	25	26	27	28	29	30	31
陰	12	13	14	15	16	17	18	19	20	21	22	23	24	25	26	27	28	29	②대	2	3	4	5	6	7	8	9	10	11	12	13
干支	丁酉	戊戌	己亥	庚子	辛丑	壬寅	癸卯	甲辰	乙巳	丙午	丁未	戊申	己酉	庚戌	辛亥	壬子	癸丑	甲寅	乙卯	丙辰	丁巳	戊午	己未	庚申	辛酉	壬戌	癸亥	甲子	乙丑	丙寅	丁卯
曜	금	토	일	월	화	수	목	금	토	일	월	화	수	목	금	토	일	월	화	수	목	금	토	일	월	화	수	목	금	토	일

4月

陽	1	2	3	4	5	6	7	8	9	10	11	12	13	14	15	16	17	18	19	20	21	22	23	24	25	26	27	28	29	30
陰	14	15	16	17	18	19	20	21	22	23	24	25	26	27	28	29	30	③소	2	3	4	5	6	7	8	9	10	11	12	13
干支	戊辰	己巳	庚午	辛未	壬申	癸酉	甲戌	乙亥	丙子	丁丑	戊寅	己卯	庚辰	辛巳	壬午	癸未	甲申	乙酉	丙戌	丁亥	戊子	己丑	庚寅	辛卯	壬辰	癸巳	甲午	乙未	丙申	丁酉
曜	월	화	수	목	금	토	일	월	화	수	목	금	토	일	월	화	수	목	금	토	일	월	화	수	목	금	토	일	월	화

5月

陽	1	2	3	4	5	6	7	8	9	10	11	12	13	14	15	16	17	18	19	20	21	22	23	24	25	26	27	28	29	30	31
陰	14	15	16	17	18	19	20	21	22	23	24	25	26	27	28	29	④대	2	3	4	5	6	7	8	9	10	11	12	13	14	15
干支	戊戌	己亥	庚子	辛丑	壬寅	癸卯	甲辰	乙巳	丙午	丁未	戊申	己酉	庚戌	辛亥	壬子	癸丑	甲寅	乙卯	丙辰	丁巳	戊午	己未	庚申	辛酉	壬戌	癸亥	甲子	乙丑	丙寅	丁卯	戊辰
曜	수	목	금	토	일	월	화	수	목	금	토	일	월	화	수	목	금	토	일	월	화	수	목	금	토	일	월	화	수	목	금

6月

陽	1	2	3	4	5	6	7	8	9	10	11	12	13	14	15	16	17	18	19	20	21	22	23	24	25	26	27	28	29	30
陰	16	17	18	19	20	21	22	23	24	25	26	27	28	29	30	⑤대	2	3	4	5	6	7	8	9	10	11	12	13	14	15
干支	己巳	庚午	辛未	壬申	癸酉	甲戌	乙亥	丙子	丁丑	戊寅	己卯	庚辰	辛巳	壬午	癸未	甲申	乙酉	丙戌	丁亥	戊子	己丑	庚寅	辛卯	壬辰	癸巳	甲午	乙未	丙申	丁酉	戊戌
曜	토	일	월	화	수	목	금	토	일	월	화	수	목	금	토	일	월	화	수	목	금	토	일	월	화	수	목	금	토	일

7月

陽	1	2	3	4	5	6	7	8	9	10	11	12	13	14	15	16	17	18	19	20	21	22	23	24	25	26	27	28	29	30	31
陰	16	17	18	19	20	21	22	23	24	25	26	27	28	29	30	⑥소	2	3	4	5	6	7	8	9	10	11	12	13	14	15	16
干支	己亥	庚子	辛丑	壬寅	癸卯	甲辰	乙巳	丙午	丁未	戊申	己酉	庚戌	辛亥	壬子	癸丑	甲寅	乙卯	丙辰	丁巳	戊午	己未	庚申	辛酉	壬戌	癸亥	甲子	乙丑	丙寅	丁卯	戊辰	己巳
曜	월	화	수	목	금	토	일	월	화	수	목	금	토	일	월	화	수	목	금	토	일	월	화	수	목	금	토	일	월	화	수

8月

陽	1	2	3	4	5	6	7	8	9	10	11	12	13	14	15	16	17	18	19	20	21	22	23	24	25	26	27	28	29	30	31
陰	17	18	19	20	21	22	23	24	25	26	27	28	29	⑦대	2	3	4	5	6	7	8	9	10	11	12	13	14	15	16	17	18
干支	庚午	辛未	壬申	癸酉	甲戌	乙亥	丙子	丁丑	戊寅	己卯	庚辰	辛巳	壬午	癸未	甲申	乙酉	丙戌	丁亥	戊子	己丑	庚寅	辛卯	壬辰	癸巳	甲午	乙未	丙申	丁酉	戊戌	己亥	庚子
曜	목	금	토	일	월	화	수	목	금	토	일	월	화	수	목	금	토	일	월	화	수	목	금	토	일	월	화	수	목	금	토

9月

陽	1	2	3	4	5	6	7	8	9	10	11	12	13	14	15	16	17	18	19	20	21	22	23	24	25	26	27	28	29	30
陰	19	20	21	22	23	24	25	26	27	28	29	30	⑧소	2	3	4	5	6	7	8	9	10	11	12	13	14	15	16	17	18
干支	辛丑	壬寅	癸卯	甲辰	乙巳	丙午	丁未	戊申	己酉	庚戌	辛亥	壬子	癸丑	甲寅	乙卯	丙辰	丁巳	戊午	己未	庚申	辛酉	壬戌	癸亥	甲子	乙丑	丙寅	丁卯	戊辰	己巳	庚午
曜	일	월	화	수	목	금	토	일	월	화	수	목	금	토	일	월	화	수	목	금	토	일	월	화	수	목	금	토	일	월

10月

陽	1	2	3	4	5	6	7	8	9	10	11	12	13	14	15	16	17	18	19	20	21	22	23	24	25	26	27	28	29	30	31
陰	19	20	21	22	23	24	25	26	27	28	29	⑨대	2	3	4	5	6	7	8	9	10	11	12	13	14	15	16	17	18	19	20
干支	辛未	壬申	癸酉	甲戌	乙亥	丙子	丁丑	戊寅	己卯	庚辰	辛巳	壬午	癸未	甲申	乙酉	丙戌	丁亥	戊子	己丑	庚寅	辛卯	壬辰	癸巳	甲午	乙未	丙申	丁酉	戊戌	己亥	庚子	辛丑
曜	화	수	목	금	토	일	월	화	수	목	금	토	일	월	화	수	목	금	토	일	월	화	수	목	금	토	일	월	화	수	목

11月

陽	1	2	3	4	5	6	7	8	9	10	11	12	13	14	15	16	17	18	19	20	21	22	23	24	25	26	27	28	29	30
陰	21	22	23	24	25	26	27	28	29	30	⑩대	2	3	4	5	6	7	8	9	10	11	12	13	14	15	16	17	18	19	20
干支	壬寅	癸卯	甲辰	乙巳	丙午	丁未	戊申	己酉	庚戌	辛亥	壬子	癸丑	甲寅	乙卯	丙辰	丁巳	戊午	己未	庚申	辛酉	壬戌	癸亥	甲子	乙丑	丙寅	丁卯	戊辰	己巳	庚午	辛未
曜	금	토	일	월	화	수	목	금	토	일	월	화	수	목	금	토	일	월	화	수	목	금	토	일	월	화	수	목	금	토

12月

陽	1	2	3	4	5	6	7	8	9	10	11	12	13	14	15	16	17	18	19	20	21	22	23	24	25	26	27	28	29	30	31
陰	21	22	23	24	25	26	27	28	29	30	⑪소	2	3	4	5	6	7	8	9	10	11	12	13	14	15	16	17	18	19	20	21
干支	壬申	癸酉	甲戌	乙亥	丙子	丁丑	戊寅	己卯	庚辰	辛巳	壬午	癸未	甲申	乙酉	丙戌	丁亥	戊子	己丑	庚寅	辛卯	壬辰	癸巳	甲午	乙未	丙申	丁酉	戊戌	己亥	庚子	辛丑	壬寅
曜	일	월	화	수	목	금	토	일	월	화	수	목	금	토	일	월	화	수	목	금	토	일	월	화	수	목	금	토	일	월	화

丙子(澗下水)

西紀一九九六年 • 檀紀四三二九年

舊平三百五十四日

新閏三百六十六日

六日得辛　七龍治水

互喪門　酉吊客

酉大將軍　南三殺

一白	八白	三碧
六白	四綠	二黑
五黃	九紫	七赤

北月之大小	正月小 庚寅	二月大 辛卯	三月小 壬辰	四月大 癸巳	五月大 甲午	六月小 乙未	七月大 丙申	八月小 丁酉	九月大 戊戌	十月大 己亥	十一月小 庚子	十二月小 辛丑
日辰	丙戌 丙申 丙午	乙卯 乙丑 乙亥	乙酉 乙未 乙巳	甲寅 甲子 甲戌	甲申 甲午 甲辰	甲寅 甲子 甲戌	癸未 癸巳 癸卯	癸丑 癸亥 癸酉	壬午 壬辰 壬寅	壬子 壬戌 壬申	壬午 壬辰 壬寅	辛亥 辛酉 辛未
白月	八白	七赤	六白	五黃	四綠	三碧	二黑	一白	九紫	八白	七赤	六白
入節	雨水初一日丙戌午後 驚蟄十六日辛丑午後 五十三十 三 八 時分時分	春分初二日丙辰午後 清明十七日辛未午後 四十八十 三 三 時分時分	穀雨初三日丁亥午前 立夏十八日壬寅午後 三二十六一四十四 時分時分	小滿初五日戊午午前 芒種二十日癸酉午後 二四十八六五 時分時分	夏至初六日己丑午前 小暑廿二日乙巳午前 十五十六四三十一 時分時分	大暑初七日庚申午後 立秋廿三日丙子午後 十一二三十五 時分時分	處暑初十日壬辰午前 白露廿五日丁未午後 五二十三五四十七 時分時分	秋分十一日癸亥午前 寒露廿六日戊寅午前 三十八九三十八 時分時分	霜降十二日癸巳午後 立冬廿七日戊申午後 零四十四零四十六 時分時分	小雪十二日癸亥午前 大雪廿七日戊寅午前 十六五十七 時分時分	冬至十一日壬辰午後 小寒廿七日戊申午後 十五十六四零 時分時分	大寒十三日乙卯午前 立春廿七日丁丑午前 十九一三十五 時分時分

◆雜　節◆

寒食	土王	初伏	土王	中伏	末伏	土王	土王	臘享
二月十八日	二月三十日	五月廿七日	六月初四日	六月初七日	六月廿七日	九月初九日	十二月初十日	十二月初九日
陽四月五日	陽四月十七日	陽七月十二日	陽七月十九日	陽七月二十二日	陽八月十一日	陽十月二十日	陽一月十八日	陽一月十七日

1997 (4330. 丁丑)

1月

陽	1	2	3	4	5	6	7	8	9	10	11	12	13	14	15	16	17	18	19	20	21	22	23	24	25	26	27	28	29	30	31
陰	22	23	24	25	26	27	28	29	⑫대	2	3	4	5	6	7	8	9	10	11	12	13	14	15	16	17	18	19	20	21	22	23
干支	癸卯	甲辰	乙巳	丙午	丁未	戊申	己酉	庚戌	辛亥	壬子	癸丑	甲寅	乙卯	丙辰	丁巳	戊午	己未	庚申	辛酉	壬戌	癸亥	甲子	乙丑	丙寅	丁卯	戊辰	己巳	庚午	辛未	壬申	癸酉
曜	수	목	금	토	일	월	화	수	목	금	토	일	월	화	수	목	금	토	일	월	화	수	목	금	토	일	월	화	수	목	금

2月

陽	1	2	3	4	5	6	7	8	9	10	11	12	13	14	15	16	17	18	19	20	21	22	23	24	25	26	27	28
陰	24	25	26	27	28	29	30	①소	2	3	4	5	6	7	8	9	10	11	12	13	14	15	16	17	18	19	20	21
干支	甲戌	乙亥	丙子	丁丑	戊寅	己卯	庚辰	辛巳	壬午	癸未	甲申	乙酉	丙戌	丁亥	戊子	己丑	庚寅	辛卯	壬辰	癸巳	甲午	乙未	丙申	丁酉	戊戌	己亥	庚子	辛丑
曜	토	일	월	화	수	목	금	토	일	월	화	수	목	금	토	일	월	화	수	목	금	토	일	월	화	수	목	금

3月

陽	1	2	3	4	5	6	7	8	9	10	11	12	13	14	15	16	17	18	19	20	21	22	23	24	25	26	27	28	29	30	31
陰	22	23	24	25	26	27	28	29	②소	2	3	4	5	6	7	8	9	10	11	12	13	14	15	16	17	18	19	20	21	22	23
干支	壬寅	癸卯	甲辰	乙巳	丙午	丁未	戊申	己酉	庚戌	辛亥	壬子	癸丑	甲寅	乙卯	丙辰	丁巳	戊午	己未	庚申	辛酉	壬戌	癸亥	甲子	乙丑	丙寅	丁卯	戊辰	己巳	庚午	辛未	壬申
曜	토	일	월	화	수	목	금	토	일	월	화	수	목	금	토	일	월	화	수	목	금	토	일	월	화	수	목	금	토	일	월

4月

陽	1	2	3	4	5	6	7	8	9	10	11	12	13	14	15	16	17	18	19	20	21	22	23	24	25	26	27	28	29	30
陰	24	25	26	27	28	29	③대	2	3	4	5	6	7	8	9	10	11	12	13	14	15	16	17	18	19	20	21	22	23	24
干支	癸酉	甲戌	乙亥	丙子	丁丑	戊寅	己卯	庚辰	辛巳	壬午	癸未	甲申	乙酉	丙戌	丁亥	戊子	己丑	庚寅	辛卯	壬辰	癸巳	甲午	乙未	丙申	丁酉	戊戌	己亥	庚子	辛丑	壬寅
曜	화	수	목	금	토	일	월	화	수	목	금	토	일	월	화	수	목	금	토	일	월	화	수	목	금	토	일	월	화	수

5月

陽	1	2	3	4	5	6	7	8	9	10	11	12	13	14	15	16	17	18	19	20	21	22	23	24	25	26	27	28	29	30	31
陰	25	26	27	28	29	30	④소	2	3	4	5	6	7	8	9	10	11	12	13	14	15	16	17	18	19	20	21	22	23	24	25
干支	癸卯	甲辰	乙巳	丙午	丁未	戊申	己酉	庚戌	辛亥	壬子	癸丑	甲寅	乙卯	丙辰	丁巳	戊午	己未	庚申	辛酉	壬戌	癸亥	甲子	乙丑	丙寅	丁卯	戊辰	己巳	庚午	辛未	壬申	癸酉
曜	목	금	토	일	월	화	수	목	금	토	일	월	화	수	목	금	토	일	월	화	수	목	금	토	일	월	화	수	목	금	토

6月

陽	1	2	3	4	5	6	7	8	9	10	11	12	13	14	15	16	17	18	19	20	21	22	23	24	25	26	27	28	29	30
陰	26	27	28	29	⑤대	2	3	4	5	6	7	8	9	10	11	12	13	14	15	16	17	18	19	20	21	22	23	24	25	26
干支	甲戌	乙亥	丙子	丁丑	戊寅	己卯	庚辰	辛巳	壬午	癸未	甲申	乙酉	丙戌	丁亥	戊子	己丑	庚寅	辛卯	壬辰	癸巳	甲午	乙未	丙申	丁酉	戊戌	己亥	庚子	辛丑	壬寅	癸卯
曜	일	월	화	수	목	금	토	일	월	화	수	목	금	토	일	월	화	수	목	금	토	일	월	화	수	목	금	토	일	월

7月

陽	1	2	3	4	5	6	7	8	9	10	11	12	13	14	15	16	17	18	19	20	21	22	23	24	25	26	27	28	29	30	31
陰	27	28	29	30	⑥소	2	3	4	5	6	7	8	9	10	11	12	13	14	15	16	17	18	19	20	21	22	23	24	25	26	27
干支	甲辰	乙巳	丙午	丁未	戊申	己酉	庚戌	辛亥	壬子	癸丑	甲寅	乙卯	丙辰	丁巳	戊午	己未	庚申	辛酉	壬戌	癸亥	甲子	乙丑	丙寅	丁卯	戊辰	己巳	庚午	辛未	壬申	癸酉	甲戌
曜	화	수	목	금	토	일	월	화	수	목	금	토	일	월	화	수	목	금	토	일	월	화	수	목	금	토	일	월	화	수	목

8月

陽	1	2	3	4	5	6	7	8	9	10	11	12	13	14	15	16	17	18	19	20	21	22	23	24	25	26	27	28	29	30	31
陰	28	29	⑦대	2	3	4	5	6	7	8	9	10	11	12	13	14	15	16	17	18	19	20	21	22	23	24	25	26	27	28	29
干支	乙亥	丙子	丁丑	戊寅	己卯	庚辰	辛巳	壬午	癸未	甲申	乙酉	丙戌	丁亥	戊子	己丑	庚寅	辛卯	壬辰	癸巳	甲午	乙未	丙申	丁酉	戊戌	己亥	庚子	辛丑	壬寅	癸卯	甲辰	乙巳
曜	금	토	일	월	화	수	목	금	토	일	월	화	수	목	금	토	일	월	화	수	목	금	토	일	월	화	수	목	금	토	일

9月

陽	1	2	3	4	5	6	7	8	9	10	11	12	13	14	15	16	17	18	19	20	21	22	23	24	25	26	27	28	29	30
陰	30	⑧대	2	3	4	5	6	7	8	9	10	11	12	13	14	15	16	17	18	19	20	21	22	23	24	25	26	27	28	29
干支	丙午	丁未	戊申	己酉	庚戌	辛亥	壬子	癸丑	甲寅	乙卯	丙辰	丁巳	戊午	己未	庚申	辛酉	壬戌	癸亥	甲子	乙丑	丙寅	丁卯	戊辰	己巳	庚午	辛未	壬申	癸酉	甲戌	乙亥
曜	월	화	수	목	금	토	일	월	화	수	목	금	토	일	월	화	수	목	금	토	일	월	화	수	목	금	토	일	월	화

10月

陽	1	2	3	4	5	6	7	8	9	10	11	12	13	14	15	16	17	18	19	20	21	22	23	24	25	26	27	28	29	30	31
陰	30	⑨소	2	3	4	5	6	7	8	9	10	11	12	13	14	15	16	17	18	19	20	21	22	23	24	25	26	27	28	29	⑩대
干支	丙子	丁丑	戊寅	己卯	庚辰	辛巳	壬午	癸未	甲申	乙酉	丙戌	丁亥	戊子	己丑	庚寅	辛卯	壬辰	癸巳	甲午	乙未	丙申	丁酉	戊戌	己亥	庚子	辛丑	壬寅	癸卯	甲辰	乙巳	丙午
曜	수	목	금	토	일	월	화	수	목	금	토	일	월	화	수	목	금	토	일	월	화	수	목	금	토	일	월	화	수	목	금

11月

陽	1	2	3	4	5	6	7	8	9	10	11	12	13	14	15	16	17	18	19	20	21	22	23	24	25	26	27	28	29	30
陰	2	3	4	5	6	7	8	9	10	11	12	13	14	15	16	17	18	19	20	21	22	23	24	25	26	27	28	29	30	⑪대
干支	丁未	戊申	己酉	庚戌	辛亥	壬子	癸丑	甲寅	乙卯	丙辰	丁巳	戊午	己未	庚申	辛酉	壬戌	癸亥	甲子	乙丑	丙寅	丁卯	戊辰	己巳	庚午	辛未	壬申	癸酉	甲戌	乙亥	丙子
曜	토	일	월	화	수	목	금	토	일	월	화	수	목	금	토	일	월	화	수	목	금	토	일	월	화	수	목	금	토	일

12月

陽	1	2	3	4	5	6	7	8	9	10	11	12	13	14	15	16	17	18	19	20	21	22	23	24	25	26	27	28	29	30	31
陰	2	3	4	5	6	7	8	9	10	11	12	13	14	15	16	17	18	19	20	21	22	23	24	25	26	27	28	29	30	⑫소	2
干支	丁丑	戊寅	己卯	庚辰	辛巳	壬午	癸未	甲申	乙酉	丙戌	丁亥	戊子	己丑	庚寅	辛卯	壬辰	癸巳	甲午	乙未	丙申	丁酉	戊戌	己亥	庚子	辛丑	壬寅	癸卯	甲辰	乙巳	丙午	丁未
曜	월	화	수	목	금	토	일	월	화	수	목	금	토	일	월	화	수	목	금	토	일	월	화	수	목	금	토	일	월	화	수

丁丑 (澗下水)

西紀一九九七年●檀紀四三三〇年

舊平三百五十五日
新平三百六十五日

二日得辛　一龍治水
卯喪門　亥吊客
酉大將軍　東三殺

九紫	七赤	二黑
五黃	三碧	一白
四綠	八白	六白

建月之大小	日辰	白月	入節
正月大 (壬寅)	庚辰 庚寅 庚子	五黃	雨水 十一日辛卯午後 十一時三分 / 驚蟄 廿六日丙午午後 九時七分
二月小 (癸卯)	庚戌 庚申 庚午	四綠	春分 十二日辛酉午後 十時二分 / 清明 廿八日丁丑午前 二時二分
三月大 (甲辰)	己卯 己丑 己亥	三碧	穀雨 十四日壬辰午前 九時十四分 / 立夏 廿九日丁未午後 七時三十二分
四月小 (乙巳)	己酉 己未 己巳	二黑	小滿 十五日癸亥午前 八時三十五分
五月大 (丙午)	戊寅 戊子 戊戌	一白	芒種 初一日己卯午後 十一時三十三分 / 夏至 十七日甲午午後 四時四十三分
六月小 (丁未)	戊申 戊午 戊辰	九紫	小暑 初三日庚戌午前 十時二十分 / 大暑 十九日丙寅午前 三時五十分
七月大 (戊申)	丁丑 丁亥 丁酉	八白	立秋 初五日辛巳午後 八時二十三分 / 處暑 廿一日丁酉午前 十一時十一分
八月大 (己酉)	丁未 丁巳 丁卯	七赤	白露 初六日壬子午後 十一時三十五分 / 秋分 廿二日戊辰午前 九時七分
九月小 (庚戌)	丁丑 丁亥 丁酉	六白	寒露 初七日癸未午後 三時二十七分 / 霜降 廿二日戊戌午後 六時三十三分
十月大 (辛亥)	丙午 丙辰 丙寅	五黃	立冬 初八日癸丑午後 五時二十四分 / 小雪 廿三日戊辰午後 三時五十五分
十一月大 (壬子)	丙子 丙戌 丙申	四綠	大雪 初八日癸未午前 十一時五分 / 冬至 廿三日戊戌午前 四時四十八分
十二月小 (癸丑)	丙午 丙辰 丙寅	三碧	小寒 初七日壬子午後 十一時四十九分 / 大寒 廿二日丁卯午後 二時五十九分

◆雜　節◆

雜節	陰曆	陽曆
寒食	二月廿八日	陽四月五日
土王	三月十一日	陽四月十七日
初伏	六月十三日	陽七月十七日
土王	六月十六日	陽七月二十日
中伏	六月廿三日	陽七月二十七日
末伏	七月十四日	陽八月十六日
土王	九月十九日	陽十月二十日
土王	十二月十九日	陽一月十七日
臘享	十二月廿六日	陽一月二十四日

1998 (4331. 戊寅)

1月

陽	1	2	3	4	5	6	7	8	9	10	11	12	13	14	15	16	17	18	19	20	21	22	23	24	25	26	27	28	29	30	31
陰	3	4	5	6	7	8	9	10	11	12	13	14	15	16	17	18	19	20	21	22	23	24	25	26	27	28	29	①대	2	3	4
干支	戊申	己酉	庚戌	辛亥	壬子	癸丑	甲寅	乙卯	丙辰	丁巳	戊午	己未	庚申	辛酉	壬戌	癸亥	甲子	乙丑	丙寅	丁卯	戊辰	己巳	庚午	辛未	壬申	癸酉	甲戌	乙亥	丙子	丁丑	戊寅
曜	목	금	토	일	월	화	수	목	금	토	일	월	화	수	목	금	토	일	월	화	수	목	금	토	일	월	화	수	목	금	토

2月

陽	1	2	3	4	5	6	7	8	9	10	11	12	13	14	15	16	17	18	19	20	21	22	23	24	25	26	27	28
陰	5	6	7	8	9	10	11	12	13	14	15	16	17	18	19	20	21	22	23	24	25	26	27	28	29	30	②소	2
干支	己卯	庚辰	辛巳	壬午	癸未	甲申	乙酉	丙戌	丁亥	戊子	己丑	庚寅	辛卯	壬辰	癸巳	甲午	乙未	丙申	丁酉	戊戌	己亥	庚子	辛丑	壬寅	癸卯	甲辰	乙巳	丙午
曜	일	월	화	수	목	금	토	일	월	화	수	목	금	토	일	월	화	수	목	금	토	일	월	화	수	목	금	토

3月

陽	1	2	3	4	5	6	7	8	9	10	11	12	13	14	15	16	17	18	19	20	21	22	23	24	25	26	27	28	29	30	31
陰	3	4	5	6	7	8	9	10	11	12	13	14	15	16	17	18	19	20	21	22	23	24	25	26	27	28	29	③소	2	3	4
干支	丁未	戊申	己酉	庚戌	辛亥	壬子	癸丑	甲寅	乙卯	丙辰	丁巳	戊午	己未	庚申	辛酉	壬戌	癸亥	甲子	乙丑	丙寅	丁卯	戊辰	己巳	庚午	辛未	壬申	癸酉	甲戌	乙亥	丙子	丁丑
曜	일	월	화	수	목	금	토	일	월	화	수	목	금	토	일	월	화	수	목	금	토	일	월	화	수	목	금	토	일	월	화

4月

陽	1	2	3	4	5	6	7	8	9	10	11	12	13	14	15	16	17	18	19	20	21	22	23	24	25	26	27	28	29	30
陰	5	6	7	8	9	10	11	12	13	14	15	16	17	18	19	20	21	22	23	24	25	26	27	28	29	④대	2	3	4	5
干支	戊寅	己卯	庚辰	辛巳	壬午	癸未	甲申	乙酉	丙戌	丁亥	戊子	己丑	庚寅	辛卯	壬辰	癸巳	甲午	乙未	丙申	丁酉	戊戌	己亥	庚子	辛丑	壬寅	癸卯	甲辰	乙巳	丙午	丁未
曜	수	목	금	토	일	월	화	수	목	금	토	일	월	화	수	목	금	토	일	월	화	수	목	금	토	일	월	화	수	목

5月

陽	1	2	3	4	5	6	7	8	9	10	11	12	13	14	15	16	17	18	19	20	21	22	23	24	25	26	27	28	29	30	31
陰	6	7	8	9	10	11	12	13	14	15	16	17	18	19	20	21	22	23	24	25	26	27	28	29	30	⑤소	2	3	4	5	6
干支	戊申	己酉	庚戌	辛亥	壬子	癸丑	甲寅	乙卯	丙辰	丁巳	戊午	己未	庚申	辛酉	壬戌	癸亥	甲子	乙丑	丙寅	丁卯	戊辰	己巳	庚午	辛未	壬申	癸酉	甲戌	乙亥	丙子	丁丑	戊寅
曜	금	토	일	월	화	수	목	금	토	일	월	화	수	목	금	토	일	월	화	수	목	금	토	일	월	화	수	목	금	토	일

6月

陽	1	2	3	4	5	6	7	8	9	10	11	12	13	14	15	16	17	18	19	20	21	22	23	24	25	26	27	28	29	30
陰	7	8	9	10	11	12	13	14	15	16	17	18	19	20	21	22	23	24	25	26	27	28	29	⑤소	2	3	4	5	6	7
干支	己卯	庚辰	辛巳	壬午	癸未	甲申	乙酉	丙戌	丁亥	戊子	己丑	庚寅	辛卯	壬辰	癸巳	甲午	乙未	丙申	丁酉	戊戌	己亥	庚子	辛丑	壬寅	癸卯	甲辰	乙巳	丙午	丁未	戊申
曜	월	화	수	목	금	토	일	월	화	수	목	금	토	일	월	화	수	목	금	토	일	월	화	수	목	금	토	일	월	화

7月

陽	1	2	3	4	5	6	7	8	9	10	11	12	13	14	15	16	17	18	19	20	21	22	23	24	25	26	27	28	29	30	31
陰	8	9	10	11	12	13	14	15	16	17	18	19	20	21	22	23	24	25	26	27	29	29	⑥대	2	3	4	5	6	7	8	9
干支	己酉	庚戌	辛亥	壬子	癸丑	甲寅	乙卯	丙辰	丁巳	戊午	己未	庚申	辛酉	壬戌	癸亥	甲子	乙丑	丙寅	丁卯	戊辰	己巳	庚午	辛未	壬申	癸酉	甲戌	乙亥	丙子	丁丑	戊寅	己卯
曜	수	목	금	토	일	월	화	수	목	금	토	일	월	화	수	목	금	토	일	월	화	수	목	금	토	일	월	화	수	목	금

8月

陽	1	2	3	4	5	6	7	8	9	10	11	12	13	14	15	16	17	18	19	20	21	22	23	24	25	26	27	28	29	30	31
陰	10	11	12	13	14	15	16	17	18	19	20	21	22	23	24	25	26	27	28	29	30	⑦대	2	3	4	5	6	7	8	9	10
干支	庚辰	辛巳	壬午	癸未	甲申	乙酉	丙戌	丁亥	戊子	己丑	庚寅	辛卯	壬辰	癸巳	甲午	乙未	丙申	丁酉	戊戌	己亥	庚子	辛丑	壬寅	癸卯	甲辰	乙巳	丙午	丁未	戊申	己酉	庚戌
曜	토	일	월	화	수	목	금	토	일	월	화	수	목	금	토	일	월	화	수	목	금	토	일	월	화	수	목	금	토	일	월

9月

陽	1	2	3	4	5	6	7	8	9	10	11	12	13	14	15	16	17	18	19	20	21	22	23	24	25	26	27	28	29	30
陰	11	12	13	14	15	16	17	18	19	20	21	22	23	24	25	26	27	28	29	30	⑧소	2	3	4	5	6	7	8	9	10
干支	辛亥	壬子	癸丑	甲寅	乙卯	丙辰	丁巳	戊午	己未	庚申	辛酉	壬戌	癸亥	甲子	乙丑	丙寅	丁卯	戊辰	己巳	庚午	辛未	壬申	癸酉	甲戌	乙亥	丙子	丁丑	戊寅	己卯	庚辰
曜	화	수	목	금	토	일	월	화	수	목	금	토	일	월	화	수	목	금	토	일	월	화	수	목	금	토	일	월	화	수

10月

陽	1	2	3	4	5	6	7	8	9	10	11	12	13	14	15	16	17	18	19	20	21	22	23	24	25	26	27	28	29	30	31
陰	11	12	13	14	15	16	17	18	19	20	21	22	23	24	25	26	27	28	29	⑨대	2	3	4	5	6	7	8	9	10	11	12
干支	辛巳	壬午	癸未	甲申	乙酉	丙戌	丁亥	戊子	己丑	庚寅	辛卯	壬辰	癸巳	甲午	乙未	丙申	丁酉	戊戌	己亥	庚子	辛丑	壬寅	癸卯	甲辰	乙巳	丙午	丁未	戊申	己酉	庚戌	辛亥
曜	목	금	토	일	월	화	수	목	금	토	일	월	화	수	목	금	토	일	월	화	수	목	금	토	일	월	화	수	목	금	토

11月

陽	1	2	3	4	5	6	7	8	9	10	11	12	13	14	15	16	17	18	19	20	21	22	23	24	25	26	27	28	29	30
陰	13	14	15	16	17	18	19	20	21	22	23	24	25	26	27	28	29	30	⑩대	2	3	4	5	6	7	8	9	10	11	12
干支	壬子	癸丑	甲寅	乙卯	丙辰	丁巳	戊午	己未	庚申	辛酉	壬戌	癸亥	甲子	乙丑	丙寅	丁卯	戊辰	己巳	庚午	辛未	壬申	癸酉	甲戌	乙亥	丙子	丁丑	戊寅	己卯	庚辰	辛巳
曜	일	월	화	수	목	금	토	일	월	화	수	목	금	토	일	월	화	수	목	금	토	일	월	화	수	목	금	토	일	월

12月

陽	1	2	3	4	5	6	7	8	9	10	11	12	13	14	15	16	17	18	19	20	21	22	23	24	25	26	27	28	29	30	31
陰	13	14	15	16	17	18	18	29	21	22	23	24	25	26	27	28	29	30	⑪대	2	3	4	5	6	7	8	9	10	11	12	13
干支	壬午	癸未	甲申	乙酉	丙戌	丁亥	戊子	己丑	庚寅	辛卯	壬辰	癸巳	甲午	乙未	丙申	丁酉	戊戌	己亥	庚子	辛丑	壬寅	癸卯	甲辰	乙巳	丙午	丁未	戊申	己酉	庚戌	辛亥	壬子
曜	화	수	목	금	토	일	월	화	수	목	금	토	일	월	화	수	목	금	토	일	월	화	수	목	금	토	일	월	화	수	목

戊寅 (城頭土)

西紀一九九八年 • 檀紀四三三一年

舊閏三百八十四日 新平三百六十五日

七日得辛 六龍治水

辰 喪門 子 弔客

子 大將軍 北 三殺

一白 九紫 五黃

六白 二黑 七赤

八白 四綠 三碧

建月之大小	日辰	月白	入節
正月大 甲寅	乙未 乙酉 乙亥	二黑	立春 初八日 壬午 午前 九時五三分 / 雨水 廿三日 丁酉 午前 三時五十一分
二月小 乙卯	乙丑 乙卯 乙巳	一白	驚蟄 初八日 壬子 午前 二時五十七分 / 春分 廿三日 丁卯 午前 三時四十分
三月小 丙辰	甲午 甲申 甲戌	九紫	清明 初九日 壬午 午前 七時五十一分 / 穀雨 廿四日 丁酉 午後 三時三分
四月大 丁巳	癸亥 癸丑 癸卯	八白	立夏 十一日 癸丑 午前 一時二十一分 / 小滿 廿六日 戊辰 午後 二時二十四分
五月小 戊午	癸巳 癸未 癸酉	七赤	芒種 十二日 甲申 午前 五時四十一分 / 夏至 廿七日 己亥 午後 十時三十一分
五閏月小	壬戌 壬子 壬寅	七赤	小暑 十四日 乙卯 午後 四時八分
六月大 己未	辛卯 辛巳 辛未	六白	大暑 初一日 辛未 午前 九時三十八分 / 立秋 十七日 丁亥 午前 二時十一分
七月大 庚申	辛酉 辛亥 辛丑	五黃	處暑 初二日 壬寅 午後 四時五十九分 / 白露 十八日 戊午 午前 五時二十四分
八月小 辛酉	辛卯 辛巳 辛未	四綠	秋分 初三日 癸酉 午後 二時五十六分 / 寒露 十八日 戊子 午後 九時十六分
九月大 壬戌	庚申 庚戌 庚子	三碧	霜降 初四日 癸卯 午前 零時二十二分 / 立冬 二十日 己未 午前 零時二十四分
十月大 癸亥	庚寅 庚辰 庚午	二黑	小雪 初四日 癸酉 午後 九時四十四分 / 大雪 十八日 戊子 午後 四時五十六分
十一月小 甲子	庚申 庚戌 庚子	一白	冬至 初四日 癸卯 午前 十時三十九分 / 小寒 十八日 丁巳 午前 三時四十分
十二月大 乙丑	己丑 己卯 己巳	九紫	大寒 初三日 壬申 午後 八時四十九分 / 立春 十八日 丁亥 午後 二時五十五分

◆雜 節◆

雜節	陰	陽
寒食	三月初十日	陽四月六日
土王	三月廿一日	陽四月十七日
初伏	閏五月十九日	陽七月十二日
土王	閏五月廿七日	陽七月二十日
中伏	閏五月廿九日	陽七月二十二日
末伏	六月二十日	陽八月十一日
土王	九月初一日	陽十月二十日
土王	十二月三十日	陽一月十七日
臘享	十二月初二日	陽一月十九日

1999 (4332. 己卯)

1月

陽	1	2	3	4	5	6	7	8	9	10	11	12	13	14	15	16	17	18	19	20	21	22	23	24	25	26	27	28	29	30	31
陰	14	15	16	17	18	19	20	21	22	23	24	25	26	27	28	29	30	⑫소	2	3	4	5	6	7	8	9	10	11	12	13	14
干支	癸丑	甲寅	乙卯	丙辰	丁巳	戊午	己未	庚申	辛酉	壬戌	癸亥	甲子	乙丑	丙寅	丁卯	戊辰	己巳	庚午	辛未	壬申	癸酉	甲戌	乙亥	丙子	丁丑	戊寅	己卯	庚辰	辛巳	壬午	癸未
曜	금	토	일	월	화	수	목	금	토	일	월	화	수	목	금	토	일	월	화	수	목	금	토	일	월	화	수	목	금	토	일

2月

陽	1	2	3	4	5	6	7	8	9	10	11	12	13	14	15	16	17	18	19	20	21	22	23	24	25	26	27	28
陰	15	16	17	18	19	20	21	22	23	24	25	26	27	28	29	①대	2	3	4	5	6	7	8	9	10	11	12	13
干支	甲申	乙酉	丙戌	丁亥	戊子	己丑	庚寅	辛卯	壬辰	癸巳	甲午	乙未	丙申	丁酉	戊戌	己亥	庚子	辛丑	壬寅	癸卯	甲辰	乙巳	丙午	丁未	戊申	己酉	庚戌	辛亥
曜	월	화	수	목	금	토	일	월	화	수	목	금	토	일	월	화	수	목	금	토	일	월	화	수	목	금	토	일

3月

陽	1	2	3	4	5	6	7	8	9	10	11	12	13	14	15	16	17	18	19	20	21	22	23	24	25	26	27	28	29	30	31
陰	14	15	16	17	18	19	20	21	22	23	24	25	26	27	28	29	30	②소	2	3	4	5	6	7	8	9	10	11	12	13	14
干支	壬子	癸丑	甲寅	乙卯	丙辰	丁巳	戊午	己未	庚申	辛酉	壬戌	癸亥	甲子	乙丑	丙寅	丁卯	戊辰	己巳	庚午	辛未	壬申	癸酉	甲戌	乙亥	丙子	丁丑	戊寅	己卯	庚辰	辛巳	壬午
曜	월	화	수	목	금	토	일	월	화	수	목	금	토	일	월	화	수	목	금	토	일	월	화	수	목	금	토	일	월	화	수

4月

陽	1	2	3	4	5	6	7	8	9	10	11	12	13	14	15	16	17	18	19	20	21	22	23	24	25	26	27	28	29	30
陰	15	16	17	18	19	20	21	22	23	24	25	26	27	28	29	③소	2	3	4	5	6	7	8	9	10	11	12	13	14	15
干支	癸未	甲申	乙酉	丙戌	丁亥	戊子	己丑	庚寅	辛卯	壬辰	癸巳	甲午	乙未	丙申	丁酉	戊戌	己亥	庚子	辛丑	壬寅	癸卯	甲辰	乙巳	丙午	丁未	戊申	己酉	庚戌	辛亥	壬子
曜	목	금	토	일	월	화	수	목	금	토	일	월	화	수	목	금	토	일	월	화	수	목	금	토	일	월	화	수	목	금

5月

陽	1	2	3	4	5	6	7	8	9	10	11	12	13	14	15	16	17	18	19	20	21	22	23	24	25	26	27	28	29	30	31
陰	16	17	18	19	20	21	22	23	24	25	26	27	28	29	④대	2	3	4	5	6	7	8	9	10	11	12	13	14	15	16	17
干支	癸丑	甲寅	乙卯	丙辰	丁巳	戊午	己未	庚申	辛酉	壬戌	癸亥	甲子	乙丑	丙寅	丁卯	戊辰	己巳	庚午	辛未	壬申	癸酉	甲戌	乙亥	丙子	丁丑	戊寅	己卯	庚辰	辛巳	壬午	癸未
曜	토	일	월	화	수	목	금	토	일	월	화	수	목	금	토	일	월	화	수	목	금	토	일	월	화	수	목	금	토	일	월

6月

陽	1	2	3	4	5	6	7	8	9	10	11	12	13	14	15	16	17	18	19	20	21	22	23	24	25	26	27	28	29	30
陰	18	19	20	21	22	23	24	25	26	27	28	29	30	⑤소	2	3	4	5	6	7	8	9	10	11	12	13	14	15	16	17
干支	甲申	乙酉	丙戌	丁亥	戊子	己丑	庚寅	辛卯	壬辰	癸巳	甲午	乙未	丙申	丁酉	戊戌	己亥	庚子	辛丑	壬寅	癸卯	甲辰	乙巳	丙午	丁未	戊申	己酉	庚戌	辛亥	壬子	癸丑
曜	화	수	목	금	토	일	월	화	수	목	금	토	일	월	화	수	목	금	토	일	월	화	수	목	금	토	일	월	화	수

7月

陽	1	2	3	4	5	6	7	8	9	10	11	12	13	14	15	16	17	18	19	20	21	22	23	24	25	26	27	28	29	30	31
陰	18	19	20	21	22	23	24	25	26	27	28	29	⑥소	2	3	4	5	6	7	8	9	10	11	12	13	14	15	16	17	18	19
干支	甲寅	乙卯	丙辰	丁巳	戊午	己未	庚申	辛酉	壬戌	癸亥	甲子	乙丑	丙寅	丁卯	戊辰	己巳	庚午	辛未	壬申	癸酉	甲戌	乙亥	丙子	丁丑	戊寅	己卯	庚辰	辛巳	壬午	癸未	甲申
曜	목	금	토	일	월	화	수	목	금	토	일	월	화	수	목	금	토	일	월	화	수	목	금	토	일	월	화	수	목	금	토

8月

陽	1	2	3	4	5	6	7	8	9	10	11	12	13	14	15	16	17	18	19	20	21	22	23	24	25	26	27	28	29	30	31
陰	20	21	22	23	24	25	26	27	28	29	⑦대	2	3	4	5	6	7	8	9	10	11	12	13	14	15	16	17	18	19	20	21
干支	乙酉	丙戌	丁亥	戊子	己丑	庚寅	辛卯	壬辰	癸巳	甲午	乙未	丙申	丁酉	戊戌	己亥	庚子	辛丑	壬寅	癸卯	甲辰	乙巳	丙午	丁未	戊申	己酉	庚戌	辛亥	壬子	癸丑	甲寅	乙卯
曜	일	월	화	수	목	금	토	일	월	화	수	목	금	토	일	월	화	수	목	금	토	일	월	화	수	목	금	토	일	월	화

9月

陽	1	2	3	4	5	6	7	8	9	10	11	12	13	14	15	16	17	18	19	20	21	22	23	24	25	26	27	28	29	30
陰	22	23	24	25	26	27	28	29	30	⑧소	2	3	4	5	6	7	8	9	10	11	12	13	14	15	16	17	18	19	20	21
干支	丙辰	丁巳	戊午	己未	庚申	辛酉	壬戌	癸亥	甲子	乙丑	丙寅	丁卯	戊辰	己巳	庚午	辛未	壬申	癸酉	甲戌	乙亥	丙子	丁丑	戊寅	己卯	庚辰	辛巳	壬午	癸未	甲申	乙酉
曜	수	목	금	토	일	월	화	수	목	금	토	일	월	화	수	목	금	토	일	월	화	수	목	금	토	일	월	화	수	목

10月

陽	1	2	3	4	5	6	7	8	9	10	11	12	13	14	15	16	17	18	19	20	21	22	23	24	25	26	27	28	29	30	31
陰	22	23	24	25	26	27	28	29	⑨대	2	3	4	5	6	7	8	9	10	11	12	13	14	15	16	17	18	19	20	21	22	23
干支	丙戌	丁亥	戊子	己丑	庚寅	辛卯	壬辰	癸巳	甲午	乙未	丙申	丁酉	戊戌	己亥	庚子	辛丑	壬寅	癸卯	甲辰	乙巳	丙午	丁未	戊申	己酉	庚戌	辛亥	壬子	癸丑	甲寅	乙卯	丙辰
曜	금	토	일	월	화	수	목	금	토	일	월	화	수	목	금	토	일	월	화	수	목	금	토	일	월	화	수	목	금	토	일

11月

陽	1	2	3	4	5	6	7	8	9	10	11	12	13	14	15	16	17	18	19	20	21	22	23	24	25	26	27	28	29	30
陰	24	25	26	27	28	29	30	⑩대	2	3	4	5	6	7	8	9	10	11	12	13	14	15	16	17	18	19	20	21	22	23
干支	丁巳	戊午	己未	庚申	辛酉	壬戌	癸亥	甲子	乙丑	丙寅	丁卯	戊辰	己巳	庚午	辛未	壬申	癸酉	甲戌	乙亥	丙子	丁丑	戊寅	己卯	庚辰	辛巳	壬午	癸未	甲申	乙酉	丙戌
曜	월	화	수	목	금	토	일	월	화	수	목	금	토	일	월	화	수	목	금	토	일	월	화	수	목	금	토	일	월	화

12月

陽	1	2	3	4	5	6	7	8	9	10	11	12	13	14	15	16	17	18	19	20	21	22	23	24	25	26	27	28	29	30	31
陰	24	25	26	27	28	29	30	⑪대	2	3	4	5	6	7	8	9	10	11	12	13	14	15	16	17	18	19	20	21	22	23	24
干支	丁亥	戊子	己丑	庚寅	辛卯	壬辰	癸巳	甲午	乙未	丙申	丁酉	戊戌	己亥	庚子	辛丑	壬寅	癸卯	甲辰	乙巳	丙午	丁未	戊申	己酉	庚戌	辛亥	壬子	癸丑	甲寅	乙卯	丙辰	丁巳
曜	수	목	금	토	일	월	화	수	목	금	토	일	월	화	수	목	금	토	일	월	화	수	목	금	토	일	월	화	수	목	금

己卯 (城頭土)

西紀一九九九年●檀紀四三三二年

舊平三百五十四日 新平三百六十五日

三日得辛 六龍治水
巳喪門 丑吊客
子大將軍 酉三殺

四綠	八白	九紫
六白	一白	五黃
二黑	三碧	七赤

建月之大小	日辰	月白	入節
正月大 丙寅	己未 己酉 己亥	八白	驚蟄十九日丁巳午前八時四十六分 雨水初四日壬寅午前十時四十三分
二月小 丁卯	己丑 己卯 己巳	七赤	清明十九日丁亥午後三時四十分 春分初四日壬申午前九時四十分
三月小 戊辰	戊午 戊申 戊戌	六白	立夏廿一日戊午午前七時九分 穀雨初五日壬寅午後八時五十三分
四月大 己巳	丁亥 丁丑 丁卯	五黃	芒種廿三日己丑午前十一時二十九分 小滿初七日癸酉午後八時十二分
五月小 庚午	丁巳 丁未 丁酉	四綠	小暑廿四日丙子午後九時五十五分 夏至初九日乙巳午前四時二十分
六月小 辛未	丙戌 丙子 丙寅	三碧	立秋廿七日壬辰午前七時五十九分 大暑十一日丙子午後三時二十五分
七月大 壬申	乙卯 乙巳 乙未	二黑	白露廿九日癸亥午前十一時十三分 處暑十三日丁未午後十時四十八分
八月小 癸酉	乙酉 乙亥 乙丑	一白	秋分十四日戊寅午後八時四十五分
九月大 甲戌	甲寅 甲辰 甲午	九紫	霜降十六日己酉午前六時十二分 寒露初一日甲午午前三時六分
十月大 乙亥	甲申 甲戌 甲子	八白	大雪三十日癸巳午後十一時四十七分 小雪十六日己卯午前三時二十五分 立冬初一日甲子午前六時十四分
十一月大 丙子	甲寅 甲辰 甲午	七赤	小寒三十日癸亥午前九時三十分 冬至十五日戊申午後四時二十八分
十二月小 丁丑	甲申 甲戌 甲子	六白	立春廿九日壬辰午後八時四十五分 大寒十四日丁丑午前二時三十八分

◆雜 節◆

雜節	陰	陽
寒食	二月二十日	陽四月六日
土王	三月初二日	陽四月十七日
初伏	六月初五日	陽七月十七日
土王	六月初八日	陽七月二十日
中伏	六月十五日	陽七月二十七日
末伏	七月初六日	陽八月十六日
土王	九月十三日	陽十月二十一日
土王	十二月十一日	陽一月十七日
臘享	十二月二十日	陽一月二十六日

2000 (4333. 庚辰)

1月

陽	1	2	3	4	5	6	7	8	9	10	11	12	13	14	15	16	17	18	19	20	21	22	23	24	25	26	27	28	29	30	31
陰	25	26	27	28	29	30	⑫소	2	3	4	5	6	7	8	9	10	11	12	13	14	15	16	17	18	19	20	21	22	23	24	25
干支	戊午	己未	庚申	辛酉	壬戌	癸亥	甲子	乙丑	丙寅	丁卯	戊辰	己巳	庚午	辛未	壬申	癸酉	甲戌	乙亥	丙子	丁丑	戊寅	己卯	庚辰	辛巳	壬午	癸未	甲申	乙酉	丙戌	丁亥	戊子
曜	토	일	월	화	수	목	금	토	일	월	화	수	목	금	토	일	월	화	수	목	금	토	일	월	화	수	목	금	토	일	월

2月

陽	1	2	3	4	5	6	7	8	9	10	11	12	13	14	15	16	17	18	19	20	21	22	23	24	25	26	27	28	29
陰	26	27	28	29	①대	2	3	4	5	6	7	8	9	10	11	12	13	14	15	16	17	18	19	20	21	22	23	24	25
干支	己丑	庚寅	辛卯	壬辰	癸巳	甲午	乙未	丙申	丁酉	戊戌	己亥	庚子	辛丑	壬寅	癸卯	甲辰	乙巳	丙午	丁未	戊申	己酉	庚戌	辛亥	壬子	癸丑	甲寅	乙卯	丙辰	丁巳
曜	화	수	목	금	토	일	월	화	수	목	금	토	일	월	화	수	목	금	토	일	월	화	수	목	금	토	일	월	화

3月

陽	1	2	3	4	5	6	7	8	9	10	11	12	13	14	15	16	17	18	19	20	21	22	23	24	25	26	27	28	29	30	31
陰	26	27	28	29	30	②대	2	3	4	5	6	7	8	9	10	11	12	13	14	15	16	17	18	19	20	21	22	23	24	25	26
干支	戊午	己未	庚申	辛酉	壬戌	癸亥	甲子	乙丑	丙寅	丁卯	戊辰	己巳	庚午	辛未	壬申	癸酉	甲戌	乙亥	丙子	丁丑	戊寅	己卯	庚辰	辛巳	壬午	癸未	甲申	乙酉	丙戌	丁亥	戊子
曜	수	목	금	토	일	월	화	수	목	금	토	일	월	화	수	목	금	토	일	월	화	수	목	금	토	일	월	화	수	목	금

4月

陽	1	2	3	4	5	6	7	8	9	10	11	12	13	14	15	16	17	18	19	20	21	22	23	24	25	26	27	28	29	30
陰	27	28	29	30	③소	2	3	4	5	6	7	8	9	10	11	12	13	14	15	16	17	18	19	20	21	22	23	24	25	26
干支	己丑	庚寅	辛卯	壬辰	癸巳	甲午	乙未	丙申	丁酉	戊戌	己亥	庚子	辛丑	壬寅	癸卯	甲辰	乙巳	丙午	丁未	戊申	己酉	庚戌	辛亥	壬子	癸丑	甲寅	乙卯	丙辰	丁巳	戊午
曜	토	일	월	화	수	목	금	토	일	월	화	수	목	금	토	일	월	화	수	목	금	토	일	월	화	수	목	금	토	일

5月

陽	1	2	3	4	5	6	7	8	9	10	11	12	13	14	15	16	17	18	19	20	21	22	23	24	25	26	27	28	29	30	31
陰	27	28	29	④소	2	3	4	5	6	7	8	9	10	11	12	13	14	15	16	17	18	19	20	21	22	23	24	25	26	27	28
干支	己未	庚申	辛酉	壬戌	癸亥	甲子	乙丑	丙寅	丁卯	戊辰	己巳	庚午	辛未	壬申	癸酉	甲戌	乙亥	丙子	丁丑	戊寅	己卯	庚辰	辛巳	壬午	癸未	甲申	乙酉	丙戌	丁亥	戊子	己丑
曜	월	화	수	목	금	토	일	월	화	수	목	금	토	일	월	화	수	목	금	토	일	월	화	수	목	금	토	일	월	화	수

6月

陽	1	2	3	4	5	6	7	8	9	10	11	12	13	14	15	16	17	18	19	20	21	22	23	24	25	26	27	28	29	30
陰	29	⑤대	2	3	4	5	6	7	8	9	10	11	12	13	14	15	16	17	18	19	20	21	22	23	24	25	26	27	28	29
干支	庚寅	辛卯	壬辰	癸巳	甲午	乙未	丙申	丁酉	戊戌	己亥	庚子	辛丑	壬寅	癸卯	甲辰	乙巳	丙午	丁未	戊申	己酉	庚戌	辛亥	壬子	癸丑	甲寅	乙卯	丙辰	丁巳	戊午	己未
曜	목	금	토	일	월	화	수	목	금	토	일	월	화	수	목	금	토	일	월	화	수	목	금	토	일	월	화	수	목	금

7月

陽	1	2	3	4	5	6	7	8	9	10	11	12	13	14	15	16	17	18	19	20	21	22	23	24	25	26	27	28	29	30	31
陰	30	⑥소	2	3	4	5	6	7	8	9	10	11	12	13	14	15	16	17	18	19	20	21	22	23	24	25	26	27	28	29	⑦소
干支	庚申	辛酉	壬戌	癸亥	甲子	乙丑	丙寅	丁卯	戊辰	己巳	庚午	辛未	壬申	癸酉	甲戌	乙亥	丙子	丁丑	戊寅	己卯	庚辰	辛巳	壬午	癸未	甲申	乙酉	丙戌	丁亥	戊子	己丑	庚寅
曜	토	일	월	화	수	목	금	토	일	월	화	수	목	금	토	일	월	화	수	목	금	토	일	월	화	수	목	금	토	일	월

8月

陽	1	2	3	4	5	6	7	8	9	10	11	12	13	14	15	16	17	18	19	20	21	22	23	24	25	26	27	28	29	30	31
陰	2	3	4	5	6	7	8	9	10	11	12	13	14	15	16	17	18	19	20	21	22	23	24	25	26	27	28	29	⑧대	2	3
干支	辛卯	壬辰	癸巳	甲午	乙未	丙申	丁酉	戊戌	己亥	庚子	辛丑	壬寅	癸卯	甲辰	乙巳	丙午	丁未	戊申	己酉	庚戌	辛亥	壬子	癸丑	甲寅	乙卯	丙辰	丁巳	戊午	己未	庚申	辛酉
曜	화	수	목	금	토	일	월	화	수	목	금	토	일	월	화	수	목	금	토	일	월	화	수	목	금	토	일	월	화	수	목

9月

陽	1	2	3	4	5	6	7	8	9	10	11	12	13	14	15	16	17	18	19	20	21	22	23	24	25	26	27	28	29	30
陰	4	5	6	7	8	9	10	11	12	13	14	15	16	17	18	19	20	21	22	23	24	25	26	27	28	29	30	⑨소	2	3
干支	壬戌	癸亥	甲子	乙丑	丙寅	丁卯	戊辰	己巳	庚午	辛未	壬申	癸酉	甲戌	乙亥	丙子	丁丑	戊寅	己卯	庚辰	辛巳	壬午	癸未	甲申	乙酉	丙戌	丁亥	戊子	己丑	庚寅	辛卯
曜	금	토	일	월	화	수	목	금	토	일	월	화	수	목	금	토	일	월	화	수	목	금	토	일	월	화	수	목	금	토

10月

陽	1	2	3	4	5	6	7	8	9	10	11	12	13	14	15	16	17	18	19	20	21	22	23	24	25	26	27	28	29	30	31
陰	4	5	6	7	8	9	10	11	12	13	14	15	16	17	18	19	20	21	22	23	24	25	26	27	28	29	⑩대	2	3	4	5
干支	壬辰	癸巳	甲午	乙未	丙申	丁酉	戊戌	己亥	庚子	辛丑	壬寅	癸卯	甲辰	乙巳	丙午	丁未	戊申	己酉	庚戌	辛亥	壬子	癸丑	甲寅	乙卯	丙辰	丁巳	戊午	己未	庚申	辛酉	壬戌
曜	일	월	화	수	목	금	토	일	월	화	수	목	금	토	일	월	화	수	목	금	토	일	월	화	수	목	금	토	일	월	화

11月

陽	1	2	3	4	5	6	7	8	9	10	11	12	13	14	15	16	17	18	19	20	21	22	23	24	25	26	27	28	29	30
陰	6	7	8	9	10	11	12	13	14	15	16	17	18	19	20	21	22	23	24	25	26	27	28	29	30	⑪대	2	3	4	5
干支	癸亥	甲子	乙丑	丙寅	丁卯	戊辰	己巳	庚午	辛未	壬申	癸酉	甲戌	乙亥	丙子	丁丑	戊寅	己卯	庚辰	辛巳	壬午	癸未	甲申	乙酉	丙戌	丁亥	戊子	己丑	庚寅	辛卯	壬辰
曜	수	목	금	토	일	월	화	수	목	금	토	일	월	화	수	목	금	토	일	월	화	수	목	금	토	일	월	화	수	목

12月

陽	1	2	3	4	5	6	7	8	9	10	11	12	13	14	15	16	17	18	19	20	21	22	23	24	25	26	27	28	29	30	31
陰	6	7	8	9	10	11	12	13	14	15	16	17	18	19	20	21	22	23	24	25	26	27	28	29	30	⑫소	2	3	4	5	6
干支	癸巳	甲午	乙未	丙申	丁酉	戊戌	己亥	庚子	辛丑	壬寅	癸卯	甲辰	乙巳	丙午	丁未	戊申	己酉	庚戌	辛亥	壬子	癸丑	甲寅	乙卯	丙辰	丁巳	戊午	己未	庚申	辛酉	壬戌	癸亥
曜	금	토	일	월	화	수	목	금	토	일	월	화	수	목	금	토	일	월	화	수	목	금	토	일	월	화	수	목	금	토	일

庚辰 (白臘金)

西紀二〇〇〇年●檀紀四三三三年

舊平三百五十四日
新閏三百六十六日

九日得辛　十二龍治水
午喪門　寅三客
子大將軍　南三殺

八白　七赤　三碧
四綠　九紫　五黃
六白　二黑　一白

建月之大小	正月大 (戊寅)	二月大 (己卯)	三月小 (庚辰)	四月小 (辛巳)	五月大 (壬午)	六月小 (癸未)	七月小 (甲申)	八月大 (乙酉)	九月小 (丙戌)	十月大 (丁亥)	十一月大 (戊子)	十二月小 (己丑)
日辰	癸丑 癸卯 癸巳	癸未 癸酉 癸亥	癸丑 癸卯 癸巳	壬午 壬申 壬戌	辛亥 辛丑 辛卯	辛巳 辛未 辛酉	庚戌 庚子 庚寅	己卯 己巳 己未	己酉 己亥 己丑	戊寅 戊辰 戊午	戊申 戊戌 戊子	戊寅 戊辰 戊午
月白	五黃	四綠	三碧	二黑	一白	九紫	八白	七赤	六白	五黃	四綠	三碧
入節	雨水十五日丁未午後四時三十一分 驚蟄三十日壬戌午後二時三十六分	春分十五日丁丑午後三時三十分 清明三十日壬辰午後八時二十九分	穀雨十六日戊申午前二時四十一分	立夏初二日癸亥午後零時五十八分 小滿十八日己卯午前二時零分	芒種初四日甲午午後五時十八分 夏至二十日庚戌午前十時八分	小暑初六日丙寅午前三時四十四分 大暑廿一日辛巳午後九時十四分	立秋初八日丁酉午後三時四十七分 處暑廿四日癸丑午前四時三十六分	白露初十日戊辰午後五時一分 秋分廿六日甲申午前二時三十三分	寒露十一日己亥午前八時五十四分 霜降廿六日甲寅午後零時一分	立冬十二日己巳午後零時三分 小雪廿七日甲申午前九時二十四分	大雪十二日己亥午前四時三十五分 冬至廿六日癸丑午後十時十八分	小寒十二日己巳午前三時十九分 大寒廿七日甲申午前八時二十八分

◆雜　節◆

寒食	土王	初伏	土王	中伏	末伏	土王	土王	臘享
三月初一日	三月十三日	六月初十日	六月十八日	六月二十日	七月十一日	九月廿三日	十二月廿三日	十二月廿六日
陽四月五日	陽四月十七日	陽七月十一日	陽七月十九日	陽七月二十一日	陽八月十日	陽十月二十日	陽一月十七日	陽一月二十日

2001(4334. 辛巳)

1月

陽	1	2	3	4	5	6	7	8	9	10	11	12	13	14	15	16	17	18	19	20	21	22	23	24	25	26	27	28	29	30	31
陰	7	8	9	10	11	12	13	14	15	16	17	18	19	20	21	22	23	24	25	26	27	28	29	①대	2	3	4	5	6	7	8
干支	甲子	乙丑	丙寅	丁卯	戊辰	己巳	庚午	辛未	壬申	癸酉	甲戌	乙亥	丙子	丁丑	戊寅	己卯	庚辰	辛巳	壬午	癸未	甲申	乙酉	丙戌	丁亥	戊子	己丑	庚寅	辛卯	壬辰	癸巳	甲午
曜	월	화	수	목	금	토	일	월	화	수	목	금	토	일	월	화	수	목	금	토	일	월	화	수	목	금	토	일	월	화	수

2月

陽	1	2	3	4	5	6	7	8	9	10	11	12	13	14	15	16	17	18	19	20	21	22	23	24	25	26	27	28
陰	9	10	11	12	13	14	15	16	17	18	19	20	21	22	23	24	25	26	27	28	29	30	②대	2	3	4	5	6
干支	乙未	丙申	丁酉	戊戌	己亥	庚子	辛丑	壬寅	癸卯	甲辰	乙巳	丙午	丁未	戊申	己酉	庚戌	辛亥	壬子	癸丑	甲寅	乙卯	丙辰	丁巳	戊午	己未	庚申	辛酉	壬戌
曜	목	금	토	일	월	화	수	목	금	토	일	월	화	수	목	금	토	일	월	화	수	목	금	토	일	월	화	수

3月

陽	1	2	3	4	5	6	7	8	9	10	11	12	13	14	15	16	17	18	19	20	21	22	23	24	25	26	27	28	29	30	31
陰	7	8	9	10	11	12	13	14	15	16	17	18	19	20	21	22	23	24	25	26	27	28	29	30	③대	2	3	4	5	6	7
干支	癸亥	甲子	乙丑	丙寅	丁卯	戊辰	己巳	庚午	辛未	壬申	癸酉	甲戌	乙亥	丙子	丁丑	戊寅	己卯	庚辰	辛巳	壬午	癸未	甲申	乙酉	丙戌	丁亥	戊子	己丑	庚寅	辛卯	壬辰	癸巳
曜	목	금	토	일	월	화	수	목	금	토	일	월	화	수	목	금	토	일	월	화	수	목	금	토	일	월	화	수	목	금	토

4月

陽	1	2	3	4	5	6	7	8	9	10	11	12	13	14	15	16	17	18	19	20	21	22	23	24	25	26	27	28	29	30
陰	8	9	10	11	12	13	14	15	16	17	18	19	20	21	22	23	24	25	26	27	28	29	30	④소	2	3	4	5	6	7
干支	甲午	乙未	丙申	丁酉	戊戌	己亥	庚子	辛丑	壬寅	癸卯	甲辰	乙巳	丙午	丁未	戊申	己酉	庚戌	辛亥	壬子	癸丑	甲寅	乙卯	丙辰	丁巳	戊午	己未	庚申	辛酉	壬戌	癸亥
曜	일	월	화	수	목	금	토	일	월	화	수	목	금	토	일	월	화	수	목	금	토	일	월	화	수	목	금	토	일	월

5月

陽	1	2	3	4	5	6	7	8	9	10	11	12	13	14	15	16	17	18	19	20	21	22	23	24	25	26	27	28	29	30	31
陰	8	9	10	11	12	13	14	15	16	17	18	19	20	21	22	23	24	25	26	27	28	29	윤소	2	3	4	5	6	7	8	9
干支	甲子	乙丑	丙寅	丁卯	戊辰	己巳	庚午	辛未	壬申	癸酉	甲戌	乙亥	丙子	丁丑	戊寅	己卯	庚辰	辛巳	壬午	癸未	甲申	乙酉	丙戌	丁亥	戊子	己丑	庚寅	辛卯	壬辰	癸巳	甲午
曜	화	수	목	금	토	일	월	화	수	목	금	토	일	월	화	수	목	금	토	일	월	화	수	목	금	토	일	월	화	수	목

6月

陽	1	2	3	4	5	6	7	8	9	10	11	12	13	14	15	16	17	18	19	20	21	22	23	24	25	26	27	28	29	30
陰	10	11	12	13	14	15	16	17	18	19	20	21	22	23	24	25	26	27	28	29	⑤대	2	3	4	5	6	7	8	9	10
干支	乙未	丙申	丁酉	戊戌	己亥	庚子	辛丑	壬寅	癸卯	甲辰	乙巳	丙午	丁未	戊申	己酉	庚戌	辛亥	壬子	癸丑	甲寅	乙卯	丙辰	丁巳	戊午	己未	庚申	辛酉	壬戌	癸亥	甲子
曜	금	토	일	월	화	수	목	금	토	일	월	화	수	목	금	토	일	월	화	수	목	금	토	일	월	화	수	목	금	토

7月

陽	1	2	3	4	5	6	7	8	9	10	11	12	13	14	15	16	17	18	19	20	21	22	23	24	25	26	27	28	29	30	31
陰	11	12	13	14	15	16	17	18	19	20	21	22	23	24	25	26	27	28	29	30	⑥소	2	3	4	5	6	7	8	9	10	11
干支	乙丑	丙寅	丁卯	戊辰	己巳	庚午	辛未	壬申	癸酉	甲戌	乙亥	丙子	丁丑	戊寅	己卯	庚辰	辛巳	壬午	癸未	甲申	乙酉	丙戌	丁亥	戊子	己丑	庚寅	辛卯	壬辰	癸巳	甲午	乙未
曜	일	월	화	수	목	금	토	일	월	화	수	목	금	토	일	월	화	수	목	금	토	일	월	화	수	목	금	토	일	월	화

8月

陽	1	2	3	4	5	6	7	8	9	10	11	12	13	14	15	16	17	18	19	20	21	22	23	24	25	26	27	28	29	30	31
陰	12	13	14	15	16	17	18	19	20	21	22	23	24	25	26	27	28	29	⑦소	2	3	4	5	6	7	8	9	10	11	12	13
干支	丙申	丁酉	戊戌	己亥	庚子	辛丑	壬寅	癸卯	甲辰	乙巳	丙午	丁未	戊申	己酉	庚戌	辛亥	壬子	癸丑	甲寅	乙卯	丙辰	丁巳	戊午	己未	庚申	辛酉	壬戌	癸亥	甲子	乙丑	丙寅
曜	수	목	금	토	일	월	화	수	목	금	토	일	월	화	수	목	금	토	일	월	화	수	목	금	토	일	월	화	수	목	금

9月

陽	1	2	3	4	5	6	7	8	9	10	11	12	13	14	15	16	17	18	19	20	21	22	23	24	25	26	27	28	29	30
陰	14	15	16	17	18	19	20	21	22	23	24	25	26	27	28	29	⑧대	2	3	4	5	6	7	8	9	10	11	12	13	14
干支	丁卯	戊辰	己巳	庚午	辛未	壬申	癸酉	甲戌	乙亥	丙子	丁丑	戊寅	己卯	庚辰	辛巳	壬午	癸未	甲申	乙酉	丙戌	丁亥	戊子	己丑	庚寅	辛卯	壬辰	癸巳	甲午	乙未	丙申
曜	토	일	월	화	수	목	금	토	일	월	화	수	목	금	토	일	월	화	수	목	금	토	일	월	화	수	목	금	토	일

10月

陽	1	2	3	4	5	6	7	8	9	10	11	12	13	14	15	16	17	18	19	20	21	22	23	24	25	26	27	28	29	30	31
陰	15	16	17	18	19	20	21	22	23	24	25	26	27	28	29	30	⑨소	2	3	4	5	6	7	8	9	10	11	12	13	14	15
干支	丁酉	戊戌	己亥	庚子	辛丑	壬寅	癸卯	甲辰	乙巳	丙午	丁未	戊申	己酉	庚戌	辛亥	壬子	癸丑	甲寅	乙卯	丙辰	丁巳	戊午	己未	庚申	辛酉	壬戌	癸亥	甲子	乙丑	丙寅	丁卯
曜	월	화	수	목	금	토	일	월	화	수	목	금	토	일	월	화	수	목	금	토	일	월	화	수	목	금	토	일	월	화	수

11月

陽	1	2	3	4	5	6	7	8	9	10	11	12	13	14	15	16	17	18	19	20	21	22	23	24	25	26	27	28	29	30
陰	16	17	18	19	20	21	22	23	24	25	26	27	28	29	⑩대	2	3	4	5	6	7	8	9	10	11	12	13	14	15	16
干支	戊辰	己巳	庚午	辛未	壬申	癸酉	甲戌	乙亥	丙子	丁丑	戊寅	己卯	庚辰	辛巳	壬午	癸未	甲申	乙酉	丙戌	丁亥	戊子	己丑	庚寅	辛卯	壬辰	癸巳	甲午	乙未	丙申	丁酉
曜	목	금	토	일	월	화	수	목	금	토	일	월	화	수	목	금	토	일	월	화	수	목	금	토	일	월	화	수	목	금

12月

陽	1	2	3	4	5	6	7	8	9	10	11	12	13	14	15	16	17	18	19	20	21	22	23	24	25	26	27	28	29	30	31
陰	17	18	19	20	21	22	23	24	25	26	27	28	29	30	⑪대	2	3	4	5	6	7	8	9	10	11	12	13	14	15	16	17
干支	戊戌	己亥	庚子	辛丑	壬寅	癸卯	甲辰	乙巳	丙午	丁未	戊申	己酉	庚戌	辛亥	壬子	癸丑	甲寅	乙卯	丙辰	丁巳	戊午	己未	庚申	辛酉	壬戌	癸亥	甲子	乙丑	丙寅	丁卯	戊辰
曜	토	일	월	화	수	목	금	토	일	월	화	수	목	금	토	일	월	화	수	목	금	토	일	월	화	수	목	금	토	일	월

辛巳 (白蠟金)

新三百六十五日 舊三百八十四日

西紀二〇〇一年●檀紀四三三四年

五日得辛 六龍治水
未 喪門 卯 吊客
卯 大將軍 東 三殺
五黃 一白 九紫
三碧 八白 四綠
七赤 六白 二黑

建月之大小	正月大 庚寅	二月大 辛卯	三月大 壬辰	四月小 癸巳	閏四月小	五月大 甲午	六月小 乙未	七月小 丙申	八月大 丁酉	九月小 戊戌	十月大 己亥	十一月小 庚子	十二月大 辛丑
日辰	丁未 丁酉 丁亥	丁丑 丁卯 丁巳	丁未 丁酉 丁亥	丁丑 丁卯 丁巳	丙午 丙申 丙戌	乙亥 乙丑 乙卯	乙巳 乙未 乙酉	甲戌 甲子 甲寅	癸卯 癸巳 癸未	癸酉 癸亥 癸未	壬寅 壬辰 壬午	壬申 壬戌 壬子	辛丑 辛卯 辛巳
月白	二黑	一白	九紫	八白		七赤	六白	五黃	四綠	三碧	二黑	一白	九紫
入節	立春十二日戊寅初一刻 雨水廿六日壬子初初刻	驚蟄十一日丁卯亥初一刻 春分廿六日壬午亥正初刻	淸明十二日戊戌丑正初刻 穀雨廿七日癸丑巳初初刻	立夏十二日戊辰戌初一刻 小滿廿八日甲申辰正一刻	芒種十四日巳亥子初二刻	夏至初一日乙卯申正一刻 小暑十七日辛未巳初三刻	大暑初三日丁亥寅初一刻 立秋十八日壬寅戌初三刻	處暑初五日戊午巳正二刻 白露二十日癸酉亥正三刻	秋分初七日己丑辰正初刻 寒露廿二日甲辰未正一刻	霜降初七日己未酉初二刻 立冬廿二日甲戌酉初二刻	小雪初八日己丑未正三刻 大雪廿三日甲辰巳正一刻	冬至初八日己未寅初一刻 小寒廿二日癸酉亥初二刻	大寒初八日戊子未正三刻 立春廿三日癸卯巳初初刻

◆雜 節◆

寒食	三月十二日	陽四月	五日
土王	三月廿四日	陽四月	十七日
初伏	五月廿六日	陽七月	十六日
土王	五月三十日	陽七月	二十日
中伏	六月初六日	陽七月	二十六日
末伏	六月廿六日	陽八月	十五日
土王	九月初四日	陽十月	二十日
臘享	十二月初三日	陽一月	十五日
土王	十二月初五日	陽一月	十七日

2002(4335. 壬午)

1月

陽	1	2	3	4	5	6	7	8	9	10	11	12	13	14	15	16	17	18	19	20	21	22	23	24	25	26	27	28	29	30	31
陰	18	19	20	21	22	23	24	25	26	27	28	29	⑫대	2	3	4	5	6	7	8	9	10	11	12	13	14	15	16	17	18	19
干支	己巳	庚午	辛未	壬申	癸酉	甲戌	乙亥	丙子	丁丑	戊寅	己卯	庚辰	辛巳	壬午	癸未	甲申	乙酉	丙戌	丁亥	戊子	己丑	庚寅	辛卯	壬辰	癸巳	甲午	乙未	丙申	丁酉	戊戌	己亥
曜	화	수	목	금	토	일	월	화	수	목	금	토	일	월	화	수	목	금	토	일	월	화	수	목	금	토	일	월	화	수	목

2月

陽	1	2	3	4	5	6	7	8	9	10	11	12	13	14	15	16	17	18	19	20	21	22	23	24	25	26	27	28
陰	20	21	22	23	24	25	26	27	28	29	30	①대	2	3	4	5	6	7	8	9	10	11	12	13	14	15	16	17
干支	庚子	辛丑	壬寅	癸卯	甲辰	乙巳	丙午	丁未	戊申	己酉	庚戌	辛亥	壬子	癸丑	甲寅	乙卯	丙辰	丁巳	戊午	己未	庚申	辛酉	壬戌	癸亥	甲子	乙丑	丙寅	丁卯
曜	금	토	일	월	화	수	목	금	토	일	월	화	수	목	금	토	일	월	화	수	목	금	토	일	월	화	수	목

3月

陽	1	2	3	4	5	6	7	8	9	10	11	12	13	14	15	16	17	18	19	20	21	22	23	24	25	26	27	28	29	30	31
陰	18	19	20	21	22	23	24	25	26	27	28	29	30	②대	2	3	4	5	6	7	8	9	10	11	12	13	14	15	16	17	18
干支	戊辰	己巳	庚午	辛未	壬申	癸酉	甲戌	乙亥	丙子	丁丑	戊寅	己卯	庚辰	辛巳	壬午	癸未	甲申	乙酉	丙戌	丁亥	戊子	己丑	庚寅	辛卯	壬辰	癸巳	甲午	乙未	丙申	丁酉	戊戌
曜	금	토	일	월	화	수	목	금	토	일	월	화	수	목	금	토	일	월	화	수	목	금	토	일	월	화	수	목	금	토	일

4月

陽	1	2	3	4	5	6	7	8	9	10	11	12	13	14	15	16	17	18	19	20	21	22	23	24	25	26	27	28	29	30
陰	19	20	21	22	23	24	25	26	27	28	29	30	③소	2	3	4	5	6	7	8	9	10	11	12	13	14	15	16	17	18
干支	己亥	庚子	辛丑	壬寅	癸卯	甲辰	乙巳	丙午	丁未	戊申	己酉	庚戌	辛亥	壬子	癸丑	甲寅	乙卯	丙辰	丁巳	戊午	己未	庚申	辛酉	壬戌	癸亥	甲子	乙丑	丙寅	丁卯	戊辰
曜	월	화	수	목	금	토	일	월	화	수	목	금	토	일	월	화	수	목	금	토	일	월	화	수	목	금	토	일	월	화

5月

陽	1	2	3	4	5	6	7	8	9	10	11	12	13	14	15	16	17	18	19	20	21	22	23	24	25	26	27	28	29	30	31
陰	19	20	21	22	23	24	25	26	27	28	29	④대	2	3	4	5	6	7	8	9	10	11	12	13	14	15	16	17	18	19	20
干支	己巳	庚午	辛未	壬申	癸酉	甲戌	乙亥	丙子	丁丑	戊寅	己卯	庚辰	辛巳	壬午	癸未	甲申	乙酉	丙戌	丁亥	戊子	己丑	庚寅	辛卯	壬辰	癸巳	甲午	乙未	丙申	丁酉	戊戌	己亥
曜	수	목	금	토	일	월	화	수	목	금	토	일	월	화	수	목	금	토	일	월	화	수	목	금	토	일	월	화	수	목	금

6月

陽	1	2	3	4	5	6	7	8	9	10	11	12	13	14	15	16	17	18	19	20	21	22	23	24	25	26	27	28	29	30
陰	21	22	23	24	25	26	27	28	29	30	⑤소	2	3	4	5	6	7	8	9	10	11	12	13	14	15	16	17	18	19	20
干支	庚子	辛丑	壬寅	癸卯	甲辰	乙巳	丙午	丁未	戊申	己酉	庚戌	辛亥	壬子	癸丑	甲寅	乙卯	丙辰	丁巳	戊午	己未	庚申	辛酉	壬戌	癸亥	甲子	乙丑	丙寅	丁卯	戊辰	己巳
曜	토	일	월	화	수	목	금	토	일	월	화	수	목	금	토	일	월	화	수	목	금	토	일	월	화	수	목	금	토	일

7月

陽	1	2	3	4	5	6	7	8	9	10	11	12	13	14	15	16	17	18	19	20	21	22	23	24	25	26	27	28	29	30	31
陰	21	22	23	24	25	26	27	28	29	⑥대	2	3	4	5	6	7	8	9	10	11	12	13	14	15	16	17	18	19	20	21	22
干支	庚午	辛未	壬申	癸酉	甲戌	乙亥	丙子	丁丑	戊寅	己卯	庚辰	辛巳	壬午	癸未	甲申	乙酉	丙戌	丁亥	戊子	己丑	庚寅	辛卯	壬辰	癸巳	甲午	乙未	丙申	丁酉	戊戌	己亥	庚子
曜	월	화	수	목	금	토	일	월	화	수	목	금	토	일	월	화	수	목	금	토	일	월	화	수	목	금	토	일	월	화	수

8月

陽	1	2	3	4	5	6	7	8	9	10	11	12	13	14	15	16	17	18	19	20	21	22	23	24	25	26	27	28	29	30	31
陰	23	24	25	26	27	28	29	30	⑦소	2	3	4	5	6	7	8	9	10	11	12	13	14	15	16	17	18	19	20	21	22	23
干支	辛丑	壬寅	癸卯	甲辰	乙巳	丙午	丁未	戊申	己酉	庚戌	辛亥	壬子	癸丑	甲寅	乙卯	丙辰	丁巳	戊午	己未	庚申	辛酉	壬戌	癸亥	甲子	乙丑	丙寅	丁卯	戊辰	己巳	庚午	辛未
曜	목	금	토	일	월	화	수	목	금	토	일	월	화	수	목	금	토	일	월	화	수	목	금	토	일	월	화	수	목	금	토

9月

陽	1	2	3	4	5	6	7	8	9	10	11	12	13	14	15	16	17	18	19	20	21	22	23	24	25	26	27	28	29	30
陰	24	25	26	27	28	29	⑧소	2	3	4	5	6	7	8	9	10	11	12	13	14	15	16	17	18	19	20	21	22	23	24
干支	壬申	癸酉	甲戌	乙亥	丙子	丁丑	戊寅	己卯	庚辰	辛巳	壬午	癸未	甲申	乙酉	丙戌	丁亥	戊子	己丑	庚寅	辛卯	壬辰	癸巳	甲午	乙未	丙申	丁酉	戊戌	己亥	庚子	辛丑
曜	일	월	화	수	목	금	토	일	월	화	수	목	금	토	일	월	화	수	목	금	토	일	월	화	수	목	금	토	일	월

10月

陽	1	2	3	4	5	6	7	8	9	10	11	12	13	14	15	16	17	18	19	20	21	22	23	24	25	26	27	28	29	30	31
陰	25	26	27	28	29	⑨대	2	3	4	5	6	7	8	9	10	11	12	13	14	15	16	17	18	19	20	21	22	23	24	25	26
干支	壬寅	癸卯	甲辰	乙巳	丙午	丁未	戊申	己酉	庚戌	辛亥	壬子	癸丑	甲寅	乙卯	丙辰	丁巳	戊午	己未	庚申	辛酉	壬戌	癸亥	甲子	乙丑	丙寅	丁卯	戊辰	己巳	庚午	辛未	壬申
曜	화	수	목	금	토	일	월	화	수	목	금	토	일	월	화	수	목	금	토	일	월	화	수	목	금	토	일	월	화	수	목

11月

陽	1	2	3	4	5	6	7	8	9	10	11	12	13	14	15	16	17	18	19	20	21	22	23	24	25	26	27	28	29	30
陰	27	28	29	30	⑩소	2	3	4	5	6	7	8	9	10	11	12	13	14	15	16	17	18	19	20	21	22	23	24	25	26
干支	癸酉	甲戌	乙亥	丙子	丁丑	戊寅	己卯	庚辰	辛巳	壬午	癸未	甲申	乙酉	丙戌	丁亥	戊子	己丑	庚寅	辛卯	壬辰	癸巳	甲午	乙未	丙申	丁酉	戊戌	己亥	庚子	辛丑	壬寅
曜	금	토	일	월	화	수	목	금	토	일	월	화	수	목	금	토	일	월	화	수	목	금	토	일	월	화	수	목	금	토

12月

陽	1	2	3	4	5	6	7	8	9	10	11	12	13	14	15	16	17	18	19	20	21	22	23	24	25	26	27	28	29	30	31
陰	27	28	29	⑪대	2	3	4	5	6	7	8	9	10	11	12	13	14	15	16	17	18	19	20	21	22	23	24	25	26	27	28
干支	癸卯	甲辰	乙巳	丙午	丁未	戊申	己酉	庚戌	辛亥	壬子	癸丑	甲寅	乙卯	丙辰	丁巳	戊午	己未	庚申	辛酉	壬戌	癸亥	甲子	乙丑	丙寅	丁卯	戊辰	己巳	庚午	辛未	壬申	癸酉
曜	일	월	화	수	목	금	토	일	월	화	수	목	금	토	일	월	화	수	목	금	토	일	월	화	수	목	금	토	일	월	화

壬午 (楊柳木)

西紀二〇〇二年●檀紀四三三五年

新三百六十五日
舊三百五十四日

一日得辛 六龍治水
卯大將軍 北三殺
申喪門 辰弔客

四綠	九紫	八白
二黑	七赤	三碧
六白	五黃	一白

月之大小	日辰	月白	入節
正月大 壬寅	辛未 辛酉 辛亥	八白	驚蟄廿三日癸酉寅初初刻 雨水初八日戊午卯初初刻
二月大 癸卯	辛丑 辛卯 辛巳	七赤	淸明廿三日癸卯辰初三刻 春分初八日戊子寅初三刻
三月小 甲辰	辛未 辛酉 辛亥	六白	立夏廿四日甲戌丑初初刻 穀雨初七日戊午未正三刻
四月大 乙巳	庚子 庚寅 庚辰	五黃	芒種廿六日乙巳卯初一刻 小滿初十日己丑未正初刻
五月小 丙午	庚午 庚申 庚戌	四綠	小暑廿七日丙子申初三刻 夏至十一日庚申亥正初刻
六月大 丁未	己亥 己丑 己卯	三碧	立秋三十日戊申丑初二刻 大暑十四日壬辰巳初初刻
七月小 戊申	己巳 己未 己酉	二黑	處暑十五日癸亥申正一刻
八月小 己酉	戊戌 戊子 戊寅	一白	秋分十七日甲午未初三刻 白露初二日己卯寅正二刻
九月大 庚戌	丁卯 丁巳 丁未	九紫	霜降十八日甲子子初一刻 寒露初三日己酉戌正初刻
十月小 辛亥	丁酉 丁亥 丁丑	八白	小雪十八日甲午戌正三刻 立冬初三日己卯子初一刻
十一月大 壬子	丙寅 丙辰 丙午	七赤	冬至十九日甲子巳正初刻 大雪初四日己酉申正初刻
十二月小 癸丑	丙申 丙戌 丙子	六白	大寒十八日癸巳戌正二刻 小寒初三日戊寅寅初一刻

◆雜 節◆

臘享 十二月二十日 陽 一月二十二日
土王 十二月十五日 陽 一月十七日
土王 九月十五日 陽 十月二十日
末伏 七月初二日 陽 八月十日
中伏 六月十二日 陽 七月二十一日
土王 六月十一日 陽 七月二十日
初伏 六月初二日 陽 七月十一日
土王 三月初四日 陽 四月十七日
寒食 二月廿四日 陽 四月六日

2003(4336. 癸未)

1月

	1	2	3	4	5	6	7	8	9	10	11	12	13	14	15	16	17	18	19	20	21	22	23	24	25	26	27	28	29	30	31
陰	29	30	⑫소	2	3	4	5	6	7	8	9	10	11	12	13	14	15	16	17	18	19	20	21	22	23	24	25	26	27	28	29
干支	甲戌	乙亥	丙子	丁丑	戊寅	己卯	庚辰	辛巳	壬午	癸未	甲申	乙酉	丙戌	丁亥	戊子	己丑	庚寅	辛卯	壬辰	癸巳	甲午	乙未	丙申	丁酉	戊戌	己亥	庚子	辛丑	壬寅	癸卯	甲辰
曜	수	목	금	토	일	월	화	수	목	금	토	일	월	화	수	목	금	토	일	월	화	수	목	금	토	일	월	화	수	목	금

2月

陽	1	2	3	4	5	6	7	8	9	10	11	12	13	14	15	16	17	18	19	20	21	22	23	24	25	26	27	28
陰	①대	2	3	4	5	6	7	8	9	10	11	12	13	14	15	16	17	18	19	20	21	22	23	24	25	26	27	28
干支	乙巳	丙午	丁未	戊申	己酉	庚戌	辛亥	壬子	癸丑	甲寅	乙卯	丙辰	丁巳	戊午	己未	庚申	辛酉	壬戌	癸亥	甲子	乙丑	丙寅	丁卯	戊辰	己巳	庚午	辛未	壬申
曜	토	일	월	화	수	목	금	토	일	월	화	수	목	금	토	일	월	화	수	목	금	토	일	월	화	수	목	금

3月

陽	1	2	3	4	5	6	7	8	9	10	11	12	13	14	15	16	17	18	19	20	21	22	23	24	25	26	27	28	29	30	31
陰	29	30	②대	2	3	4	5	6	7	8	9	10	11	12	13	14	15	16	17	18	19	20	21	22	23	24	25	26	27	28	29
干支	癸酉	甲戌	乙亥	丙子	丁丑	戊寅	己卯	庚辰	辛巳	壬午	癸未	甲申	乙酉	丙戌	丁亥	戊子	己丑	庚寅	辛卯	壬辰	癸巳	甲午	乙未	丙申	丁酉	戊戌	己亥	庚子	辛丑	壬寅	癸卯
曜	토	일	월	화	수	목	금	토	일	월	화	수	목	금	토	일	월	화	수	목	금	토	일	월	화	수	목	금	토	일	월

4月

陽	1	2	3	4	5	6	7	8	9	10	11	12	13	14	15	16	17	18	19	20	21	22	23	24	25	26	27	28	29	30
陰	30	③소	2	3	4	5	6	7	8	9	10	11	12	13	14	15	16	17	18	19	20	21	22	23	24	25	26	27	28	29
干支	甲辰	乙巳	丙午	丁未	戊申	己酉	庚戌	辛亥	壬子	癸丑	甲寅	乙卯	丙辰	丁巳	戊午	己未	庚申	辛酉	壬戌	癸亥	甲子	乙丑	丙寅	丁卯	戊辰	己巳	庚午	辛未	壬申	癸酉
曜	화	수	목	금	토	일	월	화	수	목	금	토	일	월	화	수	목	금	토	일	월	화	수	목	금	토	일	월	화	수

5月

陽	1	2	3	4	5	6	7	8	9	10	11	12	13	14	15	16	17	18	19	20	21	22	23	24	25	26	27	28	29	30	31
陰	④대	2	3	4	5	6	7	8	9	10	11	12	13	14	15	16	17	18	19	20	21	22	23	24	25	26	27	28	29	30	⑤대
干支	甲戌	乙亥	丙子	丁丑	戊寅	己卯	庚辰	辛巳	壬午	癸未	甲申	乙酉	丙戌	丁亥	戊子	己丑	庚寅	辛卯	壬辰	癸巳	甲午	乙未	丙申	丁酉	戊戌	己亥	庚子	辛丑	壬寅	癸卯	甲辰
曜	목	금	토	일	월	화	수	목	금	토	일	월	화	수	목	금	토	일	월	화	수	목	금	토	일	월	화	수	목	금	토

6月

陽	1	2	3	4	5	6	7	8	9	10	11	12	13	14	15	16	17	18	19	20	21	22	23	24	25	26	27	28	29	30
陰	2	3	4	5	6	7	8	9	10	11	12	13	14	15	16	17	18	19	20	21	22	23	24	25	26	27	28	29	30	⑥소
干支	乙巳	丙午	丁未	戊申	己酉	庚戌	辛亥	壬子	癸丑	甲寅	乙卯	丙辰	丁巳	戊午	己未	庚申	辛酉	壬戌	癸亥	甲子	乙丑	丙寅	丁卯	戊辰	己巳	庚午	辛未	壬申	癸酉	甲戌
曜	일	월	화	수	목	금	토	일	월	화	수	목	금	토	일	월	화	수	목	금	토	일	월	화	수	목	금	토	일	월

7月

陽	1	2	3	4	5	6	7	8	9	10	11	12	13	14	15	16	17	18	19	20	21	22	23	24	25	26	27	28	29	30	31
陰	2	3	4	5	6	7	8	9	10	11	12	13	14	15	16	17	18	19	20	21	22	23	24	25	26	27	28	29	⑦대	2	3
干支	乙亥	丙子	丁丑	戊寅	己卯	庚辰	辛巳	壬午	癸未	甲申	乙酉	丙戌	丁亥	戊子	己丑	庚寅	辛卯	壬辰	癸巳	甲午	乙未	丙申	丁酉	戊戌	己亥	庚子	辛丑	壬寅	癸卯	甲辰	乙巳
曜	화	수	목	금	토	일	월	화	수	목	금	토	일	월	화	수	목	금	토	일	월	화	수	목	금	토	일	월	화	수	목

8月

陽	1	2	3	4	5	6	7	8	9	10	11	12	13	14	15	16	17	18	19	20	21	22	23	24	25	26	27	28	29	30	31
陰	4	5	6	7	8	9	10	11	12	13	14	15	16	17	18	19	20	21	22	23	24	25	26	27	28	29	30	⑧소	2	3	4
干支	丙午	丁未	戊申	己酉	庚戌	辛亥	壬子	癸丑	甲寅	乙卯	丙辰	丁巳	戊午	己未	庚申	辛酉	壬戌	癸亥	甲子	乙丑	丙寅	丁卯	戊辰	己巳	庚午	辛未	壬申	癸酉	甲戌	乙亥	丙子
曜	금	토	일	월	화	수	목	금	토	일	월	화	수	목	금	토	일	월	화	수	목	금	토	일	월	화	수	목	금	토	일

9月

陽	1	2	3	4	5	6	7	8	9	10	11	12	13	14	15	16	17	18	19	20	21	22	23	24	25	26	27	28	29	30
陰	5	6	7	8	9	10	11	12	13	14	15	16	17	18	19	20	21	22	23	24	25	26	27	28	29	⑨소	2	3	4	5
干支	丁丑	戊寅	己卯	庚辰	辛巳	壬午	癸未	甲申	乙酉	丙戌	丁亥	戊子	己丑	庚寅	辛卯	壬辰	癸巳	甲午	乙未	丙申	丁酉	戊戌	己亥	庚子	辛丑	壬寅	癸卯	甲辰	乙巳	丙午
曜	월	화	수	목	금	토	일	월	화	수	목	금	토	일	월	화	수	목	금	토	일	월	화	수	목	금	토	일	월	화

10月

陽	1	2	3	4	5	6	7	8	9	10	11	12	13	14	15	16	17	18	19	20	21	22	23	24	25	26	27	28	29	30	31
陰	6	7	8	9	10	11	12	13	14	15	16	17	18	19	20	21	22	23	24	25	26	27	28	29	⑩대	2	3	4	5	6	7
干支	丁未	戊申	己酉	庚戌	辛亥	壬子	癸丑	甲寅	乙卯	丙辰	丁巳	戊午	己未	庚申	辛酉	壬戌	癸亥	甲子	乙丑	丙寅	丁卯	戊辰	己巳	庚午	辛未	壬申	癸酉	甲戌	乙亥	丙子	丁丑
曜	수	목	금	토	일	월	화	수	목	금	토	일	월	화	수	목	금	토	일	월	화	수	목	금	토	일	월	화	수	목	금

11月

陽	1	2	3	4	5	6	7	8	9	10	11	12	13	14	15	16	17	18	19	20	21	22	23	24	25	26	27	28	29	30
陰	8	9	10	11	12	13	14	15	16	17	18	19	20	21	22	23	24	25	26	27	28	29	30	⑪소	2	3	4	5	6	7
干支	戊寅	己卯	庚辰	辛巳	壬午	癸未	甲申	乙酉	丙戌	丁亥	戊子	己丑	庚寅	辛卯	壬辰	癸巳	甲午	乙未	丙申	丁酉	戊戌	己亥	庚子	辛丑	壬寅	癸卯	甲辰	乙巳	丙午	丁未
曜	토	일	월	화	수	목	금	토	일	월	화	수	목	금	토	일	월	화	수	목	금	토	일	월	화	수	목	금	토	일

12月

陽	1	2	3	4	5	6	7	8	9	10	11	12	13	14	15	16	17	18	19	20	21	22	23	24	25	26	27	28	29	30	31
陰	8	9	10	11	12	13	14	15	16	17	18	19	20	21	22	23	24	25	26	27	28	29	⑫대	2	3	4	5	6	7	8	9
干支	戊申	己酉	庚戌	辛亥	壬子	癸丑	甲寅	乙卯	丙辰	丁巳	戊午	己未	庚申	辛酉	壬戌	癸亥	甲子	乙丑	丙寅	丁卯	戊辰	己巳	庚午	辛未	壬申	癸酉	甲戌	乙亥	丙子	丁丑	戊寅
曜	월	화	수	목	금	토	일	월	화	수	목	금	토	일	월	화	수	목	금	토	일	월	화	수	목	금	토	일	월	화	수

西紀二〇〇三年 ● 檀紀四三三六年

癸未 (楊柳木)

新三百六十五日
舊三百五十五日

七日得辛 三龍治水
卯大將軍 酉三殺
酉喪門 巳吊客

三碧 八白 七赤
一白 六白 二黑
五黃 四綠 九紫

建月之大小	日辰	月白	入節
正月 甲寅 大	乙丑 乙卯 乙巳		雨水十九日癸亥巳正三刻 / 立春初四日戊申申正三刻
二月 乙卯 大	乙未 乙酉 乙亥	四綠	春分十九日癸巳巳初三刻 / 驚蟄初四日戊寅辰正三刻
三月 丙辰 小	乙丑 乙卯 乙巳	三碧	穀雨十九日癸亥戌正三刻 / 清明初四日戊申未初二刻
四月 丁巳 大	甲午 甲申 甲戌	二黑	小滿廿一日甲午戌正初刻 / 立夏初六日己卯辰初初刻
五月 戊午 大	甲子 甲寅 甲辰	一白	夏至廿三日丙寅寅正初刻 / 芒種初七日庚戌午正一刻
六月 己未 小	甲午 甲申 甲戌	九紫	大暑廿四日丁酉未正三刻 / 小暑初八日辛巳亥初二刻
七月 庚申 大	癸亥 癸丑 癸卯	八白	處暑廿六日戊辰亥正初刻 / 立秋十一日癸丑辰初一刻
八月 己酉 小	癸巳 癸未 癸酉	七赤	秋分廿七日己亥戌初三刻 / 白露十二日甲申巳正一刻
九月 壬戌 小	壬戌 壬子 壬寅	六白	霜降廿九日庚午卯初初刻 / 寒露十四日乙卯丑正初刻
十月 癸亥 大	辛卯 辛巳 辛未	五黃	小雪三十日庚子丑正二刻 / 立冬初十五日乙酉卯初初刻
十一月 甲子 小	辛酉 辛亥 辛丑	四綠	冬至廿九日己巳申初三刻 / 大雪十四日甲寅亥正初刻
十二月 乙丑 大	庚寅 庚辰 庚午	三碧	大寒廿九日戊戌丑正二刻 / 小寒十五日甲申巳初初刻

◆雜 節◆

雜節	陰	陽
土王	十二月廿六日	一月十七日
臘享	十二月廿六日	一月十七日
土王	九月廿六日	十月二十一日
末伏	七月十八日	八月十五日
中伏	六月廿七日	七月二十六日
土王	六月廿一日	七月二十日
初伏	六月十七日	七月十六日
土王	三月十六日	四月十七日
寒食	三月初五日	四月六日

2004(4337. 甲申)

1月

陽	1	2	3	4	5	6	7	8	9	10	11	12	13	14	15	16	17	18	19	20	21	22	23	24	25	26	27	28	29	30	31
陰	10	11	12	13	14	15	16	17	18	19	20	21	22	23	24	25	26	27	28	29	30	①소	2	3	4	5	6	7	8	9	10
干支	己卯	庚辰	辛巳	壬午	癸未	甲申	乙酉	丙戌	丁亥	戊子	己丑	庚寅	辛卯	壬辰	癸巳	甲午	乙未	丙申	丁酉	戊戌	己亥	庚子	辛丑	壬寅	癸卯	甲辰	乙巳	丙午	丁未	戊申	己酉
曜	목	금	토	일	월	화	수	목	금	토	일	월	화	수	목	금	토	일	월	화	수	목	금	토	일	월	화	수	목	금	토

2月

陽	1	2	3	4	5	6	7	8	9	10	11	12	13	14	15	16	17	18	19	20	21	22	23	24	25	26	27	28	29
陰	11	12	13	14	15	16	17	18	19	20	21	22	23	24	25	26	27	28	29	②대	2	3	4	5	6	7	8	9	
干支	庚戌	辛亥	壬子	癸丑	甲寅	乙卯	丙辰	丁巳	戊午	己未	庚申	辛酉	壬戌	癸亥	甲子	乙丑	丙寅	丁卯	戊辰	己巳	庚午	辛未	壬申	癸酉	甲戌	乙亥	丙子	丁丑	戊寅
曜	일	월	화	수	목	금	토	일	월	화	수	목	금	토	일	월	화	수	목	금	토	일	월	화	수	목	금	토	일

3月

陽	1	2	3	4	5	6	7	8	9	10	11	12	13	14	15	16	17	18	19	20	21	22	23	24	25	26	27	28	29	30	31
陰	11	12	13	14	15	16	17	18	19	20	21	22	23	24	25	26	27	28	29	30	윤소	2	3	4	5	6	7	8	9	10	11
干支	己卯	庚辰	辛巳	壬午	癸未	甲申	乙酉	丙戌	丁亥	戊子	己丑	庚寅	辛卯	壬辰	癸巳	甲午	乙未	丙申	丁酉	戊戌	己亥	庚子	辛丑	壬寅	癸卯	甲辰	乙巳	丙午	丁未	戊申	己酉
曜	월	화	수	목	금	토	일	월	화	수	목	금	토	일	월	화	수	목	금	토	일	월	화	수	목	금	토	일	월	화	수

4月

陽	1	2	3	4	5	6	7	8	9	10	11	12	13	14	15	16	17	18	19	20	21	22	23	24	25	26	27	28	29	30
陰	12	13	14	15	16	17	18	19	20	21	22	23	24	25	26	27	28	29	③대	2	3	4	5	6	7	8	9	10	11	12
干支	庚戌	辛亥	壬子	癸丑	甲寅	乙卯	丙辰	丁巳	戊午	己未	庚申	辛酉	壬戌	癸亥	甲子	乙丑	丙寅	丁卯	戊辰	己巳	庚午	辛未	壬申	癸酉	甲戌	乙亥	丙子	丁丑	戊寅	己卯
曜	목	금	토	일	월	화	수	목	금	토	일	월	화	수	목	금	토	일	월	화	수	목	금	토	일	월	화	수	목	금

5月

陽	1	2	3	4	5	6	7	8	9	10	11	12	13	14	15	16	17	18	19	20	21	22	23	24	25	26	27	28	29	30	31
陰	13	14	15	16	17	18	19	20	21	22	23	24	25	26	27	28	29	30	④대	2	3	4	5	6	7	8	9	10	11	12	13
干支	庚辰	辛巳	壬午	癸未	甲申	乙酉	丙戌	丁亥	戊子	己丑	庚寅	辛卯	壬辰	癸巳	甲午	乙未	丙申	丁酉	戊戌	己亥	庚子	辛丑	壬寅	癸卯	甲辰	乙巳	丙午	丁未	戊申	己酉	庚戌
曜	토	일	월	화	수	목	금	토	일	월	화	수	목	금	토	일	월	화	수	목	금	토	일	월	화	수	목	금	토	일	월

6月

陽	1	2	3	4	5	6	7	8	9	10	11	12	13	14	15	16	17	18	19	20	21	22	23	24	25	26	27	28	29	30
陰	14	15	16	17	18	19	20	21	22	23	24	25	26	27	28	29	30	⑤소	2	3	4	5	6	7	8	9	10	11	12	13
干支	辛亥	壬子	癸丑	甲寅	乙卯	丙辰	丁巳	戊午	己未	庚申	辛酉	壬戌	癸亥	甲子	乙丑	丙寅	丁卯	戊辰	己巳	庚午	辛未	壬申	癸酉	甲戌	乙亥	丙子	丁丑	戊寅	己卯	庚辰
曜	화	수	목	금	토	일	월	화	수	목	금	토	일	월	화	수	목	금	토	일	월	화	수	목	금	토	일	월	화	수

7月

陽	1	2	3	4	5	6	7	8	9	10	11	12	13	14	15	16	17	18	19	20	21	22	23	24	25	26	27	28	29	30	31
陰	14	15	16	17	18	19	20	21	22	23	24	25	26	27	28	29	⑥대	2	3	4	5	6	7	8	9	10	11	12	13	14	15
干支	辛巳	壬午	癸未	甲申	乙酉	丙戌	丁亥	戊子	己丑	庚寅	辛卯	壬辰	癸巳	甲午	乙未	丙申	丁酉	戊戌	己亥	庚子	辛丑	壬寅	癸卯	甲辰	乙巳	丙午	丁未	戊申	己酉	庚戌	辛亥
曜	목	금	토	일	월	화	수	목	금	토	일	월	화	수	목	금	토	일	월	화	수	목	금	토	일	월	화	수	목	금	토

8月

陽	1	2	3	4	5	6	7	8	9	10	11	12	13	14	15	16	17	18	19	20	21	22	23	24	25	26	27	28	29	30	31
陰	16	17	18	19	20	21	22	23	24	25	26	26	27	28	29	⑦소	2	3	4	5	6	7	8	9	10	11	12	13	14	15	16
干支	壬子	癸丑	甲寅	乙卯	丙辰	丁巳	戊午	己未	庚申	辛酉	壬戌	癸亥	甲子	乙丑	丙寅	丁卯	戊辰	己巳	庚午	辛未	壬申	癸酉	甲戌	乙亥	丙子	丁丑	戊寅	己卯	庚辰	辛巳	壬午
曜	일	월	화	수	목	금	토	일	월	화	수	목	금	토	일	월	화	수	목	금	토	일	월	화	수	목	금	토	일	월	화

9月

陽	1	2	3	4	5	6	7	8	9	10	11	12	13	14	15	16	17	18	19	20	21	22	23	24	25	26	27	28	29	30
陰	17	18	19	20	21	22	23	24	25	26	27	28	29	⑧대	2	3	4	5	6	7	8	9	10	11	12	13	14	15	16	17
干支	癸未	甲申	乙酉	丙戌	丁亥	戊子	己丑	庚寅	辛卯	壬辰	癸巳	甲午	乙未	丙申	丁酉	戊戌	己亥	庚子	辛丑	壬寅	癸卯	甲辰	乙巳	丙午	丁未	戊申	己酉	庚戌	辛亥	壬子
曜	수	목	금	토	일	월	화	수	목	금	토	일	월	화	수	목	금	토	일	월	화	수	목	금	토	일	월	화	수	목

10月

陽	1	2	3	4	5	6	7	8	9	10	11	12	13	14	15	16	17	18	19	20	21	22	23	24	25	26	27	28	29	30	31
陰	18	19	20	21	22	23	24	25	26	27	28	29	30	⑨소	2	3	4	5	6	7	8	9	10	11	12	13	14	15	16	17	18
干支	癸丑	甲寅	乙卯	丙辰	丁巳	戊午	己未	庚申	辛酉	壬戌	癸亥	甲子	乙丑	丙寅	丁卯	戊辰	己巳	庚午	辛未	壬申	癸酉	甲戌	乙亥	丙子	丁丑	戊寅	己卯	庚辰	辛巳	壬午	癸未
曜	금	토	일	월	화	수	목	금	토	일	월	화	수	목	금	토	일	월	화	수	목	금	토	일	월	화	수	목	금	토	일

11月

陽	1	2	3	4	5	6	7	8	9	10	11	12	13	14	15	16	17	18	19	20	21	22	23	24	25	26	27	28	29	30
陰	19	20	21	22	23	24	25	26	27	28	29	⑩대	2	3	4	5	6	7	8	9	10	11	12	13	14	15	16	17	18	19
干支	甲申	乙酉	丙戌	丁亥	戊子	己丑	庚寅	辛卯	壬辰	癸巳	甲午	乙未	丙申	丁酉	戊戌	己亥	庚子	辛丑	壬寅	癸卯	甲辰	乙巳	丙午	丁未	戊申	己酉	庚戌	辛亥	壬子	癸丑
曜	월	화	수	목	금	토	일	월	화	수	목	금	토	일	월	화	수	목	금	토	일	월	화	수	목	금	토	일	월	화

12月

陽	1	2	3	4	5	6	7	8	9	10	11	12	13	14	15	16	17	18	19	20	21	22	23	24	25	26	27	28	29	30	31
陰	20	21	22	23	24	25	26	27	28	29	30	⑪소	2	3	4	5	6	7	8	9	10	11	12	13	14	15	16	17	18	19	20
干支	甲寅	乙卯	丙辰	丁巳	戊午	己未	庚申	辛酉	壬戌	癸亥	甲子	乙丑	丙寅	丁卯	戊辰	己巳	庚午	辛未	壬申	癸酉	甲戌	乙亥	丙子	丁丑	戊寅	己卯	庚辰	辛巳	壬午	癸未	甲申
曜	수	목	금	토	일	월	화	수	목	금	토	일	월	화	수	목	금	토	일	월	화	수	목	금	토	일	월	화	수	목	금

西紀 二〇〇四年 ● 檀紀四三三七年

甲申 (泉中水)

新閏年三百六十六日
舊閏年三百八十四日

二日得辛 五龍治水
午大將軍 南三殺
戌喪門 午吊客

二黑 七赤 六白
九紫 五黃 一白
四綠 三碧 八白

建月之大小	正月小 丙寅	二月大 丁卯	閏二月小	三月大 戊辰	四月大 己巳	五月小 庚午	六月大 辛未	七月小 壬申	八月大 癸酉	九月小 甲戌	十月大 乙亥	十一月小 丙子	十二月大 丁丑
日辰	庚子 庚戌 庚申	己巳 己卯 己丑	己亥 己酉 己未	戊辰 戊寅 戊子	戊戌 戊申 戊午	戊辰 戊寅 戊子	丁酉 丁未 丁巳	丁卯 丁丑 丁亥	丙申 丙子 丙辰	丙寅 丙子 丙戌	乙未 乙巳 乙卯	乙丑 乙亥 乙酉	甲午 甲辰 甲寅
月白	二黑	一白		九紫	八白	七赤	六白	五黃	四綠	三碧	二黑	一白	九紫
入節	立春十四日癸丑戌正三刻 雨水廿九日戊辰申正二刻	驚蟄十五日癸未未正三刻 春分三十日戊戌申初二刻	淸明十五日癸丑戌初二刻	穀雨初二日己巳丑正二刻 立夏十七日甲申午正三刻	小滿初三日庚子丑初三刻 芒種十八日乙卯未初初刻	夏至初四日辛未巳初三刻 小暑二十日丁亥寅初一刻	大暑初六日壬寅戌正三刻 立秋廿二日戊午未初初刻	處暑初八日甲戌寅初三刻 白露廿三日己丑申正初刻	秋分初十日乙巳丑初二刻 寒露廿五日庚申辰初三刻	霜降初十日乙亥巳正三刻 立冬廿五日庚寅午初初刻	小雪十一日乙巳辰正一刻 大雪廿六日庚申寅初三刻	冬至初十日甲戌亥初三刻 小寒廿六日庚寅午初一刻	大寒十二日乙巳辰正一刻 立春廿六日己未丑正二刻

◆雜　節◆

臘享 十二月十四日 陽 一月二十三日
土王 十二月初九日 陽 一月十八日
土王 九月初七日 陽 十月二十日
末伏 六月廿四日 陽 八月九日
中伏 六月十四日 陽 七月三十日
初伏 六月初四日 陽 七月二十日
土王 六月初三日 陽 七月十九日
土王 閏二月廿八日 陽 四月十七日
寒食 閏二月十六日 陽 四月五日

2005(4338. 乙酉)

1月

陽	1	2	3	4	5	6	7	8	9	10	11	12	13	14	15	16	17	18	19	20	21	22	23	24	25	26	27	28	29	30	31
陰	21	22	23	24	25	26	27	28	29	⑫대	2	3	4	5	6	7	8	9	10	11	12	13	14	15	16	17	18	19	20	21	22
干支	乙酉	丙戌	丁亥	戊子	己丑	庚寅	辛卯	壬辰	癸巳	甲午	乙未	丙申	丁酉	戊戌	己亥	庚子	辛丑	壬寅	癸卯	甲辰	乙巳	丙午	丁未	戊申	己酉	庚戌	辛亥	壬子	癸丑	甲寅	乙卯
曜	토	일	월	화	수	목	금	토	일	월	화	수	목	금	토	일	월	화	수	목	금	토	일	월	화	수	목	금	토	일	월

2月

陽	1	2	3	4	5	6	7	8	9	10	11	12	13	14	15	16	17	18	19	20	21	22	23	24	25	26	27	28
陰	23	24	25	26	27	28	29	30	①소	2	3	4	5	6	7	8	9	10	11	12	13	14	15	16	17	18	19	20
干支	丙辰	丁巳	戊午	己未	庚申	辛酉	壬戌	癸亥	甲子	乙丑	丙寅	丁卯	戊辰	己巳	庚午	辛未	壬申	癸酉	甲戌	乙亥	丙子	丁丑	戊寅	己卯	庚辰	辛巳	壬午	癸未
曜	화	수	목	금	토	일	월	화	수	목	금	토	일	월	화	수	목	금	토	일	월	화	수	목	금	토	일	월

3月

陽	1	2	3	4	5	6	7	8	9	10	11	12	13	14	15	16	17	18	19	20	21	22	23	24	25	26	27	28	29	30	31
陰	21	22	23	24	25	26	27	28	29	②대	2	3	4	5	6	7	8	9	10	11	12	13	14	15	16	17	18	19	20	21	22
干支	甲申	乙酉	丙戌	丁亥	戊子	己丑	庚寅	辛卯	壬辰	癸巳	甲午	乙未	丙申	丁酉	戊戌	己亥	庚子	辛丑	壬寅	癸卯	甲辰	乙巳	丙午	丁未	戊申	己酉	庚戌	辛亥	壬子	癸丑	甲寅
曜	화	수	목	금	토	일	월	화	수	목	금	토	일	월	화	수	목	금	토	일	월	화	수	목	금	토	일	월	화	수	목

4月

陽	1	2	3	4	5	6	7	8	9	10	11	12	13	14	15	16	17	18	19	20	21	22	23	24	25	26	27	28	29	30
陰	23	24	25	26	27	28	29	30	③소	2	3	4	5	6	7	8	9	10	11	12	13	14	15	16	17	18	19	20	21	22
干支	乙卯	丙辰	丁巳	戊午	己未	庚申	辛酉	壬戌	癸亥	甲子	乙丑	丙寅	丁卯	戊辰	己巳	庚午	辛未	壬申	癸酉	甲戌	乙亥	丙子	丁丑	戊寅	己卯	庚辰	辛巳	壬午	癸未	甲申
曜	금	토	일	월	화	수	목	금	토	일	월	화	수	목	금	토	일	월	화	수	목	금	토	일	월	화	수	목	금	토

5月

陽	1	2	3	4	5	6	7	8	9	10	11	12	13	14	15	16	17	18	19	20	21	22	23	24	25	26	27	28	29	30	31
陰	23	24	25	26	27	28	29	④대	2	3	4	5	6	7	8	9	10	11	12	13	14	15	16	17	18	19	20	21	22	23	24
干支	乙酉	丙戌	丁亥	戊子	己丑	庚寅	辛卯	壬辰	癸巳	甲午	乙未	丙申	丁酉	戊戌	己亥	庚子	辛丑	壬寅	癸卯	甲辰	乙巳	丙午	丁未	戊申	己酉	庚戌	辛亥	壬子	癸丑	甲寅	乙卯
曜	일	월	화	수	목	금	토	일	월	화	수	목	금	토	일	월	화	수	목	금	토	일	월	화	수	목	금	토	일	월	화

6月

陽	1	2	3	4	5	6	7	8	9	10	11	12	13	14	15	16	17	18	19	20	21	22	23	24	25	26	27	28	29	30
陰	25	26	27	28	29	30	⑤소	2	3	4	5	6	7	8	9	10	11	12	13	14	15	16	17	18	19	20	21	22	23	24
干支	丙辰	丁巳	戊午	己未	庚申	辛酉	壬戌	癸亥	甲子	乙丑	丙寅	丁卯	戊辰	己巳	庚午	辛未	壬申	癸酉	甲戌	乙亥	丙子	丁丑	戊寅	己卯	庚辰	辛巳	壬午	癸未	甲申	乙酉
曜	수	목	금	토	일	월	화	수	목	금	토	일	월	화	수	목	금	토	일	월	화	수	목	금	토	일	월	화	수	목

7月

陽	1	2	3	4	5	6	7	8	9	10	11	12	13	14	15	16	17	18	19	20	21	22	23	24	25	26	27	28	29	30	31
陰	25	26	27	28	29	⑥대	2	3	4	5	6	7	8	9	10	11	12	13	14	15	16	17	18	19	20	21	22	23	24	25	26
干支	丙戌	丁亥	戊子	己丑	庚寅	辛卯	壬辰	癸巳	甲午	乙未	丙申	丁酉	戊戌	己亥	庚子	辛丑	壬寅	癸卯	甲辰	乙巳	丙午	丁未	戊申	己酉	庚戌	辛亥	壬子	癸丑	甲寅	乙卯	丙辰
曜	금	토	일	월	화	수	목	금	토	일	월	화	수	목	금	토	일	월	화	수	목	금	토	일	월	화	수	목	금	토	일

8月

陽	1	2	3	4	5	6	7	8	9	10	11	12	13	14	15	16	17	18	19	20	21	22	23	24	25	26	27	28	29	30	31
陰	27	28	29	30	⑦대	2	3	4	5	6	7	8	9	10	11	12	13	14	15	16	17	18	19	20	21	22	23	24	25	26	27
干支	丁巳	戊午	己未	庚申	辛酉	壬戌	癸亥	甲子	乙丑	丙寅	丁卯	戊辰	己巳	庚午	辛未	壬申	癸酉	甲戌	乙亥	丙子	丁丑	戊寅	己卯	庚辰	辛巳	壬午	癸未	甲申	乙酉	丙戌	丁亥
曜	월	화	수	목	금	토	일	월	화	수	목	금	토	일	월	화	수	목	금	토	일	월	화	수	목	금	토	일	월	화	수

9月

陽	1	2	3	4	5	6	7	8	9	10	11	12	13	14	15	16	17	18	19	20	21	22	23	24	25	26	27	28	29	30
陰	28	29	30	⑧대	2	3	4	5	6	7	8	9	10	11	12	13	14	15	16	17	18	19	20	21	22	23	24	25	26	27
干支	戊子	己丑	庚寅	辛卯	壬辰	癸巳	甲午	乙未	丙申	丁酉	戊戌	己亥	庚子	辛丑	壬寅	癸卯	甲辰	乙巳	丙午	丁未	戊申	己酉	庚戌	辛亥	壬子	癸丑	甲寅	乙卯	丙辰	丁巳
曜	목	금	토	일	월	화	수	목	금	토	일	월	화	수	목	금	토	일	월	화	수	목	금	토	일	월	화	수	목	금

10月

陽	1	2	3	4	5	6	7	8	9	10	11	12	13	14	15	16	17	18	19	20	21	22	23	24	25	26	27	28	29	30	31
陰	28	29	⑨대	2	3	4	5	6	7	8	9	10	11	12	13	14	15	16	17	18	19	20	21	22	23	24	25	26	27	28	29
干支	戊午	己未	庚申	辛酉	壬戌	癸亥	甲子	乙丑	丙寅	丁卯	戊辰	己巳	庚午	辛未	壬申	癸酉	甲戌	乙亥	丙子	丁丑	戊寅	己卯	庚辰	辛巳	壬午	癸未	甲申	乙酉	丙戌	丁亥	戊子
曜	토	일	월	화	수	목	금	토	일	월	화	수	목	금	토	일	월	화	수	목	금	토	일	월	화	수	목	금	토	일	월

11月

陽	1	2	3	4	5	6	7	8	9	10	11	12	13	14	15	16	17	18	19	20	21	22	23	24	25	26	27	28	29	30
陰	30	⑩대	2	3	4	5	6	7	8	9	10	11	12	13	14	15	16	17	18	19	20	21	22	23	24	25	26	27	28	29
干支	己丑	庚寅	辛卯	壬辰	癸巳	甲午	乙未	丙申	丁酉	戊戌	己亥	庚子	辛丑	壬寅	癸卯	甲辰	乙巳	丙午	丁未	戊申	己酉	庚戌	辛亥	壬子	癸丑	甲寅	乙卯	丙辰	丁巳	戊午
曜	화	수	목	금	토	일	월	화	수	목	금	토	일	월	화	수	목	금	토	일	월	화	수	목	금	토	일	월	화	수

12月

陽	1	2	3	4	5	6	7	8	9	10	11	12	13	14	15	16	17	18	19	20	21	22	23	24	25	26	27	28	29	30	31
陰	30	⑪소	2	3	4	5	6	7	8	9	10	11	12	13	14	15	16	17	18	19	20	21	22	23	24	25	26	27	28	29	⑫대
干支	己未	庚申	辛酉	壬戌	癸亥	甲子	乙丑	丙寅	丁卯	戊辰	己巳	庚午	辛未	壬申	癸酉	甲戌	乙亥	丙子	丁丑	戊寅	己卯	庚辰	辛巳	壬午	癸未	甲申	乙酉	丙戌	丁亥	戊子	己丑
曜	목	금	토	일	월	화	수	목	금	토	일	월	화	수	목	금	토	일	월	화	수	목	금	토	일	월	화	수	목	금	토

乙酉 (泉中水)

新三百六十五日
舊三百五十五日

西紀二〇〇五年 ● 檀紀四三三八年

八日得辛 五龍治水
午大將軍 東三殺
亥喪門 未弔客

三碧	八白	一白
二黑	四綠	六白
七赤	九紫	五黃

建月之大小	正月小 (戊寅)	二月大 (己卯)	三月小 (庚辰)	四月大 (辛巳)	五月小 (壬午)	六月大 (癸未)	七月大 (甲申)	八月小 (乙酉)	九月大 (丙戌)	十月大 (丁亥)	十一月小 (戊子)	十二月大 (己丑)
日辰	甲申 甲戌 甲子	癸丑 癸卯 癸巳	癸未 癸酉 癸亥	壬子 壬寅 壬辰	壬午 壬申 壬戌	辛亥 辛丑 辛卯	辛巳 辛未 辛酉	辛亥 辛丑 辛卯	庚辰 庚午 庚申	庚戌 庚子 庚寅	庚辰 庚午 庚申	己酉 己亥 己丑
月白	八白	七赤	六白	五黃	四綠	三碧	二黑	一白	九紫	八白	七赤	六白
入節	驚蟄廿五日戊子戌正二刻 雨水初十日癸未亥正二刻	清明廿七日己未丑初一刻 春分十一日癸卯亥初一刻	立夏廿七日己丑酉正一刻 穀雨十二日甲戌辰正一刻	芒種廿九日庚申亥正三刻 小滿十四日乙巳辰初二刻	夏至十五日丙子申初二刻	大暑十八日戊申丑正二刻 小暑初二日壬辰巳初初刻	處暑十九日己卯巳初二刻 立秋初三日癸亥酉正三刻	秋分二十日庚戌辰初一刻 白露初四日甲午亥初三刻	霜降廿一日庚辰申正三刻 寒露初六日乙丑未初二刻	小雪廿一日庚戌未正一刻 立冬初六日乙未申正三刻	冬至廿一日庚辰寅初二刻 大雪初六日乙丑巳初二刻	大寒廿一日己酉未正初刻 小寒初六日甲午戌正三刻

◆雜 節◆

臘享	十二月十九日	陽 一月十八日
土王	十二月十八日	陽 一月十七日
土王	九日十八日	陽 十月二十日
末伏	七月初十日	陽 八月十四日
中伏	六月二十日	陽 七月二十五日
土王	六月十四日	陽 七月十九日
初伏	六月初十日	陽 七月十五日
土王	三月初九日	陽 四月十七日
寒食	二月廿七日	陽 四月五日

2006(4339. 丙戌)

1月

陽	1	2	3	4	5	6	7	8	9	10	11	12	13	14	15	16	17	18	19	20	21	22	23	24	25	26	27	28	29	30	31
陰	2	3	4	5	6	7	8	9	10	11	12	13	14	15	16	17	18	19	20	21	22	23	24	25	26	27	28	29	①소	2	3
干支	庚寅	辛卯	壬辰	癸巳	甲午	乙未	丙申	丁酉	戊戌	己亥	庚子	辛丑	壬寅	癸卯	甲辰	乙巳	丙午	丁未	戊申	己酉	庚戌	辛亥	壬子	癸丑	甲寅	乙卯	丙辰	丁巳	戊午	己未	庚申
曜	일	월	화	수	목	금	토	일	월	화	수	목	금	토	일	월	화	수	목	금	토	일	월	화	수	목	금	토	일	월	화

2月

陽	1	2	3	4	5	6	7	8	9	10	11	12	13	14	15	16	17	18	19	20	21	22	23	24	25	26	27	28
陰	4	5	6	7	8	9	10	11	12	13	14	15	16	17	18	19	20	21	22	23	24	25	26	27	28	29	30	②소
干支	辛酉	壬戌	癸亥	甲子	乙丑	丙寅	丁卯	戊辰	己巳	庚午	辛未	壬申	癸酉	甲戌	乙亥	丙子	丁丑	戊寅	己卯	庚辰	辛巳	壬午	癸未	甲申	乙酉	丙戌	丁亥	戊子
曜	수	목	금	토	일	월	화	수	목	금	토	일	월	화	수	목	금	토	일	월	화	수	목	금	토	일	월	화

3月

陽	1	2	3	4	5	6	7	8	9	10	11	12	13	14	15	16	17	18	19	20	21	22	23	24	25	26	27	28	29	30	31
陰	2	3	4	5	6	7	8	9	10	11	12	13	14	15	16	17	18	19	20	21	22	23	24	25	26	27	28	29	③대	2	3
干支	己丑	庚寅	辛卯	壬辰	癸巳	甲午	乙未	丙申	丁酉	戊戌	己亥	庚子	辛丑	壬寅	癸卯	甲辰	乙巳	丙午	丁未	戊申	己酉	庚戌	辛亥	壬子	癸丑	甲寅	乙卯	丙辰	丁巳	戊午	己未
曜	수	목	금	토	일	월	화	수	목	금	토	일	월	화	수	목	금	토	일	월	화	수	목	금	토	일	월	화	수	목	금

4月

陽	1	2	3	4	5	6	7	8	9	10	11	12	13	14	15	16	17	18	19	20	21	22	23	24	25	26	27	28	29	30
陰	4	5	6	7	8	9	10	11	12	13	14	15	16	17	18	19	20	21	22	23	24	25	26	27	28	29	30	④소	2	3
干支	庚申	辛酉	壬戌	癸亥	甲子	乙丑	丙寅	丁卯	戊辰	己巳	庚午	辛未	壬申	癸酉	甲戌	乙亥	丙子	丁丑	戊寅	己卯	庚辰	辛巳	壬午	癸未	甲申	乙酉	丙戌	丁亥	戊子	己丑
曜	토	일	월	화	수	목	금	토	일	월	화	수	목	금	토	일	월	화	수	목	금	토	일	월	화	수	목	금	토	일

5月

陽	1	2	3	4	5	6	7	8	9	10	11	12	13	14	15	16	17	18	19	20	21	22	23	24	25	26	27	28	29	30	31
陰	4	5	6	7	8	9	10	11	12	13	14	15	16	17	18	19	20	21	22	23	24	25	26	27	28	29	⑤대	2	3	4	5
干支	庚寅	辛卯	壬辰	癸巳	甲午	乙未	丙申	丁酉	戊戌	己亥	庚子	辛丑	壬寅	癸卯	甲辰	乙巳	丙午	丁未	戊申	己酉	庚戌	辛亥	壬子	癸丑	甲寅	乙卯	丙辰	丁巳	戊午	己未	庚申
曜	월	화	수	목	금	토	일	월	화	수	목	금	토	일	월	화	수	목	금	토	일	월	화	수	목	금	토	일	월	화	수

6月

陽	1	2	3	4	5	6	7	8	9	10	11	12	13	14	15	16	17	18	19	20	21	22	23	24	25	26	27	28	29	30
陰	6	7	8	9	10	11	12	13	14	15	16	17	18	19	20	21	22	23	24	25	26	27	28	29	30	⑥소	2	3	4	5
干支	辛酉	壬戌	癸亥	甲子	乙丑	丙寅	丁卯	戊辰	己巳	庚午	辛未	壬申	癸酉	甲戌	乙亥	丙子	丁丑	戊寅	己卯	庚辰	辛巳	壬午	癸未	甲申	乙酉	丙戌	丁亥	戊子	己丑	庚寅
曜	목	금	토	일	월	화	수	목	금	토	일	월	화	수	목	금	토	일	월	화	수	목	금	토	일	월	화	수	목	금

7月

陽	1	2	3	4	5	6	7	8	9	10	11	12	13	14	15	16	17	18	19	20	21	22	23	24	25	26	27	28	29	30	31
陰	6	7	8	9	10	11	12	13	14	15	16	17	18	19	20	21	22	23	24	25	26	27	28	29	⑦대	2	3	4	5	6	7
干支	辛卯	壬辰	癸巳	甲午	乙未	丙申	丁酉	戊戌	己亥	庚子	辛丑	壬寅	癸卯	甲辰	乙巳	丙午	丁未	戊申	己酉	庚戌	辛亥	壬子	癸丑	甲寅	乙卯	丙辰	丁巳	戊午	己未	庚申	辛酉
曜	토	일	월	화	수	목	금	토	일	월	화	수	목	금	토	일	월	화	수	목	금	토	일	월	화	수	목	금	토	일	월

8月

陽	1	2	3	4	5	6	7	8	9	10	11	12	13	14	15	16	17	18	19	20	21	22	23	24	25	26	27	28	29	30	31
陰	8	9	10	11	12	13	14	15	16	17	18	19	20	21	22	23	24	25	26	27	28	29	30	윤소	2	3	4	5	6	7	8
干支	壬戌	癸亥	甲子	乙丑	丙寅	丁卯	戊辰	己巳	庚午	辛未	壬申	癸酉	甲戌	乙亥	丙子	丁丑	戊寅	己卯	庚辰	辛巳	壬午	癸未	甲申	乙酉	丙戌	丁亥	戊子	己丑	庚寅	辛卯	壬辰
曜	화	수	목	금	토	일	월	화	수	목	금	토	일	월	화	수	목	금	토	일	월	화	수	목	금	토	일	월	화	수	목

9月

陽	1	2	3	4	5	6	7	8	9	10	11	12	13	14	15	16	17	18	19	20	21	22	23	24	25	26	27	28	29	30
陰	9	10	11	12	13	14	15	16	17	18	19	20	21	22	23	24	25	26	27	28	29	⑧대	2	3	4	5	6	7	8	9
干支	癸巳	甲午	乙未	丙申	丁酉	戊戌	己亥	庚子	辛丑	壬寅	癸卯	甲辰	乙巳	丙午	丁未	戊申	己酉	庚戌	辛亥	壬子	癸丑	甲寅	乙卯	丙辰	丁巳	戊午	己未	庚申	辛酉	壬戌
曜	금	토	일	월	화	수	목	금	토	일	월	화	수	목	금	토	일	월	화	수	목	금	토	일	월	화	수	목	금	토

10月

陽	1	2	3	4	5	6	7	8	9	10	11	12	13	14	15	16	17	18	19	20	21	22	23	24	25	26	27	28	29	30	31
陰	10	11	12	13	14	15	16	17	18	19	20	21	22	23	24	25	26	27	28	29	30	⑨대	2	3	4	5	6	7	8	9	10
干支	癸亥	甲子	乙丑	丙寅	丁卯	戊辰	己巳	庚午	辛未	壬申	癸酉	甲戌	乙亥	丙子	丁丑	戊寅	己卯	庚辰	辛巳	壬午	癸未	甲申	乙酉	丙戌	丁亥	戊子	己丑	庚寅	辛卯	壬辰	癸巳
曜	일	월	화	수	목	금	토	일	월	화	수	목	금	토	일	월	화	수	목	금	토	일	월	화	수	목	금	토	일	월	화

11月

陽	1	2	3	4	5	6	7	8	9	10	11	12	13	14	15	16	17	18	19	20	21	22	23	24	25	26	27	28	29	30
陰	11	12	13	14	15	16	17	18	19	20	21	22	23	24	25	26	27	28	29	30	⑩소	2	3	4	5	6	7	8	9	10
干支	甲午	乙未	丙申	丁酉	戊戌	己亥	庚子	辛丑	壬寅	癸卯	甲辰	乙巳	丙午	丁未	戊申	己酉	庚戌	辛亥	壬子	癸丑	甲寅	乙卯	丙辰	丁巳	戊午	己未	庚申	辛酉	壬戌	癸亥
曜	수	목	금	토	일	월	화	수	목	금	토	일	월	화	수	목	금	토	일	월	화	수	목	금	토	일	월	화	수	목

12月

陽	1	2	3	4	5	6	7	8	9	10	11	12	13	14	15	16	17	18	19	20	21	22	23	24	25	26	27	28	29	30	31
陰	11	12	13	14	15	16	17	18	19	20	21	22	23	24	25	26	27	28	29	⑪대	2	3	4	5	6	7	8	9	10	11	12
干支	甲子	乙丑	丙寅	丁卯	戊辰	己巳	庚午	辛未	壬申	癸酉	甲戌	乙亥	丙子	丁丑	戊寅	己卯	庚辰	辛巳	壬午	癸未	甲申	乙酉	丙戌	丁亥	戊子	己丑	庚寅	辛卯	壬辰	癸巳	甲午
曜	금	토	일	월	화	수	목	금	토	일	월	화	수	목	금	토	일	월	화	수	목	금	토	일	월	화	수	목	금	토	일

丙戌(屋上土)

西紀二〇〇六年●檀紀四三三九年

新三百六十五日　舊三百八十四日

三日得辛　十龍治水
午大將軍　北三殺
子喪門　申吊客
九紫　五黃　四綠
七赤　三碧　八白
二黑　一白　六白

建月之大小	日辰	月白	入節
正月 庚寅 小	己卯 己巳 己未	五黃	雨水廿二日己卯寅正一刻 立春初七日甲子辰正一刻
二月 辛卯 小	戊申 戊戌 戊子	四綠	春分廿二日己酉寅初初刻 驚蟄初七日甲午丑正一刻
三月 壬辰 大	丁丑 丁卯 丁巳	三碧	穀雨廿三日己卯未正一刻 清明初八日甲子辰初初刻
四月 癸巳 小	丁未 丁酉 丁亥	二黑	小滿廿四日庚戌未初一刻 立夏初九日乙未子正一刻
五月 甲午 大	丙子 丙寅 丙辰	一白	夏至廿六日辛巳亥初一刻 芒種十一日丙寅寅正二刻
六月 乙未 小	丙午 丙申 丙戌	九紫	大暑廿八日癸丑辰正一刻 小暑十二日丁酉未正三刻
七月 丙申 大	乙亥 乙丑 乙卯	八白	處暑三十日甲申申初二刻 立秋十五日己巳子正三刻
閏七月小	乙巳 乙未 乙酉		白露十六日庚子寅初三刻
八月 丁酉 大	甲戌 甲子 甲寅	七赤	寒露十七日庚午戌初一刻 秋分初二日乙卯未初初刻
九月 戊戌 大	甲辰 甲午 甲申	六白	立冬十七日庚子亥正二刻 霜降初二日乙酉亥正二刻
十月 己亥 小	甲戌 甲子 甲寅	五黃	大雪十七日庚午申初一刻 小雪初二日乙卯戌正初刻
十一月 庚子 大	癸卯 癸巳 癸未	四綠	小寒十七日乙亥丑正二刻 冬至初三日乙酉巳初一刻
十二月 辛丑 大	癸酉 癸亥 癸丑	三碧	立春十七日己巳未正一刻 大寒初二日甲寅戌正初刻

◆雜　節◆

臘享	十二月初七日	陽 一月二十五日
土王	十一月廿九日	陽 一月十七日
土王	八月廿九日	陽 十月二十日
末伏	七月十六日	陽 八月九日
中伏	七月初六日	陽 七月三十日
初伏	六月廿五日	陽 七月二十日
土王	六月廿五日	陽 七月二十日
土王	三月二十日	陽 四月十七日
寒食	三月初九日	陽 四月六日

2007(4340. 丁亥)

1月

陽	1	2	3	4	5	6	7	8	9	10	11	12	13	14	15	16	17	18	19	20	21	22	23	24	25	26	27	28	29	30	31
陰	13	14	15	16	17	18	19	20	21	22	23	24	25	26	27	28	29	30	⑫대	2	3	4	5	6	7	8	9	10	11	12	13
干支	乙未	丙申	丁酉	戊戌	己亥	庚子	辛丑	壬寅	癸卯	甲辰	乙巳	丙午	丁未	戊申	己酉	庚戌	辛亥	壬子	癸丑	甲寅	乙卯	丙辰	丁巳	戊午	己未	庚申	辛酉	壬戌	癸亥	甲子	乙丑
曜	월	화	수	목	금	토	일	월	화	수	목	금	토	일	월	화	수	목	금	토	일	월	화	수	목	금	토	일	월	화	수

2月

陽	1	2	3	4	5	6	7	8	9	10	11	12	13	14	15	16	17	18	19	20	21	22	23	24	25	26	27	28
陰	14	15	16	17	18	19	20	21	22	23	24	25	26	27	28	29	30	①소	2	3	4	5	6	7	8	9	10	11
干支	丙寅	丁卯	戊辰	己巳	庚午	辛未	壬申	癸酉	甲戌	乙亥	丙子	丁丑	戊寅	己卯	庚辰	辛巳	壬午	癸未	甲申	乙酉	丙戌	丁亥	戊子	己丑	庚寅	辛卯	壬辰	癸巳
曜	목	금	토	일	월	화	수	목	금	토	일	월	화	수	목	금	토	일	월	화	수	목	금	토	일	월	화	수

3月

陽	1	2	3	4	5	6	7	8	9	10	11	12	13	14	15	16	17	18	19	20	21	22	23	24	25	26	27	28	29	30	31
陰	12	13	14	15	16	17	18	19	20	21	22	23	24	25	26	27	28	29	②소	2	3	4	5	6	7	8	9	10	11	12	13
干支	甲午	乙未	丙申	丁酉	戊戌	己亥	庚子	辛丑	壬寅	癸卯	甲辰	乙巳	丙午	丁未	戊申	己酉	庚戌	辛亥	壬子	癸丑	甲寅	乙卯	丙辰	丁巳	戊午	己未	庚申	辛酉	壬戌	癸亥	甲子
曜	목	금	토	일	월	화	수	목	금	토	일	월	화	수	목	금	토	일	월	화	수	목	금	토	일	월	화	수	목	금	토

4月

陽	1	2	3	4	5	6	7	8	9	10	11	12	13	14	15	16	17	18	19	20	21	22	23	24	25	26	27	28	29	30
陰	14	15	16	17	18	19	20	21	22	23	24	25	26	27	28	29	③대	2	3	4	5	6	7	8	9	10	11	12	13	14
干支	乙丑	丙寅	丁卯	戊辰	己巳	庚午	辛未	壬申	癸酉	甲戌	乙亥	丙子	丁丑	戊寅	己卯	庚辰	辛巳	壬午	癸未	甲申	乙酉	丙戌	丁亥	戊子	己丑	庚寅	辛卯	壬辰	癸巳	甲午
曜	일	월	화	수	목	금	토	일	월	화	수	목	금	토	일	월	화	수	목	금	토	일	월	화	수	목	금	토	일	월

5月

陽	1	2	3	4	5	6	7	8	9	10	11	12	13	14	15	16	17	18	19	20	21	22	23	24	25	26	27	28	29	30	31
陰	15	16	17	18	19	20	21	22	23	24	25	26	27	28	29	30	④소	2	3	4	5	6	7	8	9	10	11	12	13	14	15
干支	乙未	丙申	丁酉	戊戌	己亥	庚子	辛丑	壬寅	癸卯	甲辰	乙巳	丙午	丁未	戊申	己酉	庚戌	辛亥	壬子	癸丑	甲寅	乙卯	丙辰	丁巳	戊午	己未	庚申	辛酉	壬戌	癸亥	甲子	乙丑
曜	화	수	목	금	토	일	월	화	수	목	금	토	일	월	화	수	목	금	토	일	월	화	수	목	금	토	일	월	화	수	목

6月

陽	1	2	3	4	5	6	7	8	9	10	11	12	13	14	15	16	17	18	19	20	21	22	23	24	25	26	27	28	29	30
陰	16	17	18	19	20	21	22	23	24	25	26	27	28	29	⑤소	2	3	4	5	6	7	8	9	10	11	12	13	14	15	16
干支	丙寅	丁卯	戊辰	己巳	庚午	辛未	壬申	癸酉	甲戌	乙亥	丙子	丁丑	戊寅	己卯	庚辰	辛巳	壬午	癸未	甲申	乙酉	丙戌	丁亥	戊子	己丑	庚寅	辛卯	壬辰	癸巳	甲午	乙未
曜	금	토	일	월	화	수	목	금	토	일	월	화	수	목	금	토	일	월	화	수	목	금	토	일	월	화	수	목	금	토

7月

陽	1	2	3	4	5	6	7	8	9	10	11	12	13	14	15	16	17	18	19	20	21	22	23	24	25	26	27	28	29	30	31
陰	17	18	19	20	21	22	23	24	25	26	27	28	29	⑥대	2	3	4	5	6	7	8	9	10	11	12	13	14	15	16	17	18
干支	丙申	丁酉	戊戌	己亥	庚子	辛丑	壬寅	癸卯	甲辰	乙巳	丙午	丁未	戊申	己酉	庚戌	辛亥	壬子	癸丑	甲寅	乙卯	丙辰	丁巳	戊午	己未	庚申	辛酉	壬戌	癸亥	甲子	乙丑	丙寅
曜	일	월	화	수	목	금	토	일	월	화	수	목	금	토	일	월	화	수	목	금	토	일	월	화	수	목	금	토	일	월	화

8月

陽	1	2	3	4	5	6	7	8	9	10	11	12	13	14	15	16	17	18	19	20	21	22	23	24	25	26	27	28	29	30	31
陰	19	20	21	22	23	24	25	26	27	28	29	30	⑦소	2	3	4	5	6	7	8	9	10	11	12	13	14	15	16	17	18	19
干支	丁卯	戊辰	己巳	庚午	辛未	壬申	癸酉	甲戌	乙亥	丙子	丁丑	戊寅	己卯	庚辰	辛巳	壬午	癸未	甲申	乙酉	丙戌	丁亥	戊子	己丑	庚寅	辛卯	壬辰	癸巳	甲午	乙未	丙申	丁酉
曜	수	목	금	토	일	월	화	수	목	금	토	일	월	화	수	목	금	토	일	월	화	수	목	금	토	일	월	화	수	목	금

9月

陽	1	2	3	4	5	6	7	8	9	10	11	12	13	14	15	16	17	18	19	20	21	22	23	24	25	26	27	28	29	30
陰	20	21	22	23	24	25	26	27	28	29	⑧대	2	3	4	5	6	7	8	9	10	11	12	13	14	15	16	17	18	19	20
干支	戊戌	己亥	庚子	辛丑	壬寅	癸卯	甲辰	乙巳	丙午	丁未	戊申	己酉	庚戌	辛亥	壬子	癸丑	甲寅	乙卯	丙辰	丁巳	戊午	己未	庚申	辛酉	壬戌	癸亥	甲子	乙丑	丙寅	丁卯
曜	토	일	월	화	수	목	금	토	일	월	화	수	목	금	토	일	월	화	수	목	금	토	일	월	화	수	목	금	토	일

10月

陽	1	2	3	4	5	6	7	8	9	10	11	12	13	14	15	16	17	18	19	20	21	22	23	24	25	26	27	28	29	30	31
陰	21	22	23	24	25	26	27	28	29	30	⑨대	2	3	4	5	6	7	8	9	10	11	12	13	14	15	16	17	18	19	20	21
干支	戊辰	己巳	庚午	辛未	壬申	癸酉	甲戌	乙亥	丙子	丁丑	戊寅	己卯	庚辰	辛巳	壬午	癸未	甲申	乙酉	丙戌	丁亥	戊子	己丑	庚寅	辛卯	壬辰	癸巳	甲午	乙未	丙申	丁酉	戊戌
曜	월	화	수	목	금	토	일	월	화	수	목	금	토	일	월	화	수	목	금	토	일	월	화	수	목	금	토	일	월	화	수

11月

陽	1	2	3	4	5	6	7	8	9	10	11	12	13	14	15	16	17	18	19	20	21	22	23	24	25	26	27	28	29	30
陰	22	23	24	25	26	27	28	29	30	⑩대	2	3	4	5	6	7	8	9	10	11	12	13	14	15	16	17	18	19	20	21
干支	己亥	庚子	辛丑	壬寅	癸卯	甲辰	乙巳	丙午	丁未	戊申	己酉	庚戌	辛亥	壬子	癸丑	甲寅	乙卯	丙辰	丁巳	戊午	己未	庚申	辛酉	壬戌	癸亥	甲子	乙丑	丙寅	丁卯	戊辰
曜	목	금	토	일	월	화	수	목	금	토	일	월	화	수	목	금	토	일	월	화	수	목	금	토	일	월	화	수	목	금

12月

陽	1	2	3	4	5	6	7	8	9	10	11	12	13	14	15	16	17	18	19	20	21	22	23	24	25	26	27	28	29	30	31
陰	22	23	24	25	26	27	28	29	30	⑪소	2	3	4	5	6	7	8	9	10	11	12	13	14	15	16	17	18	19	20	21	22
干支	己巳	庚午	辛未	壬申	癸酉	甲戌	乙亥	丙子	丁丑	戊寅	己卯	庚辰	辛巳	壬午	癸未	甲申	乙酉	丙戌	丁亥	戊子	己丑	庚寅	辛卯	壬辰	癸巳	甲午	乙未	丙申	丁酉	戊戌	己亥
曜	토	일	월	화	수	목	금	토	일	월	화	수	목	금	토	일	월	화	수	목	금	토	일	월	화	수	목	금	토	일	월

九日得辛 十龍治水 八白 四綠 三碧
酉大將軍 西三殺 六白 二黑 七赤
丑喪門 酉弔客 一白 九紫 五黃

新平年三百六十五日
舊平年三百五十四日

丁亥(屋上土)

西紀二〇〇七年●檀紀四三四〇年

建月之大小	日辰	月白	入節
壬寅 正月小	癸卯 癸巳 癸未	二黑	驚蟄十七日己亥辰正初刻 雨水初二日甲申巳正初刻
癸卯 二月小	壬申 壬戌 壬子	一白	清明十八日己巳午正三刻 春分初三日甲寅巳初初刻
甲辰 三月大	辛丑 辛卯 辛巳	九紫	立夏二十日庚子卯正一刻 穀雨初四日甲申戌正初刻
乙巳 四月小	辛未 辛酉 辛亥	八白	芒種廿一日辛未巳正一刻 小滿初五日乙卯戌初初刻
丙午 五月小	庚子 庚寅 庚辰	七赤	小暑廿三日壬寅戌正三刻 夏至初八日丁亥寅初初刻
丁未 六月大	己巳 己未 己酉	六白	立秋廿六日甲戌卯正二刻 大暑初十日戊午未正初刻
戊申 七月小	己亥 己丑 己卯	五黃	白露廿七日乙巳巳初二刻 處暑十一日己丑亥初一刻
己酉 八月大	戊辰 戊午 戊申	四綠	寒露廿九日丙子丑初一刻 秋分十三日庚申戌初初刻
庚戌 九月大	戊戌 戊子 戊寅	三碧	立冬廿九日丙午寅正一刻 霜降十四日辛卯寅正一刻
辛亥 十月大	戊辰 戊午 戊申	二黑	大雪廿八日乙亥亥初一刻 小雪十四日辛酉丑初三刻
壬子 十一月小	戊戌 戊子 戊寅	一白	小寒廿八日乙巳辰正二刻 冬至十三日庚寅申初二刻
癸丑 十二月大	丁卯 丁巳 丁未	九紫	立春廿八日甲戌戌正初刻 大寒十三日己未丑初二刻

◆雜 節◆

土王	十二月十 日	陽 一月 十七日
臘享	十二月十一日	陽 一月十八日
土王	九月十一日	陽 十月二十一日
末伏	七月初二日	陽 八月十四日
中伏	六月十二日	陽 七月二十五日
土王	六月初七日	陽 七月二十日
初伏	六月初二日	陽 七月十五日
土王	三月初一日	陽 四月十七日
寒食	二月十九日	陽 四月六日

2008(4341. 戊子)

1月

陽	1	2	3	4	5	6	7	8	9	10	11	12	13	14	15	16	17	18	19	20	21	22	23	24	25	26	27	28	29	30	31
陰	23	24	25	26	27	28	29	⑫대	2	3	4	5	6	7	8	9	10	11	12	13	14	15	16	17	18	19	20	21	22	23	24
干支	庚子	辛丑	壬寅	癸卯	甲辰	乙巳	丙午	丁未	戊申	己酉	庚戌	辛亥	壬子	癸丑	甲寅	乙卯	丙辰	丁巳	戊午	己未	庚申	辛酉	壬戌	癸亥	甲子	乙丑	丙寅	丁卯	戊辰	己巳	庚午
曜	화	수	목	금	토	일	월	화	수	목	금	토	일	월	화	수	목	금	토	일	월	화	수	목	금	토	일	월	화	수	목

2月

陽	1	2	3	4	5	6	7	8	9	10	11	12	13	14	15	16	17	18	19	20	21	22	23	24	25	26	27	28	29
陰	25	26	27	28	29	30	①대	2	3	4	5	6	7	8	9	10	11	12	13	14	15	16	17	18	19	20	21	22	23
干支	辛未	壬申	癸酉	甲戌	乙亥	丙子	丁丑	戊寅	己卯	庚辰	辛巳	壬午	癸未	甲申	乙酉	丙戌	丁亥	戊子	己丑	庚寅	辛卯	壬辰	癸巳	甲午	乙未	丙申	丁酉	戊戌	己亥
曜	금	토	일	월	화	수	목	금	토	일	월	화	수	목	금	토	일	월	화	수	목	금	토	일	월	화	수	목	금

3月

陽	1	2	3	4	5	6	7	8	9	10	11	12	13	14	15	16	17	18	19	20	21	22	23	24	25	26	27	28	29	30	31
陰	24	25	26	27	28	29	30	②소	2	3	4	5	6	7	8	9	10	11	12	13	14	15	16	17	18	19	20	21	22	23	24
干支	庚子	辛丑	壬寅	癸卯	甲辰	乙巳	丙午	丁未	戊申	己酉	庚戌	辛亥	壬子	癸丑	甲寅	乙卯	丙辰	丁巳	戊午	己未	庚申	辛酉	壬戌	癸亥	甲子	乙丑	丙寅	丁卯	戊辰	己巳	庚午
曜	토	일	월	화	수	목	금	토	일	월	화	수	목	금	토	일	월	화	수	목	금	토	일	월	화	수	목	금	토	일	월

4月

陽	1	2	3	4	5	6	7	8	9	10	11	12	13	14	15	16	17	18	19	20	21	22	23	24	25	26	27	28	29	30
陰	25	26	27	28	29	③소	2	3	4	5	6	7	8	9	10	11	12	13	14	15	16	17	18	19	20	21	22	23	24	25
干支	辛未	壬申	癸酉	甲戌	乙亥	丙子	丁丑	戊寅	己卯	庚辰	辛巳	壬午	癸未	甲申	乙酉	丙戌	丁亥	戊子	己丑	庚寅	辛卯	壬辰	癸巳	甲午	乙未	丙申	丁酉	戊戌	己亥	庚子
曜	화	수	목	금	토	일	월	화	수	목	금	토	일	월	화	수	목	금	토	일	월	화	수	목	금	토	일	월	화	수

5月

陽	1	2	3	4	5	6	7	8	9	10	11	12	13	14	15	16	17	18	19	20	21	22	23	24	25	26	27	28	29	30	31
陰	26	27	28	29	④대	2	3	4	5	6	7	8	9	10	11	12	13	14	15	16	17	18	19	20	21	22	23	24	25	26	27
干支	辛丑	壬寅	癸卯	甲辰	乙巳	丙午	丁未	戊申	己酉	庚戌	辛亥	壬子	癸丑	甲寅	乙卯	丙辰	丁巳	戊午	己未	庚申	辛酉	壬戌	癸亥	甲子	乙丑	丙寅	丁卯	戊辰	己巳	庚午	辛未
曜	목	금	토	일	월	화	수	목	금	토	일	월	화	수	목	금	토	일	월	화	수	목	금	토	일	월	화	수	목	금	토

6月

陽	1	2	3	4	5	6	7	8	9	10	11	12	13	14	15	16	17	18	19	20	21	22	23	24	25	26	27	28	29	30
陰	28	29	30	⑤소	2	3	4	5	6	7	8	9	10	11	12	13	14	15	16	17	18	19	20	21	22	23	24	25	26	27
干支	壬申	癸酉	甲戌	乙亥	丙子	丁丑	戊寅	己卯	庚辰	辛巳	壬午	癸未	甲申	乙酉	丙戌	丁亥	戊子	己丑	庚寅	辛卯	壬辰	癸巳	甲午	乙未	丙申	丁酉	戊戌	己亥	庚子	辛丑
曜	일	월	화	수	목	금	토	일	월	화	수	목	금	토	일	월	화	수	목	금	토	일	월	화	수	목	금	토	일	월

7月

陽	1	2	3	4	5	6	7	8	9	10	11	12	13	14	15	16	17	18	19	20	21	22	23	24	25	26	27	28	29	30	31
陰	28	29	⑥소	2	3	4	5	6	7	8	9	10	11	12	13	14	15	16	17	18	19	20	21	22	23	24	25	26	27	28	29
干支	壬寅	癸卯	甲辰	乙巳	丙午	丁未	戊申	己酉	庚戌	辛亥	壬子	癸丑	甲寅	乙卯	丙辰	丁巳	戊午	己未	庚申	辛酉	壬戌	癸亥	甲子	乙丑	丙寅	丁卯	戊辰	己巳	庚午	辛未	壬申
曜	화	수	목	금	토	일	월	화	수	목	금	토	일	월	화	수	목	금	토	일	월	화	수	목	금	토	일	월	화	수	목

8月

陽	1	2	3	4	5	6	7	8	9	10	11	12	13	14	15	16	17	18	19	20	21	22	23	24	25	26	27	28	29	30	31
陰	⑦대	2	3	4	5	6	7	8	9	10	11	12	13	14	15	16	17	18	19	20	21	22	23	24	25	26	27	28	29	30	⑧소
干支	癸酉	甲戌	乙亥	丙子	丁丑	戊寅	己卯	庚辰	辛巳	壬午	癸未	甲申	乙酉	丙戌	丁亥	戊子	己丑	庚寅	辛卯	壬辰	癸巳	甲午	乙未	丙申	丁酉	戊戌	己亥	庚子	辛丑	壬寅	癸卯
曜	금	토	일	월	화	수	목	금	토	일	월	화	수	목	금	토	일	월	화	수	목	금	토	일	월	화	수	목	금	토	일

9月

陽	1	2	3	4	5	6	7	8	9	10	11	12	13	14	15	16	17	18	19	20	21	22	23	24	25	26	27	28	29	30
陰	2	3	4	5	6	7	8	9	10	11	12	13	14	15	16	17	18	19	20	21	22	23	24	25	26	27	28	29	⑨대	2
干支	甲辰	乙巳	丙午	丁未	戊申	己酉	庚戌	辛亥	壬子	癸丑	甲寅	乙卯	丙辰	丁巳	戊午	己未	庚申	辛酉	壬戌	癸亥	甲子	乙丑	丙寅	丁卯	戊辰	己巳	庚午	辛未	壬申	癸酉
曜	월	화	수	목	금	토	일	월	화	수	목	금	토	일	월	화	수	목	금	토	일	월	화	수	목	금	토	일	월	화

10月

陽	1	2	3	4	5	6	7	8	9	10	11	12	13	14	15	16	17	18	19	20	21	22	23	24	25	26	27	28	29	30	31
陰	3	4	5	6	7	8	9	10	11	12	13	14	15	16	17	18	19	20	21	22	23	24	25	26	27	28	29	30	⑩대	2	3
干支	甲戌	乙亥	丙子	丁丑	戊寅	己卯	庚辰	辛巳	壬午	癸未	甲申	乙酉	丙戌	丁亥	戊子	己丑	庚寅	辛卯	壬辰	癸巳	甲午	乙未	丙申	丁酉	戊戌	己亥	庚子	辛丑	壬寅	癸卯	甲辰
曜	수	목	금	토	일	월	화	수	목	금	토	일	월	화	수	목	금	토	일	월	화	수	목	금	토	일	월	화	수	목	금

11月

陽	1	2	3	4	5	6	7	8	9	10	11	12	13	14	15	16	17	18	19	20	21	22	23	24	25	26	27	28	29	30
陰	4	5	6	7	8	9	10	11	12	13	14	15	16	17	18	19	20	21	22	23	24	25	26	27	28	29	30	⑪소	2	3
干支	乙巳	丙午	丁未	戊申	己酉	庚戌	辛亥	壬子	癸丑	甲寅	乙卯	丙辰	丁巳	戊午	己未	庚申	辛酉	壬戌	癸亥	甲子	乙丑	丙寅	丁卯	戊辰	己巳	庚午	辛未	壬申	癸酉	甲戌
曜	토	일	월	화	수	목	금	토	일	월	화	수	목	금	토	일	월	화	수	목	금	토	일	월	화	수	목	금	토	일

12月

陽	1	2	3	4	5	6	7	8	9	10	11	12	13	14	15	16	17	18	19	20	21	22	23	24	25	26	27	28	29	30	31
陰	4	5	6	7	8	9	10	11	12	13	14	15	16	17	18	19	20	21	22	23	24	25	26	27	28	29	⑫대	2	3	4	5
干支	乙亥	丙子	丁丑	戊寅	己卯	庚辰	辛巳	壬午	癸未	甲申	乙酉	丙戌	丁亥	戊子	己丑	庚寅	辛卯	壬辰	癸巳	甲午	乙未	丙申	丁酉	戊戌	己亥	庚子	辛丑	壬寅	癸卯	甲辰	乙巳
曜	월	화	수	목	금	토	일	월	화	수	목	금	토	일	월	화	수	목	금	토	일	월	화	수	목	금	토	일	월	화	수

戊子（霹靂火）

西紀二〇〇八年 ● 檀紀四三四一年

新聞年三百六十六日
舊平年三百五十四日

五日得辛 四龍治水
酉大將軍 南三殺
寅喪門 戌弔客

七赤	三碧	二黑
五黃	一白	六白
九紫	八白	四綠

建月之大小	日辰	月白	入節
正月大 甲寅	丁酉 丁亥 丁丑	八白	驚蟄廿八日甲辰未正初刻 雨水十三日己丑申初三刻
二月小 乙卯	丁卯 丁巳 丁未	七赤	淸明廿八日甲戌酉正三刻 春分十三日己未未正三刻
三月小 丙辰	丙申 丙戌 丙子	六白	穀雨十五日庚寅初丑三刻
四月大 丁巳	乙丑 乙卯 乙巳	五黃	小滿十七日辛酉丑初初刻 立夏初一日乙巳午正初刻
五月小 戊午	乙未 乙酉 乙亥	四綠	夏至十八日壬辰巳初初刻 芒種初二日丙子申正一刻
六月小 己未	甲子 甲寅 甲辰	三碧	大暑二十日癸亥戌初三刻 小暑初五日戊申丑正二刻
七月大 庚申	癸巳 癸未 癸酉	二黑	處暑廿三日乙未寅初初刻 立秋初七日己卯午正一刻
八月小 辛酉	癸亥 癸丑 癸卯	一白	秋分廿四日丙寅子正三刻 白露初八日庚戌申初一刻
九月大 壬戌	壬辰 壬午 壬申	九紫	霜降廿五日丙申巳正初刻 寒露初十日辛巳辰初初刻
十月大 癸亥	壬戌 壬子 壬寅	八白	小雪廿五日丙寅辰初三刻 立冬初十日辛亥巳正一刻
十一月小 甲子	壬辰 壬午 壬申	七赤	冬至廿四日乙未亥初初刻 大雪初十日辛巳寅初初刻
十二月大 乙丑	辛酉 辛亥 辛丑	六白	大寒廿六日丙寅辰初二刻 小寒十一日辛亥未正二刻

◆雜　節◆

- 土王 十二月廿三日 陽 一月十八日
- 臘享 十二月十九日 陽 一月十四日
- 土王 九月廿二日 陽 十月二十日
- 末伏 七月初八日 陽 八月八日
- 中伏 六月廿七日 陽 七月二十九日
- 土王 六月十七日 陽 七月十九日
- 初伏 六月十七日 陽 七月十九日
- 土王 三月十二日 陽 四月十七日
- 寒食 二月廿九日 陽 四月五日

2009(4342. 己丑)

1月

陽	1	2	3	4	5	6	7	8	9	10	11	12	13	14	15	16	17	18	19	20	21	22	23	24	25	26	27	28	29	30	31
陰	6	7	8	9	10	11	12	13	14	15	16	17	18	19	20	21	22	23	24	25	26	27	28	29	30	①대	2	3	4	5	6
干支	丙午	丁未	戊申	己酉	庚戌	辛亥	壬子	癸丑	甲寅	乙卯	丙辰	丁巳	戊午	己未	庚申	辛酉	壬戌	癸亥	甲子	乙丑	丙寅	丁卯	戊辰	己巳	庚午	辛未	壬申	癸酉	甲戌	乙亥	丙子
曜	목	금	토	일	월	화	수	목	금	토	일	월	화	수	목	금	토	일	월	화	수	목	금	토	일	월	화	수	목	금	토

2月

陽	1	2	3	4	5	6	7	8	9	10	11	12	13	14	15	16	17	18	19	20	21	22	23	24	25	26	27	28
陰	7	8	9	10	11	12	13	14	15	16	17	18	19	20	21	22	23	24	25	26	27	28	29	30	②대	2	3	4
干支	丁丑	戊寅	己卯	庚辰	辛巳	壬午	癸未	甲申	乙酉	丙戌	丁亥	戊子	己丑	庚寅	辛卯	壬辰	癸巳	甲午	乙未	丙申	丁酉	戊戌	己亥	庚子	辛丑	壬寅	癸卯	甲辰
曜	일	월	화	수	목	금	토	일	월	화	수	목	금	토	일	월	화	수	목	금	토	일	월	화	수	목	금	토

3月

陽	1	2	3	4	5	6	7	8	9	10	11	12	13	14	15	16	17	18	19	20	21	22	23	24	25	26	27	28	29	30	31
陰	5	6	7	8	9	10	11	12	13	14	15	16	17	18	19	20	21	22	23	24	25	26	27	28	29	30	③소	2	3	4	5
干支	乙巳	丙午	丁未	戊申	己酉	庚戌	辛亥	壬子	癸丑	甲寅	乙卯	丙辰	丁巳	戊午	己未	庚申	辛酉	壬戌	癸亥	甲子	乙丑	丙寅	丁卯	戊辰	己巳	庚午	辛未	壬申	癸酉	甲戌	乙亥
曜	일	월	화	수	목	금	토	일	월	화	수	목	금	토	일	월	화	수	목	금	토	일	월	화	수	목	금	토	일	월	화

4月

陽	1	2	3	4	5	6	7	8	9	10	11	12	13	14	15	16	17	18	19	20	21	22	23	24	25	26	27	28	29	30
陰	6	7	8	9	10	11	12	13	14	15	16	17	18	19	20	21	22	23	24	25	26	27	28	29	④소	2	3	4	5	6
干支	丙子	丁丑	戊寅	己卯	庚辰	辛巳	壬午	癸未	甲申	乙酉	丙戌	丁亥	戊子	己丑	庚寅	辛卯	壬辰	癸巳	甲午	乙未	丙申	丁酉	戊戌	己亥	庚子	辛丑	壬寅	癸卯	甲辰	乙巳
曜	수	목	금	토	일	월	화	수	목	금	토	일	월	화	수	목	금	토	일	월	화	수	목	금	토	일	월	화	수	목

5月

陽	1	2	3	4	5	6	7	8	9	10	11	12	13	14	15	16	17	18	19	20	21	22	23	24	25	26	27	28	29	30	31
陰	7	8	9	10	11	12	13	14	15	16	17	18	19	20	21	22	23	24	25	26	27	28	29	⑤대	2	3	4	5	6	7	8
干支	丙午	丁未	戊申	己酉	庚戌	辛亥	壬子	癸丑	甲寅	乙卯	丙辰	丁巳	戊午	己未	庚申	辛酉	壬戌	癸亥	甲子	乙丑	丙寅	丁卯	戊辰	己巳	庚午	辛未	壬申	癸酉	甲戌	乙亥	丙子
曜	금	토	일	월	화	수	목	금	토	일	월	화	수	목	금	토	일	월	화	수	목	금	토	일	월	화	수	목	금	토	일

6月

陽	1	2	3	4	5	6	7	8	9	10	11	12	13	14	15	16	17	18	19	20	21	22	23	24	25	26	27	28	29	30
陰	9	10	11	12	13	14	15	16	17	18	19	20	21	22	23	24	25	26	27	28	29	30	윤소	2	3	4	5	6	7	8
干支	丁丑	戊寅	己卯	庚辰	辛巳	壬午	癸未	甲申	乙酉	丙戌	丁亥	戊子	己丑	庚寅	辛卯	壬辰	癸巳	甲午	乙未	丙申	丁酉	戊戌	己亥	庚子	辛丑	壬寅	癸卯	甲辰	乙巳	丙午
曜	월	화	수	목	금	토	일	월	화	수	목	금	토	일	월	화	수	목	금	토	일	월	화	수	목	금	토	일	월	화

7月

陽	1	2	3	4	5	6	7	8	9	10	11	12	13	14	15	16	17	18	19	20	21	22	23	24	25	26	27	28	29	30	31
陰	9	10	11	12	13	14	15	16	17	18	19	20	21	22	23	24	25	26	27	28	29	⑥소	2	3	4	5	6	7	8	9	10
干支	丁未	戊申	己酉	庚戌	辛亥	壬子	癸丑	甲寅	乙卯	丙辰	丁巳	戊午	己未	庚申	辛酉	壬戌	癸亥	甲子	乙丑	丙寅	丁卯	戊辰	己巳	庚午	辛未	壬申	癸酉	甲戌	乙亥	丙子	丁丑
曜	수	목	금	토	일	월	화	수	목	금	토	일	월	화	수	목	금	토	일	월	화	수	목	금	토	일	월	화	수	목	금

8月

陽	1	2	3	4	5	6	7	8	9	10	11	12	13	14	15	16	17	18	19	20	21	22	23	24	25	26	27	28	29	30	31
陰	11	12	13	14	15	16	17	18	19	20	21	22	23	24	25	26	27	28	29	⑦대	2	3	4	5	6	7	8	9	10	11	12
干支	戊寅	己卯	庚辰	辛巳	壬午	癸未	甲申	乙酉	丙戌	丁亥	戊子	己丑	庚寅	辛卯	壬辰	癸巳	甲午	乙未	丙申	丁酉	戊戌	己亥	庚子	辛丑	壬寅	癸卯	甲辰	乙巳	丙午	丁未	戊申
曜	토	일	월	화	수	목	금	토	일	월	화	수	목	금	토	일	월	화	수	목	금	토	일	월	화	수	목	금	토	일	월

9月

陽	1	2	3	4	5	6	7	8	9	10	11	12	13	14	15	16	17	18	19	20	21	22	23	24	25	26	27	28	29	30
陰	13	14	15	16	17	18	19	20	21	22	23	24	25	26	27	28	29	30	⑧소	2	3	4	5	6	7	8	9	10	11	12
干支	己酉	庚戌	辛亥	壬子	癸丑	甲寅	乙卯	丙辰	丁巳	戊午	己未	庚申	辛酉	壬戌	癸亥	甲子	乙丑	丙寅	丁卯	戊辰	己巳	庚午	辛未	壬申	癸酉	甲戌	乙亥	丙子	丁丑	戊寅
曜	화	수	목	금	토	일	월	화	수	목	금	토	일	월	화	수	목	금	토	일	월	화	수	목	금	토	일	월	화	수

10月

陽	1	2	3	4	5	6	7	8	9	10	11	12	13	14	15	16	17	18	19	20	21	22	23	24	25	26	27	28	29	30	31
陰	13	14	15	16	17	18	19	20	21	22	23	24	25	26	27	28	29	⑨대	2	3	4	5	6	7	8	9	10	11	12	13	14
干支	己卯	庚辰	辛巳	壬午	癸未	甲申	乙酉	丙戌	丁亥	戊子	己丑	庚寅	辛卯	壬辰	癸巳	甲午	乙未	丙申	丁酉	戊戌	己亥	庚子	辛丑	壬寅	癸卯	甲辰	乙巳	丙午	丁未	戊申	己酉
曜	목	금	토	일	월	화	수	목	금	토	일	월	화	수	목	금	토	일	월	화	수	목	금	토	일	월	화	수	목	금	토

11月

陽	1	2	3	4	5	6	7	8	9	10	11	12	13	14	15	16	17	18	19	20	21	22	23	24	25	26	27	28	29	30
陰	15	16	17	18	19	20	21	22	23	24	25	26	27	28	29	30	⑩소	2	3	4	5	6	7	8	9	10	11	12	13	14
干支	庚戌	辛亥	壬子	癸丑	甲寅	乙卯	丙辰	丁巳	戊午	己未	庚申	辛酉	壬戌	癸亥	甲子	乙丑	丙寅	丁卯	戊辰	己巳	庚午	辛未	壬申	癸酉	甲戌	乙亥	丙子	丁丑	戊寅	己卯
曜	일	월	화	수	목	금	토	일	월	화	수	목	금	토	일	월	화	수	목	금	토	일	월	화	수	목	금	토	일	월

12月

陽	1	2	3	4	5	6	7	8	9	10	11	12	13	14	15	16	17	18	19	20	21	22	23	24	25	26	27	28	29	30	31
陰	15	16	17	18	19	20	21	22	23	24	25	26	27	28	29	⑪대	2	3	4	5	6	7	8	9	10	11	12	13	14	15	16
干支	庚辰	辛巳	壬午	癸未	甲申	乙酉	丙戌	丁亥	戊子	己丑	庚寅	辛卯	壬辰	癸巳	甲午	乙未	丙申	丁酉	戊戌	己亥	庚子	辛丑	壬寅	癸卯	甲辰	乙巳	丙午	丁未	戊申	己酉	庚戌
曜	화	수	목	금	토	일	월	화	수	목	금	토	일	월	화	수	목	금	토	일	월	화	수	목	금	토	일	월	화	수	목

己丑 (霹靂火)

西紀二〇〇九年 ● 檀紀四三四二年

新平年三百六十五日

舊閏年三百八十四日

一日得辛 十龍治水 六白 二黑 一白

酉大將軍 東三殺 四綠 九紫 五黃

卯喪門 戌吊客 八白 七赤 三碧

建月之大小	正月 丙寅 大	二月 丁卯 大	三月 戊辰 小	四月 己巳 小	五月 庚午 大	閏五月 小	六月 辛未 小	七月 壬申 大	八月 癸酉 小	九月 甲戌 大	十月 乙亥 小	十一月 丙子 大	十二月 丁丑 大
日辰	辛未 辛巳 辛卯	辛丑 辛亥 辛酉	辛未 辛巳 辛卯	庚子 庚戌 庚申	己巳 己卯 己丑	己亥 己酉 己未	戊辰 戊寅 戊子	丁酉 丁未 丁巳	丁卯 丁丑 丁亥	丙申 丙午 丙辰	丙寅 丙子 丙戌	乙未 乙巳 乙卯	乙丑 乙亥 乙酉
月白	五黃	四綠	三碧	二黑	一白		九紫	八白	七赤	六白	五黃	四綠	三碧
入節	立春初十日庚辰丑初三刻 雨水廿四日甲午亥初三刻	驚蟄初九日己酉戌初三刻 春分廿四日甲子戌正二刻	淸明初十日庚辰子正二刻 穀雨廿五日乙未辰初二刻	立夏十一日庚戌酉初三刻 小滿廿七日丙寅卯正三刻	芒種十三日辛巳子初初刻 夏至廿九日丁酉未正三刻	小暑十五日癸丑辰正一刻	大暑初二日己巳丑初三刻 立秋十七日甲申酉正初刻	處暑初四日庚子辰正三刻 白露十九日乙卯亥初初刻	秋分初五日辛未卯正二刻 寒露二十日丙戌午正三刻	霜降初六日辛丑申正初刻 立冬廿一日丙辰申正初刻	小雪初六日辛未未初二刻 大雪廿一日丙戌辰正三刻	冬至初七日辛丑丑正初刻 小寒廿一日乙卯戌正三刻	大寒初六日庚午未初二刻 立春廿一日乙酉辰初三刻

◆雜 節◆

臘享	十二月初七日	陽一月二十一日
土王	十二月初三日	陽一月十七日
土王	九月初三日	陽十月二十日
末伏	六月廿三日	陽八月十三日
中伏	六月初三日	陽七月二十四日
土王	閏五月廿七日	陽七月十九日
初伏	閏五月廿二日	陽七月十四日
土王	三月廿二日	陽四月十七日
寒食	三月初十日	陽四月五日

2010(4343. 庚寅)

1月

陽	1	2	3	4	5	6	7	8	9	10	11	12	13	14	15	16	17	18	19	20	21	22	23	24	25	26	27	28	29	30	31
陰	17	18	19	20	21	22	23	24	25	26	27	28	29	30	⑫대	2	3	4	5	6	7	8	9	10	11	12	13	14	15	16	17
干支	辛亥	壬子	癸丑	甲寅	乙卯	丙辰	丁巳	戊午	己未	庚申	辛酉	壬戌	癸亥	甲子	乙丑	丙寅	丁卯	戊辰	己巳	庚午	辛未	壬申	癸酉	甲戌	乙亥	丙子	丁丑	戊寅	己卯	庚辰	辛巳
曜	금	토	일	월	화	수	목	금	토	일	월	화	수	목	금	토	일	월	화	수	목	금	토	일	월	화	수	목	금	토	일

2月

陽	1	2	3	4	5	6	7	8	9	10	11	12	13	14	15	16	17	18	19	20	21	22	23	24	25	26	27	28
陰	18	19	20	21	22	23	24	25	26	27	28	29	30	①대	2	3	4	5	6	7	8	9	10	11	12	13	14	15
干支	壬午	癸未	甲申	乙酉	丙戌	丁亥	戊子	己丑	庚寅	辛卯	壬辰	癸巳	甲午	乙未	丙申	丁酉	戊戌	己亥	庚子	辛丑	壬寅	癸卯	甲辰	乙巳	丙午	丁未	戊申	己酉
曜	월	화	수	목	금	토	일	월	화	수	목	금	토	일	월	화	수	목	금	토	일	월	화	수	목	금	토	일

3月

陽	1	2	3	4	5	6	7	8	9	10	11	12	13	14	15	16	17	18	19	20	21	22	23	24	25	26	27	28	29	30	31
陰	16	17	18	19	20	21	22	23	24	25	26	27	28	29	30	②소	2	3	4	5	6	7	8	9	10	11	12	13	14	15	16
干支	庚戌	辛亥	壬子	癸丑	甲寅	乙卯	丙辰	丁巳	戊午	己未	庚申	辛酉	壬戌	癸亥	甲子	乙丑	丙寅	丁卯	戊辰	己巳	庚午	辛未	壬申	癸酉	甲戌	乙亥	丙子	丁丑	戊寅	己卯	庚辰
曜	월	화	수	목	금	토	일	월	화	수	목	금	토	일	월	화	수	목	금	토	일	월	화	수	목	금	토	일	월	화	수

4月

陽	1	2	3	4	5	6	7	8	9	10	11	12	13	14	15	16	17	18	19	20	21	22	23	24	25	26	27	28	29	30
陰	17	18	19	20	21	22	23	24	25	26	27	28	29	③대	2	3	4	5	6	7	8	9	10	11	12	13	14	15	16	17
干支	辛巳	壬午	癸未	甲申	乙酉	丙戌	丁亥	戊子	己丑	庚寅	辛卯	壬辰	癸巳	甲午	乙未	丙申	丁酉	戊戌	己亥	庚子	辛丑	壬寅	癸卯	甲辰	乙巳	丙午	丁未	戊申	己酉	庚戌
曜	목	금	토	일	월	화	수	목	금	토	일	월	화	수	목	금	토	일	월	화	수	목	금	토	일	월	화	수	목	금

5月

陽	1	2	3	4	5	6	7	8	9	10	11	12	13	14	15	16	17	18	19	20	21	22	23	24	25	26	27	28	29	30	31
陰	18	19	20	21	22	23	24	25	26	27	28	29	30	④소	2	3	4	5	6	7	8	9	10	11	12	13	14	15	16	17	18
干支	辛亥	壬子	癸丑	甲寅	乙卯	丙辰	丁巳	戊午	己未	庚申	辛酉	壬戌	癸亥	甲子	乙丑	丙寅	丁卯	戊辰	己巳	庚午	辛未	壬申	癸酉	甲戌	乙亥	丙子	丁丑	戊寅	己卯	庚辰	辛巳
曜	토	일	월	화	수	목	금	토	일	월	화	수	목	금	토	일	월	화	수	목	금	토	일	월	화	수	목	금	토	일	월

6月

陽	1	2	3	4	5	6	7	8	9	10	11	12	13	14	15	16	17	18	19	20	21	22	23	24	25	26	27	28	29	30
陰	19	20	21	22	23	24	25	26	27	28	29	⑤대	2	3	4	5	6	7	8	9	10	11	12	13	14	15	16	17	18	19
干支	壬午	癸未	甲申	乙酉	丙戌	丁亥	戊子	己丑	庚寅	辛卯	壬辰	癸巳	甲午	乙未	丙申	丁酉	戊戌	己亥	庚子	辛丑	壬寅	癸卯	甲辰	乙巳	丙午	丁未	戊申	己酉	庚戌	辛亥
曜	화	수	목	금	토	일	월	화	수	목	금	토	일	월	화	수	목	금	토	일	월	화	수	목	금	토	일	월	화	수

7月

陽	1	2	3	4	5	6	7	8	9	10	11	12	13	14	15	16	17	18	19	20	21	22	23	24	25	26	27	28	29	30	31
陰	20	21	22	23	24	25	26	27	28	29	30	⑥소	2	3	4	5	6	7	8	9	10	11	12	13	14	15	16	17	18	19	20
干支	壬子	癸丑	甲寅	乙卯	丙辰	丁巳	戊午	己未	庚申	辛酉	壬戌	癸亥	甲子	乙丑	丙寅	丁卯	戊辰	己巳	庚午	辛未	壬申	癸酉	甲戌	乙亥	丙子	丁丑	戊寅	己卯	庚辰	辛巳	壬午
曜	목	금	토	일	월	화	수	목	금	토	일	월	화	수	목	금	토	일	월	화	수	목	금	토	일	월	화	수	목	금	토

8月

陽	1	2	3	4	5	6	7	8	9	10	11	12	13	14	15	16	17	18	19	20	21	22	23	24	25	26	27	28	29	30	31
陰	21	22	23	24	25	26	27	28	29	⑦소	2	3	4	5	6	7	8	9	10	11	12	13	14	15	16	17	18	19	20	21	22
干支	癸未	甲申	乙酉	丙戌	丁亥	戊子	己丑	庚寅	辛卯	壬辰	癸巳	甲午	乙未	丙申	丁酉	戊戌	己亥	庚子	辛丑	壬寅	癸卯	甲辰	乙巳	丙午	丁未	戊申	己酉	庚戌	辛亥	壬子	癸丑
曜	일	월	화	수	목	금	토	일	월	화	수	목	금	토	일	월	화	수	목	금	토	일	월	화	수	목	금	토	일	월	화

9月

陽	1	2	3	4	5	6	7	8	9	10	11	12	13	14	15	16	17	18	19	20	21	22	23	24	25	26	27	28	29	30
陰	23	24	25	26	27	28	29	⑧대	2	3	4	5	6	7	8	9	10	11	12	13	14	15	16	17	18	19	20	21	22	23
干支	甲寅	乙卯	丙辰	丁巳	戊午	己未	庚申	辛酉	壬戌	癸亥	甲子	乙丑	丙寅	丁卯	戊辰	己巳	庚午	辛未	壬申	癸酉	甲戌	乙亥	丙子	丁丑	戊寅	己卯	庚辰	辛巳	壬午	癸未
曜	수	목	금	토	일	월	화	수	목	금	토	일	월	화	수	목	금	토	일	월	화	수	목	금	토	일	월	화	수	목

10月

陽	1	2	3	4	5	6	7	8	9	10	11	12	13	14	15	16	17	18	19	20	21	22	23	24	25	26	27	28	29	30	31
陰	24	25	26	27	28	29	30	⑨소	2	3	4	5	6	7	8	9	10	11	12	13	14	15	16	17	18	19	20	21	22	23	24
干支	甲申	乙酉	丙戌	丁亥	戊子	己丑	庚寅	辛卯	壬辰	癸巳	甲午	乙未	丙申	丁酉	戊戌	己亥	庚子	辛丑	壬寅	癸卯	甲辰	乙巳	丙午	丁未	戊申	己酉	庚戌	辛亥	壬子	癸丑	甲寅
曜	금	토	일	월	화	수	목	금	토	일	월	화	수	목	금	토	일	월	화	수	목	금	토	일	월	화	수	목	금	토	일

11月

陽	1	2	3	4	5	6	7	8	9	10	11	12	13	14	15	16	17	18	19	20	21	22	23	24	25	26	27	28	29	30
陰	25	26	27	28	29	⑩대	2	3	4	5	6	7	8	9	10	11	12	13	14	15	16	17	18	19	20	21	22	23	24	25
干支	乙卯	丙辰	丁巳	戊午	己未	庚申	辛酉	壬戌	癸亥	甲子	乙丑	丙寅	丁卯	戊辰	己巳	庚午	辛未	壬申	癸酉	甲戌	乙亥	丙子	丁丑	戊寅	己卯	庚辰	辛巳	壬午	癸未	甲申
曜	월	화	수	목	금	토	일	월	화	수	목	금	토	일	월	화	수	목	금	토	일	월	화	수	목	금	토	일	월	화

12月

陽	1	2	3	4	5	6	7	8	9	10	11	12	13	14	15	16	17	18	19	20	21	22	23	24	25	26	27	28	29	30	31
陰	26	27	28	29	30	⑪대	2	3	4	5	6	7	8	9	10	11	12	13	14	15	16	17	18	19	20	21	22	23	24	25	26
干支	乙酉	丙戌	丁亥	戊子	己丑	庚寅	辛卯	壬辰	癸巳	甲午	乙未	丙申	丁酉	戊戌	己亥	庚子	辛丑	壬寅	癸卯	甲辰	乙巳	丙午	丁未	戊申	己酉	庚戌	辛亥	壬子	癸丑	甲寅	乙卯
曜	수	목	금	토	일	월	화	수	목	금	토	일	월	화	수	목	금	토	일	월	화	수	목	금	토	일	월	화	수	목	금

七日得辛 十龍治水
子大將軍 北三殺
辰喪門 子弔客
五黃 一白 九紫
三碧 八白 四綠
七赤 六白 二黑

庚寅 (松栢木)

新平年三百六十五日
舊平年三百五十四日

西紀二〇一〇年●檀紀四三四三年

建月之大小	正月大 戊寅	二月小 己卯	三月大 庚辰	四月小 辛巳	五月大 壬午	六月小 癸未	七月小 甲申	八月大 乙酉	九月小 丙戌	十月大 丁亥	十一月小 戊子	十二月大 己丑
日辰	乙卯 乙巳 乙未	乙酉 乙亥 乙丑	甲寅 甲辰 甲午	甲申 甲戌 甲子	癸丑 癸卯 癸巳	癸未 癸酉 癸亥	壬子 壬寅 壬辰	辛巳 辛未 辛酉	辛亥 辛丑 辛卯	庚辰 庚午 庚申	庚戌 庚子 庚寅	己卯 己巳 己未
月白	二黑	一白	九紫	八白	七赤	六白	五黃	四綠	三碧	二黑	一白	九紫
入節	驚蟄廿一日乙卯丑初二刻 雨水初六日庚子寅初二刻	淸明廿一日乙酉卯正一刻 春分初六日庚午丑正二刻	立夏廿二日乙卯子初二刻 穀雨初七日庚子未初一刻	芒種廿四日丁亥寅初三刻 小滿初八日辛未午正二刻	小暑廿六日戊午未正初刻 夏至初十日壬寅戌正二刻	立秋廿七日己丑子初三刻 大暑十二日甲戌辰正二刻	處暑十四日乙巳未正二刻	秋分十六日丙子午正一刻 白露初一日辛酉寅初初刻	霜降十六日丙午亥初三刻 寒露初一日辛卯酉正二刻	小雪十七日丙子戌初一刻 立冬初二日辛酉亥初三刻	冬至十七日丙午辰正二刻 大雪初二日辛卯未正三刻	大寒十七日乙亥戌初一刻 小寒初二日庚申丑初三刻

◆雜 節◆

土王 十二月十四日 陽 一月 十七日
臘享 十二月十三日 陽 一月十六日
土王 九月十三日 陽 十月二十日
末伏 六月廿八日 陽 八月 八 日
中伏 六月十八日 陽 七月二十九日
土王 六月十 日 陽 七月 二十日
初伏 六月初八日 陽 七月十九日
土王 三月初四日 陽 四月十七日
寒食 二月廿二日 陽 四月六日

2011(4344. 辛卯)

1月

陽	1	2	3	4	5	6	7	8	9	10	11	12	13	14	15	16	17	18	19	20	21	22	23	24	25	26	27	28	29	30	31
陰	27	28	29	⑫대	2	3	4	5	6	7	8	9	10	11	12	13	14	15	16	17	18	19	20	21	22	23	24	25	26	27	28
干支	丙辰	丁巳	戊午	己未	庚申	辛酉	壬戌	癸亥	甲子	乙丑	丙寅	丁卯	戊辰	己巳	庚午	辛未	壬申	癸酉	甲戌	乙亥	丙子	丁丑	戊寅	己卯	庚辰	辛巳	壬午	癸未	甲申	乙酉	丙戌
曜	토	일	월	화	수	목	금	토	일	월	화	수	목	금	토	일	월	화	수	목	금	토	일	월	화	수	목	금	토	일	월

2月

陽	1	2	3	4	5	6	7	8	9	10	11	12	13	14	15	16	17	18	19	20	21	22	23	24	25	26	27	28
陰	29	30	①대	2	3	4	5	6	7	8	9	10	11	12	13	14	15	16	17	18	19	20	21	22	23	24	25	26
干支	丁亥	戊子	己丑	庚寅	辛卯	壬辰	癸巳	甲午	乙未	丙申	丁酉	戊戌	己亥	庚子	辛丑	壬寅	癸卯	甲辰	乙巳	丙午	丁未	戊申	己酉	庚戌	辛亥	壬子	癸丑	甲寅
曜	화	수	목	금	토	일	월	화	수	목	금	토	일	월	화	수	목	금	토	일	월	화	수	목	금	토	일	월

3月

陽	1	2	3	4	5	6	7	8	9	10	11	12	13	14	15	16	17	18	19	20	21	22	23	24	25	26	27	28	29	30	31
陰	27	28	29	30	②소	2	3	4	5	6	7	8	9	10	11	12	13	14	15	16	17	18	19	20	21	22	23	24	25	26	27
干支	乙卯	丙辰	丁巳	戊午	己未	庚申	辛酉	壬戌	癸亥	甲子	乙丑	丙寅	丁卯	戊辰	己巳	庚午	辛未	壬申	癸酉	甲戌	乙亥	丙子	丁丑	戊寅	己卯	庚辰	辛巳	壬午	癸未	甲申	乙酉
曜	화	수	목	금	토	일	월	화	수	목	금	토	일	월	화	수	목	금	토	일	월	화	수	목	금	토	일	월	화	수	목

4月

陽	1	2	3	4	5	6	7	8	9	10	11	12	13	14	15	16	17	18	19	20	21	22	23	24	25	26	27	28	29	30
陰	28	29	③대	2	3	4	5	6	7	8	9	10	11	12	13	14	15	16	17	18	19	20	21	22	23	24	25	26	27	28
干支	丙戌	丁亥	戊子	己丑	庚寅	辛卯	壬辰	癸巳	甲午	乙未	丙申	丁酉	戊戌	己亥	庚子	辛丑	壬寅	癸卯	甲辰	乙巳	丙午	丁未	戊申	己酉	庚戌	辛亥	壬子	癸丑	甲寅	乙卯
曜	금	토	일	월	화	수	목	금	토	일	월	화	수	목	금	토	일	월	화	수	목	금	토	일	월	화	수	목	금	토

5月

陽	1	2	3	4	5	6	7	8	9	10	11	12	13	14	15	16	17	18	19	20	21	22	23	24	25	26	27	28	29	30	31
陰	29	30	④대	2	3	4	5	6	7	8	9	10	11	12	13	14	15	16	17	18	19	20	21	22	23	24	25	26	27	28	29
干支	丙辰	丁巳	戊午	己未	庚申	辛酉	壬戌	癸亥	甲子	乙丑	丙寅	丁卯	戊辰	己巳	庚午	辛未	壬申	癸酉	甲戌	乙亥	丙子	丁丑	戊寅	己卯	庚辰	辛巳	壬午	癸未	甲申	乙酉	丙戌
曜	일	월	화	수	목	금	토	일	월	화	수	목	금	토	일	월	화	수	목	금	토	일	월	화	수	목	금	토	일	월	화

6月

陽	1	2	3	4	5	6	7	8	9	10	11	12	13	14	15	16	17	18	19	20	21	22	23	24	25	26	27	28	29	30
陰	30	⑤소	2	3	4	5	6	7	8	9	10	11	12	13	14	15	16	17	18	19	20	21	22	23	24	25	26	27	28	29
干支	丁亥	戊子	己丑	庚寅	辛卯	壬辰	癸巳	甲午	乙未	丙申	丁酉	戊戌	己亥	庚子	辛丑	壬寅	癸卯	甲辰	乙巳	丙午	丁未	戊申	己酉	庚戌	辛亥	壬子	癸丑	甲寅	乙卯	丙辰
曜	수	목	금	토	일	월	화	수	목	금	토	일	월	화	수	목	금	토	일	월	화	수	목	금	토	일	월	화	수	목

7月

陽	1	2	3	4	5	6	7	8	9	10	11	12	13	14	15	16	17	18	19	20	21	22	23	24	25	26	27	28	29	30	31
陰	⑥대	2	3	4	5	6	7	8	9	10	11	12	13	14	15	16	17	18	19	20	21	22	23	24	25	26	27	28	29	30	⑦소
干支	丁巳	戊午	己未	庚申	辛酉	壬戌	癸亥	甲子	乙丑	丙寅	丁卯	戊辰	己巳	庚午	辛未	壬申	癸酉	甲戌	乙亥	丙子	丁丑	戊寅	己卯	庚辰	辛巳	壬午	癸未	甲申	乙酉	丙戌	丁亥
曜	금	토	일	월	화	수	목	금	토	일	월	화	수	목	금	토	일	월	화	수	목	금	토	일	월	화	수	목	금	토	일

8月

陽	1	2	3	4	5	6	7	8	9	10	11	12	13	14	15	16	17	18	19	20	21	22	23	24	25	26	27	28	29	30	31
陰	2	3	4	5	6	7	8	9	10	11	12	13	14	15	16	17	18	19	20	21	22	23	24	25	26	27	28	29	⑧소	2	3
干支	戊子	己丑	庚寅	辛卯	壬辰	癸巳	甲午	乙未	丙申	丁酉	戊戌	己亥	庚子	辛丑	壬寅	癸卯	甲辰	乙巳	丙午	丁未	戊申	己酉	庚戌	辛亥	壬子	癸丑	甲寅	乙卯	丙辰	丁巳	戊午
曜	월	화	수	목	금	토	일	월	화	수	목	금	토	일	월	화	수	목	금	토	일	월	화	수	목	금	토	일	월	화	수

9月

陽	1	2	3	4	5	6	7	8	9	10	11	12	13	14	15	16	17	18	19	20	21	22	23	24	25	26	27	28	29	30
陰	4	5	6	7	8	9	10	11	12	13	14	15	16	17	18	19	20	21	22	23	24	25	26	27	28	29	⑨대	2	3	4
干支	己未	庚申	辛酉	壬戌	癸亥	甲子	乙丑	丙寅	丁卯	戊辰	己巳	庚午	辛未	壬申	癸酉	甲戌	乙亥	丙子	丁丑	戊寅	己卯	庚辰	辛巳	壬午	癸未	甲申	乙酉	丙戌	丁亥	戊子
曜	목	금	토	일	월	화	수	목	금	토	일	월	화	수	목	금	토	일	월	화	수	목	금	토	일	월	화	수	목	금

10月

陽	1	2	3	4	5	6	7	8	9	10	11	12	13	14	15	16	17	18	19	20	21	22	23	24	25	26	27	28	29	30	31
陰	5	6	7	8	9	10	11	12	13	14	15	16	17	18	19	20	21	22	23	24	25	26	27	28	29	30	⑩소	2	3	4	5
干支	己丑	庚寅	辛卯	壬辰	癸巳	甲午	乙未	丙申	丁酉	戊戌	己亥	庚子	辛丑	壬寅	癸卯	甲辰	乙巳	丙午	丁未	戊申	己酉	庚戌	辛亥	壬子	癸丑	甲寅	乙卯	丙辰	丁巳	戊午	己未
曜	토	일	월	화	수	목	금	토	일	월	화	수	목	금	토	일	월	화	수	목	금	토	일	월	화	수	목	금	토	일	월

11月

陽	1	2	3	4	5	6	7	8	9	10	11	12	13	14	15	16	17	18	19	20	21	22	23	24	25	26	27	28	29	30
陰	6	7	8	9	10	11	12	13	14	15	16	17	18	19	20	21	22	23	24	25	26	27	28	29	⑪대	2	3	4	5	6
干支	庚申	辛酉	壬戌	癸亥	甲子	乙丑	丙寅	丁卯	戊辰	己巳	庚午	辛未	壬申	癸酉	甲戌	乙亥	丙子	丁丑	戊寅	己卯	庚辰	辛巳	壬午	癸未	甲申	乙酉	丙戌	丁亥	戊子	己丑
曜	화	수	목	금	토	일	월	화	수	목	금	토	일	월	화	수	목	금	토	일	월	화	수	목	금	토	일	월	화	수

12月

陽	1	2	3	4	5	6	7	8	9	10	11	12	13	14	15	16	17	18	19	20	21	22	23	24	25	26	27	28	29	30	31
陰	7	8	9	10	11	12	13	14	15	16	17	18	19	20	21	22	23	24	25	26	27	28	29	30	⑫소	2	3	4	5	6	7
干支	庚寅	辛卯	壬辰	癸巳	甲午	乙未	丙申	丁酉	戊戌	己亥	庚子	辛丑	壬寅	癸卯	甲辰	乙巳	丙午	丁未	戊申	己酉	庚戌	辛亥	壬子	癸丑	甲寅	乙卯	丙辰	丁巳	戊午	己未	庚申
曜	목	금	토	일	월	화	수	목	금	토	일	월	화	수	목	금	토	일	월	화	수	목	금	토	일	월	화	수	목	금	토

西紀二〇一一年●檀紀四三四四年

辛卯(松栢木)

新平年三百六十五日

舊平年三百五十四日

三日得辛	四龍治水	
子大將軍	酉三殺	
巳喪門	丑吊客	
四綠	九紫	八白
二黑	七赤	三碧
六白	五黃	一白

建月之大小	日辰	月白	入節
庚寅 正月大	己丑 己亥 己酉	八白	立春初二日庚寅未初二刻 / 雨水十七日乙巳巳初一刻
辛卯 二月小	己未 己巳 己卯	七赤	驚蟄初二日庚申辰初二刻 / 春分十七日乙亥辰正一刻
壬辰 三月大	戊子 戊戌 戊申	六白	淸明初三日庚寅午正初刻 / 穀雨十八日乙巳戌初一刻
癸巳 四月大	戊午 戊辰 戊寅	五黃	立夏初四日辛酉卯初一刻 / 小滿十九日丙子酉正一刻
甲午 五月小	戊子 戊戌 戊申	四綠	芒種初五日壬辰巳初二刻 / 夏至廿一日戊申丑正一刻
乙未 六月大	丁巳 丁卯 丁丑	三碧	小暑初七日癸亥戌初三刻 / 大暑廿三日己卯未初一刻
丙申 七月小	丁亥 丁酉 丁未	二黑	立秋初九日乙未卯初三刻 / 處暑廿四日庚戌戌正二刻
丁酉 八月小	丙辰 丙寅 丙子	一白	白露十一日丙寅辰正三刻 / 秋分廿六日辛巳酉正一刻
戊戌 九月大	乙酉 乙未 乙巳	九紫	寒露十三日丁酉子正二刻 / 霜降廿八日壬子寅初二刻
己亥 十月小	乙卯 乙丑 乙亥	八白	立冬十三日丁卯寅初三刻 / 小雪廿八日壬午丑初初刻
庚子 十一月大	甲申 甲午 甲辰	七赤	大雪十三日丙申戌正二刻 / 冬至廿八日辛亥未正二刻
辛丑 十二月小	甲寅 甲子 甲戌	六白	小寒十三日丙寅辰初三刻 / 大寒廿七日庚辰丑初初刻

◆雜 節◆

- 土王 十二月廿四日 陽 一月十七日
- 臘享 十二月十八日 陽 一月十一日
- 土王 九月廿五日 十月二十一日
- 末伏 七月十四日 陽 八月十三日
- 中伏 六月廿四日 陽 七月二十四日
- 土王 六月二十日 陽 七月二十日
- 初伏 六月十四日 陽 七月十四日
- 土王 三月十五日 陽 四月十七日
- 寒食 三月初四日 陽 四月六日

2012(4345. 壬辰)

1月

	1	2	3	4	5	6	7	8	9	10	11	12	13	14	15	16	17	18	19	20	21	22	23	24	25	26	27	28	29	30	31
陰	8	9	10	11	12	13	14	15	16	17	18	19	20	21	22	23	24	25	26	27	28	29	①대	2	3	4	5	6	7	8	9
干支	辛酉	壬戌	癸亥	甲子	乙丑	丙寅	丁卯	戊辰	己巳	庚午	辛未	壬申	癸酉	甲戌	乙亥	丙子	丁丑	戊寅	己卯	庚辰	辛巳	壬午	癸未	甲申	乙酉	丙戌	丁亥	戊子	己丑	庚寅	辛卯
曜	일	월	화	수	목	금	토	일	월	화	수	목	금	토	일	월	화	수	목	금	토	일	월	화	수	목	금	토	일	월	화

2月

陽	1	2	3	4	5	6	7	8	9	10	11	12	13	14	15	16	17	18	19	20	21	22	23	24	25	26	27	28	29
陰	10	11	12	13	14	15	16	17	18	19	20	21	22	23	24	25	26	27	28	29	30	②소	2	3	4	5	6	7	8
干支	壬辰	癸巳	甲午	乙未	丙申	丁酉	戊戌	己亥	庚子	辛丑	壬寅	癸卯	甲辰	乙巳	丙午	丁未	戊申	己酉	庚戌	辛亥	壬子	癸丑	甲寅	乙卯	丙辰	丁巳	戊午	己未	庚申
曜	수	목	금	토	일	월	화	수	목	금	토	일	월	화	수	목	금	토	일	월	화	수	목	금	토	일	월	화	수

3月

陽	1	2	3	4	5	6	7	8	9	10	11	12	13	14	15	16	17	18	19	20	21	22	23	24	25	26	27	28	29	30	31
陰	9	10	11	12	13	14	15	16	17	18	19	20	21	22	23	24	25	26	27	28	29	③대	2	3	4	5	6	7	8	9	10
干支	辛酉	壬戌	癸亥	甲子	乙丑	丙寅	丁卯	戊辰	己巳	庚午	辛未	壬申	癸酉	甲戌	乙亥	丙子	丁丑	戊寅	己卯	庚辰	辛巳	壬午	癸未	甲申	乙酉	丙戌	丁亥	戊子	己丑	庚寅	辛卯
曜	목	금	토	일	월	화	수	목	금	토	일	월	화	수	목	금	토	일	월	화	수	목	금	토	일	월	화	수	목	금	토

4月

陽	1	2	3	4	5	6	7	8	9	10	11	12	13	14	15	16	17	18	19	20	21	22	23	24	25	26	27	28	29	30
陰	11	12	13	14	15	16	17	18	19	20	21	22	23	24	25	26	27	28	29	30	윤대	2	3	4	5	6	7	8	9	10
干支	壬辰	癸巳	甲午	乙未	丙申	丁酉	戊戌	己亥	庚子	辛丑	壬寅	癸卯	甲辰	乙巳	丙午	丁未	戊申	己酉	庚戌	辛亥	壬子	癸丑	甲寅	乙卯	丙辰	丁巳	戊午	己未	庚申	辛酉
曜	일	월	화	수	목	금	토	일	월	화	수	목	금	토	일	월	화	수	목	금	토	일	월	화	수	목	금	토	일	월

5月

陽	1	2	3	4	5	6	7	8	9	10	11	12	13	14	15	16	17	18	19	20	21	22	23	24	25	26	27	28	29	30	31
陰	11	12	13	14	15	16	17	18	19	20	21	22	23	24	25	26	27	28	29	30	④대	2	3	4	5	6	7	8	9	10	11
干支	壬戌	癸亥	甲子	乙丑	丙寅	丁卯	戊辰	己巳	庚午	辛未	壬申	癸酉	甲戌	乙亥	丙子	丁丑	戊寅	己卯	庚辰	辛巳	壬午	癸未	甲申	乙酉	丙戌	丁亥	戊子	己丑	庚寅	辛卯	壬辰
曜	화	수	목	금	토	일	월	화	수	목	금	토	일	월	화	수	목	금	토	일	월	화	수	목	금	토	일	월	화	수	목

6月

陽	1	2	3	4	5	6	7	8	9	10	11	12	13	14	15	16	17	18	19	20	21	22	23	24	25	26	27	28	29	30
陰	12	13	14	15	16	17	18	19	20	21	22	23	24	25	26	27	28	29	30	⑤소	2	3	4	5	6	7	8	9	10	11
干支	癸巳	甲午	乙未	丙申	丁酉	戊戌	己亥	庚子	辛丑	壬寅	癸卯	甲辰	乙巳	丙午	丁未	戊申	己酉	庚戌	辛亥	壬子	癸丑	甲寅	乙卯	丙辰	丁巳	戊午	己未	庚申	辛酉	壬戌
曜	금	토	일	월	화	수	목	금	토	일	월	화	수	목	금	토	일	월	화	수	목	금	토	일	월	화	수	목	금	토

7月

陽	1	2	3	4	5	6	7	8	9	10	11	12	13	14	15	16	17	18	19	20	21	22	23	24	25	26	27	28	29	30	31
陰	12	13	14	15	16	17	18	19	20	21	22	23	24	25	26	27	28	29	⑥대	2	3	4	5	6	7	8	9	10	11	12	13
干支	癸亥	甲子	乙丑	丙寅	丁卯	戊辰	己巳	庚午	辛未	壬申	癸酉	甲戌	乙亥	丙子	丁丑	戊寅	己卯	庚辰	辛巳	壬午	癸未	甲申	乙酉	丙戌	丁亥	戊子	己丑	庚寅	辛卯	壬辰	癸巳
曜	일	월	화	수	목	금	토	일	월	화	수	목	금	토	일	월	화	수	목	금	토	일	월	화	수	목	금	토	일	월	화

8月

陽	1	2	3	4	5	6	7	8	9	10	11	12	13	14	15	16	17	18	19	20	21	22	23	24	25	26	27	28	29	30	31
陰	14	15	16	17	18	19	20	21	22	23	24	25	26	27	28	29	30	⑦소	2	3	4	5	6	7	8	9	10	11	12	13	14
干支	甲午	乙未	丙申	丁酉	戊戌	己亥	庚子	辛丑	壬寅	癸卯	甲辰	乙巳	丙午	丁未	戊申	己酉	庚戌	辛亥	壬子	癸丑	甲寅	乙卯	丙辰	丁巳	戊午	己未	庚申	辛酉	壬戌	癸亥	甲子
曜	수	목	금	토	일	월	화	수	목	금	토	일	월	화	수	목	금	토	일	월	화	수	목	금	토	일	월	화	수	목	금

9月

陽	1	2	3	4	5	6	7	8	9	10	11	12	13	14	15	16	17	18	19	20	21	22	23	24	25	26	27	28	29	30
陰	15	16	17	18	19	20	21	22	23	24	25	26	27	28	29	⑧소	2	3	4	5	6	7	8	9	10	11	12	13	14	15
干支	乙丑	丙寅	丁卯	戊辰	己巳	庚午	辛未	壬申	癸酉	甲戌	乙亥	丙子	丁丑	戊寅	己卯	庚辰	辛巳	壬午	癸未	甲申	乙酉	丙戌	丁亥	戊子	己丑	庚寅	辛卯	壬辰	癸巳	甲午
曜	토	일	월	화	수	목	금	토	일	월	화	수	목	금	토	일	월	화	수	목	금	토	일	월	화	수	목	금	토	일

10月

陽	1	2	3	4	5	6	7	8	9	10	11	12	13	14	15	16	17	18	19	20	21	22	23	24	25	26	27	28	29	30	31
陰	16	17	18	19	20	21	22	23	24	25	26	27	28	29	⑨대	2	3	4	5	6	7	8	9	10	11	12	13	14	15	16	17
干支	乙未	丙申	丁酉	戊戌	己亥	庚子	辛丑	壬寅	癸卯	甲辰	乙巳	丙午	丁未	戊申	己酉	庚戌	辛亥	壬子	癸丑	甲寅	乙卯	丙辰	丁巳	戊午	己未	庚申	辛酉	壬戌	癸亥	甲子	乙丑
曜	월	화	수	목	금	토	일	월	화	수	목	금	토	일	월	화	수	목	금	토	일	월	화	수	목	금	토	일	월	화	수

11月

陽	1	2	3	4	5	6	7	8	9	10	11	12	13	14	15	16	17	18	19	20	21	22	23	24	25	26	27	28	29	30
陰	18	19	20	21	22	23	24	25	26	27	28	29	30	⑩소	2	3	4	5	6	7	8	9	10	11	12	13	14	15	16	17
干支	丙寅	丁卯	戊辰	己巳	庚午	辛未	壬申	癸酉	甲戌	乙亥	丙子	丁丑	戊寅	己卯	庚辰	辛巳	壬午	癸未	甲申	乙酉	丙戌	丁亥	戊子	己丑	庚寅	辛卯	壬辰	癸巳	甲午	乙未
曜	목	금	토	일	월	화	수	목	금	토	일	월	화	수	목	금	토	일	월	화	수	목	금	토	일	월	화	수	목	금

12月

陽	1	2	3	4	5	6	7	8	9	10	11	12	13	14	15	16	17	18	19	20	21	22	23	24	25	26	27	28	29	30	31
陰	18	19	20	21	22	23	24	25	26	27	28	29	⑪대	2	3	4	5	6	7	8	9	10	11	12	13	14	15	16	17	18	19
干支	丙申	丁酉	戊戌	己亥	庚子	辛丑	壬寅	癸卯	甲辰	乙巳	丙午	丁未	戊申	己酉	庚戌	辛亥	壬子	癸丑	甲寅	乙卯	丙辰	丁巳	戊午	己未	庚申	辛酉	壬戌	癸亥	甲子	乙丑	丙寅
曜	토	일	월	화	수	목	금	토	일	월	화	수	목	금	토	일	월	화	수	목	금	토	일	월	화	수	목	금	토	일	월

壬辰 (長流水)

西紀二〇一二年 ● 檀紀四三四五年

新閏年三百六十六日
舊閏年三百八十四日

九日得辛 十龍治水
子大將軍 南三殺
午喪門 寅弔客

三碧 八白 七赤
一白 六白 二黑
五黃 四綠 九紫

建月之大小	日辰	月白	入節
壬寅 正月大	癸未 癸巳 癸卯	五黃	立春十三日乙未戌初一刻 雨水廿八日庚戌申正初刻
癸卯 二月小	癸丑 癸亥 癸酉	四綠	驚蟄十三日乙丑未初一刻 春分廿八日庚辰未正一刻
甲辰 三月大	壬午 壬辰 壬寅	三碧	淸明十四日乙未酉正初刻 穀雨三十日辛亥丑初初刻
閏三月大	壬子 壬戌 壬申		立夏十五日丙寅午初一刻
乙巳 四月大	壬午 壬辰 壬寅	二黑	小滿初一日壬午子正初刻 芒種十六日丁酉申初一刻
丙午 五月小	壬子 壬戌 壬申	一白	夏至初二日癸丑辰正初刻 小暑十八日己巳丑初三刻
丁未 六月大	辛巳 辛卯 辛丑	九紫	大暑初四日甲申戌初初刻 立秋二十日庚子午初二刻
戊申 七月小	辛亥 辛酉 辛未	八白	處暑初六日丙辰丑正一刻 白露廿一日辛未未正二刻
己酉 八月小	庚辰 庚寅 庚子	七赤	秋分初七日丙戌子初三刻 寒露廿三日壬寅卯正一刻
庚戌 九月大	己酉 己未 己巳	六白	霜降初九日丁巳巳初一刻 立冬廿四日壬申巳初二刻
辛亥 十月小	己卯 己丑 己亥	五黃	小雪初九日丁亥辰初初刻 大雪廿四日壬寅丑正一刻
壬子 十一月大	戊申 戊午 戊辰	四綠	冬至初九日丙辰戌正一刻 小寒廿五日壬申未初二刻
癸丑 十二月小	戊寅 戊子 戊戌	三碧	大寒初十日丁亥辰初初刻 立春廿四日辛丑丑初初刻

◆雜 節◆

臘享 十二月初六日 陽一月十七日
土王 十二月初七日 陽一月十八日
土王 九月初六日 陽十月二十日
末伏 六月二十日 陽八月七日
中伏 六月初十日 陽七月二十八日
土王 六月初一日 陽七月十九日
初伏 五月廿九日 陽七月十八日
土王 三月廿六日 陽四月十六日
寒食 三月十五日 陽四月五日

2013(4346. 癸巳)

1月

陽	1	2	3	4	5	6	7	8	9	10	11	12	13	14	15	16	17	18	19	20	21	22	23	24	25	26	27	28	29	30	31
陰	20	21	22	23	24	25	26	27	28	29	30	⑫소	2	3	4	5	6	7	8	9	10	11	12	13	14	15	16	17	18	19	20
干支	丁卯	戊辰	己巳	庚午	辛未	壬申	癸酉	甲戌	乙亥	丙子	丁丑	戊寅	己卯	庚辰	辛巳	壬午	癸未	甲申	乙酉	丙戌	丁亥	戊子	己丑	庚寅	辛卯	壬辰	癸巳	甲午	乙未	丙申	丁酉
曜	화	수	목	금	토	일	월	화	수	목	금	토	일	월	화	수	목	금	토	일	월	화	수	목	금	토	일	월	화	수	목

2月

陽	1	2	3	4	5	6	7	8	9	10	11	12	13	14	15	16	17	18	19	20	21	22	23	24	25	26	27	28
陰	21	22	23	24	25	26	27	28	29	①대	2	3	4	5	6	7	8	9	10	11	12	13	14	15	16	17	18	19
干支	戊戌	己亥	庚子	辛丑	壬寅	癸卯	甲辰	乙巳	丙午	丁未	戊申	己酉	庚戌	辛亥	壬子	癸丑	甲寅	乙卯	丙辰	丁巳	戊午	己未	庚申	辛酉	壬戌	癸亥	甲子	乙丑
曜	금	토	일	월	화	수	목	금	토	일	월	화	수	목	금	토	일	월	화	수	목	금	토	일	월	화	수	목

3月

陽	1	2	3	4	5	6	7	8	9	10	11	12	13	14	15	16	17	18	19	20	21	22	23	24	25	26	27	28	29	30	31
陰	20	21	22	23	24	25	26	27	28	29	30	②소	2	3	4	5	6	7	8	9	10	11	12	13	14	15	16	17	18	19	20
干支	丙寅	丁卯	戊辰	己巳	庚午	辛未	壬申	癸酉	甲戌	乙亥	丙子	丁丑	戊寅	己卯	庚辰	辛巳	壬午	癸未	甲申	乙酉	丙戌	丁亥	戊子	己丑	庚寅	辛卯	壬辰	癸巳	甲午	乙未	丙申
曜	금	토	일	월	화	수	목	금	토	일	월	화	수	목	금	토	일	월	화	수	목	금	토	일	월	화	수	목	금	토	일

4月

陽	1	2	3	4	5	6	7	8	9	10	11	12	13	14	15	16	17	18	19	20	21	22	23	24	25	26	27	28	29	30
陰	21	22	23	24	25	26	27	28	29	③대	2	3	4	5	6	7	8	9	10	11	12	13	14	15	16	17	18	19	20	21
干支	丁酉	戊戌	己亥	庚子	辛丑	壬寅	癸卯	甲辰	乙巳	丙午	丁未	戊申	己酉	庚戌	辛亥	壬子	癸丑	甲寅	乙卯	丙辰	丁巳	戊午	己未	庚申	辛酉	壬戌	癸亥	甲子	乙丑	丙寅
曜	월	화	수	목	금	토	일	월	화	수	목	금	토	일	월	화	수	목	금	토	일	월	화	수	목	금	토	일	월	화

5月

陽	1	2	3	4	5	6	7	8	9	10	11	12	13	14	15	16	17	18	19	20	21	22	23	24	25	26	27	28	29	30	31
陰	22	23	24	25	26	27	28	29	30	④대	2	3	4	5	6	7	8	9	10	11	12	13	14	15	16	17	18	19	20	21	22
干支	丁卯	戊辰	己巳	庚午	辛未	壬申	癸酉	甲戌	乙亥	丙子	丁丑	戊寅	己卯	庚辰	辛巳	壬午	癸未	甲申	乙酉	丙戌	丁亥	戊子	己丑	庚寅	辛卯	壬辰	癸巳	甲午	乙未	丙申	丁酉
曜	수	목	금	토	일	월	화	수	목	금	토	일	월	화	수	목	금	토	일	월	화	수	목	금	토	일	월	화	수	목	금

6月

陽	1	2	3	4	5	6	7	8	9	10	11	12	13	14	15	16	17	18	19	20	21	22	23	24	25	26	27	28	29	30
陰	23	24	25	26	27	28	29	30	⑤소	2	3	4	5	6	7	8	9	10	11	12	13	14	15	16	17	18	19	20		
干支	戊戌	己亥	庚子	辛丑	壬寅	癸卯	甲辰	乙巳	丙午	丁未	戊申	己酉	庚戌	辛亥	壬子	癸丑	甲寅	乙卯	丙辰	丁巳	戊午	己未	庚申	辛酉	壬戌	癸亥	甲子	乙丑	丙寅	丁卯
曜	토	일	월	화	수	목	금	토	일	월	화	수	목	금	토	일	월	화	수	목	금	토	일	월	화	수	목	금	토	일

7月

陽	1	2	3	4	5	6	7	8	9	10	11	12	13	14	15	16	17	18	19	20	21	22	23	24	25	26	27	28	29	30	31
陰	23	24	25	26	27	28	29	⑥대	2	3	4	5	6	7	8	9	10	11	12	13	14	15	16	17	18	19	20	21	22	23	24
干支	戊辰	己巳	庚午	辛未	壬申	癸酉	甲戌	乙亥	丙子	丁丑	戊寅	己卯	庚辰	辛巳	壬午	癸未	甲申	乙酉	丙戌	丁亥	戊子	己丑	庚寅	辛卯	壬辰	癸巳	甲午	乙未	丙申	丁酉	戊戌
曜	월	화	수	목	금	토	일	월	화	수	목	금	토	일	월	화	수	목	금	토	일	월	화	수	목	금	토	일	월	화	수

8月

陽	1	2	3	4	5	6	7	8	9	10	11	12	13	14	15	16	17	18	19	20	21	22	23	24	25	26	27	28	29	30	31
陰	25	26	27	28	29	30	⑦소	2	3	4	5	6	7	8	9	10	11	12	13	14	15	16	17	18	19	20	21	22	23	24	25
干支	己亥	庚子	辛丑	壬寅	癸卯	甲辰	乙巳	丙午	丁未	戊申	己酉	庚戌	辛亥	壬子	癸丑	甲寅	乙卯	丙辰	丁巳	戊午	己未	庚申	辛酉	壬戌	癸亥	甲子	乙丑	丙寅	丁卯	戊辰	己巳
曜	목	금	토	일	월	화	수	목	금	토	일	월	화	수	목	금	토	일	월	화	수	목	금	토	일	월	화	수	목	금	토

9月

陽	1	2	3	4	5	6	7	8	9	10	11	12	13	14	15	16	17	18	19	20	21	22	23	24	25	26	27	28	29	30
陰	26	27	28	29	⑧대	2	3	4	5	6	7	8	9	10	11	12	13	14	15	16	17	18	19	20	21	22	23	24	25	26
干支	庚午	辛未	壬申	癸酉	甲戌	乙亥	丙子	丁丑	戊寅	己卯	庚辰	辛巳	壬午	癸未	甲申	乙酉	丙戌	丁亥	戊子	己丑	庚寅	辛卯	壬辰	癸巳	甲午	乙未	丙申	丁酉	戊戌	己亥
曜	일	월	화	수	목	금	토	일	월	화	수	목	금	토	일	월	화	수	목	금	토	일	월	화	수	목	금	토	일	월

10月

陽	1	2	3	4	5	6	7	8	9	10	11	12	13	14	15	16	17	18	19	20	21	22	23	24	25	26	27	28	29	30	31
陰	27	28	29	30	⑨소	2	3	4	5	6	7	8	9	10	11	12	13	14	15	16	17	18	19	20	21	22	23	24	25	26	27
干支	庚子	辛丑	壬寅	癸卯	甲辰	乙巳	丙午	丁未	戊申	己酉	庚戌	辛亥	壬子	癸丑	甲寅	乙卯	丙辰	丁巳	戊午	己未	庚申	辛酉	壬戌	癸亥	甲子	乙丑	丙寅	丁卯	戊辰	己巳	庚午
曜	화	수	목	금	토	일	월	화	수	목	금	토	일	월	화	수	목	금	토	일	월	화	수	목	금	토	일	월	화	수	목

11月

陽	1	2	3	4	5	6	7	8	9	10	11	12	13	14	15	16	17	18	19	20	21	22	23	24	25	26	27	28	29	30
陰	28	29	⑩대	2	3	4	5	6	7	8	9	10	11	12	13	14	15	16	17	18	19	20	21	22	23	24	25	26	27	28
干支	辛未	壬申	癸酉	甲戌	乙亥	丙子	丁丑	戊寅	己卯	庚辰	辛巳	壬午	癸未	甲申	乙酉	丙戌	丁亥	戊子	己丑	庚寅	辛卯	壬辰	癸巳	甲午	乙未	丙申	丁酉	戊戌	己亥	庚子
曜	금	토	일	월	화	수	목	금	토	일	월	화	수	목	금	토	일	월	화	수	목	금	토	일	월	화	수	목	금	토

12月

陽	1	2	3	4	5	6	7	8	9	10	11	12	13	14	15	16	17	18	19	20	21	22	23	24	25	26	27	28	29	30	31
陰	29	30	⑪소	2	3	4	5	6	7	8	9	10	11	12	13	14	15	16	17	18	19	20	21	22	23	24	25	26	27	28	29
干支	辛丑	壬寅	癸卯	甲辰	乙巳	丙午	丁未	戊申	己酉	庚戌	辛亥	壬子	癸丑	甲寅	乙卯	丙辰	丁巳	戊午	己未	庚申	辛酉	壬戌	癸亥	甲子	乙丑	丙寅	丁卯	戊辰	己巳	庚午	辛未
曜	일	월	화	수	목	금	토	일	월	화	수	목	금	토	일	월	화	수	목	금	토	일	월	화	수	목	금	토	일	월	화

癸巳(長流水)

新平年三百六十五日
舊平年三百五十五日

西紀二〇一三年●檀紀四三四六年

五日得辛 十龍治水
卯大將軍 東 三殺
未喪門 卯弔客

二黑 七赤 六白
九紫 五黃 一白
四綠 三碧 八白

建月之大小	正月大 甲寅	二月小 乙卯	三月大 丙辰	四月大 丁巳	五月小 戊午	六月大 己未	七月小 庚申	八月大 辛酉	九月小 壬戌	十月大 癸亥	十一月小 甲子	十二月大 乙丑
日辰	丁卯 丁巳 丁未	丁酉 丁亥 丁丑	丙寅 丙辰 丙午	丙申 丙戌 丙子	丙寅 丙辰 丙午	乙未 乙酉 乙亥	乙丑 乙卯 乙巳	甲午 甲申 甲戌	甲子 甲寅 甲辰	癸巳 癸未 癸酉	癸亥 癸丑 癸卯	壬辰 壬午 壬申
月白	二黑	一白	九紫	八白	七赤	六白	五黃	四綠	三碧	二黑	一白	九紫
入節	驚蟄廿四日庚午戌初初刻 雨水初九日乙卯亥初初刻	清明廿五日辛丑子初三刻 春分初九日乙酉戌初三刻	立夏廿六日辛未酉初初刻 穀雨十一日丙辰卯正三刻	芒種廿七日壬寅亥初一刻 小滿十二日丁亥卯正初刻	小暑廿九日甲戌辰正初刻 夏至十三日戊午未正初刻	大暑十六日庚寅子正三刻	處暑十七日辛酉辰正初刻 立秋初一日乙巳酉初一刻	秋分十九日壬辰戌初三刻 白露初三日丙子戌正一刻	霜降十九日壬戌申初一刻 寒露初四日丁未午正初刻	小雪廿十日壬辰午正三刻 立冬初五日丁丑申初一刻	冬至二十日壬戌丑正初刻 大雪初五日丁未辰正一刻	大寒二十日辛卯午正三刻 小寒初五日丙子戌初初刻

◆雜 節◆

臘享 十二月廿三日 陽 一月二十三日
土王 十二月十七日 陽 一月十七日
土王 九月十六日 陽 十月二十日
末伏 七月初六日 陽 八月十二日
中伏 六月十六日 陽 七月二十三日
土王 六月十二日 陽 七月十九日
初伏 六月初六日 陽 七月十三日
土王 三月初八日 陽 四月十七日
寒食 二月廿五日 陽 四月五日

2014(4347. 甲午)

1月

陽	1	2	3	4	5	6	7	8	9	10	11	12	13	14	15	16	17	18	19	20	21	22	23	24	25	26	27	28	29	30	31
陰	⑫대	2	3	4	5	6	7	8	9	10	11	12	13	14	15	16	17	18	19	20	21	22	23	24	25	26	27	28	29	30	①소
干支	壬申	癸酉	甲戌	乙亥	丙子	丁丑	戊寅	己卯	庚辰	辛巳	壬午	癸未	甲申	乙酉	丙戌	丁亥	戊子	己丑	庚寅	辛卯	壬辰	癸巳	甲午	乙未	丙申	丁酉	戊戌	己亥	庚子	辛丑	壬寅
曜	수	목	금	토	일	월	화	수	목	금	토	일	월	화	수	목	금	토	일	월	화	수	목	금	토	일	월	화	수	목	금

2月

陽	1	2	3	4	5	6	7	8	9	10	11	12	13	14	15	16	17	18	19	20	21	22	23	24	25	26	27	28
陰	2	3	4	5	6	7	8	9	10	11	12	13	14	15	16	17	18	19	20	21	22	23	24	25	26	27	28	29
干支	癸卯	甲辰	乙巳	丙午	丁未	戊申	己酉	庚戌	辛亥	壬子	癸丑	甲寅	乙卯	丙辰	丁巳	戊午	己未	庚申	辛酉	壬戌	癸亥	甲子	乙丑	丙寅	丁卯	戊辰	己巳	庚午
曜	토	일	월	화	수	목	금	토	일	월	화	수	목	금	토	일	월	화	수	목	금	토	일	월	화	수	목	금

3月

陽	1	2	3	4	5	6	7	8	9	10	11	12	13	14	15	16	17	18	19	20	21	22	23	24	25	26	27	28	29	30	31
陰	②대	2	3	4	5	6	7	8	9	10	11	12	13	14	15	16	17	18	19	20	21	22	23	24	25	26	27	28	29	30	③소
干支	辛未	壬申	癸酉	甲戌	乙亥	丙子	丁丑	戊寅	己卯	庚辰	辛巳	壬午	癸未	甲申	乙酉	丙戌	丁亥	戊子	己丑	庚寅	辛卯	壬辰	癸巳	甲午	乙未	丙申	丁酉	戊戌	己亥	庚子	辛丑
曜	토	일	월	화	수	목	금	토	일	월	화	수	목	금	토	일	월	화	수	목	금	토	일	월	화	수	목	금	토	일	월

4月

陽	1	2	3	4	5	6	7	8	9	10	11	12	13	14	15	16	17	18	19	20	21	22	23	24	25	26	27	28	29	30
陰	2	3	4	5	6	7	8	9	10	11	12	13	14	15	16	17	18	19	20	21	22	23	24	25	26	27	28	29	④대	2
干支	壬寅	癸卯	甲辰	乙巳	丙午	丁未	戊申	己酉	庚戌	辛亥	壬子	癸丑	甲寅	乙卯	丙辰	丁巳	戊午	己未	庚申	辛酉	壬戌	癸亥	甲子	乙丑	丙寅	丁卯	戊辰	己巳	庚午	辛未
曜	화	수	목	금	토	일	월	화	수	목	금	토	일	월	화	수	목	금	토	일	월	화	수	목	금	토	일	월	화	수

5月

陽	1	2	3	4	5	6	7	8	9	10	11	12	13	14	15	16	17	18	19	20	21	22	23	24	25	26	27	28	29	30	31
陰	3	4	5	6	7	8	9	10	11	12	13	14	15	16	17	18	19	20	21	22	23	24	25	26	27	28	29	30	⑤소	2	3
干支	壬申	癸酉	甲戌	乙亥	丙子	丁丑	戊寅	己卯	庚辰	辛巳	壬午	癸未	甲申	乙酉	丙戌	丁亥	戊子	己丑	庚寅	辛卯	壬辰	癸巳	甲午	乙未	丙申	丁酉	戊戌	己亥	庚子	辛丑	壬寅
曜	목	금	토	일	월	화	수	목	금	토	일	월	화	수	목	금	토	일	월	화	수	목	금	토	일	월	화	수	목	금	토

6月

陽	1	2	3	4	5	6	7	8	9	10	11	12	13	14	15	16	17	18	19	20	21	22	23	24	25	26	27	28	29	30
陰	4	5	6	7	8	9	10	11	12	13	14	15	16	17	18	19	20	21	22	23	24	25	26	27	28	29	⑥대	2	3	4
干支	癸卯	甲辰	乙巳	丙午	丁未	戊申	己酉	庚戌	辛亥	壬子	癸丑	甲寅	乙卯	丙辰	丁巳	戊午	己未	庚申	辛酉	壬戌	癸亥	甲子	乙丑	丙寅	丁卯	戊辰	己巳	庚午	辛未	壬申
曜	일	월	화	수	목	금	토	일	월	화	수	목	금	토	일	월	화	수	목	금	토	일	월	화	수	목	금	토	일	월

7月

陽	1	2	3	4	5	6	7	8	9	10	11	12	13	14	15	16	17	18	19	20	21	22	23	24	25	26	27	28	29	30	31
陰	5	6	7	8	9	10	11	12	13	14	15	16	17	18	19	20	21	22	23	24	25	26	27	28	29	30	⑦소	2	3	4	5
干支	癸酉	甲戌	乙亥	丙子	丁丑	戊寅	己卯	庚辰	辛巳	壬午	癸未	甲申	乙酉	丙戌	丁亥	戊子	己丑	庚寅	辛卯	壬辰	癸巳	甲午	乙未	丙申	丁酉	戊戌	己亥	庚子	辛丑	壬寅	癸卯
曜	화	수	목	금	토	일	월	화	수	목	금	토	일	월	화	수	목	금	토	일	월	화	수	목	금	토	일	월	화	수	목

8月

陽	1	2	3	4	5	6	7	8	9	10	11	12	13	14	15	16	17	18	19	20	21	22	23	24	25	26	27	28	29	30	31
陰	6	7	8	9	10	11	12	13	14	15	16	17	18	19	20	21	22	23	24	25	26	27	28	29	⑧대	2	3	4	5	6	7
干支	甲辰	乙巳	丙午	丁未	戊申	己酉	庚戌	辛亥	壬子	癸丑	甲寅	乙卯	丙辰	丁巳	戊午	己未	庚申	辛酉	壬戌	癸亥	甲子	乙丑	丙寅	丁卯	戊辰	己巳	庚午	辛未	壬申	癸酉	甲戌
曜	금	토	일	월	화	수	목	금	토	일	월	화	수	목	금	토	일	월	화	수	목	금	토	일	월	화	수	목	금	토	일

9月

陽	1	2	3	4	5	6	7	8	9	10	11	12	13	14	15	16	17	18	19	20	21	22	23	24	25	26	27	28	29	30
陰	8	9	10	11	12	13	14	15	16	17	18	19	20	21	22	23	24	25	26	27	28	29	30	⑨대	2	3	4	5	6	7
干支	乙亥	丙子	丁丑	戊寅	己卯	庚辰	辛巳	壬午	癸未	甲申	乙酉	丙戌	丁亥	戊子	己丑	庚寅	辛卯	壬辰	癸巳	甲午	乙未	丙申	丁酉	戊戌	己亥	庚子	辛丑	壬寅	癸卯	甲辰
曜	월	화	수	목	금	토	일	월	화	수	목	금	토	일	월	화	수	목	금	토	일	월	화	수	목	금	토	일	월	화

10月

陽	1	2	3	4	5	6	7	8	9	10	11	12	13	14	15	16	17	18	19	20	21	22	23	24	25	26	27	28	29	30	31
陰	8	9	10	11	12	13	14	15	16	17	18	19	20	21	22	23	24	25	26	27	28	29	30	윤소	2	3	4	5	6	7	8
干支	乙巳	丙午	丁未	戊申	己酉	庚戌	辛亥	壬子	癸丑	甲寅	乙卯	丙辰	丁巳	戊午	己未	庚申	辛酉	壬戌	癸亥	甲子	乙丑	丙寅	丁卯	戊辰	己巳	庚午	辛未	壬申	癸酉	甲戌	乙亥
曜	수	목	금	토	일	월	화	수	목	금	토	일	월	화	수	목	금	토	일	월	화	수	목	금	토	일	월	화	수	목	금

11月

陽	1	2	3	4	5	6	7	8	9	10	11	12	13	14	15	16	17	18	19	20	21	22	23	24	25	26	27	28	29	30
陰	9	10	11	12	13	14	15	16	17	18	19	20	21	22	23	24	25	26	27	28	29	⑩대	2	3	4	5	6	7	8	9
干支	丙子	丁丑	戊寅	己卯	庚辰	辛巳	壬午	癸未	甲申	乙酉	丙戌	丁亥	戊子	己丑	庚寅	辛卯	壬辰	癸巳	甲午	乙未	丙申	丁酉	戊戌	己亥	庚子	辛丑	壬寅	癸卯	甲辰	乙巳
曜	토	일	월	화	수	목	금	토	일	월	화	수	목	금	토	일	월	화	수	목	금	토	일	월	화	수	목	금	토	일

12月

陽	1	2	3	4	5	6	7	8	9	10	11	12	13	14	15	16	17	18	19	20	21	22	23	24	25	26	27	28	29	30	31
陰	10	11	12	13	14	15	16	17	18	19	20	21	22	23	24	25	26	27	28	29	30	⑪소	2	3	4	5	6	7	8	9	10
干支	丙午	丁未	戊申	己酉	庚戌	辛亥	壬子	癸丑	甲寅	乙卯	丙辰	丁巳	戊午	己未	庚申	辛酉	壬戌	癸亥	甲子	乙丑	丙寅	丁卯	戊辰	己巳	庚午	辛未	壬申	癸酉	甲戌	乙亥	丙子
曜	월	화	수	목	금	토	일	월	화	수	목	금	토	일	월	화	수	목	금	토	일	월	화	수	목	금	토	일	월	화	수

甲午 (沙中金)

新平年三百六十五日
舊閏年三百八十四日

西紀二〇一四年●檀紀四三四七年

十日得辛 三龍治水
卯大將軍 北三殺
申喪門 辰弔客

一白 六白 五黃
八白 四綠 九紫
三碧 二黑 七赤

建月之大小	正月小 丙寅	二月大 丁卯	三月小 戊辰	四月大 己巳	五月小 庚午	六月大 辛未	七月小 壬申	八月大 癸酉	九月大 甲戌	閏九月小	十月大 乙亥	十一月小 丙子	十二月大 丁丑
日辰	壬戌 壬子 壬寅	辛卯 辛巳 辛未	辛酉 辛亥 辛丑	庚寅 庚戌 庚子	庚申 庚戌 庚子	己丑 己卯 己巳	己未 己酉 己亥	戊子 戊寅 戊辰	戊午 戊申 戊戌	戊子 戊寅 戊辰	丁巳 丁未 丁酉	丁亥 丁丑 丁卯	丙辰 丙午 丙申
月白	八白	七赤	六白	五黃	四綠	三碧	二黑	一白	九紫		八白	七赤	六白
入節	雨水二十日辛酉丑正三刻 立春初五日丙午辰初初刻	春分廿一日辛卯丑初二刻 驚蟄初六日丙子丑初初刻	穀雨廿一日辛酉午正二刻 淸明初六日丙午卯初二刻	小滿廿三日壬辰丑正三刻 立夏初七日丙子亥正三刻	夏至廿四日癸亥戌初三刻 芒種初九日戊申寅初初刻	大暑廿七日乙未卯正三刻 小暑十一日己卯未初一刻	處暑廿八日丙寅未初三刻 立秋十二日庚戌丑初初刻	秋分三十日丁酉午初二刻 白露十五日壬午丑初初刻	霜降三十日丁卯亥初初刻 寒露十五日壬子酉初三刻	立冬十五日壬午亥初初刻	大雪十六日壬子未正初刻 小雪初一日丁酉酉正二刻	小寒十五日辛巳丑初一刻 冬至初一日丁卯辰正初刻	立春十六日辛亥午正三刻 大寒初一日丙申酉正二刻

◆雜　節◆

寒食	三月初七日	陽四月六日
土王	三月十八日	陽四月十七日
初伏	六月廿二日	陽七月十八日
土王	六月廿四日	陽七月二十日
中伏	七月初二日	陽七月二十八日
末伏	七月十二日	陽八月七日
土王	九月廿七日	陽十月二十日
土王	十一月廿七日	陽一月十七日
臘享	十二月十二日	陽一月三十一日

2015(4348. 乙未)

1月

陽	1	2	3	4	5	6	7	8	9	10	11	12	13	14	15	16	17	18	19	20	21	22	23	24	25	26	27	28	29	30	31
陰	11	12	13	14	15	16	17	18	19	20	21	22	23	24	25	26	27	28	29	⑫대	2	3	4	5	6	7	8	9	10	11	12
干支	丁丑	戊寅	己卯	庚辰	辛巳	壬午	癸未	甲申	乙酉	丙戌	丁亥	戊子	己丑	庚寅	辛卯	壬辰	癸巳	甲午	乙未	丙申	丁酉	戊戌	己亥	庚子	辛丑	壬寅	癸卯	甲辰	乙巳	丙午	丁未
曜	목	금	토	일	월	화	수	목	금	토	일	월	화	수	목	금	토	일	월	화	수	목	금	토	일	월	화	수	목	금	토

2月

陽	1	2	3	4	5	6	7	8	9	10	11	12	13	14	15	16	17	18	19	20	21	22	23	24	25	26	27	28
陰	13	14	15	16	17	18	19	20	21	22	23	24	25	26	27	28	29	30	①소	2	3	4	5	6	7	8	9	10
干支	戊申	己酉	庚戌	辛亥	壬子	癸丑	甲寅	乙卯	丙辰	丁巳	戊午	己未	庚申	辛酉	壬戌	癸亥	甲子	乙丑	丙寅	丁卯	戊辰	己巳	庚午	辛未	壬申	癸酉	甲戌	乙亥
曜	일	월	화	수	목	금	토	일	월	화	수	목	금	토	일	월	화	수	목	금	토	일	월	화	수	목	금	토

3月

陽	1	2	3	4	5	6	7	8	9	10	11	12	13	14	15	16	17	18	19	20	21	22	23	24	25	26	27	28	29	30	31
陰	11	12	13	14	15	16	17	18	19	20	21	22	23	24	25	26	27	28	29	②대	2	3	4	5	6	7	8	9	10	11	12
干支	丙子	丁丑	戊寅	己卯	庚辰	辛巳	壬午	癸未	甲申	乙酉	丙戌	丁亥	戊子	己丑	庚寅	辛卯	壬辰	癸巳	甲午	乙未	丙申	丁酉	戊戌	己亥	庚子	辛丑	壬寅	癸卯	甲辰	乙巳	丙午
曜	일	월	화	수	목	금	토	일	월	화	수	목	금	토	일	월	화	수	목	금	토	일	월	화	수	목	금	토	일	월	화

4月

陽	1	2	3	4	5	6	7	8	9	10	11	12	13	14	15	16	17	18	19	20	21	22	23	24	25	26	27	28	29	30
陰	13	14	15	16	17	18	19	20	21	22	23	24	25	26	27	28	29	30	③소	2	3	4	5	6	7	8	9	10	11	12
干支	丁未	戊申	己酉	庚戌	辛亥	壬子	癸丑	甲寅	乙卯	丙辰	丁巳	戊午	己未	庚申	辛酉	壬戌	癸亥	甲子	乙丑	丙寅	丁卯	戊辰	己巳	庚午	辛未	壬申	癸酉	甲戌	乙亥	丙子
曜	수	목	금	토	일	월	화	수	목	금	토	일	월	화	수	목	금	토	일	월	화	수	목	금	토	일	월	화	수	목

5月

陽	1	2	3	4	5	6	7	8	9	10	11	12	13	14	15	16	17	18	19	20	21	22	23	24	25	26	27	28	29	30	31
陰	13	14	15	16	17	18	19	20	21	22	23	24	25	26	27	28	29	④소	2	3	4	5	6	7	8	9	10	11	12	13	14
干支	丁丑	戊寅	己卯	庚辰	辛巳	壬午	癸未	甲申	乙酉	丙戌	丁亥	戊子	己丑	庚寅	辛卯	壬辰	癸巳	甲午	乙未	丙申	丁酉	戊戌	己亥	庚子	辛丑	壬寅	癸卯	甲辰	乙巳	丙午	丁未
曜	금	토	일	월	화	수	목	금	토	일	월	화	수	목	금	토	일	월	화	수	목	금	토	일	월	화	수	목	금	토	일

6月

陽	1	2	3	4	5	6	7	8	9	10	11	12	13	14	15	16	17	18	19	20	21	22	23	24	25	26	27	28	29	30
陰	15	16	17	18	19	20	21	22	23	24	25	26	27	28	29	⑤대	2	3	4	5	6	7	8	9	10	11	12	13	14	15
干支	戊申	己酉	庚戌	辛亥	壬子	癸丑	甲寅	乙卯	丙辰	丁巳	戊午	己未	庚申	辛酉	壬戌	癸亥	甲子	乙丑	丙寅	丁卯	戊辰	己巳	庚午	辛未	壬申	癸酉	甲戌	乙亥	丙子	丁丑
曜	월	화	수	목	금	토	일	월	화	수	목	금	토	일	월	화	수	목	금	토	일	월	화	수	목	금	토	일	월	화

7月

陽	1	2	3	4	5	6	7	8	9	10	11	12	13	14	15	16	17	18	19	20	21	22	23	24	25	26	27	28	29	30	31
陰	16	17	18	19	20	21	22	23	24	25	26	27	28	29	30	⑥소	2	3	4	5	6	7	8	9	10	11	12	13	14	15	16
干支	戊寅	己卯	庚辰	辛巳	壬午	癸未	甲申	乙酉	丙戌	丁亥	戊子	己丑	庚寅	辛卯	壬辰	癸巳	甲午	乙未	丙申	丁酉	戊戌	己亥	庚子	辛丑	壬寅	癸卯	甲辰	乙巳	丙午	丁未	戊申
曜	수	목	금	토	일	월	화	수	목	금	토	일	월	화	수	목	금	토	일	월	화	수	목	금	토	일	월	화	수	목	금

8月

陽	1	2	3	4	5	6	7	8	9	10	11	12	13	14	15	16	17	18	19	20	21	22	23	24	25	26	27	28	29	30	31
陰	17	18	19	20	21	22	23	24	25	26	27	28	29	⑦대	2	3	4	5	6	7	8	9	10	11	12	13	14	15	16	17	18
干支	己酉	庚戌	辛亥	壬子	癸丑	甲寅	乙卯	丙辰	丁巳	戊午	己未	庚申	辛酉	壬戌	癸亥	甲子	乙丑	丙寅	丁卯	戊辰	己巳	庚午	辛未	壬申	癸酉	甲戌	乙亥	丙子	丁丑	戊寅	己卯
曜	토	일	월	화	수	목	금	토	일	월	화	수	목	금	토	일	월	화	수	목	금	토	일	월	화	수	목	금	토	일	월

9月

陽	1	2	3	4	5	6	7	8	9	10	11	12	13	14	15	16	17	18	19	20	21	22	23	24	25	26	27	28	29	30
陰	19	20	21	22	23	24	25	26	27	28	29	30	⑧대	2	3	4	5	6	7	8	9	10	11	12	13	14	15	16	17	18
干支	庚辰	辛巳	壬午	癸未	甲申	乙酉	丙戌	丁亥	戊子	己丑	庚寅	辛卯	壬辰	癸巳	甲午	乙未	丙申	丁酉	戊戌	己亥	庚子	辛丑	壬寅	癸卯	甲辰	乙巳	丙午	丁未	戊申	己酉
曜	화	수	목	금	토	일	월	화	수	목	금	토	일	월	화	수	목	금	토	일	월	화	수	목	금	토	일	월	화	수

10月

陽	1	2	3	4	5	6	7	8	9	10	11	12	13	14	15	16	17	18	19	20	21	22	23	24	25	26	27	28	29	30	31
陰	19	20	21	22	23	24	25	26	27	28	29	30	⑨대	2	3	4	5	6	7	8	9	10	11	12	13	14	15	16	17	18	19
干支	庚戌	辛亥	壬子	癸丑	甲寅	乙卯	丙辰	丁巳	戊午	己未	庚申	辛酉	壬戌	癸亥	甲子	乙丑	丙寅	丁卯	戊辰	己巳	庚午	辛未	壬申	癸酉	甲戌	乙亥	丙子	丁丑	戊寅	己卯	庚辰
曜	목	금	토	일	월	화	수	목	금	토	일	월	화	수	목	금	토	일	월	화	수	목	금	토	일	월	화	수	목	금	토

11月

陽	1	2	3	4	5	6	7	8	9	10	11	12	13	14	15	16	17	18	19	20	21	22	23	24	25	26	27	28	29	30
陰	20	21	22	23	24	25	26	27	28	29	30	⑩소	2	3	4	5	6	7	8	9	10	11	12	13	14	15	16	17	18	19
干支	辛巳	壬午	癸未	甲申	乙酉	丙戌	丁亥	戊子	己丑	庚寅	辛卯	壬辰	癸巳	甲午	乙未	丙申	丁酉	戊戌	己亥	庚子	辛丑	壬寅	癸卯	甲辰	乙巳	丙午	丁未	戊申	己酉	庚戌
曜	일	월	화	수	목	금	토	일	월	화	수	목	금	토	일	월	화	수	목	금	토	일	월	화	수	목	금	토	일	월

12月

陽	1	2	3	4	5	6	7	8	9	10	11	12	13	14	15	16	17	18	19	20	21	22	23	24	25	26	27	28	29	30	31
陰	20	21	22	23	24	25	26	27	28	29	⑪대	2	3	4	5	6	7	8	9	10	11	12	13	14	15	16	17	18	19	20	21
干支	辛亥	壬子	癸丑	甲寅	乙卯	丙辰	丁巳	戊午	己未	庚申	辛酉	壬戌	癸亥	甲子	乙丑	丙寅	丁卯	戊辰	己巳	庚午	辛未	壬申	癸酉	甲戌	乙亥	丙子	丁丑	戊寅	己卯	庚辰	辛巳
曜	화	수	목	금	토	일	월	화	수	목	금	토	일	월	화	수	목	금	토	일	월	화	수	목	금	토	일	월	화	수	목

六日得辛 三龍治水 九紫 五黃 四綠
卯大將軍 西三殺 七赤 三碧 八白
酉喪門 巳吊客 二黑 一白 六白

新平年三百六十五日
舊平年三百五十五日
乙未 (沙中金)
西紀二〇一五年●檀紀四三四八年

建月之大小	正月 戊寅 小	二月 己卯 大	三月 庚辰 小	四月 辛巳 小	五月 壬午 大	六月 癸未 小	七月 甲申 大	八月 乙酉 大	九月 丙戌 大	十月 丁亥 小	十一月 戊子 大	十二月 己丑 大
日辰	丙戌 丙子 丙寅	乙卯 乙巳 乙未	乙酉 乙亥 乙丑	甲寅 甲辰 甲午	癸未 癸酉 癸亥	癸丑 癸卯 癸巳	壬午 壬申 壬戌	壬子 壬寅 壬辰	壬午 壬申 壬戌	壬子 壬寅 壬辰	辛巳 辛未 辛酉	辛亥 辛丑 辛卯
月白	五黃	四綠	三碧	二黑	一白	九紫	八白	七赤	六白	五黃	四綠	三碧
入節	驚蟄十六日辛巳卯正三刻 雨水初一日丙寅辰正二刻	清明十七日辛亥午初一刻 春分初二日丙申辰初二刻	立夏十八日壬午寅正二刻 穀雨初二日丙寅酉正二刻	芒種二十日癸丑辰正三刻 小滿初四日丁酉酉初二刻	小暑廿二日甲申戌初初刻 夏至初七日己巳丑初二刻	立秋廿四日丙辰卯初初刻 大暑初八日庚子午正二刻	白露廿六日丁亥辰正初刻 處暑初十日辛未戌初三刻	寒露廿六日丁巳子初三刻 秋分十一日壬寅酉初二刻	立冬廿七日戊子寅初初刻 霜降十二日癸酉丑正三刻	大雪廿六日丁巳戌初三刻 小雪十二日癸卯子正二刻	小寒廿七日丁亥寅初初刻 冬至十二日壬申未初三刻	立春廿六日丙辰酉正二刻 大寒十一日辛丑子正一刻

◆雜 節◆

臘享	十二月十七日	陽 一月二十六日
土王	十二月初八日	陽 一月十七日
土王	九月初九日	陽 十月二十一日
末伏	六月廿八日	陽 八月十二日
中伏	六月初八日	陽 七月二十三日
土王	六月初五日	陽 七月二十日
初伏	五月廿八日	陽 七月十三日
土王	二月廿九日	陽 四月十七日
寒食	二月十八日	陽 四月六日

2016(4349. 丙申)

1月

陽	1	2	3	4	5	6	7	8	9	10	11	12	13	14	15	16	17	18	19	20	21	22	23	24	25	26	27	28	29	30	31
陰	22	23	24	25	26	27	28	29	30	⑫대	2	3	4	5	6	7	8	9	10	11	12	13	14	15	16	17	18	19	20	21	22
干支	壬午	癸未	甲申	乙酉	丙戌	丁亥	戊子	己丑	庚寅	辛卯	壬辰	癸巳	甲午	乙未	丙申	丁酉	戊戌	己亥	庚子	辛丑	壬寅	癸卯	甲辰	乙巳	丙午	丁未	戊申	己酉	庚戌	辛亥	壬子
曜	금	토	일	월	화	수	목	금	토	일	월	화	수	목	금	토	일	월	화	수	목	금	토	일	월	화	수	목	금	토	일

2月

陽	1	2	3	4	5	6	7	8	9	10	11	12	13	14	15	16	17	18	19	20	21	22	23	24	25	26	27	28	29
陰	23	24	25	26	27	28	29	①소	2	3	4	5	6	7	8	9	10	11	12	13	14	15	16	17	18	19	20	21	22
干支	癸丑	甲寅	乙卯	丙辰	丁巳	戊午	己未	庚申	辛酉	壬戌	癸亥	甲子	乙丑	丙寅	丁卯	戊辰	己巳	庚午	辛未	壬申	癸酉	甲戌	乙亥	丙子	丁丑	戊寅	己卯	庚辰	辛巳
曜	월	화	수	목	금	토	일	월	화	수	목	금	토	일	월	화	수	목	금	토	일	월	화	수	목	금	토	일	월

3月

陽	1	2	3	4	5	6	7	8	9	10	11	12	13	14	15	16	17	18	19	20	21	22	23	24	25	26	27	28	29	30	31
陰	23	24	25	26	27	28	29	30	②소	2	3	4	5	6	7	8	9	10	11	12	13	14	15	16	17	18	19	20	21	22	23
干支	壬午	癸未	甲申	乙酉	丙戌	丁亥	戊子	己丑	庚寅	辛卯	壬辰	癸巳	甲午	乙未	丙申	丁酉	戊戌	己亥	庚子	辛丑	壬寅	癸卯	甲辰	乙巳	丙午	丁未	戊申	己酉	庚戌	辛亥	壬子
曜	화	수	목	금	토	일	월	화	수	목	금	토	일	월	화	수	목	금	토	일	월	화	수	목	금	토	일	월	화	수	목

4月

陽	1	2	3	4	5	6	7	8	9	10	11	12	13	14	15	16	17	18	19	20	21	22	23	24	25	26	27	28	29	30
陰	24	25	26	27	28	29	③대	2	3	4	5	6	7	8	9	10	11	12	13	14	15	16	17	18	19	20	21	22	23	24
干支	癸丑	甲寅	乙卯	丙辰	丁巳	戊午	己未	庚申	辛酉	壬戌	癸亥	甲子	乙丑	丙寅	丁卯	戊辰	己巳	庚午	辛未	壬申	癸酉	甲戌	乙亥	丙子	丁丑	戊寅	己卯	庚辰	辛巳	壬午
曜	금	토	일	월	화	수	목	금	토	일	월	화	수	목	금	토	일	월	화	수	목	금	토	일	월	화	수	목	금	토

5月

陽	1	2	3	4	5	6	7	8	9	10	11	12	13	14	15	16	17	18	19	20	21	22	23	24	25	26	27	28	29	30	31
陰	25	26	27	28	29	30	④소	2	3	4	5	6	7	8	9	10	11	12	13	14	15	16	17	18	19	20	21	22	23	24	25
干支	癸未	甲申	乙酉	丙戌	丁亥	戊子	己丑	庚寅	辛卯	壬辰	癸巳	甲午	乙未	丙申	丁酉	戊戌	己亥	庚子	辛丑	壬寅	癸卯	甲辰	乙巳	丙午	丁未	戊申	己酉	庚戌	辛亥	壬子	癸丑
曜	일	월	화	수	목	금	토	일	월	화	수	목	금	토	일	월	화	수	목	금	토	일	월	화	수	목	금	토	일	월	화

6月

陽	1	2	3	4	5	6	7	8	9	10	11	12	13	14	15	16	17	18	19	20	21	22	23	24	25	26	27	28	29	30
陰	26	27	28	29	⑤소	2	3	4	5	6	7	8	9	10	11	12	13	14	15	16	17	18	19	20	21	22	23	24	25	26
干支	甲寅	乙卯	丙辰	丁巳	戊午	己未	庚申	辛酉	壬戌	癸亥	甲子	乙丑	丙寅	丁卯	戊辰	己巳	庚午	辛未	壬申	癸酉	甲戌	乙亥	丙子	丁丑	戊寅	己卯	庚辰	辛巳	壬午	癸未
曜	수	목	금	토	일	월	화	수	목	금	토	일	월	화	수	목	금	토	일	월	화	수	목	금	토	일	월	화	수	목

7月

陽	1	2	3	4	5	6	7	8	9	10	11	12	13	14	15	16	17	18	19	20	21	22	23	24	25	26	27	28	29	30	31
陰	27	28	29	⑥대	2	3	4	5	6	7	8	9	10	11	12	13	14	15	16	17	18	19	20	21	22	23	24	25	26	27	28
干支	甲申	乙酉	丙戌	丁亥	戊子	己丑	庚寅	辛卯	壬辰	癸巳	甲午	乙未	丙申	丁酉	戊戌	己亥	庚子	辛丑	壬寅	癸卯	甲辰	乙巳	丙午	丁未	戊申	己酉	庚戌	辛亥	壬子	癸丑	甲寅
曜	금	토	일	월	화	수	목	금	토	일	월	화	수	목	금	토	일	월	화	수	목	금	토	일	월	화	수	목	금	토	일

8月

陽	1	2	3	4	5	6	7	8	9	10	11	12	13	14	15	16	17	18	19	20	21	22	23	24	25	26	27	28	29	30	31
陰	29	30	⑦소	2	3	4	5	6	7	8	9	10	11	12	13	14	15	16	17	18	19	20	21	22	23	24	25	26	27	28	29
干支	乙卯	丙辰	丁巳	戊午	己未	庚申	辛酉	壬戌	癸亥	甲子	乙丑	丙寅	丁卯	戊辰	己巳	庚午	辛未	壬申	癸酉	甲戌	乙亥	丙子	丁丑	戊寅	己卯	庚辰	辛巳	壬午	癸未	甲申	乙酉
曜	월	화	수	목	금	토	일	월	화	수	목	금	토	일	월	화	수	목	금	토	일	월	화	수	목	금	토	일	월	화	수

9月

陽	1	2	3	4	5	6	7	8	9	10	11	12	13	14	15	16	17	18	19	20	21	22	23	24	25	26	27	28	29	30
陰	⑧대	2	3	4	5	6	7	8	9	10	11	12	13	14	15	16	17	18	19	20	21	22	23	24	25	26	27	28	29	30
干支	丙戌	丁亥	戊子	己丑	庚寅	辛卯	壬辰	癸巳	甲午	乙未	丙申	丁酉	戊戌	己亥	庚子	辛丑	壬寅	癸卯	甲辰	乙巳	丙午	丁未	戊申	己酉	庚戌	辛亥	壬子	癸丑	甲寅	乙卯
曜	목	금	토	일	월	화	수	목	금	토	일	월	화	수	목	금	토	일	월	화	수	목	금	토	일	월	화	수	목	금

10月

陽	1	2	3	4	5	6	7	8	9	10	11	12	13	14	15	16	17	18	19	20	21	22	23	24	25	26	27	28	29	30	31
陰	⑨대	2	3	4	5	6	7	8	9	10	11	12	13	14	15	16	17	18	19	20	21	22	23	24	25	26	27	28	29	30	⑩소
干支	丙辰	丁巳	戊午	己未	庚申	辛酉	壬戌	癸亥	甲子	乙丑	丙寅	丁卯	戊辰	己巳	庚午	辛未	壬申	癸酉	甲戌	乙亥	丙子	丁丑	戊寅	己卯	庚辰	辛巳	壬午	癸未	甲申	乙酉	丙戌
曜	토	일	월	화	수	목	금	토	일	월	화	수	목	금	토	일	월	화	수	목	금	토	일	월	화	수	목	금	토	일	월

11月

陽	1	2	3	4	5	6	7	8	9	10	11	12	13	14	15	16	17	18	19	20	21	22	23	24	25	26	27	28	29	30
陰	2	3	4	5	6	7	8	9	10	11	12	13	14	15	16	17	18	19	20	21	22	23	24	25	26	27	28	29	⑪대	2
干支	丁亥	戊子	己丑	庚寅	辛卯	壬辰	癸巳	甲午	乙未	丙申	丁酉	戊戌	己亥	庚子	辛丑	壬寅	癸卯	甲辰	乙巳	丙午	丁未	戊申	己酉	庚戌	辛亥	壬子	癸丑	甲寅	乙卯	丙辰
曜	화	수	목	금	토	일	월	화	수	목	금	토	일	월	화	수	목	금	토	일	월	화	수	목	금	토	일	월	화	수

12月

陽	1	2	3	4	5	6	7	8	9	10	11	12	13	14	15	16	17	18	19	20	21	22	23	24	25	26	27	28	29	30	31
陰	3	4	5	6	7	8	9	10	11	12	13	14	15	16	17	18	19	20	21	22	23	24	25	26	27	28	29	30	⑫대	2	3
干支	丁巳	戊午	己未	庚申	辛酉	壬戌	癸亥	甲子	乙丑	丙寅	丁卯	戊辰	己巳	庚午	辛未	壬申	癸酉	甲戌	乙亥	丙子	丁丑	戊寅	己卯	庚辰	辛巳	壬午	癸未	甲申	乙酉	丙戌	丁亥
曜	목	금	토	일	월	화	수	목	금	토	일	월	화	수	목	금	토	일	월	화	수	목	금	토	일	월	화	수	목	금	토

丙申 (山下火)

西紀二〇一六年 ● 檀紀四三四九年

新閏三百六十六日 舊平三百五十四日

一日得辛 八龍治水
午大將軍 南三殺
戌喪門 午吊客

八白	四綠	三碧
六白	二黑	七赤
一白	九紫	五黃

建月之大小	正月 庚寅 小	二月 辛卯 小	三月 壬辰 大	四月 癸巳 小	五月 甲午 小	六月 乙未 大	七月 丙申 小	八月 丁酉 大	九月 戊戌 大	十月 己亥 小	十一月 庚子 大	十二月 辛丑 大
日辰	辛巳 辛未 辛酉	庚戌 庚子 庚寅	己卯 己巳 己未	己酉 己亥 己丑	戊寅 戊辰 戊午	丁未 丁酉 丁亥	丁丑 丁卯 丁巳	丙午 丙申 丙戌	丙子 丙寅 丙辰	丙午 丙申 丙戌	乙亥 乙丑 乙卯	乙巳 乙未 乙酉
月白	二黑	一白	九紫	八白	七赤	六白	五黃	四綠	三碧	二黑	一白	九紫
入節	驚蟄卄七日丙戌午正二刻 雨水十二日辛未未正一刻	淸明卄七日丙辰酉初一刻 春分十二日辛丑未初一刻	立夏卄九日丁亥巳正一刻 穀雨十四日壬申子正一刻	小滿十四日壬寅子初一刻	夏至十七日甲戌辰初一刻 芒種初一日戊午未正二刻	大暑十九日乙巳酉正一刻 小暑初四日庚寅子正三刻	處暑卄一日丁丑丑初二刻 立秋初五日辛酉巳正三刻	秋分卄二日丁未子初一刻 白露初七日壬辰未初三刻	霜降卄三日戊寅辰正三刻 寒露初八日癸亥卯初二刻	小雪卄三日戊申卯正一刻 立冬初八日癸巳辰正三刻	冬至卄三日丁丑戌初二刻 大雪初九日癸亥丑初三刻	大寒卄四日戊申卯正一刻 小寒初九日癸巳午正三刻

◆雜 節◆

臘享	十二月卄三日	陽 一月二十日
土王	十二月卄一日	陽 一月十八日
土王	九月二十日	陽 十月二十日
末伏	七月十四日	陽 八月十六日
中伏	六月卄四日	陽 七月二十七日
土王	六月十六日	陽 七月十九日
初伏	六月十四日	陽 七月十七日
土王	三月初十日	陽 四月十六日
寒食	二月卄八日	陽 四月五日

2017(4350. 丁酉)

1月

陽	1	2	3	4	5	6	7	8	9	10	11	12	13	14	15	16	17	18	19	20	21	22	23	24	25	26	27	28	29	30	31
陰	4	5	6	7	8	9	10	11	12	13	14	15	16	17	18	19	20	21	22	23	24	25	26	27	28	29	30	算①대	2	3	4
干支	戊子	己丑	庚寅	辛卯	壬辰	癸巳	甲午	乙未	丙申	丁酉	戊戌	己亥	庚子	辛丑	壬寅	癸卯	甲辰	乙巳	丙午	丁未	戊申	己酉	庚戌	辛亥	壬子	癸丑	甲寅	乙卯	丙辰	丁巳	戊午
曜	일	월	화	수	목	금	토	일	월	화	수	목	금	토	일	월	화	수	목	금	토	일	월	화	수	목	금	토	일	월	화

2月

陽	1	2	3	4	5	6	7	8	9	10	11	12	13	14	15	16	17	18	19	20	21	22	23	24	25	26	27	28
陰	5	6	7	8	9	10	11	12	13	14	15	16	17	18	19	20	21	22	23	24	25	26	27	28	29	②소	2	3
干支	己未	庚申	辛酉	壬戌	癸亥	甲子	乙丑	丙寅	丁卯	戊辰	己巳	庚午	辛未	壬申	癸酉	甲戌	乙亥	丙子	丁丑	戊寅	己卯	庚辰	辛巳	壬午	癸未	甲申	乙酉	丙戌
曜	수	목	금	토	일	월	화	수	목	금	토	일	월	화	수	목	금	토	일	월	화	수	목	금	토	일	월	화

3月

陽	1	2	3	4	5	6	7	8	9	10	11	12	13	14	15	16	17	18	19	20	21	22	23	24	25	26	27	28	29	30	31
陰	4	5	6	7	8	9	10	11	12	13	14	15	16	17	18	19	20	21	22	23	24	25	26	27	28	29	30	③소	2	3	4
干支	丁亥	戊子	己丑	庚寅	辛卯	壬辰	癸巳	甲午	乙未	丙申	丁酉	戊戌	己亥	庚子	辛丑	壬寅	癸卯	甲辰	乙巳	丙午	丁未	戊申	己酉	庚戌	辛亥	壬子	癸丑	甲寅	乙卯	丙辰	丁巳
曜	수	목	금	토	일	월	화	수	목	금	토	일	월	화	수	목	금	토	일	월	화	수	목	금	토	일	월	화	수	목	금

4月

陽	1	2	3	4	5	6	7	8	9	10	11	12	13	14	15	16	17	18	19	20	21	22	23	24	25	26	27	28	29	30
陰	5	6	7	8	9	10	11	12	13	14	15	16	17	18	19	20	21	22	23	24	25	26	27	28	29	④대	2	3	4	5
干支	戊午	己未	庚申	辛酉	壬戌	癸亥	甲子	乙丑	丙寅	丁卯	戊辰	己巳	庚午	辛未	壬申	癸酉	甲戌	乙亥	丙子	丁丑	戊寅	己卯	庚辰	辛巳	壬午	癸未	甲申	乙酉	丙戌	丁亥
曜	토	일	월	화	수	목	금	토	일	월	화	수	목	금	토	일	월	화	수	목	금	토	일	월	화	수	목	금	토	일

5月

陽	1	2	3	4	5	6	7	8	9	10	11	12	13	14	15	16	17	18	19	20	21	22	23	24	25	26	27	28	29	30	31
陰	6	7	8	9	10	11	12	13	14	15	16	17	18	19	20	21	22	23	24	25	26	27	28	29	30	⑤소	2	3	4	5	6
干支	戊子	己丑	庚寅	辛卯	壬辰	癸巳	甲午	乙未	丙申	丁酉	戊戌	己亥	庚子	辛丑	壬寅	癸卯	甲辰	乙巳	丙午	丁未	戊申	己酉	庚戌	辛亥	壬子	癸丑	甲寅	乙卯	丙辰	丁巳	戊午
曜	월	화	수	목	금	토	일	월	화	수	목	금	토	일	월	화	수	목	금	토	일	월	화	수	목	금	토	일	월	화	수

6月

陽	1	2	3	4	5	6	7	8	9	10	11	12	13	14	15	16	17	18	19	20	21	22	23	24	25	26	27	28	29	30
陰	7	8	9	10	11	12	13	14	15	16	17	18	19	20	21	22	23	24	25	26	27	28	29	윤소	2	3	4	5	6	7
干支	己未	庚申	辛酉	壬戌	癸亥	甲子	乙丑	丙寅	丁卯	戊辰	己巳	庚午	辛未	壬申	癸酉	甲戌	乙亥	丙子	丁丑	戊寅	己卯	庚辰	辛巳	壬午	癸未	甲申	乙酉	丙戌	丁亥	戊子
曜	목	금	토	일	월	화	수	목	금	토	일	월	화	수	목	금	토	일	월	화	수	목	금	토	일	월	화	수	목	금

7月

陽	1	2	3	4	5	6	7	8	9	10	11	12	13	14	15	16	17	18	19	20	21	22	23	24	25	26	27	28	29	30	31
陰	8	9	10	11	12	13	14	15	16	17	18	19	20	21	22	23	24	25	26	27	28	29	윤소	2	3	4	5	6	7	8	9
干支	己丑	庚寅	辛卯	壬辰	癸巳	甲午	乙未	丙申	丁酉	戊戌	己亥	庚子	辛丑	壬寅	癸卯	甲辰	乙巳	丙午	丁未	戊申	己酉	庚戌	辛亥	壬子	癸丑	甲寅	乙卯	丙辰	丁巳	戊午	己未
曜	토	일	월	화	수	목	금	토	일	월	화	수	목	금	토	일	월	화	수	목	금	토	일	월	화	수	목	금	토	일	월

8月

陽	1	2	3	4	5	6	7	8	9	10	11	12	13	14	15	16	17	18	19	20	21	22	23	24	25	26	27	28	29	30	31
陰	10	11	12	13	14	15	16	17	18	19	20	21	22	23	24	25	26	27	28	29	30	⑦소	2	3	4	5	6	7	8	9	10
干支	庚申	辛酉	壬戌	癸亥	甲子	乙丑	丙寅	丁卯	戊辰	己巳	庚午	辛未	壬申	癸酉	甲戌	乙亥	丙子	丁丑	戊寅	己卯	庚辰	辛巳	壬午	癸未	甲申	乙酉	丙戌	丁亥	戊子	己丑	庚寅
曜	화	수	목	금	토	일	월	화	수	목	금	토	일	월	화	수	목	금	토	일	월	화	수	목	금	토	일	월	화	수	목

9月

陽	1	2	3	4	5	6	7	8	9	10	11	12	13	14	15	16	17	18	19	20	21	22	23	24	25	26	27	28	29	30
陰	11	12	13	14	15	16	17	18	19	20	21	22	23	24	25	26	27	28	29	⑧대	2	3	4	5	6	7	8	9	10	11
干支	辛卯	壬辰	癸巳	甲午	乙未	丙申	丁酉	戊戌	己亥	庚子	辛丑	壬寅	癸卯	甲辰	乙巳	丙午	丁未	戊申	己酉	庚戌	辛亥	壬子	癸丑	甲寅	乙卯	丙辰	丁巳	戊午	己未	庚申
曜	금	토	일	월	화	수	목	금	토	일	월	화	수	목	금	토	일	월	화	수	목	금	토	일	월	화	수	목	금	토

10月

陽	1	2	3	4	5	6	7	8	9	10	11	12	13	14	15	16	17	18	19	20	21	22	23	24	25	26	27	28	29	30	31
陰	12	13	14	15	16	17	18	19	20	21	22	23	24	25	26	27	28	29	30	⑨소	2	3	4	5	6	7	8	9	10	11	12
干支	辛酉	壬戌	癸亥	甲子	乙丑	丙寅	丁卯	戊辰	己巳	庚午	辛未	壬申	癸酉	甲戌	乙亥	丙子	丁丑	戊寅	己卯	庚辰	辛巳	壬午	癸未	甲申	乙酉	丙戌	丁亥	戊子	己丑	庚寅	辛卯
曜	일	월	화	수	목	금	토	일	월	화	수	목	금	토	일	월	화	수	목	금	토	일	월	화	수	목	금	토	일	월	화

11月

陽	1	2	3	4	5	6	7	8	9	10	11	12	13	14	15	16	17	18	19	20	21	22	23	24	25	26	27	28	29	30
陰	13	14	15	16	17	18	19	20	21	22	23	24	25	26	27	28	29	⑩대	2	3	4	5	6	7	8	9	10	11	12	13
干支	壬辰	癸巳	甲午	乙未	丙申	丁酉	戊戌	己亥	庚子	辛丑	壬寅	癸卯	甲辰	乙巳	丙午	丁未	戊申	己酉	庚戌	辛亥	壬子	癸丑	甲寅	乙卯	丙辰	丁巳	戊午	己未	庚申	辛酉
曜	수	목	금	토	일	월	화	수	목	금	토	일	월	화	수	목	금	토	일	월	화	수	목	금	토	일	월	화	수	목

12月

陽	1	2	3	4	5	6	7	8	9	10	11	12	13	14	15	16	17	18	19	20	21	22	23	24	25	26	27	28	29	30	31
陰	14	15	16	17	18	19	20	21	22	23	24	25	26	27	28	29	30	⑪소	2	3	4	5	6	7	8	9	10	11	12	13	14
干支	壬戌	癸亥	甲子	乙丑	丙寅	丁卯	戊辰	己巳	庚午	辛未	壬申	癸酉	甲戌	乙亥	丙子	丁丑	戊寅	己卯	庚辰	辛巳	壬午	癸未	甲申	乙酉	丙戌	丁亥	戊子	己丑	庚寅	辛卯	壬辰
曜	금	토	일	월	화	수	목	금	토	일	월	화	수	목	금	토	일	월	화	수	목	금	토	일	월	화	수	목	금	토	일

丁酉 (山下火)

西紀二〇一七年●檀紀四三五〇年

新平三百六十五日
舊閏三百八十四日

七日得辛 二龍治水
午大將軍 東三殺
亥喪門 未弔客

七赤 三碧 二黑
五黃 一白 六白
九紫 八白 四紫

建月之大小	壬寅 正月大	癸卯 二月小	甲辰 三月小	乙巳 四月大	丙午 五月小	閏五月小	丁未 六月大	戊申 七月小	己酉 八月大	庚戌 九月小	辛亥 十月大	壬子 十一月大	癸丑 十二月大
日辰	乙亥 乙丑 乙卯	乙巳 乙未 乙酉	甲戌 甲子 甲寅	癸卯 癸巳 癸未	癸酉 癸亥 癸丑	壬寅 壬辰 壬午	辛未 辛酉 亥辛	辛丑 辛卯 辛巳	庚午 庚申 庚戌	庚子 庚寅 庚辰	己巳 己未 己酉	己亥 己丑 己卯	己巳 己未 己酉
月白	八白	七赤	六白	五黃	四綠		三碧	二黑	一白	九紫	八白	七赤	六白
入節	雨水廿二日丙子戌正一刻 立春初八日壬戌子正二刻	春分廿三日丙午戌初初刻 驚蟄初八日辛卯酉正一刻	穀雨廿四日丁丑卯正初刻 淸明初八日辛酉子初初刻	小滿廿六日戊申卯初初刻 立夏初十日壬辰申正一刻	夏至廿七日己卯未初初刻 芒種十一日癸亥戌正一刻	小暑十四日乙未卯正二刻	立秋十六日丙寅申正二刻 大暑初一日辛亥子正初刻	白露十七日丁酉戌初一刻 處暑初二日壬午辰初一刻	寒露十九日戊辰午初一刻 秋分初四日癸丑卯初初刻	立冬十九日戊戌未正二刻 霜降初四日癸未未正二刻	大雪二十日戊辰辰初二刻 小雪初五日癸丑午正初刻	小寒十九日丁酉酉正三刻 冬至初五日癸未丑初二刻	立春十九日丁卯卯正二刻 大寒初四日壬子午正初刻

◆雜 節◆

臘享	十二月十一日	陽一月二十七日
土王	十二月初一日	陽一月十七日
土王	九月初一日	陽十月二十日
末伏	六月二十日	陽八月十一日
中伏	閏五月廿九日	陽七月二十二日
土王	閏五月廿六日	陽七月十九日
初伏	閏五月十九日	陽七月十二日
土王	三月廿一日	陽四月十七日
寒食	三月初九日	陽四月五日

2018(4351. 戊戌)

1月

陽	1	2	3	4	5	6	7	8	9	10	11	12	13	14	15	16	17	18	19	20	21	22	23	24	25	26	27	28	29	30	31
陰	15	16	17	18	19	20	21	22	23	24	25	26	27	28	29	30	⑫대	2	3	4	5	6	7	8	9	10	11	12	13	14	15
干支	癸巳	甲午	乙未	丙申	丁酉	戊戌	己亥	庚子	辛丑	壬寅	癸卯	甲辰	乙巳	丙午	丁未	戊申	己酉	庚戌	辛亥	壬子	癸丑	甲寅	乙卯	丙辰	丁巳	戊午	己未	庚申	辛酉	壬戌	癸亥
曜	월	화	수	목	금	토	일	월	화	수	목	금	토	일	월	화	수	목	금	토	일	월	화	수	목	금	토	일	월	화	수

2月

陽	1	2	3	4	5	6	7	8	9	10	11	12	13	14	15	16	17	18	19	20	21	22	23	24	25	26	27	28
陰	16	17	18	19	20	21	22	23	24	25	26	27	28	29	30	①소	2	3	4	5	6	7	8	9	10	11	12	13
干支	甲子	乙丑	丙寅	丁卯	戊辰	己巳	庚午	辛未	壬申	癸酉	甲戌	乙亥	丙子	丁丑	戊寅	己卯	庚辰	辛巳	壬午	癸未	甲申	乙酉	丙戌	丁亥	戊子	己丑	庚寅	辛卯
曜	목	금	토	일	월	화	수	목	금	토	일	월	화	수	목	금	토	일	월	화	수	목	금	토	일	월	화	수

3月

陽	1	2	3	4	5	6	7	8	9	10	11	12	13	14	15	16	17	18	19	20	21	22	23	24	25	26	27	28	29	30	31
陰	14	15	16	17	18	19	20	21	22	23	24	25	26	27	28	29	②대	2	3	4	5	6	7	8	9	10	11	12	13	14	15
干支	壬辰	癸巳	甲午	乙未	丙申	丁酉	戊戌	己亥	庚子	辛丑	壬寅	癸卯	甲辰	乙巳	丙午	丁未	戊申	己酉	庚戌	辛亥	壬子	癸丑	甲寅	乙卯	丙辰	丁巳	戊午	己未	庚申	辛酉	壬戌
曜	목	금	토	일	월	화	수	목	금	토	일	월	화	수	목	금	토	일	월	화	수	목	금	토	일	월	화	수	목	금	토

4月

陽	1	2	3	4	5	6	7	8	9	10	11	12	13	14	15	16	17	18	19	20	21	22	23	24	25	26	27	28	29	30
陰	16	17	18	19	20	21	22	23	24	25	26	27	28	29	30	③소	2	3	4	5	6	7	8	9	10	11	12	13	14	15
干支	癸亥	甲子	乙丑	丙寅	丁卯	戊辰	己巳	庚午	辛未	壬申	癸酉	甲戌	乙亥	丙子	丁丑	戊寅	己卯	庚辰	辛巳	壬午	癸未	甲申	乙酉	丙戌	丁亥	戊子	己丑	庚寅	辛卯	壬辰
曜	일	월	화	수	목	금	토	일	월	화	수	목	금	토	일	월	화	수	목	금	토	일	월	화	수	목	금	토	일	월

5月

陽	1	2	3	4	5	6	7	8	9	10	11	12	13	14	15	16	17	18	19	20	21	22	23	24	25	26	27	28	29	30	31
陰	16	17	18	19	20	21	22	23	24	25	26	27	28	29	④대	2	3	4	5	6	7	8	9	10	11	12	13	14	15	16	17
干支	癸巳	甲午	乙未	丙申	丁酉	戊戌	己亥	庚子	辛丑	壬寅	癸卯	甲辰	乙巳	丙午	丁未	戊申	己酉	庚戌	辛亥	壬子	癸丑	甲寅	乙卯	丙辰	丁巳	戊午	己未	庚申	辛酉	壬戌	癸亥
曜	화	수	목	금	토	일	월	화	수	목	금	토	일	월	화	수	목	금	토	일	월	화	수	목	금	토	일	월	화	수	목

6月

陽	1	2	3	4	5	6	7	8	9	10	11	12	13	14	15	16	17	18	19	20	21	22	23	24	25	26	27	28	29	30
陰	18	19	20	21	22	23	24	25	26	27	28	29	30	⑤소	2	3	4	5	6	7	8	9	10	11	12	13	14	15	16	17
干支	甲子	乙丑	丙寅	丁卯	戊辰	己巳	庚午	辛未	壬申	癸酉	甲戌	乙亥	丙子	丁丑	戊寅	己卯	庚辰	辛巳	壬午	癸未	甲申	乙酉	丙戌	丁亥	戊子	己丑	庚寅	辛卯	壬辰	癸巳
曜	금	토	일	월	화	수	목	금	토	일	월	화	수	목	금	토	일	월	화	수	목	금	토	일	월	화	수	목	금	토

7月

陽	1	2	3	4	5	6	7	8	9	10	11	12	13	14	15	16	17	18	19	20	21	22	23	24	25	26	27	28	29	30	31
陰	18	19	20	21	22	23	24	25	26	27	28	29	⑥소	2	3	4	5	6	7	8	9	10	11	12	13	14	15	16	17	18	19
干支	甲午	乙未	丙申	丁酉	戊戌	己亥	庚子	辛丑	壬寅	癸卯	甲辰	乙巳	丙午	丁未	戊申	己酉	庚戌	辛亥	壬子	癸丑	甲寅	乙卯	丙辰	丁巳	戊午	己未	庚申	辛酉	壬戌	癸亥	甲子
曜	일	월	화	수	목	금	토	일	월	화	수	목	금	토	일	월	화	수	목	금	토	일	월	화	수	목	금	토	일	월	화

8月

陽	1	2	3	4	5	6	7	8	9	10	11	12	13	14	15	16	17	18	19	20	21	22	23	24	25	26	27	28	29	30	31
陰	20	21	22	23	24	25	26	27	28	29	⑦대	2	3	4	5	6	7	8	9	10	11	12	13	14	15	16	17	18	19	20	21
干支	乙丑	丙寅	丁卯	戊辰	己巳	庚午	辛未	壬申	癸酉	甲戌	乙亥	丙子	丁丑	戊寅	己卯	庚辰	辛巳	壬午	癸未	甲申	乙酉	丙戌	丁亥	戊子	己丑	庚寅	辛卯	壬辰	癸巳	甲午	乙未
曜	수	목	금	토	일	월	화	수	목	금	토	일	월	화	수	목	금	토	일	월	화	수	목	금	토	일	월	화	수	목	금

9月

陽	1	2	3	4	5	6	7	8	9	10	11	12	13	14	15	16	17	18	19	20	21	22	23	24	25	26	27	28	29	30
陰	22	23	24	25	26	27	28	29	30	⑧소	2	3	4	5	6	7	8	9	10	11	12	13	14	15	16	17	18	19	20	21
干支	丙申	丁酉	戊戌	己亥	庚子	辛丑	壬寅	癸卯	甲辰	乙巳	丙午	丁未	戊申	己酉	庚戌	辛亥	壬子	癸丑	甲寅	乙卯	丙辰	丁巳	戊午	己未	庚申	辛酉	壬戌	癸亥	甲子	乙丑
曜	토	일	월	화	수	목	금	토	일	월	화	수	목	금	토	일	월	화	수	목	금	토	일	월	화	수	목	금	토	일

10月

陽	1	2	3	4	5	6	7	8	9	10	11	12	13	14	15	16	17	18	19	20	21	22	23	24	25	26	27	28	29	30	31
陰	22	23	24	25	26	27	28	29	⑨대	2	3	4	5	6	7	8	9	10	11	12	13	14	15	16	17	18	19	20	21	22	23
干支	丙寅	丁卯	戊辰	己巳	庚午	辛未	壬申	癸酉	甲戌	乙亥	丙子	丁丑	戊寅	己卯	庚辰	辛巳	壬午	癸未	甲申	乙酉	丙戌	丁亥	戊子	己丑	庚寅	辛卯	壬辰	癸巳	甲午	乙未	丙申
曜	월	화	수	목	금	토	일	월	화	수	목	금	토	일	월	화	수	목	금	토	일	월	화	수	목	금	토	일	월	화	수

11月

陽	1	2	3	4	5	6	7	8	9	10	11	12	13	14	15	16	17	18	19	20	21	22	23	24	25	26	27	28	29	30
陰	24	25	26	27	28	29	30	⑩소	2	3	4	5	6	7	8	9	10	11	12	13	14	15	16	17	18	19	20	21	22	23
干支	丁酉	戊戌	己亥	庚子	辛丑	壬寅	癸卯	甲辰	乙巳	丙午	丁未	戊申	己酉	庚戌	辛亥	壬子	癸丑	甲寅	乙卯	丙辰	丁巳	戊午	己未	庚申	辛酉	壬戌	癸亥	甲子	乙丑	丙寅
曜	목	금	토	일	월	화	수	목	금	토	일	월	화	수	목	금	토	일	월	화	수	목	금	토	일	월	화	수	목	금

12月

陽	1	2	3	4	5	6	7	8	9	10	11	12	13	14	15	16	17	18	19	20	21	22	23	24	25	26	27	28	29	30	31
陰	24	25	26	27	28	29	⑪대	2	3	4	5	6	7	8	9	10	11	12	13	14	15	16	17	18	19	20	21	22	23	24	25
干支	丁卯	戊辰	己巳	庚午	辛未	壬申	癸酉	甲戌	乙亥	丙子	丁丑	戊寅	己卯	庚辰	辛巳	壬午	癸未	甲申	乙酉	丙戌	丁亥	戊子	己丑	庚寅	辛卯	壬辰	癸巳	甲午	乙未	丙申	丁酉
曜	토	일	월	화	수	목	금	토	일	월	화	수	목	금	토	일	월	화	수	목	금	토	일	월	화	수	목	금	토	일	월

西紀二〇一八年 ● 檀紀四三五一年

戊戌 (平地木)

新平三百六十五日
舊平三百五十四日

三日得辛 二龍治水
午大將軍 北三殺
子喪門 申弔客

六白	二黑	一白
四綠	九紫	五黃
八白	七赤	三碧

建月之大小	甲寅 正月小	乙卯 二月大	丙辰 三月小	丁巳 四月大	戊午 五月小	己未 六月小	庚申 七月大	辛酉 八月小	壬戌 九月大	癸亥 十月小	甲子 十一月大	乙丑 十二月大
日辰	己亥 己丑 己卯	戊辰 戊午 戊申	戊戌 戊子 戊寅	丁卯 丁巳 丁未	丁酉 丁亥 丁丑	丙寅 丙辰 丙午	乙未 乙酉 乙亥	乙丑 乙卯 乙巳	甲午 甲申 甲戌	甲子 甲寅 甲辰	癸巳 癸未 癸酉	癸亥 癸丑 癸卯
月白	五黃	四綠	三碧	二黑	一白	九紫	八白	七赤	六白	五黃	四綠	三碧
入節	驚蟄十九日丁酉子正初刻 雨水初四日壬午丑正初刻	清明二十日丁卯寅正三刻 春分初五日壬子子正三刻	立夏二十日丁酉亥正初刻 穀雨初五日壬午午初三刻	芒種廿三日己巳丑正一刻 小滿初七日癸丑午初初刻	小暑廿四日庚子午正二刻 夏至初八日甲申戌初初刻	立秋廿六日辛未亥正一刻 大暑十一日丙辰卯初三刻	白露廿九日癸卯丑初一刻 處暑十三日丁亥未初初刻	寒露廿九日癸酉酉初一刻 秋分十四日戊午巳正三刻	立冬三十日癸卯戌正二刻 霜降十五日戊子戌正一刻	小雪十五日戊午酉正初刻	小寒三十日壬寅子正二刻 冬至十六日戊子辰初一刻 大雪初一日癸酉未正一刻	立春三十日壬申午正初刻 大寒十五日丁巳酉初三刻

◆雜　節◆

臘享 十二月十七日 陽 一月二十二日
土王 十二月十二日 陽 一月十七日
土王 九月十二日 陽 十月二十日
末伏 七月初六日 陽 八月十六日
中伏 六月十五日 陽 七月二十七日
土王 六月初八日 陽 七月二十日
初伏 六月初五日 陽 七月十七日
土王 三月初二日 陽 四月十七日
寒食 二月廿一日 陽 四月六日

2019(4352. 己亥)

1月

陽	1	2	3	4	5	6	7	8	9	10	11	12	13	14	15	16	17	18	19	20	21	22	23	24	25	26	27	28	29	30	31
陰	26	27	28	29	30	⑫대	2	3	4	5	6	7	8	9	10	11	12	13	14	15	16	17	18	19	20	21	22	23	24	25	26
干支	戊戌	己亥	庚子	辛丑	壬寅	癸卯	甲辰	乙巳	丙午	丁未	戊申	己酉	庚戌	辛亥	壬子	癸丑	甲寅	乙卯	丙辰	丁巳	戊午	己未	庚申	辛酉	壬戌	癸亥	甲子	乙丑	丙寅	丁卯	戊辰
曜	화	수	목	금	토	일	월	화	수	목	금	토	일	월	화	수	목	금	토	일	월	화	수	목	금	토	일	월	화	수	목

2月

陽	1	2	3	4	5	6	7	8	9	10	11	12	13	14	15	16	17	18	19	20	21	22	23	24	25	26	27	28
陰	27	28	29	30	①대	2	3	4	5	6	7	8	9	10	11	12	13	14	15	16	17	18	19	20	21	22	23	24
干支	己巳	庚午	辛未	壬申	癸酉	甲戌	乙亥	丙子	丁丑	戊寅	己卯	庚辰	辛巳	壬午	癸未	甲申	乙酉	丙戌	丁亥	戊子	己丑	庚寅	辛卯	壬辰	癸巳	甲午	乙未	丙申
曜	금	토	일	월	화	수	목	금	토	일	월	화	수	목	금	토	일	월	화	수	목	금	토	일	월	화	수	목

3月

陽	1	2	3	4	5	6	7	8	9	10	11	12	13	14	15	16	17	18	19	20	21	22	23	24	25	26	27	28	29	30	31
陰	25	26	27	28	29	30	②소	2	3	4	5	6	7	8	9	10	11	12	13	14	15	16	17	18	19	20	21	22	23	24	25
干支	丁酉	戊戌	己亥	庚子	辛丑	壬寅	癸卯	甲辰	乙巳	丙午	丁未	戊申	己酉	庚戌	辛亥	壬子	癸丑	甲寅	乙卯	丙辰	丁巳	戊午	己未	庚申	辛酉	壬戌	癸亥	甲子	乙丑	丙寅	丁卯
曜	금	토	일	월	화	수	목	금	토	일	월	화	수	목	금	토	일	월	화	수	목	금	토	일	월	화	수	목	금	토	일

4月

陽	1	2	3	4	5	6	7	8	9	10	11	12	13	14	15	16	17	18	19	20	21	22	23	24	25	26	27	28	29	30
陰	26	27	28	29	③대	2	3	4	5	6	7	8	9	10	11	12	13	14	15	16	17	18	19	20	21	22	23	24	25	26
干支	戊辰	己巳	庚午	辛未	壬申	癸酉	甲戌	乙亥	丙子	丁丑	戊寅	己卯	庚辰	辛巳	壬午	癸未	甲申	乙酉	丙戌	丁亥	戊子	己丑	庚寅	辛卯	壬辰	癸巳	甲午	乙未	丙申	丁酉
曜	월	화	수	목	금	토	일	월	화	수	목	금	토	일	월	화	수	목	금	토	일	월	화	수	목	금	토	일	월	화

5月

陽	1	2	3	4	5	6	7	8	9	10	11	12	13	14	15	16	17	18	19	20	21	22	23	24	25	26	27	28	29	30	31
陰	27	28	29	30	④소	2	3	4	5	6	7	8	9	10	11	12	13	14	15	16	17	18	19	20	21	22	23	24	25	26	27
干支	戊戌	己亥	庚子	辛丑	壬寅	癸卯	甲辰	乙巳	丙午	丁未	戊申	己酉	庚戌	辛亥	壬子	癸丑	甲寅	乙卯	丙辰	丁巳	戊午	己未	庚申	辛酉	壬戌	癸亥	甲子	乙丑	丙寅	丁卯	戊辰
曜	수	목	금	토	일	월	화	수	목	금	토	일	월	화	수	목	금	토	일	월	화	수	목	금	토	일	월	화	수	목	금

6月

陽	1	2	3	4	5	6	7	8	9	10	11	12	13	14	15	16	17	18	19	20	21	22	23	24	25	26	27	28	29	30
陰	28	29	⑤대	2	3	4	5	6	7	8	9	10	11	12	13	14	15	16	17	18	19	20	21	22	23	24	25	26	27	28
干支	己巳	庚午	辛未	壬申	癸酉	甲戌	乙亥	丙子	丁丑	戊寅	己卯	庚辰	辛巳	壬午	癸未	甲申	乙酉	丙戌	丁亥	戊子	己丑	庚寅	辛卯	壬辰	癸巳	甲午	乙未	丙申	丁酉	戊戌
曜	토	일	월	화	수	목	금	토	일	월	화	수	목	금	토	일	월	화	수	목	금	토	일	월	화	수	목	금	토	일

7月

陽	1	2	3	4	5	6	7	8	9	10	11	12	13	14	15	16	17	18	19	20	21	22	23	24	25	26	27	28	29	30	31
陰	29	30	⑥소	2	3	4	5	6	7	8	9	10	11	12	13	14	15	16	17	18	19	20	21	22	23	24	25	26	27	28	29
干支	己亥	庚子	辛丑	壬寅	癸卯	甲辰	乙巳	丙午	丁未	戊申	己酉	庚戌	辛亥	壬子	癸丑	甲寅	乙卯	丙辰	丁巳	戊午	己未	庚申	辛酉	壬戌	癸亥	甲子	乙丑	丙寅	丁卯	戊辰	己巳
曜	월	화	수	목	금	토	일	월	화	수	목	금	토	일	월	화	수	목	금	토	일	월	화	수	목	금	토	일	월	화	수

8月

陽	1	2	3	4	5	6	7	8	9	10	11	12	13	14	15	16	17	18	19	20	21	22	23	24	25	26	27	28	29	30	31
陰	⑦소	2	3	4	5	6	7	8	9	10	11	12	13	14	15	16	17	18	19	20	21	22	23	24	25	26	27	28	29	⑧대	2
干支	庚午	辛未	壬申	癸酉	甲戌	乙亥	丙子	丁丑	戊寅	己卯	庚辰	辛巳	壬午	癸未	甲申	乙酉	丙戌	丁亥	戊子	己丑	庚寅	辛卯	壬辰	癸巳	甲午	乙未	丙申	丁酉	戊戌	己亥	庚子
曜	목	금	토	일	월	화	수	목	금	토	일	월	화	수	목	금	토	일	월	화	수	목	금	토	일	월	화	수	목	금	토

9月

陽	1	2	3	4	5	6	7	8	9	10	11	12	13	14	15	16	17	18	19	20	21	22	23	24	25	26	27	28	29	30
陰	3	4	5	6	7	8	9	10	11	12	13	14	15	16	17	18	19	20	21	22	23	24	25	26	27	28	29	30	⑨소	2
干支	辛丑	壬寅	癸卯	甲辰	乙巳	丙午	丁未	戊申	己酉	庚戌	辛亥	壬子	癸丑	甲寅	乙卯	丙辰	丁巳	戊午	己未	庚申	辛酉	壬戌	癸亥	甲子	乙丑	丙寅	丁卯	戊辰	己巳	庚午
曜	일	월	화	수	목	금	토	일	월	화	수	목	금	토	일	월	화	수	목	금	토	일	월	화	수	목	금	토	일	월

10月

陽	1	2	3	4	5	6	7	8	9	10	11	12	13	14	15	16	17	18	19	20	21	22	23	24	25	26	27	28	29	30	31
陰	3	4	5	6	7	8	9	10	11	12	13	14	15	16	17	18	19	20	21	22	23	24	25	26	27	28	29	⑩대	2	3	4
干支	辛未	壬申	癸酉	甲戌	乙亥	丙子	丁丑	戊寅	己卯	庚辰	辛巳	壬午	癸未	甲申	乙酉	丙戌	丁亥	戊子	己丑	庚寅	辛卯	壬辰	癸巳	甲午	乙未	丙申	丁酉	戊戌	己亥	庚子	辛丑
曜	화	수	목	금	토	일	월	화	수	목	금	토	일	월	화	수	목	금	토	일	월	화	수	목	금	토	일	월	화	수	목

11月

陽	1	2	3	4	5	6	7	8	9	10	11	12	13	14	15	16	17	18	19	20	21	22	23	24	25	26	27	28	29	30
陰	5	6	7	8	9	10	11	12	13	14	15	16	17	18	19	20	21	22	23	24	25	26	27	28	29	30	⑪소	2	3	4
干支	壬寅	癸卯	甲辰	乙巳	丙午	丁未	戊申	己酉	庚戌	辛亥	壬子	癸丑	甲寅	乙卯	丙辰	丁巳	戊午	己未	庚申	辛酉	壬戌	癸亥	甲子	乙丑	丙寅	丁卯	戊辰	己巳	庚午	辛未
曜	금	토	일	월	화	수	목	금	토	일	월	화	수	목	금	토	일	월	화	수	목	금	토	일	월	화	수	목	금	토

12月

陽	1	2	3	4	5	6	7	8	9	10	11	12	13	14	15	16	17	18	19	20	21	22	23	24	25	26	27	28	29	30	31
陰	5	6	7	8	9	10	11	12	13	14	15	16	17	18	19	20	21	22	23	24	25	26	27	28	29	⑫대	2	3	4	5	6
干支	壬申	癸酉	甲戌	乙亥	丙子	丁丑	戊寅	己卯	庚辰	辛巳	壬午	癸未	甲申	乙酉	丙戌	丁亥	戊子	己丑	庚寅	辛卯	壬辰	癸巳	甲午	乙未	丙申	丁酉	戊戌	己亥	庚子	辛丑	壬寅
曜	일	월	화	수	목	금	토	일	월	화	수	목	금	토	일	월	화	수	목	금	토	일	월	화	수	목	금	토	일	월	화

己亥 (平地木)

西紀二○一九年●檀紀四三五二年

新平三百六十五日

舊平三百五十四日

九日得辛 八龍治水

酉大將軍 西三殺

丑喪門 酉吊客

五黃	一白	九紫
三碧	八白	四綠
七赤	六白	二黑

建月之大小	正月大 丙寅	二月小 丁卯	三月大 戊辰	四月小 己巳	五月大 庚午	六月小 辛未	七月小 壬申	八月大 癸酉	九月小 甲戌	十月大 乙亥	十一月小 丙子	十二月大 丁丑
日辰	癸巳 癸未 癸酉	癸亥 癸丑 癸卯	壬辰 壬午 壬申	壬戌 壬子 壬寅	辛卯 辛巳 辛未	辛酉 辛亥 辛丑	庚寅 庚辰 庚午	己未 己酉 己亥	己丑 己卯 己巳	戊午 戊申 戊戌	戊子 戊寅 戊辰	丁巳 丁未 丁酉
月白	二黑	一白	九紫	八白	七赤	六白	五黃	四綠	三碧	二黑	一白	九紫
入節	驚蟄三十日壬寅辰初初刻 雨水十五日丁亥辰初三刻	春分十五日丁巳卯正三刻	穀雨十六日丁亥酉初二刻 清明初一日壬申巳正二刻	小滿十七日戊午申初三刻 立夏初二日癸卯寅初三刻	夏至二十日庚寅子正三刻 芒種初四日甲戌辰正初刻	大暑廿一日辛酉午初三刻 小暑初五日乙巳寅正一刻	處暑廿三日壬辰酉正三刻 立秋初八日丁丑寅正初刻	秋分廿五日癸亥申正三刻 白露初十日戊申辰初一刻	霜降廿六日甲午丑正初刻 寒露初十日戊寅子初初刻	小雪廿六日癸亥子初三刻 立冬十二日己酉丑正一刻	冬至廿六日癸巳未初初刻 大雪十一日戊寅戌初初刻	大寒廿六日壬戌子初三刻 小寒十二日戊申卯正一刻

◆雜 節◆

土王	十二月廿三日	陽 一月十七日
臘享	十二月廿三日	陽 一月十七日
土王	九月廿三日	陽 十月二十一日
末伏	七月十一日	陽 八月十一日
中伏	六月二十日	陽 七月二十二日
土王	六月十八日	陽 七月二十日
初伏	六月初十日	陽 七月十二日
土王	三月十三日	陽 四月十七日
寒食	三月初二日	陽 四月六日

2020(4353. 庚子)

1月

陽	1	2	3	4	5	6	7	8	9	10	11	12	13	14	15	16	17	18	19	20	21	22	23	24	25	26	27	28	29	30	31
陰	7	8	9	10	11	12	13	14	15	16	17	18	19	20	21	22	23	24	25	26	27	28	29	30	①대	2	3	4	5	6	7
干支	癸卯	甲辰	乙巳	丙午	丁未	戊申	己酉	庚戌	辛亥	壬子	癸丑	甲寅	乙卯	丙辰	丁巳	戊午	己未	庚申	辛酉	壬戌	癸亥	甲子	乙丑	丙寅	丁卯	戊辰	己巳	庚午	辛未	壬申	癸酉
曜	수	목	금	토	일	월	화	수	목	금	토	일	월	화	수	목	금	토	일	월	화	수	목	금	토	일	월	화	수	목	금

2月

陽	1	2	3	4	5	6	7	8	9	10	11	12	13	14	15	16	17	18	19	20	21	22	23	24	25	26	27	28	29
陰	8	9	10	11	12	13	14	15	16	17	18	19	20	21	22	23	24	25	26	27	28	29	30	②소	2	3	4	5	6
干支	甲戌	乙亥	丙子	丁丑	戊寅	己卯	庚辰	辛巳	壬午	癸未	甲申	乙酉	丙戌	丁亥	戊子	己丑	庚寅	辛卯	壬辰	癸巳	甲午	乙未	丙申	丁酉	戊戌	己亥	庚子	辛丑	壬寅
曜	토	일	월	화	수	목	금	토	일	월	화	수	목	금	토	일	월	화	수	목	금	토	일	월	화	수	목	금	토

3月

陽	1	2	3	4	5	6	7	8	9	10	11	12	13	14	15	16	17	18	19	20	21	22	23	24	25	26	27	28	29	30	31
陰	7	8	9	10	11	12	13	14	15	16	17	18	19	20	21	22	23	24	25	26	27	28	29	③대	2	3	4	5	6	7	8
干支	癸卯	甲辰	乙巳	丙午	丁未	戊申	己酉	庚戌	辛亥	壬子	癸丑	甲寅	乙卯	丙辰	丁巳	戊午	己未	庚申	辛酉	壬戌	癸亥	甲子	乙丑	丙寅	丁卯	戊辰	己巳	庚午	辛未	壬申	癸酉
曜	일	월	화	수	목	금	토	일	월	화	수	목	금	토	일	월	화	수	목	금	토	일	월	화	수	목	금	토	일	월	화

4月

陽	1	2	3	4	5	6	7	8	9	10	11	12	13	14	15	16	17	18	19	20	21	22	23	24	25	26	27	28	29	30
陰	9	10	11	12	13	14	15	16	17	18	19	20	21	22	23	24	25	26	27	28	29	30	④대	2	3	4	5	6	7	8
干支	甲戌	乙亥	丙子	丁丑	戊寅	己卯	庚辰	辛巳	壬午	癸未	甲申	乙酉	丙戌	丁亥	戊子	己丑	庚寅	辛卯	壬辰	癸巳	甲午	乙未	丙申	丁酉	戊戌	己亥	庚子	辛丑	壬寅	癸卯
曜	수	목	금	토	일	월	화	수	목	금	토	일	월	화	수	목	금	토	일	월	화	수	목	금	토	일	월	화	수	목

5月

陽	1	2	3	4	5	6	7	8	9	10	11	12	13	14	15	16	17	18	19	20	21	22	23	24	25	26	27	28	29	30	31
陰	9	10	11	12	13	14	15	16	17	18	19	20	21	22	23	24	25	26	27	28	29	30	윤소	2	3	4	5	6	7	8	9
干支	甲辰	乙巳	丙午	丁未	戊申	己酉	庚戌	辛亥	壬子	癸丑	甲寅	乙卯	丙辰	丁巳	戊午	己未	庚申	辛酉	壬戌	癸亥	甲子	乙丑	丙寅	丁卯	戊辰	己巳	庚午	辛未	壬申	癸酉	甲戌
曜	금	토	일	월	화	수	목	금	토	일	월	화	수	목	금	토	일	월	화	수	목	금	토	일	월	화	수	목	금	토	일

6月

陽	1	2	3	4	5	6	7	8	9	10	11	12	13	14	15	16	17	18	19	20	21	22	23	24	25	26	27	28	29	30
陰	10	11	12	13	14	15	16	17	18	19	20	21	22	23	24	25	26	27	28	29	⑤대	2	3	4	5	6	7	8	9	10
干支	乙亥	丙子	丁丑	戊寅	己卯	庚辰	辛巳	壬午	癸未	甲申	乙酉	丙戌	丁亥	戊子	己丑	庚寅	辛卯	壬辰	癸巳	甲午	乙未	丙申	丁酉	戊戌	己亥	庚子	辛丑	壬寅	癸卯	甲辰
曜	월	화	수	목	금	토	일	월	화	수	목	금	토	일	월	화	수	목	금	토	일	월	화	수	목	금	토	일	월	화

7月

陽	1	2	3	4	5	6	7	8	9	10	11	12	13	14	15	16	17	18	19	20	21	22	23	24	25	26	27	28	29	30	31
陰	11	12	13	14	15	16	17	18	19	20	21	22	23	24	25	26	27	28	29	30	⑥소	2	3	4	5	6	7	8	9	10	11
干支	乙巳	丙午	丁未	戊申	己酉	庚戌	辛亥	壬子	癸丑	甲寅	乙卯	丙辰	丁巳	戊午	己未	庚申	辛酉	壬戌	癸亥	甲子	乙丑	丙寅	丁卯	戊辰	己巳	庚午	辛未	壬申	癸酉	甲戌	乙亥
曜	수	목	금	토	일	월	화	수	목	금	토	일	월	화	수	목	금	토	일	월	화	수	목	금	토	일	월	화	수	목	금

8月

陽	1	2	3	4	5	6	7	8	9	10	11	12	13	14	15	16	17	18	19	20	21	22	23	24	25	26	27	28	29	30	31
陰	12	13	14	15	16	17	18	19	20	21	22	23	24	25	26	27	28	29	⑦소	2	3	4	5	6	7	8	9	10	11	12	13
干支	丙子	丁丑	戊寅	己卯	庚辰	辛巳	壬午	癸未	甲申	乙酉	丙戌	丁亥	戊子	己丑	庚寅	辛卯	壬辰	癸巳	甲午	乙未	丙申	丁酉	戊戌	己亥	庚子	辛丑	壬寅	癸卯	甲辰	乙巳	丙午
曜	토	일	월	화	수	목	금	토	일	월	화	수	목	금	토	일	월	화	수	목	금	토	일	월	화	수	목	금	토	일	월

9月

陽	1	2	3	4	5	6	7	8	9	10	11	12	13	14	15	16	17	18	19	20	21	22	23	24	25	26	27	28	29	30
陰	14	15	16	17	18	19	20	21	22	23	24	25	26	27	28	29	⑧대	2	3	4	5	6	7	8	9	10	11	12	13	14
干支	丁未	戊申	己酉	庚戌	辛亥	壬子	癸丑	甲寅	乙卯	丙辰	丁巳	戊午	己未	庚申	辛酉	壬戌	癸亥	甲子	乙丑	丙寅	丁卯	戊辰	己巳	庚午	辛未	壬申	癸酉	甲戌	乙亥	丙子
曜	화	수	목	금	토	일	월	화	수	목	금	토	일	월	화	수	목	금	토	일	월	화	수	목	금	토	일	월	화	수

10月

陽	1	2	3	4	5	6	7	8	9	10	11	12	13	14	15	16	17	18	19	20	21	22	23	24	25	26	27	28	29	30	31
陰	15	16	17	18	19	20	21	22	23	24	25	26	27	28	29	30	⑨소	2	3	4	5	6	7	8	9	10	11	12	13	14	15
干支	丁丑	戊寅	己卯	庚辰	辛巳	壬午	癸未	甲申	乙酉	丙戌	丁亥	戊子	己丑	庚寅	辛卯	壬辰	癸巳	甲午	乙未	丙申	丁酉	戊戌	己亥	庚子	辛丑	壬寅	癸卯	甲辰	乙巳	丙午	丁未
曜	목	금	토	일	월	화	수	목	금	토	일	월	화	수	목	금	토	일	월	화	수	목	금	토	일	월	화	수	목	금	토

11月

陽	1	2	3	4	5	6	7	8	9	10	11	12	13	14	15	16	17	18	19	20	21	22	23	24	25	26	27	28	29	30
陰	16	17	18	19	20	21	22	23	24	25	26	27	28	29	⑩대	2	3	4	5	6	7	8	9	10	11	12	13	14	15	16
干支	戊申	己酉	庚戌	辛亥	壬子	癸丑	甲寅	乙卯	丙辰	丁巳	戊午	己未	庚申	辛酉	壬戌	癸亥	甲子	乙丑	丙寅	丁卯	戊辰	己巳	庚午	辛未	壬申	癸酉	甲戌	乙亥	丙子	丁丑
曜	일	월	화	수	목	금	토	일	월	화	수	목	금	토	일	월	화	수	목	금	토	일	월	화	수	목	금	토	일	월

12月

陽	1	2	3	4	5	6	7	8	9	10	11	12	13	14	15	16	17	18	19	20	21	22	23	24	25	26	27	28	29	30	31
陰	17	18	19	20	21	22	23	24	25	26	27	28	29	30	⑪소	2	3	4	5	6	7	8	9	10	11	12	13	14	15	16	17
干支	戊寅	己卯	庚辰	辛巳	壬午	癸未	甲申	乙酉	丙戌	丁亥	戊子	己丑	庚寅	辛卯	壬辰	癸巳	甲午	乙未	丙申	丁酉	戊戌	己亥	庚子	辛丑	壬寅	癸卯	甲辰	乙巳	丙午	丁未	戊申
曜	화	수	목	금	토	일	월	화	수	목	금	토	일	월	화	수	목	금	토	일	월	화	수	목	금	토	일	월	화	수	목

庚子 (壁上土)

西紀二〇二〇年●檀紀四三五三年

新閏三百六十六日
舊閏三百八十四日

五日得辛 二龍治水
酉大將軍 南三殺
寅喪門 戌吊客

四綠 九紫 八白
二黑 七赤 三碧
六白 五黃 一白

建月之大小	正月 戊寅 大	二月 己卯 小	三月 庚辰 大	四月 辛巳 大	閏四月 小	五月 壬午 大	六月 癸未 小	七月 甲申 小	八月 乙酉 大	九月 丙戌 小	十月 丁亥 大	十一月 戊子 小	十二月 己丑 大
日辰	丁亥 丁丑 丁卯	丁巳 丁未 丁酉	丙戌 丙子 丙寅	丙辰 丙午 丙申	丙戌 丙子 丙寅	乙卯 乙巳 乙未	乙酉 乙亥 乙丑	甲寅 甲辰 甲午	癸未 癸酉 癸亥	癸丑 癸卯 癸巳	壬午 壬申 壬戌	壬子 壬寅 壬辰	辛巳 辛未 辛酉
月白	八白	七赤	六白	五黃		四綠	三碧	二黑	一白	九紫	八白	七赤	六白
入節	雨水廿六日壬辰未初三刻 立春十一日丁丑酉初三刻	春分廿六日壬戌午正二刻 驚蟄十一日丁未午初三刻	穀雨廿七日壬辰子初二刻 清明十二日丁丑申正二刻	小滿廿八日癸亥亥正二刻 立夏十三日戊申巳初二刻	芒種十四日己卯未初三刻	小暑十七日辛亥子初三刻 夏至初一日乙未卯正二刻	立秋十八日壬午巳正初刻 大暑初二日丙寅酉初二刻	白露二十日癸丑未初一刻 處暑初五日戊戌子正三刻	寒露廿二日甲申寅正三刻 秋分初六日戊辰亥正二刻	立冬廿二日甲寅辰正初刻 霜降初七日己亥辰正初刻	大雪廿三日甲申丑初初刻 小雪初八日己巳卯初二刻	小寒廿三日甲寅午正一刻 冬至初七日戊戌酉正三刻	立春廿三日癸未子初三刻 大寒初八日戊辰卯初二刻

◆雜 節◆

臘享 十二月十一日 陽一月二十三日
土王 十二月初六日 陽一月十八日
土王 九月初四日 陽十月二十日
末伏 六月廿六日 陽八月十五日
中伏 六月初六日 陽七月二十六日
土王 五月廿九日 陽七月十九日
初伏 五月廿六日 陽七月十六日
土王 三月廿四日 陽四月十六日
寒食 三月十三日 陽四月五日

2021(4354. 辛丑)

1月

陽	1	2	3	4	5	6	7	8	9	10	11	12	13	14	15	16	17	18	19	20	21	22	23	24	25	26	27	28	29	30	31
陰	18	19	20	21	22	23	24	25	26	27	28	29	⑫대	2	3	4	5	6	7	8	9	10	11	12	13	14	15	16	17	18	19
干支	己酉	庚戌	辛亥	壬子	癸丑	甲寅	乙卯	丙辰	丁巳	戊午	己未	庚申	辛酉	壬戌	癸亥	甲子	乙丑	丙寅	丁卯	戊辰	己巳	庚午	辛未	壬申	癸酉	甲戌	乙亥	丙子	丁丑	戊寅	己卯
曜	금	토	일	월	화	수	목	금	토	일	월	화	수	목	금	토	일	월	화	수	목	금	토	일	월	화	수	목	금	토	일

2月

陽	1	2	3	4	5	6	7	8	9	10	11	12	13	14	15	16	17	18	19	20	21	22	23	24	25	26	27	28
陰	20	21	22	23	24	25	26	27	28	29	30	①소	2	3	4	5	6	7	8	9	10	11	12	13	14	15	16	17
干支	庚辰	辛巳	壬午	癸未	甲申	乙酉	丙戌	丁亥	戊子	己丑	庚寅	辛卯	壬辰	癸巳	甲午	乙未	丙申	丁酉	戊戌	己亥	庚子	辛丑	壬寅	癸卯	甲辰	乙巳	丙午	丁未
曜	월	화	수	목	금	토	일	월	화	수	목	금	토	일	월	화	수	목	금	토	일	월	화	수	목	금	토	일

3月

陽	1	2	3	4	5	6	7	8	9	10	11	12	13	14	15	16	17	18	19	20	21	22	23	24	25	26	27	28	29	30	31
陰	18	19	20	21	22	23	24	25	26	27	28	29	②대	2	3	4	5	6	7	8	9	10	11	12	13	14	15	16	17	18	19
干支	戊申	己酉	庚戌	辛亥	壬子	癸丑	甲寅	乙卯	丙辰	丁巳	戊午	己未	庚申	辛酉	壬戌	癸亥	甲子	乙丑	丙寅	丁卯	戊辰	己巳	庚午	辛未	壬申	癸酉	甲戌	乙亥	丙子	丁丑	戊寅
曜	월	화	수	목	금	토	일	월	화	수	목	금	토	일	월	화	수	목	금	토	일	월	화	수	목	금	토	일	월	화	수

4月

陽	1	2	3	4	5	6	7	8	9	10	11	12	13	14	15	16	17	18	19	20	21	22	23	24	25	26	27	28	29	30
陰	20	21	22	23	24	25	26	27	28	29	30	③대	2	3	4	5	6	7	8	9	10	11	12	13	14	15	16	17	18	19
干支	己卯	庚辰	辛巳	壬午	癸未	甲申	乙酉	丙戌	丁亥	戊子	己丑	庚寅	辛卯	壬辰	癸巳	甲午	乙未	丙申	丁酉	戊戌	己亥	庚子	辛丑	壬寅	癸卯	甲辰	乙巳	丙午	丁未	戊申
曜	목	금	토	일	월	화	수	목	금	토	일	월	화	수	목	금	토	일	월	화	수	목	금	토	일	월	화	수	목	금

5月

陽	1	2	3	4	5	6	7	8	9	10	11	12	13	14	15	16	17	18	19	20	21	22	23	24	25	26	27	28	29	30	31
陰	20	21	22	23	24	25	26	27	28	29	30	④소	2	3	4	5	6	7	8	9	10	11	12	13	14	15	16	17	18	19	20
干支	己酉	庚戌	辛亥	壬子	癸丑	甲寅	乙卯	丙辰	丁巳	戊午	己未	庚申	辛酉	壬戌	癸亥	甲子	乙丑	丙寅	丁卯	戊辰	己巳	庚午	辛未	壬申	癸酉	甲戌	乙亥	丙子	丁丑	戊寅	己卯
曜	토	일	월	화	수	목	금	토	일	월	화	수	목	금	토	일	월	화	수	목	금	토	일	월	화	수	목	금	토	일	월

6月

陽	1	2	3	4	5	6	7	8	9	10	11	12	13	14	15	16	17	18	19	20	21	22	23	24	25	26	27	28	29	30
陰	21	22	23	24	25	26	27	28	29	⑤대	2	3	4	5	6	7	8	9	10	11	12	13	14	15	16	17	18	19	20	21
干支	庚辰	辛巳	壬午	癸未	甲申	乙酉	丙戌	丁亥	戊子	己丑	庚寅	辛卯	壬辰	癸巳	甲午	乙未	丙申	丁酉	戊戌	己亥	庚子	辛丑	壬寅	癸卯	甲辰	乙巳	丙午	丁未	戊申	己酉
曜	화	수	목	금	토	일	월	화	수	목	금	토	일	월	화	수	목	금	토	일	월	화	수	목	금	토	일	월	화	수

7月

陽	1	2	3	4	5	6	7	8	9	10	11	12	13	14	15	16	17	18	19	20	21	22	23	24	25	26	27	28	29	30	31
陰	22	23	24	25	26	27	28	29	30	⑥소	2	3	4	5	6	7	8	9	10	11	12	13	14	15	16	17	18	19	20	21	22
干支	庚戌	辛亥	壬子	癸丑	甲寅	乙卯	丙辰	丁巳	戊午	己未	庚申	辛酉	壬戌	癸亥	甲子	乙丑	丙寅	丁卯	戊辰	己巳	庚午	辛未	壬申	癸酉	甲戌	乙亥	丙子	丁丑	戊寅	己卯	庚辰
曜	목	금	토	일	월	화	수	목	금	토	일	월	화	수	목	금	토	일	월	화	수	목	금	토	일	월	화	수	목	금	토

8月

陽	1	2	3	4	5	6	7	8	9	10	11	12	13	14	15	16	17	18	19	20	21	22	23	24	25	26	27	28	29	30	31
陰	23	24	25	26	27	28	29	⑦대	2	3	4	5	6	7	8	9	10	11	12	13	14	15	16	17	18	19	20	21	22	23	24
干支	辛巳	壬午	癸未	甲申	乙酉	丙戌	丁亥	戊子	己丑	庚寅	辛卯	壬辰	癸巳	甲午	乙未	丙申	丁酉	戊戌	己亥	庚子	辛丑	壬寅	癸卯	甲辰	乙巳	丙午	丁未	戊申	己酉	庚戌	辛亥
曜	일	월	화	수	목	금	토	일	월	화	수	목	금	토	일	월	화	수	목	금	토	일	월	화	수	목	금	토	일	월	화

9月

陽	1	2	3	4	5	6	7	8	9	10	11	12	13	14	15	16	17	18	19	20	21	22	23	24	25	26	27	28	29	30
陰	25	26	27	28	29	30	⑧소	2	3	4	5	6	7	8	9	10	11	12	13	14	15	16	17	18	19	20	21	22	23	24
干支	壬子	癸丑	甲寅	乙卯	丙辰	丁巳	戊午	己未	庚申	辛酉	壬戌	癸亥	甲子	乙丑	丙寅	丁卯	戊辰	己巳	庚午	辛未	壬申	癸酉	甲戌	乙亥	丙子	丁丑	戊寅	己卯	庚辰	辛巳
曜	수	목	금	토	일	월	화	수	목	금	토	일	월	화	수	목	금	토	일	월	화	수	목	금	토	일	월	화	수	목

10月

陽	1	2	3	4	5	6	7	8	9	10	11	12	13	14	15	16	17	18	19	20	21	22	23	24	25	26	27	28	29	30	31
陰	25	26	27	28	29	⑨대	2	3	4	5	6	7	8	9	10	11	12	13	14	15	16	17	18	19	20	21	22	23	24	25	26
干支	壬午	癸未	甲申	乙酉	丙戌	丁亥	戊子	己丑	庚寅	辛卯	壬辰	癸巳	甲午	乙未	丙申	丁酉	戊戌	己亥	庚子	辛丑	壬寅	癸卯	甲辰	乙巳	丙午	丁未	戊申	己酉	庚戌	辛亥	壬子
曜	금	토	일	월	화	수	목	금	토	일	월	화	수	목	금	토	일	월	화	수	목	금	토	일	월	화	수	목	금	토	일

11月

陽	1	2	3	4	5	6	7	8	9	10	11	12	13	14	15	16	17	18	19	20	21	22	23	24	25	26	27	28	29	30
陰	27	28	29	30	⑩소	2	3	4	5	6	7	8	9	10	11	12	13	14	15	16	17	18	19	20	21	22	23	24	25	26
干支	癸丑	甲寅	乙卯	丙辰	丁巳	戊午	己未	庚申	辛酉	壬戌	癸亥	甲子	乙丑	丙寅	丁卯	戊辰	己巳	庚午	辛未	壬申	癸酉	甲戌	乙亥	丙子	丁丑	戊寅	己卯	庚辰	辛巳	壬午
曜	월	화	수	목	금	토	일	월	화	수	목	금	토	일	월	화	수	목	금	토	일	월	화	수	목	금	토	일	월	화

12月

陽	1	2	3	4	5	6	7	8	9	10	11	12	13	14	15	16	17	18	19	20	21	22	23	24	25	26	27	28	29	30	31
陰	27	28	29	⑪대	2	3	4	5	6	7	8	9	10	11	12	13	14	15	16	17	18	19	20	21	22	23	24	25	26	27	28
干支	癸未	甲申	乙酉	丙戌	丁亥	戊子	己丑	庚寅	辛卯	壬辰	癸巳	甲午	乙未	丙申	丁酉	戊戌	己亥	庚子	辛丑	壬寅	癸卯	甲辰	乙巳	丙午	丁未	戊申	己酉	庚戌	辛亥	壬子	癸丑
曜	수	목	금	토	일	월	화	수	목	금	토	일	월	화	수	목	금	토	일	월	화	수	목	금	토	일	월	화	수	목	금

辛丑 (壁上土)	新平三百六十五 舊平三百五十四
西紀二〇二一年●檀紀四三五四年	
一日得辛 二龍治水	三碧 八白 七赤
酉大將軍 東三殺	一白 六白 二黑
卯喪門 亥吊客	五黃 四綠 九紫

建月之大小	正月 庚寅 小	二月 辛卯 大	三月 壬辰 大	四月 癸巳 小	五月 甲午 大	六月 乙未 小	七月 丙申 大	八月 丁酉 小	九月 戊戌 大	十月 己亥 小	十一月 庚子 大	十二月 辛丑 小
日辰	辛亥 辛丑 辛卯	庚辰 庚午 庚寅	庚戌 庚子 庚寅	庚辰 庚午 庚申	己酉 己亥 己丑	己卯 己巳 己未	戊申 戊戌 戊子	戊寅 戊辰 戊午	丁未 丁酉 丁亥	丁丑 丁卯 丁巳	丙午 丙申 丙戌	丙子 丙寅 丙辰
月白	五黃	四綠	三碧	二黑	一白	九紫	八白	七赤	六白	五黃	四綠	三碧
入節	驚蟄廿二日壬子酉初二刻 雨水初七日丁酉戌初二刻	淸明廿三日壬午亥正一刻 春分初八日丁卯酉正一刻	立夏廿四日癸丑申初二刻 穀雨初九日戊戌卯初一刻	芒種廿五日甲申戌初二刻 小滿初十日己巳寅正一刻	小暑廿八日丙辰卯初三刻 夏至十二日庚子午正一刻	立秋廿九日丁亥申初二刻 大暑十三日辛未子初一刻	處暑十六日癸卯卯正二刻	秋分十七日甲戌寅正一刻 白露初一日戊午酉正三刻	霜降十八日甲辰未初三刻 寒露初三日己丑巳正二刻	小雪十八日甲戌午初一刻 立冬初三日己未未初三刻	冬至十九日甲辰子正三刻 大雪初四日己丑卯正三刻	大寒十八日癸酉午初一刻 小寒初三日戊午酉正初刻

◆雜　節◆

臘享	十二月十六日	陽 一月十八日
土王	十二月十五日	陽 一月十七日
土王	九月十五日	陽 十月二十日
末伏	七月初三日	陽 八月十日
中伏	六月十二日	陽 七月二十一日
土王	六月初十日	陽 七月十九日
初伏	六月初二日	陽 七月十一日
土王	三月初六日	陽 四月十七日
寒食	二月廿四日	陽 四月五日

2022(4355. 壬寅)

1月

陽	1	2	3	4	5	6	7	8	9	10	11	12	13	14	15	16	17	18	19	20	21	22	23	24	25	26	27	28	29	30	31
陰	29	30	⑫소	2	3	4	5	6	7	8	9	10	11	12	13	14	15	16	17	18	19	20	21	22	23	24	25	26	27	28	29
干支	甲寅	乙卯	丙辰	丁巳	戊午	己未	庚申	辛酉	壬戌	癸亥	甲子	乙丑	丙寅	丁卯	戊辰	己巳	庚午	辛未	壬申	癸酉	甲戌	乙亥	丙子	丁丑	戊寅	己卯	庚辰	辛巳	壬午	癸未	甲申
曜	토	일	월	화	수	목	금	토	일	월	화	수	목	금	토	일	월	화	수	목	금	토	일	월	화	수	목	금	토	일	월

2月

陽	1	2	3	4	5	6	7	8	9	10	11	12	13	14	15	16	17	18	19	20	21	22	23	24	25	26	27	28
陰	①대	2	3	4	5	6	7	8	9	10	11	12	13	14	15	16	17	18	19	20	21	22	23	24	25	26	27	28
干支	乙酉	丙戌	丁亥	戊子	己丑	庚寅	辛卯	壬辰	癸巳	甲午	乙未	丙申	丁酉	戊戌	己亥	庚子	辛丑	壬寅	癸卯	甲辰	乙巳	丙午	丁未	戊申	己酉	庚戌	辛亥	壬子
曜	화	수	목	금	토	일	월	화	수	목	금	토	일	월	화	수	목	금	토	일	월	화	수	목	금	토	일	월

3月

陽	1	2	3	4	5	6	7	8	9	10	11	12	13	14	15	16	17	18	19	20	21	22	23	24	25	26	27	28	29	30	31
陰	29	30	②소	2	3	4	5	6	7	8	9	10	11	12	13	14	15	16	17	18	19	20	21	22	23	24	25	26	27	28	29
干支	癸丑	甲寅	乙卯	丙辰	丁巳	戊午	己未	庚申	辛酉	壬戌	癸亥	甲子	乙丑	丙寅	丁卯	戊辰	己巳	庚午	辛未	壬申	癸酉	甲戌	乙亥	丙子	丁丑	戊寅	己卯	庚辰	辛巳	壬午	癸未
曜	화	수	목	금	토	일	월	화	수	목	금	토	일	월	화	수	목	금	토	일	월	화	수	목	금	토	일	월	화	수	목

4月

陽	1	2	3	4	5	6	7	8	9	10	11	12	13	14	15	16	17	18	19	20	21	22	23	24	25	26	27	28	29	30
陰	③대	2	3	4	5	6	7	8	9	10	11	12	13	14	15	16	17	18	19	20	21	22	23	24	25	26	27	28	29	30
干支	甲申	乙酉	丙戌	丁亥	戊子	己丑	庚寅	辛卯	壬辰	癸巳	甲午	乙未	丙申	丁酉	戊戌	己亥	庚子	辛丑	壬寅	癸卯	甲辰	乙巳	丙午	丁未	戊申	己酉	庚戌	辛亥	壬子	癸丑
曜	금	토	일	월	화	수	목	금	토	일	월	화	수	목	금	토	일	월	화	수	목	금	토	일	월	화	수	목	금	토

5月

陽	1	2	3	4	5	6	7	8	9	10	11	12	13	14	15	16	17	18	19	20	21	22	23	24	25	26	27	28	29	30	31
陰	④소	2	3	4	5	6	7	8	9	10	11	12	13	14	15	16	17	18	19	20	21	22	23	24	25	26	27	28	29	⑤대	2
干支	甲寅	乙卯	丙辰	丁巳	戊午	己未	庚申	辛酉	壬戌	癸亥	甲子	乙丑	丙寅	丁卯	戊辰	己巳	庚午	辛未	壬申	癸酉	甲戌	乙亥	丙子	丁丑	戊寅	己卯	庚辰	辛巳	壬午	癸未	甲申
曜	일	월	화	수	목	금	토	일	월	화	수	목	금	토	일	월	화	수	목	금	토	일	월	화	수	목	금	토	일	월	화

6月

陽	1	2	3	4	5	6	7	8	9	10	11	12	13	14	15	16	17	18	19	20	21	22	23	24	25	26	27	28	29	30
陰	3	4	5	6	7	8	9	10	11	12	13	14	15	16	17	18	19	20	21	22	23	24	25	26	27	28	29	30	⑥대	2
干支	乙酉	丙戌	丁亥	戊子	己丑	庚寅	辛卯	壬辰	癸巳	甲午	乙未	丙申	丁酉	戊戌	己亥	庚子	辛丑	壬寅	癸卯	甲辰	乙巳	丙午	丁未	戊申	己酉	庚戌	辛亥	壬子	癸丑	甲寅
曜	수	목	금	토	일	월	화	수	목	금	토	일	월	화	수	목	금	토	일	월	화	수	목	금	토	일	월	화	수	목

7月

陽	1	2	3	4	5	6	7	8	9	10	11	12	13	14	15	16	17	18	19	20	21	22	23	24	25	26	27	28	29	30	31
陰	3	4	5	6	7	8	9	10	11	12	13	14	15	16	17	18	19	20	21	22	23	24	25	26	27	28	29	30	⑦소	2	3
干支	乙卯	丙辰	丁巳	戊午	己未	庚申	辛酉	壬戌	癸亥	甲子	乙丑	丙寅	丁卯	戊辰	己巳	庚午	辛未	壬申	癸酉	甲戌	乙亥	丙子	丁丑	戊寅	己卯	庚辰	辛巳	壬午	癸未	甲申	乙酉
曜	금	토	일	월	화	수	목	금	토	일	월	화	수	목	금	토	일	월	화	수	목	금	토	일	월	화	수	목	금	토	일

8月

陽	1	2	3	4	5	6	7	8	9	10	11	12	13	14	15	16	17	18	19	20	21	22	23	24	25	26	27	28	29	30	31
陰	4	5	6	7	8	9	10	11	12	13	14	15	16	17	18	19	20	21	22	23	24	25	26	27	28	29	⑧대	2	3	4	5
干支	丙戌	丁亥	戊子	己丑	庚寅	辛卯	壬辰	癸巳	甲午	乙未	丙申	丁酉	戊戌	己亥	庚子	辛丑	壬寅	癸卯	甲辰	乙巳	丙午	丁未	戊申	己酉	庚戌	辛亥	壬子	癸丑	甲寅	乙卯	丙辰
曜	월	화	수	목	금	토	일	월	화	수	목	금	토	일	월	화	수	목	금	토	일	월	화	수	목	금	토	일	월	화	수

9月

陽	1	2	3	4	5	6	7	8	9	10	11	12	13	14	15	16	17	18	19	20	21	22	23	24	25	26	27	28	29	30
陰	6	7	8	9	10	11	12	13	14	15	16	17	18	19	20	21	22	23	24	25	26	27	28	29	30	⑨소	2	3	4	5
干支	丁巳	戊午	己未	庚申	辛酉	壬戌	癸亥	甲子	乙丑	丙寅	丁卯	戊辰	己巳	庚午	辛未	壬申	癸酉	甲戌	乙亥	丙子	丁丑	戊寅	己卯	庚辰	辛巳	壬午	癸未	甲申	乙酉	丙戌
曜	목	금	토	일	월	화	수	목	금	토	일	월	화	수	목	금	토	일	월	화	수	목	금	토	일	월	화	수	목	금

10月

陽	1	2	3	4	5	6	7	8	9	10	11	12	13	14	15	16	17	18	19	20	21	22	23	24	25	26	27	28	29	30	31
陰	6	7	8	9	10	11	12	13	14	15	16	17	18	19	20	21	22	23	24	25	26	27	28	29	⑩대	2	3	4	5	6	7
干支	丁亥	戊子	己丑	庚寅	辛卯	壬辰	癸巳	甲午	乙未	丙申	丁酉	戊戌	己亥	庚子	辛丑	壬寅	癸卯	甲辰	乙巳	丙午	丁未	戊申	己酉	庚戌	辛亥	壬子	癸丑	甲寅	乙卯	丙辰	丁巳
曜	토	일	월	화	수	목	금	토	일	월	화	수	목	금	토	일	월	화	수	목	금	토	일	월	화	수	목	금	토	일	월

11月

陽	1	2	3	4	5	6	7	8	9	10	11	12	13	14	15	16	17	18	19	20	21	22	23	24	25	26	27	28	29	30
陰	8	9	10	11	12	13	14	15	16	17	18	19	20	21	22	23	24	25	26	27	28	29	30	⑪소	2	3	4	5	6	7
干支	戊午	己未	庚申	辛酉	壬戌	癸亥	甲子	乙丑	丙寅	丁卯	戊辰	己巳	庚午	辛未	壬申	癸酉	甲戌	乙亥	丙子	丁丑	戊寅	己卯	庚辰	辛巳	壬午	癸未	甲申	乙酉	丙戌	丁亥
曜	화	수	목	금	토	일	월	화	수	목	금	토	일	월	화	수	목	금	토	일	월	화	수	목	금	토	일	월	화	수

12月

陽	1	2	3	4	5	6	7	8	9	10	11	12	13	14	15	16	17	18	19	20	21	22	23	24	25	26	27	28	29	30	31
陰	8	9	10	11	12	13	14	15	16	17	18	19	20	21	22	23	24	25	26	27	28	29	⑫대	2	3	4	5	6	7	8	9
干支	戊子	己丑	庚寅	辛卯	壬辰	癸巳	甲午	乙未	丙申	丁酉	戊戌	己亥	庚子	辛丑	壬寅	癸卯	甲辰	乙巳	丙午	丁未	戊申	己酉	庚戌	辛亥	壬子	癸丑	甲寅	乙卯	丙辰	丁巳	戊午
曜	목	금	토	일	월	화	수	목	금	토	일	월	화	수	목	금	토	일	월	화	수	목	금	토	일	월	화	수	목	금	토

壬寅 (金箔金)

西紀二〇二二年 ● 檀紀四三五五年

新平三百六十五日

舊平三百五十五日

七日得辛 八龍治水
子大將軍 北三殺
辰喪門 子吊客

二黑 七赤 六白
九紫 五黃 一白
四綠 三碧 八白

建月之大小	壬寅 正月大	癸卯 二月小	甲辰 三月大	乙巳 四月小	丙午 五月大	丁未 六月大	戊申 七月小	己酉 八月大	庚戌 九月小	辛亥 十月大	壬子 十一月小	癸丑 十二月大
日辰	乙巳 乙未 乙酉	乙亥 乙丑 乙卯	甲辰 甲午 甲申	甲戌 甲子 甲寅	癸卯 癸巳 癸未	癸酉 癸亥 癸丑	癸卯 癸巳 癸未	壬申 壬戌 壬子	壬寅 壬辰 壬午	辛未 辛酉 辛亥	辛丑 辛卯 辛巳	庚午 庚申 庚戌
月白	二黑	一白	九紫	八白	七赤	六白	五黃	四綠	三碧	二黑	一白	九紫
入節	雨水十九日癸卯丑初一刻 立春初四日戊子卯初二刻	春分十九日癸酉子正一刻 驚蟄初三日丁巳子初二刻	穀雨二十日癸卯午初初刻 淸明初五日戊子寅正初刻	小滿廿一日甲戌巳正一刻 立夏初五日戊午亥初一刻	夏至廿三日乙巳酉正初刻 芒種初八日庚寅丑初一刻	大暑廿五日丁丑卯初初刻 小暑初九日辛酉午初二刻	處暑廿六日戊申午正一刻 立秋初十日壬辰亥初二刻	秋分廿八日己卯巳正初刻 白露十三日甲子子正二刻	霜降廿八日己酉戌初二刻 寒露十三日甲午申正二刻	小雪廿九日己卯酉初一刻 立冬十四日甲子戌初三刻	冬至廿九日己酉卯正二刻 大雪十四日甲午午正二刻	大寒廿九日戊寅酉初一刻 小寒十四日癸亥子初三刻

◆雜 節◆

土王 十二月廿六日 陽 一月十七日
臘享 十二月廿二日 陽 一月十三日
土王 九月廿五日 陽 十月二十日
末伏 七月十八日 陽 八月十五日
中伏 六月廿八日 陽 七月二十六日
土王 六月廿二日 陽 七月二十日
初伏 六月十八日 陽 七月十六日
土王 三月十七日 陽 四月十七日
寒食 三月初六日 陽 四月六日

2023(4356. 癸卯)

1月

	1	2	3	4	5	6	7	8	9	10	11	12	13	14	15	16	17	18	19	20	21	22	23	24	25	26	27	28	29	30	31
陽	1	2	3	4	5	6	7	8	9	10	11	12	13	14	15	16	17	18	19	20	21	22	23	24	25	26	27	28	29	30	31
陰	10	11	12	13	14	15	16	17	18	19	20	21	22	23	24	25	26	27	28	29	30	①소	2	3	4	5	6	7	8	9	10
干支	己未	庚申	辛酉	壬戌	癸亥	甲子	乙丑	丙寅	丁卯	戊辰	己巳	庚午	辛未	壬申	癸酉	甲戌	乙亥	丙子	丁丑	戊寅	己卯	庚辰	辛巳	壬午	癸未	甲申	乙酉	丙戌	丁亥	戊子	己丑
曜	일	월	화	수	목	금	토	일	월	화	수	목	금	토	일	월	화	수	목	금	토	일	월	화	수	목	금	토	일	월	화

2月

陽	1	2	3	4	5	6	7	8	9	10	11	12	13	14	15	16	17	18	19	20	21	22	23	24	25	26	27	28
陰	11	12	13	14	15	16	17	18	19	20	21	22	23	24	25	26	27	28	29	②대	2	3	4	5	6	7	8	9
干支	庚寅	辛卯	壬辰	癸巳	甲午	乙未	丙申	丁酉	戊戌	己亥	庚子	辛丑	壬寅	癸卯	甲辰	乙巳	丙午	丁未	戊申	己酉	庚戌	辛亥	壬子	癸丑	甲寅	乙卯	丙辰	丁巳
曜	수	목	금	토	일	월	화	수	목	금	토	일	월	화	수	목	금	토	일	월	화	수	목	금	토	일	월	화

3月

陽	1	2	3	4	5	6	7	8	9	10	11	12	13	14	15	16	17	18	19	20	21	22	23	24	25	26	27	28	29	30	31
陰	10	11	12	13	14	15	16	17	18	19	20	21	22	23	24	25	26	27	28	29	30	윤소	2	3	4	5	6	7	8	9	10
干支	戊午	己未	庚申	辛酉	壬戌	癸亥	甲子	乙丑	丙寅	丁卯	戊辰	己巳	庚午	辛未	壬申	癸酉	甲戌	乙亥	丙子	丁丑	戊寅	己卯	庚辰	辛巳	壬午	癸未	甲申	乙酉	丙戌	丁亥	戊子
曜	수	목	금	토	일	월	화	수	목	금	토	일	월	화	수	목	금	토	일	월	화	수	목	금	토	일	월	화	수	목	금

4月

陽	1	2	3	4	5	6	7	8	9	10	11	12	13	14	15	16	17	18	19	20	21	22	23	24	25	26	27	28	29	30
陰	11	12	13	14	15	16	17	18	19	20	21	22	23	24	25	26	27	28	29	③대	2	3	4	5	6	7	8	9	10	11
干支	己丑	庚寅	辛卯	壬辰	癸巳	甲午	乙未	丙申	丁酉	戊戌	己亥	庚子	辛丑	壬寅	癸卯	甲辰	乙巳	丙午	丁未	戊申	己酉	庚戌	辛亥	壬子	癸丑	甲寅	乙卯	丙辰	丁巳	戊午
曜	토	일	월	화	수	목	금	토	일	월	화	수	목	금	토	일	월	화	수	목	금	토	일	월	화	수	목	금	토	일

5月

陽	1	2	3	4	5	6	7	8	9	10	11	12	13	14	15	16	17	18	19	20	21	22	23	24	25	26	27	28	29	30	31
陰	12	13	14	15	16	17	18	19	20	21	22	23	24	25	26	27	28	29	30	④소	2	3	4	5	6	7	8	9	10	11	12
干支	己未	庚申	辛酉	壬戌	癸亥	甲子	乙丑	丙寅	丁卯	戊辰	己巳	庚午	辛未	壬申	癸酉	甲戌	乙亥	丙子	丁丑	戊寅	己卯	庚辰	辛巳	壬午	癸未	甲申	乙酉	丙戌	丁亥	戊子	己丑
曜	월	화	수	목	금	토	일	월	화	수	목	금	토	일	월	화	수	목	금	토	일	월	화	수	목	금	토	일	월	화	수

6月

陽	1	2	3	4	5	6	7	8	9	10	11	12	13	14	15	16	17	18	19	20	21	22	23	24	25	26	27	28	29	30
陰	13	14	15	16	17	18	19	20	21	22	23	24	25	26	27	28	29	⑤대	2	3	4	5	6	7	8	9	10	11	12	13
干支	庚寅	辛卯	壬辰	癸巳	甲午	乙未	丙申	丁酉	戊戌	己亥	庚子	辛丑	壬寅	癸卯	甲辰	乙巳	丙午	丁未	戊申	己酉	庚戌	辛亥	壬子	癸丑	甲寅	乙卯	丙辰	丁巳	戊午	己未
曜	목	금	토	일	월	화	수	목	금	토	일	월	화	수	목	금	토	일	월	화	수	목	금	토	일	월	화	수	목	금

7月

陽	1	2	3	4	5	6	7	8	9	10	11	12	13	14	15	16	17	18	19	20	21	22	23	24	25	26	27	28	29	30	31
陰	14	15	16	17	18	19	20	21	22	23	24	25	26	27	28	29	30	⑥소	2	3	4	5	6	7	8	9	10	11	12	13	14
干支	庚申	辛酉	壬戌	癸亥	甲子	乙丑	丙寅	丁卯	戊辰	己巳	庚午	辛未	壬申	癸酉	甲戌	乙亥	丙子	丁丑	戊寅	己卯	庚辰	辛巳	壬午	癸未	甲申	乙酉	丙戌	丁亥	戊子	己丑	庚寅
曜	토	일	월	화	수	목	금	토	일	월	화	수	목	금	토	일	월	화	수	목	금	토	일	월	화	수	목	금	토	일	월

8月

陽	1	2	3	4	5	6	7	8	9	10	11	12	13	14	15	16	17	18	19	20	21	22	23	24	25	26	27	28	29	30	31
陰	15	16	17	18	19	20	21	22	23	24	25	26	27	28	29	⑦대	2	3	4	5	6	7	8	9	10	11	12	13	14	15	16
干支	辛卯	壬辰	癸巳	甲午	乙未	丙申	丁酉	戊戌	己亥	庚子	辛丑	壬寅	癸卯	甲辰	乙巳	丙午	丁未	戊申	己酉	庚戌	辛亥	壬子	癸丑	甲寅	乙卯	丙辰	丁巳	戊午	己未	庚申	辛酉
曜	화	수	목	금	토	일	월	화	수	목	금	토	일	월	화	수	목	금	토	일	월	화	수	목	금	토	일	월	화	수	목

9月

陽	1	2	3	4	5	6	7	8.	9	10	11	12	13	14	15	16	17	18	19	20	21	22	23	24	25	26	27	28	29	30
陰	17	18	19	20	21	22	23	24	25	26	27	28	29	30	⑧대	2	3	4	5	6	7	8	9	10	11	12	13	14	15	16
干支	壬戌	癸亥	甲子	乙丑	丙寅	丁卯	戊辰	己巳	庚午	辛未	壬申	癸酉	甲戌	乙亥	丙子	丁丑	戊寅	己卯	庚辰	辛巳	壬午	癸未	甲申	乙酉	丙戌	丁亥	戊子	己丑	庚寅	辛卯
曜	금	토	일	월	화	수	목	금	토	일	월	화	수	목	금	토	일	월	화	수	목	금	토	일	월	화	수	목	금	토

10月

陽	1	2	3	4	5	6	7	8	9	10	11	12	13	14	15	16	17	18	19	20	21	22	23	24	25	26	27	28	29	30	31
陰	17	18	19	20	21	22	23	24	25	26	27	28	29	30	⑨소	2	3	4	5	6	7	8	9	10	11	12	13	14	15	16	17
干支	壬辰	癸巳	甲午	乙未	丙申	丁酉	戊戌	己亥	庚子	辛丑	壬寅	癸卯	甲辰	乙巳	丙午	丁未	戊申	己酉	庚戌	辛亥	壬子	癸丑	甲寅	乙卯	丙辰	丁巳	戊午	己未	庚申	辛酉	壬戌
曜	일	월	화	수	목	금	토	일	월	화	수	목	금	토	일	월	화	수	목	금	토	일	월	화	수	목	금	토	일	월	화

11月

陽	1	2	3	4	5	6	7	8	9	10	11	12	13	14	15	16	17	18	19	20	21	22	23	24	25	26	27	28	29	30
陰	18	19	20	21	22	23	24	25	26	27	28	29	⑩대	2	3	4	5	6	7	8	9	10	11	12	13	14	15	16	17	18
干支	癸亥	甲子	乙丑	丙寅	丁卯	戊辰	己巳	庚午	辛未	壬申	癸酉	甲戌	乙亥	丙子	丁丑	戊寅	己卯	庚辰	辛巳	壬午	癸未	甲申	乙酉	丙戌	丁亥	戊子	己丑	庚寅	辛卯	壬辰
曜	수	목	금	토	일	월	화	수	목	금	토	일	월	화	수	목	금	토	일	월	화	수	목	금	토	일	월	화	수	목

12月

陽	1	2	3	4	5	6	7	8	9	10	11	12	13	14	15	16	17	18	19	20	21	22	23	24	25	26	27	28	29	30	31
陰	19	20	21	22	23	24	25	26	27	28	29	30	⑫소	2	3	4	5	6	7	8	9	10	11	12	13	14	15	16	17	18	19
干支	癸巳	甲午	乙未	丙申	丁酉	戊戌	己亥	庚子	辛丑	壬寅	癸卯	甲辰	乙巳	丙午	丁未	戊申	己酉	庚戌	辛亥	壬子	癸丑	甲寅	乙卯	丙辰	丁巳	戊午	己未	庚申	辛酉	壬戌	癸亥
曜	금	토	일	월	화	수	목	금	토	일	월	화	수	목	금	토	일	월	화	수	목	금	토	일	월	화	수	목	금	토	일

癸卯(金箔金)

新平三百六十五日
舊閏三百八十四日
西紀二〇二三年●檀紀四三五六年

二日得辛 三龍治水 一白 六白 五黃
子大將軍 西 三殺 八白 四綠 九紫
巳喪門 丑弔客 三碧 二黑 七赤

建月之大小	正月(甲寅)小	二月(乙卯)大	閏二月小	三月(丙辰)大	四月(丁巳)小	五月(戊午)大	六月(己未)小	七月(庚申)大	八月(辛酉)大	九月(壬戌)小	十月(癸亥)大	十一月(甲子)小	十二月(乙丑)大
日辰	庚子 庚寅 庚辰	己巳 己未 己酉	己亥 己丑 己卯	戊辰 戊午 戊申	戊戌 戊子 戊寅	丁卯 丁巳 丁未	丁酉 丁亥 丁丑	丙寅 丙辰 丙午	丙申 丙戌 丙子	丙寅 丙辰 丙午	乙未 乙酉 乙亥	乙丑 乙卯 乙巳	甲午 甲申 甲戌
月白	八白	七赤		六白	五黃	四綠	三碧	二黑	一白	九紫	八白	七赤	六白
入節	雨水廿九日戊申辰初一刻 立春十四日癸巳午初一刻	春分三十日戊寅卯正一刻 驚蟄十五日癸亥卯初一刻	淸明十五日癸巳巳初三刻	立夏十七日甲子寅初初刻 穀雨初一日戊申酉初初刻	芒種十八日乙未辰初一刻 小滿初二日己卯申正初刻	小暑二十日丙寅酉初二刻 夏至初四日庚戌子初三刻	立秋廿二日戊戌寅初二刻 大暑初六日壬午巳正三刻	白露廿四日己巳卯正二刻 處暑初八日癸丑酉正初刻	寒露廿四日己亥亥正一刻 秋分初九日甲申申初三刻	立冬廿五日庚午丑初二刻 霜降初十日乙卯丑初一刻	大雪廿五日己亥酉正二刻 小雪初十日甲申子初初刻	小寒廿五日己巳卯正二刻 冬至初十日甲寅午正一刻	立春廿五日戊戌酉初一刻 大寒初十日癸未子初初刻

◆雜 節◆

臘享 二月初十日 陽一月二十日
土王 二月初七日 陽一月十七日
土王 九月初七日 陽十月二十一日
末伏 六月廿四日 陽八月十日
中伏 六月初四日 陽七月二十一日
土王 六月初三日 陽七月二十日
初伏 五月廿四日 陽七月十一日
土王 閏二月廿七日 陽四月十七日
寒食 閏二月十六日 陽四月六日

2024(4357. 甲辰)

1月

陽	1	2	3	4	5	6	7	8	9	10	11	12	13	14	15	16	17	18	19	20	21	22	23	24	25	26	27	28	29	30	31
陰	20	21	22	23	24	25	26	27	28	29	⑫대	2	3	4	5	6	7	8	9	10	11	12	13	14	15	16	17	18	19	20	21
干支	甲子	乙丑	丙寅	丁卯	戊辰	己巳	庚午	辛未	壬申	癸酉	甲戌	乙亥	丙子	丁丑	戊寅	己卯	庚辰	辛巳	壬午	癸未	甲申	乙酉	丙戌	丁亥	戊子	己丑	庚寅	辛卯	壬辰	癸巳	甲午
曜	월	화	수	목	금	토	일	월	화	수	목	금	토	일	월	화	수	목	금	토	일	월	화	수	목	금	토	일	월	화	수

2月

陽	1	2	3	4	5	6	7	8	9	10	11	12	13	14	15	16	17	18	19	20	21	22	23	24	25	26	27	28	29
陰	22	23	24	25	26	27	28	29	30	①소	2	3	4	5	6	7	8	9	10	11	12	13	14	15	16	17	18	19	20
干支	乙未	丙申	丁酉	戊戌	己亥	庚子	辛丑	壬寅	癸卯	甲辰	乙巳	丙午	丁未	戊申	己酉	庚戌	辛亥	壬子	癸丑	甲寅	乙卯	丙辰	丁巳	戊午	己未	庚申	辛酉	壬戌	癸亥
曜	목	금	토	일	월	화	수	목	금	토	일	월	화	수	목	금	토	일	월	화	수	목	금	토	일	월	화	수	목

3月

陽	1	2	3	4	5	6	7	8	9	10	11	12	13	14	15	16	17	18	19	20	21	22	23	24	25	26	27	28	29	30	31
陰	21	22	23	24	25	26	27	28	29	②대	2	3	4	5	6	7	8	9	10	11	12	13	14	15	16	17	18	19	20	21	22
干支	甲子	乙丑	丙寅	丁卯	戊辰	己巳	庚午	辛未	壬申	癸酉	甲戌	乙亥	丙子	丁丑	戊寅	己卯	庚辰	辛巳	壬午	癸未	甲申	乙酉	丙戌	丁亥	戊子	己丑	庚寅	辛卯	壬辰	癸巳	甲午
曜	금	토	일	월	화	수	목	금	토	일	월	화	수	목	금	토	일	월	화	수	목	금	토	일	월	화	수	목	금	토	일

4月

陽	1	2	3	4	5	6	7	8	9	10	11	12	13	14	15	16	17	18	19	20	21	22	23	24	25	26	27	28	29	30
陰	23	24	25	26	27	28	29	30	③소	2	3	4	5	6	7	8	9	10	11	12	13	14	15	16	17	18	19	20	21	22
干支	乙未	丙申	丁酉	戊戌	己亥	庚子	辛丑	壬寅	癸卯	甲辰	乙巳	丙午	丁未	戊申	己酉	庚戌	辛亥	壬子	癸丑	甲寅	乙卯	丙辰	丁巳	戊午	己未	庚申	辛酉	壬戌	癸亥	甲子
曜	월	화	수	목	금	토	일	월	화	수	목	금	토	일	월	화	수	목	금	토	일	월	화	수	목	금	토	일	월	화

5月

陽	1	2	3	4	5	6	7	8	9	10	11	12	13	14	15	16	17	18	19	20	21	22	23	24	25	26	27	28	29	30	31
陰	23	24	25	26	27	28	29	④소	2	3	4	5	6	7	8	9	10	11	12	13	14	15	16	17	18	19	20	21	22	23	24
干支	乙丑	丙寅	丁卯	戊辰	己巳	庚午	辛未	壬申	癸酉	甲戌	乙亥	丙子	丁丑	戊寅	己卯	庚辰	辛巳	壬午	癸未	甲申	乙酉	丙戌	丁亥	戊子	己丑	庚寅	辛卯	壬辰	癸巳	甲午	乙未
曜	수	목	금	토	일	월	화	수	목	금	토	일	월	화	수	목	금	토	일	월	화	수	목	금	토	일	월	화	수	목	금

6月

陽	1	2	3	4	5	6	7	8	9	10	11	12	13	14	15	16	17	18	19	20	21	22	23	24	25	26	27	28	29	30
陰	25	26	27	28	29	⑤대	2	3	4	5	6	7	8	9	10	11	12	13	14	15	16	17	18	19	20	21	22	23	24	25
干支	丙申	丁酉	戊戌	己亥	庚子	辛丑	壬寅	癸卯	甲辰	乙巳	丙午	丁未	戊申	己酉	庚戌	辛亥	壬子	癸丑	甲寅	乙卯	丙辰	丁巳	戊午	己未	庚申	辛酉	壬戌	癸亥	甲子	乙丑
曜	토	일	월	화	수	목	금	토	일	월	화	수	목	금	토	일	월	화	수	목	금	토	일	월	화	수	목	금	토	일

7月

陽	1	2	3	4	5	6	7	8	9	10	11	12	13	14	15	16	17	18	19	20	21	22	23	24	25	26	27	28	29	30	31
陰	26	27	28	29	30	⑥소	2	3	4	5	6	7	8	9	10	11	12	13	14	15	16	17	18	19	20	21	22	23	24	25	26
干支	丙寅	丁卯	戊辰	己巳	庚午	辛未	壬申	癸酉	甲戌	乙亥	丙子	丁丑	戊寅	己卯	庚辰	辛巳	壬午	癸未	甲申	乙酉	丙戌	丁亥	戊子	己丑	庚寅	辛卯	壬辰	癸巳	甲午	乙未	丙申
曜	월	화	수	목	금	토	일	월	화	수	목	금	토	일	월	화	수	목	금	토	일	월	화	수	목	금	토	일	월	화	수

8月

陽	1	2	3	4	5	6	7	8	9	10	11	12	13	14	15	16	17	18	19	20	21	22	23	24	25	26	27	28	29	30	31
陰	27	28	29	⑦대	2	3	4	5	6	7	8	9	10	11	12	13	14	15	16	17	18	19	20	21	22	23	24	25	26	27	28
干支	丁酉	戊戌	己亥	庚子	辛丑	壬寅	癸卯	甲辰	乙巳	丙午	丁未	戊申	己酉	庚戌	辛亥	壬子	癸丑	甲寅	乙卯	丙辰	丁巳	戊午	己未	庚申	辛酉	壬戌	癸亥	甲子	乙丑	丙寅	丁卯
曜	목	금	토	일	월	화	수	목	금	토	일	월	화	수	목	금	토	일	월	화	수	목	금	토	일	월	화	수	목	금	토

9月

陽	1	2	3	4	5	6	7	8	9	10	11	12	13	14	15	16	17	18	19	20	21	22	23	24	25	26	27	28	29	30
陰	29	30	⑧대	2	3	4	5	6	7	8	9	10	11	12	13	14	15	16	17	18	19	20	21	22	23	24	25	26	27	28
干支	戊辰	己巳	庚午	辛未	壬申	癸酉	甲戌	乙亥	丙子	丁丑	戊寅	己卯	庚辰	辛巳	壬午	癸未	甲申	乙酉	丙戌	丁亥	戊子	己丑	庚寅	辛卯	壬辰	癸巳	甲午	乙未	丙申	丁酉
曜	일	월	화	수	목	금	토	일	월	화	수	목	금	토	일	월	화	수	목	금	토	일	월	화	수	목	금	토	일	월

10月

陽	1	2	3	4	5	6	7	8	9	10	11	12	13	14	15	16	17	18	19	20	21	22	23	24	25	26	27	28	29	30	31
陰	29	30	⑨소	2	3	4	5	6	7	8	9	10	11	12	13	14	15	16	17	18	19	20	21	22	23	24	25	26	27	28	29
干支	戊戌	己亥	庚子	辛丑	壬寅	癸卯	甲辰	乙巳	丙午	丁未	戊申	己酉	庚戌	辛亥	壬子	癸丑	甲寅	乙卯	丙辰	丁巳	戊午	己未	庚申	辛酉	壬戌	癸亥	甲子	乙丑	丙寅	丁卯	戊辰
曜	화	수	목	금	토	일	월	화	수	목	금	토	일	월	화	수	목	금	토	일	월	화	수	목	금	토	일	월	화	수	목

11月

陽	1	2	3	4	5	6	7	8	9	10	11	12	13	14	15	16	17	18	19	20	21	22	23	24	25	26	27	28	29	30
陰	⑩대	2	3	4	5	6	7	8	9	10	11	12	13	14	15	16	17	18	19	20	21	22	23	24	25	26	27	28	29	30
干支	己巳	庚午	辛未	壬申	癸酉	甲戌	乙亥	丙子	丁丑	戊寅	己卯	庚辰	辛巳	壬午	癸未	甲申	乙酉	丙戌	丁亥	戊子	己丑	庚寅	辛卯	壬辰	癸巳	甲午	乙未	丙申	丁酉	戊戌
曜	금	토	일	월	화	수	목	금	토	일	월	화	수	목	금	토	일	월	화	수	목	금	토	일	월	화	수	목	금	토

12月

陽	1	2	3	4	5	6	7	8	9	10	11	12	13	14	15	16	17	18	19	20	21	22	23	24	25	26	27	28	29	30	31
陰	⑪대	2	3	4	5	6	7	8	9	10	11	12	13	14	15	16	17	18	19	20	21	22	23	24	25	26	27	28	29	30	⑫소
干支	己亥	庚子	辛丑	壬寅	癸卯	甲辰	乙巳	丙午	丁未	戊申	己酉	庚戌	辛亥	壬子	癸丑	甲寅	乙卯	丙辰	丁巳	戊午	己未	庚申	辛酉	壬戌	癸亥	甲子	乙丑	丙寅	丁卯	戊辰	己巳
曜	일	월	화	수	목	금	토	일	월	화	수	목	금	토	일	월	화	수	목	금	토	일	월	화	수	목	금	토	일	월	화

甲辰 (覆燈火)

新閏三百六十六日
舊平三百五十四日

西紀二〇二四年 ● 檀紀四三五七年

八日得辛 一龍治水 九紫 五黃 四綠
子大將軍 南三殺 七赤 三碧 八白
午喪門 寅弔客 二黑 一白 六白

建月之大小	正月小 (丙寅)	二月大 (丁卯)	三月小 (戊辰)	四月小 (己巳)	五月大 (庚午)	六月小 (辛未)	七月大 (壬申)	八月大 (癸酉)	九月小 (甲戌)	十月大 (乙亥)	十一月大 (丙子)	十二月小 (丁丑)
日辰	甲子 甲寅 甲辰	癸巳 癸未 癸酉	癸亥 癸丑 癸卯	壬辰 壬午 壬申	辛酉 辛亥 辛丑	辛卯 辛巳 辛未	庚申 庚戌 庚子	庚寅 庚辰 庚午	庚申 庚戌 庚子	己丑 己卯 己巳	己未 己酉 己亥	己丑 己卯 己巳
月白	五黃	四綠	三碧	二黑	一白	九紫	八白	七赤	六白	五黃	四綠	三碧
入節	驚蟄廿五日戊辰午初初刻 雨水初十日癸丑未初一刻	淸明廿六日戊申初三刻 春分十一日癸未午初三刻	立夏廿七日己巳辰正三刻 穀雨十一日癸丑亥正三刻	芒種廿九日庚子未初初刻 小滿十三日甲申亥初三刻	夏至十六日丙辰卯初三刻	大暑十七日丁亥申初三刻 小暑初一日辛未子初一刻	處暑十九日戊午子初三刻 立秋初四日癸卯巳初初刻	秋分二十日己丑亥初三刻 白露初五日甲戌午正一刻	霜降廿一日庚申辰初一刻 寒露初六日乙巳寅正初刻	小雪廿二日庚寅寅正三刻 立冬初七日乙亥辰初一刻	冬至廿一日己未酉正一刻 大雪初七日乙巳子正一刻	大寒廿一日己丑寅正三刻 小寒初七日乙亥午初二刻

◆雜 節◆

土王 十二月十九日 陽一月十八日
臘享 十二月十五日 陽一月十四日
土王 九月十八日 陽十月二十日
末伏 七月十一日 陽八月十四日
中伏 六月二十日 陽七月二十五日
土王 六月十四日 陽七月十九日
初伏 六月初十日 陽七月十五日
土王 三月初八日 陽四月十六日
寒食 二月廿七日 陽四月五日

2025(4358. 乙巳)

1月

陽	1	2	3	4	5	6	7	8	9	10	11	12	13	14	15	16	17	18	19	20	21	22	23	24	25	26	27	28	29	30	31
陰	2	3	4	5	6	7	8	9	10	11	12	13	14	15	16	17	18	19	20	21	22	23	24	25	26	27	28	29	①대	2	3
干支	庚午	辛未	壬申	癸酉	甲戌	乙亥	丙子	丁丑	戊寅	己卯	庚辰	辛巳	壬午	癸未	甲申	乙酉	丙戌	丁亥	戊子	己丑	庚寅	辛卯	壬辰	癸巳	甲午	乙未	丙申	丁酉	戊戌	己亥	庚子
曜	수	목	금	토	일	월	화	수	목	금	토	일	월	화	수	목	금	토	일	월	화	수	목	금	토	일	월	화	수	목	금

2月

陽	1	2	3	4	5	6	7	8	9	10	11	12	13	14	15	16	17	18	19	20	21	22	23	24	25	26	27	28
陰	4	5	6	7	8	9	10	11	12	13	14	15	16	17	18	19	20	21	22	23	24	25	26	27	28	29	30	②소
干支	辛丑	壬寅	癸卯	甲辰	乙巳	丙午	丁未	戊申	己酉	庚戌	辛亥	壬子	癸丑	甲寅	乙卯	丙辰	丁巳	戊午	己未	庚申	辛酉	壬戌	癸亥	甲子	乙丑	丙寅	丁卯	戊辰
曜	토	일	월	화	수	목	금	토	일	월	화	수	목	금	토	일	월	화	수	목	금	토	일	월	화	수	목	금

3月

陽	1	2	3	4	5	6	7	8	9	10	11	12	13	14	15	16	17	18	19	20	21	22	23	24	25	26	27	28	29	30	31
陰	2	3	4	5	6	7	8	9	10	11	12	13	14	15	16	17	18	19	20	21	22	23	24	25	26	27	28	29	③대	2	3
干支	己巳	庚午	辛未	壬申	癸酉	甲戌	乙亥	丙子	丁丑	戊寅	己卯	庚辰	辛巳	壬午	癸未	甲申	乙酉	丙戌	丁亥	戊子	己丑	庚寅	辛卯	壬辰	癸巳	甲午	乙未	丙申	丁酉	戊戌	己亥
曜	토	일	월	화	수	목	금	토	일	월	화	수	목	금	토	일	월	화	수	목	금	토	일	월	화	수	목	금	토	일	월

4月

陽	1	2	3	4	5	6	7	8	9	10	11	12	13	14	15	16	17	18	19	20	21	22	23	24	25	26	27	28	29	30
陰	4	5	6	7	8	9	10	11	12	13	14	15	16	17	18	19	20	21	22	23	24	25	26	27	28	29	30	④소	2	3
干支	庚子	辛丑	壬寅	癸卯	甲辰	乙巳	丙午	丁未	戊申	己酉	庚戌	辛亥	壬子	癸丑	甲寅	乙卯	丙辰	丁巳	戊午	己未	庚申	辛酉	壬戌	癸亥	甲子	乙丑	丙寅	丁卯	戊辰	己巳
曜	화	수	목	금	토	일	월	화	수	목	금	토	일	월	화	수	목	금	토	일	월	화	수	목	금	토	일	월	화	수

5月

陽	1	2	3	4	5	6	7	8	9	10	11	12	13	14	15	16	17	18	19	20	21	22	23	24	25	26	27	28	29	30	31
陰	4	5	6	7	8	9	10	11	12	13	14	15	16	17	18	19	20	21	22	23	24	25	26	27	28	29	⑤소	2	3	4	5
干支	庚午	辛未	壬申	癸酉	甲戌	乙亥	丙子	丁丑	戊寅	己卯	庚辰	辛巳	壬午	癸未	甲申	乙酉	丙戌	丁亥	戊子	己丑	庚寅	辛卯	壬辰	癸巳	甲午	乙未	丙申	丁酉	戊戌	己亥	庚子
曜	목	금	토	일	월	화	수	목	금	토	일	월	화	수	목	금	토	일	월	화	수	목	금	토	일	월	화	수	목	금	토

6月

陽	1	2	3	4	5	6	7	8	9	10	11	12	13	14	15	16	17	18	19	20	21	22	23	24	25	26	27	28	29	30
陰	6	7	8	9	10	11	12	13	14	15	16	17	18	19	20	21	22	23	24	25	26	27	28	29	⑥대	2	3	4	5	6
干支	辛丑	壬寅	癸卯	甲辰	乙巳	丙午	丁未	戊申	己酉	庚戌	辛亥	壬子	癸丑	甲寅	乙卯	丙辰	丁巳	戊午	己未	庚申	辛酉	壬戌	癸亥	甲子	乙丑	丙寅	丁卯	戊辰	己巳	庚午
曜	일	월	화	수	목	금	토	일	월	화	수	목	금	토	일	월	화	수	목	금	토	일	월	화	수	목	금	토	일	월

7月

陽	1	2	3	4	5	6	7	8	9	10	11	12	13	14	15	16	17	18	19	20	21	22	23	24	25	26	27	28	29	30	31
陰	7	8	9	10	11	12	13	14	15	16	17	18	19	20	21	22	23	24	25	26	27	28	29	30	윤소	2	3	4	5	6	7
干支	辛未	壬申	癸酉	甲戌	乙亥	丙子	丁丑	戊寅	己卯	庚辰	辛巳	壬午	癸未	甲申	乙酉	丙戌	丁亥	戊子	己丑	庚寅	辛卯	壬辰	癸巳	甲午	乙未	丙申	丁酉	戊戌	己亥	庚子	辛丑
曜	화	수	목	금	토	일	월	화	수	목	금	토	일	월	화	수	목	금	토	일	월	화	수	목	금	토	일	월	화	수	목

8月

陽	1	2	3	4	5	6	7	8	9	10	11	12	13	14	15	16	17	18	19	20	21	22	23	24	25	26	27	28	29	30	31
陰	8	9	10	11	12	13	14	15	16	17	18	19	20	21	22	23	24	25	26	27	28	29	⑦대	2	3	4	5	6	7	8	9
干支	壬寅	癸卯	甲辰	乙巳	丙午	丁未	戊申	己酉	庚戌	辛亥	壬子	癸丑	甲寅	乙卯	丙辰	丁巳	戊午	己未	庚申	辛酉	壬戌	癸亥	甲子	乙丑	丙寅	丁卯	戊辰	己巳	庚午	辛未	壬申
曜	금	토	일	월	화	수	목	금	토	일	월	화	수	목	금	토	일	월	화	수	목	금	토	일	월	화	수	목	금	토	일

9月

陽	1	2	3	4	5	6	7	8	9	10	11	12	13	14	15	16	17	18	19	20	21	22	23	24	25	26	27	28	29	30
陰	10	11	12	13	14	15	16	17	18	19	20	21	22	23	24	25	26	27	28	29	30	⑧소	2	3	4	5	6	7	8	9
干支	癸酉	甲戌	乙亥	丙子	丁丑	戊寅	己卯	庚辰	辛巳	壬午	癸未	甲申	乙酉	丙戌	丁亥	戊子	己丑	庚寅	辛卯	壬辰	癸巳	甲午	乙未	丙申	丁酉	戊戌	己亥	庚子	辛丑	壬寅
曜	월	화	수	목	금	토	일	월	화	수	목	금	토	일	월	화	수	목	금	토	일	월	화	수	목	금	토	일	월	화

10月

陽	1	2	3	4	5	6	7	8	9	10	11	12	13	14	15	16	17	18	19	20	21	22	23	24	25	26	27	28	29	30	31
陰	10	11	12	13	14	15	16	17	18	19	20	21	22	23	24	25	26	27	28	29	⑨대	2	3	4	5	6	7	8	9	10	11
干支	癸卯	甲辰	乙巳	丙午	丁未	戊申	己酉	庚戌	辛亥	壬子	癸丑	甲寅	乙卯	丙辰	丁巳	戊午	己未	庚申	辛酉	壬戌	癸亥	甲子	乙丑	丙寅	丁卯	戊辰	己巳	庚午	辛未	壬申	癸酉
曜	수	목	금	토	일	월	화	수	목	금	토	일	월	화	수	목	금	토	일	월	화	수	목	금	토	일	월	화	수	목	금

11月

陽	1	2	3	4	5	6	7	8	9	10	11	12	13	14	15	16	17	18	19	20	21	22	23	24	25	26	27	28	29	30
陰	12	13	14	15	16	17	18	19	20	21	22	23	24	25	26	27	28	29	30	⑩대	2	3	4	5	6	7	8	9	10	11
干支	甲戌	乙亥	丙子	丁丑	戊寅	己卯	庚辰	辛巳	壬午	癸未	甲申	乙酉	丙戌	丁亥	戊子	己丑	庚寅	辛卯	壬辰	癸巳	甲午	乙未	丙申	丁酉	戊戌	己亥	庚子	辛丑	壬寅	癸卯
曜	토	일	월	화	수	목	금	토	일	월	화	수	목	금	토	일	월	화	수	목	금	토	일	월	화	수	목	금	토	일

12月

陽	1	2	3	4	5	6	7	8	9	10	11	12	13	14	15	16	17	18	19	20	21	22	23	24	25	26	27	28	29	30	31
陰	12	13	14	15	16	17	18	19	20	21	22	23	24	25	26	27	28	29	30	⑪대	2	3	4	5	6	7	8	9	10	11	12
干支	甲辰	乙巳	丙午	丁未	戊申	己酉	庚戌	辛亥	壬子	癸丑	甲寅	乙卯	丙辰	丁巳	戊午	己未	庚申	辛酉	壬戌	癸亥	甲子	乙丑	丙寅	丁卯	戊辰	己巳	庚午	辛未	壬申	癸酉	甲戌
曜	월	화	수	목	금	토	일	월	화	수	목	금	토	일	월	화	수	목	금	토	일	월	화	수	목	금	토	일	월	화	수

乙巳 (覆燈火)

新平三百六十五日
舊閏三百八十四日

西紀二〇二五年 ● 檀紀四三五八年

四日得辛 七龍治水
卯大將軍 東三殺
未喪門 亥吊客

一白	六白	八白
九紫	二黑	四綠
五黃	七赤	三碧

建月之大小	日辰	月白	入節
正月大 (戊寅)	戊戌 戊申 戊午	二黑	立春初六日癸卯子初初刻 / 雨水廿一日戊午酉正三刻
二月小 (己卯)	戊辰 戊寅 戊子	一白	驚蟄初六日癸酉申正三刻 / 春分廿一日戊子酉初三刻
三月大 (庚辰)	丁酉 丁未 丁巳	九紫	清明初七日癸卯亥初二刻 / 穀雨廿三日己未寅正二刻
四月小 (辛巳)	丁卯 丁丑 丁亥	八白	立夏初八日甲戌未正三刻 / 小滿廿四日庚寅寅初二刻
五月小 (壬午)	丙申 丙午 丙辰	七赤	芒種初十日乙巳酉正三刻 / 夏至廿六日辛酉午初二刻
六月大 (癸未)	乙丑 乙亥 乙酉	六白	小暑十三日丁丑卯初初刻 / 大暑廿八日壬辰亥正二刻
閏六月小	乙未 乙巳 乙卯		立秋十四日戊申申初初刻
七月大 (甲申)	甲子 甲戌 甲申	五黃	處暑初一日甲子卯初三刻 / 白露十六日己卯酉正初刻
八月小 (乙酉)	甲午 甲辰 甲寅	四綠	秋分初二日乙未寅初二刻 / 寒露十七日庚戌巳初三刻
九月大 (丙戌)	癸亥 癸酉 癸未	三碧	霜降初三日乙丑未初初刻 / 立冬十八日庚辰未初初刻
十月大 (丁亥)	癸巳 癸卯 癸丑	二黑	小雪初三日乙未巳正三刻 / 大雪十八日庚戌卯正初刻
十一月大 (戊子)	癸亥 癸酉 癸未	一白	冬至初三日乙丑子初三刻 / 小寒十七日己卯酉初一刻
十二月小 (己丑)	癸巳 癸卯 癸丑	九紫	大寒初二日甲午巳正二刻 / 立春十六日戊申寅正三刻

◆雜　節◆

雜節	陰曆	陽曆
臘享	十二月初三日	陽一月二十一日
土王	十一月廿九日	陽一月十七日
土王	八月廿九日	陽十月二十日
末伏	閏六月十六日	陽八月九日
中伏	閏六月初六日	陽七月三十日
初伏	六月廿六日	陽七月二十日
土王	六月廿五日	陽七月十九日
土王	三月二十日	陽四月十七日
寒食	三月初八日	陽四月五日

2026(4345.丙午)

1月

陽	1	2	3	4	5	6	7	8	9	10	11	12	13	14	15	16	17	18	19	20	21	22	23	24	25	26	27	28	29	30	31
陰	13	14	15	16	17	18	19	20	21	22	23	24	25	26	27	28	29	30	⑫소	2	3	4	5	6	7	8	9	10	11	12	13
干支	乙亥	丙子	丁丑	戊寅	己卯	庚辰	辛巳	壬午	癸未	甲申	乙酉	丙戌	丁亥	戊子	己丑	庚寅	辛卯	壬辰	癸巳	甲午	乙未	丙申	丁酉	戊戌	己亥	庚子	辛丑	壬寅	癸卯	甲辰	乙巳
曜	목	금	토	일	월	화	수	목	금	토	일	월	화	수	목	금	토	일	월	화	수	목	금	토	일	월	화	수	목	금	토

2月

陽	1	2	3	4	5	6	7	8	9	10	11	12	13	14	15	16	17	18	19	20	21	22	23	24	25	26	27	28
陰	14	15	16	17	18	19	20	21	22	23	24	25	26	27	28	29	①대	2	3	4	5	6	7	8	9	10	11	12
干支	丙午	丁未	戊申	己酉	庚戌	辛亥	壬子	癸丑	甲寅	乙卯	丙辰	丁巳	戊午	己未	庚申	辛酉	壬戌	癸亥	甲子	乙丑	丙寅	丁卯	戊辰	己巳	庚午	辛未	壬申	癸酉
曜	일	월	화	수	목	금	토	일	월	화	수	목	금	토	일	월	화	수	목	금	토	일	월	화	수	목	금	토

3月

陽	1	2	3	4	5	6	7	8	9	10	11	12	13	14	15	16	17	18	19	20	21	22	23	24	25	26	27	28	29	30	31
陰	13	14	15	16	17	18	19	20	21	22	23	24	25	26	27	28	29	30	②소	2	3	4	5	6	7	8	9	10	11	12	13
干支	甲戌	乙亥	丙子	丁丑	戊寅	己卯	庚辰	辛巳	壬午	癸未	甲申	乙酉	丙戌	丁亥	戊子	己丑	庚寅	辛卯	壬辰	癸巳	甲午	乙未	丙申	丁酉	戊戌	己亥	庚子	辛丑	壬寅	癸卯	甲辰
曜	일	월	화	수	목	금	토	일	월	화	수	목	금	토	일	월	화	수	목	금	토	일	월	화	수	목	금	토	일	월	화

4月

陽	1	2	3	4	5	6	7	8	9	10	11	12	13	14	15	16	17	18	19	20	21	22	23	24	25	26	27	28	29	30
陰	14	15	16	17	18	19	20	21	22	23	24	25	26	27	28	29	③대	2	3	4	5	6	7	8	9	10	11	12	13	14
干支	乙巳	丙午	丁未	戊申	己酉	庚戌	辛亥	壬子	癸丑	甲寅	乙卯	丙辰	丁巳	戊午	己未	庚申	辛酉	壬戌	癸亥	甲子	乙丑	丙寅	丁卯	戊辰	己巳	庚午	辛未	壬申	癸酉	甲戌
曜	수	목	금	토	일	월	화	수	목	금	토	일	월	화	수	목	금	토	일	월	화	수	목	금	토	일	월	화	수	목

5月

陽	1	2	3	4	5	6	7	8	9	10	11	12	13	14	15	16	17	18	19	20	21	22	23	24	25	26	27	28	29	30	31
陰	15	16	17	18	19	20	21	22	23	24	25	26	27	28	29	30	④소	2	3	4	5	6	7	8	9	10	11	12	13	14	15
干支	乙亥	丙子	丁丑	戊寅	己卯	庚辰	辛巳	壬午	癸未	甲申	乙酉	丙戌	丁亥	戊子	己丑	庚寅	辛卯	壬辰	癸巳	甲午	乙未	丙申	丁酉	戊戌	己亥	庚子	辛丑	壬寅	癸卯	甲辰	乙巳
曜	금	토	일	월	화	수	목	금	토	일	월	화	수	목	금	토	일	월	화	수	목	금	토	일	월	화	수	목	금	토	일

6月

陽	1	2	3	4	5	6	7	8	9	10	11	12	13	14	15	16	17	18	19	20	21	22	23	24	25	26	27	28	29	30
陰	16	17	18	19	20	21	22	23	24	25	26	27	28	29	⑤소	2	3	4	5	6	7	8	9	10	11	12	13	14	15	16
干支	丙午	丁未	戊申	己酉	庚戌	辛亥	壬子	癸丑	甲寅	乙卯	丙辰	丁巳	戊午	己未	庚申	辛酉	壬戌	癸亥	甲子	乙丑	丙寅	丁卯	戊辰	己巳	庚午	辛未	壬申	癸酉	甲戌	乙亥
曜	월	화	수	목	금	토	일	월	화	수	목	금	토	일	월	화	수	목	금	토	일	월	화	수	목	금	토	일	월	화

7月

陽	1	2	3	4	5	6	7	8	9	10	11	12	13	14	15	16	17	18	19	20	21	22	23	24	25	26	27	28	29	30	31
陰	17	18	19	20	21	22	23	24	25	26	27	28	29	⑥대	2	3	4	5	6	7	8	9	10	11	12	13	14	15	16	17	18
干支	丙子	丁丑	戊寅	己卯	庚辰	辛巳	壬午	癸未	甲申	乙酉	丙戌	丁亥	戊子	己丑	庚寅	辛卯	壬辰	癸巳	甲午	乙未	丙申	丁酉	戊戌	己亥	庚子	辛丑	壬寅	癸卯	甲辰	乙巳	丙午
曜	수	목	금	토	일	월	화	수	목	금	토	일	월	화	수	목	금	토	일	월	화	수	목	금	토	일	월	화	수	목	금

8月

陽	1	2	3	4	5	6	7	8	9	10	11	12	13	14	15	16	17	18	19	20	21	22	23	24	25	26	27	28	29	30	31
陰	19	20	21	22	23	24	25	26	27	28	29	30	⑦소	2	3	4	5	6	7	8	9	10	11	12	13	14	15	16	17	18	19
干支	丁未	戊申	己酉	庚戌	辛亥	壬子	癸丑	甲寅	乙卯	丙辰	丁巳	戊午	己未	庚申	辛酉	壬戌	癸亥	甲子	乙丑	丙寅	丁卯	戊辰	己巳	庚午	辛未	壬申	癸酉	甲戌	乙亥	丙子	丁丑
曜	토	일	월	화	수	목	금	토	일	월	화	수	목	금	토	일	월	화	수	목	금	토	일	월	화	수	목	금	토	일	월

9月

陽	1	2	3	4	5	6	7	8	9	10	11	12	13	14	15	16	17	18	19	20	21	22	23	24	25	26	27	28	29	30
陰	20	21	22	23	24	25	26	27	28	29	⑧대	2	3	4	5	6	7	8	9	10	11	12	13	14	15	16	17	18	19	20
干支	戊寅	己卯	庚辰	辛巳	壬午	癸未	甲申	乙酉	丙戌	丁亥	戊子	己丑	庚寅	辛卯	壬辰	癸巳	甲午	乙未	丙申	丁酉	戊戌	己亥	庚子	辛丑	壬寅	癸卯	甲辰	乙巳	丙午	丁未
曜	화	수	목	금	토	일	월	화	수	목	금	토	일	월	화	수	목	금	토	일	월	화	수	목	금	토	일	월	화	수

10月

陽	1	2	3	4	5	6	7	8	9	10	11	12	13	14	15	16	17	18	19	20	21	22	23	24	25	26	27	28	29	30	31
陰	21	22	23	24	25	26	27	28	29	30	⑨소	2	3	4	5	6	7	8	9	10	11	12	13	14	15	16	17	18	19	20	21
干支	戊申	己酉	庚戌	辛亥	壬子	癸丑	甲寅	乙卯	丙辰	丁巳	戊午	己未	庚申	辛酉	壬戌	癸亥	甲子	乙丑	丙寅	丁卯	戊辰	己巳	庚午	辛未	壬申	癸酉	甲戌	乙亥	丙子	丁丑	戊寅
曜	목	금	토	일	월	화	수	목	금	토	일	월	화	수	목	금	토	일	월	화	수	목	금	토	일	월	화	수	목	금	토

11月

陽	1	2	3	4	5	6	7	8	9	10	11	12	13	14	15	16	17	18	19	20	21	22	23	24	25	26	27	28	29	30
陰	22	23	24	25	26	27	28	29	⑩대	2	3	4	5	6	7	8	9	10	11	12	13	14	15	16	17	18	19	20	21	22
干支	己卯	庚辰	辛巳	壬午	癸未	甲申	乙酉	丙戌	丁亥	戊子	己丑	庚寅	辛卯	壬辰	癸巳	甲午	乙未	丙申	丁酉	戊戌	己亥	庚子	辛丑	壬寅	癸卯	甲辰	乙巳	丙午	丁未	戊申
曜	일	월	화	수	목	금	토	일	월	화	수	목	금	토	일	월	화	수	목	금	토	일	월	화	수	목	금	토	일	월

12月

陽	1	2	3	4	5	6	7	8	9	10	11	12	13	14	15	16	17	18	19	20	21	22	23	24	25	26	27	28	29	30	31
陰	23	24	25	26	27	28	29	30	⑪대	2	3	4	5	6	7	8	9	10	11	12	13	14	15	16	17	18	19	20	21	22	23
干支	己酉	庚戌	辛亥	壬子	癸丑	甲寅	乙卯	丙辰	丁巳	戊午	己未	庚申	辛酉	壬戌	癸亥	甲子	乙丑	丙寅	丁卯	戊辰	己巳	庚午	辛未	壬申	癸酉	甲戌	乙亥	丙子	丁丑	戊寅	己卯
曜	화	수	목	금	토	일	월	화	수	목	금	토	일	월	화	수	목	금	토	일	월	화	수	목	금	토	일	월	화	수	목

丙午(天河水)

新平三百六十五日
舊平三百五十五日
西紀二〇二六年●檀紀四三五九年

十日得辛　七龍治水
卯大將軍　北三殺
申喪門　辰吊客

七赤	三碧	二黑
五黃	一白	六白
九紫	八白	四綠

建月之大小	日辰	月白	入節	
正月大 (庚寅)	壬午 壬申 壬戌	八白	驚蟄十七日戊寅亥正三刻	雨水初三日甲子子正三刻
二月小 (辛卯)	壬子 壬寅 壬辰	七赤	清明十八日己酉寅初一刻	春分初二日癸巳子初二刻
三月大 (壬辰)	辛巳 辛未 辛酉	六白	立夏十九日己卯戌正二刻	穀雨初四日甲子巳正一刻
四月小 (癸巳)	辛亥 辛丑 辛卯	五黃	芒種廿一日辛亥子正二刻	小滿初五日乙未巳初一刻
五月小 (甲午)	庚辰 庚午 庚申	四綠	小暑廿三日壬午巳正三刻	夏至初七日丙寅酉初一刻
六月大 (乙未)	己酉 己亥 己丑	三碧	立秋廿五日癸丑戌正三刻	大暑初十日戊戌寅正一刻
七月小 (丙申)	己卯 己巳 己未	二黑	白露廿六日甲申子初三刻	處暑十一日己巳午初二刻
八月大 (丁酉)	戊申 戊戌 戊子	一白	寒露廿八日乙卯申初三刻	秋分十三日庚子巳初一刻
九月小 (戊戌)	戊寅 戊辰 戊午	九紫	立冬廿八日乙酉戌初初刻	霜降十三日庚午酉正三刻
十月大 (己亥)	丁未 丁酉 丁亥	八白	大雪廿九日乙卯午正初刻	小雪十四日庚子申正二刻
十一月大 (庚子)	丁丑 丁卯 丁巳	七赤	小寒廿八日甲申子初初刻	冬至十四日庚午卯初三刻
十二月大 (辛丑)	丁未 丁酉 丁亥	六白	立春廿八日甲寅巳正三刻	大寒十三日己亥申正二刻

◆雜　節◆

土王　十二月初十日　陽一月十七日
臘享　十二月初九日　陽一月十六日
土王　九月初十日　陽十月二十日
末伏　七月初二日　陽八月十四日
中伏　六月十二日　陽七月二十五日
土王　六月初七日　陽七月二十日
初伏　六月初二日　陽七月十五日
土王　三月初一日　陽四月十七日
寒食　二月十九日　陽四月六日

2027(4360. 丁未)

1月

陽	1	2	3	4	5	6	7	8	9	10	11	12	13	14	15	16	17	18	19	20	21	22	23	24	25	26	27	28	29	30	31
陰	24	25	26	27	28	29	30	⑫대	2	3	4	5	6	7	8	9	10	11	12	13	14	15	16	17	18	19	20	21	22	23	24
干支	庚辰	辛巳	壬午	癸未	甲申	乙酉	丙戌	丁亥	戊子	己丑	庚寅	辛卯	壬辰	癸巳	甲午	乙未	丙申	丁酉	戊戌	己亥	庚子	辛丑	壬寅	癸卯	甲辰	乙巳	丙午	丁未	戊申	己酉	庚戌
曜	금	토	일	월	화	수	목	금	토	일	월	화	수	목	금	토	일	월	화	수	목	금	토	일	월	화	수	목	금	토	일

2月

陽	1	2	3	4	5	6	7	8	9	10	11	12	13	14	15	16	17	18	19	20	21	22	23	24	25	26	27	28
陰	25	26	27	28	29	30	①소	2	3	4	5	6	7	8	9	10	11	12	13	14	15	16	17	18	19	20	21	22
干支	辛亥	壬子	癸丑	甲寅	乙卯	丙辰	丁巳	戊午	己未	庚申	辛酉	壬戌	癸亥	甲子	乙丑	丙寅	丁卯	戊辰	己巳	庚午	辛未	壬申	癸酉	甲戌	乙亥	丙子	丁丑	戊寅
曜	월	화	수	목	금	토	일	월	화	수	목	금	토	일	월	화	수	목	금	토	일	월	화	수	목	금	토	일

3月

陽	1	2	3	4	5	6	7	8	9	10	11	12	13	14	15	16	17	18	19	20	21	22	23	24	25	26	27	28	29	30	31
陰	23	24	25	26	27	28	29	②대	2	3	4	5	6	7	8	9	10	11	12	13	14	15	16	17	18	19	20	21	22	23	24
干支	己卯	庚辰	辛巳	壬午	癸未	甲申	乙酉	丙戌	丁亥	戊子	己丑	庚寅	辛卯	壬辰	癸巳	甲午	乙未	丙申	丁酉	戊戌	己亥	庚子	辛丑	壬寅	癸卯	甲辰	乙巳	丙午	丁未	戊申	己酉
曜	월	화	수	목	금	토	일	월	화	수	목	금	토	일	월	화	수	목	금	토	일	월	화	수	목	금	토	일	월	화	수

4月

陽	1	2	3	4	5	6	7	8	9	10	11	12	13	14	15	16	17	18	19	20	21	22	23	24	25	26	27	28	29	30
陰	25	26	27	28	29	30	③소	2	3	4	5	6	7	8	9	10	11	12	13	14	15	16	17	18	19	20	21	22	23	24
干支	庚戌	辛亥	壬子	癸丑	甲寅	乙卯	丙辰	丁巳	戊午	己未	庚申	辛酉	壬戌	癸亥	甲子	乙丑	丙寅	丁卯	戊辰	己巳	庚午	辛未	壬申	癸酉	甲戌	乙亥	丙子	丁丑	戊寅	己卯
曜	목	금	토	일	월	화	수	목	금	토	일	월	화	수	목	금	토	일	월	화	수	목	금	토	일	월	화	수	목	금

5月

陽	1	2	3	4	5	6	7	8	9	10	11	12	13	14	15	16	17	18	19	20	21	22	23	24	25	26	27	28	29	30	31
陰	25	26	27	28	29	④대	2	3	4	5	6	7	8	9	10	11	12	13	14	15	16	17	18	19	20	21	22	23	24	25	26
干支	庚辰	辛巳	壬午	癸未	甲申	乙酉	丙戌	丁亥	戊子	己丑	庚寅	辛卯	壬辰	癸巳	甲午	乙未	丙申	丁酉	戊戌	己亥	庚子	辛丑	壬寅	癸卯	甲辰	乙巳	丙午	丁未	戊申	己酉	庚戌
曜	토	일	월	화	수	목	금	토	일	월	화	수	목	금	토	일	월	화	수	목	금	토	일	월	화	수	목	금	토	일	월

6月

陽	1	2	3	4	5	6	7	8	9	10	11	12	13	14	15	16	17	18	19	20	21	22	23	24	25	26	27	28	29	30
陰	27	28	29	30	⑤소	2	3	4	5	6	7	8	9	10	11	12	13	14	15	16	17	18	19	20	21	22	23	24	25	26
干支	辛亥	壬子	癸丑	甲寅	乙卯	丙辰	丁巳	戊午	己未	庚申	辛酉	壬戌	癸亥	甲子	乙丑	丙寅	丁卯	戊辰	己巳	庚午	辛未	壬申	癸酉	甲戌	乙亥	丙子	丁丑	戊寅	己卯	庚辰
曜	화	수	목	금	토	일	월	화	수	목	금	토	일	월	화	수	목	금	토	일	월	화	수	목	금	토	일	월	화	수

7月

陽	1	2	3	4	5	6	7	8	9	10	11	12	13	14	15	16	17	18	19	20	21	22	23	24	25	26	27	28	29	30	31
陰	27	28	29	⑥소	2	3	4	5	6	7	8	9	10	11	12	13	14	15	16	17	18	19	20	21	22	23	24	25	26	27	28
干支	辛巳	壬午	癸未	甲申	乙酉	丙戌	丁亥	戊子	己丑	庚寅	辛卯	壬辰	癸巳	甲午	乙未	丙申	丁酉	戊戌	己亥	庚子	辛丑	壬寅	癸卯	甲辰	乙巳	丙午	丁未	戊申	己酉	庚戌	辛亥
曜	목	금	토	일	월	화	수	목	금	토	일	월	화	수	목	금	토	일	월	화	수	목	금	토	일	월	화	수	목	금	토

8月

陽	1	2	3	4	5	6	7	8	9	10	11	12	13	14	15	16	17	18	19	20	21	22	23	24	25	26	27	28	29	30	31
陰	29	⑦대	2	3	4	5	6	7	8	9	10	11	12	13	14	15	16	17	18	19	20	21	22	23	24	25	26	27	28	29	30
干支	壬子	癸丑	甲寅	乙卯	丙辰	丁巳	戊午	己未	庚申	辛酉	壬戌	癸亥	甲子	乙丑	丙寅	丁卯	戊辰	己巳	庚午	辛未	壬申	癸酉	甲戌	乙亥	丙子	丁丑	戊寅	己卯	庚辰	辛巳	壬午
曜	일	월	화	수	목	금	토	일	월	화	수	목	금	토	일	월	화	수	목	금	토	일	월	화	수	목	금	토	일	월	화

9月

陽	1	2	3	4	5	6	7	8	9	10	11	12	13	14	15	16	17	18	19	20	21	22	23	24	25	26	27	28	29	30
陰	⑧소	2	3	4	5	6	7	8	9	10	11	12	13	14	15	16	17	18	19	20	21	22	23	24	25	26	27	28	29	⑨소
干支	癸未	甲申	乙酉	丙戌	丁亥	戊子	己丑	庚寅	辛卯	壬辰	癸巳	甲午	乙未	丙申	丁酉	戊戌	己亥	庚子	辛丑	壬寅	癸卯	甲辰	乙巳	丙午	丁未	戊申	己酉	庚戌	辛亥	壬子
曜	수	목	금	토	일	월	화	수	목	금	토	일	월	화	수	목	금	토	일	월	화	수	목	금	토	일	월	화	수	목

10月

陽	1	2	3	4	5	6	7	8	9	10	11	12	13	14	15	16	17	18	19	20	21	22	23	24	25	26	27	28	29	30	31
陰	2	3	4	5	6	7	8	9	10	11	12	13	14	15	16	17	18	19	20	21	22	23	24	25	26	27	28	29	⑩대	2	3
干支	癸丑	甲寅	乙卯	丙辰	丁巳	戊午	己未	庚申	辛酉	壬戌	癸亥	甲子	乙丑	丙寅	丁卯	戊辰	己巳	庚午	辛未	壬申	癸酉	甲戌	乙亥	丙子	丁丑	戊寅	己卯	庚辰	辛巳	壬午	癸未
曜	금	토	일	월	화	수	목	금	토	일	월	화	수	목	금	토	일	월	화	수	목	금	토	일	월	화	수	목	금	토	일

11月

陽	1	2	3	4	5	6	7	8	9	10	11	12	13	14	15	16	17	18	19	20	21	22	23	24	25	26	27	28	29	30
陰	4	5	6	7	8	9	10	11	12	13	14	15	16	17	18	19	20	21	22	23	24	25	26	27	28	29	30	⑩대	2	3
干支	甲申	乙酉	丙戌	丁亥	戊子	己丑	庚寅	辛卯	壬辰	癸巳	甲午	乙未	丙申	丁酉	戊戌	己亥	庚子	辛丑	壬寅	癸卯	甲辰	乙巳	丙午	丁未	戊申	己酉	庚戌	辛亥	壬子	癸丑
曜	월	화	수	목	금	토	일	월	화	수	목	금	토	일	월	화	수	목	금	토	일	월	화	수	목	금	토	일	월	화

12月

陽	1	2	3	4	5	6	7	8	9	10	11	12	13	14	15	16	17	18	19	20	21	22	23	24	25	26	27	28	29	30	31
陰	4	5	6	7	8	9	10	11	12	13	14	15	16	17	18	19	20	21	22	23	24	25	26	27	28	29	30	⑫대	2	3	4
干支	甲寅	乙卯	丙辰	丁巳	戊午	己未	庚申	辛酉	壬戌	癸亥	甲子	乙丑	丙寅	丁卯	戊辰	己巳	庚午	辛未	壬申	癸酉	甲戌	乙亥	丙子	丁丑	戊寅	己卯	庚辰	辛巳	壬午	癸未	甲申
曜	수	목	금	토	일	월	화	수	목	금	토	일	월	화	수	목	금	토	일	월	화	수	목	금	토	일	월	화	수	목	금

丁未 (天河水)

西紀二〇二七年 ● 檀紀四三六〇年

新平三百六十五日　舊平三百五十四日

五日得辛　三龍治水

卯大將軍　酉三殺

酉喪門　巳弔客

六白 二黑 一白
四綠 九紫 五黃
八白 七赤 顏碧

建月之大小	壬寅 正月小	癸卯 二月大	甲辰 三月小	乙巳 四月大	丙午 五月小	丁未 六月小	戊申 七月大	己酉 八月小	庚戌 九月小	辛亥 十月大	壬子 十一月大	癸丑 十二月大
日辰	丁丑 丁卯 丁巳	丙午 丙申 丙戌	丙子 丙寅 丙辰	乙巳 乙未 乙酉	乙亥 乙丑 乙卯	甲辰 甲午 甲申	癸酉 癸亥 癸丑	癸卯 癸巳 癸未	壬申 壬戌 壬子	辛丑 辛卯 辛巳	辛未 辛酉 辛亥	辛丑 辛卯 辛巳
月白	五黃	四綠	三碧	二黑	一白	九紫	八白	七赤	六白	五黃	四綠	三碧
入節	驚蟄廿八日甲申寅正二刻 雨水十三日己巳卯正二刻	淸明廿九日甲寅巳初初刻 春分十四日己亥卯初一刻	穀雨十四日己巳申正初刻	小滿十六日庚子申初一刻 立夏初一日乙酉丑正初刻	夏至十七日辛未子初初刻 芒種初二日丙辰卯正一刻	大暑二十日癸卯巳正初刻 小暑初四日丁亥申正二刻	處暑廿二日甲戌酉初一刻 立秋初七日己未丑正二刻	秋分廿三日乙巳申初初刻 白露初八日庚寅卯初二刻	霜降廿五日丙子子正二刻 寒露初九日庚申亥初二刻	小雪廿五日乙巳亥正一刻 立冬十一日辛卯子正三刻	冬至廿五日乙亥午初三刻 大雪初十日庚申酉初三刻	大寒廿四日甲辰亥正一刻 小寒初九日己丑卯初初刻

◆雜　節◆

臘享 十二月廿七日 陽 一月二十三日

土王 十二月廿一日 陽 一月十七日

土王 九月廿二日 陽 十月二十一日

末伏 七月初八日 陽 八月九日

中伏 六月廿七日 陽 七月三十日

初伏 六月十七日 陽 七月二十日

土王 六月十七日 陽 七月二十日

土王 三月十一日 陽 四月十七日

寒食 二月三十日 陽 四月六日

2028(4361. 戊申)

1月

陽	1	2	3	4	5	6	7	8	9	10	11	12	13	14	15	16	17	18	19	20	21	22	23	24	25	26	27	28	29	30	31
陰	5	6	7	8	9	10	11	12	13	14	15	16	17	18	19	20	21	22	23	24	25	26	27	28	29	30	①소	2	3	4	5
干支	乙酉	丙戌	丁亥	戊子	己丑	庚寅	辛卯	壬辰	癸巳	甲午	乙未	丙申	丁酉	戊戌	己亥	庚子	辛丑	壬寅	癸卯	甲辰	乙巳	丙午	丁未	戊申	己酉	庚戌	辛亥	壬子	癸丑	甲寅	乙卯
曜	토	일	월	화	수	목	금	토	일	월	화	수	목	금	토	일	월	화	수	목	금	토	일	월	화	수	목	금	토	일	월

2月

陽	1	2	3	4	5	6	7	8	9	10	11	12	13	14	15	16	17	18	19	20	21	22	23	24	25	26	27	28	29
陰	6	7	8	9	10	11	12	13	14	15	16	17	18	19	20	21	22	23	24	25	26	27	28	29	②대	2	3	4	5
干支	丙辰	丁巳	戊午	己未	庚申	辛酉	壬戌	癸亥	甲子	乙丑	丙寅	丁卯	戊辰	己巳	庚午	辛未	壬申	癸酉	甲戌	乙亥	丙子	丁丑	戊寅	己卯	庚辰	辛巳	壬午	癸未	甲申
曜	화	수	목	금	토	일	월	화	수	목	금	토	일	월	화	수	목	금	토	일	월	화	수	목	금	토	일	월	화

3月

陽	1	2	3	4	5	6	7	8	9	10	11	12	13	14	15	16	17	18	19	20	21	22	23	24	25	26	27	28	29	30	31
陰	6	7	8	9	10	11	12	13	14	15	16	17	18	19	20	21	22	23	24	25	26	27	28	29	30	③대	2	3	4	5	6
干支	乙酉	丙戌	丁亥	戊子	己丑	庚寅	辛卯	壬辰	癸巳	甲午	乙未	丙申	丁酉	戊戌	己亥	庚子	辛丑	壬寅	癸卯	甲辰	乙巳	丙午	丁未	戊申	己酉	庚戌	辛亥	壬子	癸丑	甲寅	乙卯
曜	수	목	금	토	일	월	화	수	목	금	토	일	월	화	수	목	금	토	일	월	화	수	목	금	토	일	월	화	수	목	금

4月

陽	1	2	3	4	5	6	7	8	9	10	11	12	13	14	15	16	17	18	19	20	21	22	23	24	25	26	27	28	29	30
陰	7	8	9	10	11	12	13	14	15	16	17	18	19	20	21	22	23	24	25	26	27	28	29	30	④소	2	3	4	5	6
干支	丙辰	丁巳	戊午	己未	庚申	辛酉	壬戌	癸亥	甲子	乙丑	丙寅	丁卯	戊辰	己巳	庚午	辛未	壬申	癸酉	甲戌	乙亥	丙子	丁丑	戊寅	己卯	庚辰	辛巳	壬午	癸未	甲申	乙酉
曜	토	일	월	화	수	목	금	토	일	월	화	수	목	금	토	일	월	화	수	목	금	토	일	월	화	수	목	금	토	일

5月

陽	1	2	3	4	5	6	7	8	9	10	11	12	13	14	15	16	17	18	19	20	21	22	23	24	25	26	27	28	29	30	31
陰	7	8	9	10	11	12	13	14	15	16	17	18	19	20	21	22	23	24	25	26	27	28	29	⑤대	2	3	4	5	6	7	8
干支	丙戌	丁亥	戊子	己丑	庚寅	辛卯	壬辰	癸巳	甲午	乙未	丙申	丁酉	戊戌	己亥	庚子	辛丑	壬寅	癸卯	甲辰	乙巳	丙午	丁未	戊申	己酉	庚戌	辛亥	壬子	癸丑	甲寅	乙卯	丙辰
曜	월	화	수	목	금	토	일	월	화	수	목	금	토	일	월	화	수	목	금	토	일	월	화	수	목	금	토	일	월	화	수

6月

陽	1	2	3	4	5	6	7	8	9	10	11	12	13	14	15	16	17	18	19	20	21	22	23	24	25	26	27	28	29	30
陰	9	10	11	12	13	14	15	16	17	18	19	20	21	22	23	24	25	26	27	28	29	30	윤소	2	3	4	5	6	7	8
干支	丁巳	戊午	己未	庚申	辛酉	壬戌	癸亥	甲子	乙丑	丙寅	丁卯	戊辰	己巳	庚午	辛未	壬申	癸酉	甲戌	乙亥	丙子	丁丑	戊寅	己卯	庚辰	辛巳	壬午	癸未	甲申	乙酉	丙戌
曜	목	금	토	일	월	화	수	목	금	토	일	월	화	수	목	금	토	일	월	화	수	목	금	토	일	월	화	수	목	금

7月

陽	1	2	3	4	5	6	7	8	9	10	11	12	13	14	15	16	17	18	19	20	21	22	23	24	25	26	27	28	29	30	31
陰	9	10	11	12	13	14	15	16	17	18	19	20	21	22	23	24	25	26	27	28	29	⑥소	2	3	4	5	6	7	8	9	10
干支	丁亥	戊子	己丑	庚寅	辛卯	壬辰	癸巳	甲午	乙未	丙申	丁酉	戊戌	己亥	庚子	辛丑	壬寅	癸卯	甲辰	乙巳	丙午	丁未	戊申	己酉	庚戌	辛亥	壬子	癸丑	甲寅	乙卯	丙辰	丁巳
曜	토	일	월	화	수	목	금	토	일	월	화	수	목	금	토	일	월	화	수	목	금	토	일	월	화	수	목	금	토	일	월

8月

陽	1	2	3	4	5	6	7	8	9	10	11	12	13	14	15	16	17	18	19	20	21	22	23	24	25	26	27	28	29	30	31
陰	11	12	13	14	15	16	17	18	19	20	21	22	23	24	25	26	27	28	29	⑦대	2	3	4	5	6	7	8	9	10	11	12
干支	戊午	己未	庚申	辛酉	壬戌	癸亥	甲子	乙丑	丙寅	丁卯	戊辰	己巳	庚午	辛未	壬申	癸酉	甲戌	乙亥	丙子	丁丑	戊寅	己卯	庚辰	辛巳	壬午	癸未	甲申	乙酉	丙戌	丁亥	戊子
曜	화	수	목	금	토	일	월	화	수	목	금	토	일	월	화	수	목	금	토	일	월	화	수	목	금	토	일	월	화	수	목

9月

陽	1	2	3	4	5	6	7	8	9	10	11	12	13	14	15	16	17	18	19	20	21	22	23	24	25	26	27	28	29	30
陰	13	14	15	16	17	18	19	20	21	22	23	24	25	26	27	28	29	30	⑧소	2	3	4	5	6	7	8	9	10	11	12
干支	己丑	庚寅	辛卯	壬辰	癸巳	甲午	乙未	丙申	丁酉	戊戌	己亥	庚子	辛丑	壬寅	癸卯	甲辰	乙巳	丙午	丁未	戊申	己酉	庚戌	辛亥	壬子	癸丑	甲寅	乙卯	丙辰	丁巳	戊午
曜	금	토	일	월	화	수	목	금	토	일	월	화	수	목	금	토	일	월	화	수	목	금	토	일	월	화	수	목	금	토

10月

陽	1	2	3	4	5	6	7	8	9	10	11	12	13	14	15	16	17	18	19	20	21	22	23	24	25	26	27	28	29	30	31
陰	13	14	15	16	17	18	19	20	21	22	23	24	25	26	27	28	29	⑨소	2	3	4	5	6	7	8	9	10	11	12	13	14
干支	己未	庚申	辛酉	壬戌	癸亥	甲子	乙丑	丙寅	丁卯	戊辰	己巳	庚午	辛未	壬申	癸酉	甲戌	乙亥	丙子	丁丑	戊寅	己卯	庚辰	辛巳	壬午	癸未	甲申	乙酉	丙戌	丁亥	戊子	己丑
曜	일	월	화	수	목	금	토	일	월	화	수	목	금	토	일	월	화	수	목	금	토	일	월	화	수	목	금	토	일	월	화

11月

陽	1	2	3	4	5	6	7	8	9	10	11	12	13	14	15	16	17	18	19	20	21	22	23	24	25	26	27	28	29	30
陰	15	16	17	18	19	20	21	22	23	24	25	26	27	28	29	⑩대	2	3	4	5	6	7	8	9	10	11	12	13	14	15
干支	庚寅	辛卯	壬辰	癸巳	甲午	乙未	丙申	丁酉	戊戌	己亥	庚子	辛丑	壬寅	癸卯	甲辰	乙巳	丙午	丁未	戊申	己酉	庚戌	辛亥	壬子	癸丑	甲寅	乙卯	丙辰	丁巳	戊午	己未
曜	수	목	금	토	일	월	화	수	목	금	토	일	월	화	수	목	금	토	일	월	화	수	목	금	토	일	월	화	수	목

12月

陽	1	2	3	4	5	6	7	8	9	10	11	12	13	14	15	16	17	18	19	20	21	22	23	24	25	26	27	28	29	30	31
陰	16	17	18	19	20	21	22	23	24	25	26	27	28	29	30	⑪대	2	3	4	5	6	7	8	9	10	11	12	13	14	15	16
干支	庚申	辛酉	壬戌	癸亥	甲子	乙丑	丙寅	丁卯	戊辰	己巳	庚午	辛未	壬申	癸酉	甲戌	乙亥	丙子	丁丑	戊寅	己卯	庚辰	辛巳	壬午	癸未	甲申	乙酉	丙戌	丁亥	戊子	己丑	庚寅
曜	금	토	일	월	화	수	목	금	토	일	월	화	수	목	금	토	일	월	화	수	목	금	토	일	월	화	수	목	금	토	일

戊申 (大驛土)

西紀二〇二八年 ● 檀紀四三六一年

新閏三百六十六日
舊閏三百八十三日

一日得辛 六龍治水
午大將軍 南三殺
戌喪門 午吊客

五黃 一白 九紫
三碧 八白 四綠
七赤 六白 二黑

建月之大小	甲寅 正月小	乙卯 二月大	丙辰 三月大	丁巳 四月小	戊午 五月大	閏五月小	己未 六月小	庚申 七月大	辛酉 八月小	壬戌 九月小	癸亥 十月大	甲子 十一月大	乙丑 十二月小
日辰	辛未 辛酉 辛亥	庚子 庚寅 庚辰	庚午 庚申 庚戌	庚子 庚寅 庚辰	己巳 己未 己酉	己亥 己丑 己卯	戊辰 戊午 戊申	丁酉 丁亥 丁丑	丁卯 丁巳 丁未	丙申 丙戌 丙子	乙丑 乙卯 乙巳	乙未 乙酉 乙亥	乙丑 乙卯 乙巳
月白	二黑	一白	九紫	八白	七赤		六白	五黃	四綠	三碧	二黑	一白	九紫
入節	立春初九日己未申正二刻 雨水廿四日甲戌午正一刻	驚蟄初十日己丑巳正一刻 春分廿五日甲辰午初初刻	清明初十日己未申初初刻 穀雨廿五日甲戌亥正初刻	立夏十一日庚寅辰正初刻 小滿廿六日乙巳亥初初刻	芒種十三日辛酉午正一刻 夏至廿九日丁丑寅正三刻	小暑十四日壬辰亥正二刻	大暑初一日戊申申初三刻 立秋十七日甲子辰正一刻	處暑初三日己卯子初初刻 白露十九日乙未午初二刻	秋分初四日庚戌亥初初刻 寒露二十日丙寅寅初一刻	霜降初六日辛巳卯正二刻 立冬廿一日丙申卯正二刻	小雪初七日辛亥寅正初刻 大雪廿一日乙丑子初一刻	冬至初六日庚辰酉初二刻 小寒廿二日丙申巳正三刻	大寒初六日庚戌寅正初刻 立春廿一日乙丑亥正一刻

◆雜 節◆

寒食	三月十一日	陽 四月五日
土王	三月廿二日	陽 四月十六日
初伏	閏五月廿二日	陽 七月十四日
土王	閏五月廿七日	陽 七月十九日
中伏	六月初三日	陽 七月二十四日
末伏	六月廿三日	陽 八月十三日
土王	九月初三日	陽 十月二十日
土王	十二月初三日	陽 一月十七日
臘享	十二月初三日	陽 一月十七日

2029(4362. 己酉)

1月

陽	1	2	3	4	5	6	7	8	9	10	11	12	13	14	15	16	17	18	19	20	21	22	23	24	25	26	27	28	29	30	31
陰	17	18	19	20	21	22	23	24	25	26	27	28	29	30	⑫소	2	3	4	5	6	7	8	9	10	11	12	13	14	15	16	17
干支	辛卯	壬辰	癸巳	甲午	乙未	丙申	丁酉	戊戌	己亥	庚子	辛丑	壬寅	癸卯	甲辰	乙巳	丙午	丁未	戊申	己酉	庚戌	辛亥	壬子	癸丑	甲寅	乙卯	丙辰	丁巳	戊午	己未	庚申	辛酉
曜	월	화	수	목	금	토	일	월	화	수	목	금	토	일	월	화	수	목	금	토	일	월	화	수	목	금	토	일	월	화	수

2月

陽	1	2	3	4	5	6	7	8	9	10	11	12	13	14	15	16	17	18	19	20	21	22	23	24	25	26	27	28
陰	18	19	20	21	22	23	24	25	26	27	28	29	①대	2	3	4	5	6	7	8	9	10	11	12	13	14	15	16
干支	壬戌	癸亥	甲子	乙丑	丙寅	丁卯	戊辰	己巳	庚午	辛未	壬申	癸酉	甲戌	乙亥	丙子	丁丑	戊寅	己卯	庚辰	辛巳	壬午	癸未	甲申	乙酉	丙戌	丁亥	戊子	己丑
曜	목	금	토	일	월	화	수	목	금	토	일	월	화	수	목	금	토	일	월	화	수	목	금	토	일	월	화	수

3月

陽	1	2	3	4	5	6	7	8	9	10	11	12	13	14	15	16	17	18	19	20	21	22	23	24	25	26	27	28	29	30	31
陰	17	18	19	20	21	22	23	24	25	26	27	28	29	30	②대	2	3	4	5	6	7	8	9	10	11	12	13	14	15	16	17
干支	庚寅	辛卯	壬辰	癸巳	甲午	乙未	丙申	丁酉	戊戌	己亥	庚子	辛丑	壬寅	癸卯	甲辰	乙巳	丙午	丁未	戊申	己酉	庚戌	辛亥	壬子	癸丑	甲寅	乙卯	丙辰	丁巳	戊午	己未	庚申
曜	목	금	토	일	월	화	수	목	금	토	일	월	화	수	목	금	토	일	월	화	수	목	금	토	일	월	화	수	목	금	토

4月

陽	1	2	3	4	5	6	7	8	9	10	11	12	13	14	15	16	17	18	19	20	21	22	23	24	25	26	27	28	29	30
陰	18	19	20	21	22	23	24	25	26	27	28	29	30	③소	2	3	4	5	6	7	8	9	10	11	12	13	14	15	16	17
干支	辛酉	壬戌	癸亥	甲子	乙丑	丙寅	丁卯	戊辰	己巳	庚午	辛未	壬申	癸酉	甲戌	乙亥	丙子	丁丑	戊寅	己卯	庚辰	辛巳	壬午	癸未	甲申	乙酉	丙戌	丁亥	戊子	己丑	庚寅
曜	일	월	화	수	목	금	토	일	월	화	수	목	금	토	일	월	화	수	목	금	토	일	월	화	수	목	금	토	일	월

5月

陽	1	2	3	4	5	6	7	8	9	10	11	12	13	14	15	16	17	18	19	20	21	22	23	24	25	26	27	28	29	30	31
陰	18	19	20	21	22	23	24	25	26	27	28	29	④대	2	3	4	5	6	7	8	9	10	11	12	13	14	15	16	17	18	19
干支	辛卯	壬辰	癸巳	甲午	乙未	丙申	丁酉	戊戌	己亥	庚子	辛丑	壬寅	癸卯	甲辰	乙巳	丙午	丁未	戊申	己酉	庚戌	辛亥	壬子	癸丑	甲寅	乙卯	丙辰	丁巳	戊午	己未	庚申	辛酉
曜	화	수	목	금	토	일	월	화	수	목	금	토	일	월	화	수	목	금	토	일	월	화	수	목	금	토	일	월	화	수	목

6月

陽	1	2	3	4	5	6	7	8	9	10	11	12	13	14	15	16	17	18	19	20	21	22	23	24	25	26	27	28	29	30
陰	20	21	22	23	24	25	26	27	28	29	30	⑤대	2	3	4	5	6	7	8	9	10	11	12	13	14	15	16	17	18	19
干支	壬戌	癸亥	甲子	乙丑	丙寅	丁卯	戊辰	己巳	庚午	辛未	壬申	癸酉	甲戌	乙亥	丙子	丁丑	戊寅	己卯	庚辰	辛巳	壬午	癸未	甲申	乙酉	丙戌	丁亥	戊子	己丑	庚寅	辛卯
曜	금	토	일	월	화	수	목	금	토	일	월	화	수	목	금	토	일	월	화	수	목	금	토	일	월	화	수	목	금	토

7月

陽	1	2	3	4	5	6	7	8	9	10	11	12	13	14	15	16	17	18	19	20	21	22	23	24	25	26	27	28	29	30	31
陰	20	21	22	23	24	25	26	27	28	29	30	⑥소	2	3	4	5	6	7	8	9	10	11	12	13	14	15	16	17	18	19	20
干支	壬辰	癸巳	甲午	乙未	丙申	丁酉	戊戌	己亥	庚子	辛丑	壬寅	癸卯	甲辰	乙巳	丙午	丁未	戊申	己酉	庚戌	辛亥	壬子	癸丑	甲寅	乙卯	丙辰	丁巳	戊午	己未	庚申	辛酉	壬戌
曜	일	월	화	수	목	금	토	일	월	화	수	목	금	토	일	월	화	수	목	금	토	일	월	화	수	목	금	토	일	월	화

8月

陽	1	2	3	4	5	6	7	8	9	10	11	12	13	14	15	16	17	18	19	20	21	22	23	24	25	26	27	28	29	30	31
陰	21	22	23	24	25	26	27	28	29	⑦소	2	3	4	5	6	7	8	9	10	11	12	13	14	15	16	17	18	19	20	21	22
干支	癸亥	甲子	乙丑	丙寅	丁卯	戊辰	己巳	庚午	辛未	壬申	癸酉	甲戌	乙亥	丙子	丁丑	戊寅	己卯	庚辰	辛巳	壬午	癸未	甲申	乙酉	丙戌	丁亥	戊子	己丑	庚寅	辛卯	壬辰	癸巳
曜	수	목	금	토	일	월	화	수	목	금	토	일	월	화	수	목	금	토	일	월	화	수	목	금	토	일	월	화	수	목	금

9月

陽	1	2	3	4	5	6	7	8	9	10	11	12	13	14	15	16	17	18	19	20	21	22	23	24	25	26	27	28	29	30
陰	23	24	25	26	27	28	29	⑧대	2	3	4	5	6	7	8	9	10	11	12	13	14	15	16	17	18	19	20	21	22	23
干支	甲午	乙未	丙申	丁酉	戊戌	己亥	庚子	辛丑	壬寅	癸卯	甲辰	乙巳	丙午	丁未	戊申	己酉	庚戌	辛亥	壬子	癸丑	甲寅	乙卯	丙辰	丁巳	戊午	己未	庚申	辛酉	壬戌	癸亥
曜	토	일	월	화	수	목	금	토	일	월	화	수	목	금	토	일	월	화	수	목	금	토	일	월	화	수	목	금	토	일

10月

陽	1	2	3	4	5	6	7	8	9	10	11	12	13	14	15	16	17	18	19	20	21	22	23	24	25	26	27	28	29	30	31
陰	24	25	26	27	28	29	30	⑨소	2	3	4	5	6	7	8	9	10	11	12	13	14	15	16	17	18	19	20	21	22	23	24
干支	甲子	乙丑	丙寅	丁卯	戊辰	己巳	庚午	辛未	壬申	癸酉	甲戌	乙亥	丙子	丁丑	戊寅	己卯	庚辰	辛巳	壬午	癸未	甲申	乙酉	丙戌	丁亥	戊子	己丑	庚寅	辛卯	壬辰	癸巳	甲午
曜	월	화	수	목	금	토	일	월	화	수	목	금	토	일	월	화	수	목	금	토	일	월	화	수	목	금	토	일	월	화	수

11月

陽	1	2	3	4	5	6	7	8	9	10	11	12	13	14	15	16	17	18	19	20	21	22	23	24	25	26	27	28	29	30
陰	25	26	27	28	29	⑩소	2	3	4	5	6	7	8	9	10	11	12	13	14	15	16	17	18	19	20	21	22	23	24	25
干支	乙未	丙申	丁酉	戊戌	己亥	庚子	辛丑	壬寅	癸卯	甲辰	乙巳	丙午	丁未	戊申	己酉	庚戌	辛亥	壬子	癸丑	甲寅	乙卯	丙辰	丁巳	戊午	己未	庚申	辛酉	壬戌	癸亥	甲子
曜	목	금	토	일	월	화	수	목	금	토	일	월	화	수	목	금	토	일	월	화	수	목	금	토	일	월	화	수	목	금

12月

陽	1	2	3	4	5	6	7	8	9	10	11	12	13	14	15	16	17	18	19	20	21	22	23	24	25	26	27	28	29	30	31
陰	26	27	28	29	⑪대	2	3	4	5	6	7	8	9	10	11	12	13	14	15	16	17	18	19	20	21	22	23	24	25	26	27
干支	乙丑	丙寅	丁卯	戊辰	己巳	庚午	辛未	壬申	癸酉	甲戌	乙亥	丙子	丁丑	戊寅	己卯	庚辰	辛巳	壬午	癸未	甲申	乙酉	丙戌	丁亥	戊子	己丑	庚寅	辛卯	壬辰	癸巳	甲午	乙未
曜	토	일	월	화	수	목	금	토	일	월	화	수	목	금	토	일	월	화	수	목	금	토	일	월	화	수	목	금	토	일	월

己酉 (大驛土)

新平三百六十五日
舊平三百五十五日
西紀二〇二九年●檀紀四三六二年

八日得辛 七龍治水 四綠 九紫 八白
午大將軍 東三殺 二黑 七赤 三碧
亥喪門 戌弔客 六白 五黃 一白

建月之大小	日辰	月白	入節
正月大 丙寅	甲午 甲申 甲戌	八白	驚蟄廿一日甲午申正初刻 雨水初六日己卯酉正初刻
二月大 丁卯	甲子 甲寅 甲辰	七赤	淸明廿一日甲子戌正三刻 春分初六日己酉酉初初刻
三月小 戊辰	甲午 甲申 甲戌	六白	立夏廿二日乙未未初三刻 穀雨初七日庚辰寅初三刻
四月大 己巳	癸亥 癸丑 癸卯	五黃	芒種廿四日丙寅酉正初刻 小滿初九日辛亥丑正三刻
五月大 庚午	癸巳 癸未 癸酉	四綠	小暑廿六日戊戌寅正一刻 夏至初十日壬午巳正三刻
六月小 辛未	癸亥 癸丑 癸卯	三碧	立秋廿七日己巳未正初刻 大暑十一日癸丑亥初三刻
七月小 壬申	壬辰 壬午 壬申	二黑	白露廿九日庚子酉初一刻 處暑十四日乙酉寅正三刻
八月大 癸酉	辛酉 辛亥 辛丑	一白	秋分十六日丙辰丑正三刻
九月小 甲戌	辛卯 辛巳 辛未	九紫	霜降十六日丙戌午正一刻 寒露初一日辛未巳初初刻
十月小 乙亥	庚申 庚戌 庚子	八白	小雪十七日丙辰巳正初刻 立冬初二日辛丑午正一刻
十一月大 丙子	己丑 己卯 己巳	七赤	冬至十七日乙酉子初一刻 大雪初三日辛未卯初一刻
十二月大 丁丑	己未 己酉 己亥	六白	大寒十七日乙卯巳正初刻 小寒初二日庚子申正二刻

◆雜　節◆

臘享	十二月廿一日	陽 一月二十四日
土王	十二月十四日	陽 一月十七日
土王	九月十三日	陽 十月二十日
末伏	六月廿八日	陽 八月八日
中伏	六月十八日	陽 七月二十九日
初伏	六月初八日	陽 七月十九日
土王	六月初八日	陽 七月十九日
土王	三月初四日	陽 四月十七日
寒食	二月廿二日	陽 四月五日

2030(4363. 庚戌)

1月

陽	1	2	3	4	5	6	7	8	9	10	11	12	13	14	15	16	17	18	19	20	21	22	23	24	25	26	27	28	29	30	31
陰	28	29	30	⑫대	2	3	4	5	6	7	8	9	10	11	12	13	14	15	16	17	18	19	20	21	22	23	24	25	26	27	28
干支	丙申	丁酉	戊戌	己亥	庚子	辛丑	壬寅	癸卯	甲辰	乙巳	丙午	丁未	戊申	己酉	庚戌	辛亥	壬子	癸丑	甲寅	乙卯	丙辰	丁巳	戊午	己未	庚申	辛酉	壬戌	癸亥	甲子	乙丑	丙寅
曜	화	수	목	금	토	일	월	화	수	목	금	토	일	월	화	수	목	금	토	일	월	화	수	목	금	토	일	월	화	수	목

2月

陽	1	2	3	4	5	6	7	8	9	10	11	12	13	14	15	16	17	18	19	20	21	22	23	24	25	26	27	28
陰	29	30	①소	2	3	4	5	6	7	8	9	10	11	12	13	14	15	16	17	18	19	20	21	22	23	24	25	26
干支	丁卯	戊辰	己巳	庚午	辛未	壬申	癸酉	甲戌	乙亥	丙子	丁丑	戊寅	己卯	庚辰	辛巳	壬午	癸未	甲申	乙酉	丙戌	丁亥	戊子	己丑	庚寅	辛卯	壬辰	癸巳	甲午
曜	금	토	일	월	화	수	목	금	토	일	월	화	수	목	금	토	일	월	화	수	목	금	토	일	월	화	수	목

3月

陽	1	2	3	4	5	6	7	8	9	10	11	12	13	14	15	16	17	18	19	20	21	22	23	24	25	26	27	28	29	30	31
陰	27	28	29	②대	2	3	4	5	6	7	8	9	10	11	12	13	14	15	16	17	18	19	20	21	22	23	24	25	26	27	28
干支	乙未	丙申	丁酉	戊戌	己亥	庚子	辛丑	壬寅	癸卯	甲辰	乙巳	丙午	丁未	戊申	己酉	庚戌	辛亥	壬子	癸丑	甲寅	乙卯	丙辰	丁巳	戊午	己未	庚申	辛酉	壬戌	癸亥	甲子	乙丑
曜	금	토	일	월	화	수	목	금	토	일	월	화	수	목	금	토	일	월	화	수	목	금	토	일	월	화	수	목	금	토	일

4月

陽	1	2	3	4	5	6	7	8	9	10	11	12	13	14	15	16	17	18	19	20	21	22	23	24	25	26	27	28	29	30
陰	29	30	③소	2	3	4	5	6	7	8	9	10	11	12	13	14	15	16	17	18	19	20	21	22	23	24	25	26	27	28
干支	丙寅	丁卯	戊辰	己巳	庚午	辛未	壬申	癸酉	甲戌	乙亥	丙子	丁丑	戊寅	己卯	庚辰	辛巳	壬午	癸未	甲申	乙酉	丙戌	丁亥	戊子	己丑	庚寅	辛卯	壬辰	癸巳	甲午	乙未
曜	월	화	수	목	금	토	일	월	화	수	목	금	토	일	월	화	수	목	금	토	일	월	화	수	목	금	토	일	월	화

5月

陽	1	2	3	4	5	6	7	8	9	10	11	12	13	14	15	16	17	18	19	20	21	22	23	24	25	26	27	28	29	30	31
陰	29	④대	2	3	4	5	6	7	8	9	10	11	12	13	14	15	16	17	18	19	20	21	22	23	24	25	26	27	28	29	30
干支	丙申	丁酉	戊戌	己亥	庚子	辛丑	壬寅	癸卯	甲辰	乙巳	丙午	丁未	戊申	己酉	庚戌	辛亥	壬子	癸丑	甲寅	乙卯	丙辰	丁巳	戊午	己未	庚申	辛酉	壬戌	癸亥	甲子	乙丑	丙寅
曜	수	목	금	토	일	월	화	수	목	금	토	일	월	화	수	목	금	토	일	월	화	수	목	금	토	일	월	화	수	목	금

6月

陽	1	2	3	4	5	6	7	8	9	10	11	12	13	14	15	16	17	18	19	20	21	22	23	24	25	26	27	28	29	30
陰	⑤대	2	3	4	5	6	7	8	9	10	11	12	13	14	15	16	17	18	19	20	21	22	23	24	25	26	27	28	29	30
干支	丁卯	戊辰	己巳	庚午	辛未	壬申	癸酉	甲戌	乙亥	丙子	丁丑	戊寅	己卯	庚辰	辛巳	壬午	癸未	甲申	乙酉	丙戌	丁亥	戊子	己丑	庚寅	辛卯	壬辰	癸巳	甲午	乙未	丙申
曜	토	일	월	화	수	목	금	토	일	월	화	수	목	금	토	일	월	화	수	목	금	토	일	월	화	수	목	금	토	일

7月

陽	1	2	3	4	5	6	7	8	9	10	11	12	13	14	15	16	17	18	19	20	21	22	23	24	25	26	27	28	29	30	31
陰	⑥소	2	3	4	5	6	7	8	9	10	11	12	13	14	15	16	17	18	19	20	21	22	23	24	25	26	27	28	29	⑦대	2
干支	丁酉	戊戌	己亥	庚子	辛丑	壬寅	癸卯	甲辰	乙巳	丙午	丁未	戊申	己酉	庚戌	辛亥	壬子	癸丑	甲寅	乙卯	丙辰	丁巳	戊午	己未	庚申	辛酉	壬戌	癸亥	甲子	乙丑	丙寅	丁卯
曜	월	화	수	목	금	토	일	월	화	수	목	금	토	일	월	화	수	목	금	토	일	월	화	수	목	금	토	일	월	화	수

8月

陽	1	2	3	4	5	6	7	8	9	10	11	12	13	14	15	16	17	18	19	20	21	22	23	24	25	26	27	28	29	30	31
陰	3	4	5	6	7	8	9	10	11	12	13	14	15	16	17	18	19	20	21	22	23	24	25	26	27	28	29	30	⑧소	2	3
干支	戊辰	己巳	庚午	辛未	壬申	癸酉	甲戌	乙亥	丙子	丁丑	戊寅	己卯	庚辰	辛巳	壬午	癸未	甲申	乙酉	丙戌	丁亥	戊子	己丑	庚寅	辛卯	壬辰	癸巳	甲午	乙未	丙申	丁酉	戊戌
曜	목	금	토	일	월	화	수	목	금	토	일	월	화	수	목	금	토	일	월	화	수	목	금	토	일	월	화	수	목	금	토

9月

陽	1	2	3	4	5	6	7	8	9	10	11	12	13	14	15	16	17	18	19	20	21	22	23	24	25	26	27	28	29	30
陰	4	5	6	7	8	9	10	11	12	13	14	15	16	17	18	19	20	21	22	23	24	25	26	27	28	29	⑨대	2	3	4
干支	己亥	庚子	辛丑	壬寅	癸卯	甲辰	乙巳	丙午	丁未	戊申	己酉	庚戌	辛亥	壬子	癸丑	甲寅	乙卯	丙辰	丁巳	戊午	己未	庚申	辛酉	壬戌	癸亥	甲子	乙丑	丙寅	丁卯	戊辰
曜	일	월	화	수	목	금	토	일	월	화	수	목	금	토	일	월	화	수	목	금	토	일	월	화	수	목	금	토	일	월

10月

陽	1	2	3	4	5	6	7	8	9	10	11	12	13	14	15	16	17	18	19	20	21	22	23	24	25	26	27	28	29	30	31
陰	5	6	7	8	9	10	11	12	13	14	15	16	17	18	19	20	21	22	23	24	25	26	27	28	29	30	⑩소	2	3	4	5
干支	己巳	庚午	辛未	壬申	癸酉	甲戌	乙亥	丙子	丁丑	戊寅	己卯	庚辰	辛巳	壬午	癸未	甲申	乙酉	丙戌	丁亥	戊子	己丑	庚寅	辛卯	壬辰	癸巳	甲午	乙未	丙申	丁酉	戊戌	己亥
曜	화	수	목	금	토	일	월	화	수	목	금	토	일	월	화	수	목	금	토	일	월	화	수	목	금	토	일	월	화	수	목

11月

陽	1	2	3	4	5	6	7	8	9	10	11	12	13	14	15	16	17	18	19	20	21	22	23	24	25	26	27	28	29	30
陰	6	7	8	9	10	11	12	13	14	15	16	17	18	19	20	21	22	23	24	25	26	27	28	29	⑪대	2	3	4	5	6
干支	庚子	辛丑	壬寅	癸卯	甲辰	乙巳	丙午	丁未	戊申	己酉	庚戌	辛亥	壬子	癸丑	甲寅	乙卯	丙辰	丁巳	戊午	己未	庚申	辛酉	壬戌	癸亥	甲子	乙丑	丙寅	丁卯	戊辰	己巳
曜	금	토	일	월	화	수	목	금	토	일	월	화	수	목	금	토	일	월	화	수	목	금	토	일	월	화	수	목	금	토

12月

陽	1	2	3	4	5	6	7	8	9	10	11	12	13	14	15	16	17	18	19	20	21	22	23	24	25	26	27	28	29	30	31
陰	7	8	9	10	11	12	13	14	15	16	17	18	19	20	21	22	23	24	25	26	27	28	29	30	⑫소	2	3	4	5	6	7
干支	庚午	辛未	壬申	癸酉	甲戌	乙亥	丙子	丁丑	戊寅	己卯	庚辰	辛巳	壬午	癸未	甲申	乙酉	丙戌	丁亥	戊子	己丑	庚寅	辛卯	壬辰	癸巳	甲午	乙未	丙申	丁酉	戊戌	己亥	庚子
曜	일	월	화	수	목	금	토	일	월	화	수	목	금	토	일	월	화	수	목	금	토	일	월	화	수	목	금	토	일	월	화

三日得辛 三龍治水 三碧 八白 七赤
午大將軍 北三殺 一白 六白 二黑
子喪門 申弔客 五黃 四綠 九紫

庚戌 (釵釧金)

新正三百六十五日
舊正三百五十四日

西紀二〇三〇年●檀紀四三六三年

建月之大小	日辰	月白	入節
正月 戊寅 小	己丑 己卯 己巳	五黃	雨水十六日甲申子初三刻 / 立春初二日庚午寅正初刻
二月 己卯 大	戊午 戊申 戊戌	四綠	春分十七日甲寅亥正三刻 / 驚蟄初二日己亥亥正初刻
三月 庚辰 小	戊子 戊寅 戊辰	三碧	穀雨十八日乙酉巳初二刻 / 清明初三日庚午丑正二刻
四月 辛巳 大	丁巳 丁未 丁酉	二黑	小滿二十日丙辰辰正二刻 / 立夏初四日庚子戌初三刻
五月 壬午 大	丁亥 丁丑 丁卯	一白	夏至廿一日丁亥申正二刻 / 芒種初五日辛未子初三刻
六月 癸未 小	丁巳 丁未 丁酉	九紫	大暑廿三日己未寅初二刻 / 小暑初七日癸卯巳正初刻
七月 甲申 大	丙戌 丙子 丙寅	八白	處暑廿五日庚寅巳正三刻 / 立秋初九日甲戌戌正初刻
八月 乙酉 小	丙辰 丙午 丙申	七赤	秋分廿六日辛酉辰正二刻 / 白露初十日乙巳子初初刻
九月 丙戌 大	乙酉 乙亥 乙丑	六白	霜降廿七日辛卯酉正初刻 / 寒露十二日丙子申初初刻
十月 丁亥 小	乙卯 乙巳 乙未	五黃	小雪廿七日辛酉申初三刻 / 立冬十二日丙午酉正一刻
十一月 戊子 大	甲申 甲戌 甲子	四綠	冬至廿八日辛卯卯初初刻 / 大雪十三日丙子午初一刻
十二月 己丑 小	甲寅 甲辰 甲午	三碧	大寒廿七日庚申申正三刻 / 小寒十二日乙巳亥正二刻

◆雜　節◆

臘享	十二月廿六日	陽 一月十九日
土王	十二月廿四日	陽 一月十七日
土王	九月廿四日	陽 十月二十日
末伏	七月十五日	陽 八月十三日
中伏	六月廿四日	陽 七月二十四日
土王	六月十九日	陽 七月十九日
初伏	六月十四日	陽 七月十四日
土王	三月十五日	陽 四月十七日
寒食	三月初三日	陽 四月五日

2031(4364. 辛亥)

1月

	1	2	3	4	5	6	7	8	9	10	11	12	13	14	15	16	17	18	19	20	21	22	23	24	25	26	27	28	29	30	31
陰	8	9	10	11	12	13	14	15	16	17	18	19	20	21	22	23	24	25	26	27	28	29	①대	2	3	4	5	6	7	8	9
干支	辛丑	壬寅	癸卯	甲辰	乙巳	丙午	丁未	戊申	己酉	庚戌	辛亥	壬子	癸丑	甲寅	乙卯	丙辰	丁巳	戊午	己未	庚申	辛酉	壬戌	癸亥	甲子	乙丑	丙寅	丁卯	戊辰	己巳	庚午	辛未
曜	수	목	금	토	일	월	화	수	목	금	토	일	월	화	수	목	금	토	일	월	화	수	목	금	토	일	월	화	수	목	금

2月

陽	1	2	3	4	5	6	7	8	9	10	11	12	13	14	15	16	17	18	19	20	21	22	23	24	25	26	27	28
陰	10	11	12	13	14	15	16	17	18	19	20	21	22	23	24	25	26	27	28	29	30	②소	2	3	4	5	6	7
干支	壬申	癸酉	甲戌	乙亥	丙子	丁丑	戊寅	己卯	庚辰	辛巳	壬午	癸未	甲申	乙酉	丙戌	丁亥	戊子	己丑	庚寅	辛卯	壬辰	癸巳	甲午	乙未	丙申	丁酉	戊戌	己亥
曜	토	일	월	화	수	목	금	토	일	월	화	수	목	금	토	일	월	화	수	목	금	토	일	월	화	수	목	금

3月

陽	1	2	3	4	5	6	7	8	9	10	11	12	13	14	15	16	17	18	19	20	21	22	23	24	25	26	27	28	29	30	31
陰	8	9	10	11	12	13	14	15	16	17	18	19	20	21	22	23	24	25	26	27	28	29	③대	2	3	4	5	6	7	8	9
干支	庚子	辛丑	壬寅	癸卯	甲辰	乙巳	丙午	丁未	戊申	己酉	庚戌	辛亥	壬子	癸丑	甲寅	乙卯	丙辰	丁巳	戊午	己未	庚申	辛酉	壬戌	癸亥	甲子	乙丑	丙寅	丁卯	戊辰	己巳	庚午
曜	토	일	월	화	수	목	금	토	일	월	화	수	목	금	토	일	월	화	수	목	금	토	일	월	화	수	목	금	토	일	월

4月

陽	1	2	3	4	5	6	7	8	9	10	11	12	13	14	15	16	17	18	19	20	21	22	23	24	25	26	27	28	29	30
陰	10	11	12	13	14	15	16	17	18	19	20	21	22	23	24	25	26	27	28	29	30	윤소	2	3	4	5	6	7	8	9
干支	辛未	壬申	癸酉	甲戌	乙亥	丙子	丁丑	戊寅	己卯	庚辰	辛巳	壬午	癸未	甲申	乙酉	丙戌	丁亥	戊子	己丑	庚寅	辛卯	壬辰	癸巳	甲午	乙未	丙申	丁酉	戊戌	己亥	庚子
曜	화	수	목	금	토	일	월	화	수	목	금	토	일	월	화	수	목	금	토	일	월	화	수	목	금	토	일	월	화	수

5月

陽	1	2	3	4	5	6	7	8	9	10	11	12	13	14	15	16	17	18	19	20	21	22	23	24	25	26	27	28	29	30	31
陰	10	11	12	13	14	15	16	17	18	19	20	21	22	23	24	25	26	27	28	29	④대	2	3	4	5	6	7	8	9	10	11
干支	辛丑	壬寅	癸卯	甲辰	乙巳	丙午	丁未	戊申	己酉	庚戌	辛亥	壬子	癸丑	甲寅	乙卯	丙辰	丁巳	戊午	己未	庚申	辛酉	壬戌	癸亥	甲子	乙丑	丙寅	丁卯	戊辰	己巳	庚午	辛未
曜	목	금	토	일	월	화	수	목	금	토	일	월	화	수	목	금	토	일	월	화	수	목	금	토	일	월	화	수	목	금	토

6月

陽	1	2	3	4	5	6	7	8	9	10	11	12	13	14	15	16	17	18	19	20	21	22	23	24	25	26	27	28	29	30
陰	12	13	14	15	16	17	18	19	20	21	22	23	24	25	26	27	28	29	30	⑤소	2	3	4	5	6	7	8	9	10	11
干支	壬申	癸酉	甲戌	乙亥	丙子	丁丑	戊寅	己卯	庚辰	辛巳	壬午	癸未	甲申	乙酉	丙戌	丁亥	戊子	己丑	庚寅	辛卯	壬辰	癸巳	甲午	乙未	丙申	丁酉	戊戌	己亥	庚子	辛丑
曜	일	월	화	수	목	금	토	일	월	화	수	목	금	토	일	월	화	수	목	금	토	일	월	화	수	목	금	토	일	월

7月

陽	1	2	3	4	5	6	7	8	9	10	11	12	13	14	15	16	17	18	19	20	21	22	23	24	25	26	27	28	29	30	31
陰	12	13	14	15	16	17	18	19	20	21	22	23	24	25	26	27	28	29	⑥대	2	3	4	5	6	7	8	9	10	11	12	13
干支	壬寅	癸卯	甲辰	乙巳	丙午	丁未	戊申	己酉	庚戌	辛亥	壬子	癸丑	甲寅	乙卯	丙辰	丁巳	戊午	己未	庚申	辛酉	壬戌	癸亥	甲子	乙丑	丙寅	丁卯	戊辰	己巳	庚午	辛未	壬申
曜	화	수	목	금	토	일	월	화	수	목	금	토	일	월	화	수	목	금	토	일	월	화	수	목	금	토	일	월	화	수	목

8月

陽	1	2	3	4	5	6	7	8	9	10	11	12	13	14	15	16	17	18	19	20	21	22	23	24	25	26	27	28	29	30	31
陰	14	15	16	17	18	19	20	21	22	23	24	25	26	27	28	29	30	⑦대	2	3	4	5	6	7	8	9	10	11	12	13	14
干支	癸酉	甲戌	乙亥	丙子	丁丑	戊寅	己卯	庚辰	辛巳	壬午	癸未	甲申	乙酉	丙戌	丁亥	戊子	己丑	庚寅	辛卯	壬辰	癸巳	甲午	乙未	丙申	丁酉	戊戌	己亥	庚子	辛丑	壬寅	癸卯
曜	금	토	일	월	화	수	목	금	토	일	월	화	수	목	금	토	일	월	화	수	목	금	토	일	월	화	수	목	금	토	일

9月

陽	1	2	3	4	5	6	7	8	9	10	11	12	13	14	15	16	17	18	19	20	21	22	23	24	25	26	27	28	29	30
陰	15	16	17	18	19	20	21	22	23	24	25	26	27	28	29	30	⑧소	2	3	4	5	6	7	8	9	10	11	12	13	14
干支	甲辰	乙巳	丙午	丁未	戊申	己酉	庚戌	辛亥	壬子	癸丑	甲寅	乙卯	丙辰	丁巳	戊午	己未	庚申	辛酉	壬戌	癸亥	甲子	乙丑	丙寅	丁卯	戊辰	己巳	庚午	辛未	壬申	癸酉
曜	월	화	수	목	금	토	일	월	화	수	목	금	토	일	월	화	수	목	금	토	일	월	화	수	목	금	토	일	월	화

10月

陽	1	2	3	4	5	6	7	8	9	10	11	12	13	14	15	16	17	18	19	20	21	22	23	24	25	26	27	28	29	30	31
陰	15	16	17	18	19	20	21	22	23	24	25	26	27	28	29	⑨대	2	3	4	5	6	7	8	9	10	11	12	13	14	15	16
干支	甲戌	乙亥	丙子	丁丑	戊寅	己卯	庚辰	辛巳	壬午	癸未	甲申	乙酉	丙戌	丁亥	戊子	己丑	庚寅	辛卯	壬辰	癸巳	甲午	乙未	丙申	丁酉	戊戌	己亥	庚子	辛丑	壬寅	癸卯	甲辰
曜	수	목	금	토	일	월	화	수	목	금	토	일	월	화	수	목	금	토	일	월	화	수	목	금	토	일	월	화	수	목	금

11月

陽	1	2	3	4	5	6	7	8	9	10	11	12	13	14	15	16	17	18	19	20	21	22	23	24	25	26	27	28	29	30
陰	17	18	19	20	21	22	23	24	25	26	27	28	29	30	⑩소	2	3	4	5	6	7	8	9	10	11	12	13	14	15	16
干支	乙巳	丙午	丁未	戊申	己酉	庚戌	辛亥	壬子	癸丑	甲寅	乙卯	丙辰	丁巳	戊午	己未	庚申	辛酉	壬戌	癸亥	甲子	乙丑	丙寅	丁卯	戊辰	己巳	庚午	辛未	壬申	癸酉	甲戌
曜	토	일	월	화	수	목	금	토	일	월	화	수	목	금	토	일	월	화	수	목	금	토	일	월	화	수	목	금	토	일

12月

陽	1	2	3	4	5	6	7	8	9	10	11	12	13	14	15	16	17	18	19	20	21	22	23	24	25	26	27	28	29	30	31
陰	17	18	19	20	21	22	23	24	25	26	27	28	29	⑪대	2	3	4	5	6	7	8	9	10	11	12	13	14	15	16	17	18
干支	乙亥	丙子	丁丑	戊寅	己卯	庚辰	辛巳	壬午	癸未	甲申	乙酉	丙戌	丁亥	戊子	己丑	庚寅	辛卯	壬辰	癸巳	甲午	乙未	丙申	丁酉	戊戌	己亥	庚子	辛丑	壬寅	癸卯	甲辰	乙巳
曜	월	화	수	목	금	토	일	월	화	수	목	금	토	일	월	화	수	목	금	토	일	월	화	수	목	금	토	일	월	화	수

辛亥 (釵釧金)

西紀二〇三一年●檀紀四三六四年

新平 三百六十五日
舊閏 三百八十四日

九日得辛 六龍治水
西大將軍 西 三殺
丑 喪門 酉 弔客

二黑 七赤 六白
九紫 五黃 一白
四綠 三碧 八白

建月之大小	正月大 庚寅	二月小 辛卯	三月大 壬辰	閏三月小	四月大 癸巳	五月小 甲午	六月大 乙未	七月大 丙申	八月小 丁酉	九月大 戊戌	十月小 己亥	十一月大 庚子	十二月小 辛丑
日辰	癸亥 癸酉 癸未	癸巳 癸卯 癸丑	壬戌 壬申 壬午	壬辰 壬寅 壬子	辛酉 辛未 辛巳	辛卯 辛丑 辛亥	庚申 庚午 庚辰	庚寅 庚子 庚戌	庚申 庚午 庚辰	己丑 己亥 己酉	己未 己巳 己卯	戊子 戊戌 戊申	戊午 戊辰 戊寅
月白	二黑	一白	九紫		八白	七赤	六白	五黃	四綠	三碧	二黑	一白	九紫
入節	立春十三日乙亥巳正初刻 雨水廿八日庚寅卯初三刻	驚蟄十三日乙巳寅初三刻 春分廿八日庚申寅正二刻	清明十四日乙亥辰正一刻 穀雨廿九日庚寅申初一刻	立夏十五日丙午丑初二刻	小滿初一日辛酉未正一刻 芒種十七日丁丑卯初二刻	夏至初二日壬辰亥正一刻 小暑十八日戊申申初三刻	大暑初五日甲子巳初一刻 立秋廿一日庚辰丑初三刻	處暑初六日乙未申正二刻 白露廿二日辛亥寅正三刻	秋分初七日丙寅未正一刻 寒露廿二日辛巳戌正三刻	霜降初八日丙申子初三刻 立冬廿四日壬子子正初刻	小雪初八日丙寅亥初二刻 大雪廿三日辛巳未初初刻	冬至初九日丙申午初初刻 小寒廿三日庚戌寅正一刻	大寒初八日乙丑亥初二刻 立春廿三日庚辰申初三刻

◆雜 節◆

- 臘享 十二月十四日 陽 一月二十六日
- 土王 十二月初五日 陽 一月十七日
- 土王 九月初五日 陽 十月二十日
- 末伏 六月廿一日 陽 八月八日
- 中伏 六月十一日 陽 七月二十九日
- 土王 六月初二日 陽 七月二十日
- 初伏 六月初一日 陽 七月十九日
- 土王 三月廿六日 陽 四月十七日
- 寒食 三月十五日 陽 四月六日

2032(4365. 壬子)

1月

陽	1	2	3	4	5	6	7	8	9	10	11	12	13	14	15	16	17	18	19	20	21	22	23	24	25	26	27	28	29	30	31
陰	19	20	21	22	23	24	25	26	27	28	29	30	⑫소	2	3	4	5	6	7	8	9	10	11	12	13	14	15	16	17	18	19
干支	丙午	丁未	戊申	己酉	庚戌	辛亥	壬子	癸丑	甲寅	乙卯	丙辰	丁巳	戊午	己未	庚申	辛酉	壬戌	癸亥	甲子	乙丑	丙寅	丁卯	戊辰	己巳	庚午	辛未	壬申	癸酉	甲戌	乙亥	丙子
曜	목	금	토	일	월	화	수	목	금	토	일	월	화	수	목	금	토	일	월	화	수	목	금	토	일	월	화	수	목	금	토

2月

陽	1	2	3	4	5	6	7	8	9	10	11	12	13	14	15	16	17	18	19	20	21	22	23	24	25	26	27	28	29
陰	20	21	22	23	24	25	26	27	28	29	①대	2	3	4	5	6	7	8	9	10	11	12	13	14	15	16	17	18	19
干支	丁丑	戊寅	己卯	庚辰	辛巳	壬午	癸未	甲申	乙酉	丙戌	丁亥	戊子	己丑	庚寅	辛卯	壬辰	癸巳	甲午	乙未	丙申	丁酉	戊戌	己亥	庚子	辛丑	壬寅	癸卯	甲辰	乙巳
曜	일	월	화	수	목	금	토	일	월	화	수	목	금	토	일	월	화	수	목	금	토	일	월	화	수	목	금	토	일

3月

陽	1	2	3	4	5	6	7	8	9	10	11	12	13	14	15	16	17	18	19	20	21	22	23	24	25	26	27	28	29	30	31
陰	20	21	22	23	24	25	26	27	28	29	30	②소	2	3	4	5	6	7	8	9	10	11	12	13	14	15	16	17	18	19	20
干支	丙午	丁未	戊申	己酉	庚戌	辛亥	壬子	癸丑	甲寅	乙卯	丙辰	丁巳	戊午	己未	庚申	辛酉	壬戌	癸亥	甲子	乙丑	丙寅	丁卯	戊辰	己巳	庚午	辛未	壬申	癸酉	甲戌	乙亥	丙子
曜	월	화	수	목	금	토	일	월	화	수	목	금	토	일	월	화	수	목	금	토	일	월	화	수	목	금	토	일	월	화	수

4月

陽	1	2	3	4	5	6	7	8	9	10	11	12	13	14	15	16	17	18	19	20	21	22	23	24	25	26	27	28	29	30
陰	21	22	23	24	25	26	27	28	29	③소	2	3	4	5	6	7	8	9	10	11	12	13	14	15	16	17	18	19	20	21
干支	丁丑	戊寅	己卯	庚辰	辛巳	壬午	癸未	甲申	乙酉	丙戌	丁亥	戊子	己丑	庚寅	辛卯	壬辰	癸巳	甲午	乙未	丙申	丁酉	戊戌	己亥	庚子	辛丑	壬寅	癸卯	甲辰	乙巳	丙午
曜	목	금	토	일	월	화	수	목	금	토	일	월	화	수	목	금	토	일	월	화	수	목	금	토	일	월	화	수	목	금

5月

陽	1	2	3	4	5	6	7	8	9	10	11	12	13	14	15	16	17	18	19	20	21	22	23	24	25	26	27	28	29	30	31
陰	22	23	24	25	26	27	28	29	④대	2	3	4	5	6	7	8	9	10	11	12	13	14	15	16	17	18	19	20	21	22	23
干支	丁未	戊申	己酉	庚戌	辛亥	壬子	癸丑	甲寅	乙卯	丙辰	丁巳	戊午	己未	庚申	辛酉	壬戌	癸亥	甲子	乙丑	丙寅	丁卯	戊辰	己巳	庚午	辛未	壬申	癸酉	甲戌	乙亥	丙子	丁丑
曜	토	일	월	화	수	목	금	토	일	월	화	수	목	금	토	일	월	화	수	목	금	토	일	월	화	수	목	금	토	일	월

6月

陽	1	2	3	4	5	6	7	8	9	10	11	12	13	14	15	16	17	18	19	20	21	22	23	24	25	26	27	28	29	30
陰	24	25	26	27	28	29	30	⑤소	2	3	4	5	6	7	8	9	10	11	12	13	14	15	16	17	18	19	20	21	22	23
干支	戊寅	己卯	庚辰	辛巳	壬午	癸未	甲申	乙酉	丙戌	丁亥	戊子	己丑	庚寅	辛卯	壬辰	癸巳	甲午	乙未	丙申	丁酉	戊戌	己亥	庚子	辛丑	壬寅	癸卯	甲辰	乙巳	丙午	丁未
曜	화	수	목	금	토	일	월	화	수	목	금	토	일	월	화	수	목	금	토	일	월	화	수	목	금	토	일	월	화	수

7月

陽	1	2	3	4	5	6	7	8	9	10	11	12	13	14	15	16	17	18	19	20	21	22	23	24	25	26	27	28	29	30	31
陰	24	25	26	27	28	29	⑥대	2	3	4	5	6	7	8	9	10	11	12	13	14	15	16	17	18	19	20	21	22	23	24	25
干支	戊申	己酉	庚戌	辛亥	壬子	癸丑	甲寅	乙卯	丙辰	丁巳	戊午	己未	庚申	辛酉	壬戌	癸亥	甲子	乙丑	丙寅	丁卯	戊辰	己巳	庚午	辛未	壬申	癸酉	甲戌	乙亥	丙子	丁丑	戊寅
曜	목	금	토	일	월	화	수	목	금	토	일	월	화	수	목	금	토	일	월	화	수	목	금	토	일	월	화	수	목	금	토

8月

陽	1	2	3	4	5	6	7	8	9	10	11	12	13	14	15	16	17	18	19	20	21	22	23	24	25	26	27	28	29	30	31
陰	26	27	28	29	30	⑦대	2	3	4	5	6	7	8	9	10	11	12	13	14	15	16	17	18	19	20	21	22	23	24	25	26
干支	己卯	庚辰	辛巳	壬午	癸未	甲申	乙酉	丙戌	丁亥	戊子	己丑	庚寅	辛卯	壬辰	癸巳	甲午	乙未	丙申	丁酉	戊戌	己亥	庚子	辛丑	壬寅	癸卯	甲辰	乙巳	丙午	丁未	戊申	己酉
曜	일	월	화	수	목	금	토	일	월	화	수	목	금	토	일	월	화	수	목	금	토	일	월	화	수	목	금	토	일	월	화

9月

陽	1	2	3	4	5	6	7	8	9	10	11	12	13	14	15	16	17	18	19	20	21	22	23	24	25	26	27	28	29	30
陰	27	28	29	30	⑧소	2	3	4	5	6	7	8	9	10	11	12	13	14	15	16	17	18	19	20	21	22	23	24	25	26
干支	庚戌	辛亥	壬子	癸丑	甲寅	乙卯	丙辰	丁巳	戊午	己未	庚申	辛酉	壬戌	癸亥	甲子	乙丑	丙寅	丁卯	戊辰	己巳	庚午	辛未	壬申	癸酉	甲戌	乙亥	丙子	丁丑	戊寅	己卯
曜	수	목	금	토	일	월	화	수	목	금	토	일	월	화	수	목	금	토	일	월	화	수	목	금	토	일	월	화	수	목

10月

陽	1	2	3	4	5	6	7	8	9	10	11	12	13	14	15	16	17	18	19	20	21	22	23	24	25	26	27	28	29	30	31
陰	27	28	29	⑨대	2	3	4	5	6	7	8	9	10	11	12	13	14	15	16	17	18	19	20	21	22	23	24	25	26	27	28
干支	庚辰	辛巳	壬午	癸未	甲申	乙酉	丙戌	丁亥	戊子	己丑	庚寅	辛卯	壬辰	癸巳	甲午	乙未	丙申	丁酉	戊戌	己亥	庚子	辛丑	壬寅	癸卯	甲辰	乙巳	丙午	丁未	戊申	己酉	庚戌
曜	금	토	일	월	화	수	목	금	토	일	월	화	수	목	금	토	일	월	화	수	목	금	토	일	월	화	수	목	금	토	일

11月

陽	1	2	3	4	5	6	7	8	9	10	11	12	13	14	15	16	17	18	19	20	21	22	23	24	25	26	27	28	29	30
陰	29	30	⑪대	2	3	4	5	6	7	8	9	10	11	12	13	14	15	16	17	18	19	20	21	22	23	24	25	26	27	28
干支	辛亥	壬子	癸丑	甲寅	乙卯	丙辰	丁巳	戊午	己未	庚申	辛酉	壬戌	癸亥	甲子	乙丑	丙寅	丁卯	戊辰	己巳	庚午	辛未	壬申	癸酉	甲戌	乙亥	丙子	丁丑	戊寅	己卯	庚辰
曜	월	화	수	목	금	토	일	월	화	수	목	금	토	일	월	화	수	목	금	토	일	월	화	수	목	금	토	일	월	화

12月

陽	1	2	3	4	5	6	7	8	9	10	11	12	13	14	15	16	17	18	19	20	21	22	23	24	25	26	27	28	29	30	31
陰	29	30	⑪소	2	3	4	5	6	7	8	9	10	11	12	13	14	15	16	17	18	19	20	21	22	23	24	25	26	27	28	29
干支	辛巳	壬午	癸未	甲申	乙酉	丙戌	丁亥	戊子	己丑	庚寅	辛卯	壬辰	癸巳	甲午	乙未	丙申	丁酉	戊戌	己亥	庚子	辛丑	壬寅	癸卯	甲辰	乙巳	丙午	丁未	戊申	己酉	庚戌	辛亥
曜	수	목	금	토	일	월	화	수	목	금	토	일	월	화	수	목	금	토	일	월	화	수	목	금	토	일	월	화	수	목	금

西紀二〇三二年●檀紀四三六五年

壬子（桑柘木）

新閏三百六十六日
舊平三百五十五日

五日得辛 六龍治水
酉大將軍 南三殺
寅喪門 戌吊客

一白 六白 五黃
八白 四綠 九紫
三碧 二黑 七赤

建月之大小	日辰	月白	入節
壬寅 正月大	丁亥 丁酉 丁未	八白	雨水初九日乙未午初二刻 驚蟄廿四日庚戌巳初二刻
癸卯 二月小	丁巳 丁卯 丁丑	七赤	春分初九日乙丑巳正一刻 淸明廿四日庚辰未正一刻
甲辰 三月小	丙戌 丙申 丙午	六白	穀雨初十日乙未亥初一刻 立夏廿六日辛亥辰初一刻
乙巳 四月大	乙卯 乙丑 乙亥	五黃	小滿十二日丙寅戌正一刻 芒種廿八日壬午午初一刻
丙午 五月小	乙酉 乙未 乙巳	四綠	夏至十四日戊戌寅正初刻 小暑廿九日癸丑亥初二刻
丁未 六月大	甲寅 甲子 甲戌	碧三	大暑十六日己巳申初初刻
戊申 七月大	甲申 甲午 甲辰	二黑	立秋初二日乙酉辰初二刻 處暑十七日庚子亥正一刻
己酉 八月小	甲寅 甲子 甲戌	一白	白露初三日丙辰巳正三刻 秋分十八日辛未戌初一刻
庚戌 九月大	癸未 癸巳 癸卯	九紫	寒露初五日丁亥丑正二刻 霜降二十日壬寅卯初三刻
辛亥 十月大	癸丑 癸亥 癸酉	八白	立冬初五日丁巳卯初三刻 小雪二十日壬申寅初二刻
壬子 十一月小	癸未 癸巳 癸卯	七赤	大雪初四日丙戌亥正三刻 冬至十九日辛丑申正三刻
癸丑 十二月大	壬子 壬戌 壬申	六白	小寒初六日丁巳巳初初刻 大寒二十日辛未寅初二刻

◆雜　節◆

- 臘享 十二月二十日 陽 一月二十日
- 土王 十二月十七日 陽 一月十七日
- 土王 九月十七日 陽 十月二十日
- 末伏 七月初七日 陽 八月十二日
- 中伏 六月十七日 陽 七月二十三日
- 土王 六月十三日 陽 七月十九日
- 初伏 六月初七日 陽 七月十三日
- 土王 三月初七日 陽 四月十六日
- 寒食 二月廿五日 陽 四月五日

2033(4366. 癸丑)

1月

陽	1	2	3	4	5	6	7	8	9	10	11	12	13	14	15	16	17	18	19	20	21	22	23	24	25	26	27	28	29	30	31
陰	⑫대	2	3	4	5	6	7	8	9	10	11	12	13	14	15	16	17	18	19	20	21	22	23	24	25	26	27	28	29	30	①소
干支	壬子	癸丑	甲寅	乙卯	丙辰	丁巳	戊午	己未	庚申	辛酉	壬戌	癸亥	甲子	乙丑	丙寅	丁卯	戊辰	己巳	庚午	辛未	壬申	癸酉	甲戌	乙亥	丙子	丁丑	戊寅	己卯	庚辰	辛巳	壬午
曜	토	일	월	화	수	목	금	토	일	월	화	수	목	금	토	일	월	화	수	목	금	토	일	월	화	수	목	금	토	일	월

2月

陽	1	2	3	4	5	6	7	8	9	10	11	12	13	14	15	16	17	18	19	20	21	22	23	24	25	26	27	28
陰	2	3	4	5	6	7	8	9	10	11	12	13	14	15	16	17	18	19	20	21	22	23	24	25	26	27	28	29
干支	癸未	甲申	乙酉	丙戌	丁亥	戊子	己丑	庚寅	辛卯	壬辰	癸巳	甲午	乙未	丙申	丁酉	戊戌	己亥	庚子	辛丑	壬寅	癸卯	甲辰	乙巳	丙午	丁未	戊申	己酉	庚戌
曜	화	수	목	금	토	일	월	화	수	목	금	토	일	월	화	수	목	금	토	일	월	화	수	목	금	토	일	월

3月

陽	1	2	3	4	5	6	7	8	9	10	11	12	13	14	15	16	17	18	19	20	21	22	23	24	25	26	27	28	29	30	31
陰	②대	2	3	4	5	6	7	8	9	10	11	12	13	14	15	16	17	18	19	20	21	22	23	24	25	26	27	28	29	30	③소
干支	辛亥	壬子	癸丑	甲寅	乙卯	丙辰	丁巳	戊午	己未	庚申	辛酉	壬戌	癸亥	甲子	乙丑	丙寅	丁卯	戊辰	己巳	庚午	辛未	壬申	癸酉	甲戌	乙亥	丙子	丁丑	戊寅	己卯	庚辰	辛巳
曜	화	수	목	금	토	일	월	화	수	목	금	토	일	월	화	수	목	금	토	일	월	화	수	목	금	토	일	월	화	수	목

4月

陽	1	2	3	4	5	6	7	8	9	10	11	12	13	14	15	16	17	18	19	20	21	22	23	24	25	26	27	28	29	30
陰	2	3	4	5	6	7	8	9	10	11	12	13	14	15	16	17	18	19	20	21	22	23	24	25	26	27	28	29	④소	2
干支	壬午	癸未	甲申	乙酉	丙戌	丁亥	戊子	己丑	庚寅	辛卯	壬辰	癸巳	甲午	乙未	丙申	丁酉	戊戌	己亥	庚子	辛丑	壬寅	癸卯	甲辰	乙巳	丙午	丁未	戊申	己酉	庚戌	辛亥
曜	금	토	일	월	화	수	목	금	토	일	월	화	수	목	금	토	일	월	화	수	목	금	토	일	월	화	수	목	금	토

5月

陽	1	2	3	4	5	6	7	8	9	10	11	12	13	14	15	16	17	18	19	20	21	22	23	24	25	26	27	28	29	30	31
陰	3	4	5	6	7	8	9	10	11	12	13	14	15	16	17	18	19	20	21	22	23	24	25	26	27	28	29	⑤대	2	3	4
干支	壬子	癸丑	甲寅	乙卯	丙辰	丁巳	戊午	己未	庚申	辛酉	壬戌	癸亥	甲子	乙丑	丙寅	丁卯	戊辰	己巳	庚午	辛未	壬申	癸酉	甲戌	乙亥	丙子	丁丑	戊寅	己卯	庚辰	辛巳	壬午
曜	일	월	화	수	목	금	토	일	월	화	수	목	금	토	일	월	화	수	목	금	토	일	월	화	수	목	금	토	일	월	화

6月

陽	1	2	3	4	5	6	7	8	9	10	11	12	13	14	15	16	17	18	19	20	21	22	23	24	25	26	27	28	29	30
陰	5	6	7	8	9	10	11	12	13	14	15	16	17	18	19	20	21	22	23	24	25	26	27	28	29	30	⑥소	2	3	4
干支	癸未	甲申	乙酉	丙戌	丁亥	戊子	己丑	庚寅	辛卯	壬辰	癸巳	甲午	乙未	丙申	丁酉	戊戌	己亥	庚子	辛丑	壬寅	癸卯	甲辰	乙巳	丙午	丁未	戊申	己酉	庚戌	辛亥	壬子
曜	수	목	금	토	일	월	화	수	목	금	토	일	월	화	수	목	금	토	일	월	화	수	목	금	토	일	월	화	수	목

7月

陽	1	2	3	4	5	6	7	8	9	10	11	12	13	14	15	16	17	18	19	20	21	22	23	24	25	26	27	28	29	30	31
陰	5	6	7	8	9	10	11	12	13	14	15	16	17	18	19	20	21	22	23	24	25	26	27	28	29	⑦대	2	3	4	5	6
干支	癸丑	甲寅	乙卯	丙辰	丁巳	戊午	己未	庚申	辛酉	壬戌	癸亥	甲子	乙丑	丙寅	丁卯	戊辰	己巳	庚午	辛未	壬申	癸酉	甲戌	乙亥	丙子	丁丑	戊寅	己卯	庚辰	辛巳	壬午	癸未
曜	금	토	일	월	화	수	목	금	토	일	월	화	수	목	금	토	일	월	화	수	목	금	토	일	월	화	수	목	금	토	일

8月

陽	1	2	3	4	5	6	7	8	9	10	11	12	13	14	15	16	17	18	19	20	21	22	23	24	25	26	27	28	29	30	31
陰	7	8	9	10	11	12	13	14	15	16	17	18	19	20	21	22	23	24	25	26	27	28	29	30	윤소	2	3	4	5	6	7
干支	甲申	乙酉	丙戌	丁亥	戊子	己丑	庚寅	辛卯	壬辰	癸巳	甲午	乙未	丙申	丁酉	戊戌	己亥	庚子	辛丑	壬寅	癸卯	甲辰	乙巳	丙午	丁未	戊申	己酉	庚戌	辛亥	壬子	癸丑	甲寅
曜	월	화	수	목	금	토	일	월	화	수	목	금	토	일	월	화	수	목	금	토	일	월	화	수	목	금	토	일	월	화	수

9月

陽	1	2	3	4	5	6	7	8	9	10	11	12	13	14	15	16	17	18	19	20	21	22	23	24	25	26	27	28	29	30
陰	8	9	10	11	12	13	14	15	16	17	18	19	20	21	22	23	24	25	26	27	28	29	⑧대	2	3	4	5	6	7	8
干支	乙卯	丙辰	丁巳	戊午	己未	庚申	辛酉	壬戌	癸亥	甲子	乙丑	丙寅	丁卯	戊辰	己巳	庚午	辛未	壬申	癸酉	甲戌	乙亥	丙子	丁丑	戊寅	己卯	庚辰	辛巳	壬午	癸未	甲申
曜	목	금	토	일	월	화	수	목	금	토	일	월	화	수	목	금	토	일	월	화	수	목	금	토	일	월	화	수	목	금

10月

陽	1	2	3	4	5	6	7	8	9	10	11	12	13	14	15	16	17	18	19	20	21	22	23	24	25	26	27	28	29	30	31
陰	9	10	11	12	13	14	15	16	17	18	19	20	21	22	23	24	25	26	27	28	29	30	⑨대	2	3	4	5	6	7	8	9
干支	乙酉	丙戌	丁亥	戊子	己丑	庚寅	辛卯	壬辰	癸巳	甲午	乙未	丙申	丁酉	戊戌	己亥	庚子	辛丑	壬寅	癸卯	甲辰	乙巳	丙午	丁未	戊申	己酉	庚戌	辛亥	壬子	癸丑	甲寅	乙卯
曜	토	일	월	화	수	목	금	토	일	월	화	수	목	금	토	일	월	화	수	목	금	토	일	월	화	수	목	금	토	일	월

11月

陽	1	2	3	4	5	6	7	8	9	10	11	12	13	14	15	16	17	18	19	20	21	22	23	24	25	26	27	28	29	30
陰	10	11	12	13	14	15	16	17	18	19	20	21	22	23	24	25	26	27	28	29	30	⑩대	2	3	4	5	6	7	8	9
干支	丙辰	丁巳	戊午	己未	庚申	辛酉	壬戌	癸亥	甲子	乙丑	丙寅	丁卯	戊辰	己巳	庚午	辛未	壬申	癸酉	甲戌	乙亥	丙子	丁丑	戊寅	己卯	庚辰	辛巳	壬午	癸未	甲申	乙酉
曜	화	수	목	금	토	일	월	화	수	목	금	토	일	월	화	수	목	금	토	일	월	화	수	목	금	토	일	월	화	수

12月

陽	1	2	3	4	5	6	7	8	9	10	11	12	13	14	15	16	17	18	19	20	21	22	23	24	25	26	27	28	29	30	31
陰	10	11	12	13	14	15	16	17	18	19	20	21	22	23	24	25	26	27	28	29	30	⑪소	2	3	4	5	6	7	8	9	10
干支	丙戌	丁亥	戊子	己丑	庚寅	辛卯	壬辰	癸巳	甲午	乙未	丙申	丁酉	戊戌	己亥	庚子	辛丑	壬寅	癸卯	甲辰	乙巳	丙午	丁未	戊申	己酉	庚戌	辛亥	壬子	癸丑	甲寅	乙卯	丙辰
曜	목	금	토	일	월	화	수	목	금	토	일	월	화	수	목	금	토	일	월	화	수	목	금	토	일	월	화	수	목	금	토

西紀二〇三三年 ● 檀紀四三六六年

癸丑 (桑柘木)

新平三百六十五日
舊閏三百八十四日

十日得辛 十二龍治水 / 九紫 五黃 四綠
酉大將軍 東三殺 / 七赤 三碧 八白
卯喪門 亥吊客 / 二黑 一白 六白

建月之大小	日辰	月白	入節
甲寅 正月小	壬午 壬辰 壬寅	五黃	立春初四日乙酉子正初刻 雨水十九日庚子酉初一刻
乙卯 二月大	辛丑 辛酉 辛未	四綠	驚蟄初五日乙卯申初二刻 春分二十日庚午申正二刻
丙辰 三月小	辛巳 辛卯 辛丑	三碧	清明初五日乙酉戌正初刻 穀雨廿一日辛丑寅初初刻
丁巳 四月小	庚戌 庚申 庚午	二黑	立夏初七日丙辰未初初刻 小滿廿三日壬申丑正初刻
戊午 五月大	己卯 己丑 己亥	一白	芒種初九日丁亥酉初初刻 夏至廿五日癸卯巳初三刻
己未 六月小	己酉 己未 己巳	八白	小暑十一日己未寅初三刻 大暑廿六日甲戌戌正三刻
庚申 七月大	戊寅 戊子 戊戌	九紫	立秋十三日庚寅未初一刻 處暑廿九日丙午寅正初刻
閏七月小	戊申 戊午 戊辰		白露十四日辛酉申正一刻
辛酉 八月大	丁丑 丁亥 丁酉	七赤	秋分初一日丁丑丑正初刻 寒露十六日壬辰辰正一刻
壬戌 九月大	丁未 丁巳 丁卯	六白	霜降初一日丁未午初二刻 立冬十六日壬戌午初三刻
癸亥 十月大	丁丑 丁亥 丁酉	五黃	小雪初一日丁丑巳初一刻 大雪十六日壬辰寅正三刻
甲子 十一月小	丁未 丁巳 丁卯	四綠	冬至三十日丙午亥正二刻 小寒十五日辛酉申初三刻
乙丑 十二月大	丙子 丙戌 丙申	三碧	大寒初一日丙子巳初初刻 立春十五日庚寅寅初二刻 雨水三十日乙巳子初一刻

◆雜 節◆

臘享	十二月初八日	陽 一月二十七日
土王	十一月廿七日	陽 一月十七日
土王	八月廿八日	陽 十月二十日
末伏	七月十三日	陽 八月七日
中伏	七月初三日	陽 七月二十八日
土王	六月廿三	陽 七月十九日
初伏	六月廿二日	陽 七月十八日
土王	三月十八日	陽 四月十七日
寒食	三月初六日	陽 四月五日

2034(4367. 甲寅)

1月

陽	1	2	3	4	5	6	7	8	9	10	11	12	13	14	15	16	17	18	19	20	21	22	23	24	25	26	27	28	29	30	31
陰	11	12	13	14	15	16	17	18	19	20	21	22	23	24	25	26	27	28	29	⑫대	2	3	4	5	6	7	8	9	10	11	12
干支	丁巳	戊午	己未	庚申	辛酉	壬戌	癸亥	甲子	乙丑	丙寅	丁卯	戊辰	己巳	庚午	辛未	壬申	癸酉	甲戌	乙亥	丙子	丁丑	戊寅	己卯	庚辰	辛巳	壬午	癸未	甲申	乙酉	丙戌	丁亥
曜	일	월	화	수	목	금	토	일	월	화	수	목	금	토	일	월	화	수	목	금	토	일	월	화	수	목	금	토	일	월	화

2月

陽	1	2	3	4	5	6	7	8	9	10	11	12	13	14	15	16	17	18	19	20	21	22	23	24	25	26	27	28
陰	13	14	15	16	17	18	19	20	21	22	23	24	25	26	27	28	29	30	①소	2	3	4	5	6	7	8	9	10
干支	戊子	己丑	庚寅	辛卯	壬辰	癸巳	甲午	乙未	丙申	丁酉	戊戌	己亥	庚子	辛丑	壬寅	癸卯	甲辰	乙巳	丙午	丁未	戊申	己酉	庚戌	辛亥	壬子	癸丑	甲寅	乙卯
曜	수	목	금	토	일	월	화	수	목	금	토	일	월	화	수	목	금	토	일	월	화	수	목	금	토	일	월	화

3月

陽	1	2	3	4	5	6	7	8	9	10	11	12	13	14	15	16	17	18	19	20	21	22	23	24	25	26	27	28	29	30	31
陰	11	12	13	14	15	16	17	18	19	20	21	22	23	24	25	26	27	28	29	②대	2	3	4	5	6	7	8	9	10	11	12
干支	丙辰	丁巳	戊午	己未	庚申	辛酉	壬戌	癸亥	甲子	乙丑	丙寅	丁卯	戊辰	己巳	庚午	辛未	壬申	癸酉	甲戌	乙亥	丙子	丁丑	戊寅	己卯	庚辰	辛巳	壬午	癸未	甲申	乙酉	丙戌
曜	수	목	금	토	일	월	화	수	목	금	토	일	월	화	수	목	금	토	일	월	화	수	목	금	토	일	월	화	수	목	금

4月

陽	1	2	3	4	5	6	7	8	9	10	11	12	13	14	15	16	17	18	19	20	21	22	23	24	25	26	27	28	29	30
陰	13	14	15	16	17	18	19	20	21	22	23	24	25	26	27	28	29	30	③소	2	3	4	5	6	7	8	9	10	11	12
干支	丁亥	戊子	己丑	庚寅	辛卯	壬辰	癸巳	甲午	乙未	丙申	丁酉	戊戌	己亥	庚子	辛丑	壬寅	癸卯	甲辰	乙巳	丙午	丁未	戊申	己酉	庚戌	辛亥	壬子	癸丑	甲寅	乙卯	丙辰
曜	토	일	월	화	수	목	금	토	일	월	화	수	목	금	토	일	월	화	수	목	금	토	일	월	화	수	목	금	토	일

5月

陽	1	2	3	4	5	6	7	8	9	10	11	12	13	14	15	16	17	18	19	20	21	22	23	24	25	26	27	28	29	30	31
陰	13	14	15	16	17	18	19	20	21	22	23	24	25	26	27	28	29	④소	2	3	4	5	6	7	8	9	10	11	12	13	14
干支	丁巳	戊午	己未	庚申	辛酉	壬戌	癸亥	甲子	乙丑	丙寅	丁卯	戊辰	己巳	庚午	辛未	壬申	癸酉	甲戌	乙亥	丙子	丁丑	戊寅	己卯	庚辰	辛巳	壬午	癸未	甲申	乙酉	丙戌	丁亥
曜	월	화	수	목	금	토	일	월	화	수	목	금	토	일	월	화	수	목	금	토	일	월	화	수	목	금	토	일	월	화	수

6月

陽	1	2	3	4	5	6	7	8	9	10	11	12	13	14	15	16	17	18	19	20	21	22	23	24	25	26	27	28	29	30
陰	15	16	17	18	19	20	21	22	23	24	25	26	27	28	29	⑤대	2	3	4	5	6	7	8	9	10	11	12	13	14	15
干支	戊子	己丑	庚寅	辛卯	壬辰	癸巳	甲午	乙未	丙申	丁酉	戊戌	己亥	庚子	辛丑	壬寅	癸卯	甲辰	乙巳	丙午	丁未	戊申	己酉	庚戌	辛亥	壬子	癸丑	甲寅	乙卯	丙辰	丁巳
曜	목	금	토	일	월	화	수	목	금	토	일	월	화	수	목	금	토	일	월	화	수	목	금	토	일	월	화	수	목	금

7月

陽	1	2	3	4	5	6	7	8	9	10	11	12	13	14	15	16	17	18	19	20	21	22	23	24	25	26	27	28	29	30	31
陰	16	17	18	19	20	21	22	23	24	25	26	27	28	29	30	⑥소	2	3	4	5	6	7	8	9	10	11	12	13	14	15	16
干支	戊午	己未	庚申	辛酉	壬戌	癸亥	甲子	乙丑	丙寅	丁卯	戊辰	己巳	庚午	辛未	壬申	癸酉	甲戌	乙亥	丙子	丁丑	戊寅	己卯	庚辰	辛巳	壬午	癸未	甲申	乙酉	丙戌	丁亥	戊子
曜	토	일	월	화	수	목	금	토	일	월	화	수	목	금	토	일	월	화	수	목	금	토	일	월	화	수	목	금	토	일	월

8月

陽	1	2	3	4	5	6	7	8	9	10	11	12	13	14	15	16	17	18	19	20	21	22	23	24	25	26	27	28	29	30	31
陰	17	18	19	20	21	22	23	24	25	26	27	28	29	⑦대	2	3	4	5	6	7	8	9	10	11	12	13	14	15	16	17	18
干支	己丑	庚寅	辛卯	壬辰	癸巳	甲午	乙未	丙申	丁酉	戊戌	己亥	庚子	辛丑	壬寅	癸卯	甲辰	乙巳	丙午	丁未	戊申	己酉	庚戌	辛亥	壬子	癸丑	甲寅	乙卯	丙辰	丁巳	戊午	己未
曜	화	수	목	금	토	일	월	화	수	목	금	토	일	월	화	수	목	금	토	일	월	화	수	목	금	토	일	월	화	수	목

9月

陽	1	2	3	4	5	6	7	8	9	10	11	12	13	14	15	16	17	18	19	20	21	22	23	24	25	26	27	28	29	30
陰	19	20	21	22	23	24	25	26	27	28	29	30	⑧소	2	3	4	5	6	7	8	9	10	11	12	13	14	15	16	17	18
干支	庚申	辛酉	壬戌	癸亥	甲子	乙丑	丙寅	丁卯	戊辰	己巳	庚午	辛未	壬申	癸酉	甲戌	乙亥	丙子	丁丑	戊寅	己卯	庚辰	辛巳	壬午	癸未	甲申	乙酉	丙戌	丁亥	戊子	己丑
曜	금	토	일	월	화	수	목	금	토	일	월	화	수	목	금	토	일	월	화	수	목	금	토	일	월	화	수	목	금	토

10月

陽	1	2	3	4	5	6	7	8	9	10	11	12	13	14	15	16	17	18	19	20	21	22	23	24	25	26	27	28	29	30	31
陰	19	20	21	22	23	24	25	26	27	28	29	⑨대	2	3	4	5	6	7	8	9	10	11	12	13	14	15	16	17	18	19	20
干支	庚寅	辛卯	壬辰	癸巳	甲午	乙未	丙申	丁酉	戊戌	己亥	庚子	辛丑	壬寅	癸卯	甲辰	乙巳	丙午	丁未	戊申	己酉	庚戌	辛亥	壬子	癸丑	甲寅	乙卯	丙辰	丁巳	戊午	己未	庚申
曜	일	월	화	수	목	금	토	일	월	화	수	목	금	토	일	월	화	수	목	금	토	일	월	화	수	목	금	토	일	월	화

11月

陽	1	2	3	4	5	6	7	8	9	10	11	12	13	14	15	16	17	18	19	20	21	22	23	24	25	26	27	28	29	30
陰	21	22	23	24	25	26	27	28	29	30	⑩대	2	3	4	5	6	7	8	9	10	11	12	13	14	15	16	17	18	19	20
干支	辛酉	壬戌	癸亥	甲子	乙丑	丙寅	丁卯	戊辰	己巳	庚午	辛未	壬申	癸酉	甲戌	乙亥	丙子	丁丑	戊寅	己卯	庚辰	辛巳	壬午	癸未	甲申	乙酉	丙戌	丁亥	戊子	己丑	庚寅
曜	수	목	금	토	일	월	화	수	목	금	토	일	월	화	수	목	금	토	일	월	화	수	목	금	토	일	월	화	수	목

12月

陽	1	2	3	4	5	6	7	8	9	10	11	12	13	14	15	16	17	18	19	20	21	22	23	24	25	26	27	28	29	30	31
陰	21	22	23	24	25	26	27	28	29	30	⑪대	2	3	4	5	6	7	8	9	10	11	12	13	14	15	16	17	18	19	20	21
干支	辛卯	壬辰	癸巳	甲午	乙未	丙申	丁酉	戊戌	己亥	庚子	辛丑	壬寅	癸卯	甲辰	乙巳	丙午	丁未	戊申	己酉	庚戌	辛亥	壬子	癸丑	甲寅	乙卯	丙辰	丁巳	戊午	己未	庚申	辛酉
曜	금	토	일	월	화	수	목	금	토	일	월	화	수	목	금	토	일	월	화	수	목	금	토	일	월	화	수	목	금	토	일

六日得辛 十一龍治水　九紫 五黃 四綠
子大將軍 北三殺　七赤 三碧 八白
辰喪門 子吊客　二黑 一白 六白

新平三百六十五日
舊平三百五十四日

甲寅(大溪水)

西紀二〇三四年●檀紀四三六七年

建月之大小	正月 丙寅 小	二月 丁卯 大	三月 戊辰 小	四月 己巳 小	五月 庚午 大	六月 辛未 小	七月 壬申 大	八月 癸酉 小	九月 甲戌 大	十月 乙亥 大	十一月 丙子 大	十二月 丁丑 小
日辰	丙寅 丙辰 丙午	乙未 乙酉 乙亥	乙丑 乙卯 乙巳	甲午 甲申 甲戌	癸亥 癸丑 癸卯	癸巳 癸未 癸酉	壬辰 壬午 壬申	壬戌 壬子 壬申	辛酉 辛亥 辛丑	辛卯 辛巳 辛未	辛酉 辛亥 辛丑	辛卯 辛巳 辛未
月白	二黑	一白	九紫	八白	七赤	六白	五黃	四綠	三碧	二黑	一白	九紫
入節	驚蟄十五日庚申亥初初刻	淸明十七日辛卯丑初三刻 春分初一日乙亥亥正初刻	立夏十七日辛酉酉正三刻 穀雨初二日丙午辰正三刻	芒種十九日壬辰子初初刻 小滿初四日丁丑辰初三刻	小暑廿二日甲子巳初一刻 夏至初六日戊申申初三刻	立秋廿三日乙未戌初初刻 大暑初八日庚辰丑正二刻	白露廿五日丙寅亥正一刻 處暑初十日辛亥巳初三刻	寒露廿六日丁酉未正一刻 秋分十一日壬午辰初三刻	立冬廿七日丁卯酉初二刻 霜降十二日壬子酉初一刻	大雪廿七日丁酉巳正二刻 小雪十二日壬午申初初刻	小寒廿六日丙寅亥初三刻 冬至十二日壬子寅正二刻	立春廿六日丙申巳初一刻 大雪十一日辛巳申初初刻

◆雜　節◆

臘享 十二月十三日 陽 一月二十二日
土王 十二月初八日 陽 一月十七日
土王 九月初九日 陽 十月二十日
末伏 六月廿八日 陽 八月十二日
中伏 六月初八日 陽 七月二十三日
土王 六月初四日 陽 七月十九日
初伏 五月廿八日 陽 七月十三日
土王 二月廿九日 陽 四月十七日
寒食 二月十七日 陽 四月五日

2035(4368. 乙卯)

1月

陽	1	2	3	4	5	6	7	8	9	10	11	12	13	14	15	16	17	18	19	20	21	22	23	24	25	26	27	28	29	30	31
陰	22	23	24	25	26	27	28	29	30	⑫소	2	3	4	5	6	7	8	9	10	11	12	13	14	15	16	17	18	19	20	21	22
干支	壬戌	癸亥	甲子	乙丑	丙寅	丁卯	戊辰	己巳	庚午	辛未	壬申	癸酉	甲戌	乙亥	丙子	丁丑	戊寅	己卯	庚辰	辛巳	壬午	癸未	甲申	乙酉	丙戌	丁亥	戊子	己丑	庚寅	辛卯	壬辰
曜	월	화	수	목	금	토	일	월	화	수	목	금	토	일	월	화	수	목	금	토	일	월	화	수	목	금	토	일	월	화	수

2月

陽	1	2	3	4	5	6	7	8	9	10	11	12	13	14	15	16	17	18	19	20	21	22	23	24	25	26	27	28
陰	23	24	25	26	27	28	29	①대	2	3	4	5	6	7	8	9	10	11	12	13	14	15	16	17	18	19	20	21
干支	癸巳	甲午	乙未	丙申	丁酉	戊戌	己亥	庚子	辛丑	壬寅	癸卯	甲辰	乙巳	丙午	丁未	戊申	己酉	庚戌	辛亥	壬子	癸丑	甲寅	乙卯	丙辰	丁巳	戊午	己未	庚申
曜	목	금	토	일	월	화	수	목	금	토	일	월	화	수	목	금	토	일	월	화	수	목	금	토	일	월	화	수

3月

陽	1	2	3	4	5	6	7	8	9	10	11	12	13	14	15	16	17	18	19	20	21	22	23	24	25	26	27	28	29	30	31
陰	22	23	24	25	26	27	28	29	30	②소	2	3	4	5	6	7	8	9	10	11	12	13	14	15	16	17	18	19	20	21	22
干支	辛酉	壬戌	癸亥	甲子	乙丑	丙寅	丁卯	戊辰	己巳	庚午	辛未	壬申	癸酉	甲戌	乙亥	丙子	丁丑	戊寅	己卯	庚辰	辛巳	壬午	癸未	甲申	乙酉	丙戌	丁亥	戊子	己丑	庚寅	辛卯
曜	목	금	토	일	월	화	수	목	금	토	일	월	화	수	목	금	토	일	월	화	수	목	금	토	일	월	화	수	목	금	토

4月

陽	1	2	3	4	5	6	7	8	9	10	11	12	13	14	15	16	17	18	19	20	21	22	23	24	25	26	27	28	29	30
陰	23	24	25	26	27	28	29	③대	2	3	4	5	6	7	8	9	10	11	12	13	14	15	16	17	18	19	20	21	22	23
干支	壬辰	癸巳	甲午	乙未	丙申	丁酉	戊戌	己亥	庚子	辛丑	壬寅	癸卯	甲辰	乙巳	丙午	丁未	戊申	己酉	庚戌	辛亥	壬子	癸丑	甲寅	乙卯	丙辰	丁巳	戊午	己未	庚申	辛酉
曜	일	월	화	수	목	금	토	일	월	화	수	목	금	토	일	월	화	수	목	금	토	일	월	화	수	목	금	토	일	월

5月

陽	1	2	3	4	5	6	7	8	9	10	11	12	13	14	15	16	17	18	19	20	21	22	23	24	25	26	27	28	29	30	31
陰	24	25	26	27	28	29	30	④소	2	3	4	5	6	7	8	9	10	11	12	13	14	15	16	17	18	19	20	21	22	23	24
干支	壬戌	癸亥	甲子	乙丑	丙寅	丁卯	戊辰	己巳	庚午	辛未	壬申	癸酉	甲戌	乙亥	丙子	丁丑	戊寅	己卯	庚辰	辛巳	壬午	癸未	甲申	乙酉	丙戌	丁亥	戊子	己丑	庚寅	辛卯	壬辰
曜	화	수	목	금	토	일	월	화	수	목	금	토	일	월	화	수	목	금	토	일	월	화	수	목	금	토	일	월	화	수	목

6月

陽	1	2	3	4	5	6	7	8	9	10	11	12	13	14	15	16	17	18	19	20	21	22	23	24	25	26	27	28	29	30
陰	25	26	27	28	29	⑤소	2	3	4	5	6	7	8	9	10	11	12	13	14	15	16	17	18	19	20	21	22	23	24	25
干支	癸巳	甲午	乙未	丙申	丁酉	戊戌	己亥	庚子	辛丑	壬寅	癸卯	甲辰	乙巳	丙午	丁未	戊申	己酉	庚戌	辛亥	壬子	癸丑	甲寅	乙卯	丙辰	丁巳	戊午	己未	庚申	辛酉	壬戌
曜	금	토	일	월	화	수	목	금	토	일	월	화	수	목	금	토	일	월	화	수	목	금	토	일	월	화	수	목	금	토

7月

陽	1	2	3	4	5	6	7	8	9	10	11	12	13	14	15	16	17	18	19	20	21	22	23	24	25	26	27	28	29	30	31
陰	26	27	28	29	⑥대	2	3	4	5	6	7	8	9	10	11	12	13	14	15	16	17	18	19	20	21	22	23	24	25	26	27
干支	癸亥	甲子	乙丑	丙寅	丁卯	戊辰	己巳	庚午	辛未	壬申	癸酉	甲戌	乙亥	丙子	丁丑	戊寅	己卯	庚辰	辛巳	壬午	癸未	甲申	乙酉	丙戌	丁亥	戊子	己丑	庚寅	辛卯	壬辰	癸巳
曜	일	월	화	수	목	금	토	일	월	화	수	목	금	토	일	월	화	수	목	금	토	일	월	화	수	목	금	토	일	월	화

8月

陽	1	2	3	4	5	6	7	8	9	10	11	12	13	14	15	16	17	18	19	20	21	22	23	24	25	26	27	28	29	30	31
陰	28	29	30	⑦소	2	3	4	5	6	7	8	9	10	11	12	13	14	15	16	17	18	19	20	21	22	23	24	25	26	27	28
干支	甲午	乙未	丙申	丁酉	戊戌	己亥	庚子	辛丑	壬寅	癸卯	甲辰	乙巳	丙午	丁未	戊申	己酉	庚戌	辛亥	壬子	癸丑	甲寅	乙卯	丙辰	丁巳	戊午	己未	庚申	辛酉	壬戌	癸亥	甲子
曜	수	목	금	토	일	월	화	수	목	금	토	일	월	화	수	목	금	토	일	월	화	수	목	금	토	일	월	화	수	목	금

9月

陽	1	2	3	4	5	6	7	8	9	10	11	12	13	14	15	16	17	18	19	20	21	22	23	24	25	26	27	28	29	30
陰	29	⑧소	2	3	4	5	6	7	8	9	10	11	12	13	14	15	16	17	18	19	20	21	22	23	24	25	26	27	28	29
干支	乙丑	丙寅	丁卯	戊辰	己巳	庚午	辛未	壬申	癸酉	甲戌	乙亥	丙子	丁丑	戊寅	己卯	庚辰	辛巳	壬午	癸未	甲申	乙酉	丙戌	丁亥	戊子	己丑	庚寅	辛卯	壬辰	癸巳	甲午
曜	토	일	월	화	수	목	금	토	일	월	화	수	목	금	토	일	월	화	수	목	금	토	일	월	화	수	목	금	토	일

10月

陽	1	2	3	4	5	6	7	8	9	10	11	12	13	14	15	16	17	18	19	20	21	22	23	24	25	26	27	28	29	30	31
陰	⑨대	2	3	4	5	6	7	8	9	10	11	12	13	14	15	16	17	18	19	20	21	22	23	24	25	26	27	28	29	30	⑩대
干支	乙未	丙申	丁酉	戊戌	己亥	庚子	辛丑	壬寅	癸卯	甲辰	乙巳	丙午	丁未	戊申	己酉	庚戌	辛亥	壬子	癸丑	甲寅	乙卯	丙辰	丁巳	戊午	己未	庚申	辛酉	壬戌	癸亥	甲子	乙丑
曜	월	화	수	목	금	토	일	월	화	수	목	금	토	일	월	화	수	목	금	토	일	월	화	수	목	금	토	일	월	화	수

11月

陽	1	2	3	4	5	6	7	8	9	10	11	12	13	14	15	16	17	18	19	20	21	22	23	24	25	26	27	28	29	30
陰	2	3	4	5	6	7	8	9	10	11	12	13	14	15	16	17	18	19	20	21	22	23	24	25	26	27	28	29	30	⑪소
干支	丙寅	丁卯	戊辰	己巳	庚午	辛未	壬申	癸酉	甲戌	乙亥	丙子	丁丑	戊寅	己卯	庚辰	辛巳	壬午	癸未	甲申	乙酉	丙戌	丁亥	戊子	己丑	庚寅	辛卯	壬辰	癸巳	甲午	乙未
曜	목	금	토	일	월	화	수	목	금	토	일	월	화	수	목	금	토	일	월	화	수	목	금	토	일	월	화	수	목	금

12月

陽	1	2	3	4	5	6	7	8	9	10	11	12	13	14	15	16	17	18	19	20	21	22	23	24	25	26	27	28	29	30	31
陰	2	3	4	5	6	7	8	9	10	11	12	13	14	15	16	17	18	19	20	21	22	23	24	25	26	27	28	29	⑫대	2	3
干支	丙申	丁酉	戊戌	己亥	庚子	辛丑	壬寅	癸卯	甲辰	乙巳	丙午	丁未	戊申	己酉	庚戌	辛亥	壬子	癸丑	甲寅	乙卯	丙辰	丁巳	戊午	己未	庚申	辛酉	壬戌	癸亥	甲子	乙丑	丙寅
曜	토	일	월	화	수	목	금	토	일	월	화	수	목	금	토	일	월	화	수	목	금	토	일	월	화	수	목	금	토	일	월

乙卯 (大溪水)

新平三百六十五日
舊平三百五十四日

西紀二〇三五年 ● 檀紀四三六八年

二日得辛 五龍治水
子大將軍 酉三殺
巳喪門 丑吊客

七赤 三碧 二黑
五黃 一白 六白
九紫 八白 四綠

建月之大小	日辰	月白	入節
正月大 戊寅	庚申 庚戌 庚子	八白	驚蟄廿七日丙寅寅初初刻 雨水十二日辛亥卯初初刻
二月小 己卯	庚寅 庚辰 庚午	七赤	清明廿七日丙申辰初二刻 春分十二日辛巳寅初三刻
三月大 庚辰	己未 己酉 己亥	六白	立夏廿九日丁卯子正二刻 穀雨十三日辛亥未正二刻
四月小 辛巳	己丑 己卯 己巳	五黃	小滿十四日壬午未初二刻
五月小 壬午	戊午 戊申 戊戌	四綠	夏至十六日癸丑亥初二刻 芒種初一日戊戌寅正三刻
六月大 癸未	丁亥 丁丑 丁卯	三碧	大暑十九日乙酉辰正二刻 小暑初三日己巳午初初刻
七月小 甲申	丁巳 丁未 丁酉	二黑	處暑二十日丙辰申初三刻 立秋初五日辛丑丑初初刻
八月小 乙酉	丙戌 丙子 丙寅	一白	秋分廿二日丁亥未初二刻 白露初七日壬申寅正初刻
九月大 丙戌	乙卯 乙巳 乙未	九紫	霜降廿三日丁巳子初一刻 寒露初八日壬寅戌正初刻
十月大 丁亥	乙酉 乙亥 乙丑	八白	小雪廿三日丁亥戌正三刻 立冬初八日壬申子初一刻
十一月小 戊子	乙卯 乙巳 乙未	七赤	冬至廿三日丁巳巳正一刻 大雪初八日壬寅申正一刻
十二月大 己丑	甲申 甲戌 甲子	六白	大寒廿三日丙戌戌正三刻 小寒初八日辛未寅初二刻

◆雜 節◆

臘享	十二月二十日	陽 一月十七日
土王	十二月二十日	陽 一月十七日
土王	九月二十日	陽 十月二十日
末伏	七月十四日	陽 八月十七日
中伏	六月廿四日	陽 七月二十八日
土王	六月十六日	陽 七月二十日
初伏	六月十四日	陽 七月十八日
土王	三月初十日	陽 四月十七日
寒食	二月廿八日	陽 四月六日

2036(4369. 丙辰)

1月

陽	1	2	3	4	5	6	7	8	9	10	11	12	13	14	15	16	17	18	19	20	21	22	23	24	25	26	27	28	29	30	31
陰	4	5	6	7	8	9	10	11	12	13	14	15	16	17	18	19	20	21	22	23	24	25	26	27	28	29	30	①대	2	3	4
干支	丁卯	戊辰	己巳	庚午	辛未	壬申	癸酉	甲戌	乙亥	丙子	丁丑	戊寅	己卯	庚辰	辛巳	壬午	癸未	甲申	乙酉	丙戌	丁亥	戊子	己丑	庚寅	辛卯	壬辰	癸巳	甲午	乙未	丙申	丁酉
曜	화	수	목	금	토	일	월	화	수	목	금	토	일	월	화	수	목	금	토	일	월	화	수	목	금	토	일	월	화	수	목

2月

陽	1	2	3	4	5	6	7	8	9	10	11	12	13	14	15	16	17	18	19	20	21	22	23	24	25	26	27	28	29
陰	5	6	7	8	9	10	11	12	13	14	15	16	17	18	19	20	21	22	23	24	25	26	27	28	29	30	②대	2	3
干支	戊戌	己亥	庚子	辛丑	壬寅	癸卯	甲辰	乙巳	丙午	丁未	戊申	己酉	庚戌	辛亥	壬子	癸丑	甲寅	乙卯	丙辰	丁巳	戊午	己未	庚申	辛酉	壬戌	癸亥	甲子	乙丑	丙寅
曜	금	토	일	월	화	수	목	금	토	일	월	화	수	목	금	토	일	월	화	수	목	금	토	일	월	화	수	목	

3月

陽	1	2	3	4	5	6	7	8	9	10	11	12	13	14	15	16	17	18	19	20	21	22	23	24	25	26	27	28	29	30	31
陰	4	5	6	7	8	9	10	11	12	13	14	15	16	17	18	19	20	21	22	23	24	25	26	27	28	29	30	③소	2	3	4
干支	丁卯	戊辰	己巳	庚午	辛未	壬申	癸酉	甲戌	乙亥	丙子	丁丑	戊寅	己卯	庚辰	辛巳	壬午	癸未	甲申	乙酉	丙戌	丁亥	戊子	己丑	庚寅	辛卯	壬辰	癸巳	甲午	乙未	丙申	丁酉
曜	토	일	월	화	수	목	금	토	일	월	화	수	목	금	토	일	월	화	수	목	금	토	일	월	화	수	목	금	토	일	월

4月

陽	1	2	3	4	5	6	7	8	9	10	11	12	13	14	15	16	17	18	19	20	21	22	23	24	25	26	27	28	29	30
陰	5	6	7	8	9	10	11	12	13	14	15	16	17	18	19	20	21	22	23	24	25	26	27	28	29	④대	2	3	4	5
干支	戊戌	己亥	庚子	辛丑	壬寅	癸卯	甲辰	乙巳	丙午	丁未	戊申	己酉	庚戌	辛亥	壬子	癸丑	甲寅	乙卯	丙辰	丁巳	戊午	己未	庚申	辛酉	壬戌	癸亥	甲子	乙丑	丙寅	丁卯
曜	화	수	목	금	토	일	월	화	수	목	금	토	일	월	화	수	목	금	토	일	월	화	수	목	금	토	일	월	화	수

5月

陽	1	2	3	4	5	6	7	8	9	10	11	12	13	14	15	16	17	18	19	20	21	22	23	24	25	26	27	28	29	30	31
陰	6	7	8	9	10	11	12	13	14	15	16	17	18	19	20	21	22	23	24	25	26	27	28	29	30	⑤소	2	3	4	5	6
干支	戊辰	己巳	庚午	辛未	壬申	癸酉	甲戌	乙亥	丙子	丁丑	戊寅	己卯	庚辰	辛巳	壬午	癸未	甲申	乙酉	丙戌	丁亥	戊子	己丑	庚寅	辛卯	壬辰	癸巳	甲午	乙未	丙申	丁酉	戊戌
曜	금	토	일	월	화	수	목	금	토	일	월	화	수	목	금	토	일	월	화	수	목	금	토	일	월	화	수	목	금	토	일

6月

陽	1	2	3	4	5	6	7	8	9	10	11	12	13	14	15	16	17	18	19	20	21	22	23	24	25	26	27	28	29	30
陰	7	8	9	10	11	12	13	14	15	16	17	18	19	20	21	22	23	24	25	26	27	28	29	⑥소	2	3	4	5	6	7
干支	己亥	庚子	辛丑	壬寅	癸卯	甲辰	乙巳	丙午	丁未	戊申	己酉	庚戌	辛亥	壬子	癸丑	甲寅	乙卯	丙辰	丁巳	戊午	己未	庚申	辛酉	壬戌	癸亥	甲子	乙丑	丙寅	丁卯	戊辰
曜	일	월	화	수	목	금	토	일	월	화	수	목	금	토	일	월	화	수	목	금	토	일	월	화	수	목	금	토	일	월

7月

陽	1	2	3	4	5	6	7	8	9	10	11	12	13	14	15	16	17	18	19	20	21	22	23	24	25	26	27	28	29	30	31
陰	8	9	10	11	12	13	14	15	16	17	18	19	20	21	22	23	24	25	26	27	28	29	윤대	2	3	4	5	6	7	8	9
干支	己巳	庚午	辛未	壬申	癸酉	甲戌	乙亥	丙子	丁丑	戊寅	己卯	庚辰	辛巳	壬午	癸未	甲申	乙酉	丙戌	丁亥	戊子	己丑	庚寅	辛卯	壬辰	癸巳	甲午	乙未	丙申	丁酉	戊戌	己亥
曜	화	수	목	금	토	일	수	목	금	토	일	월	화	수	목	금	토	일	월	화	수	목	금	토	일	월	화	수	목	금	토

8月

陽	1	2	3	4	5	6	7	8	9	10	11	12	13	14	15	16	17	18	19	20	21	22	23	24	25	26	27	28	29	30	31
陰	10	11	12	13	14	15	16	17	18	19	20	21	22	23	24	25	26	27	28	29	30	⑦소	2	3	4	5	6	7	8	9	10
干支	庚子	辛丑	壬寅	癸卯	甲辰	乙巳	丙午	丁未	戊申	己酉	庚戌	辛亥	壬子	癸丑	甲寅	乙卯	丙辰	丁巳	戊午	己未	庚申	辛酉	壬戌	癸亥	甲子	乙丑	丙寅	丁卯	戊辰	己巳	庚午
曜	금	토	일	월	화	수	목	금	토	일	월	화	수	목	금	토	일	월	화	수	목	금	토	일	월	화	수	목	금	토	일

9月

陽	1	2	3	4	5	6	7	8	9	10	11	12	13	14	15	16	17	18	19	20	21	22	23	24	25	26	27	28	29	30
陰	11	12	13	14	15	16	17	18	19	20	21	22	23	24	25	26	27	28	29	⑧소	2	3	4	5	6	7	8	9	10	11
干支	辛未	壬申	癸酉	甲戌	乙亥	丙子	丁丑	戊寅	己卯	庚辰	辛巳	壬午	癸未	甲申	乙酉	丙戌	丁亥	戊子	己丑	庚寅	辛卯	壬辰	癸巳	甲午	乙未	丙申	丁酉	戊戌	己亥	庚子
曜	월	화	수	목	금	토	일	월	화	수	목	금	토	일	월	화	수	목	금	토	일	월	화	수	목	금	토	일	월	화

10月

陽	1	2	3	4	5	6	7	8	9	10	11	12	13	14	15	16	17	18	19	20	21	22	23	24	25	26	27	28	29	30	31
陰	12	13	14	15	16	17	18	19	20	21	22	23	24	25	26	27	28	29	⑨대	2	3	4	5	6	7	8	9	10	11	12	13
干支	辛丑	壬寅	癸卯	甲辰	乙巳	丙午	丁未	戊申	己酉	庚戌	辛亥	壬子	癸丑	甲寅	乙卯	丙辰	丁巳	戊午	己未	庚申	辛酉	壬戌	癸亥	甲子	乙丑	丙寅	丁卯	戊辰	己巳	庚午	辛未
曜	수	목	금	토	일	월	화	수	목	금	토	일	월	화	수	목	금	토	일	월	화	수	목	금	토	일	월	화	수	목	금

11月

陽	1	2	3	4	5	6	7	8	9	10	11	12	13	14	15	16	17	18	19	20	21	22	23	24	25	26	27	28	29	30
陰	14	15	16	17	18	19	20	21	22	23	24	25	26	27	28	29	30	⑩소	2	3	4	5	6	7	8	9	10	11	12	13
干支	壬申	癸酉	甲戌	乙亥	丙子	丁丑	戊寅	己卯	庚辰	辛巳	壬午	癸未	甲申	乙酉	丙戌	丁亥	戊子	己丑	庚寅	辛卯	壬辰	癸巳	甲午	乙未	丙申	丁酉	戊戌	己亥	庚子	辛丑
曜	토	일	월	화	수	목	금	토	일	월	화	수	목	금	토	일	월	화	수	목	금	토	일	월	화	수	목	금	토	일

12月

陽	1	2	3	4	5	6	7	8	9	10	11	12	13	14	15	16	17	18	19	20	21	22	23	24	25	26	27	28	29	30	31
陰	14	15	16	17	18	19	20	21	22	23	24	25	26	27	28	29	30	⑪대	2	3	4	5	6	7	8	9	10	11	12	13	14
干支	壬寅	癸卯	甲辰	乙巳	丙午	丁未	戊申	己酉	庚戌	辛亥	壬子	癸丑	甲寅	乙卯	丙辰	丁巳	戊午	己未	庚申	辛酉	壬戌	癸亥	甲子	乙丑	丙寅	丁卯	戊辰	己巳	庚午	辛未	壬申
曜	월	화	수	목	금	토	일	월	화	수	목	금	토	일	월	화	수	목	금	토	일	월	화	수	목	금	토	일	월	화	수

丙辰 (沙中土)

西紀二〇三六年 ● 檀紀四三六九年

新閏三百六十六日 舊閏三百八十四日

八日得辛 十一龍治水 六白 二黑 一白
子大將軍 南三殺 四綠 九紫 五黃
午喪門 寅吊客 八白 七赤 三碧

建月之大小	正月大 庚寅	二月大 辛卯	三月小 壬辰	四月大 癸巳	五月小 甲午	六月小 乙未	閏六月大	七月小 丙申	八月小 丁酉	九月大 戊戌	十月小 己亥	十一月大 庚子	十二月大 辛丑
日辰	甲午 甲辰 甲寅	甲子 甲戌 甲申	甲午 甲辰 甲寅	癸亥 癸酉 癸未	癸巳 癸卯 癸丑	壬戌 壬申 壬午	辛卯 辛丑 辛亥	辛酉 辛未 辛巳	庚寅 庚子 庚戌	己未 己巳 己卯	己丑 己亥 己酉	戊午 戊辰 戊寅	戊子 戊戌 戊申
月白	五黃	四綠	三碧	二黑	一白	九紫		八白	七赤	六白	五黃	四綠	三碧
入節	立春初八日辛丑申初初刻 雨水廿三日丙辰巳正三刻	驚蟄初八日辛未辰正三刻 春分廿三日丙戌巳初二刻	清明初八日辛丑未初二刻 穀雨廿三日丙辰戌正二刻	立夏初十日壬申卯正二刻 小滿廿五日丁亥戌初一刻	芒種十一日癸卯寅初一刻 夏至廿七日己未巳正二刻	小暑十三日甲戌戌正三刻 大暑廿九日庚寅未正一刻	立秋十六日丙午卯正三刻	處暑初一日辛酉亥初二刻 白露十七日丁丑巳初三刻	秋分初三日壬辰戌初一刻 寒露十九日戊申丑正三刻	霜降初五日癸亥寅正三刻 立冬二十日戊寅卯初一刻	小雪初五日癸巳丑正三刻 大雪十九日丁未亥正初刻	冬至初五日壬戌巳初二刻 小寒二十日戊寅辰正三刻	大寒初五日壬辰巳正三刻 立春二十日丁未申初初刻

◆雜 節◆

寒食	三月初九日	陽	四月五日
土王	三月二十日	陽	四月十六日
初伏	六月十九日	陽	七月十二日
土王	六月廿六日	陽	七月十九日
中伏	六月廿九日	陽	七月二十二日
末伏	閏六月二十日	陽	八月十一日
土王	九月初二日	陽	十月二十日
土王	十二月初二日	陽	一月十七日
臘享	十二月初八日	陽	一月二十三日

2037(4370. 丁巳)

1月

陽	1	2	3	4	5	6	7	8	9	10	11	12	13	14	15	16	17	18	19	20	21	22	23	24	25	26	27	28	29	30	31
陰	16	17	18	19	20	21	22	23	24	25	26	27	28	29	30	⑫대	2	3	4	5	6	7	8	9	10	11	12	13	14	15	16
干支	癸酉	甲戌	乙亥	丙子	丁丑	戊寅	己卯	庚辰	辛巳	壬午	癸未	甲申	乙酉	丙戌	丁亥	戊子	己丑	庚寅	辛卯	壬辰	癸巳	甲午	乙未	丙申	丁酉	戊戌	己亥	庚子	辛丑	壬寅	癸卯
曜	목	금	토	일	월	화	수	목	금	토	일	월	화	수	목	금	토	일	월	화	수	목	금	토	일	월	화	수	목	금	토

2月

陽	1	2	3	4	5	6	7	8	9	10	11	12	13	14	15	16	17	18	19	20	21	22	23	24	25	26	27	28
陰	17	18	19	20	21	22	23	24	25	26	27	28	29	30	①대	2	3	4	5	6	7	8	9	10	11	12	13	14
干支	甲辰	乙巳	丙午	丁未	戊申	己酉	庚戌	辛亥	壬子	癸丑	甲寅	乙卯	丙辰	丁巳	戊午	己未	庚申	辛酉	壬戌	癸亥	甲子	乙丑	丙寅	丁卯	戊辰	己巳	庚午	辛未
曜	일	월	화	수	목	금	토	일	월	화	수	목	금	토	일	월	화	수	목	금	토	일	월	화	수	목	금	토

3月

陽	1	2	3	4	5	6	7	8	9	10	11	12	13	14	15	16	17	18	19	20	21	22	23	24	25	26	27	28	29	30	31
陰	15	16	17	18	19	20	21	22	23	24	25	26	27	28	29	30	②대	2	3	4	5	6	7	8	9	10	11	12	13	14	15
干支	壬申	癸酉	甲戌	乙亥	丙子	丁丑	戊寅	己卯	庚辰	辛巳	壬午	癸未	甲申	乙酉	丙戌	丁亥	戊子	己丑	庚寅	辛卯	壬辰	癸巳	甲午	乙未	丙申	丁酉	戊戌	己亥	庚子	辛丑	壬寅
曜	일	월	화	수	목	금	토	일	월	화	수	목	금	토	일	월	화	수	목	금	토	일	월	화	수	목	금	토	일	월	화

4月

陽	1	2	3	4	5	6	7	8	9	10	11	12	13	14	15	16	17	18	19	20	21	22	23	24	25	26	27	28	29	30
陰	16	17	18	19	20	21	22	23	24	25	26	27	28	29	30	③소	2	3	4	5	6	7	8	9	10	11	12	13	14	15
干支	癸卯	甲辰	乙巳	丙午	丁未	戊申	己酉	庚戌	辛亥	壬子	癸丑	甲寅	乙卯	丙辰	丁巳	戊午	己未	庚申	辛酉	壬戌	癸亥	甲子	乙丑	丙寅	丁卯	戊辰	己巳	庚午	辛未	壬申
曜	수	목	금	토	일	월	화	수	목	금	토	일	월	화	수	목	금	토	일	월	화	수	목	금	토	일	월	화	수	목

5月

陽	1	2	3	4	5	6	7	8	9	10	11	12	13	14	15	16	17	18	19	20	21	22	23	24	25	26	27	28	29	30	31
陰	16	17	18	19	20	21	22	23	24	25	26	27	28	29	④대	2	3	4	5	6	7	8	9	10	11	12	13	14	15	16	17
干支	癸酉	甲戌	乙亥	丙子	丁丑	戊寅	己卯	庚辰	辛巳	壬午	癸未	甲申	乙酉	丙戌	丁亥	戊子	己丑	庚寅	辛卯	壬辰	癸巳	甲午	乙未	丙申	丁酉	戊戌	己亥	庚子	辛丑	壬寅	癸卯
曜	금	토	일	월	화	수	목	금	토	일	월	화	수	목	금	토	일	월	화	수	목	금	토	일	월	화	수	목	금	토	일

6月

陽	1	2	3	4	5	6	7	8	9	10	11	12	13	14	15	16	17	18	19	20	21	22	23	24	25	26	27	28	29	30
陰	18	19	20	21	22	23	24	25	26	27	28	29	30	⑤소	2	3	4	5	6	7	8	9	10	11	12	13	14	15	16	17
干支	甲辰	乙巳	丙午	丁未	戊申	己酉	庚戌	辛亥	壬子	癸丑	甲寅	乙卯	丙辰	丁巳	戊午	己未	庚申	辛酉	壬戌	癸亥	甲子	乙丑	丙寅	丁卯	戊辰	己巳	庚午	辛未	壬申	癸酉
曜	월	화	수	목	금	토	일	월	화	수	목	금	토	일	월	화	수	목	금	토	일	월	화	수	목	금	토	일	월	화

7月

陽	1	2	3	4	5	6	7	8	9	10	11	12	13	14	15	16	17	18	19	20	21	22	23	24	25	26	27	28	29	30	31
陰	18	19	20	21	22	23	24	25	26	27	28	29	⑥소	2	3	4	5	6	7	8	9	10	11	12	13	14	15	16	17	18	19
干支	甲戌	乙亥	丙子	丁丑	戊寅	己卯	庚辰	辛巳	壬午	癸未	甲申	乙酉	丙戌	丁亥	戊子	己丑	庚寅	辛卯	壬辰	癸巳	甲午	乙未	丙申	丁酉	戊戌	己亥	庚子	辛丑	壬寅	癸卯	甲辰
曜	수	목	금	토	일	월	토	일	월	화	수	목	금	토	일	월	화	수	목	금	토	일	월	화	수	목	금	토	일	월	화

8月

陽	1	2	3	4	5	6	7	8	9	10	11	12	13	14	15	16	17	18	19	20	21	22	23	24	25	26	27	28	29	30	31
陰	20	21	22	23	24	25	26	27	28	29	⑦대	2	3	4	5	6	7	8	9	10	11	12	13	14	15	16	17	18	19	20	21
干支	乙巳	丙午	丁未	戊申	己酉	庚戌	辛亥	壬子	癸丑	甲寅	乙卯	丙辰	丁巳	戊午	己未	庚申	辛酉	壬戌	癸亥	甲子	乙丑	丙寅	丁卯	戊辰	己巳	庚午	辛未	壬申	癸酉	甲戌	乙亥
曜	토	일	월	화	수	목	금	토	일	월	화	수	목	금	토	일	월	화	수	목	금	토	일	월	화	수	목	금	토	일	월

9月

陽	1	2	3	4	5	6	7	8	9	10	11	12	13	14	15	16	17	18	19	20	21	22	23	24	25	26	27	28	29	30
陰	22	23	24	25	26	27	28	29	30	⑧소	2	3	4	5	6	7	8	9	10	11	12	13	14	15	16	17	18	19	20	21
干支	丙子	丁丑	戊寅	己卯	庚辰	辛巳	壬午	癸未	甲申	乙酉	丙戌	丁亥	戊子	己丑	庚寅	辛卯	壬辰	癸巳	甲午	乙未	丙申	丁酉	戊戌	己亥	庚子	辛丑	壬寅	癸卯	甲辰	乙巳
曜	화	수	목	금	토	일	월	화	수	목	금	토	일	월	화	수	목	금	토	일	월	화	수	목	금	토	일	월	화	수

10月

陽	1	2	3	4	5	6	7	8	9	10	11	12	13	14	15	16	17	18	19	20	21	22	23	24	25	26	27	28	29	30	31
陰	22	23	24	25	26	27	28	29	⑨소	2	3	4	5	6	7	8	9	10	11	12	13	14	15	16	17	18	19	20	21	22	23
干支	丙午	丁未	戊申	己酉	庚戌	辛亥	壬子	癸丑	甲寅	乙卯	丙辰	丁巳	戊午	己未	庚申	辛酉	壬戌	癸亥	甲子	乙丑	丙寅	丁卯	戊辰	己巳	庚午	辛未	壬申	癸酉	甲戌	乙亥	丙子
曜	목	금	토	일	월	화	수	목	금	토	일	월	화	수	목	금	토	일	월	화	수	목	금	토	일	월	화	수	목	금	토

11月

陽	1	2	3	4	5	6	7	8	9	10	11	12	13	14	15	16	17	18	19	20	21	22	23	24	25	26	27	28	29	30
陰	24	25	26	27	28	29	⑩대	2	3	4	5	6	7	8	9	10	11	12	13	14	15	16	17	18	19	20	21	22	23	24
干支	丁丑	戊寅	己卯	庚辰	辛巳	壬午	癸未	甲申	乙酉	丙戌	丁亥	戊子	己丑	庚寅	辛卯	壬辰	癸巳	甲午	乙未	丙申	丁酉	戊戌	己亥	庚子	辛丑	壬寅	癸卯	甲辰	乙巳	丙午
曜	일	월	화	수	목	금	토	일	월	화	수	목	금	토	일	월	화	수	목	금	토	일	월	화	수	목	금	토	일	월

12月

陽	1	2	3	4	5	6	7	8	9	10	11	12	13	14	15	16	17	18	19	20	21	22	23	24	25	26	27	28	29	30	31
陰	25	26	27	28	29	30	⑪소	2	3	4	5	6	7	8	9	10	11	12	13	14	15	16	17	18	19	20	21	22	23	24	25
干支	丁未	戊申	己酉	庚戌	辛亥	壬子	癸丑	甲寅	乙卯	丙辰	丁巳	戊午	己未	庚申	辛酉	壬戌	癸亥	甲子	乙丑	丙寅	丁卯	戊辰	己巳	庚午	辛未	壬申	癸酉	甲戌	乙亥	丙子	丁丑
曜	화	수	목	금	토	일	월	화	수	목	금	토	일	월	화	수	목	금	토	일	월	화	수	목	금	토	일	월	화	수	목

西紀二〇三七年●檀紀四三七〇年

丁巳 (沙中土)

新平三百六十五日
舊平三百五十四日

四日得辛 二龍治水
卯大將軍 東三殺
未喪門 卯弔客

五黃 一白 九紫
三碧 八白 四綠
七赤 六白 二黑

建月之大小	正月大 壬寅	二月大 癸卯	三月小 甲辰	四月大 乙巳	五月小 丙五	六月小 丁未	七月大 戊申	八月小 己酉	九月小 庚戌	十月大 辛亥	十一月小 壬子	十二月大 癸丑
日辰	戊寅 戊辰 戊午	戊申 戊戌 戊子	戊寅 戊辰 戊午	丁未 丁酉 丁亥	丁丑 丁卯 丁巳	丙午 丙申 丙戌	乙亥 乙丑 乙卯	乙巳 乙未 乙酉	甲戌 甲子 甲寅	癸卯 癸巳 癸未	癸酉 癸亥 癸丑	壬寅 壬辰 壬午
月白	二黑	一日	九紫	八白	七赤	六白	五黃	四綠	三碧	二黑	一白	九紫
入節	驚蟄十九日丙子未正三刻 雨水初四日辛酉申正三刻	清明十九日丙午戌正一刻 春分初四日辛卯申初二刻	立夏二十日丁丑午正一刻 穀雨初五日壬戌丑正一刻	芒種廿二日戊申申正一刻 小滿初七日癸巳丑正一刻	小暑廿四日庚辰丑正二刻 夏至初八日甲子巳初初刻	立秋廿六日辛亥午正二刻 大暑初十日乙未戌正初刻	白露廿八日壬午申初三刻 處暑十三日丁卯寅初一刻	寒露廿九日癸丑辰初二刻 秋分十四日戊戌丑初一刻	霜降十五日戊辰巳正三刻	小雪十六日戊戌辰正一刻 立冬初一日癸未午初初刻	冬至十五日丁卯亥正初刻 大雪初一日癸丑寅正初刻	大寒十六日丁酉辰正二刻 小寒初一日壬午申初一刻

◆雜 節◆

- 臘享 十二月十四日 陽 一月十八日
- 土王 十二月十三日 陽 一月十七日
- 土王 九月十二日 陽 十月二十日
- 末伏 七月初六日 陽 八月十六日
- 中伏 六月十五日 陽 七月二十七日
- 土王 六月初七日 陽 七月十九日
- 初伏 六月初五日 陽 七月十七日
- 土王 三月初二日 陽 四月十七日
- 寒食 二月二十日 陽 四月五日

2038(4371. 戊午)

1月

陽	陰	干支	曜
1	26	戊寅	금
2	27	己卯	토
3	28	庚辰	일
4	29	辛巳	월
5	⑫대	壬午	화
6	2	癸未	수
7	3	甲申	목
8	4	乙酉	금
9	5	丙戌	토
10	6	丁亥	일
11	7	戊子	월
12	8	己丑	화
13	9	庚寅	수
14	10	辛卯	목
15	11	壬辰	금
16	12	癸巳	토
17	13	甲午	일
18	14	乙未	월
19	15	丙申	화
20	16	丁酉	수
21	17	戊戌	목
22	18	己亥	금
23	19	庚子	토
24	20	辛丑	일
25	21	壬寅	월
26	22	癸卯	화
27	23	甲辰	수
28	24	乙巳	목
29	25	丙午	금
30	26	丁未	토
31	27	戊申	일

2月

陽	陰	干支	曜
1	28	己酉	월
2	29	庚戌	화
3	30	辛亥	수
4	①대	壬子	목
5	2	癸丑	금
6	3	甲寅	토
7	4	乙卯	일
8	5	丙辰	월
9	6	丁巳	화
10	7	戊午	수
11	8	己未	목
12	9	庚申	금
13	10	辛酉	토
14	11	壬戌	일
15	12	癸亥	월
16	13	甲子	화
17	14	乙丑	수
18	15	丙寅	목
19	16	丁卯	금
20	17	戊辰	토
21	18	己巳	일
22	19	庚午	월
23	20	辛未	화
24	21	壬申	수
25	22	癸酉	목
26	23	甲戌	금
27	24	乙亥	토
28	25	丙子	일

3月

陽	陰	干支	曜
1	26	丁丑	월
2	27	戊寅	화
3	28	己卯	수
4	29	庚辰	목
5	30	辛巳	금
6	②대	壬午	토
7	2	癸未	일
8	3	甲申	월
9	4	乙酉	화
10	5	丙戌	수
11	6	丁亥	목
12	7	戊子	금
13	8	己丑	토
14	9	庚寅	일
15	10	辛卯	월
16	11	壬辰	화
17	12	癸巳	수
18	13	甲午	목
19	14	乙未	금
20	15	丙申	토
21	16	丁酉	일
22	17	戊戌	월
23	18	己亥	화
24	19	庚子	수
25	20	辛丑	목
26	21	壬寅	금
27	22	癸卯	토
28	23	甲辰	일
29	24	乙巳	월
30	25	丙午	화
31	26	丁未	수

4月

陽	陰	干支	曜
1	27	戊申	목
2	28	己酉	금
3	29	庚戌	토
4	30	辛亥	일
5	③소	壬子	월
6	2	癸丑	화
7	3	甲寅	수
8	4	乙卯	목
9	5	丙辰	금
10	6	丁巳	토
11	7	戊午	일
12	8	己未	월
13	9	庚申	화
14	10	辛酉	수
15	11	壬戌	목
16	12	癸亥	금
17	13	甲子	토
18	14	乙丑	일
19	15	丙寅	월
20	16	丁卯	화
21	17	戊辰	수
22	18	己巳	목
23	19	庚午	금
24	20	辛未	토
25	21	壬申	일
26	22	癸酉	월
27	23	甲戌	화
28	24	乙亥	수
29	25	丙子	목
30	26	丁丑	금

5月

陽	陰	干支	曜
1	27	戊寅	토
2	28	己卯	일
3	29	庚辰	월
4	④대	辛巳	화
5	2	壬午	수
6	3	癸未	목
7	4	甲申	금
8	5	乙酉	토
9	6	丙戌	일
10	7	丁亥	월
11	8	戊子	화
12	9	己丑	수
13	10	庚寅	목
14	11	辛卯	금
15	12	壬辰	토
16	13	癸巳	일
17	14	甲午	월
18	15	乙未	화
19	16	丙申	수
20	17	丁酉	목
21	18	戊戌	금
22	19	己亥	토
23	20	庚子	일
24	21	辛丑	월
25	22	壬寅	화
26	23	癸卯	수
27	24	甲辰	목
28	25	乙巳	금
29	26	丙午	토
30	27	丁未	일
31	28	戊申	월

6月

陽	陰	干支	曜
1	29	己酉	화
2	30	庚戌	수
3	⑤소	辛亥	목
4	2	壬子	금
5	3	癸丑	토
6	4	甲寅	일
7	5	乙卯	월
8	6	丙辰	화
9	7	丁巳	수
10	8	戊午	목
11	9	己未	금
12	10	庚申	토
13	11	辛酉	일
14	12	壬戌	월
15	13	癸亥	화
16	14	甲子	수
17	15	乙丑	목
18	16	丙寅	금
19	17	丁卯	토
20	18	戊辰	일
21	19	己巳	월
22	20	庚午	화
23	21	辛未	수
24	22	壬申	목
25	23	癸酉	금
26	24	甲戌	토
27	25	乙亥	일
28	26	丙子	월
29	27	丁丑	화
30	28	戊寅	수

7月

陽	陰	干支	曜
1	29	己卯	목
2	⑥대	庚辰	금
3	2	辛巳	토
4	3	壬午	일
5	4	癸未	월
6	5	甲申	화
7	6	乙酉	수
8	7	丙戌	목
9	8	丁亥	금
10	9	戊子	토
11	10	己丑	일
12	11	庚寅	월
13	12	辛卯	화
14	13	壬辰	수
15	14	癸巳	목
16	15	甲午	금
17	16	乙未	토
18	17	丙申	일
19	18	丁酉	월
20	19	戊戌	화
21	20	己亥	수
22	21	庚子	목
23	22	辛丑	금
24	23	壬寅	토
25	24	癸卯	일
26	25	甲辰	월
27	26	乙巳	화
28	27	丙午	수
29	28	丁未	목
30	29	戊申	금
31	30	己酉	토

8月

陽	陰	干支	曜
1	⑦소	庚戌	일
2	2	辛亥	월
3	3	壬子	화
4	4	癸丑	수
5	5	甲寅	목
6	6	乙卯	금
7	7	丙辰	토
8	8	丁巳	일
9	9	戊午	월
10	10	己未	화
11	11	庚申	수
12	12	辛酉	목
13	13	壬戌	금
14	14	癸亥	토
15	15	甲子	일
16	16	乙丑	월
17	17	丙寅	화
18	18	丁卯	수
19	19	戊辰	목
20	20	己巳	금
21	21	庚午	토
22	22	辛未	일
23	23	壬申	월
24	24	癸酉	화
25	25	甲戌	수
26	26	乙亥	목
27	27	丙子	금
28	28	丁丑	토
29	29	戊寅	일
30	⑧대	己卯	월
31	2	庚辰	화

9月

陽	陰	干支	曜
1	3	辛巳	수
2	4	壬午	목
3	5	癸未	금
4	6	甲申	토
5	7	乙酉	일
6	8	丙戌	월
7	9	丁亥	화
8	10	戊子	수
9	11	己丑	목
10	12	庚寅	금
11	13	辛卯	토
12	14	壬辰	일
13	15	癸巳	월
14	16	甲午	화
15	17	乙未	수
16	18	丙申	목
17	19	丁酉	금
18	20	戊戌	토
19	21	己亥	일
20	22	庚子	월
21	23	辛丑	화
22	24	壬寅	수
23	25	癸卯	목
24	26	甲辰	금
25	27	乙巳	토
26	28	丙午	일
27	29	丁未	월
28	30	戊申	화
29	⑨소	己酉	수
30	2	庚戌	목

10月

陽	陰	干支	曜
1	3	辛亥	금
2	4	壬子	토
3	5	癸丑	일
4	6	甲寅	월
5	7	乙卯	화
6	8	丙辰	수
7	9	丁巳	목
8	10	戊午	금
9	11	己未	토
10	12	庚申	일
11	13	辛酉	월
12	14	壬戌	화
13	15	癸亥	수
14	16	甲子	목
15	17	乙丑	금
16	18	丙寅	토
17	19	丁卯	일
18	20	戊辰	월
19	21	己巳	화
20	22	庚午	수
21	23	辛未	목
22	24	壬申	금
23	25	癸酉	토
24	26	甲戌	일
25	27	乙亥	월
26	28	丙子	화
27	29	丁丑	수
28	⑩소	戊寅	목
29	2	己卯	금
30	3	庚辰	토
31	4	辛巳	일

11月

陽	陰	干支	曜
1	5	壬午	월
2	6	癸未	화
3	7	甲申	수
4	8	乙酉	목
5	9	丙戌	금
6	10	丁亥	토
7	11	戊子	일
8	12	己丑	월
9	13	庚寅	화
10	14	辛卯	수
11	15	壬辰	목
12	16	癸巳	금
13	17	甲午	토
14	18	乙未	일
15	19	丙申	월
16	20	丁酉	화
17	21	戊戌	수
18	22	己亥	목
19	23	庚子	금
20	24	辛丑	토
21	25	壬寅	일
22	26	癸卯	월
23	27	甲辰	화
24	28	乙巳	수
25	29	丙午	목
26	⑪대	丁未	금
27	2	戊申	토
28	3	己酉	일
29	4	庚戌	월
30	5	辛亥	화

12月

陽	陰	干支	曜
1	6	壬子	수
2	7	癸丑	목
3	8	甲寅	금
4	9	乙卯	토
5	10	丙辰	일
6	11	丁巳	월
7	12	戊午	화
8	13	己未	수
9	14	庚申	목
10	15	辛酉	금
11	16	壬戌	토
12	17	癸亥	일
13	18	甲子	월
14	19	乙丑	화
15	20	丙寅	수
16	21	丁卯	목
17	22	戊辰	금
18	23	己巳	토
19	24	庚午	일
20	25	辛未	월
21	26	壬申	화
22	27	癸酉	수
23	28	甲戌	목
24	29	乙亥	금
25	30	丙子	토
26	⑫소	丁丑	일
27	2	戊寅	월
28	3	己卯	화
29	4	庚辰	수
30	5	辛巳	목
31	6	壬午	금

西紀二〇三八年●檀紀四三七一年

戊午 (天上火)

新平三百六十五日
舊平三百五十四日

十日得辛 五龍治水
卯大將軍 北三殺
申喪門 辰吊客

四綠 九紫 八白
二黑 七赤 三碧
六白 五黃 一白

建月之大小	正月大 (甲寅)	二月大 (乙卯)	三月小 (丙辰)	四月大 (丁巳)	五月小 (戊午)	六月大 (己未)	七月小 (庚申)	八月大 (辛酉)	九月小 (壬戌)	十月小 (癸亥)	十一月大 (甲子)	十二月小 (乙丑)
日辰	壬子 壬戌 壬申	壬午 壬辰 壬寅	壬子 壬戌 壬申	辛巳 辛卯 辛丑	辛亥 辛酉 辛未	庚辰 庚寅 庚子	庚戌 庚申 庚午	己卯 己丑 己亥	己酉 己未 己巳	戊寅 戊子 戊戌	丁未 丁巳 丁卯	丁丑 丁亥 丁酉
月白	八白	七赤	六白	五黃	四綠	三碧	二黑	一白	九紫	八白	七赤	六白
入節	立春初一日壬子丑正三刻 雨水十五日丙寅亥正二刻 驚蟄三十日辛巳戌正二刻	春分十五日丙申亥初一刻	淸明初一日壬子丑初初刻 穀雨十六日丁卯辰正初刻	立夏初二日壬午酉正初刻 小滿十八日戊戌辰初初刻	芒種初三日癸丑亥正初刻 夏至十九日己巳未正三刻	小暑初六日乙酉辰正二刻 大暑廿二日辛丑丑初三刻	立秋初七日丙辰酉正一刻 處暑廿三日壬申巳初初刻	白露初九日丁亥亥初二刻 秋分廿五日癸卯辰初初刻	寒露初十日戊午申正二刻 霜降廿五日癸酉申正三刻	立冬十一日戊子申正三刻 小雪廿六日癸卯未正一刻	大雪十二日戊午巳初三刻 冬至廿七日癸酉寅初三刻	小寒十一日丁亥亥初初刻 大寒廿六日壬寅未正一刻

◆雜　節◆

土王 十二月二三日 陽 一月十七日
臘享 十二月十九日 陽 一月十三日
土王 九月廿二日 陽 十月二十日
末伏 七月十一日 陽 八月十一日
中伏 六月廿一日 陽 七月二十二日
土王 六月十八日 陽 七月十九日
初伏 六月十一日 陽 七月十二日
土王 三月十三日 陽 四月十七日
寒食 三月初一日 陽 四月五日

2039(4372. 己未)

1月

陽	1	2	3	4	5	6	7	8	9	10	11	12	13	14	15	16	17	18	19	20	21	22	23	24	25	26	27	28	29	30	31
陰	7	8	9	10	11	12	13	14	15	16	17	18	19	20	21	22	23	24	25	26	27	28	29	①대	2	3	4	5	6	7	8
干支	癸未	甲申	乙酉	丙戌	丁亥	戊子	己丑	庚寅	辛卯	壬辰	癸巳	甲午	乙未	丙申	丁酉	戊戌	己亥	庚子	辛丑	壬寅	癸卯	甲辰	乙巳	丙午	丁未	戊申	己酉	庚戌	辛亥	壬子	癸丑
曜	토	일	월	화	수	목	금	토	일	월	화	수	목	금	토	일	월	화	수	목	금	토	일	월	화	수	목	금	토	일	월

2月

陽	1	2	3	4	5	6	7	8	9	10	11	12	13	14	15	16	17	18	19	20	21	22	23	24	25	26	27	28
陰	9	10	11	12	13	14	15	16	17	18	19	20	21	22	23	24	25	26	27	28	29	30	②대	2	3	4	5	6
干支	甲寅	乙卯	丙辰	丁巳	戊午	己未	庚申	辛酉	壬戌	癸亥	甲子	乙丑	丙寅	丁卯	戊辰	己巳	庚午	辛未	壬申	癸酉	甲戌	乙亥	丙子	丁丑	戊寅	己卯	庚辰	辛巳
曜	화	수	목	금	토	일	월	화	수	목	금	토	일	월	화	수	목	금	토	일	월	화	수	목	금	토	일	월

3月

陽	1	2	3	4	5	6	7	8	9	10	11	12	13	14	15	16	17	18	19	20	21	22	23	24	25	26	27	28	29	30	31
陰	7	8	9	10	11	12	13	14	15	16	17	18	19	20	21	22	23	24	25	26	27	28	29	30	③소	2	3	4	5	6	7
干支	壬午	癸未	甲申	乙酉	丙戌	丁亥	戊子	己丑	庚寅	辛卯	壬辰	癸巳	甲午	乙未	丙申	丁酉	戊戌	己亥	庚子	辛丑	壬寅	癸卯	甲辰	乙巳	丙午	丁未	戊申	己酉	庚戌	辛亥	壬子
曜	화	수	목	금	토	일	월	화	수	목	금	토	일	월	화	수	목	금	토	일	월	화	수	목	금	토	일	월	화	수	목

4月

陽	1	2	3	4	5	6	7	8	9	10	11	12	13	14	15	16	17	18	19	20	21	22	23	24	25	26	27	28	29	30
陰	8	9	10	11	12	13	14	15	16	17	18	19	20	21	22	23	24	25	26	27	28	29	④대	2	3	4	5	6	7	8
干支	癸丑	甲寅	乙卯	丙辰	丁巳	戊午	己未	庚申	辛酉	壬戌	癸亥	甲子	乙丑	丙寅	丁卯	戊辰	己巳	庚午	辛未	壬申	癸酉	甲戌	乙亥	丙子	丁丑	戊寅	己卯	庚辰	辛巳	壬午
曜	금	토	일	월	화	수	목	금	토	일	월	화	수	목	금	토	일	월	화	수	목	금	토	일	월	화	수	목	금	토

5月

陽	1	2	3	4	5	6	7	8	9	10	11	12	13	14	15	16	17	18	19	20	21	22	23	24	25	26	27	28	29	30	31
陰	9	10	11	12	13	14	15	16	17	18	19	20	21	22	23	24	25	26	27	28	29	30	⑤대	2	3	4	5	6	7	8	9
干支	癸未	甲申	乙酉	丙戌	丁亥	戊子	己丑	庚寅	辛卯	壬辰	癸巳	甲午	乙未	丙申	丁酉	戊戌	己亥	庚子	辛丑	壬寅	癸卯	甲辰	乙巳	丙午	丁未	戊申	己酉	庚戌	辛亥	壬子	癸丑
曜	일	월	화	수	목	금	토	일	월	화	수	목	금	토	일	월	화	수	목	금	토	일	월	화	수	목	금	토	일	월	화

6月

陽	1	2	3	4	5	6	7	8	9	10	11	12	13	14	15	16	17	18	19	20	21	22	23	24	25	26	27	28	29	30
陰	10	11	12	13	14	15	16	17	18	19	20	21	22	23	24	25	26	27	28	29	30	윤소	2	3	4	5	6	7	8	9
干支	甲寅	乙卯	丙辰	丁巳	戊午	己未	庚申	辛酉	壬戌	癸亥	甲子	乙丑	丙寅	丁卯	戊辰	己巳	庚午	辛未	壬申	癸酉	甲戌	乙亥	丙子	丁丑	戊寅	己卯	庚辰	辛巳	壬午	癸未
曜	수	목	금	토	일	월	화	수	목	금	토	일	월	화	수	목	금	토	일	월	화	수	목	금	토	일	월	화	수	목

7月

陽	1	2	3	4	5	6	7	8	9	10	11	12	13	14	15	16	17	18	19	20	21	22	23	24	25	26	27	28	29	30	31
陰	10	11	12	13	14	15	16	17	18	19	20	21	22	23	24	25	26	27	28	29	⑥대	2	3	4	5	6	7	8	9	10	11
干支	甲申	乙酉	丙戌	丁亥	戊子	己丑	庚寅	辛卯	壬辰	癸巳	甲午	乙未	丙申	丁酉	戊戌	己亥	庚子	辛丑	壬寅	癸卯	甲辰	乙巳	丙午	丁未	戊申	己酉	庚戌	辛亥	壬子	癸丑	甲寅
曜	금	토	일	월	화	수	목	금	토	일	월	화	수	목	금	토	일	월	화	수	목	금	토	일	월	화	수	목	금	토	일

8月

陽	1	2	3	4	5	6	7	8	9	10	11	12	13	14	15	16	17	18	19	20	21	22	23	24	25	26	27	28	29	30	31
陰	12	13	14	15	16	17	18	19	20	21	22	23	24	25	26	27	28	29	30	⑦소	2	3	4	5	6	7	8	9	10	11	12
干支	乙卯	丙辰	丁巳	戊午	己未	庚申	辛酉	壬戌	癸亥	甲子	乙丑	丙寅	丁卯	戊辰	己巳	庚午	辛未	壬申	癸酉	甲戌	乙亥	丙子	丁丑	戊寅	己卯	庚辰	辛巳	壬午	癸未	甲申	乙酉
曜	월	화	수	목	금	토	일	월	화	수	목	금	토	일	월	화	수	목	금	토	일	월	화	수	목	금	토	일	월	화	수

9月

陽	1	2	3	4	5	6	7	8	9	10	11	12	13	14	15	16	17	18	19	20	21	22	23	24	25	26	27	28	29	30
陰	13	14	15	16	17	18	19	20	21	22	23	24	25	26	27	28	29	⑧대	2	3	4	5	6	7	8	9	10	11	12	13
干支	丙戌	丁亥	戊子	己丑	庚寅	辛卯	壬辰	癸巳	甲午	乙未	丙申	丁酉	戊戌	己亥	庚子	辛丑	壬寅	癸卯	甲辰	乙巳	丙午	丁未	戊申	己酉	庚戌	辛亥	壬子	癸丑	甲寅	乙卯
曜	목	금	토	일	월	화	수	목	금	토	일	월	화	수	목	금	토	일	월	화	수	목	금	토	일	월	화	수	목	금

10月

陽	1	2	3	4	5	6	7	8	9	10	11	12	13	14	15	16	17	18	19	20	21	22	23	24	25	26	27	28	29	30	31
陰	14	15	16	17	18	19	20	21	22	23	24	25	26	27	28	29	30	⑨소	2	3	4	5	6	7	8	9	10	11	12	13	14
干支	丙辰	丁巳	戊午	己未	庚申	辛酉	壬戌	癸亥	甲子	乙丑	丙寅	丁卯	戊辰	己巳	庚午	辛未	壬申	癸酉	甲戌	乙亥	丙子	丁丑	戊寅	己卯	庚辰	辛巳	壬午	癸未	甲申	乙酉	丙戌
曜	토	일	월	화	수	목	금	토	일	월	화	수	목	금	토	일	월	화	수	목	금	토	일	월	화	수	목	금	토	일	월

11月

陽	1	2	3	4	5	6	7	8	9	10	11	12	13	14	15	16	17	18	19	20	21	22	23	24	25	26	27	28	29	30
陰	15	16	17	18	19	20	21	22	23	24	25	26	27	28	29	⑩대	2	3	4	5	6	7	8	9	10	11	12	13	14	15
干支	丁亥	戊子	己丑	庚寅	辛卯	壬辰	癸巳	甲午	乙未	丙申	丁酉	戊戌	己亥	庚子	辛丑	壬寅	癸卯	甲辰	乙巳	丙午	丁未	戊申	己酉	庚戌	辛亥	壬子	癸丑	甲寅	乙卯	丙辰
曜	화	수	목	금	토	일	월	화	수	목	금	토	일	월	화	수	목	금	토	일	월	화	수	목	금	토	일	월	화	수

12月

陽	1	2	3	4	5	6	7	8	9	10	11	12	13	14	15	16	17	18	19	20	21	22	23	24	25	26	27	28	29	30	31
陰	16	17	18	19	20	21	22	23	24	25	26	27	28	29	30	⑪소	2	3	4	5	6	7	8	9	10	11	12	13	14	15	16
干支	丁巳	戊午	己未	庚申	辛酉	壬戌	癸亥	甲子	乙丑	丙寅	丁卯	戊辰	己巳	庚午	辛未	壬申	癸酉	甲戌	乙亥	丙子	丁丑	戊寅	己卯	庚辰	辛巳	壬午	癸未	甲申	乙酉	丙戌	丁亥
曜	목	금	토	일	월	화	수	목	금	토	일	월	화	수	목	금	토	일	월	화	수	목	금	토	일	월	화	수	목	금	토

己未 (天上火)

新平三百六十五日
舊閏三百八十四日

西紀二〇三九年 ● 檀紀四三七二年

六日得辛 十龍治水
卯大將軍 西三殺
酉喪門 巳弔客

三碧 八白 七赤
一白 六白 二黑
五黃 四綠 九紫

建月之大小	正月大 丙寅	二月大 丁卯	三月小 戊辰	四月大 己巳	五月大 庚午	閏五月小	六月大 辛未	七月小 壬申	八月大 癸酉	九月小 甲戌	十月大 乙亥	十一月小 丙子	十二月小 丁丑
日辰	丙寅 丙辰 丙午	丙申 丙戌 丙子	丙寅 丙辰 丙午	乙未 乙酉 乙亥	乙丑 乙卯 乙巳	乙未 乙酉 乙亥	甲子 甲寅 甲辰	甲午 甲申 甲戌	癸亥 癸丑 癸卯	癸巳 癸未 癸酉	壬申 壬戌 壬寅	壬辰 壬午 壬申	辛酉 辛亥 辛丑
月白	五黃	四綠	三碧	二黑	一白		九紫	八白	七赤	六白	五黃	四綠	三碧
入節	雨水廿七日壬申寅正一刻 立春十二日丁巳辰正二刻	春分廿七日壬寅寅初初刻 驚蟄十二日丁亥丑正一刻	穀雨廿七日壬申未初三刻 淸明十二日丁巳卯正三刻	小滿廿九日癸卯午正三刻 立夏十四日戊子子初三刻	夏至三十日甲戌戌正三刻 芒種十五日己未辰正初刻	小暑十六日庚寅未正一刻	立秋十九日壬戌子正初刻 大暑初三日丙午辰初二刻	白露二十日癸巳寅初一刻 處暑初四日丁丑午初一刻	寒露廿一日癸亥戌初一刻 秋分初六日戊申午正三刻	立冬廿一日癸巳亥正二刻 霜降初六日戊寅亥正二刻	大雪廿二日癸亥申初二刻 小雪初七日戊申戌正一刻	小寒廿二日癸巳丑正三刻 冬至初七日戊寅巳初二刻	立春廿二日壬戌未正一刻 大寒初七日丁未戌正一刻

◆雜 節◆

臘享 十二月初七日 陽 一月二十日
土王 十二月初四日 陽 一月十七日
土王 九月初三日 陽 十月二十日
末伏 六月廿七日 陽 八月十六日
中伏 六月初七日 陽 七月二十七日
土王 閏五月廿九日 陽 七月二十日
初伏 閏五月廿六日 陽 七月十七日
土王 三月廿四日 陽 四月十七日
寒食 三月十三日 陽 四月六日

2040(4373. 庚申)

1月

陽	1	2	3	4	5	6	7	8	9	10	11	12	13	14	15	16	17	18	19	20	21	22	23	24	25	26	27	28	29	30	31
陰	17	18	19	20	21	22	23	24	25	26	27	28	29	⑫소	2	3	4	5	6	7	8	9	10	11	12	13	14	15	16	17	18
干支	戊子	己丑	庚寅	辛卯	壬辰	癸巳	甲午	乙未	丙申	丁酉	戊戌	己亥	庚子	辛丑	壬寅	癸卯	甲辰	乙巳	丙午	丁未	戊申	己酉	庚戌	辛亥	壬子	癸丑	甲寅	乙卯	丙辰	丁巳	戊午
曜	일	월	화	수	목	금	토	일	월	화	수	목	금	토	일	월	화	수	목	금	토	일	월	화	수	목	금	토	일	월	화

2月

陽	1	2	3	4	5	6	7	8	9	10	11	12	13	14	15	16	17	18	19	20	21	22	23	24	25	26	27	28	29
陰	19	20	21	22	23	24	25	26	27	28	29	①대	2	3	4	5	6	7	8	9	10	11	12	13	14	15	16	17	18
干支	己未	庚申	辛酉	壬戌	癸亥	甲子	乙丑	丙寅	丁卯	戊辰	己巳	庚午	辛未	壬申	癸酉	甲戌	乙亥	丙子	丁丑	戊寅	己卯	庚辰	辛巳	壬午	癸未	甲申	乙酉	丙戌	丁亥
曜	수	목	금	토	일	월	화	수	목	금	토	일	월	화	수	목	금	토	일	월	화	수	목	금	토	일	월	화	

3月

陽	1	2	3	4	5	6	7	8	9	10	11	12	13	14	15	16	17	18	19	20	21	22	23	24	25	26	27	28	29	30	31
陰	19	20	21	22	23	24	25	26	27	28	29	30	②소	2	3	4	5	6	7	8	9	10	11	12	13	14	15	16	17	18	19
干支	戊子	己丑	庚寅	辛卯	壬辰	癸巳	甲午	乙未	丙申	丁酉	戊戌	己亥	庚子	辛丑	壬寅	癸卯	甲辰	乙巳	丙午	丁未	戊申	己酉	庚戌	辛亥	壬子	癸丑	甲寅	乙卯	丙辰	丁巳	戊午
曜	목	금	토	일	월	화	수	목	금	토	일	월	화	수	목	금	토	일	월	화	수	목	금	토	일	월	화	수	목	금	토

4月

陽	1	2	3	4	5	6	7	8	9	10	11	12	13	14	15	16	17	18	19	20	21	22	23	24	25	26	27	28	29	30
陰	20	21	22	23	24	25	26	27	28	29	③대	2	3	4	5	6	7	8	9	10	11	12	13	14	15	16	17	18	19	20
干支	己未	庚申	辛酉	壬戌	癸亥	甲子	乙丑	丙寅	丁卯	戊辰	己巳	庚午	辛未	壬申	癸酉	甲戌	乙亥	丙子	丁丑	戊寅	己卯	庚辰	辛巳	壬午	癸未	甲申	乙酉	丙戌	丁亥	戊子
曜	일	월	화	수	목	금	토	일	월	화	수	목	금	토	일	월	화	수	목	금	토	일	월	화	수	목	금	토	일	월

5月

陽	1	2	3	4	5	6	7	8	9	10	11	12	13	14	15	16	17	18	19	20	21	22	23	24	25	26	27	28	29	30	31
陰	21	22	23	24	25	26	27	28	29	30	④대	2	3	4	5	6	7	8	9	10	11	12	13	14	15	16	17	18	19	20	21
干支	己丑	庚寅	辛卯	壬辰	癸巳	甲午	乙未	丙申	丁酉	戊戌	己亥	庚子	辛丑	壬寅	癸卯	甲辰	乙巳	丙午	丁未	戊申	己酉	庚戌	辛亥	壬子	癸丑	甲寅	乙卯	丙辰	丁巳	戊午	己未
曜	화	수	목	금	토	일	월	화	수	목	금	토	일	월	화	수	목	금	토	일	월	화	수	목	금	토	일	월	화	수	목

6月

陽	1	2	3	4	5	6	7	8	9	10	11	12	13	14	15	16	17	18	19	20	21	22	23	24	25	26	27	28	29	30
陰	22	23	24	25	26	27	28	29	30	⑤소	2	3	4	5	6	7	8	9	10	11	12	13	14	15	16	17	18	19	20	21
干支	庚申	辛酉	壬戌	癸亥	甲子	乙丑	丙寅	丁卯	戊辰	己巳	庚午	辛未	壬申	癸酉	甲戌	乙亥	丙子	丁丑	戊寅	己卯	庚辰	辛巳	壬午	癸未	甲申	乙酉	丙戌	丁亥	戊子	己丑
曜	금	토	일	월	화	수	목	금	토	일	월	화	수	목	금	토	일	월	화	수	목	금	토	일	월	화	수	목	금	토

7月

陽	1	2	3	4	5	6	7	8	9	10	11	12	13	14	15	16	17	18	19	20	21	22	23	24	25	26	27	28	29	30	31
陰	22	23	24	25	26	27	28	29	⑥대	2	3	4	5	6	7	8	9	10	11	12	13	14	15	16	17	18	19	20	21	22	23
干支	庚寅	辛卯	壬辰	癸巳	甲午	乙未	丙申	丁酉	戊戌	己亥	庚子	辛丑	壬寅	癸卯	甲辰	乙巳	丙午	丁未	戊申	己酉	庚戌	辛亥	壬子	癸丑	甲寅	乙卯	丙辰	丁巳	戊午	己未	庚申
曜	일	월	화	수	목	금	토	일	월	화	수	목	금	토	일	월	화	수	목	금	토	일	월	화	수	목	금	토	일	월	화

8月

陽	1	2	3	4	5	6	7	8	9	10	11	12	13	14	15	16	17	18	19	20	21	22	23	24	25	26	27	28	29	30	31
陰	24	25	26	27	28	29	30	⑦대	2	3	4	5	6	7	8	9	10	11	12	13	14	15	16	17	18	19	20	21	22	23	24
干支	辛酉	壬戌	癸亥	甲子	乙丑	丙寅	丁卯	戊辰	己巳	庚午	辛未	壬申	癸酉	甲戌	乙亥	丙子	丁丑	戊寅	己卯	庚辰	辛巳	壬午	癸未	甲申	乙酉	丙戌	丁亥	戊子	己丑	庚寅	辛卯
曜	수	목	금	토	일	월	화	수	목	금	토	일	월	화	수	목	금	토	일	월	화	수	목	금	토	일	월	화	수	목	금

9月

陽	1	2	3	4	5	6	7	8	9	10	11	12	13	14	15	16	17	18	19	20	21	22	23	24	25	26	27	28	29	30
陰	25	26	27	28	29	30	⑧소	2	3	4	5	6	7	8	9	10	11	12	13	14	15	16	17	18	19	20	21	22	23	24
干支	壬辰	癸巳	甲午	乙未	丙申	丁酉	戊戌	己亥	庚子	辛丑	壬寅	癸卯	甲辰	乙巳	丙午	丁未	戊申	己酉	庚戌	辛亥	壬子	癸丑	甲寅	乙卯	丙辰	丁巳	戊午	己未	庚申	辛酉
曜	토	일	월	화	수	목	금	토	일	월	화	수	목	금	토	일	월	화	수	목	금	토	일	월	화	수	목	금	토	일

10月

陽	1	2	3	4	5	6	7	8	9	10	11	12	13	14	15	16	17	18	19	20	21	22	23	24	25	26	27	28	29	30	31
陰	25	26	27	28	29	⑩대	2	3	4	5	6	7	8	9	10	11	12	13	14	15	16	17	18	19	20	21	22	23	24	25	26
干支	壬戌	癸亥	甲子	乙丑	丙寅	丁卯	戊辰	己巳	庚午	辛未	壬申	癸酉	甲戌	乙亥	丙子	丁丑	戊寅	己卯	庚辰	辛巳	壬午	癸未	甲申	乙酉	丙戌	丁亥	戊子	己丑	庚寅	辛卯	壬辰
曜	월	화	수	목	금	토	일	월	화	수	목	금	토	일	월	화	수	목	금	토	일	월	화	수	목	금	토	일	월	화	수

11月

陽	1	2	3	4	5	6	7	8	9	10	11	12	13	14	15	16	17	18	19	20	21	22	23	24	25	26	27	28	29	30
陰	27	28	29	30	⑩소	2	3	4	5	6	7	8	9	10	11	12	13	14	15	16	17	18	19	20	21	22	23	24	25	26
干支	癸巳	甲午	乙未	丙申	丁酉	戊戌	己亥	庚子	辛丑	壬寅	癸卯	甲辰	乙巳	丙午	丁未	戊申	己酉	庚戌	辛亥	壬子	癸丑	甲寅	乙卯	丙辰	丁巳	戊午	己未	庚申	辛酉	壬戌
曜	목	금	토	일	월	화	수	목	금	토	일	월	화	수	목	금	토	일	월	화	수	목	금	토	일	월	화	수	목	금

12月

陽	1	2	3	4	5	6	7	8	9	10	11	12	13	14	15	16	17	18	19	20	21	22	23	24	25	26	27	28	29	30	31
陰	27	28	29	⑪대	2	3	4	5	6	7	8	9	10	11	12	13	14	15	16	17	18	19	20	21	22	23	24	25	26	27	28
干支	癸亥	甲子	乙丑	丙寅	丁卯	戊辰	己巳	庚午	辛未	壬申	癸酉	甲戌	乙亥	丙子	丁丑	戊寅	己卯	庚辰	辛巳	壬午	癸未	甲申	乙酉	丙戌	丁亥	戊子	己丑	庚寅	辛卯	壬辰	癸巳
曜	토	일	월	화	수	목	금	토	일	월	화	수	목	금	토	일	월	화	수	목	금	토	일	월	화	수	목	금	토	일	월

西紀二〇四〇年 ● 檀紀四三七三年	
庚申 (石榴木)	新閏三百六十六日 舊平三百五十五日
二日得辛 九龍治水	午大將軍 南三殺
戌喪門 午弔客	
二黑 七赤 六白	九紫 五黃 一白
四綠 三碧 八白	

建月之大小	正月大 戊寅	二月小 己卯	三月大 庚辰	四月大 辛巳	五月小 壬午	六月大 癸未	七月大 甲申	八月小 乙酉	九月大 丙戌	十月小 丁亥	十一月大 戊子	十二月小 己丑
日辰	庚寅 庚辰 庚午	庚申 庚戌 庚子	己丑 己卯 己巳	己未 己酉 己亥	己丑 己卯 己巳	戊午 戊申 戊戌	戊子 戊寅 戊辰	戊午 戊申 戊戌	丁亥 丁丑 丁卯	丁巳 丁未 丁酉	丙戌 丙子 丙寅	丙辰 丙午 丙申
月白	二黑	一白	九紫	八白	七赤	六白	五黃	四綠	三碧	二黑	一白	九紫
入節	驚蟄廿三日壬辰辰正一刻 雨水初八日丁丑巳正一刻	清明廿三日壬戌午正三刻 春分初八日丁未辰正三刻	立夏廿五日癸巳卯初三刻 穀雨初九日丁丑戌初三刻	芒種廿六日甲子巳初三刻 小滿初十日戊申酉正二刻	小暑廿七日乙未戌正初刻 夏至十二日庚辰丑正二刻	立秋三十日丁卯卯正初刻 大暑十四日辛亥未初二刻	處暑十五日壬午戌正三刻	秋分十六日癸丑酉正三刻 白露初一日戊戌巳初初刻	霜降十八日甲申寅正一刻 寒露初三日己巳丑初初刻	小雪十八日甲寅丑正初刻 立冬初三日己亥寅正二刻	冬至十八日癸未申初二刻 大雪初三日戊辰亥初二刻	大寒十八日癸丑丑正初刻 小寒初四日己亥午正三刻

◆雜　節◆

土王	十二月十五日	陽 一月十七日
臘享	十二月十二日	陽 一月十四日
土王	九月十五日	陽 十月二十日
末伏	七月初三日	陽 八月十日
中伏	六月十三日	陽 七月二十一日
土王	六月十一日	陽 七月十九日
初伏	六月初三日	陽 七月十一日
土王	三月初六日	陽 四月十六日
寒食	二月廿四日	陽 四月五日

2041 (4374. 辛酉)

1月

陽	1	2	3	4	5	6	7	8	9	10	11	12	13	14	15	16	17	18	19	20	21	22	23	24	25	26	27	28	29	30	31
陰	29	30	⑫소	2	3	4	5	6	7	8	9	10	11	12	13	14	15	16	17	18	19	20	21	22	23	24	25	26	27	28	29
干支	甲午	乙未	丙申	丁酉	戊戌	己亥	庚子	辛丑	壬寅	癸卯	甲辰	乙巳	丙午	丁未	戊申	己酉	庚戌	辛亥	壬子	癸丑	甲寅	乙卯	丙辰	丁巳	戊午	己未	庚申	辛酉	壬戌	癸亥	甲子
曜	화	수	목	금	토	일	월	화	수	목	금	토	일	월	화	수	목	금	토	일	월	화	수	목	금	토	일	월	화	수	목

2月

陽	1	2	3	4	5	6	7	8	9	10	11	12	13	14	15	16	17	18	19	20	21	22	23	24	25	26	27	28
陰	①대	2	3	4	5	6	7	8	9	10	11	12	13	14	15	16	17	18	19	20	21	22	23	24	25	26	27	28
干支	乙丑	丙寅	丁卯	戊辰	己巳	庚午	辛未	壬申	癸酉	甲戌	乙亥	丙子	丁丑	戊寅	己卯	庚辰	辛巳	壬午	癸未	甲申	乙酉	丙戌	丁亥	戊子	己丑	庚寅	辛卯	壬辰
曜	금	토	일	월	화	수	목	금	토	일	월	화	수	목	금	토	일	월	화	수	목	금	토	일	월	화	수	목

3月

陽	1	2	3	4	5	6	7	8	9	10	11	12	13	14	15	16	17	18	19	20	21	22	23	24	25	26	27	28	29	30	31
陰	29	30	②소	2	3	4	5	6	7	8	9	10	11	12	13	14	15	16	17	18	19	20	21	22	23	24	25	26	27	28	29
干支	癸巳	甲午	乙未	丙申	丁酉	戊戌	己亥	庚子	辛丑	壬寅	癸卯	甲辰	乙巳	丙午	丁未	戊申	己酉	庚戌	辛亥	壬子	癸丑	甲寅	乙卯	丙辰	丁巳	戊午	己未	庚申	辛酉	壬戌	癸亥
曜	금	토	일	월	화	수	목	금	토	일	월	화	수	목	금	토	일	월	화	수	목	금	토	일	월	화	수	목	금	토	일

4月

陽	1	2	3	4	5	6	7	8	9	10	11	12	13	14	15	16	17	18	19	20	21	22	23	24	25	26	27	28	29	30
陰	③소	2	3	4	5	6	7	8	9	10	11	12	13	14	15	16	17	18	19	20	21	22	23	24	25	26	27	28	29	④대
干支	甲子	乙丑	丙寅	丁卯	戊辰	己巳	庚午	辛未	壬申	癸酉	甲戌	乙亥	丙子	丁丑	戊寅	己卯	庚辰	辛巳	壬午	癸未	甲申	乙酉	丙戌	丁亥	戊子	己丑	庚寅	辛卯	壬辰	癸巳
曜	월	화	수	목	금	토	일	월	화	수	목	금	토	일	월	화	수	목	금	토	일	월	화	수	목	금	토	일	월	화

5月

陽	1	2	3	4	5	6	7	8	9	10	11	12	13	14	15	16	17	18	19	20	21	22	23	24	25	26	27	28	29	30	31
陰	2	3	4	5	6	7	8	9	10	11	12	13	14	15	16	17	18	19	20	21	22	23	24	25	26	27	28	29	30	⑤소	2
干支	甲午	乙未	丙申	丁酉	戊戌	己亥	庚子	辛丑	壬寅	癸卯	甲辰	乙巳	丙午	丁未	戊申	己酉	庚戌	辛亥	壬子	癸丑	甲寅	乙卯	丙辰	丁巳	戊午	己未	庚申	辛酉	壬戌	癸亥	甲子
曜	수	목	금	토	일	월	화	수	목	금	토	일	월	화	수	목	금	토	일	월	화	수	목	금	토	일	월	화	수	목	금

6月

陽	1	2	3	4	5	6	7	8	9	10	11	12	13	14	15	16	17	18	19	20	21	22	23	24	25	26	27	28	29	30
陰	3	4	5	6	7	8	9	10	11	12	13	14	15	16	17	18	19	20	21	22	23	24	25	26	27	28	29	⑥대	2	3
干支	乙丑	丙寅	丁卯	戊辰	己巳	庚午	辛未	壬申	癸酉	甲戌	乙亥	丙子	丁丑	戊寅	己卯	庚辰	辛巳	壬午	癸未	甲申	乙酉	丙戌	丁亥	戊子	己丑	庚寅	辛卯	壬辰	癸巳	甲午
曜	토	일	월	화	수	목	금	토	일	월	화	수	목	금	토	일	월	화	수	목	금	토	일	월	화	수	목	금	토	일

7月

陽	1	2	3	4	5	6	7	8	9	10	11	12	13	14	15	16	17	18	19	20	21	22	23	24	25	26	27	28	29	30	31
陰	4	5	6	7	8	9	10	11	12	13	14	15	16	17	18	19	20	21	22	23	24	25	26	27	28	29	30	⑦대	2	3	4
干支	乙未	丙申	丁酉	戊戌	己亥	庚子	辛丑	壬寅	癸卯	甲辰	乙巳	丙午	丁未	戊申	己酉	庚戌	辛亥	壬子	癸丑	甲寅	乙卯	丙辰	丁巳	戊午	己未	庚申	辛酉	壬戌	癸亥	甲子	乙丑
曜	월	화	수	목	금	토	일	월	화	수	목	금	토	일	월	화	수	목	금	토	일	월	화	수	목	금	토	일	월	화	수

8月

陽	1	2	3	4	5	6	7	8	9	10	11	12	13	14	15	16	17	18	19	20	21	22	23	24	25	26	27	28	29	30	31
陰	5	6	7	8	9	10	11	12	13	14	15	16	17	18	19	20	21	22	23	24	25	26	27	28	29	30	⑧소	2	3	4	5
干支	丙寅	丁卯	戊辰	己巳	庚午	辛未	壬申	癸酉	甲戌	乙亥	丙子	丁丑	戊寅	己卯	庚辰	辛巳	壬午	癸未	甲申	乙酉	丙戌	丁亥	戊子	己丑	庚寅	辛卯	壬辰	癸巳	甲午	乙未	丙申
曜	목	금	토	일	월	화	수	목	금	토	일	월	화	수	목	금	토	일	월	화	수	목	금	토	일	월	화	수	목	금	토

9月

陽	1	2	3	4	5	6	7	8	9	10	11	12	13	14	15	16	17	18	19	20	21	22	23	24	25	26	27	28	29	30
陰	6	7	8	9	10	11	12	13	14	15	16	17	18	19	20	21	22	23	24	25	26	27	28	29	⑨대	2	3	4	5	6
干支	丁酉	戊戌	己亥	庚子	辛丑	壬寅	癸卯	甲辰	乙巳	丙午	丁未	戊申	己酉	庚戌	辛亥	壬子	癸丑	甲寅	乙卯	丙辰	丁巳	戊午	己未	庚申	辛酉	壬戌	癸亥	甲子	乙丑	丙寅
曜	일	월	화	수	목	금	토	일	월	화	수	목	금	토	일	월	화	수	목	금	토	일	월	화	수	목	금	토	일	월

10月

陽	1	2	3	4	5	6	7	8	9	10	11	12	13	14	15	16	17	18	19	20	21	22	23	24	25	26	27	28	29	30	31
陰	7	8	9	10	11	12	13	14	15	16	17	18	19	20	21	22	23	24	25	26	27	28	29	30	⑩대	2	3	4	5	6	7
干支	丁卯	戊辰	己巳	庚午	辛未	壬申	癸酉	甲戌	乙亥	丙子	丁丑	戊寅	己卯	庚辰	辛巳	壬午	癸未	甲申	乙酉	丙戌	丁亥	戊子	己丑	庚寅	辛卯	壬辰	癸巳	甲午	乙未	丙申	丁酉
曜	화	수	목	금	토	일	월	화	수	목	금	토	일	월	화	수	목	금	토	일	월	화	수	목	금	토	일	월	화	수	목

11月

陽	1	2	3	4	5	6	7	8	9	10	11	12	13	14	15	16	17	18	19	20	21	22	23	24	25	26	27	28	29	30
陰	8	9	10	11	12	13	14	15	16	17	18	19	20	21	22	23	24	25	26	27	28	29	30	⑪소	2	3	4	5	6	7
干支	戊戌	己亥	庚子	辛丑	壬寅	癸卯	甲辰	乙巳	丙午	丁未	戊申	己酉	庚戌	辛亥	壬子	癸丑	甲寅	乙卯	丙辰	丁巳	戊午	己未	庚申	辛酉	壬戌	癸亥	甲子	乙丑	丙寅	丁卯
曜	금	토	일	월	화	수	목	금	토	일	월	화	수	목	금	토	일	월	화	수	목	금	토	일	월	화	수	목	금	토

12月

陽	1	2	3	4	5	6	7	8	9	10	11	12	13	14	15	16	17	18	19	20	21	22	23	24	25	26	27	28	29	30	31
陰	8	9	10	11	12	13	14	15	16	17	18	19	20	21	22	23	24	25	26	27	28	29	⑫대	2	3	4	5	6	7	8	9
干支	戊辰	己巳	庚午	辛未	壬申	癸酉	甲戌	乙亥	丙子	丁丑	戊寅	己卯	庚辰	辛巳	壬午	癸未	甲申	乙酉	丙戌	丁亥	戊子	己丑	庚寅	辛卯	壬辰	癸巳	甲午	乙未	丙申	丁酉	戊戌
曜	일	월	화	수	목	금	토	일	월	화	수	목	금	토	일	월	화	수	목	금	토	일	월	화	수	목	금	토	일	월	화

辛酉 (石榴木)

西紀二〇四一年●檀紀四三七四年

新平三百六十五日
舊平三百五十五日

七日得辛 八龍治水
午大將軍 東三殺
亥喪門 未弔客

一白 六白 五黃
八白 四綠 九紫
三碧 二黑 七赤

建月之大小	正月 庚寅 大	二月 辛卯 小	三月 壬辰 小	四月 癸巳 大	五月 甲午 小	六月 乙未 大	七月 丙申 大	八月 丁酉 小	九月 戊戌 大	十月 己亥 大	十一月 庚子 小	十二月 辛丑 大
日辰	乙酉 乙亥 乙丑	乙卯 乙巳 乙未	甲申 甲戌 甲子	癸丑 癸卯 癸巳	癸未 癸酉 癸亥	壬子 壬寅 壬辰	壬午 壬申 壬戌	壬子 壬寅 壬辰	辛巳 辛未 辛酉	辛亥 辛丑 辛卯	辛巳 辛未 辛酉	庚戌 庚子 庚寅
月白	八白	七赤	六白	五黃	四綠	三碧	二黑	一白	九紫	八白	七赤	六白
入節	雨水十八日壬午申正初刻 立春初三日丁卯戌正一刻	春分十八日壬子未正三刻 驚蟄初三日丁酉未正初刻	穀雨二十日癸未丑初二刻 清明初四日丁卯酉正二刻	小滿廿二日甲寅子正二刻 立夏初六日戊戌午初二刻	夏至廿三日乙酉辰正一刻 芒種初七日己巳申初二刻	大暑廿五日丙辰戌初初刻 小暑初十日辛丑丑初三刻	處暑廿七日戊子丑正二刻 立秋十一日壬申午初二刻	秋分廿八日己未子正二刻 白露十二日癸卯申初初刻	霜降廿九日己丑巳正初刻 寒露十四日甲戌卯正三刻	小雪廿九日己未辰初三刻 立冬十四日甲辰巳正一刻	冬至廿八日戊子亥初一刻 大雪十四日甲戌寅初一刻	大寒廿九日戊午辰初三刻 小寒十四日癸卯未正二刻

◆雜　節◆

臘享 十二月三十日 陽 一月二十一日
土王 十二月廿六日 陽 一月十七日
土王 九月廿六日 陽 十月二十日
末伏 七月十九日 陽 八月十五日
中伏 六月廿九日 陽 七月二十六日
土王 六月廿二日 陽 七月十九日
初伏 六月十九日 陽 七月十六日
土王 三月十七日 陽 四月十七日
寒食 三月初五日 陽 四月五日

2042(4375. 壬戌)

1月

陽	1	2	3	4	5	6	7	8	9	10	11	12	13	14	15	16	17	18	19	20	21	22	23	24	25	26	27	28	29	30	31
陰	10	11	12	13	14	15	16	17	18	19	20	21	22	23	24	25	26	27	28	29	30	①소	2	3	4	5	6	7	8	9	10
干支	己亥	庚子	辛丑	壬寅	癸卯	甲辰	乙巳	丙午	丁未	戊申	己酉	庚戌	辛亥	壬子	癸丑	甲寅	乙卯	丙辰	丁巳	戊午	己未	庚申	辛酉	壬戌	癸亥	甲子	乙丑	丙寅	丁卯	戊辰	己巳
曜	수	목	금	토	일	월	화	수	목	금	토	일	월	화	수	목	금	토	일	월	화	수	목	금	토	일	월	화	수	목	금

2月

陽	1	2	3	4	5	6	7	8	9	10	11	12	13	14	15	16	17	18	19	20	21	22	23	24	25	26	27	28
陰	11	12	13	14	15	16	17	18	19	20	21	22	23	24	25	26	27	28	29	②대	2	3	4	5	6	7	8	9
干支	庚午	辛未	壬申	癸酉	甲戌	乙亥	丙子	丁丑	戊寅	己卯	庚辰	辛巳	壬午	癸未	甲申	乙酉	丙戌	丁亥	戊子	己丑	庚寅	辛卯	壬辰	癸巳	甲午	乙未	丙申	丁酉
曜	토	일	월	화	수	목	금	토	일	월	화	수	목	금	토	일	월	화	수	목	금	토	일	월	화	수	목	금

3月

陽	1	2	3	4	5	6	7	8	9	10	11	12	13	14	15	16	17	18	19	20	21	22	23	24	25	26	27	28	29	30	31
陰	10	11	12	13	14	15	16	17	18	19	20	21	22	23	24	25	26	27	28	29	30	윤소	2	3	4	5	6	7	8	9	10
干支	戊戌	己亥	庚子	辛丑	壬寅	癸卯	甲辰	乙巳	丙午	丁未	戊申	己酉	庚戌	辛亥	壬子	癸丑	甲寅	乙卯	丙辰	丁巳	戊午	己未	庚申	辛酉	壬戌	癸亥	甲子	乙丑	丙寅	丁卯	戊辰
曜	토	일	월	화	수	목	금	토	일	월	화	수	목	금	토	일	월	화	수	목	금	토	일	월	화	수	목	금	토	일	월

4月

陽	1	2	3	4	5	6	7	8	9	10	11	12	13	14	15	16	17	18	19	20	21	22	23	24	25	26	27	28	29	30
陰	11	12	13	14	15	16	17	18	19	20	21	22	23	24	25	26	27	28	29	③소	2	3	4	5	6	7	8	9	10	11
干支	己巳	庚午	辛未	壬申	癸酉	甲戌	乙亥	丙子	丁丑	戊寅	己卯	庚辰	辛巳	壬午	癸未	甲申	乙酉	丙戌	丁亥	戊子	己丑	庚寅	辛卯	壬辰	癸巳	甲午	乙未	丙申	丁酉	戊戌
曜	화	수	목	금	토	일	월	화	수	목	금	토	일	월	화	수	목	금	토	일	월	화	수	목	금	토	일	월	화	수

5月

陽	1	2	3	4	5	6	7	8	9	10	11	12	13	14	15	16	17	18	19	20	21	22	23	24	25	26	27	28	29	30	31
陰	12	13	14	15	16	17	18	19	20	21	22	23	24	25	26	27	28	29	④대	2	3	4	5	6	7	8	9	10	11	12	13
干支	己亥	庚子	辛丑	壬寅	癸卯	甲辰	乙巳	丙午	丁未	戊申	己酉	庚戌	辛亥	壬子	癸丑	甲寅	乙卯	丙辰	丁巳	戊午	己未	庚申	辛酉	壬戌	癸亥	甲子	乙丑	丙寅	丁卯	戊辰	己巳
曜	목	금	토	일	월	화	수	목	금	토	일	월	화	수	목	금	토	일	월	화	수	목	금	토	일	월	화	수	목	금	토

6月

陽	1	2	3	4	5	6	7	8	9	10	11	12	13	14	15	16	17	18	19	20	21	22	23	24	25	26	27	28	29	30
陰	14	15	16	17	18	19	20	21	22	23	24	25	26	27	28	29	30	⑤소	2	3	4	5	6	7	8	9	10	11	12	13
干支	庚午	辛未	壬申	癸酉	甲戌	乙亥	丙子	丁丑	戊寅	己卯	庚辰	辛巳	壬午	癸未	甲申	乙酉	丙戌	丁亥	戊子	己丑	庚寅	辛卯	壬辰	癸巳	甲午	乙未	丙申	丁酉	戊戌	己亥
曜	일	월	화	수	목	금	토	일	월	화	수	목	금	토	일	월	화	수	목	금	토	일	월	화	수	목	금	토	일	월

7月

陽	1	2	3	4	5	6	7	8	9	10	11	12	13	14	15	16	17	18	19	20	21	22	23	24	25	26	27	28	29	30	31
陰	14	15	16	17	18	19	20	21	22	23	24	25	26	27	28	29	⑥대	2	3	4	5	6	7	8	9	10	11	12	13	14	15
干支	庚子	辛丑	壬寅	癸卯	甲辰	乙巳	丙午	丁未	戊申	己酉	庚戌	辛亥	壬子	癸丑	甲寅	乙卯	丙辰	丁巳	戊午	己未	庚申	辛酉	壬戌	癸亥	甲子	乙丑	丙寅	丁卯	戊辰	己巳	庚午
曜	화	수	목	금	토	일	월	화	수	목	금	토	일	월	화	수	목	금	토	일	월	화	수	목	금	토	일	월	화	수	목

8月

陽	1	2	3	4	5	6	7	8	9	10	11	12	13	14	15	16	17	18	19	20	21	22	23	24	25	26	27	28	29	30	31
陰	16	17	1	19	20	21	22	23	24	25	26	27	28	29	30	⑦소	2	3	4	5	6	7	8	9	10	11	12	13	14	15	16
干支	辛未	壬申	癸酉	甲戌	乙亥	丙子	丁丑	戊寅	己卯	庚辰	辛巳	壬午	癸未	甲申	乙酉	丙戌	丁亥	戊子	己丑	庚寅	辛卯	壬辰	癸巳	甲午	乙未	丙申	丁酉	戊戌	己亥	庚子	辛丑
曜	금	토	일	월	화	수	목	금	토	일	월	화	수	목	금	토	일	월	화	수	목	금	토	일	월	화	수	목	금	토	일

9月

陽	1	2	3	4	5	6	7	8	9	10	11	12	13	14	15	16	17	18	19	20	21	22	23	24	25	26	27	28	29	30
陰	17	18	19	20	21	22	23	24	25	26	27	28	29	⑧대	2	3	4	5	6	7	8	9	10	11	12	13	14	15	16	17
干支	壬寅	癸卯	甲辰	乙巳	丙午	丁未	戊申	己酉	庚戌	辛亥	壬子	癸丑	甲寅	乙卯	丙辰	丁巳	戊午	己未	庚申	辛酉	壬戌	癸亥	甲子	乙丑	丙寅	丁卯	戊辰	己巳	庚午	辛未
曜	월	화	수	목	금	토	일	월	화	수	목	금	토	일	월	화	수	목	금	토	일	월	화	수	목	금	토	일	월	화

10月

陽	1	2	3	4	5	6	7	8	9	10	11	12	13	14	15	16	17	18	19	20	21	22	23	24	25	26	27	28	29	30	31
陰	18	19	20	21	22	23	24	25	26	27	28	29	30	⑨대	2	3	4	5	6	7	8	9	10	11	12	13	14	15	16	17	18
干支	壬申	癸酉	甲戌	乙亥	丙子	丁丑	戊寅	己卯	庚辰	辛巳	壬午	癸未	甲申	乙酉	丙戌	丁亥	戊子	己丑	庚寅	辛卯	壬辰	癸巳	甲午	乙未	丙申	丁酉	戊戌	己亥	庚子	辛丑	壬寅
曜	수	목	금	토	일	월	화	수	목	금	토	일	월	화	수	목	금	토	일	월	화	수	목	금	토	일	월	화	수	목	금

11月

陽	1	2	3	4	5	6	7	8	9	10	11	12	13	14	15	16	17	18	19	20	21	22	23	24	25	26	27	28	29	30
陰	19	20	21	22	23	24	25	26	27	28	29	30	⑩대	2	3	4	5	6	7	8	9	10	11	12	13	14	15	16	17	18
干支	癸卯	甲辰	乙巳	丙午	丁未	戊申	己酉	庚戌	辛亥	壬子	癸丑	甲寅	乙卯	丙辰	丁巳	戊午	己未	庚申	辛酉	壬戌	癸亥	甲子	乙丑	丙寅	丁卯	戊辰	己巳	庚午	辛未	壬申
曜	토	일	월	화	수	목	금	토	일	월	화	수	목	금	토	일	월	화	수	목	금	토	일	월	화	수	목	금	토	일

12月

陽	1	2	3	4	5	6	7	8	9	10	11	12	13	14	15	16	17	18	19	20	21	22	23	24	25	26	27	28	29	30	31
陰	19	20	21	22	23	24	25	26	27	28	29	⑪소	2	3	4	5	6	7	8	9	10	11	12	13	14	15	16	17	18	19	20
干支	癸酉	甲戌	乙亥	丙子	丁丑	戊寅	己卯	庚辰	辛巳	壬午	癸未	甲申	乙酉	丙戌	丁亥	戊子	己丑	庚寅	辛卯	壬辰	癸巳	甲午	乙未	丙申	丁酉	戊戌	己亥	庚子	辛丑	壬寅	癸卯
曜	월	화	수	목	금	토	일	월	화	수	목	금	토	일	월	화	수	목	금	토	일	월	화	수	목	금	토	일	월	화	수

西紀二〇四二年●檀紀四三七五年

壬戌 (大海水)

新平三百六十五日
舊閏三百八十四日

二日得辛　九龍治水
午大將軍　北三殺
子喪門　申弔客

九紫　五黃　四綠
七赤　三碧　八白
二黑　一白　六白

建月之大小	正月小 (壬寅)	二月大 (癸卯)	閏二月小	三月小 (甲辰)	四月大 (乙巳)	五月小 (丙午)	六月大 (丁未)	七月小 (戊申)	八月大 (己酉)	九月大 (庚戌)	十月大 (辛亥)	十一月小 (壬子)	十二月大 (癸丑)
日辰	庚辰 庚午 庚申	己酉 己亥 己丑	己卯 己巳 己未	戊申 戊戌 戊子	丁丑 丁卯 丁巳	丁未 丁酉 丁亥	丙子 丙寅 丙辰	丙午 丙申 丙戌	乙亥 乙丑 乙卯	乙巳 乙未 乙酉	乙亥 乙丑 乙卯	乙巳 乙未 乙酉	甲戌 甲子 甲寅
月白	五黃	四綠		三碧	二黑	一白	九紫	八白	七赤	六白	五黃	四綠	三碧
入節	雨水廿八日丁亥初三刻 立春十四日癸酉丑正初刻	春分廿九日丁巳戌正二刻 驚蟄十四日壬寅戌初三刻	清明十五日癸酉子正一刻	立夏十六日癸卯酉初一刻 穀雨初一日戊子辰初一刻	芒種十八日甲戌亥初一刻 小滿初三日己未卯正二刻	小暑二十日丙午辰初二刻 夏至初四日庚寅未正初刻	立秋廿二日丁丑酉初二刻 大暑初七日壬戌丑初初刻	白露廿三日戊申戌正三刻 處暑初八日癸巳辰正一刻	寒露廿五日己卯午正三刻 秋分初十日甲子卯正一刻	立冬廿五日己酉申正初刻 霜降初十日甲午申初三刻	大雪廿五日己卯巳初初刻 小雪初十日甲子未初二刻	小寒廿四日戊申戌正一刻 冬至初十日甲午寅初初刻	立春廿五日戊寅辰初三刻 大寒初十日癸亥未初三刻

◆雜　節◆

臘享	二月初七日	陽一月十七日
土王	二月初七日	陽一月十七日
土王	九月初七日	陽十月二十日
末伏	六月廿五日	陽八月十日
中伏	六月初五日	陽七月二十一日
土王	六月初三日	陽七月十九日
初伏	五月廿四日	陽七月十一日
土王	閏二月廿七日	陽四月十七日
寒食	閏二月十五日	陽四月九日

2043(4376. 癸亥)

1月

陽	1	2	3	4	5	6	7	8	9	10	11	12	13	14	15	16	17	18	19	20	21	22	23	24	25	26	27	28	29	30	31
陰	21	22	23	24	25	26	27	28	29	30	⑫대	2	3	4	5	6	7	8	9	10	11	12	13	14	15	16	17	18	19	20	21
干支	甲辰	乙巳	丙午	丁未	戊申	己酉	庚戌	辛亥	壬子	癸丑	甲寅	乙卯	丙辰	丁巳	戊午	己未	庚申	辛酉	壬戌	癸亥	甲子	乙丑	丙寅	丁卯	戊辰	己巳	庚午	辛未	壬申	癸酉	甲戌
曜	목	금	토	일	월	화	수	목	금	토	일	월	화	수	목	금	토	일	월	화	수	목	금	토	일	월	화	수	목	금	토

2月

陽	1	2	3	4	5	6	7	8	9	10	11	12	13	14	15	16	17	18	19	20	21	22	23	24	25	26	27	28
陰	22	23	24	25	26	27	28	29	30	①소	2	3	4	5	6	7	8	9	10	11	12	13	14	15	16	17	18	19
干支	乙亥	丙子	丁丑	戊寅	己卯	庚辰	辛巳	壬午	癸未	甲申	乙酉	丙戌	丁亥	戊子	己丑	庚寅	辛卯	壬辰	癸巳	甲午	乙未	丙申	丁酉	戊戌	己亥	庚子	辛丑	壬寅
曜	일	월	화	수	목	금	토	일	월	화	수	목	금	토	일	월	화	수	목	금	토	일	월	화	수	목	금	토

3月

陽	1	2	3	4	5	6	7	8	9	10	11	12	13	14	15	16	17	18	19	20	21	22	23	24	25	26	27	28	29	30	31
陰	20	21	22	23	24	25	26	27	28	29	②대	2	3	4	5	6	7	8	9	10	11	12	13	14	15	16	17	18	19	20	21
干支	癸卯	甲辰	乙巳	丙午	丁未	戊申	己酉	庚戌	辛亥	壬子	癸丑	甲寅	乙卯	丙辰	丁巳	戊午	己未	庚申	辛酉	壬戌	癸亥	甲子	乙丑	丙寅	丁卯	戊辰	己巳	庚午	辛未	壬申	癸酉
曜	일	월	화	수	목	금	토	일	월	화	수	목	금	토	일	월	화	수	목	금	토	일	월	화	수	목	금	토	일	월	화

4月

陽	1	2	3	4	5	6	7	8	9	10	11	12	13	14	15	16	17	18	19	20	21	22	23	24	25	26	27	28	29	30
陰	22	23	24	25	26	27	28	29	30	③소	2	3	4	5	6	7	8	9	10	11	12	13	14	15	16	17	18	19	20	21
干支	甲戌	乙亥	丙子	丁丑	戊寅	己卯	庚辰	辛巳	壬午	癸未	甲申	乙酉	丙戌	丁亥	戊子	己丑	庚寅	辛卯	壬辰	癸巳	甲午	乙未	丙申	丁酉	戊戌	己亥	庚子	辛丑	壬寅	癸卯
曜	수	목	금	토	일	월	화	수	목	금	토	일	월	화	수	목	금	토	일	월	화	수	목	금	토	일	월	화	수	목

5月

陽	1	2	3	4	5	6	7	8	9	10	11	12	13	14	15	16	17	18	19	20	21	22	23	24	25	26	27	28	29	30	31
陰	22	23	24	25	26	27	28	29	④소	2	3	4	5	6	7	8	9	10	11	12	13	14	15	16	17	18	19	20	21	22	23
干支	甲辰	乙巳	丙午	丁未	戊申	己酉	庚戌	辛亥	壬子	癸丑	甲寅	乙卯	丙辰	丁巳	戊午	己未	庚申	辛酉	壬戌	癸亥	甲子	乙丑	丙寅	丁卯	戊辰	己巳	庚午	辛未	壬申	癸酉	甲戌
曜	금	토	일	월	화	수	목	금	토	일	월	화	수	목	금	토	일	월	화	수	목	금	토	일	월	화	수	목	금	토	일

6月

陽	1	2	3	4	5	6	7	8	9	10	11	12	13	14	15	16	17	18	19	20	21	22	23	24	25	26	27	28	29	30
陰	24	25	26	27	28	29	⑤대	2	3	4	5	6	7	8	9	10	11	12	13	14	15	16	17	18	19	20	21	22	23	24
干支	乙亥	丙子	丁丑	戊寅	己卯	庚辰	辛巳	壬午	癸未	甲申	乙酉	丙戌	丁亥	戊子	己丑	庚寅	辛卯	壬辰	癸巳	甲午	乙未	丙申	丁酉	戊戌	己亥	庚子	辛丑	壬寅	癸卯	甲辰
曜	월	화	수	목	금	토	일	월	화	수	목	금	토	일	월	화	수	목	금	토	일	월	화	수	목	금	토	일	월	화

7月

陽	1	2	3	4	5	6	7	8	9	10	11	12	13	14	15	16	17	18	19	20	21	22	23	24	25	26	27	28	29	30	31
陰	25	26	27	28	29	30	⑥소	2	3	4	5	6	7	8	9	10	11	12	13	14	15	16	17	18	19	20	21	22	23	24	25
干支	乙巳	丙午	丁未	戊申	己酉	庚戌	辛亥	壬子	癸丑	甲寅	乙卯	丙辰	丁巳	戊午	己未	庚申	辛酉	壬戌	癸亥	甲子	乙丑	丙寅	丁卯	戊辰	己巳	庚午	辛未	壬申	癸酉	甲戌	乙亥
曜	수	목	금	토	일	월	화	수	목	금	토	일	월	화	수	목	금	토	일	월	화	수	목	금	토	일	월	화	수	목	금

8月

陽	1	2	3	4	5	6	7	8	9	10	11	12	13	14	15	16	17	18	19	20	21	22	23	24	25	26	27	28	29	30	31
陰	26	27	28	29	⑦소	2	3	4	5	6	7	8	9	10	11	12	13	14	15	16	17	18	19	20	21	22	23	24	25	26	27
干支	丙子	丁丑	戊寅	己卯	庚辰	辛巳	壬午	癸未	甲申	乙酉	丙戌	丁亥	戊子	己丑	庚寅	辛卯	壬辰	癸巳	甲午	乙未	丙申	丁酉	戊戌	己亥	庚子	辛丑	壬寅	癸卯	甲辰	乙巳	丙午
曜	토	일	월	화	수	목	금	토	일	월	화	수	목	금	토	일	월	화	수	목	금	토	일	월	화	수	목	금	토	일	월

9月

陽	1	2	3	4	5	6	7	8	9	10	11	12	13	14	15	16	17	18	19	20	21	22	23	24	25	26	27	28	29	30
陰	28	29	⑧대	2	3	4	5	6	7	8	9	10	11	12	13	14	15	16	17	18	19	20	21	22	23	24	25	26	27	28
干支	丁未	戊申	己酉	庚戌	辛亥	壬子	癸丑	甲寅	乙卯	丙辰	丁巳	戊午	己未	庚申	辛酉	壬戌	癸亥	甲子	乙丑	丙寅	丁卯	戊辰	己巳	庚午	辛未	壬申	癸酉	甲戌	乙亥	丙子
曜	화	수	목	금	토	일	월	화	수	목	금	토	일	월	화	수	목	금	토	일	월	화	수	목	금	토	일	월	화	수

10月

陽	1	2	3	4	5	6	7	8	9	10	11	12	13	14	15	16	17	18	19	20	21	22	23	24	25	26	27	28	29	30	31
陰	29	30	⑨대	2	3	4	5	6	7	8	9	10	11	12	13	14	15	16	17	18	19	20	21	22	23	24	25	26	27	28	29
干支	丁丑	戊寅	己卯	庚辰	辛巳	壬午	癸未	甲申	乙酉	丙戌	丁亥	戊子	己丑	庚寅	辛卯	壬辰	癸巳	甲午	乙未	丙申	丁酉	戊戌	己亥	庚子	辛丑	壬寅	癸卯	甲辰	乙巳	丙午	丁未
曜	목	금	토	일	월	화	수	목	금	토	일	월	화	수	목	금	토	일	월	화	수	목	금	토	일	월	화	수	목	금	토

11月

陽	1	2	3	4	5	6	7	8	9	10	11	12	13	14	15	16	17	18	19	20	21	22	23	24	25	26	27	28	29	30
陰	30	⑩소	2	3	4	5	6	7	8	9	10	11	12	13	14	15	16	17	18	19	20	21	22	23	24	25	26	27	28	29
干支	戊申	己酉	庚戌	辛亥	壬子	癸丑	甲寅	乙卯	丙辰	丁巳	戊午	己未	庚申	辛酉	壬戌	癸亥	甲子	乙丑	丙寅	丁卯	戊辰	己巳	庚午	辛未	壬申	癸酉	甲戌	乙亥	丙子	丁丑
曜	일	월	화	수	목	금	토	일	월	화	수	목	금	토	일	월	화	수	목	금	토	일	월	화	수	목	금	토	일	월

12月

陽	1	2	3	4	5	6	7	8	9	10	11	12	13	14	15	16	17	18	19	20	21	22	23	24	25	26	27	28	29	30	31
陰	⑪대	2	3	4	5	6	7	8	9	10	11	12	13	14	15	16	17	18	19	20	21	22	23	24	25	26	27	28	29	30	⑫대
干支	戊寅	己卯	庚辰	辛巳	壬午	癸未	甲申	乙酉	丙戌	丁亥	戊子	己丑	庚寅	辛卯	壬辰	癸巳	甲午	乙未	丙申	丁酉	戊戌	己亥	庚子	辛丑	壬寅	癸卯	甲辰	乙巳	丙午	丁未	戊申
曜	화	수	목	금	토	일	월	화	수	목	금	토	일	월	화	수	목	금	토	일	월	화	수	목	금	토	일	월	화	수	목

西紀二〇四三年●檀紀四三七六年

癸亥(大海水)

新平三百六十五日
舊平三百五十四日

八日得辛 九龍治水 八白 四綠 三碧
酉大將軍 西三殺 六白 二黑 七赤
丑喪門 酉弔客 一白 九紫 五黃

建月之大小	甲寅 正月小	乙卯 二月大	丙辰 三月小	丁巳 四月小	戊午 五月大	己未 六月小	庚申 七月小	辛酉 八月大	壬戌 九月大	癸亥 十月小	甲子 十一月大	乙丑 十二月大
日辰	甲辰 甲午 甲申	癸酉 癸亥 癸丑	癸卯 癸巳 癸未	壬申 壬戌 壬子	辛丑 辛卯 辛巳	辛未 辛酉 辛亥	庚子 庚寅 庚辰	己巳 己未 己酉	己亥 己丑 己卯	己巳 己未 己酉	戊戌 戊子 戊寅	戊辰 戊午 戊申
月白	二黑	一白	九紫	八白	七赤	六白	五黃	四綠	三碧	二黑	一白	九紫
入節	驚蟄廿五日戊申丑初二刻 雨水初十日癸巳寅初二刻	清明廿六日戊寅卯正初刻 春分十一日癸巳未初初刻	立夏廿六日戊申子初初刻 穀雨十一日癸巳未初初刻	芒種廿九日庚辰寅初一刻 小滿十三日甲子午正初刻	夏至十五日乙未戌初三刻	大暑十七日丁卯卯正三刻 小暑初一日辛亥未初二刻	處暑十九日戊戌未正初刻 立秋初三日壬午子初一刻	秋分廿一日己巳午正初刻 白露初六日甲寅丑正二刻	霜降廿一日己亥亥初三刻 寒露初六日甲申酉正二刻	小雪廿一日己巳戌初二刻 立冬初六日甲寅亥初三刻	冬至廿二日己亥辰正二刻 大雪初七日甲申申初初刻	大寒廿一日戊辰戌初二刻 小寒初六日癸丑丑正一刻

◆雜　節◆

臘享 十二月廿四日 陽 一月二十三日
土王 十二月十八日 陽 一月十七日
土王 九月十八日 陽 十月二十日
末伏 七月十一日 陽 八月十五日
中伏 六月二十日 陽 七月二十六日
土王 六月十四日 陽 七月二十日
初伏 六月初十日 陽 七月十六日
土王 三月初八日 陽 四月十七日
寒食 二月廿七日 陽 四月六日

부 록(附錄)

제1장 남녀 궁합 해설

궁합(宮合)이란 남녀가 혼인하는 데에 있어서 서로가 결합(結合)하여 운명(運命)이 좋은가 나쁜가를 즉 금상첨화(錦上添花)를 이룰 것인가를 보는 것이다.

남녀가 좋은 배우자를 만나면 평생을 화락(和樂)하게 살 수 있는 백년(百年)의 벗이고 잘못 만나면 불행한 비극(悲劇)과 불상사(不祥事)를 가져올 수 있으며 백년의 원수가 될 수도 있으니 그냥 웃어 넘길 것이 아니라 참고하시어 잘 선택하셔야 할 것이다.

1. 간지(干支)에 대한 상식

간지(干支)는 십간(十干)과 십이지(十二支)로 구별이 되는데 간(干)은 양(陽)에 속하며 지(支)는 음(陰)에 속한다. 그러므로 간(干)은 천(天)이며 지(支)는 땅(地)으로 통한다.

십간(十干)은 甲(갑)·乙(을)·丙(병)·丁(정)·戊(무)·己(기)·庚(경)·辛(신)·壬(임)·癸(계)이다.

십이지(十二支)는 子(자)·丑(축)·寅(인)·卯(묘)·辰(진)·巳(사)·午(오)·未(미)·申(신)·酉(유)·戌(술)·亥(해)이다.

또한 간지로 시간을 따지는 법은 일지(一支)는 2시간을 말하며 일시마다 초(初)와 정(正)은 1시간이다. 또 지(支)마다 각(刻)이 있는데 일각(一刻)은 15분이며 각(刻)밑에 분(分)이 있는데 이 분은 지금 시간의 분과 같고 시간표는 다음과 같다.

子時	丑時	寅時	卯時	辰時	巳時	午時	未時	申時	酉時	戌時	亥時
23－1	1－3	3－5	5－7	7－9	9－11	11－13	13－15	15－17	17－19	19－21	21－23

간지법(干支法)은 만세력(萬歲曆)이나 책력(册曆)에서 자신이 태어난 해를 찾으면 되는 것이나 이때에는 반드시 만(滿)으로 계산해야 한다.

첫째 그 해의 천간(天干)과 지지(地支)를 알아낸다. 둘째 생일달에서 그 달의 천간지지(天干地支)를 알아낸다. 셋째 생일날의 천간지지(天干地支)를 알아낸다. 넷째 생년월일의 천간지지(天干地支)를 알았으면 시를 본다.

一九四七年 五月 十七日 오후 三時生을 예로 들어 보자. 만세력에서 보면 一九四七年은 정해년(丁亥年)이고 五月은 병오(丙午)이고 일진은 十七일이 을유(乙酉)가 된다. 이 사람이 태어난 시가 오후 3시라면 밑의 표에서 이 사람의 생일이 乙酉日이니 天干이 乙이나 庚이면 丙子時부터 시작하니 丙子가 23～1時. 癸未가 13～15時이므로 癸未時에 해당된다.

日＼時	子時 23－1	丑時 1－3	寅時 3－5	卯時 5－7	辰時 7－9	巳時 9－11	午時 11－13	未時 13－15	申時 15－17	酉時 17－19	戌時 19－21	亥時 21－23
甲己日	甲子	乙丑	丙寅	丁卯	戊辰	己巳	庚午	辛未	壬申	癸酉	甲戌	乙亥
乙庚日	丙子	丁丑	戊寅	己卯	庚辰	辛巳	壬午	癸未	甲申	乙酉	丙戌	丁亥
丙辛日	戊子	己丑	庚寅	辛卯	壬辰	癸巳	甲午	乙未	丙申	丁酉	戊戌	己亥
丁壬日	庚子	辛丑	壬寅	癸卯	甲辰	乙巳	丙午	丁未	戊申	己酉	庚戌	辛亥
戊癸日	壬子	癸丑	甲寅	乙卯	丙辰	丁巳	戊午	己未	庚申	辛酉	壬戌	癸亥

이렇게 하여 1947년 (丁亥), 5月(丙午), 17일은(乙酉) 오후 3시(癸未)가 된다.

여기서 年궁은 초년이고 月궁은 청년이며 日궁은 장년이고 時궁은 노년 또는 말년을 나타내며 궁합이란 이 네 가지의 궁이 모두 맞으면 좋고 연궁·월궁·일궁·시궁을 남녀 같이 보는 것이다.

이와같이 계산하여 육십갑자병납음표(六十甲子竝納音表)에 의해서 오행(五行)에 의해 무엇에 해당되는가를 찾으면 된다.

2. 납음(納音)으로 보는 법

(1) 육십갑자병납음(六十甲子竝納音)

납음(納音)이란 자기의 생년육갑(生年六甲)에서 나오는 오행(五行)을 갖고 남녀가 상생(相生)되는 것을 맞추어 보는 것이다.

오행별상생(五行別相生)과 상극(相剋)이 있는데 상생(相生)이라 함은 金生水(금은 물을 생하고)·水生木(물은 나무를 생하고)·木生火(나무는 불을 생하고)·火生土(불은 흙을 생하고)·土生金(흙은 금을 생한다)을 말한다.

또한 상극(相剋)이란 金剋木(금은 나무를 극하고)·木剋土(나무는 흙을 극하고)·土剋水(흙은 물을 극하고)·水剋火(물은 불을 극하고)·火剋金(불은 금을 극한다)을 말한다.

이와같이 상극이 되면 모든 일이 이루어지지 아니하고 부부가 이별하거나 또는 불상사가 일어나게 된다.

●육십갑자병납음표(六十甲子竝納音表)

간지	오 행	간지	오 행	간지	오 행	간지	오 행	간지	오 행
甲子 乙丑	海中金	丙寅 丁卯	爐中火	戊辰 己巳	大林木	庚午 辛未	路傍土	壬申 癸酉	劒鋒金
甲戌 乙亥	山頭火	丙子 丁丑	澗下水	戊寅 己卯	城頭土	庚辰 辛巳	白臘金	壬午 癸未	楊柳木
甲申 乙酉	泉中水	丙戌 丁亥	屋上土	戊子 己丑	霹靂火	庚寅 辛卯	松栢木	壬辰 癸巳	長流水
甲午 乙未	沙中金	丙申 丁酉	山下火	戊戌 己亥	平地木	庚子 辛丑	壁上土	壬寅 癸卯	金箔金
甲辰 乙巳	覆燈火	丙午 丁未	天河水	戊申 己酉	大驛土	庚戌 辛亥	釵釧金	壬子 癸丑	桑柘木
甲寅 乙卯	大溪水	丙辰 丁巳	沙中土	戊午 己未	天上火	庚申 辛酉	柘榴木	壬戌 癸亥	大海水

납음오행(納音五行)으로 궁합을 보는 법은 궁합을 볼 남녀의 생년육갑(生年六甲)을 다음 표에서 각각 찾아 그 생년육갑의 표에 있는 오행(五行·金木水火土)을 맞추어 해당되는 궁합의 해설을 본다.

예를 들면 정해년(丁亥年)에 출생한 남자와 임진년(壬辰年)에 출생한 여자의 궁합을 본다면 정해년의 납음오행은 옥상토(屋上土)이며 임진년의 납음오행은 장류수(長流水)이니 이들의 궁합은 土水(또는 水土)이다. 이와같이 남녀가 서로 오행을 맞추어 남자를 먼저 여자를 나중에 하여 상생(相生)되면 궁합이 좋은 것이고 상극(相剋)되면 나쁜 것이니 가급적이면 상극을 피하여 하지 말아야 할 것이다.

3. 궁합상극중상생지명(宮合相剋中相生之命)

① 사중금(沙中金)과 차천금(釵釧金)은 너무나 강한 금이기에 불(火)를 만나야 성취할 수 있다.
② 벽력화(霹靂火)·천상화(天上火)·산하화(山下火)는 물을 만나야 복록과 영화가 있다.
③ 평지목(平地木)은 금(金)이 없으면 성취하지 못한다.
④ 천하수(天下水)와 대해수(大海水)는 흙(土)을 만나면 자연히 형통한다.
⑤ 노방토(路傍土)·대역토(大驛土)·사중토(沙中土)는 나무(木)를 만나지 않으면 평생을 그르치게 된다.

다음에 있는 남녀의 궁합 길흉표를 보면 남자와 여자의 만남이 좋은가 나쁜가를 빨리 알아보기 쉽게 한 것으로 ○표는 좋고 ×표는 상극이고 △표는 나쁘나 상극은 아니라는 것이다.

●남녀궁합길흉표(男女宮合吉凶表)

男金女金	×	男木女金	×	男水女金	○	男火女金	×	男土女金	○
男金女木	×	男木女木	×	男水女木	△	男火女木	○	男土女木	×
男金女水	○	男木女水	○	男水女水	○	男火女水	×	男土女水	×
男金女火	△	男木女火	○	男水女火	○	男火女火	×	男土女火	○
男金女土	○	男木女土	○	男水女土	○	男火女土	○	男土女土	○

※참고로 각 출생년에 따른 궁합을 풀이해 보면 다음과 같다.

○**갑년생(甲年生)**…남자는 무(戊)·기(己)年生의 여자가 좋고, 여자는 경(庚)·신(辛)年生의 남자가 좋다. 남녀 모두 甲·丙·癸年生이면 행복한 가정을 이루며 丁·壬·乙年生과는 평생 불행하다.

○**을년생(乙年生)**…남자는 戊·己生의 여자가 좋고, 여자는 庚·辛年生의 남자가 좋다. 남녀 모두 乙·丁·壬年生과는 일생 불행하다.

○**병년생(丙年生)**…남자는 庚·辛年生의 여자가 좋고, 여자는 壬·癸年生의 남자가 좋다. 남녀 모두 丙·乙年生과는 매우 좋고 己·甲年生과는 나쁘다.

○**정년생(丁年生)**…남자는 庚·辛年生의 여자가 좋고, 여자는 壬·癸年生의 남자가 좋다. 남녀 모두 己·丁年生과는 대길하고 戊·乙·丙年生과는 나쁘다.

○**무년생(戊年生)**…남자는 壬·癸年生의 여자가 좋고, 여자는 甲·乙年生의 남자가 좋다. 남녀 모두 庚·丁年生이면 좋고 辛·丙·己年生과는 나쁘다.

○**기년생(己年生)**…남자는 壬·癸年生의 여자가 좋고, 여자는 甲·乙年生의 남자가 좋다. 남녀 모두 己·辛·丙年生이면 좋고 庚·丁·戊年生과는 나쁘다.

○**경년생(庚年生)**…남자는 甲·乙年生의 여자가 좋고, 여자는 丙·丁年生의 남자가 좋다. 남녀 모두 庚·壬·己年生과의 상대는 좋고, 癸·戊年生과는 매우 나쁘다.

○**신년생(辛年生)**…남자는 甲·乙年生의 여자가 좋고, 여자는 丙·丁年生의 남자가 좋다. 남녀 모두 辛·戊·癸年生과는 좋고 壬·己·庚年生과는 나쁘다.

○**임년생(壬年生)**…남자는 丙·丁年生의 여자가 좋고, 여자는 戊·己年生의 남자가 좋다. 남녀 모두 辛·壬·甲年生이면 좋고 乙·庚·癸年生과는 나쁘다.

○**계년생(癸年生)**…남자는 丙·丁年生의 여자가 좋고, 여자는 戊·己年生의 남자가 좋다. 남녀 모두 癸·乙·庚年生이면 좋고, 甲·辛·壬年生과는 나쁘다.

4. 남녀궁합해설(男女宮合解說)

○**남금여금(男金女金)**…용이 고기로 변한 격(龍變化魚)

부부 해로하여 장수할 것이며 많은 자손을 두어 번창하리라.

남녀가 같이 생활하는 것이 불길하니 평생을 무익하게 지내고 우마와 재물이 자연히 없어지고 관재수와 재앙이 많이 생기리라.

○남금여목(男金女木)…고기가 물을 잃은 격(游魚失水)

금극목하니 관재와 재난이 있으며 가내가 화목하지 못할 것이요, 우마와 재산이 사라지고 부부 이별하여 독수공방을 할 운이로다. 만사 구설이 분분하고 과망지격이요, 우마와 재물이 전진하지 못하리라.

○남금여수(男金女水)…사마가 짐을 얻은 격(駟馬得駄)

금생수(金生水)하니 기쁜 일이 새로 더하며 부부 화목하고 가도가 넉넉하며 겨울을 지난 초목이니 자손이 만당하여 효도하고 부귀복록이 많고 명예가 높고 영화가 무궁하리라. 자나 깨나 잊어지지 않는 것이 처음의 만남과 같도다.

○남금여화(男金女火)…파리한 말이 무거운 짐을 실은 격(瘠馬重駄)

화극금(火剋金)이니 금과 쇠붙이가 불을 만나면 자연 녹아서 없어지니 부부 역시 물속에 불이 들어간 것과 같도다. 백년을 근심할 격이며 재산을 태산같이 두었으나 자연 패기할 것이요 이별할 수가 있고 혹 자손을 두었으나 기르리가 어려우리라.

○남금여토(男金女土)…산이 토목을 얻은 격(山得土木)

토생금(土生金)이니 옥과 구슬로 지은 좋은 집에서 부부가 서로 화락하고 자손이 번성하리라. 부귀공명할 것이며 재물이 많고 명예가 세상에 진동하니 평생에 근심이 없으리라.

○남목여금(男木女金)…누운 소가 풀을 진 격(臥牛負草)

금극목(金剋木)이니 불길하여 좋지 못하고 부부간에 오랫동안 동거하지 못할 것이며 인생에 변함을 면치 못할 것이고 자손에 근심이 있으며 재화가 연발할 것이며 아침마다 울음소리가 그치지 않고 서로 이별하여 타향에서 죽는 꼴을 보리라.

○남목여목(男木女木)…닭과 개를 잃은 격(主失鷄犬)

목생화(木生火)니 평생에 길흉이 상반하니 부부 화락하여 생남 생녀할 것이며 재산이 풍족치는 못하나 일생을 안락하게 지내리라.

초년는 부하고 귀하나 말년에는 가난하며 병들게 되리라.

○남목여수(男木女水)…새가 매로 변하는 격(鳥變成鷹)

물(水)과 나무(木)가 서로 만나니 명과 복이 창성하고 영화와 부귀의 기쁨이 끝이 없으며 부부 금슬이 지극하고 자손이 효성하며 친척이 화목하고 복록이 가득할 것이며 수명장수하고 이름도 떨치게 되리라.

○남목여화(男木女火)…여름에 부채를 만난격(三夏逢扇)

목생화(木生火)하니 부부가 평생을 같이 장수하며 즐기고 부귀하며 자손이 만당하고 복록이 창성할 것이며 평생을 금의 옥식으로 부러울 것이 없으며 복이 오고 재앙은 사라지리라.

○남목여토(男木女土)…사람이 많으니 지을 옷이 많은 격(人多裁衣)

목극토(木克土)하니 부부 금슬이 불합할 것이며 친척과 화목치 못하고 자손이 불효하여 패가망신하기 쉬우리라.

몸은 병이 있으나 앓지는 않으며 예로부터 내려오는 식록으로 평생을 지내리라.

○남수여금(男水女金)…삼객이 동생을 만나는 격(三客逢第)

금생수(金生水)하니 서로 화합하며 부귀할 것이며 자손이 창성하며 생애가 점점 족해지고 친척이 화목하며 전답이 많으이라. 많은 금은 보화가 창고에 넘치는 격이고 삼남사녀가 있을 것이다.

○남수여목(男水生木)…상어가 변하여 용이 된 격(鮫變爲龍)

수생목(水生木)하니 자손이 창성하는 것이 나무가지 같고 자라서 무성하니 그늘이 지고 부귀 장수가 그치지 아니 하도다. 재산이 홍왕하며 영화가 무궁하고 공명이 또한 겸비하여 평생에 기쁜 일 뿐이로다.

○남수여수(男水女水)…병든 말이 침을 만난 격(病馬逢針)

물과 물이 같이 살면 기쁜 일이 많으며 지위가 더욱 높아지고 세상의 재물이 끝이 없도다. 부부 금슬이 좋고 일가가 화순하며 전답이 사면에 가득하고 자손이 창성하여 일생 안락하리라.

○남수여화(男水女火)…꽃이 떨어지니 더위를 만난 격(花落逢署)

수화상극(水火相剋)이니 부부 불순하고 자손이 불효하며 일가 친척이 화목치 못하며 자연 재액이 이르러 패가하리라. 부부가 항상 귀신 같이 여기며 싸우니 서로 죽이어 명이 짧아지리라.

○남수여토(男水女土)…만물이 서리를 만난 격(萬物逢霜)

물과 흙은 상극이니 재액이 많으며 부부가 같이 살아도 상서롭지 못하고 자손은 불효하고 일가 친척이 화목치 못하며 살림은 자연 패하고 재물이 없고 남편의 상고를 당할 격이로다.

○남화여금(男火女金)…용이 구슬을 잃은 격(龍失明珠)

화극금(火克金)이니 불 가운데 눈 같이 사라지고 믿을 것이 없도다. 불 속에 금이 있으니 자연히 녹아서 없어지듯 부부가 서로 응할 줄 알면서 화합치 못하며 자손이 극히 귀하고 인륜이 어지러워 재앙이 끊어지지 않고 재물이 사방으로 흩어진다.

○남화여목(男火女木)…새가 변하여 학이 되는 격(鳥變成鶴)

목생화(木生火)이니 만사 대길하고 부부 화합하여 자손이 효성하고 사방에 이름이 날리어 재물은 석승을 비하고 벼슬은 극히 높으리라. 온 나라 안의 부귀와 영화를 다 차지하니 위와 아래가 화목하여 길이 길이 안락하도다.

○남화여수(男火女水)…늙은이가 다리를 건너는 격(老脚渡橋)

수극화(水剋火)이니 물과 불이 서로 만나면 좋지 못하니 한 방에 같이 있기는 해도 서로 화합하지 못하도다. 혹시 재물과 곡식을 얻어도 속히 흩어지며 가재가 기울어지고 즐거움이 없으며 만사 대흉하여 상처할 격이로다.

○남화여화(男火女火)…용이 변하여 고기가 된 격(龍變爲魚)

불이 서로 만나니 편안하지 못하며 아침마다 싸우니 어려운 재난이 많도다. 재물이 흩어지고 불화하여 자손이 없으며 화재로 패를 보리라.

○남화여토(男火女土)…사람이 신선으로 변하는 격(人變成仙)

화생토(火生土)니 재물이 풍족하고 자손이 창성하며 일생 근심이 없고 부귀 복록이 자연히 이르며 그 명이 길고 도처에 이름을 떨치치라. 정기를 휘날리니 그 영화가 거듭하며 높은 자리에 앉으니 그 자리가 강하여지도다.

○남토여금(男土女金)…새가 변하여 매가 된 격(鳥變成鷹)

토생금(土生金)이니 부부 해로하여 자손이 창성하고 부귀공명이 겸전하여 재물이 많고 근심이 없으리라. 밤낮으로 기쁜 일이 있으니 이로 인해 해마다 지위가오르고 벼슬에 나아가 녹을 많이 받으리라.

○남토여목(男土女木)…고목나무가 가을을 만난 격(枯木逢秋)

목극토(木克土)이니 흙과 재화는 원래부터 재화를 부르니 부부 서로 불화하고 관재 구실이 빈번하게 이르며 겉은 비록 부유하나 안으로 가난할 것이며 백년을 근심으로 지낼 것이며 죽지 아니하면 생이별하고 고역이 많도다.

○남토여수(男土女水)…술 마시며 슬픈 노래를 부르는 격(飮酒悲歌)

토극수(土克水)이니 흙과 물이 같이 하면 괴로움이 많아지며 관재와 구설이 끊어지지 않도다. 자손이 비록 있어도 동서로 흩어져 외로우며 부부지간에 생이별하고 가산도 탕진하리라.

○남토여화(男土女火)…고기가 변하여 용이 된 격(魚變成龍)

화생토(土生金)하니 부부간의 금슬이 중하고 부귀와 공명이 곳곳마다 성할 것이며 효자 효부를 두어 즐거움을 누리고 장수할 것이며 해마다 경사가 거듭하여 나아갈 것이며 전답이 즐비하리라.

○남토여토(男土女土)…가지마다 꽃이 핀 격(開花滿枝)

양토가 상합하니 자손이 창성하여 효도를 잘 하며 무병장수할 것이고 부귀할지로다. 금의옥식에 풍류객이 되어 고루 거각에 앉아 영화를 누릴 것이며 해마다 경사롭고 이로우니 녹봉이 두터워지리라.

5. 구성(九星)

1) 구성운명판단법(九星運命判斷法)

◎ 구성팔문도(九星八門圖)

南

	四綠	九紫	二黑	
東	三碧	五黃	七赤	西
	八白	一白	六白	

北

9개의 별에 의한 운명판단. 고대 중국의 음양가(陰陽家 : 천문·점술 등을 연구하는 사람)에 의해 만들어진 것이다.

구성이란 일백(一白)·이흑(二黑)·삼벽(三碧)·사록(四綠)·오황(五黃)·육백(六白)·칠적(七赤)·팔백(八白)·구자(九紫)의 9개의 별인데, 이것을 목(木)·화(火)·토(土)·금(金)·수(水)의 오행(五行)과 10간(干) 12지(支)에 배당해서 별마다 주인이 되는 해가 있게 하였다.

예를 들면, 삼벽의 해에 태어난 사람은 삼벽의 지배하에서 일정한 성질과 운세(運勢)를 타고 나게 되니, 그 해를 보아서 그 사람의 운세와 방위의 길흉(吉凶)을 점친다. 구성을 팔괘(八卦)에 배당해서 그 본궁(本宮)을 정하였다.

예를 들면, 일백은 수성(水星)이 되어 북방을 본궁으로 하고, 이흑은 토성(土星)이 되어 남서궁을 본궁으로 하며, 삼벽은 목성(木星)이 되어 동방을 본궁으로 하는 것 따위이다.

구성은 해마다 역행(逆行)하여 중앙의 별이 이동하고 교체한다. 어떤 사람의 별이 중앙에 자리잡았을 때, 이것을 본명성(本命星)이라고 하며, 이 해에는 팔방이 적살(的殺 : 흉한 방위)이 된다. 별이 남방에 있을 경우에는 북방을 적살로 보아서 삼가야 한다.

어떤 별이 중앙의 중궁(中宮)에 자리잡았을 때에 다른 인접한 별이 대신 그 본궁을 차지한 것을 암검살방(暗劍殺方)이라고 하여 매우 흉한 방위로 보는 것 등이 있다.

① 운수(運數) 보는 표

九星	해당띠	九星宮合
一白 水星	甲子 癸酉 壬午 辛卯 庚子 己酉 戊午	大吉 六白・七赤 吉 三碧・四綠 半吉 一白 凶 九紫 大凶 二黑・五黃・八白
二黑 土星	壬申 辛巳 庚寅 己亥 戊申 丁巳	大吉 九紫 吉 六白・七赤 半吉 二黑・五黃・八白 凶 一白 大凶 三碧・四綠
三碧 水星	辛未 庚辰 己丑 戊戌 丁未 丙辰	大吉 一白 吉 九紫 半吉 三碧・四綠 凶 二黑・五黃・八白 大凶 六白・七赤
四綠 水星	庚午 己卯 成子 丁酉 丙午 乙卯	大吉 一白 吉 九紫 半吉 三碧・四綠 凶 三黑・五黃・八白 大凶 六白・七赤
五黃 土星	己巳 戊寅 丁亥 丙申 乙巳 甲寅 癸亥	大吉 九紫 吉 六白・七赤 半吉 二黑・五黃・八白 凶 一白 大凶 三碧・四綠
六白 金星	戊辰 丁丑 丙戌 乙未 甲辰 癸丑 壬戌	大吉 二黑・五黃・八白 吉 一白 半吉 六白・七赤 凶 三碧・四綠 大凶 九紫
七赤 金星	丁卯 丙子 乙酉 甲午 癸卯 壬子 辛酉	大吉 二黑・五黃・八白 吉 一白 半吉 六白・七赤 凶 三碧・四綠 大凶 九紫
八白 土星	丙寅 乙亥 申甲 癸巳 壬寅 辛亥 庚申	大吉 九紫 吉 六白・七赤 半吉 二黑・五黃・八白 凶 一白 大凶 三碧・四綠
九紫 火星	乙丑 甲戌 癸未 壬辰 辛丑 庚戌 己未	大吉 三碧・四綠 吉 二黑・五黃 八白 半吉 九紫 凶 六白・七赤 大凶 一白

② 타고난 성격

一白	正直誠實柔順하고 多才氣高한 性品을 具備하여 天運豊富하다. 그러나 倣慢偏俠하여 利己的이고 自負心 또한 强하여 輕率하므로 失敗를 自招하는 일이있다. 名譽慾强하여 多繁하므로 한 가지 일에 忠實할 수 없다. 남을 얕보지 말고 남의 忠告에도 귀다듬어 堅忍持久하는 精神的修養없으면 남에게 기만 당하여 亡身하는 일 있겠으므로 覺醒있는 處世를 要한다.
二白	溫順·正直·柔和하고 귀엽고 복스럽지만 수줍고 氣質柔弱하여 決斷力 없고 推進力 弱하여 타고난 福德도 놓쳐버릴 수 있으므로 快活한 氣質과 自主獨立心을 길러 일을 果敢히 하도록 留意하라. 한편 內心은 고집이 세어 남의 말은 듣지 않으면서 依他的이고 질투심도 强하고 시기심도 많으므로 이 長點들을 反省하여 修養 努力하면 繁榮 大成하리라.
三碧	소위 內柔外剛이다. 多才機敏能辯으로서 社交的이며 陽性的이다. 心中平溫 仁慈하여 潔白하고 邪氣없다. 向上心 强하고 精力家인데 反하여 率直하여 秘密없고 忍耐力 弱하고 燥急하여 失敗를 自招하는 일 있다. 日常 화나는 일을 참아서 不平論爭 訴訟을 피하여 自身의 義心 親切心을 살려서 남을 爲하여 奉仕한다면 人望을 얻어 發展大成하리라.
四綠	多智柔才溫順하고 社交的이다. 그러나 固執세고 疑惑心 많아서 心中煩悶不絶이다. 是非不問하고 自己主張을 관철하려는 옹고집 때문에 남의 强彈을 받는 일 있으므로 改過 않으면 成功은 難望이다. 本是進取의 氣象 豊富하므로 天分을 發揮하지만 成功을 燥急히 굴어 先輩의 意見들어 一身의 方向을 定하고 穩健順應하면 世人好評裡에 開運發展한다.
五黃	豪傑型指導者格이다. 氣象高邁하고 寬大豪壯 過敢하여 豪傑心强하며 親和性있으며 지나치게 남의 周旋에 沒頭하여 自身의 福分을 놓쳐 困難할 경우 있다. 初年은 苦生, 中年은 孝福, 末年 苦生하는 일 있으므로 中年에 諸事留意할 것이 緊要하다. 情으로 對人하고 謙遜하며 自己反省에 等閑하지 않으면 貧家出身이라도 開運發展하리라. 파란곡절많은 生涯로 發展하면 指導者로 大成하고. 零落하면 悲慘하다.
六白	聰明正直高尙하여 謙德者는 大成하고 凡庸者는 失敗한다. 애교 없고 親和性없고 非社交的이며 分에 相應치 않은 大望을 품음으로써 一生을 망치는 일 없다. 不平 많고 고집 세고 남을 멸시하고 利己的인 面이 많다. 家庭不和에 조심해야하고 上司에 順從하여 職分을 지켜 誠心努力하여 慮慾부리지 않으면 開運發展하여 中年後는 致富하고 長壽하리라.
七赤	怜悧하고 多才溫順하고 能辯이다. 애교있고 親和性 있고 社交的이다. 그러나 自負心强하여 高慢하고, 慾心 많으면서 결단성 없으므로 생각 하는 일 많아서 항상 煩悶한다. 自己短點을 바로 洞察하여 交際를 反省하고 統率力을 기르면 人을 얻을 수 있다. 表裏없이 虛言을 삼가고 화내지 않고 私慾을 억눌려 謙遜하게 天與의 才能을 利用하면 大成하리라.
八白	소위 外柔內剛의 成格이다. 溫順篤實하고 柔和質朴正直하지만 內心强健 성미다. 忍耐力 强하고 努力家이므로 事業에 成功하여 남의 尊敬을 받는다. 그러나 固執세고 인색하고 薄情하고 目的을 爲하여 背信하는 일도 없지 않은 自己反省을 하여 交際에 主義하면 開運發展 의심할 여지없다.
九紫	謙遜穩健하고 奢侈하고 陽性的이다. 한번 생각하면 빨리 成功시키려고 서두르는 氣質이 있어 덤비고 휩쓸리는 일이 있다. 보기에는 훌륭하나 性急하고 內心不安狀態에 있다. 눈치빠르고 才幹있고 날쌔어서 어떤 일의 始作은 잘하지만 꾸준한 努力을 하지못하여 失敗하는 일이 있으므로 堅忍不拔의 修養을 하면 그 才能과 人品을 살려 有緊한 生涯를 보낸다.

③ 태어난 해의 운수와 그 해 운수 보는 법

一白 水星	本命星이 西北(乾戌亥) 方인 乾宮, 즉 强運宮에 在泊하여 金生水로 相生이지만, 九紫火星의 中宮과는 水剋火의 相剋이다. 게다가 凶神뿐이고, 吉神이 없다. 이런 年盤座相에서 판단하면, 强運年이긴 하지만 獨斷的行動은 절대 禁物이다. 모든 일을 착실히 검토하여 신중히 대처하라, 선배의 도움을 얻을 年運이므로 진심으로 指導받는 것이 현명하다. 車 운전은 특히 조심하라. 建築·健墓·開業·就職·移轉 등 모두 吉하다.
二黑 土星	本命星이 西(酉庚辛)方인 兌宮. 즉 喜樂宮에 回座하여 土生金이고, 中宮과도 火生土로 둘다 相生이다. 吉凶神 各三體이다. 이런 年監座相에서 판단하면 吉運年에 틀림이 없다. 따라서 社交面·래저 등에서의 밸런스를 건전하게 유지하는 努力이 필요하다. 暴飮·暴食을 말라. 未婚者에는 戀愛·結婚도 있음직 하다. 建築·健墓·開業·結婚·移轉 등 모두 吉하다.
三碧 木星	本命星이 東北(艮丑寅)方인 艮宮, 즉 變化宮(鬼門)에 在泊하여 本剋土의 相剋이지만, 中宮과는 木生化로 相生이다. 吉凶神도 좋지가 않다. 이런 年盤座相에서 판단하면, 苦生이 많은 衰運年이라고 하겠다. 적극적인 일은 무 보류, 신규사업엔 절대로 손대지 말라. 安全第一 주의로 萬事退守가 上策이다. 이제까지 순조롭던 분에겐 금년이 運勢의 전환기이므로 단단한 警戒가 필요하다. 健策·健墓·開業·移轉·登山·就職 등 모두 凶하다.
四綠 木星	本命星이 南(午內丁)方인 離宮, 頂上宮에 同座하여 木生火이다. 그 위에 吉神이 四體나 同座하곤 있으나 大凶星인 暗欽殺을 곁들인 凶神들은 放心을 不許한다. 이런 年盤座相에서 판단하면, 今年은 모든 일에 細心한 注意가 필요하고, 樂觀을 절대 不許한다. 直感的인 판단과 機敏한 행동이 奏効하는 年運이긴 하나 정말 조심하라…文書·印鑑·負傷·火災· 등. 建築·健墓·移轉 등 皆吉하다.
五黃 土星	本命星이 北(子壬癸)方인 坎宮, 즉 困難宮에 臨迫하여 土剋이나, 中宮과는 火生土로 相生이다. 歲德·天道등 二吉神에 災殺 등 七凶神이 들었다. 이 年盤座相에서 판단하면 最惡의 凶運은 避한다할지라도 困難宮에 들었으므로 放心은 禁物이고 모든 일의 처리는 自重함이 賢明하다. 執着心이나 獨斷專行으로 意外의 災難을 당할 수도 있다. 誘惑·秀災·盜難·自己健康등 警戒를 요한다. 建築·健墓·開業·結婚 등 모두 凶하다.
六白 金星	本命星이 西南(坤申未)方인 坤宮, 즉 準備宮(裏鬼門)에 在泊하여 土生金으로 相生인데, 中宮과는 火剋金으로 相剋이다. 吉凶神의 按配는 無難하다. 이런 年盤座相에서 판단하면, 準備宮에 들었다고는 하지만 개운치가 않은 年運이다. 그러나 多少의 困難을 각오하고 努力精進하면 차츰 光明이 비쳐온다. 新規事業엔 절대로 손대지 말라. 自己健康에 특히 조심하라. 親戚·知己로 因한 걱정도 있겠다. 建築·健墓 등은 보류함이 좋다.
七赤 金星	東(卯甲乙)方인 裏宮, 즉 開運宮에 回座하여 金剋木이고, 中宮과도 火剋金으로 둘다 相剋이다. 二吉神에서 판단하면, 開運宮에 들었으므로 盛運年에는 틀림 없으나, 不和·論爭은 절대 禁物이고 모든 일에 自重해야 한다, 또 每事를 公明正大하게 대처하면서 發言이나 行爲에 責任있게 행동하면 開運發展할 것이다, 交通事故·詐欺·誘惑에 조심하라. 建築·健墓·移轉 등 皆吉하다.
八白 土星	本命星이 東南(巽辰巳) 方인 巽宮, 즉 福運宮에 任泊하여 木剋土로 相剋이지만, 中宮과는 年盤座相에서 판단하면 福運宮에 든 吉運年이긴 하지만 安心할 수는 없는 年運이다. 모든 일을 착실히 신중하게 대처하지 않으면 안된다. 義理를 尊重하고, 信用第一로 堅忍白重하게 행동하라. 婚談·新親去來·建築·健墓·開業·移轉 등 모두 보류하는 것이 賢明하다.
九紫 火星	本命星이 복판인 中宮, 즉 靜觀宮에 在泊하여 火生土로 相生이다. 이런 年盤座相에서 판단하면, 八方이 꽉 막힌 最凶運年은 아니지만 積極的인 행동이나 倣慢 頑固한 태도는 삼가야 한다, 본래 本命星이 中宮에 들면 모든 일에 참여하고 싶어져 輕擧妄動할 염려가 있다. 앞날의 計劃을 세워 冷靜 沈着하게 事物에 대처하는 자세가 필요하다. 健康管理도 중요한데 특히 腹部疾患에 主義하라. 建築·健墓·開業·轉職 등 모두 凶하다.

④ 타고난 적성

一白	은행원, 승녀, 목자, 건구상, 철물, 농업, 목재상, 문학, 미술, 의사
二黑	공무원, 외교관, 변호사, 의사, 문학, 미술, 음악, 피복상, 음식상, 철공업, 곡물, 과자, 잡화상
三碧	공무원, 승려, 목자, 은행원, 농업, 신탄, 목재상, 해원, 음식업
四綠	주조, 조장, 유업, 지물, 토기목공, 농업, 신탄, 의사, 승려, 주선업, 잡화상, 피복점, 연예인
五黃	은행원, 공무원, 중개업, 도자기, 목공, 토공, 문학, 미술, 곡물, 철물, 농업, 의사, 변호사
六白	인쇄업. 철물상, 공무원, 항해, 어물상, 토건업, 토목, 농업, 도자기, 주조, 조장
七赤	변호사, 야담, 만담가, 농업, 미술, 문학, 주조, 유업, 곡물, 요정, 여관업
八白	공무원, 농업, 승려, 목자, 정치가, 토건업, 건물, 변호사, 은행원
九紫	토건업, 신탄, 삭목, 곡물, 문학, 도자기, 미술, 의사, 승려, 목자

※ 보는 법

1950년 생의 경우.

먼저 만세력에서 자기의 띠를 보면 庚寅(경인)이므로 운수보는 표에서 경인을 찾으면 2흑(二黑)이 된다, 즉 2흑이 자기가 태어난 구성(九星)의 운명이다.

또 1950년 생이 1996년도의 운수를 보고자 할 때는 만세력에서 연백(年白)을 보면 2흑(二黑)의 자리(구성 팔문도 참조)에 一白이 차지하고 있으므로 一白을 운수 설명란에서 읽으면 그 해의 자기의 운수가 된다. 별은 해마다 바뀌므로 운수도 해마다 바뀌는 것이다.

2) 태일구궁법(太一九宮法)

◎ 태일구궁표(太一九宮表)

南

	巽 四	離 九	女甲子 逆 坤 二	
東	震 三	中 五	兌 七	西
	艮 八	男甲子 順 坎 一	乾 六	

北

태일구궁법은 팔괘(八卦)를 그 방위대로 배열(配列)하고 거기에다 1에서 9까지의 수를 맞추어 놓았는데 사방의 합계가 꼭 들어맞으며, 북극성(北極星)의 신(神)인 태일(太一)이 차례로 구궁(九宮)을 돈다고 하였다.

신비수(神秘數)의 개념(概念)과 천문의 지식을 결부시킨 것으로서 구성의 수의 배열이 이것과 일치된다,

○구궁궁합 조견표

여자의 生 / 남자의 生	甲子 癸酉 壬午 辛卯 庚子 己酉 戊午 坤	乙丑 甲戌 癸未 壬辰 辛丑 庚戌 己未 震	丙寅 乙亥 甲申 癸巳 壬寅 辛亥 庚申 巽	丁卯 丙子 乙酉 甲午 癸卯 壬子 辛酉 中	戊辰 丁丑 丙戌 乙未 甲辰 癸丑 壬戌 乾	己巳 戊寅 丁亥 丙申 乙巳 甲寅 癸亥 兌	庚午 己卯 戊子 丁酉 丙午 乙卯 艮	辛未 庚辰 己丑 戊戌 丁未 丙辰 離	壬申 辛巳 庚寅 己亥 戊申 丁巳 坎
甲子 癸酉 壬午 辛卯 庚子 己酉 戊午 坎	절명	복덕	생기	천의	유혼	화해	천의	절체	귀혼
乙丑 甲戌 癸未 壬辰 辛丑 庚戌 己未 離	유혼	생기	복덕	화해	절명	천의	화해	귀혼	절체
丙寅 乙亥 申甲 癸巳 壬寅 辛亥 庚申 艮	생기	유혼	절명	귀혼	복덕	절체	귀혼	화해	천의
丁卯 丙子 乙酉 甲午 癸卯 壬子 辛酉 兌	복덕	절명	유혼	절체	생기	귀혼	절체	천의	화해
戊辰 丁丑 丙戌 乙未 申辰 癸丑 壬戌 乾	절체	천의	화해	복덕	귀혼	생기	복덕	절명	유혼
己巳 戊寅 丁亥 丙申 乙巳 甲寅 癸亥 中	귀혼	화해	천의	생기	화해	유혼	절명	복덕	생기
庚午 己卯 戊子 丁酉 丙午 乙卯 巽	천의	절체	귀혼	절명	화해	유혼	절명	복덕	생기
辛未 庚辰 己丑 戊戌 丁未 丙辰 震	화해	귀혼	절체	유혼	천의	절명	유혼	생기	복덕
壬申 辛巳 庚寅 己亥 戊申 丁巳 坤	귀혼	화해	천의	생기	절체	복덕	생기	유혼	절명

남자는 甲子를 감궁(坎宮)에 붙여 九宮을 거꾸로 돌리고 (坎, 離, 艮, 兌, 乾, 中, 巽, 震, 坤) 여자는 곤궁(坤宮)에 甲子를 붙여 九宮을 순(坤, 震, 巽, 中, 乾, 兌, 艮, 離, 坎)으로 돌려 나가다가 출생한 생년태세(生年太歲)에 이르는 곳이 괘(卦)를 기준하여 본다. 宮에 들면 남자는 坤宮으로 따지고 여자는 艮宮으로 따진다. 생기(生氣)·복덕(福德)·천의(天醫)는 대길하고 본궁(本宮—즉 歸魂)은 평상하며 절체(絶體)와 유혼(遊魂)은 가령 庚子生 男子와 辛丑生 女子는 복덕 궁합이니 길하고, 남자 癸卯生과 여자 戊申生은 화해 궁합이 되어 대흉하다. 그 외에도 같은 요령으로 남자와 여자의 생을 대조하여 어느 궁합에 해당하는가를 본다.

제2장 혼인 택일법(擇日法)

1. 혼인 택일

혼인 택일은 신부에 해당되는 생기, 복덕, 천의 날이면 제일 좋고, 유혼, 절체 날은 보통이고 화해, 절명, 귀혼 날은 쓰지를 못한다.

다음으로는 황도일과 흑도일이 있는데 황도일만이 길일(좋은 날)로 쓴다. 그리고 十三가지의 살(殺)이 있는 날을 피해야 하고 입춘일과 입하일과 입추일, 입동일, 동지, 단오, 사월초파일을 피하여야 한다. 다음은 대개 생기일과 황도일을 가려서 쓴다.

이 중에 지붕을 이는 날은 천화일만 피하고 고사(告祠)날은 공망일(空亡日)을 피하여야 한다.

2. 혼인달 가리는 법

여자의 생년으로 혼인하는 달을 가리는 것으로 대리월(大利月)을 택함이 가장 좋으며 방부주(妨夫主)와 방여신(妨女身)은 피하여야 한다. 여자의 생(生)으로 기준한다.

가취월명	길흉	설 명	子午生	丑未生	寅申生	卯酉生	辰戌生	巳亥生
大 利 月	吉	혼인대길	6月 11月	5月 12月	2月 8月	1月 7月	4月 10月	3月 9月
妨 媒 氏	平	대리월이 맞지 않으면 무관함	1月 7月	4月 10月	3月 9月	6月 12月	5月 11月	2月 8月
妨 翁 姑	平	시부모 불리	2月 8月	3月 9月	4月 10月	5月 11月	6月 12月	1月 7月
妨女父母	平	여부모 불리	3月 9月	2月 8月	5月 11月	4月 10月	1月 7月	6月 12月
妨 夫 主	凶	신랑이 흉함	4月 10月	1月 7月	6月 12月	3月 9月	2月 8月	5月 11月
妨 女 身	凶	신부가 흉함	5月 11月	6月 12月	1月 7月	2月 8月	3月 9月	4月 10月

3. 혼인하는 달이 나쁜 경우

다음에 해당하는 달에 혼인하는 여자는 결혼한 후 남편과 이별하는 수가 생길 수도 있으니 될 수 있으면 피하는 것이 좋다.

子(쥐)生女→1月, 2月, 丑(소)生女→4月, 寅(범)生女→7月, 卯(토끼)生女→12월, 辰(용)生女→4月, 巳(뱀)生女→5月, 午(말)生女→8,12月, 未(양)生女→6,7月, 申(원숭이)生女→6,7月, 酉(닭)生女→8月, 戌(개)生女→12月, 亥(돼지)生女→7,8月

4. 혼인총기일(婚姻總忌日)

다음에 해당하는 일자에 결혼을 하면 부부지간에 생사 이별이 있고 또는 무자(無子)하거나 병고(病苦)하는 자가 많다.

입춘(立春)·입하(立夏)·입추(立秋)·입동(立冬)·춘분(春分)·십악(十惡)·피마(披麻)·복단(伏斷)·동지(冬至)·단오(端午)·四月八日·初四日·初三日·十二日·二十六日·천공일(天空日)·二十四日·지공일(地空日)·월염(月厭)·월대(月對)·남녀본명일(男女本命日=甲子生이면 갑자일)

5. 남녀 혼인 날짜 가리는 법

1. 생기-월덕-천의는 대길일(大吉日)

2. 귀혼-유혼-절체는 평길일(平吉日)

3. 화해-절명은 불길일(不吉日)

아래 표에서 남자는 위에서, 여자는 아래에서 자기의 나이를 찾아서 남자면 아래로 내려가고, 여자면 위로 올라와 대길이나 평길을 찾아 오른편에서 무슨 날에 해당한가를 봐서 만세력에서 해당 년도를 찾아 여기서 해당되는 날을 찾아 정하면 된다.

예를 들면 二十六세의 남자가 혼인 날짜를 좋은 날짜를 택할려고 할 때는 二十六은 위의 오른편에 있으니 거기서부터 아래로 내려와 길을 찾으니 맨 위는 화해로 불길이니, 그 다음은 절체로 평길이니 괜찮고 다음은 절명이니 불길이고, 다음은 유혼이니 평길이니 괜찮고, 다음은 천의는 대길, 그 다음은 복덕, 역시 대길이다. 그러니 오른편의 날짜를 보면 천의는 오(午)의 날짜니 만세력에서 오(午)의 날을 골라서 사용하면 된다.

남자	나이	58	59	60	61	62	63	64	65
		50	51	52	53	54	55	56	57
		42	43	44	45	46	47	48	49
		34	35	36	37	38	39	40	41
		26	27	28	29	30	31	32	33
		18	19	20	21	22	23	24	25
		10	11	12	13	14	15	16	17
만세력에서 골라야 할 날	자(子)	화해	유혼	귀혼	천의	복덕	생기	절체	절명
		불길	평길	평길	대길	대길	대길	평길	불길
	축 인 (丑)(寅)	절체	복덕	천의	귀혼	유혼	절명	화해	생기
		평길	대길	대길	평길	평길	불길	불길	대길
	묘(卯)	절명	천의	복덕	유혼	귀혼	절체	생기	화해
		불길	대길	대길	평길	평길	평길	대길	불길
	진 사 (辰)(巳)	유혼	화해	생기	절명	절체	귀혼	복덕	천의
		평길	불길	대길	불길	평길	평길	대길	대길
	오(午)	천의	절명	절체	화해	생기	복덕	귀혼	유혼
		대길	불길	평길	불길	대길	대길	평길	평길
	미 신 (未)(申)	복덕	절체	절명	생기	화해	천의	유혼	귀혼
		대길	평길	불길	대길	불길	대길	평길	평길
	유(酉)	귀혼	생기	화해	절체	절명	유혼	천의	복덕
		평길	대길	불길	평길	불길	평길	대길	대길
	술 해 (戌)(亥)	생기	귀혼	유혼	복덕	천의	화해	절명	절체
		대길	평길	평길	대길	대길	불길	불길	평길
여자	나이	10	17	16	15	14	13	12	11
		18	25	24	23	22	21	20	19
		26	33	32	31	30	29	28	27
		34	41	40	39	38	37	36	35
		42	49	48	47	46	45	44	43
		50	57	56	55	54	53	52	51
		58	65	64	63	62	61	60	59

6. 살부대기월(殺夫大忌月)

가취월의 좋은 달을 가린 후 여자의 생년으로 살부대기월을 보아 그 달에 시집가면 상부(喪夫)를 하게 되므로 결혼을 하지 말라는 것이다.

쥐띠(子年生)인 여자는 二월에 혼인을 아니 한다.

소띠(丑年生)인 여자는 四월에 혼인을 아니 한다.

호랑이띠(寅年生)의 여자는 七월에 혼인을 아니 한다.
토끼띠(卯年生)의 여자는 十二월에 혼인을 아니 한다.
용띠(辰年生)의 여자는 四월에 혼인을 아니 한다.
뱀띠(巳年生)의 여자는 五월에 혼인을 아니 한다.
말띠(午年生)의 여자는 八월과 十二월에 혼인을 아니 한다.
양띠(未年生)인 여자는 六월과 七월에 혼인을 아니 한다.
원숭이띠(申年生)의 여자는 六월과 七월에 혼인을 아니 한다.
닭띠(酉年生)의 여자는 八월에 혼인을 아니 한다.
개띠(戌年生)의 여자는 十二월에 혼인을 아니 한다.
돼지띠(亥年生)의 여자는 七월과 八월에 혼인을 아니 한다.

7. 혼인시의 길일

이 날을 택하면 살성이 비쳐도 해소가 된다.

1月	丙寅	庚寅	丁卯	辛卯	戊寅	丁丑	乙丑	己卯	丙子	戊子	庚子			
2月	丙子	丙戌	丙寅	庚子	庚戌	戊寅	戊子	戊戌	乙丑	丁丑	己丑			
3月	丙子	丙戌	甲子	甲戌	乙丑	丁丑	丁酉	己酉	戊子	戊戌				
4月	甲子	甲戌	甲申	丙子	丙申	丙戌	戊子	戊申	戊戌	乙酉	丁酉	己酉		
5月	甲申	甲戌	丙申	丙戌	乙未	乙酉	戊申	戊戌	癸未	癸酉				
6月	甲戌	甲申	甲午	辛巳	辛未	壬辰	壬午	壬申	癸巳	癸未				
7月	甲午	甲申	乙巳	乙未	乙酉	壬午	壬申	癸巳	癸未	癸酉				
8月	甲辰	甲午	甲申	辛巳	辛未	壬辰	壬午	壬申	癸巳	癸未				
9月	庚辰	庚午	辛卯	辛巳	辛未	壬辰	壬午	癸卯	癸巳	癸酉				
10月	庚寅	庚辰	庚午	辛卯	辛巳	壬寅	壬辰	壬午	癸卯	癸巳				
11月	庚寅	庚辰	辛丑	辛卯	辛巳	丁卯	丁丑	丁巳	己丑	壬寅	己卯			
12月	庚子	庚寅	丙子	丙寅	丙辰	戊子	戊寅	戊辰	辛卯	辛酉	丁卯	丁丑	己卯	己丑

8. 남혼흉년(男婚凶年)

남자는 여자의 년(年)을 상대로 하여 보게 되는 것이므로 그 해에 혼인을 하면 남자에게 흉하니 그 해에는 결혼을 하지 말라는 것이다.

예로써 쥐띠(子年生)의 남자는 미년(未年)에 혼인을 아니 한다.
子生－未年, 丑生－申年, 寅生－酉年, 卯生－戌年, 辰生－亥年, 巳生－子年,
午生－丑年, 未生－寅年, 申生－卯年, 酉生－辰年, 戌生－巳年, 亥生－午年

9. 여혼흉년(女婚凶年)

여자는 남자의 해를 상대로 하여 보는 것이므로 여자가 그 해에 결혼을 하면 부부간에 불행이 오게 되며 여자가 흉하게 되니 가급적 피하는 것이 좋다.

子生－卯年, 丑生－寅年, 寅生－丑年, 卯生－子年, 辰生－亥年, 巳生－戌年,
午生－酉年, 未生－申年, 申生－未年, 酉生－午年, 戌生－巳年, 亥生－辰年

10. 음양부장길일(陰陽不將吉日)

음양부장길일은 가취에 가장 길한 날로써 천적(天賊)・수사(受死)・홍사(紅紗)・피마(披麻)・월염(月厭)・월대(月對)의 모든 흉일(凶日)을 뺀 길일이니 화해(禍害)・절명(絶命)・복단(伏斷)・월파(月破)・월살(月殺)을 피하여 길신(吉神) 중에서 택일하면 혼인에 가장 길한 날이다.

11. 가취대흉일(嫁娶大凶日)

춘(春)－甲子・乙丑日　하(夏)－丙子・丁丑日
추(秋)－庚子・辛丑日　동(冬)－壬子・癸丑日
正・五・九月－庚日　二・六・十月－乙日
三・七・十一月－丙日　四・八・十二月－癸日

12. 상부상처살(喪夫喪妻殺)

三月－丙午・丁未日(상처)　三月－壬子・癸亥日(상부)

13. 고과살(孤寡殺)

고과살이란 두 사람의 생년을 대조하여 보는 바 이 살(殺)에 걸리면 부부가 생사이별수(生死離別數)가 있기에 고독하고 과부가 되니 고과살이라 한다.

첫째, 해자축생인고술과살(亥子丑生寅孤戌寡殺)…돼지・쥐・소띠의 사람은 범띠와 만나면 고독살이 되고 개띠를 만나면 과부살이 된다.

둘째, 인묘진생사고축과살(寅卯辰生巳孤丑寡殺)…범・토끼・용띠는 뱀띠와 만나면 고독살이 되고 소띠를 만나면 과부살이 된다.

셋째, 사오미생신고진과살(巳午未生申孤辰寡殺)…뱀・말・양띠는 원숭이띠를 만나면 고독살이 되고 용띠를 만나면 과부살이 된다.

넷째, 신유술생해고미과살(申酉戌生亥孤未寡殺)…원숭이・닭・개띠의 사람이 돼지띠를 만나면 고독살이 되고 양띠를 만나면 과부살이 된다.

이 외에도 하늘이 낸 과부살이 있고 땅이 낸 과부살이 있으니 어느 달을 말할 것없이 토끼날(卯日)에 출생하거나 닭날(酉日)에 출생하면 이 살에 걸리니 이 달에 출생한 사람은 과부가 된다는 뜻이다.(每月卯日天寡殺 每月酉日地寡殺)

14. 오합일(五合日)

혼인 및 백사에 길하나 제사에나 천정(穿井)에는 불길하다.
일월합(日月合)－甲寅・乙卯　음양합(陰陽合)－丙寅・丁卯
인민합(人民合)－戊寅・己卯　금석합(金石合)－庚寅・辛卯
강하합(江河合)－壬寅・癸卯

15. 세간길신(歲干吉辰)

日干 名	甲	乙	丙	丁	戊	己	庚	辛	壬	癸
歲德合	己	乙	辛	丁	癸	己	乙	辛	丁	癸
歲　德	甲	庚	丙	壬	戊	申	庚	丙	壬	戊
天官貴人	未	辰	巳	寅	卯	酉	亥	申	戌	午
太極貴人	子	午	酉	卯	巳	午	寅	亥	巳	申

16. 통용길일(通用吉日)

음양부장길일의 다음 가는 길일이다.
乙丑・丁卯・丙子・丁丑・辛卯・癸卯・乙巳・壬子・癸丑・己丑・癸巳・壬午・乙未・丙辰・辛酉・庚寅

17. 세지길신(歲支吉辰)

日干 名	子	丑	寅	卯	辰	巳	午	未	申	酉	戌	亥
歲天德	巽	庚	丁	坤	壬	辛	乾	甲	癸	辰	丙	乙
天德合	申	乙	壬	巳	丁	丙	寅	己	戊	亥	辛	庚
歲月德	壬	庚	丙	甲	壬	庚	丙	甲	壬	庚	丙	申
月德合	丁	乙	辛	己	丁	乙	辛	己	丁	乙	辛	乙
驛　馬	寅	亥	申	巳	寅	亥	申	巳	寅	亥	申	巳

18. 칠살일(七殺日)

혼인 및 모든 일에 불길하다.
각일(角日)·항일(亢日)·규일(奎日)·누일(婁日)·귀일(鬼日)·우일(牛日)

19. 혼인납징정친일(婚姻納徵定親日)

이 날은 사주(四柱)와 납채(納采)를 보내는데 길한 날이다.
乙丑·丙寅·丁卯·辛未·戊寅·己卯·庚辰·丙戌·戊子·己丑·壬辰·癸巳·乙未·戊戌·辛丑·壬寅·癸卯·甲辰·丙午·丁未·庚戌·壬子·癸丑·甲寅·乙卯·丙辰·丁巳·戊午·己未·황도(黃道)·三合·五合·六合·천보(天寶)·양덕(陽德)·옥당(玉堂)·속세(續世)·육의(六儀)·천옥(天玉)·월은(月恩)·천희(天喜)·정성(定成)

20. 다음 경우의 남녀는 혼인을 않는다.

八月생인 여자와 二月생인 남자
六月생인 여자와 二月생인 남자
八月생인 여자와 十月생인 남자
十月생인 여자와 十一月생인 남자

21. 합혼 개폐법(合婚開閉法)

남녀가 결혼할 때의 적합한 나이
결혼하는 해로서는 대개(大開), 반개(半開), 폐개(閉開)의 해가 있는데 대개의 해에는 연애 결혼하면 부부가 잘 살고 반개해의 사람은 팽팽한 부부 생활을 하고 폐개해의 사람이 연애 결혼하면 부부가 이별하게 된다.
다음 표는 이에 해당되는 것을 표시한 것이니 각 개(開)에 해당된 나이는 남녀가 상호 잘 맞고 맞지 않은 것이니 가려써야겠다.

地支 / 나이 / 開	子 午 寅 酉 生	寅 申 巳 亥 生	辰 戌 丑 未 生
大 開	26 20 29 22 17	25 19 28 22 16 31	24 15 27 18 30 21
半 開	27 21 15 30 24 18	32 23 26 17 29 20	31 22 25 16 28 19
閉 開	28 22 16 31 25 19	33 24 15 27 18 30	32 23 26 17 29 20

22. 혼인할 때 주당 보는 법

이것은 신부가 신랑집으로 신행해 올 그 순간에 보지 않거나 피해야 할 것은 그 순간만 피해야 할 것은 그 순간만 피하거나 보지 않으면 된다.

그 보는 법은 혼인하는 달이 클 때는 큰달의 것을 보고 작을 때는 작은 것을 보는데 혼인하는 날짜가 정해졌을 때 그 날짜를 아래표에서 봐서 그 날자 맨 밑을 봐서 주당이 어디에 걸리는가를 봐 신랑이나 신부가 걸리면 안되니 一, 九, 十七, 二五, 七, 十五, 二三, 三一, 三, 十一, 十九, 二七, 日등의 날은 신행하면 안되고 부엌이나 아궁이나 처마밑이나 봉당이 걸리면 그 곳만 그날 신행와서 보지 않거나 들어가지 않으면 된다.

●큰 달인 경우

주당		날자			
夫	신랑	1	9	17	25
姑	시어머니·시누이	2	10	18	26
堂	봉당	3	11	19	27
翁	시아버지	4	12	20	28
第	처마밑	5	13	21	29
竈	아궁이	6	14	22	30
婦	신부	7	15	23	
廚	부엌	8	16	24	

●작은 달인 경우

주당		날자			
夫	신랑	1	9	17	25
廚	부엌	2	10	18	26
婦	신부	3	11	19	27
竈	아궁이	4	12	20	28
第	처마밑	5	13	21	29
翁	시아버지	6	14	22	
堂	봉당	7	15	23	
姑	시어머니·시누이	8	16	24	

23. 신행주당(新行周堂) 보는 법

이것이 신부가 신랑집으로 신행해 오는 때에 보는 것으로 주당에 걸리면 그 순간만 피하거나 보지 않으면 된다.

●큰 달인 경우

주 당		길 흉	날 자			
竈	아 궁 이	길	1	9	17	25
堂	봉 당	길	2	10	18	26
床	잔 치 상	흉	3	11	19	27
死	죽 음	흉	4	12	20	28
睡	뒷 문	흉	5	13	21	29
門	앞 문	흉	6	14	22	30
路	행 길	흉	7	15	23	
廚	부 엌	길	8	16	24	

●작은 달인 경우

주 당		길 흉	날 자			
廚	부 엌	길	1	9	17	25
路	행 길	흉	2	10	18	26
門	앞 문	흉	3	11	19	27
睡	뒷 문	흉	4	12	20	28
死	죽 음	흉	5	13	21	29
床	잔 치 상	흉	6	14	22	
堂	봉 당	길	7	15	23	
竈	아 궁 이	길	8	16	24	

24. 약혼에 좋은 날

아래와 같은 날짜에 약혼하거나 사주(四柱)또는 채단을 보내면 길하다. 乙丑 丙寅 丁卯 辛未 戊寅 己卯 庚辰 丙戌 戊子 己丑 庚寅 辛卯 壬辰 癸巳 乙未 戊戌 辛丑 壬寅 癸卯 甲辰 丙午 丁未 庚戌 壬子 癸丑 甲寅 乙卯 丙辰 丁巳 戊午 己未日이다.

25. 혼삼재(婚三災)

혼삼재는 띠와 띠끼리 만나게 되면 혼삼재에 걸리게 되는 바 여기 해당되면 부부가 생사이별(生死離別)하게 되고 가산(家產)에 패수(敗數)가 있으며 병액으로 고통을 받고 모든 일이 중도에서 좌절하게 된다.

첫째, 寅午戌年生人은 子丑寅年生人을 忌한다. 즉 호랑이·말·개띠 해에 태어난 사람은 쥐·소·호랑이띠를 만나면 삼재가 된다.

둘째, 亥卯未年生人은 酉戌亥年生人을 忌한다. 즉 돼지·토끼·양띠로 태어난 사람으로서 닭·개·돼지띠를 만나면 삼재가 된다.

셋째, 巳酉丑年生人은 卯辰巳年生人을 忌한다. 즉 뱀·닭·소띠로 태어난 사람은 토끼·용·뱀띠를 만나면 삼재가 된다.

넷째, 申子辰年生人은 午未申年生人을 忌한다. 즉 원숭이·쥐·용띠로 태어나 사람으로서 말·양·원숭이띠를 만나면 삼재가 된다.

26. 불혼법(不婚法)

이 불혼법은 출생한 달을 상대로 하여 궁합을 보게 되는데 여기에 해당되면 부부가 이별을 하고 자손이 없거나 가난하거나 병액이 있거나 갖은 풍파가 일어나서 불행하게 된다는 것이다.

正月生의 남자는 六月生의 여자와 혼인을 아니 한다.
二月生의 남자는 三月生의 여자와 혼인을 아니 한다.
三月生의 남자는 九月生의 여자와 혼인을 아니 한다.
四月生의 남자는 五月과 十月生의 여자와 혼인을 아니 한다.
五月生의 남자는 八月生의 여자와 혼인을 아니 한다.
六月生의 남자는 正月이나 七月生의 여자와 혼인을 아니 한다.
七月生의 남자는 十一月生의 여자와 혼인을 아니 한다.
八月生의 남자는 十二月生의 여자와 혼인을 아니 한다.
九月生의 남자는 十月生의 여자와 혼인을 아니 한다.
十月生의 남자는 五月과 七月生의 여자와 혼인을 아니 한다.
十一月生 남자는 二月生의 여자와 혼인을 아니 한다.
十二月生 남자는 五月生의 여자와 혼인을 아니 한다.

제3장 이사 방위 보는 법

이사 방위를 보는 방법은 이사를 할 사람의 나이가 몇인가를 안 후 아래표에서 나이 아래로 내려와 숫자가 나오면 그 숫자의 해석을 보고 나쁜 방위면 피하면 된다.

① 천록방(天祿方)으로 이사하면 하늘에서 녹을 주니 관록을 얻는다.
② 안손방(眼損方)으로 이사하면 눈이 멀게 된다.
③ 식신방(食神方)으로 이사하면 재물이 생기고 만사가 잘 된다.
④ 징파방(徵破方)으로 이사하면 재물이 흩어지고 도난을 당한다.
⑤ 오귀방(五鬼方)으로 이사하면 가택이 편하지 못하고 병을 얻는다.
⑥ 합식방(合食方)으로 이사하면 재물이 절로 들어와 부귀를 얻는다.
⑦ 진귀방(進鬼方)으로 이사를 하면 관(官)으로부터 재앙과 불상사가 일어난다.
⑧ 관인방(官印方)으로 이사하면 관록과 운수가 좋다.
⑨ 퇴식방(退食方)으로 이사하면 재물이 줄어든다.

방향	성별 \ 나이	10	11	12	13	14	15	16	17	18	19	20	21	22	23	24	25	26	27	28	29	30	31	32	33	34	35	36	37	38	39	40	41	42	43	44
동	남							7												1												4				
	여							6												9												3				
동남	남								8	1											3	4											6	7		
	여								8	8											2	3											5	6		
남	남										7												1													
	여										6												9												3	
남서	남											1	2											4	5										6	7
	여											9	1											3	4											6
서	남	5												8												2										
	여													7												1										
서북	남		5	6											8	9											2									
	여		4	5											7	8											1	2								
북	남				2												5											3	8							
	여				1												4												7							
북동	남					1	2											11	5											7	8					
	여					9	2											3	4											6	7	9				

나이 성별 방향		45	46	47	48	49	50	51	52	53	54	55	56	57	58	59	60	61	62	63	64	65	66	67	68	69	70	71	72	73	74	75	76	77	78	79
동	남								7												1												4			
동	여								6												9												3			
동남	남										1											3	4											6	7	
동남	여									8	8											2	3	3										5	6	
남	남											7												1												4
남	여											6												9												3
남서	남	8											1	2											4	5										
남서	여	7											9	1											3	4										
서	남		5												8												2									
서	여		4												7												1									
서북	남			5	6											8	9											2								
서북	여			4	5											7	8				5							1	2							
북	남					2												5											3	8						
북	여					1												4												7						
북동	남						1	2											4	5											7	8				
북동	여						9	1		8									3	4											6	7				

1. 이사 주당 보는 법

●큰 달인 경우

날자								
	1	2	3	4	5	6	7	8
	9	10	11	12	13	14	15	16
	17	18	19	20	21	22	23	24
	25	26	27	28	29	30		
주당	安(안)	利(리)	天(천)	害(해)	殺(살)	富(부)	師(사)	災(재)
길흉	좋음	좋음	좋음	나쁨	나쁨	나쁨	나쁨	나쁨

●작은 달인 경우

날자								
	1	2	3	4	5	6	7	8
	9	10	11	12	13	14	15	16
	17	18	19	20	21	22	23	24
	25	26	27	28	29			
주당	天(천)	利(리)	安(안)	災(재)	師(사)	富(부)	殺(살)	害(해)
길흉	좋음	좋음	좋음	나쁨	나쁨	나쁨	나쁨	나쁨

2. 안장 주당 보는 법

●큰 달인 경우

날자	1	2	3	4	5	6	7	8
	9	10	11	12	13	14	15	16
	17	18	19	20	21	22	23	24
	25	26	27	28	29	30		
주당	父(부)	男(남)	孫(손)	死(사)	女(여)	母(모)	婦(부)	客(객)
길흉	아버지가 피한다	남편이 피한다	손자가 피한다	피해야 할날	아내가 피한다	어머니가 피한다	며느리가 피한다	손님이 피한다

●작은 달인 경우

날자	1	2	3	4	5	6	7	8
	9	10	11	12	13	14	15	16
	17	18	19	20	21	22	23	24
	25	26	27	28	29			
주당	母(모)	女(여)	死(사)	孫(손)	男(남)	父(부)	客(객)	婦(부)
길흉	어머니가 피한다	아내가 피한다	피해야 한다	손자가 피한다	남편이 피한다	아버지가 피한다	손님이 피한다	부인이 피한다

3. 길일(吉日)을 찾아내는 법

좋은 날을 가리고져 할려면 우선 설명난에서 자기가 하고져 하는 날의 가장 좋은 날을 골라 그 아래로 내려와 선택할려는 달에서 머물러 이에 해당된 날을 이 책에 나온 만세력에서 가려내면 된다.

가령 집을 짓거나 무슨 일을 하는데 좋은 날을 택한다면 천덕이나 월덕이나 천덕합을 택하는 게 좋다. 一月은 丁字날, 二月엔 申字날 이런 식으로 보면 된다.

가령 음력 一九七〇年 二月에 글이나 흙 다루는 날을 택한다면 월공의 아래로 내려와 오른편에서 경자(庚字)의 날을 택하면 되는데, 만세력 二月에서 경자를 찾으면 二月 二十四日이 경술의 날이니 이날 중에서 정하면 되는 것이다.

월재(月財)의 九, 三, 四, 二, 七, 六, 九, 三, 四, 二, 七, 六 등은 날짜 그대로 하고, 옥제사일은 경신이면 경신의 날만 신자일이면 신자의 날만 선택해 쓰면 된다.

●길일 찾아내는 표

좋고 나쁜 날	설　　명	1月	2月	3月	4月	5月	6月	7月	8月	9月	10月	11月	12月
천덕(天德)	집짓고 장례에 쓰나 백사에 대길	丁	申	壬	辛	亥	甲	癸	寅	丙	乙	巳	庚
월덕(月德)	백사에 대길	丙	甲	壬	庚	丙	申	壬	庚	丙	申	壬	庚
천덕합(天德合)	천덕과 같이 씀	壬	巳	丁	丙	寅	巳	戊	亥	辛	庚	申	乙
월공(月空)	글을 올리고 고치거나 만들거나 흙을 다루는 날	壬	庚	丙	甲	壬	庚	丙	甲	壬	庚	丙	甲
월덕합(月德合)	월덕과 같이 씀	辛	己	丁	乙	辛	己	丁	乙	辛	己	丁	乙
월은(月恩)	황은대사와 같이 씀	丙	子	庚	己	戊	辛	壬	癸	庚	乙	甲	辛
월재(月財)	집짓고 이사하거나 장사에 씀	九	三	四	二	七	六	九	二	四	二	七	六
생기(生氣)	재물, 양자, 혼인에 씀	戌	亥	子	丑	寅	卯	辰	巳	午	未	申	酉
천의(天醫)	의사르 구하여 병을 다스릴 때	丑	寅	卯	辰	巳	午	未	申	酉	戌	亥	子
왕일(旺日)	상량, 하판에 쓰나 흙을 다투면 해로움	寅	寅	寅	巳	巳	巳	申	申	申	亥	亥	亥
상일(相日)	왕일과 같음	巳	巳	巳	申	申	申	亥	亥	亥	寅	寅	寅
해신(解神)	모든 살을 풀어서 백사에 대길	申	申	戌	戌	子	子	寅	寅	辰	辰	午	午
오부(五富)	집짓고 장사 지낼 때	亥	寅	巳	申	亥	寅	巳	申	亥	寅	巳	申
옥제사일(玉帝赦日)	하늘에서 사하는 날로 매사에 무조건 좋은 날	庚申	甲子	乙丑	丙寅	辛卯	壬辰	丁亥	甲午	乙未	丙申	辛酉	壬戌
황은대사(皇恩大赦)	모든 재앙이 없어지는 날	戌	丑	寅	巳	酉	卯	子	午	亥	辰	申	未
천사일(天赦日)	몸에 죄를 사하는 날	戌	丑	辰	未	戌	丑	辰	未	戌	丑	辰	未
요안일(要安日)	생을 받아 복을 받는 날	寅	申	卯	酉	辰	戌	巳	亥	午	子	未	丑
만통사길(萬通四吉)	무해 무득한 날	午	亥	申	丑	戌	卯	子	巳	寅	未	辰	酉

4. 흉일을 피하는 법

보는 법은 길일을 볼 때와 같고 다만 띠의 날을 택하는 점이 다르다. 즉 갑을병정 순서가 아니고 자축인묘 순서의 날을 택하는 점이다.

●흉일을 찾아내는 표

좋고 나쁜 날	설 명	1月	2月	3月	4月	5月	6月	7月	8月	9月	10月	11月	12月
강천(罡天)	백사에 해로우나 황도가 닿으면 씀	사	자	미	인	유	진	해	오	축	신	묘	술
하괴(河魁)	강천과 같음	해	오	축	신	묘	술	사	자	미	인	유	진
지파(地破)	흙을 다룰 때	해	자	축	인	묘	진	사	오	미	신	유	술
나망(羅網)	혼인, 송사, 출행할 때	자	신	사	진	술	해	축	신	미	자	사	신
멸몰(滅沒)	나망과 같음	축	자	해	술	유	신	미	오	사	진	미	인
천구(天拘)	제사 지낼 때	자	축	인	묘	진	사	오	미	신	유	술	해
왕망(往亡)	모든 출행에	인	사	신	해	묘	오	유	자	진	미	술	축
천적(天賊)	이사가거나 재물이나 돈거래할 때	진	유	인	미	자	사	술	묘	신	축	오	해
피마(披麻)	시집가거나 집을 들면 해로움	자	유	오	묘	자	유	오	묘	자	유	오	묘
홍사살(紅紗殺)	새집가면 해로움	유	사	축	유	사	축	유	사	축	유	사	축
온황살(瘟癀殺)	병치료, 집을 짓고 고치거나 이사하면 나쁜 날	미	술	진	인	오	자	유	신	사	해	축	묘
토온(土瘟	흙을 다루거나 샘을 못파는 날	진	사	오	미	신	유	술	해	자	축	인	묘
토기(土忌)	흙을 다루지 못하고 터닦지 못함	인	사	신	해	묘	오	유	자	진	미	술	축
토금(土禁)	흙을 다루지 못하는 날	해	해	해	인	인	인	사	사	사	신	신	신
천격(天隔)	출행 못하고 구관 못함	인	자	술	신	오	진	인	자	술	신	오	진
지격(地隔)	씨를 못뿌리고 장사 못지내는 날	진	인	자	술	신	오	진	인	자	술	신	오
산격(山隔)	산에 들어가거나 나무를 베거나 수렵하면 나쁜 날	미	사	묘	축	해	유	미	사	묘	축	해	유
수격(水隔)	물에 들어가거나 고기를 잡거나 배를 타면 나쁜 날	술	신	오	진	인	자	술	신	오	진	인	자

5. 십삼살(十三殺)

십삼살론은 혼인과 장사에 보며 이에 걸리는 날은 불길하므로 피하여야 하며 월(月)로써 본다.

月別 十三殺	一月	二月	三月	四月	五月	六月	七月	八月	九月	十月	十一月	十二月
天　殺	戌	酉	申	未	午	巳	辰	卯	寅	丑	子	亥
披麻殺	子	酉	午	卯	子	酉	午	卯	子	酉	午	卯
紅紗殺	申酉	辰巳	子丑	申酉	辰巳	子丑	申酉	辰巳	子丑	申酉	辰巳	子丑
受死殺	戌	辰	亥	巳	子	午	丑	未	寅	申	卯	酉
網羅殺	子	申	巳	辰	戌	亥	丑	申	未	子	巳	申
天賊殺	辰	酉	寅	未	子	巳	戌	卯	申	丑	午	亥
枯焦殺	辰	丑	戌	未	卯	子	酉	午	寅	亥	申	巳
歸忌殺	丑	寅	子	丑	寅	子	丑	寅	子	丑	寅	子
往亡殺	寅	巳	申	亥	卯	午	酉	子	辰	未	戌	丑
十惡殺	卯	寅	丑	子	辰	子	丑	寅	卯	辰	巳	辰
月厭殺	戌	酉	申	未	午	巳	辰	卯	寅	丑	子	亥
月　殺	丑	戌	未	辰	丑	戌	未	辰	丑	戌	未	辰
黃砂殺	午	寅	子	午	寅	子	午	寅	子	午	寅	子

6. 천월덕 합일(天月德 合日)

이 날을 쓰면 모든 살이 없어진다.

1) 천덕합(天德合)

一월－임(壬)일, 二월－기(己)일, 三월－정(丁)일, 四월－병(丙)일, 五월－인(寅)일, 六월－사(巳)일, 七월－술(戌)일, 八월－해(亥)일, 九월－신(辛)일, 十월－경(庚)일, 十一월－갑(甲)일, 十二월－을(乙)일

2) 월덕합(月德合)

一월－신(辛)일, 二월－기(己)일, 三월－정(丁)일, 四월－을(乙)일, 五월－신(辛)일, 六월－기(己)일, 七월－정(丁)일, 八월－기(己)일, 九월－신(辛)일, 十월－기(己)일, 十一월－정(丁)일, 十二월－을(乙)일

7. 큰 공망일(大空亡日)

이 날은 무슨 일을 하든 좋은데 굿하고 제사 지내고 기도하는 때는 안 된다.

보는 법은 만세력에서 이 날 가려내면 된다.

갑신일(甲申日), 무신일(戊申日), 갑술일(甲戌日), 갑오일(甲午日), 임자일(壬子日), 임인일(壬寅日), 임진일(壬辰日), 계묘일(癸卯日), 을축일(乙丑日), 을해일(乙亥日), 을유일(乙酉日).

8. 천농일(天聾日)

—하늘이 귀먹는 날

이 날은 무슨 일을 하든 좋은 날이다.

보는 법은 만세력에서 이 날을 고르면 된다.

병인일(丙寅日), 무진일(戊辰日), 병자일(丙子日),

경자일(庚子日), 임자일(壬子日), 병진일(丙辰日),

9. 지아일(地啞日)

이 날은 땅이 벙어리가 되는 날이므로 무슨 일을 하든 좋으며 보는 법은 달력에서 이 날을 고르면 되며 을축일(乙丑日), 정묘일(丁卯日), 기묘일(己卯日), 신사일(辛巳日), 을미일(乙未日), 기해일(己亥日), 신축일(辛丑日), 계축일(癸丑日), 신유일(辛酉日)이다.

10. 태백살(太白殺)

—손보는 날

이것은 날짜를 따라다니며 사람을 방해하는 손(귀신)을 말하는데 아래 표에서 방향 밑의 날짜에는 귀신이 이 날은 이 방향에 있다는 것이다. 一日, 十一日, 二十一日에는 동쪽에 있으니 동쪽 방향은 피해야 된다는 말이니 이런 식으로 보면 된다.

방향	동	동남	남	남서	서	서북	북	북동	좋은날		
날짜	1	2	3	4	5	6	7	8	9	10	
	11	12	13	14	15	16	17	18	19	20	
	21	22	23	24	25	26	27	28	29	30	31

11. 생갑 · 병갑 · 사갑(生甲 · 病甲 · 死甲)

생갑일만 가리어 쓰고 병갑이나 사갑일은 쓰지 않으며 보는 법은 만세력에서 기재된 날을 찾으면 된다.

갑 / 해	生　甲	病　甲	死　甲
子　午	子　午	寅　申	辰　戌
丑　未	辰　戌	子　午	寅　申
寅　申	寅　申	辰　戌	子　午
卯　酉	子　午	寅　申	戌　辰
辰　戌	辰　戌	子　午	申　寅
巳　亥	寅　申	辰　戌	子　午

12. 십악대패일(十惡大敗日)

이 날에 무슨 일을 하면 실패한다.

갑년(甲年-甲자가 들어간 해)이나 을년(乙年-乙자가 들어간 해)에는 三월의 무술(戊戌)일, 七월의 병신(丙申)일, 十一월의 정해(丁亥)일.

을년(乙年)과 경년(庚年)에는 四월의 임신(壬申)일, 九월의 기사(己巳)일.

병년(丙年)과 신년(辛年)에는 三월의 신사(辛巳)일, 九월의 경진(庚辰)일, 갑진(甲辰)일.

무년(戊年)과 계년(癸年)에는 六월의 기축(己丑)일

●십악일(十惡日)

다음에 말하는 열 개의 날은 어느 해가 되었던 피해야 한다.

갑진일(甲辰日), 을사일(乙巳日), 임신일(壬申日), 병신일(丙申日), 정유일(丁酉日), 경진일(庚辰日), 무술일(戊戌日), 기해일(己亥日), 기축일(己丑日), 경인일(庚寅日), 계해일(癸亥日), 정해일(丁亥日).

13. 황도일과 흑도일

황도일은 좋은 날이고 흑도일은 불길한 날이니 피해야 한다. ○는 황도일이고 ×표는 흑도일이다. 아래표에서 맨위는 달이고 오른편은 날짜니 좋은 날을 골라 만세력에서 정하면 된다.

	1,7月	2,8月	3,9月	4,10月	5,11月	6,12月
자	○	×	×	×	○	×
축	○	×	×	○	○	×
인	×	○	×	×	×	○
묘	×	○	×	×	○	○
진	○	×	○	×	×	×
사	○	×	○	×	×	○
오	×	○	×	○	×	×
미	○	○	×	○	×	×
신	×	×	○	×	○	×
유	×	○	○	×	○	×
술	×	×	×	○	×	○
해	×	×	○	○	×	○

14. 삼재 보는 법

다음의 삼재(三災 : 수재, 화재, 풍재, 병난, 질역, 기근 등을 말함) 법은 나쁜 재액이 삼년간 있다가 나간다. 다음을 참조하여 매사에 주의 바란다.

※(들) 들어오는 해, (눌) 눌러 있는 해, (날) 나가는 해

○뱀(巳), 닭(酉), 소(丑) 띠는 돼지(亥) 해에 (들) 삼재임. 쥐(子) 해에 (눌) 삼재임. 소(丑) 해에 (날) 삼재임.

○범(寅), 말(午), 개(戌)띠는 원숭이(申) 해에 (들) 삼재임. 닭(酉)해에 (눌) 삼재임. 개(戌) 해에 (날) 삼재임.

○돼지(亥), 토끼(卯), 양(未) 띠는 뱀(巳) 해에 (들) 삼재임. 말(午) 해에 (눌) 삼재임. 양(未) 해에 (날) 삼재임.

○원숭이(申), 쥐(子), 용(辰) 띠는 범(寅) 해에 (들) 삼재임, 토끼(卯) 해에 (눌) 삼재임. 용(辰) 해에 (날) 삼재임.

• 봉투에 쓰는 문구

결혼식						
祝盛典 (축성전)	祝聖婚 (축성혼)	祝華婚 (축화혼)	祝結婚 (축결혼)	祝華燭 (축화촉)	祝儀 (축의)	賀儀 (하의)

축하								
祝聖誕 (축성탄)	祝合格 (축합격)	祝入學 (축입학)	祝卒業 (축졸업)	祝優勝 (축우승)	祝發展 (축발전)	祝榮轉 (축영전)	祝當選 (축당선)	祝入選 (축입선)

초상	謹弔 (근조)	賻儀 (부의)	弔儀 (조의)	奠儀 (전의)	香燭代 (향촉대)
대·소상	香奠 (향전)	奠儀 (전의)	菲品 (비품)	薄儀 (박의)	菲儀 (비의)
사례	菲品 (비품)	薄謝 (박사)	薄禮 (박례)	微衷 (미충)	略禮 (약례)

• 촌법(寸法)

모계 촌법

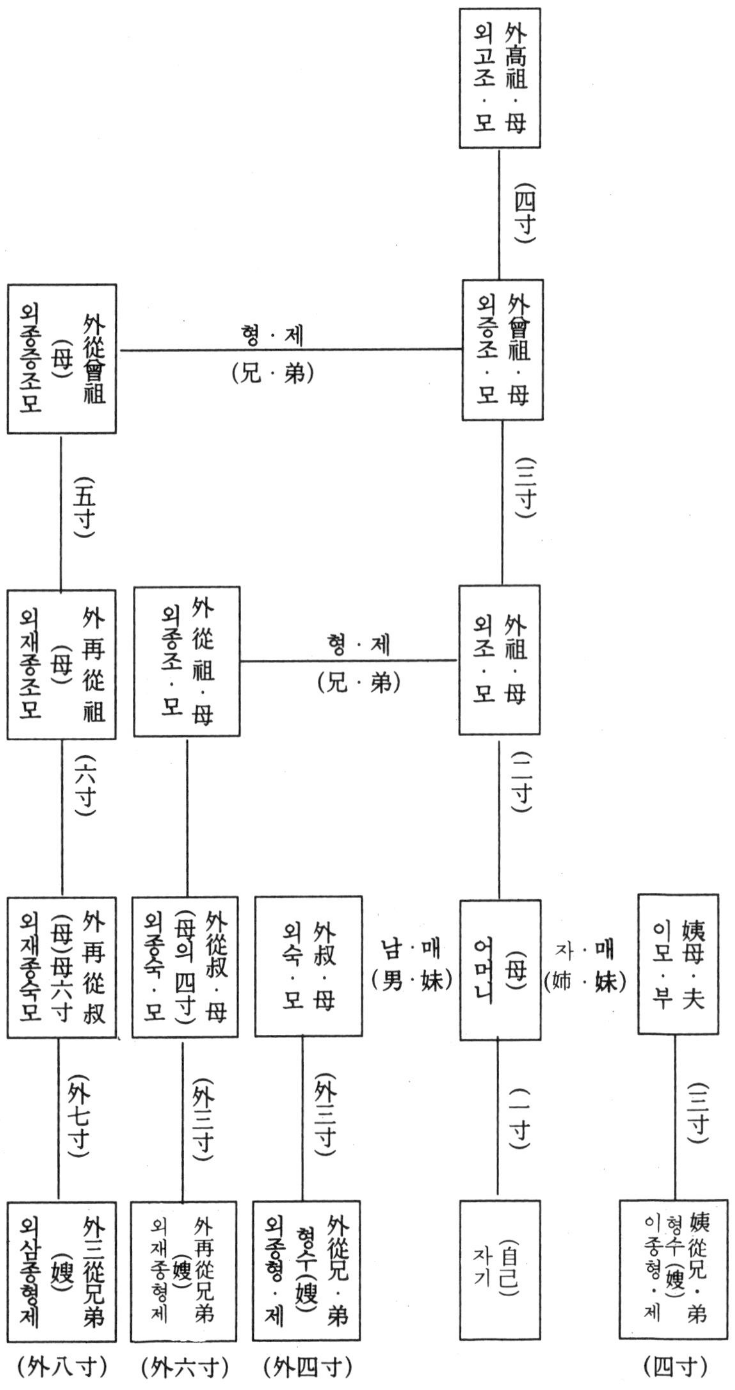

직계 촌법

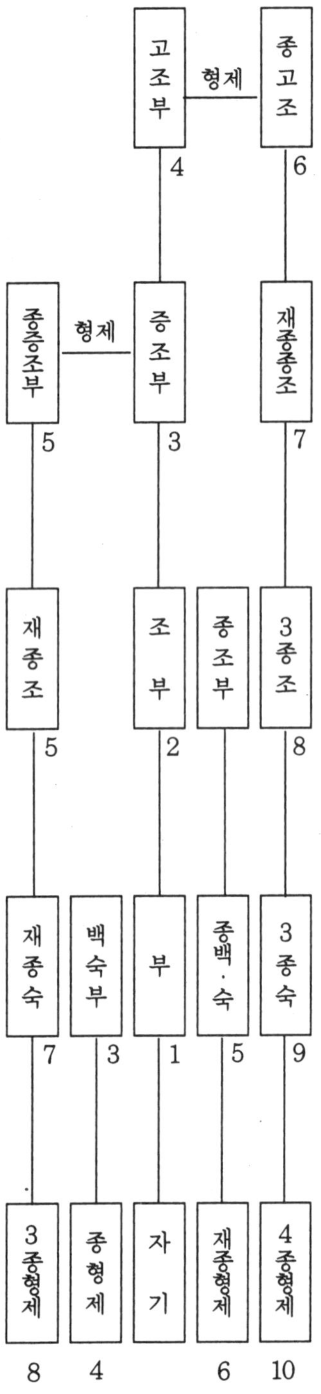

조부자계 촌법

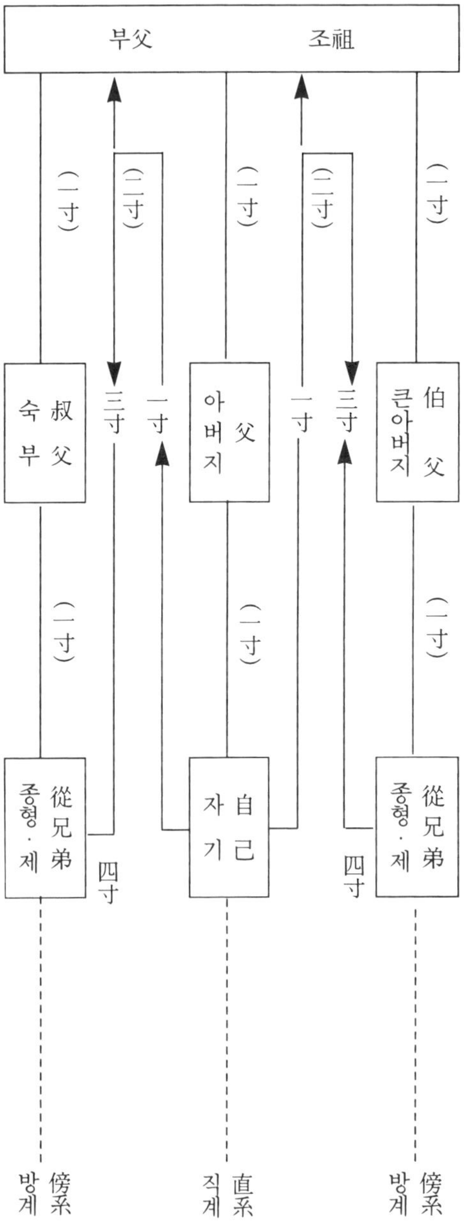

내종계 촌법

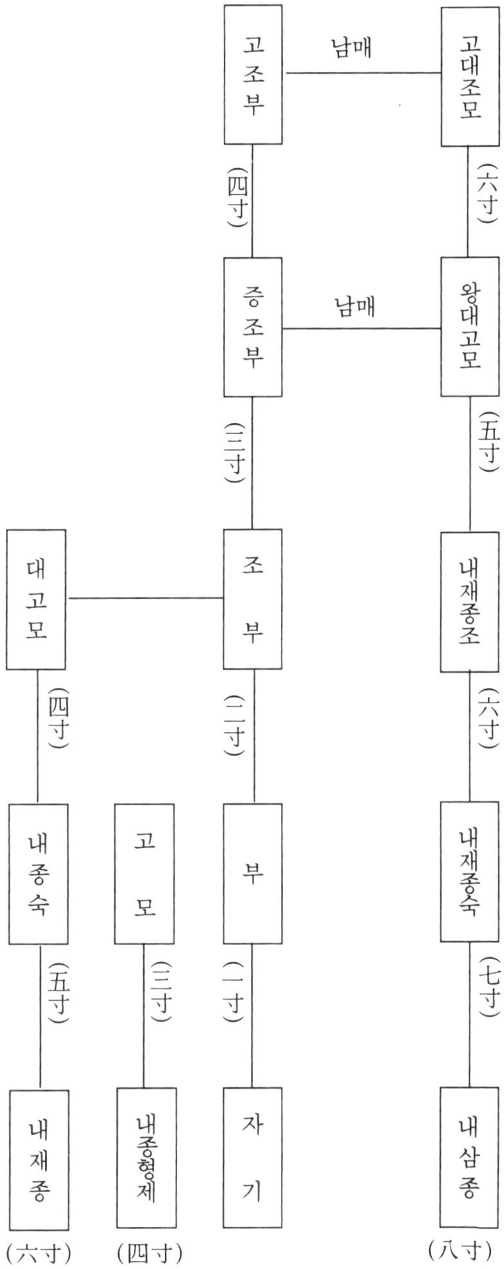

• 생일 축하

특별한 생일(나이)의 이름

*연령은 세는 나이임.

연령	60세	61세			62세	70세		77세	80세		88세	90세	99세
명칭	祝六旬 육순	祝還甲 환갑	祝回甲 회갑	祝華甲 화갑	祝進甲 진갑	祝七旬 칠순	祝古稀 고희	祝喜壽 희수	祝八旬 팔순	祝傘壽 산수	祝米壽 미수	祝九旬 구순	祝白壽 백수

생일 축하의 말

상 황		인 사 말
돌 때	아기 부모에게	축하합니다.
	아기에게	건강하게 자라라.
동년배나 손아래 사람의 생일에 당사자와 부모에게		(생일)축하한다(축하합니다).
환갑, 고희 등의 생일에	본인에게	(생신)축하합니다. 더욱 건강하시기 바랍니다. 더욱 강녕하시기 바랍니다.
	배우자에게	축하합니다.
	잔치 준비한 자녀에게	축하하네. 수고했네.
환갑, 고희 등의 잔치에서 헌수할 때의 말		더욱 건강하시기 빕니다. 만수무강하십시오.

• 탄생석

	탄생월	탄 생 석
미국	1월	석류석(가네트)
	2월	자수정(아메시스트)
	3월	혈석(블러드스톤)·아크아마린
	4월	다이아몬드
	5월	에메랄드
	6월	진주·월장석(문스톤)·알렉산드라이트
	7월	루비
	8월	빨간 무늬가 든 마노·감람석
	9월	사파이어
	10월	오팔·전기석(토르마린)
	11월	토파즈
	12월	터키석·지르콘
영국	1월	석류석(암적색)
	2월	자수정
	3월	아크아마린(엷은 청색)·혈석
	4월	다이아몬드·수정
	5월	에메랄드·녹옥수(綠玉髓)
	6월	진주·월장석
	7월	루비(빨간색)·빨간 마노·무늬가 든 마노
	8월	감람석(엷은 초록색)·빨간 무늬가 든 마노
	9월	사파이어(짙은 청색)·라피스라즈리(유리)
	10월	오팔
	11월	토파즈
	12월	터키석(하늘색)

탄생석 탄생석 birth stones 열두 달에 맞추어 정한 보석, 12가지 보석을 1년의 열두 달과 견주어 그 속에서 자기가 탄생한 달에 해당하는 보석으로 반지·팔찌·바늘·목걸이 등 장식용품을 만들어 가지는 습관이 있었는데, 그 보석을 탄생석이라고 한다. 동방의 점성학의 수대(각 달의 성파)의 민속이 혼합되어 있는데 탄생한 달의 성좌에 속해 있는 보석을 가지고 있으면 지혜나 병을 물리치고 행운과 장수와 명예를 얻을 수 있다고 믿어 왔으며 이것이 일반화한 것은 18세기에 이르러서였다.

• 결혼기념일의 명칭

연수	명 칭 우 리 말
1	지혼식(紙婚式)
2	고혼식(藁婚式)
3	당과혼식(糖菓婚式)
4	혁혼식(革婚式)
5	목혼식(木婚式)
7	화혼식(花婚式)
10	주석혼식(朱錫婚式)
12	아마혼식(亞麻婚式)
15	수정혼식(水晶婚式)
	동혼식(銅婚式)
20	도기혼식(陶器婚式)
25	은혼식(銀婚式)
30	상아혼식(象牙婚式)
	진주혼식(眞珠婚式)
35	산호혼식(珊瑚婚式)
	비취혼식(翡翠婚式)
40	모직혼식(毛織婚式)
	녹옥혼식(綠玉婚式)
45	명주혼식(明紬婚式)
	홍옥혼식(紅玉婚式)
50	금혼식(金婚式)
60	다이아몬드혼식(婚式)

〔선물〕 결혼기념일의 선물은 1년째는 〈지혼식(紙婚式)〉이기 때문에 종이를 사용한 물건, 예를 들면, 그림이나 서적 등을 선택하고, 점차 연수가 쌓여서 은혼식이 되면, 남편은 아내에게 보석류를 아내도 남편에게 적당한 선물을 하며 결혼 기념일을 보낸다.

甲子 乙丑 갑 자 을 축  海 해 中 중 金 금 	甲戌 乙亥 갑 술 을 해  山 산 頭 두 火 화 	甲申 乙酉 갑 신 을 유  泉 천 中 중 水 수 
丙寅 丁卯 병 인 정 묘  爐 노 中 중 火 화 	丙子 丁丑 병 자 정 축  澗 간 下 하 水 수 	丙戌 丁亥 병 술 정 해  屋 옥 上 상 土 토 
戊辰 己巳 무 진 기 사  大 대 林 림 木 목 	戊寅 己卯 무 인 기 묘  城 성 頭 두 土 토 	戊子 己丑 무 자 기 축  霹 벽 靂 력 火 화 
庚午 辛未 경 오 신 미  路 노 傍 방 土 토 	庚辰 辛巳 경 진 신 사  白 백 鑞 랍 金 금 	庚寅 辛卯 경 인 신 묘  松 송 栢 백 木 목 
壬申 癸酉 임 신 계 유  劍 검 鋒 봉 金 금 	壬午 癸未 임 오 계 미  楊 양 柳 류 木 목 	壬辰 癸巳 임 진 계 사  長 장 流 류 水 수 

甲午乙未 갑 오 을 미 沙中金 사중금  	甲辰乙巳 갑 진 을 사 覆燈火 복등화  	甲寅乙卯 갑 인 을 묘 大溪水 대계수  
丙申丁酉 병 신 정 유 山下火 산하화  	丙午丁未 병 오 정 미 天河水 천하수  	丙辰丁巳 병 진 정 사 沙中土 사중토  
戊戌己亥 무 술 기 해 平地木 평지목  	戊申己酉 무 신 기 유 大驛土 대역토  	戊午己未 무 오 기 미 天上火 천상화  
庚子辛丑 경 자 신 축 壁上土 벽상토  	庚戌辛亥 경 술 신 해 釵釧金 채천금  	庚申辛酉 경 신 신 유 石榴木 석류목  
壬寅癸卯 임 인 계 묘 金箔金 금백금  	壬子癸丑 임 자 계 축 桑柘木 상좌목  	壬戌癸亥 임 술 계 해 大海水 대해수  

標準 **新萬歲曆**

新萬歲歷(신만세력)

1997년 10월 27일 발행
2024년 12월 01일 6쇄 발행
편저자: 편집부
발행인: 유건희
발행처: 은광사
등록: 제18-71호
공급처: 가나북스
(경기도 파주시 율곡로 1406)
전화: 031-959-8833
팩스: 031-959-8834

정가: 18,000원

*잘못된 책은 교환하여 드립니다.